LEXIKOTHEK
TECHNIK IN UNSERER WELT

Lexikothek

HERBERT W. FRANKE

TECHNIK IN UNSERER WELT

MIT EINER EINFÜHRUNG VON KARL STEINBUCH

BERTELSMANN
LEXIKON-VERLAG

ALS MITARBEITER UND BERATER WAREN AN DIESEM BAND BETEILIGT:
DIPL.-SOZ. VOLKER VON BORRIES, DR. KNUT MICHAEL FISCHER,
DIPL.-PHYS. ALBRECHT FÖLSING, DR.-ING. HANS GÜNTHER,
DIPL.-SOZ. ROSE MARIE HANSEN, DIPL.-PAED. KARL W. TER HORST,
DR. PHIL. RENATE KRYSMANSKI, DIPL.-SOZ. HANS-WERNER PRAHL,
TRAUDL RODEWALD, AUGUST SCHERL, PROF. DR.-ING. KARL STEINBUCH

Chefredaktion: Dr. Gert Richter
Redaktion: Traudl Rodewald (verantwortlich);
Rainer Kakuska

Grafik: Atelier Enkeler/Strecker
Grafiken im Beitrag »Moleküle und Riesenmoleküle«: HTG-Werbung Tegtmeier + Grube KG
Technische Zeichnungen in den Kästchen: Helmold Dehne
Illustrationen im Beitrag »Die Geschichte der Technik«: Gustl Streitbürger
Beratung bei der Konzeption der grafischen Darstellungen: Prof. Gottfried Jäger, Fachhochschule Bielefeld

Einband: C. Solltal
Layout: Raimund Post

Das Wort LEXIKOTHEK
ist für Nachschlagewerke
des Bertelsmann Lexikon-Verlages
als Warenzeichen eingetragen

© VERLAGSGRUPPE BERTELSMANN GMBH/BERTELSMANN LEXIKON-VERLAG
GÜTERSLOH – BERLIN 1975, 1977 D
GESAMTHERSTELLUNG MOHNDRUCK REINHARD MOHN OHG, GÜTERSLOH
PRINTED IN GERMANY
ALLE RECHTE VORBEHALTEN – ISBN 3-570-08934-7

Hinweise für den Leser

Dieses Buch ist nicht nur ein Buch über Technik. Es ist ein Buch über Technik *in unserer Welt*. Und in unserer Welt stellt die Technik mehr dar als ein faszinierendes System funktionsgerechter Schrauben und Schaltkreise. Die Technik beeinflußt wirtschaftliche Entwicklungen, sie verändert unsere Wohn- und Lebensformen, sie fordert politische Entscheidungen.

Dieses Buch beschränkt sich deswegen nicht darauf, technische Funktionsweisen zu erklären. Es schildert auch die Folgen technischer Entwicklungen im gesellschaftlichen, wirtschaftlichen und politischen Bereich. Diese Folgen werden heute kritischer und auf breiterer Basis diskutiert als je zuvor. Schlagwörter wie *Umweltschutz, Energiekrise, Rohstoffversorgung* und *atomare Bedrohung* sind in aller Munde. Für den technischen Laien ist es schwer zu beurteilen, was hinter diesen Schlagwörtern steckt.

Hier vermittelt »Technik in unserer Welt« *Zusammenhangwissen und Grundlagenwissen* in allgemeinverständlicher Form und ohne beim Leser Fachkenntnisse vorauszusetzen; Einzelbereiche werden *exemplarisch* herausgegriffen. Insoweit ist der Band Sachbuch und Nachschlagewerk zugleich; das umfangreiche Hauptregister am Schluß macht es als Handbuch wertvoll.

Große übergeordnete Begriffe – etwa Datenverarbeitung, Kybernetik, Kernenergie – ziehen sich durch das gesamte Buch. So, wie wir den gleichen technischen Erscheinungen im täglichen Leben in den verschiedensten Bereichen begegnen, erscheinen die Begriffe nicht nur an einer Stelle in der Definition, sondern werden immer wieder, aus den verschiedensten Zusammenhängen heraus, beleuchtet. Auf diese Weise wird es dem Leser möglich, technische Erscheinungen in der gesamten Variationsbreite ihres Bedeutungsspektrums zu erfassen. Zahlreiche, durch Pfeile gekennzeichnete Verweise tragen dabei zur Erleichterung der Orientierung bei.

Darüber hinaus bringen Beiträge, die in Essay-Form den jeweiligen Fachkapiteln zugeordnet sind, eine Wertung, Einordnung und Gesamtschau der dargestellten Sachverhalte. Dabei kann es sich allerdings stets nur um zwar sachlich begründete, letztlich jedoch *subjektive* Meinungen handeln – wobei einige Autoren sogar divergierende Auffassungen erkennen lassen: Der Leser trifft also auf ein breites Meinungsspektrum, das ihm helfen soll, Für und Wider selbst abzuwägen und zu einem eigenen Urteil zu gelangen. Die Verschiedenheit der Standpunkte kann und soll einander ergänzen – die Summe persönlicher Meinungen wird sich möglicherweise zu einer neuen, gerechteren *Objektivität* summieren.

Das Schwergewicht des Buches liegt auf den technischen Entwicklungen der Gegenwart – wie Raumfahrt, Datenverarbeitung, Atomphysik – und deren sich abzeichnenden Tendenzen für die Zukunft. Aber auch die Wege, die aus den ersten Anfängen der Technik bis ins Heute geführt haben, bleiben nicht verborgen: Ein ausführlicher und reich illustrierter tabellarischer Anhang bringt die *Geschichte der technischen Erfindungen* im chronologischen und thematischen Überblick.

Um die Orientierung zu erleichtern, sind die verschiedenen Kategorien der Beiträge unterschiedlich gekennzeichnet:

 Kapitel mit diesem Zeichen sind Grundkapitel; sie dienen der allgemeinen Einführung, dem »Überblick«, der großen Bestandsaufnahme. Alle wesentlichen Begriffe werden genannt und im Zusammenhang erklärt.

 Kapitel mit diesem Zeichen gehen ins Detail. Sie veranschaulichen »Ausschnitte«, die beispielhaft für das Ganze stehen.

 Kapitel mit diesem Zeichen sind »Querschnittkapitel«. Sie dienen der Wertung und Einordnung und ermöglichen es dem Leser, inhaltliche Querverbindungen herzustellen.

Daneben findet der Leser in dem Buch eine Reihe optischer und didaktischer Hilfsmittel, die die Lektüre einprägsamer machen und die Nachschlagefunktion des Bandes verstärken:

Ein »**Schwerpunktregister**« am Beginn des Buches zeigt neben dem üblichen Inhaltsverzeichnis Schwerpunktthemen auf und weitere Nachschlagemöglichkeiten vor allem im Hinblick auf »technische Themen«. Es fordert zum »alternativen Lesen« auf – dazu, das Buch immer wieder und unter verschiedenen Gesichtspunkten aufzuschlagen und zu Einzelinformationen neue Aspekte zu entdecken.

Literaturhinweise sind nicht, wie sonst üblich, an den Schluß des Buches verbannt, sondern schließen sich unmittelbar an jedes Q-Kapitel an. Sie sind natürlich nur eine Auswahl von weiterführender Literatur zum jeweiligen Thema; gelegentliche Kommentare dazu geben dem Leser Anhaltspunkte bei der Auswahl.

Informationskästchen – zur besseren optischen Überschaubarkeit ebenso wie die Literaturhinweise mit einer Kontrastfarbe unterlegt – nehmen in den Überblicks- und Ausschnittkapiteln dieses Buches eine wichtige Funktion ein. Sie entlasten den laufenden Text von detaillierten Erklärungen und bieten zugleich rasch greifbare Zusatzinformationen.

Bilddoppelseiten und **Großgrafiken** sind Besonderheiten des Illustrationskonzeptes. Sie behandeln wichtige technische Einzelthemen unabhängig vom Lauftext und bilden mit ihrer unmittelbaren Bild-Text-Integration eigenständige Klein-Kapitel von zusätzlichem optischen und inhaltlichen Informationswert. Bei den Grafiken sei darauf verwiesen, daß Künstler und Verlag größten Wert nicht nur auf höchstmögliche Sachtreue und optimalen Informationswert, sondern auch auf eine moderne künstlerische Gestaltung gelegt haben.

Die Beiträge des verantwortlichen Hauptautors Herbert W. Franke sowie der redaktionellen Mitarbeiter und Berater sind in dem Buch nicht besonders gekennzeichnet. Autorennamen tragen nur jene Beiträge, die als Ganzes von einem Gastautor konzipiert und verfaßt worden sind.

Verlag und Autoren sind sich bewußt, daß dieses Buch in der Schilderung technischer Erscheinungen in unserer Welt keinen Anspruch auf Vollständigkeit erheben kann, eine solche Vollständigkeit wäre auch kaum zu erreichen. *»Das Wesentliche durch das Beispielhafte«* ist einer der Grundsätze, nach denen dieses Buch gestaltet wurde. *Der Verlag*

Inhalt

Ein Ⓑ kennzeichnet Bilddoppelseiten, ein Ⓖ Großgrafiken

Schwerpunktregister 11

Transparentdruck
»Saturn V und LEM« 272/273

Karl Steinbuch
Mensch und Technik 12
Kollisionen 15 – Mißverständnisse 16 – Kontrolle 16 – Lebensqualität 18

Abschied vom Paradies 20
Werkzeugintelligenz 20 – Die Sprache 22 – Das Darwinsche Prinzip 23 – Ⓑ Technik von klein auf 24/25 – Die technische Evolution 26

Wege der Technik 28
Das Risiko des Fortschritts 28 – Vom Werkzeug zum Automaten 30 – Ⓖ Hüftgelenk-Totalendoprothese 30/31 – Ⓑ Technik in der Medizin 32/33 – Die Spezialisten 34 – Mosaik des Wissens 34 – Interdisziplinäre Zusammenarbeit 35

Das ökonomische Prinzip 36
Konkurrenz 36 – Verflechtung technischer Erscheinungen 36 – Ⓑ Oberflächenstrukturen 38/39 – Normung 40 – Das Bausteinprinzip 40 – Miniaturisierung und Mikrotechnik 42 – Vorbild Natur 43 – Ⓖ Dampf- und E-Lok 44/45

Die wandelbare Kraft: Energie 46
Ⓖ Energiequellen 46/47 – Energiequelle Mensch 48 – Gespeicherte Energie 49 – Das kalte Licht 51

Ebbe, Flut und Wasserkraft 52
HANS GÜNTHER
Grundlast und Spitzenlast 53 – Wirkungsweise und Nutzung der Gezeiten 54 – Ⓖ Gezeitenkraftwerk 55 – Das Kraftwerk von Saint-Malo 55

Atomkraft: Energie aus dem Unsichtbaren 56
HANS GÜNTHER
Der Leichtwasser-Reaktor 56 – Der Calder-Hall-Reaktor 58 – Der Hochtemperatur-Reaktor 58 – Der Schwerwasser-Reaktor 58 – Die »schnellen Brüter« 58 – Die Risiken 58

Energie aus der Tiefe: Erdöl 60
TRAUDL RODEWALD
Eingefangene Sonnenenergie 60 – Ⓖ Erdölprodukte 62/63 – Die Aufbereitung 63 – Weltfördermengen und Vorräte 64 – Ein Kapitel Energiepolitik 65

Fortschritt als sozialer Prozeß 68
VOLKER VON BORRIES
Von der Invention zur Diffusion 68 – Technischer Fortschritt im historischen Zusammenhang 69 – Das vorindustrielle Zeitalter 69 – Die industrielle Revolution 71 – Der organisierte Kapitalismus 72 – Staat und Technik 74 – Staatliche Forschungsförderung 74 – Der Staat als Unternehmer 74 – Der Staat als Aufsichtsbehörde 74 – Technik und Demokratieverständnis 74

Fluch und Hoffnung: Rationalisierung 76
VOLKER VON BORRIES
Vermehrung, Verbilligung und Verbesserung 76 – Das Prinzip der Arbeitszerlegung 76 – Die Funktionsgruppen der Produktion 77 – Massenproduktion und Arbeitsplatzbewertung 78 – Symbol der Rationalisierung: das Fließband 78 – Die »Human Relations«-Bewegung 80 – Der Einzug der Automation 80 – Die Entwicklung der Produktivität 81 – Der Wandel der Berufsstruktur 82 – Rationalisierung und berufliche Qualifikation 82

Technik und Wirtschaft:
die verbündeten Rivalen 84
KARL W. TER HORST
Retardierte Entwicklung 84 – Rüstung ohne Risiko 84 – Das Prinzip Rationalität 85 – Das Ausbildungswesen 85 – Wissenschafts- und Forschungspolitik 86 – Der Bildungs- und Ausbildungssektor 86 – Ausbildung und soziale Lage von Technikern 87 – Regelstudienzeit und Numerus clausus 88

Naturwissenschaft und Technik 90
Grundlagenforschung 92 – Informatik 93 – Wechselwirkungen 93 – Prioritäten der Forschung 94 – Big Science – die großen Projekte 94 – »Projekt

Manhattan« 96 – Noch größer: »Projekt Apollo« 96 – Und doch: Ringen um die Vorherrschaft 97 – Zauberwort »Olympia« 97

Der Aufbau der Materie 98
Auf der Spur der Unsichtbaren 98 – Licht und Energie – Quanten? 98 – Einbruch in das Abstrakte 100 – Quarks – die echten Elementarteilchen? 100 – Teilchen und Pseudoteilchen 102 – ⒼRöntgenbeugung 102/103

Moleküle und Riesenmoleküle 104
Chemie-Theorie 104 – Synthese am Reißbrett 106

Die Teilchenbeschleuniger 108
HANS GÜNTHER
Eine Milliardstel Atmosphäre 108 – Die Synchrotron-Typen 110

Das Phänomen des Widerstandes 112
HANS GÜNTHER
Die Supraleitung des elektrischen Stromes 112 – Das Cooper-Paar 112 – Harte Supraleiter 113 – Die Halbleiter 114 – Das Kristall-Verhalten 114 – Transistor und Diode 115 – Fotodioden 116 – Vierschichttrioden 117

Die Mikroelektronik 118
Ein Zwerg revolutioniert die Technik 118 – Integrierte Schaltungen 118

Experimentieren und Messen 122
Konvergierende und abstrakte Modelle 123 – Ⓖ Der schalldichte Raum 124/125 – Zahlen und Skalen 126 – Die Entdeckung der Edelgase 126 – Ⓑ Schönheit der technischen Fotografie 128/129 – Präzision für Sicherheit 130 – Bilder vom Unsichtbaren 130 – Bewußtseinserweiterung 130 – Vielfalt der Manipulation 131 – Falschfarben und räumliche Bilder 131

Der Laser 132
Die Laser-Typen 132 – Der Spiegel auf dem Mond 134 – Das räumliche Bild 134

Spannungsoptik 136
Farbe gleich Spannung 137

Flüssige Kristalle 138
Drei Phasen 139

Bildauswertung und Picture Processing 140
Der Äquidensitenfilm 140 – Bilder aus der Dämmerung 141 – Sichtbare Krankheit 142 – Der zeichnende Computer 142 – Modellieren am Bildschirm 143

Radioteleskope 144
HANS GÜNTHER
Das Effelsberg-Teleskop 145

Die Wettervorhersage 146
HANS GÜNTHER
Mit 85 Prozent Sicherheit 146

Medien, Markt und Manipulation 148
HANS-WERNER PRAHL
Kommunikationsnetze 148 – Der Aufstieg der Presse 148 – Sechs Stunden Fernsehen täglich 150 – Politik mit Massenmedien 151 – Ⓑ Von Mensch zu Mensch 152/153 – Die staatlich kontrollierten Medien 154 – Medien im Wahlkampf 155 – Ⓑ Nachrichten 156/157 – Die Computer-Verwaltung 159 – Die Informationsexplosion 159 – Manipulation oder Information? 161

Technik im Wohn- und Lebensbereich 162
RENATE KRYSMANSKI
Der Beginn des Feudalismus 162 – Landschaften »verstädtern« 162 – Lebensverhältnisse im Frühkapitalismus 164 – Die industrielle Völkerwanderung 164 – Die ersten Eisenbahnen 165 – Fabriken wie Schlösser 166 – Werkbund und Bauhaus 166 – Solange der Vorrat reicht ... 166 – Veränderungen der Familienstruktur 168 – Die Raumnutzung unserer Städte 169 – Ⓑ Asozialer Wohnungsbau 170/171 – Städtebau der Nachkriegszeit 172 – Neue Strukturen der Landschaft 172

Freizeit – Geschenk der Technik 174
HANS-WERNER PRAHL
ROSE-MARIE HANSEN
Griechenland: Feiern ohne Frauen 174 – Die 75-Stunden-Woche 174 – Der »Kampf um die Freizeit« 175 – Zeitmangel als Prestige 176 – Freizeit ohne Inhalt: Ruhestand 177 – Ⓑ Technik im Dienste des Sports 178/179 – Tausend Stunden vor dem Bildschirm 180 – Aktivsport: sehr bescheiden 181 – Ⓑ Technik als Sport 182/183 – Hobby Nummer eins: das Auto 184 – Auszug aus dem Alltag 184 – Das doppelte Geschäft 185 – Die Freizeit lernen 187

Die »neue« Wissenschaft: Kybernetik 188
Das Nachrichtenproblem 188 – Prägnanz und Redundanz 189 – Das Binärsystem 190 – Ⓖ Definition »bit« 191 – Komplexität 191 – Ⓖ Codierung 192/193 – Regelprozesse 193 – Steuerungsprozesse 195 – Denken und Erfinden 195 – Ⓑ Künstliche Sinnesorgane 196/197 – Der Zufallsgenerator 198 – Der kreative Prozeß 199 – Ⓑ Einstein – picture processed 200/201 – Ideentechniken 204 – Erfindungen der Natur 204 – Kybernetik und Geisteswissenschaft 205 – Der Informationsumsatz im Menschen 205 – Ⓖ »Black

Box« 206/207 – Die Sache mit dem Pfeilschwanzkrebs 208 – Wieviel faßt das Gehirn? 209 – Strafe und Schuld 209 – Soziokybernetik 210

Der Computer 212
Der Analogrechner 212 – Der digitale Rechner 212 – Computergenerationen 215 – Prozeßrechner 215 – Computerdiagnostik 216 – Computer in der Rechtsprechung 217

Programmieren und Maschinensprache 218
Computer als Dolmetscher 220 – Zeichenmaschinen 220 – Ⓖ Flußdiagramm 221

Die Datenbank 222
Kernspeicher und externe Speicher 224 – Gestörte und ungestörte Kommunikation 225

Psychotechnik 226
Manipulation des Menschen 228 – Ⓖ Regelkreis 228/229

Organisations- und Ordnungsaufgaben 230
Planung der Abläufe 230 – Austausch von Information 230 – Automatisierung der Organisation 232 – Formale Methoden 232 – Ⓖ Netzplan im Fernverkehr 233 – Die Graphentheorie 233 – Flußdiagramme 234 – Automatengraphen 235

Netzplantechnik 236

Personenverkehr und Gütertransport 240
HANS GÜNTHER

Luftverkehr 240 – Schiene oder Straße? 243 – Flugzeug oder Schiff? 244

Straßenverkehr 246
HANS GÜNTHER

Aktive und passive Sicherheit 248 – Auf eigener Ebene 250

Schiffsverkehr 252
HANS GÜNTHER

Schwimmende Paläste 252 – Atomkraftgetriebene Schiffe 255 – Die Supertanker 255 – Nach Polarstern und Satellit 257 – Hafenstadt Nürnberg 258 – Die Maschinenanlage in Seeschiffen 258

Schienenverkehr 260
HANS GÜNTHER

Grenze bei »Tempo 300« 261 – 1. Preis für »The Rocket« 262 – Die Elektrifizierung 264 – Linienzugbeeinflussung 265 – Magnetkissenbahnen 266 – Keine Führungsschwierigkeiten 267 – Elektrische Kabinenbahnen 268

Luftverkehr 270
HANS GÜNTHER

Liniendienst per Zeppelin 271 – Transparentdruck »Saturn V und LEM« 272/273 – Das Zeitalter der Düsenriesen 274 – Die Flugsicherung 276 – Die »Drehflügler« 278 – Die Düsentriebwerke 278

Eingriff in die Natur 280
Raumschiff Erde 280 – Ⓖ Chemie in der Landwirtschaft 282 – »Gute« und »schlechte« Technik 283 – Verantwortung für die Konsequenzen 283 – Eingriff in Lebensvorgänge 284 – Mendel und Darwin 284 – Die Umformung der Gene 285 – Ⓖ Wassergewinnung 285 – Denaturierung des Menschen 286 – Der Griff nach der Erde 287 – Ⓖ Wasserverschmutzung 287 – Ⓖ Sprengseismik 288/289 – Wetter nach Wunsch? 290 – Raubbau an der Umwelt 290 – Wasser und Abwasser 291 – Ⓑ Landgewinnung 292/293 – Vergiftete Luft 294 – Wegwerfgesellschaft – Wohlstandsmüll 295 – Ⓑ Technik beseitigt technische Schäden 296/297 – Wärme und Radioaktivität 299

Wasserentsalzung 300
Die Methoden 301 – Wohin mit der Sole? 301

Neue Nahrungsquellen 302
Die Konservierung 305 – Das Ernährungsverhalten 306 – Nahrung aus Erdöl 306

Symbiose Mensch–Maschine 308
Der Syntelman 308 – Das isolierte Gehirn 310 – Ⓖ Der Kyborg 310 – Ⓖ Selbststimulation 311

Zukunftsforschung und Zukunftsplanung 312
Die bedingte Aussage 312 – »Zufällige« Ereignisse 313 – Programmierte Entdeckungen? 315 – Wissen verdoppelt sich 315 – Wissenschaftliche Stammbäume 315 – Geplante Zukunft 316 – »Operations Research« 316 – Die Futurologie 317

Reise zu den Sternen 318

Wachstum wohin – Wohin mit dem Wachstum? 320
ALBRECHT FÖLSING

Die alarmierende Studie 320 – Im Anfang war Mißtrauen 320 – Ein ungeahnter Aufschwung 322 – Die Theorie des Adam Smith 322 – Die Konjunktur wird gesteuert 323 – Ⓑ Metropolen und

Dörfer 324/325 – Die Energieklemme 326 – Wachstum in die Katastrophe 326 – G Fusionsreaktor 327 – Ausweg aus dem Teufelskreis 328 – Das neue Schlagwort »Lebensqualität« 328 – »Technology Assessment« – die Lösung? 329

Technik in der »Dritten Welt« 330
KNUT MICHAEL FISCHER

Entwicklung der Unterentwicklung 330 – Schießpulver und Schiffbau 330 – Die Millionenräuber 332 – Durch Sklavenhandel zur Handelsmacht 332 – Die technologische Stagnation 332 – »Befreiung« zur Lohnarbeit 333 – B Technischer Einbruch in die Steinzeit 334/335 – Zwangsarbeit in den Kolonien 336 – Die technologische Lücke 337 – Die erste Entwicklungsdekade 338 – Neue Richtungen 339 – Das Ziel: weder Rückzug noch Integration 339

Die Technik der Gewalt 340
ALBRECHT FÖLSING

Der Trumpf der Griechen 340 – Giftgas, Radar, Grabenkrieg 340 – Atomwaffen – der makabre Triumph 341 – B Großvernichtungsgeräte 342/343 – Die Drohung mit dem Gegenschlag 344 – Waffen aus der Giftküche 344 – Billig und leicht zu lagern... 345 – Entlaubte Wälder 345 – B Verbrechensbekämpfung 346/347 – Die Zauberlehrlinge 348 – Krieg und Kommerz 348 – 100 Millionen für eine Raketenfabrik 349 – Auf den Spuren einer Utopie: Frieden 349

Die Geschichte der Technik 350
AUGUST SCHERL

Hauptregister 389

Fotonachweis 399

Bilddoppelseiten

Technik von klein auf 24/25
Technik in der Medizin 32/33
Oberflächenstrukturen 38/39
Schönheit der technischen Fotografie 128/129
Von Mensch zu Mensch 152/153
Nachrichten 156/157
Asozialer Wohnungsbau 170/171
Technik im Dienste des Sports 178/179
Technik als Sport 182/183
Künstliche Sinnesorgane 196/197
Einstein – picture processed 200/201
Landgewinnung 292/293
Technik beseitigt technische Schäden 296/297
Metropolen und Dörfer 324/325
Technischer Einbruch in die Steinzeit 334/335
Großvernichtungsgeräte 342/343
Verbrechensbekämpfung 346/347

Großgrafiken

Hüftgelenk-Totalendoprothese 30/31
Dampf- und E-Lok 44/45
Energiequellen 46/47
Gezeitenkraftwerk 55
Erdölprodukte 62/63
Röntgenbeugung 102/103
Der schalldichte Raum 124/125
Definition »bit« 191
Codierung 192/193
»Black Box« 206/207
Flußdiagramm 221
Regelkreis 228/229
Netzplan im Fernverkehr 233
Chemie in der Landwirtschaft 282
Wassergewinnung 285
Wasserverschmutzung 287
Sprengseismik 288/289
Der Kyborg 310
Selbststimulation 311
Fusionsreaktor 327

Kästchen

Ökologie und Ökonomie 14
Kybernetik 34
Fachsymbolik als verbindendes Element 35
Größenordnungen 40
Die Normen 42
SI-System 43
Strom, Spannung, Widerstand 48
Kraft, Energie, Leistung 50
Wechselstrom und Drehstrom 51
Transformatoren, Umformer, Stromrichter 52
Generatoren und Motoren 54
Übersicht über die Kunststoffe 60
Katalyse, Fraktion, Oktanzahl 64
Übersicht über die Erdölprodukte 64
Hydrieren 65
Alchemie 72
Patentwesen 74
Das dynamoelektrische Prinzip 92
Die Maxwellsche Theorie 96
Die Quantentheorie 97
Nebelkammer und Blasenkammer 100
Isotope 101
Masse-Energie-Äquivalent 110
Mikrowellengeneratoren 110
Dotierung der Halbleiter 114
Transistoren 116
Das Relais 120
Die Elektronenröhre 121
Das Elektronenmikroskop 130
Polarisiertes Licht 136
Spannungs-Dehnungs-Diagramm 137
Die Lufthülle der Erde 147
Redundanz 188
Das Binärsystem 190
Datenverarbeitung 190
Bit und Byte 194
Stellen, Steuern, Regeln 194
Fluidik 202
Die Entwicklungsstufen des Computers 203
Raumflugbahnen 242
Der Raumtransporter 243
Die Wirkungsweise der Rakete 243
Der Linearmotor 249
Der Wankelmotor 249
Der elektronische Bremsregler 250
Der negative Lenkrollradius 251
Der Voith-Schneider-Propeller 258
Das Echolot 259
Paletten 259
Das Blasrohr 262
Das Funktionieren der Straßenbahn 265
Die elektronische Überwachung der Züge 267
Die elektrische Vollbahnlokomotive 269
Die Radartechnik 276
Das Wetter 284
Assimilation 286
Mutation 286
Kraft- und Wärmekopplung 290
Dampfkraftwerk und Kreisprozeß 290
Kühltürme 291
Manganknollen 299

Schwerpunktregister

umfaßt Hinweise auf wichtige technische Themen und Probleme –
alternativ zum Inhaltsverzeichnis und gegenüber dem Hauptregister begriffsmäßig zusammengefaßt;
es soll ermöglichen, diese kontinuierlich durch das Buch zu verfolgen

Atom 35, 43, 45, 47, 48, 49, 56–62, 94, 96–112, 114, 136, 255, 300, 301, 326, 327, 341, 344, 345, 381, 382

Automation 30, 31, 34, 42, 80–84, 93

Bauwesen 17, 29, 30, 37–42, 163, 164, 166–169, 170/171, 172, 173, 239, 296/297, 324/325, 350, 355–364, 367, 369, 370

Computer →Datenverarbeitung

Dampfmaschine 27, 49, 50, 51, 71, 72, 78, 164, 252, 258, 262, 322, 374, 375

Datenverarbeitung 43, 93, 105, 131, 142, 143, 145–147, 159, 160, 188–193, 200–209, 212–225, 231, 232, 234, 237, 238, 259, 308, 311, 319, 323

Eisenbahn 43/44, 50, 51, 165, 240, 242–244, 260–269, 375, 379

Elektrizität 48–52, 54, 92, 93, 96, 99, 108, 112–117, 139, 323, 375–380

Elektronik 42, 43, 45, 112–121, 130, 141, 202, 203, 212–217, 266

Elektrotechnik 51, 92, 94, 99, 112–117, 264, 265, 379, 380

Energie 16, 35, 46–52, 56–60, 65–67, 74, 110, 301, 315, 326, 328, 379

Erdöl 47, 48, 50, 60–68, 287, 296/297, 306, 307

Kraftfahrzeuge 17, 50, 51, 182–184, 240–251, 323, 382, 383

Kraftwerke 16, 48, 49, 52–59, 255, 290, 291, 299–301, 326, 327, 379, 380, 382

Kybernetik 23, 34, 35, 36, 123, 126, 188–211, 228, 230–232, 284, 308–310

Laser 101, 122, 131–135

Luftfahrt 240, 242–245, 270–279, 370, 383–385

Maschinenbau 23, 28, 29, 31, 48, 54, 78, 84–86, 110, 164, 249, 252, 254, 255, 257–259, 262–264, 268–270, 278, 279, 292/293, 308, 379

Nachrichtentechnik 27, 42, 50, 51, 93, 94, 132, 134, 149, 150, 152/153, 156/157, 159, 161, 188–192, 196/197, 225, 366, 376–378, 380, 381

Raumfahrt 12/13, 17, 18, 18/19, 20, 96, 97, 242, 243, 272/273, 318, 319, 381, 383–387

Schiffahrt 240, 243, 245, 252–259, 330–332, 375

Umweltprobleme 14–19, 248, 249, 280–283, 290–299, 320, 326, 328, 329, 363

Waffentechnik 26, 28, 84, 85, 96, 270, 271, 274, 279, 330, 340–349, 382, 385

Werkstoffe und Werkzeuge 22, 23, 27–33, 42, 69, 70, 78, 84, 93, 94, 104, 106, 130, 136, 137, 148, 149, 164, 173, 276, 287, 288, 292/293, 308–310, 323, 352–354, 368, 371, 373, 375, 381

Karl Steinbuch

Mensch und Technik

Die längste Zeit ihrer Geschichte lebten die Menschen mit dem Mangel an Nahrung, Kleidung, Energie, Kommunikation. Erst im vorigen Jahrhundert und nur in wenigen Ländern wurde diese Mangelsituation für die meisten überwunden. Diese Vorzugssituation ergab sich dort, wo sich technische Fortschritte durch die Erfinderkraft einzelner, das Geschick vieler und ein liberales Wirtschaftssystem einstellten.

In den Industrieländern kennen jetzt viele Menschen überhaupt nicht mehr das, was noch vor einem Jahrhundert tägliche Erfahrung der Mehrzahl war: Schwere körperliche Arbeit, Hunger, Mangel an Bekleidung, Angst vor Naturgewalten und Mangel an Kommunikation und Bewegungsmöglichkeit.
Die Bewertung dieser Leistungen des technischen Fortschritts veränderte sich aber etwa seit Beginn dieses Jahrhunderts drastisch. Bis dahin dominierte das stolze Gefühl, »wie herrlich weit wir es doch gebracht haben«, danach wuchs die Sorge, ob wir nicht in eine sehr gefährliche Situation geraten seien. Man sieht sich jetzt vielfach in der Rolle des Zauberlehrlings, der ohne Einsicht in die Folgen ein Werkzeug in Bewegung gesetzt hat und es nun nicht mehr kontrollieren kann.

Einst gab es rein technische Probleme, die auch öffentlich stark interessierten, so z. B.: Ist es möglich, daß Menschen fliegen, kann man »fern sehen«, kann man zum Mond reisen?

Neuerdings treten derartige rein technische Probleme immer mehr in den Hintergrund: Man hält die Technik für allmächtig und für fähig zur Lösung schlechterdings aller Probleme. Dafür interessiert sich die Öffentlichkeit immer mehr für die Probleme der Beziehung zwischen Mensch und Technik.

Vor hundertfünfzig Jahren klagte Goethe pauschal darüber, daß ihn ». . . das überhandnehmende Maschinenwesen quält und ängstigt«, heute stehen wir vor konkreten, existenzbedrohenden Problemen; so z. B. der Zerstörung der menschlichen Umwelt, der Zerstörung gewachsener Sozialstrukturen, der »Entfremdung« des arbeitenden Menschen von seinem Produkt und dem Bewußtseinsverlust durch die Wirkung der Massenmedien. Es gibt keinen Zweifel daran, daß diese technischen Herausforderungen (»Technical Assessments«) in Zukunft an Zahl und Bedeutung noch zunehmen werden.

Veränderungen der Technik erzwingen auch Veränderungen im gesellschaftlichen, wirtschaftlichen und staatlichen Bereich. Solange die technischen Veränderungen noch relativ langsam verliefen, war die Spannung zwischen den »eigentlich« geforderten Konsequenzen und der verspäteten Realität noch einigermaßen erträglich.

Durch die gegenwärtige Beschleunigung der technischen Entwicklung nimmt diese Spannung aber vielfach unerträgliche Ausmaße an, deren Folgen weder durchschaut noch kontrolliert sind. Beim Wettlauf zwischen der technischen Entwicklung

Die Erfolge der Raumfahrt haben dazu beigetragen, daß die Technik heute für allmächtig und die Lösung technischer Probleme lediglich für eine Frage der Zeit gehalten wird. Unser Foto zeigt den Astronauten Edward White im Weltraum, aufgenommen von seinem Kollegen McDivitt aus der geöffneten Luke einer Apollo-Raumkapsel am 3. Juni 1965. Vier Jahre später betraten Apollo-Astronauten den Mond.

Das Mittel zum Zweck

und ihrer Kontrolle, z.B. juristischen Kontrolle, unterliegt meist die Kontrolle.

Man muß die gegenwärtige Entwicklung in einem weiten entwicklungsgeschichtlichen Rahmen sehen: Die Überlebenschancen der menschlichen Art lagen nicht in physischem Vermögen, so z.B. körperlicher Kraft, Schnelligkeit, Schwimmen oder Fliegen, sondern in einer ganz anderen Fähigkeit: in der Intelligenz, also dem Vermögen, Zusammenhänge zwischen Ursache und Wirkung zu entdecken und sie zum eigenen Vorteil auszunutzen. Dieses Vermögen realisierte sich als Naturwissenschaft und Technik: als »Naturwissenschaft« bezeichnen wir den Gesamtbereich der dem Menschen bewußten Gesetzlichkeiten, vor allem der Außenwelt. Ist eine naturwissenschaftliche Theorie »richtig«, dann erlaubt sie es, den Verlauf angemessener Experimente richtig vorauszusagen.

Von »Technik« sprechen wir dann, wenn Mittel bewußt zur Erreichung eines Zieles benutzt werden. So werden beispielsweise bei der Sprechtechnik menschliche Organe zur Erzeugung akustischer Signale benutzt. Von Technik im engeren Sinne sprechen wir dann, wenn naturwissenschaftliche Erfahrungen zur Verwirklichung eines Zweckes, vor allem zur erhofften Verbesserung des menschlichen Lebens, benutzt werden. Ist es die Absicht naturwissenschaftlicher Forschung, den Zusammenhang zwischen Ursache und Wirkung zu entdecken, so ist es die Absicht der Technik, eine bestimmte Wirkung dadurch herbeizuführen, daß die erforderlichen Ursachen herbeigeschafft werden.

Diese Überlegung soll vor allem ganz deutlich machen: Technik ist nicht Selbstzweck, vielmehr ein Mittel für den Zweck der menschlichen Existenz, und wo die Technik diesem

Mensch und Technik

Zweck nicht dient, da muß sie kontrolliert, verändert oder eingestellt werden.

Verschiedene soziale Gruppen, insbesondere verschiedene Berufsgruppen, entwickeln unterschiedliche Einstellungen zur Technik. Hierbei ist für erste Orientierungen eine vereinfachende Zusammenfassung recht nützlich: Einerseits »literarische Intelligenz« und andererseits »technische Intelligenz«. Diese Unterscheidung geht auf Sir Charles Snow zurück, der 1959 erstmalig über »Die zwei Kulturen« sprach. Die Problematik wurde in deutscher Sprache von H. Kreuzer publiziert (Literarische und naturwissenschaftliche Intelligenz, Ernst Klett, Verlag, Stuttgart 1969).

Snows Grundgedanke ist: »Ich glaube, das geistige Leben der gesamten westlichen Gesellschaft spaltet sich immer mehr in zwei diametrale Gruppen auf: Auf der einen Seite haben wir die literarisch Gebildeten, die ganz unversehens, als gerade niemand aufpaßte, die Gewohnheit annahmen, von sich selbst als von ›den Intellektuellen‹ zu sprechen, als gäbe es sonst weiter keine. Auf der anderen Seite Naturwissenschaftler. Zwischen beiden eine Kluft gegenseitigen Nichtverstehens. Wenn die Naturwissenschaftler die Zukunft im Blut haben, dann reagiert die überkommene Kultur darauf mit dem Wunsch, es gäbe gar keine Zukunft.«

Zweifellos ist dies eine Simplifikation, aber sie ist nützlich. Daß in unserem Lande Naturwissenschaft und Technik eine schlechte Presse haben, zeigte eine soziologische Analyse von H. Schmelzer (Naturwissenschaft und Technik im Urteil der deutschen Presse, VDI-Verlag, Düsseldorf 1968).

Die unerfreuliche Frontstellung wurde während der letzten Jahre bei uns durch die Agitationen der »kritischen Theorie« noch verschärft. Die Schriften von H. Marcuse (vor allem: Der eindimensionale Mensch, Luchterhand Verlag, Neuwied und Berlin 1967) sind Musterbeispiele technikfeindlicher Agitation ohne realisierbare Alternative.

Welche Gedanken dieser Haltung zugrunde liegen, zeigt ein Zitat von Robert Jungk (»Geisteswissenschaft und Naturwissenschaft«, herausgegeben von W. Laskowski, Berlin 1970):

»Wissenschaft und Technik, die sich die ›Erde untertan‹ machen, erwachsen konsequent aus einer Herren- und Untertanenmentalität. Wissenschaft und Technik, die immer neue Gebiete ›erobern‹, die ins Innerste des Atomkerns oder der Zelle ›eindringen‹, sind gezeichnet vom Kainsmal der Zerstörung. In der angeblich so wertneutralen Forschung und ihrer Anwendung wird nicht zufällig die Sprache des Unmenschen so ausgiebig verwendet. Und es ist nicht ohne tiefere Bedeutung, wenn der Spezialjargon der Militärs selbst in der Interpretation der ›reinen Forschung‹ eine so große Rolle spielt. Da gibt es ›Strategie‹, ›Penetration‹ und ›Reduktion‹, da eilt man von ›Vorstoß‹ zu ›Vorstoß‹, da werden immer neue ›Durchbrüche‹ erzielt.«

Anhänger dieser Denkart möchte ich um Antwort auf einige Fragen bitten:

1. Wie wollt ihr die mindestens sechs Milliarden Menschen des Jahres 2000 ohne technischen Fortschritt ernähren, ohne verbesserte Methoden des Ackerbaues, des Transports, der Konservierung usw.?
2. Glaubt ihr, die Probleme des Umweltschutzes, besonders der Wiederverwendungstechnik, des »recycling«, ohne weitere technische Fortschritte lösen zu können?
3. Wie wollt ihr diese Milliarden ohne weltweite Kommunikation – einschließlich »heißem Draht« – zum friedlichen Zusammenleben bringen?
4. Wie wollt ihr ohne Fortschritte bei der Geburtenbeschränkung – also technische Fortschritte – eine weitere Bevölkerungsexplosion verhindern?
5. Wie wollt ihr die Milliarden zu bedarfsdeckender Zusammenarbeit bringen ohne wirksame Entscheidungsstrukturen, die ihr als »Herrschaftsstrukturen« denunziert?

Diese Kritiker machen glauben, daß der technische Fortschritt auf Kosten der Menschlichkeit ginge. Dies wird aber durch keine Erfahrung gestützt: Es gibt auch unter technisch Unterentwickelten Barbaren, und es gibt Menschlichkeit zusammen mit technischen Höchstleistungen. Der technische Fortschritt hat noch keinen daran gehindert, ein Albert Schweitzer zu werden.

Aber auch wer dieser naiv technikfeindlichen Gesellschaftskritik nicht verfällt, muß eingestehen, daß das Mittel Technik in zunehmendem Maße mit seinem Zweck, der menschlichen Existenz, kollidiert. Die Therapie kann aber nicht in der Anklage bestehen, sie braucht vielmehr die sachkundige Analyse.

Ökologie und Ökonomie

Das Wort Ökologie entstammt dem Griechischen und heißt »Haushaltkunde«. Heute versteht man darunter die Wissenschaft von den Beziehungen der Lebewesen zu ihrer Umwelt und damit die gegenseitige Beeinflussung von Pflanzen, Tieren und Menschen beim Bestreben, sich dem Boden, dem Klima und den anderen Lebewesen anzupassen.

Wenn sich alle Lebewesen gleichmäßig diesem Anpassungsvorgang unterziehen, herrscht ökologisches Gleichgewicht, wie es bis zu Beginn des technischen Zeitalters weltweit der Fall war. So gibt es in der Natur keine Abfälle, da alles Abgestorbene im biologischen Kreislauf verbleibt.

Heute sind die natürlichen Wachstumsgrenzen beseitigt, denn nach dem »Ökonomischen Prinzip« (→S. 36) ist der Mensch bestrebt, mit dem geringsten Aufwand den größtmöglichen Ertrag zu erzielen, und zwar ohne Rücksicht auf die Umwelt. Der Verbrauch an Energie und Rohstoffen übersteigt bei weitem den natürlichen Nachschub, und der Überschuß an Schadstoffen und an Abwärme kann von der Erde, dem Wasser und der Luft nicht mehr verkraftet werden. Die *Ökonomie* gefährdet in ihrer Zielsetzung die *Ökologie*.

Kollisionen

Es gibt viele Bereiche, in denen das Mittel, also die Technik, mit ihrem Zweck, also der menschlichen Existenz, kollidiert: Verkehr, Automatisierung, Massenkommunikation, Welternährung, Unwirtlichkeit unserer Städte usw.

Vier wichtige und typische Kollisionen seien ausführlicher diskutiert:
1. Zerstörung der menschlichen Umwelt
2. Zerstörung gewachsener Sozialstrukturen
3. Entfremdung des arbeitenden Menschen von seinem Produkt
4. Bewußtseinsverlust durch die Wirkung der Massenmedien.

Die Umweltzerstörung hat viele Komponenten, so vor allem die Verschmutzung von Luft und Wasser, die wachsenden Müllhalden usw. Die Mehrzahl dieser Erscheinungen kann auf die Unabgeschlossenheit des Materialflusses in der technischen Welt zurückgeführt werden. Der einstige »natürliche« Materialfluß war abgeschlossen: Der Mensch entzog dem Boden bestimmte Stoffe, vor allem durch Pflanzenanbau. Diese Stoffe dienten der menschlichen Ernährung entweder direkt oder nach Verarbeitung durch Tiere. Die Abfälle führte er wieder dem Boden zu. So entstand ein geschlossener Materialkreislauf, der das materielle Gleichgewicht nicht zerstörte.

Durch die Industrialisierung werden neuerdings der Umwelt sehr viele Stoffe entzogen. Diese gelangen meist nach technischen Veränderungen zum Menschen, wo sie nicht nur zur Befriedigung der ursprünglichen Bedürfnisse (vor allem Ernährung, Bekleidung und Wohnen) dienen, sondern auch ganz neuen Bedürfnissen, wie z. B. neuen Formen der Fortbewegung oder Unterhaltung.

Nach Verwendung dieser Produkte entstehen Abfälle, die vorläufig meist unkontrolliert irgendwo deponiert werden und so die Umweltzerstörung fördern. Hier entstand ein offener Materialfluß, der nicht unbegrenzte Zeit bestehen kann, ohne daß die Erde unbewohnbar wird.

In der Natur gibt es kein Müll-Problem. Alles, was abstirbt, geht wieder in den biologischen Kreislauf ein. Daß unsere Industrie nicht in einem analogen Kreislauf arbeitete, rächt sich heute: Unserer »Wegwerf-Wirtschaft« wächst einerseits der Müll über den Kopf, andererseits werden ihr die Rohstoffe knapp. Endlich versucht man jetzt, aus unbrauchbar gewordenen Produkten die Rohstoffe zurückzugewinnen und wiederzuverwenden (»Recycling«). Im Bild: Kompostierung von Müll.

Wenn die Erde wieder ins materielle Gleichgewicht kommen soll, dann müssen wir auch wieder einen geschlossenen Materialkreislauf herstellen. Hierzu muß die Technik nicht nur dazu benutzt werden, aus Rohstoffen erwünschte Produkte herzustellen, sondern auch für die umgekehrte Aufgabe, nämlich aus Abfällen wieder Rohstoffe herzustellen.

Der Aufbau des Wiederverwendungskreislaufes, des »recycling«, erscheint gegenwärtig als die wichtigste technische Aufgabe. Bisherige Ansätze, wie z. B. die Wiederverwendung von Schrott, sind nur die allerersten Anfänge einer zukünftigen »Antiproduktion«, deren Umfang und Bedeutung langfristig mit der Produktion (im bisherigen Sinn) durchaus vergleichbar sein wird.

Diese zukünftige Materialverwendung muß zwei Vorgänge vermeiden: einerseits die Entnahme unersetzlicher Rohstoffe aus der natürlichen Umwelt und andererseits die Deponie nicht abbaufähiger Abfälle (wie z. B. Glas, Plastik, DDT usw.) in der Umwelt.

Durch die technische Entwicklung, vor allem die Automation, werden vielfach gewachsene Sozialstrukturen zerstört, ohne daß an ihre Stelle etwas Gleichwertiges tritt.

Noch vor einem halben Jahrhundert war die Arbeitswelt vorwiegend statisch: durch die Berufswahl waren Arbeitsmethoden und oft auch Arbeitsplatz lebenslänglich festgelegt. Vielgerühmtes Symbol dieser statischen Arbeitswelt war der Jubilar, der treu und redlich vierzig oder fünfzig Jahre an demselben Platz seine Arbeit geleistet hatte.

Die Automation bewirkt aber eine Umstrukturierung von enormer Dynamik: Arbeitskräftebedarf, Berufsbilder, Einstellung des arbeitenden Menschen zum Produkt und soziale Einbettung des arbeitenden Menschen in seine Arbeitswelt verändern sich schnell und immer schneller. Man hat jetzt einen Job auf Zeit, ist ständig auf der Suche nach Verbesserung, die Treue zum Arbeitsplatz ist eine Frage des wirtschaftlichen Kalküls, nicht der menschlichen Verbindung, und endet auf jeden Fall am Fabriktor.

Dies ist eine Belastung unseres Zusammenlebens: Die Dynamik des technischen Fortschritts erzeugt Hektik und zerstört die Stetigkeit, die Voraussetzung vernünftiger Leistungen und persönlichen Glückes ist.

Im »Kommunistischen Manifest« schrieb Karl Marx:
»Die Arbeit der Proletarier hat durch die Ausdehnung der Maschinerie und die Teilung der Arbeit allen selbständigen Charakter und damit allen Reiz für den Arbeiter verloren. Er wird ein bloßes Zubehör der Maschine, von dem nur der einfachste, eintönigste, am leichtesten erlernbare Handgriff verlangt wird.«

Diese Kritik ist heute so aktuell wie im neunzehnten Jahrhundert. Wirksame Abhilfen wurden bisher kaum gefunden, die ersten Versuche spielen in der Publizistik eine größere Rolle als in der Arbeitswelt. Gründliche Untersuchungen (siehe hierzu vor allem G. Rühl »Untersuchungen zur Arbeitsstrukturierung«, Industrial Engineering Nr. 3, 3. Jg., Juni 1973, Seiten 147–197) zeigen aber, daß Humanisierung und Ökonomie sich gegenseitig nicht ausschließen. Lösungen dieses Problems brauchen Erfahrungen der Arbeitsphysiologie, Arbeitspsychologie, bessere Arbeitsorganisation und weitere technische Fortschritte.

Eine andere Kollision der Technik mit ihrem Zweck, nämlich der menschlichen Existenz, erwächst aus der Eigengesetzlichkeit der Massenkommunikation.

Nächst der schon von Bert Brecht beklagten Tatsache, daß die Massenkommunikation ihre Empfänger gar nicht in die Kommunikation einbezieht, sie vielmehr isoliert, ist deren gefährlichste Wirkung die zunehmende Vorherrschaft einfacher und einfachster Denkmodelle. Das, was über den Sender hörbar oder sichtbar ausgestrahlt wird, müssen möglichst viele Empfänger ohne Rückfrage verstehen können. Dieser Sachzwang hat verheerende Folgen für die Konsumenten: Sie gewöhnen sich immer mehr an das Denken in einfachsten Denkmodellen und verlieren die Fähigkeit zur feinen Differenzierung, zur sachlichen Auseinandersetzung und schließlich zum verständigen Widerspruch. Die Verantwortlichen – auf demokratische Zustimmung angewiesen – sind auf Aussagen und Verhalten eingeschränkt, die durch diese beschränkte Brille gesehen attraktiv erscheinen. Hier ereignet sich mit zunehmender Geschwindigkeit ein sozialer Bewußtseinsverlust.

Mißverständnisse

Unsere zeitgenössische Gesellschaftskritik hat einen Popanz aufgebaut, auf den sie die Schuld für beinahe alle Mißstände dieser Erde lädt: den »Technokraten«, jenes Monstrum, das nicht fragt, was die Folgen seines Handelns für den Menschen und die Gesellschaft sind, das nur fragt, welcher Nutzen dabei herausspringt.

Dieses Klischee, diese Verzeichnung der Realität hat unerfreuliche Folgen: so vor allem die Entsolidarisierung von Sachverstand und Kritik. Auf der einen Seite versammeln sich die Pharisäer, die keine Vorstellung davon haben, wie man ihre Forderungen verwirklichen kann, und auf der anderen Seite die Leute mit Sachverstand, die sich den überheblichen Vorwürfen nicht mehr stellen mögen. Es ist aber nicht wahr, daß Naturwissenschaftler und Techniker ihre moralischen Verpflichtungen weniger ernst nehmen als die Leute, die sie dauernd auf der Zunge tragen. Vielfach hemmt sie nur die größere Einsicht in die Folgen von allzu simplen Scheinlösungen unserer Probleme.

Einige historische Beispiele seien in Erinnerung gebracht:

Leonardo da Vinci – Maler, Architekt, Naturforscher und Ingenieur – entwarf schon vor beinahe fünfhundert Jahren ein Unterseeboot, aber er vernichtete dessen Zeichnungen mit dem Vermerk:

»Ich gebe dies nicht preis, weil die Natur des Menschen so böse ist.«

Besonders interessant ist ein Zitat des Karlsruher Professors E. Zschimmer, der im Jahre 1929 über den Sinn technischen Schaffens schrieb (K. Steinbuch »Mensch, Technik, Zukunft«, Deutsche Verlagsanstalt, Stuttgart 1971):

». . . die Zukunft der Großstädte: Eine Hölle von Benzindampf und Spektakel, ein Bergwerk des Verkehrs auf der Erde, unter der Erde, in der Luft, vollgedrängt von Automobilen . . . Wir können heute – gerade weil wir Techniker sind – in diesem Chaos der entfesselten Mittel, der rauchenden Schlote, der verwüsteten Natur, der vom ›technischen Fortschritt‹ geplagten Menschheit, in diesem Massenunfug mißbrauchter, mißverstandener Schöpfungen des Erfindergeistes unmöglich den wahren und letzten Sinn unseres Schaffens erblicken.«

Vergleicht man solche zeitlich weit zurückliegenden Forderungen mit der damaligen öffentlichen Gleichgültigkeit gegenüber diesen Problemen, so erkennt man die Unhaltbarkeit der durch das Klischee »Technokrat« verbreiteten Vorwurfsattitüde.

Zweifellos die größten Verdienste um die Aufklärung der Öffentlichkeit über die Umweltzerstörung hat die amerikanische Biologin Rachel Carson mit ihrem 1962 erschienenen Buch »Der stumme Frühling«, das so schließt:

»Die ›Herrschaft über die Natur‹ ist ein Schlagwort, das man in anmaßendem Hochmut geprägt hat. Es stammt aus der ›Neandertaler-Zeit‹ der Biologie und Philosophie, als man noch annahm, die Natur sei nur dazu da, dem Menschen zu dienen und ihm das Leben angenehm zu machen.«

Der »Verein Deutscher Ingenieure« (VDI) hat sich schon lange um die vorsorgliche Abwendung von Schäden durch die technische Entwicklung bemüht. Untersuchungen über Rauch- und Rußschädigungen finden sich hier schon im vorigen Jahrhundert, detaillierte Analysen von Umweltproblemen seit etwa den zwanziger Jahren dieses Jahrhunderts. Der VDI hat rund hundert Richtlinien verabschiedet, die Umweltfragen behandeln. Schließlich wurde 1972 vom VDI ein Aktionszentrum »Technik und Umwelt« gebildet.

Die »Technischen Überwachungsvereine« entstanden in der zweiten Hälfte des neunzehnten Jahrhunderts zur Abwendung katastrophaler Folgen der technischen Entwicklung, vor allem der Folgen von Dampfkesselexplosionen.

Kollisionen zwischen privaten Wünschen und übergeordneten Zwängen zeigen sich gegenwärtig vielfach auch bei der Energieversorgung: Wo immer leistungsfähige Energiegewinnungsanlagen, vor allem Atomkraftwerke, geplant oder gebaut werden, erhebt sich lautstarker Widerspruch: Was sollen diese Anlagen gerade hier, wo wir wohnen, mit all ihren unerfreulichen Nebenwirkungen, Verunreinigung von Luft und Wasser, Klimaveränderung und Sicherheitsrisiken? Dieselbe Bevölkerung erwartet aber stillschweigend, daß ihr enorme und ständig wachsende Mengen von Energie jederzeit zur Verfügung gestellt werden.

Was kann man tun? Ich meine, wer Verantwortung empfindet, darf hier nicht Haß predigen, sondern muß aufklären: einerseits über die sachlichen Zusammenhänge und andererseits über die zumindest zeitweise Unvermeidbarkeit mancher Einschränkungen. Unerträglich ist aber die vorwurfsvolle Unschuldsmiene der Leute, deren Unschuld darauf beruht, daß andere für sie die Arbeit leisten und das von ihnen geforderte Energiepotential bereitstellen.

Kontrolle

Beim Wettlauf zwischen der technischen Entwicklung und ihrer Kontrolle (beispielsweise gesetzgeberischen Kontrollen) unterliegt regelmäßig die Kontrolle. Es ist hierbei müßig, zu untersuchen, ob die Gesetzgebung nun zwei, fünf, zehn oder zwanzig Jahre hinter dem jeweils aktuellen Stand von Gesellschaft und Technik nachhinkt.

Ein typisches Beispiel berichtete J. Schmandt aus den USA (in: G. v. Kortzfleisch; K. Tuchel [Hrsg.] »Wirtschaftliche und gesellschaftliche Auswirkungen des technischen Fortschritts«, VDI-Verlag, Düsseldorf 1971):

»Vor zwanzig Jahren veröffentlichte die dem Bundesgesundheitsamt entsprechende Behörde der amerikanischen Regierung einen Bericht über die Verschmutzung des Erie-Sees, eines der großen Seen im Norden des Landes. Herkunft, Umfang und Wirkungen der verschiedenen Verschmutzungsfaktoren wurden identifiziert, und Gegenmaßnahmen zur Eindämmung des Problems wurden erläutert. Die allgemeine Schlußfolgerung war, daß energische Schutzmaßnahmen ergriffen werden müßten, um das biologische Absterben des Sees zu verhindern. Der Bericht war wissenschaftlich zuverlässig und konnte als Grundlage der politischen Aktion dienen. Jedoch nichts geschah. Kein Ausschuß des Kongresses, kein Anliegerstaat, keine Zeitung, kein Verfechter von Verbraucherinteres-

Riesige Maschinen von enormer Arbeitskapazität wie dieses beim Straßenbau in Australien eingesetzte Fahrzeug hat die Technik dem Menschen an die Hand gegeben. Seine Aufgabe ist es, Ziel und Tempo zu bestimmen.

sen griff den Fall auf, um die Regierung zur Handlung anzuhalten. Heute ist die Verschmutzung des Erie-Sees so weit fortgeschritten, daß selbst aufwendigste Schutzmaßnahmen nicht mehr mit Sicherheit zum Erfolg führen werden.«

Es wäre sicher leicht, vergleichbare Beispiele aus der Bundesrepublik oder der Europäischen Gemeinschaft zu nennen.

Was kann gegen derartige unerfreuliche, kostspielige und unvernünftige Entwicklungen geschehen?

1. Die technische Entwicklung muß vorausschauend bedacht werden, um mögliche Gefahren zu umgehen und mögliche Chancen zu nutzen: Die Zukunft muß also mit den besten Methoden prognostiziert werden.
2. Die Öffentlichkeit muß rechtzeitig und eingehend über die Probleme, Gefahren und Möglichkeiten unterrichtet werden, damit der Souverän des demokratischen Staates, der Wähler, sich begründet entscheiden kann.
3. Die gesellschaftlichen, privatwirtschaftlichen und staatlichen Strukturen müssen fortwährend überprüft werden, ob sie der gegebenen Situation und Problemlage überhaupt gewachsen sind, oder ob Unwissenheit, Immobilität und Gewinnstreben die notwendige Anpassung an die Forderung des Tages verhindern.

Zur Prognose technischer Entwicklungen wurden in den letzten Jahren einige nützliche Methoden entwickelt (siehe Buch »Technische Prognosen in der Praxis«, Hrsg. H. Blohm und K. Steinbuch, VDI-Verlag, Düsseldorf 1972). Hierbei muß man sich darüber im klaren sein: Keine dieser Methoden erzeugt sichere Voraussagen; das beste, das Prognosen leisten können, ist:

Klärung unübersichtlicher Zusammenhänge;
Strukturierung des Denkens;
Förderung interdisziplinärer Zusammenarbeit;
Offenlegung von Annahmen und Vorurteilen.

Prognosen der technischen Entwicklung leiden aber vielfach darunter, daß die Prognostiker vom momentanen Stand naturwissenschaftlich-technischen Wissens ausgehen und nicht mit in Betracht ziehen können, was an neuen Entdeckungen oder Erfindungen unmittelbar vor der Türe steht.

Ähnliches gilt im Hinblick auf die regelmäßig wiederkehrenden Vermutungen, der Vorrat entdeckbarer naturwissenschaftlicher Gesetze sei erschöpft, und nun gebe es nichts grundsätzlich Neues mehr. Diese Vermutung wurde schon oft ausgesprochen, beispielsweise um die Wende vom neunzehnten zum zwanzigsten Jahrhundert, kurz bevor Relativitätstheorie und Quantentheorie ihren Siegeszug antraten.

Alle Überlegungen zur künftigen Entwicklung der Technik sind außerdem müßig, wenn keine Übereinstimmung in den Zielen besteht und die einzelnen Gruppen der Gesellschaft sich in gegenseitiger Diffamierung an der Lösung unserer Probleme hindern. Wir werden diese technischen Herausforderungen sicher nie einer erträglichen Lösung zuführen, solange sich die verschiedenen Gruppen gegenseitig beschuldigen.

Präsident J. F. Kennedy setzte im Jahre 1961 das Ziel, noch in demselben Jahrzehnt solle ein Amerikaner den Mond betreten. So geschah es ja dann auch. Aber hier setzen Zweifel ein: Ist es vernünftig, diese unvorstellbar großen Aufwendungen für die Raumfahrt zu treiben, wo wir doch auf der Erde so viele ungelöste Probleme haben?

Mensch und Technik

Hier möchte ich kurz auf einen Gedanken von Dennis Gabor verweisen, der die Motivation durch die Raumfahrt verglich mit der mittelalterlichen Motivation, die zum Kathedralenbau führte. Damit wird Gabor der Raumfahrt mehr gerecht als Max Born, der sie als einen Triumph des Verstandes, aber als ein tragisches Versagen der Vernunft bezeichnete. Im Gegensatz zu Born bin ich der Überzeugung, daß die Raumfahrt mittelbar zum menschlichen Fortschritt beigetragen hat.

Um diese Ansicht zu begründen, muß ich mich zuerst von einigen Illusionen der Anfangszeit distanzieren, beispielsweise der, man könne den menschlichen Lebensraum ausweiten oder die Zivilisation retten, wenn die Erde unbewohnbar wird. Ich halte auch wenig von den vieldiskutierten technischen Nebenerrungenschaften; vermutlich hätte man die ohne den Umweg über die Raumfahrt billiger haben können.

Aber: Die Raumfahrt hat das Denken und Verhalten von Milliarden Menschen stärker verändert als irgendein anderer Vorgang der letzten Jahrzehnte. Die vielzitierte Revolution des Denkens durch die moderne Physik beschränkte sich auf einen relativ kleinen Kreis von Theoretikern, die Öffentlichkeit verstand sie nicht. Ähnliches läßt sich über die Wirkung der Computer sagen: Die Öffentlichkeit lebt mit ihnen, ohne sie eigentlich zu verstehen.

Die kopernikanische Wende für Milliarden Menschen brachte erst die Raumfahrt: Das Bild unserer Erde von außen, die Heimat des Menschen nicht als Subjekt, sondern als Objekt des Geschehens.

Ohne die Raumfahrt wäre es meines Erachtens nicht gelungen, in so kurzer Zeit so viele Menschen »umweltbewußt« zu machen. Das Wort von »unserer guten Erde« stammt aus der Raumfahrt, ebenso die Vorstellung des Raumschiffes, das mit begrenzten Energiereserven durch das Universum fliegt. Typisch sind Buchtitel wie »Ein Planet wird unbewohnbar« und »Müllplanet Erde«. Ich halte es für unwahrscheinlich, daß die Öffentlichkeit so schnell die Bedrohung unserer Existenz begriffen hätte, wenn ihr nicht das Bild unserer guten Erde gezeigt worden wäre, wie sie beständig durch den Weltraum fliegt. Die Raumfahrt hat die Weltöffentlichkeit gelehrt, daß wir »Kinder des Weltalls« sind und daß unsere Lebenssphäre ein empfindliches Gebilde ist.

Ein weiterer Beitrag der Raumfahrt zum menschlichen Fortschritt ist die weltweite Kommunikation, die weit über das hinausgeht, was bisher durch Funk und Überseekabel geleistet wurde: Jetzt kann leicht jeder Punkt der Erde mit jedem anderen in Bild und Ton verbunden werden. Diese Kommunikation ermöglicht mehr Solidarität der zusammenlebenden Menschen.

Lebensqualität

Was die Ziele der technischen Entwicklung betrifft, so muß unmißverständlich gesagt werden: Man kann in unserer Zeit technischen Fortschritt nicht mehr allein an Wirtschaftlichkeit und Nutzwert messen; diese Bewertung, die einst möglich war, würde die Bedingungen unserer Zeit gänzlich ignorieren. Aber welches sind denn die übergeordneten Bewertungen, welche die technische Entwicklung bestimmen sollen? Welches Gewicht haben das Überleben, der Wohlstand, die Freiheit, die »Humanität« (und was ist dies überhaupt?)? Über diese Fragen, die doch eigentlich Voraussetzungen einer rationalen Politik sind, besteht mehr Unklarheit als Klarheit.

Die gegenwärtigen Diskussionen über die »Lebensqualität« sind noch nicht geeignet, der technischen Entwicklung überzeugende Ziele zu geben: Vorläufig ist »Lebensqualität« mehr ein politischer Köder als eine Anweisung für praktisches Handeln.

Durch die gegenwärtige Gesellschaftskritik geistert die Vermutung, die »sozialistischen« Staaten bewältigten die Probleme des Umweltschutzes und des begrenzten Wachstums besser als die »kapitalistischen« Staaten. Dies ist ein Irrtum: Die »sozialistischen« Staaten haben diese Probleme in vergleichbarem Umfang, über die Verschmutzung der Wolga und des Baikalsees wurde ähnlich geklagt wie über die Verschmutzung des Rheins und des Bodensees. Dort ist die Wachstumseuphorie eher noch stärker als in den »kapitalistischen« Staaten: Man will diese ja möglichst schnell in ihrer Produktion »überholen«. Ich halte es für leichtfertig anzunehmen, dort könnten die Probleme des Umweltschutzes und des begrenzten

Am Horizont des Mondes geht die Erde auf. Die Raumfahrt hat uns diesen Anblick der Erde von außen beschert. Das Bild rief die Vorstellung vom »Raumschiff Erde« hervor, das mit nur begrenzten Energiereserven durch das Universum fliegt.

Wachstums besser als bei uns gelöst werden. Wenn dort tatsächlich manche Probleme geringer sind, so liegt dies mehr an dem meist geringeren Industrialisierungsgrad und der geringen Bevölkerungsdichte.

Eine Kernfrage des Themas »Mensch und Technik« ist wohl: Werden wirklich diejenigen Produkte und Leistungen erzeugt, die wünschenswert sind? Wie schwierig die Antwort auf diese Frage ist, mögen folgende Überlegungen zeigen:

Es gibt scheinbar Produkte, über deren Wünschbarkeit kaum Widersprüche bestehen, sogenannte »gute« Produkte, wie z. B. unverfälschte Nahrungsmittel, praktische Bekleidung, gesunde Wohnungen, wirksame Medikamente usw. Aber bei weiterem Nachdenken stellen sich doch Zweifel ein, ob diese Kennzeichnung »guter« Produkte so einfach ist: Möchten wir tatsächlich nur unverfälschte Nahrungsmittel, oder sollten sie auch geschmackvoll und ansehnlich sein, möchten wir nicht auch modi-

»Konsumterror« und Konsumdiktat

sche Bekleidung, komfortable Wohnungen, sind wirksame Medikamente nicht immer auch gefährliche Medikamente?

Mit vorwurfsvollem Ton wird der Mensch als »Homo consumens« bezeichnet (W. Schmidbauer, »Homo Consumens«, Deutsche Verlagsanstalt, Stuttgart 1972) und behauptet, zu den nicht lebensnotwendigen, zum großen Teil sogar gesundheitsschädlichen Konsumgütern zählten mindestens neunzig Prozent der Autos, ferner die gesamten Kosmetika, die meisten Medikamente, die meisten Kleider, viele Nippes usw. Schmidbauer rechnet auch Genußmittel dazu, vor allem Alkohol und Tabak, für die allein in Deutschland jedes Jahr über dreißig Milliarden Mark ausgegeben werden, und kommt schließlich zu der Behauptung, »... daß das Prinzip Verschwendung etwa 80 Prozent unserer Produktion beherrscht«.

Bei den Nippes mag mancher innerlich zugestimmt haben, der bei Alkohol und Tabak widersprechen möchte. Wie steht es schließlich mit dem privaten Kraftfahrzeug, auf das fortwährend zu schimpfen und das fortwährend zu benutzen das übereinstimmende Merkmal vieler »kritischer Köpfe« ist?

Es ist auch nicht wahr, daß der Konsum typischer Produkte, z. B. Alkohol, Tabak, privates Auto usw., das Ergebnis eines angeblichen »Konsumterrors« ist; ihr Konsum ist meist das Ergebnis originär subjektiver Wünsche.

Die gegenwärtige Gesellschaftskritik fordert häufig, daß die subjektiven Marktentscheidungen der Konsumenten durch globale Steuerungsmechanismen ersetzt werden. Ich halte es aber (in Übereinstimmung mit Helmut Schoeck »Die Lust am schlechten Gewissen«, Herder Bücherei 464, Freiburg, Basel, Wien 1973) für unzumutbar, wenn »... endlose Palaver von mißvergnügten Intellektuellen, die für ihre beschränkten Mitbürger entscheiden, was notwendig und was Luxus ist..., in Zukunft an die Stelle der bisherigen Kräfte treten, denen wir die Innovationen auf den meisten Gebieten verdanken.«

Was geschieht, wenn man diese Leute zu Beratungen über komplexe Probleme heranzieht, zeigte eine neuere Diskussion (Bild der Wissenschaft, Nr. 9, 10. Jg., Sept. 1973): Die für Entscheidungen notwendige Sachkenntnis ist nur bei denen vorhanden, die »interessiert« (also nicht selbstlos) an den Problemen arbeiten, während diejenigen, die selbstlos an die Probleme herangehen, zu wenig von der Sache verstehen und rasch mit Glaubensbekenntnissen enden. Dies ist keine Basis für Polemik von der einen oder anderen Seite, sie markiert vielmehr die Unzulänglichkeit beider Seiten und sollte eigentlich Solidarität erzeugen.

Man sollte bei der Diagnose auch nicht an der Oberfläche bleiben: Die »Technik« (wenn hier dieses pauschale Wort ge-

stattet wird) ist ja nicht die erste Ursache der Widrigkeiten, vielmehr die rasch wachsenden Menschenzahlen und ihre ebenso rasch wachsenden Ansprüche. Besonders seitdem die Massenkommunikation den Menschen in den industriell unterentwickelten Ländern den Lebensstandard der Industrieländer vor Augen führt, entsteht eine Explosion der Erwartungen.

In der zeitgenössischen Gesellschaftskritik an der Technik steckt ein wahrer Kern: Die bisherigen Methoden industrieller Entwicklung sind für die Zukunft unzureichend, zur Initiative muß die Verantwortung für das Gesamtwohl kommen, aus der naiven Marktwirtschaft muß tatsächlich eine Soziale Marktwirtschaft werden, in welcher (notfalls durch staatliche Einflußnahme) der industriellen Entwicklung Grenzen und Prioritäten gesetzt sind. Wir müssen jetzt sehr gründlich darüber nachdenken, wie wir die Ressourcen dieser Erde nutzen, damit auch unsere Enkel noch ein Leben hoher Qualität führen können.

Abschied vom Paradies

Aufnahmen aus dem Weltraum zeigen die Erde als eine mattblaue Kugel mit braunen Festlandblöcken und weißen Wolkenfeldern – es könnten Bilder eines unberührten Planeten sein. Intelligente Wesen aus dem Weltraum, die die Erde besuchen wollten, fänden keine Anhaltspunkte für die Existenz von höher entwickelten Geschöpfen.

Diese Bilder beweisen, daß die Umformung der Erde bisher in relativ bescheidenem Rahmen vor sich gegangen ist – was nicht ausschließt, daß das in einigen Jahrhunderten völlig anders sein wird. Sie zeigen aber auch, daß die von den Menschen veranlaßten Veränderungen nicht im großen Umbau der Landschaft ihren Ausdruck finden müssen, um wirkungsvoll zu sein. Denn der Anblick des naturbelassenen Planeten täuscht. Einflüsse, die auf den Menschen zurückgehen, reichen bis in die entlegenen Winkel der Antarktis – so hat man beispielsweise in den Körpern wildlebender Pinguine beachtliche Konzentrationen des Insektenvernichtungsmittels DDT entdeckt –, und sie reichen bis in die größten Höhen der Atmosphäre. Man braucht dabei nicht an so spektakuläre Unternehmungen der Weltraum-Forschung zu denken wie das Ausstreuen von Metallnadeln durch Satelliten, wodurch die elektrischen und magnetischen Felder in der Umgebung der Erde beeinflußt wurden. Es gibt auch Langzeitwirkungen, die vergleichsweise trivial begannen, beispielsweise mit dem Entzünden des ersten Feuers. Durch jeden Brand wird Sauerstoff verbraucht; der im organischen Material enthaltene Kohlenstoff verbindet sich mit dem Sauerstoff der Luft und bildet das Gas Kohlendioxid. Der weltweite Anstieg der Kohlendioxidkonzentration in der Luft ist mit den verfügbaren Meßmethoden durchaus feststellbar. Durch diese Veränderung könnte sich der gesamte Wärmehaushalt der Erde ändern, denn Kohlendioxid verschluckt Licht und wandelt es in Wärme um. Manche Spezialisten befürchten eine radikale Erwärmung unseres Planeten für den Fall, daß der Gehalt an Kohlendioxid in der Luft weiterhin im bisherigen Maß steigt.

Der Einfluß der Technik reicht selbst in jene Grenzbereiche hinein, in denen körperliche und geistige Eigenschaften verzahnt sind. So hat sich erwiesen, daß der Mensch der Zivilisation bestimmten optischen Täuschungen unterliegt, die bei einigen primitiven Naturvölkern unwirksam bleiben. Es handelt sich um Täuschungen, bei denen unsere Art des Sehens, die Schaffung von Bezugssystemen im Raum zur visuellen Orientierung, beteiligt ist. Unsere konstruierte Welt, die die rechtwinklig begrenzte ebene Fläche bevorzugt, beeinflußt also sogar unsere Art des Wahrnehmens.

Der Verzicht auf alle technischen Hilfsmittel, die Rückkehr in die »freie« Natur, würde nicht nur bedeuten, daß wir verhungern und erfrieren müßten; einem solchen Leben wäre auch die Art unseres Handelns, unserer Fortbewegung, unseres Sehens und Denkens nicht mehr angepaßt. Nicht das Gefühl, sich nun wieder in Harmonie mit der Umwelt zu befinden – was manche erwarten –, würde sich einstellen, sondern jenes der Verlorenheit, Hilflosigkeit, Bedrohung. Dann erst würden wir erkennen, wie wertvoll die unzähligen kleinen technischen Dinge sind, die uns im Alltag selbstverständlich erscheinen. Wenn es je ein naturhaftes Paradies gegeben hat, so haben wir es für immer verloren.

Werkzeugintelligenz

Jahrhunderte hindurch haben sich die Gelehrten bemüht herauszufinden, welche Eigenschaften den Menschen vom Tier unterscheiden. Das ist nicht nur eine philosophische Frage; sie hat auch praktische Bedeutung. Die Wissenschaft sucht nach Ordnungskriterien, welche Funde aus der vorgeschichtlichen Übergangszeit zwischen Tier und Mensch sie noch dem Menschenaffen und welche sie bereits dem Menschen zusprechen soll. Von allen Unterscheidungsmerkmalen, die man zu nutzen versucht hat, ist nur eines übriggeblieben: der Gebrauch des Werkzeugs.

Gewiß ist auch diese Trennung nicht völlig eindeutig; so kennt man Vögel, die Dornen verwenden, um Käfer aus ihren Löchern herauszuholen, oder mit Steinen fremde Eier aufschlagen; auch Nester, Ameisenhügel, Fuchslöcher, Biberdämme usw. könnte man als technische Hilfsmittel ansehen. Affen brechen Äste ab, um sie als Schlagstöcke einzusetzen, und sie streifen sogar die hinderlichen Blätter ab; damit kommen sie schon in die Nähe der Werkzeuganfertigung. Von solchen Andeutungen abgesehen, findet sich der Werkzeuggebrauch voll ausgeprägt aber nur beim Menschen. Wichtig ist dabei, daß bei ihm der Einsatz aller Hilfsmittel und auch ihre Anfertigung nicht instinktmäßig (das heißt aufgrund ererbter Verhaltenscodes), sondern rational erfolgt – aufgrund von Beobachtung, Überlegung und Einsicht. Damit kommen wir wieder zur Definition der Technik zurück: als bewußter Einsatz von Hilfsmitteln für praktische Zwecke.

Die Naturwissenschaftler, insbesondere die Biologen, Anthropologen und Prähistoriker, kennen also als Merkmal der

Unser Globus ist auch in seinen unwirtlichsten Gegenden nicht mehr der unberührte Planet, für den ein Betrachter aus dem Weltall ihn halten könnte. Blick auf das Atomkraftwerk der US-Station McMurdo in der Antarktis.

Die biologische Freiheit

Spezies »Mensch« nichts anderes als seine Fähigkeit zum technischen Handeln, seine »Werkzeugintelligenz«. Es tritt nun die Frage auf, wieso diese Fähigkeit gerade bei einem relativ unscheinbaren Wesen, das unter den anderen Geschöpfen seiner Zeit keineswegs eine hervorragende Rolle spielte, entstehen konnte.

Obwohl die Entwicklung vom Menschenaffen zum Menschen noch keineswegs restlos geklärt ist, kennt man doch einige Voraussetzungen dafür. Eine davon ist die Tatsache, daß der Vormensch noch nicht spezialisiert war, daß er also gewissermaßen noch die biologische Freiheit hatte, sich in verschiedenste Richtungen hin zu vervollkommnen, sich verschiedensten Lebensbereichen anzupassen. Außerdem war er ein Gesichtslebewesen – also ein solches, das sich wie die Vögel vor allem mit Hilfe der Augen über seine Umgebung orientiert.

Aus physikalischen Gründen ist das Licht das beste Hilfsmittel der Orientierung; es ist kaum eine andere Erscheinung denkbar, die so differenziert und verzögerungsfrei über die Situation in naher und ferner Umgebung unterrichtet. Der Gesichtssinn liefert weit mehr Nachrichten, als überhaupt verwertet werden können; das Gehirn erst sorgt für die Auslese nützlicher Informationen. Auch hier ist also das System gewissermaßen noch offen: es steht dem Gehirn frei, zu entscheiden, was aus der Fülle des Gebotenen verwertbar oder zu verwerfen ist. In diesem Sinne wird das Auge heute noch genutzt: zur Beobachtung des Geschehens in der Umgebung – aber nicht nur im vordergründigen Sinn der aktuellen Information. Fast noch wichtiger ist die Beobachtung geworden, die es uns erlaubt, auf die Ordnung von Abläufen, auf Gesetzmäßigkeiten, Regeln des Verhaltens und dergleichen zu schließen.

Abschied vom Paradies

Die Stellung des Auges als bevorzugtes Sinnesorgan hängt zusammen mit der aufrechten Haltung des Menschen. Ein Geschöpf, das gewohnt ist, am Boden zu schnüffeln, hat wenig Chancen, ein hochentwickeltes Sehwerkzeug zu entwickeln. Da der Vormensch sich zweifellos in ähnlicher Weise wie der Menschenaffe bewegt hat, also unter dem Einsatz aller vier Gliedmaßen, muß es einen Anlaß gegeben haben, der ihn zu seiner für die damaligen Verhältnisse unnatürlichen Haltung zwang. Manche Biologen nehmen an, daß das Aufrichten durch Landschaft und Jagdverhalten erforderlich wurde: Der Vormensch lebte in den Savannen, also im freien Wiesen-, Steppen- und Buschgelände. Hier ist es sinnvoll, sich möglichst hoch aufzurichten – man kann dann Jagdbeute oder Feinde frühzeitig erkennen.

Die veränderte Haltung blieb nicht ohne Folgen. Einige liegen im Bereich der Anatomie: Beispielsweise wurde die Wirbelsäule gestreckt, teils sogar hohl durchgebogen – ein Vorgang, den wir mit Kreuzschmerzen, Hexenschuß und dergleichen zu büßen haben. Viel bedeutsamer für die weitere Entwicklung war aber die Entlastung der Hände. Es war ein glücklicher Umstand, daß dieses Wesen eine Greifhand besaß, wie wir sie auch heute noch bei den Affen beobachten können. Ursprünglich diente sie nur dem Festhalten an den Ästen; dem Affenwesen jedoch, das den Urwald verließ und sich hinaus ins Freie wagte, kam sie in ganz anderer Richtung zugute: sie erlaubte ihm nämlich, in sehr differenzierter Weise mit Gegenständen zu hantieren. Bei einem Wesen mit Pfoten oder Hufen wäre Werkzeuggebrauch gescheitert. Der Mensch besaß also am Anfang seiner Entwicklung auch ein Hilfsmittel, das gewissermaßen noch offen im Gebrauch war, das verschiedenste Einsatzmöglichkeiten zuließ.

Die Sprache

Wenn man außer dem Werkzeuggebrauch noch ein anderes Kennzeichen der Menschwerdung nennen will, so ist das die Sprache. Daß dieses Merkmal zumindest zur paläontologischen Bestimmung nutzlos ist, liegt daran, daß es in den Funden keine Hinweise dafür gibt, ob die betreffenden Wesen sich sprachlich verständigen konnten oder nicht. Zwar besitzen auch Tiere relativ hoch entwickelte Sprachen – erwähnt sei nur jene der Bienen –, doch handelt es sich dabei stets um Verständigungssysteme für begrenzte Zwecke, beispielsweise für die Orientierung oder die Nahrungssuche.

Das, was die Sprache des Menschen von allen anderen Verständigungssystemen in der Natur unterscheidet, ist ihre Vielfalt. Dieselbe Sprache, mit der man über seine Alltagssorgen spricht, eignet sich auch dafür, höchste philosophische Gedanken auszudrücken. Der Mensch kennt daneben auch die Geste als Verständigungsmittel, doch ihr Nachteil ist es, daß sie die Hände des »Sprechenden« blockiert und ebenso die Augen »des Hörenden«, das heißt, daß man sich auf diese Weise nicht während irgendeiner Tätigkeit verständigen kann, zu der man Hände und Augen braucht.

Sprache, die es erlaubt, reale Sachverhalte mitzuteilen, ist aber schließlich Voraussetzung für die technische Entfaltung. Das Wissen wird im Laufe der Zeit so breit, daß es der einzelne nicht mehr allein beherrschen kann. Der Mensch ist darauf angewiesen, Anleitung von anderen zu erfahren. Durch diese Art des Zusammenwirkens gerät er in eine Abhängigkeit von der Gemeinschaft, wie sie bei keiner anderen Art der Fall ist. Das macht den Menschen zum »sozialsten« Wesen, das es gibt. Dabei besteht diese Abhängigkeit nicht nur im Nebeneinander,

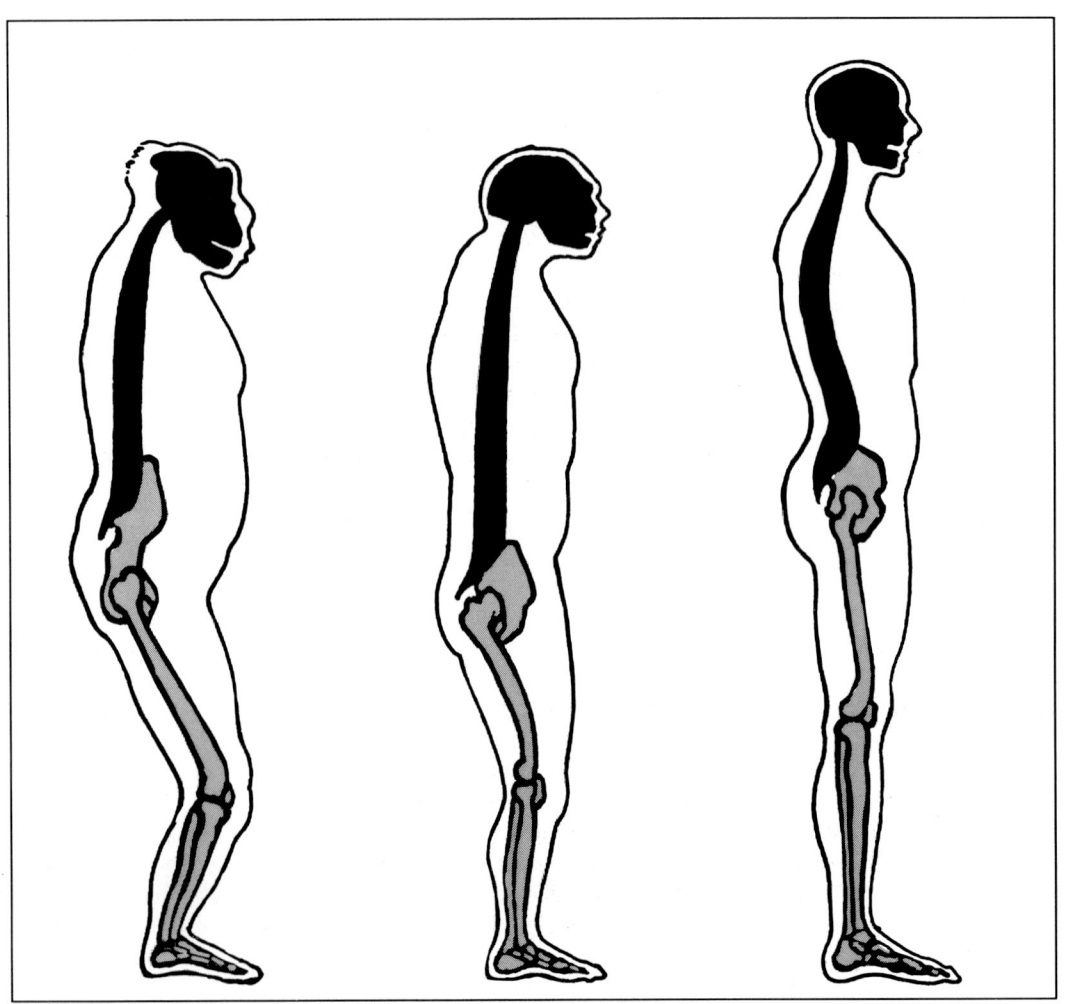

Die Vorfahren des Menschen lebten in der Savanne, also im freien Wiesen-, Steppen- und Buschgelände. Um ihre Jagdbeute zu erspähen, mußten sie sich aufrichten. Durch diese Haltung bekam der Mensch »freie Hand«; sie entwickelte sich zu einem differenzierten Greifwerkzeug. Die aufrechte Haltung führte außerdem zur Streckung der Hals- und Nackenwirbel und zur Senkung des Kehlkopfes. Dies wiederum ermöglichte die Entwicklung jenes nur dem Menschen eigenen höchst differenzierten Verständigungssystems: der Sprache. Unsere Grafik zeigt die Entwicklungsstufen vom Menschenaffen über den Neandertaler zum heutigen Menschen.

Wenig Gemeinsames scheint es zwischen dem knüppelbewehrten Primaten im Urwald und dem modernen Menschen zu geben, der in seiner künstlichen Umwelt durch Knopfdruck das Bild des Hominiden auf den Bildschirm holt – und doch stehen beide nur auf verschiedenen Stufen einer evolutionären Entwicklung.

sondern auch im Nacheinander. Wir beziehen unser Wissen nicht nur von jenen Menschen, die gleichzeitig mit uns leben, sondern übernehmen es auch von früheren Generationen. Erst dadurch – und auch das wird durch die Sprache ermöglicht – kommt es zu einem Entwicklungsprozeß, zu einem Zuwachs an Wissen, einer Verbreiterung der Möglichkeiten. Wäre das nicht der Fall, so müßte jede Generation am Nullpunkt neu anfangen, so wären wir heute vermutlich nicht weiter als die Steinzeitmenschen. Fortschritt ist eine Konsequenz der sprachlichen Kommunikation. Und sprachliche Kommunikation hat sich als Mittel praktisch-technischer Zwecke entwickelt.

Das Darwinsche Prinzip

Die Entwicklung verlief im Sinn des sogenannten »Darwinschen Prinzips«, das nicht nur in einer naturhaften, sondern auch in einer technischen Umwelt maßgebend ist. Vieles von dem, was in unserer Welt geschieht, verläuft nach diesem zuerst von Charles Darwin erkannten Prinzip:

Ausgangssituation ist eine Gruppe von Individuen, die in einer konkurrierenden Wechselbeziehung stehen.

Diese Individuen sind einem steten Austauschprozeß unterworfen – alte Exemplare verschwinden, neue treten an ihre Stelle.

Die neuen Exemplare weichen in Aufbau und Fähigkeiten nach allen möglichen Richtungen ein wenig von den alten ab. Jene Eigenschaften, die sich im Kampf ums Dasein nützlich gezeigt haben, treten in der nächsten Generation wieder auf und werden weiterentwickelt, während Individuen mit ungünstigen Eigenschaften allmählich aus der Population verschwinden.

Hierbei ist allerdings zu differenzieren: Erstens ist ein Entwicklungsziel nicht als irgendeine Gestaltvorstellung vorgegeben, sondern besteht nur aus dem Grundsatz der bestmöglichen Anpassung an die jeweilige Umwelt. Zweitens treten bei allen Eigenschaften Merkmalsänderungen rein zufällig auf – aufgrund von sogenannten »Erbsprüngen« oder Mutationen.

Darwin hat sein Prinzip bei der Untersuchung von Tierpopulationen entdeckt. Der »Mechanismus« ist bekannt: Durch zufällige Gen-Veränderungen treten neue Eigenschaften auf. Die meisten davon sind für ihre Träger ungünstig, wodurch sich ihre Überlebenschancen verringern. Ein kleiner Teil davon ist aber günstig; die Überlebenschancen der Träger erhöhen sich, wodurch sich diese bevorzugt vermehren.

Ähnlich entwickeln sich Maschinen. Unzählige mehr oder weniger erfolgreiche Erfinder bauen auf dem Gedankengut der vorigen Generation auf, sie ändern die Funktionsprinzipien und stellen neue zur Diskussion. Was sich erfolgreich erweist, setzt sich durch und wird bei der Konstruktion der nächsten Maschinen»generation« berücksichtigt. Diese dient als Basis weiterer Erfindungen. Man sieht, daß dieses Prinzip weit über die Biologie hinaus Bedeutung hat. Es handelt sich um eine Möglichkeit der Selbststeuerung, einer automatischen Optimierung (→Kästchen »Kybernetik«, S. 34).

Betrachtet man unter diesem Gesichtspunkt die Entfaltung des Menschen, so sieht man, daß er in der Fähigkeit zur Anpassung eine ganz besondere Gabe hat. Er bekam sie von der Natur mit, er hat sie aber bewußt außerordentlich verstärkt – mit Hilfe der Intelligenz. Neuerdings gibt es allerdings Gelehrtenstimmen, die darauf hinweisen, daß auch die Intelligenz eine Form von Höchstspezialisierung ist. Und wie die Evolutionsgeschichte lehrt, sind die Daseinsperioden gerade der höchstspezialisierten Arten im Laufe der Erdgeschichte noch immer die kürzesten gewesen.

Technik von klein auf

Vom ersten Atemzug an begleitet die Technik unser Leben. Am Bett des Säuglings kontrolliert ein »Atemwächter« die Lungentätigkeit des Neugeborenen. Das 1970 von einer deutschen Firma entwickelte Kontrollgerät für Frühgeborene signalisiert jeden einzelnen Atemzug. Bei Gefahr leuchtet ein rotes Lämpchen auf. Ein Summton gibt gleichzeitig akustisch Alarm.

Das heranwachsende Kind erfährt die erste bewußte Bekanntschaft mit der Technik im Spiel. Eine eifrige Industrie liefert das Instrumentarium dazu: Auto, Motorrad, Rakete – Modelle aus der Erwachsenenwelt, fix und fertig nachgebaut. Das Kind wird zum Konsumenten.

Daneben stehen die Bemühungen von Psychologen, Pädagogen und Verbraucherverbänden, Technik sinnvoller in das Kinderspiel einzubeziehen. Einfache Werkzeuge – dicke hölzerne Schraubenzieher, Schrauben, Räder, Klötzchen – regen an zum eigenen Gestalten und Konstruieren, Forschen und Werken, wobei zwischen Jungen- und Mädchenspielzeug nicht mehr unterschieden wird.

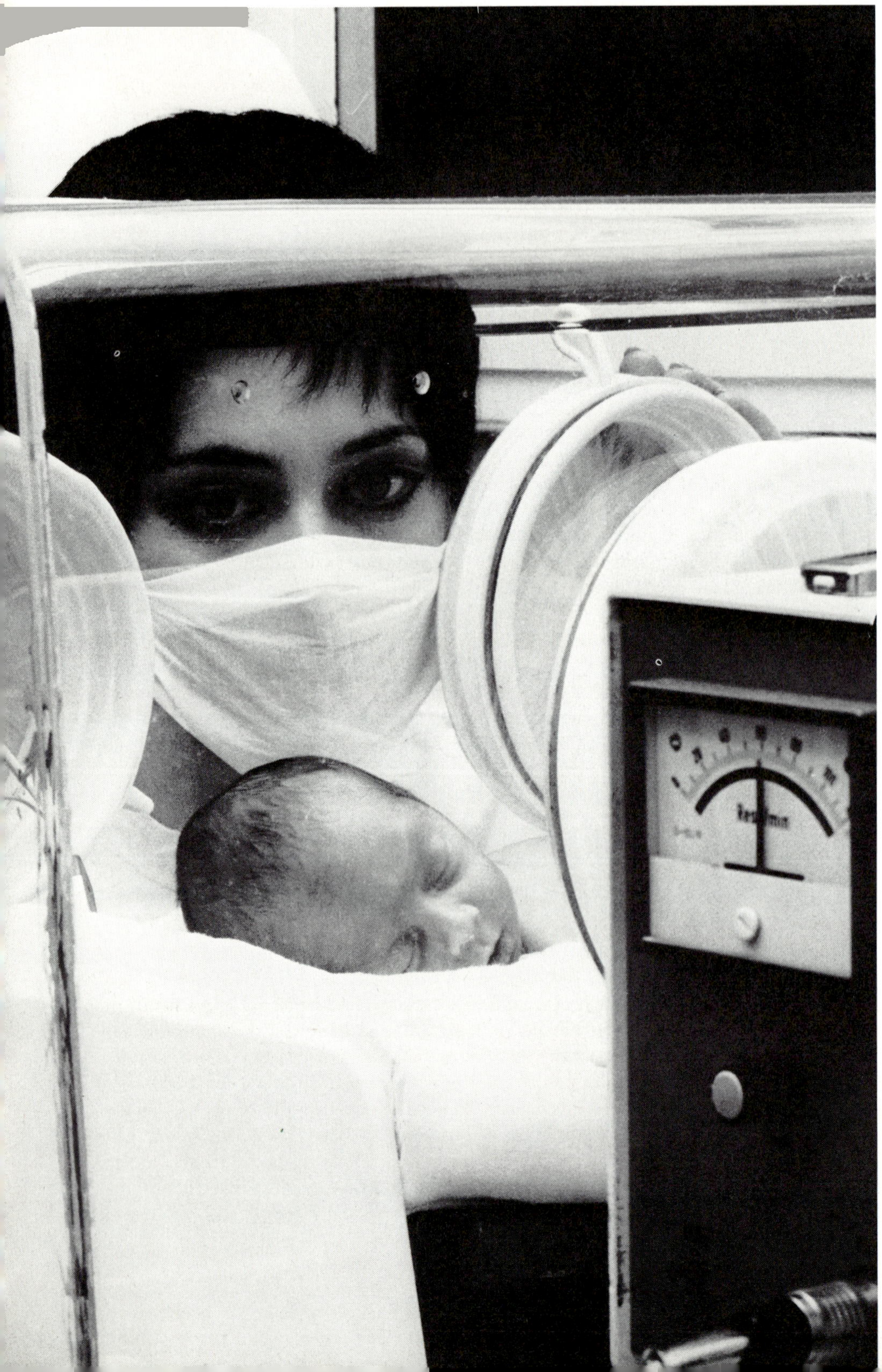

Der Atemwächter am Babybett

Der richtige Dreh

Die Autowäsche

Statt hölzerner Pferdchen drehen sich Autos und Motorräder zur Karussellmusik. Der kleinen Latzhosen-Dame ist egal, woran sie sich festhält.

Die technische Evolution

Die Art, wie Geschichte oft dargestellt wird, die Ereignisse, wie sie in Geschichtsbüchern zu lesen sind, berücksichtigen kaum den Einfluß technischer Prozesse. So mag der Eindruck entstehen, daß die Technik zur Entwicklung der menschlichen Kultur nur unwesentlich beigetragen hat. Wenn aber unser Geschichtsunterricht mehr sein soll als intellektuelle Spielerei, so muß er Beiträge liefern zum Verständnis des menschlichen Schicksals, und wenn es die Technik ist, die unsere Welt verwandelt, dann folgt daraus die Notwendigkeit, die Geschichte auch von der technologischen Entwicklung her zu sehen. (→ »*Die Geschichte der Technik, S. 350 ff.*)

Die folgenschwersten technischen Entwicklungen fallen bereits in prähistorische Zeit: die Nutzung des Feuers; Ackerbau und Viehzucht; der Bau fester Behausungen usw. Um die Bedeutung dieser Erfindungen einzuschätzen, braucht man nur zu überlegen, zu welchen Entwicklungen sie geführt haben. Das Feuer brachte Wärme und Licht und ermöglichte es dadurch, die menschliche Aktivität auf Kältezonen und Zeiten der Dunkelheit zu erweitern. Die Veränderungen, die das Feuer in den Völkern auslöste, übertreffen alle späteren politischen Ereignisse. Ackerbau und Viehzucht bedeuten einen ähnlich folgenschweren Wandel in der Lebensweise, nämlich den Übergang vom Jäger zum Bauern. Verfolgen wir nur eine Konsequenz: Die Haltung des Viehs auf festen Weideplätzen und mehr noch die Bearbeitung des Bodens ermöglichten das Seßhaftwerden, den Bau von Behausungen, die über Monate, Jahre, ja über Generationen hinweg erhalten bleiben. Erst dadurch ist Ruhe für die Produktion kultureller Güter gegeben – von Kunstge-

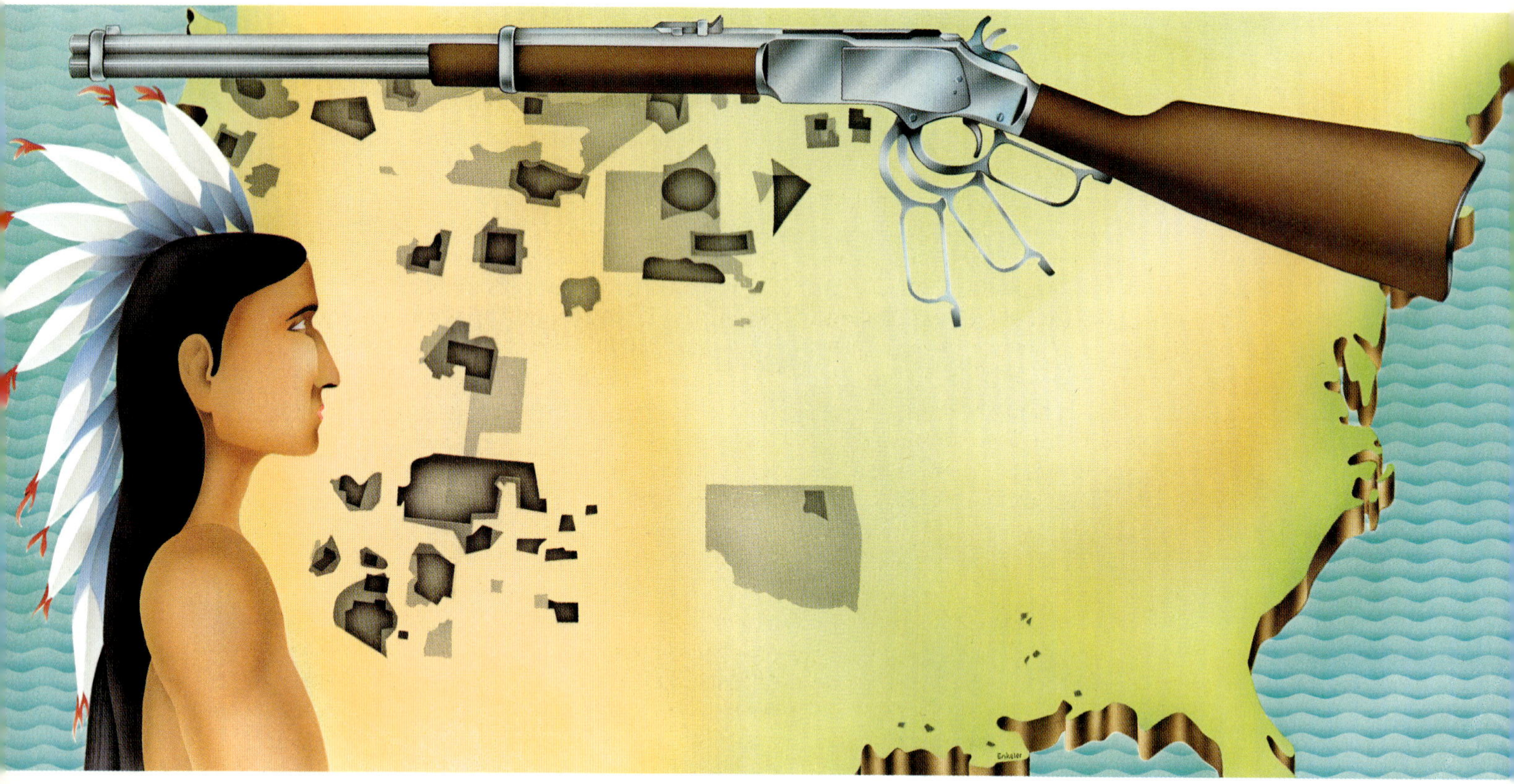

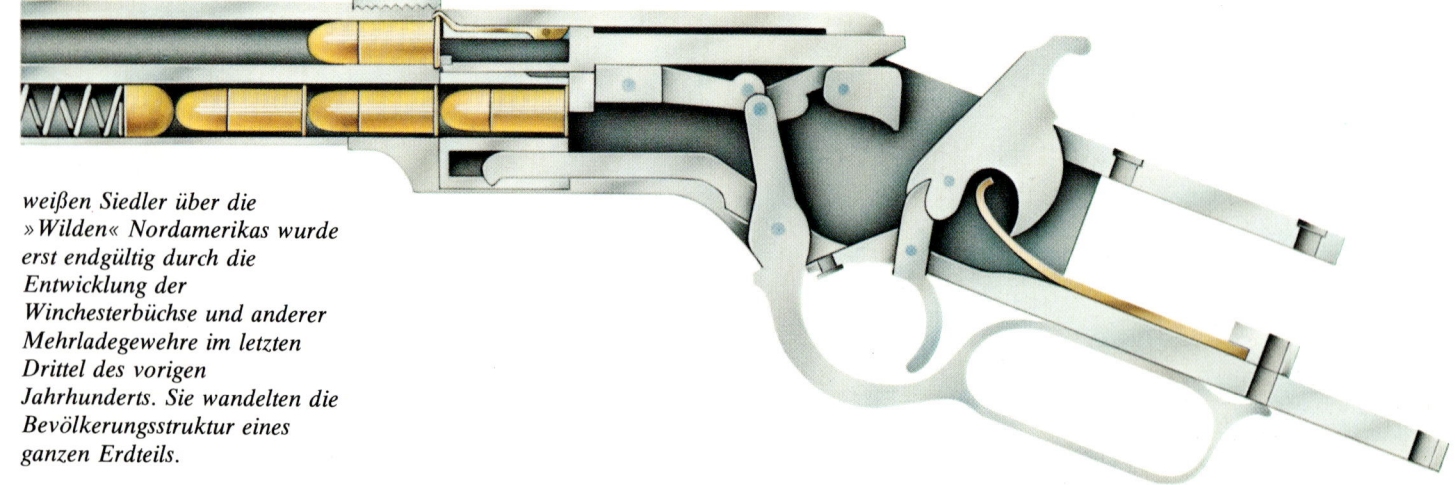

Anschauliches Beispiel für die Folgen einer technischen Entwicklung ist die Ausrottung der Indianer bis auf wenige Reservatsinseln. Der Sieg der weißen Siedler über die »Wilden« Nordamerikas wurde erst endgültig durch die Entwicklung der Winchesterbüchse und anderer Mehrladegewehre im letzten Drittel des vorigen Jahrhunderts. Sie wandelten die Bevölkerungsstruktur eines ganzen Erdteils.

Die Technik des Straßenbaus hat in den letzten 40 Jahren unübersehbare Fortschritte gemacht (Autobahnen!). Nicht immer ist die Aufgabe der Straßenbauer so problemlos wie bei der hier gezeigten kerzengeraden Straße durch flaches Land; auch Gebirge und unwegsames Gelände müssen überwunden werden. Trotz aller Anstrengungen sind unsere Verkehrsnetze dem anschwellenden Verkehrsaufkommen immer noch nicht gewachsen.

genständen bis zu komplexen religiösen Vorstellungen. Nur für einen ortsgebundenen Menschen hat es Sinn, Mühe auf eine Verwandlung seiner Umgebung zu verwenden, auf die Anlage von Wegen, Wasserleitungen, Spielplätzen usw.

Es ließen sich unzählige Neuerungen der Technik anführen, die in ähnlicher Weise auf die Lebensweise der Menschen und damit auf ihr Handeln und Denken einwirkten. Verkehrsmittel wie die Post und die Eisenbahn verstärkten die Beziehungen über größere Entfernungen – eine Erscheinung, die bis heute, dem Zeitalter des Flugverkehrs, anhält. Die Erschließung neuer Rohstoffe, von den Metallen bis zu den Kunststoffen, hat unsere Umwelt, vom Mobiliar bis zur Stadt, entscheidend verwandelt. Selbst Ordnungsprinzipien wie die Bevorzugung der glatten Flächen, des rechten Winkels, des horizontalen Fundaments gehen auf technische Impulse zurück. Die Anlage der Wege und Straßen richtet sich nach den Anforderungen, die das Räderfahrzeug mit sich bringt. Die Dampfmaschine leitet den Beginn einer Entwicklung ein, in der sich der Mensch zunehmend von körperlicher Arbeit entlastet – eine Entwicklung, die voll eingesetzt hat, als es zur allgemeinen Stromversorgung kam. Erst dadurch ist der Übergang von platzraubenden Geräten zu handlichen Maschinen möglich geworden, wie sie sich etwa in Bohrmaschinen, Staubsaugern und Ventilatoren darstellen.

Fast noch größer sind die Einflüsse eines anderen Gebietes der Technik, nämlich der Informations- und Kommunikationstechnik. Auch hier liegt die bedeutendste Erfindung vor unserer Zeitrechnung: die Erfindung der Schrift und der Zahl. Allein die Verfügbarkeit solcher Medien ist von höchstem Aufforderungscharakter für Ausdruck und Denken. Voll wirksam wird diese Entwicklung durch die Erfindung des Buchdrucks, der das geschriebene Wort beliebig vervielfältigt und weiten Kreisen zugänglich macht. Von tiefgreifendem Charakter sind aber auch die neueren Erfindungen des Rundfunks und Fernsehens, deren Auswirkungen auf Verhaltensweisen und Denkprozesse man erst allmählich zu erkennen beginnt. Im Anfang betrachtete man den Rundfunk wie viele andere bedeutende Entwicklungen vor ihm als bloße technische Spielerei. Erst seit das Radio ebenso wie Presse und Fernsehen als Medien auch der politischen Meinungsbildung erkannt wurden, war ihr Siegeszug unaufhaltsam. Die »Massenmedien« waren da. (→»Medien, Markt und Manipulation«, S. 148 ff.)

Heute erreicht die Information in kurzer Zeit viele Punkte der Erde und ermöglicht damit eine Ökonomie der Zusammenarbeit, wie man sie sich umfassender kaum vorstellen kann.

Das, was hier an technischen Erneuerungen und ihren Folgen erwähnt ist, kann nicht mehr sein als eine Andeutung. An dieser Stelle sollen die skizzierten Fakten nur zum Beweis dienen, daß es neben der im üblichen Unterricht gebotenen Geschichte noch eine andere gibt: die Geschichte der technischen Entwicklung, die eigentliche Geschichte der bedeutenden Ereignisse, die wahre Geschichte der menschlichen Entfaltung.

Überleben und Leben retten auch unter Bedingungen, die extrem lebensfeindlich sind: Das hat die Technik möglich gemacht – sei es durch Änderung dieser Bedingungen oder durch Entwicklung von Schutzvorrichtungen. Dazu gehört auch hitzebeständige und feuersichere Asbest-Kleidung zur Bekämpfung von Brandherden, die unmittelbaren persönlichen Einsatz erfordern. Das Foto zeigt einen Erprobungstest für den Schutzanzug, der sich voll bewährte.

Wege der Technik

Die Erfinder der prähistorischen Zeit ließen sich von Vorbildern leiten: Sie bildeten die Gliedmaßen von Menschen und Tieren nach und verbesserten ihre Funktion. Eine Stange zum Abschlagen von Früchten, die hoch auf Bäumen hängen, ist nichts anderes als ein verlängerter Arm. Eine Zange folgt dem Vorbild von Daumen und Zeigefinger, ein Ritzwerkzeug jenem des Fingernagels, eine Schaufel jenem der schürfenden Hand.

Die natürlichen Werkzeuge aber sind zu schwach, zu langsam, zu verletzlich. Nimmt man einen Faustkeil zu Hilfe, leistet er ähnliches wie die geballte Hand, doch mit größerer Schlagkraft, und außerdem braucht man nicht mehr zu befürchten, sich zu verletzen. So wird es möglich, auch harte Gegenstände zu bearbeiten.

Heute noch sind viele technische Hilfsmittel nichts anderes als »künstliche Gliedmaßen«. Andere haben sich von den natürlichen Vorbildern gelöst – das Rad hat nichts mehr mit dem bewegten Bein gemeinsam, doch unsere Autos bewegen sich auf vier Rädern und haben größere Ähnlichkeit mit Reittieren, als man auf den ersten Blick meint. Unsere Flugzeuge erinnern noch an Vögel, die im Gleitflug dahinziehen. Und selbst noch die Rakete bewegt sich vorwärts nach dem Prinzip des Rückstoßes, das wir in der Natur beim Tintenfisch beobachten. Erst Luftkissenboot und Magnetkissenbahnen haben völlig neuartige Prinzipien der Fortbewegung. (→S. 253, 266.)

Eine andere Reihe von Erfindungen entspricht dem Wunsch nach Werkzeugen, die über größere Entfernungen wirksam sind. Die erste Fernwaffe dürfte der geschleuderte Stein gewesen sein; später kam der Speer hinzu, und dann erfand man Pfeil und Bogen – Hilfsmittel, deren Wirkungsradius weit über den Aktionsbereich des menschlichen Arms hinausreicht.

Die menschliche Hand ist ein außerordentlich vielseitig einsetzbares Werkzeug. Umfassende Einsatzmöglichkeit geht aber stets auf Kosten der Effektivität in Spezialaufgaben. Und umgekehrt: Ein bestimmten Aufgaben optimal angepaßtes Instrument eignet sich nur mäßig für Aufgaben allgemeiner Art. Es gibt eine ganze Reihe von Werkzeugen, die dem Beispiel der Hand folgen: Faustkeil, Zange, Haken, Schaufel. Im Laufe der Spezialisierung entfernten sich alle diese Gebilde von ihrem natürlichen Vorbild.

Am Ende dieser Entwicklung stehen die »Werkzeuge für Werkzeuge«; Gegenstände, die man benötigt, um andere technische Gegenstände herzustellen, zu bearbeiten oder besser zu gebrauchen. Beispiele dafür sind Schraubenzieher und Schraubenschlüssel. Sie setzen die Existenz eines anderen technischen Hilfsmittels, nämlich der Schraube, voraus.

Diese Kennzeichen hoher Spezialisierung finden sich in den Maschinen wieder. Ihre Einzelteile sind nicht nur dem Zweck der Maschine angepaßt – sei es nun die Herstellung, die Bearbeitung oder der Transport von Gütern –, sondern auch dem jeweiligen Antriebssystem der Maschine. Ein beweglicher Maschinenteil sieht ganz anders aus, je nachdem, ob er über ein mechanisches Getriebe, durch Preßluft oder mit Hilfe eines Elektromagneten in Bewegung gesetzt wird. Und doch findet man auch hier noch das Prinzip der »künstlichen Gliedmaßen« wieder – und zwar in der Bewegung, die ein Teil ausführt, oder in der Art, wie sich ein Fahrzeug vorwärtsbewegt. Manche Fachleute sind sogar der Meinung, daß der »biogene Charakter«, also die Nähe zu biologischen Vorbildern, eine Eigenart unserer technischen Systeme ist, die Nachteile mit sich bringt – weil sie andere, bessere Lösungen verhindert oder nicht zur Entfaltung kommen läßt.

Das Prinzip der »künstlichen Organe« beherrscht auch die gesamte Fotografie und Filmtechnik. Sie ist nichts anderes als ein Instrumentarium, um die Sichtwelt unseres Auges zu erweitern. Und unsere Fernmeldesysteme sind die Stimmen, mit denen wir die entferntesten Winkel der Erde, ja selbst den Weltraum erreichen.

Das Risiko des Fortschritts

Durch den Einsatz technischer Mittel hat der Mensch seine Umwelt besser, leichter, schneller, wirksamer zu gestalten gelernt als mit naturgegebenen Hilfsmitteln. Der Mensch hat größere Kräfte zur Verfügung als früher. Er bewegt sich schneller, er setzt riesige Energien frei, er greift in den Haushalt der Natur und seines Körpers ein. Das birgt natürlich Gefahren.

Ein Großteil rührt daher, daß unser Körper und Geist der gesteigerten Wirksamkeit nicht angepaßt sind. Die Stärke und Schnelligkeit unserer Gliedmaßen reichte aus, um die Aufgaben des Lebens in freier Natur zu lösen. Dieser begrenzte Rahmen beinhaltete aber auch Sicherheit. Bewegt man sich nur mit Hilfe seiner Beine vorwärts, so zieht man sich im Fall eines Mißgeschicks kaum bedenkliche Verletzungen zu, wenn man etwa stolpert und fällt oder mit anderen zusammenstößt. Im Hinblick auf die Geschwindigkeiten, die man mit modernen Verkehrsmitteln erreicht, ist der Mensch dagegen außerordentlich verletzlich; kleine Unaufmerksamkeiten können schon tödliche Folgen haben. Auch unsere physische Kraft und Belastbarkeit ist nur auf »natürliche« Anforderungen eingerichtet. Unter normalen Umständen gelingt es kaum, durch Muskelkraft die eigenen Sehnen zu zerreißen. Dagegen sind Sehnenrisse heute keine Seltenheit mehr, wenn Sportler ihre Muskelkraft durch chemische Präparate weit über das übliche Maß hinaus erhöhen. Es besteht ein Mißverhältnis zwischen dem Menschen und dem technischen System, das er selbst ge-

Rückkoppelungsprozesse

Mensch breitet sich aus, dringt in Gebiete ein, die ihm früher unzugänglich waren. Aber daraus ergeben sich völlig neuartige Beziehungen zwischen dem Werkzeug und seinen Benutzern. Das Werkzeug, zunächst nur spielerisch gebaut, wird plötzlich unentbehrlich. Schon nach wenigen Generationen würde der Verzicht auf die neuen Hilfsmittel weitaus mehr bedeuten als einen unwichtigen Verlust von Bequemlichkeiten. Man wäre wieder von Hunger und Feinden bedroht, müßte gewonnenes Terrain aufgeben, die Gruppe reduzieren. Die Veränderungen, die eingetreten sind, betreffen also den sozialen Raum – die Lebensweise, das gesellschaftliche Gefüge, die Ansprüche. Das Mittel wirkt auf das Ziel zurück. Neue Gleichgewichte stellen sich ein, wieder werden technische Mittel eingesetzt, um sie zu erhalten, und so geht es fort. Solche Prozesse bezeichnet man als Rückkoppelungsprozesse. Sie sind der Grund für die

Die technischen Großtaten der Frühgeschichte wie der Bau der Pyramiden (hier in einer zeichnerischen Rekonstruktion aus dem 18. Jahrhundert) wurden nahezu ohne technische Hilfsmittel vollbracht. Ihre Baumeister im dritten und zweiten vorchristlichen Jahrtausend kannten weder Rad noch Flaschenzug. Hebel und Joch waren die einzigen Übersetzungsmöglichkeiten für die Kraft der Muskeln.

Erst die Erfindung des Rades und seine Kombination mit den herkömmlichen Werkzeugen wie Schaufel und Hebel führte zu Geräten, die wirksamer waren als selbst Heere von Sklaven. Dieser moderne Großschaufelradbagger räumt im Braunkohlentagebau Fortuna-Garsdorf täglich bis zu 112 000 Festkubikmeter Erde oder Kohle ab.

schaffen hat. Biologisch konnte er dem Fortschritt nicht folgen, anstelle der natürlichen Schutzmaßnahmen müssen künstliche treten – Sicherheitsvorkehrungen, Regeln für den Umgang mit technischen Dingen und das Bewußtsein um die erhöhte Gefahr.

In seinem angestammten Lebensraum konnte jenes Wesen, aus dem sich der Mensch entwickelte, ohne künstliche Hilfsmittel auskommen – sonst wäre es längst ausgestorben. Aber der frühe Mensch empfand Werkzeuge als willkommene Bereicherung und als Erweiterung seines Aktionsraumes. Es zeigte sich, daß er mit technischen Mitteln mehr Nahrung erhalten, sich besser gegen das Wetter schützen, Feinde wirksamer abwehren konnte.

Eine solche Erkenntnis bleibt nicht ohne Folgen. Man setzt die neuen Hilfsmittel in größerem Umfang ein. Dadurch verringert sich das Daseinsrisiko; die Vermehrungsrate steigt, der

nicht mehr rückgängig zu machenden sozialen Änderungen in unserer technischen Welt, für die wir noch mehrere Beispiele kennenlernen werden.

Der Mensch stellt sich geistig außerordentlich schnell auf neue Gleichgewichte ein, während er ihnen als biologischer Organismus nicht zu folgen vermag; zwar gibt es auch eine biologische Anpassung an neue Umweltbedingungen – durch die Ausleseprozesse im Laufe der Vererbung –, aber sie geht äußerst langsam vor sich. Ihr Maß sind Jahrmillionen, während die sozialen Veränderungen an Generationen zu messen sind.

Je weiter sich der Mensch von seiner natürlichen Umwelt entfernt, um so stärker wird seine Abhängigkeit vom technischen Instrumentarium. Es ist nicht nur eine physische Abhängigkeit, sondern auch eine politische. Wir setzen technische Mittel ein, um Wünsche zu befriedigen. Umgekehrt richten sich unsere Erwartungen, Wunschvorstellungen und Forderungen

Wege der Technik

aber nach dem, was wir haben – und das ist das, was uns die Technik verfügbar macht.

Es ist der Technik gelungen, viele Naturprodukte durch künstliche Mittel zu ersetzen, die weitaus günstigere Eigenschaften haben – technische Baumaterialien vom Ziegel bis zum Glas, Kunststoffe, Synthetikfasern, Ersatz für Holz und Stein. Und selbst wenn man noch Naturprodukte verwendet, sind zu ihrer Verteilung Transporte, manchmal über die halbe Erde, nötig. Auch dies ist eine technische Aufgabe. Man kann sich in jedem einzelnen Fall die Frage vorlegen, wieviel Fertigungsbetriebe, Kommunikationsnetze und Transportsysteme nötig sind, bis ein Produkt da ist, wo es gebraucht wird. Je komplizierter die Methoden der Versorgung, desto anfälliger wird das System gegen Störungen. Um sie auszuschalten, bedarf es weiterer technischer Mittel: Steuerung und Überwachung.

Vom Werkzeug zum Automaten

Beim Werkzeug trägt der Mensch die nötige Energie selbst bei. Bei der Maschine wird die energetische Arbeitsleistung von einem dafür bestimmten System, beispielsweise einem Motor, geliefert; der Mensch erfüllt dann nur noch eine Steuerfunktion. Der Automat schließlich vollzieht auch die Steuerung selbst; der Mensch muß nur noch das Programm entwerfen. Die letzte Stufe sind die elektronischen Rechner, bei denen die Maschine dem Menschen auch das Programmieren abnimmt.

Im vortechnischen Zeitalter war das Ausmaß der körperlichen Arbeit, die der Mensch leisten mußte, seinem Körperbau und seinen Kräften angepaßt. Mit dem Aufkommen der Technik trat aber die Notwendigkeit hinzu, Werkzeuge zu bedienen, und dazu war oft schwere körperliche Arbeit nötig. Die Gren-

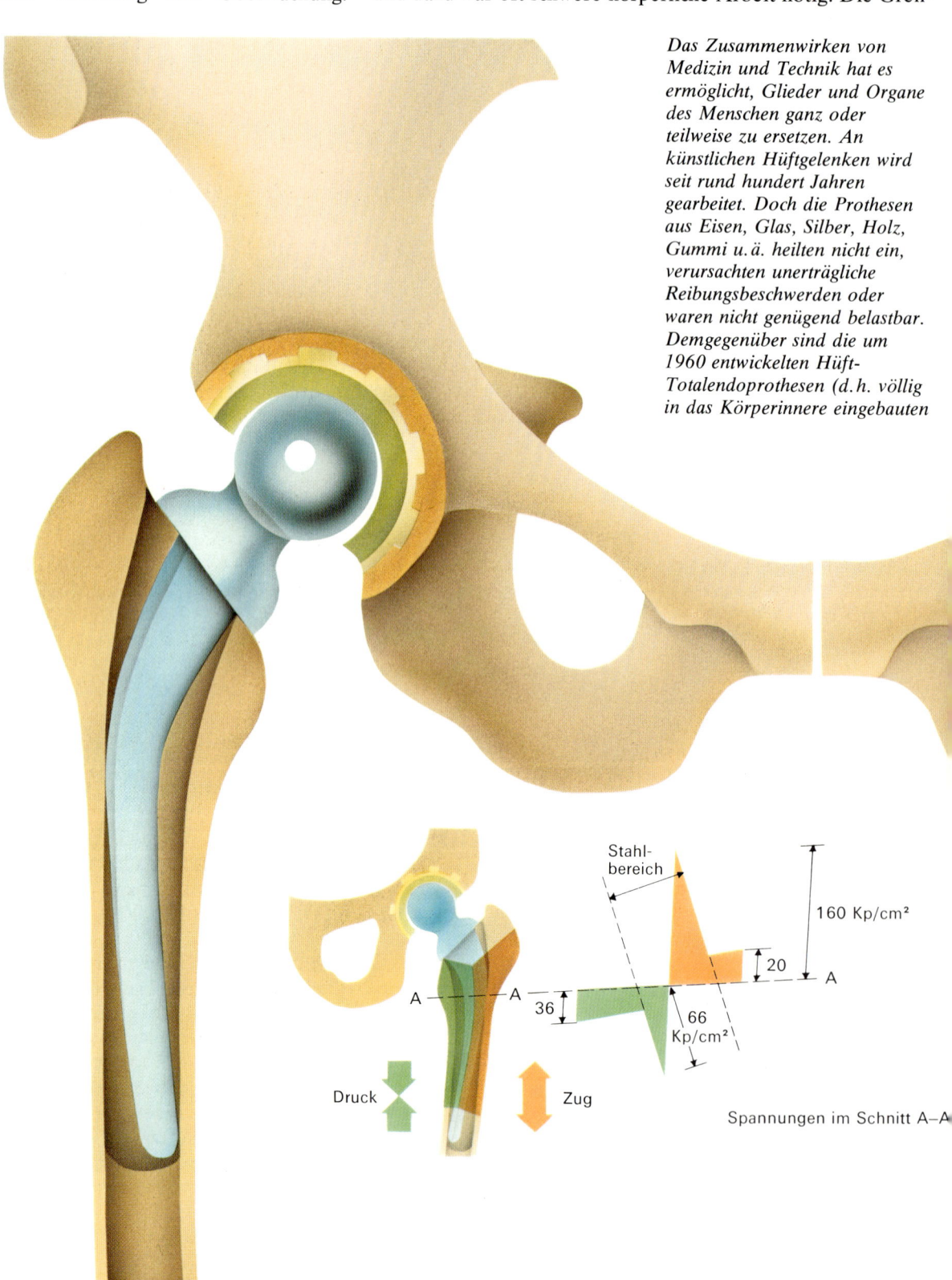

Das Zusammenwirken von Medizin und Technik hat es ermöglicht, Glieder und Organe des Menschen ganz oder teilweise zu ersetzen. An künstlichen Hüftgelenken wird seit rund hundert Jahren gearbeitet. Doch die Prothesen aus Eisen, Glas, Silber, Holz, Gummi u. ä. heilten nicht ein, verursachten unerträgliche Reibungsbeschwerden oder waren nicht genügend belastbar. Demgegenüber sind die um 1960 entwickelten Hüft-Totalendoprothesen (d.h. völlig in das Körperinnere eingebauten

Die Hüfttotalendoprothese

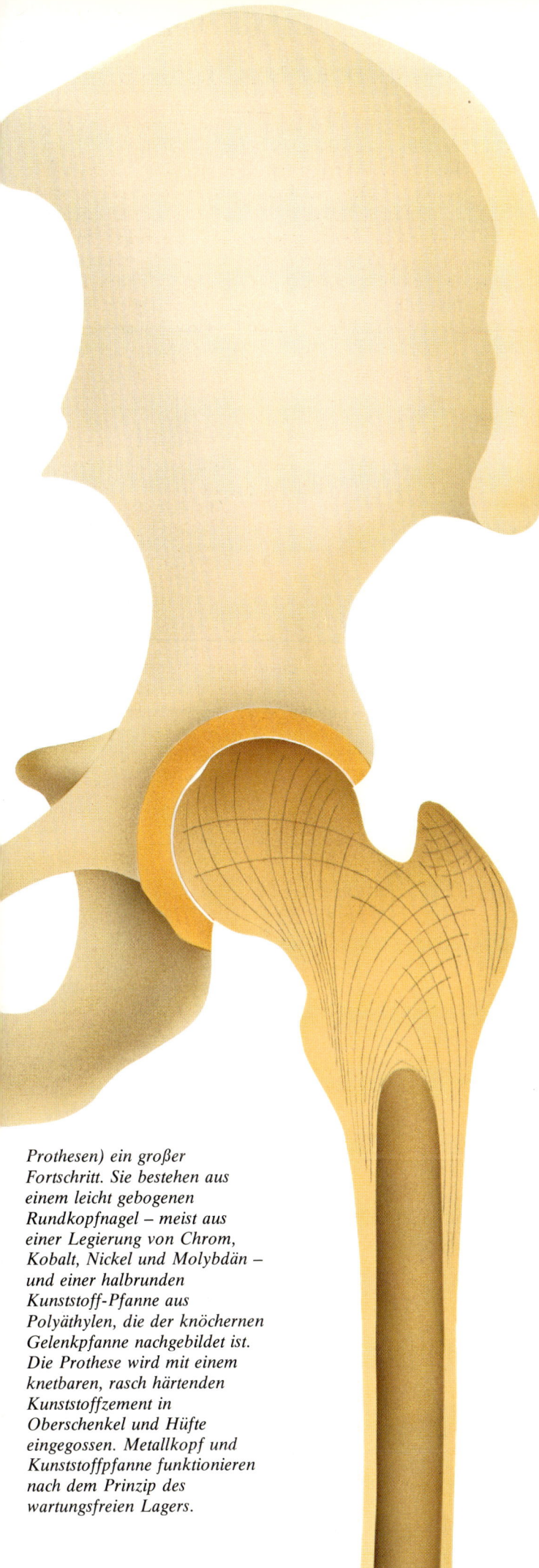

Prothesen) ein großer Fortschritt. Sie bestehen aus einem leicht gebogenen Rundkopfnagel – meist aus einer Legierung von Chrom, Kobalt, Nickel und Molybdän – und einer halbrunden Kunststoff-Pfanne aus Polyäthylen, die der knöchernen Gelenkpfanne nachgebildet ist. Die Prothese wird mit einem knetbaren, rasch härtenden Kunststoffzement in Oberschenkel und Hüfte eingegossen. Metallkopf und Kunststoffpfanne funktionieren nach dem Prinzip des wartungsfreien Lagers.

zen, innerhalb derer sich der Mensch noch wohlfühlt, wurden überschritten, die Arbeit wurde zur Qual. Ruderknechte oder Bergleute waren unmenschlichen Anstrengungen unterworfen. Als erschwerend wirkte sich aus, daß der Gebrauch mancher Werkzeuge immer wieder denselben Bewegungsablauf erfordert. Die Arbeit war nicht nur schwer, sondern auch eintönig, die Freude an der Körperbeherrschung, wie sie die Bewegung in freier Natur vermittelt, fiel weg.

Unter diesen Umständen erscheint die Mechanisierung in einem anderen Licht. Sie hat eher die Eigenschaften einer Befreiung als eines Diktats, als das sie oft dargestellt wird. Hat man sich erst einmal für technische Aktivität, den Gebrauch von Werkzeugen, entschieden, so ist die Maschinisierung ein Gebot der Menschlichkeit.

Ein besonders anschauliches Beispiel für den erzielten Fortschritt finden wir im Bergbau. Pro Mann und Schicht konnte man in frühtechnischer Zeit gerade das fördern, was ein Knappe auf dem Rücken zu schleppen vermochte. Nach dem Einsatz von Maschinen ist etwa im rheinischen Kohlerevier im Tagebau eine durchschnittliche Fördermenge von 65 Tonnen pro Mann und Schicht erreicht worden. Seit neuestem benutzt man riesige Schaufelradbagger, die pro Tag 100 000 Tonnen Braunkohle abbauen. Ein solcher Bagger wird von zwei Männern bedient, die dabei keine körperliche Arbeit leisten müssen. Die pro Mann und Schicht geforderte Menge erreicht hier also 50 000 Tonnen.

Der Mensch, der an der Maschine steht oder sitzt, ist heute normalerweise nicht mehr wesentlich körperlich beansprucht. Die Anforderungen an ihn liegen auf einer anderen Ebene: Fachkenntnis, Anpassungsgabe, rasche Reaktion. Die Bewältigung von komplizierten Steuerungsaufgaben kann alle unsere Fähigkeiten des Wahrnehmens und Erkennens, Beurteilens und Entscheidens erfordern.

Viele Maschinen bedürfen allerdings nur einfacher steuernder Eingriffe, und dann zeigt sich, daß auch diese Tätigkeit alles andere als befriedigend sein kann – routinemäßig vollziehbare Steuerungs- und Überwachungsaufgaben können langweilig, eintönig, ja entwürdigend sein. Zwar arbeitet der Mensch kaum noch mit seinen Muskeln, sondern mit seinem Gehirn, doch bedeutet es eine Mißachtung seiner Fähigkeiten, wenn man von ihm nur primitive Reflexreaktionen verlangt. Wann immer es daher eine technische Möglichkeit gibt, Aufgaben einer Maschine zu übertragen, so sollte das geschehen. Dieses Ziel hat die Automation – sie entlastet den Menschen vom Streß der Gleichförmigkeit. Es ist zu fordern, daß alles, was routinemäßig erledigt werden kann, mit Hilfe der Automation den Maschinen allein überlassen wird. (→»Fortschritt als sozialer Prozeß«, S. 68 ff., und »Rationalisierung«, S. 76 ff.)

Hier ist ein Blick in die Zukunft aufschlußreich. Die Weiterentwicklung automatisch gesteuerter Maschinen und Computer hat zur Folge, daß immer schwierigere Aufgaben normiert werden können und damit der Automatisierung zugänglich werden. Der Begriff »Routine« ist also relativ. Schon heute ist es beispielsweise möglich, Flugzeuge automatisch so vollkommen zu steuern, daß der Pilot praktisch keine ernsthafte Arbeit mehr hat. (→»Luftverkehr«, S. 277.)

Der Mechanisierung und Automatisierung am schwersten zugänglich sind die sogenannten Dienstleistungen. Mit dem wachsenden Wohlstand breiter Bevölkerungsteile ist die Nachfrage nach Dienstleistungen stärker geworden, das Angebot schwächer. Der Mangel an »dienendem« und »bedienendem« Personal ist eines der Kennzeichen einer modernen Industriegesellschaft. Daraus resultiert ein Antrieb zu verstärkter Technisierung. Küchenmaschinen, automatische Haushaltsgeräte

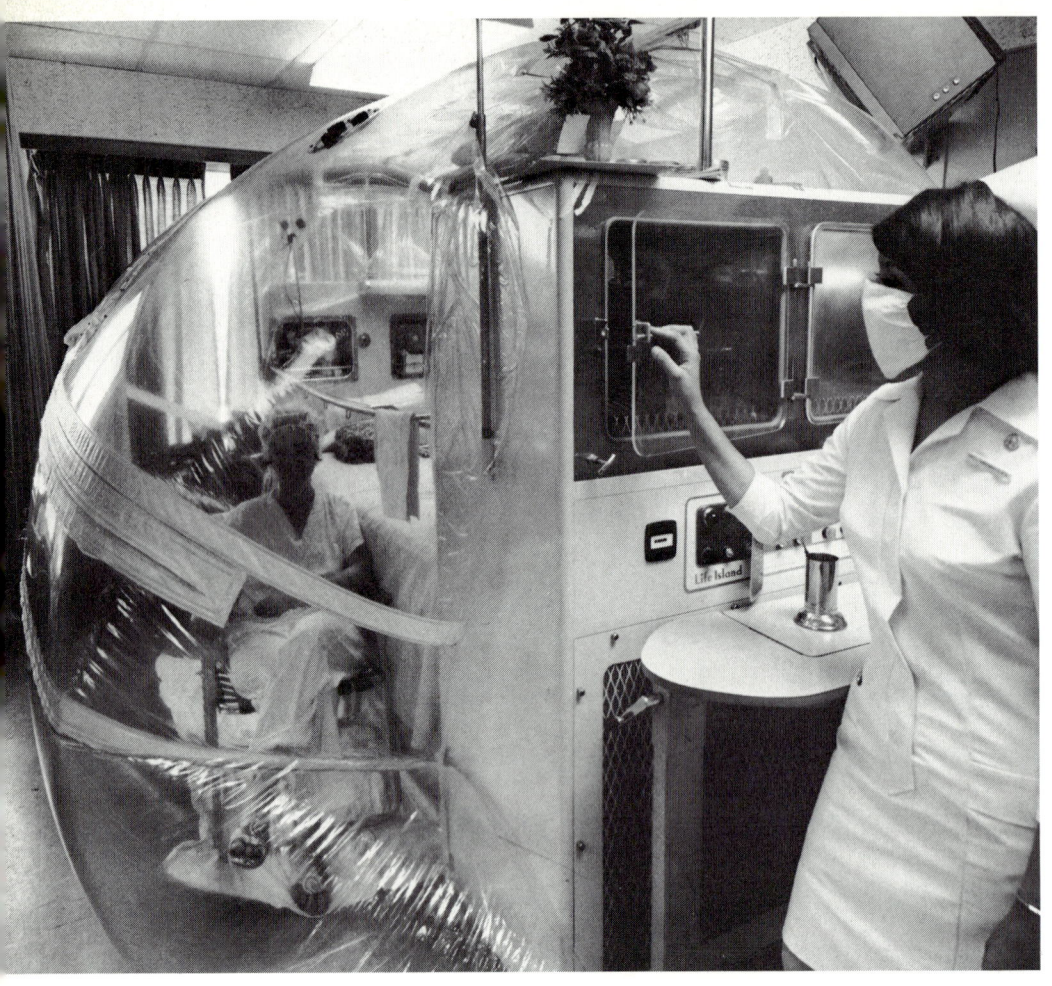

Technik in der Medizin

Seit die Medizin die Grenzen bloßer Naturheilkunde überschritt – und das geschah bereits Jahrtausende vor unserer Zeitrechnung –, ist die Technik aus Diagnose und Therapie nicht mehr fortzudenken. Schon die alten Ägypter wagten sich an Schädelöffnungen! Doch für die moderne Menschheit begann der Siegeszug der Medizin erst im vorigen Jahrhundert mit Namen wie Pasteur und Röntgen, die ebensosehr Mediziner wie Techniker waren. Bakteriologie, Gewebs- und Zellforschung, Chirurgie, Krebsvorsorge – es gibt wohl kaum einen Bereich in der Medizin des 20. Jahrhunderts, in dem der Arzt ohne den Techniker auskommt und der Forscher ohne technisches Grundwissen. Das gilt auch für die Arzneimittelherstellung. Ohne Mikroskop und Zentrifuge, Motoren und Maschinen gäbe es keine Antibiotika und keine Impfstoffe; vermutlich nicht einmal Kopfschmerztabletten.

Krebsbehandlung: Die Kranke verbringt mehrere Monate in einer sterilen Raumhülle; ein 1973 in den USA entwickeltes Verfahren.

Rechts: Labortest: Das Mikroskop macht Krankheitskeime, Blutgruppen und Gewebestrukturen sichtbar.

Endoskopie: Auf dem Fernsehmonitor verfolgt der Chirurg die Arbeit seiner Hände bei der Durchtrennung eines Nervs (unten).

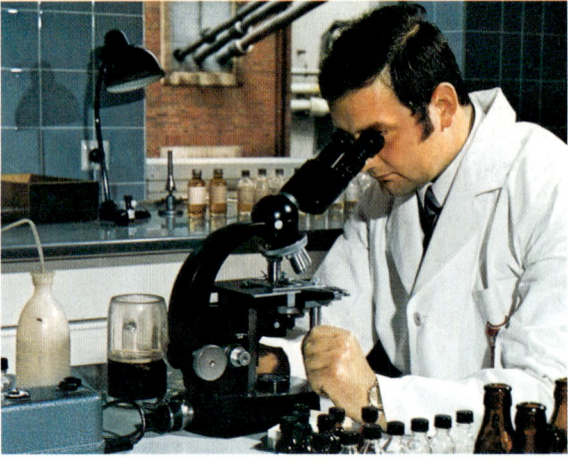

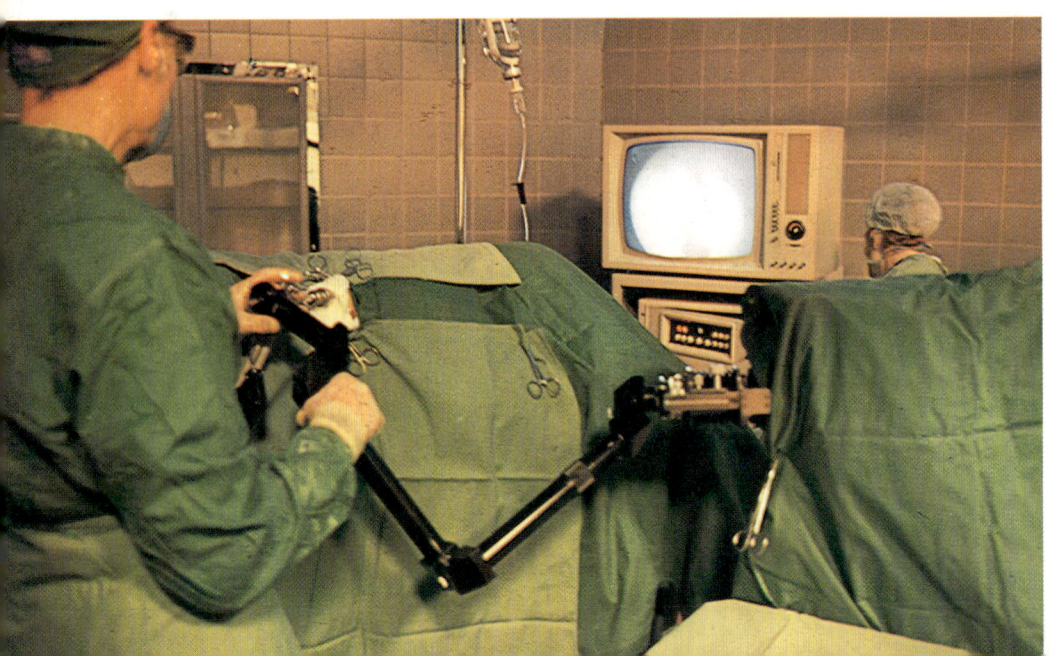

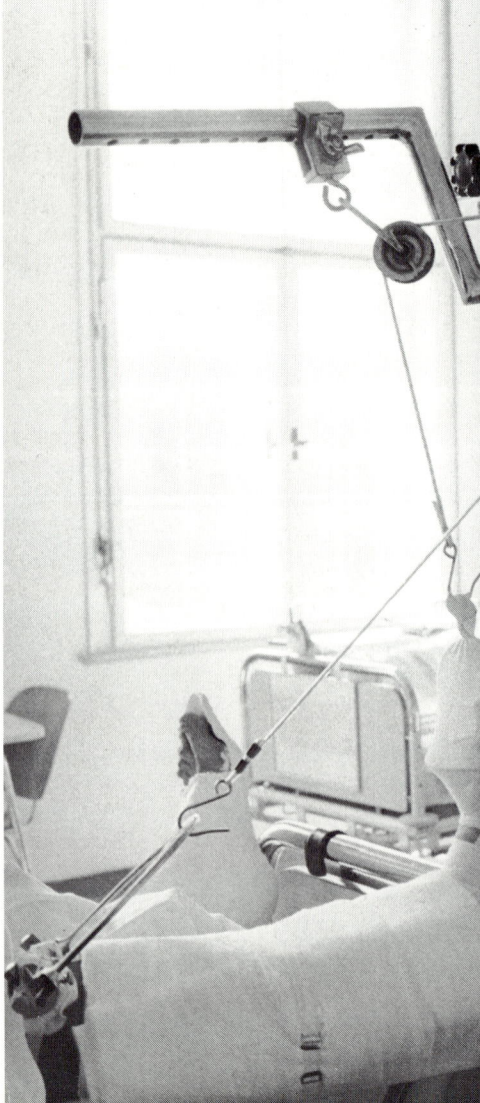

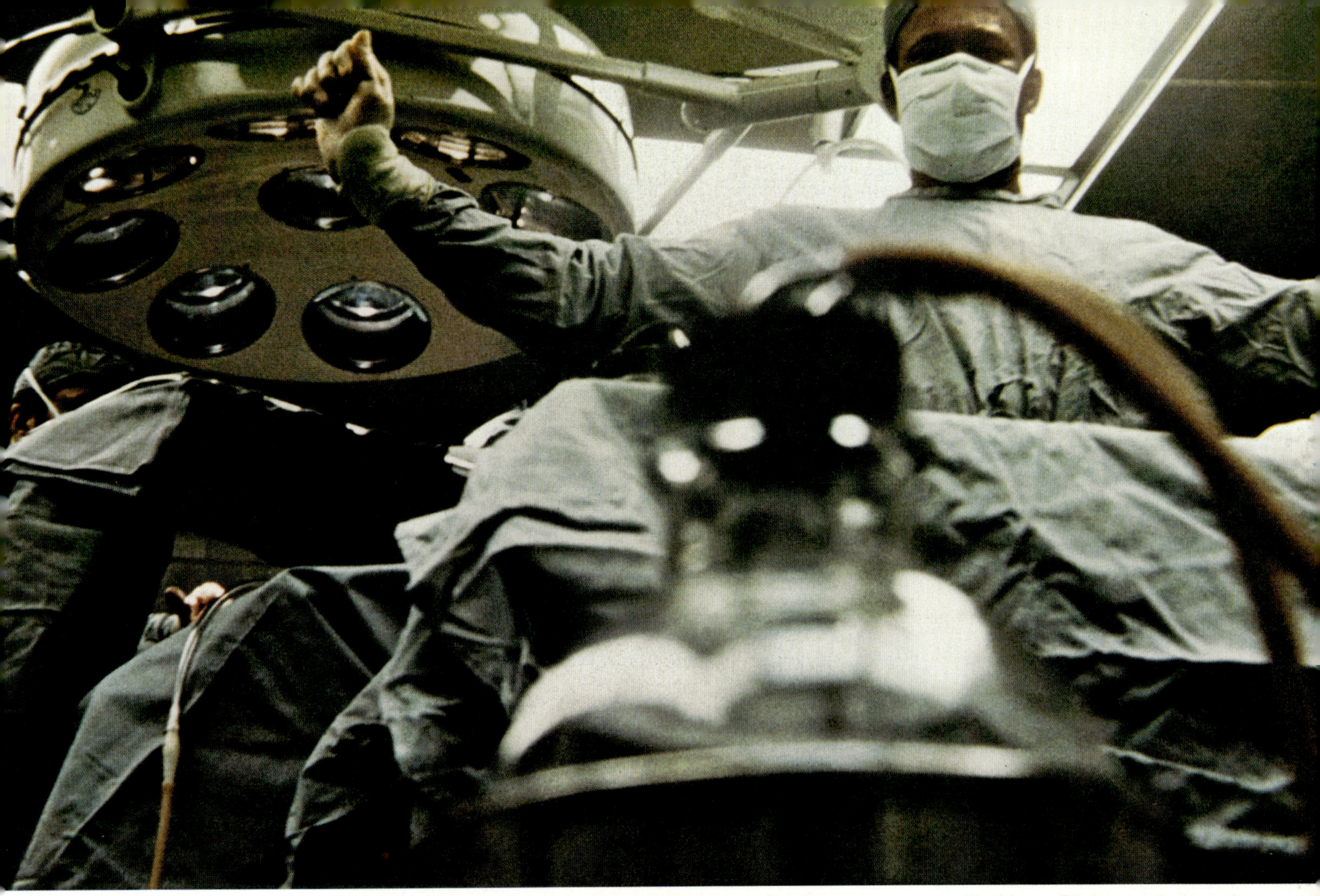

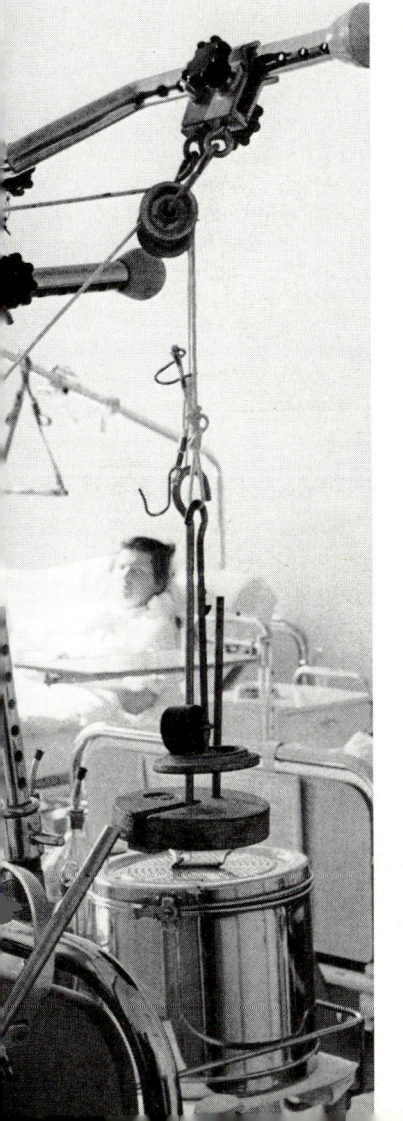

Unten: Streckverband   Dirigent inmitten technischen Instrumentariums: der Chirurg   Drehbares Röntgengerät (unten)

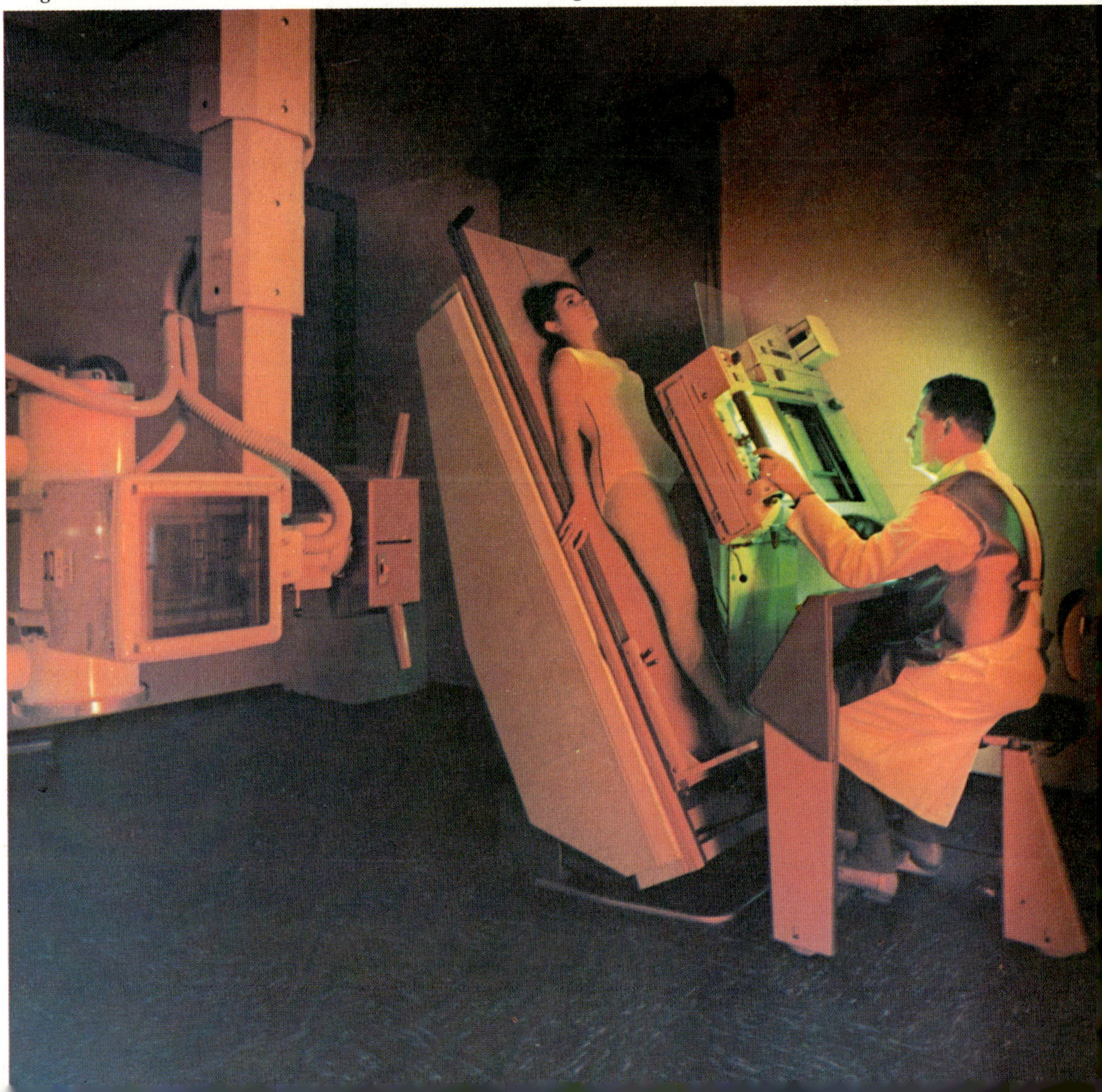

Wege der Technik

> ### Kybernetik
>
> Kybernetik (wörtlich: Steuermannskunst) ist eine Wissenschaft der Informationsübertragung. Ausgehend von den Steuerungs- und Regelungsvorgängen in der Technik, bei Organismen und in Gemeinschaften werden die Begriffe, Theorien und Verfahren der Regelungstechnik auch auf biologische Vorgänge übertragen und als einheitliches Denkschema auf so verschiedenen Gebieten wie Informationstheorie, Nachrichtentechnik, Datenverarbeitung, Physiologie, Psychologie, Pädagogik, Linguistik, Ökonomie, Soziologie und Verhaltensforschung angewandt.
>
> Die spezifischen Disziplinen der mathematischen Kybernetik sind die Informationstheorie, die Theorie der Regelsysteme und die Automatentheorie. Alle drei Disziplinen sind nicht in sich abgeschlossen, sondern benutzen auch andere mathematische Teilgebiete, wie beispielsweise die Wahrscheinlichkeitstheorie, mathematische Logik (Logistik), Theorie der Spiele und andere. Die Ergebnisse der Kybernetik als interdisziplinärer Wissenschaftszweig tragen Wahrscheinlichkeitscharakter, womit diese Wissenschaft der vielfältigen Wirklichkeit gerecht wird; durch sie wird das Fehlerrisiko beim Gebrauch von Modellvorstellungen erfaßbar.
>
> Die besondere Bedeutung der Kybernetik liegt darin, daß sie ein einheitliches Denkschema liefert.

haben die Küchenhilfe und das Dienstmädchen weitgehend ersetzt. Diktiergeräte übernehmen wichtige Teile der Arbeit von Stenotypistinnen. Automatenrestaurants sind Vorläufer des umfassenderen maschinisierten Dienstleistungssystems, das uns die Zukunft einst bescheren wird. Die Entwicklung führt zur Druckknopfwelt, in der man alles und jedes – vom Menü bis zum Gebrauchsgegenstand – durch Automaten abrufen kann.

Die Spezialisten

Diese technische Welt erfordert den Spezialisten. Jenen Menschen, von dem die boshafte Definition umgeht: »Spezialisten sind Leute, die immer mehr über immer weniger lernen, bis sie schließlich alles über nichts wissen.« Es ist aber ein Irrtum zu glauben, daß erst die Technik den Spezialisten hervorgebracht habe. Spezialisierung ist eine Erscheinung, die wir überall in der Natur beobachten können. Sie ist eine Folge des Ökonomieprinzips.

Der Spezialist unter den Tieren ist durch seinen Körperbau, seine Sinneswerkzeuge, seine Verhaltensweisen und seine Fähigkeiten den besonderen Bedingungen seiner Umwelt optimal angepaßt. Der lange Hals der Giraffe ermöglicht es ihr, Blätter aus Baumkronen zu holen, die anderen, auf dem Boden lebenden Tieren unzugänglich sind. Die Eule ist – vor allem durch ihre empfindlichen Augen – dem Nachtleben angepaßt und kann während der Dunkelheit ungestört von anderen Greifvögeln auf die Jagd gehen. Krallen, Zähne, Laufwerkzeuge, ein behaartes Fell oder eine Schutzfärbung, besondere Tapferkeit oder auch Scheu – alles das sind Eigenschaften der Anpassung, die es ihrem Träger erlauben, sich in bestimmten Situationen, in einer bestimmten Umgebung besonders gut zurechtzufinden. Allerdings ist der Spezialist in fremden Situationen dann hilflos. Ein Tier beispielsweise, das etwa auf eine einzige Art von Nahrung angewiesen ist, muß ohne diese verhungern. Und eine Pflanze, die die besondere Fähigkeit hat, in der Trockenzeit zu überleben, kann durch Feuchtigkeit tödlich geschädigt werden. Der Spezialist erwirbt eine Überlegenheit – die aber auch eine Gefahr sein kann.

Betrachten wir das Erscheinungsbild unserer Technik, dann sehen wir aber, daß es wie bei der Natur durch Spezialisierung nicht zu einer Verarmung der Formen, sondern zu einer Bereicherung gekommen ist. Beim Menschen führte berufliche Spezialisierung den einzelnen nicht in die Isolation, sondern in die Gruppe, in der man gegenseitig aufeinander angewiesen ist. So trägt die Technik dazu bei, soziale Bindungen zu stärken.

Eine Untergliederung in unzählige Teilbereiche von Arbeitsvorgängen bedarf einer umfassenden Organisation mit vielerlei Einrichtungen der Verteilung, Kommunikation und Kontrolle. Die Technik bedarf einer Organisation der Wissensverbreitung, also des Unterrichts. Einfache Beispiele einer solchen Organisation finden sich schon im Verhältnis Lehrling – Geselle – Meister. Es genügt aber nicht die Vermittlung des Wissens vom Erfahrenen zum Unerfahrenen. Auch eine »horizontale« Vermittlung von Informationen zwischen Gleichgestellten, etwa über neue Erfahrungen und Methoden, ist nötig. Schließlich bedarf es auch einer Organisation zur Sicherung des erarbeiteten Wissens, wie wir sie etwa in Form des Patentwesens vorliegen haben.

Als Nachteil des Spezialistentums wird oft die Einengung des Gesichtskreises der Betroffenen genannt. Spezialisierung verhindert eine Beteiligung an der Produktion eines Gegenstandes vom Anfang bis Ende, und das stört das Verhältnis des Spezialisten zum Produkt. Ihm geht leicht das Bewußtsein sinnvoller Arbeit verloren, wie der Handwerker es hat, die »Motivation«. Die Bemühungen moderner Unternehmen gehen deshalb heute schon dahin, die Arbeitsplätze so zu gestalten, daß die Funktionen des einzelnen innerhalb einer Gruppe variabel bleiben und wenigstens einen in sich abgeschlossenen erkennbaren Teilbereich der Produktion umfassen. In anderen Betrieben werden die Mitarbeiter von Zeit zu Zeit in wechselnde Produktionsbereiche gestellt. Hinzu kommt verstärkt die psychologische Betreuung durch Hausinformationen, Gemeinschaftseinrichtungen und Angebote zur betrieblichen Fort- und Weiterbildung. Der Staat greift mit Möglichkeiten zur beruflichen Umschulung, mit »zweitem Bildungsweg« und ähnlichen Einrichtungen ein, den Gefahren der Automation und der Entfremdung des Menschen von seiner Arbeit entgegenzuwirken und ihm die komplexen Verflechtungen, in die er gestellt ist, transparent zu machen.

Mosaik des Wissens

Die Karte unseres naturwissenschaftlichen Wissens hat sich in einer ähnlichen Weise vervollständigt wie das Bild eines Puzzlespiels, bei dem man von einigen Anfangselementen ausgeht, an die dann andere Steine mosaikhaft angesetzt werden. Mehr oder weniger zufällig entdeckte Einzelerscheinungen wurden als Konsequenzen ein- und derselben Gesetzmäßigkeit erkannt. Auf diese Weise erfolgte zunächst eine Verzahnung innerhalb verwandter Bereiche. So erkannte man die gemeinsamen Wurzeln aller mechanischen, aller optischen oder aller elektrischen Erscheinungen. Es kristallisierten sich die klassischen Wissensgebiete heraus, nach denen der Lehrplan auf den Technischen Universitäten heute noch ausgerichtet ist: Mechanik, Akustik, Wärmelehre, Optik, Elekrizität; dazu kam in letzter Zeit, gewissermaßen als ein Anhängsel, noch die Kernphysik.

Inzwischen ist die Zeit über diese Trennung hinweggegangen, in vielerlei Hinsicht erscheint sie überholt und sinnlos. So stellte sich beispielsweise heraus, daß ein großer Teil der Wärmelehre auf mechanische Grundvorgänge zurückzuführen ist, nämlich auf die Bewegung kleinster Teilchen, wobei, wegen der großen Menge der beteiligten Teilchen, statistische Methoden angebracht und erfolgreich sind. In ähnlicher Weise vereinigte sich die Optik mit der Elektrizität; alle optischen Erscheinungen stellten sich als Ausschnitt aus dem Erscheinungskomplex der elektromagnetischen Wellen heraus.

Problematisch erscheint es schließlich, wenn man heute die Atom- und Kernphysik abgetrennt an den Schluß des Physikstudiums stellt. Diese Einteilung läßt sich nur historisch begründen. In Wirklichkeit sollte die Atom- und Kernphysik am Anfang stehen. Zu fordern ist nicht nur ein Wechsel in der Reihenfolge, sondern ein Umdenken. Nach unserem heutigen Wissensstand sind die physikalischen Erscheinungen als Konsequenzen des atomaren Aufbaus der Materie zu verstehen.

Die Vereinheitlichung der Wissenschaft macht aber bei der Physik nicht halt – obwohl sie bei dieser am weitesten vorangeschritten ist. Inzwischen hat sie auch die Chemie erfaßt, eine Wissenschaft, die man noch vor einigen Jahrzehnten eher als einen Katalog von Rezepten für die Herstellung und Analyse von Substanzen gesehen hat. Theoretische Chemie betreibt man seit etwa einem halben Jahrhundert, und erst seit dem 2. Weltkrieg dringt sie allmählich in die Lehrpläne vor. Sie ist die gemeinsame Basis aller chemischen Erscheinungen, und somit gilt für sie dasselbe wie für die Kernphysik: sie gehört – zunächst mit ihren anschaulichen Modellbildern – an den Anfang der chemischen Ausbildung.

Schon relativ früh hat man erkannt, daß an Lebensprozessen vielfach physikalische und chemische Vorgänge beteiligt sind. Man konnte beispielsweise die Erscheinungen des Stoffwechsels weitgehend klären und beweisen, daß etwa der Energiesatz auch für Lebewesen gilt: daß sie ihren Energiebedarf durch Prozesse decken, die sich durchaus mit jenen der Energietechnik vergleichen lassen. Die der Physik und Chemie früher nicht zugänglichen Erscheinungen, etwa die des Wahrnehmens, Denkens und Fühlens, wurden mystifiziert, als unerklärlich deklariert, und entzogen sich somit bis vor rund zwanzig Jahren dem Zugriff des Wissenschaftlers.

Eine Wende in diese Situation brachte die Kybernetik. Durch sie wurde deutlich, daß man die Lebensprozesse und wahrscheinlich auch alle anderen Erscheinungen von zwei Standpunkten aus betrachten kann – vom physikalisch-energetischen und vom kybernetischen (also von jenem der Steuerung und des Informationsumsatzes).

Interdisziplinäre Zusammenarbeit

Auch die Kybernetik bedeutet Vereinheitlichung und Zusammenlegung von Erkenntnissen unter den Gedankenbildern einer umfassenden Theorie. So gelang beispielsweise die Verzahnung so verschiedener Wissensbereiche wie die der Informations- und der Automatentheorie. Sind Physik (eigentlich müßte man sagen Energetik) und Kybernetik die zuletzt verbleibenden großen Theorien, so liegt die Frage nahe, ob es vielleicht gelingen könnte, auch sie auf einen gemeinsamen Nenner zu bringen. Tatsächlich bestehen dafür gewisse Chancen; einige Versuche in dieser Richtung lassen es als möglich erscheinen, daß man physikalische Eigenschaften letztlich in informationelle auflösen könnte.

Physik und Kybernetik bleiben die tragenden Pfeiler unseres Wissens. Der Grund dafür liegt in der Erkenntnis, daß ein großer Teil unseres technischen Instrumentariums genau so wie die Gebilde der Natur nicht nur einen physikalischen, sondern auch einen informationellen Aspekt hat. Das gilt insbesondere für komplexere Maschinen, bei denen das Problem ihrer Organisation vorherrschend wird, und es gilt noch mehr bei den Automaten, deren kennzeichnendes Merkmal die Verarbeitung von Information ist. Um solche Maschinen verstehen zu können – und sie zu bauen, bedeutet nicht unbedingt, sie in allen Aspekten zu verstehen –, bedarf es also des Einsatzes zweier verschiedener Denkmodelle, dessen der Physik und dessen der Kybernetik. Die besten Beispiele dafür sind unsere Kommunikationsmittel: Maschinen, die vor allem mit der Elektrizität arbeiten – also etwa elektromagnetische Schwingungen aussenden, mit denen die Nachrichten verbreitet werden –, in denen aber auch die Fragen der übermittelten Nachrichten selbst, die Art und Weise ihrer Codierung, ihrer Speicherung, ihrer Verarbeitung eine Rolle spielt.

Die gegenseitige Annäherung der Wissensgebiete erleichtert auch die sogenannte interdisziplinäre Zusammenarbeit, das heißt die Zusammenarbeit zwischen den einzelnen (technischen) Disziplinen. Dabei ist zu bemerken, daß die Vereinheitlichung der Grundlagen der Spezialisierung entgegenwirkt. Zwar sind es nach wie vor Spezialisten, die bei komplexen Entwicklungen tätig sind, aber sie arbeiten nicht mehr unabhängig voneinander, sondern in Teams, deren Angehörige partielles Wissen zusammenlegen, um die gemeinsame Aufgabe zu lösen. Eine solche Kooperation führt in glücklicher Weise aus der Isolation des Spezialisten heraus – er ist wieder imstande, über die Teilprozesse hinweg das Ganze zu erkennen. Allmählich schließt sich das Mosaik unseres Wissens.

Fachsymbolik als verbindendes Element

Da sich Naturwissenschaftler und Techniker mit nüchternen Tatsachen und Zahlen befassen, enthält ihre Sprache keine Bedeutungsabstufungen. Ihre Genauigkeit verschafft ihr jedoch einen unschätzbaren Vorteil: sie kann ohne Informationsverluste in eine andere Sprache übersetzt werden. Um sich klar und unmißverständlich auszudrücken, hat der Wissenschaftler für Zehntausende von Begriffen Neuwörter geprägt, die meist der lateinischen oder griechischen Sprache entnommen und daher international verständlich sind, wie Lokomotive, Generator, Transistor, Telegraphie, Hydraulik. Dies gilt auch für die zusammengesetzten Wörter, die gleichzeitig die Eigenschaften der Dinge und ihre gegenseitige Abhängigkeit kennzeichnen. So bedeutet die lateinische Vorsilbe »super« dasselbe wie die griechische Vorsilbe »hyper«, nämlich »über«.

Mit Zahlen und Zeichen drückt der Forscher seine Erkenntnisse in der internationalen Sprache der Mathematik aus. Neben den arabischen Ziffern 1 bis 9 und der 0 gibt es die mathematischen Zeichen, die angeben, wie die Zahlen verwendet werden sollen. Die Algebra als Teil der Mathematik und Verallgemeinerung der Arithmetik bietet eine rationale Methode zum Ausdrücken von Abhängigkeiten in Form von Gleichungen, wie z.B. $V = \frac{4}{3} \pi r^3$, die jeder Ingenieur oder Naturwissenschaftler als den Rauminhalt einer Kugel mit dem Radius r erkennt. Sehr viele Forschungsergebnisse können als mathematische Gleichungen mitgeteilt werden.

Gleichungen oder auch kontinuierlich veränderliche Wechselbeziehungen (Funktionen), z.B. der zeitliche Verlauf von Luftdruckschwankungen, lassen sich auch bildlich in Form von Diagrammen darstellen. Die Art der zeichnerischen Darstellung und die Symbole bilden eine gemeinsame Sprache, wie ja auch die Maßeinheiten und Formelzeichen im internationalen Einheitensystem genormt sind. Darüber hinaus gibt es eine Kurzschrift des Wissenschaftlers als verbindendes Mittel, wie z.B. die Symbole der chemischen Elemente und die Molekülmodelle, die internationalen Symbole in Medizin, Naturkunde, Physik, Astronomie, in den Schaltbildern der Elektrotechnik und in Konstruktionszeichnungen, auf Landkarten und die symbolische Darstellungsweise der Geometrie.

Das ökonomische Prinzip

Ökonomie ist ein Begriff aus der Wirtschaft. Es stammt aus dem Griechischen und bedeutet so viel wie Sparsamkeit. In Wirklichkeit gilt die Forderung nach Ökonomie in viel weiterem Rahmen. Es handelt sich um ein allgemeines Prinzip, dem praktisch alle aktionsfähigen Systeme unterworfen sind. Sie alle stehen in Austausch mit ihrer Umwelt, sie brauchen Zufuhr von Kraft, Energie, Rohstoff, Zeit, Information oder dergleichen. Wesentlich ist, daß dieses Material einen mehr oder minder hohen Wert darstellt. Man versucht daher, den Aufwand auf das unbedingt Nötige zu beschränken. Nehmen wir zum Beispiel die Zeit. Ob Tier, Mensch oder Maschine – wer oder was schneller arbeitet, schneller am Ziel ankommt, ist dem anderen überlegen; es kann beispielsweise darum gehen, eine Nahrungsquelle schneller zu erreichen oder einen Gegenstand schneller zu produzieren. Aber auch wenn keine Konkurrenzsituation besteht, ist es vorteilhaft, seine Aufgaben zügig zu Ende zu führen, da auch die gewonnene Zeit Nutzen bedeutet.

Jede Art von Ersparnis erweist sich als Vorteil. Insbesondere gilt das im Bereich der Information; wer Daten mit geringerem Aufwand oder schneller auswertet, ist günstiger dran als jener, der dieselbe Aufgabe umständlicher vollzieht.

Das Ökonomieprinzip hat große Bedeutung bei der kybernetischen Problemlösung – etwa bei der Suche nach Modellbildern für biologische Systeme. Die Kybernetik (→S. 34) interessiert sich nicht für die Eigenschaften von Systemen, sondern für ihre Organisation. Sie untersucht die Ökonomie eines Systems und kann verständlich machen, warum Organismen so aufgebaut sind und nicht anders; warum Maschinen in ganz bestimmter Weise funktionieren und nicht nach anderen, prinzipiell ebenfalls möglichen Gesichtspunkten. Das Ökonomieprinzip bestimmt die Auswahl aus allen denkbaren Formen, Zusammensetzungen, Organisationen. Systeme, die in Konkurrenz miteinander stehen, müssen in jeder Hinsicht ökonomisch arbeiten; so gelangt man genau zu jenen Formen, wie sie in Natur und Technik verwirklicht wurden. Dieses Prinzip ist also ein wichtiges Hilfsmittel für den Menschen, um das Gefüge seiner Umwelt und ihre Funktionen zu verstehen. Es kann aber auch als Hilfsmittel der Rationalisierung dienen – um zu prüfen, ob bestimmte technische Lösungen, wie sie heute vorliegen, auch wirklich optimal arbeiten. Unter Rationalisierung versteht man alle Arten von Maßnahmen, durch die bestehende Systeme so verändert werden, daß sie dieselben Aufgaben unter geringerem Aufwand lösen. (→S. 76ff.)

Maßnahmen der Rationalisierung sind in sämtliche höher organisierten Abläufe integriert. In lebendigen Organismen vollziehen sie sich durch das Ausleseprinzip, in technischen Anlagen und Betrieben durch mehr oder weniger bewußte Kontrolle. Im Laufe der Spezialisierung haben sich bestimmte Methoden herangebildet, mit denen man Funktionen auf optimalen Ablauf prüfen kann. Die Rationalisierung entwickelte sich zu einer differenzierten, wissenschaftlich orientierten Praxis, und dementsprechend gibt es bereits Rationalisierungsfachleute für alle möglichen Betriebsformen.

Konkurrenz

Wo Individuen mit gleichen Zielen in gleichen Bereichen leben, stehen sie meist in einer Konkurrenzsituation – nämlich dann, wenn die Mittel zum Erreichen der Ziele wie auch die Zielgegenstände selbst nur beschränkt verfügbar sind. Dabei kann es sich um konkrete Dinge wie Energie oder Geld handeln, aber auch um mehr abstrakte wie den Platzbedarf und die Kenntnis über die Methoden. Eine Konkurrenzsituation zwingt zu einer ununterbrochenen Überprüfung des Prinzips der Wirtschaftlichkeit. Mit Formenfülle und Artenreichtum der Natur hat das nichts zu tun. Das Ökonomieprinzip gilt ja nur, wenn Mangel an irgendeinem Faktor besteht. Aber auf der Welt gibt es manches, das beliebig verfügbar ist oder einmal war: Wasser, Luft, besiedelbarer Raum. Viele Mißstände, an denen wir heute zu leiden haben, liegen daran, daß das nicht mehr so ist und daß es dem Menschen schwer fällt, das zu begreifen. Man muß sich allmählich an den Gedanken gewöhnen, daß auch Wasser, Luft und andere Rohstoffe dem Ökonomieprinzip unterworfen werden müssen. (→S. 14)

Zu den echten Ausnahmen, den konsequenten Abweichungen vom Ökonomieprinzip aber gehören Beispiele der Natur, in denen ein großer Aufwand in Kauf genommen wird, um ein wichtiges Ziel besser zu erreichen. Das gilt etwa für die Massenproduktion von Samen. Auch der Reichtum an Nachkommenschaft gewisser Tierarten ist eine Frage des Überlebens; für manche Tiere, die keine Mittel besitzen, um sich gegen natürliche Feinde zu wehren, beispielsweise Schmetterlinge, ist die hohe Vermehrungsrate die einzige Möglichkeit, einige Exemplare vor dem Gefressenwerden zu schützen. Je mehr Exemplare außerdem produziert werden, um so eher können günstige Erbänderungen – Mutationen – auftreten. Hilflose Organismen mit hoher Vermehrungsrate haben dadurch eine Chance zur schnelleren Weiterentwicklung.

Verflechtung technischer Erscheinungen

Man kann die technische Entfaltung als eine Fortsetzung der natürlichen Evolution auffassen. Viele charakteristische Kennzeichen der biologischen Evolution finden sich in der techni-

Der technische »Biotop«

schen Entwicklung wieder. Die Beispiele des Ökonomieprinzips, der Konkurrenz und der Auslese wurden schon behandelt. Entsprechendes gilt aber auch für die Abstimmung einzelner Erscheinungen aufeinander. In der Biologie kennt man den Begriff des »Biotop« und bezeichnet damit komplexe Tier-Pflanze-Umwelt-Lebensgemeinschaften, in denen wechselseitig völlige Abhängigkeit aller Lebensäußerungen besteht. Entsprechende Wechselwirkungen haben sich auch im technischen Raum ergeben. Im einfachsten Fall äußert sich gegenseitige Abhängigkeit hier durch Leistung und Gegenleistung, etwa im Austausch von Energie oder Ware.

Ob man nun ein Produkt herstellt oder eine der vielen Arbeitsgänge zu seiner Produktion übernimmt, ob man für dieses Produkt wirbt, es transportiert, verkauft, betreut, repariert, weiterentwickelt oder konsumiert – alle Beteiligten sind im höchsten Maß voneinander abhängig. Die Abhängigkeit ist viel umfassender, als man zunächst annehmen würde. Schon bei Zulieferung des Rohmaterials entsteht eine enge Beziehung zwischen jenen, die dieses Rohmaterial gewinnen, und jenen, die es verarbeiten. In die Ketten dieses Geschehens sind weitere Glieder einbezogen, die, wie das am Beispiel des einzelnen Produktionsprozesses gezeigt wurde, wieder in ähnlicher Weise differenziert sind. Für die Herstellung eines komplizierten Gegenstands wie einer Maschine sind verschiedenste Rohstoffe, Halbfertigprodukte und vorgefertigte Bausteine nötig. Um sie zusammenzufügen, braucht man spezielle Werkzeuge und Maschinen, die ihrerseits wieder in einem ähnlichen komplexen Arbeitsgang erstellt werden. Für alle diese Fertigungsprozesse müssen weitere Maschinen und Werkzeuge bereitgestellt werden.

Die Zahl der Arbeitsgänge würde ins Uferlose wachsen, wenn es nicht auch gegenläufige Trends gäbe – vor allem Konsequenzen des Ökonomieprinzips. Aus ihnen resultiert die Forderung, die Spezialisierung nicht über alle Grenzen zu treiben, sondern, wo es möglich ist, Rohstoffe, Bauelemente, Werkzeugteile und dergleichen so vielseitig wie möglich anzuwenden. Diese Tendenz führt zu den Erscheinungen der »Normung« oder des »Bausteinprinzips«, die man zu den technischen, organisatorischen wie auch ökonomischen Maßnahmen zählen muß: Da wird die Verflechtung der Einzelbereiche sichtbar. (→ S. 40)

So stellt sich heraus, daß es kaum irgendeinen Bereich gibt, der nicht in vielfältiger Weise von anderen abhängig ist. Wie in einem natürlichen Biotop sind auch technische Systeme miteinander verbunden. Das gilt auch für all das, was zur Versorgung und Betreuung des Menschen nötig ist. Dazu gehört die Bereitstellung von Wohnraum, von Nahrung, von Verständigungssystemen und Verwaltung ebenso wie Angebote an Unterhaltung oder Freizeitgestaltung.

Die weltweite wirtschaftliche Verflechtung, wie sie für unsere heutige technische Welt typisch ist, ist zuvörderst ein Ausdruck der Ökonomie; man kann auf jeden Punkt der Erde zurückgreifen, um den günstigsten Standort für eine Produktion zu finden, man kann mit sämtlichen Währungen bezahlen, Bauteile aus allen Ländern einsetzen, auf das Wissen der ganzen Welt und aller Zeiten zurückgreifen. Eine solche Verzahnung der Profitinteressen trägt aber auch Schwächen in sich: Fällt ein Zahnrad im Getriebe aus, so steht das Ganze still. Die Sperrung des Suez-Kanals hatte Folgen für alle Betriebe der Welt, in denen Öl verbraucht wird. Der Schiffsweg um den ganzen afrikanischen Kontinent herum verlängerte und verteuerte die Frachten und damit die Ölpreise erheblich.

Die Verflechtung von Wissenschaft und Technik ist besonders augenfällig auf dem Bausektor. Nehmen wir zum Beispiel den Stahlbeton, der auf dieser Baustelle Schicht um Schicht in die Höhe gezogen wird. Der Beton ist ein chemisches Gemisch aus Zement, Wasser, Sand, Kies und Bindemitteln. Seine guten physikalischen Eigenschaften – vor allem Elastizität – erhält der Beton jedoch erst durch stählerne Rippen. Diese aber flicht der Mensch dem Bauwerk ein. Die Eisenflechter schaffen das drahtige Knochengerüst, das dann mit Brettern »eingeschalt« und mit Betonschlamm zugegossen wird.

Südfrankreich: La Grande Motte

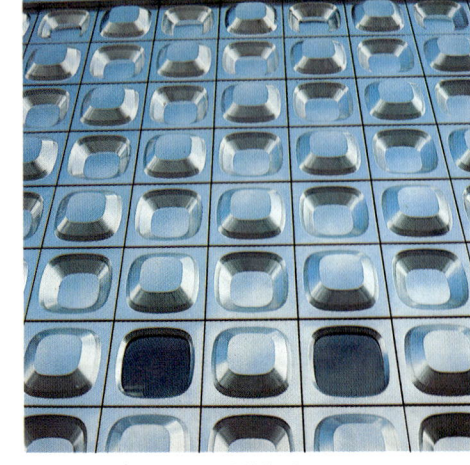

Brüssel: Eingang im EWG-Gebäude

Hausfassade aus Stahlblech

Berlin: Häuserfassade

Kiefernstamm

Schliff eines Halbedelsteins (Achat)  *Tropische Blätter*  *Gefieder einer Fasanenhenne*

Rostige Tonnen

Oberflächenstrukturen

Oberflächenstrukturen, die die Natur offenbart, finden wir auch in technischen Konstruktionen wieder. Das Harmonie- und Ordnungsprinzip, das – die Fotografie offenbart es – die Natur bis in den Mikrokosmos hinein beherrscht, sucht der Mensch unwillkürlich auch in seinen eigenen Schöpfungen zu verwirklichen. Dabei erlegen ihm die Forderungen des Ökonomieprinzips aber Typisierungen und Normungen auf, die zum Verlust jener Individualität führen, die wir mit »Natürlichkeit« identifizieren.

Andererseits ist uns die Welt »natürlicher« Formen und Gestalten vielfach zu altvertraut, um sie noch bewußt zu erleben. Erst die andere Sicht, die neue Perspektive, ermöglicht neues, bewußtes Sehen und Erleben unserer Umwelt. Die Kamera ist heute ein Instrument, das solche Perspektiven liefert. Ihr unbestechliches Auge entlarvt oder enthüllt, stellt hier Beziehungen her oder verfremdet dort vertraute Strukturen und Flächen.

Normung

Eine Erscheinung der Technik wird heute besonders beklagt: die Vereinheitlichung, die Normung. Man übersieht dabei den primären Trend, nämlich die Entwicklung hin zur Spezialisierung, also zur Auffächerung, zur Vervielfältigung der Formen. Normung setzt erst ein, wo der Formenreichtum ins Uferlose anzuwachsen droht. Zu überflüssiger und unökonomischer Formenfülle kommt es dann, wenn ohne Seitenblicke auf das Geschehen im Umfeld produziert wird – was man auch als Ausdruck besonderer Individualität des Schaffens auffassen könnte. Individualität kann aber sehr unbequem sein. Jeder weiß selbst, wie unangenehm sich im Alltag fehlende Normung auswirken kann: Da paßt der Stecker nicht in die Buchse, die Mine nicht in den Kugelschreiber, der Reifen nicht auf die Felge, der Schraubenschlüssel nicht auf die Mutter, der Führerschein nicht in die Brieftasche. Richtig ärgerlich wird es erst, wenn Schäden und Behinderungen auftreten – wenn technische Geräte für längere Zeit ausfallen, weil man ganz bestimmte ungebräuchliche Ersatzteile dafür braucht. Fehlende Normung kann geradezu Grenzen errichten: So ist etwa der Verkehr zwischen zwei Ländern erheblich gestört, wenn sie verschiedene Schienenspurweiten für ihre Eisenbahnen verwenden. Ähnliche Hindernisse verursacht mangelnde Übereinstimmung der elektrischen Netzspannungen. In letzter Zeit ergeben sich Schranken zwischen Völkern, die sich nicht auf die gleichen Farbsysteme oder die Zahl von Fernsehbildzeilen einigen können.

Die Beispiele für Normung sind unübersehbar. Viele haben sich geradezu von selbst ergeben, durch Einsicht in die praktischen Vorteile. Der rechte Winkel, die ebene Begrenzungsfläche, der horizontale Boden usf. sind Beispiele dafür – sie prägen das Bild unserer technischen Welt. Der Maler Friedensreich Hundertwasser hat darauf aufmerksam gemacht; er spricht vom »Chaos der geraden Linie«. Das mag richtig sein, wenn man Chaos als Tod der Individualität begreift. Technisch gesehen ist genau das Gegenteil richtig – es handelt sich um einen Ordnungsfaktor. Zu beklagen wäre höchstens die dadurch bedingte Eintönigkeit. Der »konstruktivistische« Charakter unserer Formenwelt wurde aber nicht willkürlich bestimmt, sondern ist das Resultat einer vielseitigen Beziehung zwischen den Gegenständen, einer Anpassung, die andererseits wieder eine Vielzahl von Anschlußmöglichkeiten ergibt und dadurch Voraussetzung dafür ist, daß wir Elemente unterschiedlich kombinieren können, sie auf diese Weise besser auf unsere Bedürfnisse abstimmen und schließlich dadurch auch wieder eine Formenvielfalt erreichen. Vielleicht erscheint das Rundhaus der Bantus auf den ersten Blick formal interessanter als ein würfelförmiger Wohnblock, doch läßt es sich nicht kombinieren und führt zu nicht mehr als zu dem beziehungslosen Nebeneinander einer Zeltstadt. Dagegen beruhen alle Ergebnisse unserer Architektur, von den gotischen Domen bis zu den Terrassenhochhäusern, auf der Bevorzugung der Geraden, Ebene, des rechten Winkels.

Die Beschränkung auf ein Formprinzip bedeutet noch einen niedrigen Grad der Normung. Sie läßt sich in alle Richtungen hin vertiefen – auf Werkstoffe und ihre Eigenschaften, auf Maße und Kontrollsysteme. (→S. 42) In Deutschland wurden die »Deutschen Industrie-Normen« (DIN) eingeführt, ein umfassendes und durch Ausschüsse von Sachverständigen ständig erweitertes System aller möglichen technisch wichtigen Werte.

Normen sind keine naturgegebenen Größen, sondern Konventionen. Sie beruhen auf Vereinbarungen und setzen Zusammenarbeit voraus. Es ist bemerkenswert, daß es hier – im Gegensatz zur Politik – weitgehend zur Einigung über viele Grenzen hinweg gekommen ist, was oft genug nur durch Zurückstellung besonderer Interessen und Vorteile möglich war. Ernsthafte Schwierigkeiten ergaben sich erst, wo sich in verschiedenen Kulturkreisen verschiedene Normen eingeführt hatten. Solche Umstellungen sind nicht nur außerordentlich kostspielig, sondern bringen auch eine Phase der Unsicherheit und der Verwirrung mit sich. Ein Beispiel dafür ist die Einführung des Rechtsverkehrs in Schweden oder die Umstellung auf das Dezimalsystem in Großbritanniens Währung, in der bisher 1 Pfund 20 Shilling, diese aber 12 Pence gezählt hatten.

Größenordnungen

In Technik und Naturwissenschaft werden vielstellige Zahlenwerte oder Faktoren der besseren Übersicht und der Platzersparnis wegen in »Größenordnungen« angegeben. Größenordnungen sind Potenzen von 10; eine Größenordnung entspricht dem Faktor 10, zwei davon sind 10 mal 10 oder 10^2 (zehn hoch zwei) usw. Statt zehn Millionen bzw. 10 000 000 sagt man 10^7 (zehn hoch sieben): der Exponent 7 ergibt sich aus der Zahl der Nullen hinter der eins. Auch sehr kleine Zahlen können in Potenzen von 10 ausgedrückt werden: $0{,}001 = 1/1000 = 1/10^3 = 10^{-3}$.

Ein negativer Exponent, hier -3, bedeutet also, daß die »große Zahl« unter dem Bruchstrich steht.

Gewisse Vielfache und Teile von Einheiten sind durch Kurzzeichen gekennzeichnet; die wichtigsten seien hier aufgeführt:

T	Tera	$= 10^{12}$	Billion (Bio)
G	Giga	$= 10^{9}$	Milliarde (Mrd)
M	Mega	$= 10^{6}$	Million (Mio)
k	Kilo	$= 10^{3}$	Tausend (Tsd)
h	Hekto	$= 10^{2}$	Hundert
da	Deka	$= 10$	Zehn
d	Dezi	$= 10^{-1}$	Zehntel
c	Zenti	$= 10^{-2}$	Hundertstel
m	Milli	$= 10^{-3}$	Tausendstel
µ	Mikro	$= 10^{-6}$	Millionstel
n	Nano	$= 10^{-9}$	Milliardstel
p	Piko	$= 10^{-12}$	Billionstel
f	Femto	$= 10^{-15}$	Billiardstel
a	Atto	$= 10^{-18}$	Trillionstel

Beispiele:
kg (Kilogramm) = 1000 g; hl (Hektoliter) = 100 l; mm (Millimeter) = 0,001 m; MW (Megawatt) = 10^6 W = 10^3 kW.

Das Bausteinprinzip

In engem Zusammenhang mit der Normung steht das Bausteinprinzip. Es bedeutet die durch Vereinbarungen geregelte Beschränkung auf einheitliche Bauelemente. Als klassisches Beispiel kann der Ziegel gelten, dessen Erfindung auf prähistorische Zeit zurückgeht. Heute wendet man die gesamte Akribie der technischen Rechen- und Denkmethoden auf, um einen einzigen Bausteintyp zu entwickeln. Einer der Pioniere moderner Bautechnik, Konrad Wachsmann, erhielt einmal den Auftrag, eine Bahnhofshalle zu bauen. Um die Vorteile des Bausteinprinzips auszunützen, entwickelte er einen Baustein für technische Großbauten. Es handelt sich um ein gewinkeltes Verbindungselement, einen Sechsfuß, an dem Bauteile in drei verschiedenen, aufeinander senkrechten Richtungen befestigt werden können. Er brauchte drei Jahre zur Entwicklung des Bausteins; die Halle selbst war dann in drei Wochen fertig.

Normungsmaßnahmen setzen natürlich hohe Genauigkeit

Vielfalt durch Vereinheitlichung

bei der Herstellung voraus. Mangelnde Präzision kann sich als Schranke vor die Anwendung des Bausteinprinzips stellen. Bei genormten Bauelementen muß der mögliche Fehler, die »Toleranz«, angegeben sein – sie ist also selbst ein Maß, das der Normung unterliegt. Eine solche Normung hat wiederum nur dann Sinn, wenn sie auch geprüft werden kann; eine Steigerung der Präzision kann nur Hand in Hand mit der Entwicklung der Meßgeräte, mit einer Steigerung der Meßgenauigkeit erfolgen. Die Vorgänge des Messens haben besondere Bedeutung in der Technik und werden an anderer Stelle ausführlicher behandelt. (→ »Experimentieren und Messen«, S. 122 ff.)

Oberflächlich betrachtet könnte man im Bausteinprinzip eine Ursache für die Vereinheitlichung und damit die Eintönigkeit unserer technisch gestalteten Welt sehen. In Wirklichkeit gilt genau das Gegenteil: In unserem Lebensraum läßt sich beobachten, daß dort, wo man vom Bausteinprinzip relativ wenig Gebrauch macht, beispielsweise bei Autos oder Häusern, eine Gleichförmigkeit das Ergebnis ist – ein Beweis dafür, daß der Verzicht auf genormte Bauteile keineswegs automatisch zu Typenreichtum führt – es wäre viel zu aufwendig, für jeden ein eigenes, individuell ausgerichtetes Objekt zu entwickeln. Gerade das aber würde durch das Bausteinprinzip möglich. Es ist gerade das Bausteinprinzip – scheinbar Ausdruck der Einförmigkeit –, das ein Einfamilienhaus nach persönlichen Vorstellungen möglich macht. Ähnlich verhält es sich etwa bei der Inneneinrichtung, bei den Möbeln, wo heute die genormten Einzelteile von Polster-Elementen oder Schrankwänden fast unbegrenzte Variabilität erlauben.

Von ebenso grundlegender Bedeutung ist das Bausteinprinzip natürlich für jene technischen Vorgänge, mit denen wir im Alltag weniger in Berührung kommen. So unterscheiden sich beispielsweise ganze chemische Werke wenig voneinander, ob sie nun Insektenvertilgungsmittel, Farben oder Kunstharze erzeugen.

Das vermutlich erste genormte Bauelement war der Ziegelstein. Heute geht die Normung auf dem Bausektor so weit, daß ganze Wohneinheiten aus Fertigteilen zellenartig ineinander gefügt werden können. Das Bausteinprinzip ist nur scheinbar Sinnbild der Eintönigkeit. Gerade die Normung von Bauteilen ermöglicht eine fast unbegrenzte Variabilität.

Der Grundsatz, durch Beschränkung der Bauelemente die Möglichkeit zum Aufbau höchst komplexer Gebilde zu gewinnen, beschränkt sich nicht auf den materiellen Bereich. So versucht man bei jedem System der Verständigung mit möglichst wenig Zeichen auszukommen; rund fünf Dutzend Verkehrszeichen und eine Anzahl Hinweisschilder und Markierungen müssen genügen, um allen Situationen des Straßenverkehrs und -verlaufs gerecht zu werden.

Geradezu ein Schulbeispiel des Bausteinprinzips aber sind Zahlen und Schriftzeichen. Mit zehn Ziffern drückt man jede Zahl aus, mit sechsundzwanzig Buchstaben schreibt man jedes Wort. Auch die Bildung von Sätzen aus Wörtern folgt dem Grundsatz, komplizierte Gebilde aus einer überschaubaren Zahl von Grundelementen zu formen. Sehr deutlich ist hier zu erkennen, daß es die Vielzahl der Anschlußmöglichkeiten ist, die die Vielfalt des Ausdrucks ermöglicht – örtliche, zeitliche,

Das ökonomische Prinzip

logische Zusammenhänge werden durch Verbindungswörter wie »neben«, »nach«, »weil«, usw. festgelegt.

Das Bausteinprinzip wurde also nicht erst durch den Ingenieur in die Welt eingeführt. In der Natur dient die Zelle als universeller, vielfach kombinierbarer Baustein, sie wiederum besteht letztlich aus einer Verkettung chemischer Grundsubstanzen, der Elemente, diese aus Atomen, und wenn man in kleinste Bereiche eindringen will – den Atomkernteilchen.

Miniaturisierung und Mikrotechnik

Das Ökonomieprinzip kann als Prinzip des geringsten Aufwands oder schlicht als Sparsamkeitsprinzip bezeichnet werden. Man könnte es auch untergliedern – in ein Prinzip geringsten Energieverbrauchs, geringsten Zeitverbrauchs, geringsten Materialverbrauchs; man kann also auch von einem Miniaturisierungsprinzip sprechen.

Bei Handwerkzeugen ist der Miniaturisierung eine Grenze gesetzt. Normalerweise bestehen sie nur aus wenigen Teilen, die alle direkt zum Wirken gebracht werden. Der Kopf eines Hammers muß ein bestimmtes Gewicht und damit eine bestimmte Größe haben, und der Stiel muß in die Hand passen. Die Schneide eines Messers muß dem Objekt angepaßt sein, das man bearbeiten will, ebenso wie die Zangenbacken oder das Schaufelblatt. Solche Geräte bestehen also im Prinzip nur aus dem, was man in der Informatik »Eingabe-« und »Ausgabeeinheit« nennt.

Diese Ausdrücke stammen aus der Automatentechnik. Als Eingabeeinheit bezeichnet man jenen Teil der Anlage, durch den man sie bedient – das Lenkrad, der Gashebel und der Lichtschalter sind also Eingabeteile. Ausgabeeinheit heißt jener Teil, der die Resultate hervorbringt. Eingabe- und Ausgabeteile müssen stets dem Zweck angepaßt werden, also etwa der Bedienung durch menschliche Gliedmaßen; sie entziehen sich somit der Miniaturisierung.

Die Normen

Wenn Ihnen eine Glühlampe kaputtgegangen ist, dann kaufen Sie eine neue und halten es für selbstverständlich, daß sie genau in die alte Fassung paßt – gleichgültig, wo sie gekauft wurde, wer sie hergestellt hat und wie lichtstark sie ist. Aber das war nicht immer so! Das wurde erst möglich, seit die Schraubgewinde von Fassungen und Glühbirnen genormt sind und alle Herstellerwerke nach den gleichen, festgelegten Gewindemaßen arbeiten. Damit aber war überhaupt erst die Voraussetzung für die rationale Massenfertigung – und die Verbilligung! – der Glühlampen geschaffen.
Das gleiche gilt heute für ungezählte andere Erzeugnisse des täglichen und des technischen Bedarfs. Wo früher ein beschädigtes oder verbrauchtes Teilstück mühsam angefertigt und eingepaßt werden mußte, greift man heute zum fertigen Ersatzteil – sei es eine Rasierklinge, ein Film oder ein kompletter Bausatz. Die erst durch die Normung ermöglichte, immer weiter vervollkommnete Austauschbarkeit technischer Erzeugnisse wurde zur wesentlichen Grundbedingung für die Erhöhung unseres Lebensstandards.
Die weltweite Normungsarbeit wird von der International Organization of Standardization (»ISO«) durchgeführt, der auch der Deutsche Normenausschuß (»DNA«) angehört. Dieser gibt die »Deutschen Industrie-Normen« (»DIN«) heraus, die dem jeweiligen Stand der Technik entsprechen, und empfiehlt deren Anwendung.
Man unterscheidet Typ-, Stoff-, Güte-, Konstruktions-, Prüf-, Liefer-, Sicherheits- und Begriffsnormen. Zu den Begriffs- bzw. Verständigungsnormen gehören Einheitswerte, Formelzeichen, Begriffe und Symbole.

Bei komplizierteren Werkzeugen, insbesondere bei Maschinen und im höchsten Grad bei Automaten, ist das anders. Bei ihnen allen gibt es Teile, die nichts mit Ein- und Ausgabe zu tun haben; sie kann man bis zu den physikalisch gegebenen Grenzen verkleinern. Wichtig ist beispielsweise jener Teil, der die Energie liefert oder in die gebrauchte Form umwandelt. Hier sind es Materialeigenschaften und Fragen der Wärmeableitung, die Grenzen setzen. Im Laufe der technischen Entwicklung, die immer größeres Wissen erbringt, ergeben sich weitere Möglichkeiten der Miniaturisierung. So finden sich Wirkstoffe von höherer Belastbarkeit – wodurch man Stützen oder Druckgefäße kleiner und leichter ausführen kann –, solche besserer Wärmeisolation – wodurch man mit dünneren Wänden auskommt – und dergleichen mehr. Manche technischen Fortschritte haben eine Miniaturisierung um mehrere Größenordnungen ermöglicht; das Phänomen der Supra-Leitfähigkeit des elektrischen Stromes beispielsweise (→ S. 112) verhalf nicht nur dazu, mit kleineren Elektromagneten größere Kräfte auszuüben, es ermöglichte auch, das mit kleinerem Energieaufwand zu erreichen. In ähnlicher Weise bedeutete es einen gewaltigen Schritt zur Miniaturisierung, als man Relais und Elektronenröhren durch Halbleiterschaltelemente (→ S. 114) ersetzen lernte. Die Elektronik ist das Schulbeispiel der Miniaturisierung, doch man sollte nicht übersehen, daß sie auch alle anderen technischen Bereiche umfaßt. Jeder technische Gegenstand, so könnte man es ausdrücken, sollte im kleinstmöglichen Bereich seines Volumens und Gewichts arbeiten.

Infolge verkleinerter Bauelemente sind manche Dinge zwar kleiner geworden, aber im Prinzip das geblieben, was sie waren. So kennt man heute miniaturisierte Elektromotoren, sogenannte Kleinstmotoren, die nichts anderes als verkleinerte Ausgaben großer Motoren sind. In anderen Fällen aber hat man neue Arbeitsprinzipien erschlossen, mit denen gleiche Aufgaben auf anderen, günstigeren Wegen erreicht werden können.

Gelegentlich gelingt es, die Miniaturisierung bis in mikroskopische Bereiche vorwärts zu treiben. Das bringt den Zwang mit sich, auch bei den Arbeiten der Montage oder der Reparatur zu neuen Methoden zu greifen. So gibt es beispielsweise Mikromanipulatoren, die Bewegungen der Hände und Finger im Maßstab 1 : 10 oder 1 : 100 verkleinern. Der Arbeitende sitzt an einem Mikroskop und beobachtet die Ergebnisse seiner Eingriffe. Noch radikaler ist die Umstellung auf neue Methoden in der Elektronik. Die elektrischen Leitungen in den Mikroelementen werden nicht mehr mit Drähten ausgeführt und gelötet, sondern gedruckt und aufgedampft. Chemische Änderungen in dünnsten Schichten von Halbleitern erzeugen bereits die gewünschten elektrischen Zustände. Somit ist es auch von vornherein unpraktikabel, ja unmöglich, gedruckte Schaltelemente oder in Kompaktbauweise hergestellte Schaltelemente auszubessern; als einzige Methode bleibt der Austausch eines ganzen Bausteins.

Miniaturisierung ist insbesondere stets dort eine aussichtsreiche Methode der Verbesserung, wo es sich nicht um den Umsatz von Energie, sondern um jenen von Information handelt – also bei Automaten und Instrumenten der Datenübermittlung, insbesondere den Computern. Zwar braucht man Energie als Träger von Information und ihrer Beförderung, aber die Menge kann fast beliebig klein sein. Wieder sind es elektrische Erscheinungen, die die besten Voraussetzungen für eine Miniaturisierung bieten, und das ist der Grund dafür, daß die Fortschritte der Nachrichtenübermittlung der Elektronik zu verdanken sind.

Willkommene Helfer waren die Halbleiter, die bis dahin

SI-System

Die zum Messen physikalischer Größen verwendeten internationalen Einheiten wurden 1960 von der elften Generalkonferenz für Maße und Gewichte unter der Bezeichnung »Systeme International d'Unités«, abgekürzt »SI« neu vereinbart und von der ISO übernommen.
In der BRD sind die SI-Einheiten seit 1970 gesetzlich vorgeschrieben. Während einer Übergangszeit dürfen davon abweichende Einheiten, wie z. B. kp, kcal, PS, noch bis zum 31. 12. 1977 verwendet werden. Auch einige Formelzeichen haben sich geändert, sie wurden den englischen Bezeichnungen angepaßt. Im Bereich der technischen Physik interessieren vor allem die in nachfolgender Tabelle zusammengestellten Einheiten.

Größe	Zeichen	Einheit	Abkürzung	Vergleichswerte
Länge	l	Meter	m	$1\ m = 10^3\ mm = 10^6\ \mu m = 10^9\ nm = 10^{10}\ Å$
Masse	m	Kilogramm	kg	$1\ t = 10^3\ kg = 10^6\ g$
Kraft	F	Newton	N	$1\ N = 10^5\ dyn = 1\ kg \cdot m/s^2 = 102\ p$
				$1\ kp = 9{,}807\ N$
Arbeit (Energie)	W E	Newtonmeter	Nm	$1\ Nm = 1\ J = 1\ Ws = 0{,}239\ cal$
				$1\ kWh = 3{,}6 \cdot 10^6\ J$
Wärmemenge	Q	Joule	J	$1\ J = 10^7\ erg$
				$1\ kcal = 4187\ J = 427\ kpm$
Leistung	P	Watt	W	$1\ W = 1\ J/s$
				$1\ kW = 10^3\ W = 1{,}36\ PS$
Zeit	t	Sekunde	s	$1\ h = 60\ min = 3600\ s$
Temperatur	T	Kelvin	K	$T = °C + 273{,}16\ K$
Winkel	α, β, γ	Grad	°	$1° = 60' = 3600''$
		Radiant	rad	$1\ rad = 360°/2\pi = 57{,}3°$

kaum Beachtung gefunden hatten. Erst dadurch, daß mikroskopische Schichten in Halbleitern im Prinzip das gleiche verrichten, wozu man früher unhandliche Bauelemente wie Relais und Elektronenröhrchen gebraucht hat, wurde die Miniaturisierung der elektrischen Schaltsysteme möglich.

Elektrische Anlagen sind aber auch aus einem anderen Grund besonders für die Verarbeitung von Information geeignet, und zwar deshalb, weil sich elektrische Impulse außerordentlich schnell – nämlich fast mit Lichtgeschwindigkeit – ausbreiten. Hinzu kommen die Vorteile bequemeren Messens von elektrischen Größen, wie Stromstärke, Widerstand und Spannung. Beide Umstände zusammen, die Fortschritte in der Halbleitertechnik und die neuen Erkenntnisse auf dem Gebiet der Informationstheorie und der verwandten Wissenschaften, haben zur sprunghaften Entwicklung der Informationstechnik geführt, die in den elektronischen Großrechnern gipfelt.

Am Computer wird besonders deutlich, daß die Miniaturisierung mehr hervorbringt als handlichere Gebrauchsgegenstände und billigere Verfahren. Sie eröffnet den Zugang zu neuen Technologien und erlaubt damit die Lösung bisher unlösbarer Aufgaben. Ein Elektronenrechner, der aus ebensovielen Schaltelementen besteht wie eine heutige Großrechenanlage, aber nicht aus Halbleiterschaltelementen, sondern aus den bis dahin üblichen Relais und Elektronenröhren aufgebaut wäre, hätte die Größe und den Energieverbrauch eines Wolkenkratzers. Es ist aber nicht nur die Größe einer solchen Anlage, die ihre Realisierung verbietet; die konventionellen Schaltelemente arbeiten auch bei weitem nicht so störungsfrei wie die Halbleiterbauelemente; eine solche Maschine würde praktisch nie betriebsbereit sein – was sich aus der statistischen Häufigkeit des Auftretens von Störungen in den einzelnen Schaltelementen errechnen läßt. Abgesehen davon sind aber bei den Geschwindigkeiten, mit denen solche Anlagen arbeiten, auch die Längen der Verbindungsleitungen zu berücksichtigen. Es zeigt sich, daß Elektronenrechner, die sich über ein größeres Volumen verteilen – selbst wenn sie schon mit den modernen Hilfsmitteln der Halbleitertechnik gebaut werden – langsamer arbeiten würden als die heutigen Maschinen.

Ein moderner Elektronenrechner kann eine Milliarde elementarer Rechenschritte in der Sekunde durchführen. Das erscheint außerordentlich viel und wirft die Frage auf, ob man solche Geschwindigkeiten überhaupt braucht. Im Gegensatz zum Gehirn nimmt aber ein Elektronenrechner viele Verarbeitungsschritte hintereinander vor; man sagt, er arbeitet sequenziell. So kommt es, daß er, gemessen am menschlichen Gehirn, mitunter noch langsam erscheint. Nun geht es zwar nicht darum, das menschliche Gehirn auf elektronische Weise nachzubauen, wie es viele utopische Romane suggerieren. Es gibt aber einige Aufgaben, die man tatsächlich erst dann wird lösen können, wenn noch leistungsfähigere Rechner zur Verfügung stehen. Leistungsfähiger können sie einmal dadurch werden, daß sie mehr Schaltelemente enthalten, zum anderen, wenn sie schneller arbeiten. Diese künftigen Rechner dürften freilich nicht mehr Volumen aufweisen als die heutigen, sondern müßten eher noch kleiner sein. Daraus ist zu schließen, daß die Phase der Miniaturisierung in der Computertechnik noch nicht abgeschlossen ist, daß man sich auch weiterhin um noch kleinere Schaltelemente bemühen wird.

Sieht man sich im Bereich der Mikrowelt nach geeigneten Einheiten um, so kommt man bald darauf, daß prinzipiell auch Moleküle, vielleicht sogar Atome als elektronische Schaltelemente fungieren könnten. Wäre es möglich, sie so hintereinander zu schalten, wie es einem elektronischen Schaltplan entspricht, so müßten sie dieselben logischen oder rechnerischen Aufgaben leisten wie die Computer.

Vorbild Natur

Die Ausführung dieses Konzepts stößt auf einige Schwierigkeiten. Einerseits wäre in solchen Mikrobereichen mit Quantenphänomenen zu rechnen – insbesondere elektrischen oder radioaktiven Prozessen, die rein zufällig und unvorhersehbar verlaufen und deshalb nicht eliminierbare Störeinflüsse ausüben. Es gibt auch noch eine andere Schranke; Berechnungen zeigen, daß die Energie, die man zur Beförderung von Information verwendet, nicht beliebig klein sein kann. Wie tief man das Energieniveau senken kann, hängt von der Umgebungstemperatur ab. Es sind die Molekülschwingungen der Wärmebewegung, die stören. Je tiefer allerdings die Temperaturen sind, um so kleiner werden die Störenergien – man könnte also vielleicht durch den Einsatz der Kältetechnik zu einer Höchststufe der Miniaturisierung kommen.

Es ist klar, daß die Umstellung auf molekulare oder gar atomare Schaltungen wieder völlig andere Methoden des Aufbaus mit sich bringen würde. Die Schaltungen würden weder mon-

Die Entwicklung der Eisenbahn ist ein Beispiel für die Bemühungen der Technik um größtmögliche Ökonomie. In dem Bestreben, Personen und Güter schneller und billiger zu transportieren, bauten schon die alten Griechen schienengeführte Spurbahnen. »Hunde«, das waren zweirädrige Wägelchen auf Schienen, wurden seit Anfang des 16. Jahrhunderts im deutschen Bergbau benutzt, von wo sie auch englische Bergleute übernahmen. Die Erfindung der Dampfmaschine in England führte dann drei Jahrhunderte später zur Dampfeisenbahn, mit der ein neues Zeitalter der Industrialisierung heraufzog. Die Epoche der Dampflok neigt sich heute ihrem Ende zu. Die wirtschaftlichere und saubere Elektro-Eisenbahn verdrängt sie aus dem modernen Schienennetz.

Unsere Grafik stellt Kosten und Wirkungsgrad der beiden Antriebssysteme gegenüber: Während Dampfloks nur etwa 12 Prozent der zugeführten Energie nutzbringend umsetzen, liegt der Wirkungsgrad der E-Lok bei 21 Prozent. Wartungs- und Betriebskosten sind bei der Dampflok mit 41,47 Prozent der Gesamtkosten fast doppelt so hoch wie bei der E-Lok.

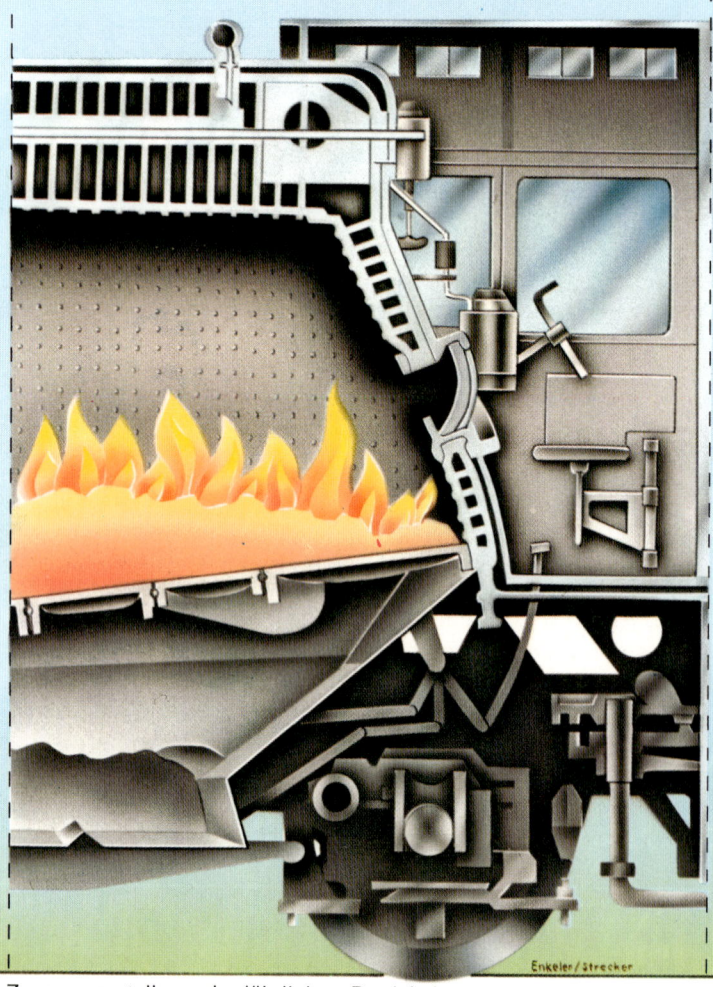

Energie-Diagramm für Dauerbetrieb im Bestpunkt (Dampflok)

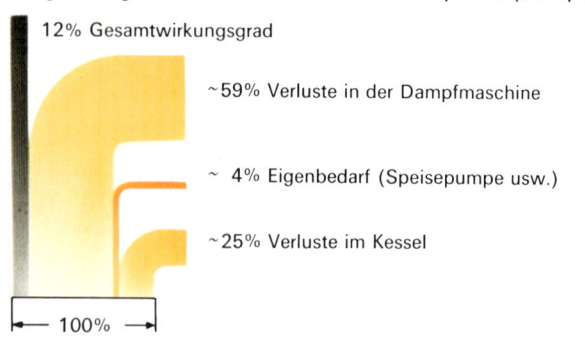

12% Gesamtwirkungsgrad

~59% Verluste in der Dampfmaschine

~ 4% Eigenbedarf (Speisepumpe usw.)

~25% Verluste im Kessel

100%

Zusammenstellung der jährlichen Betriebskosten in Mio. DM (Dampflok) Rechte Rheinstrecke Wiesbaden-Gremberg

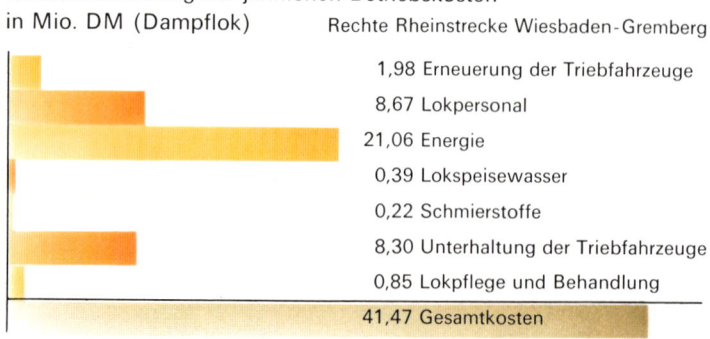

1,98 Erneuerung der Triebfahrzeuge
8,67 Lokpersonal
21,06 Energie
0,39 Lokspeisewasser
0,22 Schmierstoffe
8,30 Unterhaltung der Triebfahrzeuge
0,85 Lokpflege und Behandlung
41,47 Gesamtkosten

tiert noch gedruckt, sondern chemisch dargestellt. Da reparierende Eingriffe in diesen Dimensionen überhaupt nicht möglich sind, müßte man Schutzmaßnahmen gegen Störungen vorsehen, beispielsweise Parallelschaltungen mehrerer identischer Schaltteile, sogenannte »Redundanzen«. Weiter dürfte man wohl ohne das Prinzip der Selbstreparatur nicht auskommen, und das bedeutet, daß man dem molekularen Automaten in irgendeiner Weise seinen Schaltplan eingeben muß, nach dem er dann die Reparatur vornimmt.

Die Aussichten, die sich hier andeuten, wecken vielleicht bei manchen Fachleuten Zweifel. Die Natur zeigt uns aber, daß eine Molekularelektronik im skizzierten Sinn möglich ist. So dürfte beispielsweise feststehen, daß die Speicherung von Information im Gedächtnis mit Hilfe von Molekülen erfolgt. Sollte es einst gelingen, diese Stufe der Miniaturisierung zu erreichen, dann spricht nichts dagegen, Schaltsysteme zu erzeugen, die dem menschlichen Gehirn gleichwertig sind.

Der Seitenblick auf das Nervensystem biologischer Organismen zeigt, daß Miniaturisierung nicht nur in der Technik auftritt. In der Tat ist sie in lebenden Organismen viel umfassender verwirklicht. Ganze Lebewesen sind miniaturisiert, sie befinden sich also an der unteren Grenze jener Größenordnung, innerhalb derer sie überhaupt funktionieren können. Von diesem Stadium sind wir in der Technik noch weit entfernt; es sieht aber so aus, als ob die Natur diesen Bereich schon seit langem bis in seine fernsten Tiefen ausgelotet habe.

Energie-Diagramm für Dauerbetrieb im Bestpunkt (E-Lok)

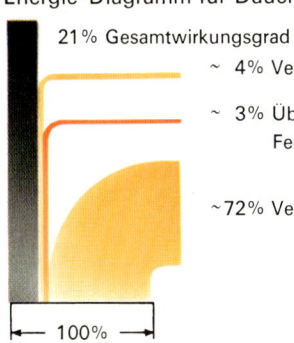

21% Gesamtwirkungsgrad
~ 4% Verluste in der Lok
~ 3% Übertragungsverluste (Fahrleitung, Unterwerk, Fernleitung)
~72% Verluste im Kraftwerk

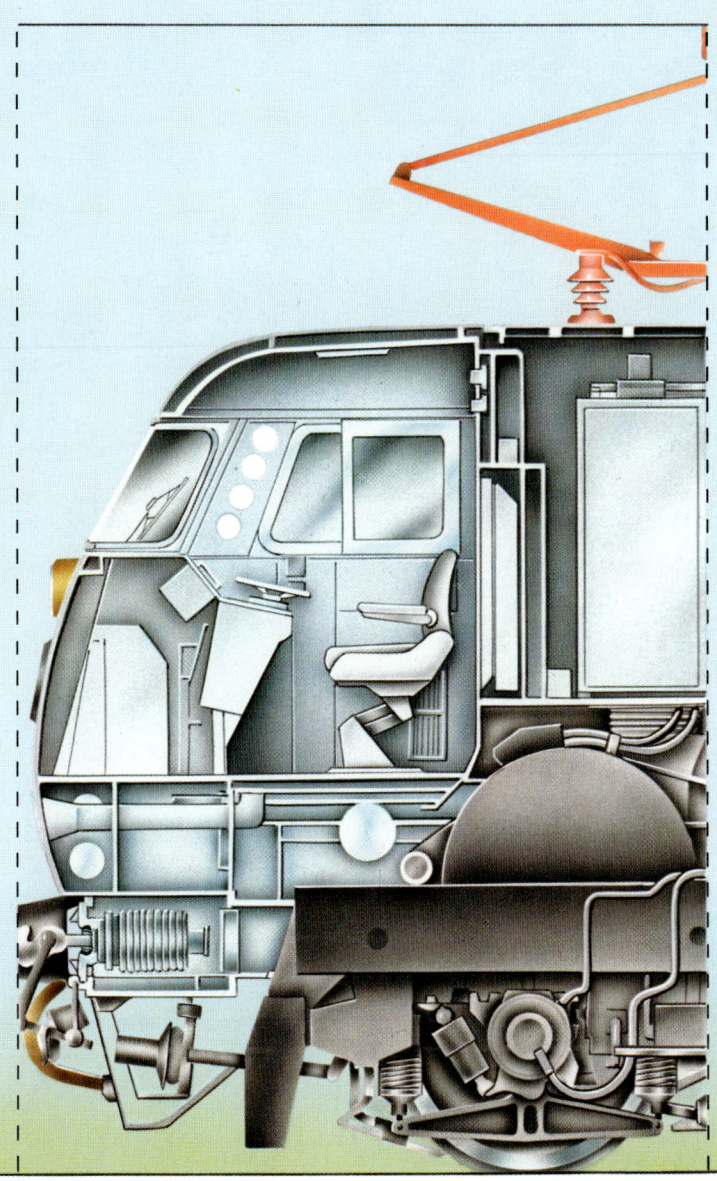

100%

Zusammenstellung der jährlichen Betriebskosten in Mio. DM (E-Lok)   Rechte Rheinstrecke Wiesbaden-Gremberg

2,53 Erneuerung der Triebfahrzeuge
3,82 Lokpersonal
13,05 Energie
– Lokspeisewasser
0,02 Schmierstoffe
3,38 Unterhaltung der Triebfahrzeuge
0,27 Lokpflege und Behandlung
23,07 Gesamtkosten

Die wandelbare Kraft: Energie

Holz

1850　1860　1870　1880　1890　1900　1910

Eine Hilfskonstruktion

Zu den großen Problemen unserer Zeit gehört die Deckung des Energiebedarfs. Und dieser Bedarf steigt. Für die Bundesrepublik rechnet man derzeit mit einer Verdoppelung für jede Dekade, was, grob gerechnet, sechs Prozent pro Jahr entspricht; für die ganze Welt vergrößert sich der Bedarf im Mittel mit drei Prozent pro Jahr.

Mit dem Begriff »Energie« verbindet sich für die meisten von uns etwas Konkretes, Vorstellbares. In Wirklichkeit ist der Begriff ein Gedankenprodukt der theoretischen Physik, eine Größe, die weder sichtbar noch greifbar ist, eine mathematische Hilfskonstruktion. Daß sie unmerklich zu einer Selbstverständlichkeit in unserem Denken wurde, ist ein Beweis dafür, wie sehr selbst abstrakte naturwissenschaftliche Größen Einfluß auf unsere Vorstellungen nehmen können.

Energie definiert man als die Fähigkeit, Arbeit zu leisten – ein besonderer Zustand, in dem sich physikalische Objekte mitunter befinden – beispielsweise ein angehobener Hammer, eine mit Schießpulver gefüllte Patrone, eine geladene Batterie.

Die Besonderheit der Energie beruht auf der Tatsache, daß man sie weder erzeugen noch vernichten kann; der einzige mögliche Weg ist die Umwandlung einer Energieform in die andere – also beispielsweise elektrische Energie in mechanische Energie, chemische Energie in Wärme usf.

Da Energie nicht hergestellt werden kann, beschränkt sich die technische Aufgabe auf die Bereitstellung von Energie am richtigen Ort zur richtigen Zeit. Als erstes muß man Energie erschließen und wirtschaftlich nutzbar machen, ein Problem, da die nutzbaren Energieformen höchst verschiedenartig sind – z. B. Sonnenenergie, als Wärmestrahlung, chemische Energie – aus fossilen Brennstoffen –, die potentielle Energie des fließen-

Der Anteil der Energiequellen an der Weltversorgung verläuft in Kurven. Holz spielt etwa seit 1960 keine Rolle mehr, während die Kernenergie erst jetzt ins Blickfeld rückt. Ihr Anteil steigt, während Erdöl an Bedeutung abnimmt. Erdgas und Kohle werden langfristig auf einen Anteil von je 20 Prozent geschätzt.

Die wandelbare Kraft: Energie

den Wassers und der Gezeiten. Als zweites muß man die Energie oder deren Träger an den Ort des Verbrauchs transportieren. Und drittens muß man gewisse Vorräte an Energie bereitstellen, um sie im Fall des Bedarfs unverzüglich zur Hand zu haben – man muß sie also speichern.

Energiequelle Mensch

Die mechanische Energie in der vor- und frühtechnischen Zeit stellte der Mensch selbst: der Arbeitssklave. Er konnte an andere Stellen gebracht werden und war zum beliebigen Zeitpunkt einsetzbar. Sklaven arbeiteten für ihre Besitzer in so angenehmer Weise, daß Jahrtausende hindurch kaum Bedarf an anderen Quellen mechanischer Energie bestand. Lediglich Zugtiere wurden noch zu Transportzwecken eingesetzt. Im alten Griechenland beispielsweise kannte man bereits Maschinen, die prinzipiell zum Antrieb von Fahrzeugen oder zur Erzförderung brauchbar gewesen wären. Man setzte sie aber für solche Aufgaben nicht ein, da man als Frucht vieler siegreicher Kriege aus der unterworfenen Bevölkerung genügend Sklaven rekrutieren konnte. Und noch im vorigen Jahrhundert ließ man die Erzwagen in den Bergwerken, die »Grubenhunde« von Frauen und Kindern über die Schienen schieben. Andere Energieformen, auf die sich die Wünsche des Menschen schon früh richteten, sind Wärme und Licht. In den Brennstoffen Holz, Kohle, Erdöl, Erdgas verfügen wir über gut zugängliche Quellen von Wärmeenergie. Sie liegt in ihnen gespeichert, und zwar in verhältnismäßig konzentrierter Form – zur Auslösung des Umwandlungsprozesses braucht man meist nicht mehr als ein Zündholz. Außerdem sind sie gut transportabel.

Dabei hat das Erdöl eine führende Stellung gewonnen: 50 Prozent der in der Welt verbrauchten Energie stammten Mitte der siebziger Jahre von Erdöl. Dabei hat sich beispielsweise der Bedarf an Heizöl von 1960 bis 1970 um das Doppelte vergrößert: nämlich von 4,7 auf 9,6 Milliarden Tonnen pro Jahr. Steigende Bedeutung gewinnt auch das Erdgas, das man später durch Methangas ergänzen und ersetzen wird; man hofft, es durch einen Hydrierungsprozeß aus Steinkohlen gewinnen zu können. Die dazu benötigten Temperaturen von 800 Grad bis 1000 Grad Celsius wird man mit Hochtemperatur-Reaktoren erreichen.

Der älteste Lieferant von Energie, von dem alles Leben auf der Erde profitiert, ist die Sonne. Auf sie gehen auch die Energievorräte der fossilen Brennstoffe, des Holzes, der Kohle, des Erdöls und des Erdgases zurück. Während man in der Technik in größerem Maßstab bisher nur selten direkt von der Sonnenenergie Gebrauch machte, hat sie auf indirekte Weise seit langem größte Bedeutung für unseren Energiehaushalt – nämlich über die Wasserkraft. Die Sonne ist es, die, vor allem über den Weltmeeren, das Wasser verdunsten läßt. Es sammelt sich in Wolken, um schließlich als Regen niederzugehen. Das fließende Wasser liefert mechanische Energie zum Antrieb von Wasserrädern oder Turbinen. Mit Staubecken kann man es auch speichern.

Von manchen Seiten wird die Frage aufgeworfen, warum man im Zeitalter der Atomenergie noch Wasserkraftwerke baut und an die Erschließung weiterer Energievorkommen denkt, die sich ständig selbst erneuern. Die Antwort fällt leicht: Wasser- und Gezeitenkraftwerke verzehren keine irdischen Energievorräte. Sie brauchen keinen Energieträger, der nicht unbegrenzt vorhanden ist wie die fossilen Brennstoffe oder das

Strom, Spannung, Widerstand

Durch einen metallischen Leiter fließt ein Strom, wenn längs des Leiters eine elektrische Spannung aufrechterhalten wird. Unter Stromstärke versteht man die in einer Sekunde durch den Leiter fließende Elektrizitätsmenge. Die Basiseinheit für die elektrische *Stromstärke* I ist das Ampere (A), für die *Elektrizitätsmenge* Q das Coulomb (C); es gilt: 1 A = 1 C/s. Die Metalle setzen dem *Strom* I einen *Widerstand* R entgegen, der durch die *Spannung* U überwunden wird.

Der Zusammenhang zwischen diesen drei Größen wird durch das fundamentale *Ohmsche Gesetz* ausgedrückt:

Stromstärke = Spannung : Widerstand, also $I = \frac{U}{R}$.

Die Einheit für die Spannung U ist das Volt (V), für den Widerstand R das Ohm (Ω [Omega]). Der Widerstand R wächst mit der Leitungslänge l und mit abnehmendem Querschnitt S, also

$$R = \varrho \frac{l}{S}$$

ϱ ist der spezifische Widerstand, d. h. der Widerstand eines Leiters von 1 m Länge und 1 mm² Querschnitt. Seine Einheit ist 1 Ω mm²/m. Die *Leistung* P eines elektrischen Stromes wächst mit der Spannung und mit der Stromstärke, sie wird in Watt (W) gemessen.

P = U·I, daraus 1 V·1 A = 1 VA (Voltampere) = 1 W

Die *Arbeit* W des elektrischen Stromes ist gleich seiner Leistung P mal Zeit t, also

W = P·t = U·I·t in Ws (Wattsekunden). 1 Ws = 1 J (Joule), 1 kWh = 3 600 000 Ws.

Die in den Widerständen in Wärme umgesetzte Stromarbeit W errechnet sich aus

$$W = I^2 \cdot R \cdot t \text{ in Ws oder J.}$$

Dem Kohlenbergbau – hier eine Zeche im Ruhrgebiet in enger Nachbarschaft zur Landwirtschaft – ist schon oft das Ende prophezeit worden. Aber Totgesagte leben bekanntlich lange; so hat sich auch der bundesdeutsche Bergbau von der Krise der 60er Jahre erholt. Der Beitrag der Steinkohle zum Energieaufkommen der Bundesrepublik wird langfristig auf 13 Prozent, der der Braunkohle auf 7 Prozent beziffert.

Die heute begehrteste Energieform ist die Elektrizität. Sie läßt sich am verlustlosesten leiten, verteilen und in Bewegung oder Wärme umwandeln. Im Bild: Isolatoren in einem Hochspannungsprüffeld, in dem sich gewaltige Spannungen (bis zu Millionen Volt) als Blitze entladen.

Uran. Außerdem arbeiten sie »umweltfreundlich« – sie erzeugen weder Abgase noch radioaktiven Abfall.

Trotzdem gehört die Zukunft den Kernkraftwerken. Noch in diesem Jahrzehnt wird man den Hochtemperaturreaktor einsetzen und bis zum Jahr 2000 vor allem auch die Brutreaktoren. Diese brauchen als Brennstoff Uran 238 und Thorium 232, die sie nicht in wertlose »Schlacke« umwandeln, sondern in Plutonium 239, bzw. Uran 233, die selbst wieder als Brennstoff für Kernreaktoren dienen, wodurch die Vorräte an spaltbarem Material um ein Vielfaches gestreckt werden. In der technischen Entwicklung ist ferner die wirtschaftliche Nutzung einer anderen Kernreaktion, der sogenannten Fusion (Verschmelzung) von Wasserstoff – zu Heliumkernen. Es kommt hier darauf an, Anlagen zu bauen, mit denen man zum Beispiel Temperaturen von vielen Millionen Grad kontrollieren kann. An vielen Stellen der Welt wird derzeit an diesem Problem gearbeitet.

Der Grund für diese intensiven Bemühungen liegt darin, daß der »Brennstoff« für Fusionskraftwerke in beliebiger Menge zur Verfügung steht, es handelt sich um schweren Wasserstoff oder Deuterium, das überall im normalen Wasser in geringen Mengen vorkommt. Es ist ein Isotop des Wasserstoffs, bei dem sich im Atomkern außer dem Proton ein Neutron befindet, wodurch sich zwar nicht die Ladung, wohl aber das Atomgewicht ändert. Wichtig ist weiterhin, daß die Fusion »sauber« verläuft, also keinen radioaktiven Abfall an die Umwelt abgibt. Ein Kilogramm »Brennstoff« gibt bei der Kernfusion achtmal mehr Energie ab als bei der Kernspaltung.

Alles in allem sind die Zukunftsaussichten für die Energieversorgung gut: Mit den technischen Mitteln, die heute schon bekannt sind, dürfte sich das Energieproblem lösen lassen.

Gespeicherte Energie

Die Geschichte der Dampfmaschine zeigt, welche Mühe Generationen von Erfindern auf sich nahmen, ehe sie Möglichkeiten der Energieproduktion fanden, die praktisch verwendbar schienen. Die Dampfmaschine bedeutete eine Wende in der Geschichte. Mit ihr konnten erstmalig größere Mengen mechanischer Energie an jedem beliebigen Ort bereitgestellt werden – Energie aus Muskelkraft rückte immer weiter in den Hinter-

Die wandelbare Kraft: Energie

Kraft, Energie, Leistung

Eine *Kraft* kann man nur an ihrer Wirkung erkennen. Sie ist die unmittelbare Ursache einer Beschleunigung. Das Verhältnis der wirksamen Kraft F zur erzielten Beschleunigung a ist für jeden Körper eine unveränderliche Größe und heißt die Masse m des beschleunigten Körpers. Es gilt: Kraft = Masse mal Beschleunigung, oder $F = m \cdot a$. F wird neuerdings nicht mehr in kp (Kilopond), sondern in Newton (N), m in Kilogramm (kg) und a in m/s^2 gemessen. Das Newton ist die Kraft, die einem Körper von der Masse 1 kg die Beschleunigung $1\ m/s^2$ erteilt, oder: $1\ N = 1\ kgm/s^2$.

Unter dem *Gewicht* G versteht man die Kraft, mit der ein Körper von der Erde angezogen wird. Eine Masse von 1 kg wird bei der Fallbeschleunigung $g = 9{,}807\ m/s^2$ mit der Kraft von 9,807 N angezogen. Diese Kraft wurde bisher mit Kilopond bezeichnet; $1\ kp = 9{,}807\ N$.

Wird ein Körper unter der Einwirkung einer Kraft um eine Strecke l, gemessen in Meter (m), verschoben, so vollbringt die Kraft am Körper eine *Arbeit* W, gemessen in Newtonmeter (Nm) oder in Joule (J).

$$\text{Arbeit} = \text{Kraft mal Weg}, \quad W = F \cdot l, \quad 1\ Nm = 1\ J.$$

Energie ist die Fähigkeit, Arbeit zu leisten. Es gibt zwei Arten mechanischer Energien: die Energie der Lage = Gewicht G mal Höhe h, auch potentielle Energie genannt, $W = G \cdot h$, und die Energie der Bewegung = Masse mal Geschwindigkeit^2 : 2, auch kinetische Energie genannt.

$$W = \frac{m \cdot v^2}{2}.$$

Beide Energiearten werden in Nm oder in J gemessen.

Unter *Leistung* P versteht man das Verhältnis der Arbeit zu der dazu gebrauchten Zeit t, gemessen in Sekunden (s).

$$\text{Leistung} = \text{Arbeit} : \text{Zeitspanne} = \text{Kraft mal Geschwindigkeit},$$

$$P = \frac{W}{t} = F \cdot v.$$

Die Einheit der Leistung P ist das Watt (W). $1\ W = 1\ J/s = 1\ Nm/s$. Zur Zeit wird noch die Einheit Pferdestärke (PS) verwendet:

$$1\ PS = 736\ W = 0{,}736\ kW.$$

Der Wirkungsgrad

In der Energietechnik spielt der Wirkungsgrad oder Nutzeffekt eine wichtige Rolle. Man versteht darunter das Verhältnis der von einer Maschine geleisteten Nutzarbeit zu der für ihren Betrieb aufgewendeten Energie. Der Wirkungsgrad η (eta) errechnet sich nach der Beziehung

$$\eta = \frac{W_2}{W_1} = \frac{W_2}{W_2 + V}$$

wobei W_2 die abgegebene, W_1 die aufgenommene Energie und V die in der Maschine oder in einem Prozeß bei der Energieumsetzung entstandenen Verluste sind. η kann also nie größer als 1 (oder 100%) werden.

Verlustquellen sind: die mechanische Reibung zwischen festen Körpern und innerhalb von Flüssigkeiten und Gasen, der Ohmsche Widerstand in Stromleitern, unerwünschter Wärmeentzug, die Abwärme bei thermodynamischen Kreisprozessen (z.B. durch den Kühler eines Benzinmotors und durch die Kühltürme eines Dampfkraftwerkes) und schließlich die Stoffverluste bei chemischen Umsetzungen. Diese Verluste sind nicht nur unnütz ausgegebenes Geld, sie belasten auch durch Wärmeentwicklung und Abgase in zunehmendem Maß die Umwelt. Im Jahre 1970 wurden in der BRD nur 35% der eingesetzten Primärenergie bei den Endverbrauchern in echt genutzte Energie umgewandelt. So vermehren die Verluste erheblich den Bedarf an Primärenergie, deren Beschaffung auf zunehmende Schwierigkeiten stößt. In allen technischen Bereichen sollte daher der Verbesserung des Wirkungsgrades erhöhte Bedeutung beigemessen werden.

---

grund. Der nunmehr verfügbaren Energie entsprechend wurden Maschinen konstruiert; es begann das Zeitalter der Fabriken, der Industrie.

Ein weiterer Schritt vollzog sich mit der Erfindung der Verbrennungsmotoren. Während man die Dampfmaschine vor allem als Lokomotive für Eisenbahnen einsetzte, ermöglichte es der Verbrennungsmotor, sich von der Schiene und damit von einem Massenverkehrsmittel zu lösen. Der Personenkraftwagen erlaubt eine individuelle Benutzung, ohne Schienen und Fahrplan.

Eine außerordentliche Erweiterung der Möglichkeiten brachte eine Energieform mit sich, von der man in der Natur relativ wenig bemerkt: elektrische Energie. Lediglich Erscheinungen wie das Gewitter oder das Nordlicht weisen auf die Existenz der Elektrizität hin. Daß unser Nervensystem nach einem chemisch-elektrischen Prinzip funktioniert, bleibt dem Uneingeweihten ebenfalls verborgen. Es gibt keine natürlichen Quellen elektrischer Energie, die man direkt ausnutzen könnte.

Die vorteilhaften Eigenschaften der Elektrizität liegen auf dem Gebiet des Energietransports. Elektrische Energie läßt sich über Drähte in Bruchteilen von Sekunden beliebig weit transportieren. Das allein macht sie anderen Energieformen überlegen. Hinzu kommt, daß sich elektrische Energie leicht in mechanische umwandeln läßt und umgekehrt. Die dazu erforderlichen technischen Geräte, der Generator und der Dynamo, sind nicht viel älter als ein Jahrhundert, und dennoch haben sie unsere Welt und unsere Lebensweise von Grund auf verändert. Man braucht sich nur vor Augen zu halten, zu welchen Störungen es in unserem Alltag käme, wenn alle elektrischen Geräte ausfallen würden, um das zu erkennen.

Die Möglichkeit, elektrische Wirkungen praktisch verzögerungsfrei weiterzuleiten, hat noch eine andere Entwicklung gefördert: jene der elektronischen Kommunikationsmittel in der

Mineralöl – hier der Löschkopf eines Öltankers – liefert heute noch etwa die Hälfte aller auf der Welt verbrauchten Energie. Tankschiffe von über hunderttausend Bruttoregistertonnen transportieren den begehrten Rohstoff von den Erzeugerländern zu den Raffinerien.

Nachrichtentechnik. Hierbei kommt man allerdings mit sehr kleinen Energiemengen aus; man braucht sie nicht, um mit ihnen Arbeit zu leisten, sondern als Träger von Informationen. Doch auch dabei erweist sich die leichte Umwandelbarkeit der elektrischen Energie in andere Energiearten als grundlegend: Durch sie ist es erst möglich, Nachrichten in allen beliebigen Formen auszugeben, als gedrucktes Wort, als Lautsignal, als Lichtpunkt auf dem Fernsehschirm, als magnetische Spur auf einem Tonband oder als gestanztes Loch in einer Lochkarte.

Die Ausrichtung oder Umstellung auf elektrische Energie nennt man Elektrifizierung. Dieser Prozeß war für alle Bereiche der Industrie bestimmend; man baute neue Maschinen, die nun mit elektrischem Strom betrieben wurden und den alten, auf der Dampfkraft beruhenden weitaus überlegen waren. Dafür sind mehrere Gesichtspunkte ausschlaggebend – so hat man beispielsweise die Energie aus dem Stromnetz jederzeit zur Verfügung, kann ohne Zeitverzögerung sofort die höchste Leistung entnehmen und nach Gebrauch einfach abschalten. Auch die Arbeitsweise wurde einfacher, die elektrischen Geräte sind kleiner und darum flexibler; der Weg zu komplizierteren Systemen ist frei. Von unschätzbarem Wert ist es auch, daß sich elektrische Geräte gut regeln und steuern lassen; die Elektrifizierung ist somit eine der Voraussetzungen der Automatisierung. Mit Hilfe der Elektrizität kann man große Energiemengen umsetzen und übertragen. Vielleicht noch wichtiger aber ist der Vorschub, den die Elektrizität der Verkleinerung technischer Geräte erweist.

Das kalte Licht

Mit Hilfe der Elektrizität wurde schließlich auch das Problem der Erzeugung von Licht auf eine befriedigende Art gelöst. Die Glühlampe hat fast schlagartig alle anderen Lampentypen, beispielsweise jene, die mit Petroleum oder Gas betrieben wurden, verdrängt, und sie behauptet auch heute noch die Vorherrschaft, obwohl ihr in den Leuchtstoffröhren, die bei gleichem Stromverbrauch eine bis 5mal höhere Lichtausbeute ergeben, eine Konkurrenz erwachsen ist. Selbstverständlich gibt es auch auf diesem Gebiet noch einige technische Wunschträume, beispielsweise den des »kalten Lichts«, also einer Lampe, die alle Energie als Licht abgibt, ohne dabei einen Teil in Gestalt von Wärme zu »verschenken«.

Nicht unerwähnt darf bleiben, daß sich elektrische Energie auch leicht in magnetische Energie umwandeln läßt; dazu genügt im Prinzip ein Eisenkern, um den Draht gewickelt ist. Legt man Spannung an, wird der Wicklungskern magnetisch.

Als äußerlich sichtbare Auswirkungen der Elektrifizierung prägen in unserer technischen Umwelt Freileitungen, Hochspannungsleitungen und Antennen das Bild der Landschaft. Das wird von manchem störend empfunden, und allmählich geht man dazu über, die Leitungen, insbesondere im Bereich der Städte, als Kabel unterirdisch zu verlegen. Auch der Antennenwald wird durch Gemeinschaftsantennen allmählich reduziert werden. Auf der anderen Seite hat sich aber die Elektrizität als ein bemerkenswert umweltfreundliches Medium erwiesen. Den Dampfmaschinen und Verbrennungsmotoren gegenüber entwickelt sie nur wenig Lärm und keine Abgase; Elektrotechnik ist völlig »sauber«. So wurden bereits die Dampflokomotiven durch Elektroloks ersetzt, und auch im Straßenverkehr wird es in absehbarer Zukunft möglicherweise keine Verbrennungsmotoren mehr geben. Das Beispiel der Elektrifizierung zeigt, daß technischer Fortschritt nicht notwendigerweise zu verschlechterten Umweltbedingungen führen muß.

Die Elektrizität

Wechselstrom und Drehstrom

Der *Wechselstrom* ist ein elektrischer Strom, dessen Richtung und Stärke sich in schneller Folge ändern. Strom und Spannung verlaufen wellenförmig, und zwar nach der Sinuslinie, mit der man den zeitlichen Verlauf aller Schwingungsvorgänge darstellt. Die Zeit, nach deren Ablauf Stromstärke und Spannung wieder den gleichen Wert und die gleiche Richtung haben, bezeichnet man als Periodendauer, die Periodenzahl je Sekunde als Frequenz, gemessen in Hertz (Hz). Die Periode setzt sich aus einer positiven und aus einer negativen Halbwelle (Phase) zusammen.

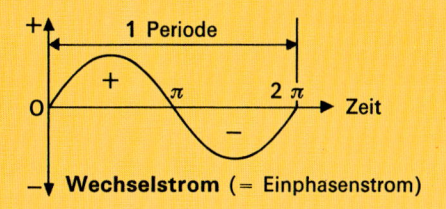

Wechselstrom (= Einphasenstrom)

Der Wechselstrom aus unseren Licht- und Kraftsteckdosen hat, auch im übrigen Europa, die Frequenz 50 Hz, in Amerika dagegen 60 Hz, während die Lokomotiven der Bundesbahn mit 50/3 = 16²/₃ Hz fahren. Für andere technische Zwecke, z. B. zum Schmelzen von Metallen, werden Frequenzen bis zu 20000 Hz verwendet. Alle diese Kraftströme werden in rotierenden Generatoren, die hochfrequenten Wechselströme für Nachrichtentechnik, Radio und Fernsehen mit elektronisch gesteuerten Schwingkreisen erzeugt.

Für größere Elektromotoren – oder allgemein zum Umsetzen von großen Leistungen – wird seit Jahrzehnten *Drehstrom* (international: »Dreiphasenstrom«) verwendet. Diese Stromart setzt sich aus drei normalen Wechselströmen (Einphasenströmen) gleicher Frequenz und Stärke zusammen, die um je ¹/₃-Periode gegeneinander verschoben sind. Wegen dieser zeitlichen Aufeinanderfolge wird in der Motorwicklung ein umlaufendes Magnetfeld, das »Drehfeld«, erzeugt. Für ein solches System würde man zum Übertragen elektrischer Energie an sich drei Leiterpaare, also 6 Leitungen, benötigen. Da jedoch die Summe aller drei Ströme zu jedem Zeitpunkt gleich Null ist, kann man sowohl im Generator als auch im Motor jeweils die drei Spulenenden miteinander im sogenannten Sternpunkt verbinden und spart dadurch die »Rückleitungen«. So braucht man nur drei Leitungen für die drei Stromkreise sowie einen vierten Leiter, den sogenannten Mittelpunktleiter (Mp-Leiter), der die Sternpunkte miteinander verbindet; bei reiner Drehstrombelastung bleibt er stromlos.

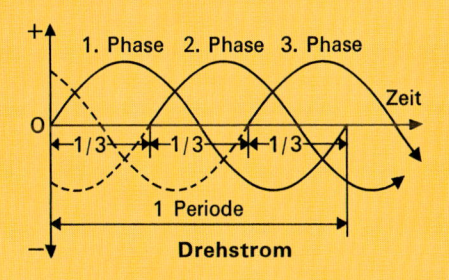

Drehstrom

Mit diesem 4-Leiter-Drehstromsystem, dem allgemein üblichen 380/220-V-Ortsnetz für Haushalt und Gewerbe, hat man zwei verschiedene Spannungen zur Verfügung: aus der Kraftsteckdose die sogenannte »verkettete« Spannung mit 380 V zwischen den Phasen- bzw. Außenleitern und aus der Lichtsteckdose die »Phasenspannung« mit 220 V zwischen je einem Phasenleiter und dem geerdeten Mp- oder Nulleiter. So kann man an das Drehstromnetz auch einphasige, also die üblichen 220-V-Wechselstrom-Geräte anschließen. Ein Pol der Lichtsteckdose liegt dann an einem Phasenleiter, der andere Pol am Nulleiter.

Hans Günther

Ebbe, Flut und Wasserkraft

Ein Wasserlauf verbraucht seine Strömungsenergie auf dreierlei Weise: um die eigene innere Reibung zu überwinden; um Geschiebe und Sinkstoffe zu transportieren; schließlich bei der Erosion an Sohle und Ufern des Flußbettes. Wenn man die Strömungsenergie des Wassers wirtschaftlich nutzen will, müssen diese natürlichen Widerstände so weit wie möglich herabgesetzt werden. Man erreicht das durch Verringerung der Fließgeschwindigkeit, durch Verkürzung des Wasserweges und durch Glättung des Bettes – der Flußlauf wird mit Stauwehren oder Talsperren aufgestaut; durch Kanalisierung begradigt und folglich verkürzt; durch Rohre geleitet. Meistens kombiniert man diese Maßnahmen.

So gewinnt das Wasser Druck. Der Wasserdruck läßt nach dem Prinzip von Schaufelrädern Turbinen rotieren. Bringt man den rotierenden Anker in ein magnetisches Kraftfeld, entsteht ein Stromfluß. Auf diese Weise verwandeln die Turbinen die Strömungsenergie zunächst in mechanische Arbeit und dann mit Hilfe von Generatoren in elektrische Energie.

Es gibt zwei Hauptarten von Wasserkraft-Anlagen, die sich durch ihre Betriebsweise grundsätzlich unterscheiden. Es sind
1. die Laufkraftwerke,
2. die Speicherkraftwerke.

Laufkraftwerke verarbeiten die ständig zufließende Wassermenge eines Flusses. Eine quer im Flußbett eingebaute Anlage staut das Wasser und schafft ihm durch Fallhöhe den Druck, der Turbinen in Bewegung setzt. Die Rotationsenergie wird von den Generatoren dann wieder in elektrischen Strom umgewandelt. Turbinen und Generatoren befinden sich beim Laufkraftwerk in dem sogenannten Krafthaus. Es bildet in vielen Fällen mit dem Stauwerk eine bauliche Einheit. Es kann aber auch in einiger Entfernung vom Fluß errichtet werden; man spricht dann von einem »Umleitungskraftwerk«. Das Wasser wird ihm durch einen Kanal kurz oberhalb des Stauwerkes aus dem Fluß zugeleitet, dem sogenannten Obergraben. Nachdem es die Turbinen durchlaufen hat, verläßt das Wasser das Krafthaus durch den »Untergraben«, der es nach einiger Entfernung in den Fluß zurückgibt. Dieses System wird besonders bei stark gewundenen Flußstrecken angewendet.

Reine Laufkraftwerke haben meist wenig Stauhöhe; sie können daher kaum viel Wasser speichern. Das bedeutet, daß der Zufluß ständig verarbeitet werden muß. Andererseits kann auch nie mehr Energie erzeugt werden, als es die jeweilige Wasserführung des Flusses gestattet.

Ist der Fluß tief eingeschnitten oder zwischen Höhenzüge gebettet, kann höher gestaut werden. Die variable Stauhöhe ermöglicht eine Art Vorratshaltung. Wir sprechen dann von einem Speicherkraftwerk. Je nachdem, wie lange ein solcher Vorrat – das Speichervolumen – reicht, spricht man von Tages-, Wochen- oder Jahresspeichern. Die sogenannten Talsperren sind im allgemeinen Flußkraftwerke mit Jahresspeichern. Sie haben meist einen sehr hohen Staudamm (100 bis 300 Meter) mit einer fast ebenso großen Fallhöhe. Bei wasserreichen Flüssen können dann sehr große Leistungen erzielt werden. Heute gibt es bereits Wasserkraftwerke mit einer installierten Turbinenleistung von 6 Gigawatt, also 6 Millionen Kilowatt, wie sie bisher noch kein Dampf- oder Kernkraftwerk erreicht hat. Noch größere Fallhöhen bis zu 2000 Meter nutzen die Hochdruck-Speicherkraftwerke, wie sie vorwiegend in den Alpenländern, aber auch in hohen Mittelgebirgen zu finden sind. Hier wird in einer oder mehreren Kraftwerkstufen das Gefälle zwischen einem hochgelegenen Stausee und aufeinanderfolgenden

---

Transformatoren, Umformer, Stromrichter

Der Transformator oder *Umspanner* dient in der Energietechnik zum Umformen von elektrischen Leistungen mit kleiner Spannung in solche mit hoher Spannung oder umgekehrt. Er besteht im Prinzip aus einem rechteckigen lamellierten Eisenkern, um dessen Schenkel zwei getrennte Spulen gewickelt sind. Fließt durch die eine Spule, die Primärwicklung, ein Wechselstrom, so induziert das von ihm im Eisenkern erzeugte magnetische Wechselfeld eine Spannung in der anderen Spule, der Sekundärwicklung. Die beiden Wechselspannungen verhalten sich wie die Windungszahlen der Wicklungen, die Stromstärke dagegen umgekehrt wie die Windungszahlen. Die Verluste im Transformator sind sehr gering, bei großen Leistungen werden Wirkungsgrade über 99% erreicht. Umspanner gibt es für Leistungen von einigen W bis zu einigen 100000 kW mit Oberspannungen bis 400000 V und darüber.
Transformatoren für Zwecke der Nachrichtentechnik nennt man *Übertrager*, sie dienen vornehmlich zum elektromagnetischen Koppeln von Stromkreisen, zwischen denen keine elektrisch leitende Verbindung bestehen darf.
In der Meßtechnik spricht man von *Meßwandlern*. Spannungs- und Stromwandler setzen Spannungen und Ströme auf Werte herab, die für Meßzwecke dienlich sind, und ermöglichen ein gefahrloses Messen in Hochspannungsanlagen.
Umformer wandeln eine Stromart in eine andere um, z.B. Gleichstrom in Wechselstrom. Bei den Motor-Generatoren treibt ein Motor mit dem vorhandenen Strom einen Generator an, der die gewünschte Stromart erzeugt. Heute werden vorwiegend ruhende, d.h. rein elektrische Schaltungen verwendet, die *Stromrichter*. Sie arbeiten mit Halbleiterschaltelementen wie Dioden, Transistoren und Thyristoren (Transistoren für große Leistungen), die einen sehr hohen Wirkungsgrad besitzen. Man unterscheidet Gleichrichter, Wechselrichter und Umrichter. Letztere verändern bei Gleichstrom die Spannung, und bei Wechselstrom führen sie die eine Frequenz in eine andere Frequenz über.

tieferen Talstufen ausgenutzt, wo die Kraftwerke stehen. Der Stausee ist meist ein Jahresspeicher, der das sommerliche Schmelzwasser der Firn- und Gletscherregionen sammelt. Der »Staudamm«, eine 100 Meter oder noch höhere Betonmauer, ist oft in einer engen Schlucht errichtet. Das Wasser fließt zunächst in einem schwach geneigten Kanal oder Stollen einer verhältnismäßig großen Kammer zu. Von diesem »Wasserschloß«, das an einer steilen Bergflanke hoch über dem Kraftwerk liegt, führen Druckrohre hinab zu den Turbinen. Auf dieser kurzen Strecke wird die Fallhöhe in Wasserdruck umgewandelt. Das Unterwasser wird in einem See gestaut, von wo aus es der nächsten Kraftwerksstufe zugeleitet wird.

Diese Wasserkraftwerke liefern preiswerten Strom – aber die Baukosten können gewaltig sein. Zur besseren Wirtschaftlichkeit kombiniert man deshalb verschiedene Kraftwerktypen.

Grundlast und Spitzenlast

Eine Abart der Hochdruck-Kraftwerke sind die Pumpspeicherwerke. Sie benötigen außer einem relativ kleinen oberen Speicherbecken ein etwa ebenso großes unteres Becken, einen See oder einen Fluß. Heute arbeiten diese Werke mit kompakten Pumpenturbinen; das sind Turbinen, die einerseits auf herkömmliche Weise, vom Wasser getrieben, Energie zur Stromerzeugung liefern – aber auch umgekehrt, von elektrischem Strom angetrieben, Wasser pumpen können. Bei Schwachlastzeiten des Verbundnetzes, beispielsweise nachts, pumpt man das Wasser mit »billigem« Nachtstrom durch Rohrleitungen in das obere Becken, und zu Spitzenbedarfszeiten speist dieses Becken dann wieder die Turbinen. Häufig werden Pumpspeicherwerke mit Hochdruckspeicherwerken kombiniert: im

Ebbe und Flut treiben die 24 Turbinen des Gezeitenkraftwerks St. Malo an der bretonischen Küste in Frankreich. An der Flußmündung der Rance wurde ein 750 Meter langer Damm gezogen, der das stark ausgebuchtete Mündungsbecken in einen natürlichen Speichersee verwandelte. Die Turbinen werden in beiden Richtungen betrieben: bei Flut vom hereinströmenden, bei Ebbe vom zurückflutenden Seewasser.

Ebbe, Flut und Wasserkraft

Krafthaus stehen dann außer den Hochdruckturbinensätzen auch ein oder zwei Pumpensätze, wodurch der Speichersee noch besser ausgenutzt werden kann.

Die wirtschaftlichen Einsatzbereiche der verschiedenen Kraftwerksarten ergeben sich aus ihren Merkmalen: reine Laufkraftwerke müssen ständig die von der wechselnden Wasserführung des Flusses angebotene Leistung fahren, sie liefern daher »Grundlast«, das ist der Energiebedarf des Überlandnetzes, der auch zu Zeiten geringer Belastung vorhanden ist. Flußkraftwerke mit Tages- und Wochenspeicher fahren auch Grundlast, darüberhinaus können sie kurzzeitige Spitzenlasten von wenigen Stunden bzw. Tagen übernehmen. Ihre installierte Leistung ist daher etwas größer, als sie der mittleren Wasserführung entspräche.

Talsperrenkraftwerke können von dem großen Speichervermögen der riesigen, oft mehrere 100 Kilometer langen Stauseen keinen vollen Gebrauch machen, denn es werden keine allzu großen Schwankungen des Wasserspiegels zugelassen, da diese Stauwerke auch anderen Zwecken dienen, wie Bewässerung, Hochwasserschutz und Schiffahrt.

Hochdruckkraftwerke hingegen können den Speicherraum weitgehend nutzen. Ihre Stauseen befinden sich im Ödland des Gebirges, man kann sie daher mit sehr unterschiedlichen Spiegelhöhen betreiben. Das nutzbare Speichervolumen ist relativ groß, so daß der Zulauf wenigstens eines Jahres gespeichert werden kann. Die installierte Maschinenleistung beträgt stets ein Vielfaches der Leistung, wie sie für den natürlichen Zufluß aller in das Becken mündender Gebirgsbäche ausreichen würde. Diese große Leistungsreserve steht kurzfristig zur Verfügung, denn jede Wasserturbine kann nach Schwachlastbetrieb schon in einer Minute mit voller Leistung gefahren werden. Daher werden diese Hochdruckspeicherkraftwerke zur Deckung von Belastungsspitzen, vor allem im Winter, herangezogen. Sie ergänzen auch die Laufkraftwerke im Flachland, die im Sommer und im Herbst unter Wassermangel leiden. Mit dem Erlös dieser hochwertigen »Spitzenenergie« werden die relativ hohen Kosten der Jahresspeicher amortisiert.

Wasserkraftwerke verursachen keinerlei Umweltverschmutzung und verbrauchen keinen Energievorrat. In den großen Industrieländern sind die verfügbaren Wasserkräfte bereits weitgehend genutzt. In abgelegenen Gebieten Afrikas, Südamerikas, Kanadas und Sibiriens liegen noch erhebliche Wasserkraftreserven, mit deren Nutzung erst begonnen wird. Der höchste Staudamm ist mit 310 Meter Höhe der Erddamm bei Nurek in der UdSSR, der größte Stausee mit 205 Kubikkilometer Inhalt Owen Falls in Uganda (zum Vergleich: Bodensee 48 Kubikkilometer). Die größte Leistung bringt das Talsperrenkraftwerk von Krasnoyarsk in der UdSSR mit 6,1 Gigawatt (Stand 1972).

Wirkungsweise und Nutzung der Gezeiten

Ebbe und Flut gehören zu den Naturereignissen, mit denen sich der Mensch abfinden muß – sie lassen sich noch weniger zähmen als das Wetter. Heute sind die Gezeiten allerdings auf weite Sicht vorausberechenbar. 1944 bei der Invasion der Alliierten in der Normandie waren die Gezeiten genau berücksichtigt. Als Julius Cäsar hingegen zweitausend Jahre früher in der umgekehrten Richtung über den Ärmelkanal setzte, um in England zu landen, erlitt er durch eine Springflut erhebliche Verluste – er hatte sich ausgerechnet die Zeit des Vollmonds ausgesucht, zu der die Flut besonders stark ist.

Auch heftige Stürme treiben die Flut in die Höhe. Besonders gefährlich wird es, wenn während des Sturmes der Wind dreht und die Wassermassen staut – wie bei der Hamburger Sturmflut 1964. Da findet die Vorausberechenbarkeit ihre Grenzen.

Die großen an den Gezeiten beteiligten Energien – die Gesamtleistung wird auf hundert Milliarden Kilowatt geschätzt – legen es nahe, sie für die Stromerzeugung auszunutzen. Es sind bereits einige Gezeitenkraftwerke in Betrieb, weitere geplant. Von ihnen wird später noch zu reden sein.

Die Gezeiten entstehen durch das Zusammenspiel von Fliehkraft und Schwerkraft bei der Bewegung des Mondes um die Erde und der Erde um die Sonne. Dabei kommt es zu Massenbewegungen des Meeres, der Atmosphäre und des Erdkörpers.

Ebenso wie der Mond übt auch die Sonne Gezeitenkräfte auf die Erde aus, die aber wegen der großen Entfernung der Sonne nur knapp halb so stark wie der Mond sind. Beide Wirkungen überlagern sich, wobei es zu Verstärkungen oder Schwächungen kommt. Bei Voll- oder Neumond addieren sich die Gezeitenwirkungen zur Springflut, zur Halbmondzeit wirken sie gegeneinander, als Nippflut.

Die Flut wird auch beeinflußt durch eine Gezeitenbewegung der festen Erdrinde, durch die Neigung der Erdachse zur Bahn-

---

Generatoren und Motoren

Das Prinzip des rotierenden Stromerzeugers, der mechanische Energie in elektrische umwandelt, beruht auf der elektromagnetischen Induktion: in einer Leiterschleife oder Drahtspule wird eine Spannung induziert, wenn ein von ihr umschlossenes Magnetfeld sich ändert.

Am einfachsten aufgebaut ist der *Wechselstromgenerator*, der einen sinusförmigen Strom erzeugt, dessen Polarität ständig wechselt. Radial angeordnete, über zwei Schleifringe mit Gleichstrom gespeiste Elektromagnete rotieren mit ihren Nord- und Südpolen an den feststehenden Spulen der im Gehäuse angebrachten sogenannten Ständerwicklung vorbei. Dadurch wird jede Spule in rascher Folge von Magnetfeldern durchsetzt, die sich ständig in Richtung und Stärke ändern.

Drei gleiche, um 120° versetzte Ständerspulen erzeugen *Drehstrom*, das ist dreiphasiger Wechselstrom, der von drei Klemmen am Gehäuse abgenommen wird. Der Drehstromgenerator ist der bei weitem häufigste Wechselstromerzeuger. In Wasser-, Dampf- und Kernkraftwerken wird er bis zu den größten Leistungen (z. Z. 1 000 000 kW je Einheit) verwendet.

Der *Gleichstromgenerator* hat ein ruhendes Magnetfeld, in dem ein zylindrischer Eisenkörper mit mehreren Spulen, der sogenannte Anker, rotiert. Die Spulen-Anfänge und -Enden werden zu Lamellen eines Kommutators oder Stromwenders geführt, das ist eine Art rotierender Umschalter, der die beim Umlaufen des Ankers induzierten Wechselströme gleichrichtet, indem er die negativen Halbwellen gewissermaßen auf die positive Seite »umklappt«. Der so erzeugte Gleichstrom wird von zwei ruhenden Kohlebürsten abgenommen, die auf dem Kommutator schleifen.

Jeder Generator kann auch als Motor betrieben werden. Die gleichstromerregte Drehstrommaschine nennt man *Synchronmotor*, weil die Drehzahl mit der des umlaufenden »Drehfeldes« übereinstimmt, das von den drei Spulen der Ständerwicklung erzeugt wird.

Die gebräuchlichste Motorenart ist jedoch der schleifringlose Drehstrom-*Asynchronmotor*, dessen Läufer eine käfigartige Wicklung besitzt, er heißt daher auch Käfigläufermotor. Seine Drehzahl liegt immer etwas unter der des umlaufenden Ständerdrehfeldes, man nennt das »Schlupf«. Dadurch wird in der kurzgeschlossenen Läuferwicklung ein Strom induziert, dessen Stärke mit der Schlupffrequenz wächst. Der Läuferstrom bewirkt ein ihm verhältnisgleiches Magnetfeld, das mit dem Ständerfeld zusammen das Drehmoment erzeugt.

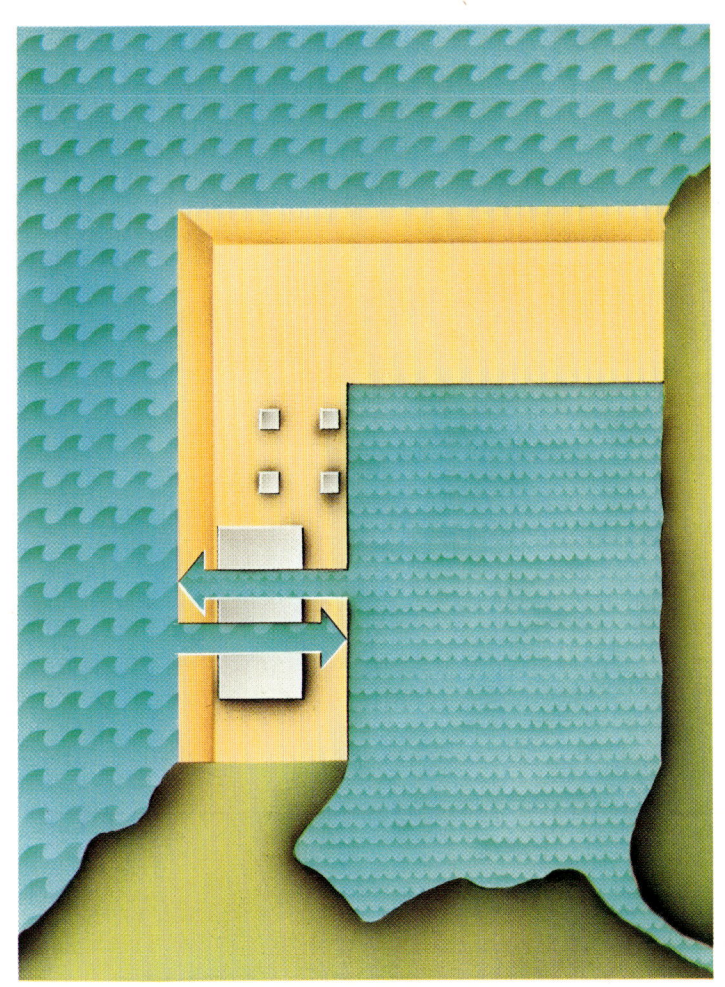

Das Gezeitenkraftwerk

ebene von Mond und Erde, hauptsächlich aber durch die unregelmäßige Land-Wasser-Verteilung. Die elastischen Schwingungen der Erdrinde im Rhythmus der Sonnen- und Monddurchgänge verstärken die Gezeitenhübe. Die Neigung der Erdachse gegen die Sonne hat zur Folge, daß Flut und Ebbe nur um den Äquator halbtägigen Charakter haben, in den höheren Breiten werden die Kurven des Wasserstandes unsymmetrisch, und in Polnähe treten nur je ein Hoch- und Niedrigwasser am Tag ein. Die Küstenlinien der Kontinente bewirken erhebliche Störungen durch Aufstauen der anlaufenden Flutwellen, was zu starken Strömungen und großen Gezeitenhüben führen kann. Nur in dem Wasserring, der die Antarktis umgibt und bis zu den Südspitzen der Festländer reicht, können sich einheitliche Flutwellen ausbilden. Von dort breiten sie sich in die verschiedenen Ozeane und Randmeere aus. Starke Gezeiten gibt es daher nur an den Küsten der Festländer. In den offenen Weltmeeren liegen die Gezeitenhübe unter einem Meter. Schwach ausgebildet sind die Gezeiten auch in abgeschlossenen Meeresbecken, zum Beispiel im Mittelmeer und in der Ostsee. Die höchsten Gezeiten gibt es in trichterförmigen Buchten wie der Fundybai von Neubraunschweig in Kanada, wo bei Springfluten Tidenhübe von 21 Metern gemessen wurden.

Das Kraftwerk von Saint-Malo

Zur Stromerzeugung in wirtschaftlich verwertbarem Umfang lassen sich Flut und Ebbe nur dort nutzen, wo große Wassermassen in einem Engpaß hin- und herfluten, wie an schmalen Eingängen weiträumiger Becken, die an Küsten mit besonders hohen Tidenhüben liegen. Eine solche Stelle wurde am Ärmelkanal an der Rance-Mündung bei Saint-Malo in der Bretagne (Frankreich) gefunden, mit Pegelunterschieden von 13,5 Metern bei Springflut und 6,3 Metern bei Nippflut. Dort hat Frankreich das erste und zur Zeit noch größte Gezeitenkraftwerk der Welt errichtet. Baubeginn war 1960. Sechs Jahre später wurde das Kraftwerk in Betrieb genommen. Ein 750 Meter langer Damm am Eingang der Bucht schafft ein natürliches Speicherbecken von 22 Quadratkilometern Oberfläche. In der Mitte des Staudamms befinden sich 24 Wasserturbinen, die in beiden Drehrichtungen arbeiten können, das heißt sowohl bei einflutendem wie bei ausebbendem Wasser. Die Leistungsfähigkeit ihrer Generatoren beträgt je 10 Megawatt, also 10 Millionen Watt – zusammen 240 000 Kilowatt. Bei Flut strömt das Meerwasser durch Verbindungsrohre zwischen Meer und Becken hindurch, treibt dabei die darin wasserdicht eingeschlossenen Turbinen und füllt zugleich das Sammelbecken. Während der Ebbe ist der Meeresspiegel unter den des Beckens gesunken. Durch den Wasserrückfluß werden die Turbinen in entgegengesetzter Richtung angetrieben, wobei etwa die gleiche Energie wie beim Einströmen gewonnen wird.

Die Leistung der Aggregate hängt vom jeweiligen Höchst- und Tiefstwasserstand zu beiden Seiten der Staumauer ab und ist daher im Sechs-Stunden-Rhythmus der Gezeiten starken Schwankungen unterworfen. Wegen dieser periodischen Arbeitsweise ist nur ein Verbundbetrieb mit einem größeren Überlandnetz möglich. Die jährliche Gesamterzeugung von Saint-Malo erreicht 600 Millionen Kilowattstunden.

Weitere Gezeitenkraftwerke, mit Leistungen bis zu 20 Millionen Kilowatt, sind geplant; eines entsteht an einem Fjord der Barentssee in der Nähe der sowjetrussischen Stadt Murmansk; Baupläne gibt es für die gewaltige Severn-Mündung in Großbritannien (den »Bristolkanal«), für die Fundybai in Kanada und für den Golf von San Matías in Argentinien.

Schema eines Gezeitenkraftwerkes, Bild von oben . . .

. . . und im Querschnitt, bei Ebbe   . . . und bei Flut

Hans Günther

Atomkraft: Energie aus dem Unsichtbaren

Der ständig zunehmende Energiebedarf der Welt läßt sich mit konventionellen Wärme- und Wasserkraftwerken nicht mehr befriedigen. Die fossilen Brennstoffe – Kohle, Erdöl, Erdgas – stehen nicht in unbegrenzter Menge zur Verfügung – sie werden in späteren Zeiten als Rohstoffe für die chemische Industrie dringend benötigt.

Die sich ständig erneuernde Wasserkraft gibt es leider auch nicht in ausreichendem Maß, zudem liegen die Hauptvorkommen in abgelegenen Gebieten Afrikas, Südamerikas und in der Arktis. Als eine weitere Kraftquelle bietet sich die Kernenergie an, vorerst noch als Wärme, die bei der Spaltung des Atomkerns frei wird.

Die Kernspaltung spielt sich im Kernreaktor ab. Der Vorläufer des Kernreaktors ist die Kernspaltungsbombe, in der die Kerne des Uranisotops U 235 (Materie, die aus Uranatomen abweichender Neutronenzahl besteht) durch Neutronenbeschuß in einer momentanen Kettenreaktion gespalten werden. Die Spaltung eines U-235-Kernes geschieht durch Anlagerung eines Neutrons, wodurch zwei bis drei Neutronen frei werden, die nun ihrerseits weitere Atomkerne spalten.

Um diese Energien für friedliche Zwecke nutzbar zu machen, muß die kinetische Energie der explosionsartig davonfliegenden Neutronen durch Abbremsen in Wärmeenergie verwandelt werden. Es ist deshalb notwendig, daß der Kernreaktor neben dem Brennstoff einen weiteren Stoff enthält, der den Flug der Neutronen verzögert. Dieser Stoff ist der sogenannte Moderator. Die Neutronen, die sich als elektrisch neutrale Teilchen in der Materie weitgehend ungehindert bewegen, verlassen den Brennstoff, geraten in den Moderatorbereich und werden dort durch ständiges Zusammenstoßen mit Moderatorkernen abgebremst, bis sie die mittlere Energie des Moderators erreichen. Diese »thermischen« Neutronen können dann im Brennstoff weitere Spaltungen bewirken. Um Neutronenverluste zu vermeiden, wird der Kern (Core) des Kernreaktors mit einem Neutronenreflektor umgeben, der aus dem gleichen Stoff besteht wie der Moderator. Besonders wirksame Moderatorenstoffe sind normales und schweres Wasser, Kohlenstoff (Graphit) und Beryllium. Wird die Kettenreaktion bei konstanter Leistung aufrechterhalten, ist der Zustand des Reaktors stationär. Ist die Anzahl der Neutronen in zwei aufeinanderfolgenden Spaltungsgenerationen steigend, nennt man das System überkritisch, Neutronenfluß und Leistung nehmen dann ständig zu; den entgegengesetzten Fall nennt man unterkritisch. Um die Leistung zu steuern, baut man in das Core Stäbe aus einem Element ein, dessen Atomkerne einen sehr großen Einfangquerschnitt für Neutronen haben, z.B. Cadmium. Diese Steuerstäbe werden von außen her mehr oder weniger weit in die Reaktionszone hineingeschoben.

Die bei der Kernspaltung entstehenden Atomteilchen sind nicht stabil; sie wandeln sich durch radioaktive Zerfallprozesse unter Aussendung von Alpha- und Beta-Strahlen in stabile Endprodukte um. Ein Kernreaktor ist daher nicht nur ein sehr starker Neutronenstrahler, sondern auch eine ebenso intensive Quelle für radioaktive Strahlung. Er wird deshalb mit einer Schutzwand aus Eisen, Wasser und Beton umgeben, welche die gefährlichen Strahlen absorbiert, um Bedienungspersonal und Umgebung zu schützen. Die Wärme, die bei der Kernspaltung frei wird, muß abgeführt werden. Dies geschieht durch ein Kühlmittel, das das Core durchströmt, um dann die aufgenommene Wärme in einem Wärmeaustauscher an einen sekundären Wärmekreislauf abzugeben, wo sie zur Dampferzeugung verwendet wird. Auf konventionelle Weise wird sodann über Turbine und Generator ein Teil des Dampfdrucks in elektrische Energie umgewandelt.

»Leistungsreaktoren«, wie sie bisher in Kernkraftwerken zur Dampferzeugung für Turbinen verwendet werden, gibt es in verschiedenen Varianten, sie unterscheiden sich hauptsächlich durch Art und Temperatur des Kühlmittels. So gibt es Leichtwasser-, Schwerwasser- und Natriumreaktoren, gasgekühlte, Hochtemperatur- und Heißdampfreaktoren. Angestrebt wird eine besondere Art von Kraftwerksreaktoren, das sind die sogenannten Brüter, die bei der Kettenreaktion mehr spaltbares Material produzieren, als gleichzeitig zur Energieerzeugung verbraucht wird.

Der Leichtwasser-Reaktor

In der Bundesrepublik wurden Kernkraftwerke bisher vorwiegend mit Leichtwasserreaktoren gebaut. Hier dient normales Wasser als Kühlmittel und zugleich als Moderator. Man unterscheidet zwischen Druckwasser- und Siedewasserreaktoren. Bei ersteren ist der Druck im Primärkreislauf (unmittelbar bei

Das »Atomei« in der Landschaft verstört Naturfreunde und gilt den Bewohnern der Umgegend als ständiges Sicherheitsrisiko. Die Eiform, allerdings, ist sicherheitsbedingt: Sie überspannt das seinerseits aus Sicherheitsgründen in eine Stahlhülle eingeschlossene Reaktordruckgefäß – und auch in der Natur ist das Ei die druckstabilste Form. Das Foto zeigt den Reaktor des Kernforschungszentrums Garching.

Die Kernkraftwerke

der Spaltung) so groß, daß keine Dampfbildung im Core auftreten kann. Das Kühlwasser wird ständig umgepumpt. Die im Core aufgenommene Wärme gelangt über einen Wärmetauscher zum Sekundärkreis. Ein Beispiel für diese Art ist der Druckwasserreaktor im Kernkraftwerk Obrigheim am Neckar, das als Prototyp eines Kraftwerks für die öffentliche Energieversorgung bei einer Wärmeleistung von 1000 Megawatt eine elektrische Leistung von 300 Megawatt liefert. Das Core enthält 121 Brennelemente, diese wiederum je 180 Brennstäbe. Zum Regeln der Reaktorleistung dienen 27 gleichmäßig über den Reaktorkern verteilte Regelstäbe, die von oben in den Reaktorkern eingefahren werden. Neuere Kraftwerke dieses Typs haben Generatorleistungen von 660 bis 1300 Megawatt. Sie verbrauchen je 1000 Megawatt Generatorleistung jährlich etwa 30 Tonnen Kernbrennstoff.

Läßt man zu, daß das als Kühlmittel und Moderator dienende Wasser im Reaktor zum Sieden kommt, so kann man auf Wärmeaustauscher und Sekundärkreis verzichten und die Turbine unmittelbar mit dem im Core gebildeten Wasserdampf betreiben. Da man das Wasser nicht mehr unter hohem Druck zu halten braucht, ergibt sich sogar eine einfachere und billigere Bauweise, die allerdings den Nachteil hat, daß die Turbine beim Betrieb radioaktiv wird. Alle dampfführenden Teile müssen deshalb in absolut dichten Stahlbehältern untergebracht sein. Das erste vollbetriebsfähige Kernkraftwerk mit Siedewasserreaktor steht als Prototyp bei Gundremmingen an der Donau, seine Leistung entspricht etwa der des Werkes Obrigheim. Weitere Kraftwerke dieses Typs sind oder werden mit Generatorleistungen von 700 bis 900 Megawatt errichtet. Ihr Nachteil: der thermische Wirkungsgrad ist nicht optimal.

Der Calder-Hall-Reaktor

Zu den erprobten Reaktoren zählt auch der gasgekühlte Reaktor vom Typ Calder Hall (England). Dieser Reaktor wird mit natürlichem Uran betrieben. Als Moderator wird Graphit und als Kühlgas Kohlendioxid verwendet. Der Reaktorkern ist ein großer zylindrischer Graphitklotz, der von Kanälen durchzogen ist. Die stabförmigen Brennelemente sind in diesen Kanälen so angeordnet, daß zwischen Element und Kanalwand ein freier Spalt bleibt, durch den das Kühlgas strömt. Das im Core erwärmte Gas gibt seine Energie über einen Wärmeaustauscher an den sekundären Wasserdampfkreislauf ab. Auch in diesem Dampferzeuger wird Sattdampf erzeugt, der eine entsprechende Turbine antreibt.

Die bisher behandelten Reaktorarten liefern Dampf mit relativ niedriger Temperatur, was bei der Umwandlung in mechanische Energie ungünstig ist: ein relativ großer Teil der zugeführten Energie geht beim Kondensieren des Turbinenabdampfes als Abwärme verloren. Man ist daher bemüht, Reaktoren zu entwickeln, die mit wesentlich höheren Kühlmitteltemperaturen arbeiten. Dadurch wird es möglich, Wirkungsgrade wie bei herkömmlichen Dampfkraftanlagen zu erreichen. Ein Beispiel ist der »Fortgeschrittene Gas-Graphit-Reaktor«, bei dem Urandioxid als Brennstoff und korrosionsbeständiger Stahl als Hüllenmaterial verwendet werden. Im übrigen ist der Aufbau des Reaktorkerns der gleiche wie bei dem Calder-Hall-Typ. Der Graphitmoderator wird von einer Stahlkonstruktion getragen, die im Betonboden verankert ist. Als Kühlgas wird auch hier Kohlendioxid verwendet, das auf über 600 Grad Celsius aufgeheizt wird.

Der Hochtemperaturreaktor

Eine Weiterentwicklung dieses Typs ist der »Hochtemperaturreaktor«. Durch Verzicht auf eine Metallumhüllung der Brennelemente und durch Verwendung von Helium als Kühlgas, wurden schon Gastemperaturen von 850 Grad Celsius erreicht, so daß die Turbogeneratoren weniger Abwärme produzieren. Wegen der fehlenden Metallumhüllung werden die Neutronenverluste sehr niedrig, was lange Standzeiten und gute Ausnutzung des Brennstoffes ermöglicht. Andererseits muß eine zu große Freisetzung der Spaltprodukte und damit eine starke Verseuchung des Primärkreislaufes verhindert werden. Die einzelnen Brennstoffteilchen werden daher mit einem undurchlässigen Material eingehüllt. Die Brennstoffteilchen haben nur 0,2 Millimeter Durchmesser, die Hüllschicht ist nur 0,1 Millimeter dick. Diese »Mikroelemente« werden mit Graphitpulver in eine dem Brennelement entsprechende Form gepreßt. Es werden sowohl Stab- als auch kugelförmige Brennelemente verwendet. Der in Jülich von R. Schulten entwickelte »AVR-Kugelhaufenreaktor« enthält kugelförmige Brennelemente von der Größe eines Tennisballs, die es gestatten, während des Betriebes kontinuierlich Brennstoff einzuführen und abgebrannte Elemente aus dem Reaktor zu entfernen. Neben den betrieblichen Vorteilen, wie einfache Regelung der Leistung und stabiles thermisches Verhalten – bei plötzlichem Ausfall des Kühlsystems ist kein Durchgehen des Reaktors möglich –, ergibt sich durch die Beschickung mit Brennstoff die Möglichkeit, Überschußreaktivität für den Abbrand zu vermeiden und den Energieumsatz zu verbessern. Die gasgekühlten Reaktoren erlauben Temperaturen von 1250 Grad Celsius für die beschichteten Partikel. Bei Gasaustrittstemperaturen von 900 bis 1000 Grad könnte das Helium in einer »Einkreisanlage« direkt auf eine Gasturbine geleitet werden. Bei dieser Temperatur arbeitet eine Heliumturbine mit wesentlich besserem Wirkungsgrad als eine gleichgroße Dampfturbine mit Kondensator; leider gibt es zur Zeit noch keine Werkstoffe, die bei solchen Temperaturen eine ausreichende Festigkeit besitzen.

Der Schwerwasserreaktor

Auch mit dem »Schwerwasserreaktor« lassen sich hohe Kühlmitteltemperaturen erzielen: der zylindrische Druckbehälter für das Core wird durch parallel geführte Druckrohre ersetzt, die vom Kühlmittel durchflossen werden. Die Rohre werden außen von schwerem Wasser als Moderator umgeben, das unter kleinerem Druck und unter niederer Temperatur stehen kann als das Kühlmittel. Bei Kohlendioxid als Kühlmittel können Turbogeneratoren mit der optimalen Dampftemperatur von 530 Grad Celsius und einem Druck von 105 Atmosphären betrieben werden.

Schließlich gibt es beim Siedewasserreaktor die Möglichkeit, den erzeugten Dampf zu überhitzen, indem man ihn dem Reaktorkern zur Aufnahme weiterer Wärme erneut mehrmals zuführt. Bei großen »Heißdampfreaktoren« genügt ein zweifacher Durchlauf durch das Core zum Erreichen der gewünschten Dampftemperatur.

Die »schnellen Brüter«

In »Brutreaktoren« werden die Isotope U 238 und Th 232 (Thorium) in spaltbares Material umgewandelt, nämlich in Pu 239 (Plutonium). Bei einem solchen Zyklus bringt die Verwendung schneller Neutronen Vorteile. Dabei entfällt der sonst zur Neutronenabbremsung erforderliche Moderator. Das führt zu einem kompakten Reaktorkern, der nur die Brennelemente und das Kühlmittel enthält. Das kleine Core-Volumen bedingt aber eine sehr wirksame Kühlung, bei der man zur Zeit noch auf flüssiges Natrium angewiesen ist, das auf die Neutronen praktisch keine Bremswirkung ausübt. Das metallische Natrium bereitet jedoch wegen seiner starken chemischen Aggressivität noch erhebliche Schwierigkeiten, so dürfen in den Natriumkreisen weder Wasser noch Sauerstoff noch andere Verunreinigungen existieren. Zudem ist die Regelung des »schnellen Brüters« kritisch; die Gefahr des »Durchgehens« ist groß. Dieser Reaktortyp stellt einen weitgehend neuen Weg der Technik dar, weil er mehr spaltbares Material erzeugt als verbraucht, ist aber hinsichtlich der Sicherheit noch recht problematisch. Andererseits würde die allgemeine Einführung der »schnellen Brüter« die nicht unbegrenzten Vorräte an Uran um etwa das Hundertfache strecken.

Die Risiken

Zu den in der Industrie üblichen Risiken kommt bei der Nutzung der Kernenergie die Strahlengefährdung hinzu, die besondere Sicherheitsmaßnahmen erfordert. Bei einem Kernreaktor verhindern mindestens drei Schutzwälle, daß radioaktives Material nach außen dringen kann: die dichte Hülle der Brennstoffelemente, der Reaktorbehälter mit den Rohrleitungen des primären Kühlkreislaufes, das umgebende drucksichere Reaktorgebäude. Außerdem sorgen umfangreiche technische Sicherheitseinrichtungen bei anomalen Betriebszuständen für automatische Schnellabschaltung des Reaktors.

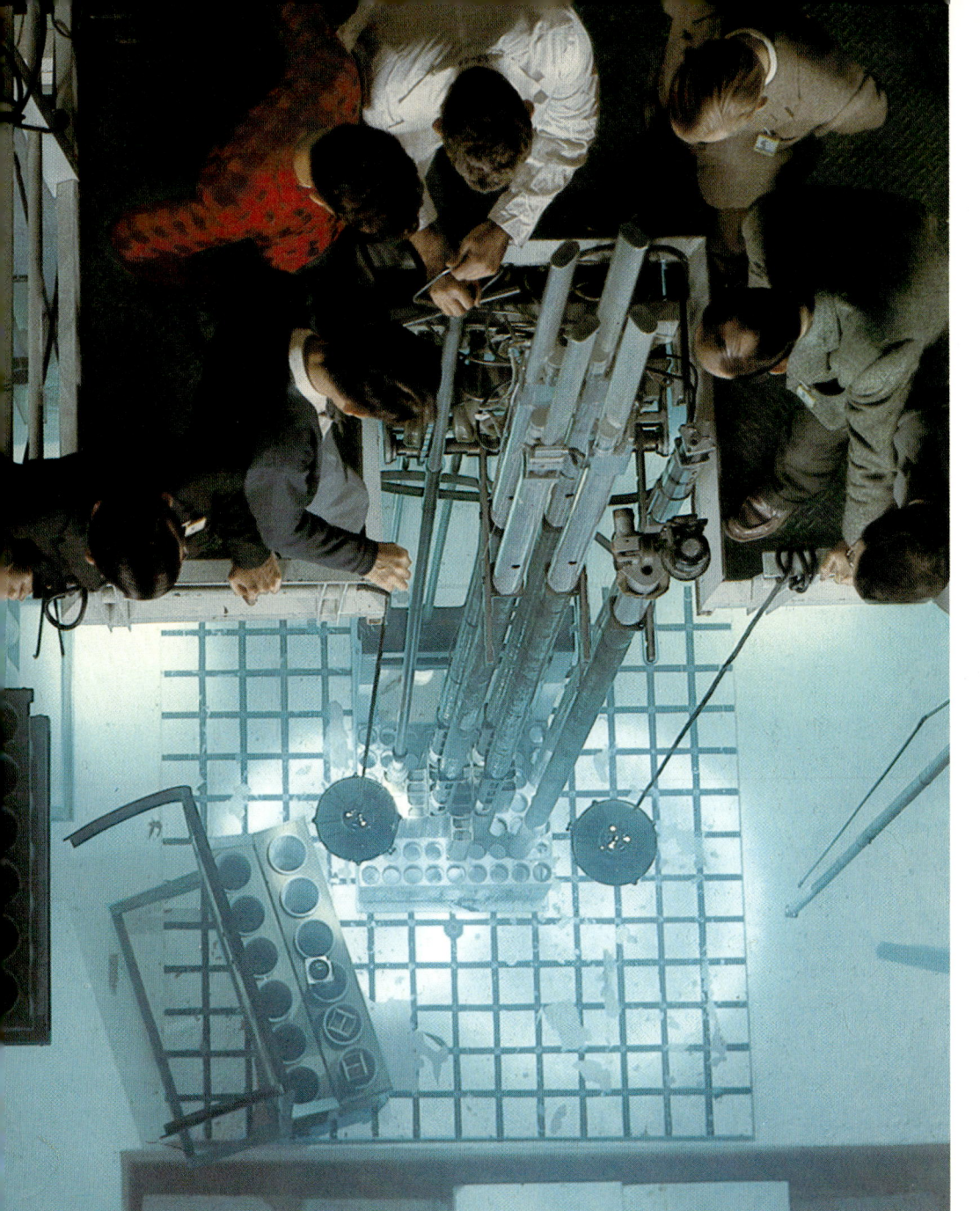

Forschungsreaktoren

Der »Schwimmbadreaktor« dient Forschungszwecken. Man untersucht mit ihm die Wirkung von Neutronen auf unterschiedliche Stoffe. Die Stäbe mit dem Spaltmaterial werden in ein Wasserbecken getaucht. Das Wasser bremst die Neutronen, kühlt den Reaktor und schützt vor radioaktiven Strahlen.
Bei der Kernspaltung werden »schwere« Elemente (solche mit hohem Atomgewicht) mit energiereichen Kernteilchen »beschossen«. Dabei spaltet sich der Atomkern. Aus seinen Teilen entstehen die neuen, vollständigen Atomkerne von zwei leichteren Elementen. Zusammen wiegen sie nicht mehr dasselbe wie die ursprüngliche Kernmasse. Die »fehlende« Masse – bei einem Kilogramm Uran 235 sind es 0,8 Gramm – hat sich in Energie verwandelt.
Diese Energie ist enorm. Sie entspricht, das fand Einstein heraus, der Masse der Teilchen, multipliziert mit dem Quadrat der Lichtgeschwindigkeit. Die oben erwähnten 0,8 Gramm liefern 23 Mill. Kilowattstunden! Beim Spaltungsprozeß werden außerdem Neutronen frei, die wieder weitere Kerne zur Spaltung anregen.

Ein weiteres Problem ist die Entfernung und die Deponierung des ausgebrannten Kernmaterials, das ja immer noch stark radioaktiv ist. Mit Ausnahme des Kugelhaufenreaktors, bei dem die Brennelemente kontinuierlich ausgewechselt werden, müssen die Reaktoren zu diesem Zweck etwa alle zwei Jahre stillgesetzt werden, so lange beträgt die Brenndauer einer Beschickung. Der »Atommüll« wird zunächst in einem strahlensicheren Bunker beim Kraftwerk gesammelt, bis er in Spezialbehältern abgeholt werden kann, um dann in ausgeräumten tiefen Salzbergwerken endgültig deponiert zu werden.

Im Vergleich zu den Wärmekraftwerken arbeiten Kernkraftwerke absolut sauber: frei von Geruch, Staub und Abgasen. Leider jedoch belasten sie die Umwelt durch die warmen Abwässer des Dampfturbinenbetriebes stärker als bei den Wärmekraftwerken: mit rund 70 Prozent der Reaktorwärme werden die Flüsse oder die Luft aufgeheizt. Dies trifft jedenfalls auf die heutigen Kernkraftwerke zu, die nur eine relativ niedrige Dampftemperatur ermöglichen.

Kernkraftwerke arbeiten am wirtschaftlichsten, wenn sie durchgehend mit voller Leistung betrieben werden. In der öffentlichen Elektrizitätsversorgung und in der chemischen Großindustrie werden sie daher zur Deckung der Grundlast eingesetzt. Ein weiteres Einsatzgebiet ist die Meerwasserentsalzung. Die beste Ausnutzung der Reaktorwärme ergibt sich dann, wenn die Wärmeabgabe mit der Stromerzeugung gekoppelt wird: »Gegendruckturbinen« treiben die Generatoren an und liefern gleichzeitig den Dampf für die Entsalzungsanlage – mit dem Fortfall der Kühlung des Turbinenkondensators entfällt auch das Abwärmeproblem. Hochtemperaturreaktoren eignen sich außer zur Stromerzeugung in Kraftwerken mit Dampf- oder Heliumturbinen zur Lieferung von Prozeßwärme, wie sie vor allem in der Petrochemie benötigt wird, beispielsweise zur Kohlevergasung und zur Erzeugung von Olefinen, den Ausgangsstoffen für die Herstellung von Kunststoffen. Für die Übertragung der Wärme des Heliums auf das Arbeitsgas für Hochtemperaturprozesse werden bereits gegendruckfreie Wärmeaustauscher bis zu 1000 Grad Celsius und 40 Atmosphären erprobt.

Deutschland hat in der Entwicklung von Reaktoren einen gewaltigen Nachholbedarf. Der Kugelhaufenreaktor des BRD-Kernforschungszentrums Jülich ist unsere erste Eigenentwicklung.

Traudl Rodewald

Erdöl: Energie aus der Tiefe

Erdöl und seine Nutzanwendungen als Baustoff, Brenn- und Heizmaterial sind der Menschheit schon seit biblischen Zeiten bekannt. Dem Alten Testament zufolge baute Noah seine Arche nach der göttlichen Anweisung, sie von innen und außen mit Pech abzudichten; Pech ist nichts anderes als Asphalt: an der Luft erstarrtes zähflüssiges Erdöl. Die Sumerer kannten es schon im dritten vorchristlichen Jahrtausend, die alten Chinesen feuerten vor rund zweitausend Jahren mit Erdöl ihre Öfen und Lampen, und die Bäder des römischen Kaisers Septimus Serverus hatten Ölheizung.

An einigen Stellen der Erde, beispielsweise im Mittleren Osten, tritt das Erdöl frei zutage. Zwar kannte man auch im Altertum schon Ölbohrungen bis zu hundert Metern Tiefe, doch systematisch und in großem Umfang wird es erst seit rund einem Jahrhundert gefördert. Alexander von Humboldt berichtet von Bohrtürmen im russischen Baku, am Kaspischen Meer, und der König von Hannover ließ 1858 in Wietze bei Celle in der Lüneburger Heide die erste Bohrung auf deutschem Boden niederbringen. Der Erdölboom nahm jedoch erst am 27. August 1859 von dem kleinen Städtchen Titusville im US-Staat Pennsylvania seinen Ausgang. Dort wurde an diesem Tag ein Mann namens Edwin Laurentine Drake, Kleinaktionär und Angestellter der kurz zuvor gegründeten »Seneca Oil Company«, fündig. 37 Faß pro Tag soll Drakes hölzerner Bohrturm aus 21 Metern Tiefe gefördert haben. Schon vorher hatten Indianer und weiße Siedler dort Öl gewonnen, das sie mit Kellen aus dem Wasser mooriger Gräben schöpften und als Brennstoff für Lampen verkauften. Es qualmte und stank, aber es war billiger als Tran oder Wachs. Drakes Plan war es, solches Öl genau wie bei Salzbohrungen in reinerer Form aus größerer Tiefe zu gewinnen. Damit begann die Karriere des Erdöls als Energiequelle Nummer eins des zwanzigsten Jahrhunderts. Sein Anteil am gesamten Weltenergieaufkommen beträgt heute über 50 Prozent. In den zwanziger Jahren unseres Jahrhunderts entwickelte sich neben der Energiewirtschaft auch eine gigantische auf Erdöl basierende, sogenannte petrochemische Industrie. Heute ist Erdöl nicht allein in Gestalt von Treibstoffen und als Heizmaterial der bevorzugte Energielieferant unserer technischen Welt, sondern auch der Ausgangsstoff für eine Vielzahl von Kunststoffen, Medikamenten, Dünge-, Unkrautvernichtungs- und Schädlingsbekämpfungsmitteln, Farbstoffen, Kosmetika, Waschmitteln und Sprengstoffen.

Eingefangene Sonnenenergie

Im Grunde ist die Energie des Erdöls genau wie die der Kohle eingefangene Sonnenenergie. Man bezeichnet beide auch als »fossile« Brennstoffe. Kohle entstand aus dem Holz von Wäldern, die vor 300 bis 400 Millionen Jahren unter Einwirkung des Sonnenlichts gewachsen sind. Erdöl ist noch älter. Es bildete sich – auf wissenschaftlich noch nicht ganz geklärte Weise – aus dem Faulschlamm kleiner tierischer und pflanzlicher Lebensformen, der sich vor 600 bis 500 Millionen Jahren in den seichten, sonnenwarmen Küstengebieten vorweltlicher Meere abzulagern begann.

Wie bei der Kohle ist Kohlenstoff der wichtigste Bestandteil des Erdöls. Es ist ein Gemisch von über hundert verschiedenen chemischen Verbindungen, deren Moleküle ringförmige oder kettenlange Skelette aus Kohlenstoffatomen haben, an die Wasserstoffatome angeschlossen sind. Man nennt solche Verbindungen Kohlenwasserstoffe. Im Erdöl sind sie hauptsächlich in drei großen Gruppen vertreten: als Paraffine, Naphthene und Aromaten. Die Paraffine (lateinisch parum affinis = wenig zu Bindungen geneigt) sind kettenbildende, »gesättigte« und darum reaktionsträge Kohlenwasserstoffe (»gesättigt« deswe-

---

Übersicht über die Kunststoffe

Kunststoffe sind makromolekulare, d.h. aus Riesenmolekülen bestehende Werkstoffe, die durch chemische Umwandlung von Naturprodukten oder vollsynthetisch hergestellt werden. Ihre Eigenschaften beruhen in erster Linie auf ihrem strukturellen Aufbau und dem Grad ihrer Vernetzung und erst in zweiter Linie auf der chemischen Zusammensetzung.

Nach ihren physikalischen Eigenschaften gibt es *thermoplastische* Kunststoffe, die beim Erwärmen fließen und beim Abkühlen erhärten, *duroplastische* als ausgehärtete Produkte mit minimaler Zustandsänderung beim Verändern der Temperatur und *elastische*, die formfest, aber elastisch stark verformbar sind und in bestimmten Temperaturbereichen thermoplastisch werden.

Nach Herkunft und Aufbau unterscheidet man Kunststoffe aus Naturstoffen, wie Zellulose, die durch chemische und physikalische Prozesse in verwertbare Kunststoffe übergeführt werden, und vollsynthetische Kunststoffe. Letztere werden über Zwischenprodukte nach verschiedenen Verfahren wie Polyaddition, Polykondensation oder Polymerisation gewonnen. Die polymeren Roh- und Vorprodukte werden als *Kunstharze* bezeichnet. Sie gelten als technische Harze, wenn sie als Grundstoffe für Anstriche, Lacke, Klebstoffe oder Bindemittel dienen. Vorprodukte, die durch eine Polyreaktion thermoplastische oder duroplastische Kunststoffe ergeben, werden als *Reaktionsharze*, bei flüssiger Bearbeitung als *Gießharze* bezeichnet.

Die Umwandlung der Rohprodukte in gebrauchsfertige Kunststoffe erfordert den Zusatz von Hilfsmitteln, wie Weichmacher, Füllstoffe, Stabilisatoren und Alterungsschutzmittel, Gleit- und Trennmittel, Farbstoffe, Antistatika u.a.m.

Mottenkugeln und Napalm

gen, weil die Kohlenstoffatome in den Ketten die größtmögliche Anzahl Wasserstoffatome gebunden halten). Die Paraffine mit den kürzesten Molekülketten sind bei gewöhnlicher Temperatur Gase; Methan, Äthan, das Heizgas Propan und das Butan, mit dem die meisten Gasfeuerzeuge arbeiten. Es gibt aber auch Paraffine mit Molekülketten, bei denen die Anzahl der Atome in die Tausende geht. Zu diesen »hochmolekularen« Paraffinen gehören unter anderem die festen Kunststoffe Polyäthylen und Polypropylen. Man zählt solche offenkettigen Kohlenwasserstoffe zu den Aliphaten.

Die Naphthene sind ebenfalls beständige, gesättigte Kohlenwasserstoffe, deren Moleküle jedoch statt Ketten Ringe bilden. Naphthene sind besonders stark in den Erdölen aus der UdSSR vorhanden. »Neftj« ist das russische Wort für Erdöl, das bezeichnenderweise auf das bereits rund dreitausend Jahre alte assyrische Wort »Naptu« zurückgeführt wird. Die petrochemische Industrie gewinnt aus den Naphthenen Farbstoffe, Schädlingsbekämpfungsmittel wie etwa das sattsam bekannte Naphthalin in den Mottenkugeln und auch so entsetzliche chemische Waffen wie das Napalm, dessen Ausgangsstoffe Naphthensäure und Palmitinsäure sind. In Brandbomben zündet das Gemisch bei Aufschlag von selbst und entwickelt mehr als zweitausend Grad Hitze. Es haftet überall und ist praktisch nicht zu löschen.

Die dritte große Gruppe der Erdöl-Kohlenwasserstoffe bilden die Aromaten, deren Kohlenstoffatome zu sechsgliedrigen Ringen zusammengeschlossen sind. In diesen Ringverbindungen gibt es zwischen einigen Kohlenstoff- und Wasserstoffatomen Doppelbindungen. Da Doppelbindungen nicht so stabil sind, sondern zugunsten neuer Einfachbindungen an Dritt-

Der Welt meistgefragter Kraftstoff ist Benzin. 90 Prozent unserer Verbrennungsmotoren fressen nichts als Benzin. Aber der teure »Sprit« muß aus dem Rohöl erst herausdestilliert werden, und die Ausbeute liegt nur bei etwa 20 Prozent. Mit Hilfe des in Amerika entwickelten »Crackverfahrens« kann man aber auch die übrigen 80 Prozent noch einmal aufspalten (engl. to crack). Dabei verwandeln sich große Kohlenwasserstoffmoleküle durch Hitze, Druck oder andere Hilfsmittel in die kleinen Benzinmoleküle. In den hohen, silbrig schimmernden Türmen der Crackanlagen werden die Spaltstoffe je nach ihrem Siedepunkt in verschiedenen Höhen abgefangen.

Erdöl: Energie aus der Tiefe

atome leicht aufgegeben werden, sind die Aromaten also »ungesättigt« und daher reaktionsfreudig. Man könnte ihre Atome mit zwei Menschen vergleichen, die sich an beiden Händen halten, aber freudig eine Hand ausstrecken, wenn ein dritter Mensch hinzutritt. Entsprechend umfangreich sind die Verbindungen der aromatischen Reihe – um so mehr, als man heute in der Lage ist, die Größe der Moleküle zu steuern und aus »niederen« Kohlenwasserstoffen mit nur wenigen Atomen pro Molekül (den sogenannten »Monomeren«) Kohlenwasserstoffe mit Makromolekülen herzustellen, die »Polymere«. Deshalb taucht die Vorsilbe Poly- bei so vielen Kunststoffen auf. Polyvinylchlorid (PVC) beispielsweise oder Polyesterharz verraten im Namen das Geheimnis ihrer Entstehung: die Polymerisation. Andere Polymere wurden auf einfachere Handelsnamen umgetauft. »Dralon«, »Orlon« und »Acrylan« sind »gebürtig« als Polyacrylnitril, und der Phantasiename »Nylon« steht für ein durch Kondensation gewonnenes Polyamidprodukt, »Trevira«, »Diolen« und »Terylene« für Polyäthylenterephthalat. Auch die Natur kennt Polymerisation. Die Naturfasern Wolle, Baumwolle und Seide bestehen ebenfalls aus Riesenmolekülen, die die Tier- und Pflanzenkörper auf bis heute noch nicht geklärte Weise aufbauen. Aromatisch heißt die Reihe übrigens, weil viele ihrer Glieder höchst überraschend duften – nach Apfel, Ananas, Zitrone und dergleichen – und der kosmetischen und Nahrungsmittelindustrie wertvolle Aromastoffe liefern. Fast unübersehbar ist auch die Zahl der Produkte, die aus gemischten, aliphatisch-aromatischen Verbindungen entstanden sind. Die Benzinmarke »Aral« verrät es im Namen, bei anderen Sorten ist es an der chemischen Formel zu erkennen.

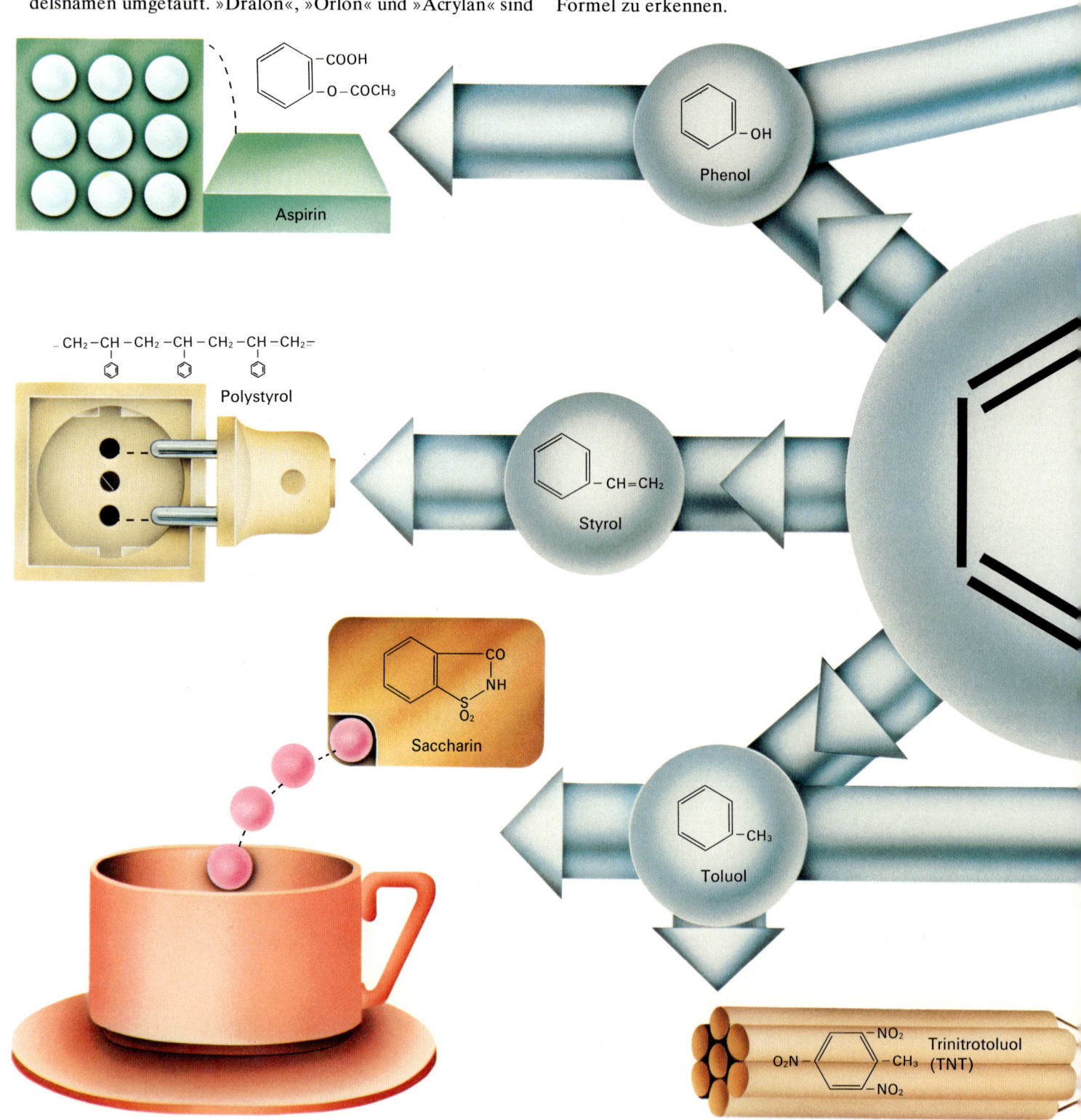

Die Aufbereitung

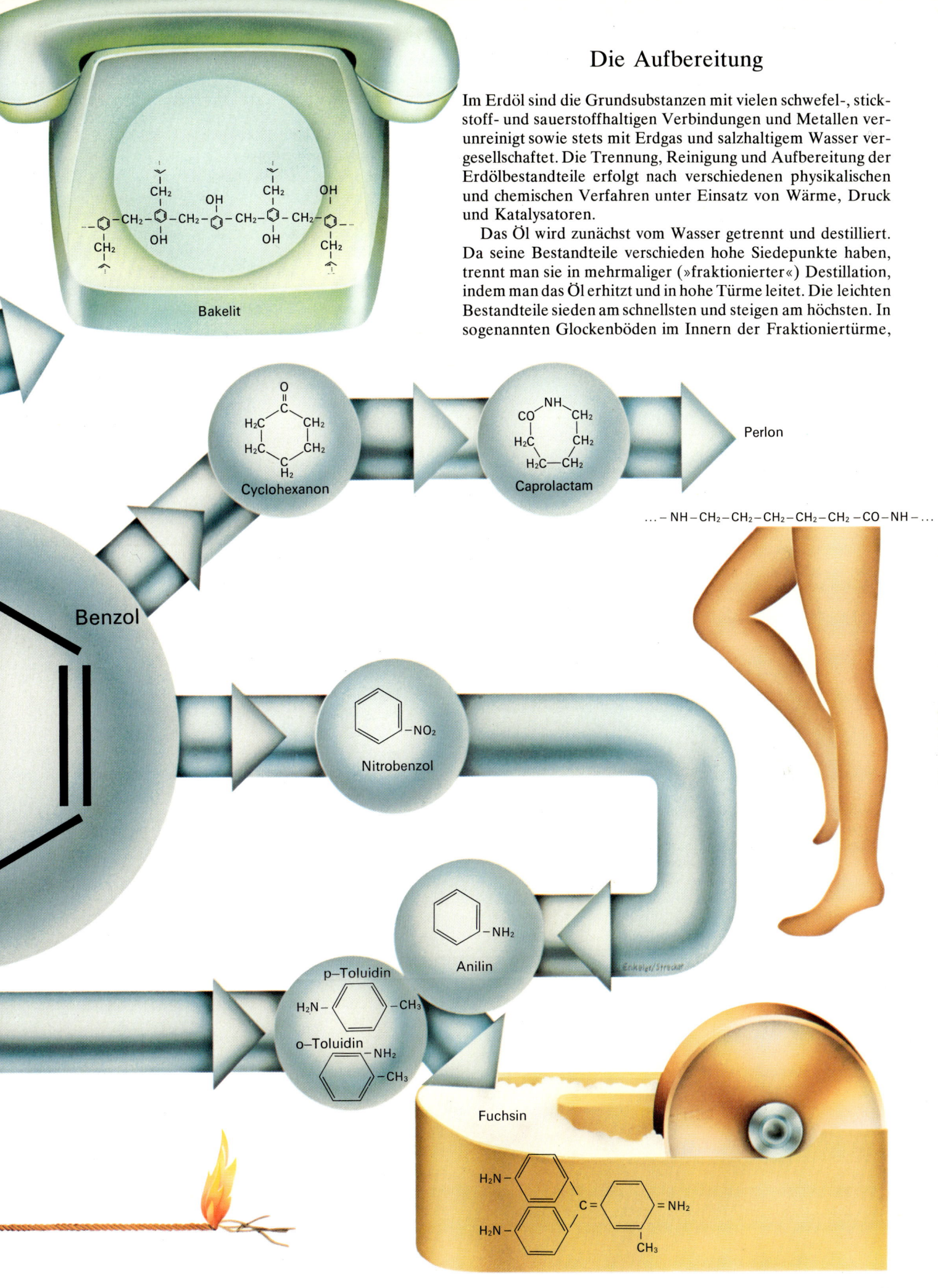

Im Erdöl sind die Grundsubstanzen mit vielen schwefel-, stickstoff- und sauerstoffhaltigen Verbindungen und Metallen verunreinigt sowie stets mit Erdgas und salzhaltigem Wasser vergesellschaftet. Die Trennung, Reinigung und Aufbereitung der Erdölbestandteile erfolgt nach verschiedenen physikalischen und chemischen Verfahren unter Einsatz von Wärme, Druck und Katalysatoren.

Das Öl wird zunächst vom Wasser getrennt und destilliert. Da seine Bestandteile verschieden hohe Siedepunkte haben, trennt man sie in mehrmaliger (»fraktionierter«) Destillation, indem man das Öl erhitzt und in hohe Türme leitet. Die leichten Bestandteile sieden am schnellsten und steigen am höchsten. In sogenannten Glockenböden im Innern der Fraktioniertürme,

Erdöl: Energie aus der Tiefe

Katalyse, Fraktion, Oktanzahl

Es gibt Stoffe, welche die Geschwindigkeit einer chemischen Umsetzung erhöhen oder hemmen, ohne dabei selbst geändert zu werden, man nennt sie positive oder negative Katalysatoren. Bei der »homogenen« Katalyse ist der Katalysator im Reaktionsmittel gelöst, z.B. Bleitetraäthyl als Antiklopfmittel in Benzin. Bei der »heterogenen« Katalyse wirkt der meist feste Katalysator, z.B. ein Metall in Pulverform, durch Berührung mit den flüssigen oder gasförmigen Reaktionsteilnehmern.

Außer in der chemischen Technik spielt die Katalyse auch bei biochemischen Vorgängen eine große Rolle, dort nennt man die Katalysatoren »Enzyme«.

Eine *Fraktion* ist der bei einem Trenn- oder Reinigungsverfahren anfallende Teil eines Substanzgemisches, z.B. der beim Destillieren von Gasölen anfallende Dieselkraftstoff.

Die *Oktanzahl* (OZ) ist das Maß für die Klopffestigkeit eines Otto-Kraftstoffes. Unter »Klopfen« versteht man das charakteristische Geräusch, das im Motor bei teilweise vorzeitiger Selbstentzündung des komprimierten Gasgemischs im Brennraum entsteht. Dem sehr klopffesten Isooctan ordnet man die OZ = 100, dem sehr klopffreudigen n-Heptan die OZ = 0 zu. Ein Zahlenwert unter 100 der OZ gibt dann an, wieviel Volumenprozent Isooctan sich in einem Gemisch mit n-Heptan befindet, das in einem Prüfmotor dieselbe Klopffestigkeit aufweist wie der zu untersuchende Kraftstoff. Bei OZ-Werten über 100 handelt es sich um ein Vergleichsgemisch aus Isooctan und Bleitetraäthyl. Der zu einer bestimmten OZ gehörende Gehalt an Bleitetraäthyl ist in mg/l aus einer Normtabelle zu entnehmen.

Übersicht über die Erdölprodukte

Die Elementaranalysen der verschiedenen Erdölsorten ergeben als Hauptbestandteile etwa 80 bis 87% C, 9 bis 14% H, 0 bis 3% O, 0 bis 5% S, 0 bis 2% N und Aschenbestandteile. Je nach vorherrschender Kohlenwasserstoffgruppe unterscheidet man zwischen paraffinen, gemischten, naphthenen und aromatischen Rohölen. Die Kombinationen, die in den Raffinerien zur Gewinnung der Primärprodukte Treibstoffe, Schmieröle und Heizöle und der Rückstandsprodukte verwendet werden, richten sich nach der Zusammensetzung des Rohöls. Durch weitere Verarbeitung und Veredelung werden aus den Primärstoffen die Endprodukte gewonnen.

Die Raffineriegase, die bei der Treibstoffgewinnung anfallen, wie Methan (CH_4) und Äthan (C_2H_6), werden als Heizgase verwendet. Die Flüssiggase Propan (C_3H_8) und Butan (C_4H_{10}) gelangen als Brenngase in Flaschen auf den Markt oder dienen als Ausgangsrohstoffe für die Petrochemie. Die durch Toppen (Destillieren von Erdöl bei 1 at Druck) erhaltenen Benzine werden nach besonderen Anforderungen redestilliert und als Kraftstoffe mit engen Siedebereichen angeboten. Die Gasölfraktion (Fraktion ist abgetrennter Anteil) wird als Dieselkraftstoff verwendet. Düsentreibstoff (Kerosin) wird als Destillat im Bereich 175° bis 280°C gewonnen, da ein niedriger Stockpunkt und ein niedriger Aromatengehalt gefordert wird. Der Topprückstand wird als Heizöl verwendet, gecrackt (Cracken ist Aufspalten von Kohlenwasserstoffen) oder durch Vakuumdestillation in Schmierölfraktionen aufgetrennt. Als Kopfprodukt wird ein schwerer Dieselkraftstoff abgezogen, als Seitenströme Spindelöle und Schmieröle verschiedener Viskositäten (Zähigkeiten). Der Destillationsrückstand wird der Bitumen- und Asphalterzeugung zugeführt.

Die Petrochemie liefert Acetylen, Äthylen, Propylen, Butylen sowie die Zwischenprodukte Acetaldehyd, Aceton, Epoxide, Vinylverbindungen, Essigsäure, Isopan u.a. polymerisierbare Grundstoffe für die Kunststoffherstellung.

---

die nach Art von Überlaufventilen das Aufsteigen, nicht aber das Rückfließen gestatten, werden die einzelnen »Fraktionen« aufgefangen und abgeleitet: ganz oben flüchtige Gase wie Petroläther, darunter Leicht- und Schwerbenzine sowie Petroleum, Leuchtöle, Dieselöle, Gasöle, Schmieröle, schweres Heizöl, Asphalt und Bitumen.

Auf die Trennung nach Fraktionen folgt das Cracken, bei dem die großen Moleküle der schweren (hochsiedenden) Kohlenwasserstoffe (wie etwa Heizöl) aufgespalten werden in leichte (flüchtigere) Kohlenwasserstoffe mit kleinen Molekülen, beispielsweise Benzin. Die Crackverfahren (englisch: crack = aufspalten) arbeiten mit Hitze, Katalysatoren, Dampf und Hydrierung (das heißt Anlagerung von Wasserstoffatomen unter Einsatz von Überdruck). Durch Cracken kann beispielsweise die Benzinausbeute aus Rohöl höher werden, als dem ursprünglichen Benzinanteil in der Ausgangsmischung entsprach. Die Weiterverarbeitung des Erdöls im einzelnen richtet sich daher nicht nur nach der jeweiligen Qualität und Zusammensetzung des geförderten Rohmaterials, sondern auch nach dem Bedarf der Abnehmer.

Früher ließ man Benzin verdunsten, um explosionsfreies Lampenöl zu gewinnen; heute ist Lampenöl nur noch in China und Fernost ein wirtschaftlicher Faktor, während sich bei uns alles um das Benzin, den kostbaren Treibstoff, dreht.

Die Zwischenprodukte, die durch Destillation, Fraktionierung, Crackverfahren und andere chemische Aufbereitungsvorgänge anfallen, müssen natürlich jeweils gereinigt und zumeist noch veredelt werden. Benzin soll beispielsweise nicht verharzen, nicht unangenehm riechen und soll möglichst rückstandsfrei verbrennen – vor allem aber soll es »klopffest« sein: Es darf nicht bei der Verdichtung des Kraftstoff-Luft-Gemisches im Zylinder des Motors selbsttätig (und vorzeitig) entflammen und die Energie des Kolbenhubs dadurch beeinträchtigen. Man erreicht das durch Zusätze von Bleiverbindungen (zum Beispiel Bleitetraäthyl) und Prozeduren wie das bekannte »Platformverfahren«, bei dem mit hohen Temperaturen und *Plat*in als Katalysator eine Um*form*ung der Molekülstruktur stattfindet.

Weltfördermengen und Vorräte

Heute gibt es in der Welt rund 700 000 Förderstellen, davon fast 90 Prozent (625 000) in den Vereinigten Staaten. Dort hat man auch die größte Bohrtiefe (»Teufe«) erzielt: sie beträgt 7260 Meter und liegt im texanischen Pecos County. Seit 1913 fördert man Öl auch aus dem Meeresboden – so in der Nordsee, im Persischen Golf, in Kanada, der Sowjetunion (Kaspisches Meer) und Südamerika (Venezuela).

Trotz der intensiven Ausbeutung ihrer eigenen Vorkommen fördern die USA weniger als ein Fünftel des gesamten Weltaufkommens. Die Weltfördermenge gibt das Statistische Jahrbuch der Vereinten Nationen für 1971 mit 2,399 Milliarden Tonnen an (ohne China). Für China existieren lediglich Schätzungen, doch weiß man, daß Fördermengen und Raffinerieausstoß dort in den letzten Jahren stürmisch angestiegen sind. Das Londoner »Statesmen's Yearbook« nennt für 1954 eine Förderleistung von 0,4 Millionen Tonnen, für 1960 bereits 5,5 Millionen Tonnen und schätzt die Jahresleistung Chinas für 1969 auf 12 Millionen Tonnen. Nach anderen Quellen (US-Bureau of Mines) produzierten die Chinesen 1969 bereits 20 Millionen Tonnen und 1970 24 Millionen Tonnen Erdöl. Das wäre innerhalb von 15 Jahren eine Steigerung um das Fünfzigfache! Zum Vergleich: die Förderleistungen der übrigen Welt sind im glei-

Hydrieren

Das Anlagern von Wasserstoff an chemische Elemente oder Verbindungen mit Hilfe von Katalysatoren nennt man Hydrieren. Bei der *Kohlehydrierung* wird Stein- oder Braunkohle mit Wasserstoff bei Temperaturen bis 500°C und Drücken bis 700 at zu Kohlenwasserstoffverbindungen zusammengebracht. Ein Katalysator, z. B. zugesetztes Eisenerz, fördert die chemische Reaktion, deren Produkte verschieden schwere Öle und Benzin sind. Diese werden in Raffinerien voneinander getrennt und aufbereitet (→Kästchen »Übersicht über die Erdölprodukte« und »Katalysatoren, Fraktion, Oktanzahl«).

Ein anderes wichtiges Hydrierverfahren ist die *Fetthärtung*, das Anlagern von Wasserstoff an ungesättigte Fettsäuren mit niedrigem Schmelzpunkt, um gesättigte Fettsäuren mit höherem Schmelzpunkt zu erhalten. Fettsäuren bilden den Hauptbestandteil tierischer und pflanzlicher Fette, es sind sehr komplizierte und vielseitige Kohlenwasserstoffverbindungen. Zum Fetthärten werden Öle, die mit feinverteiltem Nickel als Katalysator durchsetzt sind, bei 100° bis 180°C und bei einem Druck von 1,5 bis 4,5 at von Wasserstoff durchströmt. Dabei werden die oft stark riechenden Öle in nahezu geruchlose, bei Zimmertemperatur feste Produkte (Margarine) verwandelt.

Ernährungsphysiologisch sind gehärtete Fette unbedenklich, sie sind aber schwer verdaulich. Durch rechtzeitigen Abbruch der Hydrierung und mit besonderen Verfahren können Produkte erhalten werden, die den Härtungseffekten weniger stark unterliegen und bei denen ein großer Teil der Vitamine erhalten geblieben sind. Auch Ammoniak und Methylalkohol werden durch Hydrieren gewonnen.

chen Zeitraum um etwa das Dreifache gestiegen. Gegenwärtig liegt die Steigerungsrate aller statistisch erfaßten Erdölländer ziemlich gleichmäßig bei 7,5 Prozent jährlich. An der Gesamtfördermenge von 2,399 Milliarden Tonnen hatten die USA einen Anteil von 467 Millionen Tonnen, UdSSR 377 Millionen Tonnen, Saudi-Arabien 223 Millionen Tonnen, Irak 224 Millionen Tonnen, Kuwait 147 Millionen Tonnen und Libyen 132 Millionen Tonnen. Insgesamt entfielen 33,4 Prozent auf den Nahen und Mittleren Osten, rund 20 Prozent auf die USA, 17,1 Prozent auf den Ostblock, 10,6 Prozent auf Mittel- und Südamerika und nur 0,6 Prozent auf Westeuropa.

Der Vorrat an Erdöl ist nicht unbegrenzt. Die unmittelbar förderbaren Weltreserven werden unterschiedlich geschätzt: zwischen 53 und 85 Milliarden Tonnen. Noch einmal ein Vielfaches betragen die Reserven in Gestalt von Ölsand, Ölschiefer und dergleichen, die erst aufgeschlossen werden müssen. Der Verbrauch an Erdöl und Erdölprodukten steigt seit den fünfziger Jahren jährlich ziemlich konstant um sieben Prozent. Die Voraussagen über die Reichweite der Reserven sind sehr unterschiedlich – je nachdem, ob und wieweit man die zunehmende Erschließung anderer Energiequellen (beispielsweise der Kernenergie) als progressiven Faktor in die Rechnung einbezieht und welche Wachstumsraten man für den Energie- und Rohstoffverbrauch der Zukunft zugrunde legt. Überein stimmen die Voraussagen nur insoweit, als bis zum Jahre 2000 keine globale Erdöl- und Erdgasverknappung befürchtet wird. Politisch bedingte Versorgungskrisen wie die vom Herbst 1973 haben aber schmerzlich ins Bewußtsein gerückt, daß der Ausbau auch anderer Energiequellen immer dringlicher wird – nicht nur aus Gründen gegenwärtiger Wirtschaftsmarktentspannung, sondern zur Sicherung von unser aller Zukunft schlechthin. In jenem Herbst blieben die bundesdeutschen Autobahnen leer – jedenfalls sonntags – und Ölheizungen kalt.

Ein Kapitel Energiepolitik

Eine energiepolitische Neuorientierung ist noch aus anderen Gründen notwendig. Mehr als die Hälfte der gesamten Erdölförderung geschieht heute namens und im Auftrag der »Big Seven« – der sieben größten Firmen der internationalen Konzerne Esso (eigentlich: Standard Oil of New Jersey), Gulf, Mobil Oil, Texaco und Standard Oil of California (USA) sowie Royal Dutch-Shell und British Petroleum (Großbritannien). Die multinationale Verflechtung dieser Konzerne (der größte, Esso, hat 12 Prozent Gesamtanteil an der Weltrohölförderung und stellt mit über 300 Tochter- und Beteiligungsgesellschaften das zweitgrößte Industrieimperium der Welt dar) sowie ihre im »Red-Line«-Abkommen vom Oktober 1972 festgelegte Kartellabsprache, sich gegenseitig keine Konkurrenz zu machen und Fördermengen und Preise untereinander abzusprechen, sind der Öffentlichkeit weitgehend unbekannt geblieben und haben diesen ganzen wichtigen Energiesektor staatlicher Aufsicht und Einflußnahme entzogen. So bestimmt ein Punkt des Kartellabkommens beispielsweise, daß dem internationalen Preisniveau diejenigen Förderkosten zugrunde zu legen sind, die innerhalb der Gemeinschaft die höchsten sind. Die höchsten Förderkosten haben heute die Amerikaner, die pro Faß (»barrel«) heute mit 151 Cents für Entwicklungskosten, Kapitalaufwand und Förderbetrieb rechnen – gegenüber beispielsweise nur 4 Cents pro barrel im Iran. (Man rechnet etwa 7 barrel auf eine Erdöltonne.)

Mit dem Ziel einer gemeinsamen Preispolitik und gegen den privatimperialistischen anglo-amerikanischen Druck hatten sich schon 1960 etliche erdölfördernde Länder zur OPEC zusammengeschlossen (Organization of the Petroleum exporting Countries) – Entwicklungsländer, in denen zum Teil erst nach dem Zweiten Weltkrieg mit der Ölförderung begonnen worden war. Mitglieder der OPEC sind Algerien, Abu Dhabi, Indonesien, Irak, Iran, Libyen, Kuwait, Katar, Saudi Arabien und Venezuela. Die unterschiedlichen politischen und wirtschaftlichen Standorte der Mitgliedsländer verhinderten jedoch von Anfang an eine konsequente gemeinsame Energiepolitik. An OPEC-Abkommen waren nur selten alle Mitglieder beteiligt.

So zeigt sich, daß das technisch-naturwissenschaftliche Wissen um das Erdöl der energiepolitischen Einsicht weit vorausgeeilt ist. Während in anderen Energiebereichen wie beispielsweise in der Wasserwirtschaft, im Bergbau und in der Kernforschung der Ausbau eine Folge staatlicher Energievorsorge ist, hinkt die Einsicht in die politische Notwendigkeit beim Erdöl heute dem Stand der wirtschaftlichen und wissenschaftlichen Ausbeute weit hinterher. Es dürfte nicht länger – wie gegenwärtig – in seiner Hauptmasse als Brennstoff vergeudet werden, sondern müßte viel stärker der chemischen Industrie als wertvoller Rohstoff vorbehalten werden.

Vor allem aber ist die gerechte Beteiligung aller – nämlich der Ursprungs-, der Verarbeitungs- wie auch der Verbraucherländer – an dem »schwarzen Gold« unserer Zeit eine der wichtigsten Aufgaben für die Zukunft. Sie weist über die energiepolitische Aufgabenstellung hinaus in den Bereich der Gesellschaftspolitik, an deren Werteskala auch alles technische Handeln letztlich gemessen werden muß.

Wie sehr die privatwirtschaftlich orientierten Ölgesellschaften bisher in dieser Hinsicht versagt haben, erhellt sich besonders kraß aus der Ölkrise vom Herbst 1973, als sich die meisten Förderländer des Nahen Ostens vorübergehend weigerten, Öl an israel-freundliche Staaten zu liefern. Durch geschickte Ab- und Umlenkung ihrer Vorräte gelang es den Ölgesellschaften, das tatsächliche Ausmaß der sogenannten Krise zu verschleiern und je nach den nationalen Gegebenheiten Mangelsituationen herzustellen, die Preiserhöhungen in bis dahin unbekanntem Ausmaß gestatteten. Das Ergebnis dieser Gemeinschaftspolitik schlug sich in den Bilanzen der Gesellschaften nieder. So konnten beispielsweise British Petroleum (BP) und auch die Royal Dutch-Shell-Gruppe im Frühjahr 1974 für das zurückliegende Jahr »extreme Gewinnsteigerungen« melden; ihre Gewinne 1973 hatten die des Jahres 1972 teilweise um das Dreieinhalbfache überschritten.

Die Bundesrepublik hat inzwischen Schritte eingeleitet, um wenigstens zum Teil von den großen internationalen Erdölkonzernen und den ölproduzierenden Staaten unabhängig zu werden. Im Oktober 1974 kündigte Bundeskanzler Helmut Schmidt die Gründung eines unabhängigen staatlichen Mineralölkonzerns an. Die Bundesrepublik, so erklärte er, könne sich eine zweite Ölpreisexplosion wie im Jahre zuvor nicht leisten. Der nationale Konzern – eine Vereinigung der von der Bundesregierung größtenteils aufgekauften Gelsenberg AG mit der ohnehin schon im staatlichen Besitz befindlichen VEBA AG zu einer einzigen großen Energiegesellschaft – sollte bereits im Frühjahr 1975 seine Arbeit aufnehmen.

Wilhelmshaven ist Deutschlands bedeutendster Rohöl-Hafen. Er wurde nach dem Kriege speziell für die großen Übersee-Tankschiffe ausgebaut. Das Rohöl wird aus dem Laderaum der Tankschiffe in langen Leitungen unmittelbar zu den Tanklagern auf dem Festland gepumpt.

Die Energiekrise

Als die arabischen Staaten im Herbst 1973 die Ausfuhr von Rohöl an israel-freundliche Staaten vorübergehend drosselten, kam in Mitteleuropa der Autoverkehr zeitweise zum Erliegen. Da die Nahostländer die Vereinigten Staaten als den mächtigsten Freund Israels ansahen, wurden vor allem die USA von dem Embargo betroffen. Die amerikanischen Gesellschaften drosselten daraufhin ihre Lieferungen nach Europa, was insbesondere in den Niederlanden zu einer Energiekrise von schmerzlichen Ausmaßen führte (Foto: leere Autobahnen bei Amsterdam). Vorsorglich verhängte auch die Bundesregierung Sparmaßnahmen: An den vier Sonntagen vor Weihnachten durften Autofahrer keine Privatfahrten unternehmen.

Volker von Borries

Fortschritt als sozialer Prozeß

Die technische Entwicklung – häufig mit eindeutig positivem Akzent »technischer Fortschritt« genannt – wird von den meisten Menschen als ein eigenständiger Vorgang gesehen, der sich zwangsläufig wie ein Naturgesetz vollzieht. »Die Technik« erscheint als eine Größe, die zwar unser ganzes Leben prägt, ihrerseits aber von sozialen Abhängigkeiten frei ist.

Dabei bedenken wir nicht, daß technische Entwicklung aus einer Vielzahl von Entscheidungen über Einzelmaßnahmen entsteht. Damit kann sie durchaus als sozialer Prozeß bezeichnet werden. Untersuchen wir einmal: Was sind technische Maßnahmen? Wer hat das Recht, das Wissen und die Macht, über sie zu entscheiden?

Diese Fragen zeigen schon, daß Entscheidungen über technische Maßnahmen nicht im Bereich der Technik bleiben, sondern in einem gesamtgesellschaftlichen Rahmen stehen. Technik ist lediglich das Mittel, das eingesetzt wird, um wirtschaftliche, gesellschaftliche und politische Ziele auf möglichst rationellem Wege zu erreichen.

Die generelle Regel, technische Entscheidungen am Maßstab der Rationalität zu orientieren, sagt aber noch nichts über die inhaltlichen Ziele der Entscheidungsträger aus – nämlich: welche Interessen sie fördern und welche sie wenig oder gar nicht berücksichtigen. So verbessert zum Beispiel Rationalisierung im Betrieb vielleicht die Gewinnlage eines Unternehmens; ob aber die Lage der Arbeiter an ihrem Arbeitsplatz durch solche Maßnahmen verbessert wird, ist eine andere Frage.

Kurz: Entscheidungen über technische Maßnahmen stehen in einem Spannungsfeld unterschiedlicher Interessen verschiedener gesellschaftlicher Gruppen. Solche Gruppen sind vor allem:

- Die Leiter und Eigentümer privater Unternehmen; ihre Ziele sind in erster Linie Gewinn und Unternehmenswachstum.
- Die Führungskräfte öffentlicher Betriebe wie etwa Bundesbahn und Bundespost; ihre Entscheidungen zielen auf Kostensenkung und gesicherte Versorgung der Bevölkerung mit Dienstleistungen.
- Die abhängig Beschäftigten (Arbeiter, Angestellte, Beamte); sie beurteilen technische Maßnahmen in erster Linie unter den Aspekten von Sicherheit, Verdienstmöglichkeit und der menschenwürdigen Gestaltung ihres Arbeitsplatzes.
- Der Staat; er fördert oder bremst technische Entwicklungen aus politischen und wirtschaftspolitischen Erwägungen und vertritt darüber hinaus die Interessen des Gemeinwohls, indem er darauf hinwirkt, daß gefährliche Nebeneffekte technischer Maßnahmen nach Möglichkeit vermieden werden. Zu seinen Einflußinstrumenten gehören Sicherheits- und Gesundheitsbestimmungen sowie Gesetze zum Schutze der Umwelt.
- Die Konsumenten. Die Interessen dieser Gruppe an technischen Neuerungen sind sehr verschieden motiviert. Sicherlich sind in erster Linie aber Preis und Qualität der Güter maßgebliche Kriterien für die Entscheidungen, die in Gestalt des sogenannten Konsumverhaltens von dieser Gruppe getroffen werden. Wobei freilich von einer rational getroffenen Entscheidung oft kaum die Rede sein kann.

Große Werbekampagnen, mit denen künstlich Konsumbedürfnisse geschaffen werden, können Konsumenten-Entscheidungen beträchtlich beeinflussen.

Die technischen, sozialen und ökonomischen Daten, die alle diese Gruppen bei Untersuchungen liefern, bilden insgesamt die Rechengrößen, mit denen die Entscheidungsprozesse über technische Maßnahmen geführt werden.

Von der Invention zur Diffusion

Die Entwicklung technischer Neuerungen von der Idee bis zur breiten wirtschaftlichen Nutzung verläuft in Phasen. In jeder Phase werden die technischen Entscheidungen von einem anderen Personenkreis gefällt.

In der *Grundlagenphase* wird ein naturwissenschaftliches Phänomen entdeckt, oder eine Idee taucht auf, wie ein Problem, nach dessen Lösung mehr oder minder systematisch gesucht wurde, zu lösen sei. Im Experiment werden daraufhin die brauchbaren Ideen von den weniger erfolgversprechenden getrennt. Die Arbeit in dieser Phase liegt entweder bei Wissenschaftlern oder bei Praktikern, die manchmal Außenseiter der Branche sind.

Bis vor wenigen Jahrzehnten war es weitgehend dem Zufall überlassen, ob und wann eine erfolgreiche Idee auftauchte. Heute bedient man sich oftmals einer Reihe von entscheidungstheoretischen Methoden, um den Prozeß der Ideenproduktion zu steuern und seine vermutliche Richtung zu bestimmen. Eine der häufigsten Methoden ist das »Brainstorming« – ein ungehemmtes und spontanes Produzieren von Ideen in einer Gruppe. Eine andere Entscheidungshilfe ist die sogenannte »Delphi-Technik«, bei der möglichst viele Experten nach möglichen künftigen Entwicklungen befragt werden. Die Auswahl eines Verfahrens aus einer größeren Menge denkbarer Möglichkeiten geschieht nach der »Relevance-Tree-Methode«. Dabei werden die einzelnen Entwicklungskomplexe in ihrer logischen Reihenfolge zueinander gruppiert und mit Strichen verbunden, so daß sich baumartige Diagramme – die »Relevance Trees« – ergeben, nach denen die Bedeutung der einzelnen Entwicklungskomplexe beurteilt werden kann. (→S. 204)

Die *Inventionsphase* beginnt damit, daß die in der Grundlagenphase gefundenen und isolierten technischen Möglichkeiten weiterverfolgt werden. Es kommt zu einer systematischen Folge aufeinander aufbauender strategischer Ideen. So ist zum Beispiel die Geschichte der Dampfmaschine eine Kette strategischer Neuerungen. (→S. 71)

In der Inventionsphase werden auch Patente zum Schutz der Eigentumsrechte an der Erfindung angemeldet und erteilt, und die Diskussion um Lizenzvergabe und andere Nutzungsrechte beginnt. Ob eine technische Neuerung weiterentwickelt wird oder nicht, hängt häufig allein davon ab, ob sie patentiert wird. Seit Beginn der Patentgesetzgebung (1474 in Venedig) beeinflussen Patente die Entwicklung und Einführung technischer Neuerungen nachdrücklich: einerseits das Neue schützend und damit fördernd, andererseits Nachahmung und damit auch die Verbreitung von Neuerungen hemmend. Die meisten Firmen nehmen die Kosten technischer Entwicklungen nur auf sich, wenn sie damit einen Marktvorsprung erzielen; aber eben diese Monopolsituation, die dem Patentinhaber das exklusive Nutzungsrecht an seiner Entwicklung sichert, führt dazu, daß technische Neuerungen erst nach Ablauf der Patentzeit oder Vergabe von Lizenzen weiterverbreitet werden können. (→S. 74)

In der Phase der *Innovation* haben ökonomische Entscheidungskriterien die höchste Bedeutung. Innovation ist gemäß der Definition des Nationalökonomen Joseph A. Schumpeter »die Durchsetzung neuer Kombinationen«. Auf die Technik bezogen heißt das: Erfindungen in die Praxis umsetzen und ökonomisch nutzen.

Schumpeter trennt die Erfindung nachdrücklich von der Innovation: »Die Funktion des Erfinders und die des Unternehmers fallen nicht zusammen. Erfindungen bleiben ökonomisch irrelevant, solange sie nicht in die Praxis umgesetzt sind. Technische Verbesserungen wirksam werden zu lassen, ist eine ganz andere Aufgabe, als sie zu erfinden, und erfordert ganz andere Fähigkeiten. Der Unternehmer kann auch Erfinder sein ... und umgekehrt, aber grundsätzlich nur zufälligerweise; es liegt nicht im Wesen seiner Funktion.«

Während also in der Inventionsphase Ingenieure und Wissenschaftler die Entscheidungen treffen, fordert die Innovation den Unternehmer, Manager, Beamten, Hersteller und Marketing-Fachmann. Die Phase der Innovation wird von amerikanischen Wirtschaftswissenschaftlern als abgeschlossen angesehen, wenn 2,5 Prozent der potentiellen Anwender die Neuheit übernommen haben.

Das Vordringen von Innovationen auf

Technischer Fortschritt im historischen Zusammenhang

In der Geschichte hat sich der Einfluß wirtschaftlicher und sozialer Faktoren auf die Entwicklung der Technik ebenso sehr gewandelt wie die Gruppen, die die Fähigkeit und die Macht hatten, technische Entscheidungen durchzusetzen. Dabei ist nachdrücklich hervorzuheben, daß die Verfügungsgewalt über die produktionstechnische Apparatur immer auch Macht über Menschen einschließt. Jede technische Entscheidung über die Gestaltung der Produktion beeinflußt auch die Bedingungen, unter denen Menschen arbeiten. Die Träger technischer Entscheidungen sind dabei

Wirtschaftsform und -gesinnung

Wirtschaftsgesinnung und Wirtschaftsordnung prägen die Technik ebenso wie umgekehrt der Stand der Technik die Wirtschaft beeinflußt.

Das vorindustrielle Zeitalter

Das ökonomische Prinzip für die Zünfte im Mittelalter war die Bedarfsdeckung. Alle Mitglieder der Zunft sollten gleichermaßen standesgemäß mit Gütern versorgt sein, aber nicht im Überfluß. Aus diesem Grund wurde die Konkurrenz innerhalb und außerhalb der Zünfte eingeschränkt. Zunftrollen regelten das gesamte soziale und ökonomische Leben

Der »Club of Rome« –
hier beim Empfang
des Friedenspreises
des Deutschen Buchhandels –
untersucht die Folgen
von Fortschritt und Wachstum.

breiter Basis wird als *Diffusionsphase* bezeichnet. In dieser Phase verdrängen die neuen Maschinen, Verfahren oder Produkte allmählich ganz die alten. Der Diffusionsprozeß ist abgeschlossen, wenn der Markt gesättigt ist.

Während der Diffusionsphase rückt der Konsument als Entscheidungsträger in den Vordergrund – er und die große Reihe der Nachproduzenten. Das Nachbauen von Neuheiten ist weniger risikoreich, aber auch weniger einträglich als die Innovation.

selbst nicht unabhängig von ökonomischen und sozialen Zwängen. Technische Entscheidungen sind also immer in größere sozioökonomische Systeme eingebettet und von deren Bedingungen abhängig.

Solche Systeme sind in erster Linie durch ihre Wirtschaftsform und eine bestimmte Wirtschaftsgesinnung gekennzeichnet. Die Wirtschaftsform ergibt sich aus der Produktionsweise und dem System der Güterverteilung. Sie kann privatwirtschaftlichen oder gemeinwirtschaftlichen Charakter haben. Unter Wirtschaftsgesinnung versteht man alle Regeln, die notwendig sind, um die Wirtschaftsordnung aufrechtzuerhalten. Der Nationalökonom Werner Sombart nennt als erste Ausprägung der Wirtschaftsgesinnung das Bedarfsdeckungsprinzip und als zweite das Gewinnprinzip.

der Handwerker. Die Zunftrollen enthielten Anordnungen für die Preisgestaltung, die Qualität der Erzeugnisse, die Umsatzhöhe der einzelnen Handwerker, die Anzahl der Lehrlinge und Gesellen, den Einkauf von Rohstoffen und eben auch für die Anwendung der Produktionstechniken. Um das sorgfältig ausgewogene Gleichgewicht zwischen der Menge der produzierten Güter und der zu versorgenden Zunftmitglieder zu sichern, waren die Zünfte besonders eifrig bestrebt, die Handarbeit zu erhalten und mechanische Vorrichtungen zu verhindern. So war es möglich, daß Erfindungen für lange Zeit ungenutzt blieben und der Prozeß der Innovation stark verlangsamt wurde. Beispielsweise wurde das Spinnrad an der Wende vom 13. zum 14. Jahrhundert verboten; es scheint dann außer Gebrauch gekommen zu

Fortschritt als sozialer Prozeß

sein und würde vergessen, so daß seine Erfindung später einem gewissen Johann Jürgen zugeschrieben wurde, der im 16. Jahrhundert lebte. Ähnlich ist die älteste Walkmühle in Grenoble bereits im Jahre 1040 nachgewiesen. In England und Frankreich wurden aber noch im 15. Jahrhundert Verbote erlassen, Walkmühlen zu verwenden. Die Tucher gaben vor, die Walkmühle verschlechtere die Qualität der erzeugten Tuche; sie wiesen aber auch auf die Gefahr der Arbeitslosigkeit hin, die als Folge der Verwendung von Walkmühlen eintreten könnte.

Die Technik des Handwerks beruhte ausschließlich auf Handfertigkeiten und Erfahrungsregeln und trug damit den Charakter einer nicht in Frage gestellten »Kunst«, die jeweils vom Meister durch praktische Anschauung und mündliche Unterweisung an den Lehrling weitergegeben wurde. So waren die Methoden der Glaserzeugung in Venedig, der Seidenfabrikation in den norditalienischen Städten und die Herstellungsweise von Waffen und Messern in Solingen streng gehütete Geheimnisse, deren Preisgabe oft mit dem Tode bestraft wurde. Die gleiche Strafe stand auf die Ausfuhr von Werkzeugen und auf die Abwanderung von Meistern und Gesellen in andere Orte. Die Zunftordnungen behinderten also nicht allein die Innovation, sondern auch die Diffusion technischer Neuerungen.

Im Zeitalter des Merkantilismus, dem vorherrschenden Wirtschaftssystem des 16. bis 18. Jahrhunderts, wandelte sich sowohl die Wirtschaftsform als auch die Wirtschaftsgesinnung von dieser statischen zu einer mehr dynamischen Auffassung. Gründe dafür waren unter anderem die kriegerischen Auseinandersetzungen der europäischen Landesherren. Sie lösten eine starke Nachfrage nach Heeresausrüstungsgütern wie Kleidung, Waffen und Transportmitteln aus. Ein anderer Faktor war die luxuriöse Haushaltsführung der Fürsten nach dem Vorbild Ludwigs des Vierzehnten, wodurch die Nachfrage nach Gütern des gehobenen Konsums wie Spiegel, Kutschen und Seidenstoffe überaus stark wurde. Das zünftige Handwerk war weder qualitativ in der Lage, den Bedarf an Luxus zu befriedigen, noch quantitativ, die Versorgung des Militärs mit den notwendigen Massenartikeln zu gewährleisten. Eine technische und organisatorische Neuordnung der Wirtschaft wurde notwendig. So wurden die städtischen Zunftordnungen teilweise gesprengt, indem die Fürsten es sogenannten Freimeistern erlaubten, Werkstätten außerhalb der Zünfte zu eröffnen, die unter den besonderen Schutz des Landesherren gestellt wurden. Und es entstand eine neue Form des Großbetriebs: die Manufaktur. In ihr wurde die Arbeitsteilung auf der Basis handwerklicher Techniken weit vorangetrieben.

Auf Anregung und mit Hilfe von Förderungsmaßnahmen des Staates ging von den Freimeistern und Manufakturen nun eine Welle technischer Neuerungen aus. Zu nennen sind neue Entwicklungen im Maschinenbau, bei der Verhüttung von Eisen, die Verbesserung des Spinnprozesses und der me-

Die Technik des Handwerks beruhte ausschließlich auf Handfertigkeiten und Erfahrungen, die der Meister mündlich an den Lehrling weitergab. Links: Innenansicht einer Gerberei, Stich aus dem frühen 19. Jahrhundert.

Preise, Qualität und Menge der herzustellenden Waren wurden von den Zünften bestimmt. Zunftrollen wie diese Pergament-Urkunde des Züchner- und Leinewebergewerks von Danzig hielten die kategorischen Beschränkungen fest.

chanischen Weberei. Träger dieser Entwicklungen war eine Vielzahl von Erfindertypen mit unterschiedlichen Berufen und verschiedener Herkunft: Außenseiter des Faches wie Adelige, hohe Beamte und Mönche, aber auch Fachleute wie Weber, die neue Webmethoden erfanden, und Uhrmacher, die neue Uhrmechanismen entwickelten. Zu nennen sind auch die Männer, die man als die Vorfahren der heutigen Ingenieure bezeichnen kann: Hofarchitekten, Stadtbaumeister und Kriegsingenieure. Die Erkenntnisgrundlage dieser technischen Neuerer war nicht wissenschaftliche Methodik, sondern Phantasie und Experiment.

Die Gewerbepolitik der Fürsten wäre unvollständig gewesen, wenn sie sich in der Förderung von Inventionen erschöpft hätte. Im selben Maße wie die Erfindung technischer Neuerungen wurde auch ihre Einführung, die Innovation, gefördert. Das geschah auf zweierlei Wegen: Erstens trat der Staat selbst als Innovator auf. So richteten die Fürsten ihr besonderes Augenmerk auf die technische Verbesserung von Wasserwegen und Landstraßen und gründeten produktions- und organisationstechnisch fortgeschrittene Manufakturen, wie die Porzellanmanufakturen von Berlin und Meißen und die Preußischen Bergbauunternehmen und Stahlhütten. In diesen Betrieben waren es Staatsbeamte, die die technischen Entscheidungen zu fällen hatten.

Ein drittes Mittel merkantilistischer Wirtschaftsförderung war die Aktivierung des privaten Unternehmergeistes. Hauptinstrument der Landesherren war dabei die Vergabe von Monopolen. Industriemonopole verschaffen exklusive Produktions- und Marktrechte. Auf diese Weise wurden hohe Gewinnspannen als Belohnung für Innovationen sichergestellt. Eben diese Monopolisierung wie auch die immer noch übliche Geheimhaltung von Produktionsverfahren beschränkte aber die Nachahmung neuartiger Produktionsmethoden. Diese Behinderung war so stark, daß sie den Diffusionsprozeß erheblich einschränkte. Trotz dieser Hemmnisse und trotz des Widerstandes der Zünfte gegen technische Neuerungen nahm im Merkantilismus das Maschinenwesen ständig zu. Den Nutzen aus dieser Entwicklung zogen die Innovatoren: die privaten Besitzer und Gründer von Manufakturen, reich gewordene Fernhandelskaufleute, Verleger und die Fürsten. Von technischen Neuerungen geschädigt wurden an der Schwelle der industriellen Revolution in erster Linie die Handwerker, denen die industrielle Konkurrenz die Existenzgrundlage entzog. Verständlich also, daß sowohl den Maschinen als auch ihren Erfindern oftmals Haß und Angst entgegenschlug. So läßt Goethe um 1820 in seinem Roman »Wilhelm Meisters Wanderjahre« eine Weberin Klage führen: »Was mich drückt, ist eine Handelssorge, leider nicht für den Augenblick, nein, für alle Zukunft. Das überhandnehmende Maschinenwesen quält und ängstigt mich, es wälzt sich heran wie ein Gewitter, langsam, langsam; aber es hat seine Richtung genommen, es wird kommen und treffen... Man denkt daran, man spricht davon, und weder Denken noch Reden kann Hülfe bringen.«

Die industrielle Revolution

Gegenüber der von staatlicher Aktivität geprägten Zeit des Merkantilismus ändert sich mit der weiteren Entfaltung der bürgerlichen Gesellschaft der soziale Entscheidungsrahmen für technische Neuerungen grundlegend. Kam es doch gemäß der liberalen Wirtschaftsgesinnung dem Staat weniger zu, innovatorisch in die Wirtschaft einzugreifen, als vielmehr die noch aus dem Mittelalter stammenden Hemmungen der privatwirtschaftlichen Aktivität durch gesetzgeberische Maßnahmen zu beseitigen und dadurch den Kapitalisten freie Hand für Innovationen zu verschaffen. Sache der Privatunternehmer war es, diesen Freiraum zu nutzen und ihren wirtschaftlichen Profit mit allen Mitteln zu vergrößern – auch und gerade durch den Einsatz technischer Neuerungen. Die Folge war ein enormer Industrieaufschwung, der sich – von kleineren Rückschlägen abgesehen – zwischen 1830 und 1870 von England ausgehend über ganz Europa verbreitete. Karl Marx und Friedrich Engels haben 1848 im »Manifest der Kommunistischen Partei« den Industrialisierungsprozeß eindrucksvoll geschildert: »Die Bourgeoisie hat in ihrer kaum hundertjährigen Klassenherrschaft massenhaftere und kolossalere Produktionskräfte geschaffen als alle vergangenen Generationen zusammen. Unterjochung der Naturkräfte, Maschinerie, Anwendung der Chemie auf Industrie und Ackerbau, Dampfschiffahrt, Eisenbahnen, elektrische Telegraphen, Urbarmachung ganzer Weltteile, Schiffbarmachung der Flüsse, ganze aus dem Boden hervorgestampfte Bevölkerungen – welches frühere Jahrhundert ahnte, daß solche Produktionskräfte im Schoße der gesellschaftlichen Arbeit schlummern.«

Die technische Seite dieser Industrialisierung bestand aus einer Fülle überwiegend mechanischer Neuerungen, die vor allem in den Großbetrieben der Textil- und Schwerindustrie wirksam wurden. Denn erst der Großbetrieb verfügt über die organisatorischen Möglichkeiten und einen ausreichend großen Produktionsausstoß, um umfangreiche technische Investitionen rentabel zu machen. Die Unternehmer waren Männer unterschiedlichster sozialer Herkunft und Ausbildung: reichgewordene Kaufleute; ehemalige Staatsbeamte; Ingenieure; aber auch Handwerker wie Krupp, die von Generation zu Generation ihre Betriebe vergrößerten. Ein großer Teil der Unternehmer kam aus verwandten Wirtschaftsbereichen: der Trikotagenfabrikant aus dem Wollhandel, der Brauereibesitzer aus dem Getreidehandel. Die von solchen Männern getragenen Wechselbeziehungen zwischen Invention, Innovation und Diffusion technischer Neuerungen sei hier am Beispiel der Dampfmaschine dargestellt.

Die Erfindung der Dampfmaschine basierte – wie alle technischen Neuerungen der frühen industriellen Revolution – noch nicht auf einer naturwissenschaftlich-theoretischen Grundlage. Zwar wurden die Naturwissenschaften im Verlauf des 17. und 18. Jahrhunderts erheblich weiterentwickelt, aber eine Verbindung von Wissenschaft und Technik zeichnete sich erst ansatzweise in den wissenschaftlichen Vereinigungen ab, wie etwa in der seit 1662 in England bestehenden »Royal Society«, deren erklärtes Ziel es war, die Wissenschaft der Praxis dienstbar zu machen. Außerdem gab es in England, dem Ursprungsland der Maschinenindustrie, vor Beginn des 20. Jahrhunderts so gut wie keine systematische technische Ausbildung. Verständlich also, daß die Erfinder der Dampfmaschine phantasievolle Praktiker waren.

Es war ein Eisenwarenhändler – Thomas Newcomen –, der 1712 die erste brauchbare Kolbendampfmaschine entwickelte. Diese Maschine wurde im Bergbau in Großbritannien eingesetzt und konnte durch einzelne, von Handwerkern eingeführte Änderungen im Lauf der folgenden fünfzig Jahre teilweise verbessert werden. Aber erst James Watt, einem 28jährigen Feinmechaniker, gelang die entscheidende Verbesserung, als er 1763 auf die Idee kam, den Dampfkondensator (Dampfdruckkessel) vom Zylinder der Maschine zu trennen. Dadurch wurde es möglich, eine Maschine zu bauen, deren Dampf- und damit Kohleverbrauch wesentlich geringer war als der des Newcomen-Modells. Die Erfindung des Watt'schen Kondensators war eine strategische Invention.

Allein, James Watt wäre weder finanziell noch persönlich in der Lage gewesen, seine Erfindung wirtschaftlich zu nutzen – das heißt, aus der Invention eine Innovation zu machen. Er war zu arm, und er besaß auch zu wenig kaufmännisch-unternehmerische Initiative. Er scheute sich, Kredit aufzunehmen und war unfähig, einen Betrieb organisatorisch zu leiten. Die innovatorischen Entscheidungen übernahm sein Geschäftspartner Matthew Boulton. Boulton war insofern Unternehmer, als sein Interesse an der Erfindung Watts in erster Linie profitorientiert war; Watt selbst hatte nur den Ehrgeiz, gute Maschinen herzustellen, was dazu führte, daß er die von ihm konstruierten Modelle ständig verbesserte. Auch bei diesen Verbesserungen ergänzten sich Boulton und Watt in der Aufteilung ihrer gemeinsamen Arbeit in inventorische und innovatorische Aufgaben. Während Watt zahlreiche Experimente durchführte, gründete Boulton Betriebe zum Bau und Vertrieb der Dampfmaschinen und kümmerte sich um alle Probleme im Zusammenhang mit der Patentierung und Lizenzvergabe. Nachdem die Dampfmaschine bis zur Marktreife entwickelt worden war, wurde sie in ganz England verkauft und nachgebaut.

Die Einführung der Dampfmaschine in das Deutschland des Merkantilismus war das Werk preußischer Beamter mit technischer Ausbildung. Erst als diese Beamten – einer der berühmtesten ist wohl der damalige

Fortschritt als sozialer Prozeß

»Der Alchimist«, Gemälde von David Teniers d.J. aus dem 17. Jahrhundert. Mit liebevoller Akkuratesse hat der niederländische Meister die Mischung aus Grusel und Gelehrsamkeit wiedergegeben, die in den frühen naturwissenschaftlichen Studierstuben geherrscht haben mag.

Oberberghauptmann und spätere preußische Reformer Freiherr vom Stein – Dampfmaschinen nach dem englischen Vorbild bauen und in den preußischen Gruben und Hüttenwerken installieren ließen, begannen auch preußische Privatunternehmer, Dampfmaschinen zu bauen und zu nutzen. So setzte zum Beispiel Franz Dinnendahl im Jahre 1803 seine erste selbstgebaute Dampfmaschine in Betrieb.

Das Beispiel der Durchsetzung der Dampfmaschine in Preußen zeigt einmal mehr, wie sehr sozioökonomische Verhältnisse Entscheidungen über technische Maßnahmen bestimmen. Die gesellschaftliche Entwicklung in Preußen war im Vergleich zu England noch zu rückständig, als daß die Unternehmer von sich aus Kapital und Initiative aufgebracht hätten, strategische technische Neuerungen einzuführen; Entscheidungen darüber mußten von Staatsbeamten gefällt und durchgesetzt werden. Erst dann waren die Unternehmer in der Lage, dem staatlichen Vorbild zu folgen.

Der organisierte Kapitalismus

Im Vergleich zur frühen industriellen Revolution, in der sich die Unternehmer als Träger technischer Entscheidungen noch eindeutig als eine festumrissene Gruppe von Personen identifizieren lassen, ist das Bild der Gegenwart erheblich komplizierter. In der industriellen Revolution waren technische Neuerungen von Ideen abhängig, die in unsystematischen Versuchen realisiert wurden. Demgegenüber baut die moderne Technik auf theoretisch vorbereitete und wissenschaftlich geleitete Versuchsreihen auf. Es ist nicht mehr dem Zufall überlassen, ob und wann ein Experiment erfolgreich ist. Die theoretisch-naturwissenschaftlichen Grundlagen ermöglichen die Vorausplanung von experimentellen Abläufen. Damit gewinnen Wissenschaften wie Mathematik, Kybernetik, Chemie, Biologie und Physik wachsende Bedeutung als Produktivkräfte – weil sie nämlich mehr denn je zur Erweiterung der Produktionen beitragen.

Im Zuge des technischen Wandels der Produktion ist aber auch die soziale Organisation der Großbetriebe verändert worden. Lag im Frühkapitalismus die wirtschaftliche, technische und organisatorische Verfügungsgewalt über die Unternehmen in der Hand der Eigentümer, so sind im modernen Großbetrieb Besitz und Verfügungsgewalt getrennt. Ein Team von Managern entscheidet.

Zweites Merkmal des organisierten Kapitalismus ist das – gemessen an liberalen Vorstellungen – hohe Maß wirtschaftlicher Aktivität, das der Staat entfaltet, und die Intensität, mit der er in privatwirtschaftliche Entscheidungsprozesse eingreift.

In den arbeitsteilig stark aufgegliederten Großbetrieben werden die Entscheidungen über Grundlagenentwicklungen, Invention, Innovation und Diffusion von jeweils anderen Personengruppen gefällt. Grundlagenfor-

Alchemie

Die Alchemie ist eine mit naturwissenschaftlicher Erfahrung durchsetzte symbolhafte Wissenschaft des Mittelalters, aus der sich durch Vermehrung des experimentalen Wissens die heutige Chemie entwickelt hat. Die Anfänge der Alchemie gehen auf die alten Ägypter zurück, von denen sie die Araber übernahmen und an das Abendland weitergaben.

Als ihr Ziel sah die Alchemie die Umwandlung von Stoffen in andere an, wobei sie sich drei Grundstoffe (Salz, Schwefel, Quecksilber) vorstellte, aus denen alle irdischen Dinge entstanden seien. Die Umwandlung glaubte man durch den »Stein der Weisen« und mit dem Universallösungsmittel »Alkahest« erreichen zu können. Die Erneuerung der Alchemie durch den Schweizer Arzt und Naturforscher Theophrastus Bombastus von Hohenheim, genannt Paracelsus, und andere leitete über zur wissenschaftlichen Chemie. Bis zum 16. Jahrhundert betrachtete sie es als ihre vornehmste Aufgabe, unedle Metalle in Gold und Silber zu verwandeln. Dem Eifer der Alchemisten entsprang eine Fülle von chemischen Entdeckungen – wie z. B. die des Alkohols – sowie eine Verfeinerung der chemischen Arbeitsmethoden, auf die die empirische Chemie aufbauen konnte.

Die Ziele der Technostruktur

schung und Invention ist Aufgabe der industriellen Forschungslaboratorien. Solche Laboratorien sind meist Stabsstellen, die nur der obersten Unternehmensleitung verantwortlich sind. Ihr Maß an Freiheit und Eigenverantwortlichkeit bedeutet jedoch nicht, daß ihre Arbeit unabhängig von den wirtschaftlichen Interessen der Kapitaleigner ist. Auch Entscheidungen über Grundlagenforschung und Erfindung unterliegen dem kaufmännischen Kalkül. Im Siemens-Konzern wurde bereits 1910 ein Technikausschuß gegründet, der über die Entwicklung technischer Neuerungen entschied. Diesem Ausschuß gehörten neben Wissenschaftlern und Ingenieuren auch Produktions- und Vertriebsfachleute an. Dadurch wurde sichergestellt, daß die ökonomischen Interessen des Konzerns bei der Entwicklung jeder technischen Neuerung berücksichtigt wurden.

Die betrieblichen Abteilungen, in denen technische Neuerungen im einzelnen durchkonstruiert und produktionstechnisch verwirklicht werden, sind in horizontaler wie vertikaler Richtung vielfältig untergliedert. So stehen unter dem Konstruktionsbüro in den meisten Betrieben die Arbeitsplanungs- und Vorbereitungsabteilung, und diesen untersteht wiederum der Produktionsbetrieb, in dem die Konstruktionen nach vorgegebenen Plänen technisch ausgeführt werden. Die genaue Vorausplanung hat dazu geführt, daß in rationalisierten Betrieben handwerkliche Kenntnisse immer weniger Bedeutung haben. Während in der Frühphase der Industrialisierung erfahrene Werkmeister Innovationen in die Produktion einführten, ist heute der Ingenieur die dominierende Figur.

Diejenige Ebene des Betriebes, auf der über die Diffusion entschieden wird, ist die Vertriebsabteilung. Sie führt neue Produkte auf Messen, durch Öffentlichkeitsarbeit und Kundenberatung an die Märkte heran.

Diese knappe Darstellung der Entscheidungsinstanzen zeigt, daß technische Entscheidungen heute mehr denn je das Ergebnis kooperativer Prozesse sind. Der amerikanische Wirtschaftswissenschaftler John K. Galbraith bezeichnet diese Gesamtheit der Entscheidungsträger als die »Technostruktur«. Diese Gruppe ist nach Galbraith »sehr groß; sie reicht von der Führungsspitze des Unternehmens bis herunter zu den Meistern, Vorarbeitern und Arbeitern ... Es gehören alle dazu, die zur Entscheidungsfindung durch die Gruppe durch spezielles Wissen, besondere Talente und Erfahrungen beitragen. Diese Gruppe und nicht das Management ist die richtungsweisende Intelligenz – das Gehirn – des Unternehmens.«

Die Hauptziele, die die Technostruktur verfolgt, sind (so Galbraith) nicht der Unternehmensgewinn, sondern Unternehmenswachstum und höchstmöglicher technischer Fortschritt; denn Unternehmenswachstum und technischer Fortschritt sind die Voraussetzungen für den Aufstieg der Techniker in den Unternehmen. Obwohl es unbestritten ist, daß ein Rest von Entscheidungskompetenz allen Mitgliedern der Technostruktur verbleibt, ist die These von der alleinigen Entscheidungskompetenz der Technostruktur doch irreführend; sie differenziert nicht zwischen wichtigen und weniger wichtigen Entscheidungen. Neuere Untersuchungen zeigen, daß technische Entscheidungen von strategischer Bedeutung vom Management an den Konzernspitzen gefällt werden. So hat O. Mickler nachgewiesen, daß sich das Topmanagement in der petrochemischen Industrie bei der Planung, dem Bau und der Betriebsführung von Raffinerien alle wichtigen Ent-

*Dienstleistungsbetriebe
wie die Bundespost
müssen heute stärker denn je
rationalisieren.
Im Foto: Hauptumschlagsstelle
Nürnberg der Bundespost.
Von hier gehen Pakete
nach Osteuropa und Fernost.*

scheidungen vorbehält. Die der Konzernspitze untergeordneten Instanzen können nur innerhalb eines eng vorgegebenen Rahmens über technische Maßnahmen befinden. Die Plandaten dieses Rahmens sind stets so gesetzt, daß die technischen Entscheidungen in erster Linie am Profitziel des Unternehmens orientiert sind. Andere denkbare Ziele, beispielsweise die menschlichere Gestaltung der Arbeitssituation, müssen demgegenüber zurücktreten.

Die Verwissenschaftlichung der Produktionsweise hat dazu geführt, daß das Management sich nicht mehr wie früher aus erfahrenen Praktikern und Juristen rekrutiert, sondern immer häufiger naturwissenschaftlich oder technisch ausgebildet ist. So sind etwa die Hälfte der Manager in der Bundesrepublik Diplomingenieure und Naturwissenschaftler. Es ist wahrscheinlich, daß sich der Trend zur Akademisierung des Spitzenmanagements noch fortsetzen wird.

Staat und Technik

Die Rolle des Staates bei Entscheidungen über technische Maßnahmen hat im organisierten Kapitalismus durch die wechselseitige Durchdringung von privatwirtschaftlichen und staatlichen Aktivitäten erheblich an Bedeutung gewonnen. Diese gesteigerte staatliche Aktivität erfordert eine hohe Anzahl von technischen Spezialisten. In der Bundesrepublik waren im Jahre 1969 sechzehn Prozent aller beschäftigten Ingenieure Arbeitnehmer der öffentlichen Hand, und auch in den Spitzen der öffentlichen Verwaltung – den Fachministerien – erhalten die Ingenieure und Naturwissenschaftler neben den Verwaltungsjuristen nach und nach als Spezialisten für technische Probleme ihren festen Platz. Maßnahmen, über die von diesen Spezialisten entschieden wird, kann man in drei Problembereiche gliedern.

Staatliche Forschungsförderung

Da in kapitalistischen Gesellschaften das Profitstreben der Motor für technische Neuerungen ist, fällen private Unternehmen nur dann positive Entscheidungen über Innovationen, wenn diese entweder zur Senkung der Betriebskosten führen oder dem Unternehmen mit neuen Produkten zu besserer Marktstellung verhelfen. Immer, wenn mit Innovationen zu geringe oder nur unsichere Profite verbunden sind, unterbleiben die dafür notwendigen Investitionen. Das hat dazu geführt, daß sich die technische Entwicklung in bestimmten Bereichen verlangsamt. Es handelt sich dabei in erster Linie um den Bereich der Grundlagenforschung. Wegen ihrer großen volkswirtschaftlichen Bedeutung wird die Grundlagenforschung deshalb seit langem von den Regierungen aller Industriestaaten mit riesigen Beträgen finanziert. Der amerikanische, aber auch der englische und der französische Staat bringen jährlich weit mehr als die Hälfte aller anfallenden Forschungs- und Entwicklungskosten in ihren Ländern aus dem öffentlichen Haushalt auf, und auch die Wissenschaftspolitik der Bundesrepublik ist um enge Verzahnung staatlicher und privater Forschungsaktivitäten bemüht.

Das Bundesforschungsministerium finanziert beispielsweise zur Zeit Untersuchungen, wie man die Nahrungsreserven des Meeres besser nutzen kann. Im Rahmen eines Gesamtprogramms »Meeresforschung und -technik« läßt das Ministerium die Bedingungen für die Muschel- und Austernzucht in der Nord- und Ostsee erforschen. Durch diese Bereitstellung von Grundlagenwissen soll gesichert werden, daß die privaten Unternehmen auch in Zukunft technische Neuerungen entwickeln und einführen können.

Der Staat als Unternehmer

Es gibt auch Güter, die zwar für die Versorgung der Allgemeinheit von großer Bedeutung sind, aber von der Privatwirtschaft nicht an alle Konsumenten zu tragbaren Preisen abgegeben werden könnten. Dazu gehören Strom, Gas, Trinkwasser und Transporteinrichtungen wie Bahn und Post. In der Regel übernimmt der Staat die Produktion und Bereitstellung solcher Güter in eigener Regie, wobei er nicht nach dem Profitprinzip, sondern nach dem Gemeinschaftsprinzip verfährt.

Damit wird die Wirtschaft der öffentlichen Hand zum bedeutsamsten Bereich staatlicher Entscheidungskompetenzen über technische Maßnahmen. Sie betont das Gemeininteresse in einer Vielzahl von Gesetzen und Verordnungen zur Durchführung technischer Maßnahmen. So schreibt beispielsweise das Energiegesetz der Bundesrepublik Deutschland die Sicherstellung einer ausreichenden, jederzeit verfügbaren, technisch vollkommenen und möglichst billigen Stromversorgung vor.

Allerdings haben neuere Untersuchungen gezeigt, daß die Entscheidungen über technische Neuerungen im öffentlichen Bereich sich weniger an der Versorgungsqualität als an der Kostenersparnis orientieren. So sind Rationalisierungsmaßnahmen im öffentlichen Dienst meistens nicht darauf abgestellt, das Angebot zu verbessern, sondern die Produktionskosten zu senken, wie im Kapitel »Rationalisierung« noch dargelegt wird.

Der Staat als Aufsichtsbehörde

Ein großer Bereich, in dem der Staat zwar nicht selbst technische Maßnahmen ergreift, aber doch privatwirtschaftliche Entscheidungen wesentlich beeinflußt, ist die staatliche Aufsichts- und Ordnungstätigkeit. Es würden wohl kaum Kläranlagen oder Abgasfilter zur Reinhaltung von Luft, Wasser und Boden eingerichtet, wenn nicht staatliche Auflagen die Unternehmen zu derartigen Investitionen zwingen würden. Staatliche Ordnungsmaßnahmen gelten nicht allein dem Umweltschutz, sondern ebenso der Betriebssicherheit von Produktionsanlagen und Produkten. Ein Instrument staatlicher Aufsicht sind beispielsweise die »Technischen Überwachungsvereine«.

Technik und Demokratieverständnis

Die Entscheidungsgewalt über technische Maßnahmen schließt immer Macht über Menschen ein, wie wir bereits festgestellt haben. Die Menschen in unserer technisierten Welt sind vielfältig von organisations- und produktionstechnischen Apparaten abhängig, gleichgültig, ob es sich um Ernährung oder Verkehr, Erziehung oder Energieversorgung handelt. Gegenüber der Vielzahl der Abhängigen ist aber nur eine kleine Gruppe von Experten in der Lage, die zunehmend komplexer werdenden organisations- und produktionstechnischen Apparaturen zu übersehen und zu steuern. Die Herrschaft der Experten und Wissenschaftler ist unter dem Stichwort »Technokratie« ein häufig diskutiertes Problem der Gegenwart. Technokratische Herrschaft wird sowohl im staatlichen Bereich als auch an den Spitzen der Unternehmen ausgeübt. Im Staate dann, wenn die technisch versierte Ministerialbürokratie Entscheidungen fällt, die von den Politikern nicht mehr überschaut und somit kontrolliert werden können. In den Unternehmen fällt das Management Entscheidungen, die für die betroffenen Arbeiter ebenso verbindlich wie unkontrollierbar sind. So ist zum Beispiel ein Fließbandarbeiter gezwungen, im Takt des Fließbandes zu arbeiten.

Patentwesen

In der BRD ist das Patentrecht im Patentgesetz neuer Fassung vom 1. 10. 1968 geregelt. Patente werden erteilt für neue Erfindungen, die einen wesentlichen Fortschritt der Technik bedeuten und die eine gewerbliche Verwertung gestatten. Das alleinige Recht, den patentierten Gegenstand oder das Verfahren gewerbsmäßig zu nutzen, hat der Erfinder, der auch gleichzeitig als Anmelder auftreten kann. Er kann das Patent auch auf einen anderen übertragen, z. B. an seine Firma (Angestelltenerfindung), oder die Nutzung einem anderen gestatten (Lizenzerteilung). Haben mehrere eine Erfindung unabhängig voneinander gemacht, so steht das Recht auf das Patent dem zu, der die Erfindung zuerst beim Patentamt angemeldet hat (Priorität).

Die beim Deutschen Patentamt in München eingereichten Unterlagen werden nach formaler Prüfung 18 Monate nach der Anmeldung »offengelegt« und können dann von jedermann eingesehen werden. Anschließend erfolgt auf Antrag das patentamtliche Prüfungsverfahren, ob die Anmeldung patentfähig ist. Dies hat entweder eine Zurückweisung zur Folge, oder die Anmeldung wird bekanntgemacht und als Druckschrift ausgelegt. Erfolgt innerhalb von 3 Monaten nach der im »Patentblatt« veröffentlichten Auslegung kein Einspruch, wird das *Patent* erteilt und die Patentschrift ausgegeben. Nach Ablauf von 18 Jahren, vom Tag der Anmeldung an gerechnet, erlischt das Schutzrecht. Während dieser Zeit sind sich steigernde Jahresgebühren zu zahlen. Die Erfindung kann auch in anderen Ländern patentiert werden. Erfolgt eine Auslandsanmeldung innerhalb eines Jahres nach der deutschen Anmeldung, dann gilt für sie die deutsche Priorität. Eine Erfindung, die nicht voll patentfähig ist, kann beim Patentamt als *Gebrauchsmuster* angemeldet werden. Die Schutzdauer eines Gebrauchsmusters beträgt 3 Jahre, sie kann um weitere 3 Jahre verlängert werden.

Ansätze zur Mitbestimmung

Entscheidungen über betriebliche Maßnahmen sollen nach heutigen gesellschaftlichen Forderungen die Interessen aller betroffenen Gruppen berücksichtigen. Die Entscheidungsebenen sind dabei unterschiedlich. Privatunternehmer Henry Ford III (oben Mitte) entscheidet in letzter Instanz allein. Beim größten bundesdeutschen Industrieunternehmen, dem Volkswagenwerk, liegt die Entscheidung seit 1960 in der Hand der Aktionäre (unten).

Die Technokraten behaupten, sie folgten lediglich »Sachzwängen«, die sich aus den technischen und organisatorischen Systemen ergäben. Aber Technik und Organisationsformen sind stets nur Mittel, die dem Zweck unterliegen – und den Zweck bestimmt der, der über die Mittel verfügt.

Die Kernaufgabe einer menschenwürdigen Gestaltung im Sinne einer Beherrschung der Technik ist es also, Entscheidungen über technische Maßnahmen so weit unter die Kontrolle der Öffentlichkeit zu stellen, daß die Interessen aller betroffenen Gruppen berücksichtigt werden. Daß alle Betroffenen mitentscheiden, ist wegen der dafür erforderlichen Spezialkenntnisse kaum möglich. Die Gruppen könnten aber Vertreter in die Mitbestimmungsgremien delegieren. Die Delegierten müßten als Minimum ein Vetorecht gegen Maßnahmen haben, die den wohlverstandenen Interessen der Basis zuwiderlaufen.

Ansätze zu solcher Mitbestimmung gibt es in der Bundesrepublik Deutschland auf verschiedenen Ebenen. Im staatlichen Bereich wirken die Berufsverbände auf Wissenschafts- und Technikpolitik ein. In den Betrieben räumt das Betriebsverfassungsgesetz den Betriebsräten aufgrund der Paragraphen 80 bis 91 das Recht ein, von der Betriebsleitung über technische Neuerungen informiert zu werden und darüber zu wachen, daß Entscheidungen, die ungesunde oder entwürdigende Arbeiten zur Folge haben, nicht gefällt oder aber zurückgenommen werden. Der weitere Ausbau solcher Mitbestimmungsrechte ist das politische Gebot eines sozialen Rechtsstaates.

*Galbraith, John Kenneth, Die moderne Industriegesellschaft, München/Zürich 1968.
Hartmann, Heinz, Die deutschen Unternehmer – Autorität und Organisation, Frankfurt/M. 1968.
Hortleder, Gerd, Das Gesellschaftsbild des Ingenieurs – Zum politischen Verhalten der Technischen Intelligenz in Deutschland, edition suhrkamp 394, Frankfurt/M. 1970.
Günteroth, Gudrun (Hrsg.), Die technisch-wissenschaftliche Intelligenz, rororo-tele, Reinbek bei Hamburg 1972.
Redlich, Fritz, Der Unternehmer – Wirtschafts- und sozialgeschichtliche Studien, Göttingen 1964.
Sombart, Werner, Die Ordnung des Wirtschaftslebens, 2. Aufl., Berlin 1927.
Richta, Radovan, und Kollektiv (Hrsg.), Richta-Report – Politische Ökonomie des 20. Jahrhunderts. Die Auswirkungen der technisch-wissenschaftlichen Revolution auf die Produktionsverhältnisse, Frankfurt/M. 1971.
Schelsky, Helmut, Die sozialen Folgen der Automatisierung, 1957.
Mills, C. W., Menschen im Büro. 1955.*

Volker von Borries

Fluch und Hoffnung: Rationalisierung

Bereits 1776 feierte der schottische Moralphilosoph und Ökonom Adam Smith in seinem grundlegenden Werk »Untersuchungen über das Wesen und die Ursachen des Nationalreichtums« das Prinzip der Arbeitsteilung und des technischen Fortschritts als Grundbedingung für größeren gesellschaftlichen Reichtum. Smith gestand aber auch ein, daß die durch die Arbeitszerlegung verursachte Monotonie der Arbeit das physische und geistige Leben der »arbeitenden Armen« zerstöre. Diese Ambivalenz ist bis heute ein Hauptmerkmal der wissenschaftlichen und politischen Diskussion um die sozialen Konsequenzen der Rationalisierung. Neben der Hoffnung, daß die Rationalisierung zu Wohlstand, Arbeitserleichterung und teilweiser Befreiung des Menschen von monotonen Tätigkeiten führen werde, steht die Furcht vor einer Dequalifizierung der Arbeit, der Fremdbestimmung des Menschen durch eine übermächtige Maschinerie und vor Arbeitslosigkeit, die durch Überentwicklung der Technik hervorgerufen werden könnte.

Vermehrung, Verbilligung und Verbesserung

Der Gedanke der Rationalität geht auf die Aufklärungsphilosophie des 17. und 18. Jahrhunderts zurück, die rationale und empiristische (auf Erfahrung beruhende) Ausrichtung des naturwissenschaftlichen Denkens auf gesellschaftliche Prozesse übertrug. Den Bedürfnissen des reich werdenden Bürgertums entsprach die Lehre von Adam Smith, daß die rücksichtslose Verfolgung individueller Interessen gleichzeitig die Wohlfahrt aller bewirken könne. Dies bedeutete für die Unternehmer, daß sie die Rationalisierungsmaßnahmen stets an höchstmöglicher Produktion und maximalem Profit orientierten, nicht aber an der physischen, psychischen und sozialen Unversehrtheit der im Produktionsprozeß stehenden Arbeiter.

Rationalisierungsmaßnahmen sind insofern »zweckrational«, als die Ausgestaltung der Produktion am Maximalprinzip wirtschaftlichen Handelns orientiert ist, das heißt, daß mit den eingesetzten Mitteln ein möglichst großer Effekt erzielt werden soll. Typisch dafür ist die Rationalisierungsdefinition des deutschen Reichskuratoriums für Wirtschaftlichkeit aus dem Jahre 1930: »Rationalisierung ist die Erfassung und Anwendung aller Mittel, die Technik und planmäßige Ordnung zur Hebung der Wirtschaftlichkeit bieten. Ihr Ziel ist: Stützung des Volkswohlstandes durch Vermehrung, Verbilligung und Verbesserung der Güter«.

Eine wesentliche Unterscheidung wird in dieser Definition allerdings gemacht: Rationalisierungsmaßnahmen können sowohl der Verbilligung und Vermehrung als auch der Verbesserung von Gütern dienen, das heißt, sie können nicht nur kosten-, sondern auch qualitätsorientiert sein. Unter dem Primat des Kosten- und Profitdenkens in der kapitalistischen Gesellschaft sind die meisten privaten wie auch die öffentlichen Rationalisierungsmaßnahmen kostenorientiert.

Eine wirkungsvolle Rationalisierung muß notwendigerweise den Produktionsprozeß zu beeinflussen – einfacher, sinnvoller, effektvoller zu machen versuchen, greift also in die Grundprozesse der technischen und sozialen Organisation ein. Ein Rationalisierungseffekt läßt sich erreichen durch: Änderung in der industriellen Arbeitsteilung, durch Vervollkommnung der Produktionsmethoden und durch bessere soziale Organisation. Im historischen Ablauf entsprechen bestimmte Stadien der technischen und organisatorischen Entwicklung bestimmten Stadien der Industrialisierung. Diese beginnt mit einer über die handwerkliche Arbeitsteilung hinausgehenden Arbeitszerlegung in der Manufaktur, der die Phase der Mechanisierung folgt, die wiederum in der Gegenwart durch die Automation weitgehend ergänzt worden ist. Phasen des technischen Fortschritts entsprechen bestimmte Formen der sozialen Organisation der industriellen Arbeit.

Das Prinzip der Arbeitszerlegung

Unter Arbeitszerlegung wird gemeinhin die Auflösung eines Produktionsprozesses in einzelne, einfache, für sich unselbständige Elemente verstanden. Das Prinzip der Arbeitszerlegung hat seinen Ursprung in der Manufaktur, also in jener der industriellen Revolution vorgeschalteten Betriebsform, wo die Produktion in Werkstätten zentralisiert, aber noch überwiegend als Handarbeit ausgeführt wurde. Adam Smith hat in seinem grundlegenden Werk »Untersuchung über die Natur und die Ursachen des Reichtums der Nationen« (1776) die Wirkung der manufakturellen Arbeitszerlegung an den Beispielen einer Stecknadelfabrik, einer Schmiede und einer Weberei dargestellt. Er kommt zu dem Ergebnis, daß man die produktivitätssteigernde Wirkung der Arbeitszerlegung zwei Faktoren verdanke: »Erstens der gesteigerten Geschicklichkeit des einzelnen Arbeiters, zweitens der ersparten Zeit, welche gewöhnlich bei dem Übergang von einer Arbeit zur anderen verlorengeht«.

Vom Standpunkt der sozialen Organisation des Industriebetriebes sind die sozialen Konsequenzen der manufakturmäßigen Teilung der Arbeit von durchschlagender Bedeutung. Die nicht mehr von Handwerkern, sondern von nur auf bestimmte Tätigkeiten und Handgriffe spezialisierten Teilarbeitern wahrgenommenen Einzelfunktionen des Produktionsprozesses müssen unter zeitlichen, räumlichen und sachlichen Gesichtspunkten integriert werden. Diese Integration erfolgt unter der Leitung des Unternehmers und der von ihm delegierten Aufsichtspersonen; gleichzeitig entsteht, da die Ausführung der unterschiedlichen Arbeiten sehr verschieden hohe Grade der Ausbildung erfordert, eine Hierarchie der Arbeitskräfte, der die Abstufung der Arbeitslöhne entspricht. Mit der unternehmerischen Direktionsfunktion und der Trennung von qualifizierter und unqualifizierter Arbeit entsteht in der Manufaktur das wesentliche Element der sozialen Organisation des Industriebetriebs: die industrielle Hierarchie.

Obwohl eine geplante Arbeitszerlegung die Grundlage für die Rationalisierung jedes Produktionsprozesses ist, hat nach allen bisherigen Erfahrungen der Grad der Arbeitszerlegung und der mit ihr einhergehenden Dequalifizierung der Arbeit eine Grenze, die ohne Produktivitätseinbußen nicht überschritten werden kann. Vor allem der französische Soziologe Georges Friedmann hat in seinem Buch »Die Grenzen der Arbeitsteilung« (1956) darauf hingewiesen, daß bei extremer Verengung der einzelnen Tätigkeiten durch Arbeitszerlegung – insbesondere am Fließband – dem Menschen nur noch die Rolle des »Lückenbüßers der Mechanisierung« zukommt. Die Arbeitsunlust, die eine Folge der Eintönigkeit solcher Tätigkeiten ist, führt notwendig zu Leistungssenkungen. Aus der Kenntnis dieser Zusammenhänge wurde bereits vor dem zweiten Weltkrieg in einigen amerikanischen Firmen versucht, durch eine Wiedereingliederung arbeitsteilig zerlegter Funktionen Arbeitsbereiche zu schaffen, die differenziert genug sind, um Monotonieerscheinungen ganz oder teilweise zu verhindern.

Blick auf die Schaltwarte eines Berliner Wasserwerkes. Im Hintergrund: die Pumprohre.

Der mechanisierte Fertigungsfluß

Die Funktionsgruppen der Produktion

Kernstück der Rationalisierungsbemühungen ist bis heute die Entwicklung und Einführung solcher Produktionstechniken, die möglichst hohen wirtschaftlichen und technischen Nutzen bringen. Dabei wird unter Produktionstechnik sowohl der Inbegriff aller Werkzeuge, Maschinen und maschinellen Anlagen verstanden wie auch die organisatorische Koordination ihrer Funktionen, so daß die Produktion störungsfrei läuft.

Nach Kern und Schumann (1970) lassen sich alle industriellen Produktionsprozesse in vier elementare Funktionsgruppen gliedern:

1. Zuführung und Abnahme des Arbeitsgegenstandes;
2. Gestaltung (Planung und Ausführung) des Arbeitsablaufs;
3. Kontrolle des Arbeitsablaufs;
4. Korrektur des Arbeitsablaufs (Planung und Ausführung der Kontrollhandlungen).

Danach werden auf der untersten Stufe der technischen Entwicklung all diese Funktionen noch von Menschen wahrgenommen, während es für technisch höherentwickelte Produktionsprozesse charakteristisch ist, daß diese Funktionen wenigstens teilweise von maschinellen Anlagen übernommen werden. Das heißt also: Vom technischen Standpunkt können die Produktionseinrichtungen als um so fortgeschrittener angesehen werden, je weniger eine unmittelbare menschliche Mitwirkung beim Produktionsprozeß nötig ist.

Der technische Fortschritt erfaßt nun diese Funktionsgruppen in durchaus unterschiedlicher Weise. Die menschliche Zuführung und Abnahme des Arbeitsgegenstandes wird abgelöst durch das Prinzip des mechanisierten Fertigungsflusses, das im Fließband und in den Leitungssystemen der chemischen Betriebe seine wichtigsten Beispiele findet. Der menschlichen Gestaltung des Produktionsprozesses entspricht als technisches Äquivalent die Mechanisierung durch Kraftmaschinen (zum Beispiel Dampfmaschinen) und

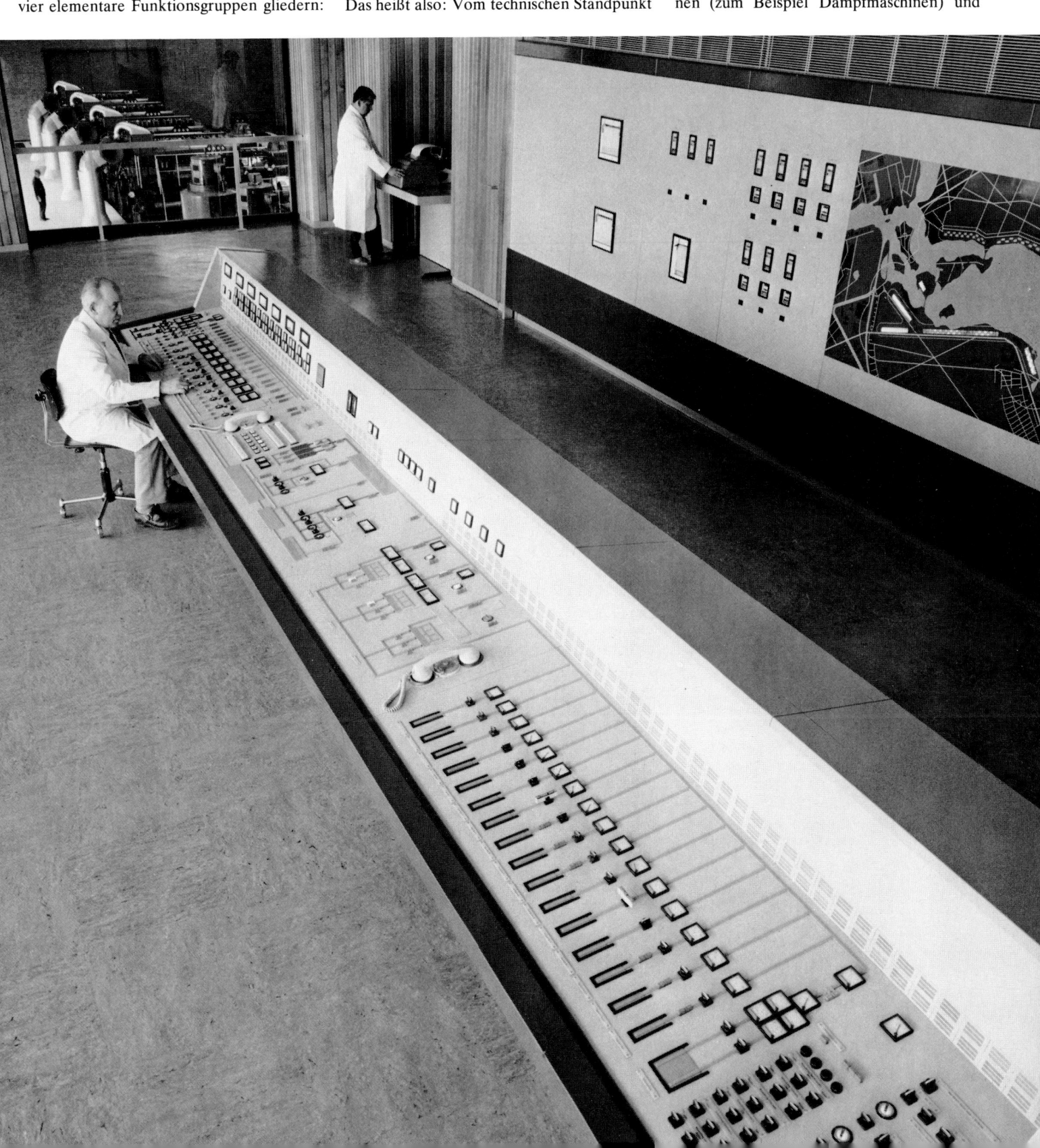

Fluch und Hoffung: Rationalisierung

Arbeitsmaschinen (zum Beispiel Drehbänken), deren Produktionsvorgänge zwar mechanisch erfolgen, aber menschlicher Bedienung bedürfen. Diese Notwendigkeit einer ständigen Bedienung der Maschine fällt dann fort, wenn die Korrektur der Produktionsvorgänge von technischen Einrichtungen wahrgenommen wird, die die menschlichen Geistes- und Sinnesleistungen bis zu einem gewissen Grad ersetzen, die Produktion also automatisch steuern. (Dies ist zum Beispiel bei computergesteuerten Werkzeugmaschinen der Fall.)

Im Zuge der Industrialisierung werden die Funktionsgruppen der menschlichen Arbeit in einer bestimmten Reihenfolge erfaßt. Diese Entwicklung ist kein kontinuierlicher Prozeß, sondern erfolgt in mehr oder minder großen Mechanisierungssprüngen. Auf der untersten Stufe der technischen Entwicklung, der handwerklichen Produktion, muß – nur durch Werkzeuge verstärkt – der physische und geistige Arbeitsaufwand vom Handwerker selbst geleistet werden. Auf der Stufe der Mechanisierung werden die körperliche Kraft des Menschen und bestimmte Bereiche seiner handwerklichen Geschicklichkeit zum Objekt der Technik. Diese Phase wird allgemein als erste industrielle Revolution bezeichnet, während man seit der Einführung sich selbst steuernder Produktionsprozesse von einer zweiten industriellen Revolution spricht.

Massenproduktion und Arbeitsplatzbewertung

Eine mechanisierte Industrie, im heutigen Verständnis eine räumliche Zusammenballung von zusammenwirkenden Maschinen, existiert erst ab 1785 in der Textilindustrie Englands: Hier wurden erstmalig die Spinnmaschine von Crompton (1779) und der mechanische Webstuhl von Cartwright (1785) mit der Wattschen Dampfmaschine (1765) als Antriebsaggregat kombiniert. Die Kombination von Arbeitsmaschine und Kraftmaschine war die technische Basis, auf der sich die Industrialisierung in ihrer Frühzeit sprunghaft entwickelte. Diese Kombination machte es möglich, daß aus einer manuellen eine mechanisierte Massenproduktion wurde.

Die moderne am Fließbandprinzip und an den »Grundsätzen wissenschaftlicher Betriebsführung« orientierte Massenproduktion beginnt im ersten Jahrzehnt des zwanzigsten Jahrhunderts in den Vereinigten Staaten von Amerika. Diese modernen Rationalisierungsmaßnahmen in Großbetrieben sind insbesondere von Frederick W. Taylor (1856 – 1915) und Henry Ford (1863 – 1947) ausgearbeitet und durchgeführt worden. Dabei gehen sowohl Taylor als auch Ford davon aus, daß maximaler Profit und höchste Produktivität oberstes Ziel der Unternehmung ist. Nur dann bestehe die Möglichkeit, die Löhne der Arbeiter so hoch anzusetzen und die Güter so kostengünstig zu produzieren, daß auch Arbeiter in der Lage seien, die massenweise erzeugten Güter zu kaufen. Denn das notwendige ökonomische Gegengewicht der Massenproduktion ist der Massenkonsum.

Zentrum aller Rationalisierungsmaßnahmen im taylorschen Sinne ist der ökonomische Einsatz der menschlichen Arbeitskraft. Dies soll erreicht werden durch minutiöse Analyse und Planung der Arbeitsvorgänge, durch Zerlegen der Produktionsvorgänge in ihre Elemente, durch Zeit- und Bewegungsstudien. Taylor selbst faßt die einzelnen Schritte dieser Rationalisierungsstrategie folgendermaßen zusammen: »Erstens: Man suche 10 oder 15 Leute ..., die in der speziellen Arbeit, die analysiert werden soll, besonders gewandt sind. Zweitens: Man studiere die genaue Reihenfolge der grundlegenden Operationen, welche jeder einzelne dieser Leute immer wieder ausführt, wenn er die fragliche Arbeit verrichtet, ebenso die Werkzeuge, die jeder einzelne benutzt. Drittens: Man messe mit der Stoppuhr die Zeit, welche zu jeder dieser Einzeloperationen nötig ist, und suche die schnellste Art und Weise herauszufinden, auf die sie sich ausführen läßt. Viertens: Man schalte alle falschen, zeitraubenden und nutzlosen Bewegungen aus. Fünftens: Nach Beseitigung aller unnötigen Bewegungen stelle man die schnellsten und besten Bewegungen, ebenso die besten Arbeitsgeräte tabellarisch in Serien geordnet zusammen.«

Auf diese Weise soll der beste Weg der Produktion gefunden werden, den es im Betrieb zu verwirklichen gilt, indem die Tätigkeit jedes einzelnen Arbeiters genau vorausgeplant wird. Die Planung und ihre Durchführung obliegt einer zentralen Planungsabteilung, die damit die intellektuelle Leistung der Produktion völlig übernimmt. Folge dieser Trennung von Hand- und Kopfarbeit ist, daß der Arbeiter in allen Einzelheiten dem Diktat der Planungsabteilung unterstellt ist. Dafür, daß er sich der Normierung der Arbeitsausführung unterwirft und seine vorgeschriebene tägliche Arbeitsmenge erreicht, sorgt einerseits eine genaue Überwachung der Arbeitsvorgänge durch »Funktionsmeister« und andererseits die Art der Lohngestaltung. Die Funktionsmeister als Mittelsmänner zwischen Arbeitern und Planungsabteilung haben die Arbeiter in die optimale Arbeitsmethode einzuweisen und so die von der Planungsabteilung geschaffenen Normen in der Praxis des Arbeitsvollzugs durchzusetzen. Der Lohn wird als Akkordsystem so gestaltet, daß von ihm ein Anreiz zur maximalen Tagesleistung ausgeht.

Die Taylorschen Rationalisierungsmethoden sind richtungsweisend geworden für die heute in vielen Varianten sowohl im Betrieb als auch im Büro angewandte Methode der analytischen Arbeitsplatzbewertung. Mit dieser Methode wird versucht, das Verhältnis von Lohn und Leistung nach überschaubaren Kriterien festzulegen und einen Leistungsanreiz zu schaffen. Dabei werden die einzelnen Tätigkeiten in Elemente zerlegt, denen dann ein bestimmter »Arbeitswert« als zahlenmäßiger Ausdruck für ihren Schwierigkeitsgrad zugeschrieben wird. Die Einzelwerte ergeben dann zusammen den Gesamtwert einer Tätigkeit, nach dem sich die Entlohnung richtet. Ein verbreitetes Grundschema für die Ermittlung dieser Einzelanforderungen ist das »Genfer Schema«: Es ist eingeteilt nach 1. geistigen Anforderungen; 2. körperlichen Anforderungen; 3. Verantwortung; 4. Arbeitsbedingungen (zum Beispiel Lärm und Schmutz). Als zusätzliche Merkmale werden in anderen Schemata die für eine Arbeit notwendige Erfahrung und Ausbildung erfaßt.

Die Methode der analytischen Arbeitsbewertung hat viel Kritik gefunden, die sich vor allem auf die Auswahl der Anforderungselemente und deren Gewichtung zur Festlegung des Arbeitswertes richtet: Es bleibt stets unbestimmt, wie viele und welche Merkmale erforderlich sind, eine Arbeit zu bewerten, und ihre Gewichtung ist objektiv nicht festlegbar. So wird es beispielsweise immer eine Ermessensfrage bleiben, welchen Wert geistige im Verhältnis zur körperlichen Arbeit hat. Von der oft behaupteten Objektivität der analytischen Arbeitsplatzbewertung kann also ebenso wenig die Rede sein wie von der Wissenschaftlichkeit des Taylorschen Systems. Diese »Wissenschaftlichkeit« besteht bei Taylor lediglich in einer systematischen Erfassung und Gruppierung von Erfahrungswerten.

Symbol der Rationalisierung: das Fließband

Obwohl Taylor auch auf dem Gebiet der mechanischen Produktionstechniken durch Untersuchungen an Dreh- und Hobelbänken wichtige Neuerungen einführte, galt sein Hauptinteresse der Gestaltung der menschlichen Arbeit. Es war Henry Ford, der durch Entwicklung des Fließbandprinzips die Rationalisierung der mechanisierten Produktionsweise auf die Spitze trieb. Das charakteristische technische Merkmal der Fließbandproduktion ist die Mechanisierung von Zuführung und Abnahme des Arbeitsgegenstandes.

Demgegenüber wird die Gestaltung, Kontrolle und Korrektur des Produktionsprozesses von Menschen wahrgenommen. Daß Fließbandarbeit trotz dieses verhältnismäßig geringen technischen Standards geradezu zum Symbol rationalisierter Industriearbeit schlechthin wurde, liegt vor allem an ihrer hohen Produktivität. Ermöglicht doch die Mechanisierung des Werkstofftransports, die Arbeitszerlegung bei der Produktion von Massengütern aufs Äußerste zu verfeinern. Die Grundzüge der Bandproduktion sind nach Henry Ford: 1. der organisierte und als Serie von Arbeitsoperationen geplante Fluß der Produkte durch den Betrieb, durch den erreicht wird, daß jedes Werkstück zur richtigen Zeit den richtigen Platz erreicht; 2. die mechanische Beförderung der zu bearbeitenden Stücke zum Arbeiter hin und von ihm fort; 3. die Zerlegung der einzelnen Arbeitsoperationen in ihre einfachsten Elemente.

Die Arbeitssituation am Fließband wird bestimmt von der »Taktzeit«, das heißt von

Fabrikationshalle um 1850. Der zeitgenössische Holzschnitt zeigt die zweite Etage der Musikinstrumentenfabrik von M. Adolphe Sax, Paris.

Arbeiterinnen am Fließband in einer modernen Fabrikhalle. Hergestellt werden Fotoapparate.

der Zeitspanne, die der Arbeiter für seine Handgriffe hat. Je weniger Arbeitsoperationen, desto kürzer also die Taktzeit. Da die Organisation der Bänder dahin zielt, die Taktzeiten möglichst kurz zu halten, führen Fließbandarbeiter eine nur eng begrenzte Anzahl von Arbeitsoperationen in einer durchschnittlichen Taktzeit von einer Minute aus. Walker und Guest (1956) berichten zum Beispiel, daß von 180 Arbeitern am Endmontageband einer Automobilproduktion 31 v. H. nur eine Arbeitsoperation ausführten (zum Beispiel eine Schraube anzogen) und nur 15 v. H. zehn und mehr. Durch diese extreme Beschränkung des Arbeitsinhaltes auf die Ausübung einiger Handgriffe wird die Arbeit nahezu jeder Qualität entkleidet. Die für die Fließbandarbeit notwendigen Fertigkeiten sind von der Mehrzahl der Arbeiter in weniger als einem Monat erlernbar und bestehen nur aus einigen praktischen »Tricks« zur Erleichterung der wenigen Handgriffe.

Die minutiöse Vorbestimmtheit der Arbeit führt aber nicht nur zu einer extrem anspruchslosen, sondern auch zu einer extrem unfreien Arbeitssituation: 1. Der Arbeiter ist örtlich streng an seinen Arbeitsplatz gebunden, den er nur verlassen darf, wenn ein »Springer« ihn für kurze Zeit ablöst. 2. Alle erforderlichen Werkzeuge und Techniken sind völlig vorbestimmt. 3. Die Arbeit ist zeitlich streng gebunden, da jedes ankommende Werkstück in der knapp vorgegebenen Taktzeit bearbeitet werden muß. Aus diesen Faktoren resultiert die Monotonie der Arbeitssi-

Rationalisierung

tuation mit ihren starken physischen und psychischen Belastungen für die Arbeiter. Taylor und Ford haben diese von der industriesoziologischen Forschung eindrucksvoll belegten Probleme inhaltlich entleerter und unselbständiger Tätigkeiten sehr wohl gesehen. Sie meinten aber – und diese Auffassung ist eine weit verbreitete Ideologie –, daß eine solche Arbeitsgestaltung den Bedürfnissen der meisten Menschen entgegenkomme. Während Ford das Problem der Monotonie mit der Bemerkung abtut, daß »für die meisten Menschen Denkenmüssen eine Strafe ist«, verteidigt Taylor sein hartes Lohnsystem mit der Behauptung, daß dem Menschen ein Instinkt angeboren sei, »nicht mehr zu arbeiten, als unumgänglich nötig ist.«

Die »Human Relations«-Bewegung

Die Kritik an dieser Auffassung erfolgte in zwei Etappen. Zuerst stellten Betriebspsychologen sehr bald fest, daß nicht Schnelligkeit – wie bei Taylor und Ford –, sondern Leichtigkeit der geeignete Maßstab für die bestmögliche Ausführung einer Arbeit ist. Zeit- und Bewegungsstudien sollten also nicht Höchstleistungen ermitteln, sondern Bestleistungen, die langfristig deshalb günstiger sind, weil sie den Ermüdungsfaktor des Menschen bei der Arbeit gering halten. Die Taylorsche Methode des einen »besten Weges« der Arbeitsausführung schreibt dem Arbeiter aber die Bewegungsabläufe genau vor, was zur einseitigen Belastung bestimmter Muskelgruppen führt. Neuer Maßstab sollte der Mensch sein, dessen Bedürfnissen die Maschinen und Arbeitsvollzüge anzupassen wären.

Die Ergebnisse dieser Untersuchungen sind sehr bedeutsam, weil sie gezeigt haben, daß die technischen Bedingungen der Rationalisierung anderen Gesetzen unterliegen als die physischen und psychischen Bedingungen. Wie bereits am Beispiel der zu weit getriebenen Arbeitszerlegung gezeigt wurde, kann die Mißachtung der menschlichen Bedingungen dem Rationalisierungseffekt technischer Maßnahmen entgegenwirken.

Die zweite Stufe der Kritik an den herkömmlichen Rationalisierungsmethoden entstand aus der Einsicht, daß es nicht allein die physischen und psychischen, sondern auch soziale Bedingungen sind, die fördernd oder hemmend auf den Produktionsprozeß einwirken. Bei Beleuchtungsversuchen in einem amerikanischen Elektrokonzern stellte Elton Mayo 1927 fest, daß die Arbeitsleistungen bei hellerem Licht in der Werkstatt stiegen, wider Erwarten aber auch bei der folgenden Verschlechterung der Lichtwerte. Bei der Untersuchung dieses unerwarteten Ergebnisses fand Mayo heraus, daß es nicht nur der auf den einzelnen wirkende Arbeitsanreiz ist, der zur Optimalleistung führt, sondern daß soziale Faktoren von ausschlaggebender Bedeutung sind. Im Gegensatz zu Taylor, der lehrte, daß nur das Lohninteresse den Arbeiter zur Leistung motivieren könne, entdeckte man die Bedeutung der »informellen« sozialen Beziehungen im Betrieb, das heißt, des guten Verhältnisses der Arbeiter untereinander und zu ihren Vorgesetzten. Auf der Basis dieser Einsichten wurde die Pflege der menschlichen Beziehungen in den USA sehr schnell zur Rationalisierungspraxis. Sportveranstaltungen, Werksvereine, Betriebsausflüge, Gruppenakkord und Teamwork sind typische Beispiele dieser »Human Relations«-Bewegung. Allerdings zeigen die Untersuchungen von J. H. Goldthorpe u. a. (1970), daß solche »Schönfärbereien« des Betriebsklimas gewöhnlich bei solchen Arbeitern nicht verfangen, die eine so monotone Arbeit verrichten, daß aus ihr keine inhaltliche Befriedigung ableitbar ist.

Jahrhundertelang gehörte die Arbeit in der Stahlgewinnungs- und Verarbeitungsindustrie zu den Berufen, die den Menschen am schwersten körperlich beanspruchten. Diese Aufnahme aus einem Blasstahlwerk zeigt, daß die Arbeit des Menschen heute auch hier vorwiegend in Kontrolle und Überwachung besteht. Während das glühende Roheisen in den Konverter gekippt wird, überwacht der Kranführer in seiner hängenden Kanzel eine elektrische Waage. Beim Blasstahl-Verfahren wird Sauerstoff auf das Metallbad in den Konverter geblasen.

Der Einzug der Automation

Die Automation vereinigt in sich die verschiedenen Stufen der technischen Entwicklung – Mechanisierung, Fließprinzip und elektronische Steuerung. Die Kontrolle und Korrektur der Produktion wird hier vom Menschen auf die Apparatur übertragen. Wesentliches Merkmal dieser Selbststeuerung ist die Rückübermittlung von Kontrollinformationen (feed-back) in einer geschlossenen Schleife zwischen Meßstellen und Regelsystem. Informationen über den Ablauf des Produktionsprozesses werden von den Meßstellen einer Steuerzentrale übermittelt, die nach Analyse der Meßwerte durch einen Elektronenrechner – wenn nötig – Korrekturanweisungen an die Regelvorrichtungen des Produktionsprozesses gibt. Das wohl bekannteste Beispiel für ein solches System ist die Temperaturregelung mit Hilfe eines Thermostats: Wenn ein Produktionsprozeß bei gleichbleibender Temperatur gehalten werden muß, werden von einer Meßstelle Informationen über Temperaturschwankungen an ein Regelsystem rückübermittelt, das seinerseits die Wärmezufuhr steuert.

Solche Regelmechanismen sind allerdings nur dort möglich, wo das Produktionssystem so hoch standardisiert ist, daß man genau vorhersagen kann, wie es sich in jedem Moment verhalten wird. Deshalb ist eine genaue Analyse und Organisation mehr denn je Voraussetzung von Rationalisierungsmaßnahmen auf der Stufe der Automation. Das zweite entscheidende Merkmal automatisch gesteuerter Produktionsprozesse ist die Verschmelzung der Einzelvorgänge. Dabei gibt es Abstufungen, die von der automatisch gesteuerten Einzelmaschine bis zum kontinuierlichen Fließprozeß reichen, bei dem an Stelle einzeln arbeitender Maschinen ein System von aufeinander abgestimmten Einzelaggregaten Hunderte von Funktionen ausführt und integriert. Typische Beispiele für automatisierte Einzelaggregate sind sich selbst steuernde Werkzeugmaschinen, während die automatisierte Fließproduktion als kontinuierliche Prozeßtechnik von Ölraffinerien, Chemiebetrieben und Elektrizitätswerken ihre industrielle Verwendung findet.

Der enorme Rationalisierungseffekt automatisch gesteuerter Produktion liegt nach J. R. Bright (1958) vor allem in folgenden technischen und organisatorischen Vorteilen: 1. Zunahme des Ausstoßes zwischen fünf und hundert Prozent pro Arbeitsstunde; 2. gleichmäßigere Produktionsleistung und somit ökonomischere Nutzung des investierten Kapitals; 3. steigende Qualität der Erzeugnisse bei gleichzeitiger Reduktion des Materialverbrauchs; 4. größere betriebliche Sicherheit, so daß Betriebsunfälle seltener sind als in mechanisierten Betrieben.

Der theoretisch denkbare Fall der Vollautomation ist wohl noch nirgends verwirklicht. Immer noch obliegen die zentrale Kontrolle der Produktion, die Wartung und Instandhaltung und die Erfüllung gewisser, nicht automatisierter Nebentätigkeiten (zum Beispiel Reinigungsarbeiten) dem Menschen.

Die Konsequenzen der automatisierten Produktionsweise auf die Arbeiter wie auch auf das betriebliche Management sind sehr vielfältig. Die wichtigste Folge ist die radikale Verringerung der in der Produktion tätigen Arbeiter, während andererseits der Anteil derer, die zum Beispiel als Instandhaltungskräfte nur »indirekt« an der Produktion teilnehmen, zunimmt. Die Situation der Arbeiter in der automatisierten Fabrik ist je nach dem Charakter der Arbeit sehr unterschiedlich. Neben den Arbeitern ist aber auch das betriebliche Management von den Konsequenzen der Automation betroffen, denn die Automation verändert das System der industriellen Kommunikation und Hierarchie.

Wie vor allem J. Woodward (1965) gezeigt hat, bestehen zwischen der sozialen Organisation von mechanisierten und automatisierten Betrieben gravierende Unterschiede. Bezeichnend für mechanisierte Betriebe ist ein sehr starres Organisationssystem mit einer konsequent durchdachten Aufgabenteilung, einer dementsprechend präzisen Definition von Rechten und Pflichten der verschiedenen Beschäftigungskategorien und einer stark ausdifferenzierten Hierarchie. Demgegenüber sind die Organisationssysteme automatisierter Betriebe wesentlich flexibler, die gesamten betrieblichen Sozialbezüge sind weniger starr, die einzelnen Stufen der Über- und Unterordnung weniger ausgeprägt. Der Grund dafür ist die starke horizontale Verflechtung der einzelnen Abteilungen, die es notwendig macht, die jeweiligen Produktionsphasen genau aufeinander abzustimmen. Diese Abstimmung setzt ständige horizontal und diagonal verlaufende Kommunikationsprozesse zwischen Management und Beschäftigten auf allen Stufen der Hierarchie voraus. Solche Kommunikationsformen verändern das alte System der strengen Über- und Unterordnung mit seinem bürokratischen Instanzenzug.

Die Büroarbeit, die nach der Einführung der Schreib- und Rechenmaschine jahrzehntelang auf einer relativ niedrigen Stufe der Mechanisierung verblieben war, hat mit der Einführung des Computers einen erheblichen Rationalisierungssprung getan. Die Computer übernehmen in den Büros der Industrie wie auch des öffentlichen Dienstes zwei Aufgabengruppen: zum einen die routinemäßigen Verwaltungstätigkeiten wie Produktionsplanung und -kontrolle, Rechnungs- und Bestellwesen, Verkaufsstatistik, Lager- und Lohnbuchhaltung; zum anderen wichtige Betriebsanalysen, die dem Management Entscheidungsdaten liefern. Der Rationalisierungseffekt der Büroautomation liegt also zum einen in der schnelleren und kostengünstigeren Erledigung massenhaft anfallender Routinetätigkeiten, zum anderen in einer Verbesserung des betrieblichen Informationssystems. Weitere Konsequenzen der Büroautomatisierung sind nach Otto Neuloh (1966) die Tatsachen, daß 1. die Zahl in der Verwaltungspraxis das Wort ersetzt und der Umgang mit mathematischen Symbolen an Stelle von Wortinformationen eine völlige Neuorientierung aller Beschäftigten erfordert; 2. die Angestellten nun den Zwangsläufigkeiten des technischen und organisatorischen Regelsystems unterliegen und das Management nur dann eingreift, wenn das sich selbst steuernde betriebliche System versagt.

Jede Rationalisierungsmaßnahme zielt in der Regel dahin, daß Arbeitskraft durch Kapital ersetzt wird. Bestimmte Berufsgruppen werden reduziert, während andere neu entstehen. Das Übergewicht von eingesparten gegenüber neu entstandenen Arbeitsplätzen wirft das Problem einer neuen, durch die Technik bedingten Arbeitslosigkeit auf.

Die Entwicklung der Produktivität

Wirtschaftswachstum wird heute vorwiegend einer Steigerung der Produktivität als Folge von Rationalisierungsmaßnahmen zugeschrieben. Diese in allen hochindustrialisierten Ländern registrierbare Neigung zeigt sich auch in der Produktivitäts- und Wachstumsentwicklung der Bundesrepublik Deutschland, wo zwischen 1950 und 1960 mehr als vier Fünftel und von 1960 bis 1968 die Hälfte der Produktionsfortschritte aus Rationalisierungseffekten erklärbar war (→Tabelle 1).

Tabelle 1: Entwicklung der gesamtwirtschaftlichen Produktion und ihrer Erklärungskomponenten in der BRD[1] (Veränderungen in v. H.)

Zeitraum	Produktion[2]	Arbeitsvolumen[3]	Produktivität[4]
1950–1960	+7,9	+1,0	+6,8
1960–1968	+4,3	−0,6	+5,0
1968–1980	+4,6	+0,2	+4,4

1. Bundesgebiet, 1950 – 1960 ohne Saarland und Westberlin
2. Bruttoinlandsprodukt in Preisen von 1954
3. Zahl der insgesamt geleisteten Arbeitsstunden
4. Bruttoinlandsprodukt in Preisen von 1954 je geleisteter Arbeitsstunde
5. Schätzung

Quelle: »Wirtschaftliche und soziale Aspekte des technischen Wandels in der Bundesrepublik Deutschland«, Hrsg. Rationalisierungskuratorium der Deutschen Wirtschaft, Bd. 1, Frankfurt/M. 1970, S. 23

Folge dieses produktivitätsbedingten Wirtschaftswachstums sind Veränderungen in der Struktur der Arbeitsplätze. So teilt der französische Sozialwissenschaftler Jean Fourastié (1969) die Wirtschaft in drei Sektoren ein, die auf unterschiedliche Weise von der Rationalisierung erfaßt werden. Der primäre Sektor (alle landwirtschaftlichen Tätigkeiten) ist durch langsame, aber sehr bedeutsame Rationalisierungsmaßnahmen gekennzeichnet; für den sekundären Sektor (die Industrie) sind schnelle Rationalisierungsfortschritte charakteristisch; im tertiären Sektor (Dienstleistungen aller Art sowie Handels- und Büroberufe) sind nach Fourastié Rationalisierungsfortschritte nur in geringem Maße zu verwirklichen.

Jede wirtschaftliche Entwicklung ist nach Fourastié dadurch gekennzeichnet, daß sie sich in Phasen bewegt, in denen jeweils einer der drei Sektoren dominiert. So verlegt die Industrialisierung den Schwerpunkt der menschlichen Arbeit von den Feldern in die Fabriken, wobei der Anteil der landwirtschaftlichen Arbeiter ständig abnimmt, um sich bei einem geringen Anteil an allen Beschäftigten schließlich zu stabilisieren. Dies führt vorübergehend zur starken Konzentration der Menschen im Sektor der Industrie. Da sich aber hier durch Rationalisierung die Freisetzung von Arbeitskräften besonders stark auswirkt, arbeiten in der Endphase der Industrialisierung die meisten Menschen im tertiären Sektor. Dieses Phasenmodell einer Strukturverschiebung als Folge von unterschiedlichen Rationalisierungsmöglichkeiten und Nachfrageverschiebungen ist für viele Industriegesellschaften statistisch leidlich belegt. So zeigt zum Beispiel die Bundesrepublik Deutschland das Bild eines Überganges von der industriellen zur Dienstleistungsgesellschaft, in der vermutlich der letztere Bereich auf lange Sicht in größerem Maße als bisher Arbeitssektor der Bevölkerung sein wird. (→Tabelle 2)

Fluch und Hoffnung: Rationalisierung

Tabelle 2: Die Berufsstruktur der Bundesrepublik [1] in Vergangenheit und Zukunft (Anteile der Erwerbstätigen in den Sektoren in %)

Anteil der Erwerbstätigen im	1950	1960	1968	1980[2]
ersten Sektor	26,0	13,8	10,4	7,0
zweiten Sekt.	41,7	49,0	48,2	50,0
dritten Sekt.	32,3	37,2	41,4	43,0

1. Bundesgebiet ab 1960 einschließlich Saarland und Westberlin
2. Schätzung

Quelle: Wirtschaftliche und soziale Aspekte des technischen Wandels in der Bundesrepublik Deutschland, Hrsg. Rationalisierungskuratorium der Deutschen Wirtschaft, Bd. 1 1970, S. 32

Obwohl sich die Entwicklung der Produktivität in der BRD in ähnlicher Weise vollzogen hat, wie Fourastié es beschrieb (→ Tabelle 3), zeigen doch neuere Untersuchungen, daß auch im Dienstleistungssektor die Rationalisierung in den letzten Jahren eingesetzt hat. Untersucht wurden diese Rationalisierungsprozesse bisher für die öffentliche Verwaltung, den Personennahverkehr, die Post, Wasser- und Gasversorgungswerke und den Einzelhandel.

Tabelle 3: Produktivität[1] nach Wirtschaftsbereichen[2] in der BRD

Sektoren	DM			
	1950	1960	1968	1980[3]
Erster Sektor	0,94	2,37	3,91	7,23
Zweiter Sektor	2,74	5,29	8,35	14,14
Dritter Sektor	3,06	4,40	5,70	8,96

1. Bruttoinlandsprodukt in Preisen von 1954 je geleistete Arbeitsstunde
2. Bundesgebiet ab 1960 einschl. Saarland und Westberlin
3. Schätzung

Quelle: Wirtschaftliche und soziale Aspekte des technischen Wandels in der Bundesrepublik Deutschland, a.a.O., S. 33

Entsprechend dem gesamtwirtschaftlichen Bedeutungswandel, dem jeder der drei Sektoren unterliegt, und der verschiedenen Intensität arbeitssparender Rationalisierungsmaßnahmen weichen in jedem Sektor die Freisetzungsraten von Arbeitskräften voneinander ab. Während der primäre Sektor hauptsächlich auf Grund seiner schrumpfenden gesamtwirtschaftlichen Bedeutung Arbeitskräfte verliert, sind Freisetzungen in der Industrie mit wenigen Ausnahmen – wie zum Beispiel im Steinkohlenbergbau – rationalisierungsbedingt. Weiter entgegen den Erwartungen von Fourastié zeichnet sich aber auch im tertiären Sektor eine langsam zunehmende rationalisierungsbedingte Tendenz zur Freisetzung von Arbeitskräften ab. Die durchschnittlichen jährlichen Freisetzungen in Prozent der Erwerbstätigenzahl des jeweiligen Sektors betragen in der Wirtschaft der Bundesrepublik Deutschland von 1950 bis 1980 im primären Sektor etwa 6,6 Prozent, im sekundären etwa 5,3 Prozent und im tertiären etwa 3,5 Prozent.

Bisher wurden in der Bundesrepublik die rationalisierungsbedingten Entlassungen durch Wiederbeschäftigung der freigesetzten Personen ausgeglichen. Dies war möglich auf Grund der verhältnismäßig hohen gesamtwirtschaftlichen Wachstumsrate und der seit 1950 um insgesamt 15 Prozent erfolgten Verkürzung der Arbeitszeit. Der Tatbestand, daß die meisten freigesetzten Beschäftigten neue Arbeitsplätze fanden, schließt allerdings nicht aus, daß die Betroffenen teilweise Lohn- und Statuseinbußen hinnehmen mußten. Will man auch in Zukunft rationalisierungsbedingte Arbeitslosigkeit vermeiden, muß es gelingen, das gesamtwirtschaftliche Wachstum bei gleichzeitiger Reduzierung der Arbeitszeit zu steigern. Eine Ausweitung der Konsumnachfrage und mehr Freizeit sind notwendige Konsequenzen dieser Entwicklung.

Der Wandel der Berufsstruktur

Aussagen über die künftigen Qualifikationsanforderungen an die Arbeitenden stehen auf schwankendem Boden, da die Berufsstatistik den Qualitätswandel der Berufe nur in unzureichendem Maße erfaßt. Für alle industrialisierten Länder zeichnen sich aber im Bereich der Gesamtwirtschaft einige Trends ab, die als gesichert gelten können:

1. Der schon von den Sozialwissenschaftlern des 19. Jahrhunderts beschriebene Prozeß der Auflösung traditionell qualifizierter Tätigkeiten ist keineswegs zum Stillstand gekommen. Vielmehr differenziert sich im Zuge der rationalisierungsbedingten Arbeitsteilung das Bild der traditionellen Berufsstruktur zu einem kaleidoskopartigen Spektrum von Tätigkeiten, die keinem traditionellen Handwerksberuf mehr zuzuordnen sind.

2. Entsprechend dieser Differenzierung der Berufsstruktur verlieren die traditionellen Lehrberufe wie zum Beispiel Schuster, Schneider und Bäcker ihre Bedeutung. Die Herstellung von Gütern, die den Kern der alten Handwerksberufe ausmachte, wird nunmehr industriell ausgeführt, und auch die traditionellen Büroberufe – wie zum Beispiel der des einfachen Buchhalters – fallen der elektronischen Datenverarbeitung zum Opfer. Der Rationalisierungseffekt, der mit diesem Wandel der Berufsstruktur einhergeht, ist so bedeutend, daß mit jeder Arbeitsplatzverlegung vom Handwerk in die Industrie sich die Produktivität dieses Arbeitsplatzes um das Zwei- bis Dreifache erhöht (B. Lutz, 1965). Die Entwertung der alten Handwerkslehre und der schnelle Wandel der Berufsstruktur, der die Beschäftigten häufig zum Berufswechsel zwingt, macht eine Neuordnung des gesamten Berufsausbildungswesens erforderlich.

3. Das Ende der alten Fachberufe bringt allerdings keine völlige Entwertung der meisten Tätigkeiten mit sich: einerseits nimmt der Typ des ungelernten Arbeiters mehr und mehr ab, andererseits entsteht eine Vielzahl angelernter Tätigkeiten neu. Angelernte Arbeitskräfte sind sowohl im Büro als auch in der Produktion in Bereichen tätig, die in starkem Maße dem organisatorisch-technischen Wandel unterliegen. Für die dort entstandenen »Berufe« gibt es wegen ihrer Neuartigkeit bisher oftmals noch keine formalisierte Berufsausbildung, sondern die Einweisung erfolgt meistens durch ein Training am Arbeitsplatz über einen längeren oder kürzeren Zeitraum. Typische Berufe dieser Art sind Chemiewerker und Kunststoffverarbeiter. Die Qualifikationsunterschiede der »Anlernberufe« ergeben ein insgesamt so diffuses Bild, daß sich aus ihm noch kein Trend ableiten läßt. Sicher ist allerdings, daß diese neuen Tätigkeiten ganz andere Anforderungen als die traditionellen Berufe stellen. Während es bei den Berufen herkömmlicher Prägung wesentlich auf ganz bestimmte Material- und Werkzeugkenntnisse ankommt, erfordern die neuen Tätigkeiten schwerpunktmäßig Fertigkeiten allgemeiner Art, wie die Fähigkeit, sich schnell wechselnden Arbeitsbedingungen anzupassen, technisches Denken und Abstraktionsvermögen.

4. Als eine Folge der technischen Entwicklung nimmt die Anzahl relativ hochqualifizierter technischer Fachkräfte wie Ingenieure und Konstrukteure sprunghaft zu. Einerseits werden sie für die Konstruktion neuer technischer Anlagen benötigt, andererseits fordert die Ausrichtung auf die hochtechnisierte Apparatur der Betriebe von den Betriebsleitern ein großes Maß an technischem Wissen und technischer Erfahrung.

Rationalisierung und berufliche Qualifikation

Zentrum aller bisherigen Rationalisierungsmaßnahmen waren der Industriebetrieb und das Großbüro, so daß in diesen Bereichen der Zusammenhang zwischen Tätigkeitsqualifikation und Rationalisierung am deutlichsten hervortritt. Neuere Untersuchungsergebnisse (Kern und Schumann, 1970) weisen ein Bild industrieller Tätigkeiten auf, dessen Grundlinien sich wie folgt beschreiben lassen:

1. Durch die im Verlauf der Rationalisierung zunehmende Arbeitsteilung hat sich die Industriearbeit erheblich differenziert. Auf den verschiedenen Stufen der Mechanisierung bzw. Automatisierung wurden fünfzehn Grundtypen industrieller Arbeit festgestellt, die alle in ihren Qualifikationsanforderungen unterschiedlich sind.

2. Aus diesem Spektrum der Industrietätigkeiten ist – wie bereits gezeigt – der qualifizierte Handwerker so gut wie verschwunden. Ein der handwerklichen Arbeit vergleichbares Qualifikationsniveau weisen lediglich die kleinen Gruppen der Meß- und Regeltechniker und der Wartungs- und Instandhaltungsarbeiter auf, deren Erfahrungen und Kenntnisse über die hochtechnisierten Anlagen recht umfangreich sein müssen.

3. Weder die Hoffnung auf eine neue Aufwertung der Industriearbeit noch die Furcht vor einer weiterschreitenden Abwertung ha-

In diesem Kaltwalzwerk – dem modernsten Europas – verfolgt der Arbeiter am Steuerstand über Fernsehmonitoren den Walzvorgang auf der sechsgerüstigen Anlage. – Das Kaltwalzen streckt das Kristallgefüge im Stahl, wodurch die Festigkeit des Metalls erhöht und seine Dehnbarkeit herabgesetzt wird. Solche Stähle werden für Uhrfedern, Karosseriebleche und Folien bevorzugt.

ben sich als stichhaltig erwiesen. Auf nahezu allen technischen Stufen finden sich neben einfachen und monotonen Arbeiten solche, die höher qualifiziert sind. Die einfachen und in kurzer Zeit anlernbaren Arbeiten stehen weiterhin im Vordergrund, und ihr Anteil nimmt auch in Folge der Automation nur in geringem Maße ab.

4. Auf der Stufe der Automation entstehen eine Reihe qualifizierter Tätigkeiten neu, wie zum Beispiel die Steuerung und Kontrolle der komplizierten Fertigungsanlagen. Diese Tätigkeiten prägen die Qualifikationsstruktur an den nur teilweise automatisierten Anlagen aber nicht durchgängig. Ein Teil der für die Produktion notwendigen Funktionen wird nicht automatisiert, sondern verbleibt auf einer technischen Stufe, die ständige menschliche Arbeit verlangt. Da die Rationalisierungsmaßnahmen am Kriterium der Kostenreduktion orientiert sind, werden vornehmlich die höherqualifizierten und damit besser bezahlten Tätigkeiten eingespart; weniger qualifizierte Tätigkeiten von nur kurzzeitig angelernten Arbeitskräften lohnen oft die Automationskosten nicht und werden weiterhin von Arbeitern ausgeführt.

Die Bedingungen einer profitorientierten Wirtschaft prägen also den Rationalisierungsprozeß derart, daß er nicht nur zur Differenzierung, sondern auch zu einer Polarisierung der Industriearbeit in hochqualifizierte und relativ niedrig qualifizierte Tätigkeiten führt.

Automation im Büro

Die Polarisierung der Qualifikationsstruktur ist auch der durchschlagende Trend im automatisierten Großbüro. Empirische Untersuchungen (I. R. Hoos, 1967) zeigen, daß die Einführung des Computers im Büro den Polarisierungsprozeß in zwei Varianten ausprägt:

1. Die alten Angestelltentätigkeiten auf der mittleren Ebene der Hierarchie – wie zum Beispiel manuelle Buchhalter und Kalkulatoren – werden durch die Automation überwiegend ausgeschaltet.
2. Es entstehen als Folge der Rationalisierung einerseits Arbeitsbereiche mit einer geringen Anzahl von Beschäftigten – wie zum Beispiel Programmierer und Systemanalytiker – und andererseits Tätigkeitsbereiche mit

Die Stufe der Automation

geringer Qualifikation, wo eine große Anzahl zumeist weiblicher Angestellter tätig ist – wie zum Beispiel Locherinnen und Maschinenbuchhalterinnen. Es ist damit zu rechnen, daß der überwiegende Teil der Bürotätigkeiten so lange im Zeichen der Monotonie stehen wird, bis die Automation auch die unqualifizierte Büroarbeit erfaßt.

Die Untersuchungen über Rationalisierung haben gezeigt, daß dieser Prozeß von Anfang an der privatwirtschaftlichen Forderung nach Gewinnmaximierung unterlag. Dieses ökonomische Kalkül prägt bis heute die Entscheidungen über Rationalisierungsmaßnahmen. Auch neuere Untersuchungen zeigen, daß die leitenden Gesichtspunkte bei der rationelleren Gestaltung von Produktionsprozessen sowohl in der Privatwirtschaft als auch im öffentlichen Dienst an einer Kostenreduktion orientiert sind. Demgegenüber spielen andere denkbare Ziele eine nur untergeordnete Rolle. Zwar hat die Rationalisierung zu keiner völligen Abwertung der Arbeit und auch nicht zu nennenswerter Arbeitslosigkeit geführt; als ein Instrument zur Vermenschlichung der Arbeit und zur Verbesserung des Güterangebotes (qualitätsorientierte Rationalisierung) wurde sie jedoch selten planmäßig eingesetzt.

Es ist eine gesellschaftspolitische Schlüsselfrage, ob zukünftige Rationalisierungsmaßnahmen weiterhin allein am Gewinninteresse der Unternehmer orientiert bleiben, oder ob sie systematisch zur Überwindung der negativen Elemente der menschlichen Arbeit und zur Qualitätsverbesserung des Güter- und Dienstleistungsangebots genutzt werden.

Friedrichs, G. (Hrsg.), Automation: Risiko und Chance (2 Bd.), Frankfurt/M. 1965.
Bahrdt, P., Industriebürokratie, Stuttgart 1958.
Buckingham, W., Automation und Gesellschaft, Hamburg 1963.
Fourastié, J., Die große Hoffnung des 20. Jahrhunderts, Köln 1954.
Friedmann, G., Grenzen der Arbeitsteilung, Frankfurt/M. 1959.
Institut für sozialwissenschaftliche Forschung e.V. (Hrsg.), Rationalisierung und Mechanisierung im öffentlichen Dienst, Stuttgart 1968.
Lutz, B., Berufsaussichten und Berufsausbildung in der Bundesrepublik, Hamburg 1965.
Pentzlin, K. (Hrsg.), Meister der Rationalisierung, Düsseldorf und Wien 1963.
Wiedemann, H., Die Rationalisierung aus der Sicht des Arbeiters, Köln und Opladen 1964.
Rationalisierungskuratorium der Deutschen Wirtschaft e.V. (Hrsg.), Wirtschaftliche und soziale Aspekte des technischen Wandels in der Bundesrepublik Deutschland, Frankfurt/M. 1970.

Karl W. ter Horst

Technik und Wirtschaft: Die verbündeten Rivalen

Die Revolution industrieller Fertigungsmethoden und Arbeitsbedingungen im Zusammenhang mit moderner Wissenschaft und Technik findet in der Geschichte der kapitalistischen Industrie nur ein prägnantes Beispiel: die industrielle Revolution, die in den 60er Jahren des 18. Jahrhunderts in England ihren Anfang nahm. Im Verlauf der industriellen Revolution mußte die manuelle, vorwiegend in Werkstätten betriebene Fertigung der maschinellen, der industriellen Produktion weichen. War der Produzent als Handwerker noch unmittelbarer Schöpfer des Produkts, so übernahm er als Industriearbeiter jetzt in zunehmendem Maße Bedienungsfunktionen an Maschinen und Maschinensystemen. Gleichzeitig wurde die körperliche Energie der Arbeiter als Antriebskraft der Maschinen weitgehend durch die Anwendung der Dampfkraft im Produktionsprozeß ersetzt.

War die Einführung der Werkzeugmaschine die wesentliche technische Voraussetzung für die Durchsetzung der industriellen Revolution, so steht am Beginn der wissenschaftlich-technischen Revolution ein ähnlich bahnbrechendes Gerät: der Automat. Wurde im Laufe der industriellen Revolution die Werkzeugmaschine zwischen Arbeiter und Produkt geschaltet, so bildet der Automat die Zwischenstufe zwischen Produzent und Maschine. Die industrielle Revolution schuf den Maschinenarbeiter, dessen Funktion nun durch die von Automaten gesteuerten Werkzeugmaschinen (numerische Lenkungssysteme) übernommen wird. Die Automation verdrängt teilweise den Beruf des Maschinenführers, führt aber auf der anderen Seite neue Berufe ein, zum Beispiel den Meß- und Regeltechniker.

Die Einführung von teil- oder vollautomatischen Verfahren zieht eine Vergrößerung des wissenschaftlich-technischen Sektors in der Planung nach sich. Immer mehr Menschen werden in diesem Bereich produktiv tätig. Verallgemeinernd läßt sich sagen: von Wissenschaft, Forschung und Technik hängen Rentabilität und Weiterentwicklung der Produktion unmittelbar ab, oder, wie der sowjetische Soziologe Semjenow treffend formulierte: die Wissenschaft verwandelt sich von der Magd der Produktion in deren Mutter.

Mit diesem Prozeß einher geht die rapide Verkürzung der Innovationszeit, der Zeitspanne zwischen Erfindung und ihrer industriellen Auswertung. Betrug die Innovationszeit bei der Fotografie noch 112 Jahre, beim Telefon 56 und beim Radio 35 Jahre, lagen zwischen der Erfindung der Dampfmaschine durch James Watt und ihrem Einsatz in der Industrie ganze 20 Jahre, so fanden Transistoren fünf Jahre und integrierte Schaltkreise bereits drei Jahre nach Abschluß der ersten grundlegenden Arbeiten industrielle Verwendung. Die Erfindung und industrielle Verwertung des Lasers zeigt deutlich die Tendenz auf: Verzahnung von Forschung, Entwicklung und Produktion.

Retardierte Entwicklung

Entwicklung von neuen Verfahren übersteigt in vielen Fällen die Kapitalkraft einzelner Unternehmen. Um einen Anhaltspunkt für die Kosten moderner Entwicklungen zu geben, seien einige Beispiele genannt:

Investitionen für die Fertigung	In Millionen DM
Integrierte Schaltkreise (bei einer Fertigungskapazität von 10 000 Einheiten je Woche):	2,4
Werkzeugmaschinensteuerung:	3,5 bis 6,5
kleine Rechner für wissenschaftliche Anwendungen:	11 bis 22
Farbfernsehkamera:	18 bis 34
größere Rechenmaschine:	90 bis 180
Forschungssatellit:	100 bis 450

Dieser gesteigerte Kapitaleinsatz veranlaßt marktbeherrschende Großunternehmen, technische Entwicklungen zu bremsen. Über Absprachen und Kartellvereinbarungen werden Forschungs- und Entwicklungsergebnisse nicht zur Anwendung gebracht, um den dafür notwendigen, zusätzlichen Kapitalaufwand zu ersparen. Beispielsweise werden zur Zeit in der BRD 70 Prozent der wesentlichen industriell-technischen Forschungsergebnisse als Sperrpatente ihrer Anwendung entzogen. So konnte auf dem Deutschen Ingenieurtag 1969 in Braunschweig erklärt werden: ». . . ähnlich ist auch das Vordringen des Transistors und erst recht das der integrierten Schaltkreise zu erklären. Die Schaltungen, in denen diese Bauelemente verwendet werden können, waren im Prinzip längst bekannt, so daß häufig wirtschaftliche Gesichtspunkte für eine gewisse Retardierung des Innovationsprozesses verantwortlich sind.«

Diese Art Forschung dient nur noch Präventivzwecken und keineswegs einer produktionstechnischen Verwertung. Forschungsergebnisse werden gesammelt und monopolisiert, um potentielle Konkurrenten abzuschrecken oder im Ernstfall wirksam bekämpfen zu können.

Da unsere Wirtschaft das private Ziel der Erhöhung von Profiten anstrebt, ist den Unternehmern daran gelegen, auch vergrößerte Warenmengen zu alten bzw. erhöhten Preisen abzusetzen. Aufgrund der marktbeherrschenden Lage von Großunternehmen ist eine Preiskonkurrenz weitgehend ausgeschaltet und der Möglichkeit von Preisdiktaten der Weg geöffnet.

Mehr Waren bei gleichzeitiger Preiserhöhung, das findet freilich seine Grenzen im Absatz auf dem Markt! Eine chronische Nichtauslastung der Produktionskapazitäten ist die Folge. Eine 100prozentige Auslastung erfolgt im Stadium einer monopolisierten Wirtschaft überhaupt nicht mehr. In Phasen wirtschaftlicher Rezessionen sind die Kapazitäten teilweise nur bis zu 40 Prozent ausgeschöpft.

Die Nichtauslastung der Produktionskapazitäten bedingt ein unternehmerisches Desinteresse an Ausbau und Vervollkommnung technischer Produktionsabläufe zum Zwecke der Steigerung der Warenmenge.

Es gibt nur einen in Hinblick auf den Warenabsatz vor Risiken sicheren Wirtschaftssektor: die Rüstungsindustrie. Ihre Waren finden immer einen sicheren Abnehmer: den Staat. Zugleich werden die Produkte wie Flugzeuge, Panzer usw. relativ schnell verschlissen, vernichtet oder, da bald wieder technisch überholt, verschrottet.

Rüstung ohne Risiko

Da also die Rüstungsindustrie ein Absatzrisiko nicht zu tragen hat, werden auch in diesem Bereich die größten Forschungsanstrengungen unternommen. Der wesentliche Vorsprung der USA in der technischen Entwicklung gegenüber Europa ist in erster Linie in dem hohen Anteil der staatlichen Ausgaben für Forschung und Entwicklung von militärischen Projekten und Weltraumforschung begründet.

Der technologische Vorsprung der amerikanischen Industrie ist vor allem in den Sektoren groß, die entweder unmittelbar oder mittelbar mit der Rüstungsproduktion verbunden sind, wie Raketen- und Weltraumforschung, Luftfahrt, Fernmeldetechnik, Mikroelektronik, Computertechnik.

Ausgaben für militärische Forschung und Entwicklung sowie für Weltraumforschung

Land	Jahr	Gesamtausgaben für militärische Forschung und Entwicklung einschl. Weltraumforschung		Davon in Unternehmen der Wirtschaft ausgeführt	
		Mill. US-Dollar	% des Bruttosozialprodukts	% der staatl. Forschungs- und Entwicklungsausgaben	Mill. US-Dollar	in % der industriellen Forschung und Entwicklung
Bundesrepublik	1964	215	0,2	17	–	20
Frankreich	1962	350	0,5	40	–	25
Großbritannien	1961/62	690	0,9	64	445	40
USA	1962/63	9085	1,6	81	7295	52

Wenn wir gerade sagten, daß der Rüstungsindustrie durch den Staat selbst der Absatz garantiert ist, so ergeben sich in der Konsumgüterindustrie auch Möglichkeiten, den Absatz zu erhöhen. Ein gängiges Mittel hierfür ist die Produktion von Verschleißwaren. Die Verdünnung des Karosseriebleches bei Kraftfahrzeugen, die Verschlechterung der Qualität von Textilien, die kürzere Lebensdauer bei Haushaltsgeräten sind nur einige Beispiele dazu. Kompensiert wird dieser Vorgang durch eine größere Differenzierung des Angebotes. So werden stets neue Autotypen entwickelt, Waschmittel kommen auf den Markt mit neuen Namen, der Wechsel der Mode veranlaßt dazu, Textilien schnell zu ersetzen. Forschung und Entwicklung dienen hier generell weniger der Verbesserung bestehender Erzeugnisse als einer verkaufswirksamen Differenzierung. Besonders eindrucksvolle Beispiele dafür liefert die pharmazeutische Industrie. »Es ist inzwischen bekannt, daß von der Lawine der jährlich neu entwickelten Medikamente nur wenige einen Fortschritt bedeuten. Die meisten Präparate behaupten nur für kurze Zeit das Feld, dann verschwinden sie und werden sofort durch neue ersetzt, von denen viele nichts wert sind. Diese in Fachblättern immer wieder ernsthaft dargelegte und von vielen weitsichtigen Ärzten geteilte Auffassung kann nicht verhindern, daß die Flut neuer Medikamente ununterbrochen weiter anschwillt, keinem Arzt mehr eine eigene Prüfung erlaubt und ihn auf Treu und Glauben dem »Waschzettel« ausliefert, der als Gebrauchsanweisung und »wissenschaftliche« Information den Ärztemustern und Arzneipackungen beiliegt, so abgefaßt, daß er zumindest den Geschäftsinteressen der Hersteller nicht zuwiderläuft. Pessimisten sehen gar den Arzt allmählich zum Funktionär der pharmazeutischen Industrie degradiert.« (Friedric Vester, »Bausteine der Zukunft«, Frankfurt/M. 1968, S. 90).

Der technische Fortschritt wird durch Monopolisierung der Forschungsergebnisse nicht total blockiert. Aber es sollte deutlich gemacht sein, daß in vielen Fällen Forschung entweder zu Vernichtungszwecken (Rüstung) oder aus dem Gesichtspunkt profitabler Absatzmöglichkeiten geschieht. Der technische Fortschritt wird nicht vollständig aufgehalten; wohl aber kann von einer größer werdenden Schere zwischen der aktuellen Anwendung von Forschungsergebnissen und ihrer möglichen gesellschaftlich nützlichen Anwendung die Rede sein.

Das Prinzip Rationalität

In einer Studie des Rationalisierungskuratoriums der Deutschen Wirtschaft (RKW) von 1970 heißt es: »Die entscheidende Maxime für die Auslösung und Planung technischer Veränderungen ist das Prinzip rein ökonomischer Rationalität. Dieses Prinzip prägt die Entscheidungen über die Inangriffnahme technischer Neuerungen ebenso wie deren Verwirklichung... Interessant ist nun, daß in den erfaßten Umstellungsfällen, in denen die instrumentelle Seite der neuen Anlagen vom umstellenden Betrieb beeinflußt wird, im wesentlichen ökonomische und fertigungstechnische Gesichtspunkte (Sicherung einer hohen Qualität, geringe Investitionsaufwendungen, verfahrenstechnische Erfordernisse, Sicherung eines reibungslosen Ablaufs, Schutz vor Folgeschäden bei Störungen u. ä.) die industrielle Ausstattung bestimmen, nicht aber Gesichtspunkte der Verbesserung der Arbeitssituation für den Arbeiter.« Die technische Entwicklung erfolgt also nicht aus einer inneren eigenständigen Gesetzmäßigkeit. Sie unterliegt in unserem Wirtschaftssystem dem Interesse des Kapitals. Dem Einsatz automatischer Verfahren und der rapiden Verkürzung der Innovationszeit stehen auf betrieblicher Ebene gesteigerte Komplexität und vergrößerter Kapitaleinsatz gegenüber. Im Gefolge dieser Entwicklung werden in stärkerem Maße Techniker in die Produktion einbezogen. So beschäftigte in der BRD bereits im Jahre 1966 allein die Aktiengesellschaft Bayer in Leverkusen rund 9000 ihrer 54 000 Mitarbeiter in Forschung und Entwicklung.

Die Zunahme qualifizierter Kräfte im industriellen Arbeitsprozeß spiegelt sich auch in

Militärische und Weltraumforschung

der allgemeinen Vergrößerung des Anteils der Angestellten an der Erwerbsbevölkerung in der BRD wider.

Jahr	Anteil der Angestellten an der Erwerbsbevölkerung in der BRD (in %)
(1882)	(3,0) (Deutsches Reich)
1950	16,0
1969	28,8

Die Konzentration der Angestellten ist in der Industrie noch erheblich höher:

Anteil der Angestellten an der Gesamtzahl der Beschäftigten nach ausgewählten Industriezweigen in Prozenten (BRD)

Industriezweig	1950	1960	1970
Mineralölverarbeitende Industrie	20,3%	31,0%	46,8%
Chemische Industrie	25,9%	31,0%	38,4%
Maschinenbau	20,4%	24,0%	30,7%
Elektronische Industrie	21,4%	24,0%	29,3%
Kunststoffverarbeitende Industrie	17,7%	18,0%	21,9%
Fahrzeugbau	15,5%	17,0%	19,0%

Aus der Statistik ist deutlich zu ersehen, daß die in technischer Hinsicht fortgeschrittensten Industriezweige wie die chemische Industrie und der Maschinenbau den höchsten Prozentsatz Angestellte aufweisen. Dabei ist gleichzeitig die Veränderung des Verhältnisses von kaufmännischen und technischen Angestellten zu berücksichtigen. Während der Anteil der technischen Angestellten im Durchschnitt der Gesamtindustrie nur bei 9,4 Prozent aller Beschäftigten liegt, beträgt dieser Anteil in jedem der oben aufgeführten Industriezweige mehr als 40 Prozent. Im Maschinenbau und in der elektronischen Industrie besteht nahezu die Hälfte der Angestellten aus Technikern. Der relative Rückgang der kaufmännischen gegenüber der technischen Angestellten ist in diesen Branchen besonders deutlich.

Das Ausbildungswesen

Der wachsende Bedarf an technischen Angestellten hat eine erhebliche Erweiterung des Ausbildungswesens für wissenschaftliche und technische Fachkräfte zur Folge. So studierten
1957 an 73 Schulen 34 445 Ingenieurstudenten;
1960 an 89 Schulen 43 087 Ingenieurstudenten;
1966 an 142 Schulen 58 920 Ingenieurstudenten.

Bis 1970 war eine weitere Ausweitung der

Technik und Wirtschaft

Kapazitäten um 53 Prozent geplant, deren Schwerpunkt bei den Fachrichtungen Maschinenbau, Elektrotechnik, Ingenieurbau, Verfahrenstechnik, Vermessungs- und physikalische Technik lag. »In ihrer Zuwachsrate stehen die Ingenieure und Techniker zwischen 1950 und 1961 an dritter Stelle aller Berufsgruppen«, schreibt C. Kievenheim in seiner Untersuchung über »Strukturveränderungen in der wissenschaftlich-technischen Intelligenz«.

Insbesondere in den 60er Jahren wuchs ein bedeutendes politisches Interesse, mehr industriell einsatzfähige wissenschaftlich-technisch qualifizierte Fachkräfte heranzuziehen. Damals prägte der Erziehungstheoretiker Picht das Wort vom »Bildungsnotstand«. Öffentlich wurde erörtert, warum die Ausbildung dem technischen Fortschritt nur so schleppend nachkam, und man fragte, ob dem Bildungsnotstand durch staatlich verordnete Reformen abgeholfen werden könne.

Die Anpassung des Ausbildungssystems an die neuen Erfordernisse der Produktion hat sich in der BRD nur stückweise und zudem verspätet vollzogen. Die Gründe für das Fehlen einer langfristigen Planung auf den Ausbildungssektoren in den 50er Jahren sind leicht zu erkennen: der extensive Aufbau der Wirtschaft nach 1945 bei relativ hoher Arbeitslosenquote (1950 : 10,3 Prozent) ermöglichte leichte Gewinne. Die während dieser Phase notwendigen wissenschaftlichen Fachkräfte stellten die westdeutschen Universitäten und der Zustrom von Flüchtlingen aus der DDR zur Verfügung. Gegen Ende der 50er Jahre aber kündigte sich eine langfristige Stagnation des wirtschaftlichen Wachstums an: 1958 betrug die Wachstumsrate der Industrieproduktion nur 3,1 Prozent und hatte so den niedrigsten Stand seit Bestehen der BRD; die Arbeitslosenquote sank in den folgenden Jahren auf ein Minimum (1958 : 3,7; 1959 : 2,6; 1960 : 1,3; 1961 : 0,8 Prozent), was eine expansive Ausweitung der Produktion unmöglich machte. Der Rückgang der Arbeitslosigkeit begünstigte den Erfolg von Lohnkämpfen; Unternehmergewinne, Kapitalrendite und Investitionsneigung sanken. Es ist bezeichnend für den planlosen Charakter privatwirtschaftlicher Produktion, daß erst unter dem Druck der wirtschaftlichen Misere der Staat als Vertreter langfristiger Kapitalinteressen aktiv eingriff. Zu diesem Zeitpunkt konnten nur eine massive Bildungs- und Ausbildungsreform sowie die Reorganisation des Forschungssektors eine langfristige Wirtschaftskrise verhindern.

Wissenschafts- und Forschungspolitik

Für die Wissenschaftspolitik ergaben sich 1960 drei Aufgaben:

1. Schaffung einer neuen wissenschaftlich-technischen Infrastruktur durch Heranbildung eines qualitativ und quantitativ ausreichenden Potentials an Grundlagenforschung – und zwar durch Investitionen in solche Forschungsvorhaben, die keinen direkten Bezug zur industriellen Verwertung erkennen lassen, langfristig aber die wichtigste Voraussetzung für die künftige Leistungsfähigkeit der Wirtschaft sind.

2. Gezielte Förderung industrieller Forschung und Entwicklung. In welchem Maße sich die werkseigene Forschung gegenüber der staatlich und öffentlich finanzierten, insbesondere im Laufe der 50er Jahre entwickelte, geht etwa aus den Angaben des ehemaligen Bundesministers für Atomfragen, Siegfried Balke, für das Jahr 1957 hervor. Danach wendete die private Wirtschaft für die betriebseigene Forschung 500 Millionen DM auf – genauso viel, wie von der Bundesregierung für Wissenschaft und Forschung bereitgestellt wurden (wobei von den 500 Millionen des Bundes die wehrtechnische Forschung mitfinanziert wurde).

3. Forschungsplanung. Die bisherige Entwicklung zeigt auch die staatliche Wissenschaftspolitik stark als Interessenvertretung privatwirtschaftlicher Bestrebungen hinsichtlich der Festlegung von Forschungsprojekten. Parallel zum wirtschaftlichen Bedarf konzentrierte sich die Gründung von Gremien zur Festlegung von Wissenschafts- und Ausbildungsfragen zum Zeitpunkt, an dem die Wirtschaft Impulse aus diesem Sektor bedurfte: 1949 Deutsche Forschungsgemeinschaft, 1957 Deutsche Atomkommission, 1957 Wissenschaftsrat, 1967 Fachbeirat für elektronische Datenverarbeitung, 1969 Institut für technologische Entwicklungslinien, um nur einige zu nennen. In allen diesen Gremien befinden sich Vertreter von Industrie (gewöhnlich mehr als ein Drittel Stimmenanteil), Wissenschaft und Staat.

Der Bildungs- und Ausbildungssektor

Die Notwendigkeit einer qualitativen Umstrukturierung des Ausbildungs- und Bildungssektors im Sinne einer langfristigen Sicherung des Wirtschaftswachstums wurde Anfang der 60er Jahre erkannt. 1964 veröffentlichte der von der Gewerblichen Wirtschaft gegründete »Gesprächskreis Wissenschaft und Wirtschaft« (GKWW) eine Empfehlung, deren Grundgedanken in den späteren staatlichen Reformplänen aufgenommen wurden. Es handelte sich hierbei im wesentlichen um:

1. Förderung der Vorschulerziehung und Bau von Gesamtschulen zur Erzielung der Hochschulreife;
2. Verkürzung der Studienzeit;

Studentendemonstration in Hamburg gegen den Bildungsnotstand (1960). Über dem wirtschaftlichen Wiederaufstieg der Bundesrepublik war die Bildungsplanung vernachlässigt worden.

Ingenieur- und Technikerausbildung

ger führten diese Politik in den neuen Gesetzesentwürfen zur »Hochschulreform« (Einführung des Studienjahres) konsequent weiter. Darin liegt die Gefahr, daß der Masse vor allem naturwissenschaftlich arbeitender Studenten auf Grund der spezialisierten und kurzfristigen Ausbildung die Möglichkeit entzogen wird, das Erlernte in einem gesellschaftspolitischen Zusammenhang zu sehen und einzuordnen. Aber abgesehen davon, wird noch nicht einmal ein Verständnis für benachbarte Fachgebiete vorangetrieben. Kritiker dieser Entwicklung haben dazu das warnende Schlagwort »Fachidiot« geprägt.

Ausbildung und soziale Lage von Technikern

Das Bild vom Ingenieur oder Techniker, der im Konstruktionsbüro oder in einer Forschungsabteilung eines Betriebes unbehelligt an Forschungsprojekten arbeitet und diese dann dem Unternehmen zur Verfügung stellt, ist überholt. Ihrer sozialen Stellung nach bildete die wissenschaftlich-technische Intelligenz von jeher eine Zwischenschicht zwischen Unternehmer und Arbeiterschaft. Dabei sollen unter den Begriff Arbeiter all diejenigen Personen zusammengefaßt werden, die lediglich vom Verkauf ihrer Arbeitskraft leben und zudem von jedweder Leitungstätigkeit ausgeschlossen sind, weder in sachlicher noch personeller Hinsicht Entscheidungsbefugnisse haben.

Heute zeichnet sich ein einschneidender Differenzierungsprozeß ab. So schreibt Christoph Kievenheim: »Nach Abschluß der theoretischen Ausbildung erfolgt die Einstellung zunächst auf der unteren Ebene der Leistungsstruktur, wobei sich inzwischen auch die Praxis des ›job rotation‹, eines Einarbeitungs- und Überprüfungssystems durchsetzt, nach dem sich die Auswahl der ›Aufsteiger‹ orientiert. Einschränkungen der Aufwärtsmobilität sind dabei vor allem im Zuge der Tendenz, in mittlere und obere Leistungsfunktionen weniger fachlich qualifizierte Arbeitskräfte als Kader mit speziellen ›Management- und Führungsqualifikationen‹ einzustellen, zu konstatieren.« (In »Strukturveränderungen in der wissenschaftlich-technischen Intelligenz«.)

Die Zahl abhängig arbeitender Wissenschaftler, Ingenieure und Techniker wächst gegenüber der Zahl der mit Leitungs- und Kontrollfunktionen betrauten wissenschaftlich qualifizierten Arbeitskräften ganz erheblich. So hat eine Umfrage des Vereins Deutscher Ingenieure (VDI) ergeben, daß allein 38,7 Prozent aller befragten Ingenieure in den Bereichen Forschung, Entwicklung, Versuch und Konstruktion, Projektierung eingesetzt waren. Weitere 24,74 Prozent arbeiteten im Bereich Betrieb, Fertigung, Montage, Bau. Dagegen bezeichneten sich nur 5,48 Prozent als Angehörige der Unternehmensleitung; zu ganz ähnlichen Ergebnissen gelangte eine »Repräsentativbefragung der Zeitschrift ›Der Spiegel‹«.

3. Effektivierung des Unterrichts und Studiums gemäß den Forderungen der Industrie nach hochgradig spezialisierten Fachkräften;
4. Zentralisierung der Entscheidungsbefugnisse beim Bund; Ausschaltung von Mitbestimmung.

Nachdem diese Pläne in den entsprechenden Industriekreisen und Staats- bzw. Parteigremien diskutiert und in ihrer Grundtendenz angenommen waren, wurde 1969 dem Bund durch Grundgesetzänderung im Zuge der Verfassungsreform die Möglichkeit gegeben, Rahmenvorschriften über die allgemeinen Grundsätze des Hochschulwesens zu erlassen, wenn diesbezüglich keine befriedigende Einigung der Länder erreicht wird (Artikel 75, Absatz 1 des Grundgesetzes). Entsprechende Gesetzesvorlagen folgten: das Hochschulrahmengesetz, das Bundesausbildungsförderungsgesetz (BAFÖG), das Hochschulstatistikgesetz und das Hochschulbauförderungsgesetz. Diese Gesetze markieren den gegenüber den Ländern vergrößerten hochschulpolitischen Einfluß von Bundestag und Bundesregierung. Auch sollen bestimmte Gremien wie die Bund-Länder-Kommission sowohl diesen Prozeß als auch eine Vereinheitlichung des Hochschulbildungswesens vorantreiben.

In diesem Zusammenhang fallen die Konzepte einer Zusammenlegung technisch ausgerichteter Fachhochschulen mit den Universitäten zu Gesamthochschulen sowie einer allgemeinen Erhöhung der Zahl der Hochschulabsolventen. Dabei soll zwar die Quan-

Erfinder unter sich:
Thomas Alva Edison (links)
und sein Chefkonstrukteur
Steinmetz, der aus Breslau stammte.

tität spezialisiert ausgebildeter Arbeitskräfte wesentlich erhöht werden, jedoch auf Kosten der Qualität traditioneller Ausbildung. Diese Qualität bestand in einem langjährigen und umfassenden Studium, der Integration von Forschung und Lehre sowie einer Vermittlung von Grundlagenwissen, auf dem im Verlauf des Studiums dann spezialisiert werden konnte.

Die frühere Ausbildung der graduierten Ingenieure ist ein Beispiel hierfür. Diesen umfassenden Ausbildungsgang soll nach Auffassung der Verfasser der oben genannten Gesetzestexte und Rahmenvorschriften nur noch eine Elite von Studierenden genießen. So erklärte der damalige Bildungsminister Leussink im Zusammenhang mit der Diskussion um ein Hochschulrahmengesetz: »Bei der geschätzten Gesamtzahl von einer Million Studenten am Ende der siebziger Jahre benötigt man 570000 Studenten als kurzfristig verwertbare (!) Arbeitskräfte, für sie wird das dreijährige Kurzstudium geschaffen; 300000 Studenten als mittlere Führungskräfte; sie sollen das fünfjährige Langstudium durchlaufen. Und schließlich 60000 Studenten, die als Führungskräfte und Elite gebraucht werden; für sie wird ein zusätzliches dreijähriges Aufbaustudium geschaffen«. Leussinks Nachfol-

Technik und Wirtschaft

Der Angestellte im weißen Kittel (links: technische Zeichner) ist das Aufstiegsziel vieler Arbeiter. Indessen haben Arbeitsplatz- und Betriebsanalysen gezeigt, daß Techniker nur selten Leitungsfunktionen ausüben.

Überfüllte Hörsäle (rechts: Blick in das Auditorium maximum der Freiburger Universität) sind noch allzu häufig Kennzeichen der vom Numerus clausus geprägten Situation an unseren Hochschulen.

Wir können heute davon ausgehen, daß die Masse der technischen Spezialisten Stabsfunktionen hat. Ihre Hauptaufgaben bestehen darin, die übergeordneten Chefs fachgemäß zu informieren und zu beraten, während die Stabsstelle selbst keinerlei personelle oder sachliche Dispositionsbefugnisse hat. Die Stellung der Angestellten, darunter der Ingenieure und Techniker in der Betriebshierarchie, ihre Rolle als Leiter und Überwacher der Produktion, beziehungsweise inwieweit sie überhaupt eine solche Rolle einnehmen können, wird in der Gliederung der Arbeiter und Angestellten nach Funktionsgruppen deutlich.

Die Masse der Arbeiter und Angestellten sind in die unteren Gruppen 0 bis 6 gedrängt; Arbeiter erscheinen fast ausschließlich in 0 bis 4. Die Aufstiegschancen in höhere Funktionsgruppen sind für sie gering und sinken, je »tiefer« man steht. Dieses wird auch daran ersichtlich, daß die wenigen Leitungsfunktionen in 6 verschiedene Gruppen aufgeteilt sind. Wie aus der Statistik ersichtlich, sind fast alle Techniker und Ingenieure den Funktionsgruppen 4 bis 7 zuzuordnen und somit auch von umfassender Leitungsfunktion, geschweige denn betrieblicher Verfügungsgewalt ausgeschlossen. Die Tendenz, die Masse der Techniker und Naturwissenschaftler nicht in Leitungsfunktionen einzubeziehen, zeigt sich besonders bei den wachstumsorientierten Industriezweigen, vor allem den Betrieben mit hochautomatisierter Fließproduktion, beispielsweise innerhalb der chemischen und der Mineralölindustrie, wo der Angestelltenanteil am größten ist.

Soziale Unsicherheit zeigte sich bei den älteren technischen Angestellten, die vor der modernen Technik kapitulierend entweder in minderwertige Stellungen herabrutschten oder frühzeitig aus ihrem Beruf entlassen worden sind. Aber auch junge Techniker werden in Zukunft stärker mit derartigen Anpassungsschwierigkeiten an innovative Vorgänge in Wissenschaft und Technik zu rechnen haben; denn erstens folgen technische Umwälzungen immer schneller aufeinander, und zweitens zieht die Zunahme von Detailarbeiten sowohl eine größere Austauschbarkeit von Technikern als auch einen Verlust umfassender Weiterqualifizierung auf Grundlage der beruflichen Praxis, die früher ja ständigen Lernstoff lieferte, nach sich.

Regelstudienzeit und Numerus clausus

In unserem Wirtschaftssystem ist auch die Arbeitskraft von Technikern ein Kostenfaktor, der möglichst niedrig kalkuliert wird und dem Prinzip wirtschaftlicher Verwertbarkeit unterliegt. Daraus leitet sich das Interesse ab, die Arbeitsabläufe auch für die Techniker

Funktionsgruppen	Produktionsbetriebe		Handel, Banken Versicherungen
	Arbeiter	Angestellte	Angestellte
0 bis 2 (ungelernte, angelernte Tätigkeiten)	56,5%	20,0%	33,9%
3 (Facharbeiter)	29,4%	17,0%	30,7%
4 bis 7 (Techniker und Vorarbeiter [4]; Ingenieure und Meister [5]; Büroabteilungsleiter)	14,1%	52,5%	30,4%
8 bis 10 (Abteilungsleiter)	–	9,7%	4,2%
11 bis 13 (Direktoren und Unternehmensspitze)	–	0,8%	0,8%
Insgesamt	100%	100%	100%

Der Numerus clausus

ten zügiger und reibungsloser durch den Ausbildungsgang geschleust werden. Der Vorsitzende des Gemeinschaftsausschusses der Deutschen Wirtschaftsverbände, Fritz Dietz, meint: »Reformerische Maßlosigkeit führt zur Verstaatlichung des Bürgers, sie deformiert die Freiheit des Einzelnen und die freiheitliche Ordnung. Nicht was wir uns leisten wollen, sondern was wir leisten können, entscheidet über Stabilität und Reformen.« (Aug. 1972). Und Dr. H. G. Sohl, Präsident des Bundesverbandes der Deutschen Industrie, im Januar 1972: »Um Fehlentwicklungen zu vermeiden, ist es deshalb notwendig, bei der weiteren Reform des öffentlichen Schul- und Hochschulwesens bereits im Planungsstadium die Auffassung der Wirtschaft zu berücksichtigen.«

Vorläufig ist die Verschärfung der Studienbedingungen vor allem durch den Numerus clausus bedingt. Der erschwerte oder zeitweise völlig verhinderte Zugang zur Universität und den Fachhochschulen wurde am 18. 7. 1972 durch ein Urteil des Bundesverfassungsgerichts für nicht grundgesetzwidrig erklärt und somit sanktioniert. Am 20. 10. 1972 wurde der Numerus clausus durch den Staatsvertrag über die Vergabe von Studienplätzen auf alle Bereiche des Hochschulwesens anwendbar. Die soziale Lage der Techniker und Wissenschaftler wie auch deren Situation während ihrer Ausbildung (wenn es überhaupt dazu kommt), sind Ausdruck der Antiquiertheit eines Bildes vom privilegiert arbeitenden, unabhängigen Forscher oder Techniker.

extrem weiterzuzerlegen, also Spezialisierung, mit der Funktion der Intensivierung der Arbeit und einer Reduktion der Ausbildungs- bzw. Weiterqualifizierungskosten. Das führt dann dazu, daß Techniker in Bezug auf Weiterqualifizierung neben ihrer beruflichen Tätigkeit auf sich selbst gestellt bleiben, was eine zusätzliche Belastung für sie bedeutet. Im Vollzuge dieser Entwicklung sind Techniker und Wissenschaftler vom Verlust ihres Arbeitsplatzes in wirtschaftlichen Rezessionen oder Krisen annähernd genauso bedroht wie die anderen Angestellten und Arbeiter. Schon 1932/33 wurde in Deutschland während der großen Depression ein Viertel aller Ingenieure arbeitslos. Alarmierend sind die jüngsten Massenentlassungen in der US-amerikanischen Flugzeug- und Raumfahrtindustrie und die Zunahme der Naturwissenschaftler und Techniker, die aus den USA nach Europa einwandern.

Um an dieser Stelle noch einmal den Bezug zur Hochschulausbildung zu finden, sei auf die Verschlechterung der Studiensituation hingewiesen, die sich parallel zu dem Verlust sozialer Stabilität der Techniker vollzieht. Ab 1974 sollte es nach den damaligen Vorstellungen und den Formulierungen im Hochschulrahmengesetz für jedes Fach Regelstudienzeiten geben. Bei Überschreiten der Regelstudienzeiten erlischt die Studienberechtigung (Zwangsexmatrikulation). Die Konsequenzen ließen sich voraussehen: Der einzelne Hochschulabsolvent kann nicht mit den gleichen abgesicherten Berufsbedingungen für die berufliche Ausgangsposition und Besoldung rechnen wie der Akademiker früherer Zeiten, denn auf längere Sicht ist eine zahlenmäßig härtere Konkurrenz auch in der akademischen Berufswelt unvermeidlich. Das sind zwangsläufige, wenn auch häufig noch nicht gesehene Konsequenzen einer gerechteren Verteilung der Bildungschancen.

Daß eine Verschärfung der Konkurrenz unter den Studenten den Unternehmerinteressen nicht zuwiderläuft, zeigt eine Aussage von Josef Wild, Präsident des Zentralverbandes des Deutschen Handwerks: »Eine Bildungsreform, die auf die Leistungsfähigkeit und den Bedarf der Wirtschaft keine Rücksicht nimmt, muß auf die Dauer alle weiteren Reformen in Frage stellen. Mit Bildungsreformen, die von zweifelhaften Ideologien getragen werden, und mit einem falsch verstandenen Bürgerrecht auf Bildung ist weder dem einzelnen Menschen noch der Gemeinschaft gedient.« Nicht Abschaffung der Studienbeschränkungen (Numerus clausus), nicht der Abbau von Bildungsprivilegien, nicht die Schaffung umfangreicher Allgemeinkenntnisse liegen im Interesse der Unternehmerverbände, sondern ein universitäres Aussiebeverfahren und die Aneignung spezialisierter Kenntnisse zum Zwecke kurzfristiger und unmittelbarer industrieller Verwertung. So nach soll ihrer Ansicht das Geld nicht für die Bildung hinausgeschleudert werden zum Bau neuer Schulen und Universitäten, sondern auf Grundlage der bestehenden baulichen und personellen Kapazitäten sollen mehr Studenten zügiger und reibungsloser durch den Ausbildungsgang geschleust werden.

Lange, Helmut, Wissenschaftliche Intelligenz, Pahl-Rugenstein-Verlag.
Kievenheim, Christof, Zur Entwicklung der geistigen Arbeit und der Intelligenz, in: Klassen- und Sozialstruktur der BRD 1950–1970, Verlag Marxistische Blätter.
Littek, Wolfgang, Industriearbeit und Gesellschaftsstruktur, Europäische Verlagsanstalt.
Deppe, Frank, Das Bewußtsein der Arbeiter, Pahl-Rugenstein-Verlag.
Baethge, Martin, Ausbildung und Herrschaft, Unternehmerinteressen in der Bildungspolitik, Studienausgabe Göttingen 1970.
Vester, Friedrich, Bausteine der Zukunft, Frankfurt/M. 1968.
Jaeggi, Urs, und Wiedemann, H., Der Angestellte im automatisierten Büro, Stuttgart 1963.
Wiedemann, H., Die Rationalisierung aus der Sicht des Arbeiters, Köln und Opladen 1964.
Gehlen, A., Sozialpsychologische Probleme der industriellen Gesellschaft, 1949.
Fichte, Johann Gottlieb, Über das Wesen des Gelehrten, 1806.
Weber, Max, Wirtschaft und Gesellschaft, herausgegeben von J. Winckelmann, 1964.

Naturwissenschaft und Technik

Basis aller technischer Entwicklungen ist die Einsicht in naturwissenschaftliche Vorgänge. Zunächst waren das solche der Physik und Chemie, später kamen weitere hinzu; besonders die Biologie gilt heute als Wissenschaft umwälzender Neuerungen von morgen. Auch die Kybernetik und andere Wissenschaften, die sich mit nicht-gegenständlichen Dingen beschäftigen, dienen seit neuestem als Grundlage technischer Aktivität; hier sind es vor allem logische Konzepte, etwa solche der Organisation, die man für praktische Zwecke auswertet.

Von der naturwissenschaftlichen Aussage verlangt man, daß sie nachweisbar und wiederholbar ist. Eine naturwissenschaftliche Arbeit beschreibt die Situation, unter deren Bedingungen eine Erscheinung (»Phänomen«) eintritt; diese Erscheinung muß sich unter denselben Bedingungen stets in gleicher Weise wiederholen – nur dann handelt es sich um ein Naturgesetz, um eine Regel, die unabhängig von Ort und Zeit gilt, vor allem aber auch unabhängig von subjektiven Einflüssen, dem Vorwissen des Beobachters, seinem Wertsystem. Nur Erscheinungen dieser Art sind technisch verwertbar. Nachweisbarkeit und Wiederholbarkeit sind also Bedingungen für die praktische Brauchbarkeit des erworbenen Wissens.

Durch die enge Bindung der Technik an die Naturwissenschaft wird der Ingenieur auch mit den naturwissenschaftlichen Hilfsmitteln vertraut. Dazu gehören vor allem verschiedene mathematische Verfahren – Differential- und Integralrechnen, Vektorrechnen, Statistik sowie die Methode der Modellanschauung und der Theoriebegriff. Als Modell bezeichnet man ein Gedankenbild, das denselben Gesetzen unterworfen ist wie die Erscheinung, die es erfaßt. Meist geht man dabei von etwas Anschaulichem, Bekanntem aus, über das man leichter Zugang zu unbekannten Bereichen findet. Ein Beispiel sind die Wellen, die wir vom Wasser her gut kennen. Nun hat sich herausgestellt, daß auch viele unsichtbare Vorgänge, etwa Schall oder Elektrizität, den gleichen Gesetzen der Schwingungsform, der Art der Ausbreitung, der Energieumsetzung und so weiter unterworfen sind. Die Wasserwellen können somit als Modell der Schall- oder elektromagnetischen Wellen dienen. Tritt eine Frage über sie auf, so führt es oft schon zur Lösung, wenn man sich Wasserwellen, deren Verhalten man kennt, unter entsprechenden Bedingungen vorstellt.

*Modernes Großraumlabor in München.
Die Zeit der Privatgelehrten
und Amateur-Erfinder,
die in ihren Studierstuben
mit primitiven Vorrichtungen
erfolgreich forschten,
ist längst vorbei.*

Modelle und Theorien

Nach diesem Prinzip ist sogar ein experimentelles Lösungsverfahren möglich – die Simulation. Man unterwirft dann das als Modell dienende Objekt – in unserem Fall also das Wasser – den entsprechenden Bedingungen und beobachtet, was geschieht. Diese Erfahrung überträgt man dann auf den Schall oder das schwingende elektromagnetische Feld.

Der Begriff der »Theorie« ist älter als der des Modells, obwohl ein enger Zusammenhang besteht: Eine Theorie ist ein mathematisches Modell. Auf formelhafte Weise, meist durch eine mathematische Symbolsprache, erfaßt die Theorie die Gesamtheit aufeinander bezogener Gesetzmäßigkeiten. So kann man etwa eine physikalische Größe in Abhängigkeit von äußeren Bedingungen angeben – beispielsweise die Ausschläge von Schwingungen an der Wasseroberfläche unter Berücksichtigung des Gefäßrandes. Die Formeln, in denen sich eine Theorie verkörpert, erlauben also die Beschreibung von Erscheinungen unter beliebig abwandelbaren Bedingungen. Sie ermöglichen es anzugeben, was geschieht, wenn man die Bedingung verändert. Und umgekehrt kann man mit ihrer Hilfe ermitteln, wie man Bedingungen verändern muß, um einen bestimmten Effekt zu erzielen.

Schon aus diesem nur skizzenhaft beschriebenen Sachverhalt ergibt sich, daß die Modellvorstellung und die mathematisch gefaßte Theorie von unschätzbarem Wert für den Techniker sein müssen. Beide fördern sie das Verständnis von Erscheinungen, sie geben Merkhilfen und die Möglichkeit zur gegenseitigen Verständigung. Dazu kommt, daß der Techniker oft auch mit einem sehr vereinfachten Modell auskommt – etwa deshalb, weil es, trotz gewisser Abweichungen von der Wirklichkeit, seinen Genauigkeitsansprüchen vollauf genügt. So ist

Naturwissenschaft und Technik

es beispielsweise für viele praktische Aufgaben der Elektrotechnik ausreichend, den elektrischen Strom in Leitungen als Bewegung einer Flüssigkeit durch Röhren anzusehen, obwohl in Wirklichkeit die Ladung von Masseteilchen durch frei bewegliche Elektronen weitergegeben wird.

Weiter ist der Techniker mit Hilfe der Theorie in der Lage, Werkzeuge am Reißbrett zu entwerfen. Er kann vorausberechnen, wie sich die von ihm erdachten Gebilde verhalten werden; schon ehe ein Prototyp existiert, kann der Techniker alle wichtigen Bestimmungsgrößen angeben: Energieverbrauch, Wirkungsgrad, Leistung und so fort. Die Theorie wird ein Hilfsmittel der Technik – es gibt nichts, das sich als so praktisch erweist wie eine Theorie.

Manche theoretischen Vorstellungen sind so inhaltsreich, daß es Jahrzehnte dauert, ehe man sie ausschöpfen und praktisch anwenden kann. Das gilt etwa für die Optik und die Elektrizität. In den »Maxwell'schen Gleichungen«, die der schottische Physiker James Clerk Maxwell im Jahre 1873 fand, steckt das gesamte Verhalten von elektromagnetischen Schwingungen, eingeschlossen jenen des Lichts. Erst dreizehn

---

Das dynamoelektrische Prinzip

Werner Siemens fand bei Versuchen mit einem ursprünglich batterieerregten Gleichstromgenerator eine von ihm 1866 aufgestellte Theorie bestätigt. Die Theorie besagte, daß der im Eisenkern des Feldmagneten vorhandene remanente oder Rest-Magnetismus bei bestimmten Windungsverhältnissen einen zunächst schwachen Induktionsstrom erzeugen müßte, der zum weiteren Aufbau des Magnetfeldes benutzt werden könnte, so daß sich der Generator selbst zu voller Leistung »aufschaukelt«.

W. Siemens stellte daraufhin das Arbeitsprinzip des *selbsterregten Gleichstromgenerators* auf, mit dem durch »Aufwendung mechanischer Energie elektrische Ströme jeder gewünschten Spannung und Stärke erzeugt werden können«. Erst mit der »Dynamo-elektrischen Maschine«, wie sie der Erfinder nannte, stand eine wirtschaftliche Stromquelle zur Verfügung, die den Betrieb von Elektrizitätswerken ermöglichte und das Zeitalter der Starkstromtechnik einleitete.

Jahre später gelang es Heinrich Hertz, die von Maxwell vorausgesagten Wellen (Rundfunkwellen) nachzuweisen. (→ S. 96). In solchen Fällen eröffnet der Übergang zur Theorie den Zutritt zu einem Instrument von überragender Wirksamkeit. Wollte man den Ausstoß an technischen Neuerungen durch eine ansteigende Kurve darstellen, so würde der Übergang zur theoretischen Basis durch eine Stufe ausgedrückt werden.

Die Vorstufe der Theorie ist die Empirik. Empirische Regeln sind solche, die man aus der Beobachtung gewinnt, ohne sie zunächst einmal erklären oder ihre Gesetzmäßigkeit beweisen zu können. Heute, da die Technik theoretische Grundlagen fordert und fördert, nimmt die Erzeugung technischer Neuerungen im gleichen Maße zu wie der theoretische Fundus der Wissenschaft. Das hat sich etwa am Beispiel der Halbleitertechnik gezeigt; die technische Nutzung in Halbleiterschaltelementen trat unmittelbar nach den theoretischen Fortschritten ein. (Halbleiter sind Festkörper [Silizium, Germanium u.a.], die im Gegensatz zu den üblichen Stromleitern veränderliche elektrische Widerstände besitzen, deren Größe mit zunehmender Beimischung gewisser Fremdstoffe zunimmt. → S. 114).

Als die Techniker erkannten, wie nützlich ihnen die wissenschaftliche Theorie sein konnte, gab es noch einen gewissen Nachholbedarf zu stillen; es standen genügend theoretische Kenntnisse zur Verfügung, die man auswerten konnte. Bis heute wurde das verlorene Gelände aber weitgehend aufgeholt, und heute folgt die Technik der Wissenschaft auf dem Fuße. Die Technik selbst ist es nun, die auf bestimmten Gebieten den Mangel an wissenschaftlichen und besonders an theoretischen Hilfsmitteln empfindet und als Anreger von Forschungsvorhaben auftritt. Viele wissenschaftliche Untersuchungen, vor allem natürlich auf Gebieten, auf denen technische Verwertungen aussichtsreich sind, wurden von der Industrie angeregt und finanziert. Oft können die Industrien den Wissenschaftlern mehr bieten, bessere Entlohnung und günstigere Arbeitsbedingungen, nicht zuletzt bessere Ausstattung der Laboratorien, als die nicht-kommerziellen Lehr- und Forschungsanstalten.

Grundlagenforschung

Manche Gegenstände der wissenschaftlichen Forschung sind so kostspielig, daß man in allen großen Industriestaaten eine gewisse Zusammenarbeit zwischen wissenschaftlicher und angewandter Forschung anstrebt. Dabei soll besonders die Grundlagenforschung in staatlichen und staatlich unterstützten Institutionen vor sich gehen. In der Bundesrepublik obliegt die Grundlagenforschung den Max-Planck-Instituten, die auf der Basis des Verwaltungsabkommens zur Förderung von Wissenschaft und Forschung (8. 2. 1968) im wesentlichen von Bund und Ländern je zur Hälfte finanziert werden, während die angewandte Forschung von der Fraunhofer-Gesellschaft getragen wird, einem eingetragenen Verein »zur Vermittlung und Ermöglichung von Forschungsarbeiten auf den Gebieten der Naturwissenschaft und Technik zum Nutzen der Wirtschaft«. Praxisbezogene Entwicklungsarbeit geht selbstverständlich weiterhin in den Industrielaboratorien vor sich. (→ S. 74).

Nicht alle Erscheinungen unserer Welt sind dem Zugriff des Verstandes gleich gut zugänglich. Eine Voraussetzung dafür ist die Beobachtbarkeit. Etwas, das sich in unserer Umgebung abspielt, wird in einer Gesetzmäßigkeit früher begriffen als etwas, das nur selten zu beobachten ist. Auch die Auffälligkeit spielt eine Rolle; Ereignisse, die unsere Aufmerksamkeit auf sich ziehen, fordern dazu heraus, über ihre Ursachen und Funktionsprinzipien nachzudenken. Dadurch wird die Bedingung der Beobachtbarkeit zum Teil wieder aufgehoben, denn auffällig ist nicht nur das Große oder Laute, sondern auch das Ungewöhnliche und Seltene.

Eine große Erleichterung für die verstandesmäßige Durchdringung bedeutet es, wenn man die fraglichen Erscheinungen durch die Sinnesorgane erfassen kann. Der Gesichtssinn im Zusammenspiel mit dem Tastsinn ist die wichtigste Informationsquelle über den Aufbau unserer Welt. Mit anderen Worten: Das, was man sehen und greifen kann, bietet sich von selbst als Objekt des Nachdenkens dar. Bewegungen, Formveränderungen und dergleichen sind der Beobachtung unmittelbar zugänglich. An ihnen hat man wohl zuerst die Zusammenhänge von Ursachen und Wirkung erkannt, und deshalb waren die ersten Werkzeuge auch solche, die sich auf die Bewegung und Formung von Gegenständen bezogen. Die Lehre, die sich mit solchen Erscheinungen beschäftigt, ist die Mechanik. Sie ist es, deren Gesetzmäßigkeiten der Mensch als erste verstand und technisch nutzte.

Auch für die Erfassung akustischer und optischer Phänomene ist der Mensch gut ausgestattet, und somit war es ihm leicht, als nächsten Schritt zu den Erscheinungen der Akustik und Optik vorzudringen, obwohl es dabei um ungreifbare Dinge geht. Dagegen besitzt er keine Sinnesorgane, die ihm unmittelbaren Zugang zu elektromagnetischen Erscheinungen (wobei das Licht auszuklammern ist) erlauben – eine Klasse

Heinrich Hertz entwickelte diesen kreisförmigen Resonator in den Jahren 1886 bis 1888. Er wies damit die Existenz elektromagnetischer Wellen nach.

von Erscheinungen, die, wenn überhaupt, nur durch ihre Folgeerscheinungen bemerkbar werden. Es ist eine gewaltige Leistung des Intellekts, daß der Mensch die gemeinsame Ursache hinter diesen Wirkungen und die Gesetzmäßigkeiten, die dabei gelten, erkannt hat. Somit konnte es erst zur Nutzung elektrischer Phänomene kommen, als es schon längst eine mechanische, akustische und optische Technik gab.

Auch die Wärme ist eine Erscheinung, die wir durch unsere Sinnesorgane wahrnehmen können. Der Mensch hat schon früh einiges darüber gelernt, wie er Wärme erzeugen, weiterleiten und speichern kann. Zu den schwer zugänglichen Erscheinungen gehören jene der Atomphysik. Auch außerhalb der Physik ist die Möglichkeit, Vorgänge »einzusehen«, maßgebend dafür, ob die Technik dem Menschen früh zugänglich wurde oder nicht. Das gilt beispielsweise für die Chemie, die sich nicht so einfach in beobachtbare und nichtbeobachtbare Teile aufspalten läßt. Auch hier ist es nicht anders: Was sich auffallend präsentiert, wurde früh Gegenstand technischer Nutzung. Ähnliches gilt für alle Physik und Chemie verwandten Wissenschaften.

Ein weiteres Moment, von dem der Zugriff des Verstandes abhängt, ist die Möglichkeit des aktiven Eingriffs: Auf welche Weise kann man einen Ablauf beeinflussen? Läßt er sich stoppen, in andere Bahnen lenken, willkürlich in Funktion setzen? Das Experiment führte zur systematischen Forschung.

Informatik

Neben den Umwandlungen in unserer Welt, die im wesentlichen Energieumwandlungen sind, gibt es auch solche, bei denen eine andere Größe umgesetzt wird, nämlich die Information. Obwohl der Austausch von Information eine Erscheinung ist, die so alt ist wie das Leben selbst, hat sich erst in unserem Jahrhundert eine Wissenschaft ausgebildet, die sich ihrer annimmt. Und somit konnte eine gezielte technische Verwertung, eine Informationstechnik oder Informatik, erst in den letzten Jahren entstehen.

Technische Hilfsmittel, die der Vermittlung, Speicherung oder Übertragung von Information dienen, sind etwa die Druckmaschinen, Telefon und Telegraf, Funk und Fernsehen. Die hochentwickelte Technik wird aber bei allen diesen Geräten nicht für die Informationsverarbeitung eingesetzt, sondern nur für die sogenannte Eingabe und Ausgabe; das sind physikalische und nicht informationelle Prozesse. So handelt es sich beispielsweise bei den Rundfunkgeräten um Anlagen zur Verstärkung von elektrischen Schwingungen und zur abschließenden Umwandlung in akustische Signale. Unter Verarbeitung von Information versteht man aber etwas anderes: nicht die physikalische »Umcodierung«, sondern die logische Verarbeitung. Beispiele dafür sind etwa das Lösen von Rechenaufgaben oder die Ordnung nach gegebenen Gesichtspunkten. Das hervorragende Beispiel für die technische Nutzung dieser Erkenntnis ist die elektronische Rechenmaschine, der Computer; dazu gehören aber auch alle Steuerungs- und Kontrolleinrichtungen. Dieser Technik gelingt also die Übernahme von logischen, rechnerischen und steuernden Prozessen im allgemeinsten Sinn des Wortes – eine Erscheinung, die man allgemein als »Automation« bezeichnet. Die Automation ist die bisher letzte große Phase der technischen Entwicklung.

Die hier dargestellte Stufenleiter des technischen Wissens in der Geschichte der Menschheit ist natürlich nur eine grobe Schematisierung. Je nach der Art der Erscheinung, aber auch je nach ihrem Auftreten in unserer Welt hat der Mensch immer wieder verschiedene Möglichkeiten, sie zu begreifen. Dabei kann es durchaus einmal vorkommen, daß man eine elektrische Erscheinung früher versteht und nutzt als eine der Mechanik, oder daß man bereits (mechanische) Steuersysteme kannte, ehe man sich mit elektronischer Steuerung beschäftigte. Im großen und ganzen aber hat sich die Technik in der Reihenfolge Mechanik – Elektrizität – Automation entwickelt.

Diese Entwicklung läuft in vielen Teilbereichen der Technik gesondert ab. Maschinen, die man für Werkzeugbearbeitung benutzt, funktionierten zuerst rein mechanisch, später erhielten sie elektrische Antriebe, und zuletzt wurden sie der Automation unterworfen. Zusammenfassend ist festzustellen, daß die Geschichte des Wissenserwerbs und der Technisierung keineswegs nach einer inneren Logik der physikalischen Erscheinungen, nach einem von außen gegebenen Prinzip verläuft, sondern von den Sinnesorganen und Motivationen des Menschen abhängt. Die Entwicklung führt zwar konsequent vom Einfachen zum Komplizierten, aber was einfach oder kompliziert ist, hängt unter anderem auch vom Menschen selbst ab.

Wechselwirkungen

Schon immer bestand ein Zusammenhang zwischen Forschungs- und Erfindungstätigkeit; mit dem Aufkommen der systematischen naturwissenschaftlichen Forschung war auch ein Aufschwung der technischen Entfaltung zu verzeichnen. Die

Naturwissenschaft und Technik

Verbindung zwischen Wissenschaft und Technik wurde enger. Schon im neunzehnten Jahrhundert kam es zu vielfachen Wechselwirkungen zwischen den Wissenschaftlern und jenen, die ihre Erkenntnisse technisch verwerteten.

Zuerst führte der Weg auf »übliche« Weise von der wissenschaftlichen Erkenntnis zur Nutzanwendung – beispielsweise bei den Versuchen, die Heinrich Hertz auf die Spur der elektromagnetischen Wellen führten; der Gedanke, diese Erscheinungen zur drahtlosen Beförderung von Nachrichten zu verwenden, war eine unmittelbare Konsequenz. Bald aber gingen die Anregungen auch in die andere Richtung. So waren es Überlegungen über die Wärmekraftmaschine von Sadi Carnot, die zur Theorie der Wärmeumsetzungen, der »Thermodynamik«, führten – heute ein etablierter Zweig der theoretischen Physik. Einen der ersten Forschungsaufträge durch die Privatwirtschaft erhielt Louis Pasteur: Einige Brauereien waren daran interessiert, ihre Kenntnisse über Gärungsprozesse zu erweitern. Louis Pasteur löste nicht nur das gestellte Problem, sondern er machte eine Entdeckung von umfassender Bedeutung – er fand, daß Mikroorganismen in unserem Leben, nicht nur als Urheber von Krankheiten, eine wichtige Rolle spielen. Nebenbei klärte Pasteur auch die Grundlagen der Käsezubereitung; die gesamte Mikrobiologie geht somit auf die Initiative französischer Brauer zurück. Es war also bemerkenswerterweise die Biotechnik, die das Gebiet der »angewandten Forschung« begründete.

Im neunzehnten Jahrhundert hatte die Industrie wenig Interesse an einer systematischen Forschung im modernen Sinn. Damals waren es noch einzelne Erfinderpersönlichkeiten, die die Entwicklung bestimmten – Werner Siemens durch den elektrischen Telegraphen, die Dynamomaschine (nämlich den selbsterregten Gleichstromgenerator) und viele weitere Ideen auf dem Gebiet der Elektrotechnik, der Amerikaner Ch. M. Hall und der Franzose P. L. Héroult durch Verfahren zum Gewinn von Aluminium aus dem Erz Bauxit, Hendrik Baekeland durch die Synthese von Kunststoffen. Sie hatten »Privatlaboratorien«, in denen sie die grundlegenden Arbeiten durchführten, ihren Mitarbeitern blieb die Aufgabe, die Ideen zur technischen Anwendung weiterzuentwickeln.

Das erste industrielle Forschungslaboratorium entstand im Jahre 1900 als Gründung der General Electric Company in New York, dem größten Elektrokonzern der Welt. In Deutschland war es Wilhelm von Siemens, ein Sohn Werner von Siemens, der um 1910 ein physikalisch-chemisches Labor allgemeiner Aufgabenstellung betrieb. Nach dem Ersten Weltkrieg wurde es als Forschungslaboratorium der Siemenswerke in großzügiger Weise ausgebaut.

In der Industrieforschung ergab sich für die naturwissenschaftlichen Fakultäten und Technischen Hochschulen, die seit der zweiten Hälfte des neunzehnten Jahrhunderts entstanden waren, eine befruchtende Konkurrenz. Nach einer Erhebung, die für das Jahr 1953 vorliegt, sind 68 Prozent der Naturwissenschaftler und Ingenieure, die an Forschung und Entwicklung arbeiten, in der Privatindustrie beschäftigt. In dieses Wechselspiel greift schließlich noch der Staat ein, indem er Forschungsarbeiten nicht nur in Auftrag gibt, sondern in eigenen Instituten auch durchführen läßt. Besonders die militärischen Interessengruppen sind als Auftraggeber von Forschungsarbeiten in den Vordergrund getreten. (→ S. 85)

Jede angewandte Forschung muß sich auf wirtschaftlich gewinnbringend verwertbares Wissen beschränken. Das bringt für die Mitarbeiter manchen Ärger mit sich: Ist die Verwertbarkeit ihrer Ergebnisse in Frage gestellt, so müssen sie oft genug ihre Zielsetzung aufgeben, auf andere Projekte ausweichen. Nutzungsüberlegungen entscheiden darüber, ob die Arbeiten weitergeführt, gefördert oder aufgegeben werden. Manches aussichtsreiche Projekt wurde ohne Angabe von Gründen von heute auf morgen gestoppt, wie wir bereits aus dem Kapitel »Fortschritt als sozialer Prozeß« erfahren haben.

Prioritäten der Forschung

Vielfach wird also naturwissenschaftliche Forschung nur deshalb gefördert, weil man damit rechnet, daß sich die Kosten schließlich in wirtschaftlichen Nutzen ummünzen lassen. Man stellt Listen auf, in denen Prioritäten festgelegt sind – Gebiete, von denen man sich besonders gute Aussichten auf Verwertung verspricht. Dazu gehört heute die Plasmaphysik und die Kernphysik – beide vorwiegend im Hinblick auf Fragen der Energieversorgung. Das führt auf der anderen Seite zur Vernachlässigung von Wissensgebieten, deren Ergebnisse nicht so rasch zur praktischen Verwertung führen. (→ S. 84 ff.)

Dabei stellt sich allerdings heraus, daß es nicht leicht ist, genau anzugeben, welche Art von Wissen verwertbar ist und welche nicht. Gewiß ist das bei Erscheinungen zu erkennen, die durch den direkten Eingriff technisch interessante Vorgänge ermöglichen, – zum Beispiel Energieumwandlung oder Nahrungsmittelgewinnung. Aber selbst Fragestellungen von philosophischer Tragweite können von Wert für technische Entwicklungen sein. Ein Beispiel etwa ist die Frage, ob Licht als elektromagnetische Schwingung oder als Teilchenstrom (»Strahl«) zu erklären sei. Dieses Problem wurde durch die Quantentheorie aufgeworfen und rührt an die Grundlagen unserer Anschauung vom Aufbau der Welt. Aber die Lösung der Frage hat auch technischen Nutzen gebracht: Die Entwicklung des Lasers etwa, von dem im folgenden noch ausführlich die Rede sein wird. Ein anderes Beispiel betrifft die Fortpflanzungsgeschwindigkeit der elektromagnetischen Schwingungen, allgemein als Lichtgeschwindigkeit bekannt. Sie beträgt im leeren Raum rund 300 000 Kilometer pro Sekunde, ist also praktisch unendlich groß. Der genannte Wert galt lange als eine nur theoretisch interessante Größe. Bei der Funkverbindung mit den Astronauten auf dem Mond kann eine Verzögerung von rund einer Sekunde aber durchaus von Bedeutung sein, und bei einer Jupitersonde wird die Fernlenkung schon stark eingeschränkt, weil ein Licht- oder Funksignal zum Jupiter mehr als 20 Minuten benötigt. Ein weiteres Beispiel liefert die Geschichte der Kernphysik. Die Wissenschaftler, die sich seinerzeit damit beschäftigten, hielten sie für ein Wissensgebiet, das einer technischen Verwertung unzugänglich sei. Selbst als man erkannte, welch große Energiekonzentration in Atomkernen steckt, änderte sich daran nichts. Otto Hahn, der Ende 1938 mit Fritz Straßmann zusammen die Spaltbarkeit des Urankerns entdeckte und experimentell nachwies, hegte damals Zweifel, daß diese Art Energie von praktischem Interesse sei.

Inzwischen ist der Weg von der reinen Wissenschaft zur Verwertung kürzer geworden, und es fragt sich, ob es im Bereich der Realwissenschaften überhaupt Kenntnisse gibt, die nicht auf irgendeine Weise nutzbar werden können.

Big Science – die großen Projekte

Je weiter eine Technologie entwickelt wurde, um so schwerer fällt es, neues verwertbares Grundlagenwissen hervorzubringen, und um so höher sind die Anforderungen an die For-

Vierundzwanzig Jahre danach trafen sich im Deutschen Museum in München Professor Fritz Strassmann (links) und Professor Heinz Haber (rechts) mit dem Nobelpreisträger Otto Hahn vor der historischen Versuchsanordnung, mit der ihm im Jahre 1938 die erste Spaltung von Urankernen gelungen ist. Was bis dahin unmöglich schien, hatte der bescheidene Forscher geschafft: die Kernspaltung – damals nannte man sie noch »Atomzertrümmerung«; – sie bewirkt die Freisetzung der ungeheuren, in der Materie gebundenen Energien und ermöglicht deren wirtschaftliche Nutzung – freilich auch die Konstruktion der Atombombe.

Amateurhaft und primitiv kommt uns heute dieser Labortisch vor – und doch gäbe es ohne ihn noch keinen einzigen Kernreaktor!

schung. Der Erwerb technischen Wissens wird selbst zu einem technischen Prozeß, der den Bedingungen der Spezialisierung und Mechanisierung unterliegt.

Um zum Erfolg zu kommen, sind heute so umfangreiche Kenntnisse nötig, daß sie ein einzelner nicht mehr aufbringt. Wie in anderen Betrieben operiert man nach dem Prinzip der Arbeitsteilung; Teams von Theoretikern, Experimentaltechnikern und Ingenieuren arbeiten eng zusammen. Ihre Arbeitsplätze haben kaum mehr Ähnlichkeit mit den »Privatlaboratorien« der alten Erfinder-Unternehmer – sie enthalten oft riesige Apparaturen, gleichen eher Fabrikationsbetrieben – nur daß hier Wissen produziert wird.

Dieses Wissen ist nicht nur für die Privatindustrie wichtig – indirekt hängt auch der Wohlstand eines Staates vom wissenschaftlich-technischen Standard der Industrie ab. So kommt es, daß der Staat schon früh als Förderer der Forschung aufgetreten ist. Die Bundesrepublik gibt beispielsweise durch die gemeinnützige, von Bund und Ländern getragene Deutsche Forschungsgemeinschaft (DFG) Aufträge an Hochschulen und Universitäten; daneben betreibt der Staat auch eigene Forschungsinstitute, finanziert wissenschaftliche Gesellschaften wie bei uns die Max-Planck-Gesellschaft oder stützt die Forschung der Privatindustrie etwa auf dem Sektor Landwirtschaft. Auf diese Weise, oft sogar in internationaler Zusammenarbeit (Krebsforschung!), können Forschungsvorhaben durchgeführt werden, die sonst unerschwinglich wären.

Manche Projekte sind so teuer, daß sie einen merklichen Teil des Volkseinkommens für sich beanspruchen. Damit ergibt sich

Naturwissenschaft und Technik

für die wissenschaftlichen Großprojekte, für die »Big Science«, eine ungewohnte Lage: Sie muß die Öffentlichkeit von der Wichtigkeit ihrer Aktivität überzeugen. Nur wenige Teile der Bevölkerung haben aber Einsicht in die Zusammenhänge zwischen technischem Wissen und nationalem Wohlergehen. Aus diesem Grund werden ständig starke gefühlsmäßige Motivationen aufgebaut – etwa: Verteidigung des Vaterlandes, der Sicherheit, der Ehre, der Freiheit – um Großprojekte vor den Augen der Öffentlichkeit zu rechtfertigen.

»Projekt Manhattan«

Das größte Projekt, das unter dem Druck des Krieges zustande kam, ist die Erschließung der Kernenergie. Die Vorgeschichte ist bekannt: Von einigen Wissenschaftlern überredet, schrieb Albert Einstein einen Brief an den amerikanischen Präsidenten und machte ihn auf die Möglichkeit aufmerksam, mit Hilfe der Kernenergie eine Waffe zu entwickeln, die in ihrer Wirkung alles Bekannte weitaus überträfe. Unter strengster Geheimhaltung wurde daraufhin eine gewaltige Organisation aufgezogen, um diese Waffe zu entwickeln – ein Vorhaben, das unter dem Decknamen »Projekt Manhattan« lief und mit dem Abwurf der beiden Atombomben auf Hiroshima und Nagasaki ein vorläufiges, doch die gesamte Welt erschütterndes Ende fand.

Es war das erste Mal, daß aus militärischen und politischen Gründen eine ganze neue Teilwissenschaft, die Atom- oder richtiger Kernphysik, erschlossen wurde (vorher hatte es erst wenige Erfolge auf Teilgebieten gegeben), daß also Theoretiker und Praktiker aus dem Gebiet der reinen Naturwissenschaft mit Technikern und Organisatoren zusammenarbeiteten. Die Wissenschaftler wurden sich ihrer Verantwortung erst spät bewußt – nur langsam wurde die alte Überzeugung wankend, Grundlagenforschung sei »zweckfrei« und müsse »unpolitisch«

Die Maxwellsche Theorie

Den schon Faraday bekannten Zusammenhang zwischen elektrischen Strömen und magnetischen Feldern oder, genauer: die Theorie der elektromagnetischen Felder und der von ihnen verursachten Erscheinungen, formulierte erstmals der Engländer J. C. Maxwell in den Jahren 1861 bis 1864. Sie ist die Theorie der *Elektrodynamik*, worunter die Lehre von den zeitlich veränderlichen elektromagnetischen Feldern und ihren Wechselwirkungen zu verstehen ist.
Die Grundlagen der Maxwellschen Theorie sind folgende Erfahrungstatsachen, aus denen Maxwell seine Gleichungen herleitete:

- Ändert sich die elektrische Ladung z. B. eines Kondensators, dann ist damit der Zu- oder Abfluß eines elektrischen Stromes verbunden.
- Jeder elektrische Strom verursacht ein magnetisches Feld, das der Stromstärke proportional ist (Ampèresche Verkettungsregel).
- In einem elektrischen Leiter, der sich durch ein ruhendes Magnetfeld bewegt oder der sich in einem veränderlichen Magnetfeld befindet, wird eine Spannung erzeugt bzw. induziert (Faradaysches Induktionsgesetz).
- Die Kraftlinien eines Magneten sind in sich geschlossene Kurven, es gibt daher keine isolierten Magnetpole.

Mit den Maxwellschen Gleichungen lassen sich sämtliche elektromagnetischen Erscheinungen beschreiben und mathematisch exakt berechnen, soweit nicht atomare Vorgänge eine Rolle spielen. Maxwell zeigte, daß seine Gleichungen elektromagnetische Wellen beschreiben, und er erkannte, daß die Eigenschaften dieser Wellen denen der Lichtwellen analog sind.

---

sein und bleiben. Es kam zu öffentlichen Auseinandersetzungen zwischen den Initiatoren des Manhattan-Projekts – Teller gegen Oppenheimer –, auch die Literatur bemächtigte sich der Thematik – siehe Dürrenmatt: »Die Physiker«.

Von dieser Zeit an ist wissenschaftliche Arbeit »im Elfenbeinturm« nicht mehr möglich. Der Forscher beteiligt sich in steigendem Maß an der Lösung offener Fragen, die mit der Wissenschaft und ihrer technischen Anwendung zusammenhängen. Er warnt vor fragwürdigen Entwicklungen, entwirft neue Modelle des Zusammenlebens in einer technischen Welt und versucht, die Entwicklungen, die die Zukunft bringt, vorauszuberechnen.

Die Atombombe, einst Gipfelpunkt militärischer Strategie, hat das Grundlagenwissen geliefert, um Atomenergie für friedliche Zwecke nutzbar zu machen. Es ergab sich der bemerkenswerte Fall, daß dieselbe Organisation, die seinerzeit an einer kriegerischen Entwicklung, dem »Projekt Manhattan«, beteiligt war, an der friedlichen Aufgabe weiterarbeitete und dadurch nicht nur die wissenschaftlichen, sondern auch die organisatorischen Kenntnisse ausgewertet wurden. In der Größe hatte dieses Projekt alles, was bisher an wissenschaftlichen oder technischen Initiativen zu verzeichnen war, übertroffen, und somit trat auch die Frage der Organisation, die bisher wenig beachtet wurde, in den Vordergrund: Man hatte, unter politischem Druck, auch eine einmalige organisatorische Leistung gebracht. Die dabei zutage geförderten Erkenntnisse gehören nun zum Wissensbestand unserer Zeit.

Noch größer – »Projekt Apollo«

Bis vor kurzem war der Krieg das einzige Mittel, das die volle Konzentration aller technischen Mittel zur Durchführung einer Aufgabe aktuell machte. Erst in jüngster Zeit haben wir die erfreuliche Erfahrung gemacht, daß es auch noch andere Motivationen gibt als jene der Aggression. Wie man früher nationale Kriege ausrief, so rief Präsident Kennedy zu einem nationalen Ziel auf: die Landung auf dem Mond. Er veranlaßte dadurch einen technischen Aufschwung, eine Bereicherung unseres technischen Wissens, die alles übertraf, was bisher durch gemeinsame Arbeit an Großprojekten erreicht wurde.

Über den Sinn der Mondlandung wurde viel diskutiert. Ohne Zweifel hat uns das Raumfahrt-»Projekt Apollo« Kenntnisse auf dem Gebiet der extraterrestrischen Forschung gebracht, insbesondere bei der Untersuchung der unmittelbaren Erdumgebung. Manche Kenntnisse hätten auf anderem Wege nicht erreicht werden können – man denke an Gesteinsproben, die an von Sachkundigen ausgesuchten Stellen gebohrt werden mußten. Das kann aber nicht darüber hinwegtäuschen, daß man mit dem selben Aufwand (etwa acht Milliarden Dollar) auch andere wissenschaftliche Ziele hätte anvisieren können, oft genannt sind etwa die Bekämpfung des Krebses, der Armut, der wirtschaftlichen Unterentwicklung. Die Kenntnisse über den Aufbau der Himmelskörper, die geologische oder besser lunologische Zusammensetzung der Mondoberfläche und dergleichen sind zwar eine Bereicherung unserer Erkenntnisse, aber ohne erkennbaren Nutzungswert. Die Frage bleibt bestehen: Welche wissenschaftlichen Erkenntnisse rechtfertigen welche finanziellen Opfer?

Vom Standpunkt der Nutzanwendung hat sich das erreichte Ziel, die Landung auf dem Mond, geradezu als nebensächlich erwiesen. Die praktisch wertvollen Resultate waren die Erkenntnisse, die wissenschaftlichen Mittel und die Methoden, die man als Voraussetzung für das Gelingen des Mondunter-

Die Quantentheorie

Die Quantentheorie befaßt sich nicht nur mit dem physikalischen Verhalten atomarer Gebilde. Sie erklärt grundsätzlich alle Vorgänge und Zustandsmöglichkeiten, welche die Elektronenhüllen der Atome betreffen, wie das Verhalten der Moleküle, der chemischen Valenzkräfte, der Physik der Festkörper u.a.m. Die Gesetze der Atomkerne konnten durch die Quantentheorie jedoch nicht aufgeklärt werden.

Um die Jahrhundertwende entwickelte Max Planck die Vorstellung, daß die Atome ihre Strahlungsenergie nicht stetig, also gleichmäßig, sondern stoßweise in bestimmten »Quanten« (Energiepaketen) aussenden oder aufnehmen. Die Größe der Quantenenergie ist gegeben durch die Frequenz ν (ny) der betreffenden Strahlungsart, multipliziert mit dem »Planckschen Wirkungsquantum« h, einer Konstanten vom Wert $6,624 \cdot 10^{-27}$ erg·sec ($E = \nu \cdot h$), ein unvorstellbar kleiner Wert, der die kleinste theoretisch mögliche Energiemenge darstellt.

Die erste einheitliche Form der Quantentheorie gab W. Heisenberg 1925 an und schuf gleichzeitig den Begriff der »Unschärferelation«, der sich auf die Genauigkeit bezieht, mit der mikrophysikalische Größen gemessen werden können. Dann kam es zur Begründung der Quantenmechanik, die völlig auf die Definition und Berechnung von Bewegungen nach klassischem Vorbild verzichtet und die beobachtbaren Größen wie Zeit, Ort, Impuls, Energie durch Rechenvorschriften ersetzt. Diese liefern die möglichen Ergebnisse und Messungen nicht mehr in stetig zusammenhängender Form, sondern in diskreten Folgen (Quantelung). Das führt nur zu statistischen Aussagen über die voraussichtlichen Meßergebnisse, denn das Verhalten der Atome und Elementarteilchen wird von statistischen Gesetzen beherrscht.

---

nehmens entwickelt hat. Es sind Tausende von Dingen, von denen viele bis in den Alltag gedrungen sind, beispielsweise die Pfannen aus Teflon – einem Material, das für die Landekapsel der Astronauten entwickelt wurde – oder der Kugelschreiber, der in jeder beliebigen Lage und Umgebung schreibt. Weitaus wichtiger sind allerdings Erkenntnisse, die mehr der wissenschaftlichen und technischen Grundlagenforschung angehören – neues Wissen über technische Werkstoffe, den Bau von Raketen, Antriebssystemen, Datenverarbeitungsanlagen, nicht zuletzt auch wieder solche der Organisation. Man hat nicht nur wissenschaftliche und technische Erkenntnisse gewonnen, sondern auch gelernt, wie man solche Erkenntnisse erwirbt.

Manchen neuen technischen Mitteln, die auf Raumfahrt zurückgehen, ist ihre Abstammung nicht mehr anzusehen. Bei anderen ist der unmittelbare Bezug nach wie vor deutlich, etwa bei den Wettersatelliten. Um ihre Bedeutung zu ermessen, genügt es, einen kleinen Ausschnitt aus dem Programm ihrer Aufgaben herauszugreifen: die Frühwarnung vor Wirbelstürmen. Dadurch wird es möglich, Menschen und Material rechtzeitig in Sicherheit zu bringen. Allein dadurch werden jährlich Millionen-Sachwerte gerettet.

Und doch: Ringen von Vorherrschaft

Es erhebt sich die Frage, warum es auch bei Projekten kalkulierbaren Nutzwerts nötig ist, emotional motivierte Ziele auszurufen. Begriffen und akzeptiert werden offenbar nicht sachliche Argumente, etwa die Aussicht auf neue technische Hilfsmittel, sondern mystisch verbrämten Floskeln vom »Vorstoß in den Weltraum«. Keiner kann sich der Faszination einer Mondlandung entziehen; unabhängig von allen Meinungen und Gegenmeinungen blieb es ein »historischer Moment«, als der Mensch zum ersten Mal einen fremden Himmelskörper betrat. Dieses Ereignis ist nicht dem Zufall zu verdanken, sondern es wurde geplant und auf die Sekunde vorausberechnet. Für die Allgemeinheit liegt der Gewinn aber nicht in der wissenschaftlichen Erkenntnis, sondern in der Genugtuung über die eigene – oder auf sich übertragene – Leistung, im Bewußtsein, das Phantastische wahr gemacht zu haben.

Zur psychologischen Motivierung hat auch die besondere praktische Situation beigetragen, unter deren Aspekten die junge Weltraumfahrt stand. Es war der Wettkampf um die technische Vorherrschaft, der gegen den ideologischen Feind Sowjetunion ausgetragen wurde. Und wieder war es nicht so sehr die technische Leistung, an der man das Ergebnis beurteilte, als das Gefühlsmoment: Menschen auf dem Mond.

Erst diese Stärkung des Selbstbewußtseins, das Begreifen der eigenen wissenschaftlich-technischen Macht, bildet die Grundlage für weitere Großprojekte. Vorgeschlagen wurde beispielsweise die Erforschung des menschlichen Gehirns. Wie es scheint, ist aber der Mensch nach wie vor nicht bereit, rein sachliche Motivationen anzuerkennen – zur Bejahung eines großen Ziels braucht er noch immer das mystische Erlebnis. Daß er von dieser Seite her aktivierbar ist, beweist auch der Sport – also eine Aktivität, die durchaus von der Warte des Wettbewerbs, des Siegens und Verlierens, der Auseinandersetzung und der Aggression zu verstehen ist.

Zauberwort »Olympia«

Als General de Gaulle mehr olympische Medaillen für die französische Nation forderte, kam es nicht nur zu einem gesteigerten Training der Sportler. Beachtlich sind auch die Konsequenzen, die sich im technischen Raum abspielten: sportmedizinische Untersuchungen, Bewegungstests im Windkanal, Entwicklung neuer Trainingsarten (wozu meist auch neue technische Anlagen gehörten), die Verbesserung der Sportgeräte (Sprungschuh und Glasfiberstab), Anstrengungen, alle Sportler zu erfassen, ihnen die erworbenen Kenntnisse zu vermitteln, sie für wissenschaftliche Arbeits- und Denkweise und zum Gebrauch technischer Mittel zu gewinnen, beispielsweise zum Studium der früheren Niederlagen anhand von Fernsehaufzeichnungen in Zeitlupe, die jeden Fehler deutlich erkennen ließen.

Als bisheriger Höhepunkt technischer Initiativen, die vom Sport veranlaßt wurden, ist sicher die Olympiade 1972 in München zu nennen. Auch durch sie wurden zahlreiche technische Neuerungen eingeführt, beispielsweise elektronische Methoden der Zeitnehmung, Computerprogramme für die Datenerfassung aus allen sportlichen Disziplinen, wettersichere Beleuchtungsanlagen und dergleichen mehr. Geradezu als Symbol der Olympiade gilt das Zeltdach, das einen großen Teil der Stadionanlagen in München überdeckt. Es wurde in einer neuartigen Bauweise angefertigt, wie sie für Großbauten dieser Art noch niemals zum Einsatz kam. Für diese technische Pionierleistung war es möglich, dem Steuerzahler eine Überschreitung der kalkulierten Beträge um Millionensummen zuzumuten.

Nach diesen Erfahrungen erhebt sich die Frage, ob eine sachliche Argumentation überhaupt zweckvoll ist und ob man nicht – auch bei lebenswichtigen Großobjekten – den Umweg über fiktive Ziele suchen muß, um Unterstützung zu erhalten. Offenbar ist die Menschheit noch nicht reif genug, um sich durch Einsicht in Sachzwänge, Notwendigkeiten, Prioritäten usw. leiten zu lassen.

Der Aufbau der Materie

Die Frage nach dem Aufbau der Materie ist so alt wie der denkende Mensch. Schon Demokrit vertrat um 400 v. Chr. die Meinung, daß die Welt aus kleinsten Einheiten, den Atomen, bestehe. Allerdings waren andere Gelehrte zur gegenteiligen Ansicht gekommen: daß Materie als Kontinuum aufgebaut sei, also sich immer weiter teilen ließe, ohne daß sich ein Rückstand zeige.

Beide Meinungen betreffen zwar eine Frage der Naturwissenschaft, sind aber nicht als naturwissenschaftliche Aussagen zu werten, denn sie beruhen auf philosophischen Überlegungen oder »unmittelbaren« (das heißt nicht vom Experiment hergeleiteten) Einsichten. Als solche sind sie weder zu beweisen noch zu widerlegen. Die Entscheidung kann nur mit den Mitteln der Experimentalphysik, also durch Beobachtung und Messung erfolgen.

Die ersten Anzeichen für die tatsächliche Existenz von Atomen brachte erst die physikalische Chemie Mitte des vorigen Jahrhunderts. Zunächst waren es nur indirekte Hinweise, und ihre Bedeutung wurde keineswegs allgemein erkannt. Allmählich verstärkten sich aber die Indizien; immer mehr Phänomene wurden beobachtet, die sich nur mithilfe einer aus elementaren Bausteinen aufgebauten Materie erklären ließen. Die Größenvorstellungen, die man von diesen Bausteinen gewann, wiesen in Dimensionen, die unvorstellbar klein waren. Sie haben sich inzwischen als richtig bestätigt und sind zugleich die Erklärung dafür, daß sich die Atomphysik solange dem Zugriff entzog.

Auf der Spur des Unsichtbaren

Lange Zeit hatte man keine Hoffnung, daß sich Atome jemals sichtbar machen ließen. Immerhin konnte man schon Anfang dieses Jahrhunderts Erscheinungen beobachten, die offensichtlich von einzelnen elementaren Teilchen verursacht waren – beispielsweise die Spuren radioaktiver Prozesse in der Nebelkammer, einem der ersten Hilfsmittel der Atomphysik. In ihr wird künstlich eine Atmosphäre erzeugt, wie sie an klaren Tagen in großen Höhen herrscht. Man kann dann beobachten, daß Düsenjäger Nebelstreifen hinter sich herziehen. Die gleiche Erscheinung tritt in der Nebelkammer auf, nur daß es hier keine Flugzeuge, sondern einzelne Atome oder Bruchstücke von solchen sind, an deren ionisierter Bahn sich die Nebeltröpfchen für Sekundenbruchteile niederschlagen (→ S. 100).

Die feinen Leuchtspuren in der Nebelkammer sind offensichtliche Beweise für die atomare Struktur der Materie. Später kamen noch weitere solcher Effekte hinzu, beispielsweise das Aufglimmen von Punkten auf fluoreszierenden Schirmen unter dem Einfluß radioaktiver Zerfallsprozesse, das man als »Einschläge« einzelner Atome oder Teilchen davon auf dem Schirm identifizierte.

Selbstverständlich hat man sich immer bemüht, das Atom auch mit konventionellen Mitteln sichtbar zu machen, nämlich mit dem Mikroskop. Jedoch stellte sich bald heraus, daß Licht prinzipiell ungeeignet ist zur Sichtbarmachung von Objekten, die kleiner als die Wellenlänge des Lichtes sind. Mehr versprach das vor rund vierzig Jahren entwickelte Elektronenmikroskop; aber auch hier führten Berechnungen zu dem Ergebnis, daß sich sein Auflösungsvermögen nicht bis in den Bereich einzelner Atome verbessern ließe; das hat sich allerdings inzwischen als Irrtum erwiesen – seit einigen Jahren liegen Aufnahmen vor, in denen unter besonders günstigen Umständen die Orte einzelner Atome wiedergegeben wurden. Die Bildauflösung moderner Elektronenmikroskope reicht heute noch unter die Millionstel-Millimeter-Grenze.

Die erste direkte Abbildung einer atomaren Struktur kam jedoch von einem anderen Instrument der Elektronenoptik, nämlich dem Feldionenmikroskop. Bei ihm werden wie beim Elektronenmikroskop Elektronen als abbildendes Medium verwendet, jedoch nach anderem Prinzip: Von feinsten, zugespitzten Metallteilchen werden im luftleeren Raum durch elektrische Spannung Elektronen »abgesaugt«, wobei an den Spitzen der Teilchen besonders ergiebige Schwärme austreten, besonders von einzeln aufgedampften Atomen. Den Elektronenstrom fängt man auf einem Bildschirm auf.

Nach diesem Prinzip gelang es tatsächlich zum ersten Mal, einen Blick ins Innere der Materie zu werfen. Man erkannte gleichmäßige Muster, zwar stark verzerrte, aber doch unmittelbare Bilder atomarer Schichten, und man sah darauf Pünktchen, die mitunter verschwanden und an anderer Stelle wieder auftauchten – Atome, die unter dem Einfluß der starken Kräfte ihre Plätze wechseln. Damit war, allen Voraussagen der Theoretiker zum Trotz, eine Abbildung von Atomen möglich geworden. Ebenso wie die Landung auf dem Mond auch mit den allerletzten Zweifeln an dem kopernikanischen Weltbild aufräumte, so war nun der Aufbau der Materie aus Atomen unbezweifelbar, durch unmittelbare Wahrnehmung bewiesen.

Licht- und Energie-Quanten?

Die Frage, ob sich die Natur beim Aufbau der Materie eines Bausteinprinzips bedient, lag von vornherein nahe – Natur und Technik führen uns unzählige Beispiele dafür vor Augen, daß sich Organismen oder Bauten aus einzelnen Teilen zusammensetzen. Nicht ganz so nahe liegt die entsprechende Frage, wenn man sie auf die Energie bezieht: Ist vielleicht auch die Energie

Das »Sonnensystem« der Atome

Materie? Setzt sie sich aus kleinsten Teilchen, Quanten, zusammen? In engem Zusammenhang damit stehen ähnliche Fragen, beispielsweise jene nach der Natur des Lichts: Ist Licht wirklich als Wellenbewegung erklärbar oder ist es als ein Strömen kleinster Teilchen anzusehen? Alle diese Fragen wurden inzwischen geklärt – es scheint, als sei das Bausteinprinzip tief in den Aufbau unserer Welt integriert, als sei die Welt mit allen ihren Erscheinungen in Quanten zerlegbar. Solche Vermutungen richten sich in letzter Zeit sogar auf Raum und Zeit – es wäre möglich, obwohl es heute noch nicht bewiesen ist, daß es auch ein kleinstes Teilchen der Länge und der Zeit gäbe, ein Längen- und ein Zeitquant.

Die Bausteinstruktur bestimmt auch den Charakter und den Ablauf aller Naturerscheinungen; da sie alle im Prinzip Umsetzungen von Materie und Energie sind, gehen sie in Sprüngen vor sich. Alle Vorgänge, die uns stetig erscheinen, verlaufen in Wirklichkeit – wenn man sie gewissermaßen durch ein »Zeitmikroskop« ansehen könnte – schubweise.

Zuerst schien es, als ob diese Erkenntnis wenig praktische Bedeutung gewinnen sollte. Quantenprozesse spielen sich in einer Welt des Kleinsten ab, von der man annahm, daß der Mensch keinen gezielten Einfluß auf sie ausüben könnte. Diese Meinung kann man heute nicht mehr vertreten. Die Einsichten über den Aufbau der Materie erwiesen sich als in vieler Hinsicht technisch wichtig. Aus Kristallstrukturen und ihren Fehlern kann man auf die Festigkeit von Werkstoffen schließen. Erkenntnisse dieser Art bilden etwa in der Stahlproduktion die Grundlage wichtiger Fortschritte.

Atome sind Systeme, die von ihrem Aufbau her an das Sonnensystem erinnern: Um den winzigen, aber relativ schweren Kern kreisen, auf mehreren getrennten Schalen geordnet, die um vieles leichteren Elektronen. Entfernt sich ein Elektron aus dem System, so verwandelt sich nicht nur die chemische Natur des Stoffs, sondern es kommt unter anderem auch zur Emission (Aussendung) oder Absorption (Verschluckung) von Licht. Die Stärke und die Farbe des Lichts hängt ab von der Stellung, die die Elektronen auf ihren bestimmten Höhenlagen im Atom einnehmen. Somit liefert die Quantenphysik auch Wissen über die Natur des Lichts. Die Einsicht in die Prozesse des Mikrokosmos brachte auch weitere Erkenntnisse in der Elektrizitätslehre. So ist die Supraleitung des elektrischen Stromes bei sehr tiefen Temperaturen, die in letzter Zeit große praktische Bedeutung erlangt hat, als Quantenphänomen zu erklären.

Zur Erklärung des elektrischen Stroms benützt man oft eine Hilfsvorstellung, die nichts mit der quantenhaften Natur der elektrischen Ladung zu tun hat: Man stellt sich Elektrizität als eine Art von Flüssigkeit vor, die durch die Drähte strömt. Es gibt aber auch freie, aus dem Draht gelöste Elektronen. Ein Beispiel dafür ist die Elektronenröhre. Zur Erklärung ihrer Funktionsweise muß man auf die freie Beweglichkeit der Elektronen im Vakuum zurückgreifen. Bei den Halbleitern, die in den letzten Jahren so außerordentlich wichtig für die Elektrotechnik geworden sind, muß man nicht nur auf Quantenprozesse zurückgreifen, um die Phänomene zu verstehen, sondern dieses Verständnis ist geradezu Voraussetzung für die erfolgreiche Entwicklung der Halbleiter-Schaltelemente. Denn diese Technik fußt auf dem Verhalten der Elektronen im Kristallgitter (→ S. 114).

Das beste Beispiel für die praktische Ergiebigkeit der Erkenntnisse aus der Welt des Atoms ist die Kerntechnik: Eine Wissenschaft, die vor allem neue Arten der Energiegewinnung erschließt, aber auch viele andere technische Einrichtungen

Das kopernikanische Weltbild – hier in einer Darstellung der »Harmonica Macrocosmica« des Andreas Cellarius aus dem Jahre 1660 – beendete die Vorstellung von der Erde als Mittelpunkt der Schöpfung. Die Lehre des Kopernikus war aber nicht völlig neu. Aristarch von Samos hatte schon um 300 vor Christus das gleiche gesagt. Ähnlich erging es der Lehre vom Aufbau der Materie. Demokrit (um 400 v. Chr.) vermutete bereits, die Erde bestehe aus kleinsten »Unteilbaren«, den Atomen; doch erst seit etwa 1800 nahm sich die Wissenschaft dieser Lehre an. Auch der Aufbau der Atome gleicht dem Sonnensystem: Elektronen umkreisen den Atomkern wie Planeten die Sonne.

Der Aufbau der Materie

Nebelkammer und Blasenkammer

Zum Sichtbarmachen und Untersuchen von Elementarteilchen, die aus Teilchenbeschleunigern austreten oder bei Kernreaktionen entstehen, diente seit vielen Jahren die *Nebelkammer*. Die Flüssigkeitstropfen, die sich längs der ionisierenden Bahn eines Teilchens in übersättigtem Dampf an den Kondensationskeimen bilden, machen bei seitlicher Beleuchtung die Teilchenbahn kurzzeitig als dünne, weiße Nebelstreifen sichtbar, vergleichbar den Kondensationsstreifen eines hochfliegenden und unsichtbaren Flugzeugs. Diese Bahnspur wird fotografiert und mit dem Mikroskop ausgewertet. Befindet sich die Nebelkammer in einem homogenen Magnetfeld, so werden die elektrisch geladenen Teilchen aus ihrem ursprünglich geraden Verlauf abgelenkt. Aus Richtung, Krümmung und Länge der Bahnspur lassen sich Energie, Masse und Ladung des Teilchens und das Vorzeichen seiner Ladung bestimmen.

Die Nebelkammer war fast ein halbes Jahrhundert eines der wichtigsten Nachweisgeräte der Kernphysik. Sie wird seit kurzem durch die nach ähnlichem Prinzip arbeitende *Blasenkammer* verdrängt. Diese enthält eine leicht siedende Flüssigkeit, zum Beispiel flüssigen Wasserstoff, dessen Siedepunkt extrem niedrig bei minus 252,8 Grad Celsius liegt. Wenn die unter dem Druck von einigen Atmosphären stehende Flüssigkeit durch das schnelle Zurückziehen des Druckkolbens plötzlich entlastet wird, gerät sie kurzzeitig in den Zustand der Überhitzung (Siedeverzug). Ein in diesem Augenblick eintretendes Elementarteilchen erzeugt auf seinem Weg durch Ionisation eine Kette von Dampfbläschen, die seine Bahn sichtbar machen. Wegen der im Vergleich zur Nebelkammer wesentlich höheren Dichte des durchquerten Mediums, die die Teilchen stärker bremst, können auch die Bahnen energiereicher, schneller Teilchen großer Reichweite sichtbar gemacht werden.

hervorgebracht hat, wie die sogenannte radioaktive Markierung von chemischen Stoffen, oder die Konservierung von Nahrungsmitteln mit Hilfe radioaktiver Strahlung.

Einbruch in das Abstrakte

Unser Ausbruch aus der Welt der uns vertrauten Dimensionen in die Mikrowelt der Atome und darüber hinaus zu den Atomkernen bedeutete ein Verlassen der Welt des Greif- und Sichtbaren, einen Einbruch in abstrakte Bereiche. Als solche entziehen sie sich weitgehend unserer Vorstellung, die vorwiegend mit Hilfe von Bildern operiert. In manchen Bereichen der Mikrowelt versagen selbst die Bilder, und man muß Denkvorstellungen akzeptieren, die allen Erfahrungen widersprechen, insbesondere die sogenannte Dualität von Quanten und Wellen: Alle Erscheinungen unserer Welt, die mit Hilfe von Teilchenbewegungen beschrieben werden, lassen sich mit gleicher Berechtigung als Wellenerscheinungen darstellen. Um die Lösung dieses Dilemmas haben sich Erwin Schrödinger und Werner Heisenberg bemüht. Das Ergebnis kann man in folgender Form zusammenfassen: Zwischen Teilchen und Welle besteht eine Entsprechung, beide Erscheinungen sind nichts, was einander ausschließt, sie sind nur mögliche Aspekte ein und desselben Geschehens.

Quarks – die echten Elementarteilchen?

Bei ihrer Suche nach den kleinsten Bestandteilen der Materie haben die Physiker schon viele Rückschläge hinnehmen müssen. Zunächst erwies sich das Atom, das ›Unteilbare‹, als ein zusammengesetztes Gebilde, das einem Planetensystem ähnelt. Es besteht aus einem sehr kompliziert aufgebauten zentralen Kern und einem Schwarm von Elektronen. Die Elektronen wie auch die Bestandteile des Kerns, die elektrisch neutralen Neutronen und die elektrisch positiv geladenen Protonen, sah man nun als Grundbausteine, als Elementarteilchen an, aber auch das erwies sich als zweifelhaft.

Einerseits sind sie nicht elementar im Sinn von unveränderlich – sie wandeln sich ineinander um; beispielsweise zerfällt das Neutron unter Abgabe eines Elektrons in ein Proton. Andererseits wurden immer neue Elementarteilchen entdeckt. Als ihre Zahl schließlich 100 und 150 überschritten hatte, konnte niemand mehr so recht daran glauben, es mit wirklich elementaren Teilchen zu tun zu haben.

Die Physiker sprechen schon von einem ›Zoo‹ von Elementarteilchen. Sie sind in einer ähnlichen Lage wie die Chemiker im vorigen Jahrhundert, als sie versuchten, ein Ordnungsprinzip für die chemischen Elemente zu entdecken. Ein solches Schema hat sich dann 1869 gefunden – es ist das berühmte Periodische System, das man erhält, wenn man die chemischen Elemente nach bestimmten Eigenschaften (damals benützte man das Atomgewicht) in eine Reihenfolge bringt. Dann erhält man nämlich eine periodische Ordnung für andere Eigenschaften – zum Beispiel für die chemische Reaktionsfähigkeit.

Natürlich liegt es nahe, ein ähnliches Schema für die Elementarteilchen zu suchen, und tatsächlich ist es auch gelungen. Dazu bieten sich einige grundlegende Eigenschaften an. Eine davon ist die elektrische Ladung, die nur als Vielfaches der Elektronenladung vorkommt: -1 oder 0 oder $+1$. Höhere Werte können durch gemeinsames Auftreten mehrerer Ladungen entstehen. Wesentlich ist, daß man bei der Beschreibung mit ganzen Zahlen auskommt, wenn man als Maßeinheit die Elektronenladung nimmt. Man sagt, die Elektronenladung ist eine gequantelte Größe.

Eine weitere wichtige Größe, mit der sich Elementarteilchen beschreiben lassen, ist der Spin, den man als ein Rotieren des Teilchens um seine eigene Achse auffassen kann. Auch er ist gequantelt, das heißt, er tritt nur im Vielfachen eines Wertes auf, der für die Elektronen charakteristisch ist. Dazu kommen nur noch einige weitere Eigenschaften, die keine anschauliche Deutung mehr zulassen und die sich auf die Gesetzmäßigkeiten der Umwandlungen beziehen, etwa die ›Hyperladung‹ oder der ›Isopin‹.

Acht solche Quantenzahlen werden bei einem der bekanntesten Einteilungsversuche verwendet – eine Theorie, die deshalb auch als ›Methode der Acht‹ bezeichnet wird; bekannter ist sie unter dem Namen SU3-Theorie geworden (Transformation mit dreidimensionalen unitären Matrizen). Ihre Schöpfer sind

Die SU3-Theorie

Die Hologrammaufnahme eines Kristall-Modells macht die regelmäßige räumliche Anordnung der Atome bzw. Moleküle im Kristallgitter deutlich. Im Laserlicht erscheint das Modell dem Betrachter genauso plastisch wie in der Wirklichkeit. Ihre gitterartige Struktur verleiht den Kristallen spezifische physikalische, elektrische und optische Eigenschaften, die zu einem vielseitigen Einsatz in naturwissenschaftlicher Forschung und technischer Praxis geführt haben.

Isotope

In der Kernphysik werden Atome eines Elementes der Ordnungszahl Z, deren Kerne Z Protonen enthalten, sich aber durch die Neutronenzahlen N voneinander unterscheiden, Isotope genannt. Die meisten Elemente kommen als natürliches Gemisch aus stabilen und instabilen Isotopen vor. Wir kennen 105 natürliche bzw. künstliche Elemente, daneben 276 stabile und 50 radioaktiv zerfallende, instabile Isotope. Außerdem sind heute schon über 1000 künstliche Radioisotope bekannt. Da das chemische Verhalten von der Protonenzahl abhängt, sind Isotope nur mit physikalischen Methoden zu trennen. Seitdem es möglich ist, radioaktive Isotope aus den Spaltprodukten von Kernreaktoren oder durch Bestrahlung von Stoffen mit Neutronen, Protonen und anderen Teilchen in großen Mengen zu gewinnen, hat die Anwendung von Radioisotopen in Technik und Forschung große Bedeutung erlangt. Ihre Zerfallsenergie tritt als Licht- oder Wärmestrahlung in Erscheinung, durch deren Absorption Wärmeenergie gewonnen wird, die mit konventionellen Mitteln in elektrische Energie umgesetzt werden kann.
Isotopenbatterien verwenden den β-Strahler Strontium mit einer Halbwertzeit von 28 Jahren oder das billigere Kobalt mit einer Halbwertzeit von 5,3 Jahren. Ihr Hauptvorteil ist die gegenüber chemischen Batterien lange Lebensdauer und die Wartungsfreiheit. Es wurden schon Leistungen bis 10 kW erreicht, die Bojen, Funkverstärkersender oder Raumflugkörper mit Energie versorgen.
Am häufigsten benutzt wird die γ-Strahlung als Indikator in vielen Bereichen der Medizin, Chemie, Technik und Geologie, wie z.B. bei Stoffwechselvorgängen, in der Strukturanalyse, für Verschleißmessungen, zum Messen von Strömungsgeschwindigkeiten in Rohren und zur Durchleuchtung von Werkstücken. Zur Altersbestimmung der Gesteine und zur geologischen Datierung bedient man sich der darin enthaltenen Isotope mit bekannten Halbwertzeiten.

die Physiker Abdus Salam, Murray Gell-Mann, Y. Ne'eman und Georg Zweig.

Zunächst erinnert das Ganze an eine Art Puzzlespiel: Man trägt die Teilchen nach ihren Eigenschaften in ein Rasternetz ein und sieht nach, ob dabei Gesetzmäßigkeiten sichtbar werden. Das ist tatsächlich der Fall – es ergeben sich symmetrische Anordnungen, beispielsweise Dreiecke und Sechsecke. Bleibt in einer solchen ansonst regelmäßigen geometrischen Figur ein Platz unbesetzt, so liegt es nahe, nach einem Teilchen zu suchen, das genau dorthin paßt. Daraus ergab sich einer der schönsten Triumphe der SU3-Theorie: Sie sagte das Omega-minus-Teilchen voraus, das dann zwei Jahre später, 1964, tatsächlich gefunden wurde.

Noch viel kühner aber ist eine andere Schlußfolgerung. Sie ergibt sich aus den Figuren, die zwei Gruppen von Teilchen, die Baryonen und die Bosonen, in der Landkarte der SU3-Theorie bilden. Die Baryonen könnte man auch als die schweren Teilchen bezeichnen; zu ihnen gehören Protonen und Neutronen, die Lambda-, Sigma-, Xi- und Omegateilchen. Zu den Bosonen zählt man die Photonen, die Mesonen und die Gravitonen (letztere wurden bisher auch noch nicht nachgewiesen); für sie ist charakteristisch, daß sie Kräfte bewirken, die zwischen den anderen Teilchen bestehen.

Es ist nun höchst einfach, jene Teilchen zu finden, die durch Kombination von zwei einfacheren Teilchen entstehen. Dieser Prozeß läßt sich nämlich auf der Landkarte der SU3-Theorie nachvollziehen – man kann den kombinierten Zustand aus dem einfachen aufbauen. Neutronen und Protonen beispielsweise ergeben das Deuteron, den Kern des ›schweren Wasserstoffs‹. Aus dem Platz, den das kombinierte Teilchen dann einnimmt, lassen sich viele seiner Eigenschaften ablesen, etwa Masse und Lebensdauer bzw. Zerfallsgeschwindigkeit.

Teilchen und Pseudoteilchen

Damit bietet die Theorie die Möglichkeit, ›echte‹ Elementarteilchen zu erkennen. Der ›Zoo‹, die große Zahl von Entdeckungen neuer Elementarteilchen, kam vor allem dadurch zustande, daß man kombinierte Teilchen mitgezählt hat. Heute bezeichnet man sie als Pseudoteilchen oder Resonanzen. Die meisten von ihnen sind außerordentlich stabil; ihre Lebensdauer beträgt nur Bruchteile von Trillionstel Sekunden. Es sind also eher ›Zustände‹ als Teilchen. Als nicht kombinierte Teilchen bleiben schließlich 34 übrig:

> 4 Neutrinos
> 2 Elektronen
> 2 Myonen
> 3 Pionen
> 4 Kaonen
> 4 Nukleonen
> 2 Lambdateilchen
> 6 Sigmateilchen
> 4 Xiteilchen
> 2 Omegateilchen
> 1 Photon

Nun liegt die Frage nahe, ob man diese Teilchen im Schema der SU3-Theorie nicht in ähnlicher Weise aufbauen könnte, wie man aus ihnen die kombinierten Teilchen aufbaut. Anders ausgedrückt: Gibt es ein ›noch elementareres‹ Teilchen?

Zunächst steht eines fest: Von den bisher bekannten eignet sich keines dazu. Wenn dieses geometrische Zusammenspiel gelingen soll, dann muß man nach Teilchen mit neuen Eigenschaften suchen oder – zunächst – nach einfachen Figuren in der ›Landkarte‹, aus der man die Figuren der Baryonen und Mesonen aufbauen kann.

Solche Figuren gibt es, und zwar sind es zwei Dreiecke. Jeder Ecke käme ein neues Teilchen zu – also sind es insgesamt sechs. Einer der Väter der SU3-Theorie, Murray Gell-Mann, hat ihnen Namen gegeben – nach einem Phantasiewort aus dem Roman ›Finnegan's Wake‹ von James Joyce nannte er sie Quarks (was er wahrscheinlich nicht getan hätte, wenn ihm die deutsche Bedeutung des Worts bekannt gewesen wäre). Drei Quarks und drei Antiquarks – das wären die Urbausteine unserer Welt. Kombiniert man drei von ihnen, erhält man Baryonen. Kombiniert man zwei, ergeben sich Mesonen.

Aus den Plätzen der Quarks im Schema der SU3-Theorie lassen sich wieder einige ihrer Eigenschaften voraussagen. Das überraschendste Resultat ist das Auftreten von elektrischen Teilladungen. Die Spitzen der Dreiecke liegen an den Stellen von einem oder zwei Dritteln der Elektronenladung. Erst beim Aufbau entstehen unsere ganzzahligen Ladungen; entweder es entstehen aus einem Quark und einem Antiquark die Ladung Null:

$$1/3 - 1/3 = 0$$

oder es ergibt sich aus drei Quarks die Ladung -1 oder $+1$:

$$1/3 + 1/3 + 1/3 = 1$$
$$-1/3 - 1/3 - 1/3 = -1$$

Genau diese Eigenschaft der Quarks ist es, von der sich die Physiker die Entladung der Quarks erhofft haben. Nicht ganzzahlige Ladungen müßten nämlich leicht zu erkennen sein. Das hängt mit den Methoden der Elementarteilchenphysik zusammen. Diese Teilchen lassen sich ja nur indirekt feststellen – aus den Spuren in der Blasenkammer (→ S. 100).

Früher verwendete man dazu Fotoplatten, später stützte man sich auf Nebelspuren in der ›Wilsonkammer‹, in der schnell

Anordnung der Kohlenstoffatome im Kristallgitter eines Diamanten.

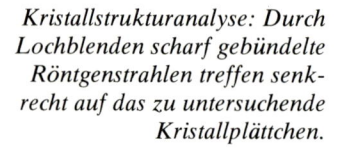

Kristallstrukturanalyse: Durch Lochblenden scharf gebündelte Röntgenstrahlen treffen senkrecht auf das zu untersuchende Kristallplättchen.

An den in den Gitterpunkten des Kristalls fixierten Atomen werden die Strahlen gebeugt und in verschiedenen Richtungen abgelenkt. Dabei ergeben sich zwischen ihnen bestimmte Interferenzen.

Auf der so belichteten Fotoplatte erscheinen sogenannte Interferenzflecken, deren Anordnung für die Struktur des betreffenden Kristalls charakteristisch ist. Daraus läßt sich die Lage der Atome im Gitter präzise bestimmen.

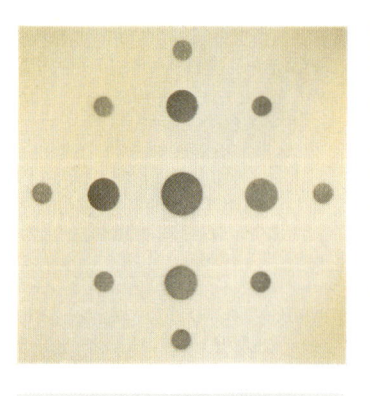

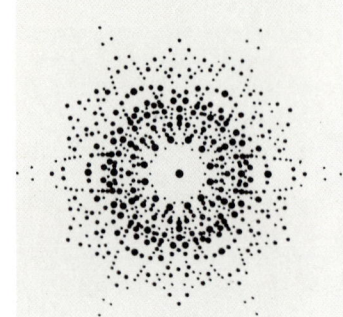

Interferenzbild der kristallinen Struktur des Edelsteins Beryll.

Die Röntgenbeugung

durchfliegende elektrisch geladene Teilchen Nebelfäden auslösen und dadurch ihre Wege markieren. Ähnlich funktioniert die heute meist eingesetzte Blasenkammer. In ihr erscheinen die Teilchenspuren als Fäden feinster Gasbläschen.

Um die elektrische Ladung der Teilchen festzustellen, braucht man nur einen Magneten in die Nähe zu bringen. Im magnetischen Feld werden elektrische Teilchen zu gekrümmten Bahnen gezwungen, und zwar um so stärker, je größer die Ladung ist. Sollte man Teilchen von einem oder zwei Dritteln der Elementarladung finden, so bestünde starker Verdacht auf Quarks. Die mathematische Möglichkeit genügt noch nicht zum Beweis ihrer Existenz. Zwar hat die Hypothese sich bislang als sehr hilfreich erwiesen, doch konnten bisher noch keine Elementarteilchen mit drittelzahliger elektrischer Ladung – eben Quarks – im Experiment nachgewiesen werden.

Schematische Darstellung eines Kristallgitters. Einblick in die Struktur solcher Kristallgefüge gibt die Strukturanalyse mittels Röntgenstrahlen.

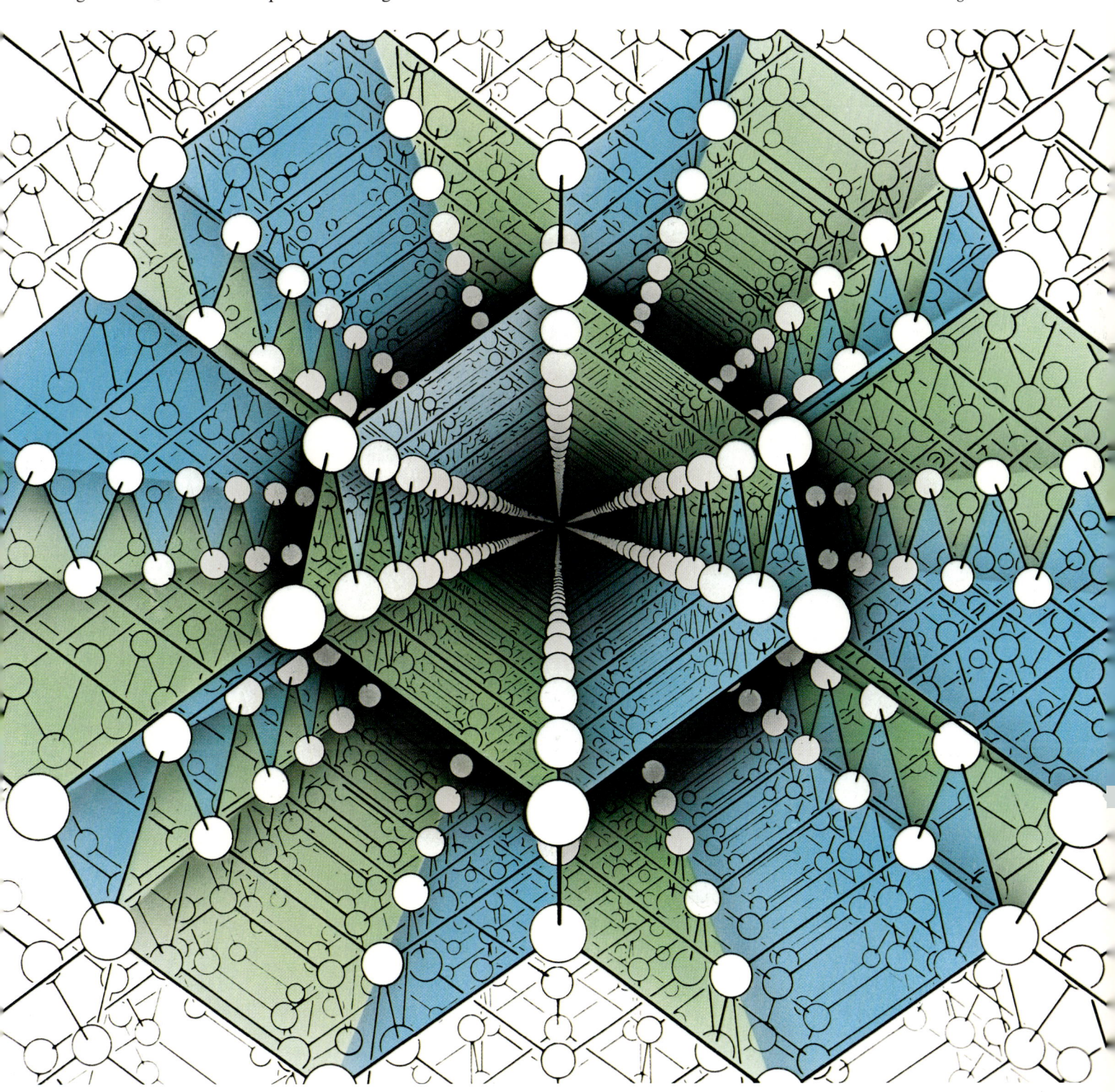

Moleküle und Riesenmoleküle

Die Chemotechnik hat sicher eine ebenso große Bedeutung für die künstliche Welt, in der wir leben, wie die Physikotechnik, obwohl sie nicht so populär ist wie diese. Als typisches Beispiel technischer Aktivität zieht man so gut wie immer solche aus der Physikotechnik heran. Zweifellos gelten aber auch für die Chemie alle Prinzipien der technischen Fortentwicklung, wie sie für die Physikotechnik bestimmend sind. Außerdem ist sie ebenso alt wie diese. Die Wärmebehandlung von Nahrungsmitteln, das Kochen, Braten und Backen, ist ein chemotechnischer Vorgang, ebenso wie der Gewinn von Wärme und Licht durch Verbrennung. Diese Methoden stehen mit dem Faustkeil und Knüppel am Anfang unseres Weges. Auch viele weitere chemotechnische Methoden waren schon in prähistorischer Zeit bekannt, beispielsweise die Konservierung durch Räuchern oder Einsalzen, das Gerben von Fellen, später auch die Gewinnung von Metallen aus Erzen.

Wie jede andere Wissenschaft am Beginn der technischen Entfaltung stand auch die Chemie unter dem Vorzeichen des Mystischen, was durchaus an ihrem technischen Aspekt begründet war: jede Art des menschlichen Eingriffs in die Natur verband sich von selbst mit Zauberei. Das verhindert nicht, daß Medizinmänner und Alchimisten in weitem Bereich Erfahrungen sammelten und sie durch das Wort und später auch durch die Schrift weitergaben. Dabei erweist sich sogar eine Parallele mit Ereignissen der Gegenwart: Manche Unternehmungen hatten fiktive Wünsche zum Ziel. Genauso wie in der klassischen Zeit der Physik ein starker Antrieb von der Idee des Perpetuum mobile kam, so gehörte es zu den stärksten Motivationen für die Alchemie, Gold zu erzeugen. Bei dem Ringen um dieses geheime Verfahren wurde manches Wissen erarbeitet, das oft genug auch praktisch anwendbar war. Ein bekanntes Beispiel ist die Neuentdeckung des Porzellans (das den Chinesen schon viel früher bekannt war).

Auch als die Alchemie zur Chemie wurde und von einem sachlicheren Standpunkt betrachtet wurde, erhielt sie ihren Charakter als empirische Wissenschaft. Durch chemische Experimente und Messungen stellte man fest, unter welchen Bedingungen sich Umsetzungen zwischen Stoffen ergeben. Die Ausstattung an Experimentiermitteln wie auch die Meßmethodik in der chemischen Laboratoriumstechnik bieten äußerlich ein anderes Bild als im Physiklabor. Auffällig ist beispielsweise der Aufwand an Glas – ein großer Teil aller chemischen Laborgeräte besteht aus Glasbehältern für die Aufbewahrung, die Erhitzung, die Mischung, die Destillation und andere Umsetzungen chemischer Stoffe. Grund dafür ist, daß Glas einerseits chemisch sehr widerstandsfähig ist und daß es andererseits den Einblick ins Innere gestattet, so daß die visuelle Beobachtung möglich ist. Dafür nimmt man die Nachteile von Glas, nämlich seine Zerbrechlichkeit und relative Empfindlichkeit gegen Erhitzung, gern in Kauf; daran hat sich bis zum heutigen Tage wenig geändert.

In der Chemie präsentiert sich die Experimental- und Meßtechnik in einer weitaus einheitlicheren Form als bei der Physik – was sicher an der größeren Variationsbreite physikalischer Erscheinungen liegt. Man unterscheidet qualitative und quantitative Analyse, wobei es im ersten Fall darum geht, die Natur der beteiligten Stoffe festzustellen, während im zweiten Fall deren mengenmäßige Bestimmung das Ziel ist. Zum klassischen Chemielehrgang gehört weiter die physikalische Chemie – dabei handelt es sich um alle physikalischen Eingriffe auf Stoffe, die für die Chemie wichtig sind, beispielsweise die Erwärmung, die Kristallisation und dergleichen mehr. In enger Beziehung mit der Nutzanwendung, also mit der Chemotechnik, steht schließlich die Lehre von der Synthese, im Prinzip ein Katalog an Rezepten, der angibt, wie bestimmte chemische Stoffe zu erzeugen, chemische Reaktionen zu veranlassen sind. Die Chemotechnik schließlich beruht auf einer Sammlung aller Anweisungen für die chemische Umsetzung, die man für praktische Zwecke verwendet – beispielsweise die Herstellung von Explosivstoffen oder von Reinmetallen.

Chemie-Theorie

Jede technische Entwicklung erfährt einen sprungweisen Aufschwung, sobald sie sich auf eine Theorie zu stützen beginnt; das blieb auch bei der Chemie nicht aus. Dazu kam es allerdings relativ spät – genaugenommen handelt es sich um einen Übergang, der derzeit noch anhält. Somit gehört die Chemie zu jenen Wissensgebieten über unsere physische Welt, die zu allerletzt ihre theoretische Basis erhielten. Der Grund dafür ist inzwischen bekannt: Es stellte sich heraus, daß sich chemische Prozesse in den äußeren Elektronenschalen von Atomen vollziehen. Damit wird die theoretische Chemie zu einem Teil der Physik, allerdings zu einem Ableger eines ihrer jüngsten Sprosse, nämlich der Atomphysik oder, wie der Fachmann sich ausdrückt: der Physik der Elektronenhülle. Man kann es sogar noch weiter einschränken: Es handelt sich fast ausnahmslos um Prozesse, die sich an der äußersten Schale der Elektronenhülle abspielen: Elektronen entfernen sich aus dem Atomverband, und bleiben – wie etwa bei den Metallen – nur noch frei beweglich oder lose gebunden in Kristallgittern erhalten, oder sie werden ausgetauscht, vervollständigen die äußere Elektronenschale eines anderen Atoms, wie es etwa bei der Salzbildung der Fall ist. Schließlich ist noch eine dritte Möglichkeit bekannt: die Elektronen erweitern ihre Schalen, schließen

Computer berechnen Moleküle

damit gewissermaßen andere Atome ein und fassen sie somit zu größeren Einheiten, den Molekülen, zusammen.

Diese Vorgänge gehören zur Quantenphysik und Wellenmechanik, und alle dort auftretenden Schwierigkeiten sind im Fall der Chemie wieder zu finden. Das betrifft beispielsweise die Umständlichkeit der mathematischen Methoden – die es vorderhand noch verhindern, auch nur einigermaßen kompliziert aufgebaute Moleküle zu berechnen. Es liegt andererseits aber auch an begrifflichen Schwierigkeiten, etwa am Dualismus zwischen Teilchen und Wellen. So kann man beispielsweise die Elektronenhülle, die sich um einen Atomkern oder auch um mehrere schließt, als einen Schwarm einzelner Teilchen auffassen, es ist aber ebenso berechtigt, diesen Vorgang als eine Wellenerscheinung zu beschreiben, wobei an das Vorstellungsvermögen große Anforderungen gestellt werden.

jeder beliebigen Genauigkeit erhalten und tragen somit den Erfordernissen der technischen Präzision Rechnung. Zum anderen erweist sich aber das Näherungsverfahren, das sich »numerischer« Methoden bedient, den Möglichkeiten der großen elektronischen Rechenanlagen als viel besser angepaßt als die Differentialrechnung. Obwohl man also heute in der Chemie Elektronenrechner einsetzen kann, um Moleküle zu berechnen, bleiben die Rechnungen außerordentlich schwierig, und es ist erst in relativ einfachen Fällen gelungen, theoretisch befriedigende Lösungen zu finden. Die Anforderungen der theoretischen Chemie sind es nicht zuletzt, die eine weitere Leistungssteigerung der Großrechenanlagen erfordern.

Als noch wichtiger als die quantitative, theoretische Durchdringung der chemischen Probleme haben sich die Anschauungsbilder erwiesen, die auf diese Weise aufgedeckt wurden.

Auch chemische Forschungsstätten benutzen heute Rechenzentren. Die Elektronenrechner übernehmen die komplizierten mathematischen Methoden, mit denen in der Molekularchemie gearbeitet werden muß.

Wenn die mathematische Behandlung der Probleme auch noch schwierig ist, so gibt es doch heute schon gewisse Möglichkeiten, mit diesen Schwierigkeiten fertig zu werden. Zunächst verzichtet man auf das, was man in der Fachsprache die allgemeine Lösung der Differentialgleichungen nennt. Solche Gleichungen treten in allen Wissensbereichen auf, und der klassische Theoretiker sah ein Problem meist dann als gelöst an, wenn diese Gleichung »aufging«. In solchen Fällen gewinnt man als Resultat eine Formel, die allgemein gültig und anwendbar ist. Es bedurfte einer gewissen Überwindung, um einzusehen, daß diese Möglichkeiten in der Molekularchemie selten gegeben sind. Glücklicherweise gibt es Näherungsverfahren, um Differentialgleichungen zu lösen, und in der Praxis spielt es genaugenommen keine Rolle, ob man eine allgemeine Lösung zuwege bringt oder mit einem Näherungsverfahren zum Ziel kommt. Näherungslösungen lassen sich nämlich mit

Zwar ist man sich im klaren darüber, daß chemische Moleküle nicht aus greifbarer und sichtbarer Materie bestehen, und wenn man Bilder davon entwirft, so entsprechen sie vom sichtbaren Vorstellungsbild her gewiß nicht der Wirklichkeit. Was sie aber sehr gut wiedergeben, ist die Form der Moleküle – ihre Erstreckung im Raum. Während man im klassischen Zeitalter der Chemie nur die makroskopische Erscheinung im Auge hatte, den Farbumschlag, die Änderung der Konsistenz und dergleichen, so liegt heute jedem chemischen Eingriff eine Vorstellung zugrunde, die wenigstens von der räumlichen Form her – also vom Standpunkt der »Stereochemie« – der Wirklichkeit entspricht. Und es hat sich herausgestellt, daß diese räumliche Erstreckung in einer Vielzahl von Fällen tatsächlich ausschlaggebend ist für das, was im Rahmen chemischer Umsetzungen geschehen kann oder nicht. Nimmt man noch einige einfache Regeln von anziehenden oder abstoßenden Kräften, von elek-

Moleküle und Riesenmoleküle

trischem Ladungsaustausch und Elektronenwolken, die sich um Atomkerne schlingen, hinzu, so ist ein Modell gewonnen, das in vieler Hinsicht ideal ist. Vor allem ist es relativ einfach – auf wenige Grundprinzipien beschränkt –, es entfernt sich in wesentlichen Punkten gar nicht so sehr von der Wirklichkeit, obwohl wir nicht sagen können, wie diese aussieht.

Synthese am Reißbrett

Durch die Fortschritte der Atomphysik ist es möglich geworden, so gut wie alle physikalischen und chemischen Eigenschaften aufgrund des atomaren, molekularen und kristallinen Aufbaus zu verstehen. Das versetzt uns in die Lage, Materialeigenschaften von Stoffen vorherzusagen, selbst wenn sie noch nicht synthetisiert wurden. Weniger eindeutig ist die Situation bei jenen Eigenschaften, die sich auf biologische Wirkungen beziehen. Das liegt allerdings nicht an einer mangelnden Einsicht in chemische Prozesse, sondern in der Tatsache, daß wir uns erst am Anfang des theoretischen Durchbruchs in den Bereich der biologischen Erscheinungen befinden.

Die Möglichkeit der Voraussage von Materialeigenschaften bedeutet einen beachtlichen Schritt in Richtung auf eine moderne Technologie, wie sie der Physikotechniker betreibt. Der Chemiker, und insbesondere auch der Chemotechniker, ist nun in die Lage versetzt, chemische Stoffe gewissermaßen auf dem Reißbrett zu konstruieren. Wird an ihn der Wunsch nach einer Substanz herangetragen, die bestimmten Bedingungen genügen soll, so hat er genügend Anhaltspunkte, auf welchem Wege sich dieses Ziel erreichen ließe.

In der Chemie findet das Bausteinprinzip seinen klarsten Ausdruck. Der Chemiker hat es mit Einheiten zu tun, Atomen oder Atomgruppen, die sich mit anderen nach bestimmten Regeln verbinden lassen. Dem Übergang von kleinen zu großen Einheiten sind fast keine Grenzen gesetzt (diese Grenzen beginnen erst dort, wo die Gebilde so groß werden, daß sie sich durch Eigenbewegungen selbst zu zerreißen drohen – das ist aber erst im Bereich der sogenannten Riesenmoleküle zu befürchten). Diese einfachen Verhältnisse lassen sich sogar in handfesten Modellen weitgehend nachbilden. Ein Beispiel dafür sind die sogenannten Kalottenmodelle, bei denen die Atome als Kugeln dargestellt sind. Sie tragen Verbindungsknöpfe und lassen sich auf diese Weise aneinander befestigen. Man erreicht auf diese Weise sehr komplexe, verzweigte oder vernetzte Gebilde. Trotzdem ist fast alles, was auf diese Weise zusammensetzbar ist, auch real zu verwirklichen. Der Chemiker kann somit anhand der Modelle prüfen, ob eine Molekülform, die ihm für einen Farbstoff oder ein Medikament interessant erscheint, überhaupt existieren kann. Auf diesem Gebiet ist erst ein kleiner Bruchteil dessen, was möglich ist, realisiert; gewiß ist hier noch mit Überraschungen zu rechnen.

Besonderes Interesse erreichen heute jene Substanzen, die aus großen Molekülen bestehen. Ein hervorragendes Beispiel aus der Chemotechnik sind die Kunststoffe, die dadurch ausgezeichnet sind, daß sich bei ihnen relativ einfache kleine Einheiten in vielfacher Wiederholung zu Ketten, verästelten oder vernetzten Gebilden zusammensetzen. In diesem Fall ist der Zusammenhang zwischen der makroskopischen, technisch verwertbaren Eigenschaft dem Aufbauprinzip oft unmittelbar einsichtig zu machen: Fadenförmige Moleküle eignen sich oft für haltbare Fäden, solche mit seitlichen Auswüchsen lassen sich gut miteinander verbinden und vergarnen, solche mit netzartiger Grundstruktur bieten sich für Folien an, wie man sie etwa im Verpackungsmaterial braucht, räumliche Netze sind gut als Verbindungs- und Klebematerialien zu nutzen (→ S. 60).

Wie es scheint, sind aber die Möglichkeiten der Chemie mit dem, was sie im Bereich der Werkstoffsynthese leistet, noch längst nicht erschöpft. Den Beweis dafür finden wir in der Natur: Auch sie bedient sich chemischer Wege, um bestimmte Ziele zu erreichen – beispielsweise findet die Reizweiterleitung im Nervensystem nach einem elektrochemischen Prinzip statt; man darf vermuten, daß prinzipiell die Möglichkeit besteht, eine Molekulartechnik zu betreiben – also Schaltelemente auf molekularer Basis anzufertigen, Moleküle für Schaltzwecke zu verwenden. Im Zusammenhang mit dieser Möglichkeit – so utopisch sie anmutet – ist ein Fall zu erwähnen, der zwar noch zu keiner Realisation geführt hat, aber doch die Breite des offenen Raums, der sich hier auftut, dokumentiert. Aufgrund gewisser theoretischer Berechnungen hat sich ergeben, daß es unter Umständen möglich sein müsse, Moleküle zu synthetisieren, die bei normalen Temperaturen supraleitend sind, d.h. elektrischen Strom widerstandslos leiten. Die prinzipielle Möglichkeit ist in der Fachwelt zwar noch umstritten, es dürfte aber sicher sein, daß solche oder ähnliche Ideen durchaus mit chemischen Mitteln realisierbar sind: durch die Konstruktion neuer, noch nie dagewesener molekularer Strukturen.

Als Lebenssubstanz schlechthin kann das Eiweiß gelten – Sammelname für eine große Zahl verwandter chemischer Verbindungen. Die Eiweißverbindungen sind nach dem Bausteinprinzip konzipiert, sie setzen sich aus rund 20 mittleren Molekülen zu Ketten zusammen. Zu ihnen gehören die Aufbaustoffe aller Organismen, vor allem die Wirkstoffe, die steuernd in die Lebensprozesse eingreifen. Es gibt mehrere Gründe für die Wissenschaft, sich mit Eiweißchemie zu beschäftigen – Mit-

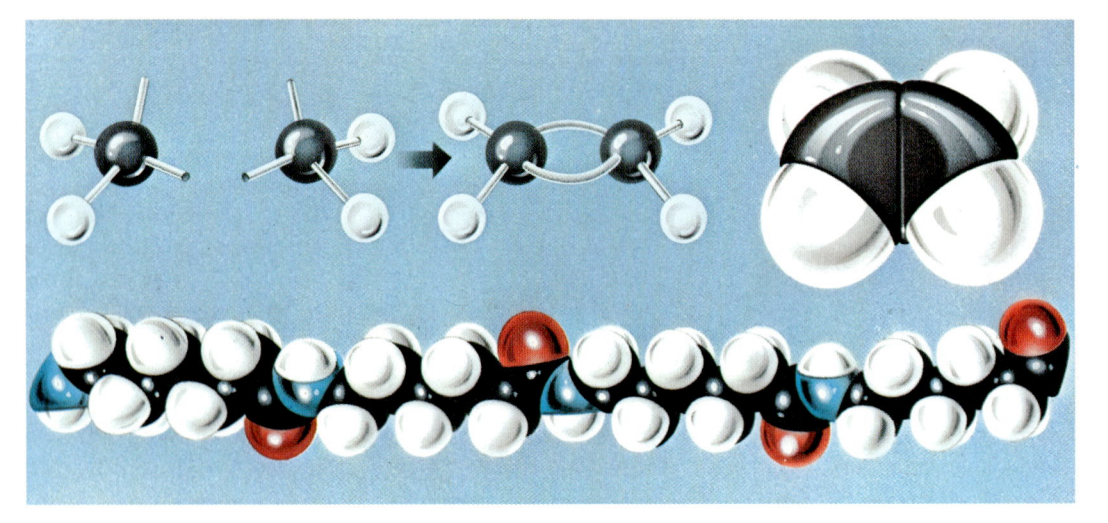

Kugelmodelle von Molekülen; die Atome des Kohlenstoffs (C) sind hier schwarz, die des Wasserstoffes (H) weiß, des Stickstoffs (N) blau und die des Sauerstoffs (O) rot gezeichnet worden. Das obere Modell zeigt, wie CH_2-Gruppen Ringe bilden zu C_2H_4: das ist das Äthylen. Dieses wiederum kann – z. B. unter Druck – Ketten bilden; dann entsteht der Kunststoff Polyäthylen. Verbinden sich aber jeweils fünf CH_2-Gruppen mit je einer CO- und NH-Gruppe, so entsteht ein Polyamid: das Perlon (unten).

Die Doppelhelix

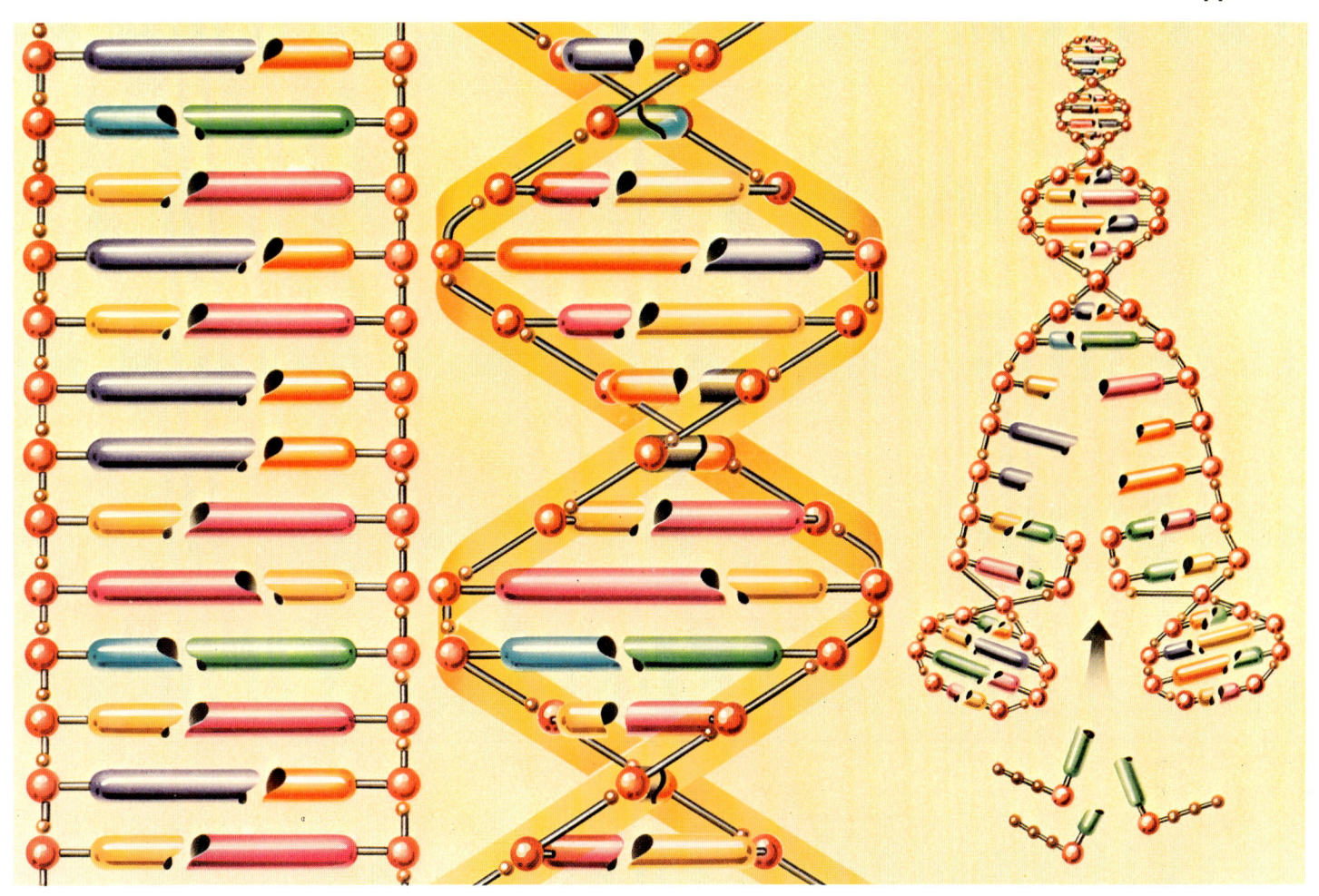

Ihren bisher größten Triumph erlebte die Molekularchemie 1953 mit der Aufklärung der DNS-Struktur durch J. D. Watson und F. Crick. DNS heißt: Desoxyribonucleinsäure. Die DNS ist Trägerin des genetischen Codes, der bei der Zellteilung für die Weitergabe der genetischen Informationen (Erbeigenschaften) sorgt. Das Geheimnis dieser Übermittlung liegt im Aufbau der DNS. Ihr Riesenmolekül sieht aus wie ein Reißverschluß. Jeder Strang trägt in rhythmischem Wechsel als Querstreben die vier Basen Adenin (rot), Thymin (gelb), Cytosin (orange) und Guanin (blau). Das Molekül kann sich wie viele Riesen-Moleküle, wendeln. »Helix« nennt man eine solche Spirale (Mitte). Reißt sie auf, so bilden beide Stränge neue Wendel – insgesamt eine Doppelhelix; trotz Teilung wahrt sie ihre Identität (rechts).

tel zur Analyse der komplizierten Molekülketten zu finden und Methoden ihrer Synthese: vor allem der Wunsch nach einem besseren Verständnis der Lebensvorgänge. Dahinter stehen aber praktische Aufgaben, beispielsweise solche der Medizin. Eines der ersten Eiweißmoleküle, das man im Labor aufbauen lernte, war das Insulin. Neben allen wissenschaftlichen Fortschritten, die eine solche Erkenntnis nach sich zieht, bedeutet das Insulin einen entscheidenden Schritt zur Behandlung von Zuckerkranken. Ihr Leiden beruht auf einem Defekt im körpereigenen System der Produktion von Insulin. Führt man es künstlich zu, so kann man die lebensgefährlichen Folgen völlig beseitigen.

Dieser Fall zeigt, wie man biochemische Erkenntnisse anwenden kann, um Organismen wieder in den natürlichen Gleichgewichtszustand zu bringen – womit nichts anderes umschrieben ist als die wesentliche Aufgabe der Medizin. Das neuerworbene Wissen ist aber in viel weiterem Umfang anwendbar – so kann man auch ohne unmittelbare Notwendigkeit steuernd in das Körpergeschehen eingreifen, beispielsweise, um die Leistungsfähigkeit zu steigern oder unerwünschte Eigenschaften zu ändern. Es ist heute schon möglich, die Stimmung zu beeinflussen, zunächst nur, um aus Depressionen herauszukommen, später aber auch aus der angenehmen Erfahrung euphorischer Zustände oder erhöhter sinnlicher Sensibilität. Solche Möglichkeiten bieten manche altbekannte Pflanzengifte, beispielsweise Opium oder Meskalin, doch wird das Spektrum der Präparate durch die pharmazeutischen Fortschritte immer breiter. In vielen Fällen läßt sich kaum mehr beurteilen, ob ein biochemischer Eingriff individuell oder soziologisch nützlich oder schädlich ist. In nicht allzuferner Zeit dürfte es beispielsweise möglich sein, mit chemischen Präparaten die Intelligenz zu steigern – insbesondere durch eine Behandlung des Heranwachsenden. Ist eine solche Einflußnahme gutzuheißen oder nicht?

Es gibt noch vieles andere, was durch biochemische und molekularbiologische Fortschritte in den Bereich des Erreichbaren rückt. Erst kürzlich ist es einer Forschungsgruppe in Nottingham, England, gelungen, Mischzellen aus Weizen und Mais herzustellen. Es wird nicht lange dauern, und man wird aus solchen und ähnlichen Mutterzellen völlig neue, heute noch unvorstellbare Pflanzen aufziehen. Später wird das auch bei Tieren möglich sein – man könnte Formen heranziehen, die als Dienstboten, Kinderpfleger usw. brauchbar wären.

Überlegt man die Konsequenzen einer modernen Chemotechnik ohne Scheuklappen und Wunschdenken, so gelangt man notgedrungen bald in Bereiche utopischer Vorstellungen. Es ist aber gar nicht nötig, so weit zu gehen; auch das, was sich derzeit in der Entwicklung befindet, ist phantastisch genug.

Hans Günther

Die Teilchenbeschleuniger

Bis vor etwa 40 Jahren stand das Verhalten der negativen Elektronen, die den positiv geladenen Atomkern umkreisen, im Mittelpunkt des Interesses der Physiker. Um die Struktur und den Zustand der winzigen Atomkerne zu erforschen und um die ungeheuer starken Kräfte, die den Kern zusammenhalten, zu verstehen und nutzbar zu machen, sind völlig neuartige Methoden und Instrumente erforderlich. Nachdem man erkannt hatte, daß durch »Beschießen« von Atomkernen mit hochenergetischen, das heißt sehr schnell fliegenden Elementarteilchen, wie zum Beispiel Elektronen, solche Erkenntnisse gewonnen werden können, baute man immer leistungsfähigere Maschinen zum Beschleunigen der Teilchen auf möglichst hohe Endgeschwindigkeiten. Je höher die Energie des Teilchens, desto tiefer vermag es in einen Atomkern einzudringen, und desto mehr wird es deshalb über dessen Natur aussagen können.

Auch eine andere Überlegung sagt uns, wie wichtig es ist, dem zu beschleunigenden Teilchen eine möglichst hohe Energie zuzuführen. Elektronen mit 10^9 (Milliarden) eV (Elektronenvolt) entsprechen einem Strahl mit einer Wellenlänge von 10^{-13} (oder einem Zehnbillionstel) Zentimeter. Da der Durchmesser der Kernteilchen auch von dieser Größenordnung ist, müssen sich mit Elektronen dieser Energie, Beugungsbilder von Atomkernen erzeugen und daraus Aufschlüsse über Bau und Ladungsverteilung dieser Gebilde gewinnen lassen.

Zum Beschleunigen der Teilchen dienen elektrische Felder, wie sie sich zwischen zwei Elektroden ausbilden, die an einer elektrischen Spannung liegen. Da die Elementarteilchen entweder eine negative oder eine positive elektrische Ladung besitzen, erfahren sie im elektrischen Feld eine Kraftwirkung, die sie in Richtung auf die Elektrode mit der entgegengesetzten Polung beschleunigt. Schließlich prallen die Teilchen mit der Endgeschwindigkeit v auf Atomkerne, wobei die umgesetzte Energie sich aus der Masse m des Teilchens nach der Beziehung $E = 1/2\, m \cdot v^2$ errechnet. In der Kernphysik benutzt man jedoch als Einheit der Teilchenenergie das Elektronenvolt (eV), jene Energie, die ein Elektron erhält, wenn es in einem elektrischen Feld die Spannungsdifferenz von 1 Volt durchläuft.

Eine Milliardstel Atmosphäre

Die gewünschten Wirkungen treten nur dann ein, wenn die Teilchen auf Geschwindigkeiten beschleunigt werden, die der Geschwindigkeit des Lichtes (300000 km/s) nahe kommen. Solche Energien liegen, je nach der Teilchenmasse, im Bereich von Millionen bzw. Milliarden Elektronenvolt, also MeV bzw. GeV. Außerdem müssen die Teilchenbahnen in einem luftleeren Raum verlaufen, weil sie sonst ständig durch Zusammen-

Elektronen mit Lichtgeschwindigkeit

stöße mit Luftmolekülen abgebremst würden. An das Vakuum werden sehr hohe Anforderungen gestellt: die verbleibende Gasdichte bzw. der Druck darf nicht höher sein als 10⁻⁶ Millibar, also eine Milliardstel Atmosphäre.

Da sich die extrem hohen Spannungen praktisch nicht verwirklichen lassen, werden die Teilchen mehrmals hintereinander durch die gleiche Hochspannung beschleunigt, man wendet also das Prinzip der Vielfachbeschleunigung an. So gibt es »Linearbeschleuniger«, bei denen mehrere zylinderförmige Elektroden hintereinander liegen, die von den Teilchen durchflogen werden. Die Elektroden werden dann so an einen Wechselstromgenerator angeschlossen, daß von Elektrode zu Elektrode die Polarität der angelegten Spannung wechselt. Wenn nun die Länge der Elektroden so bemessen wird, daß die ständig schneller werdenden Teilchen zum Durchfliegen eines Zylinders gerade die Zeit benötigen, die der halben Schwingungsdauer des Wechselstromes entspricht, so läßt es sich einrichten, daß sie immer gerade dann im Zwischenraum zweier Elektrodenzylinder ankommen, wenn das dort befindliche Feld die zur Beschleunigung erforderliche Richtung besitzt.

Da man aus praktischen Gründen die Zahl der Beschleunigungsstufen nicht beliebig groß wählen kann – es gibt bereits 3 Kilometer lange Beschleunigungsstrecken – ist die Leistungsfähigkeit der Linearbeschleuniger begrenzt.

Praktisch unbegrenzt sind die Möglichkeiten, welche die

Das Elektronen-Synchroton dient der Grundlagenforschung über Atomkerne und Elementarteilchen.

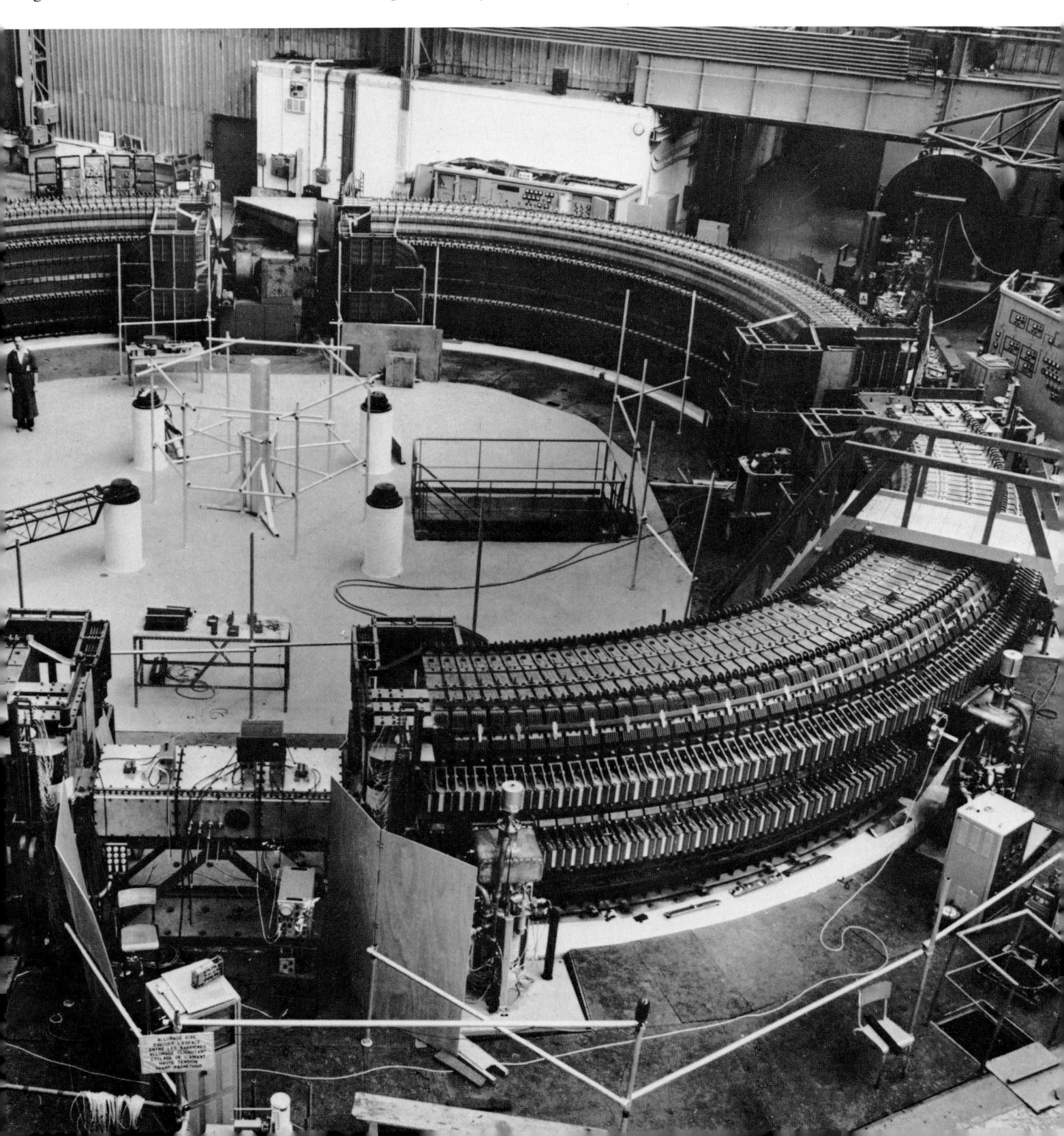

Der Teilchenbeschleuniger

Masse – Energie – Äquivalent

Eine Aussage der Einsteinschen Relativitätstheorie lautet, daß Energie und Masse wesensgleich sind und sich ineinander umwandeln lassen. Jeder Energie E entspricht eine bestimmte Masse m, und Masse besitzt selbst Energie nach der Beziehung $E = m \cdot c^2$ mit c als Lichtgeschwindigkeit. Aus dieser Gleichung ist sofort ersichtlich, daß schon eine sehr kleine Masse m eine sehr große Energie besitzen muß, da die Lichtgeschwindigkeit, die mit $c = 300 \cdot 10^6$ m/s an sich schon sehr groß ist, auch noch quadriert wird und $c^2 = 9 \cdot 10^{16}$ (m/s)² ergibt. Bei der Kernspaltung wird die Differenz zwischen der Masse der gespaltenen Urankerne und der Masse sämtlicher Spaltprodukte als Energie frei und kann technisch genutzt werden.

Nach der speziellen Relativitätstheorie ist die Masse m eines Körpers geschwindigkeitsabhängig: bewegt er sich mit der Geschwindigkeit v relativ zu einem ruhenden Beobachter, so gilt $m = m_0/\sqrt{1 - v^2/c^2}$. Dabei ist m_0 die sogenannte Ruhemasse des Körpers und c wieder die Lichtgeschwindigkeit. Mit zunehmender Geschwindigkeit nimmt also die Masse zu, und bei Lichtgeschwindigkeit wäre sie unendlich groß; daraus folgt, daß ein massebehafteter Körper niemals die Lichtgeschwindigkeit erreichen kann. Diese sogenannte *relativistische Massenzunahme* wurde in Teilchenbeschleunigern mit großer Genauigkeit an Elementarteilchen gemessen, deren Geschwindigkeit nahezu gleich c war.

Mikrowellengeneratoren

Mikrowellen sind elektromagnetische Schwingungen im cm- und im mm-Bereich, also Wechselströme mit Frequenzen zwischen 3 und 300 GHz. Zu ihrer Erzeugung dienen die Laufzeitröhren, d. h. spezielle Elektronenröhren, bei denen die Bewegungsenergie der Elektronenstrahlen beim Durchlaufen eines elektrischen Wechselfeldes abgebremst wird, wobei sie ihre Energie an das Wechselfeld abgeben.

Beim heutigen Einkammer-*Klystron* durchläuft der Elektronenstrahl einen Resonator (Schwingungserzeuger), in dem die Elektronen zwischen der Kathode und einer stark negativen »Auffänger«-Elektrode, die den Strahl reflektiert, hin und her strömen. Dabei legen die schnelleren Elektronen größere Wege als die langsameren zurück: es entsteht ein Strahl wechselnder Dichte, der bei geeignet gewählten Elektrodenspannungen gerade phasenrichtig in den Resonator gelangt, um die Schwingungen aufrechtzuerhalten. Die Frequenz der erzeugten Schwingung wird von den Abmessungen des Resonators bestimmt. Diese Geräte werden für Leistungen von einigen kW gebaut.

Größere Leistungen lassen sich mit dem *Magnetron* erzielen. Dieses besteht aus einem Kupferblock mit symmetrisch um einen zylindrischen Hohlraum liegenden Bohrungen, die mit dem Hohlraum durch Schlitze verbunden sind. Der Block bildet die Anode; die Kathode liegt axial im Hohlraum. Die ganze Anordnung befindet sich zwischen den Polschuhen eines Magneten. Die Überlagerung des elektrischen Feldes zwischen den beiden Elektroden und des magnetischen Feldes zwischen den Polschuhen veranlaßt die Elektronen zu rhythmischen Bewegungen um die Kathode, wobei die Schlitze zusammen mit dem Kathodenraum als Resonatoren wirken, deren Abmessungen die Frequenz des Wechselstromes bestimmen. Mit dieser Anordnung lassen sich Dauerleistungen im kW-Bereich und Impulse von mehreren MW erzeugen.

Magnetrons werden in der Radartechnik, aber auch als Generatoren für die Hochfrequenzerwärmung verwendet: dem elektrischen Wechselfeld zwischen zwei parallelen Flächenelektroden (Kondensator) wird von darin befindlichen nicht-stromleitenden Stoffen Energie entzogen. Das wirkt sich im Innern der Körper, z. B. in einem Steak, als Verlustwärme aus und verwandelt den Fleischbrocken aus tiefgekühltem Zustand innerhalb weniger Minuten in einen Braten.

»Kreisbeschleuniger« bieten, von denen es mehrere Systeme gibt: Zyklotron, Betatron und Synchrotron sind die wichtigsten. Bei diesen Systemen werden den Teilchen durch magnetische Felder kreisförmige Bahnen aufgezwungen, wobei sie bei jedem Umlauf einen zusätzlichen Impuls erhalten. Der älteste Kreisbeschleuniger ist das Zyklotron, eine Anordnung von zwei halbkreisförmigen Hohlelektroden zwischen den Polschuhen eines großen Elektromagneten. An den beiden Elektroden liegt ein Wechselfeld, wobei ein Halbkreis der Bahn jeweils innerhalb einer halben Wechselstromperiode durchlaufen wird. Die etwa im Zentrum des Kreises austretenden Elektronen oder Ionen werden durch das Wechselfeld im Spalt zwischen den beiden Elektroden beschleunigt und durch das Magnetfeld wegen der ständig zunehmenden Geschwindigkeit in eine Spiralbahn gezwungen. Haben die Teilchen den äußeren Rand der Elektroden erreicht, werden sie mit Hilfe einer elektrisch geladenen Ablenkplatte aus dem Zyklotron herausgeführt.

Analog einem Transformator arbeitet das Betatron (Elektronenschleuder). An die Stelle der Transformator-Sekundärwicklung tritt eine kreisförmig gekrümmte Röhre, in der die Elektronen auf einer geschlossenen Kreisbahn umlaufen. Durch den primären Wechselstrom wird ein magnetisches Wechselfeld erzeugt, das die Teilchen auf der Kreisbahn hält und gleichzeitig die Beschleunigungsspannung für die Teilchen induziert. Solche Geräte für Teilchenenergien bis 35 MeV werden außer in der Kernforschung auch für Materialprüfung und für die medizinische Strahlentherapie verwendet.

Nähert sich die Teilchengeschwindigkeit der Lichtgeschwindigkeit, dann macht sich die »relativistische Massenzunahme« (nach Einstein) bemerkbar. Dadurch kommt zum Beispiel ein in einem Zyklotron beschleunigtes Teilchen »außer Tritt«, es erreicht den Spalt nicht mehr zur richtigen Zeit. Um dem abzuhelfen, muß man entweder die Frequenz des elektrischen Wechselfeldes modulieren oder das Führungsmagnetfeld passend verändern oder beides zugleich. Ein derart arbeitendes Gerät wird als Synchrotron bezeichnet.

Die Synchrotrontypen

Alle bisher gebauten großen Teilchenbeschleuniger, die Teilchenenergien von mehr als 1 GeV erreichen lassen, arbeiten nach dem Synchrotron-Prinzip. Gegenüber dem Zyklotron bewegen sich die Teilchen auf einer Kreisbahn mit konstantem Radius, so daß man anstelle eines großen Magneten eine größere Anzahl ringförmig angeordneter, kleinerer Magnete verwenden kann, welche die Ringröhre der Vakuumkammer umfassen. Dazwischen sind in regelmäßigen Abständen die elektrischen Beschleunigungsstrecken eingebaut. Während des Beschleunigens steigt die Frequenz des elektrischen Feldes synchron mit der Umlauffrequenz der Teilchen; auch das Magnetfeld der Ringmagnete muß in zeitlich bestimmter Weise zunehmen, um die Teilchen trotz (relativistisch) zunehmender Masse genau auf ihrer Sollkreisbahn zu halten.

Je nachdem, ob die leichten, negativen Elektronen oder die 1836mal schwereren, positiven Protonen (Bausteine des Atomkerns) beschleunigt werden, verwendet man zwei verschiedene Synchrotrontypen. Beim »Elektronensynchrotron« werden Elektronen zum Beispiel mit einem Betatron auf einige MeV vorbeschleunigt und dann in das ringförmige Beschleunigungsrohr eingeschlossen. In Hamburg steht das deutsche Elektronensynchrotron (abgekürzt: »DESY«) mit 100 Metern Ringbahndurchmesser. Es hat 48 Ringmagnete, die auf 0,1 Millimeter genau justiert sind. Die Elektronen erreichen in

Die »Elektronenrennbahn«

In der Blasenkammer (sie wurde im vorigen Kapitel beschrieben) werden die Spuren ionisierter Teilchen für kurze Zeit sichtbar. Der spitze Winkel in der Mitte zeigt die Entstehung eines Elektronenpaares aus einem Gammaquant. Der Weg des unteren Elektrons verläuft bogenförmig und endet in einer großen Spirale – die Blasenkammer ist durch ein großes Magnetfeld überlagert, wodurch die Teilchenbahnen gekrümmt werden; aus ihrer Krümmung kann man den Impuls der Teilchen bestimmen. Die vielen kleinen Spiralen rühren von Anstoßelektronen geringerer Energie. Die Aufnahme entstand im »DESY«, dem Deutschen Elektronen-Synchrotron, in Hamburg.

10 000 Umläufen ihre Endenergie von 7,5 GeV, wozu sie nur eine Hundertstel Sekunde benötigen.

Für die viel schwereren Protonen benötigt man noch leistungsfähigere Maschinen. Das von der europäischen Kernforschungsgemeinschaft CERN bei Genf gebaute »Protonensynchrotron« hat einen Ringbahndurchmesser von 200 Metern. Es beschleunigt alle 4 Sekunden eine Teilchengruppe auf eine Endenergie von 30 GeV. Dabei läuft der Teilchenschwarm 480 000mal im Kreis herum, wozu er 1,2 Sekunden braucht und eine Endgeschwindigkeit bis zu 99,94 Prozent der Lichtgeschwindigkeit erreichen kann. Die »Rennbahn« hat 100 Elektromagnete von je 54 Tonnen Gewicht. Vor dem Einschießen in die Ringbahn werden die Protonen mit einem Linearbeschleuniger auf 10 MeV vorbeschleunigt. Bis Ende dieses Jahrzehnts wird CERN eine 300 GeV-Anlage mit 2 Kilometer Ringbahndurchmesser bauen. Selbst diese Riesenmaschine wird von einem amerikanischen Projekt noch übertrumpft, einem 1000 GeV-Beschleuniger mit 5 Kilometer Ringdurchmesser.

Ist in einem Beschleuniger die Endgeschwindigkeit der Teilchen erreicht, lenkt man den Teilchenschwarm mit Magneten durch eine Schleuse tangential aus der Vakuumröhre heraus auf sein Schußziel, das Target. Dort zertrümmert der energiereiche Teilchenstrahl zahlreiche Atomkerne des Targetmaterials. Die Kernbruchstücke, wie Protonen, Neutronen, Mesonen (Elementarteilchen, die zwischen Proton und Neutron hin- und herwechseln), aber auch neue Elementarteilchen fliegen mit unterschiedlichen Geschwindigkeiten in verschiedene Richtungen auseinander. Zum Sichtbarmachen der Bahnen dieser Teilchen dient die mit flüssigem Wasserstoff gefüllte »Blasenkammer« von einigen Metern Durchmesser. Sie wird von einem äußerst starken, konstanten Magnetfeld ganz gleichmäßig durchdrungen, das die elektrisch geladenen Teilchen mehr oder weniger aus ihrer zunächst geraden Bahn ablenkt. Aus der Bahnkrümmung und aus der Spurlänge läßt sich auf Art und Energie der Teilchen schließen. Hierzu bedient man sich fotografischer Aufnahmen, auf denen meist zahlreiche der von den Teilchen erzeugten Bläschenspuren fixiert sind.

Benutzt man in der Blasenkammer die Wasserstoffatome selbst als Targets, kann man die Feinstruktur von Protonen, nämlich die Kerne des Wasserstoffatoms, untersuchen, wenn man sie mit 21 GeV-Elektronen beschießt. Überall dort, wo sie direkt auf einen Kern treffen oder sehr nahe daran vorbeifliegen, erfährt ihre Bahnspur einen Knick. Die Meßergebnisse an den so gestreuten Elektronen liefern Aufschlüsse über die Feinstruktur des Kerns. Dabei stellte es sich heraus, daß ein Proton auch wieder aus noch kleineren Elementarteilchen besteht, die Partonen genannt wurden.

Eine etwa tausendfache Intensitätssteigerung gegenüber dem »konventionellen« Synchrotron ermöglicht die neue Generation der Doppelringspeicher (DORIS). In ihnen kann man zwei Teilchenströme in entgegengesetzten Richtungen laufen und schließlich zusammenstoßen lassen. Mit dem Bau dieser Beschleuniger ist der Kernphysik ein neues Arbeitsfeld erschlossen worden. Mit ihnen gelingt es, auch schwere Kerne mit so hoher Energie aufeinanderprallen zu lassen, daß die außerordentlich starke elektrostatische Abstoßung zwischen zwei Kernen überwunden wird und die Kerne einander durchdringen können. Dabei bilden die kollidierenden Kerne für kurze Zeit ein System, das aufgrund seiner Eigenschaften in Analogie zum chemischen Molekül als Kernmolekül bezeichnet werden kann. Die neue »Schwerionenphysik« wird den Kernphysikern wichtige Informationen über die Wechselwirkung komplexer Systeme von Nukleonen (Kernbausteinen) liefern.

Hans Günther

Das Phänomen des Widerstandes

Die Supraleitung

Im Jahre 1911 entdeckte der Holländer Kamerling-Onnes, daß der elektrische Widerstand einiger Metalle bei Abkühlung auf sehr tiefe Temperaturen in der Nähe des absoluten Nullpunktes, also nahe 0 Grad Kelvin oder minus 273 Grad Celsius, vollständig verschwindet. In einem normalen Stromkreis kann bekanntlich elektrischer Dauerstrom nur fließen, wenn er eine Stromquelle, zum Beispiel eine Batterie, enthält. Ganz anders in einem supraleitenden Kreis: Wenn erst einmal Strom fließt, kann man die Spannungsquelle überbrücken und wegnehmen, und der Strom wird unaufhörlich und verlustfrei weiterkreisen – ähnlich, wie Elektronen eines Atoms um den Atomkern ihre Bahnen ziehen.

Nach Entdeckung dieser phantastischen Eigenschaft hoffte man, daß es gelingen würde, extrem starke Magnetfelder, wie man sie in Forschung und Technik braucht, mit Hilfe supraleitender Spulen energielos erzeugen zu können. Leider stellte sich heraus, daß der supraleitende Zustand aufhört, sobald der Strom einen verhältnismäßig kleinen kritischen Wert überschreitet, oder sobald ein äußeres Magnetfeld auftritt. Erst vor etwa zwanzig Jahren fand man heraus, daß es außer diesen instabilen Supraleitern, den sogenannten Supraleitern 1. Art, zu denen unter anderm Blei und Zinn gehören, noch eine zweite Klasse, die Supraleiter 2. Art, gibt. Sie bleiben auch in sehr starken Magnetfeldern und bei hohen Strömen supraleitend.

Diese Entdeckung führte zu einem beachtlichen technischen Aufschwung, so zur großtechnischen Herstellung supraleitender Spulen, die Magnetfelder von der zehnfachen Stärke erzeugen, wie sie mit herkömmlichen Elektromagneten möglich sind. Diese Supraleiter 2. Art sind meist Legierungen, beispielsweise aus Niobium (einem seltenen, festen, säurebeständigen Metall), Zinn und Zirkon. Andererseits tritt bei so guten elektrischen Leitern wie Kupfer und Silber sowie bei Eisen und anderen magnetischen Stoffen auch bei tiefsten Temperaturen keine Supraleitung auf.

Nach unseren heutigen Kenntnissen beruht die Supraleitung auf der elastischen Struktur des Atomgitters. In einem normalen Metall bewegen sich die Elektronen in Richtung des elektrischen Feldes, des Gefälles zwischen Plus- und Minuspol der Spannungsquelle. Dabei prallen sie, das »Elektronengas«, ständig auf die Gitterstruktur der Atome und verlieren so einen Teil ihrer Bewegungsenergien, das Metall erwärmt sich. Aus diesem Grund kann in einem Draht nur dann Strom fließen, wenn eine Batterie die ständigen Energieverluste ausgleicht. Im Supraleiter dagegen erfolgt der Stromtransport durch Paare von Elektronen mit entgegengesetzter Eigendrehung (Spin). Das erste Elektron zieht durch seine negative Ladung das elastische Gitter des Atoms etwas zusammen und erzeugt so eine Zone verstärkter positiver Ladung, die ihm nacheilt. Diese Zone zieht ihrerseits das zweite Elektron an und koppelt es lose an das erste. Gekoppelt geben aber die Elektronen keine Energie an das Gitter ab. Einmal in Fluß geraten, zum Beispiel durch einen Induktionsstoß, fließt der Strom unaufhörlich.

Das Cooper-Paar

Man nimmt an, daß die Elektronen des Elektronengases neben ihrer gegenseitigen Abstoßung wegen der gleichnamigen (negativen) Ladungen eine schwache Anziehung aufeinander ausüben. Diese Anziehungskraft kommt erst bei sehr tiefen Temperaturen zur Auswirkung, wenn nämlich die thermische Energie genügend klein ist. Sie bewirkt dann, daß die beiden Elektronen ein sogenanntes Cooper-Paar (nach einem der Vertreter der quantenmechanischen Theorie der Supraleitung) bilden, in dem die Elektronen entgegengesetzte Drehbewegungen ausführen: der Gesamtspin des Cooper-Paares ist also null. Darin unterscheiden sie sich von den Elektronen in einem normalen Metall, die einen Spin von Plus oder Minus 1/2 haben. Dieser sogenannte kondensierte Zustand der Elektronen hat eine kleinere Energie als der ungepaarte Zustand. Wenn man Supraleitfähigkeit zerstören will, muß man also eine ganz bestimmte Mindestenergie aufbringen, die groß genug ist, um die Paare aufzubrechen, man muß die Leitertemperatur bis zum »Sprungpunkt« erhöhen. Reicht hierfür die Wechselwirkung mit dem Atomgitter nicht aus, so können sich die Ladungsträgerpaare ungestört durch das Metallgitter bewegen: der elektrische Widerstand des Metalls ist null.

Die Magnetisierung eines Supraleiters unterscheidet sich wesentlich von der eines normalen Metalls, das ein Magnetfeld ungehindert hindurch läßt: Die magnetischen Kraftlinien werden vollkommen vom Innern des Leiters abgeschirmt, er verhält sich wie ein ideales diamagnetisches Material. Dies geschieht durch Wirbelströme an der Oberfläche des Leiters, die beim Einschalten des Magnetfeldes entstehen und wegen der Supraleitfähigkeit ständig weiterfließen. Sie erzeugen Magnetfelder, die dem äußeren Feld entgegen gerichtet sind und dessen Wirkung im Innern des Leiters vollständig aufheben. Erst wenn das äußere Magnetfeld einen kritischen Wert erreicht, bei dem die Cooper-Paare aufzubrechen beginnen, endet die Supraleitfähigkeit. Das gleiche geschieht, wenn durch den Leiter ein Strom geschickt wird, dessen Stärke einen temperaturabhängigen kritischen Wert übersteigt. An der Oberfläche des Leiters ist dann das magnetische Eigenfeld des Stromes größer als die kritische Feldstärke, die Supraleitfähigkeit endet.

Röhren solcher und noch größerer lichter Weiten zu produzieren ist für die moderne Technik kein Problem. Sie werden gebraucht für Unterdückerungen, Abwasserleitungen, Brunnenausschalungen usw. Trotz ihres gewaltigen Umfangs müssen sie an den Kupplungsstellen millimetergenau ineinanderpassen.

Harte Supraleiter

Aus dem bisher Gesagten geht hervor, daß nur Supraleiter der 2. Art, die sogenannten harten Supraleiter, für technische Zwecke geeignet sind. Man kennt heute Legierungen, deren Sprungpunkt bei 20 Grad Kelvin liegt. Da man diese Leiter aus Sicherheitsgründen wenigstens auf die Hälfte ihrer Sprungtemperatur abkühlen muß, kommt man ohne Heliumkühlung (Siedepunkt 4,2 Grad Kelvin) nicht aus. Daher bemühen sich die Wissenschaftler, Legierungen zu finden, die bei wesentlich höheren Temperaturen noch supraleitend sind.

Die Fähigkeit der harten Supraleiter, sehr starke Ströme zu verkraften, ermöglicht den Bau von Elektromagneten für außergewöhnlich hohe Feldstärken. Dies wird einmal durch die erreichbare hohe Stromdichte ermöglicht, so daß sehr dünne Drähte verwendet werden können. Zum anderen erlaubt auch das Fehlen der bei konventionellen Elektromagneten hoher Leistung erforderlichen Kühlkanäle innerhalb der Spulen eine sehr gedrungene Bauweise. Dadurch können die Kraftlinienwege sehr kurz gehalten werden. Aus der so ermöglichten Konzentration der Felder ergeben sich die hohen Feldstärken.

Die Supraleiter 1. Art haben sehr kleine kritische Felder von maximal 100 Oerstedt. Sobald die kritische Feldstärke erreicht ist, dringt das äußere Magnetfeld schlagartig in den Leiter ein. Bei Supraleitern der 2. Art dagegen gibt es eine »untere kritische Feldstärke«, bei der zunächst nur ein winziger Bruchteil des Feldes eindringt; bei ansteigendem Feld nimmt der Fluß durch den Leiter ganz langsam zu und erst bei der »oberen kritischen Feldstärke«, die 1000mal größer ist als die kritischen Felder von Supraleitern 1. Art, verschwindet die Supraleitfähigkeit. Man nimmt an, daß zwischen den beiden kritischen Feldstärken im Leiter ein Mischzustand besteht, bei dem der Leiterquerschnitt in normal leitende und in supraleitende Bereiche aufgespalten ist.

Noch ist die Wissenschaft in dieser Hinsicht auf bloße Annahmen angewiesen. Doch erste supraleitende Elektromotoren mit über dreitausend PS sind schon in Betrieb.

Anwendungsmöglichkeiten supraleitender Magnete finden sich überall dort, wo bei konventionellen Elektromagneten die Kühlung Probleme stellt, sei es wegen der Wärmeabfuhr, des laufenden Energieaufwandes oder wegen des Raumbedarfs. Da bei Supraleitern keine Wärme entsteht, ist nur der relativ geringe Energiebedarf des Heliumverflüssigers aufzubringen. Beispiele sind: In Teilchenbeschleunigern bei der Hochenergieforschung, Materialuntersuchungen in extrem starken Magnetfeldern, bei Magnetkissenbahnen wegen des Raumbedarfs der starken Magnete für das elektro-dynamische Schweben.

Die Halbleiter

Der 1948 erfundene Transistor ist das bekannteste und vielleicht wichtigste Halbleiterbauelement. Transistoren haben die Elektronik verwandelt und viele elektronische Schaltungen erst ermöglicht. Der winzige Transistor mit seinem geringen Energiebedarf hat die große und störanfällige Elektronenröhre inzwischen fast überall verdrängt, wo Geräte zur Steuerung und Verstärkung des Elektronenflusses gebraucht werden. Erst die raumsparende Technik der Halbleiter ermöglichte nicht nur die Mikrotechnik der integrierten Schaltkreise, sondern auch das kontaktlose Schalten in der Energietechnik. Die Halbleiter gehören zu den interessantesten und vielfältigsten Festkörpern. Ihre Eigenschaften können durch die chemische Zusammensetzung in sehr weiten Grenzen verändert werden. Darauf beruht die Fülle der Anwendungen. Am bekanntesten sind die Bauelemente und Schaltkreise aus den Halbleiterstoffen Silizium und Germanium.

Der Name »Halbleiter« bezieht sich auf ihr elektrisches Leitungsvermögen. Die halbleitenden Stoffe ordnen sich je nach Dotierung ein zwischen gut leitenden Metallen und praktisch nichtleitenden Isolatoren. Das macht sie so vielfältig anwendbar. Im Metallkristall setzt jedes einzelne Atom ein oder zwei Elektronen frei. Darum haben Metalle sehr viele frei bewegliche Ladungsträger und sind gute Leiter. Ein idealer Isolator besitzt dagegen überhaupt keine freien Elektronen. In diesen beiden Grenzfällen ist es unmöglich, durch äußere Eingriffe die Zahl der Elektronen zu ändern und damit einen Strom zu steuern. Der Halbleiter aber kann diese Möglichkeit bieten. Entscheidende Bedingung für Halbleiteranwendungen war aber, daß Werkstoffe und Prozeßtechniken mit extremer Präzision entwickelt wurden. Der Einkristall mit perfektem Kristallbau und äußerst genau kontrollierter chemischer Zusammensetzung ist dazu Voraussetzung. Einkristalle sind »gezüchtete« große Metallkristalle mit regelmäßigem Gittergefüge – im Gegensatz zu »normalen« Metallen, deren Kristalle in häufig unterschiedlichen Strukturen, »polykristallin« aneinanderhaften.

Genau bemessene Zugabe von Fremdatomen, genannt Donatoren, ermöglicht nun eine Veränderung der Leitfähigkeit. Die Größenordnung der elektrischen Leitung kann dadurch innerhalb weiter Bereiche genau eingestellt werden. Aber auch der Charakter der Stromleitung ist wählbar je nach Art des Dotierungsstoffes. Dies hängt ab vom Einbau der dotierenden Atome in das Kristallgitter des Stoffes. Jedes Silizium-Atom hat vier äußere Valenz-Elektronen, das sind die für chemische Reaktionen verfügbaren Elektronen in den äußeren Elektronenschalen eines Atoms. Sie bilden mit den Elektronen der Nachbar-Atome immer vier Bindungen von je einem Elektronenpaar. So entsteht das tetraedrische Kristallgefüge des Siliziums, ein aus vier gleichseitigen Dreiecken gebildeter regelmäßiger Pyramidenkörper.

Dotieren wir nun den Kristall mit Phosphor. Phosphor hat in der äußersten Schale fünf Valenzelektronen. Das Phosphor-Atom muß eines davon abgeben, um mit den restlichen vier wieder in die tetraedrische Umgebung zu passen. Also sitzt ein positives Phosphor-Ion fest im Gitter. Das fünfte Elektron ist nur schwach gebunden oder sogar frei beweglich in den Kristall eingebracht. Der Kristall hat damit einen Ladungsträger gewonnen, nämlich ein negativ geladenes Elektron. Daher spricht man vom n-Typ der Leitung. Setzen wir nun ein dreiwertiges Element, wie etwa Bor, in das Gitter. Jetzt fehlt ein Valenzelektron, um vier komplette Bindungspaare zu erzeugen. Es ist, als habe das Bor ein Defektelektron, ein »Loch« im Elektronenhaushalt, eingebracht. Im elektrischen Feld bewegt sich dieses Loch genau wie ein positives Teilchen. Das Loch – oder Defektelektron – wandert auf den negativen Pol zu, wenn wir eine Gleichspannung an den Kristall legen. Eine Analogie ist die Luftblase, die gegen die Schwerkraft im Wasser aufsteigt. Dieser Begriff positiver Defektelektronen ist sehr wesentlich für die Halbleiterphysik.

Betrachten wir auch ein Zahlenbeispiel für das Silizium. Wenn wir nur jedes Millionste Silizium-Atom durch ein Phosphor-Atom ersetzen, dann nimmt die Leitfähigkeit um das Tausendfache zu gegenüber chemisch reinem Silizium. Eine Dotierung gibt also die Möglichkeit, Halbleiter zwischen dem elektrischen Verhalten eines Metalls und eines Isolators zu verändern.

Das Kristall-Verhalten

Das elektrische Verhalten eines Kristalls kann aus den Eigenschaften der Ladungsträger »Loch« und »Elektron« hergeleitet werden. Bringt man zwei Halbleiter zusammen, von denen der eine vorwiegend Löcher, der andere vorwiegend Elektronen aufweist, die von eingebauten Akzeptoren bzw. Donatoren stammen, entsteht an der Grenze ein starkes Gefälle der Trägerkonzentration. Daher diffundieren einige Löcher ein in den n-leitenden, einige Elektronen in den p-leitenden Bereich und vereinigen sich mit den jeweiligen Ladungen der anderen Polarität, sie »rekombinieren«. Durch das wechselseitige Eindringen der Ladung lädt sich die Grenze des PN-Übergangs elektrisch auf. Dadurch sind auf beiden Seiten der Grenzschicht ortsfeste elektrische Ladungen mit entgegengesetzten Vorzeichen entstanden, deren elektrisches Feld der weiteren Diffusion entgegenwirkt, es kommt zu einem Gleichgewichtszu-

---

Dotierung der Halbleiter

Die geringe elektrische Leitfähigkeit von Halbleitern nimmt erheblich zu, wenn in den Halbleiterkristall Fremdatome eingebaut und dadurch sogenannte »Störstellen« geschaffen werden. Die Fremdatome gelangen in den Halbleiter, indem man die Substanz entweder bei hohen Temperaturen einlegiert oder in Gasform unter Vakuum in dünne Halbleiterplättchen eindiffundieren läßt. Den planmäßigen Einbau von Fremdatomen bezeichnet man als »dotieren« oder »dopen«. Er kann auch durch elektromagnetische Strahlung, zum Beispiel Licht, bewirkt werden.

Für die Halbleiter Germanium (Ge) und Silizium (Si) verwendet man als fünfwertige Fremdatome Arsen (As), Antimon (Sb) oder Phosphor (P). Jedes im Halbleitergitter eingebaute Fremdatom erzeugt dort ein freies Elektron und ein gebundenes Ion. Man bezeichnet daher fünfwertige Störatome als Elektronenspender oder *Donatoren*. Durch ihren Einbau wird die Konzentration der freien Elektronen gegenüber dem reinen Halbleiter stark erhöht, er wird zum (negativen) n-Halbleiter.

Dotiert man Ge oder Si mit dreiwertigen Fremdatomen, wie Iridium (Ir) oder Gallium (Ga), werden im Halbleitergitter freie Defektelektronen, sogenannte »Löcher«, mit ebenso vielen gebundenen negativen Ionen erzeugt. Dreiwertige Fremdatome nennt man daher Elektronenaufnehmer oder *Akzeptoren*, durch deren Einbau die Dichte der positiven Löcher erhöht wird. Man bezeichnet einen mit Akzeptoren dotierten Halbleiter als (positiven) p-Halbleiter.

Die in dotierten Halbleitern überwiegende Art der beweglichen Ladungsträger (Löcher oder Elektronen) bezeichnet man jeweils als *Majoritätsträger*, die in der Minderheit vorhandene Art als *Minoritätsträger*.

Die Halbleiterdiode

In den meisten Rundfunk- und Fernsehgeräten finden wir heute solche elektronischen Leiterplatten. Die grünen, glockenartigen Geräte mit den silbernen Hüten sind Transistoren, die quergestreiften Röhrchen Widerstände, die dunklen, gläsern wirkenden Röhrchen Dioden und die rechteckigen Kästen Kondensatoren. Die Leitungsdrähte verschwinden in kleinen Löchern, in denen sie von der Rückseite der Platte aus festgelötet werden. Auf dieser Rückseite liegen auch die Verbindungsleitungen. Sie sind aufgedruckt (→ S. 120); daher der Name Leiterplatte.

stand. Legt man nun eine äußere Spannung so an, daß ihr Pluspol am p-Bereich und ihr Minuspol am n-Bereich liegt, treibt diese Spannung aus dem p-Bereich Löcher in den n-Bereich, wo sie sich mit den dort zahlreich vorhandenen Elektronen vereinigen. Ebenso strömen die vielen Elektronen aus dem n- in den p-Bereich und vereinigen sich mit den hier vorhandenen Löchern. Dadurch wird die Ladungssperre abgebaut, und es fließt ein Strom durch den Halbleiter, der bereits bei kleinen Spannungen erhebliche Werte erreicht; man sagt daher, der PN-Übergang ist in Durchlaßrichtung beansprucht.

Wird jedoch eine äußere Spannung mit entgegengesetztem Vorzeichen angelegt, also Pluspol am n-Bereich und Minuspol am p-Bereich, dann geschieht folgendes: in der Grenzschicht wird die Diffusionsspannung erhöht, das elektrische Feld, das dem weiteren Übertritt von Ladungsträgern entgegenwirkt, wird verstärkt und die Ladungszone dehnt sich weiter aus. Dadurch wird dem Strom ein hoher Widerstand entgegengesetzt, und man bezeichnet daher die hier vorliegende Spannungsrichtung als Sperr-Richtung. Einen Halbleiter mit einem PN-Übergang nennt man Halbleiterdiode. Sie läßt den Strom nur in einer Richtung durch.

Transistor und Diode

Der Transistor unterscheidet sich von der Diode zunächst einmal dadurch, daß er aus drei miteinander kombinierten Halbleiterbereichen besteht und drei Anschlüsse besitzt. Die besondere Fähigkeit des Transistors beruht darauf, daß der mittlere Bereich, die Basiszone, als sehr dünne, schwach dotierte Schicht ausgebildet ist, sie wirkt also nicht als Wand, sondern eher als Sieb; man kann sie mit dem Steuergitter der Röhrentriode ver-

Das Phänomen des Widerstandes

Transistoren

Der Transistor – Abkürzung von »trans-resistor«, Übertragungswiderstand – ist, wie die Triode, ein elektronischer *Verstärker* mit zwei Stromkreisen (Eingang und Ausgang) und drei Anschlußpunkten. Er besteht aus drei dünnen, aufeinanderliegenden Schichten eines Halbleiterelements (meist Germanium oder Silizium), die mit verschiedenen Fremdatomen dotiert sind. Die Anschlüsse werden als Emitter, Kollektor und Basis bezeichnet; der Emitter kann mit der Funktion der Kathode einer Elektronenröhre, der Kollektor mit ihrer Anode und die Basis mit ihrem Steuergitter verglichen werden. Je nach Lage des gemeinsamen Anschlusses der beiden Stromkreise spricht man von Emitter-, Basis- oder Kollektorschaltung.

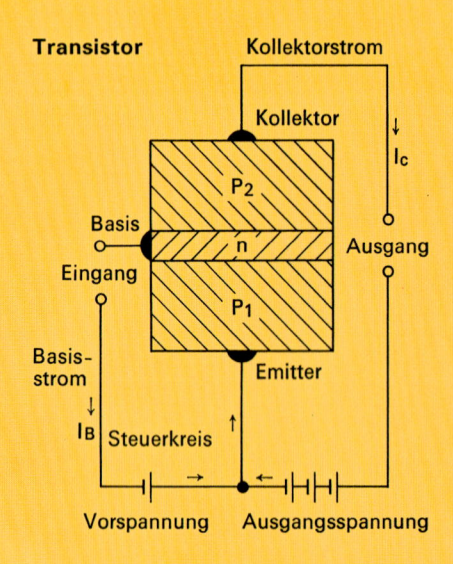

Transistor – Kollektorstrom, Kollektor, P_2, Basis, n, Ausgang, Eingang, P_1, Emitter, Basisstrom I_B, Steuerkreis, Vorspannung, Ausgangsspannung

Die Emitterschaltung ist die gebräuchlichste Verstärkerschaltung in der Hochfrequenztechnik: ein kleiner Basisstrom I_B im Eingang steuert einen wesentlich stärkeren Kollektorstrom I_C im Ausgang. Die Grafik zeigt einen Flächentransistor mit pnp-Übergang in Emitterschaltung. Die beiden äußeren Gleichspannungen zwischen Basis und Emitter im Eingangskreis und zwischen Kollektor und Emitter im Ausgangskreis beanspruchen den Übergang p_1n in Durchlaßrichtung und den Übergang np_2 in Sperrichtung. Zwischen den beiden Halbleiterbereichen p_1 und p_2 liegt eine sehr dünne Basiszone – etwa 0,001 mm dick –, die den Übergang np_2 mehr oder weniger leitend machen kann, sie entspricht in ihrer Wirkung daher dem Steuergitter bei der Triode. Wenn kein Basisstrom fließt, ist der Tansistor gesperrt: es fließt auch kein Kollektorstrom. Bei ansteigendem Basisstrom nimmt der Kollektorstrom im gleichen Verhältnis zu, bis die Leistungsgrenze des Transistors, seine Sättigung, erreicht ist.
Der Transistor dient als linearer Verstärker für Wechselströme und -Spannungen mit Frequenzen bis in den MHz-Bereich. Durch Reihenschaltung von Transistoren, wenn also der Ausgang des einen mit dem Eingang des folgenden Transistors verbunden wird, lassen sich sehr hohe Verstärkungsgrade erzielen.
Um den Transistor als schnellen *Schalter* zu verwenden, z.B. in Computern, legt man den EIN-Betriebspunkt in den oberen Sättigungsbereich und den AUS-Punkt in den Sperrbereich. Bei »gesperrtem« Schalttransistor, also bei $I_B = 0$, fließt noch ein kleiner »Reststrom«, und bei »leitendem« Transistor tritt noch eine kleine »Durchlaßspannung« in Erscheinung.
Der erste funktionsfähige Transistor wurde 1948 in den Laboratorien der amerikanischen Bell Telephone Company nach rund zehnjähriger Forschungsarbeit entwickelt. Die Telefontechniker hatten erkannt, daß das Fernsprechwesen bald vor großen Schwierigkeiten stehen würde, wenn man nicht ein elektronisches Bauelement entwickeln würde, das schneller als ein Relais und zuverlässiger als ein mit Röhren bestückter Schaltverstärker war.

gleichen. Die beiden äußeren Bereiche heißen Emitter- und Kollektorzone.
Die elektrischen Vorgänge werden, wie bei der Diode, von den Grenzschichten oder Übergängen zwischen den verschiedenartig dotierten Bereichen bestimmt. Zum Betrieb benötigt der Transistor, ähnlich wie die Röhrentriode, eine Gleichspannung als Vorspannung, die so angelegt wird, daß der Übergang Emitter-Basis in Durchlaßrichtung und der Übergang Basis-Kollektor in Sperrichtung beansprucht wird. In der meist angewandten »Emitterschaltung« ist der Emitter der gemeinsame Anschlußpunkt des Eingangskreises, in dem die Vorspannung liegt, und des Ausgangskreises mit einer äußeren Gleichspannungsquelle, die so gepolt ist, daß der Übergang auf der Emitterseite in Durchlaßrichtung und der Übergang auf der Kollektorseite in Sperrichtung beansprucht wird. Bei offenen Klemmen am Eingang, wenn also kein Basisstrom fließt, kann auch kein Strom zwischen Kollektor und Emitter fließen, der Transistor ist gesperrt. Bei ansteigendem Basisstrom, also bei zunehmender Spannung an den Klemmen des Eingangskreises, nimmt der Kollektorstrom im Ausgangskreis im gleichen Verhältnis zu. Da schon ein sehr schwacher Eingangsstrom zum Steuern des Stromdurchgangs ausreicht, eignet sich der Transistor hervorragend als Verstärker. Man kann den Transistor aber auch als elektronischen Mikroschalter verwenden, der durch einfaches Ein- und Ausschalten des Eingangskreises betätigt wird.
Mit Dioden und Transistoren sind die Anwendungsmöglichkeiten der Halbleiter noch keineswegs erschöpft. Da der Widerstand dotierter Halbleiter – im Gegensatz zu den reinen Metallen – bei Erwärmung abnimmt, verwendet man sie als »Heißleiter« zur Temperaturmessung. Besondere Halbleiterstoffe, wie Cadmiumsulfid, Germanium u. a., verringern ihren elektrischen Widerstand bei Bestrahlung mit Licht geeigneter Wellenlängen. Daraus werden Fotowiderstände hergestellt, die man für Lichtstärkemessungen oder für lichtabhängige Steuerungen (z.B. Lichtschranken) anwendet. Sowohl Heißleiter als auch Fotowiderstände benötigen eine konstante Hilfsspannung. Wenn der Widerstand sich ändert, ändert sich auch die Stärke des hindurchfließenden Stromes, die mit einem in Temperaturgraden bzw. Beleuchtungsstärken geeichten Ampère-Meter gemessen und angezeigt wird.

Fotodioden

Ohne Hilfsspannung kommen die Fotodioden aus, das sind aktive fotoelektrische Bauelemente, die sichtbares oder infrarotes Licht direkt in elektrischen Strom umwandeln. Ordnet man die Sperrschicht einer Diode an der Oberfläche des Halbleiters im Bereich der Eindringtiefe der Strahlung an, erzeugt das Licht zusätzliche Ladungsträger in der Sperrschicht, so daß ein mit der Lichtstärke ansteigender Strom fließt, der mit einem entsprechend geeichten Ampère-Meter gemessen wird. Man verwendet sie in den Belichtungsmessern, die in Kameras eingebaut sind, aber auch zum Abtasten der Licht-Ton-Spur in Tonfilmen.
Eine Weiterentwicklung der Fotodioden sind die »Sonnenzellen«, wie sie in Form von Sonnenbatterien in Raumflugkörpern zur Energieerzeugung verwendet werden. Sie bestehen aus einem dünnen Siliziumkristall, bei dem eine lichtdurchlässige p-leitende Schicht auf einer n-leitenden aufgebracht ist. Bei Sonnenbestrahlung liefert das Fotoelement eine Spannung von 0,5 Volt bei einer Stromdichte von 40 Milliampère pro Quadratzentimeter. Der Wirkungsgrad dieser fotoelektrischen

Steuerbare Halbleiterventile

Gedruckte Schaltungen werden nach Gießformen angefertigt. Die Form wird sorgfältig von Hand nachgefräst.

Energieumwandlung ist hoch: 20 Prozent gegenüber nur 0,6 Prozent bei der Fotodiode. Viele hundert oder tausend zu Sonnenbatterien zusammengeschaltete Sonnenzellen liefern z. B. in den Nachrichtensatelliten den Betriebsstrom für die eingebauten Sender.

Vierschichttrioden

Die bisher behandelten Halbleiterbauelemente arbeiten mit schwachen Strömen (im Milliampère-Bereich) und mäßigen Spannungen (im unteren Volt-Bereich), wie sie vorzugsweise in der Nachrichtentechnik und in der elektronischen Datenverarbeitung vorkommen. Für die Energietechnik wurden inzwischen steuerbare Halbleiterventile entwickelt, die äußerlich wie Transistoren geschaltet sind, jedoch aus vier verschieden dotierten Schichten bestehen, die Vierschichttrioden oder »Thyristoren«. Diese Schaltelemente der »Leistungselektronik« werden für Durchlaßströme von 2 bis 500 Ampère und für Sperrspannungen bis 1500 Volt gebaut. Der erforderliche Steuerstrom beträgt nur etwa ein $1/10000$ des Durchlaßstromes. Man verwendet Thyristoren als stufenlos steuerbare Ventile zur verlustarmen Erzeugung veränderlicher Gleichspannungen und – Strömen aus Wechsel- oder Drehstromnetzen, z. B. zur Drehzahlregelung von Elektromotoren. Außerdem ermöglichen Thyristoren als kontaktlose Wechselrichter in günstiger Weise die Umwandlung von Gleichströmen in Wechselströme beliebiger Frequenz, z. B. in der Zugbeleuchtung. Um auch Wechselströme kontaktlos schalten zu können, hat man zwei Thyristorblöcke antiparallel geschaltet und auf einem Silizium-Kristall so ineinander geschachtelt, daß der Strom in beiden Richtungen über eine gemeinsame Steuerelektrode geschaltet werden kann. Mit diesem Zweiwegthyristor oder Triac (Triode für ac = Wechselstrom) werden also die beiden Halbwellen gleichzeitig gesperrt oder auf Durchlaß geschaltet.

Die Mikroelektronik

Bei elektrischen Geräten mit nur wenigen Schaltelementen ist es oft belanglos, ob diese etwas größer oder kleiner sind. Ganz anders verhält es sich mit komplizierten Schaltungen, besonders bei Computern. Ihre Vielzahl von Schalteinheiten würde in konventioneller Bauweise derartige Riesenapparaturen ergeben, daß schon allein die Länge der elektrischen Leitungen die erforderliche Präzision nicht mehr gewährleisten würde. Sollen die »Elektronengehirne« innerhalb zweckmäßiger Größen bleiben, so müssen die Schaltelemente winzig sein. Ohne Mikroelektronik wäre auch Weltraumfahrt nicht denkbar. In den Satelliten und anderen Flugkörpern muß aufgrund der geringen Nutzlast eine große Anzahl hochkomplizierter und doch sehr zuverlässiger Meß-, Steuer-, Sende- und Empfangsgeräte auf kleinstem Raum untergebracht werden.

Aus dieser Notwendigkeit heraus entstand zuerst in den USA die sogenannte Miniaturisierungsindustrie. So wurden Werkzeugmaschinen von der Größe eines Fingerhutes entwickelt, in denen sich Zahnräder – nicht größer als Zuckerkörnchen – drehen. Die größte Bedeutung hat die Miniaturisierung für die Elektronik, jenen technischen Bereich, der die hochpräzisierte Steuerung elektrischer Ströme (Verstärken und Gleichrichten) zum Ziel hat. Ohne Elektronik hätte die Nachrichten-, Meß- und Computertechnik niemals den Aufschwung nehmen können. Man kann sich ein Bild von dem Ausmaß der Miniaturisierung machen, wenn man sich vor Augen hält, daß Aufgaben, die vor zwanzig Jahren saalfüllende Rechenanlagen mit -zigtausend Elektronenröhren erforderlich gemacht hätten, heute spielend von einem Tischcomputer erledigt werden können. Zeichnen wir die Entwicklungsgeschichte der Elektronik nach: Bis 1948 gab es an elektrisch betätigten Schaltelementen nur die Elektronenröhre *(→S. 121)*. In der einfachsten Ausführung hat sie drei Anschlüsse: zwei (Kathode und Anode), zwischen denen der Strom fließt, und das Gitter, an dem eine negative oder positive Steuerspannung angelegt wird; je nachdem wird dadurch der Stromdurchgang geöffnet oder gesperrt. Außerdem kann durch Veränderung der Steuerspannung der Strom (oder die Leistung) trägheitslos und kontinuierlich gesteuert werden. Dasselbe leistet der Transistor. Während die elektrischen Felder, durch die der Strom geführt oder aufgehalten wird, bei der Elektronenröhre aber im Vakuum aufgebaut werden, geschieht das beim Transistor innerhalb fester Materie – durch die Atome eines Halbleiterkristalls wie Silizium oder Germanium; die Erscheinungen der Halbleiterphysik haben wir im vorigen Kapitel ja eingehend erläutert. Silizium und Germanium bilden stabile diamantähnliche Kristalle, deren Leitfähigkeit stark abhängig von ihrer Reinheit ist. Für Halbleiterzwecke werden sie in höchster Reinheit durch besondere Schmelzen gewonnen.

Ein Zwerg revolutioniert die Technik

Für die Größe des Festkörpers genügen im Prinzip wenige Schichten von Molekülen. Der »Zwerg« Transistor, der das riesige Gebiet der Elektronik revolutioniert hat, erweist sich als ein Schaltelement, das noch auf kleinstem Raum mit größter Präzision arbeitet. Abgesehen von ihrer für viele Zwecke unbrauchbaren Größe hat dagegen die Elektronenröhre eine ganze Reihe von Nachteilen: Sie muß aufgeheizt werden, verbraucht viel elektrische Energie, wird leicht zu heiß und ist so störanfällig, daß bei einem Computer mit Tausenden von Röhren alle paar Minuten eine ausgewechselt werden müßte.

Erst 1948 gelang den drei amerikanischen Physikern J. Pardeen, W. H. Brattain und W. Shockley die Erfindung des Transistors, zu der in rascher Folge die verschiedenartigsten, immer leistungsfähigeren Halbleiterelemente hinzutraten. Die großartige wissenschaftliche Leistung der drei Amerikaner wurde 1956 mit dem Nobelpreis für Physik ausgezeichnet. Der Transistor braucht weder Heizstrom noch eine luftleer gepumpte Röhre. Außerdem ist er weniger störanfällig, stoß- und erschütterungsfest und wesentlich kleiner.

Zunächst fügte man die Transistoren auf ganz konventionelle Weise in die Schaltungen ein – nämlich als Einzelstücke, die man auf Platten anordnete und durch Leitungen verband. Der nächste Schritt war, die Schaltungen aus leitendem Material auf nichtleitenden Kunststoff zu drucken und auf diese Platte die Transistoren und die anderen Schaltelemente in stecknadelknopfgröße zu montieren und anzuschließen. Die Platte wurde dann mit Kunstharz zu einem Block gegossen, aus dem nur noch die Anschlußdrähte herausführten, so daß die störanfälligen Lötstellen geschützt waren. Immerhin konnte mit dieser Bauweise schon eine Dichte von 30 Bauelementen pro Kubikzentimeter erreicht werden, was etwa den Bau von Miniradios in der Größe einer halben Streichholzschachtel ermöglichte *(→S. 116)*.

Integrierte Schaltungen

Eine Revolution in der Mikroelektronik lösten dann die erst vor wenigen Jahren in den USA entwickelten »integrierten Schaltkreise« aus. Dabei können Hunderte von Schaltungen, Leitungen und Bauelementen auf einem Siliziumplättchen von der Größe eines Markstücks, dem sogenannten »Chip«, untergebracht werden. Das elektronenoptische Verfahren, das dieses »Wunder« ermöglicht, ist die sogenannte Planartechnik.

Das Planar ist eine Art Objektiv, mit dem das in Postkartengröße gezeichnete Schaltbild auf Markstück-Größe verkleinert

Integrierte Schaltkreise

und dann in das »Markstück« oder Chip eingeätzt wird. Die mikroskopisch kleinen Kanäle dampft man dann mit äußerst feinen Schichten mehr oder weniger leitenden Materials zu. So kann man in mehreren aufeinanderfolgenden »Diffusionsprozessen« die Einzelteile ganzer Schaltungen, also auch die passiven Elemente wie Widerstände, Kondensatoren und Induktivitäten, auf engstem Raum unterbringen. Nach dem Aufdampfen der elektrischen Verbindungen, der »Leitbahnen«, werden die nur 0,2 Millimeter starken Silizium-Plättchen mit einer etwa 0,001 Millimeter dicken Isolierschicht überzogen, welche die Oberfläche vor allen Verunreinigungen sicher schützt und den »Chips« eine hohe Lebensdauer gewährleistet. So lassen sich einige tausend Schaltelemente auf einer winzigen Siliziumscheibe unterbringen, sind in ihre Substanz integriert – daher der Name »integrierte Schaltkreise«. Die Anzahl der Schaltelemente, die auf einem Chip untergebracht werden können, ist in den letzten Jahren beträchtlich erhöht worden: waren 1964 nur 8 Schaltelemente pro Chip möglich, so konnte die Zahl 1966 schon auf 60 gesteigert werden. 1968 waren es bereits 320. Mit dem neuen sogenannten MOS-Verfahren (Metall-Oxid-Silizium) konnte 1970 mit 2000 Elementen eine ganz neue Größenordnung erreicht werden. Inwieweit sich diese umfassende Größenordnung, kurz LSI (large-scale-integration) genannt, noch fortführen läßt, ist noch nicht abzusehen. Die Kleinheit der Schaltelemente bringt völlig neue Gesichtspunkte der Störungssuche und Reparatur mit sich. Da es visuell nicht mehr erkennbar ist, wo z. B. eine Leitung unterbrochen ist, muß in solchen Fällen der ganze Chip ausgetauscht werden.

Von allen Miniaturisierungstechniken werden die integrierten Schaltkreise den Forderungen nach Raum- und Gewichts-

Der halbe Uhrdeckel dieses guten Stücks aus Großvaters Zeiten ist modernster Bauart und keineswegs eine schöne »Ziselierarbeit«. Die vielen winzigen Rechtecke sind elektronische Bauteile – integrierte Schaltkreise, von denen jeder eine Vielzahl herkömmlicher Bauelemente (Kondensatoren, Transistoren, Leitungen) in sich vereint. Jede der Mini-Schaltungen ist ein Halbleiter-Speicher. Er hält die in ihm gespeicherten Informationen auch nach Abschalten des Stromes fest. Die Speicherelemente werden überall dort eingesetzt, wo Daten aufbewahrt werden sollen – etwa in den Zwischenspeichern von Computern. In den Uhrdeckel wurden sie natürlich nur zu Demonstrationszwecken eingebaut. Vorn: ein einzelner integrierter Schaltkreis (vergrößert) nach dem Einbau im Gehäuse.

Die Mikroelektronik

Das Relais

Die Funktion eines Relais ist im Prinzip die gleiche wie die des mechanischen Schalters, mit dem wir von Hand unser elektrisches Licht ein- und ausschalten: von beiden werden Stromkreise geschlossen oder unterbrochen. Bei der Relaisschaltung treten dabei jedoch zwei getrennte Stromkreise in Aktion:
1. Der *Steuerstromkreis*, der die Schaltimpulse gibt, und
2. der *Arbeitsstromkreis*, der über den Steuerstromkreis ein- und ausgeschaltet wird.

Im Steuerstromkreis befindet sich ein Elektromagnet: ein Eisenkern, der in einer Spule steckt. Wenn der Stromkreis geschlossen ist und Gleichstrom durch die Windungen der Spule fließt, wird der Kern magnetisiert: er zieht in seiner Nähe befindliches Eisen an. Wird der Strom wieder abgeschaltet, erlischt seine Anziehungskraft.

Einem Pol dieses Elektromagneten steht in kleinem Abstand eine Eisenscheibe gegenüber, die auf einem drehbar gelagerten, nicht leitenden Hebel befestigt ist, der an seinem anderen Ende eine Kontaktschiene trägt. Der Hebel wird von einer Spiralfeder in Ruhelage gehalten, d.h. in einer Stellung, in der der Arbeitsstromkreis unterbrochen ist.

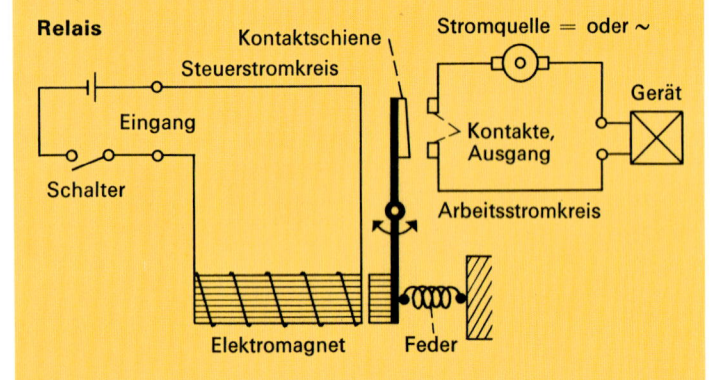

Wird nun der Steuerstromkreis und damit der Elektromagnet eingeschaltet, zieht dieser die Eisenscheibe an und dreht dadurch den Hebel so, daß die Kontaktschiene die offenen Kontakte des Arbeitsstromkreises überbrückt – der Stromkreis ist geschlossen, das angeschlossene Gerät arbeitet.

Sobald der Steuerstromkreis unterbrochen wird, läßt der Elektromagnet die angezogene Eisenscheibe los; die Spiralfeder zieht den Hebel in die Ruhelage zurück und unterbricht die Kontakte: der Arbeitsstrom ist abgeschaltet.

Nach diesem Prinzip arbeitet jedes elektromagnetische Relais. Seine spezifischen Eigenschaften, wie der sehr geringe Strombedarf des Steuerkreises gegenüber der Leistung des Arbeitskreises, haben es zu einem unentbehrlichen Schaltelement in der Steuerungs- und Fernmeldetechnik gemacht.

Links: Ein Relais dieser Bauart kann gleichzeitig mehrere Kontakte unterbrechen oder schließen. Oben: Durch Verlöten werden die Steuerelemente der Leiterplatte mit den Schaltleitungen verbunden.

ersparnis, geringem Energieverbrauch, automatisierbarer Fertigung, Zuverlässigkeit, Flexibilität und niedrigen Kosten am besten gerecht. Ohne die Möglichkeiten dieser Technik wäre die Kleinstbauweise im Bereich der Elektronik, wie sie zunächst von der Weltraumfahrt, aber auch wegen des Anwachsens der Bauelementenzahl in den Computern von der elektronischen Datenverarbeitung gefordert wurde, überhaupt nicht zu verwirklichen. Aber auch im alltäglichen Bereich macht sich die Mikroelektronik zunehmend bemerkbar, man denke nur an die kleinen preiswerten Transistorradios, die Taschenrechner mit Tausenden von Schaltelementen, an die kompakten Lichtstärkeregler, die in jeder Schalterdose eingebaut wer-

Tausend Mark pro Chip

> ### Die Elektronenröhre
>
> In einem Glaskolben befinden sich einander gegenüber zwei Elektroden: die »Kathode«, z.B. in Form einer Drahtspirale, und die flache »Anode«. Wird die Kathode durch einen elektrischen Strom (Kathodenheizung) zum Glühen gebracht, sendet sie freie Elektronen aus. Liegt gleichzeitig die Anode an positiver Spannung, so werden die Elektronen, da sie negativ sind, von der Anode angezogen. Damit sie möglichst zahlreich und schnell zur Anode gelangen können, muß der Glaskolben luftleer sein. Die Elektronen rasen fast mit Lichtgeschwindigkeit zur Anode, und wenn der äußere Stromkreis mit Spannungsquelle und Verbraucher geschlossen ist, fließt ein Strom. Diese Schaltung nennt man *Diode*. Da die Diode den Strom nur in einer Richtung durchläßt, wird sie, z.B. in Fernsehgeräten, als Gleichrichter verwendet.
>
> Der freie Elektronenstrom kann mehr oder weniger abgeschwächt werden, wenn sich zwischen Kathode und Anode eine siebartige dritte Elektrode, ein sogenanntes Gitter, befindet, an der eine veränderliche Spannung liegt. Die Elektronenröhre hat dann drei Anschlüsse und heißt daher *Triode*. Liegen Gitter und Kathode gegenüber der Anode an der gleichen Spannung, dann bleibt der Elektronenfluß zur Anode unbeeinflußt. Ein gegenüber der Kathode negatives Gitter hat dagegen einen Bremseffekt, d.h. je negativer das Gitter wird, desto weniger Elektronen gelangen zur Anode, bis der Anodenstrom bei stark negativem Gitter schließlich ganz gesperrt wird. So werden Spannungsschwankungen im Steuerkreis im glei-
>
> **Triode**
>
> chen Verhältnis und trägheitslos auf den Anodenstrom, also auf den Ausgangskreis, übertragen: die Triode, auch Verstärkerröhre genannt, ermöglicht bei äußerst geringer Steuerleistung die Verstärkung elektrischer Signale. Um auch Wechselspannungen, z.B. Tonsignale, verarbeiten zu können, wird zwischen Kathode und Gitter eine konstante Vorspannung gelegt, die den Arbeitspunkt der Steuerspannung genügend weit in den negativen Bereich anhebt. Durch eine Reihenschaltung von Trioden kann man die Verstärkung sehr weit treiben. Es wird dann der an einem Widerstand im Ausgangskreis abgegriffene Spannungsabfall dem Eingang der nächsten Röhre zugeführt.
>
> Gegenüber den Halbleiter-Dioden und den Transistoren haben die Elektronenröhren an Bedeutung stark verloren. Ihre Nachteile liegen in dem größeren Raumbedarf, der mit der Kathodenheizung verbundenen Wärmeentwicklung, der begrenzten Lebensdauer und der Stoßempfindlichkeit.

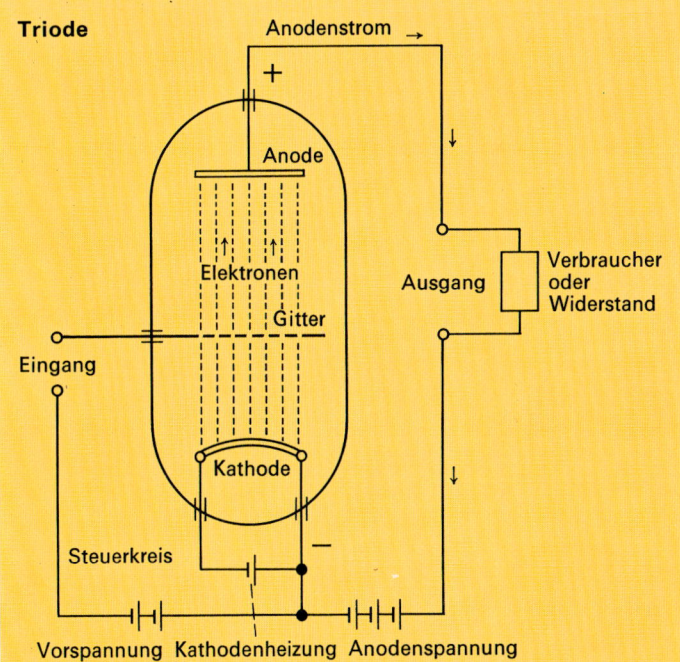

den können, an die quarzgeregelten Armbanduhren mit Hunderten von Transistoren oder schließlich an die lichtelektrische automatische Einstellung der Belichtungszeit auch schon in den kleineren Fotogeräten.

Die praktischen Möglichkeiten elektronischer Steuerung wurden durch die integrierten Schaltkreise enorm erweitert. Deren Herstellung erfordert freilich ein sehr hohes Maß an Sorgfalt und Präzision. Schon durch ein Staubkörnchen ist die Zuverlässigkeit gefährdet. Deshalb wird nur in vollkommen staubfreien klimatisierten Räumen gearbeitet. Daher kosteten die ersten Bauteile dieser Art 1000 D-Mark pro Einheit (Chip) und fanden fast ausschließlich in Satelliten und Raketen Verwendung. Die inzwischen auf vollen Touren laufende Serienfertigung hat die anfangs hohen Herstellungskosten jedoch so weit gesenkt, daß einer allseitigen Verwendung nichts mehr im Wege steht.

Experimentieren und Messen

Für die Naturwissenschaft ist die Realwelt Quelle aller Erkenntnisse. Naturwissenschaftliche Arbeit beginnt nicht, wie etwa in der Philosophie, mit einem Gedanken, aus dem dann ganze gedankliche Gebäude gefügt werden, sondern mit der Sammlung von Daten. Der erste Schritt naturwissenschaftlicher Erkenntnis ist die Beobachtung, meist zufällig, dann aber systematisch weiter verfolgt. Manche Wissenschaften, wie etwa die Astronomie, sind fast nur auf die Beobachtung angewiesen, also auf den Einblick, den die Natur von selbst, ohne künstlichen Eingriff des Menschen, bietet.

Die Beschränkung auf Beobachtungen bringt einige Nachteile mit sich. So ist man an die Situation gebunden, wie sie die Natur bietet, beispielsweise an Zeit und Ort des Ereignisses. Auf eine Sonnenfinsternis muß man oft monate- oder jahrelang warten, die Beobachtung einer Supernova ist nur alle paar Jahrhunderte möglich. Was aber noch viel unangenehmer ist: Natürliche Erscheinungen sind oft schwer von Störeinflüssen zu trennen. Das, was der empirische, d. h. auf die Realwelt bezogene Wissenschaftler anstrebt, ist die sogenannte »reine« Erscheinung.

Das Experiment erlaubt, die Erscheinung willkürlich unter veränderten Bedingungen ablaufen zu lassen. So kann man beispielsweise die Temperatur, unter der eine chemische Reaktion abläuft, schrittweise steigern und ermitteln, ob sie dann zu anderen Resultaten führt oder zumindest quantitativ anders verläuft – beispielsweise langsamer oder schneller, mit geringerer oder größerer Ausbeute usw.

Das Experiment liefert also nicht nur Tatsachenmaterial, sondern es schafft auch alle Voraussetzungen dafür, dieses durch Zahlen auszudrücken, etwa als Zahlenreihe oder Schaubild. Von hier aus ist es nur noch ein Schritt zur Fassung in einen Satz, der durch mathematische Zeichen dargestellt ist. Diese Darstellung nennt man eine Formel, die einen gewaltigen Fortschritt gegenüber dem umfangreichen Zahlenmaterial bedeutet, das Seiten oder auch Bände umfassen kann. In der üblichen algebraischen Schreibweise, als Gleichung zwischen Variablen ausgedrückt, erfassen einige Symbole die gesamte Datenmenge. Die Formel ist also auch nichts anderes als eine Konsequenz der Ökonomie, in diesem Fall der Ökonomie des Denkens.

Experimente mit Laserlicht im Labor. Deutlich ist erkennbar, daß der kohärente Lichtstrahl nicht, wie gewöhnliches Licht, kegelförmig »streut«, sondern auch in Entfernung von der Lichtquelle scharf parallel gebündelt bleibt.

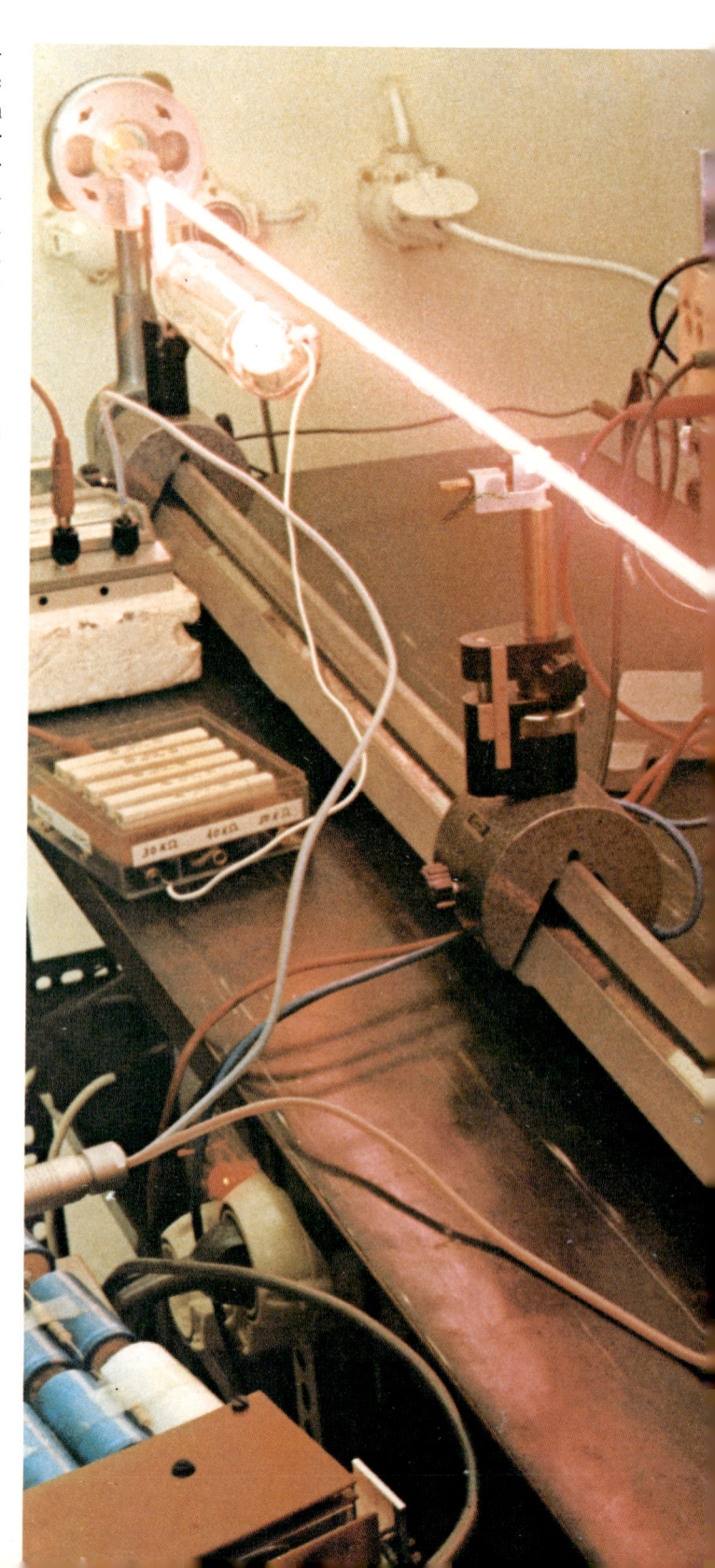

Die Rolle des Modells

Im Zuge unzähliger Experimente auf vielen Wissensgebieten gewann man einen Schatz von Erfahrungen, der alle anwendbaren Mittel und Methoden für Experimentalzwecke umfaßt. Es gibt solche, die nur in ganz bestimmten Wissenschaften nützlich sind, aber auch solche, deren Anwendung interdisziplinär ist, also nicht an einzelne Wissensgebiete gebunden. Ein Mikroskop beispielsweise kann ebensogut in der Physik, etwa in der Kristallphysik, nützlich sein wie in der Biologie, etwa in der Zellenlehre. Ähnliches gilt auch für die Methoden. So hat sich die Statistik als ein mathematisches Mittel erwiesen, um den Übergang von den einzelnen Zahlenwerten zu übergeordneten Beziehungen oder Gesetzmäßigkeiten zu finden.

Die Werkzeuge der Experimentalwissenschaft sind ihrem Wesen nach technische Mittel – es handelt sich um die Anwendung naturwissenschaftlicher Erkenntnisse für bestimmte vorgegebene Zwecke. Auch in diesem Fall dient die Technik der Wissenschaft, und schließlich ist die Experimentaltechnik natürlich auch für technische Zwecke selbst anwendbar – Technik für Technik.

Konvergierende und abstrakte Modelle

Man kann heute noch nicht von einer eigenständigen Experimentalwissenschaft sprechen, also einem umfassenden Gedankengebäude, das alle experimentellen Prozesse beherbergt. Ein gewisser Anfang ist immerhin gemacht, und zwar, wie zu erwarten war, seitens der Kybernetik. In ihrer Methodik spielt das sogenannte Modell eine große Rolle; ihrer Auffassung nach hat der Mensch einen wissenschaftlichen Prozeß verstanden,

Experimentieren und Messen

wenn er ihn modellhaft fassen kann – beispielsweise wenn er Wind- und Strömungsverhältnisse im Labor (»Windkanal«) künstlich herstellt. Im nächstliegenden Fall kann es sich dabei um eine Apparatur handeln, die auch äußerlich dem Forschungsobjekt entspricht. Helmar Frank hat diese Auffassung aber erweitert, und zwar mit seinem Prinzip der konvergierenden Modelle. Er meint, es wäre grundsätzlich nicht möglich, ein absolut genaues Modell eines Naturgeschehens zu erstellen, aber es wäre möglich, sich ihm beliebig zu nähern. Und zwar könnte das geschehen, wenn man zunächst von einem sehr groben Modell ausgeht und ihm eine Reihe weiterer folgen läßt, die dem Untersuchungsobjekt immer näher kommen.

Dabei ist die äußere Entsprechung zwischen Objekt und Modell keineswegs erforderlich; genausogut kann man mit sogenannten Funktionsmodellen arbeiten, also mit solchen, die beliebig aussehen können, wenn sie nur dasselbe Prinzip aufweisen. So kann man beispielsweise Rechenprozesse, wie sie in einer Rechenmaschine verlaufen, auch mit Kugeln, die über Stäbe gleiten, nachvollziehen. Ein solches Modell ist sogar in unserem Alltag bekannt: die sogenannte Kugelrechenmaschine, auch Abakus genannt, mit der man Kindern die ersten Schritte zum Addieren und Multiplizieren beizubringen versucht. Der Zweck dieses Lernmittels ist derselbe wie der eines wissenschaftlichen Modells – es soll abstrakte Vorgänge veranschaulichen.

Von hier aus ist es nur noch ein Schritt zum abstrakten Modell. Dasselbe, was man mit einer Kugelrechenmaschine erreicht, könnte man ja auch an gezeichneten Ringen veranschaulichen. Durch das Schieben der Kugeln über die Stäbe verändert man die Gruppierungen, die den Rechenprozessen

Der schalldichte Raum

entsprechen. Im abstrakten Fall schließlich kann sogar eine mathematische Formel als ein Modell aufgefaßt werden – sie hat die Eigenschaft, die Funktion des Objekts nachzubilden.

Hat man genügend Daten über eine Erscheinung zur Verfügung, so kann man, insbesondere in komplizierten Fällen, Rechenmaschinen zu Hilfe nehmen, um die Gesetzmäßigkeiten zu erfassen. Auf die Aufstellung der Formel kann man dann unter Umständen verzichten; der Computer speichert die aufgenommenen Daten und stellt eine Statistik auf. Man hat damit gewissermaßen ein internes Modell erstellt, das dasselbe, manchmal auch noch mehr leistet als eines, mit dem man real experimentiert. Denn auch die Möglichkeit der schrittweisen Abwandlung der äußeren Bedingungen ist gegeben; die Ergebnisse einer solchen Simulation entsprechen jedesmal detailgetreu jenen des wirklichen Vorgangs.

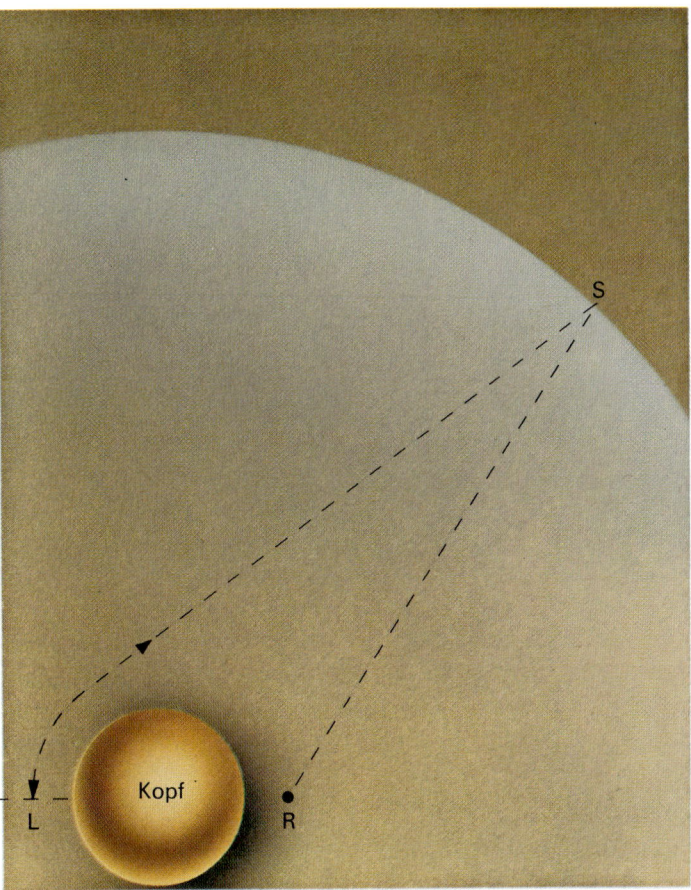

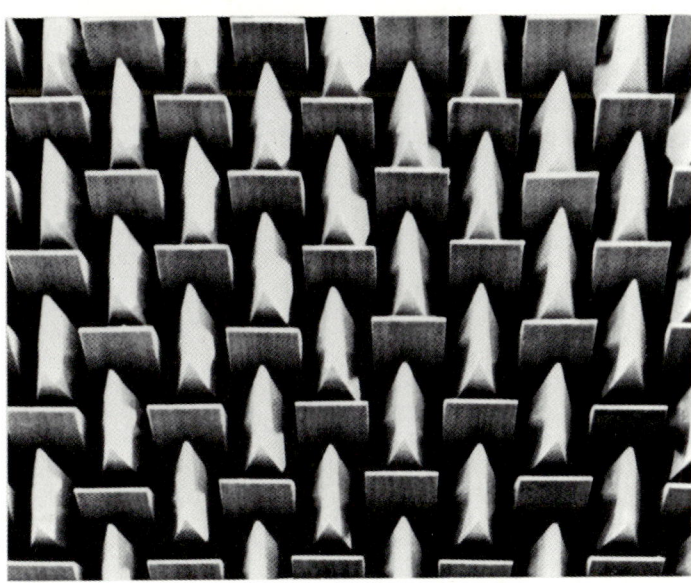

Ein akustisch »toter Raum« ist nicht nur gegen alle von außen kommenden Geräusche isoliert, auch seine Innenwände sind durch sogenannte »Schallschlucker« (rechts unten) so gestaltet, daß jeder Laut völlig absorbiert wird und jede Reflexion ausgeschaltet ist. Experimente haben ergeben, daß Menschen bei längerem Aufenthalt in solchem stummen Raum von Depressionen und Angstgefühlen befallen werden und Sinnestäuschungen (Halluzinationen) unterliegen.

Experimentieren und Messen

Mit dem Prinzip der konvergierenden Modelle gelangt man bereits weit in die Wissenschaftstheorie hinein und stößt zu Fragen vor, die philosophischer Natur sind; beispielsweise zu jener, inwieweit der Mensch seine Umwelt überhaupt erkennen kann. Nach der Anschauung der Kybernetik bedient er sich des Modells, das er, ähnlich wie ein Computer, in seinem Gehirn errichtet. Die empirischen Daten erhält er über seine Sinnesorgane, die Verrechnung und logische Zuordnung nimmt das Gehirn selbst, und zwar meist unbewußt, vor.

Durch die ständige Auseinandersetzung mit der Umwelt, durch einen ununterbrochenen Zuwachs an Erfahrungen werden die inneren Modelle laufend vervollständigt, verbessert und kontrolliert. Der Besitz eines solchen inneren Bildes versetzt den Betreffenden also in die Lage, Erscheinungen der Welt im gewissen Umfang vorauszusagen – je nachdem, wie gut sein Modell ist, wie weit er in der Reihe der konvergierenden Modelle bereits vorgedrungen ist. Damit ist es auch möglich, den Begriff der Intelligenz kybernetisch zu fassen: Intelligent sein heißt, über gute (und das heißt über praktikable) Modelle der Umwelt zu verfügen.

Und schließlich läßt die Kybernetik erkennen, daß sich das, was der Mensch als Außenwelt erkennt, in Wirklichkeit nur an seinem inneren Modell abspielt. Jede Wechselwirkung mit der Außenwelt geht über vermittelnde Medien vor sich, die Eingabe von Information erfolgt über die Sinnesorgane, die Ausgabe über Sprechwerkzeuge, Gliedmaßen usw. Die gesamte Vielfalt der Welt, in der wir leben, in der wir handeln und in der wir wissenschaftlich erkennen, liegt in unserem Inneren.

Zahlen und Skalen

Ein Beispiel dafür, daß sich allein für die Durchführung technischer Aufgaben eine eigene Wissenschaft mit einer besonderen Methodik bilden kann, ist die Meßtechnik. Die Ursache dafür lag in der von verschiedenen Seiten erhobenen Forderung nach Präzision in der Fertigung oder in der Notwendigkeit der Normung. Ein Vorstoß zu genaueren Abmessungen, Gewichtungen oder sonstiger physikalischer Größen ist nur möglich, wenn man über Mittel verfügt, mit denen sich die Größenwerte hinreichend genau feststellen lassen.

Die erreichte Präzision oder Genauigkeit gibt man normalerweise durch die zulässigen Abweichmaße von dem vorgeschriebenen Größenmaß an. Wird verlangt, daß ein Werkstück auf $\pm\,^1/_{1000}$ mm genau gearbeitet sein soll, so bedeutet das, daß das vorgegebene Längenmaß um nicht mehr als ein tausendstel Millimeter über- oder unterschritten werden darf. Das zum Messen verwendete Instrument muß dann so empfindlich sein, daß noch eine Änderung der Meßgröße von $^1/_{10}$ dieses Wertes, hier also $^1/_{10000}$ mm, erfaßt werden kann, wenn man auf ein sicheres Ablesen der Anzeige Wert legt.

An die Meßgenauigkeit, d. h. an die prozentuale Größe der zulässigen Abweichung vom Endwert des jeweiligen Meßbereiches, werden sehr unterschiedliche Anforderungen gestellt. So genügt es im Alltagsleben, die Länge eines 1 m langen Drahtes auf 1 cm genau, eines 10 cm langen Paßteils auf 1 mm genau und etwa eines 10 m langen Seils auf 10 cm genau zu messen, was jedesmal einem zulässigen Meßfehler von 1 : 100 = 1 Prozent entspricht. Mit der »Meßgenauigkeit« von 1 % arbeiten auch Küchenwaagen, Betriebsmeßgeräte und kWh-Zähler, während Präzisionsmeßinstrumente, z. B. für elektrische, hydraulische und pneumatische Größen, nur einen Anzeigefehler von 0,1 % und Eichgeräte einen solchen von 0,01 % haben dürfen. Auf wesentliche genauere Messungen, vor allem bei größeren Dimensionen, sind Forschung, Entwicklung, Fertigung und vor allem die Naturwissenschaften angewiesen. Um beispielsweise ein 1 m langes Maschinenteil, für das die oben erwähnte Toleranz von $\pm\,^1/_{1000}$ mm vorgeschrieben ist, hinreichend genau messen zu können, muß das Instrument bzw. das Meßverfahren bei ausreichender Empfindlichkeit eine »Meßgenauigkeit« von $^1/_{10000}$ mm : 1000 mm = 1 : 10 000 000, also 0,000001 % aufweisen. Die höchste bisher bekannte Meßgenauigkeit dürfte bei der Messung der Entfernung des Mondes von der Erde auf 10 cm genau mit Hilfe eines Laser-Radars erreicht worden sein, was einem Meßfehler von nur $^{10}/_{384000} \cdot 10^8 = 1 : 384 \cdot 10^{12} = 0{,}0000000000026\,\%$ entspricht! Von dieser Messung wird im folgenden Kapitel »Laser« noch die Rede sein.

Beim Messen sehr kleiner Größen kommt es neben der Genauigkeit auf die Empfindlichkeit und auf das Auflösungsvermögen des Instrumentes an. Große Empfindlichkeit bedeutet, daß eine kleine Änderung der Meßgröße eine große Änderung der Anzeige bewirkt. Um also in kleine Dimensionen vorstoßen zu können, muß zunächst einmal die Empfindlichkeit der Meßgeräte erhöht werden. Je empfindlicher ein Gerät, um so höher ist sein Auflösungsvermögen, d. h. seine Fähigkeit, noch ein sehr kleines Teil meßtechnisch zu erfassen und den Meßwert deutlich ablesbar anzuzeigen.

Leider lassen sich Empfindlichkeit und Auflösungsvermögen nicht beliebig weit treiben. Bei optischen Meßverfahren beispielsweise liegt die Grenze des Auflösungsvermögens bei $^1/_{10000}$ mm, wobei man sich den Wellenlängen des sichtbaren Lichtes nähert. Die äußersten Grenzen des Auflösungsvermögens liegen dort, wo die räumliche Ausdehnung, die Masse oder der Energieverbrauch des Meßfühlers so weit verkleinert werden, daß die Rückwirkung des Meßvorgangs auf das Objekt das Meßergebnis nicht merkbar verfälscht.

Die Entdeckung der Edelgase

Bei Vorstößen in wissenschaftliches Neuland ist die Entwicklung besserer Meßinstrumente oft unabdingbare Voraussetzung. Manchmal führt allein die Steigerung der Meßempfindlichkeit zu einer wissenschaftlichen Entdeckung. Als man es beispielsweise lernte, die Mengenanteile der Gase, aus denen sich die Luft zusammensetzt, genauer zu bestimmen – auf 0,1 Prozent genau –, merkte man, daß in der Luft Gase enthalten sind, die man bisher übersehen hatte: die sogenannten Edelgase, wie Helium, Neon, Argon usw.

In einem andern Fall ist das Problem der Meßempfindlich-

Die Lichtgeschwindigkeit

keit bisher nicht befriedigend gelöst. Es handelt sich um die Lichtgeschwindigkeit, für die man gewöhnlich den runden Wert 300 000 km/s angibt. Die genauesten Angaben, über die man heute verfügt, liegen bei 299 770 km/s. Nun ist es eine wissenschaftlich sehr wichtige Frage, ob sich unter bestimmten Bedingungen die Lichtgeschwindigkeit ändert, beispielsweise beim Durchgang des Lichtstrahls durch das Schwerefeld eines Himmelskörpers. Was man auf diese Weise feststellen, bestätigen oder widerlegen könnte, ist die allgemeine Relativitätstheorie von Einstein – eines jener grundlegenden Gedankenbilder, das das gesamte Weltall, und zwar insbesondere den Zusammenhang zwischen der Geometrie des Raums und der Erdanziehungskraft, umfaßt. Die erwarteten Abweichungen sind aber so gering, daß sie bisher noch außerhalb des Bereichs der erzielbaren Meßempfindlichkeit liegen.

Dreihundertmal in einer Minute schwingt die Unruh einer Ankeruhr, achtzehntausendmal in der Stunde und 432 000mal in einem Tag. Und wenn die Zeitdauer der einzelnen Schwingungen nur um eine Tausendstelsekunde zu lang oder zu kurz wäre, dann ginge die Uhr im Tage um ganze 7 Minuten und 12 Sekunden nach oder vor. Selbst eine einfache Gebrauchsuhr muß auf die Tausendstelsekunde genau reguliert sein, damit sie »richtig tickt«.

*Links:
Mondmaterie unter dem Mikroskop. Im Feinschliff sind Bruchstücke verschiedener Mineralien erkennbar. Auffallend zwei glasartige Kügelchen.*

Wenn infolge Bruch oder Verschleiß heute Reparaturen an technischen Geräten und Maschinen notwendig werden, müssen die dem Lager entnommenen Ersatzteile den Originalstücken so genau entsprechen, daß sie ohne Nachbearbeitung eingebaut werden können. Das war nicht immer so. Daß in der modernen Massenfertigung ein so hoher Grad von Präzision erreicht wird, beruht auf einer ausgefeilten, z. T. automatisierten Meßtechnik und einer rigorosen Kontrolle jedes Werkstücks, das die Produktionsstätten verläßt. – Unser Bild: Diameterkontrolle eines Werkstücks mit einem Meßgerät (Rachen-Lehre).

Herbstblatt

Integrierte Schaltungen   *Unten: Glimmer-Kristall*

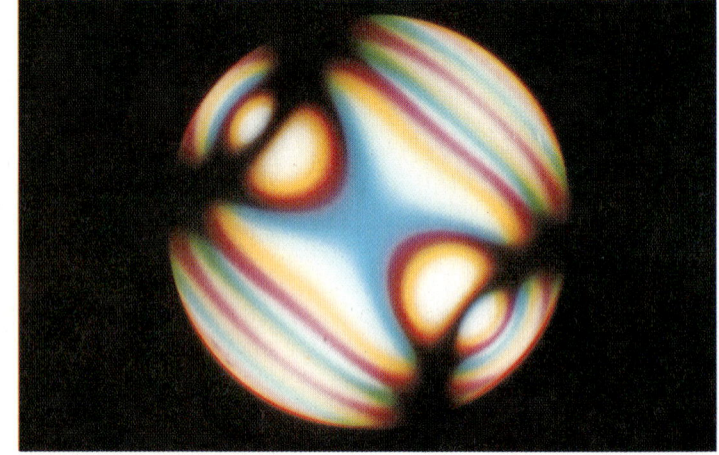

Foto und (rechts) Fotografik: Berlin, Kurfürstendamm

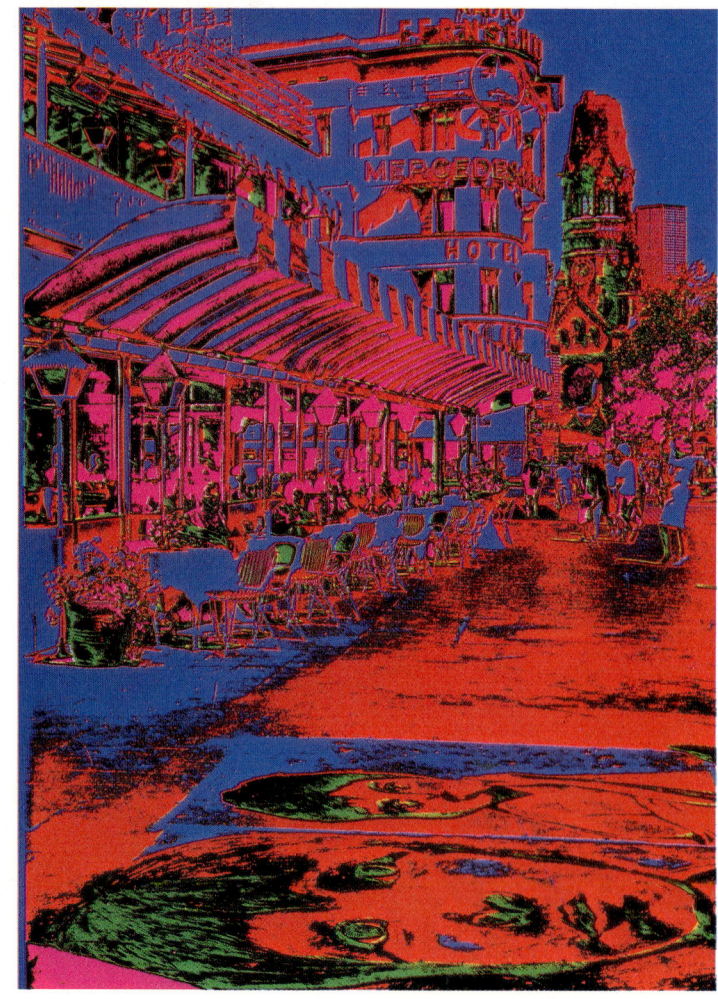

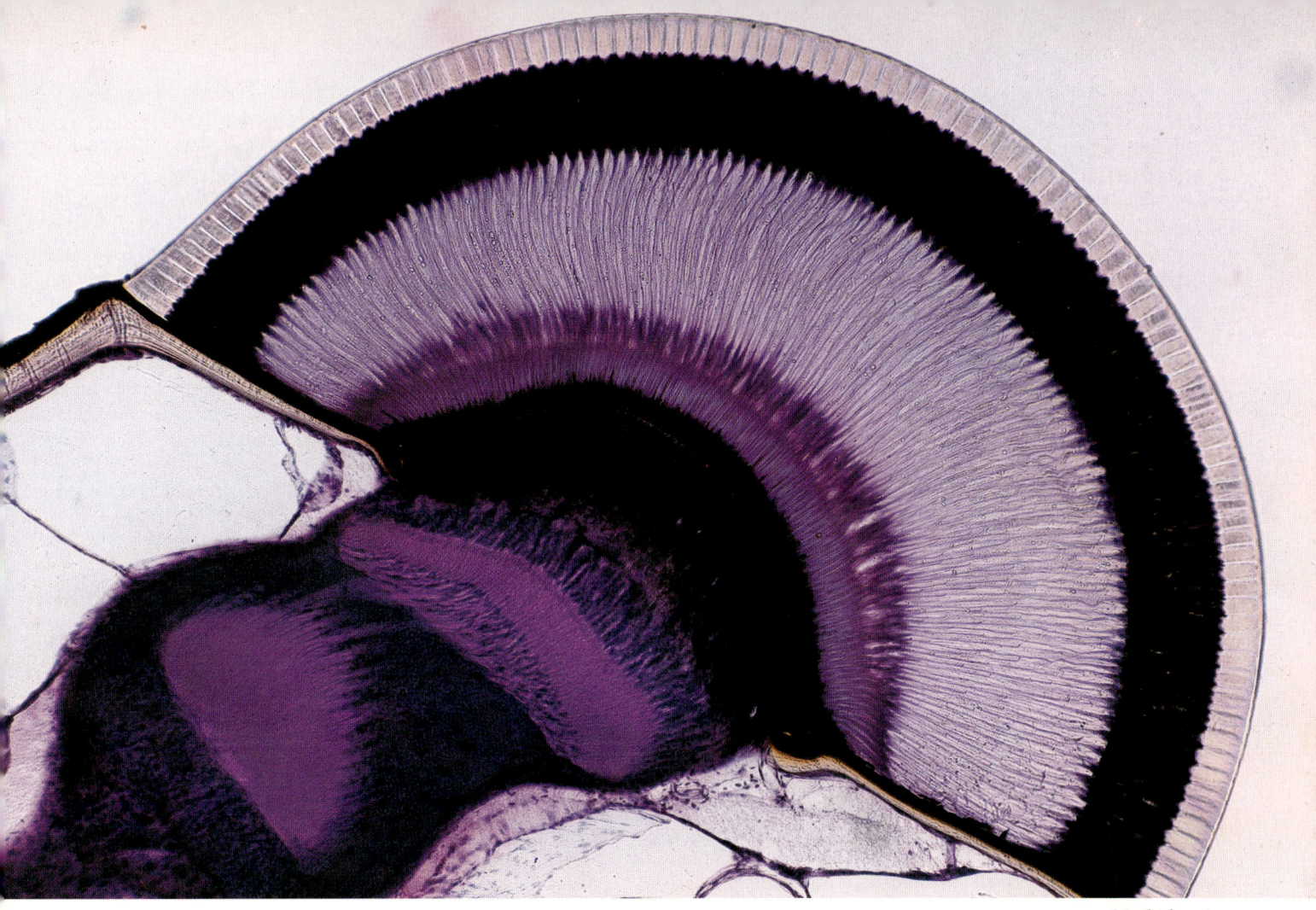

Maikäfer-Auge

Schönheit der technischen Fotografie

Technische Fotografie versteht sich als Bildwiedergabe, die weder optisch-ästhetischen noch künstlerischen Zielen dient. In der Biologie und Botanik, in der Mineralogie, Metallografie, Medizin und Technik erfüllt sie wichtige Aufgaben. Geschliffene Linsen, normales oder polarisiertes Licht geben dem Forscher Einblick in Bereiche, die dem bloßen Auge verschlossen sind. Es sind Einblicke, die überraschen – nicht wegen ihrer Fremdartigkeit, sondern aufgrund der Vertrautheit mit Formen, denen wir begegnen. Die Gesetze der Geometrie und der Symmetrie sind keine Erfindungen unserer logisch-mathematisch orientierten Welt, sondern Gesetzmäßigkeiten, die bereits in der Zelle, im Molekül, im Atom wirksam sind. Der Mensch, der sie für seine Schöpfung hält, ist selbst ein Werk dieser nach Ordnung, Gesetz und Regelmaß zielenden Natur. Wir entdecken Schönheit in wissenschaftlicher Fotografie, weil unsere Wahrnehmung in sehr allgemeiner Weise zum Erkennen von Ordnungen befähigt ist. Mit nur wenig Mitteln der Verfremdung wird sie zur Foto-Grafik mit künstlerischer Aussage.

Zitronensäure-Kristall

129

Experimentieren und Messen

So erweist es sich beispielsweise bei den Elektronenmikroskopen als wichtig, magnetische Felder mit hoher Symmetrie aufzubauen; schon geringe Abweichungen führen zu stark verzerrten Bildern. Eine solch weitgehende Symmetrie setzt aber voraus, daß man in sehr kleinen Bereichen genaue Angaben über die magnetische Feldstärke gewinnen kann – und das bereitet heute noch große Schwierigkeiten. Ein anderes, bekanntes Beispiel ist die Weltraumfahrt, die ohne sehr genaue Meßverfahren nicht möglich wäre.

Präzision für Sicherheit

Nicht nur beim Bau technischer Einrichtungen, sondern auch bei ihrer Überwachung erweist sich der Gebrauch von Meßinstrumenten als ausschlaggebend, vor allem im Zusammenhang mit Fragen der Sicherheit. Vom einwandfreien Funktionieren mancher technischer Einrichtungen hängen Menschenleben ab.

Es gibt verschiedene Wege, um festzustellen, ob ein Produkt auch allen Haltbarkeits- und Sicherheitsanforderungen entspricht, beispielsweise die Zerreißprobe oder die sogenannte zerstörungsfreie Werkstoffprüfung. Die Zerreißprobe hat den Nachteil, daß man das Werkstück, wenn die Probe positiv verläuft, beschädigt oder zerstört. Bei teuren Produkten ist dieses Verfahren nicht befriedigend; oft läßt sich der Fehler, wenn man ihn erst festgestellt hat, ohne weiteres reparieren.

Ein typisches Verfahren der zerstörungsfreien Werkstoffprüfung ist die Durchleuchtung mit Röntgenstrahlen, wodurch z. B. Kerben und Risse in Bauteilen aus Stahl sichtbar werden.

Nicht alle Fehler zeigen sich an Ort und Stelle, etwa als Bruchstellen oder Hohlräume. Oft sind die Übergänge fließend, oft hängt es von der chemischen Zusammensetzung ab, ob ein Werkstück seinen Zweck zufriedenstellend erfüllt oder nicht. Aus Berechnungen, besonders aber aus der Erfahrung ergeben sich die sogenannten Toleranzen, die noch zulässigen Abweichungen von den Sollwerten, die keine merkliche Beeinträchtigung der Funktion mit sich bringen.

Bilder vom Unsichtbaren

Die Hilfsmittel, die der Mensch einsetzt, um Bilder von für das bloße Auge unsichtbaren Erscheinungen zu gewinnen, sind die Instrumente der wissenschaftlichen Fotografie. Der »Vorstoß ins Unsichtbare« ist nur durch diese Hilfsmittel möglich geworden; sie sind also wesentliche Voraussetzung für die wissenschaftliche Entfaltung ($\rightarrow$ S. 127/128).

Verständlicherweise profitiert auch der Techniker von diesen Instrumenten; mit Mikroskopen kann er die Oberflächenbeschaffenheit von Werkstoffen untersuchen, mit dem Kathodenstrahloszillographen, der den Verlauf elektrischer Spannungen und Ströme sichtbar macht, hat er ein wichtiges Mittel zur Hand, um äußerst kurzzeitige Vorgänge und ihre Wirkungen zu beobachten und zu analysieren. Mit Röntgenapparaten kann er ins Innere von Werkstoffen hineinsehen, um ihre Strukturen zu untersuchen und sie auf Fehler prüfen; im Prinzip bedient sich auch der Arzt desselben Verfahrens, um nach Krankheitsherden, Knochenbrüchen, Fremdkörpern und dergleichen im Inneren des menschlichen Körpers zu suchen.

Ein wesentlicher Teil der medizinischen Technik ist die wissenschaftliche Fotografie oder Kinematografie. Der Kardiograph ist ein Instrument, das Herzbewegungen sichtbar macht und aufzeichnet, der Enzephalograph zeichnet die feinen elektrischen Gehirnströme auf, die Hinweise auf die Funktion der einzelnen Gehirnpartien liefern.

Bewußtseinserweiterung

Neben den Vorteilen, die die wissenschaftliche Fotografie für Wissenschaft und Technik bietet, sind aber einige weitere Aspekte nicht zu übersehen. Vor allem ist sie ein hervorragendes Mittel der »Bewußtseinserweiterung«. Wir sind bereit zu glauben, was wir sehen, und somit nimmt man die Dokumente der wissenschaftlichen Fotografie als Beweise für die Existenz von Aspekten unserer Welt, die sonst verborgen bleiben.

Der Überzeugungskraft des bildhaften Beweises kommt große Bedeutung im Unterricht zu, insbesondere in der naturwissenschaftlichen Ausbildung. Da er den Schüler über das hinausführt, was man sehen und greifen kann, verhindert er, daß dieser bei einer primitiven mechanistischen Weltauffassung stehenbleibt. Im Rahmen der Modernisierung des Unterrichts, des Einsatzes von audiovisuellen Unterrichtshilfen, wird die wissenschaftliche Fotografie immer größere Bedeutung erlangen.

Ihre Einrichtungen sind zu teuer, als daß sie im Unterricht

Das Elektronenmikroskop

Ein Lichtmikroskop kann nur Gegenstände abbilden, die größer als die Wellenlänge des sichtbaren Lichtes sind, sie müssen also wenigstens $1/1000$ mm groß sein. Es galt daher, ein Mikroskop zu entwickeln, das zum Abbilden die um viele Größenordnungen kleineren Wellenlängen der Elektronenstrahlen benutzt. Die ersten Elektronenmikroskope wurden in den dreißiger Jahren von E. Ruska, M. v. Ardenne, E. Brüche und H. Mahl gebaut. Sie beruhen auf den Gesetzmäßigkeiten der *Elektronenoptik*: Die Regeln der Optik werden auf das Verhalten von Elektronen und Ionen angewandt. So lassen sich Strahlen negativ und positiv geladener Teilchen durch elektrische oder magnetische Felder, die analog optischen Linsen gekrümmt sind, sammeln, zerstreuen, zurückwerfen und brechen.

Eine elektrische Elektronenlinse wird von einem negativ aufgeladenen, eine magnetische von einem stromdurchflossenen Kreisring erzeugt. Die Elektronenstrahlen gehen von einem glühenden Wolframdraht aus, sie werden durch elektrische Felder auf 40 bis 100 kV beschleunigt und können dann nach Bündelung durch eine Elektronenlinse ein sehr dünnes Präparat (unter 0,0003 mm) durchdringen. Dahinter liegende Elektronenlinsen werfen ein stark vergrößertes Bild (bis zu 200 000fach) auf einen Leuchtschirm, auf dem es durch ein »Einblickmikroskop« nochmals vergrößert betrachtet oder fotografiert werden kann. Da die Elektronenstrahlen im Vakuum verlaufen müssen, sind Elektronenmikroskope als metallene Vakuumröhren ausgebildet und mit Hochvakuumpumpen verbunden. Die Objekte werden durch Schleusen ein- und ausgebracht.

In der Metallkunde werden Mikroskope benutzt, die eine Oberfläche mit Elektronen abbilden. Beim *Emissionsmikroskop* werden durch seitliche Elektronenbestrahlung sekundäre Elektronen aus dem Objekt ausgelöst, die mit elektrostatischen Linsen beschleunigt und abgebildet werden. Neuerdings wird, auch in der Biologie, das *Rasterelektronenmikroskop* viel angewandt: ein feiner Elektronenstrahl von nur 10 nm (10^{-5} mm) Durchmesser tastet Zeile für Zeile das Objekt ab. Die zurückgestreuten Sekundärelektronen steuern die Helligkeit einer Fernsehröhre, mit der das Bild wieder zeilenweise zusammengesetzt wird. Auf einer Objektoberfläche von $1/1000$ mm Durchmesser lassen sich noch Einzelheiten erkennen, die eine komplette Elementaranalyse gestatten. Das Bild zeichnet sich vor allem durch eine hohe Tiefenschärfe aus; man erhält einen plastischen Eindruck von der abgebildeten Oberfläche.

für kleine Gruppen eingesetzt werden können, sie sind aber dann gerechtfertigt, wenn eine Vielzahl von Lernenden über Fernsehen oder Film an Demonstrationen teilnehmen kann. In diesem Fall ist es sogar gerechtfertigt, Einrichtungen der wissenschaftlichen Fotografie dem Unterrichtszweck eigens anzupassen oder auch für diesen besondere Instrumente zu entwickeln, die vielleicht in der Wissenschaft selbst nicht oder nicht mehr benötigt werden.

Schließlich sollte man den Zusammenhang zwischen wissenschaftlicher Fotografie und Ästhetik nicht übersehen.

Einerseits bringt die wissenschaftliche Fotografie Strukturen ans Tageslicht, die ebenso Teile unserer Welt sind, wie das Greif- und das Sichtbare, und deshalb genauso wie dieses der künstlerischen Sublimierung offenstehen. Man wird solche Arbeiten, obwohl sie reale Dinge zeigen, als Beispiele abstrakter Gestaltung sehen. Es ist aber auch möglich, diese technischen Instrumente der Veranschaulichung selbst für ästhetische Gestaltungszwecke zu verwenden, wobei also gewissermaßen der Zweck verfremdet wird. Als Ziel gilt dann nicht mehr die wissenschaftliche oder technische Aussage des Bildes, sondern sein ästhetischer Reiz.

Eine vielbeachtete Richtung der modernen Kunst, die apparative Kunst, beschäftigt sich mit solchen Prozessen. Als eines ihrer Resultate darf man werten, daß Schönheit nichts ist, das sich einer naturwissenschaftlichen Deutung entzieht. Vielmehr stellt sich heraus, daß sie eine optimale Anpassung an die Fähigkeit und Bereitschaft bedeutet, sich mit der Umgebung wahrnehmend auseinanderzusetzen.

Somit hängt der Wunsch nach dem »schönen« Bild durchaus mit einer Tendenz zusammen, die auch in der wissenschaftlichen Fotografie zu verzeichnen ist – nämlich dem Bestreben, möglichst übersichtliche und deutliche – »qualitativ hochwertige« – Bilder hervorzubringen. Deswegen liefert gerade die wissenschaftliche Fotografie oft so »schöne« Bilder.

Vielfalt der Manipulation

Man kann die Instrumente der wissenschaftlichen Fotografie als eine technische Ergänzung unserer Sinnesorgane ansehen, als die künstlichen Augen unseres wissenschaftlich-technischen Systems. In ihren klassischen Formen haben sie nur die Verschlüsselung von Information zum Ziel, die Umwandlung in eine für den Menschen aufnehmbare Form. Seit kurzem gibt es aber auch Methoden, die nicht eine mehr oder weniger passive Sammlung von Information erbringen, sondern sie auch auswählen und verarbeiten – wie das ja auch in unseren Sinnesorganen und im Gehirn geschieht. Es handelt sich um die Methoden des sog. Picture Processing, von der in einem eigenen Kapitel noch ausführlich die Rede sein soll (→ S. 140ff.). An dieser Stelle nur folgendes:

Der Anstoß dazu kommt von Bildern, die qualitativ zu wünschen übriglassen – etwa solchen mit dürftigen Kontrasten oder störenden Überlagerungen. Ein bekanntes Beispiel sind Satellitenaufnahmen, die oft diffus und grob gerastert sind. Nun gibt es einige physikalische oder chemische Verfahren, die es erlauben, Kontraste zu verstärken, dunkle Flecken aufzuhellen usw. Ziel des Picture Processing ist aber nicht die physikalische Veränderung des Bildes, sondern jene nach inhaltlichen Prinzipien; d.h. also, das Bild wird unter Berücksichtigung der Aussage verändert, die man von ihm erwartet. So ist es beispielsweise manchmal erwünscht, bestimmte Einzelheiten in einem Bild hervorzuheben und andere zu unterdrücken. Das gilt etwa für Bilder vom Zellkern; das, was unter Umständen besonders interessiert, sind die Chromosomen, in denen die Erbanlagen verankert sind und an deren Formen man bestimmte Eigenschaften ihres Trägers erkennen kann. Es bereitet aber Schwierigkeiten, sie aus dem übrigen Inhalt des Zellkerns hervorzuheben, und deshalb ist es vorteilhaft, eine solche Trennung automatisch vornehmen zu lassen, was die Bildauswertung erheblich erleichtert. Dazu setzt man seit neuestem elektronische Verfahren ein.

Eine Einrichtung für elektronisches Picture Processing besteht aus einem Eingabeteil, beispielsweise einer Abtastvorrichtung, die das Bild, in Rasterpunkte zerlegt, in den Speicher eines Elektronenrechners überführt. Dort erfolgt dann die Prüfung auf bestimmte kennzeichnende Eigenschaften. Auf Grund dieser Ergebnisse wird das Bild verändert und in die gewünschte Form gebracht. Die Vielfalt der Manipulationen, die man auf diesem Weg vornehmen kann, ist groß. Sie reicht von einer einfachen Verbesserung der Bilder, einer Verstärkung der Konturen oder einer Aufhellung der Schatten bis zur Verrechnung und Analyse. Solche Verfahren sind etwa bei der Landkartenherstellung oder bei der Untersuchung biologischer Gewebe wichtig geworden. Obwohl das Picture Processing wissenschaftlichen und technischen Forderungen entspringt, hat sich seiner auch die ästhetisch ausgerichtete Computergraphik bemächtigt, die damit oft überraschende Effekte erzielte.

Falschfarben und räumliche Bilder

Bei Objekten, die sich dem Zugriff der Sinnesorgane entziehen, ist freilich nicht eindeutig anzugeben, was nun der natürliche Bildeindruck ist und was nicht. Unbewußt richtet man sich nach den Sehgewohnheiten, nach den Bildbeispielen der sichtbaren Welt. Erst allmählich beginnt man sich von Konventionen dieser Art zu lösen; es zeigt sich, daß auch Bilder, die in einigen Belangen mit Absicht abweichend von der üblichen Sicht gestaltet wurden, informativ sein können. Ein Beispiel dafür ist die Falschfarbenfotografie, bei der bestimmte Partien, beispielsweise bebaute Landstriche in Flugaufnahmen, mit auffälligen Farben hervorgehoben werden. Sie lassen sich dann leichter von den übrigen Regionen unterscheiden; so ist es beispielsweise möglich, festzustellen, welche Teile eines Waldes von Insekten befallen sind, oder welche Mineralien in bestimmten Felswüsten auftreten.

Ein weiterer Zweig der wissenschaftlichen Fotografie ist die Holografie, eine neue Technik der Bildspeicherung und der Bildwiedergabe. Damit ist es möglich, räumlich ausgedehnte Szenen in ihrer vollen dreidimensionalen Struktur zu speichern und wiederzugeben. Die Holografie gehört zu den faszinierendsten Weiterentwicklungen des Lasers, mit vielfältigen Anwendungsmöglichkeiten in Wissenschaft und Technik. Als die wichtigsten seien erwähnt: die holografische Interferometrie als völlig neuartige Untersuchungs- und Meßmethode für kleinste Verformungen und Bewegungen sowie zur Aufnahme schnell veränderlicher räumlicher Vorgänge und ihrer nachträglichen Vermessung und Auswertung im Hologramm, als Speicher mit extrem kurzer Zugriffszeit in der optischen Datenverarbeitung, und schließlich die räumliche Bildwiedergabe in der Unterhaltungstechnik (→ S. 134).

Die wissenschaftliche Fotografie ist in ihren Zielen und ihren Methoden den subjektiven Wunschvorstellungen des Menschen unterworfen. Es sind die Wünsche nach wissenschaftlicher Erkenntnis oder auch praktisch technische Ziele – etwa Mikromanipulation und Fehlersuche sowie mannigfache Aufgabenstellungen in der medizinischen Diagnostik.

Hans Günther

Der Laser

1960 entdeckte der Amerikaner T. H. Maiman den Laserstrahl. Wohl kaum eine grundlegende Erfindung hat einen so raschen Aufschwung und eine so weite Verbreitung gefunden wie der Laser. Ganze Industriezweige sind neu entstanden und werden weiterhin entstehen, die sich mit der Entwicklung der noch im vollen Fluß befindlichen Lasertechnologie befassen. Die Laseroptik hat ein so weitgehendes Interesse gefunden, daß in der Welt pro Woche 30 bis 40 wissenschaftliche und fachtechnische Veröffentlichungen erscheinen. Immer wieder hört man von neuen Lasersystemen, aber auch von neuartigen Anwendungen. Mit dem Laserstrahl kann man schweißen, bohren, messen, spektroskopieren, Nachrichten übertragen, Daten speichern, räumlich fotografieren, operieren, vernichten und sogar Kernfusionen einleiten.

Der Laser ist, ganz allgemein gesagt, ein neuartiger Generator, also ein Energieumwandler für elektromagnetische Schwingungen im Bereich der Lichtwellen. Das Wort ist eine Abkürzung für »Light Amplification by Stimulated Emission of Radiation«, das heißt wörtlich: »Lichtverstärkung durch künstlich angeregte Aussendung von Strahlung« und bedeutet, daß beispielsweise ein Kristall, indem man ihn von außen bestrahlt, seinerseits zur Aussendung von Strahlen – und zwar verstärkter Strahlen! – angeregt wird. Die Lichtverstärkung erreicht man durch Spiegel an beiden Enden der Kristallröhre. Das Licht läuft zwischen ihnen hin und her, wird durch die Reflektion verstärkt und tritt als Bündel paralleler Strahlen durch den einen der beiden Spiegel aus, der teilweise lichtdurchlässig ist. Damit gehört der Laser zu den künstlichen Strahlungsquellen, wie Glühlampe, Leuchtstoffröhre, Röntgenapparat oder Rundfunksender – aber auch zu den natürlichen Lichtquellen, wie Sonne, Nordlicht, Blitz oder Glühwürmchen. Die Wellen des sichtbaren Lichtes sind kürzer als ein Tausendstel Millimeter, also zehntausendmal kleiner als die Funkwellen im Mikrowellenbereich, und schwingen unterschiedlich schnell in den verschiedensten Frequenzen.

Der Laser »organisiert« die Strahlung; dazu müssen die Atome im Gas- oder Kristallgefüge der Röhre, dem »aktiven Medium«, zunächst einmal veranlaßt werden, ihre Elektronen mit einer einzigen Frequenz schwingen zu lassen. Dies kann in bestimmten durchsichtigen Stoffen erreicht werden, die mit einfarbigem Licht einer ganz bestimmten Wellenlänge bestrahlt werden, woraufhin sie Licht der gleichen Frequenz abstrahlen. Man nennt diesen Vorgang »optisches Pumpen«. Setzt man das aktive Medium zwischen zwei parallele Spiegel, dann werden die auf die Spiegel treffenden Strahlen immer wieder hin und her reflektiert und bei jedem Durchlaufen des Mediums (oder »Resonators«) von neuem verstärkt. Einer der beiden Spiegel dieses »Resonators« ist von innen nach außen transparent, so daß eine Anzahl der Lichtstrahlen austritt und nutzbar gemacht werden kann. Da nur die Lichtstrahlen, die nahezu senkrecht auf die Spiegel auftreffen, von ihnen auf den jeweils gegenüberliegenden Spiegel zurückgeworfen werden können, tritt das Laserlicht zu parallelen Strahlen gebündelt aus im Gegensatz zu den »thermischen« Strahlern, die das Licht strahlenförmig in alle Richtungen aussenden. Durch die stehende Sinuswelle, die sich im Resonator bildet, werden alle Atome zu gleichphasiger Emission gezwungen. Das Licht ist zeitlich und örtlich kohärent, das heißt, die Elektronen schwingen gleich schnell in deckungsgleichen Phasen; sie haben gleiche Frequenzen bei konstanter Phasendifferenz.

Der parallele Lichtstrahl des Lasers läßt sich mit optischen Linsen äußerst stark bündeln. So kommt man auf extreme Leuchtdichten; die heute erreichbaren Energiekonzentrationen sind eine Million mal höher als die Strahlungsenergie auf der Sonnenoberfläche. Wegen der zeitlichen Kohärenz der Laser-Strahlung kann auch überaus exakt ein- und ausgeschaltet werden. Man erreicht Impulse im Piko(= Billionstel)-Sekundenbereich bei Pulsleistungen in Mega-(= Millionen)-Wattstärke und ja sogar Leistungen, die bis 100 Billionen (10^{14}) Watt auf den Kubikzentimeter wirken. Die Energie reicht aus, um Stahl zu schmelzen, in Industriediamanten feinste Bohrungen von wenigen Tausendstel Millimetern herzustellen oder Millionen von Daten zu transportieren.

Die Laser-Typen

Die verschiedenen Lasertypen unterscheiden sich in erster Linie durch das aktive Medium und durch die Art der Strahlungsanregung. So gibt es Festkörperlaser, Gaslaser, Flüssigkeitslaser und Halbleiterlaser. Die Anregung kann durch optisches, thermisches oder chemisches Pumpen, oder auch unmittelbar durch den elektrischen Strom erfolgen. In fast allen Fällen wird der Laser als rückgekoppelter Lichtverstärker betrieben, das heißt die Verstärkung findet in einem optischen Resonator aus zwei sich gegenüberstehenden Spiegeln statt.

Beim Festkörperlaser dienen als aktives Medium Kristalle oder Gläser, die mit lichtverstärkenden Atomen angereichert, das heißt dotiert sind. Die bekanntesten Festkörperlaser sind

Laser-Reflektor auf dem Mond. Seine Prismen reflektieren einen von der Erde ausgesandten Laserstrahl. Die Entfernung Erde–Mond konnte so zum erstenmal auf Dezimeter genau gemessen werden.

Halbleiterlaser

der Rubin-Laser, der Neodym-Glas-Laser und der YAG-Laser (Yttrium-Aluminium-Granat). Diese Systeme eignen sich für Dauerleistungen bis etwa 1 Kilowatt, im Pulsbetrieb bis zu Millionen Kilowatt; bei mehrstufiger Verstärkung lassen sich sogar Ausgangsleistungen von hundert Millionen Kilowatt erreichen (Riesenimpulslaser).

Licht höchster Frequenzkonstanz liefern Laser mit neutralen Edelgasen als aktivem Medium: der Helium-Neon- und der Argon-Laser. Wirkungsgrad und Leistungen sind gering, bei Dauerbetrieb gewinnt man nur 0,1 Prozent der investierten Energie und einige Zehntel Watt. Bemerkenswert sind dagegen Leistung und Wirkungsgrad des Kohlendioxid-Lasers. Dieser Typ erreicht kontinuierlich bis zu einigen 100 Watt bei Wirkungsgraden von 10 bis 30 Prozent. Um die Ausgangsleistung noch weiter zu erhöhen, regt man den Kohlendioxid-Laser durch thermisches Pumpen an. Dies führt zu dem gasdynamischen Kohlendioxid-Laser, dessen Leistungen noch um Größenordnungen über denen der optisch angeregten Kohlendioxid-Laser liegen.

Große Bedeutung in der Nachrichtentechnik hat der Halbleiterlaser erlangt. Halbleiter sind, wie wir bereits wissen, jene Stoffe, die je nach Richtung des Stromflusses isolierend oder hoch leitfähig werden. Bei diesem Typ ist das aktive Medium ein Halbleiterkristall, zum Beispiel aus GaAs (Gallium Arsenid); die lichtverstärkende und emittierende Zone (der »Spiegel«) ist hier der Positiv-Negativ-Übergang an der stehenden Sinuswelle im Resonator. Dieser Laser hat den Vorteil, keine besondere Pumpeinrichtung zu benötigen; zum Anregen wird einfach Spannung angelegt. Er läßt sich sehr leicht über den »Pumpstrom« modulieren. Er ist zudem sehr leistungsfähig, der Wir-

Der Laser

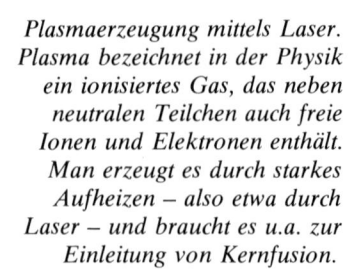

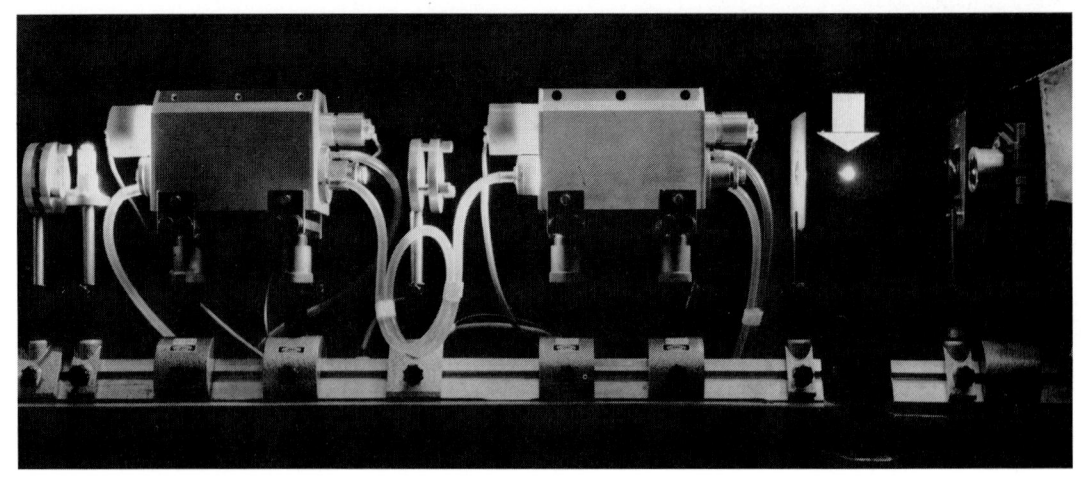

Plasmaerzeugung mittels Laser. Plasma bezeichnet in der Physik ein ionisiertes Gas, das neben neutralen Teilchen auch freie Ionen und Elektronen enthält. Man erzeugt es durch starkes Aufheizen – also etwa durch Laser – und braucht es u.a. zur Einleitung von Kernfusion.

kungsgrad ist mit 10 Prozent sehr hoch, die äußeren Abmessungen sind sehr klein. Sein Frequenzspektrum erstreckt sich vom Infrarot bis in den grünen Spektralbereich; die Änderung der Frequenz geschieht durch Abwandlung der chemischen Zusammensetzung des Halbleiters.

Mit dem gepulsten Laserstrahl kann man Material abtragen, also bohren und schneiden, aber auch schmelzen und schweißen. Mit optischen Systemen wird die Energie auf einer sehr kleinen Fläche konzentriert, wobei nur ein eng begrenzter Bereich beeinflußt wird. Da weder Schmelzpunkt noch Härte oder Sprödigkeit des zu behandelnden Materials eine Rolle spielen, können sowohl hochschmelzbare Metalle, wie Wolfram und Molybdän, als auch extrem harte wie Diamant mit sehr hoher Genauigkeit bearbeitet werden. So erhält man zum Beispiel beim Bohren bis zur Tiefe des zehnfachen Lochdurchmessers eine zylindrische Wandung. Zum Bohren und Schweißen werden Festkörperlaser, zum Schneiden Kohlendioxid-Laser benutzt.

Der Spiegel auf dem Mond

In der Meßtechnik lassen sich mit dem räumlich und zeitlich kohärenten Laserlicht sehr genau Richtungen vorgeben, Längen, Geschwindigkeiten und Entfernungen bestimmen, ja sogar Temperaturen und elektrische Ströme berührungsfrei messen. Zum Messen großer Entfernungen bedient man sich des Radarprinzips: ultrakurze Riesenimpulse werden beispielsweise zum Mond gerichtet, von einem dort aufgestellten Tripelspiegel werden sie reflektiert.

Dieser Tripelspiegel ist, ähnlich dem »Katzenauge« (dem Rückstrahler eines Fahrrades), aus vielen einzelnen Prismen zusammengesetzt – hundert sind es insgesamt: dreiseitige Quarzpyramiden, auf hunderttausendstel Millimeter genau geschliffen und mit größter Präzision in einen etwa 45 × 45 Zentimeter großen »Rahmen« eingefügt. Das Tripelprisma hat die optische Eigenschaft, jeden einfallenden Strahl exakt in seine Herkunftrichtung zurückzuschicken.

Die Besatzung des amerikanischen Raumschiffs Apollo 11 hatte den Lunar-Laser-Reflektor bei ihrem ersten historischen Mondbesuch im Juli 1969 auf dem Erdtrabanten zurückgelassen. Befürchtungen, Mondstaub könne den Reflektor unbrauchbar machen, erwiesen sich als falsch. Am 1. August 1969 ertastete ein Riesen-Impuls-Laser-Rubinstrahl von 1,8 Millionen Kilowatt vom Teleskop des Lick-Observatoriums in Kalifornien das Spiegelrähmchen auf dem Mond. Der feine Laserstrahl hatte beim Auftreffen eine Streuung von 1,6 Kilometern, und der reflektierte Strahl war bei der Rückkehr auf die Erde 16 Kilometer breit, wovon 3 Meter wieder in dem Teleskop landeten. Diese Rückkehr geschah nach rund 2,5 Sekunden. Aus der genauen auf zehn Dezimalstellen exakten elektronischen Zeitmessung konnte die Entfernung Erde – Mond erstmals bis auf 20 Zentimeter genau gemessen werden.

Ein besonders zukunftsträchtiges Anwendungsgebiet findet der Laser in der Nachrichtentechnik. Mit so hohen Trägerfrequenzen wie 10^{14} bis 10^{15} (Hundert Billionen bis Billiarden) Hertz können fast beliebig viele Daten und Nachrichten mit einem Strahl übertragen werden. Als Sender kommen kontinuierlich arbeitende Lasersysteme in Frage. Zum Modulieren verwendet man elektro-optische Wandler. Auf der Empfangsseite wandeln Halbleiter-Fotodioden die Lasersignale wieder in elektrische Signale zurück. Dagegen ist die Übertragungsfähigkeit des Laserstrahls für Daten noch längst nicht ausgeschöpft. Ein einziger Laserstrahl könnte die Sendungen von 1000 Fernsehkanälen transportieren oder 100 Millionen Telefongespräche gleichzeitig übertragen.

Das räumliche Bild

Zu den spektakulärsten Anwendungen des Lasers gehört die dreidimensionale Fotografie durch »Wellenfrontrekonstruktion«, die nur bei Beleuchtung mit kohärentem Licht möglich ist: die »Holografie«, für deren Entdeckung (1947) der englische Physiker Dennis Gabor 1971 den Nobelpreis erhielt. »Holografie« bedeutet »vollständige Aufzeichnung«. Holografische Bildplatten enthalten die optischen Daten der Gesamtzahl aller denkbaren zweidimensionalen Fotos, die man von einem Gegenstand aufnehmen könnte; mathematisch ausgedrückt: die Koordinaten sämtlicher Ansichtspunkte.

Bei der Holografie handelt es sich, kurz ausgedrückt, um ein Verfahren, mit dem ohne Linse auf einer Fotoplatte ein dreidimensionales Bild, verschlüsselt als Gewirr mikrospkopisch feinster Linien und Kreise, gespeichert wird. Diese Linien sind Interferenzmuster, die durch Überlagerung von Lichtquellen entstehen. Solche Interferenzerscheinungen sehen wir mit bloßem Auge beispielsweise in Ölflecken – das irisierende Farbspiel wird von der unterschiedlichen Licht-Reflektion in den einzelnen Ölschichten hervorgerufen.

Interferenz ist auch das Geheimnis der Holografie. Ein Gegenstand wird mit Laserlicht bestrahlt und gibt die Strahlung entsprechend seiner Oberflächenstruktur Punkt für Punkt zurück. Die von ihm zurückkommenden »Lichtwellenfronten« durchdringen und belichten eine Fotoplatte. Für das bloße Auge erscheint sie gleichmäßig grau. Läßt man aber durch die so belichtete Fotoplatte (das »Hologramm«) Laserlicht gleicher Wellenlänge in umgekehrter Richtung einfallen, so entstehen

Ein Hologramm entsteht

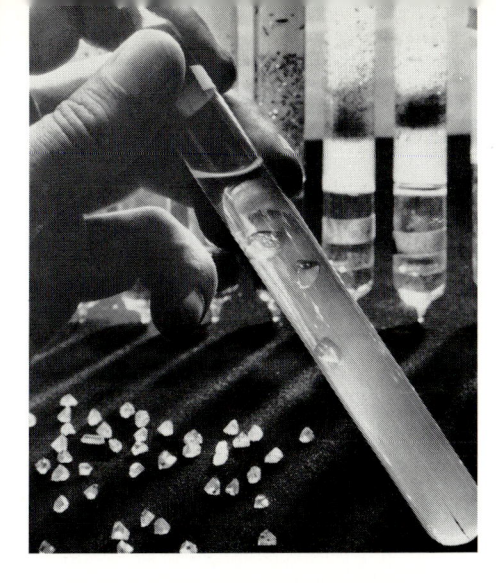

Kristalle für Laser werden im Reagenzglas »gezüchtet«. In einer chemischen Schmelze wachsen sie zu ihrer endgültigen Größe von etwa einem halben Zentimeter heran.

stand und der Spiegel reflektierten, interferierten miteinander und wurden so auf einer Fotoplatte aufgezeichnet. Bei gewöhnlichem Licht war auf dem Foto nichts zu sehen. Erst ein Laserstrahl von rückwärts ließ das Original räumlich erstehen.

Die Entwicklung der Holografie ist noch in vollem Fluß. Vor allem die Möglichkeiten zum Speichern und Aufzeichnen von Daten werden weiter ausgebaut. Schon heute können in einem Kubikzentimeter eines Lithium-Niobat-Kristalls 1000 Hologramme gespeichert werden. Die Dimensionen des Hologramms sind allerdings begrenzt, wie die Ausweitung des Laserstrahls begrenzt ist. 20 mal 30 Zentimeter messen derzeit die größten. An Holografien von der Größe ganzer Landschaften wird man wohl nie denken können.

Auch die Anwendungsmöglichkeiten des Lasers in der Medizin sind vielversprechend. Mit Hilfe eines flexiblen Lichtlei-

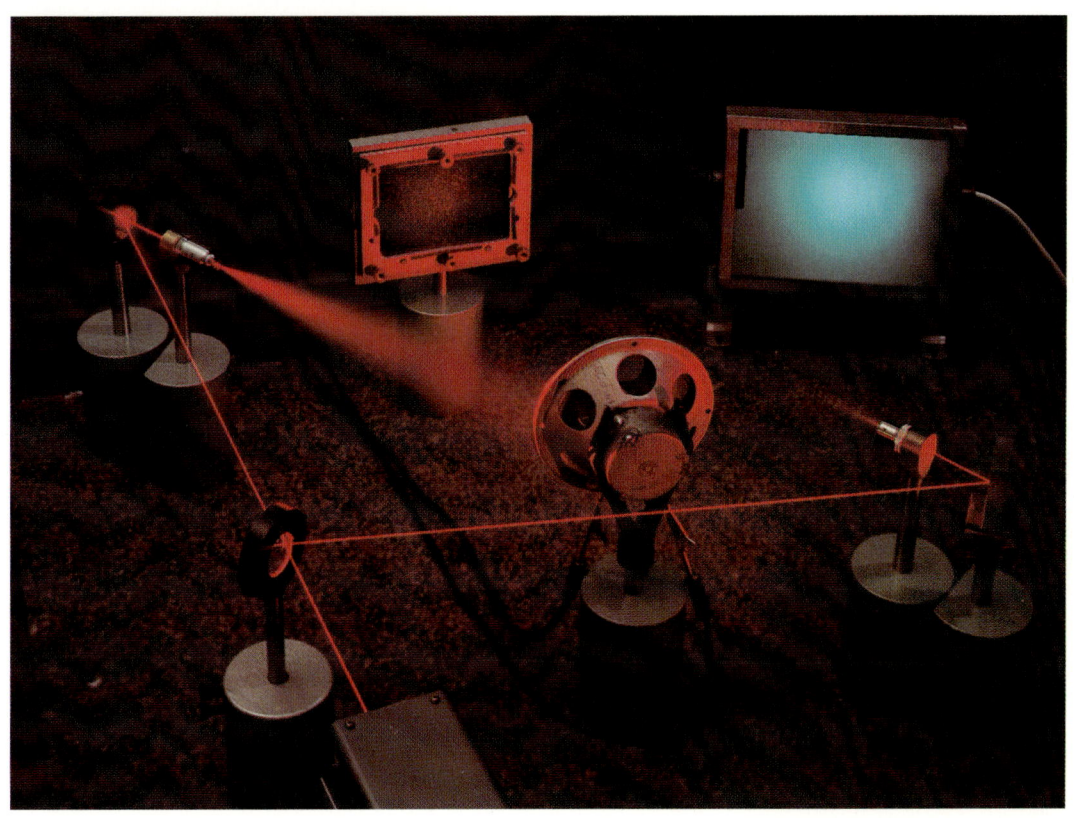

So entsteht ein Hologramm: Der Laserstrahl wird von einem halbdurchlässigen Spiegel geteilt (vorn). Ein Teil läuft gradlinig durch den Spiegel und wird direkt auf das Objekt gelenkt: den Lautsprecher in der Mitte. Der andere Teil (Referenzwelle) wird von dem Spiegel rechtwinklig abgelenkt und auf eine Fotoplatte geleitet. Diese empfängt also zwei sich überlagernde Wellen: die Lichtwellen vom Objekt und die Referenzwellen. Beide interferieren auf der Fotoplatte. Einem Betrachter erscheint im Laserlicht hinter der entwickelten Platte das naturgetreue räumliche Bild des Objekts.

man sie von der Seite, verschiebt sich perspektivisch der Anblick der Gegenstände. Ein Auto kann beispielsweise, je nach dem Blickwinkel des Betrachters, einmal das vordere, dann wieder das rückwärtige Nummernschild sehen lassen. Der Laser rekonstruiert aus den von der Fotoplatte festgehaltenen optischen Informationen das Original. Da jeder Punkt des Hologramms sämtliche optischen Daten des Originals speichert, kann die Fotoplatte ruhig zerbrechen. Jede Scherbe enthält wieder alle Informationen über das Original und baut sie, wenn auch schwächer, mit Hilfe eines entgegengesetzt einfallenden Laserstrahls wieder zum vollständigen räumlichen Abbild des Originals auf.

Dennis Gabors Ideen wurden erst 1963 von Wissenschaftlern der Michigan Universität in Ann Arbor (USA) im Experiment in die Wirklichkeit umgesetzt; sie teilten einen Laserstrahl und richteten den einen Teil auf das Objekt selbst, den anderen Teil auf einen Spiegel. Die Strahlen, die der Gegenstand und der Spiegel reflektierten, interferierten miteinander und wurden so auf einer Fotoplatte aufgezeichnet. Bei gewöhnlichem Licht war auf dem Foto nichts zu sehen. Erst ein Laserstrahl von rückwärts ließ das Original räumlich erstehen.

ters (beispielsweise feiner Glasfasern) kann der Brennpunkt genau lokalisiert und wie ein chirurgisches Werkzeug einfach und sicher gehandhabt werden. Es wurde bereits ein Lichtleiter entwickelt, der bei einer Länge von 150 Zentimetern Laserstrahlen praktisch verlustfrei überträgt. Es ist ein Quarzfaden von 0,2 Millimeter Durchmesser, der an seinem Ende eine kleine Sammellinse hat und mit einer flexiblen Schutzhülle umgeben ist. Mit einem solchen »Laser-Skalpell« wurden schon Tätowierungen entfernt, blutreiche Gefäßtumore behandelt und Metallreparaturen an Zähnen durchgeführt. Hierzu wurde ein 20 Watt-YAG-Laser benutzt, dessen Infrarotstrahl mit einem angekoppelten roten Helium-Neon-Laserstrahl sichtbar gemacht wurde. Eindringtiefe und Energieumsetzung hängen erheblich von der Wellenlänge ab. Bei geschickter Ausnutzung der selektiven Farbabsorption der Laserstrahlen kann man zum Beispiel erreichen, daß nur die blutreichen, dunklen Hautstellen die Strahlung absorbieren, nicht aber das gesunde Nachbargewebe. Auch in der Augenheilkunde wurde der Laser angewandt. Mit einem schwachen Rubin-Laser konnten abgelöste Netzhaut befestigt und Risse in der Netzhaut »punktgeschweißt« werden, und zwar ohne Betäubung.

Spannungsoptik

Viele Methoden der wissenschaftlichen Fotografie sind hervorragend dazu geeignet, uns Einblick in Bereiche zu vermitteln, die sich normalerweise dem menschlichen Auge entziehen. Ein Beispiel dafür ist die Spannungsoptik.

Wie schon der Name sagt, bedient man sich bei dieser Methode des Lichts, Spannungen sichtbar zu machen. Materie, die unter Druck steht oder Spannungen ausgesetzt ist, verändert ihren physikalischen Aufbau. Die Atome oder Moleküle sind in der Waagerechten auseinandergezogen, in der Senkrechten zusammengedrückt (oder umgekehrt). Sie sind nicht mehr richtungsunabhängig aufgebaut. Dadurch bekommt ein so beanspruchter Stoff Eigenschaften, die man sonst nur bei einer bestimmten Art von Kristallen antrifft – den anisotropen (mit Betonung auf »an-«), das heißt nicht in jeder Richtung gleich elastischen Kristallen. Schickt man Licht in einen anisotropen

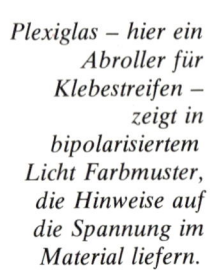

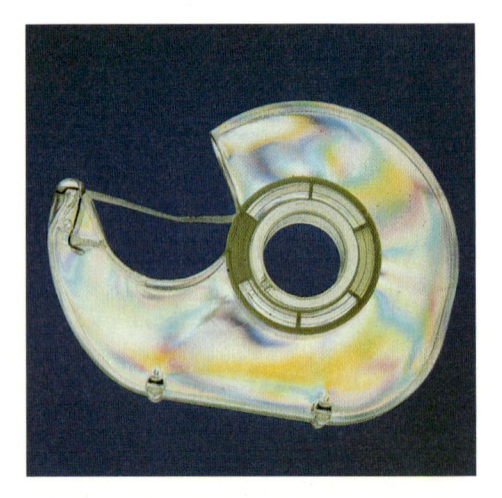

Plexiglas – hier ein Abroller für Klebestreifen – zeigt in bipolarisiertem Licht Farbmuster, die Hinweise auf die Spannung im Material liefern.

Polarisiertes Licht

Beim natürlichen Licht schwingen die Lichtwellen senkrecht zur Ausbreitungsrichtung nach allen Seiten. Durch besondere Vorrichtungen läßt sich erreichen, daß eine Schwingungsrichtung herausgefiltert wird. Man spricht dann von linear polarisiertem Licht, das nur in einer Ebene schwingt. Der am häufigsten angewandte Polarisator ist das Nicolsche Prisma, eine Kombination zweier unter bestimmten Winkeln geschliffenen Prismen des optisch einachsigen Kalkspat, das nach dem Prinzip der Doppelbrechung arbeitet. Das einfallende Licht wird in zwei senkrecht zueinander schwingende polarisierte Komponenten aufgespalten, die sich im Kristall in verschiedenen Richtungen und mit verschiedenen Geschwindigkeiten fortpflanzen. Die eine Komponente, der »ordentliche« Strahl, wird beim Auftreffen auf die Endfläche des Prismas total reflektiert und absorbiert. Die andere, der »außerordentliche« Strahl, verläßt das Prisma fast ohne Ablenkung.

Zwei Nicols, in Fassungen drehbar, bilden ein Polarisationsgerät zum Nachweis polarisierten Lichts. Der erste Nicol wirkt als Polarisator, der andere als Analysator. Durch Senkrechtstellen der Schwingungsrichtungen von Polarisator und Analysator entsteht zwischen ihnen ein Dunkelfeld, in dem man z.B. die optische Doppelbrechung von Kristallen durch Aufhellung im Gesichtsfeld untersuchen kann.

Polarisiertes Licht kann man fast vollständig abblenden, wenn man in seinen Strahlengang ein Polarisationsfilter bringt, dessen Schwingungsrichtung auf der Ebene des einfallenden Lichtes senkrecht steht.

Kristall, so trennt sich das Licht an der Einfallsebene in zwei Anteile, die verschieden schnell in den Kristall hineinwandern. Der Kristall erscheint mehrfarbig.

Die nämliche Erscheinung tritt nun auf, wenn man Licht durch einen unter Zug oder Druck stehenden Werkstoff führt. Da solche Stoffe normalerweise nicht durchsichtig sind, nimmt man für die gewünschten spannungsoptischen Versuche durchsichtigen Kunststoff. Um an dem Modell Spannungen sichtbar zu machen, genügt es dann, die Spaltung in zwei verschieden schnell bewegte, das heißt verschieden farbige Lichtanteile nachzuweisen. Je größer der farbliche Unterschied ist, um so größer ist die innere Spannung.

Nun ist aber noch die schwierige Aufgabe zu lösen, diese zwei Anteile nachzuweisen. Dazu muß man auf die Tatsache zurückgreifen, daß Licht eine Schwingungserscheinung ist. Untersucht man die beiden in anisotrope Kristalle einfallenden Lichtanteile, so stellt man fest, daß sie in aufeinander senkrecht stehenden Ebenen schwingen. Sie sind, wie der Fachmann sagt, polarisiert. Polarisationseffekte kann man auch im Alltag beobachten. Trivialstes Beispiel: das Blau des (tatsächlich farblosen) Himmels. Oder polarisierte Sonnenbrillen, die nur einen Teil, den unschädlichen, der Sonnenstrahlung durchlassen. Dreht man polarisierte Gläser übereinander, so werden sie gänzlich lichtundurchlässig, das heißt dunkel. Das Prinzip beruht darauf, daß Licht verschiedener Schwingungsebenen sich gegenseitig, salopp gesagt, sozusagen aussperren kann. Polarisationsfilter sind auch dem Fotografen bekannt – er verwendet sie beispielsweise, um Spiegellichter an Glas, an Schnee oder an Wasseroberflächen zu dämpfen.

Daß es Polarisationsfilter gibt, verdanken wir wieder einer besonderen Art von Kristallen wie zum Beispiel Kalkspat. Schickt man polarisiertes Licht durch Kalkspat hindurch, so wird der eine Strahl verschluckt. Umgekehrt läßt sich Polarisation an der Qualität des Lichtes nachweisen: Man betrachtet die fragliche Lichtquelle durch ein Scheibchen, das aus diesem Kristall besteht und dreht es in seiner eigenen Ebene. Handelt es

136

sich um polarisiertes Licht, so wird das Durchsichtbild abwechselnd heller und dunkler. In modernen optischen Anlagen verwendet man als Polarisationsfilter keine Kristallscheibchen mehr, sondern Folien, in denen Kristalle dieser Art in feinster Verteilung eingeschmolzen sind.

Zwei solcher Polarisationsfilter benötigt man nun, um Zug- oder Druckspannungen in durchsichtigen Kunststoffmodellen sichtbar zu machen. Dazu bringt man einen Filter zwischen das Modell und eine Lichtquelle. Das Licht, das in das Modell einfällt, ist dann polarisiert. Es wird folglich in zwei Anteile zerlegt, die, wie erwähnt, mit verschiedener Geschwindigkeit durch den Gegenstand laufen. Nachdem sie ihn verlassen haben, durchsetzen sie einen zweiten Polarisationsfilter der hinter dem Modell steht. Durch diesen Filter erscheint ein normales Modell ohne Materialspannung entweder hell oder dunkel, je nachdem, welche Durchlaßrichtung für die Lichtschwingung eingestellt ist. Handelt es sich aber um ein durch Kräfte beanspruchtes Modell, so überlagern sich die Schwingungen beim Austritt durch den zweiten Polarisationsfilter, den Analysator. Die beiden Lichtanteile sind verschieden schnell gelaufen; Wellenberg mit Wellenberg bzw. Wellental mit Wellental kommen nicht mehr zur Deckung; es kommt zu sogenannten Interferenzerscheinungen, die sich in Farb- und Helligkeitsunterschieden äußern. Überlagert sich ein Wellenberg mit einem Wellental, so kommt es zur Löschung, und der Eindruck ist »dunkel«. Ist das Modell durch Zug oder Druck nicht gleichmäßig, sondern unterschiedlich beansprucht, so sieht man im Filter helle und dunkle Linien; die Helligkeitsunterschiede sind ein Maß für die Beanspruchung.

Farbe gleich Spannung

Normalerweise arbeitet man mit einfarbigem Licht; verwendet man dagegen weißes Licht, das ein Gemisch alles Sichtbaren an Farbfrequenzen ist, so interferiert jede Farbe für sich. Da Farben nichts anderes sind als Licht mit verschiedenen Wellenlängen, so kann es durchaus vorkommen, daß beispielsweise das Bild für Gelb »dunkel« ergibt, während das Bild für Rot »hell« anzeigt. Bei weißem Licht erhält man also als Ergebnis einer Überlagerung der Einzelbilder sämtlicher Farben ein buntes Bild; dadurch lassen sich die Spannungsverteilungen anschaulicher erkennen.

Die Theorie des spannungsoptischen Verfahrens ist etwas schwierig; das aber stört den Benützer nicht. Was ihn interessiert, ist der Verlauf der schwarzen und weißen bzw. farbigen Linien, und um diese zu deuten, braucht er sich um die Theorie nicht zu kümmern. Selbst der Laie, der ein spannungsoptisches Bild ansieht, kommt unwillkürlich zu einer richtigen Deutung – auch wenn er überhaupt nicht weiß, auf welche Art das Bild zustande gekommen ist. Wo beispielsweise viele Linien an einzelnen Punkten zusammenlaufen, muß man eine besonders stark beanspruchte Stelle annehmen. Eng beisammenliegende, schmale Zonen deuten auf eine Konzentration der einwirkenden Kräfte hin, dagegen sind flächenhaft auseinandergezogene Streifen Hinweis für eine gleichmäßige Beanspruchung.

Die spannungsoptische Methode ist längst zu einem Routineverfahren bei der Untersuchung von Spannungszuständen in Bauelementen, die äußeren Belastungen ausgesetzt sind, sowie bei der Materialprüfung und bei der Werkstückkontrolle geworden. Besonders wenn es sich um kompliziert geformte Gebilde handelt, läßt sich die Spannungsoptik vorteilhaft einsetzen. Dann ist es nämlich kaum noch möglich, den Verlauf der Kraftlinien zu berechnen, der Zeitaufwand wäre viel zu groß.

Spannungs-Dehnungs-Diagramm

Wird ein elastischer Körper durch eine äußere Kraft beansprucht, dann wird er sich mehr oder weniger verformen. Dabei treten innerhalb des Körpers Spannungen auf, welche die Verformung wieder rückgängig zu machen versuchen. Nach Art der Beanspruchung unterscheidet man zwischen Zug-, Druck-, Biege- und Torsions-(Verdrehungs-)Spannungen, um nur die häufigsten zu nennen. Die äußere Kraft, die an zwei gegenüberliegenden Punkten des Körpers angreift, bewirkt entsprechende Verlängerungen, Verkürzungen, Verbiegungen und Verdrehungen. Wenn die Spannungen eine gewisse kritische Zone, den elastischen Bereich, nicht überschreiten, nimmt beim Verschwinden der Kraft der Körper wieder seine ursprüngliche Gestalt an, er »federt« zurück, bei weiter zunehmender Beanspruchung tritt jedoch eine bleibende Verformung ein, und schließlich bricht der Körper auseinander.

Für den Fall der Zugbeanspruchung zeigt das Spannungs-Dehnungs-Diagramm den zahlenmäßigen Zusammenhang zwischen der im Körper herrschenden Spannung und der Verformung. Mit der Dehnung verringert sich der Querschnitt, da das Volumen konstant bleibt. Diese Querschnittsverringerung nennt man »Einschnürung«. Die Dehnung wird als das Verhältnis Verlängerung : ursprüngliche Länge in % angegeben, während die Spannung eine auf den Anfangsquerschnitt bezogene Kraft ist und in kp/cm² aufgetragen wird. Die Spannung ist der Belastung proportional.

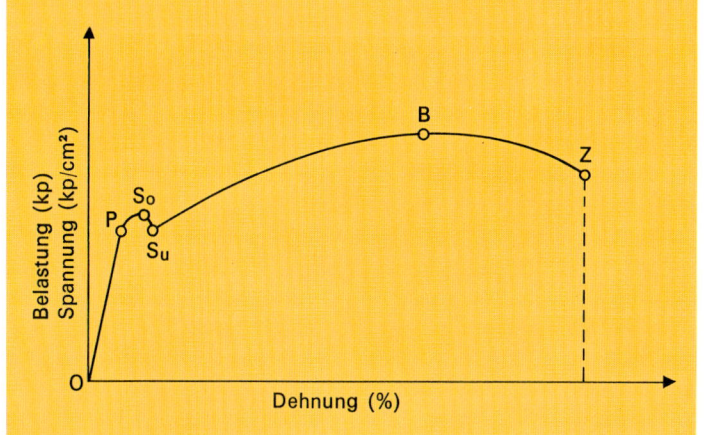

Die Spannungs-Dehnungs-Linie OPSBZ (siehe Grafik) hat einen charakteristischen Verlauf: bei beginnender Belastung nimmt die Dehnung zunächst geradlinig zu, bis beim Punkt P die sogenannte Proportionalitätsgrenze, das Ende des elastischen Bereiches, erreicht ist. Bei weiter zunehmender Spannung wird der Stab überdehnt: bei S_o wird die »Streck- oder Fließgrenze« erreicht, bei der für manche Stoffe eine besonders rasche und bleibende Dehnung eintritt. Dabei sinkt die Spannung kurz auf S_u, die »untere Streckgrenze«. Im weiteren Verlauf nimmt dann die Dehnung stärker zu. Bei B wird die Höchstspannung erreicht, die gewöhnlich als Zugfestigkeit bezeichnet wird, obwohl der Stab erst bei dem etwas kleineren Z-Wert zerreißt. Das Schaubild zeigt das Verhalten eines Stahlstabes.

Die Spannung ist also ein Maß für die Materialbeanspruchung. Im technischen Bereich werden alle Bauteile so berechnet, daß die Spannungen nur im elastischen Bereich verlaufen. Das gilt besonders für die Federn, sei es bei Fahrzeugen oder in Waagen.

Zu den Anwendungsgebieten der wissenschaftlichen Fotografie tritt aber seit neuestem noch eine weitere hinzu: die der Veranschaulichung für Unterrichtszwecke. Dabei kommt es – wie man immer deutlicher erkennt – nicht nur auf den Inhalt, die »didaktische Information«, an, sondern auch auf den visuellen Eindruck – ästhetisch reizvolle Bilddarstellungen sind überzeugend und einprägsam; Prädikate, die beim Unterricht künftig weitaus mehr Beachtung finden sollten.

Flüssige Kristalle

Flüssige Kristalle unter dem Mikroskop. Obwohl in flüssigem Zustand, zeigen sie in bestimmten Phasen die optischen Eigenschaften fester Kristalle, die unter dem Einfluß von Licht, Wärme und elektrischer Spannung wechseln. Sie werden in der Meß- und Anzeigetechnik eingesetzt.

Noch vor wenigen Jahren waren flüssige Kristalle nicht viel mehr als ein Kuriosum. Namhafte Wissenschaftler wiesen jeden Gedanken einer technischen Verwertung in den Bereich der Phantasie. Innerhalb kurzer Zeit hat sich diese Auffassung gründlich geändert. Man kennt bereits vielerlei Anwendungen, beispielsweise in der zerstörungsfreien Materialprüfung, in der analytischen Chemie, in der Medizin, in Industrie und Wirtschaft. Am intensivsten diskutiert wird der Einsatz flüssiger Kristalle bei der Entwicklung flacher Datensichtgeräte und Fernsehbildschirme. Auch dürften sie eine wichtige Rolle in der Biologie, etwa bei Vorgängen an der Zellmembran, spielen.

Der Zustand des flüssigen Kristalls liegt zwischen der flüssigen und der festen kristallinen Phase; man spricht daher von »Mesophasen« (meso vom griech. mesos = in der Mitte). Diese Mittelstellung äußert sich auch im Temperaturbereich, in dem flüssige Kristalle auftreten: oberhalb des Schmelzpunktes organischer Substanzen. Erwärmt man etwa Cholesteryl-Benzoat, so entsteht bei 145 Grad Celsius eine trübe Schmelze, und erst bei weiterem Erhitzen, ab 179 Grad, bildet sich eine klar durchsichtige Flüssigkeit. Der Zwischenzustand, die trübe Schmelze, weist nun einige optische Eigenschaften auf, wie sie normalerweise nur Kristalle haben. Insbesondere ändern sich die physikalischen Kenngrößen, wie Brechungsindex und elektrische Leitfähigkeit, wenn man die Richtung einfallenden Lichts ändert, und das beweist, daß man es nicht mit normalen Flüssigkeiten zu tun hat, in denen keine Richtung vor einer anderen ausgezeichnet ist.

Ziffern, Symbole und Buchstaben auf Meßgeräten und Anzeigetafeln können mit Flüssigkristallen dargestellt werden.

Die besonderen optischen Eigenschaften der flüssigen Kristalle haben ihre Ursache in ihrer molekularen Struktur. Das charakteristische Merkmal von Gasen ist, daß die Moleküle sich in ständiger, bewegter Unordnung befinden, während sie in festen Stoffen zu haltbaren, regelmäßigen Kristallbaustein-Ordnungen aneinandergefügt sind. In Flüssigkeiten herrscht ein Gleichgewicht zwischen diesen beiden Zuständen – wobei die Wärme-Eigenbewegung der Moleküle einerseits und die Affinität der Kristalle zueinander andererseits einen Zustand der Spannung oder sozusagen eines instabilen Gleichgewichts hervorrufen. Die flüssigen Kristalle haben nun stäbchenförmige Moleküle, die sich trotz der Wärmebewegung vielfach in Schwärmen parallel lagern. Diese Struktur ist mit Hilfe von Röntgenstrahlen sogar nachweisbar. Man unterscheidet heute drei Phasen flüssiger Kristalle, die nematischen, die smektischen und die cholesterinischen Phasen.

Drei Phasen

In der nematischen Phase sind die langgestreckten Moleküle parallel zueinander angeordnet, können sich im übrigen aber frei bewegen.

In der smektischen Phase sind die Moleküle ebenso einheitlich orientiert, dazu sind sie aber zusätzlich an Schichten gebunden, innerhalb derer sie sich aufrecht stellen und ungehindert ihre Plätze wechseln können.

In der cholesterinischen Phase findet man die Moleküle einheitlich in Schichten liegend – parallel zur Schichtebene; dabei ändern sie von Schicht zu Schicht ihre Orientierung, so daß eine schraubenartige Struktur entsteht. Ihre technische Bedeutung erlangen die Mehrphasen dadurch, daß die Orientierung ihrer Moleküle durch äußere Einflüsse, wie Temperatur, magnetische Felder und vor allem durch elektrische Felder beeinflußt werden kann. Da auch die optischen Eigenschaften richtungsabhängig sind, werden diese Orientierungsänderungen deutlich sichtbar.

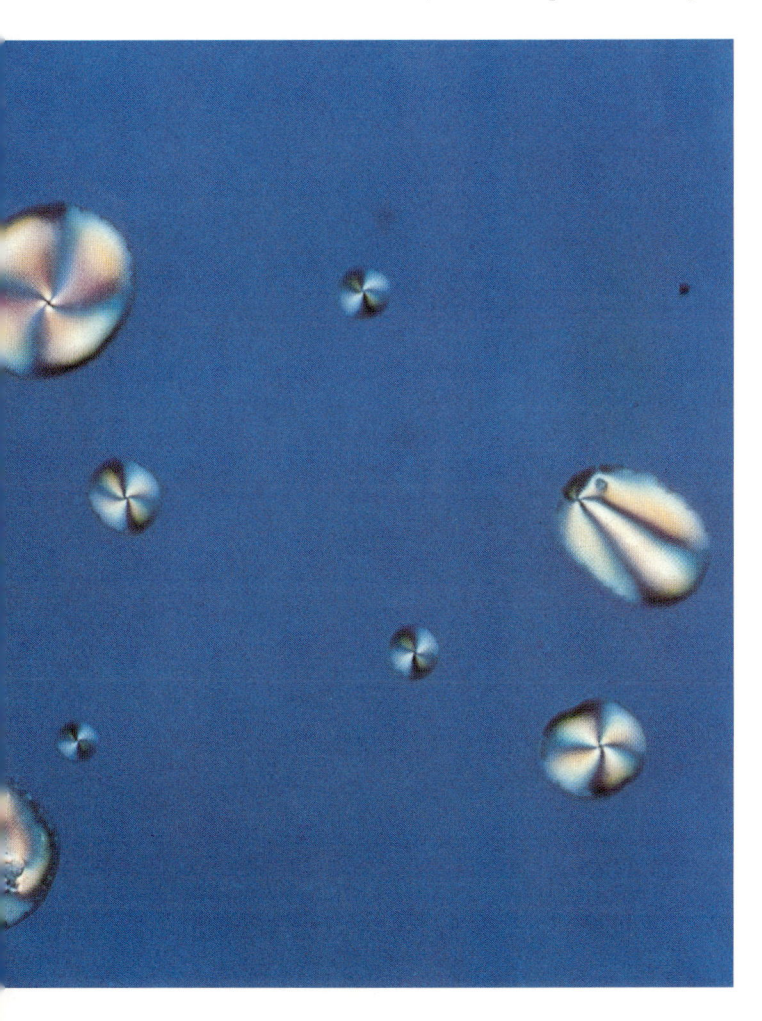

Bringt man zum Beispiel einen nematischen Flüssigkristall als dünne Schicht zwischen zwei mit transparenten Elektroden versehene Glasplatten und legt eine elektrische Spannung von nur etwa 5 Volt an die Elektroden, dann erscheint ein regelmäßiges Streifenmuster in der Schicht. Bei Erhöhung der Spannung geraten die Streifen in Bewegung und zerfallen in kleine Bereiche mit einer Ausdehnung von etwa einem Tausendstel Millimeter. Die ursprünglich glasklare Flüssigkristallschicht erscheint dann milchig trüb.

Polarisiertes Licht wird bei Durchtritt durch eine derartige Flüssigkristallzelle depolarisiert. Eine zwischen zwei gekreuzten Polarisationsfiltern stehende Flüssigkristallzelle erscheint dunkel; bei anliegender Spannung erscheint sie weiß. Von einer solchen Schwarz-Weiß-Umschaltung gelangt man durch Einbau eines Farbfilters an beliebiger Stelle der Anordnung sehr einfach zu einer Umschaltung Schwarz–Farbig. Wird einer der beiden Polarisationsfilter gegen einen selektiven Polarisator ausgetauscht, dann kann man auch zwischen zwei verschiedenen Farben, zum Beispiel Rot nach Grün, umschalten.

Sollen in einer Anzeige bestimmte Zeichen, zum Beispiel Ziffern und Buchstaben auf einer Skala dargestellt werden, so unterteilt man die Elektrodenfläche auf der Vorder- und Rückseite des Flüssigkristallelementes in eine mehr oder weniger große Anzahl von Einzelelektroden, die getrennt angesteuert werden können. Das elektrische Feld wirkt dann nur dort auf den Flüssigkristall ein, wo sich die mit der Spannungsquelle verbundenen Einzelelektroden der Vorder- und Rückseite decken. So lassen sich durch geeignete Anordnung und Ansteuerung der Einzelelektroden die verschiedensten Leuchtschriften darstellen. Farbige Flüssigkristallanzeigen zeichnen sich vor allem durch ihren äußerst geringen Energieumsatz – nur etwa 1 Watt je Quadratmeter Anzeigefläche – und durch ihre niedrige Steuerspannung – 5 bis 10 Volt – aus. Sie können daher mit modernen integrierten Halbleiterschaltkreisen betrieben werden. Wegen ihrer Sandwichbauweise aus Farb- und Polarisationsfolien, Glasplatten und einer sehr dünnen Flüssigkristallschicht sind sie nicht dicker als etwa 5 Millimeter. Sie tragen damit nicht mehr auf als ein Bild an der Wand. Zur Darstellung größerer Informationsmengen sind jedoch komplizierter aufgebaute Bildschirme notwendig. Zur Zeit werden in verschiedenen Forschungslaboratorien die Realisierungsmöglichkeiten eines flachen Schwarz-Weiß-Bildschirms für ein Datensichtgerät geprüft. Es ist nicht auszuschließen, daß diese Entwicklung eines Tages zu einem flachen Farbfernseh-Bildschirm führt.

In der cholesterinischen Phase bewirken schon geringe Temperaturänderungen eine Änderung der Farbe. Man nutzt dieses Verhalten zum Beispiel in der Werkstoffprüfung aus: Risse und Fremdkörper in Metallbauteilen heben sich farbig von der Umgebung ab, weil dort der Wärmeübertragung größerer Widerstand entgegengesetzt wird; der Wärmestau wird als Farbfleck sichtbar. Auch in der Medizin können cholesterinische Phasen wichtig werden; streicht man die Haut eines Patienten mit Flüssigkristallen ein, so werden Entzündungen, die zu geringfügiger Temperaturerhöhung führen, oder auch schlecht durchblutete Partien im Farbmuster erkennbar.

Die smektische Phase hat ihren Namen von smegma, die Seife; in wäßrigen Seifenlösungen, besonders an Grenzflächen, ordnen sich die Seifenmoleküle in Schichten etwa so an wie die Borsten einer Bürste. Dieses Verhalten ist von großer Bedeutung für vielerlei Erscheinungen, bei denen chemisch und physikalisch wirksame Oberflächen eine große Rolle spielen, beispielsweise für den Waschvorgang oder für die Entspannung von Wasseroberflächen durch Überzüge dünner Flüssigkeitsschichten. Schon Mitte des 19. Jahrhunderts hatte man Lösungen mit den typischen Eigenschaften flüssiger Kristalle in Extrakten aus der Lungen- und Hirnflüssigkeit gefunden. Sogar die Membran der roten Blutkörperchen erwies sich als eine Schicht mit den Eigenschaften flüssiger Kristalle. Da in letzter Zeit die physikalisch-chemischen Vorgänge an biologischen Membranen immer mehr ins Mittelfeld biologischer Forschung rücken, wird der flüssig-kristalline Zustand in Zukunft auch für diesen hochaktuellen Forschungsbereich interessant. Die Flüssigkristalle sind ein wichtiger Faktor geworden. Sie tauchen bereits bei gesteuerten Leuchtschriften, Zeit- und Kontrollanzeigen und sogar bei neuartigen Zimmerthermometern auf.

Bildauswertung und Picture Processing

Bildauswertung mit technischen Mitteln betreibt man auf vielen Gebieten: der Mikrofotografie, der Röntgenografie, der Meteorologie usf. Sie beruht auf der Erkenntnis, daß Bilder oft viel mehr Information enthalten, als man auch bei genauer visueller Prüfung erkennt. Das hängt mit dem menschlichen Auge zusammen und mit der Art und Weise, wie die von der Netzhaut aufgenommenen Bilder verarbeitet werden. So ist der Mensch beispielsweise dafür begabt, Kontraste zu erkennen und zusammenhängende Linien zu verfolgen. Dagegen fällt es ihm schwer, Einzelheiten zu erkennen, die in verlaufenden Tonflächen enthalten sind, besonders wenn es sich um Graubilder handelt. Unter Umständen stecken aber gerade in den verschiedenen Grautönen die Erkenntnisse, die man mit Hilfe der Bilder gewinnen will. Hier setzen nun die Methoden der Bildauswertung ein.

Der Äquidensitenfilm

Ein typisches Beispiel fotochemischer Bildauswertung ist der sogenannte Äquidensitenfilm. Er verwandelt das Schwarz-Weiß-Foto in ein Muster klar unterscheidbarer Linien oder Bereiche, die Orte gleicher Grauwerte verbinden, die sogenannten Äquidensiten. Mit einem Gelbfilter, einer konstanten Lichtquelle und bei variierender Belichtungszeit wird der in Äquidensiten aufzulösende Film zum Beispiel auf einen Agfacontourfilm projiziert. Die Belichtungszeit, die zur Entstehung einer Äquidensite bei einer bestimmten Dichte der Vorlage erforderlich ist, ist in weitem Bereich der Dichte der Vorlage proportional. Entsteht zum Beispiel bei einer Belichtungszeit von einer Sekunde die Äquidensite bei der Dichte 0 der Vorlage, so muß man, um die Äquidensite bei der Dichte 1 der Vorlage zu erhalten, zehn Sekunden belichten.

Die so gewonnenen Linien oder Flächen gleicher Schwärzung sind bereits von hohem Interpretationswert (Aussagewert). Um aber die Differenzierung der Grauwerte noch anschaulicher zu machen, kann man diese Schwarz-Weiß-Äquidensitenbilder einfärben. Unter Zuhilfenahme des Transparex-Verfahrens lassen sich die Schwarz-Weiß-Äquidensiten jeder gewünschten Farbe unterordnen.

Die paßgenau vorliegenden, eingefärbten Äquidensitenfilme werden übereinander wieder zu einem Gesamtfarbbild vereinigt, das sich nicht nur durch eine wesentliche Steigerung des Kontrastes und der Unterscheidungsmerkmale, sondern auch durch eine bessere Anschaulichkeit auszeichnet.

Die Umwandlung in Äquidensitenbilder fand bereits zahlreiche Anwendungen, vor allem in der Wissenschaft. Die vom Wetter- und Erdbeobachtungssatelliten für Bereiche der

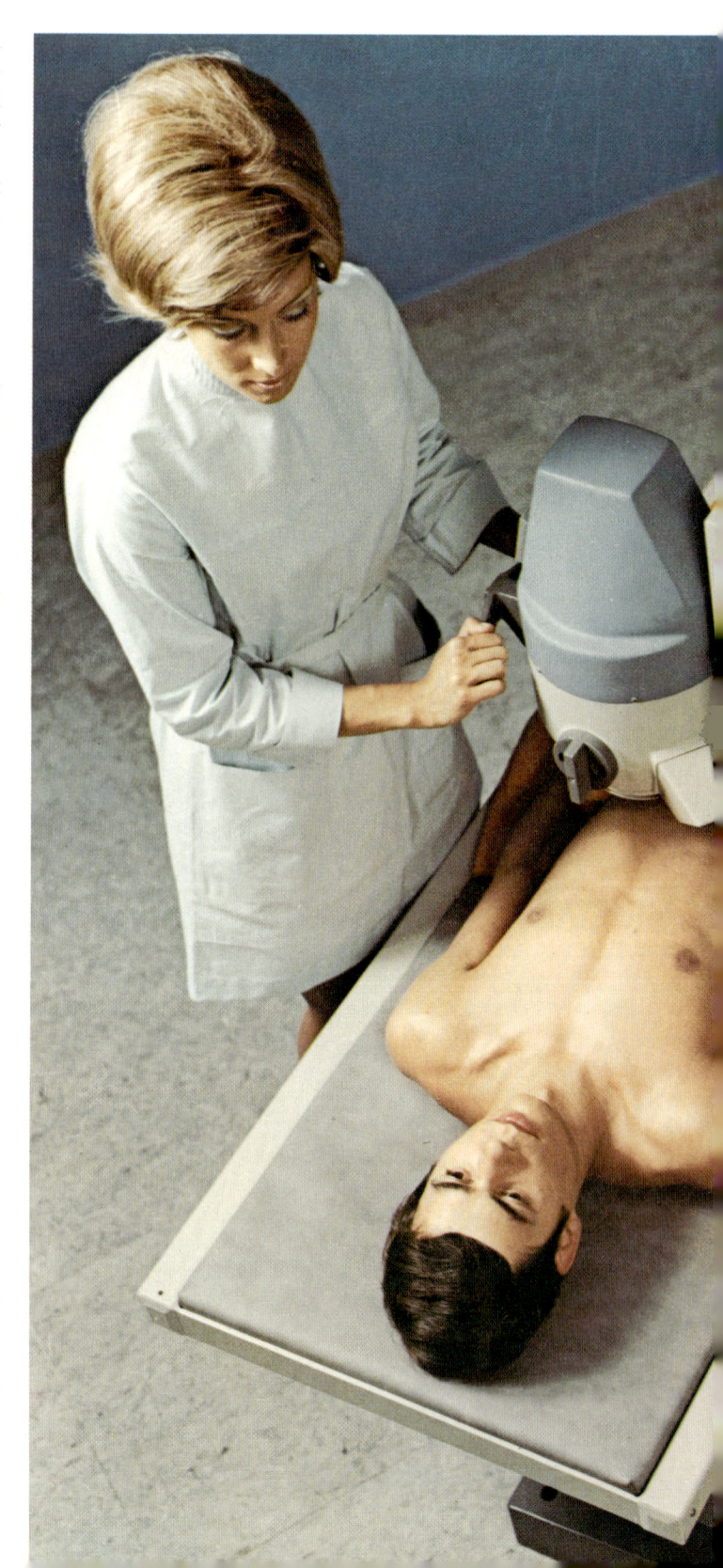

Die Szintigraphie

Ozeanografie, Vulkanologie, Geografie, Hydrologie, Glaziologie, Großklimatologie und für den Energiehaushalt der Erde gewonnenen Aufnahmen wurden als neuartige Interpretationshilfen ausgewertet.

Bilder aus der Dämmerung

Seit einigen Jahren verwendet man auch elektronische Mittel zur Bilderverdeutlichung. Ein Beispiel geben Fernsehübertragungen von Sportveranstaltungen in der Dämmerung oder im Nebel: mit Hilfe eines elektronischen Bildverdeutlichers ist das Geschehen am Bildschirm viel deutlicher zu erkennen als von der Tribüne aus. Die Möglichkeiten der Elektronik reichen aber weit über die der Bildverdeutlichung, Konturenverschärfung

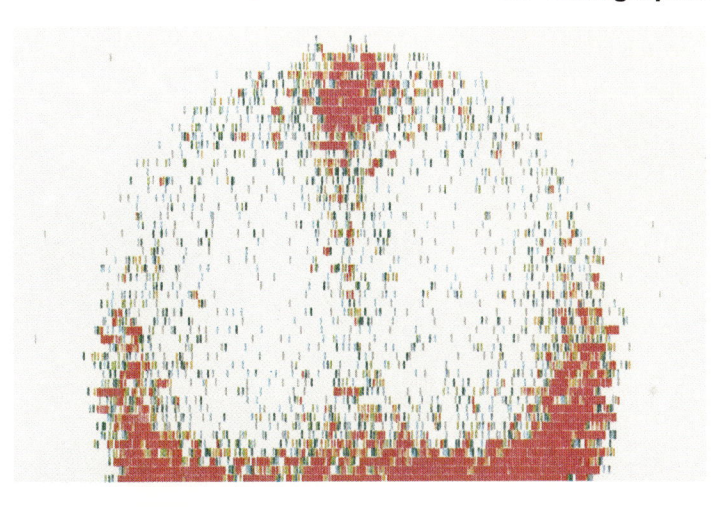

Farbszintigramm des Gehirns. Das Bild zeigt gleichermaßen Funktion und Gestalt des untersuchten Organs. Das Szintigramm (→S. 200) gibt die Ablagerung einer radioaktiven Substanz, die dem Patienten vorher eingegeben wurde, im Gewebe wieder und ermöglicht damit Hinweise auf bösartige Geschwulste und andere krankhafte Zellvorgänge.

Der Szintimat tastet den Körper des Patienten Zeile für Zeile mit einem Gammastrahlenrezeptor ab. Die Informationen des Rezeptors werden elektronisch in Strichzeichen umgesetzt. Das Datenumsatzgerät stellt auch Verkleinerungen her, so daß ein Papierschirm auch das Szintigramm eines ganzen Körpers aufnehmen kann.

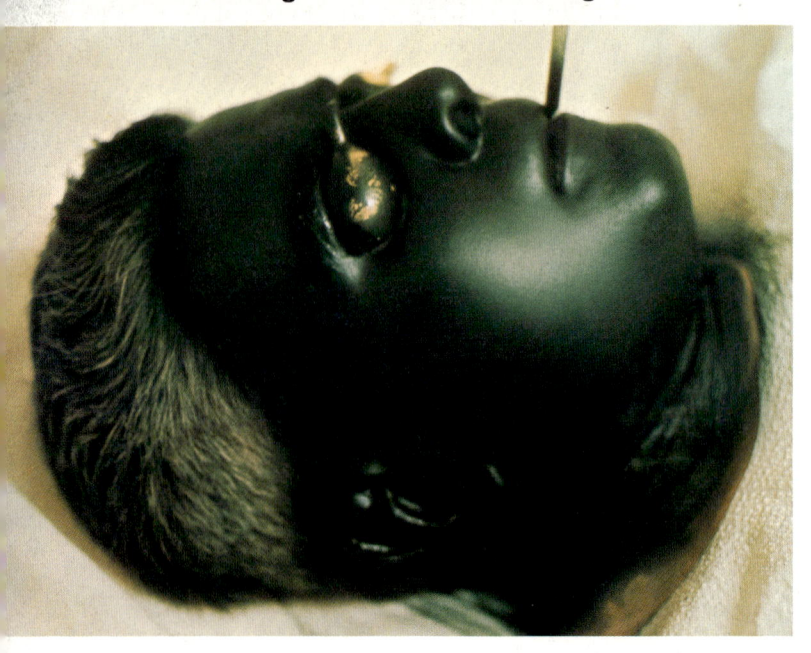

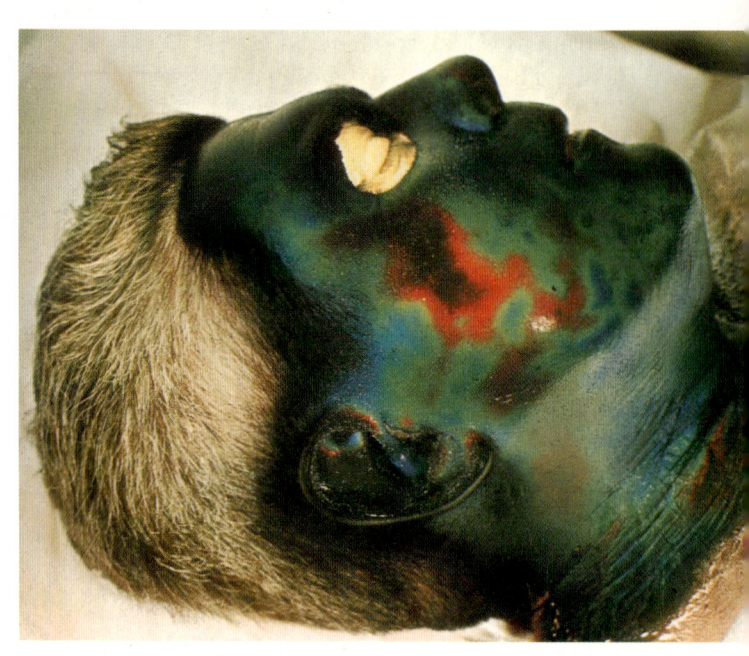

Bildauswertung und Picture Processing

In der medizinischen Diagnostik dienen Flüssigkristalle zur Aufspürung von Entzündungsherden. Sie färben sich über Wärmepartien blau, in kühleren Hautzonen rot. Die Flüssigkristall-Lösung wird einfach aufgestrichen.

usw. hinaus – bis zu einer Umwandlung visueller Information in Datenwerte und umgekehrt nach bestimmten Programmen mit Hilfe von Computern; man spricht dann von Picture Processing.

Zuerst muß der Computer das Bild »erkennen« können. Eines der technischen Sinnesorgane, das ihn zum Sehen befähigt, ist eine lichtempfindliche Sonde, die punkt- und zeilenweise über das Bild – eine Fotografie oder das Schirmbild einer Fernsehaufnahme – geführt wird. Auf diese Weise erhält der Computer ein Rasterbild der visuellen Struktur, beispielsweise als eine Folge von Zahlenangaben über Lichtintensitäten oder Grauwerte. Durch ein Programm wird dem Computer nun vorgeschrieben, welchem Prozeß er die Bildstruktur unterwerfen soll (→S. 200/201).

Sichtbare Krankheit

Ein gutes Beispiel für Picture Processing und für die Bildeingabe nach dem Abtastverfahren gibt ein neu entwickelter Bildspeicher für die medizinische Szintigrafie, eine einfache, dem Patienten nicht belastende Form der Diagnostik. Dem Patienten wird eine radioaktive Substanz eingegeben oder injiziert, aus deren Verteilung im Körper der Arzt seine Schlüsse ziehen kann. Die Verteilung wird durch ein Szintiskop festgestellt, das auf radioaktive Strahlung anspricht, ansonsten aber den Körper punkt- und zeilenweise abtastet, wie das weiter oben schon beschrieben wurde. Die Punkt für Punkt festgestellte Stärke der radioaktiven Strahlung wird in einen Fernsehempfänger geleitet und dadurch in ein sichtbares Bild umgewandelt. Dabei handelt es sich aber nicht nur um eine einfache Umwandlung der radioaktiven Verteilung in ein Schwärzungsbild, sondern mit Hilfe eines programmierbaren Computers kann das Bild auf vielerlei Weise verändert und verdeutlicht werden. So ist beispielsweise eine Glättung der Konturen möglich, was dazu beiträgt, daß die Umrisse von Krankheitsherden besser erkennbar werden.

Der zeichnende Computer

Zu den schwierigsten Aufgaben des Picture Processing gehören solche, bei denen der Computer bestimmte Gestalten erkennen muß. So arbeitet man beispielsweise an dem Problem der Luftbildauswertung für militärische Zwecke, wobei der Computer angeben soll, wo sich Anzeichen für getarnte Waffen, Truppenansammlungen oder dergleichen ergeben. Ein ähnliches Ziel hat das Picture Processing zur Auswertung von Teilchenspurenaufnahmen, wie sie sich in der Kernphysik ergeben, in der Wilson-, Blasen- oder Funkenkammer (→S. 100).

Ein besonderer Fall von Picture Processing liegt vor, wenn dem Computer die Bilder durch Daten übermittelt werden. Eine ganze Reihe von Forschern haben sich mit dem sogenannten Überschneidungsproblem beschäftigt. Man gibt dem Computer – beispielsweise durch eine mathematische Formel – die Form einer Raumfläche ein; seine Aufgabe ist es, sie mit Hilfe eines Zeichenautomaten grafisch darzustellen – dabei sollen aber jene Teile der Raumfläche, die vom Beschauer abgewandt sind, unterdrückt werden. Sobald bei der Berechnung der Einzelkurven, auf denen sich die Raumfläche perspektivisch aufbaut, eine Kante erreicht wird, stellt das Programm fest, ob die Fortsetzung sichtbar oder verdeckt ist. Im zweiten Fall wird der Zeichenstift angehoben, während die Berechnung weitergeht. Auch Schattendarstellungen kann man mit Hilfe solcher Programme erreichen.

Ein anderes Beispiel dieser Art stammt aus dem Bereich der Architektur. Gegeben war die Grundstruktur eines Gebäudes, beispielsweise einer Messehalle. Das Computerprogramm hat die Aufgabe, beliebige perspektivische Darstellungen aus jeder gewünschten Richtung zeichnen zu lassen. So wurde auch schon ein Film gezeichnet, der die Eindrücke wiedergibt, wie sie von einem Flugzeug aus entstünden, das das Gebäude umkreist und schließlich ins Innere hineinfliegt.

Eine sehr originelle Anwendung des Picture-Processing-Verfahrens nach eingegebenen Daten, stammt aus dem Bereich der Geometrie. Der Computer erhielt die mathematischen Formeln für die räumliche Anordnung eines vierdimensionalen

Die Röntgen-Diagnostik ist aus der Medizin nicht mehr fortzudenken. Conrad Röntgen entdeckte die Röntgenstrahlen 1895. Sie haben eine so hohe Energie, daß sie normal undurchsichtige Objekte durchdringen; die Schattenbilder kann man auf einem Leuchtschirm sichtbar machen oder fotografieren. Röntgenstrahlen sind extrem kurzwellige elektromagnetische Schwingungen. Sie entstehen, wenn sehr schnelle Elektronen im luftleeren Raum abgebremst werden. Der Wolframdraht in der Elektronenröhre gibt solche Elektronen ab, wenn er durch Anlegen von Spannung auf 2000 Grad erhitzt wird. Die Elektronen treffen auf einen schräg in der Röhre stehenden Metallschirm; sie dringen tief in sein Atomgefüge ein und schlagen aus einer inneren Schale eines beliebigen Atoms ein Elektron heraus. In dieses »Loch« rutscht ein energiereicheres Elektron von der äußeren Schale des Metall-Atoms. Bei diesem »Elektronenrutsch« wird dessen jetzt überschüssige Energie frei, die als Strahlung austritt. Auswertung der Röntgenbilder erfordert Fachwissen. Aber selbst der Röntgenologe steht mitunter vor Schwierigkeiten, wenn sich Schatten im Bild überlagern. Dieses neue Röntgengerät ermöglicht die Entmischung solcher Bilder.

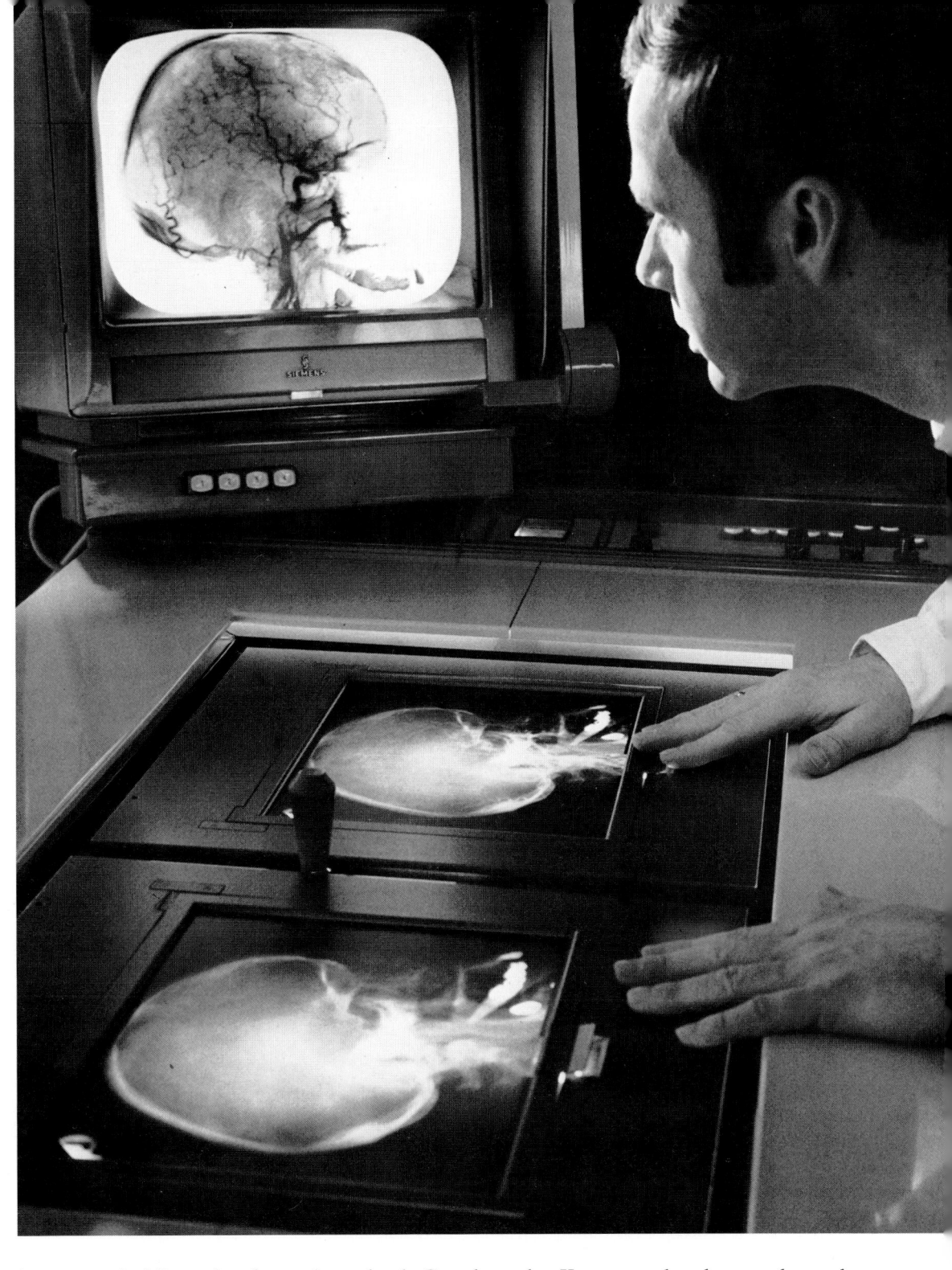

Würfels, also eines Gebildes, das in unserer dreidimensionalen Welt nicht existieren kann. Das Programm ließ die dreidimensionale Projektion dieses imaginären Würfels berechnen und sie mit Hilfe von Zeichnungen für stereoskopische Darstellung sichtbar machen.

Modellieren am Bildschirm

Als höchste Stufe des Picture Processing kann das Entwerfen und Modellieren am Bildschirm gelten, auch Interactive Dynamic Modelling genannt, weil hier eine wechselseitige Zusammenarbeit, eine Art Dialog mit dem Computer geführt wird. Dabei ist auch eine direkte Eingabe über den Bildschirm möglich – mit dem sogenannten Lichtgriffel (light pen) kann man auf ihm zeichnen – beispielsweise Punkte angeben, die dann durch Geraden oder Kurven verbunden werden, oder man zieht Umrisse, die das Programm glättet. Man kann Teile der Zeichnung verschieben, löschen, in den Speicher schicken und bei Gebrauch wieder herausholen. Mit Hilfe besonderer Programme setzt der Computer die Angaben auch in perspektivisch dargestellte dreidimensionale Gebilde um. Sie lassen sich beliebig verschieben und drehen. Diese Möglichkeit ist bei Entwurfsarbeiten besonders nützlich – man kann die nur als Skizzen vorliegenden Modelle beliebig von allen Seiten betrachten. Stilexperimente, wie sie etwa die amerikanische Autoindustrie durchführt, sind auf diese Weise besonders erleichtert.

Zusammen mit der Computergrafik hat das Verfahren des Picture Processing steigende Bedeutung gewonnen: als Mittel zur Ausgabe wissenschaftlich-technischer Daten in Form von Bildern. Wir stehen erst am Anfang dieser Entwicklung.

Hans Günther

Radioteleskope

In der Nähe des Dorfes Effelsberg in der Eifel steht das größte frei schwenkbare Radioteleskop der Welt. Sein von einem stählernen Netzwerk gehaltener Parabolspiegel mißt 100 m im Durchmesser. Radioteleskope sind Empfangsantennen, welche nach Art eines Hohlspiegels die parallel einfallenden, schwachen kosmischen Radiowellen in ihrem Brennpunkt konzentrieren.

Die Radioastronomie wurde von dem Amerikaner Karl Jansky begründet. Anfang der 30er Jahre untersuchte er merkwürdige atmosphärische Störungen, die den transatlantischen Funkverkehr behinderten. Mit einer großen Rundfunkantenne registrierte er zum ersten Mal Signale von Radiowellen aus dem Innern der Milchstraße.

Die wissenschaftliche Anwendung begann nach 1945 mit umgebauten Radargeräten aus dem zweiten Weltkrieg. In der Folgezeit lernte man die Natur der kosmischen Radiostrahlung näher kennen. Es stellte sich heraus, daß die Lufthülle nur Radiofrequenzen im Wellenlängenbereich von 8 Millimetern bis etwa 30 Metern durchläßt, das »Radiofenster« der Atmosphäre. Man entwickelte für die einzelnen Frequenzbereiche besondere Antennensysteme: für die Millimeter- und Zentimeter-Wellenlängen Parabolantennen, für die Dezimeter-Wellen Dipolfelder und Antennengruppen. Letztere bestehen aus einer Anzahl mittelgroßer Radioteleskope, die in Form eines T oder Y angeordnet sind. Diese sogenannten Arrays bieten die Möglichkeit, ein höheres Auflösungsvermögen zu erreichen: die fahrbaren Antennen können in ihrer Lage zueinander verändert werden, um auf diese Weise nach und nach die einer viel größeren Antenne entsprechende Fläche zu überdecken.

Die beim Messen anfallenden Informationen werden mathematisch kombiniert. Solche »Synthesis-Teleskope« werden im Dekameter-Bereich zum Messen der nicht-thermischen Strahlung von kosmischen Objekten eingesetzt, beispielsweise zur Untersuchung der 21 Zentimeter-Spektrallinien der neutralen Wasserstoffwolken in unserer Galaxis.

Das Hauptinteresse der Astronomie gilt heute der energiereichen kurzwelligen Strahlung im Millimeter- und Zentimeter-Bereich, was bereits zur Entdeckung extrem starker Radioquellen weit außerhalb unserer Milchstraße geführt hat. Solche außergalaktischen »Radiosterne« sind beispielsweise die »Pulsare«, die periodisch veränderliche Signale im Zentimeter-Bereich aussenden. Für diese Frequenzen eignen sich am besten die »Parabolantennen«, das sind sehr große Spiegel mit parabolischer Reflexionsfläche, die alle parallel einfallenden Strahlen konzentrisch auf ihren Brennpunkt reflektiert. Sie sind wie Lichtteleskope um zwei Achsen schwenkbar. Im Brennpunkt des Spiegels wird die gebündelte Radiostrahlung aufgefangen und in den Empfänger gespeist. Dort werden sie verstärkt, gleichgerichtet, in ihrer Intensität registriert oder in die weitere Datenverarbeitung eingespeist.

Das Effelsberg-Teleskop

Das derzeit größte, nach allen Richtungen frei schwenkbare Radioteleskop der Welt befindet sich in einem Talgrund in der Nähe des Dorfes Effelsberg in der Eifel, 40 Kilometer von Bonn entfernt. Das Teleskop des Max-Planck-Instituts für Radioastronomie hat einen Riesenspiegel von 100 Metern Durchmesser, die Gesamtanlage wiegt 3200 Tonnen. Ein Stützwerk mächtiger Stahlrohre, darüber ein Fachwerk aus Verstrebungen, unterfängt den Parabolspiegel, dessen Reflexionsflächen innen aus Aluminiumplatten, an der Peripherie aus engem Maschendraht bestehen. Eine Kabine im Brennpunkt des Spiegels enthält die Empfangsantenne und die Verstärker. Die meist unvorstellbar schwach einfallenden Radiosignale erfordern rauscharme Apparaturen, die zu diesem Zweck auf minus 260 Grad Celsius abgekühlt werden. Über Kabel gelangen die Signale in den Empfängerraum, wo sie aufgearbeitet werden. Zunächst werden die Zahlenwerte in einen Computer gefüttert. Hier werden die Störeffekte so gut wie möglich herausgefiltert. Die so erhaltenen brauchbaren Informationen werden aufgezeichnet und ausgewertet.

Mit dem Radioteleskop von Effelsberg, das auch bei Tage und bei bedecktem Himmel arbeitet, wurden bereits genauere und umfassendere Daten gesammelt als je zuvor zur Verfügung standen. Vor allem werden das uns umgebende Sternsystem, aber auch Sterne jenseits der Milchstraße, also Radiowellen außergalaktischer Objekte, angepeilt und aufgenommen. Die enorme »Lichtstärke« des Spiegels mit seiner Gesamtoberfläche von 9000 Quadratmetern läßt eine Reichweite von 12 Milliarden Lichtjahren zu. Der große Durchmesser hat weiterhin ein hohes Auflösungsvermögen; das ist die Fähigkeit, zwei punktförmige Strahlungsquellen, die eng beieinander stehen, noch getrennt beobachten zu können. Um diese Möglichkeiten mit dem großen und schweren Spiegel voll nutzen zu können, mußten alle Errungenschaften moderner Technik eingesetzt werden. Nur so war es möglich, eine Stahlkonstruktion, vergleichbar mit einer turmhohen Brücke, schwer und fest genug, um Sturmböen standzuhalten, mit der Präzision einer Qualitätsuhr zu bewegen und am Zielstern zu halten.

Schon allein die Forderung, die Abweichungen der Reflektorfläche von der Idealform eines Rotations-Paraboloids kleiner als Bruchteile der Wellenlänge zu halten, die man noch empfangen will, war nicht leicht zu erfüllen: beim Schwenken und Kippen des gewaltigen Spiegels muß die elastische Stahlkonstruktion den Schwerkräften nachgeben, der Spiegel wird sich verformen. Er ist aber so berechnet, daß die Verschiebungen sich größtenteils gegenseitig aufheben, die Schale aus einem Paraboloid in ein anderes überführt wird, die Antenne – entsprechend nachgeführt – im Brennpunkt bleibt. Aber auch wenn die Sonne das Metall einseitig erwärmt, muß der Reflektor seine Form behalten.

Das riesige Gerät erschütterungsfrei zu bewegen war erst möglich, als es in mehrmonatiger Arbeit gelang, die Eigenschwingungen beim Schwenken zu beseitigen. Das gleichzeitige Drehen um eine senkrechte und um eine waagerechte Achse, um den Spiegel der scheinbaren Drehung des Himmelsgewölbes folgen zu lassen, ist nur mit Hilfe eines Prozeßrechners möglich, der das Gerät nach mathematischen Programmen steuert. Die ganze Stahlkonstruktion dreht sich auf einem Schienenkranz von 65 Metern Durchmesser: die vier Eckpfeiler des Grundrahmens stehen auf Fahrwerken, die von Elektromotoren angetrieben werden. Eine Drehung um 360 Grad kann in 9 Minuten ausgeführt werden. Zugleich ist die Antennenschale um 90 Grad zu kippen; das kann innerhalb von 4,5 Minuten geschehen. Hierzu dient ein gewaltiger halbrunder Zahnradkranz, der gleichfalls von Elektromotoren bewegt wird. Das Gerät ist begehbar: ein senkrechter Aufzug führt zu einer Plattform in der 50 Meter hohen Drehachse des Spiegels. Von dort gelangen die Wissenschaftler über eine schmale Brücke bis zu den Empfangsapparaturen am Quergestänge im Brennpunkt des Parabolspiegels.

Von einer zentralen Warte aus, in deren Blickfeld das Teleskop liegt, sind alle Funktionen der Anlage, die zum Drehen und Schwenken gehören, automatisch oder von Hand steuerbar. In dieser Warte befindet sich auch der Empfängerraum mit seinen Datenverarbeitungsanlagen. Die Aufzeichnungen von Kurven und Diagrammen, die vom Computer gelieferten Zahlenwerte, dienen als Grundlage für die wissenschaftliche Erschließung des Universums. Die hohe Empfangsstärke des Effelsberger Teleskops wird auch für die Raumfahrt genutzt. So werden hier die Signale der beiden deutschen Raumsonden »Helios« empfangen, die 1974 und 1975 zur Erforschung der Sonne gestartet werden sollen.

Hans Günther

Die Wettervorhersage

*Wirbelsturm über Florida.
Satellitenaufnahme*

Das Wetter wandert mit dem Wind. Das ist eine alte Weisheit, und jeder wendet sie an, wenn er den Himmel betrachtet, um seine eigene persönliche Wetterprognose zu stellen. Leider kann der einfache Wetterbeobachter nicht weiter als bis zum Horizont sehen. Aber es gibt ja den Wetternachrichtendienst. Er gestattet, Kontinente und Ozeane zu überbrücken und alles gleichzeitig zu sehen. Im Griechischen nennt man eine solche Zusammenschau »Synopsis«. Mit Hilfe der synoptischen Wetterkarte kann man beliebig weit sehen. Man erkennt genau, ob sich ein Regengebiet dem Beobachtungsort nähert, ein Sturmzentrum oder eine Aufheiterung. Die Meteorologen in den Wetterämtern, welche die Wetterkarten entwerfen, schätzen auch gleichzeitig die voraussichtliche Weiterverlagerung der wichtigsten Wettererscheinungen. So entsteht die tägliche Wettervorhersage, wie wir sie anhand der »Wetterkarte« sehen.

Leider hat das Wetter einige unangenehme Eigenschaften. Häufig verändern Tiefs ganz unerwartet ihre Zugrichtung; das Wetter kann sich aber auch überraschend auf seiner Bahn selbst verändern. Das kommt daher, daß das Wettergeschehen in der Lufthülle von außerordentlich vielen und verschiedenartigen Faktoren abhängt, die zwar streng dem Prinzip von Ursache und Wirkung unterliegen, aber wegen ihrer komplizierten Wechselwirkungen keine ohne weiteres überschaubare resultierende Gesamtwirkung erkennen lassen – jedenfalls nicht beim heutigen Stande des Wissens und der Technik.

Das uns interessierende Bodenwetter wird ja nicht nur von den sechs »Wetterelementen« (→Kästchen S. 284) bestimmt, sondern auch von der jeweiligen Bodenbeschaffenheit, den Geländeformen, der Vegetation, Bebauung und schließlich auch von den Luftströmungen in den höheren Schichten der Lufthülle, der Troposphäre. Nicht nur die ständig sich ändernde Sonneneinstrahlung, auch die wechselnde Wärmeabgabe an den Weltraum infolge der unterschiedlichen Bewölkung beeinflußt die Großwetterlage.

Um das Wettergeschehen global zu erfassen, gibt es überall auf der Erde Meßstationen, mit Wetterballons werden die Luftzustände bis an die obere Grenzschicht der Troposphäre, ja sogar bis in die Stratosphäre hinein ständig gemessen. Wettersatelliten auf polaren Umlaufbahnen funken die Wolkenformationen der gerade überflogenen Gebiete zu den darunterliegenden Wetterämtern. Die Meßwerte und Beobachtungsergebnisse dieser vielen tausend Stationen werden zu international vereinbarten Zeiten, meist alle drei Stunden, als verschlüsselte Zahlengruppen Wetterdienstzentralen zugeleitet, von wo aus sie über die Fernmeldenetze des Wetterdienstes in alle Welt verbreitet werden. In den regionalen Wetterämtern werden die einlaufenden Wettermeldungen entschlüsselt und in die Wetterkarten eingetragen. Heute werden diese Eintragungen, aber auch die Auszeichnungen der Isobaren (Linien gleichen Luftdrucks), mit Hilfe eines Computers mit angeschlossenem Zeichengerät in kürzester Zeit ausgeführt.

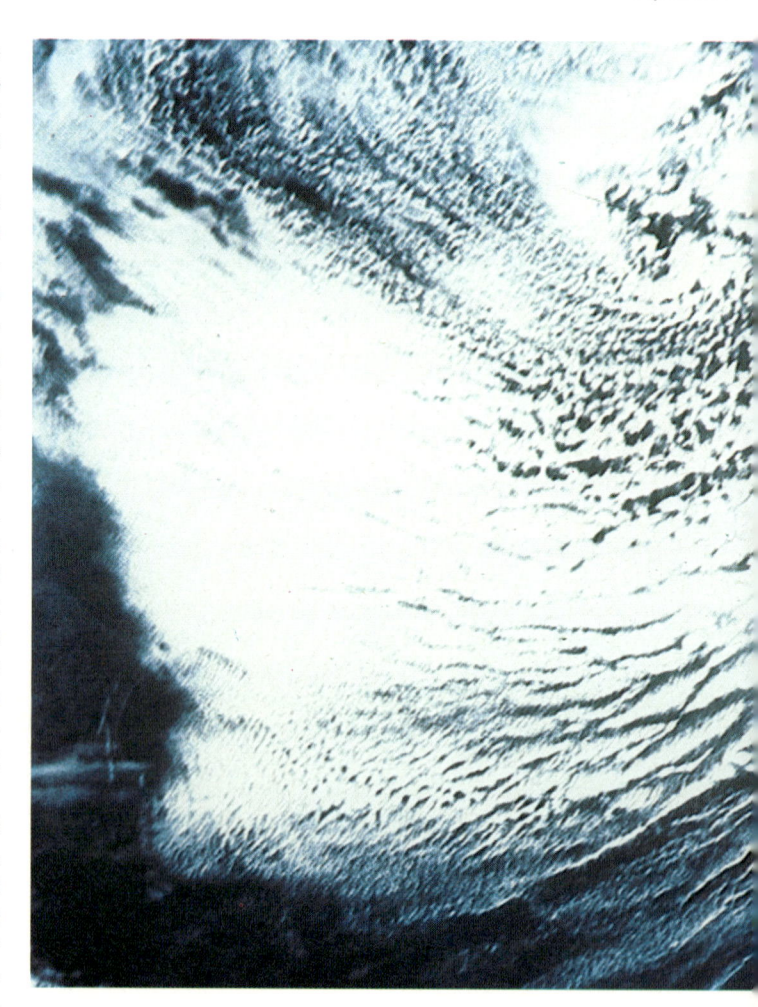

Mit 85 Prozent Sicherheit

Das Problem der Wettervorhersage besteht darin, die Änderungen für den Vorhersagezeitraum in der Wetterkarte zu berücksichtigen, also »Vorhersagekarten« zu konstruieren. Dies geschieht für kürzere Zeiträume durch Extrapolation (das heißt

*Im Wetteramt München.
Eine Wetterkarte wird
gezeichnet.*

Kurz- und langfristige Vorhersagen

durch Schätzung anhand der beobachteten Entwicklungstendenzen) der örtlichen Luftdruckänderungen. Mit Hilfe verschiedener Regeln läßt sich die Verlagerung der Fronten und der mit diesen verbundenen Wettererscheinungen aus der vorherrschenden Luftströmung abschätzen. So entsteht die »Bodenvorhersagewetterkarte« für 24 Stunden.

Große Wetterdienstzentralen bedienen sich dabei der elektronischen Datenverarbeitung. Durch vereinfachte Differentialgleichungen, die mit einem Computer gelöst werden, können der Wirklichkeit nahekommende Modellatmosphären beschrieben werden. Ein Computer vergleicht die Daten eines Lochstreifens mit den Daten eines anderen Lochstreifens, auf dem die Datenwerte des Modells festgehalten sind. Die Maschine rechnet nun schrittweise immer für eine Stunde voraus, wobei die neuen Ergebnisse jedesmal als Ausgangswerte für den nächsten Schritt dienen. Wenn das 24mal hintereinander geschehen ist, schreibt der Computer das Resultat auf einen genormten Wetterkartenvordruck: als Vorhersagekarte für den nächsten Tag. Neuerdings ist es gelungen, die 24stündige Vorhersagekarte trotz vieler Millionen einzelner Rechenschritte in weniger als einer Stunde fertigzustellen. Läßt man die Maschine weiterlaufen, erhält man mittelfristige Prognosen für die Großwetterlage, welche die atmosphärischen Grundvorgänge über einen Zeitraum von drei Tagen ziemlich realistisch voraussagt. Bei längerfristigen Vorhersagen bedient man sich statistischer Methoden, wobei analoge Fälle eine Rolle spielen: eine Großwetterlage ähnlich einer bereits erlebten läßt auch eine entsprechend ähnliche Weiterentwicklung erwarten.

Die Problematik selbst der kurzfristigen Wettervorhersage erklärt sich daraus, daß die zum Vergleich herangezogene Mo-

Die Lufthülle der Erde

Die irdische Atmosphäre ist ein Gasgemisch, das bis in eine Höhe von etwa 100 km im wesentlichen aus 20% Sauerstoff, 80% Stickstoff, 0,9% Argon und 0,03% Kohlendioxyd besteht. Obwohl das CO_2 in der Luft nur in Spuren vorkommt, ist es für die biologischen Prozesse von größter Bedeutung und bildet zusammen mit dem Wasserdampf den Wärmeschutz der Erde. Der atmosphärische Anteil an Wasserdampf, der nur in den unteren Schichten bis etwa 15 km Höhe vorkommt, schwankt örtlich zwischen 0 und 4%. Für das Wettergeschehen spielt er eine wichtige Rolle. Von besonderer Bedeutung ist außerdem das Ozon; es absorbiert den langwelligen Anteil der lebensfeindlichen Ultraviolettstrahlung der Sonne. Seine Oberschicht liegt bei 50 km Höhe.
Die Unterschiede im vertikalen Aufbau der Lufthülle führen zu einer Gliederung in verschiedene »Stockwerke«. Der untere Bereich bis etwa 11 km Höhe wird Troposphäre genannt; in ihr spielen sich alle Wettervorgänge ab. Die Troposphäre wird durch die Tropopause von der darüberliegenden ozonhaltigen, wolkenlosen Stratosphäre getrennt. In 50 km liegt die Stratopause, die Trennungsschicht zur Mesosphäre, die wiederum in 80 km Höhe durch die Mesopause von der Thermosphäre getrennt ist, deren obere Grenze bei 500 km liegt. In der Thermosphäre werden die Gasatome ab 200 km Höhe bis auf 1000°C aufgeheizt, was jedoch wegen der äußerst geringen Dichte der Teilchen in diesen Höhen von Raumflugkörpern nicht »bemerkt« wird. Es folgt die ebenso »warme« Exosphäre, die schließlich in 1000 bis 2000 km Höhe in den interplanetaren Raum übergeht. Ab etwa 120 km Höhe werden die »schweren« Sauerstoff- und Stickstoffatome zunehmend von Helium abgelöst, das zwischen 600 und 1200 km Höhe allmählich in das leichteste aller Gase, den Wasserstoff, übergeht.
Im Hinblick auf den Ionisierungszustand der Luft kann die Atmosphäre auch in eine Neutrosphäre bis 80 km und in eine Ionosphäre bis etwa 1000 km Höhe unterteilt werden. Verschiedene Spektralbereiche der Sonnenstrahlen erzeugen darin mehrere Schichten der Elektronenkonzentration in der Reihenfolge D-, F_1- und F_2-Schicht, die Funkwellen unterschiedlich reflektieren.

dellatmosphäre im einzelnen oft nur ungenau der tatsächlichen Wetterlage entspricht; statt einer mathematisch genauen Rechnung kann man nur eine Näherungsrechnung durchführen, die Beobachtungswerte sind mit Fehlern behaftet, das Netz der Meßpunkte ist noch zu weitmaschig. Alle diese Mängel sind zwar der Art nach, nicht aber in ihrer Größe bekannt, und erst recht nicht bekannt ist, inwieweit sie sich gegenseitig addieren. So wird es selbst für 24 Stunden nie eine hundertprozentige Vorhersage geben. Gegenüber dem Zufallssatz von 50 Prozent erreicht die kurzfristige Wettervorhersage heute immerhin schon eine Richtigkeit von 85 Prozent.

Hans-Werner Prahl

Medien, Markt und Manipulation

Zehn Jahre früher als erwartet schienen die Visionen des Schriftstellers Wirklichkeit geworden zu sein: verborgene Mikrofone registrierten jedes Geräusch, Satelliten fotografierten jeden Quadratzentimeter des Erdbodens, und die Speicher der Computer erfaßten alle erdenklichen Angaben über einen jeden Bürger. Die von George Orwell in seinem Buch »1984« beschriebene Schreckensvision der total kontrollierten Gesellschaft schien bereits in den siebziger Jahren des 20. Jahrhunderts gekommen. Zukunftsforscher sahen eine Informationslawine auf die Menschheit zurollen, Naturwissenschaftler stritten darum, ob die Gegenwartsgesellschaft total informiert oder vielmehr falsch programmiert sei, und Soziologen prägten gar das Schlagwort des technotronen Zeitalters. Der technische Fortschritt war so gewaltig, daß selbst der von Orwell beschriebene Große Bruder, der alle Vorgänge dieser Welt beobachtete, von der Wirklichkeit noch überboten zu werden schien. Der Präsident einer Weltmacht mußte eingestehen, daß er jede Äußerung, ja, selbst jedes Räuspern seiner Gesprächspartner und Staatsgäste heimlich aufgezeichnet hatte. Und die Botschafter am Sitz einer anderen Großmacht wagten nicht einmal in einem total schallgeschützten Bunker ein lautes Wort – in der Furcht, abgehört zu werden.

Doch gar so neu und beängstigend waren diese Methoden nicht. Bereits die griechischen Baumeister konstruierten vor mehr als zwei Jahrtausenden lange Gänge, von deren einem Ende aus selbst leise Gespräche am weit entfernten anderen Ende belauscht werden konnten. Freilich verfügten sie noch nicht über Kommunikationstechniken, mit denen Informationen zwischen winzig kleinen Sendern und Empfängern über weite Strecken übertragen werden konnten. Und diese Techniken waren in der antiken griechischen Gesellschaft auch nicht erforderlich. Denn der Austausch von Nachrichten vollzog sich im Gespräch auf dem Marktplatz (Agora), der auch als Stätte der politischen Willensbildung und der Rechtsprechung diente. Allerdings konnte an diesem Kommunikationsprozeß nur teilhaben, wer über eine Hauswirtschaft (Oikos) verfügte; Frauen, Arme und Sklaven waren davon ausgeschlossen. Über den Bereich des Gemeinwesens (Polis) hinaus wurden die Nachrichten durch Krieger, Seefahrer und laufende Boten übermittelt. Anders als in vielen »primitiven« Gesellschaften, die ihre Nachrichten durch Rauch- oder Trommelzeichen austauschten, blieb in Europa die Kommunikation bis weit ins Mittelalter an die mündliche Übermittlung gebunden.

Kommunikationsnetze

Erst das Aufkommen eines organisierten Fernhandels (Hanse, Fugger etc.) machte ein dichteres Informationsnetz erforderlich. Die Händler und Geldgeber brauchten genauere Informationen über die Preise und Mengen der Güter auf den fernen Märkten; in ihrem Gefolge entwickelten sich die ersten organisierten Nachrichtendienste, die alle wichtigen Handels- und Börseninformationen sammelten und gegen Geld den Interessenten zugänglich machten. An den großen Handelsstraßen lagen daher nicht nur die großen Warenumschlagplätze, sondern auch die bedeutsamen Nachrichtenzentren und Poststellen.

Eine zweite Ursache für das Entstehen eines dichteren Informationsnetzes lag im Aufbau der staatlichen Verwaltung. Die großen Territorialstaaten, die zum Teil über halb Europa hinwegreichten, konnten nicht mehr von einem einzigen Ort aus regiert werden, sondern erforderten zusammenhängende Verwaltungssysteme. Die örtlichen und regionalen Statthalter teilten dem Hof ihre Informationen überwiegend schriftlich mit und erhielten ihre Anweisungen auch zumeist in Schriftform. Am Hofe entstand im Laufe der Zeit eine arbeitsteilige Verwaltung.

Den Untertanen teilte sich der Hof jedoch noch in anderer Form mit: durch Abzeichen, Waffen, Kleidung, Haartracht, Grußformen und einen besonderen Verhaltenskodex, also durch Formen der Repräsentation, zu denen auch Ritterspiele, Feste, Aufmärsche, Bauwerke, Parks und Theater zählten. Diese repräsentative Öffentlichkeit hielt die Untertanen von der politischen Willensbildung fern, die sich ohnehin im Geheimbereich (Arkanum) des Hofes vollzog, und gaukelte ihnen gleichzeitig vor, mit dem Hofe verbunden zu sein. Diese Formen der Kommunikation haben sich bis weit in die Neuzeit erhalten.

Ein drittes großes Kommunikationsnetz befand sich in den Händen der Kirche. Zwischen ihren Klöstern und der römischen Kurie entfaltete sich bereits im Mittelalter ein reger Informationsaustausch, denn die Kirche war erstens als Hüterin des richtigen Glaubens an der besonders genauen Fixierung der orthodoxen Lehre interessiert; sie verfügte zweitens über einen großen Stamm von Schreib- und Lesekundigen, die auch Nachrichten rasch vervielfältigen konnten; und sie war drittens im Besitz von umfangreichem Grundbesitz und einträglichen Klostergütern, die verwaltet werden mußten. Schließlich sorgte die Kirche bis weit in die Neuzeit für die Schul- und Universitätsausbildung und hatte auch dadurch regen Anteil an der Verbreitung schriftlicher Informationen.

Handel, Hof und Kirche, die zwischen dem 12. und 18. Jahrhundert in Europa über die ausgeprägtesten Informationssysteme verfügten, konnten sich bald auf technische und gesellschaftliche Neuerungen stützen, welche die Nachrichtenübermittlung beschleunigten: die 1445 erfundene Druckerpresse ermöglichte es, Nachrichten in größerer Zahl zu drucken; die mit dem Handel einhergehende Erschließung neuer Verkehrswege erlaubte eine breitere Verteilung der Informationen, und das sich langsam ausbreitende Bildungswesen erschloß ein wachsendes Publikum für den Nachrichtenverkehr.

Viel stärker veränderten sich aber die Kommunikationsformen durch die wirtschaftliche Entwicklung. Die Produkte des Fernhandels und des heimischen Kleinhandwerks genügten schon bald den Bedürfnissen des Marktes nicht mehr, vielmehr wurde die Warenproduktion in großem Umfange erforderlich. Aus den handwerklichen Manufakturen entstanden im Laufe der Zeit technisierte Großbetriebe, immer mehr Kapital wurde erforderlich, immer neue Verkehrswege wurden erschlossen und alte Handelsschranken beseitigt, immer zahlreicher strömten billige Arbeitskräfte in die Städte.

Mit diesem Prozeß der Industrialisierung entstand die breite Schicht des Bürgertums, das sich vor allem aus Unternehmern, Kapitalgebern, Spekulanten, kleineren Grundbesitzern, Juristen, Ärzten, Beamten und Professoren zusammensetzte. Dieses Bürgertum nahm die Gedanken der Aufklärung auf und beanspruchte für sich das Recht, an der politischen Willensbildung teilzuhaben, sich eine eigene Meinung zu bilden und ohne staatliche Bevormundung seine Geschäfte zu machen. Es war von Anfang an sehr lesefreudig und stellte das Kernpublikum der aufkommenden Presse und des Buchmarktes dar.

Der Aufstieg der Presse

Die Presse, die im 17. Jahrhundert zunächst auf der Woge von Handelsinteressen entstanden war, nahm ihren enormen Aufschwung mit dem Aufstieg des Bürgertums. Die repräsentative Öffentlichkeit des Hofes, die noch im 17. Jahrhundert vorherrschte, wurde allmählich durch die bürgerliche Öffentlichkeit

Die Massenmedien

verdrängt. Sie drückte sich nicht nur in den immer zahlreicher werdenden Kaffeehäusern, Clubs, Salons und Gesellschaften, sondern vor allem im massenhaften Aufkommen der Druckmedien (Buch, Zeitung, Zeitschrift) aus. Diese fanden neben dem Bürgertum bald auch im Proletariat, das allmählich die Mehrheit der Gesamtbevölkerung ausmachte, ein lesekundiges Publikum.

Die Veränderungen auf der Nachfrageseite liefen parallel mit technischen und wirtschaftlichen Wandlungen auf der Herstellungsseite: die Einführung der Dampf- und später der Rotationspresse verkürzte die Druckzeit gewaltig, später wurde die Herstellung durch die Setzmaschine noch einmal beschleunigt; die Erfindung des Telegrafen und später des Telefons ermöglichte eine rasche Nachrichtenübermittlung über weite Strecken, wodurch die Zeitungen aktueller werden konnten; die Verwendung der Lithografie und später auch der Fotografie bereicherten die Illustration der Druckpresse beträchtlich.

Diese technischen Neuerungen senkten die Herstellungskosten erheblich, so daß die Zeitungen und Zeitschriften in der zweiten Hälfte des 19. Jahrhunderts stark verbilligt und somit auch ärmeren Schichten zugänglich wurden. Hinzu kamen nun auch Erlöse aus der Werbung, die seit dieser Zeit breiten Raum in der Presse einnahm. Das Kommunikationsmittel Presse, das mit der rasch anwachsenden Warenproduktion im Zeitalter der Industrialisierung entstanden war, wurde nun selbst zur Ware.

Zeitungen, Zeitschriften und Bücher wurden seit der Mitte des 19. Jahrhunderts in arbeitsteiligen Großbetrieben mit hohem Kapitaleinsatz ähnlich wie andere Güter massenhaft produziert. Dabei ging und geht es bis heute den Produzenten zunächst um einen

Wandzeitungen sind in der Volksrepublik China ein stets umlagertes Informationsmedium in Städten wie Dörfern.

möglichst großen Gewinn. Daneben aber verlockte die Möglichkeit, eine nach Millionen zählende Leserschaft zu beeinflussen, immer wieder Verleger, handfest an der politischen Meinungsbildung mitzuwirken – wie sich in Deutschland beispielsweise am Hugenberg-Konzern und später am Springer-Verlag gezeigt hat.

Im 20. Jahrhundert sind auf diesem Gebiet die Gefahren noch größer geworden, denn es wurden Film, Hörfunk und Fernsehen erfunden, die ihr Publikum noch wesentlich direkter ansprechen können als die Presse. Der Großdeutsche Rundfunk und der nationalsozialistische Film trieben viele Millionen Menschen in eine geradezu unglaubliche Kriegsbegeisterung und unmenschlichen Rassenfanatismus. Ein anderes Beispiel gigantischer Manipulation lieferte 1938 eine amerikanische Hörfunkgesellschaft, als sie in einem Hörspiel »Die Invasion vom Mars« so realistisch simulierte, daß danach Tausende von Menschen angstvoll und ziellos durch New York rannten.

Wegen dieser beängstigenden Möglichkeiten, aber auch wegen der riesigen Entwicklungskosten wurden diese neuen Medien in einigen Ländern von Anfang verstaatlicht; in anderen Ländern blieben sie dagegen privat oder wurden nur in Teilen dem Staat unterstellt. In allen Fällen aber – ob privat oder staatlich – blieben die neuen Medien nicht frei von wirtschaftlichen und politischen Interessen und Einflüssen.

Denn die Massenmedien stellen nach der Meinung zahlreicher Gesellschaftswissenschaftler eine Schlüsselindustrie des 20. Jahrhunderts dar – ähnlich etwa der Schwerindustrie oder der chemischen Industrie. Und viele Argumente sprechen für diese Ansicht: die Umsatzzahlen für Pressekonzerne, Filmunternehmen, Radio- und Fernsehhersteller, Plattenproduzenten usw. steigen stark an, die Beschäftigungszahlen bei Presse, Funk, Film, Buchhandel, Elektroindustrie usw. nehmen rasch zu, von diesen Branchen hängen zahlreiche andere Wirtschaftszweige (Papier, Druck, Chemie, Post, Verkehr, Elektronik usw.) ab, der Kapitaleinsatz in diesem Bereich und den damit zusammenhängenden Branchen wird immer größer.

Ihre Bedeutung als Schlüsselindustrie erlangt die Massenkommunikation jedoch nicht allein als stark expandierender Wirtschaftszweig samt allen Auswirkungen auf andere Branchen, sondern noch durch zwei andere Funktionen: durch Werbung und durch Meinungsbildung. Sobald die Erzeugung von Gütern und Dienstleistungen über die elementaren Bedürfnisse der Menschen hinausgeht, muß die Nachfrage – so die Logik der Unternehmer – durch Werbung stimuliert und damit der Absatz gesteigert werden.

Seit der Mitte des 19. Jahrhunderts bedient sich daher die Wirtschaft der Massenmedien zur Werbung für ihre Güter. Die Erträge aus der Werbung steigern die Einnahmen der Massenmedien und ermöglichen daher einen niedrigeren Verkaufspreis, wodurch die Massenmedien wiederum breiteren Schichten zugänglich werden. Zugleich hat die Werbung mit Werbeagenturen, Marktforschungsbüros und Public-Relations-Unternehmen ganz neue Wirtschaftszweige geschaffen, deren Bedeutung wächst, solange die Güter durch besondere Verschleißtechniken und oberflächliche Veränderungen immer kurzlebiger produziert werden.

Aber nicht nur der Steigerung des Umsatzes sollen die Massenmedien dienen, auch ihre Einflüsse auf die Meinungsbildung sichern ihnen eine zentrale Bedeutung. Denn es ist hinlänglich bekannt, daß politische Umsturzversuche im 20. Jahrhundert mit der Besetzung von Rundfunksendern und Redaktionsräumen beginnen müssen, um überhaupt gelingen zu können. Und es ist auch bekannt,

149

Medien, Markt und Manipulation

daß in manchen Ländern der Dritten Welt die Regierungen kostenlos Transistorempfänger verteilen, mit denen ausschließlich der einheimische Staatsrundfunk empfangen werden kann. Schließlich beweist auch die Tatsache, daß in der Mehrzahl aller Länder noch immer offizielle Zensurbestimmungen gelten, wie wichtig die Regierenden den meinungsbildenden Einfluß der Massenmedien nehmen. Auch in Ländern, in denen keine offizielle Zensur besteht, sind politische Parteien und Organisationen sowie Unternehmer immer wieder versucht, durch staatliche Aufsichtsgremien, Anzeigen- bzw. Subventionsentzug eine inoffizielle Zensur gegen mißliebige Meinungen einzuführen. Ihnen allen ist die zentrale Bedeutung der »Bewußtseinsindustrie« bekannt.

Immerhin entfallen in der westlichen Welt durchschnittlich auf jeden fünften Haushalt ein Fernsehgerät, auf jeden dritten Haushalt ein Radio und auf jeden zweiten Haushalt gar eine Tageszeitung – und dieser Anteil wird sich in den kommenden Jahren noch beträchtlich erhöhen. Denn auch die Länder der Dritten Welt haben fast alle eigene Fernseh- und Hörfunknetze installiert, die selbst in den entlegenen Buschdörfern noch empfangen werden können. Diese Medien erreichen im Gegensatz zu den Zeitungen und Büchern auch den immer noch großen Anteil der Analphabeten. Und in den stärker industrialisierten Gebieten der Welt nimmt die Zeit zu, in der sich die Menschen mit den Medien beschäftigen.

Sechs Stunden Fernsehen täglich

In den USA verbringen die Menschen täglich im Durchschnitt bereits 5 bis 6 Stunden vor dem Fernsehschirm, in der Bundesrepublik Deutschland sind es immerhin rund drei Stunden; hinzu kommen jeweils noch ein bis zwei Stunden für Radiohören und Zeitunglesen. Da wegen der weiteren Verminderung der Arbeitszeit die freie Zeit noch zunimmt, wird in den nächsten Jahren auch die Zeit für den Fernseh-, Radio- und Zeitungskonsum noch wachsen. Für viele Menschen ist das Fernsehen inzwischen schon zur einzigen Freizeitbeschäftigung geworden. Und die Möglichkeiten der Massenmedien werden durch weitere technische Neuerungen noch beständig wachsen: die Zeitungen werden möglicherweise eines Tages über Direktleitungen in jedes Haus geliefert und dort ausgedruckt oder als Bildplatten auf dem Fernsehgerät reproduziert; Hörfunkprogramme können beliebig gespeichert und reproduziert werden; auch das Fernsehprogramm wird mittels Kassetten oder Bändern aufgezeichnet und kann sogar selbst hergestellt werden; durch Kabelfernsehen können regionale und private Programme unabhängig von den großen Sendern empfangen werden; durch die Ausnutzung neuer Techniken können schon bald mehrere Dutzend Fernsehprogramme empfangen werden; mit Hilfe der Satelliten wird es möglich sein, überall in der Welt das gleiche Fernsehprogramm zu empfangen usw.

Die Auswirkungen dieser Möglichkeiten, die schon in naher Zukunft realisierbar sein werden, sind kaum abzusehen. Jedoch werden sie die Kommunikationsformen und Informationsmöglichkeiten weiter verändern. Sie werden ein Vielfaches an Informationen gegenüber dem gegenwärtigen Zustand anbieten. Sie werden aber gleichzeitig weiter zum passiven Konsum der Medien verleiten und damit die einseitige Beziehung zwischen Sender und Empfänger beibehalten – obwohl das Gegenteil schon heute denkbar ist. Allerdings werden die Menschen dadurch noch nicht zu willfährigen Marionetten der Massenmedien, denn die Wissenschaften haben gezeigt, daß die Menschen in ihren Meinungen und Handlungen noch von vielen anderen Faktoren (Erziehung, Familie, Gruppe usw.) abhängig sind. Die totale Manipulation wird wohl auch in Zukunft ausbleiben.

Durch den Einsatz immer aufwendigerer Techniken und durch steigende Personal-, Produktions- und Verwaltungskosten wird das Radio- und Fernsehsenden, Zeitungs-

Die Schrift, deren frühe Form die Hieroglyphen sind, steht am Beginn aller Nachrichten- und Speichertechnik. Ohne Schrift konnte keine Kultur den Bestand ihrer Geisteswelt sichern. Das Foto zeigt eine altorientalische Stele, eine Art vorgeschichtlicher Litfaßsäule. Auch Hammurabi verkündete seine Gesetze mittels solcher Stelen.

Zeitung anno 1648

Am Beginn der Zeitungsgeschichte standen solche Holzschnitt-Drucke; die einzelnen Abzüge wurden als fliegende Blätter verkauft und weiterverbreitet. Besonders schöne, kolorierte Blätter wurden auch auf Jahrmärkten gehandelt. Das nebenstehende Blatt aus dem Jahre 1648 mag ein solches »Souvenir« gewesen sein. Es zeigt auf prächtigem Roß und in fürstlicher Gewandung einen Postreiter, der die Freudenbotschaft vom Westfälischen Frieden, dem Ende des Dreißigjährigen Krieges, verbreitet. Schrecken und Verwüstung des Krieges sind im Hintergrund noch zu sehen. Der Text ist ein dem Postreiter in den Mund gelegtes Dankgebet, in dem der Friedensschluß politisch kommentiert wird.

und Filmemachen immer teurer. Daher muß immer mehr Kapital investiert werden. Dies hat in allen Bereichen der Massenmedien zur Konzentration der Betriebseinheiten geführt. Die Zahl der selbständigen Zeitungs- und Zeitschriftenredaktionen ist in den vergangenen Jahrzehnten beständig gesunken. Auch in der Filmbranche lassen sich ähnliche Entwicklungen feststellen. Die elektronischen Medien – wie Fernsehen und Radio – sind, soweit sie nicht wie in der Bundesrepublik verstaatlicht sind, in der Hand weniger Großunternehmen.

Zwischen den unterschiedlichen Medien kommt es in den letzten Jahren immer stärker zu Unternehmenszusammenschlüssen. Große Multi-Media-Konzerne umfassen schon heute Buch- und Zeitungsverlage, Vertriebs- und Werbeorganisationen, Film- und Fernsehstudios, Marktforschungsunternehmen und Buchläden, Schallplattenproduzenten, Druckereien usw. In einigen Gebieten beherrschen derartige Konzerne den Massenmedien-Markt fast völlig, in anderen Gebieten haben sie den Markt mit ihren Konkurrenten aufgeteilt. Jedoch ist es nicht allein die Marktbeherrschung, die Kritiker veranlaßt hat, vor den Gefahren der Multi-Media-Konzerne zu warnen. Vielmehr ist ihr Einfluß auf die Meinungsbildung und damit auch auf die Politik bemerkenswert. Denn ein solcher Konzern mit allen seinen Medien wird in der öffentlichen Diskussion nie überhört werden können.

Politik mit Massenmedien

Diese Gefahr ist vor allem durch den Wandel der politischen Kommunikation bedingt. Während sich bis zum 18. Jahrhundert die Politik vor allem im Arkanum des Hofes und in den Parlamenten abspielte, war sie im 19. Jahrhundert wesentlich durch Honoratiorenparteien und politische Versammlungen geprägt. Im 20. Jahrhundert jedoch wurde in der politischen Meinungsbildung die unmittelbare Begegnung immer mehr durch die technisch vermittelte Kommunikation verdrängt. Neben die politische Massenversammlung trat als viel wirksameres Mittel die Rundfunk- und Fernsehansprache. Aus technisch bescheidenen und publizistisch beschränkten

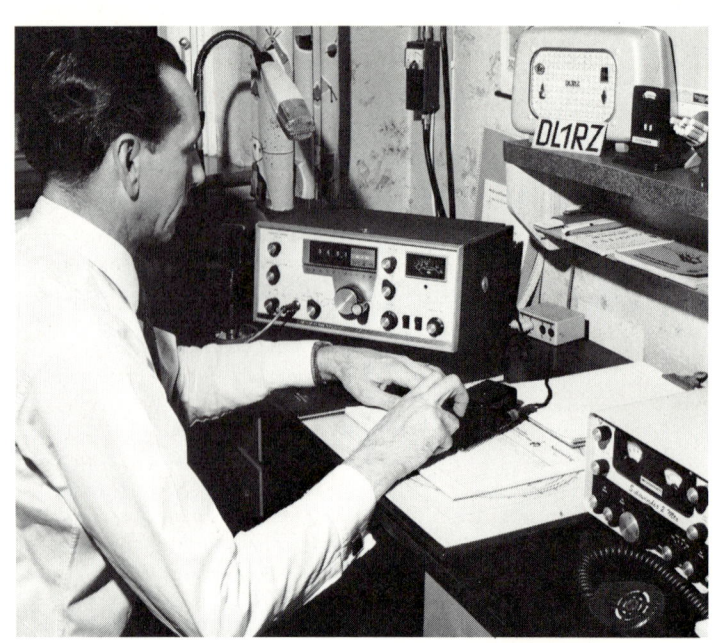

Funkamateur an seinen Geräten

Alltagskommunikation: die Nachbarinnen, der Postbote

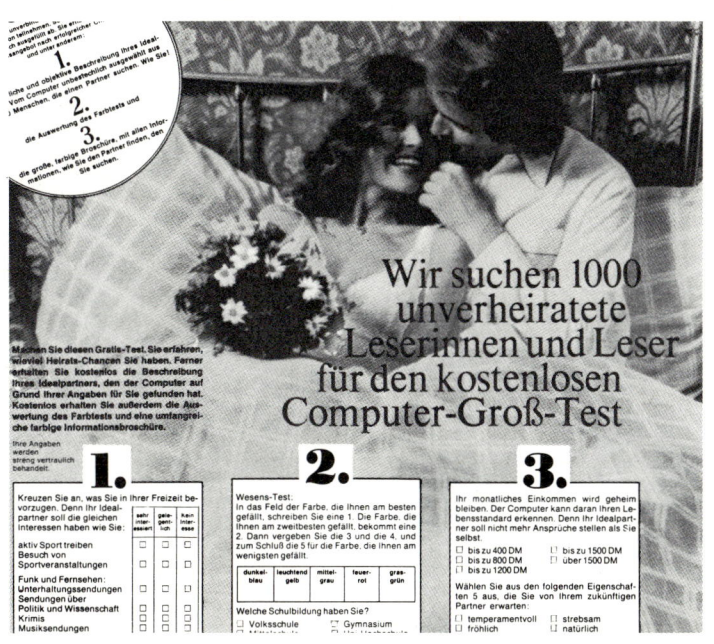

Links: Moderne Fernsehtelefon Anlage

Partnersuche mit Inserat und Computer-Test

Von Mensch zu Mensch

Kommunikation – die sprachliche und gefühlsmäßige Brücke von Mensch zu Mensch – hat in unserem Jahrhundert durch die Technik der Nachrichtenübermittlung einen Grad von Unmittelbarkeit erreicht, der die Begegnung von Mensch zu Mensch technisch so problemlos gestaltet, als lebte man Tür an Tür. Der Funkamateur beteiligt sich an Gesprächen jenseits des Atlantiks, Luftpostbriefe und Telegramme durcheilen Kontinente, das Fernsehtelefon liefert bald zum Gespräch auch das Bild des Partners.

Und wer den Partner fürs Leben noch sucht, vertraut seine Wünsche und Hoffnungen einem Computer oder einer Zeitschrift mit Millionenauflage an.

Für uns sind diese Nachrichtentransportmittel oder »Medien« eine Selbstverständlichkeit – im Gegensatz zu den Menschen früherer Jahrhunderte, für die die Übermittlung von Botschaften ein Privileg jener Reichen und Mächtigen war, die sich eigene Boten oder gar Nachrichtensysteme leisten konnten.

Erasmus von Rotterdam, einer der größten Gelehrten des 16. Jahrhunderts, gab beispielsweise für seine umfangreiche Korrespondenz mit anderen europäischen Gelehrten jährlich sechzig Goldgulden aus – ein Betrag, der etwa 6000 Goldmark der Zeit um 1900 entspricht.

153

Medien, Markt und Manipulation

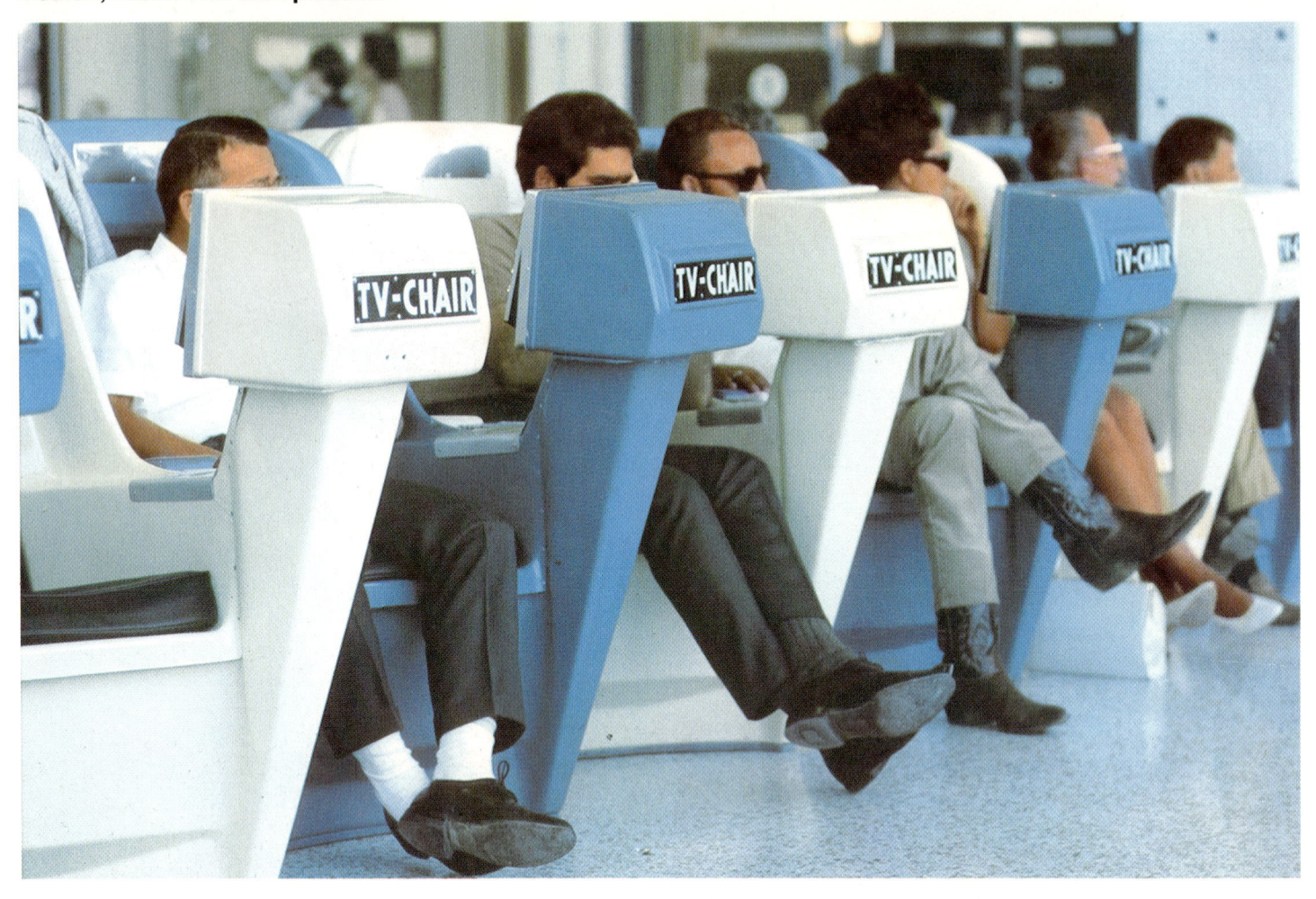

Anfängen entwickelte sich das Radio von der Mitte der zwanziger Jahre an zu einem immer effektiveren Instrument der öffentlichen Meinungsbildung. Die Wirksamkeit dieser neuen Medien erwies sich auch später in den Rundfunkreden der nationalsozialistischen Machthaber oder in den Fernsehansprachen der amerikanischen Präsidentschaftskandidaten. Viel nachhaltiger als je zuvor können heute viele Millionen Menschen durch die neuen Medien beeinflußt werden. Denn Radio und Fernsehen reichen bis in den letzten Winkel des Landes und können zudem noch durch Begleitmusik oder Beleuchtungseffekte die Wirkung des Redners verstärken, indem sie unterschwellige Reize hervorrufen.

Mit dem Einsatz von Massenmedien, die bis in den letzten Winkel eines Landes reichen und damit fast allen Menschen zur Verfügung stehen, hat sich aber die Politik gründlich verändert. Denn erstens ist es möglich geworden, alle Bürger eines Landes rasch und umfangreich über politische Probleme und Entscheidungen zu informieren. Im Gegensatz zu den vergangenen Jahrhunderten, in denen sich die Information und Kommunikation immer nur auf eine kleine Gruppe beschränkte, ist die politische Information nun einem Massenpublikum zugänglich geworden.

Damit steigt aber zweitens auch das politische Niveau breiter Bevölkerungsschichten, denn eine politisch uninformierte Bevölkerung kann von der Politik ferngehalten werden, eine informierte dagegen nicht. Jedenfalls haben sich in den letzten einhundert Jahren, in denen eben auch die Massenmedien entstanden sind, alle Gesellschaften genötigt gesehen, nach neuen Formen der politischen Kommunikation und Mitwirkung zu suchen. Diese Suche hat in der Welt Parlaments- und Parteiensysteme ebenso gezeitigt wie Rätesysteme, Zentralverwaltungsstaaten oder Entwicklungsdiktaturen. In allen Fällen ging es darum, das mit dem Aufkommen von Massenmedien enorm gestiegene politische Interesse breiter Bevölkerungsschichten in neuen Organisationsformen zu kanalisieren.

Drittens ist mit dem Aufkommen der Massenmedien die Möglichkeit entstanden, eine nach vielen Millionen zählende Bevölkerung gewaltlos politisch zu beeinflussen. Während in früheren Jahrhunderten die Beeinflussung großer Menschenmengen selten ohne Drohung oder Zwang – etwa durch Polizei und Militär oder durch wirtschaftliche Abhängigkeit oder durch Gesinnungsstrafen – vor sich ging, so ist in den meisten hochentwickelten Gesellschaften des 20. Jahrhunderts der direkte Zwang überflüssig geworden. Die indirekte Beeinflussung durch geschickte Auswahl und Darstellung von Informationen und die damit verbundene Beeinflussung von Gefühlen und Meinungen hat sich als viel wirkungsvoller erwiesen. Die »Manipulation des Bewußtseins«, vor der die Gesellschaftskritiker warnen, kann auf unmittelbaren Zwang verzichten.

Mit der Beeinflussung großer Menschenmengen ist viertens aber auch die rasche Mobilisierung der Bevölkerung möglich geworden. Innerhalb kurzer Zeit können Millionen durch Radio- und Fernsehappelle angesprochen und zu Massendemonstrationen, Versammlungen und Kampfmaßnahmen mobilisiert werden. Dadurch werden breite Bevölkerungsschichten, obwohl ihr politisches Niveau gestiegen ist, wieder zum Objekt politischer Interessen.

Die staatlich kontrollierten Medien

Diese grundlegenden Wandlungen der Politik seit dem Aufkommen der Massenmedien haben je nach dem gesellschaftlichen, wirtschaftlichen und technischen Entwicklungsstand eines Landes verschiedene Ausprägungen gefunden. Eines der ersten Systeme, das alle Massenmedien konsequent in seinen Dienst stellte, war das nationalsozialistische Regime. Radio, Presse, Film und Literatur wurden staatlich kontrolliert und inhaltlich durch Reichspressechef und Propagandaministerium gesteuert. Die Inhalte wurden weitgehend in der Regierungszentrale festgelegt und den jeweiligen politischen Erfordernissen angepaßt. Vor allem die technisch fortgeschrittensten Medien, nämlich Radio und Film (das Fernsehen befand sich noch im Experimentierstadium), dienten der massenhaften Agitation und Steuerung der Bevölkerung.

Die Rundfunkreden von Goebbels und Hitler gelten noch heute als beängstigende

Fernsehen, Radio und Film

Ob Informationsbedürfnis oder unkritischer Konsum – das Fernsehen ist aus unserem Leben nicht mehr fortzudenken. Links: Fernseh-Sitze in der Wartehalle eines amerikanischen Flughafens.

Der Buchbestand allein in den deutschen öffentlichen Bibliotheken wird heute auf etwa 75 Millionen Bände geschätzt. Ausleihe und Verwaltung erfordern technische Hilfsmittel und sind in Teilbereichen bereits automatisiert.

Beispiele für die Massensuggestion, welche die neuen Massenmedien eröffnet haben. Allerdings mußten die nationalsozialistischen Machthaber immer um die Wirkung ihrer Medien fürchten, solange Gegeninformationen noch zugänglich waren. Daher wurde das Abhören ausländischer Rundfunksender eben mit der schwerstmöglichen Strafe, nämlich mit der Todesstrafe, bedroht.

Das System der Massenbeeinflussung und -steuerung konnte nur funktionieren, wenn äußere Störungen unterblieben. Doch wollte sich das nationalsozialistische Regime nicht ausschließlich auf die technisch fortgeschrittensten Medien stützen, denn die herkömmlichen Medien – wie Presse, Literatur, Plakat, Flugblatt usw. – versprachen zusätzliche Wirkung. Noch wirksamer jedoch erwiesen sich Massenversammlungen, da in der Masse die Kontrolle der Bürger besonders einfach war. Erst aus der Kombination aller dieser Kommunikationsmittel und der gleichzeitigen Verhinderung von Gegeninformationen wird verständlich, warum viele Millionen Menschen zu bedingungslosen Anhängern des nationalsozialistischen Systems wurden.

Mit anderen gesellschaftlichen Zielen, aber gleichen Methoden nahmen die sozialistischen Revolutionen in Rußland und China die Apparatur der Massenmedien in ihre Dienste. Jedoch konnten sie sich dabei nicht auf hochentwickelte technische und wirtschaftliche Systeme stützen. Zum Zeitpunkt der russischen Revolution waren Radio und Fernsehen noch nicht verbreitet, und auch der Film war über erste Gehversuche noch nicht hinausgekommen. Daher mußte sich das neue Regime zunächst vorwiegend auf die herkömmlichen Medien wie Presse und Buch, Plakat und Flugblatt stützen. Die »klassischen Texte« von Marx, Engels, Lenin und Stalin dienten in Millionenauflagen der Aufklärung und Agitation. Da diese Medien eine lesekundige Bevölkerung voraussetzen, in Rußland zu jener Zeit aber nur ein Teil der Bevölkerung lesen konnte, gewann die direkte Kommunikation an Bedeutung. Versammlungen, Diskussionszirkel, Schulungsveranstaltungen usw. dienten der Aufklärung und Mobilisierung breiter Bevölkerungsschichten. Hierbei spielten die technischen Kommunikationsmittel nur eine unterstützende Rolle.

Erst viele Jahre später, in den dreißiger bzw. (in China) fünfziger Jahren, kamen auch Hörfunk, Fernsehen und Film voll zum Einsatz, doch blieben die Formen der direkten Kommunikation auch weiterhin wirksam. Und dies war auch folgerichtig. Denn nach dem selbstgewählten Anspruch des Regimes sollten die Bürger nicht nur passive Objekte der Politik, sondern auch bewußt handelnde politische Subjekte sein. Dazu war es erforderlich, unmittelbar an der politischen Kommunikation beteiligt zu sein, und dies konnte nicht über gelegentliche Wahlen erfolgen, sondern setzte schon auf der unteren Ebene starke Mitwirkungsmöglichkeiten voraus. Dies wiederum machte in den entsprechenden Gremien eine direkte Kommunikation erforderlich.

Doch wurde dieser demokratische Anspruch immer wieder dadurch pervertiert, daß die politische Führung die Massenmedien zur bloßen Steuerung und Manipulation der Massen einsetzte – und nicht zur Aufklärung und Meinungsbildung. Die Massenmedien dienten so zur Erhaltung der Macht einer kleinen politischen Gruppe.

Um eine derartige Erstarrung der Macht und Pervertierung der Grundidee zu bekämpfen, wurde in China, wo die zweite erfolgreiche sozialistische Revolution stattgefunden hatte, mit Hilfe der Massenmedien die Bevölkerung mobilisiert. Zum Teil mit sehr einfachen Kommunikationstechniken – etwa mit Wandzeitungen und Transparenten – wurden viele Millionen Menschen in der sogenannten Kulturrevolution angesprochen und aktiviert. In diesem Kampf gegen die Erstarrung der Macht wurden aber auch sehr moderne Medien – etwa Fernsehen, Radio und Film – eingesetzt, wodurch die massenhafte Mobilisierung beschleunigt wurde. Die Massenmedien dienten hier also nicht so sehr der Steuerung, Agitation oder Aufklärung, sondern vor allem der massenhaften Mobilisierung.

Medien im Wahlkampf

In Ländern, die durch parlamentarische Demokratien regiert werden, haben sich andere Formen der politischen Kommunikation herausgebildet. Hier ist der Bürger wesentlich

155

»Live« auf dem Bildschirm: das Attentat (oben)

Rivalen um die Präsidentschaft: Fernsehdebatte zwischen Nixon und Kennedy.

Nachrichten

Keine Nachrichten ohne Technik. Erst die Übermittlung macht aus dem Ereignis eine Nachricht. Und während Ereignisse schwer zu kontrollieren sind, sind Nachrichten lenkbar. Politiker aller Zeiten haben daher stets ihr besonderes Augenmerk auf die Nachrichtenmedien gerichtet. Mit der raschen Zunahme der in privatem Besitz befindlichen Empfangsgeräte (Volksempfänger) wuchs der Einfluß des Rundfunks in den dreißiger Jahren erheblich. Aber erst das Fernsehen, in den 40er Jahren in den USA zur Reife gebracht, suggeriert nicht nur dem einzelnen scheinbar unmittelbare Teilnahme am Zeitgeschehen (wie etwa bei dem Attentat auf den Kennedy-Mörder Lee Harvey Oswald am 24. 11. 1963; oben) – es hat auch den Politikern bislang ungeahnte und willkommene Möglichkeiten der Selbstdarstellung eröffnet. (Links: General de Gaulle bei einer Fernsehansprache, 1965.)

Prominenz im Scheinwerferlicht: CDU-Parteitag (oben) und Kameraleute des Fernsehens (unten). Anonymität im Studio: Rundfunksprecherin

Moderne Berichterstattung fordert persönlichen Einsatz

durch Wahlen an der politischen Entscheidung beteiligt; allerdings finden die Wahlen nur in mehrjährigem Abstand statt. Daher ist die politische Kommunikation überwiegend einseitig: der Bürger wird zum Adressaten von politischen Interessen, seine eigenen Interessen kann er fast nur gelegentlich der Wahl ausdrücken. Der Bürger bleibt Konsument für die Informationen, die ihm Politiker durch die Massenmedien zukommen lassen. Nur vor der Wahl wird die Einseitigkeit der Kommunikation ein wenig aufgehoben. Dann wird der Bürger von Meinungsforschern befragt, von Politikern zu Hause besucht oder zu Wahlversammlungen eingeladen.

Vor allem die Meinungsforschung, die in der Regel etwa 2000 nach bevölkerungsstatistischen Merkmalen ausgewählte Personen befragt und deren Antworten als repräsentativ für die Gesamtbevölkerung angibt, ist zu einem wichtigen Kommunikationsmittel in parlamentarischen Demokratien geworden. Denn ihre Ergebnisse treffen – mit gewissen Abweichungen – das voraussichtliche Wahlergebnis. Im Kampf um die Wählerstimmen werden diese Ergebnisse in eine Gesamtstrategie eingebaut, die über alle modernen Kommunikationstechniken – vom Hausbesuch bis zur Fernsehansprache, vom Zeitungsinserat bis zur Sportveranstaltung – verfügt. Die politische Willensbildung wird perfekt organisiert, die politischen Parteien werden wie Waschmittel angepriesen. Für die Durchsetzung seiner Interessen bleibt dem Bürger nur die Wahl zwischen wenigen Parteien, die wie Markenartikel verpackt sind. Ist die Stimmabgabe erfolgt, wird er wieder zum Objekt der politischen Kommunikation, seine Interessen kann er dann bestenfalls noch durch eine Mitgliedschaft in Parteien oder Bürgerinitiativen kundtun. Freilich wäre schon jetzt von den technischen Möglichkeiten her eine häufigere Kommunikation zwischen Wählern und Politikern möglich.

Auch zwischen den Staaten hat sich das Verhältnis mit dem Aufkommen neuer Kommunikationstechniken verändert. Bedeuteten im 19. Jahrhundert die Erfindung des Telegrafen und des Telefons eine tiefgreifende Veränderung des zwischenstaatlichen Verkehrs, so sind diese Mittel heute durch Satellitenfunk, Überseekabel und Düsenflugzeug längst überholt. Radarsysteme melden jede militärische Bedrohung in Sekundenbruchteilen und programmieren sofort automatische Abwehr- oder Angriffswaffen. Satelliten verfolgen alle äußerlichen Veränderungen in weit entfernten Ländern, und Raketen umfliegen in wenigen Minuten den gesamten Erdball. Dadurch werden viele der bisherigen militärischen Ausrüstungsgegenstände zu Museumsstücken. Die internationale Politik hängt damit aber fast völlig von der Schnelligkeit ihrer Informationssysteme ab. Schon geringfügige Pannen können atomare Katastro-

Entwicklung auf Staatskosten

phen auslösen. Das berühmte rote Telefon, das Washington und Moskau verbindet, ist nur die sichtbare Spitze eines ausgeklügelten internationalen Kommunikationssystems. Das diplomatische Zeremoniell, das immer noch einen Teil der zwischenstaatlichen Kommunikation ausmacht, nimmt sich daneben geradezu anachronistisch aus.

Die Computer-Verwaltung

Mit der ständigen Ausweitung der Bürokratie, die in allen hochentwickelten Ländern zu beobachten ist, sind auch die Kommunikationsnetze innerhalb der Verwaltung und nach außen hin dichter und komplizierter geworden. Immer größere Informationsmengen müssen innerhalb kurzer Zeit bewältigt werden. Ein großer Teil der Verwaltung ist mit hochmodernen Kommunikationsmitteln ausgerüstet. Telefone, Fernschreiber, Kopier- und Druckmaschinen, Rohrpostanlagen, Rechenmaschinen und Computer gehören zur Ausstattung vieler Behörden. Und der einfache Bürger kommt spätestens durch die computergedruckten Bescheide des Finanzamtes mit diesen neuen Techniken in Berührung. Er muß nicht mehr in langen Schlangen auf dem Amt auf seine Abfertigung warten, sondern bekommt die entsprechenden Bescheide mit der Post ins Haus geliefert.

Der unmittelbare Kontakt zur Verwaltung geht so fast völlig verloren. Aber der Einzelne muß befürchten, daß die fast anonyme Behörde ihn doch viel schärfer als früher im Auge hat. In zentralen Datenbanken sind viele wichtige Daten über seine Person gespeichert, jedes Vergehen im Straßenverkehr wird jahrelang in den Akten geführt, jede Hotelübernachtung wird peinlich genau registriert, und auch dem Finanzamt kann er unversteuerte Nebeneinnahmen kaum vorenthalten. Die Maschen der hochtechnisierten Bürokratie werden immer enger.

In den Amtsstuben verändert sich so manches. Die einstmals strenge Hierarchie der Verwaltung löst sich teilweise auf. Denn die hochempfindlichen Apparaturen, derer sich die Verwaltung bedient, können nur von Spezialisten bedient werden. Bei ihnen laufen die Kanäle der Kommunikation zusammen. Damit bilden sich Nebenzentren der Macht, die direkten Linien zwischen Vorgesetzten und Untergebenen machen Umwege, das Verhältnis von Anordnung und Befolgung wird unscharf. Die Spezialisten, welche die moderne Kommunikationsapparatur bedienen, bestimmen das Tempo der Verwaltung.

Aber nicht nur in der Verwaltung bestimmen neue Kommunikationstechniken das Feld. Das Verkehrswesen hat bereits hochmoderne Techniken im Einsatz, die den Straßen-, Schienen- und Luftverkehr nahezu lückenlos überwachen und fast automatisch steuern können. Diese Techniken sind dringend erforderlich, damit der immer dichter werdende Verkehr in den Ballungsgebieten nicht völlig zum Erliegen kommt. Ein Großstadtverkehr, der ohne Ampeln geregelt wird, ist ebenso wenig vorstellbar wie Luftverkehr ohne Funk und Radar. Auch in anderen Bereichen des Staates, etwa in der Post und bei der Verbrechensbekämpfung schreitet die Technisierung der Kommunikation, Steuerung und Kontrolle fort. Damit wächst aber gleichzeitig die Zahl der Spezialisten für diese neuen Techniken. So wird der Staat bis zu einem gewissen Grade von der Technik und den Spezialisten, die die Technik meistern, abhängig. Welche Macht diese Spezialisten haben, zeigt sich gelegentlich, wenn etwa die Fluglotsen oder Fernmeldetechniker ihre Arbeit verlangsamen. Sofort wird ein wesentlicher Teil des Verkehrs und der Kommunikation beeinträchtigt. Die Macht dieser Spezialisten wird sogar noch wachsen, denn ein weiteres Zunehmen der Kommunikationstechniken in Staat und Verwaltung ist unvermeidlich.

In der Wirtschaft hat sich eine neue Schicht von Kommunikations- und Datenverarbeitungsspezialisten herausgebildet. Denn die neuen Kommunikations-, Steuerungs- und Datenverarbeitungstechniken können Verwaltungs- und Produktionstätigkeiten enorm beschleunigen und zudem Personal einsparen. Kopier- und Vervielfältigungsgeräte ersparen lästige Schreibarbeiten, Rohrpostleitungen machen Botengänge überflüssig, Funksprechgeräte dirigieren Spezialisten an ihre jeweiligen Einsatzorte und Produktionsprogramme werden per Telefon- oder Fernschreibleitung zwischen viele hundert Kilometer entfernten Betrieben ausgetauscht. Computer bewältigen in Sekundenbruchteilen Rechenvorgänge, für die Menschen Tage benötigen würden. Steuerungsautomaten bedienen die Maschinen für komplette Fertigungsprogramme, ohne daß ein einziger Mensch anwesend sein müßte.

Die wenigen Experten zur Programmierung und Steuerung dieser Apparaturen verfügen über beträchtliche Macht, denn bei ihnen laufen die wichtigen Informations- und Steuerungskanäle zusammen. Ohne ihr Zutun kann die Produktion nicht beliebig geändert werden, die Betriebsleitung kann ihren Willen nicht gegen diese Spezialisten durchsetzen. Zum anderen sind sie auch nicht einfach auswechselbar, sondern verfügen über erhebliches Fachwissen und eine entsprechende Routine. Daher ist jede Betriebsleitung bestrebt, diese neue Schicht technischer Angestellter durch erweiterte Kompetenzen, Statussymbole und bisweilen auch durch stattliche Einkommen an den Betrieb zu binden. Daher haben sich die tatsächlichen Entscheidungsstrukturen im Betrieb noch nicht verändert, es wird der Betriebsleitung jedoch erschwert, ihre Macht direkt durchzusetzen. Von der »Herrschaft der Technokraten« kann noch lange keine Rede sein.

Auch wenn der Einsatz neuer Kommunikations- und Datenverarbeitungstechniken Verwaltung und Produktion erheblich beschleunigt und rationalisiert haben, so bleiben vorläufig doch noch viele Tätigkeiten übrig, die mit der Hand verrichtet werden müssen. Daher hat sich für den einzelnen Arbeiter bislang wenig geändert, er muß weiterhin seine Arbeitskraft einsetzen. Die neuen Techniken betreffen nur eine kleine Minderheit.

Freilich stehen hinter diesen Techniken Milliardeninvestitionen, die zunächst eben nicht von den einzelnen Betrieben geleistet worden sind. Denn in den meisten Industriestaaten ist es zunächst der Staat, der für militärische und politische Zwecke Milliardensummen in der Erforschung und Entwicklung neuer Kommunikations- und Datenverarbeitungstechniken investiert. So sind beispielsweise die zunächst vor allem für Spionagezwecke entwickelten Satelliten längst zu Relaisstationen für die internationale Handelskommunikation geworden. Untersee- und Überlandleitungen, die zunächst für militärische oder politische Zwecke errichtet wurden, werden auch von großen internationalen Unternehmen mitbenutzt. Die auf Staatskosten entwickelten neuen Fotogeräte für die Raumfahrt werden inzwischen von Privatunternehmen nachgebaut und gewinnbringend verkauft. Dies sind keine Einzelfälle.

Überhaupt sind viele neue Kommunikationstechniken zunächst auf Staatskosten – beispielsweise für Militär und Raumfahrt – erforscht und entwickelt worden, die dann von der Privatwirtschaft gewinnbringend übernommen wurden. Auf diese Weise konnten die enorm hohen Entwicklungskosten für die Unternehmer vermieden und gleich gewinnbringend produziert werden. Dies mag ein Erklärungsfaktor für das rasche Wachstum der elektronischen Industrie sein. Dieser Wirtschaftszweig, der zusammen mit den übrigen Kommunikationstechniken zur Kommunikationsindustrie zusammenwächst, ist in den meisten Industrieländern neben dem Automobilbau und der chemischen Industrie zur dominierenden Branche geworden. Die Kommunikationsindustrie, die Computer und Fernsehapparate, Druckmaschinen und Transistorradios, Überseekabel und Filmkameras produziert, Kopierautomaten und Telefonanlagen, Abhörgeräte und Fernschreiber vermietet, Tageszeitungen und Schallplatten verkauft, dringt tief in jeden Haushalt ebenso wie in jeden Industriebetrieb ein. Sie ist zur Schlüsselindustrie des 20. Jahrhunderts geworden.

Die Informationsexplosion

Die Technisierung bzw. Industrialisierung der Kommunikation dringt über die Massenmedien, den Staat und die Wirtschaft in weitere Bereiche vor. Die bis vor kurzem noch unvermittelte Kommunikation zwischen Schülern und Lehrern wird heute schon durch technische Medien wie Tonband, Fernsehen, Sprachlabor und Lesegerät ergänzt und bald ganz verdrängt. Ein Teil der Lernvorgänge ist schon soweit standardisiert, daß der Lehrer überflüssig wird und der Schüler einer Maschine gegenübersitzt. Mit der Einführung des Kassettenfernsehens und der Fernsehschule sind in den letzten Jahren weitere Schritte zur Technisierung der Schule gemacht worden,

Medien, Markt und Manipulation

weitere Fortschritte zeichnen sich bereits ab. Im Gefolge der Technisierung des Unterrichts hat sich eine eigenständige medienpädagogische Industrie etabliert, die vom Lehrbuch und Tonband-Sprachkurs bis zum Fernseh-Lehrgang und Computerkurs ein reichhaltiges Lehrprogramm anbietet. Damit haben sich die Chancen für einen freien Zugang zur Bildung vergrößert, denn über Tonband-, Fernseh- und Schallplattengeräte verfügt die Mehrheit der Bevölkerung. Allerdings sind diese Chancen sowohl durch das Fehlen allgemeingültiger Prüfungen als auch durch die Gaunereien unseriöser Geschäftemacher gemindert worden.

Doch auch auf dem herkömmlichen Medienmarkt hat sich das Bildungsangebot in den vergangenen Jahren stark erweitert: Taschenbücher und Lexika sind für wenig Geld erhältlich, Bibliotheken offerieren einen großzügigen Leihverkehr und Volkshochschulen oder Akademien bieten ein reichhaltiges Lehrangebot. Allen diesen Bestrebungen gemeinsam ist aber die Suche nach neuen Lehr- und Lernformen. Denn das menschliche Wissen wächst immer rapider, die Zahl der wissenschaftlichen Veröffentlichungen nimmt von Jahr zu Jahr fast explosionsartig zu, in immer kürzeren Spannen verdoppelt sich die Zahl neuer Bücher.

Kein Wissenschafter ist mehr in der Lage, auch nur einen speziellen Bereich seiner Wissenschaft zu überschauen, und sein Wissen wird in wenigen Jahren veraltet sein. Viele Bibliotheken können aus Platzgründen Bücher nicht mehr im Original, sondern nur noch auf Mikrofilm aufbewahren; sie haben es längst aufgegeben, alle Neuerscheinungen zu registrieren, geschweige denn zu erwerben. Die Wissenschaften bemühen sich dieser Informationsexplosion durch Datenbanken beizukommen, doch auch diese können nur einen Bruchteil des Wissens erfassen. Die modernen Speicherungs- und Archivierungstechniken wie Mikrofilm, Tonband, Datenschreiber, Magnetbänder usw., die schon zum üblichen Arbeitsgerät vieler Wissenschaftler geworden sind, können gegen die Informationsflut kaum etwas ausrichten. Doch wirft die Informationsexplosion nicht nur technische, sondern vielmehr auch gesellschaftliche Probleme auf.

Denn die Lernziele müssen grundlegend verändert werden. Reichte es bislang aus, den Menschen mit einem Fundus an Wissen und Denkmethoden auszustatten, der ein Leben lang gültig war, so muß jetzt davon ausgegangen werden, daß ein solcher Fundus bereits in wenigen Jahren hoffnungslos veraltet ist. Daher kommt es inzwischen vielmehr darauf an, statt eines feststehenden, abfragbaren Wissens zu lernen, wie man lernt. Die Kenntnisse werden immer nur für einen mittelfristigen Zeitraum erlernt, nach fünf oder zehn Jahren sind sie veraltet. Daher ist es wichtig, sich Denk- und Lernmethoden anzueignen, durch die man Zugang zu neuem Wissen erlangt. Schon heute fordern viele Pädagogen und Gesellschaftswissenschaftler ein »lebenslanges Lernen«.

Rund eine Million Buchstaben pro Stunde schafft diese elektronische Lichtsatzanlage. Ein Lochstreifen ruft aus Magnetspeichern Impulse ab, die – in Lichtblitze umgesetzt – die geforderten Buchstaben und Satzzeichen zeilenweise geordnet auf einen Film übertragen.

Doch hier taucht ein zweites großes Problem auf: Die neuen Informationen müssen so zugänglich gemacht werden, daß sie von einer möglichst großen Personenzahl aufgenommen werden können. Die komplizierten Informationen müssen so in eine einfache Sprache übersetzt werden, daß sie möglichst wenig an Substanz verlieren und dennoch in kurzer Zeit aufgenommen werden können. Und gerade auf diesem Gebiet können Massenmedien, Schulen und Universitäten ausgesprochen wenig Erfolge vorweisen. Doch sind derartige Erfolge aus zwei Gründen besonders dringlich.

Zum einen wird das Wissen immer spezialisierter und die Spezialisten in Wissenschaft und Gesellschaft können immer weniger kontrolliert werden. Eine Kontrolle dieser Spezialisten ist aber erforderlich, soll nicht die Menschheit von einer kleinen Spezialistengruppe manipuliert werden. Zum anderen aber verfügt nur ein geringer Teil der Welt über so hochentwickelte Wissenssysteme, und es erscheint aus menschlichen, politischen und wirtschaftlichen Gründen dringend geboten, den anderen, größeren Teil der Welt (vor allem in den Entwicklungsländern) an diesen Wissenssystemen zu beteiligen.

Diese Probleme lassen sich jedoch nicht technisch lösen, sondern verlangen politische und gesellschaftliche Lösungen. Die Visionen der Zukunftsforscher, nach denen jeder Haushalt über einen Datenbankanschluß verfügen wird und jedermann Zugang zu weltumspannenden Satellitenprogrammen und Mikrofilmbibliotheken haben soll, sind vorläufig ganz sicher keine Lösungen. Denn für den größten Teil der Menschheit werden auch in den kommenden Jahrzehnten viel einfachere Kommunikationsmittel wie das Telefon und das Fernsehen zu den großen Neuheiten zählen.

In den hochindustrialisierten Ländern, in denen derartige Kommunikationsmittel schon zum Alltäglichen gehören, wird es darum gehen müssen, mit diesen Techniken eine größtmögliche Wissensverbreitung zu erzielen. Dies erfordert aber erhebliche Veränderungen des Bildungswesens, das zukünftig allen Altersgruppen – nicht bloß den Jugendlichen – zugänglich sein muß. Außerdem müssen für die Wissensvermittlung neue Kommunikationsformen gefunden werden, die den Zugang zum Wissen demokratischer gestalten. Freilich kann dies nicht geschehen, indem die Wissensvermittlung bloß den Marktgesetzen überlassen bleibt, wodurch der Bildungsboom zum reinen Geschäft wird. Auch kann dies nicht ausschließlich dem ständig knappen Staatshaushalt angelastet werden, der nur die Lücken füllt, die bei der raschen Fortentwicklung von Technik und Gesellschaft entstehen. Vielmehr sind die Ansätze zu einer möglichst breiten Wissensvermittlung, wie sie beispielsweise in Skandinavien oder Osteuropa vorhanden sind, auch in Westeuropa fortzuentwickeln. Dazu ist es erforderlich, die Bildungsbereitschaft breiter Bevölkerungsschichten durch gezielte Anreize zu erhöhen und das Bildungsangebot zu erweitern. Patentrezepte können dafür kaum geliefert werden, jedoch müssen wenigstens die Ansätze einer »informierten Gesellschaft« genutzt werden.

Manipulation oder Information?

Die neuen Kommunikationstechniken haben dem Einzelnen aber nicht nur eine Informationsflut beschert, sondern haben seinen Lebensrhythmus und seine Erfahrungen verändert. Die Massenmedien berichten aus allen Orten der Welt und ihr Konsument erhält einen Eindruck von fernen Ländern, die seine Großeltern noch in mühseligen Weltreisen besuchen mußten. So wird der Fernsehzuschauer beispielsweise Zeuge eines Attentats auf einen fremdländischen Staatspräsidenten, das zur gleichen Sekunde irgendwo in der Welt passiert, während die Kunde vom Attentat in Sarajewo, das den Ersten Weltkrieg auslöste, noch mehrere Wochen benötigte, bis sie in aller Welt bekannt war.

Durch Rundfunk, Fernsehen und Presse erhält der einzelne Kenntnis von allen wichtigen Ereignissen auf der Welt. Er muß sich jedoch dabei immer auf die Redakteure und Kameraleute verlassen, die ihm einreden, daß eben dieses Ereignis in der entsprechenden Darstellung wichtig und auch so geschehen sei. So glaubt er zwar, informiert zu sein, und kennt doch nur jenen schmalen Ausschnitt aus der Wirklichkeit, den ihm die Berichterstatter vorsetzen. Unter dem Eindruck der Informiertheit bleibt er anfällig für Manipulationen. Und die Zeit, die er mit den Massenmedien verbringt, wird noch anwachsen, da die arbeitsfreie Zeit weiter zunimmt.

Zur Nutzung der Medien stellt die Industrie immer neue Einrichtungen zur Verfügung: Radio- und Fernsehsendungen können auf Tonband oder Videorecorder gespeichert und zu jeder beliebigen Zeit abgespielt werden, mit Schallplatten lassen sich eigene Musikprogramme zusammenstellen und mit Filmkamera und Tonband kann dem kommerziellen Kino im trauten Heim Konkurrenz gemacht werden. Dadurch nehmen die Kommunikationsmittel in der arbeitsfreien Zeit eine immer bedeutsamere Rolle ein, sie werden für den Einzelnen immer wichtiger. Sie geben ihm aber auch das Gefühl, nicht einseitig von den Medien abhängig zu sein, denn er kann aus den angebotenen Programmen mit Hilfe der Speichergeräte ein eigenes Programm zusammenstellen. Und schließlich verändern sie auch sein Verhältnis zur Sinneswahrnehmung, denn fast alle Reize, die der Mensch sehen und hören kann, lassen sich technisch reproduzieren. Und auch die wichtigsten Wirkstoffe des Geruchs sind bekannt, lassen sich analysieren und bald auch chemisch nachbilden. So wird es bald auch möglich sein, Gerüche aufzuzeichnen und später in Form von chemischen Nachbildungen dem Menschen wieder mitzuteilen; durch moderne Kommunikationsmittel in den heimischen vier Wänden eine sinnlich fast perfekte Scheinwelt ...

Der Mensch ist in seiner Sinneswahrnehmung nicht mehr auf die Natur angewiesen. Freilich entscheidet er immer noch selbst darüber, ob er mit der Natur oder ihrem technischen Ersatz leben will. Entscheidet er sich für die Massenmedien, so nimmt er eine Beeinflussung seiner Sinne und Triebe in Kauf. Denn pornographische oder brutale Darstellungen in den Medien lösen – so haben wissenschaftliche Untersuchungen ergeben – sexuelle oder aggressive Impulse aus. Werbespots, die für Sekundenbruchteile in Fernsehsendungen eingeblendet werden, können Handlungsimpulse auslösen. Die »Geheimen Verführer« der Werbung arbeiten seit langem mit derartigen Techniken. Allerdings ist sich die Wissenschaft immer noch nicht darüber im klaren, ob die Massenmedien auch Aggressionen abbauen. Festzustehen scheint jedoch, daß sich bei Sportübertragungen oder Kriminalfilmen aggressive Regungen soweit kanalisieren lassen, daß sie sich nicht gegen andere Menschen – etwa gegen die Familie – richten. Der Ärger, den der Arbeiter den ganzen Tag über am Arbeitsplatz aufgestaut hat, wird am Abend vor dem Fernsehschirm abgebaut. Zugleich lassen ihn die Massenmedien die rauhe Wirklichkeit in Betrieb und Familie mit all ihren Konflikten ein wenig vergessen und gaukeln ihm eine Welt vor, die frei ist von seinen banalen Konflikten. Sie geben ihm das Gefühl, daß er teilhat an einer weniger grauen Alltagswelt und noch mehr teilhaben könnte, wenn er sich nur anstrengte.

Der Druck auf den Knopf

Die Massenmedien sind längst zur Selbstverständlichkeit geworden. In der Familie, in der niemand dem anderen mehr etwas zu sagen weiß, rettet der Druck auf den Fernsehknopf den Feierabend; der harte Beat aus dem Kofferradio läßt die Hetze des Arbeitstages vergessen; der Quadrosound-Plattenspieler erleichtert der einsamen Hausfrau den langen Tag.

Doch dies alles sind nur Ersatzformen der menschlichen Kommunikation. Denn die hochindustrialisierte Arbeitswelt und die Konzentration der Bevölkerung in Ballungsgebieten hat die zwischenmenschliche Kommunikation immer weiter reduziert und auf die Technik verlagert. Zwischen den technischen Kommunikationsmöglichkeiten und den menschlichen Kontaktbedürfnissen ist eine tiefe Kluft entstanden. In einer Welt, in der die Kommunikation und bald auch die Sinneswahrnehmung immer stärker technisiert werden, müssen zum Ausgleich neue Wohn- und Lebensformen gefunden werden. Jedoch wird dies kaum durch eine Rückkehr zu überholten Lebensformen – wie etwa der Stammes- oder Dorfgemeinschaft –, was beispielsweise der amerikanische Zukunftsforscher McLuhan verlangt, geschehen können. Realistischer sind Versuche, die schon jetzt eine direktere Kommunikation ermöglichen: zum Beispiel die Wohngemeinschaften und Kommunen oder die sozialen Kommunikationszentren mancher Neubaugebiete.

Technisch können diese Probleme schon jetzt gelöst werden. Erforderlich sind aber gesellschaftliche und politische Lösungen, die eine sinnvolle Form der zwischenmenschlichen Kommunikation ermöglichen.

Diese Lösungen werden danach ausgerichtet sein, daß es jedem einzelnen Menschen möglich wird, die technischen Kommunikationsmittel an seine Bedürfnisse und Triebe anzupassen und nicht umgekehrt von diesen manipuliert zu werden. Und es müssen Lösungen gefunden werden, durch welche weit mehr Menschen Zugang zu den ständig zunehmenden Informationen erhalten, ohne gleich in der Informationsflut zu ertrinken.

Denn sonst wird nicht die »schöne neue Welt« mit all ihren Kommunikationsmöglichkeiten, wie sie Aldous Huxley in seinem gleichnamigen Zukunftsroman geschildert hat, eintreten, sondern der elektronische »Große Bruder« aus George Orwells Roman »1984« wird alles menschliche Leben kontrollieren. Noch ist 1984 nicht erreicht.

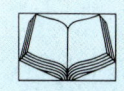

Aufermann, J./Bohrmann, H./Sülzer, R. (Hrsg.), Gesellschaftliche Kommunikation und Information (2 Bd.), Frankfurt 1973. (Sammlung von wichtigen Aufsätzen und ausführlicher Literatur- und Hinweisapparat, zur Einführung geeignet.)
Badura, B./Gloy, K. (Hrsg.), Soziologie der Kommunikation. Eine Textauswahl zur Einführung. Stuttgart 1972.
Maletzke, G. (Hrsg.), Einführung in die Massenkommunikationsforschung, Berlin 1972. (Wichtige Texte zum ersten Überblick und zur Vertiefung.)
Prokop, D. (Hrsg.), Massenkommunikationsforschung (2 Bd.), Frankfurt/M. 1972/73. (Taschenbücher mit den wichtigsten Beiträgen zur aktuellen wissenschaftlichen und politischen Diskussion.)
Habermas, Jürgen, Zum Strukturwandel der Öffentlichkeit, Neuwied 1962. (Inzwischen klassisch gewordene Analyse zur historischen und aktuellen Entwicklung der Öffentlichkeit; dringend empfohlen.)
Steinbuch, Karl, Die informierte Gesellschaft. Geschichte und Zukunft der Nachrichtentechnik, Reinbek 1968. (Überblick über die Entwicklung der Kommunikationstechniken.)

Renate Krysmanski

Technik im Wohn- und Lebensbereich

Jeder technische Fortschritt wird letztlich durch das ständige Wachstum der *Arbeitsproduktivität* bestimmt. In den sogenannten einfachen Gesellschaften reichte die Produktion der isoliert voneinander herumziehenden Menschen gerade aus, um sie zu ernähren. Es konnte also kein Überschuß produziert werden, der eine Arbeitsteilung und eine Differenzierung der Bedürfnisse erst ermöglicht. Die tägliche, planlose Produktion, die in der Anfangsphase der Geschichte der Menschheit einzig und allein auf das nackte Überleben ausgerichtet war, stand in einer unmittelbaren Auseinandersetzung mit den Gefährdungen der Natur. Die unregelmäßige Arbeit wurde nicht – wie später in den Industriegesellschaften – als eine von außen aufgezwungene Verpflichtung empfunden, sie war noch nicht dem Rhythmus der industriellen Produktion, sondern eher dem der Natur und dem Rhythmus des menschlichen Organismus angepaßt.

Die wesentlichsten Ereignisse in diesem Zusammenhang sind der Übergang zur sogenannten Seßhaftigkeit im Neolithikum (300 bis etwa 1800 v. u. Z.) und der bis heute noch nicht abgeschlossene Übergang zum Industrialismus (seit etwa 200 Jahren). Nur in diesen beiden Fällen waren die äußeren Veränderungen so total, daß es zu entscheidenden Veränderungen der menschlichen Verhaltensstruktur gekommen ist. Der prähistorische Übergang aus dem Dasein des Großwildjägers zum Viehzüchter und Ackerbauern hat viele Jahrhunderte gedauert und außerordentliche Schwierigkeiten der Umstellung gebracht. Es handelte sich ja keineswegs nur um eine radikale Veränderung des Wirtschaftsverhaltens der Menschen, sondern um eine nahezu vollständige Umstrukturierung aller Einstellungen und Normen der Gesellschaft.

Die Erfahrung, gradlinige Bewegung in Drehbewegung und umgekehrt Drehbewegungen in gradlinige umzuwandeln, war der Ausgangspunkt für eine Vielzahl von mechanischen Geräten, die es dem Menschen ermöglichten, seine eigene Körperkraft zu vervielfachen bzw. den Rohstoff in anderer Art zu bearbeiten. Beispiele hierfür sind die Erfindung der Töpferscheibe, der Drechselbank, der Winde, des Tretkrans und der Mühle. Die Sammlung von Produktionserfahrungen und die Umsetzung in technischen Fortschritt vollzog sich – im Vergleich zur heutigen Zeit – ausgesprochen langsam, sozusagen von Generation zu Generation.

So wäre es beispielsweise falsch, die Erfindung des Rades – einer entscheidenden Revolution innerhalb der menschlichen Arbeitstätigkeit – einem unbekannten ›genialen‹ Erfinder zuzuschreiben. Das Rad wurde nachweislich zu verschiedenen Zeiten an unterschiedlichen Orten der Erde erfunden. Nach neuesten Forschungen vermutet man die erste Erfindung des Rades ca. im 4. Jahrtausend v. u. Z. Wesentliche Voraussetzung war das Bedürfnis nach beweglicheren Transportmitteln. Dies Bedürfnis und die Produktion stehen in einem bestimmten strukturellen Zusammenhang: mit steigender Arbeitsteilung nämlich entwickelt sich gleichzeitig der Zwang, die arbeitsteilig hergestellten Produkte untereinander auszutauschen, das heißt somit auch zu transportieren. Weitere technische Voraussetzungen für die Erfindung des Rades waren zum Beispiel die Schleife, der Schlitten.

Den ökonomischen Veränderungen entsprechend veränderten sich die Familienbeziehungen. In der Phase der Jäger- und Sammlerkultur bot die Arbeit der Frau im Gegensatz zu den Risiken und Zufällen der Jagd für den Familienverband die größere Sicherheit. Die Frauen hatten neben der Aufgabe des Sammelns von Pflanzen und Früchten den Lagerplatz – später die Siedlung – zu hüten, die Männer zu versorgen, Kinder zu gebären und aufzuziehen. Sie war geachtet und wurde als Symbol der Fruchtbarkeit religiös verehrt. Innerhalb des Stammes wurde ihr der höchste Platz eingeräumt. Diese Form des Zusammenlebens wird als Matriarchat bezeichnet: auf dieser historischen Entwicklungsstufe entstand der Göttinnenkult. Im Zuge des technischen Fortschritts zur Pflug- und Gemeinwirtschaftskultur tritt die Jagd stärker in den Hintergrund. Ackerbau und Viehzucht erfordern die ständige Anwesenheit – und auch die größere Körperkraft – des Mannes, der als Konsequenz immer mehr in den Vordergrund tritt.

Das Matriarchat wird später abgelöst durch die patriarchalische Großfamilie, die (häufig unter Einbeziehung von Sklaven) unter der autoritären Herrschaft des ranghöchsten Mannes steht.

Der Beginn des Feudalismus

Neben Produkten, die bloßen Gebrauchswert haben (das heißt zum unmittelbaren Gebrauch der Produzenten bestimmt waren), trat zunehmend die Produktion von Gütern, die von vornherein produziert wurden, um auf dem Markt als Waren getauscht zu werden. Je mehr nun diese Produktion von Waren sich verallgemeinert, je deutlicher das tägliche Leben des einzelnen und des Familienverbandes durch regelmäßige Arbeit bestimmt wird, desto mehr organisiert sich eine Gesellschaft um eine auf Arbeit basierende Rechnungsführung. Eine Rechnungsführung, die in den einfachen warenproduzierenden Gesellschaften begrenzt war auf Naturaltausch (zum Beispiel Frondienste im Feudalismus), die sich jedoch in den industriellen Gesellschaften durch den Übergang von der Naturalwirtschaft zur Geldwirtschaft komplizierte.

Diese Warenproduktion bildet den Ausgangspunkt gesellschaftlichen Reichtums, durch den in der Folge neue Familien- und Klassenordnungen entstehen, die auf unterschiedlichen Besitzverhältnissen beruhen. Eine der frühesten Formen der Klassengesellschaft stellt der Feudalismus dar; noch zu Beginn des Mittelalters erzeugt der Bauer die Produkte, die er und der Feudalherr benötigen, im wesentlichen allein. Das Dorf war eine weitgehend geschlossene Einheit: die Produktion von landwirtschaftlichen und handwerklichen Erzeugnissen lag in denselben Händen. Der Bauer hatte zwar eigene Besitzrechte am Boden, der Feudalherr verfügte jedoch sozusagen über das Obereigentum, das ihm weitreichende Herrschaftsbefugnisse sicherte. Die Arbeitswoche des abhängigen Bauern zerfiel so in zwei Teile: zum einen bewirtschaftete er das eigene Land, um für sich und seine Familie den Unterhalt zu erarbeiten, zum anderen bearbeitete er weiteren Boden, um den Feudalherren zu ernähren.

Die Steigerung und Intensivierung der landwirtschaftlichen Produktion führte zu einer immer deutlicheren Reichtumsdifferenzierung, die sich aus der einfachen Tatsache ergab, daß ständig mehr Produkte hergestellt wurden als zum unmittelbaren Lebensunterhalt der arbeitenden Bevölkerung notwendig war.

Als Konsequenz wurden Spezialhandwerkzeuge und neue Geräte benötigt, die nur durch eine weitere Differenzierung der Arbeitsteilung entwickelt werden konnten. Zwar vollzog sich diese Spezialisierung in agrarische und handwerkliche Produktion immer noch innerhalb des Dorfes; wurde aber zunehmend deutlicher eine Arbeitsteilung zwischen Stadt und Land.

Landschaften »verstädtern«

Der Mensch unterscheidet sich in seinen Beziehungen zur Umwelt von anderen Organismen durch seine Fähigkeit, durch die Ent-

Natur wird »in Pflege« genommen

wicklung der menschlichen Arbeit grundlegende räumliche Veränderungen zu bewirken. Jede Siedlungsstruktur, jede Ordnung einer Landschaft weist also historische Bezüge auf. In der frühen Phase des ›Umherziehens‹ der Sammler- und Jägergemeinschaften – die weiter oben in anderem Zusammenhang schon charakterisiert wurde – fällt vor allem auf, daß der Mensch damals seine Energie primär darauf verwendete, von einem ökologisch günstigen Ort zum anderen zu ziehen; Orte, die je nach der Jahreszeit wechselten. Er verstand sozusagen mehr die Zeit als den Boden zu nutzen. Die zweite wichtige (künstliche) Umformung der räumlichen Umwelt vollzog sich mit der Verstädterung. In den Gebieten, in denen es zur Entwicklung von Hochkulturen kommt, verdichten sich die menschlichen Eingriffe: die Natur wird nicht nur ›in Pflege‹ genommen, sondern durch die oben geschilderten Wirtschaftstechniken und kulturellen Gewohnheiten zu ›Landschaften‹ stilisiert, die als ideale ästhetische Vorbilder bis heute innerhalb der Planung eine Rolle spielen.

Durch die Errichtung der Städte gewinnt die räumliche Umwelt eine zusätzliche und andere Dimension. Der einzelne gehört nicht mehr nur zu einer bestimmten natürlichen Umgebung, sondern wird Teil einer vielschichtigen sozialen Organisation, die Dörfer, Weiler, Wälder, landwirtschaftlich genutzten Boden, Versorgungseinrichtungen sowie in der Frühphase zumindest eine befestigte Stadt umfaßt.

Ein neues Abhängigkeitssystem entwickelt sich zwischen Klassen und einzelnen Berufsgruppen, Stadt- und Landbevölkerung und überregionalen Marktbeziehungen: gleichzeitig wachsen die Kontaktmöglichkeiten und räumlichen Bewegungen. Die Städte, auch die Städte in der Anfangsperiode der Verstädterung, können nun jedoch nicht isoliert in ihren unterschiedlichen Erscheinungsformen betrachtet werden, sondern sind als ›epochaltypische‹ oder historische Kategorie zu verstehen, das heißt sie stehen im Wechselverhältnis zur Gesellschaft und deren Prinzipien.

Thyssen-Hochhaus in Düsseldorf. Stahl, Beton und Glas haben die Architektur des 20. Jahrhunderts entscheidend geprägt.

Technik im Wohn- und Lebensbereich

Vorherrschende Prinzipien waren und sind bis heute – wie die historische Entwicklung der europäischen Stadtgeschichte zeigt – immer die Behauptung ökonomischer Macht und gegenseitiger Abhängigkeiten gewesen; also die Durchsetzung von Herrschaftsinteressen.

Gegen Ende der Festigung des Feudalismus in Europa (5.–10. Jahrhundert) begann das Wachstum der Städte. Die Stadt des frühen Mittelalters spielte nur eine geringe ökonomische Rolle. Ihre wichtigste Funktion bestand darin, Verwaltungssitz und Zentrum weltlicher und kirchlicher Macht zu sein; sie wurde im Zuge der Entwicklung der Ware-Geld-Beziehungen mehr und mehr zum Anziehungspunkt der neuen Geschäftsleute. Jedoch waren die Städte immer noch in die feudale Klassengesellschaft eingeschlossen. Dies läßt sich auch deutlich an der *Architektur* jener Zeit ablesen. Objekte dieser Architektur waren vor allem die großen Kirchenbauten, die meist von den Bauhütten ausgeführt wurden, das heißt Verbindungen von Bildhauern und Bauleuten beim Kirchenbau: sie wurden durch sogenannte Hüttenordnungen streng zusammengehalten. Für Deutschland hatten besondere Bedeutung die Dombauhütten von Straßburg, Köln und Wien.

Die sogenannten großen ›Meister der Steinmetzen‹ waren selbstbewußte Künstler, die ihre Werke häufig nicht nur mit ihrem Handwerkszeichen, sondern auch noch durch Selbstbildnisse kennzeichneten. Die sozialen Veränderungen wandelten in der Folge auch diese Architektur. Die traditionell prächtige Ausschmückung der Kirchengebäude drang allmählich nach außen. Der romanische Stil, der die bildhafte, plastische Darstellung in die Architektur einordnete, wurde abgelöst durch die hochstrebende Gotik (1250 bis 1500): ideologisches Symbol für das Selbstbewußtsein der neuen sozialen Gruppen (Bürger, Handwerker, Kaufleute). Die bisherige kompakte, geschlossene Bauweise wird aufgelöst bzw. tritt hinter das ornamentale Dekor zurück. Die Räume öffnen sich nach oben. Aus den dunklen, bedrückenden Kirchen der Romanik werden helle hohe Kathedralen. Im Dekor wiederholt sich – immer wieder – das Motiv des spitzen Bogens.

Die gotischen Stilprinzipien greifen vor allem auf die öffentlichen repräsentativen Gebäude über. Bevorzugte Bauobjekte der offiziellen Architektur werden neben den Kirchen Rathäuser und Patrizierhäuser. Erstmals seit der Antike führt die reiche Innenausstattung wieder zu hoher (schichtenspezifischer) Wohnkultur. Bauweise und Art der ornamentalen Ausschmückung signalisieren – wie die rigiden Kleiderordnungen der damaligen Zeit – die soziale Stellung des einzelnen.

Die Ausdehnung städtischer Wirtschaftsprinzipien bedeutete für die in feudalistischen Hörigkeitsverhältnissen lebenden armen Schichten zunächst eine formale politische Befreiung. Dennoch war dies keineswegs das Ende aller Abhängigkeiten, sondern die neuen Eigentums- und Rechtsverhältnisse, die sich unmittelbar aus den Produktionsbedingungen ergaben, führten zu neuen Zwängen für den einzelnen. Sein sozialer Status (das heißt die Stellung des einzelnen innerhalb der gesellschaftlichen Wertordnung) entschied sich nicht mehr über die absolute Zufälligkeit der Geburt innerhalb der feudalen Hierarchie, sondern war und ist bis heute abhängig von der relativen Zufälligkeit der Lebensbedingungen und -chancen in der industriellen Gesellschaft, die vorwiegend von der ökonomischen Potenz des einzelnen auf den verschiedenen Märkten abhängt.

Räumlich ablesbar ist die stetige Veränderung bis hin zur gegenwärtigen industriellen Phase an der Entwicklung der traditionellen Bodennutzungsarten. In Agrargesellschaften, oder vorwiegend von agrarischer Produktion lebenden Gesellschaften, bestimmte die direkte, ebenerdige Bewirtschaftung des Bodens alle weiteren Nutzungsarten. Zwar verteilten sich die einzelnen Funktionen im Raum, doch dienten die Flächen immer mehreren Zwecken gleichzeitig. Die hochspezialisierte Flächennutzung, wie sie für die Industriegesellschaft typisch ist, fehlte. Das Bodennutzungsschema vorindustrieller und frühindustrieller Städte unterschied sich infolgedessen grundlegend von dem der industriellen Städte. Nicht die Gebäude von Wirtschaft und Verwaltung bestimmten damals die Silhouette der Stadt, sondern die der Herrschaft von Kirche und Patriziat, das heißt damals wie heute zeigte sich die Bedeutung ideologisch wichtiger Herrschaftsgruppen auch in der Hervorhebung bestimmte Baustrukturen.

Weiter dominierten öffentliche Räume eindeutig vor den privaten, da die Familien nicht (wie gegenwärtig) vorwiegend Konsumgemeinschaften, sondern Produktionseinheiten darstellten: Ein Tatbestand, der die konsumtiven, arbeitsfreien Tätigkeiten mehr auf den öffentlichen Raum verwies und eine sorgfältigere bauliche Gestaltung dieser städtischen Bereiche zur Folge hatte. Die Grundstücke oder einzelnen Gebäude waren ferner nicht einzelnen Nutzungen, sondern immer mehreren Zwecken gleichzeitig vorbehalten, so daß sich ›städtisches Leben‹ bzw. städtische ›Öffentlichkeit‹, deren Verfall heute so ausgiebig beklagt wird, sozusagen von selbst ergab. Die Oberschicht der damaligen Städte wohnte unmittelbar im Zentrum, die anderen – armen – Gruppen am Rande bzw. außerhalb der Stadtmauern in landwirtschaftlicher Umgebung: ein Prinzip, das heute bisweilen in sein Gegenteil verkehrt ist. Innerhalb der Stadt gab es Ghettos und einzelne enge Nachbarschaften, die die sozialen Gruppen sorgsam voneinander isolierten und eine durchgängige soziale Kontrolle ermöglichten.

Lebensverhältnisse im Frühkapitalismus

Die Einführung der maschinellen Warenproduktion hatte zur unmittelbaren Folge nicht nur die immer deutlichere Konzentration von Produktionsmitteln in den Händen Weniger, sondern machte gleichzeitig die massenhafte Zentrierung der Arbeitskräfte in den Städten erforderlich.

Das Entstehen größerer Werkstätten und die Differenzierung der handwerklichen Produkte führte zur Entwicklung neuer Kraftmaschinen. Die bis dahin gebräuchlichen technischen Antriebsmittel wie Tretrad, Windmühle, Wasserrad etc. waren zu schwerfällig und zudem naturabhängig. Der italienische Ingenieur Giovanni Branca (1571–1645) entwarf die erste Aktionsdampfturbine, wesentlicher Vorläufer der später erfundenen Dampfmaschine. Die technische Neuerung war die Nutzung des ausströmenden Dampfes als Kraftantrieb. Aber erst nach dem langwierigen Umweg über James Watts Kolbendampfmaschine gelang dem schwedischen Ingenieur Laval (1845–1913) im Jahre 1889 der Bau einer einstufigen Gleichdruckturbine, die der Industrie wesentliche Produktionsimpulse gab. Die erste Maschine (Lavals), die 1855 in Chicago ausgestellt wurde, lief 30000 Umdrehungen pro Minute bei einer 5-PS-Leistung. Der Grund für die relativ lange technische Entwicklungsphase derartiger Kraftmaschinen liegt in der dafür notwendigen Voraussetzung komplizierter und präziser Getriebe: diese waren technisch erst später möglich durch hochveredelte Stahlmetalle.

In Großbritannien – dem Ausgangsland der Industrialisierung – stieg die Bevölkerung im Zeitraum von 1750 bis 1850 wie nie zuvor. Nach der ersten statistischen Erhebung von 1801 wuchs die Bevölkerung Großbritanniens stetig:

Jahr	Einwohner
1750	7,5 Mio.
1780	9 Mio.
1801	11 Mio.
1811	12 $1/2$ Mio.
1821	14 $1/3$ Mio.
1831	16 $1/2$ Mio.
1841	21 Mio.

(Zahlen aus H. Hausherr Wirtschaftsgeschichte der Neuzeit, Seite 305 ff. Köln 1960)

Geradezu beängstigend war das Wachstum der Industriestädte, deren Einwohnerzahlen sich von 1760 bis 1850 versechs- bzw. verzehnfachten, während die Gesamtbevölkerung Großbritanniens – wie die o. g. Zahlen zeigen – sich nur verdreifachte.

Die industrielle Völkerwanderung

Durch den verspäteten Eintritt Deutschlands in die industrielle Entwicklung (vgl. die großen Erfindungen in England schon Mitte des 18. Jahrhunderts) ergab sich hier ein soziales Problem wie in kaum einem anderen Staat. Der Versuch, in kurzer Zeit den englischen Vorsprung nachzuholen, führte zu einem hektischen und planlosen Wachstum der Industriestandorte.

Der größte Teil der sozialen Unruhen des

Lebenserwartung

19. Jahrhunderts beruhte auf der industriellen Völkerwanderung. Die traditionellen ländlichen Bindungen wurden zerstört, die alten Handwerks-Lebensgemeinschaften abgelöst durch unpersönliche, unübersichtliche – und jederzeit lösliche – Arbeitsverhältnisse in den Fabriken. Die spätere Aufteilung der Arbeit in kleine Teilprozesse, die jede Identifikation mit der eigenen Arbeit unterband, traf die Beziehung Mensch und Arbeit in ihrem Kernpunkt, nämlich in dem Leistungsbewußtsein, das den einzelnen Menschen in ein besonderes, persönliches Verhältnis zu seiner täglichen Arbeit setzte. Ein grundlegender Wandel des Arbeitsethos vollzog sich. Das Arbeitsverhältnis nahm einen flüchtigen Charakter an. Durch die wachsende Unsicherheit, die niedrigen Löhne, die ständig erlebte bzw. drohende Arbeitslosigkeit sowie die Elendsquartiere ergaben sich große Veränderungen des Familiengefüges. In der ›dörflichen‹ Welt war die Familie eingespannt in ein lückenloses Beziehungssystem, das verbindliche – und dadurch stabilisierende – Normen und Werte angab, die einigermaßen starre Verhaltensregeln boten. Die Auflösung der traditionellen Lebensformen zerriß Sippe und Nachbarschaft: das Prinzip gegenseitiger Hilfe und Sicherheit funktionierte nicht mehr.

Die betroffenen Menschen hatten ihren zwar niedrigen – aber doch angestammten – Platz in dem Gesellschaftsgefüge verloren und ihn eingetauscht gegen Arbeit unter fremdem Dach, gegen elende Wohnverhältnisse und zerrüttete Familien, in denen Kinderarbeit und Frauenarbeit auf niedrigster Stufe zur Tagesordnung gehörten, gegen niedrige Löhne, die kaum das Existenzminimum deckten, kurz gesagt: gegen die Ausbeutung.

Erschreckend deutlich werden die Klassenunterschiede jener Zeit anhand der Kindersterblichkeit und der unterschiedlichen Lebenserwartung. Für die Oberklassen Londons zum Beispiel berechneten Statistiker um 1840 eine Kindersterblichkeitsquote von zehn Prozent; für die Mittelklassen 16 Prozent, für das Proletariat 25 Prozent. Die soziale Klassifizierung wird auch aus der folgenden Tabelle unterschiedlicher Lebenserwartung erkennbar; Unterschiede ergeben sich sowohl aus der Klassenlage als auch aus den unterschiedlichen Wohnverhältnissen: (H. Hausherr a. a. O., S. 306)

Die ersten Eisenbahnen

Durch die Industrialisierung wurde der Bau eines schnellen, von geographischen Bedingungen weitgehend unabhängigen Massentransportmittels notwendig. Gleichzeitig konnte damit das Ziel verfolgt werden, die hohen Transportkosten zu senken, die bei der steigenden Industrieproduktion immer mehr ins Gewicht fielen. Die ersten Eisenbahnen (1825 – Stockholm-Darlingston; 1829 – Liverpool-Manchester; 1835 Nürnberg-Fürth; 1836 Düsseldorf-Elberfeld; 1844/47 Köln-Oberhausen-Minden; 1879 Verstaatlichung) entstehen auf der Basis von privaten Aktiengesellschaften, mit denen sich heftige Geschäftsspekulationen verbinden. Die ersten Bahnen erreichten eine Höchstgeschwindigkeit von 20 Stundenkilometern. Die Gesellschaften verlangten zum Beispiel in der Anfangsperiode, daß der Lokomotive mit 50 Schritt Abstand ein Reiter »vorauszugehen habe«, um Anwohner und Fußgänger vor dem »Untier« zu warnen, denn fast die gesamte (internationale) Öffentlichkeit sträubte sich anfangs gegen die vermeintlichen Gefahren dieser technischen Neuerung.

Beispielsweise verbot das englische Parlament 1826 noch die Verwendung von Lokomotiven und verlangte zudem, daß stehende Maschinen nicht ins Blickfeld von Herrenhäusern geraten dürften. Danach setzte sich allerdings auch diese Erfindung rasch durch. Die deutsche Firma Krupp beispielsweise wird durch die sich ausweitende Produktion von Eisenbahnrädern und -achsen, die Gutehoffnungshütte durch die Produktion von Schienen, zu großen Wirtschaftsunternehmen mit schon damals internationalen Verflechtungen. Zwischen 1850 und 1860 werden allein in Deutschland 5204 Kilometer Eisenbahnstrecken gebaut.

Daß die soziale Frage lange Zeit beherrschend war, lag nicht nur an der Unvernunft der alten gesellschaftlichen Kräfte. Das Spannungsverhältnis Arbeiter – Bürgertum stieß auf den gleichzeitigen, noch nicht abgeschlossenen Kampf des Bürgertums um seine gesellschaftliche Existenz. Die Herauslösung der Gesellschaft aus dem Feudalismus steckte noch in ihren Anfängen, als das ständig wachsende Industrieproletariat, das die »Schicksalhaftigkeit« seiner gesellschaftlichen Situation noch nicht erkannte, seine Rechte anmeldete. Der Feudalismus verweigerte der Masse des großen und kleinen neureichen Bürgertums beharrlich die volle gesellschaftliche Anerkennung, so daß sie trotz ihrer ökonomisch beherrschenden Stellung letztlich nicht gegen die Macht des Adels aufkamen.

Noch bis zur zweiten Hälfte des 19. Jahrhunderts nämlich war man in Deutschland allgemein gegen jede besondere Beachtung der Industriearbeiterschaft und ihrer sozialen Probleme. In den langen Arbeitszeiten sah man einen »erzieherischen Wert«; die niedrigen Löhne wurden als »arbeitspädagogisch« notwendig angesehen; die Kinder würden

Großstadttrubel: Straße in Köln am verkaufsoffenen Samstag

Lebenserwartung für Wohlhabende	Rutland (ländlich) Jahre	Wiltshire Grafschaften Jahre	Leeds Manchester Liverpool (Industriegelände) Jahre		
Bauern/Händler	52	50	45	38	35
	41	48	27	20	22
Arbeiter	38	33	19	17	15

Diese Zahlen kennzeichneten u.a. die gesundheitliche Lage der Bewohner der neuen städtischen Ballungen, die ihnen Licht, angemessene Wohnungen, oft genug auch Nahrungsmittel, vorenthielten.

Technik im Wohn- und Lebensbereich

durch die Arbeit den schädlichen Einflüssen der zerrütteten Familien entzogen. In der Unterstützung der Arbeiterinteressen wurde vor allem auch die Förderung des politischen Umsturzes gesehen.

Erst Karl Marx gelang es, der Arbeiterschaft ihre Entwurzelung und Ausbeutung begreiflich zu machen. Mit dem Erscheinen des »Kommunistischen Manifestes« (1848) wurden heute gängige Begriffe wie Arbeiterklasse, der des revolutionären Sozialismus etc. sowie die Aufforderung zum Kampf um die Produktionsmittel geprägt.

Die sozialpolitischen Bestrebungen jener Zeit beruhten bis ca. 1860 fast ausschließlich auf sozialfürsorgerischer, privater Tätigkeit der reichen Schichten und einzelner Unternehmungen. Als frühes Beispiel können die utopischen Sozialisten (Robert Owen, Saint-Simon, Cabet, Babeuf etc.) in Frankreich und England gelten. Ihre Versuche, Kommunen und Produktionsgemeinschaften zu gründen, lagen jedoch zu sehr auf der patriarchalischen, an den Gemeinschaftsvorstellungen der Agrargesellschaft orientierten Ebene.

»Genießet, was Euch beschieden ist« – sagte zum Beispiel Alfred Krupp seinen Arbeitern – »nach getaner Arbeit verbleibt im Kreise der Eurigen, bei den Eltern, bei der Frau und den Kindern und sinnt über Haushalt und Erziehung. Das und Eure Arbeit sei zunächst und vor allem Eure Politik. Dabei werdet Ihr frohe Stunden erleben.«

Als sich nach langem Zögern endlich der Staat einschaltete, um zunächst durch Arbeitszeitregelungen (Preußisches Regulativ von 1839; Inkrafttreten 40 Jahre später) der sozialen Lage Rechnung zu tragen, wurden diese Gesetze zum Teil schon gegen den Willen der Arbeiter, deren Devise nun »alles oder nichts« war, eingeführt.

Fabriken wie Schlösser

Mit der Gesellschaft wandelten sich architektonische Bauformen und die Rolle der Ästhetik. Um sich gegen die traditionellen herrschenden Kreise als neue Elite zu profilieren, bedienten sich die Industriellen u. a. von Beginn der Industrialisierung an ästhetischer Ausdrucksmittel. Während der alte Feudaladel meist auf historische Stil- und Dekorformen zurückgriff – abgesehen von frühen technischen Ingenieurentwürfen, die als Ingenieurästhetik bezeichnet werden könnten – also keine eigenen ästhetischen Formen hervorbrachte, ändert sich das mit der Differenzierung der Industrieproduktion.

Das wachsende Selbstbewußtsein der aufsteigenden Bürger und Industriellen hatte gegen Ende des 19. Jahrhunderts zunächst zu einer Feudalisierung des Fabrikbaus geführt. Fabriken ähnelten absolutistischer Schloßarchitektur, später wurden die Formen des klassizistischen Stadthauses übernommen. Der Widerspruch zwischen den ausbeuterischen Arbeitsverhältnissen und dem sich auf der anderen Seite anhäufenden Reichtum konnte nicht krasser dokumentiert werden.

Dies betraf vor allem die ortsansässige Textilindustrie, da hier die Eigentümer in der Regel noch am Ort wohnten und damit mehr Veranlassung sahen, sich durch Bauformen zu repräsentieren (zum Beispiel Ravensberger Spinnerei). Bei der sich später entwickelnden Schwerindustrie handelte es sich schon um Produktionsformen, die erst durch große Kapitalkonzentration möglich wurde: die Wandlung der individuellen Eigentumsbeziehung zum mobilen, anonymen Aktienkapital war schon vollzogen. Durch das Vordringen der Aktiengesellschaften auch in andere Industriezweige schwächt sich im Verlaufe der ersten Jahrzehnte des 20. Jahrhunderts ebenfalls das Bedürfnis der neuen Industriellen nach persönlicher Repräsentation durch architektonische Bauformen ab; bzw. wird in den privaten Bereich zurückverlagert.

Werkbund und Bauhaus

Am Anfang des 20. Jahrhunderts tritt an ihre Stelle der abstrakte Mythos der Industriemacht. »Fortschrittliche« ästhetische Gestaltungsformen täuschen die Bevölkerung über die mangelnde Beteiligung am ökonomischen Fortschritt hinweg.

Schlüsselfiguren für die Verbindung von Kunst und Industrie sind für Deutschland Henry van de Velde, Peter Behrens und Walter Rathenau. Henry van de Velde machte als individueller Künstler buchstäblich für alles Entwürfe; für industrielle Produkte, Tapetenmuster, Teppiche und Porzellan, Haushaltsgeräte, Fensterverglasungen – ja selbst für Ozeandampfer. Dieser individuelle Ästhetizismus des neu entstehenden ›industrial design‹ kommt direkt mit der Realität der industriellen Produktion in Berührung durch Peter Behrens, der als Architekt, künstlerischer und praktischer Berater und Entwerfer 1907 zur AEG geht und damit beginnt, industrielle Serienprodukte künstlerisch zu gestalten. Kaufmännisches Kalkül und künstlerisches Interesse fallen hier zusammen. Die praktische Tätigkeit von Peter Behrens entspricht ganz den Gründungsgedanken des Werkbundes von 1907. Dies war eine bis heute einflußreiche Sammlungsbewegung von Künstlern und Ideen, die die technische Funktionalität der Objekte mit dekorativen Elementen zu verbinden suchte. Der Grundgedanke des Werkbundes wird am deutlichsten durch die in der Satzung formulierten Ziele. Paragraph 2 der Satzung vom 12. 7. 1908 sagt: »Der Zweck des Bundes ist die Veredelung der gewerblichen Arbeit im Zusammenwirken von Kunst, Industrie und Handwerk durch Erziehung, Propaganda und geschlossene Stellungnahmen zu einschlägigen Fragen«. Sendungs- und Elitebewußtsein verbinden sich hier, wenn weiter festgestellt wird: »Der Bund will eine Auslese der besten in Kunst, Industrie, Handwerk und Handel tätigen Kräfte vollziehen. Er will zusammenfassen, was an Qualitätsleistung und -streben in der gewerblichen Arbeit vorhanden ist. Er bildet den Sammelpunkt für alle, welche zur Qualitätsleistung gewillt und befähigt sind.«

Künstlerische Motive werden hier in den Vordergrund gehoben, jedoch sind ökonomische Gründe letztlich ausschlaggebend: die nationalen Industrieprodukte sollen »veredelt« dargestellt und international konkurrenzfähiger gemacht werden. Hier liegt die eindeutige ideologische Komponente des Werkbundes. Wirtschaftliche Machtinteressen wurden kulturell überhöht.

Dem deutschen Werkbund folgen 1910 der Österreichische Werkbund; 1913 der Schweizer Werkbund; zwischen 1910 und 1917 der schwedische Slöjdföreing und 1915 die Design and Industries Association in England. Die im Werkbund nicht ausdiskutierten Fragen werden in das Bauhaus der Gründungsphase der frühen Weimarer Jahre hineinverlagert. Im Gründungsmanifest des Bauhaus wird eine Überbetonung des künstlerischen Prinzips deutlich. 1919 schrieb Gropius in diesem Manifest: »Das Endziel aller bildnerischen Tätigkeiten ist der Bau! Ihn zu schmücken war einst die vornehmste Aufgabe der bildenden Künste, sie waren unablösbare Bestandteile der großen Baukunst. Heute stehen sie in selbstgenügsamer Eigenheit, aus der sie erst wieder erlöst werden können durch bewußtes Mit- und Ineinanderwirken aller Werkleute untereinander. Architekten, Bildhauer, Maler, wir alle müssen zum Handwerk zurück! Denn es gibt keine ›Kunst von Beruf‹...«

Die sogenannte ›Bauhausform‹ bleibt ein Versuch, ökonomisch verursachte Verhältnisse zu ästhetizieren. Innere Richtungskämpfe und Anstöße von außen waren nötig, um den kunsthandwerklichen Individualismus nach außen zu tragen, der sich dann zum Beispiel u. a. in Entwürfen für Lampen, Tapeten, Möbel u. ä. niederschlug. Mitglieder der Hochschule für Bau und Gestaltung, die 1919 in Weimar von W. Gropius gegründet wurde, sich 1925 nach Dessau, 1932 nach Berlin verlagerte, waren u. a. Schlemmer, Kandinsky, Feininger, Klee. Nach der Verlegung nach Dessau werden die Tendenzen zur Gestaltung industrieller Serienprodukte immer deutlicher; seit 1925 besteht zur Abwicklung der Geschäfte mit Gewerbe und Industrie eine eigene Bauhaus GmbH. 1933 wird das Bauhaus aufgelöst; 1946 neu gegründet.

Solange der Vorrat reicht...

Zunächst einmal hat sich in den letzten 200 Jahren die Einstellung zum Eigentum grundsätzlich ändern müssen. Schon in der Agrargesellschaft konnte man Eigentum abstrakt definieren; als das ›Recht auf knappe Werte‹, zuerst als das Recht auf fruchtbaren Grund und Boden. Eigentum blieb über Generationen in der gleichen Familie. Mit der Industrialisierung aber wurde es notwendig, Rechte an knappen Werten sehr viel schneller und flexibler als bis dahin bewegen zu können. Die neuen industriellen Nutzungsarten des Bodens, die Erschließung seiner Ressour-

Die Ravensberger Spinnerei

Als »Arbeiterzwingburg« apostrophiert und Hindernis für eine Durchgangsstraße, sollte der Bau abgerissen werden. Aber Historiker, Städteplaner und eine Bürgerinitiative liefen Sturm gegen diesen »Vatermord«. Heute ist das »Fabrikschloß« Kommunikationszentrum und steht unter Denkmalschutz.

Fabriken wie Schlösser entstanden um die Mitte des vorigen Jahrhunderts, wie die Ravensberger Spinnerei in Bielefeld (oben: Kupferstich aus dem Jahr 1895). Ihr Gründer und erster technischer Direktor, Ferdinand Kaselowsky, hatte England bereist und baute die Fabrik nach dem Vorbild von Tudor-Schlössern. Das breitgelagerte Hauptgebäude mit seinen Türmchen und Zinnen und der zum Bergfried stilisierte Hauptschornstein dokumentieren die Mystifikation der Maschine ebenso wie den Machtanspruch des Unternehmers. Vor dem Hauptgebäude, inmitten von Parkanlagen, dampfte ein von den heißen Kondensationswässern der Maschinen gespeister Springbrunnen, dessen Wasser sich unterirdisch in zwei ovale, von Blumen eingefaßte Abkühlungsteiche ergoß. 1972 geriet der verlassene Gebäudekomplex (rechts) in den Widerstreit der Meinungen.

cen, die Kohle-, Erz- und Papier-, Energiegewinnung (Wasserkräfte zum Beispiel) bedurften schneller und wirkungsvoller Beweglichkeit und Verwertung. Gleichzeitig nimmt die in den Frühphasen der Industrialisierung starke Ortsgebundenheit der Industrie an die natürlichen Gegebenheiten ab.

Mit jedem technischen Fortschritt löst sich der industrielle Produktionsprozeß weiter von der Gebundenheit an bestimmte Eigenschaften der Natur, wird die Bindung an die natürliche Umwelt lockerer. Schließlich spielt »Natur« als Fläche nur noch als Standort eine Rolle, der relativ frei gewählt werden kann. Das gilt allerdings nur solange der »Vorrat reicht«. Die gegenwärtige Phase der Industrialisierung zeigt neue Abhängigkeiten: Die ständig knapper werdenden natürlichen Güter (Luft, Wasser, Bodenschätze) setzen dem wirtschaftlichen Wachstum eindeutige Grenzen.

Vor allem die Wasserversorgung ist durch Industrie und Technik zum großen Problem geworden. In der Menge des Verbrauchs und der Bearbeitung hat das Wasser den Weg zum Großbetrieb mitgemacht. Der Wasserverbrauch schwankt erheblich in den einzelnen Ländern. So beträgt er in einigen wirtschaftlich bislang noch schwach entwickelten Ländern nur 40 Liter pro Kopf und Tag für Haushalts-, industrielle und landwirtschaftliche Zwecke, während vergleichsweise in den USA schon 7200 täglich verbraucht werden. Von diesen 7200 Litern entfallen nur etwa 6 v. H. auf die privaten Haushalte, der Rest auf Industrie und Landwirtschaft. Nur etwa ein Fünftel des gesamten Wasserverbrauchs wird der Bevölkerung zugeschrieben; vier Fünftel entfallen auf die Industrie einschließlich der Rohstoffgewinnung.

Von den rund 13 Milliarden (1963) Kubikmeter Wasser, die zur Zeit jährlich in Deutschland gebraucht werden, entnimmt man zur Zeit schon 70 bis 80 v. H. aus dem Grundwasser und nur 20 bis 30 v. H. aus dem Oberflächen- und regeneriertem Wasser.

Nach Schätzungen wird sich der Wasserbedarf im Jahre 2000 in der BRD auf ca. 26 Milliarden Kubikmeter steigern. Der Mehrbedarf an Wasser je Jahr durch das Anwachsen der Industrie beträgt zum Beispiel allein bei uns rund eine Milliarde cbm, die aber nicht vorhanden sind. Durch das zur Zeit schon vierzigmalige Wiederbenutzen wird auch nur ein geringer Ausgleichswert geboten.

Alarmierende Zahlen veröffentlichen vor kurzem ebenfalls sowjetische Wissenschaftler. In Rußland – und andere große Industrienationen sind in ähnlicher Lage – errechnete man beispielsweise, daß 43 v. H. der Frischwasservorräte für Großstädte von Industriebetrieben verbraucht würden, die eigentlich chemisch reines Wasser gar nicht benötigen; in London sind es zum Beispiel rund 25 v. H. Will man – um ein letztes Beispiel zu nennen – einen Hochofen kühlen, so benötigt man täglich schon etwa ebensoviel Wasser, wie der Versorgung einer Stadt von 65 000 Einwohnern entspricht.

*Hochhäuser
auf Teneriffa:
Blick auf Hotelneubauten
und Apartmenthäuser
in Puerto de la Cruz.*

Experten befürchten gegen Ende des 20. Jahrhunderts einen akuten Wassermangel, wenn die Welt an den gegenwärtigen Praktiken des Verbrauchs und der unzulänglichen Wasserreinhaltung festhält: Die UNO hat die Jahre 1965 bis 1975 zum ›Jahrzehnt des Wassers‹ ausgerufen, der Europarat 1968 eine ›Wassercharta‹ veröffentlicht. Vor dem Hintergrund dieser und ähnlicher internationaler Bemühungen sucht unser Gesundheitsministerium gegenwärtig nach handfesten gesetzlichen Vorschriften.

Ein weiteres Merkmal moderner Industriegesellschaften ist der außergewöhnlich hohe Bedarf an politischer Stabilität, – fast um jeden Preis. Die Ausbreitung der Fabrikproduktion hängt von kostspieligen Investitionen ab, die durch politische Unruhen, durch Streiks in einzelnen Betrieben schon, leicht gefährdet werden können. Außerdem sind die Produktionsbedingungen selten an einem Ort vereint, müssen also häufig über weite Entfernungen zusammengebracht werden, so daß auch eine große räumliche Stabilität notwendig wird: die Bildung internationaler Wirtschaftsregionen beweist dies. Zudem muß die Stabilität langfristig garantiert sein: Bestellung und Verkauf wickeln sich oft über lange Zeiträume ab (man denke zum Beispiel daran, daß heute schon Flugzeuge bestellt werden, die erst in fünf Jahren fliegen werden); finanzielle Verbindlichkeiten stützen sich auf langfristige Kredite etc. Hier sind staatliche Garantien politischer Stabilität (mittelfristige Finanzplanung, Stabilitätsgesetz u. ä.) vonnöten, die zeitlich und örtlich sehr viel umfassender sein müssen als in früheren Zeiten.

Veränderungen der Familienstruktur

Von der ökonomisch-historischen Entwicklung wird auch die Familie entscheidend geprägt. Die Familie ist, neben der Nachbarschaft und der Gemeinde, eine Grundeinrichtung der Gesellschaft – eine sogenannte Primärgruppe. Die Familie verbindet ihre Mitglieder in einem Zusammenhang des intimen Gefühls, der Kooperation und der gegenseitigen Hilfe. Im Gegensatz zur Familie der Tierwelt, die weitgehend zur Zeugung der Nachkommenschaft bestimmt ist (Zeugungsfamilie), dient die menschliche Familie vor allem dem Aufbau der sozial-kulturellen Persönlichkeit ihrer Nachkommen. Hierzu gehört in unserer Gesellschaft die Ausbildung der Persönlichkeitsstruktur, der sozialen Verhaltensweisen, der Sprache, des Gewissens und der Wertvorstellungen. Aus den verschiedenen Entwicklungsstufen (Großfamilie; matriarchalische und patriarchalische Sippenordnung; christliche Familie) ist die heutige Form der Gatten – oder Kernfamilie entstanden, die sich sowohl auf dem Lande wie auch in der Stadt durchgesetzt hat und nur aus den Erwachsenen und den unmündigen Kindern besteht.

Ein allgemeines Kennzeichen der Familie in der industriellen Gesellschaft ist ihr ständiger Funktionsverlust. Durch das Auftreten der ›aushäusigen‹ Arbeit (bei den Männern schon um 1800 beginnend, bei Frauen erst seit ca. 40 Jahren) vollzog sich eine Trennung von Arbeitswelt und Privatwelt, die zu einer wachsenden sogenannten ›Verinnerlichung‹ der Kleinfamilie führte. Mit anderen Worten: Zu einer wachsenden Intimität der Familie in einem von den übrigen gesellschaftlichen Bereichen isolierten Bereich. Immer mehr wesentliche Aufgaben werden an den Staat abgegeben, – an den Kindergarten, die Schule, die Fürsorge, die Kranken- und Altersversicherung, die Polizei etc.

Heute sieht sich der einzelne weder im familiären Innenbereich noch in den gesellschaftlichen Außenbereichen (mit den unterschiedlichsten Rollenanforderungen an ein und dieselbe Person) fest verwurzelt. Ihm stehen eine Vielzahl von Aufgaben gegenüber, die für ihn gegensätzliche Ansprüche und Pflichten bedeuten. Die dadurch gegebene Verhaltensunsicherheit wird noch verstärkt durch eine mangelnde Übereinstimmung der angebotenen Regeln, wie »man« leben und welche Ziele »man« anstreben soll (sogenannte Leitbilder).

Zwar werden auf der einen Seite Existenzbedürfnisse durch außerfamiliäre Instanzen ›erledigt‹ – etwa durch die Vorsorge für Alter und Krankheit – auf der anderen Seite aber formulieren diese Institutionen ständig neue Bedürfnisse, die konfliktreiche Auseinandersetzungen zwischen den traditionellen und den neuen Ansprüchen hervorrufen. Vor allem auch aus dieser Tatsache ergeben sich für die Industriegesellschaft typische Gefährdungen der Familie.

Dennoch gibt es zweifelsohne heute eine Reihe von Ansätzen neuer Formen des familiären Zusammenlebens, die im Gegensatz zu früher auch den Bedürfnissen der Frau und Mutter entgegenkommen. Immer mehr Männer z. B. halten an der traditionellen Arbeitsteilung, die typisch »mütterliche« bzw. »hausfrauliche« Tätigkeiten anbietet, innerhalb der eigenen Familie nicht mehr fest. Viele Kleinfamilien versuchen zudem ihre Isolierung, die auch für die (durchschnittlich wenigen) Kinder Gefahren birgt, durch neue Formen des Zusammenlebens zu durchbrechen, die der Emanzipation sowohl der Ehepartner voneinander als auch der Kinder von ihren Eltern dienen. Überall werden gegenwärtig zu diesem Zweck Initiativkreise, Eltern-Kinder-Gruppen und Wohngemeinschaften verschiedener Richtung gegründet, die auf dem Prinzip gegenseitiger Hilfeleistung und des Verständnisses für die Probleme des anderen beruhen. An der gegenwärtigen gesellschaftlichen Realität gemessen, sind diese Modelle jedoch zur Zeit noch nicht mehr als zaghafte Versuche, deren vorerst nur abstrakter Einfluß – unterstützt durch Funk und Fernsehen – aber nicht unterschätzt werden sollte.

Die Raumnutzung unserer Städte

Schon eingangs haben wir festgestellt, daß jedem technischen Entwicklungsstand und damit gleichzeitig der jeweiligen Stufe der industriellen Produktion und Gesellschaftsform auch eine ganz bestimmte räumliche Entwicklungsphase entspricht.

Es ist auffällig, wie im Zentrum der westlichen Großstädte ganz bestimmte, stark spezialisierte Nutzungen vorherrschen. Öffentliche Verwaltungen, Banken, Börsen, Versicherungsgesellschaften und Einkaufsquellen des gehobenen Konsums haben Privatmieter, Kleingewerbe und Handwerktreibende aus den günstigen Standorten wie etwa dem Stadtzentrum verdrängt und Freiräume, Parks und öffentliche Plätze geschluckt.

Am Anfang des 20. Jahrhunderts richtete sich zunächst das städtebauliche Interesse ausschließlich auf die Verbesserung der Wohnverhältnisse. Ebenezer Howard's Buch »The Garden-Cities of Tomorrow« (1898) fand im Zusammenhang mit romantischen »Zurück-zur-Natur-Bewegungen« ein weltweites Echo, da es den unterschiedlich motivierten Reformwilligen erstmals eine konkrete Lösung ihrer Probleme anbot. Mit der Gartenstadtidee von Howard wurden die städtischen Grünflächen ihrer bis dahin ausschließlich repräsentativen Aufgabe entkleidet und als rationales, ideologisches Moment in die Stadtplanung mit einbezogen. Während sich Howard jedoch eine in ihren Ausmaßen klar begrenzte Landschaft mit hoher Wohndichte (225 Einwohner je Hektar Nettobauland) vorstellte, die die Vorteile des städtischen und ländlichen Lebens optimal kombinieren sollte, wurde in Deutschland der eigentliche Gartenstadtgedanke durch ausufernde Gartenvorstädte verfälscht. Das irrtümlich angenommene Kleinstädtische und Industriefeindliche seines Wohnideals, machten ihn deutschen bodenbesitzenden Kreisen verdächtig. Dennoch blieb sein ideologischer Einfluß in der Stadtplanung bis heute erhalten.

Wesentlich unterstützt wurde dieses Gliederungsprinzip – wie auch vor allem die städtebauliche Entwicklung im Nachkriegsdeutschland – durch die sogenannte Charta von Athen (CIAM, 1933), deren Programm einer strikten räumlichen Trennung der verschiedenen städtischen Funktionen »Arbeit«, »Freizeit«, »Wohnen« und »Verkehr« die

Trabantenstadt Nürnberg-Reichelsdorf: Auch im Fränkischen wachsen Hochhäuser in die Wälder hinein.

Städtebaupraxis nachhaltig und bis heute sichtbar beeinflußte. In dem Maße allerdings, in dem die Stadt gegenwärtig in abgegrenzte – auf eine Nutzung spezialisierte – Bereiche zerfällt; man also hier wohnt, dort arbeitet, woanders einkauft und die Vergnügungszentren aufsucht; in dem Maße isolieren sich ebenfalls diese einzelnen Lebensbereiche voneinander. Selbst die Wohngebiete spezialisieren sich im Extrem zu reinen Schlafvororten, in denen die durch Film und Fernsehen berühmt-berüchtigten »grünen Witwen« tagsüber unter sich sind. So kann sich eigentlich »städtisches Leben« nirgends mehr abspielen, denn hierunter versteht man ja gerade die Vielfalt des täglichen Geschehens: das Aufeinandertreffen unterschiedlicher Bewohnertypen, das abwechslungsreiche Nebeneinander verschiedener Flächennutzungen, keine Verkehrsstoßzeiten, etc. Die meisten Probleme der heutigen Städte haben hier ihre entscheidende Ursache. Gleichzeitig unterstützen Stadtplaner und die bestehenden Bau- und Planungsgesetze die einseitige Nutzung der Stadtteile. So gibt es reine Geschäfts- oder Behördenviertel, in denen man keine Wohnungen bauen darf – aufgrund der durch Spekulation hochgetriebenen Bodenpreise allerdings auch gar nicht könnte. Auf der anderen Seite existieren dann die reinen Wohngebiete, in denen sich nur Geschäfte des täglichen Bedarfs finden. So wirken diese Bereiche, weil sie ökonomisch gleichförmig genutzt werden, meist monoton und langweilig.

Modell des Märkischen Viertels in Berlin. Unten links: Wohnblocks.   Rechts: Eingang zu Nr. 150

Asozialer Wohnungsbau

Im Jahre 1953 waren 56% der Neubauwohnungen sogenannte Sozialwohnungen, deren Bau mit öffentlichen Mitteln gefördert worden war. Es war das Anliegen des Sozialen Wohnungsbaues, möglichst schnell möglichst viel Wohnraum zu schaffen. Auf Anlage und Ausstattung der Wohnungen wurde erst in zweiter Linie Wert gelegt. So hatte fast ein Viertel der 1953 erbauten Sozialwohnungen kein Badezimmer. Erst in den darauffolgenden Jahren wurden Qualität und Ausstattung der Sozialwohnungen verbessert. Bis heute aber vermissen die Bewohner der großen Neubausiedlungen Gemeinschaftseinrichtungen – seien es Kneipen, Kinos oder Kindergärten –, ohne die jede Zusammenballung von Wohnraum sich als asoziales Gefüge erweisen muß. Die Bilder auf dieser Seite stammen aus dem Märkischen Viertel in Berlin, einem 1963 im Norden der Stadt angelegten Neubaugebiet für 50000 Einwohner.

Fassade eines modernen Wohnblocks. Darunter: Spielende Kinder vor dem Klingelbrett

Städtebau der Nachkriegszeit

Die städtebauliche Konzeption der deutschen Nachkriegszeit mußte sich vor allem am schnellen Wiederaufbau orientieren, ästhetische Gestaltungsfragen rangierten zunächst an zweiter Stelle.

Die Vorstellungen der Stadtplaner kreisen in den folgenden Jahrzehnten um eine »aufgelockerte«, »durchgrünte«, »entkernte« oder »entballte« »Stadtlandschaft«, die sich als Konsequenz der auch politisch unterstützten Eigenheimbewegung (Ideologie der »sozialen Sicherheit« im Nachkriegsdeutschland) bis ins weitere Umland hineinzog.

Die Auswirkungen für die Freiflächen zwischen den einzelnen Siedlungskernen und die betroffenen Städte selbst sind bis heute sichtbar: weite Entfernungen zwischen Wohn- und Arbeitsstätten, Verkehrsprobleme, leere Innenstädte, Siedlungen »auf grüner Wiese«, die ohne die notwendige Einbindung in den Gesamtraum und ohne städtische Dichte häufig zu reinen Schlafvororten degradiert werden.

Als Gegenreaktion auf diese unerwünschten Trends folgte eine theoretische und praktische Neuorientierung des Städtebaus, die allerdings nicht selten die alten Prinzipien lediglich umkehrt: Statt »Entballung« und »Funktionstrennung« der Charta von Athen nun »Verdichtung« und »Mischung der Funktionen«, statt »Auflockerung« das neue Zauberwort der »Urbanität« – und die möglichst überall; weiter eine stärkere Förderung des Mietbaus und hoher Wohndichten und in der Grünplanung der weitgehende Verzicht auf das sogenannte »kleine Grün«, das kaum rechte Funktionen wahrnehmen kann, sondern praktisch nur dazu dient, die Abstandsflächen zwischen den Wohnbauten zu füllen.

Statt der Verzettelung des städtischen Grüns durch grüne Mitten, kleine Attraktionspunkte und dünne Grünkeile, die sich ring- und strahlenförmig durch die Städte ziehen, richtet sich gegenwärtig das Augenmerk der Grünplanung mehr auf den Schutz und die Pflege größerer stadtnaher und stadtinterner Erholungsgebiete. Zwischen den Extremen einer totalen städtischen Konzentration in einigen Verdichtungsgebieten und einer ziellosen, von der Eigenheimideologie gestützten ›Zersiedelung‹ der Landschaft fanden sich Kompromißlösungen: vor allem die einer teilweisen Dezentralisierung durch Satellitenstädte bzw. nutzungsintensiver Vororte oder die z. Z. gültige Konzeption einer abgestuften Anordnung vieler zentraler Orte unterschiedlicher Größe an regionalen Verkehrsbändern bzw. in Netzstrukturen.

Allerdings sind durch die ungezielte, planlose räumliche Entwicklung schon viele Möglichkeiten verspielt bzw. könnten nur durch erheblichen Finanzaufwand rückgängig gemacht werden. Als Beispiel kann hier die räumliche Entwicklung außerhalb der Städte gelten.

Neue Strukturen der Landschaft

Von dem traditionellen Ideal einer sanften, bäuerlich genutzten Landschaft wird nämlich in der Realität der Zukunft kaum mehr viel zu spüren sein, obwohl dieses Ideal bis heute bestimmend für die Landschaftsgestaltung ist. Schon eine unter Rentabilitätsgesichtspunkten vorangetriebene, großflächige landwirtschaftliche Nutzung, wie sie ganz sicher für den ganzen EWG-Raum zu erwarten ist, wird zu neuen Strukturen von Landschaft und Technik führen.

Schon heute kann als eindrucksvolles Beispiel dafür die holländische Landschaft der sogenannten »Glasstadt« zwischen Haag und Hoek van Holland genannt werden: ein Gebiet, das quadratkilometerlang dicht an dicht mit Treibhäusern »bepflanzt« ist. Ein anderes Beispiel für die der wachsenden Bevölkerungsziffer angepaßte landwirtschaftliche Intensivwirtschaft ist der sog. »hydroponische« Ackerbau, der sich allerdings z. Z. noch im Versuchsstadium befindet. Es handelt sich hier um die Kultivierung von Pflanzen in sterilem Sand mit Nährlösungen. Eine dem Asphalt ähnliche Schicht, die gleichmäßig über den Boden verteilt ist, garantiert beim Freilandgemüsebau Wärmespeicherung und gleichbleibenden Feuchtigkeitsgehalt. Das Wachstum wird positiv beeinflußt.

Der Anblick solcher Landschaften mag für das ungeschulte Auge zwar erschreckend sein, aber die Konkurrenzwirtschaft kann sich schlechte Böden und schlechte Witterung eben immer weniger leisten. In den neuen Poldern der Niederlande plant man z. Z. schon ganz konkret sogenannte ›Agrostädte‹, in denen die Landwirtschaft industriell betrieben wird. Damit entsteht gleichzeitig ein neuer Typ des Landwirts.

Wenn für die BRD entsprechendes Material zusammengestellt würde, wäre man wahrscheinlich überrascht, in welchem Umfang die sog. ›freie‹ Landschaft bei uns schon ›verkauft‹ ist. Statistisches Material fehlt noch oder ist nur in mühsamer Kleinarbeit zusammenzutragen. In Bayern zum Beispiel, diesem Bundesland mit dem so hohen Freizeitwert, ergriff ein Bürger per Fahrrad und Auto die Initiative. Er lieferte der Regierung, die nach der Verfassung (§ 141, Abs. 3) verpflichtet ist, die Zugänge zu den Bergen, Seen, Flüssen und sonstigen landschaftlichen Schönheiten

In den Jahrzehnten nach dem Wiederaufbau kreisen die Vorstellungen der Stadtplaner um »Entballung« und »Entkernung« der Stadtzentren. Wie hier in Düsseldorf wurden Parkflächen und kreuzungsfreie Autostraßen auch durch Innenstädte und Kernbebauung gezogen.

Städte der Zukunft

Neue Wohnformen wie dieses Einfamilienhaus aus Kunststoff tragen noch immer Experimentier-Charakter. Gegenüber dem Innovationstempo technischer Entwicklungen in anderen Lebensbereichen erscheint der Bausektor bemerkenswert konservativ.

der Allgemeinheit freizuhalten, einen Bericht über die wirkliche Situation an den Ufern der 20 größten bayrischen Seen ab. Die 20 von ihm umfahrenen Seen haben insgesamt eine Uferlänge von 330 Kilometern, davon sind 83 km, d. h. ein Viertel, als Privatufer häufig bis in den See hinein eingezäunt, 104 km unzugängliche Schilfufer, 8 km Steilufer und ganze 135 km offen für die Allgemeinheit. Der kleine, 30 Kilometer von München entfernte Wörthersee ist zu 95 Prozent in Privatbesitz, nur 300 Meter sind fürs Volk; der Pilsensee zu rund 50 Prozent; Staffelsee, Ammersee und der bayrische Teil des Bodensees sind zwischen 44 und 47 Prozent Privatbesitz; der Starnberger See hat 30 Prozent Privatufer, der Tegernsee 22 Prozent. Der bayrische Staatsbürger forderte seine Regierung auf, ein Gesetz zur Schaffung von Uferschutzstreifen, ein Bauverbot und ein staatliches Vorkaufsrecht bei allen Besitzänderungen zu schaffen.

Indirekte Möglichkeiten der Regierung, den Preis der reizvollsten Seeufergrundstücke niedrig zu halten und damit der Bodenspekulation zu entziehen, bestehen allerdings gegenwärtig lediglich in der Anfertigung von gemeindlichen Flächennutzungsplänen, in denen schön gelegene Grundstücke als nicht zu bebauende ausgewiesen werden.

In Nordrhein-Westfalen, wo zum Beispiel 60 Prozent aller Waldflächen in Privatbesitz sind, wurde erst vor kurzem mit dem neuen Forstgesetz die ›Öffnung des Waldes für alle‹ durchgesetzt. In Zukunft darf kein Waldbesitzer Besucher mehr daran hindern, seinen Wald zu betreten. Allerdings drohen bei »schlechtem Benehmen« Ordnungsstrafen und Bußgelder. Daß diese Vorschrift des nordrhein-westfälischen Forstgesetzes erst jetzt verabschiedet und außerdem als einmalig für die Bundesrepublik gilt, verdeutlicht die Situation. Der Respekt vor dem privaten Eigentum ist noch viel zu groß, als daß eine befriedigende Lösung für alle wirklich gefunden werden könnte.

Bei den gegenwärtigen städtebaulichen Modellen kommt man offensichtlich über bauliche Dringlichkeitslösungen, die der Beschaffung von Wohnraum für die ständig wachsende Bevölkerung dienen, nicht hinaus. Unsere modernen Städte unterscheiden sich erstaunlicherweise in Baumaterial und Bauformen nicht sonderlich von den Städten von gestern. Obwohl sich die Umschlaggeschwindigkeit für technische Erfindungen und Neuerungen ständig erhöht, hat sich dies kaum in gleichem Umfang auf die benutzten Baumaterialien übertragen.

Heute noch utopisch anmutende Stadtmodelle gibt es allerdings genug. Nur einige Beispiele können an dieser Stelle angeführt werden; so zum Beispiel die weiße Kuppel bzw. der Ballon, der vor einiger Zeit in Pleumeur Boudon/Frankreich mitten im bretonischen Landschaftsbild auftauchte; die spinnwebartigen Konstruktionen der 20 bis 30 bewohnbaren Eifeltürme, die untereinander mit Stahlkabeln verbunden sind, die – nach Frei Ottos Aussagen – eine Spannweite von 25 bis 40 Kilometern erreichen könnten, während die Spannweite der z. Z. noch verwendeten üblichen Stahlbetonbogen aufgrund zu großen Eigengewichts nur höchstens 2,5 Kilometer beträgt. Ganze Autostraßen könnten an diese neuen Konstruktionen angehängt werden, so daß die darunter liegende Landschaft unberührt bleiben könnte.

Überhaupt werden die klassischen Werkstoffe der Architektur Stahl und Beton in Zukunft immer mehr abgelöst von leichten Baumaterialien wie Glas, Aluminium und Kunststoff. Die Lichtdurchlässigkeit erlaubt transparente Lösungen; die Leichtigkeit unregelmäßige anregende Kurven und Formen zu gleichem Preis – wenn man den Architekten Glauben schenken will. Auch die Vorfabrikation leicht montierbarer Großwohnraumkomplexe wird dadurch erleichtert. Weitere Beispiele sind ›aufblasbare‹ Häuser (Walter Bird-USA); Avenuen von 250 Meter Höhe, die zum Beispiel fünf Plattformen im Abstand von 40 Metern miteinander verbinden und damit fünf von der Erde abgehobene Plätze für jeweils mindestens vier Gebäude schaffen könnten (Bernhard Zehrfuss/Rond-Point de la Defense bei Paris), die Ausblicke über die Stadtlandschaft – unabhängig vom Verkehr – bieten würden; die »Brückenstädte« von Yona Friedman, für die er die verschiedensten Pläne entworfen hat wie zum Beispiel für die zukünftige Überbrückung des Ärmelkanals; die Schaffung bedeutender Zentren in Schwarzafrika sowie die Ausdehnung von Wohngebieten auf Wasserflächen, die für den Schiffsverkehr nicht zu erhalten sind.

Für eine eventuelle Überbrückung des Ärmelkanals hat man beispielsweise errechnet, daß sie rentabel wäre bei einem Verkehrsaufkommen von 100 000 Touristenautos, 120 000 Güterwaggons und 2 Millionen Personen pro Jahr. Aus dieser Brücke will beispielsweise Yona Friedman eine schwebende Hafenstadt machen, die als mehrschichtige Raumstruktur mit durchschnittlich acht Geschossen in ca. 60 Meter Höhe über dem Meer liegen könnte und über Häfen mit Güterbahnhöfen, Industrien, Autobahnen, Wohnflächen für Personal und Touristen etc. verfügen würde.

Aber es muß abschließend doch festgestellt werden, daß es nicht genügt, der städtebaulichen Praxis hier und da Verbesserungen vorzuschlagen: die Stadtplanung muß – aus der historischen Entwicklung heraus – begreifen, daß politisch-ökonomische Bedingungen die Grundlage sind für die räumliche Struktur der Städte und ihres Umlandes und daß daher zuerst diese Grundlagen verändert werden müssen, wenn Fortschritte erreicht werden sollen.

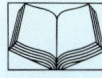

Bahrdt, H. P., Humaner Städtebau, Hamburg 1968.
Grossmann, H., Bürgerinitiativen. Schritte zur Veränderung. Fischer Verlag, Frankfurt/M. 1971.
Jacobs, J., Tod und Leben amerikanischer Städte, Berlin 1963.
Korte, H. (Hrsg.), Soziologie der Stadt. Grundfragen der Soziologie, Bd. 11, München 1972.
Krymanski, Renate, Die Nützlichkeit der Landschaft. Überlegungen zur Umweltplanung, Düsseldorf 1971.
Mitscherlich, Alexander, Die Unwirtlichkeit unserer Städte, Frankfurt/M. 1966.
Schäfers, B. (Hrsg.), Gesellschaftliche Planung. Materialien zur Planungsdiskussion in der BRD. Stuttgart 1973.
Vilmar, F./Kapp, K. W. (Hrsg.), Sozialisierung der Verluste? München 1972.
(Gegenwärtig liegt zu den in diesem Kapitel behandelten Problemen eine schon fast nicht mehr überschaubare Literatur vor. Die hier angegebenen Bücher sind neueren Datums, untersuchen aktuelle Fragen auf allgemeinverständliche Weise und sind in den meisten Fällen als Taschenbücher zu erschwinglichem Preis leicht zugänglich.)

Hans-Werner Prahl
Rose Marie Hansen

Freizeit – Geschenk der Technik

Der griechische Philosoph Aristoteles erkannte, daß die Spartaner immer dann stark waren, wenn sie Krieg führten. In Friedenszeiten jedoch, in denen sie sich der Muße widmen konnten, brach ihr Reich zusammen. Die Gesellschaft der Spartaner war nicht in der Lage, die freie Zeit zu ertragen, die Freizeit bedrohte ihr System.

Zweieinhalb Jahrtausende später klagen andere Gesellschaften über ähnliche Symptome. Nämlich in den hochentwickelten Gesellschaften, insbesondere in den Vereinigten Staaten von Amerika, wo die Arbeitszeit immer mehr verkürzt worden ist und teilweise nur noch vier Tage in der Woche dauert, klagen zahlreiche Arbeiter über unerklärliche Krankheiten, viele Familien werden zerrüttet und bisher unterdrückte Konflikte brechen offen aus.

Die von vielen Menschen ersehnte Vermehrung der arbeitsfreien Zeit erweist sich keineswegs immer als Segen, sondern oft genug als Fluch. Zwar sprechen Zukunftsforscher von einem »Leben ohne Arbeit« und malen die Vision einer »totalen Freizeitgesellschaft«, doch fehlt es nicht an Mahnern, die vor den Gefahren einer vermehrten Freizeit warnen. Denn die freie Zeit, welche zwischen Arbeit und Schlaf noch übrig bleibt, ist allen menschlichen Gesellschaften seit jeher ein Problem gewesen. Nur wird dieses Problem in der zweiten Hälfte dieses Jahrhunderts besonders deutlich sichtbar, weil die arbeitsfreie Zeit gemessen an dem extrem arbeitsreichen neunzehnten Jahrhundert besonders stark zugenommen hat. Dagegen haben frühere Jahrhunderte mitunter noch bedeutend mehr Freizeit gekannt als unsere Gegenwart.

In der Antike und bei den primitiven Agrarvölkern etwa machten die arbeitsfreien Tage fast die Hälfte eines Jahres aus. Diese Freizeit war teils durch Natur und Witterung bedingt, teils als Fasten- und Festtage religiös bestimmt.

Griechenland: Feiern ohne Frauen

Im hellenistischen Griechenland war fast ein Drittel des Jahres für Theatervorführungen, politische Aktivitäten, Gerichte und Festlichkeiten reserviert. Der alte römische Kalender zählte schließlich sogar rund die Hälfte eines Jahres als Feiertage. Diese Tage sollten der Muße dienen und dabei vor allem Kunst, Religion und Politik fördern. Einer besonderen Gesellschaftsklasse, der müßigen Klasse, oblag die Kultivierung der Muße; Priester, Schauspieler und Krieger sollten sogar ausschließlich diesen nichtproduktiven Aufgaben dienen. Arbeit, Kult und Spiel waren noch nicht – wie in späteren Gesellschaften – deutlich voneinander getrennt, sondern miteinander vermischt. Jedoch galt dies nicht für alle Menschen. Die Sklaven und Frauen hatten keineswegs an allen Festtagen teil; es blieb ihnen die Teilnahme an den meisten religiösen, kulturellen und politischen Veranstaltungen verwehrt. Denn – so wurde von den Griechen argumentiert – die Sklaven würden in ihrer freien Zeit nur danach trachten, ihre Herren umzubringen, und die Frauen würden in Zügellosigkeit verfallen. Muße war das Privileg der Freien.

Und das blieb auch im Mittelalter so. Die Masse der Leibeigenen war von den religiösen Feierlichkeiten und höfischen Festen ausgeschlossen. Sie mußten tagaus, tagein den Boden der Grundbesitzer bearbeiten und die Ernte einbringen. Doch sorgten die langen Winter, Schlechtwetterperioden und höheren Feiertage dafür, daß auch für sie wenigstens ein Teil des Jahres arbeitsfrei war. Allerdings war für andere Gesellschaftsgruppen der Anteil an arbeitsfreier Zeit noch erheblich größer. Die Handwerker des dreizehnten Jahrhunderts hatten in vielen Teilen Europas neben den rund 140 Sonn- und Feiertagen durch Privilegien zusätzlich 30 Urlaubstage garantiert. Sie mußten also nur wenig mehr als ein halbes Jahr arbeiten, ihr Arbeitstag dauerte dafür allerdings zwischen zwölf und sechzehn Stunden.

Noch größer war die arbeitsfreie Zeit jedoch am Hofe, dem damaligen Zentrum der Macht. Hier war mehr als die Hälfte des Jahres mit Festlichkeiten, Ritterturnieren, Theateraufführungen und Musikdarbietungen ausgefüllt.

Diese höfische Kultur war freilich nur für einen kleinen Teil der Bevölkerung, nämlich für Adel, Klerus und Hofbeamte, bestimmt. Der größere Teil der Bevölkerung war von diesen nichtproduktiven Tätigkeiten ausgeschlossen. Jedoch blieb auch den Handwerkern und Bauern, die zu jener Zeit das Gros der Bevölkerung ausmachten, durch Zunftbestimmungen oder Naturbedingungen ein großer Teil an arbeitsfreier Zeit. Denn ihre Tätigkeiten waren wenig spezialisiert, die Arbeitsvorgänge kaum zerlegt und daher nicht der strikten Produktionsdisziplin unterworfen – wie später in der Industrie. Zum guten Teil vollzog sich diese Arbeit im Hause des Handwerkers oder auf dem Hofe des Bauern, Arbeitsplatz und Wohnung waren nicht voneinander getrennt, Arbeit und Freizeit gingen ineinander über. Da Handwerker und Bauern noch ihr Arbeitsprodukt im Ganzen übersehen konnten und nicht bloß Teilfunktionen verrichten mußten, flossen schöpferische und spielerische Elemente in die Arbeit ein, es kam daher nicht zur schroffen Trennung von Arbeit und Freizeit.

Die 75-Stunden-Woche

Doch änderte sich dies allmählich. Seit dem 15. Jahrhundert setzte in Europas Handwerk, Handel und Landwirtschaft die Produktion für größere Märkte ein; es mußte immer mehr menschliche Arbeitskraft eingesetzt und der Arbeitsvorgang rationeller gestaltet werden. Daher stieg die durchschnittliche Arbeitszeit bis zum 19. Jahrhundert stark an, die arbeitsfreie Zeit sank im gleichen Maße. Der Arbeitstag dauerte schließlich 12 bis 14 Stunden, zeitweilig sogar 16 bis 18 Stunden, und das an sechs oder sieben Tagen in der Woche. Die Zahl der Feiertage wurde stark reduziert, und auch das durch Zünfte und Gesetze festgelegte Verbot der Sonntags- und Nachtarbeit wurde schließlich aufgehoben. Mit der Industrialisierung verschwand für breite Bevölkerungsschichten die arbeitsfreie Zeit fast völlig, das Leben bestand für viele Menschen fast nur noch aus Arbeit und Schlaf; Freizeit, Muße waren ihnen unbekannt. Als Karl Marx in der Mitte des vergangenen Jahrhunderts sein Kommunistisches Manifest verfaßte, betrug die durchschnittliche Arbeitswoche 75 Stunden – und dies für Männer und Frauen und in vielen Fällen auch für Kinder.

Zeit für Urlaub und Erholung waren in dieser Zeit nicht vorgesehen und auch die Zahl der Feiertage war auf ein Minimum geschrumpft. Die menschliche Arbeitskraft wurde rigoros ausgenutzt, der Arbeitsprozeß selbst war in viele Einzelverrichtungen zerlegt und strikter Disziplin unterworfen. Die industrielle Arbeit war bar aller schöpferischen und spielerischen Elemente, die Kluft zwischen der Fabrikarbeit und der knappen Freizeit war tief. Damit aber erhielt das Verhältnis zwischen Arbeit und Freizeit für einen großen Teil der Bevölkerung eine neue Bedeutung, die Forderung nach mehr arbeitsfreier Zeit wurde zu einem vordringlichen Anliegen. Denn die Zahl der Industriearbeiter wuchs besonders rasch; sie wurden bald zur größten Bevölkerungsgruppe. Daneben wuchs aber auch die Angestelltenschaft, deren Arbeitszeit ähnlich lang war. Selbst die einst-

Der »Kampf um die Freizeit«

mals »müßige Klasse« war betroffen, denn die Beamten und Wissenschaftler mußten eine beträchtliche Einbuße ihrer Freizeit hinnehmen. Mit der Industrialisierung war nämlich eine starke Bürokratisierung von Wirtschaft, Staat und Wissenschaft verbunden, und dies führte dazu, daß selbst die Beamten, Angestellten und Wissenschaftler den Prinzipien der Massenproduktion und kaufmännischen Kalkulation unterworfen waren, wodurch sich deren Arbeitszeit ausdehnte. Diese starke Ausweitung der Arbeitszeit betraf zum ersten Mal in der Geschichte fast alle Bevölkerungsschichten, und umgekehrt wurde damit für die überwiegende Mehrzahl der Bevölkerung die verbleibende freie Zeit auf ein Minimum reduziert. Eben deshalb aber war die Freizeit für die meisten Menschen ein kostbares Gut, ein erstrebenswertes Ziel. Anders als in früheren Gesellschaften, in denen ohnehin immer nur eine schmale »müßige Klasse« ein Recht auf Freizeit hatte, wurde seit dem 19. Jahrhundert der Kampf um mehr Freizeit zu einem Ziel der Bevölkerungsmehrheit. Freizeit war nicht mehr mit der antiken Muße oder den mittelalterlichen Feier- und Ruhetagen identisch, sie nahm auch quantitativ eine neue Dimension an.

In den langen Kämpfen, welche die sich allmählich organisierende Arbeiterschaft seit der Mitte des 19. Jahrhunderts führte, stand nicht so sehr die Forderung nach mehr Lohn oder besseren Arbeitsplätzen im Mittelpunkt, sondern vielmehr die Verringerung der Arbeitszeit und damit die Vermehrung der Freizeit. Der »Kampf um die Freizeit«, wie eine Parole von 1880 hieß, führte schließlich dazu, daß die durchschnittliche Arbeitszeit von mehr als 72 Stunden pro Woche (sechs Tage mit jeweils zwölf Arbeitsstunden) im Jahre 1880 auf gegenwärtig 40 Wochenstunden (fünf Tage à acht Stunden) verkürzt wurde.

Im Jahre 1875 entstand Adolph von Menzels Gemälde »Eisenwalzwerk«. Für Arbeiter galt die 75-Stunden-Woche.

Dabei lag die stärkste Verringerung jedoch schon zwischen 1880 und 1920, denn in Westeuropa wurde bereits 1920 die 48-Stunden-Woche gesetzlich verankert. Die weitere Verkürzung der Arbeitswoche um zusätzlich acht Stunden benötigte noch einmal fast ein halbes Jahrhundert. Die Verringerung der Arbeitszeit, die inzwischen in allen Wirtschaftsbereichen durchgeführt wurde, war aber nicht allein auf den Kampf der organisierten Arbeiterschaft zurückzuführen. Vielmehr erlaubte auch die starke Technisierung der Produktion eine Entlastung der menschlichen Arbeitskraft, die mit den Maschinen nicht mehr ernstlich konkurrieren konnte. Stattdessen mußte die Arbeitsfähigkeit höher qualifiziert werden, was eine längere Vorbereitungszeit erforderlich machte. Zudem erkannte man, daß die menschliche Arbeitskraft effektiver eingesetzt werden konnte, wenn auch entsprechende Zeit nur Erholung, also zur Reaktivierung der verbrauchten Kräfte, zur Verfügung gestellt wurde. Denn es machte sich auch bemerkbar, daß die Arbeitskraftreserven – das im 19. Jahrhundert noch schier unerschöpflich erscheinende Heer der Arbeitswilligen – erschöpft war. Deshalb konnten die Arbeitenden nicht so rigoros ausgenutzt werden, denn es stand keine »industrielle Reservearmee« mehr zur Verfügung, um die verbrauchten Arbeiter zu ersetzen. – Diese Faktoren haben dazu beigetragen, daß die Arbeitszeit für die Mehrheit der Bevölkerung in den vergangenen hundert Jahren fast halbiert werden konnte.

Hinzu kamen noch wichtige Veränderungen in der Wirtschafts- und Gesellschaftsstruktur, die den Gesamtumfang der Freizeit

I. Effektive wöchentliche Arbeitszeit (Durchschnitt des Industriearbeiters) in Stunden

	1850	1890	1910	1938	1940	1960	1964	1966
USA	72	60	54	44	40	40	–	37
Deutschland	85	66	59	48,5	49	46	41,4	40,1

Freizeit – Geschenk der Technik

beträchtlich erhöhten. So gingen die arbeitsintensiven Tätigkeiten – vor allem in Landwirtschaft und Handwerk – stark zurück. Aber auch die Zahl der alten Menschen, die noch im vergangenen Jahrhundert bis zum Ende ihrer körperlichen Leistungsfähigkeit gearbeitet hatten, ging durch die gesetzliche Einführung der Pensionsgrenze am Anteil aller Beschäftigten zurück. Schließlich wurde auch die Ausbildungszeit immer mehr verlängert, wodurch sich für die Jugendlichen der Eintritt in den Arbeitsprozeß weiter hinausschob. Für Jugendliche und Alte entstanden somit größere arbeitsfreie Zeiträume, die wenigstens teilweise als Freizeit genutzt wurden. Der Gesamtumfang an Freizeit wuchs auf diese Weise in den meisten industrialisierten Gesellschaften.

Durch die genannten Entwicklungstendenzen begünstigt, vollzog sich die Ausweitung der arbeitsfreien Zeit in drei großen Schüben. Zunächst ging es seit dem Ende des 19. Jahrhunderts um die Verkürzung des Arbeitstages. Der damals zwischen 14 und 18 Stunden während Arbeitstag wurde in langen Kämpfen zunächst auf 12, dann auf 10 und schließlich auf 8 Arbeitsstunden verringert.

Doch schon bald ging es nicht mehr allein um die Verkürzung des Arbeitstages, sondern um die Reduzierung der Arbeitswoche. Diese hatte auf dem Höhepunkt der Industrialisierung in manchen Ländern volle sieben Tage umfaßt. Allgemein wurde die Sechstagewoche erst nach dem ersten Weltkrieg durchgesetzt. Zwischen dem ersten und dem zweiten Weltkrieg wurde dann auch die Arbeitszeit am Sonnabend immer mehr verkürzt und für einige Branchen ganz aufgehoben.

Erst zwischen 1950 und 1970 wurde in Europa und den USA die Fünftagewoche für nahezu alle Beschäftigten durch Gesetze oder Tarifverträge abgesichert. In den USA werden gegenwärtig bereits Versuche mit der Viertagewoche unternommen, allerdings ist dabei die tägliche Arbeitszeit wieder auf zehn Stunden verlängert worden. Ebenfalls seit dem ersten Weltkrieg setzte eine dritte Entwicklungsphase ein, die auf eine Verkürzung des Arbeitsjahres abzielte. In Westeuropa und den USA wurde ein bezahlter Mindesturlaub gesetzlich garantiert, der im Laufe der Zeit auch in fast allen anderen Industrieländern üblich wurde. In den letzten Jahren ist der garantierte Mindesturlaub noch verlängert und auf alle abhängig Beschäftigten, also Arbeiter, Angestellte und Beamte, ausgedehnt worden. Die gegenwärtigen Bestrebungen laufen darauf hinaus, weitere arbeitsfreie Zeit für Erholung, Gesunderhaltung und Fortbildung durch Gesetz oder Tarifvertrag abzusichern.

Alle diese Entwicklungen haben dazu geführt, daß gegenwärtig in den meisten Industrieländern die arbeitsfreie Zeit rund ein Drittel eines Jahres ausmacht. Die durchschnittliche Arbeitszeit beträgt etwa 200 bis 220 Tage pro Jahr mit jeweils acht Arbeitsstunden. Gemessen an den überlangen Arbeitszeiten des 19. Jahrhunderts bedeutet dies eine ganz erhebliche Verkürzung der täglichen, wöchentlichen und jährlichen Arbeitszeit, und die Schlagworte von der »Massenfreizeit« und der »modernen Freizeitgesellschaft« scheinen hier ihre Bestätigung zu finden.

Zeitmangel als Prestige

Allerdings sind längst nicht alle Bevölkerungsgruppen von dieser Entwicklung in gleichem Maße betroffen. Vielmehr differiert die Freizeit stark nach der Stellung im Beruf, dem Alter und dem Geschlecht. So gelten die gesetzlichen und tarifvertraglichen Bestimmungen über die arbeitsfreie Zeit nur für die abhängig Beschäftigten, also für Arbeiter, Angestellte und Beamte. Nicht davon betroffen sind die Selbständigen in Handwerk, Handel und Landwirtschaft sowie die freiberuflich Tätigen (Ärzte, Anwälte, Journalisten usw.) und die dünne Schicht der Unternehmer und Manager. Diesen Gruppen gehört immerhin jeder fünfte Berufstätige – in der Bundesrepublik Deutschland 19 Prozent – an. Und betroffen sind von derartigen Bestimmungen auch nicht die Hausfrauen, Arbeitslosen, Invaliden, Behinderten, Rentner, Schüler und Studenten, die zusammen etwa die Hälfte der Gesamtbevölkerung in den Industrieländern ausmachen. Daher gilt in diesen Ländern die »Massenfreizeit« noch nicht einmal für jeden zweiten Menschen.

Für die knappe andere Hälfte dieser Gesellschaften gilt allerdings, daß vier von fünf Berufstätigen ein verbrieftes Recht auf Freizeit haben. Aber für sie ist die Freizeit keineswegs gleich groß. Vielmehr hängt das Freizeitvolumen stark von der Stellung im Beruf, vom Alter und von der Ausbildung ab. Jüngere sozialwissenschaftliche Untersuchungen haben gezeigt, daß in Europa und den USA die Berufstätigen in unteren und mittleren Positionen faktisch mehr Freizeit haben als die Inhaber von Spitzenpositionen. Denn die Manager, leitenden Angestellten, höheren Beamten, Experten und Berater sind in der Regel nicht dem Rhythmus der Produktion unmittelbar unterworfen. Ihr Arbeitstag besteht nicht aus monotonen, stets gleichbleibenden Arbeitsabläufen, die einen jeweils etwa gleich langen Arbeitstag ermöglichen. Vielmehr besteht ihre Arbeit vor allem aus Entscheidungs-, Begutachtungs- und Beratungstätigkeit, die mehr oder minder lange dauern kann. Hinzu kommt die Zeit für Aktenstudium, Geschäftsreisen, Konferenzen, Empfänge und Kontakte, die ebenfalls unterschiedliche Dauer in Anspruch nimmt. Die Arbeitswoche umfaßt für diese Gruppen nach neueren Untersuchungen im Durchschnitt zwischen 45 und 55 Stunden, für ein Drittel sogar 65 Stunden.

Allerdings äußern sich die Inhaber von beruflichen Spitzenpositionen über ihre Arbeit deutlich zufriedener als die Mehrzahl der Arbeiter und Angestellten. Hinzu kommt, daß es für die Inhaber von Spitzenpositionen geradezu zum Prestige gehört, wenig freie Zeit zu haben. Die vergleichsweise lange Arbeitszeit ist ihnen keineswegs Last, sondern verschafft ihnen Befriedigung und durch die deutlich sichtbare knappe Freizeit zusätzliches Ansehen. Auch stehen ihnen wegen ihres höheren Einkommens und sonstiger Vorteile bedeutend mehr Möglichkeiten zur Nutzung ihrer knappen Freizeit zur Verfügung. Für einen großen Teil der freiberuflich Tätigen und der Wissenschaftler gilt ebenfalls dieser Zusammenhang zwischen langer Arbeitszeit, hohem Prestige und größeren Möglichkeiten der Freizeitnutzung.

Hingegen gilt eine solche Beziehung für die meisten Selbständigen in Handel, Handwerk, Industrie und Landwirtschaft nur eingeschränkt. Zwar liegt ihre Arbeitszeit ebenfalls erheblich über dem Durchschnitt, doch ist ihre Arbeit nicht von vornherein mit hohem Ansehen verbunden, und auch die Möglichkeiten zur intensiven Freizeitnutzung sind begrenzt. Für diese Gruppen, deren Anteil an der Gesamtbevölkerung stagniert, hat die »Massenfreizeit« nur einen geringen Zuwachs an Freizeit erbracht. Die Einzelhändler, Handwerker, Fabrikanten und Bauern haben in den meisten Industrieländern keinen festen Achtstundentag oder einen garantierten Mindesturlaub. Gemessen am Bevölkerungsdurchschnitt haben sie ein deutliches Freizeit-Defizit.

Für die gesellschaftlichen Oberschichten, deren hervorragendes Privileg in früheren Gesellschaften eben gerade die arbeitsfreie Zeit und Muße war, scheint sich das Verhältnis umgekehrt zu haben: In modernen Industriegesellschaften verfügen sie über deutlich weniger Freizeit als die Bevölkerungsmehrheit. Allerdings zählen in diesen Gesellschaften ganz andere Gruppen zu den Oberschichten als in früheren Gesellschaften, und zudem haben in ihnen Arbeit und Freizeit eine ganz andere Qualität angenommen.

Das Verhältnis zwischen arbeitsfreier Zeit und Arbeit ist jedoch nicht nur von der beruflichen Stellung abhängig, sondern verändert sich auch mit dem Alter und dem Geschlecht. Jugendliche, die als Schüler oder Studenten noch in der Ausbildung stehen, verfügen über mehr Freizeit als der Bevölkerungsdurchschnitt. Ihnen wird von der Gesellschaft mehr Muße zugebilligt, die für das Lernen und die Persönlichkeitsentfaltung als unabdingbar erscheint. Jedoch verbirgt sich hinter dem »süßen Nichtstun« der Jugendjahre alles andere als nur arbeitsfreie Zeit. Vielmehr steht die für die Schul- und Universitätsausbildung notwendige Zeit kaum hinter der Arbeitszeit der berufstätigen Erwachsenen zurück. Wie jüngere Untersuchungen zeigen, liegt die wöchentliche Arbeitszeit von Studenten sogar zwischen 40 und 50 Stunden. Diese Arbeitszeit unterscheidet sich jedoch von der Berufsarbeit in zweierlei Weise: sie ist flexibler, da sie nicht an den Produktionsrhythmus gebunden ist, und sie wird durch eine längere Ferienzeit ergänzt. Wegen der flexibleren Tageseinteilung und der längeren Ferienzeit aber können die Jugendlichen ihre verbleibende Freizeit in der Regel intensiver nutzen,

*Auch in der Freizeit
schätzt man die Begegnung
mit einer fortschreitenden
Technik: Immer höher,
immer steiler und
immer schneller
soll die Achterbahn fahren.
Das Vergnügen (TÜV-gesichert):
zu stürzen, scheinbar.*

als es den Berufstätigen möglich ist. Nicht zuletzt deswegen sind sie eine beliebte Zielgruppe der Konsumwerbung.

Anders ist es mit der Freizeit von Jugendlichen, die bereits einen Beruf ausüben. Denn deren Arbeitszeit unterscheidet sich kaum von der Arbeitszeit der Erwachsenen. Und hinsichtlich der Urlaubsregelungen, die nach dem Alter gestaffelt sind, stehen junge Menschen zum Teil sogar hinter den älteren Berufstätigen zurück. Wegen ihrer familiären Ungebundenheit und körperlichen Leistungsfähigkeit können sie aber ihre Freizeit aktiver nutzen als andere Bevölkerungsschichten.

II. So schätzen die Futurologen:

Jahr	Jährliche Arbeitsstunden	Ausgaben für die Freizeit in % des privaten Verbrauchs
1970	1900	10
1975	1852	12
1980	1805	15
1985	1760	18

III. Die beliebtesten Freizeitaktivitäten
Hier sind die 10 häufigsten von 19 Tätigkeiten aufgeführt, die 1971 in einer EMNID-Studie als die beliebtesten Freizeitaktivitäten genannt wurden. Die Befragten machten Teilweise Mehrfachnennungen:

	Nennungen in %
Spazierengehen, Schaufensterbummel	28
Sport treiben und bei Sport zuschauen	23
Bücher und Zeitungen lesen	21
Fernsehen	13
Ausruhen, Schlafen, Sitzen	11
Handarbeiten (davon Frauen: 17%)	9
Ein Hobby pflegen	8
Haus, Garten, Bumen und Tiere pflegen	8
Einkaufen	8
Mit einem Fahrzeug ins Grüne fahren	7
Zu Veranstaltungen gehen	5

Freizeit ohne Inhalt: Ruhestand

Das genaue Gegenteil gilt für die alten Menschen, die über den absolut größten Anteil an freier Zeit verfügen. Sie nutzen ihre Freizeit

Technik im Dienst des Sports

Die Skibindung kann stufenlos auf einen Auslösewert zwischen 45 und 140 Kilopond justiert werden.

Sport orientiert sich an der Leistung. Versuche über die Leistungsfähigkeit des Menschen begründeten die Ergometrie, die Technik der Leistungsfähigkeitsprüfung. Die gebräuchlichsten Meßgeräte sind Ergometer, die die vom Menschen geleistete mechanische Energie in meßbare Wärme oder Elektrizität umsetzen. Das Ergospirometer (rechts) mißt den Sauerstoffverbrauch des Organismus unter den verschiedenen Belastungsstufen. Im Dienst des Sports sorgen technische Geräte auch für die Sicherheit von Ski-Bindungen, liefern dem Taucher Sauerstoff unter Wasser und garantieren die exakte Bestimmung der Sieger eines Rennens.

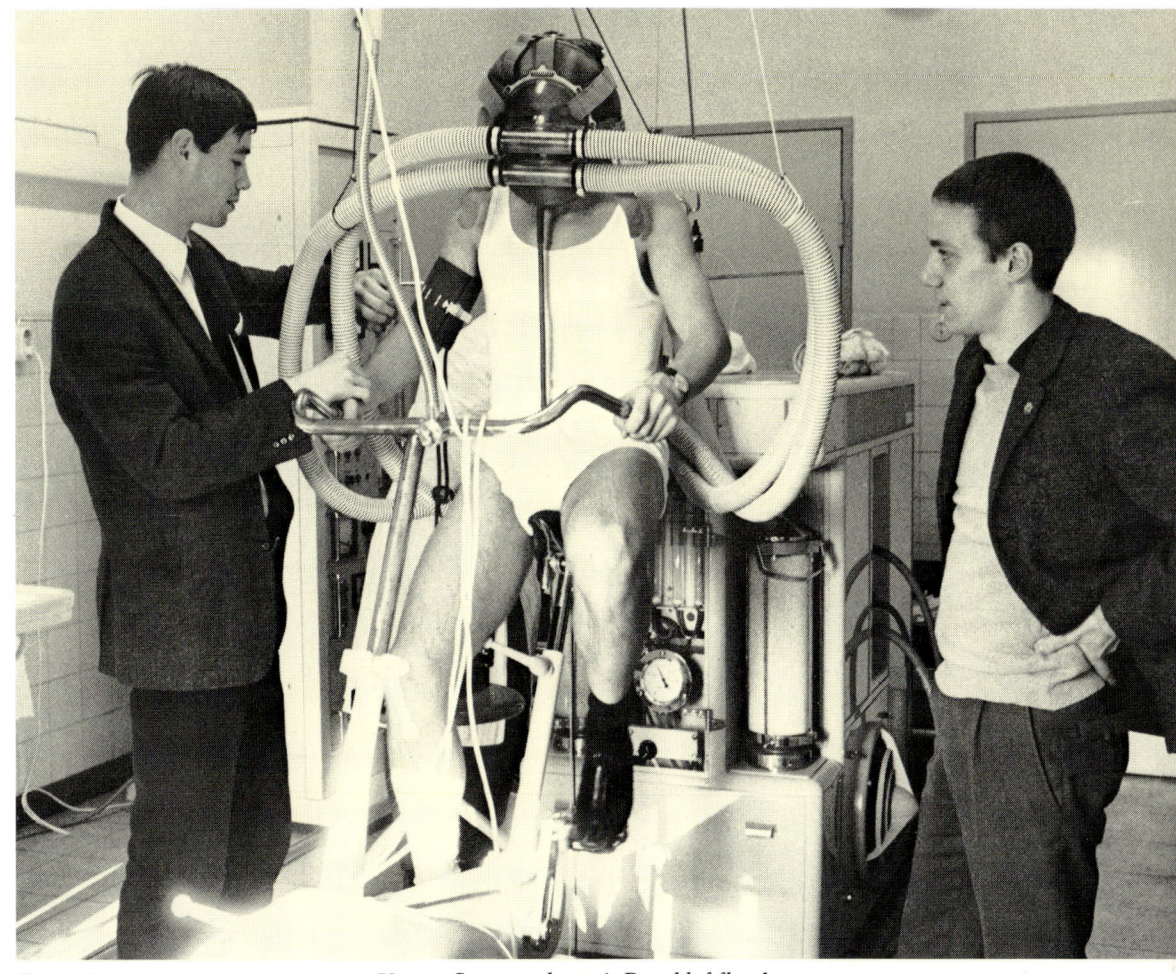

Zielfoto

Ergospirometer

Unten: Sporttaucher mit Druckluftflaschen

Freizeit – Geschenk der Technik

nur noch selten aktiv. Für keine andere Bevölkerungsgruppe ist im 20. Jahrhundert die Freizeit so stark angewachsen wie für die alten Menschen, die noch zu Beginn dieses Jahrhunderts zum allergrößten Teil bis an ihr Lebensende berufstätig waren.

Gegenwärtig endet für neun von zehn Menschen in den Industrieländern das Berufsleben mit dem 62. oder 65. Lebensjahr, die verbleibende Lebenszeit ist frei von Arbeitspflichten. Allerdings üben nicht wenige Menschen auch nach dem Erreichen der gesetzlich festgelegten Renten- bzw. Pensionsgrenze eine Nebenbeschäftigung aus. Denn die Freizeit ist gerade den alten Menschen zu einem ernsten Problem geworden, da mit dem Ausscheiden aus dem Berufsleben ein Teil der gesellschaftlichen Kontakte verlorengeht. Mit dem Ende der Berufstätigkeit geht auch etwas von der Sinngebung und Befriedigung

Lärm und Licht auf kahlen Bühnen: »Show-Business« und »Unterhaltungsindustrie« sind Begriffe, die sich im Grunde selbst enttarnen. Technisch raffinierte Beleuchtungs- und Schalleffekte übertünchen die Gehaltlosigkeit der zum alsbaldigen Verbrauch bestimmten Darbietungen.

verloren, die der einzelne bislang aus seiner Arbeit gezogen hat. Die Gesellschaft bietet den Alten nur wenige Ersatzrollen an. Zudem können die Alten wegen der verminderten körperlichen Leistungsfähigkeit und des geringeren Einkommens nur noch beschränkt am Freizeitangebot teilhaben. Die Vermehrung der Freizeit wird daher für die älteren Menschen in den hochentwickelten Ländern zu einem immer ernsteren Problem.

Umgekehrt nimmt das Freizeitvolumen bei einer anderen Gruppe, den berufstätigen Frauen, ab. Da die berufstätigen Frauen neben ihrem Beruf zumeist auch noch Hausfrauen- und Mutteraufgaben verrichten, bleibt ihnen nur eine minimale Freizeit. Sie gehören in Europa und den USA zu der Gruppe mit der absolut geringsten Freizeit. Anders aber als bei den beruflichen Spitzenpositionen wird dieser Mangel an arbeitsfreier Zeit nicht mit zusätzlichem Sozialprestige belohnt. Denn die Hausfrauenarbeit wird von den meisten Gesellschaften nicht als Arbeit anerkannt, da sie ohne Bezahlung erfolgt. So wird die berufstätige Hausfrau für die fehlende Freizeit noch nicht einmal durch zusätzliches Einkommen oder Sozialprestige entschädigt. Ist bei den alten Menschen die arbeitsfreie Zeit besonders groß, so ist diese bei den berufstätigen Frauen besonders klein – und in beiden Fällen ist die Freizeit ein ernstes Problem.

Daher kann von »Massenfreizeit« kaum gesprochen werden – zumindest nicht, wenn diese für alle Bevölkerungsteile gleichermaßen gelten soll. Jedoch ist zum ersten Mal in der Geschichte die Freizeit kein Privileg einer Minderheit mehr, sie ist für breite Bevölkerungsschichten in mehr oder minder großem Umfange vorhanden. In der bisherigen menschlichen Geschichte mußte immer die große Bevölkerungsmehrheit sehr lange Arbeitszeiten auf sich nehmen, um einer kleinen Gruppe ein Leben mit weniger oder gar keiner Arbeit zu erlauben. Erst im 20. Jahrhundert ist es – zumindest in den Industrieländern – möglich geworden, daß der größere Teil der Gesellschaft wenigstens ein Drittel des Lebens als Freizeit verbringen kann. Denn die wirtschaftliche und gesellschaftliche Entwicklung hat einen so hohen Stand erreicht, daß nicht mehr die gesamte menschliche Arbeitskraft darauf verwendet werden muß, für das eigene Überleben zu kämpfen oder einer kleinen Klasse Müßiggang zu erlauben.

Vielmehr ist die Chance gestiegen, neben der Deckung aller wesentlichen materiellen Bedürfnisse einen Teil der Lebenszeit als Freizeit zu nutzen. Die Freizeit ist damit zu einem Gut geworden, das von größeren Bevölkerungsteilen beliebig verwendet werden kann. Allerdings zeigen sich auch in der Nutzung der Freizeit beträchtliche Unterschiede, denn ebenso wie die Menschen je nach Beruf, Alter und Geschlecht ihr Einkommen verschieden verwenden, so verbringen sie auch das zusätzlich verdiente Gut Freizeit unterschiedlich.

Tausend Stunden vor dem Bildschirm

Sofern die Freizeit nicht bloß passiv mit Schlafen, Ausruhen oder Nichtstun, zum Aufräumen der Wohnung oder zur Körperpflege, zur Kinderbetreuung oder mit Verwandtenbesuchen verbracht wird, zeichnen sich in Europa und den USA gleichermaßen vier Schwerpunkte der Freizeitverwendung ab: die Beschäftigung mit Massenmedien, Sport, häuslichen oder geselligen Tätigkeiten und Hobbies sowie Reisen. Mit diesen Aktivitäten ist bereits der größte Teil der Freizeit ausgefüllt, für andere Tätigkeiten bleibt nur ein geringer Teil übrig.

Vor allem das Fernsehen ist in den letzten beiden Jahrzehnten an die Spitze aller Freizeitbeschäftigungen gerückt. In den USA liegt der durchschnittliche Fernsehkonsum bereits bei etwa fünf Stunden, in der Bundesrepublik Deutschland verbringt jeder Einwohner durchschnittlich drei Stunden pro Tag vor dem Fernseher. Im Jahr verbringt ein Bundesbürger schon 1000 Stunden vor dem Bildschirm, 2000 Stunden am Arbeitsplatz und 3000 Stunden im Bett – zumindest im statistischen Durchschnitt. Bei Befragungen nannte bereits jeder Vierte das Fernsehen als einzige Freizeitbeschäftigung an normalen Wochentagen, jeder Zweite möchte das Fernsehen auf keinen Fall missen.

Das Fernsehen wird zwar von allen Altersgruppen (mit Ausnahme der Kinder) in etwa gleichem Umfange benutzt, doch sehen die

Die Ersatzwelt-Angebote

Leuchtreklamen laden ein zur »Feierabendgestaltung«. Sie locken den arbeitsfreien Menschen zum passiven, doch umsatzfördernden Konsum.

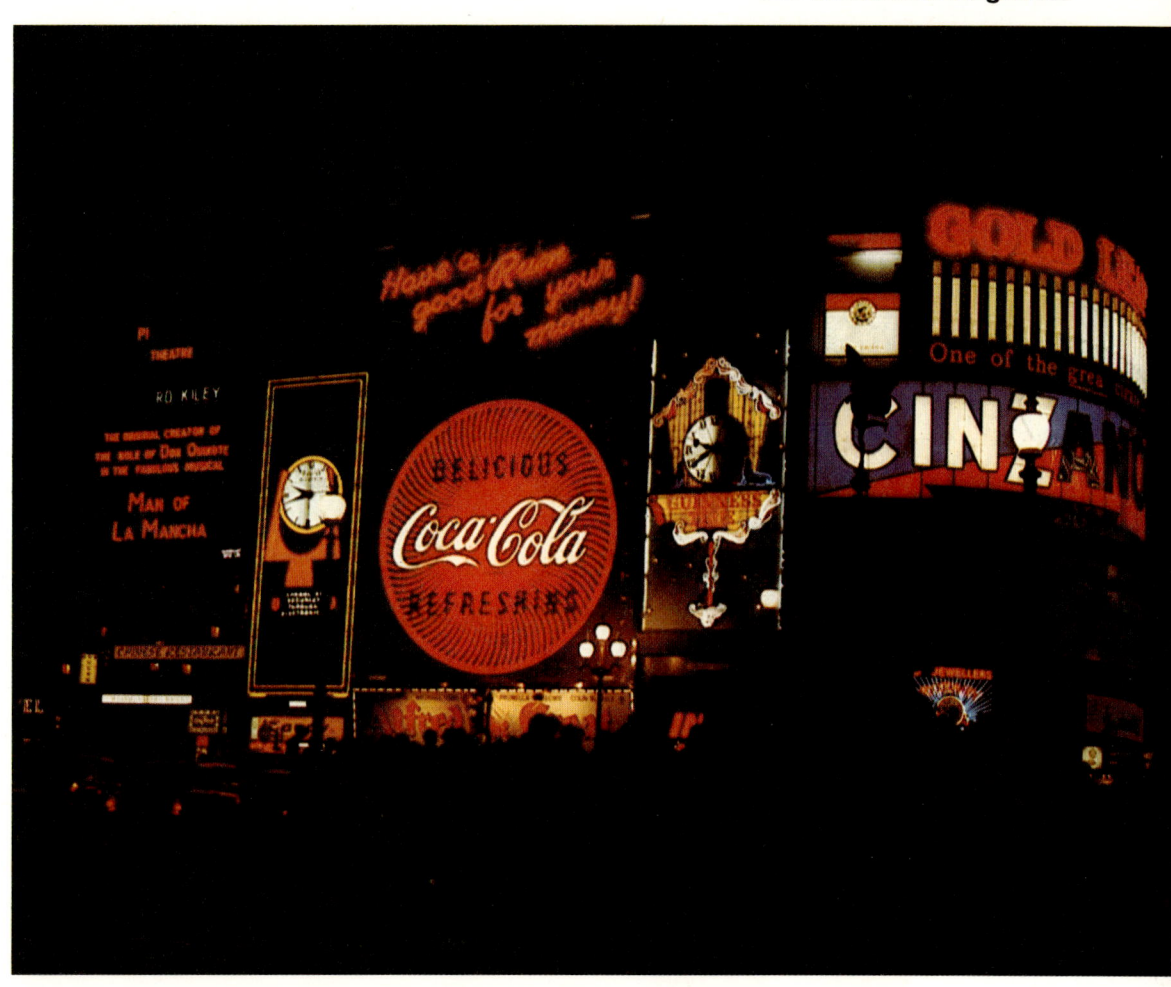

Inhaber beruflicher Spitzenpositionen deutlich weniger fern als die Inhaber mittlerer und unterer Positionen und die Hausfrauen. Anders hingegen das Radiohören: hier liegen sowohl die alten Menschen als auch die Inhaber von Spitzenpositionen und die Hausfrauen mit durchschnittlich zwei Stunden am Tag deutlich vor dem Bevölkerungsdurchschnitt, der nur etwa eine Stunde am Tag das Radio einschaltet. Auch beim Zeitungslesen gelten diese Unterschiede. Im Bevölkerungsdurchschnitt wird am Tag etwa eine halbe Stunde auf das Lesen von Zeitungen und Zeitschriften verwendet, ältere Menschen und Inhaber von Spitzenpositionen lesen dagegen eine volle Stunde am Tag in Gazetten und ähnlich lange in Büchern.

Von der Bevölkerungsmehrheit werden Bücher dagegen selten, überwiegend noch im Urlaub und an Wochenenden gelesen. Der tägliche Aufwand für das Bücherlesen ist im Bevölkerungsdurchschnitt sehr gering. Ähnlich ist es um ein anderes Medium bestellt, das noch vor wenigen Jahrzehnten zu den Lieblingsbeschäftigungen in der Freizeit zählte: dem Kino. In den USA und in Westdeutschland sieht jährlich im Durchschnitt jeder Einwohner nur sieben Kinofilme. Ein Kinobesuch findet also fast nur in jedem zweiten Monat statt. Der Aufwand für andere Medien – Theater, Konzert, Kunstausstellung – ist sogar noch viel geringer und auf kleine Bevölkerungsschichten beschränkt.

Insgesamt werden von jedem einzelnen pro Tag zwischen vier und fünf Stunden mit Fernsehen, Radiohören und Lesen verbracht. Damit ist aber bereits ein sehr großer Teil der täglichen Freizeit ausgefüllt. Die Massenmedien bieten überwiegend nur passive Freizeitgestaltung. Doch ist vielen Menschen diese Passivität gerade willkommen. Denn nach einem arbeitsreichen Tag wird die Entlastung von weiteren Aktivitäten und Entscheidungen als geradezu erholsam empfunden. Außerdem bieten die Medien dem einzelnen jene Informationen, die er zur Orientierung in seiner Welt braucht und die ihn bei seinen Mitmenschen als leidlich informiert erscheinen lassen.

Zum dritten – und hierin sehen manche Sozialwissenschaftler die wichtigste Wirkung der Massenmedien – bieten Fernsehen, Radio und Presse eine Ersatzwelt an, die dem einzelnen einen Ausgleich für seine alltäglichen Schwierigkeiten und Konflikte bietet. Diese mehr oder minder positiven Wirkungen der Massenmedien werden aber begleitet von erheblichen Gefahren. Denn der fehlende Einfluß auf den Inhalt der Medien führt zu Abhängigkeit in der Meinungsbildung und damit zur Gefahr der Manipulation.

Eine weitere Gefahr ist viel deutlicher sichtbar: Die Passivität beim Fernsehen oder Radiohören führt zu Bewegungsarmut und wird begleitet von erhöhtem Verzehr. Insbesondere der gesteigerte Nikotin- und Alkoholgenuß bleibt aber langfristig nicht ohne gesundheitliche Schäden: Übergewicht, Kreislauf- und Herzerkrankungen, Leberleiden und Muskelschwund.

Aktivsport: sehr bescheiden

Ein Mittel gegen diese Gefährdung könnte eine zweite wichtige Freizeitaktivität, nämlich der Sport, sein. Bei Befragungen gab immerhin jeder vierte Bundesbürger den Sport als Freizeitbeschäftigung an, in Sportverbänden sind immerhin neun Millionen Bundesbürger organisiert.

Aber die Zahlen täuschen. Nur jeder zwölfte Bundesbürger erklärte bei den Befragungen, daß er aktiv Sport treibe, und nur ein Bruchteil der Vereinsmitglieder widmet sich auch aktiv dem Sport. Der Massensport, der bereits im 19. Jahrhundert als Ausgleich gegen die harte Industriearbeit und zur Erhaltung der Volksgesundheit proklamiert wurde, zeichnet sich noch immer vorwiegend durch Passivität aus. Der größte Teil aller Bundesbürger sieht lieber den sportlichen Aktivitäten anderer Menschen zu, als selbst Sport zu treiben. Die Mehrzahl von ihnen gehört aus anderen als sportlichen Motiven einem Sportklub an. Dies wird besonders deutlich bei den Schützenvereinen, die mit 750 000 Mitgliedern zu den größten Sportorganisationen der Bundesrepublik zählen.

Denn die Mitgliedschaft in Sportverbänden dient nicht nur der aktiven Sportbetätigung, sondern auch und vor allem der Geselligkeit, den sozialen Kontakten und dem organisierten Vergnügen, worin die Mehrheit der Sportinteressierten offenbar den Hauptzweck der Sportvereine erblickt. Der Passivsport er-

Technik als Sport

Zum Sport gehört die Freude an der Überwindung von Schwierigkeiten, die Bestätigung der Herrschaft über Körper und Materie. Mit Hilfe der Technik hat der Mensch auch im Sport die natürlichen Grenzen seiner körperlichen Leistungsfähigkeit hinter sich gelassen: Er fliegt schneller als der Schall, jagt mit Hunderten von Pferdestärken über Pisten oder querfeldein und schießt fliegende Körper aus der Luft. Der körperliche Wettkampf aber wird zur »Materialschlacht«, und das spielerische Moment im Sport degeneriert zum Spiel mit dem Leben. Denn ein einziger Bedienungsfehler an der hochempfindlichen »Sport«-Maschinerie kann tödliche Folgen haben.

Moto-Cross-Rennen   *Tontaubenschießen*

Düsenjäger beim Schauflug: die »Red Arrows«   *Formel-I-Rennen: Der Traum vom Sieg ist aus*

Freizeit – Geschenk der Technik

schöpft sich aber keineswegs in Geselligkeit. Vielmehr gehört auch das Anschauen von Sportveranstaltungen dazu, und hierin liegt wohl die Hauptbedeutung des Sports für die Massenfreizeit. An jedem Wochenende verbringen Hunderttausende einen Teil ihrer Freizeit in Fußball- und Leichtathletikstadien, bei Boxkämpfen und Autorennen. Einen noch größeren Teil aber verbringen Millionen bei der Übertragung von Sportveranstaltungen vor dem Bildschirm oder am Radiolautsprecher. Denn der Sport, sofern er als Leistungssport betrieben wird, ist im 20. Jahrhundert zu einem Massenspektakel geworden, das die Begeisterung und Aggression der Millionen fesselt. Die Sportdarbietungen, für die mehr oder minder teure »Stars« engagiert werden, sind nationales oder regionales Prestigesymbol und Riesengeschäft zugleich. Ihre Spitzendarsteller haben längst Politiker und Schlagersänger an Popularität überrundet. Wenn der Sport in Olympiaden und Weltmeisterschaften einen Höhepunkt erreicht, wird der latente Nationalismus breiter Bevölkerungsschichten entfacht. Dieses Politikum gleicht – so meinen Sportkritiker – häufig »Ersatzkriegen«.

Auch auf der wirtschaftlichen Ebene hat der Sport eine enorme Bedeutung. Denn das sportliche Schaugeschäft beschränkt sich nicht auf die Millionengagen der Spitzensportler, sondern ist eng mit der Werbung, der Freizeitindustrie, den Massenmedien und den Gemeinden verknüpft. Der Sport ist zu einer Wirtschaftsbranche mit einem Umsatz von vielen Millionen Mark geworden. Hinter den wirtschaftlichen, politischen und sozialpsychologischen Ausmaßen des Passivsports nimmt sich der Aktivsport sehr bescheiden aus. Damit aber hat sich die Funktion des Sports, den Körper gesund und leistungsfähig zu halten, ins Gegenteil verkehrt. Sport ist für die Bevölkerungsmehrheit Spektakel, Politikum, Geselligkeit und Geschäft.

Die passive Sportbegeisterung hat eine ihrer tieferen Ursachen offenbar darin, daß der Spitzensport Leistungen und Ergebnisse zeigt, die der einzelne zwar selbst nicht erringen kann und muß, mit denen er sich aber identifizieren kann. Denn es ist eben »sein« Verein, »seine« Nationalmannschaft, die gewinnt oder verliert. Das Außergewöhnliche wird gewissermaßen in seinem Namen vollbracht. Außerdem werden im Sport, so mag es erscheinen, Spitzenleistungen unabhängig von der gesellschaftlichen Herkunft und der Intelligenz vollbracht. Sportstars, die es zu Ansehen und Einkommen gebracht haben, gelten so als Beispiele für den gesellschaftlichen Aufstieg – ohne dabei deutlich zu machen, daß dies nur für einige wenige gilt. Sport zählt daher nicht eben zufällig zu den beliebtesten Freizeitbeschäftigungen.

Hobby nummer eins: das Auto

Neben den Massenmedien und dem Sport zählen nach den Ergebnissen der Meinungsforschung in Europa und den USA vor allem häusliche Beschäftigungen und Hobbies zu den wichtigsten Freizeitbeschäftigungen. In zwei von drei westdeutschen Haushalten werden kleinere Reparaturen und Verschönerung während der Freizeit selbst ausgeführt. Derartige »Do-it-yourself«-Hilfen sind nicht nur deshalb so stark verbreitet, weil sie den Haushalt von Ausgaben für Handwerker entlasten, sondern auch, weil sie dem einzelnen deutlich sichtbare Erfolge seiner Tätigkeit bescheren. Auf derartige Erfolgserlebnisse muß er sonst an seinem stark technisierten oder bürokratisierten Arbeitsplatz zumeist verzichten. Außerdem werden so seine praktischen Talente, die im Beruf oft verkümmern, gefördert.

Dies gilt auch für viele Hobbies, die als Ausgleich für die oft sehr einseitige Berufsarbeit dienen. So geben Foto, Film und Tonband das Gefühl, selbst gestalterisch tätig zu sein. Die eher passiven Hobbies, wie etwa das Sammeln von Briefmarken, Bildern oder Schallplatten, befriedigen dagegen eher ein Bedürfnis nach Vollständigkeit und verleihen bisweilen auch das Gefühl des Besonderen. Derartige Hobbies kommen also bestehenden Bedürfnissen nach oder erfüllen Gefühle, die außerhalb des Arbeitsplatzes vorhanden sind. Allerdings werden diese Bedürfnisse durch die Werbung noch verstärkt, denn die Hobbies sind zu einem stark wachsenden Zweig der Freizeitindustrie geworden – wie die Umsätze beispielsweise der Foto- und Phonoindustrie zeigen.

Das größte Hobby scheint aber für die meisten Industriegesellschaften das Automobil geworden zu sein. Denn kaum ein anderer Gegenstand fordert in der Freizeit soviel Zeit wie das Auto, das an Wochenenden und Feierabenden geputzt und verschönert, repariert und verbessert wird. Ob es nun zur Kaffeefahrt am Wochenende, zum Verwandtenbesuch oder zum abendlichen Stadtbummel verwendet wird, immer dient das Auto auch den Freizeitbeschäftigungen. Allerdings ist auch bei kaum einem anderen Gegenstand die Grenze zwischen Freizeit und Beruf so fließend wie beim Auto, das eben auch für die Fahrt zum Arbeitsplatz und zum Einkaufen verwendet wird. Und bei nur wenigen Gegenständen liegen Fluch und Segen so nahe beieinander.

Denn das Auto ermöglicht die Überwindung großer Entfernungen und damit ganz neue Gelegenheiten zur aktiven Freizeitgestaltung ebenso, wie es den Sonntagsausflug auf überfüllten Straßen zur Qual werden und bisweilen im Krankenhaus enden läßt. Doch immerhin ist das Auto ein Freizeitobjekt für die ganze Familie, in der sich ein großer Teil der Freizeit vollzieht.

In Westeuropa und den USA, so zeigen vergleichende Untersuchungen, wird der größte Teil der täglichen Freizeit zu Hause, also im Kreise der Familie verbracht. In Süd- und Osteuropa dagegen spielen auch die Straße und das öffentliche Lokal eine starke Rolle in der Freizeitnutzung. Dies ist einerseits auf das Klima, andererseits auf die Wohnsituation zurückzuführen. In Westeuropa und den USA dagegen spielt das Zusammensein mit der Familie, mit Verwandten und Freunden eine größere Rolle. Denn dieser Personenkreis gewährleistet eine vertraute und gewohnte Atmosphäre und bringt nicht allzuviel Unbekanntes und Überraschendes. Dies ist für die Freizeit, zumindest an normalen Wochentagen, dem einzelnen wohl auch besonders willkommen, denn Neues und Ungewohntes würde ihn nach einem langen Arbeitstag nur noch zusätzlich belasten. So bietet der vertraute Rahmen der Familie die gewünschte Entlastung. Sensationen und ungewohnte Ereignisse werden nur durch die Massenmedien in das »traute Heim« transportiert und dort genüßlich konsumiert.

Auszug aus dem Alltag

Nur gelegentlich an Wochenenden und vor allem im Urlaub gilt dieses Muster nicht mehr. Dann kommt es zum Auszug aus dem Alltag. Einmal im Jahr verlassen viele Menschen die vertrauten Bahnen ihrer täglichen Freizeit und machen eine Urlaubsreise.

Vor zwei Jahrzehnten, im Jahre 1954, machte erst jeder vierte Bundesbürger eine Urlaubsreise, gegenwärtig schon fast jeder zweite. Jedes Jahr kommt es zu einer regelrechten Völkerwanderung, wenn Millionen Menschen (in der Bundesrepublik allein etwa 30 Millionen) mit Auto, Bahn, Schiff oder Flugzeug für wenige Wochen in die Urlaubsgebiete des In- und Auslandes reisen. Was noch vor hundert Jahren einer begüterten und gebildeten Minderheit vorbehalten war, nämlich zu reisen, das ist nach dem Ende des zweiten Weltkrieges zu einem Massenphänomen geworden. Überall sind in der Welt Touristengebiete aus dem Boden gestampft und mit riesigen Hotels bebaut worden. Überall sind eilig Flugplätze, Autostraßen und Warenhäuser angelegt worden, um die Bedürfnisse der Touristen zu befriedigen – und an diesen zu verdienen.

Denn der Tourismus ist zu einer florierenden Branche geworden, die mit Reisebüros, Chartergesellschaften, Baufirmen, Verkehrsunternehmen, Hotelketten, Verpflegungs- und Dienstleistungsbetrieben in vielen Ländern einen beträchtlichen Teil der Wirtschaft ausmacht. Die »weiße Industrie«, die dem Tourismus Unterkunft bietet, ist in weniger industrialisierten Ländern zur Schlüsselindustrie geworden, für die eigene Ministerien bestehen. Denn die Touristenströme liefern Devisen und bieten Beschäftigung und Einkommen, wodurch die Wirtschaft der weniger entwickelten Länder gefördert wird. Der Massentourismus leistet so indirekt Entwicklungshilfe. Allerdings beeinflußt er die Gesellschaftsstruktur der Urlaubsländer nicht immer sehr positiv, denn nur in den Urlaubsgebieten bildet sich in der Regel durch die »weiße Industrie« eine neue Mittelschicht, während andere Gebiete unentwickelt bleiben und sich so die Gegensätze in den Urlaubsländern noch verschärfen. Und den we-

Die Erlebnisindustrie

Campingplatz an der Nordsee. Die Jugend- und Wandervogelbewegung, die im Wandern und Zelten das Erlebnis der Einfachheit und Naturverbundenheit suchte, degenerierte nach dem zweiten Weltkrieg zur Massenbewegung des »Camping«.

niger entwickelten Urlaubsländern droht noch eine weitere Gefahr: wenn die Ströme des Massentourismus einmal versiegen, kann dies katastrophale Folgen haben für Länder, in denen die Urlaubsindustrie zur wichtigsten Branche zählt. So entstehen neue Abhängigkeiten zwischen den Industrieländern, aus denen die Touristen kommen, und den weniger entwickelten Urlaubsländern.

Allerdings erscheint diese Gefahr noch nicht sehr aktuell. Denn noch wächst auch in den meisten hochentwickelten Ländern die Urlaubsindustrie beachtlich. Mit den gestiegenen Einkommen, verbesserten technischen Möglichkeiten und dem gesetzlich abgesicherten Urlaub zieht es immer mehr Menschen für wenige Wochen im Jahr in die Ferne. Nurmehr die Hälfte aller Bundesdeutschen verbringt den Urlaub gegenwärtig im eigenen Lande, die anderen zieht es ins Ausland.

Denn auch im Tourismus zeichnen sich deutliche Veränderungen ab. Während noch bis vor wenigen Jahren der Urlaub vor allem der körperlichen Erholung diente und daher auch in Deutschland verbracht werden konnte – so die vorherrschende Ideologie –, zieht es seit einigen Jahren immer mehr Menschen in eine ihnen unbekannte »Gegenwelt«. Im Urlaub soll das Leben nachgeholt werden, das im Alltag durch Monotonie und Normierung, durch gesellschaftliche Zwänge und Rücksichtnahmen zu kurz kommt. Der Urlaub soll neuen Erlebnissen und Erfahrungen dienen. Daher wächst die Zahl der Abenteuer- und Studienreisen beträchtlich an, aber auch in den herkömmlichen Urlaubsgebieten bildet sich eine »Erlebnisindustrie«. Ob der Tourist im Urlaub zum ersten Mal in seinem Leben ein Pferd besteigt oder das Tauchen erlernt, ob er hüllenlos am Nacktbadestrand oder in Ölzeug auf der Segeljacht seinen Urlaub verbringt, immer sucht er das Gefühl, anders als im Alltag zu leben, der ihm sinnleer geworden zu sein scheint, weil Arbeit und Wohnen immer monotoner werden.

Das doppelte Geschäft

Allerdings gilt dies vorerst nur für die industriell hochentwickelten Länder Europas, für USA und Japan. Der weitaus größere Teil der Weltbevölkerung kennt die »moderne Freizeitgesellschaft« nur vom Hörensagen. In den meisten Ländern Asiens, Afrikas und Südamerikas, aber auch in anderen Teilen der Welt gilt noch lange keine geregelte Freizeit; Fünftagewoche und garantierter Mindesturlaub sind dort Fremdwörter. Und dies wird auch angesichts des wirtschaftlichen und gesellschaftlichen Zustandes verständlich. Nur ein geringer Anteil der Bevölkerung dieser Gebiete arbeitet bislang im Industriebetrieb, der weitaus größere Teil arbeitet wie eh und je in der Landwirtschaft. Dort aber hängt die Einteilung der Arbeitszeit und mithin also auch die Freizeit vom Wetter, den Lichtverhältnissen, dem Lebensrhythmus der Haus- und Arbeitstiere, den Ernte- und Regenzeiten ab. Ein Achtstundentag oder die Fünf-

185

Freizeit – Geschenk der Technik

Touristen auf der Akropolis in Athen. Die so lange belächelten »Bildungsreisen« werden wieder modern. Der Anteil der beruflichen wie der außerberuflichen Bildung in der arbeitsfreien Zeit wird in Zukunft wachsen.

tagewoche sind schon wegen der Abhängigkeit von diesen natürlichen Faktoren kaum denkbar.

Außerdem ist das Produktionsniveau noch nicht so weit entwickelt, um einerseits für alle Menschen wenigstens die wichtigsten Bedürfnisse zu erfüllen und gleichzeitig einen Teil der möglichen Arbeitszeit als Freizeit zu organisieren. Denn noch immer steht in diesen Ländern nicht für alle Menschen genügend Arbeit, geschweige denn genügend Freizeit zur Verfügung. Vielmehr ist ein großer Teil der Bevölkerung arbeitslos oder lebt von unregelmäßigen Beschäftigungen.

Eine schmale Minderheit dagegen kann sich in diesen Ländern nicht nur jeglichen materiellen Luxus, sondern auch beliebig viel Freizeit leisten. Zu dieser müßigen Klasse der Großgrundbesitzer, Händler, Unternehmer und Spekulanten gesellt sich in vielen unterentwickelten Ländern noch die Militär-, Polizei- und Verwaltungsführung hinzu, die sowohl über gesicherte Arbeitsplätze als auch über garantierte Freizeit verfügt. Freizeit gehört zum Privileg der Oberschichten. Sie ist in der Dritten Welt extrem ungleich verteilt und als »Massenfreizeit« vorerst unbekannt. Es sei denn, man rechnete die Arbeitslosigkeit, die einem großen Teil der Bevölkerung arbeitsfreie Zeit aufzwingt, zur Freizeit.

In den wirtschaftlich und gesellschaftlich hochentwickelten Ländern dagegen ist die Freizeit zu einem Wirtschaftszweig geworden, der sich immer mehr ausweitet und immer zahlreicher Arbeitsplätze schafft.

Mit der ständigen Vermehrung der Freizeit ist auch die Nachfrage nach den Gütern der Freizeit- und Unterhaltungsindustrie gestiegen. Und dies gilt nicht bloß für den engeren Bereich der Freizeitindustrie – für Hobbies, Sportartikel, Literatur, Reisen usw. – sondern vielmehr noch für den weiteren Bereich der Unterhaltung, also für Massenmedien und deren Programme, Sportdarbietungen, Musik, Geselligkeit, Tourismus und organisiertem Vergnügen. Für diesen Bereich werden in der Bundesrepublik gegenwärtig schon im Durchschnitt zehn Prozent des gesamten Einkommens ausgegeben, in den USA liegt der Anteil sogar schon bei 17 Prozent.

Die Ausgaben dürften in Zukunft noch anwachsen, da sich das Angebot der Freizeitindustrie ständig erweitert. Dieser Sektor bietet schon jetzt einer beträchtlichen Zahl von Mitarbeitern Beschäftigung und Einkommen. Hierzu gehören die Sportartikelverkäufer ebenso wie die Spitzensportler, die Busunternehmer wie die Hotelbesitzer, die Fotolaborantin wie der Discjockey usw. Die Verkürzung der Arbeitszeit und damit die Verlängerung der Freizeit hat also nicht zu einer Verkürzung der gesamten Arbeitszeit geführt, sondern im Gegenteil neue Arbeit geschaffen.

Die Freizeit ist vermarktet worden, sie hat zu einer neuen Industrie geführt, die wiederum etliche Millionen Menschen beschäftigt. Die Verringerung der durchschnittlichen Arbeitszeit hat also auf anderer Ebene die Beschäftigung erhöht. Das »Geschäft mit der Freizeit« hat nicht nur eine Freizeit- und Unterhaltungsindustrie geschaffen, sondern darüber hinaus andere Wirtschaftssektoren stimuliert. Denn beispielsweise der Tourismus hat nicht nur das Hotelgewerbe, sondern gleichzeitig auch die Bau- und Verkehrsindustrie gefördert; die Massenmedien und die Musikindustrie haben gleichzeitig auch die elektronische Industrie angekurbelt usw.

Die Auswirkungen der Freizeitindustrie auf andere Wirtschaftsbereiche sind bislang kaum abzuschätzen, da sie ihren größten Auftrieb erst in den letzten beiden Jahrzehnten erfahren hat. Zudem sind die Grenzen zwischen der Freizeitindustrie und der Konsumgüterindustrie fließend. Sei es nun hinsichtlich der Einordnung etwa des Autos oder aber hinsichtlich der Tatsache, daß die vermehrte Freizeit einen höheren Konsum ermöglicht. Denn bei überlangen Arbeitszeiten ist es kaum möglich, viele Güter zu kaufen und diese auch zu genießen.

Hier liegt nun die zweite wesentliche wirtschaftliche Funktion der Massenfreizeit. Sie ist nämlich erforderlich, um die produzierten Massengüter überhaupt absetzen zu können. Denn wenn ein Leben nur aus Arbeit und Schlaf besteht, wie auf dem Höhepunkt der Industrialisierung, so werden nur noch wenige körperliche Bedürfnisse wie Essen, Trinken und Bekleidung erfüllt. Die übrigen Güter werden kaum gefragt. Um diese aber absetzen zu können, muß den Menschen genügend freie Zeit zur Verfügung gestellt werden, denn nur in der arbeitsfreien Zeit wird in größerem Umfange konsumiert. Aus diesem Grunde war die allgemeine Verkürzung der Arbeitszeit eine zwingende Notwendigkeit unseres Wirtschaftssystems. Die ständig zunehmende Freizeit hat den Absatz von Massengütern überhaupt erst möglich gemacht. Die Einsparung von Arbeitszeit ist durch die Erhöhung des Umsatzes wettgemacht worden.

So findet das Verhältnis von Arbeit und Freizeit eine Entsprechung in dem Verhältnis von Produktion und Konsum. In der Tat stehen Einkaufen und Schaufensterbummeln in der Skala der Freizeittätigkeiten weit oben. Auch wenn nur ein Zehntel (in den USA: ein Sechstel) des Einkommens bislang für den Bereich der Freizeit- und Unterhaltungsindustrie ausgegeben wird, ist der Anteil der Ausgaben für Güter, die nur oder vor allem in der Freizeit genutzt werden, beträchtlich höher. Denn die Ausgaben für Mode und ähnliche kurzlebige Güter gehören ebenso in diesen Bereich wie die Ausgaben für die meisten Genußmittel usw. Schwieriger sind die Ausgaben für Wohnen, Auto und Kleidung zu berechnen, die gleichermaßen für Arbeit und Freizeit verwendet werden. Doch auch sie zählen wenigstens teilweise zu den Freizeitausgaben.

So besehen, hat die »Massenfreizeit« zwei enorme wirtschaftliche Konsequenzen erbracht: sie hat einen neuen Wirtschaftssektor, nämlich die Freizeitindustrie, begründet, und sie hat den Konsum angekurbelt.

In der Zukunft wird freilich ein Teil der Ausgaben nicht mehr für den unmittelbaren Freizeitkonsum dienen, sondern für einen indirekten Freizeitbereich fließen müssen. Denn die industrielle Erzeugung von Massengütern hat beträchtliche Probleme für die menschliche Umwelt erbracht. Diese aber wird bei zunehmender Freizeit immer wichtiger, sofern die Menschen ihre Freizeit nicht inmitten einer zerstörten Landschaft und in betonierten Wohnsilos verbringen wollen. Daher wird in Zukunft ein Teil der Ausgaben der Erhaltung der Natur, der Einrichtung von Naherholungsgebieten, einer menschenwürdigen Architektur und der Reinhaltung von Luft und Wasser dienen müssen. Diese öffentlichen Freizeitgüter unterliegen bislang allerdings nicht dem Zusammenhang von Freizeit und Konsum, der unsere Wirtschaft in Bewegung hält.

Und auch ein anderer Bereich von Freizeitgütern wird in Zukunft an Bedeutung gewinnen, nämlich die Bildung. Bereits heute wird ein Teil der arbeitsfreien Zeit zur Fortbildung verwendet – allerdings von einer Bevölkerungsminderheit. In Zukunft wird, da sich das Wissen immer schneller verändert, beträchtlich mehr Zeit für Aus- und Fortbildung verwendet werden müssen, sofern die Menschen die beruflichen und gesellschaftlichen Ansprüche erfüllen wollen. Ein immer größer werdendes Stück der arbeitsfreien Zeit wird in Zukunft der Bildung dienen müssen. Über diese Forderung sind sich Politiker, Unternehmer und Wissenschaftler weitgehend einig. Wie dies jedoch zu realisieren ist, darüber gibt es bislang nur verschwommene Vorstellungen, die vom bezahlten Bildungsurlaub bis zum regelmäßigen Kontaktstudium reichen.

Die Freizeit lernen

Allerdings hängt die Massenfreizeit noch mit einem zweiten Bildungsproblem zusammen. Denn die meisten Menschen haben nicht gelernt, mit der Freizeit umzugehen. Die Verwendung der immer größer werdenden Freizeit ist aber nicht zuletzt ein Bildungsproblem. Dies wird nicht zuletzt in der Schaffung einer ganz neuen wissenschaftlichen Disziplin, nämlich der Freizeitpädagogik, deutlich. In Schweden sind beispielsweise schon 1200 Freizeitpädagogen tätig, in anderen Ländern zeichnen sich ähnliche Entwicklungen ab. Das Verhalten in der Freizeit kann zwar nicht erlernt werden wie ein Handwerk, doch versuchen die Freizeitpädagogen Anregungen und Hilfestellungen für eine aktive Freizeitgestaltung zu geben.

Bislang leitet sich die Freizeit sowohl aus dem Arbeitsprozeß als auch dem Angebot der Freizeitindustrie ab, ohne daß sich der einzelne um eigene Initiativen bemüht. Freizeit ist für ihn vor allem der Bereich der Passivität, in dem er allein, in der Familie oder im Kreise von Berufskollegen die Angebote der Freizeit- und Unterhaltungsindustrie konsumiert. Daher zeigen sich in vielen Industrieländern Gleichförmigkeiten in der Freizeitverwendung. Die Freizeit beschränkt sich auf verhältnismäßig wenige Tätigkeiten, obwohl eine Vielfalt von Aktivitäten möglich ist.

Hier versucht die Freizeitpädagogik einzusetzen und durch entsprechende Anregungen eine interessantere Nutzung der Freizeit zu stimulieren. Außerdem ist sie bemüht, bestimmten Gesellschaftsgruppen – beispielsweise den Alten oder den Jugendlichen – bei der Freizeitgestaltung Anleitung und Hilfestellung zu geben. Denn gerade diesen Gruppen erscheint das Übermaß an freier Zeit oft als bloße Langeweile, als Zeit ohne sinnvolle Beschäftigung, ja, bisweilen als Isolation von der Gesellschaft.

Jugendliche brechen gelegentlich aus der Langeweile aus, indem sie »Subkulturen« bilden und die sinnentleerte Zeit mit einem eigenen, von der Gesellschaft nicht allgemein akzeptierten Sinn füllen. Oft ist diese Antwort auf die Langeweile eine Flucht in die Traumwelt der Farben, des rhythmischen Lärms und der Drogen – oder in die Aggression.

Für die alten Menschen ist diese Eskalation der Reize kaum noch möglich; sie leiden vielmehr an dem Fehlen gesellschaftlicher Kontakte. Ihnen hat die Gesellschaft bislang noch kaum brauchbare Formen der Freizeitnutzung zur Verfügung gestellt. Dieses Problem wird aber in der Zukunft brennend aktuell, denn durch die Fortschritte der Medizin wird in den nächsten Jahren die Zahl der alten Menschen in den meisten Industrieländern weiter zunehmen.

Für die jungen und die alten Menschen liegen die Freizeitprobleme offen dar. Doch auch für die berufstätigen Erwachsenen wird sich die Freizeit verändern. Dieses gilt nicht nur für die Verteilung der arbeitsfreien Zeit, wobei berufstätige Hausfrauen und wirtschaftlich Selbständige einen starken Nachholbedarf haben, sondern vor allem für die Nutzung der Freizeit.

Bis vor kurzem diente die Freizeit vor allem zur Wiederherstellung der verbrauchten Kräfte und der körperlichen Gesunderhaltung. Daher war die weitgehend passive Rundum-Erholung eine angemessene Form der Freizeit. Mit der zunehmenden Automatisierung und Spezialisierung der Arbeit wird dies jedoch anders. Die Menschen sind entweder körperlich oder geistig oder seelisch erschöpft, kaum jedoch alles zugleich. Es bleiben Energien übrig, die in der Freizeit umgesetzt werden können. Freizeit muß keine passive Phase sein.

In Zukunft wird die Freizeit womöglich wieder aktiver, vor allem durch Kontakte und Erlebnisse, gestaltet werden. Die Freizeitindustrie wird stärker als Erlebnisindustrie benötigt.

Die Freizeit wird also nicht nur der Wiederherstellung der verbrauchten Kräfte, sondern mindestens ebenso sehr der Umsetzung und damit der Erneuerung der nicht abgelebten Energien dienen. Damit aber erhält die »Massenfreizeit« eine neue Funktion, die weder mit der antiken Muße noch mit der bisherigen passiven Freizeit identisch ist. Freizeit erhält eine andere Qualität – wird eine Quelle echter Regeneration.

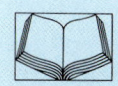

Lüdke, H., Freizeit in der Industriegesellschaft, Hamburg 1971. (Knapper Überblick über den gegenwärtigen Stand der Diskussion, leicht verständlich.)
Andrae, A. E., Ökonomik der Freizeit, Reinbek 1970. (Wirtschaftliche Probleme der Freizeit; Taschenbuch.)
Meyersohn, R./Scheuch, E. K. (Hrsg.), Soziologie der Freizeit, Köln 1969. (Sammlung von sozialwissenschaftlichen Aufsätzen, zur Vertiefung geeignet.)
Graf Blücher, V., Freizeit in der industriellen Gesellschaft, Stuttgart 1956. (Zusammenfassung früherer Theorien und Forschungsergebnisse, als Einführung immer noch geeignet.)
Giesecke, H. (Hrsg.), Freizeit- und Konsumerziehung, München 1968. (Beiträge zur Jugendfreizeit und der Freizeiterziehung.)
Strzelewicz, W., Jugend in ihrer freien Zeit, 1965. (Überblick über den Forschungs- und Diskussionsstand zu den Problemen der Freizeit Jugendlicher, zur Vertiefung geeignet.)
Görne, H., Urlaub nach Maß. 1968.
Bornemann, E., und Böttcher, H., Der Jugendliche und seine Freizeit, 1964.
Wellershoff, D., Wochenende. 1967.

Die neue Wissenschaft: Kybernetik

Überblick

Man stelle sich eine Zeit vor, in der sämtliche Probleme der Wissenschaft und der Technik gelöst sind. Sie müßte sich schon einige Zeit vorher ankündigen, und zwar dadurch, daß die Vermehrung der Erkenntnisse immer mühsamer wird und sich merklich verlangsamt. Der lawinenhafte Anstieg unseres Wissens, den wir derzeit verzeichnen, beweist aber, daß von einem Abschluß der technischen Entfaltung noch lange keine Rede sein kann – wahrscheinlich befinden wir uns erst am Fuß des Berges, der vor uns liegt.

Ein Beweis für diese Annahme ist die Begründung einer Wissenschaft von der Kybernetik, die sich als Schlüssel für das Verständnis einer Vielzahl technischer, aber auch biologischer und soziologischer Prozesse erwiesen hat. Mit ihr wurde, praktisch erst in unseren Tagen, Neuland betreten, das, wie man heute schon absehen kann, ebenso viele Entdeckungen bringen wird wie die Erforschung von Naturwissenschaft und Technik in den zurückliegenden Jahrhunderten.

Im Jahr 1947 veröffentlichte Norbert Wiener das Buch »Kybernetik; oder Regelung und Kommunikation bei Tier und Maschine«. Damit hatte er einen Namen für das neue Wissensgebiet geprägt, zu dessen Entstehung er wesentliches beigetragen hatte. Wie bei allen großen Entdeckungen handelte es sich allerdings nicht um eine Einzelleistung oder eine Zufallsentdeckung, sondern um den Durchbruch einer Entwicklung, die sich schon gewisse Zeit vorher angebahnt hatte. Bereits 1941 hatte H. Schmidt eine »allgemeine Regelungskunde« vorgeschlagen. Wiener dürfte allerdings der erste gewesen sein, der die Möglichkeiten dieser neuen Wissenschaft voll erkannte. In seinem Buch nahm er vieles von dem vorweg, was sich später verwirklicht hat.

Es dauerte lange, bis selbst die Vertreter jener Wissenschaften, die am meisten von der Kybernetik profitierten, erkannten, welch vielseitiges Instrumentarium an neuen Methoden sich ihnen bot. Die Anwendungsgebiete vermehrten sich rasch, die Konsequenzen waren nicht abzusehen. Selbst jene, die sich mit Recht als Kybernetiker bezeichnen durften, konnten sich nicht auf eine Definition einigen. Erst recht für die Laien schien es verwirrend, daß die neue Wissenschaft maßgebend für Fragestellungen sowohl der Naturwissenschaften wie auch der Psychologie, Soziologie und Technik sein sollte. Bemerkenswert ist die Art und Weise, wie man in den Staaten des Ostblocks auf die Kybernetik reagierte. Lange Zeit wurde sie als eine kapitalistische Scheinlehre abgetan, jedoch war dann plötzlich eine radikale Wendung zu beobachten. Kybernetik gehört heute zu den in Osteuropa bevorzugten Wissenschaften.

Wie bei jeder exakten Wissenschaft ist auch der Tatsachenbestand der Kybernetik unabhängig von Ort und Zeit – ein formales System von Erkenntnissen universeller Gültigkeit. Die Begründung und die Verbreitung der Kybernetik dagegen ist ein geschichtlicher Prozeß. Ihren Schwerpunkten und Fachausdrücken merkt man an, daß sie ihren Ursprung aus technischen Problemen genommen hat *(→ S. 34)*.

Das Nachrichten-Problem

Entscheidende Impulse kamen von der Nachrichtentechnik. Die Nachrichtentechniker stießen immer wieder auf Probleme, die nicht die Maschinen selbst betrafen, sondern den Zweck, dem sie gewidmet sind: der Übermittlung von Nachrichten. So trat etwa die Frage auf, wie man Nachrichten am günstigsten verschlüsselt, oder welche Mengen von Nachrichten man mit einem »Kanal« übermitteln kann, oder wie groß die Störungen – Nebengeräusche, Verstümmelungen und ähnliches – sein dürfen, ohne daß das Verständnis darunter leidet. Das sind Dinge, die, so eng sie mit der technischen Ausrüstung zusammenhängen, auch völlig unabhängig davon behandelt werden können – eine Tatsache, die vor dem Zeitalter der Kybernetik keinesfalls klar erkannt worden war. Das lag nicht zuletzt daran, daß Aufgaben dieser Art untereinander keinen inneren Zusammenhang erkennen ließen; man hielt sie für Rechenprobleme und versuchte sie mehr oder weniger nebenbei zu lösen.

Das verbindende Element zwischen all diesen, oft sehr verschiedenartigen Problemen ergab sich schließlich durch den

---

Redundanz

Das Wort kommt aus dem Lateinischen und bedeutet »Weitschweifigkeit«. Es wurde von Shannon in die Informationstheorie eingeführt. Im Nachrichtenwesen ist Redundanz (= Informationsüberschuß) ein Mittel, um z. B. bei der Übermittlung digital verschlüsselter Informationen auftretende Fehler mit großer Wahrscheinlichkeit zu erkennen. Die Redundanz eines Code ist definiert als Quotient aus der Differenz der Logarithmen der Anzahl möglicher und der Anzahl tatsächlich genutzter Schrittkombinationen und des Logarithmus der Anzahl möglicher Kombinationen.

Seit den Anfängen der Raumfahrttechnik wird das Wort auch im Sinn des englischen redundant = überzählig gebraucht. Hier bedeutet es erhöhte Sicherheit durch mehrfaches Vorhandensein funktionswichtiger Elemente, wobei beim Ausfall eines »Bausteins« sofort und automatisch der Ersatzbaustein eingeschaltet wird, so daß der Funktionsablauf nicht unterbrochen wird. Nur dadurch konnte erreicht werden, bei Raumflugmissionen trotz Tausender hintereinander geschalteter störanfälliger Funktionselemente die Wahrscheinlichkeit des Mißlingens des Unternehmens auf wenige Prozente zu reduzieren.

Wassermühle und Raddampfer: ein Prinzip und seine Umkehr. Bei der Wassermühle ist das Wasser der Antrieb für ein Rad. Beim Dampfer ist das Rad der Antrieb; es schaufelt das Schiff sogar stromaufwärts vorwärts. Mit der Systematik solcher Denk-Schemata beschäftigt sich die Kybernetik.

Begriff der »Information«. Es war der Nachrichtentheoretiker und Mathematiker Claude Shannon, der sie als erster mathematisch definierte – also eine Formel dafür angab. Die so festgelegte Größe entzieht sich dem Vorstellungsvermögen; wie viele wichtige Größen der Naturwissenschaft ist »Information« ein abstrakter Begriff. Am besten kann man sie als ein Maß für den Umfang oder Inhalt einer Nachricht beschreiben. Eine solche Begriffsbestimmung scheint zunächst kaum problematisch zu sein – es gibt Nachrichten, zu deren Übermittlung man viele Worte und viel Zeit braucht, und andere, bei denen das nicht der Fall ist. Es läge also nahe, den Umfang des Texts, etwa die Zahl der gebrauchten Worte als ein Maß zu nehmen. Gerade das führt aber nicht zum erwünschten Ziel: einer praktisch verwertbaren Meßeinheit. Der Grund liegt darin, daß eine Kennzahl dieser Art nichts darüber aussagt, ob die fragliche Nachricht inhaltsarm oder inhaltsreich ist. Es ist bekannt, daß man jede Mitteilung auch umständlicher ausdrücken kann, ohne daß die längere Fassung mehr Gehalt hätte. Ich kann sagen: »Der dümmste Bauer hat die dicksten Kartoffeln« – aber auch: »Je geringer der Intelligenzquotient eines Landwirts, desto voluminöser der Umfang der von ihm angebauten Erdäpfel.«

Prägnanz und Redundanz

Normalerweise enthält jede Nachricht einen gewissen Ballast, der für die Sachmitteilung überflüssig ist. Allerdings kann er einen anderen Zweck erfüllen – beispielsweise den einer besseren Verständigung in einer lärmerfüllten Umgebung; in solchen Fällen wird es nötig sein, einige Sätze und Worte zu wiederholen. Wiederholungen sind eine typische Form überschüssiger Nachrichtenteile, die man in der Fachsprache als Redundanz bezeichnet. Vom Alltag her kennen wir Situationen, in denen es nötig ist, sich sehr prägnant, also mit wenig Redundanz, auszudrücken. Ein solcher Fall liegt etwa bei Telegrammen vor, deren Preis durch die Zahl der Wörter gegeben ist. Jeder, der einmal ein Telegramm verfaßt hat, weiß, daß es eine untere Grenze für die Kürze gibt. Hier zeigt sich der wahre Gehalt einer Nachricht; je mehr Sinnzusammenhänge sie ausdrückt, um so länger wird die kürzeste Fassung sein. Es liegt also nahe, diese als Maß heranzuziehen. Zu einem Maß, das den Gehalt einer Nachricht wirklich charakterisiert, könnte man dann beispielsweise durch die Zahl der Buchstaben kommen, die man für diese kürzeste Fassung braucht.

Die neue Wissenschaft: Kybernetik

Das Binärsystem

Elektronische Rechenanlagen können im Grunde nur zwei Symbole darstellen, sie benötigen daher ein Zahlensystem, bei dem der Übertrag in die nächste Potenz bereits bei 2 erfolgt. Diese Bedingung wird von einem System erfüllt, das auf der Grundzahl 2 basiert. Mit den Potenzen von 2 lassen sich alle Zahlenwerte binär bzw. dual darstellen.

Die beiden Zeichen des Binärsystems sind 1 und 0, sie bringen das Vorhandensein oder das Nichtvorhandensein einer bestimmten Potenz von 2 in einer mehrstelligen Zahl zum Ausdruck. Jede natürliche Zahl läßt sich eindeutig nach Zweierpotenzen entwickeln und daher auch eindeutig im Binärsystem schreiben, wobei die Ziffern im Zuge der absteigenden Exponenten von 2 aufeinanderfolgen, z.B. $58 = 1 \cdot 2^5 + 1 \cdot 2^4 + 1 \cdot 2^3 + 0 \cdot 2^2 + 1 \cdot 2^1 + 0 \cdot 2^0$, ergibt in binärer Schreibweise 111010.

Die folgende Tabelle zeigt den Zusammenhang zwischen den ersten natürlichen Zahlen und ihren binären Entsprechungen:

dekadisch	Zweierpotenzen				binär
	2^3	2^2	2^1	2^0	
0	0	0	0	0	0
1	0	0	0	1	1
2	0	0	1	0	10
3	0	0	1	1	11
4	0	1	0	0	100
5	0	1	0	1	101
6	0	1	1	0	110
7	0	1	1	1	111
8	1	0	0	0	1000
9	1	0	0	1	1001

Datenverarbeitung

Einen Prozeß, bei dem aus gegebenen Eingangsdaten anhand eines festgelegten Verarbeitungsprogramms bestimmte Ausgangsdaten gewonnen werden, bezeichnet man als Datenverarbeitung. Das kann auf vielerlei Weise geschehen: von den einfachen Rechenmaschinen über die Buchungs- und Lochkartengeräte war es ein langer Weg, den die technische Entwicklung bis zur elektronischen Datenverarbeitung (EDV) zurücklegte. Heute spielt letztere die Hauptrolle, da sie am zuverlässigsten, am schnellsten und in sich geschlossener, »integrierter« Bauweise arbeitet, ermöglicht durch die Fortschritte in der Mikro- und Halbleitertechnik.

Das »Gehirn« der EDV-Anlage ist der Computer (lat. computare = rechnen), eine kompakte Rechenmaschine ohne bewegliche Teile, die mit Schalttransistoren arithmetische Operationen mit Elektronengeschwindigkeit vollzieht, wobei sie sich des dualen Zahlensystems bedient. Sie kann erhebliche Datenmengen speichern und in Bruchteilen einer Sekunde die Rechenergebnisse liefern oder Entscheidungen treffen. Um den Computer mit Daten zu »füttern« und um die Ergebnisse in auswertbarer Form zu erhalten, wird eine Reihe von Zusatzgeräten benötigt. Diese »peripheren« Geräte sind z.B. Lochstreifenleser für die Eingabe und Zeilendrucker für die Ausgabe. Alle diese Geräte bilden die »Hard-ware«. Zum Betrieb einer EDV gehört auch eine vielseitige »Soft-ware«, das sind Anweisungen über die geeignetste Einsatztechnik sowie über die Erstellung der Programme. Programmieren heißt, einen informationsverarbeitenden Prozeß als lückenlose Aufeinanderfolge einfacher Verarbeitungsschritte zu formulieren, also das zu lösende Problem in die »Maschinensprache« zu übersetzen. Die Brücke von der Beschreibung des Problems zur Maschinensprache bilden die Programmiersprachen, die anstelle der echten Maschinenzeichen symbolische Kurzbezeichnungen (meist in englischer Sprache) verwenden.

Aber auch hiermit ist das Problem noch nicht gelöst; wenn man zu anderen Schriftzeichen übergeht, beispielsweise der chinesischen Zeichenschrift, wird es möglich, mit einem einzigen Symbol einen ganzen Satz auszudrücken, für den man in unserer Schreibweise einige Dutzend Buchstaben braucht. Es erweist sich also als notwendig, auch eine Vereinbarung über die verwendeten Symbole, den »Code«, mit dem man den Sinngehalt ausdrücken will, zu treffen.

Das Binärsystem

Es ist am praktischsten, sich auf ein Symbolsystem festzulegen, das den kleinsten Zeichenvorrat hat: ein Zweiersystem, auch Binärsystem genannt. Es enthält nur zwei Zeichen, beispielsweise Strich und Punkt, mit denen ja schon das Morsealphabet ausgekommen ist. Ein Beispiel für einen echten Binärcode wäre folgendes Schema:

A	11000	J	11010	R	01010
B	10011	K	11110	S	10100
C	01110	L	01001	T	00001
D	10010	M	00111	U	11100
E	10000	N	00110	V	01111
F	10110	O	00011	W	11001
G	01011	P	01101	X	10111
H	00101	Q	11101	Y	10101
I	01100			Z	10001

Eine andere Möglichkeit ist folgende:

E	001	L	11001	K	1111011
N	010	C	11010	V	1111100
R	0110	G	11011	Ü	1111101
I	0111	M	111000	P	1111110
S	1000	O	111001	Ä	11111110
T	1001	B	111010	Ö	111111110
D	1010	Z	111011	J	1111111110
H	10110	W	111100	Y	11111111110
A	10111	F	1111010	Q	111111111110
U	11000			X	111111111111

Dabei weist das zweite System dem ersten gegenüber einen merklichen Vorteil auf: Es berücksichtigt nämlich, daß im Deutschen bestimmte Buchstaben häufiger, andere seltener auftreten. Wenn man, wie das geschehen ist, die häufigen Buchstaben durch eine kurze Zeichenfolge, die seltenen durch eine lange Zeichenfolge verschlüsselt, so kommt man insgesamt mit weniger Binärzeichen zum Ziel.

Damit ist unsere Meßvorschrift vollständig. Sie lautet: Bringe die Nachricht in die kürzestmögliche, noch verständliche Form. Verschlüssle diese Fassung durch Binärzeichen. Die Zahl der verwendeten Binärzeichen ist nun das Maß für den »Gehalt« der Nachricht. Diesen Gehalt nennt man »Information«.

Es gibt auch eine Meßeinheit für die Information, man nennt sie »Bit« – binary digit (vom lateinischen digitus, der Finger, Zeiger). Ein Bit ist jene Information, die man mit Zweierschritt ausdrücken kann. Das Bit läßt sich gut veranschaulichen – nämlich durch den Speicherplatz eines jener Datenspeicher, die man für elektronische Rechenmaschinen verwendet. Ein bekanntes Beispiel ist die Lochkarte, ein Kartonblatt in genormtem Format, auf dem 960 Stellen für das Einstanzen von Löchern vorgesehen sind. Als Binärzeichen verwendet man keine Punkte

Wie komplex ist der Mensch?

oder Striche, sondern unversehrte oder gelochte Speicherstellen. Auf einer Lochkarte kann man also 960 Bit unterbringen.

Die Lochkarte wie auch das Lochband sind mechanische Speicher; daneben gibt es auch solche anderer Art, beispielsweise elektrische und magnetische. Aber alle funktionieren nach demselben Prinzip – sie sind von einem Raster von Speicherstellen überzogen, die man irgendwie markieren oder auch unmarkiert lassen kann. Die alle stützen sich also auf das Binärsystem; wenn man ihre Speicherkapazität in Bit angeben will, so braucht man nur die Speicherstellen zu zählen.

Komplexität

Der Begriff der Information hat sich nicht nur in der Nachrichtentechnik bewährt; für jede Beschreibung kann man eine kürzestmögliche Fassung finden: Information ist nicht nur ein Maß für eine Textmenge, sondern auch für ihren Detailreichtum – für das, was man Komplexität nennt. Ein Gebilde, das aus lauter gleichartigen Bausteinen zusammengesetzt ist, muß nicht auch komplex sein. Die chinesische Mauer ist das umfangreichste Bauwerk der Welt, aber sie ist nicht das komplexeste. Ein Gegenstand, der kleiner ist, aber aus verschiedenartigen, auf immer andere Weise miteinander verbundenen Bausteinen besteht, bedarf einer viel längeren Beschreibung und ist somit komplexer. Mit der »Information« verfügt man also auch über ein Maß, mit dem man einen bestimmten Aspekt – nämlich die Komplexität – aller Dinge erfaßt.

Die Anwendung des Begriffes »Information« ist solange unproblematisch, wie man im Bereich der Technik, der Physik, der Logik bleibt. Man kann den Begriff aber auch auf biologische Systeme anwenden, auf Pflanzen, Tiere und Menschen. Die Frage »Wie komplex ist der Mensch aufgebaut und organisiert?« erscheint heute keineswegs mehr sinnlos. Faßt man die Gene, die Träger der Vererbung, als eine chemische Schrift auf, die alle arttypischen Merkmale enthält, so liegt es nahe, auszurechnen, wie komplex dieser »Text« ist. Das Ergebnis liegt vor: 100 000 Bit. So viel an körperlichen und geistigen Eigenschaften bekommen wir durch Vererbung mit. Den zweiten wichtigen Teil Komplexität steuert die Umwelt bei.

Wir alle treffen jeden Tag eine Fülle von Binärentscheidungen, müssen uns für eine von zwei Möglichkeiten entscheiden. Der Herr am Steuer sieht den großen Wegweiser mit vier Städten: ein analoges Modell. Das Entscheidungsmodell in seinem Kopf ist digital. Das Digital-Modell macht ersichtlich, daß jede der Städte informationstheoretisch durch 2 bit definiert ist. Die erste Binärentscheidung trifft der Fahrer beim Verlassen der Strecke nach Bochum; die zweite, als er nicht nach Siegen abbiegt. Der analoge Wegweiser hat insgesamt einen Informationsgehalt von 8 bit.

Die neue Wissenschaft: Kybernetik

Die Anwendung des Informationsbegriffs auf menschliches Wahrnehmen, Denken, Sprechen und so fort bringt neue Dimensionen in die Informationsmessung. Um eine Nachricht auf kürzeste Art auszudrücken, ist es nämlich nötig, sich auf den Kenntnisstand des Empfängers einzustellen. Je mehr dieser weiß, um so kürzer kann man sich fassen. Es läßt sich also nicht generell angeben, ob eine Nachricht prägnant gefaßt, also auf das absolut Notwendige reduziert ist, oder ob sie redundant – weitschweifig – ist; was zutrifft, hängt vom Empfänger ab. Der Informationsgehalt ist individuell verschieden; man spricht von »subjektiver Information«.

Diese Situation macht sich in der Unterrichtspraxis unangenehm bemerkbar. So ist es beispielsweise nicht möglich, Unterrichtsprogramme zu schreiben, die von jedem gleich schnell aufgenommen werden; vielmehr muß man den Stoff dem einzelnen individuell anpassen.

Die Kybernetik in modernster Sicht ist die Wissenschaft vom Daten- oder Informationsumsatz. Wie sich gezeigt hat, ist es oft schon aufschlußreich, sich über die Datenwege klar zu werden. Daten, die eine Rechenmaschine durchlaufen, werden von Station zu Station geleitet – die Wege, die sie gehen, mit ihren

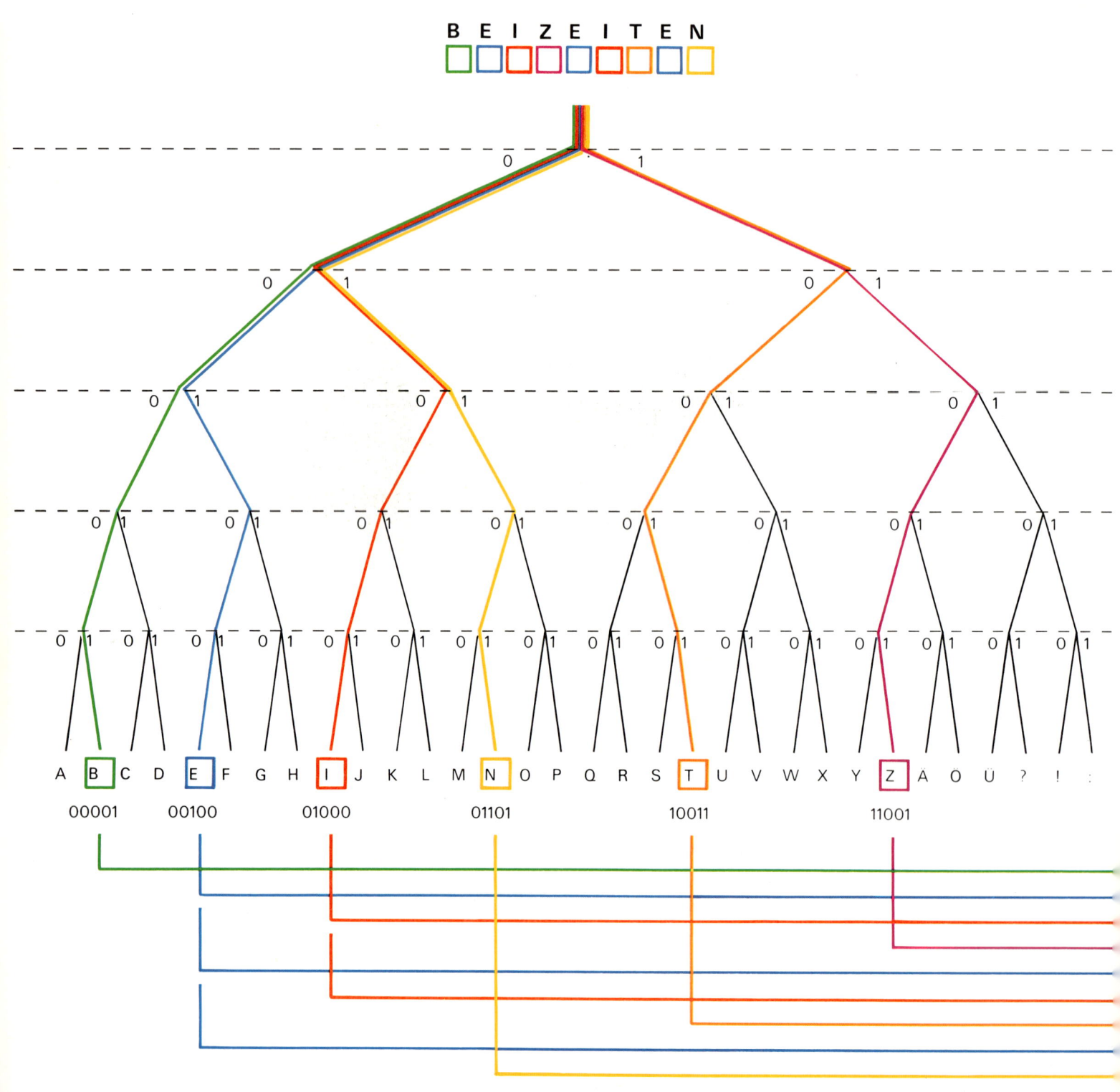

So drückt man Buchstaben aus mittels Elektrizität: Jeder Buchstabe ist durch fünf Binärentscheidungen (5 bit) definiert. Das heißt, jedem Buchstaben des Alphabets ist je ein anders kombinierter Weg über fünf Plus-Minus-Schaltstationen zugeordnet. Er beansprucht infolgedessen die Speicherkapazität von 5 bit. Das Alphabet in dem hier vorgestellten Schaltschema ist übrigens nicht identisch mit einem der auf S. 190 vorgestellten Code-Beispiele.

Codier-Schema für Buchstaben

Verzweigungen, Rundläufen usw. bilden das Grundschema der logischen Funktion. Auch die Arbeitsweise eines Büros ist vor allem vom Netz der Datenwege abhängig – von den Eingabe- und Ausgabestellen, von den Verarbeitungs- und Speicherstellen, evtl. auch von den Punkten, an denen Information erzeugt wird. Dasselbe Schema gilt für die Datenverarbeitung im Körper des Menschen, wofür sich vor allem zwei Nachrichtennetze entwickelt haben – jenes der chemischen Weiterleitung über die Blutbahn und jenes der elektrochemischen Impulse des Nervensystems und der Gehirnströme. Man kann wichtige Probleme der Kybernetik bereits lösen, wenn man sich auf die Datenwege beschränkt; erst der zweite Schritt führt aber zu den quantitativen Fragen – jenen, bei denen es auf die umgesetzten Informationsmengen ankommt.

Für die klassische Wissenschaftsbetrachtung erscheint es schwer verständlich, wieso die Kybernetik quer durch alle möglichen Phänomene in Natur und Technik reicht.

Gelegentlich hat man die Kybernetik als eine Hilfswissenschaft bezeichnet, vergleichbar der Mathematik, die Methoden der logischen Einordnung zur Verfügung stellt. Die Kybernetik ist aber mehr: Der Information kommt eine ähnlich tragende Bedeutung zu wie der Energie in der Physik.

Regelprozesse

In der klassischen Technik gab es verschiedene Entwicklungen, die notwendigerweise in die Kybernetik münden mußten. Einer davon geht von den Regelungs- und Steuerungsprozessen aus. Man hat sogar vorgeschlagen, die Kybernetik als Wissen-

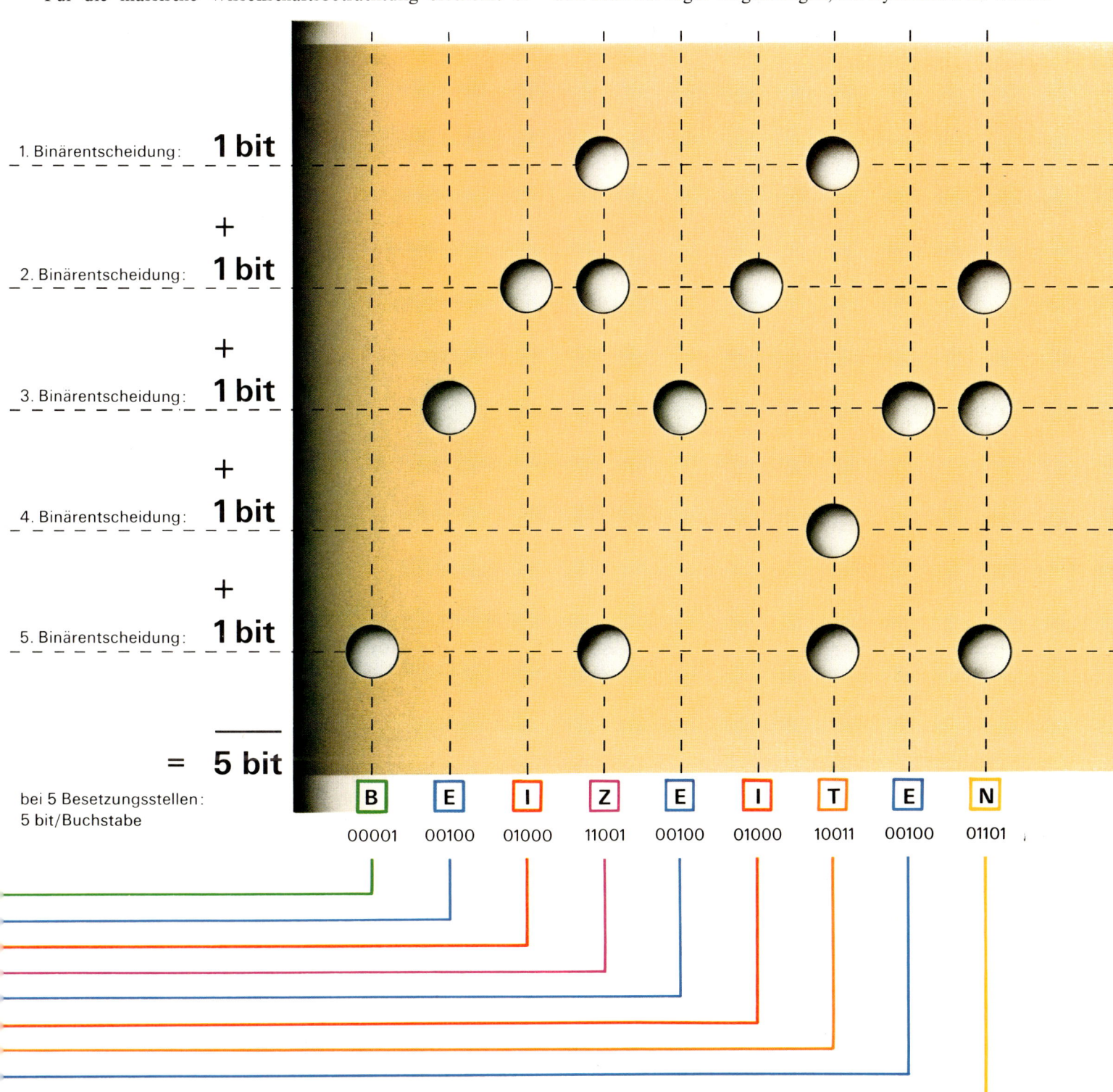

	B	E	I	Z	E	I	T	E	N
	00001	00100	01000	11001	00100	01000	10011	00100	01101

1. Binärentscheidung: **1 bit**
\+
2. Binärentscheidung: **1 bit**
\+
3. Binärentscheidung: **1 bit**
\+
4. Binärentscheidung: **1 bit**
\+
5. Binärentscheidung: **1 bit**
_____
= **5 bit**

bei 5 Besetzungsstellen:
5 bit/Buchstabe

Die neue Wissenschaft: Kybernetik

Bit und Byte

In Nachrichtentechnik und Datenverarbeitung werden Informationen auch als Zahlenfolgen dargestellt. Wenn der Zeichenvorrat nur aus zwei Zeichen besteht, heißt die Darstellung »binär«. Binärdarstellungen sind für die maschinelle Informationsverarbeitung wichtig, weil sie aus gleichartigen Elementen mit je zwei möglichen Zuständen bestehen, z.B. gesperrter oder leitender Transistor.
Als Einheit für die Anzahl von Zweierschritten oder Binärentscheidungen, auch für die Zweierschritte selbst oder die einzelnen Stellen eines Binärcodewortes, wird das Bit (bit) verwendet. Die Informationsmenge wird in bit, die Informationsdichte, z.B. in einem Magnetkernspeicher, in bit/cm³ und der Informationsfluß, z.B. durch einen Nachrichtenkanal, in bit/s gemessen. Bit ist die Abkürzung der englischen Bezeichnung binary digit und bedeutet wörtlich »Zweierziffer«.
Die Zusammenfassung von 8 Binärstellen = 8 bit wird als Byte bezeichnet. Dieser Ausdruck wird bei Rechenanlagen anstelle eines Wortes als kleinste adressierbare Informationseinheit verwendet und ermöglicht den Aufbau von Wörtern variabler Länge.

Stellen, Steuern, Regeln

In der Regelungstechnik versteht man unter »Stellen« das Betätigen eines »Stellgerätes«, z.B. eines Heizkörperventils, Wasserhahns oder eines Potentiometers, so lange, bis es sich in einer Betriebsstellung befindet, von der man die gewünschte Wirkung erwartet. Wird darüber hinaus das Stellgerät ständig von einer Größe beeinflußt, von der die gewünschte Wirkung abhängt, dann handelt es sich um eine »Steuerung«: die Ausgangsgröße ist abhängig von einer veränderlichen Eingangsgröße. Ein Beispiel dafür ist die Temperatursteuerung in einem Wohnraum. Eingangsgröße sei die Außentemperatur, die ja hauptsächlich die Raumtemperatur beeinflußt. In deren Abhängigkeit soll das Heizkörperventil und mithin die Raumtemperatur als Ausgangsgröße in gewünschter Weise beeinflußt werden. Die Raumtemperatur selbst hat jedoch auf den Vorgang keinen Einfluß, so daß Störungen, wie das Öffnen eines Fensters, nicht zu erfassen sind: man spricht von einem *offenen Wirkungskreis* oder einer »Regelkette«.
Als »*selbsttätige Regelung*« bezeichnet man eine Anordnung, die in unserem Beispiel nur von der Raumtemperatur, die konstant zu halten ist, als »Regelgröße« ausgeht und die aufgrund ständiger Messungen der Raumtemperatur ein sinngemäßes Verstellen am Ventil der Heizung bei Eintritt einer Temperaturänderung vornimmt. Da die Änderung der Raumtemperatur auf den Regler einwirkt, liegt ein *geschlossener* Wirkungskreis vor, denn die Ausgangsgröße wirkt unmittelbar auf die Eingangsgröße zurück. Dabei wird der gemessene Wert, der »Istwert«, laufend verglichen mit einem fest eingestellten Wert, nämlich mit dem »Sollwert«, auf dem die Temperatur gehalten werden soll. Der Vergleich ergibt die »Regelabweichung«, die in gewünschtem Sinn auf die Stellung des Stellgerätes einwirkt. Eingang der Regelstrecke ist hier das Heizungsventil, ihr Ausgang der Meßort. Alle Teile des Reglers und der Regelstrecke, die »Regelkreisglieder«, bestimmen in ihrer Gesamtheit das Verhalten des »Regelkreises«.
Es gibt auch eine »*handbetätigte Regelung*«. Der Autofahrer »regelt« den Lauf seines Fahrzeuges, weil er dies aufgrund ununterbrochener »Messungen« mittels seiner Augen in ständig korrigierender Weise tut und weil seine dauernd eingeschalteten Sinnesorgane Teil eines geschlossenen Wirkungskreises sind. Auch die Natur bedient sich unzähliger Regelvorgänge! Wir sprechen dann von Informationsverarbeitung mit Rückkopplung. Man denke nur an die Regelung von Körpertemperatur und Blutdruck, an Herz- und Atemtätigkeit oder an das Streben einer Pflanze zum Licht.

---

schaft von den Regelungs- und Steuerungsprozessen in technischen und biologischen Systemen zu definieren, und tatsächlich leitet sich ihr Name von dem griechischen Wort »kybernetes« für Steuermann her (→ S. 199, 228).

Zweck einer Regelung ist die Aufrechterhaltung eines dynamischen Gleichgewichts. Beispielsweise kann es sich darum handeln, die Durchflußmenge einer Flüssigkeit in einer Röhre oder eine elektrische Spannung im Stromnetz konstant zu halten. Es gibt aber auch Regelprobleme biologischer Natur. Für den Körperhaushalt ist es etwa wichtig, daß stets eine bestimmte Betriebstemperatur gehalten wird, der Tätigkeit entsprechend, und daß das Herz rasch genug schlägt, um das Blut mit dem notwendigen Druck pulsieren zu lassen.

In der Technik setzt man für Regelungsaufgaben sogenannte Regler ein – Vorrichtungen, die selbsttätig die für den Gleichgewichtserhalt nötigen Maßnahmen treffen. Ein bekanntes Beispiel ist der Temperaturregler, der Thermostat. Seine Aufgabe ist es, die Leistung einer Heizungsanlage so einzurichten, daß die gewünschte Raumtemperatur unverändert beibehalten wird. Kühlt der Raum ab, so schaltet er die Heizung ein, ist die richtige Temperatur erreicht, so stellt er wieder ab.

Bei solchen Prozessen sind drei Begriffe wesentlich:
1. der Sollwert; darunter versteht man den angestrebten Wert der Regelgröße – in unserem Beispiel die Temperatur;
2. der Istwert; darunter versteht man den tatsächlichen Wert der Regelgröße – in unserem Beispiel also etwa eine leichte Abkühlung;
3. die Differenz zwischen Soll- und Istwert, die möglichst klein gehalten werden muß.

Jeder Regelprozeß folgt einem allgemeinen Schema: Ein »Sinnesorgan« oder Fühler stellt die Abweichung fest; beim Überschreiten eines Schwellenwerts wird ein Vorgang eingeleitet, der zur Verringerung der Abweichung führt. Ist der Sollwert erreicht (oder wenig überschritten sogar), so wird der Vorgang unterbrochen.

Im Fall des Temperaturreglers kann man als Wärmefühler einen Bimetallstreifen verwenden, der auf Temperaturänderungen anspricht, indem er sich krümmt. Dadurch schließt oder öffnet er einen signalgebenden elektrischen Kontakt, was die Heizleistung ändert.

Worauf es bei der Regelung weiterhin ankommt, das ist die Rückmeldung. Der Fühler des Reglers ist eine einfache Vorrichtung zur Aufnahme von Information. Er nimmt als Anweisung auf: »Einschalten!« oder »Ausschalten!« Diese Information muß als Signal dem Brenner zugeführt werden. Indem er ein- oder ausgeschaltet wird, beeinflußt er wieder die Raumtemperatur. Über den Wärmefühler erhält er eine Rückmeldung und richtet sich danach. Damit wirkt gewissermaßen die Wirkung auf die Ursache zurück. Man spricht von Rückkopplung.

Versucht man das Wirkungsschema in der klassischen Weise, chronologisch oder kausal, wiederzugeben, so hätte man eine lineare Kette zu verwenden:

Zeit	Temperatur	Heizung
1	zu niedrig	eingeschaltet
2	richtig	ausgeschaltet
3	zu niedrig	eingeschaltet
4	richtig	ausgeschaltet
5	zu niedrig	eingeschaltet

usw.

Betrachtet man hingegen den Informationsweg in diesem System, so ergibt sich ein Kreislauf:

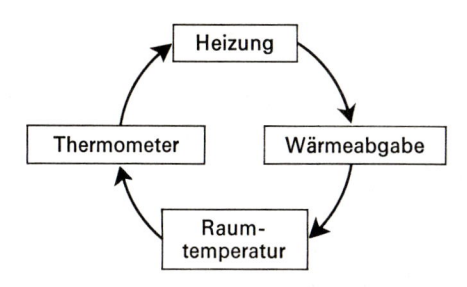

Zunächst schien es, als handele es sich beim Regelkreis um einen interessanten Einzelfall aus dem Bereich der Technik. Wie sich herausstellte, gilt der Kreis aber auch für komplizierte Regelaufgaben. Es gibt inzwischen eine wissenschaftliche Methodik, die Regelkreistheorie, die sich mit der Lösung verschiedenster Aufgaben der Reglung beschäftigt.

Steuerungsprozesse

Die Steuerung ist ein der Regelung verwandter Prozeß. Ihr Zweck ist vor allem die Ausschaltung von Störungen in verschiedensten Abläufen – es ist also nötig, sie zu überwachen und gegebenenfalls gezielt einzugreifen.

Im Gegensatz zur Regelung fehlt bei der Steuerung aber die Komponente der Rückkopplung: Der Einfluß, den man ausübt, wirkt nicht zurück auf den Auslöser. Das gilt beispielsweise für eine Straßenbeleuchtung, die man bei Anbruch der Dämmerung ein- oder ausschalten läßt. Stellt man den Informationsweg graphisch dar, so kommt man nicht mehr zu einem Kreis, sondern zu einer Kette – die Information fließt nur in einer Richtung:

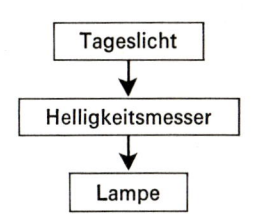

Bevor es technische Vorrichtungen zum Regeln und Steuern gab, mußte der Mensch oft Aufgaben dieser Art übernehmen. Von seiner biologischen Ausstattung her ist er gut dafür geeignet, denn er besitzt:
1. Meßwerkzeuge verschiedenster Art, die Sinnesorgane;
2. ein datenverarbeitendes System, das Gehirn;
3. »Ausgabewerkzeuge« – das sind solche, mit denen er Informationen nach außen geben kann. Dazu können die Hände dienen, die einen Knopf drücken, oder die Stimme, die Anweisungen gibt.

Zusätzlich kann der Mensch auch auf der energetischen Seite eingreifen: Der Heizer einer Dampflokomotive achtet nicht nur darauf, ob und wie die Kohle verbrennt, sondern er schaufelt sie auch selbst auf den Rost. Dadurch werden energetische und informationelle Prozesse vielfach verzahnt, was das Erkennen der Unterschiede erschwert hat.

Einfache Steuer- und Regelaufgaben lassen sich – als erster Schritt zur Automation – leicht auf Maschinen übertragen. Es gibt aber auch kompliziertere Probleme, die sich bis heute nicht befriedigend automatisieren ließen. So wirken etwa beim Steuern eines Autos verschiedenste Steuerungsketten und Regelkreise zusammen. Eine Regelaufgabe ist etwa, das Auto stets auf Fahrbahnmitte zu halten; durch Einschlag des Steuerrades beeinflußt man diesen Abstand (die Größe, die man beobachtet) selbst – und hat es mit einem Rückkopplungsvorgang zu tun. Darüber hinaus können auf der Straße auch Hindernisse auftreten, die den normalen Ablauf des Prozesses stören. Die Ausweichreaktionen sind typische Steuerungseingriffe. Damit sind aber die Aufgaben des Fahrers nicht abgeschlossen. Er muß auf viele andere Einflüsse achten: auf die Skalen des Tachometers, der Benzinuhr, der Wassertemperaturanzeige; auf Signale von außen, auf Verkehrsvorschriften, andere Verkehrsteilnehmer und auf den richtigen Weg zum Ziel.

Prozesse der Regelung gibt es auch im Bereich der Physik und Chemie; sie sind in viele Arten von Gleichgewichtsbestrebungen integriert, beispielsweise in alle Wellenvorgänge, in die Mischung chemischer Stoffe, in die Erhaltung der Planetenbahnen. Besonders reich an Regelprozessen ist die Physiologie; das beginnt bei der Osmose in den Zellen und reicht bis zur Reaktion der Pupille auf Licht, auf die Erhaltung der Körpertemperatur, Puls- und Atemfrequenz. Ganz allgemein gilt: Leben ist, physiologisch gesehen, nichts anderes als die Aufrechterhaltung von Gleichgewichten.

Die kybernetischen Aspekte, insbesondere die der Regelung, haben die Physiologie von der Physik und Chemie in das Gebiet der eigentlich typischen Lebenserscheinungen geführt und wesentlich zu ihrem Verständnis beigetragen.

Einige Biologen sind der Meinung, daß das Leben dort beginnt, wo zum ersten Mal Regelprozesse auftreten, die den Erhalt von reaktionsfähigen Einheiten gewährleisten. Die Geschichte der biologischen Evolution ist auch die Geschichte sich höher entwickelnder Steuerungs- und Regelprozesse. Die außerordentlich wichtige Anpassung an die Umgebung ist nichts anderes als ein Steuerungsprozeß. Selbst die Funktionen des Denkens, Fühlens und Entscheidens kann man unter diesem Aspekt sehen.

Denken und Erfinden

Der Einsatz des Computers ist auf Aufgaben beschränkt, die sich auf logischem Weg lösen lassen. Es gibt aber auch Probleme, die logisch nicht zu bewältigen sind. Es handelt sich um jene, zu deren Lösung der Mensch seine Intuition zu Hilfe nimmt. Die besten Beispiele dafür finden sich in der technischen Erfindung und im Kunstwerk. Mit ihnen entsteht etwas prinzipiell Neues, etwas, das in der Welt vorher nicht dagewesen ist. Das kann im Sinn der Kybernetik nur durch Prozesse geschehen, die Information erzeugen.

In diesem Punkt unterscheidet sich die Information prinzipiell von der Energie, die weder aus dem Nichts erzeugt noch spurlos vernichtet werden, sondern nur von einem in den anderen Zustand übergeführt werden kann. Für die Vernichtung von Information gibt es augenfällige Beispiele – etwa das Verbrennen eines Manuskripts oder das Löschen des Speicherinhalts eines Computers. Wie aber kann Information erzeugt werden? Durch logische Prozesse offenbar nicht, denn es ist ja gerade das Kennzeichen der logisch-deduktiven Methode, daß sich die Ergebnisse zwingend aus etwas Gegebenem ableiten lassen. Die Resultate enthalten also höchstens ebenso viel Information wie die Eingangsdaten, meist sogar weniger, beispielsweise bei Ausleseprozessen. Es ist dann nicht möglich, aus den Resultaten auf die Ausgangsdaten zurückzurechnen.

Information hat etwas mit Ordnung zu tun. Je höher der Ordnungsgrad eines Gebildes – eines Textes, einer Maschine oder auch eines Musikstücks – ist, um so geringer ist die Information. Ein Zustand höchster Ordnung hat die Information Null – das wäre in unserem Beispiel etwa der Fall, wenn der Text immer nur aus demselben Buchstaben, die Maschine aus

Strahlenspürer in Schutzkleidung

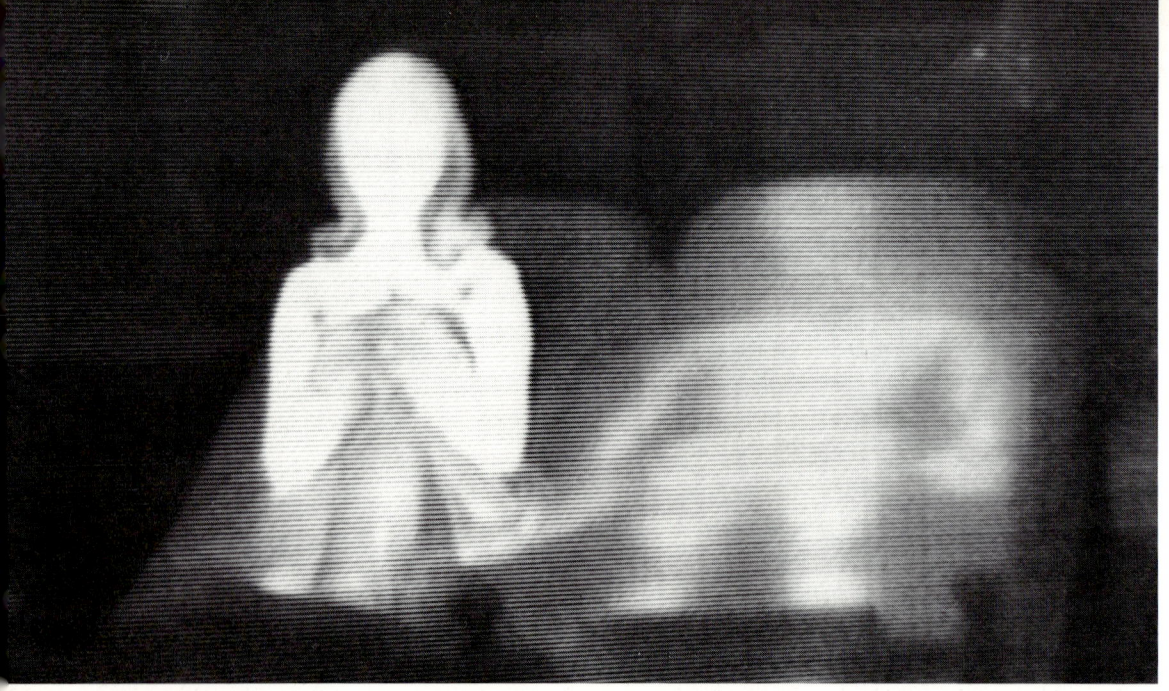

Das Infrarotfoto zeichnete das »Wärmebild« des (eben gegangenen!) Mannes auf!

Infrarot-Falschfarbenaufnahme des Erdbebengebietes von Yungay (Peru) aus 5700 m Höhe

Künstliche Sinnesorgane

Die Technik vermag die Sinnesorgane des Menschen nicht nur um ein Tausendfaches zu verstärken – sie registriert Phänomene, für die der Mensch keine Sinnesorgane hat.
Die Infrarot-Kamera zeichnet die Wärmestrahlung eines Körpers auf, selbst dann noch, wenn der Körper verschwunden ist.
Die Infrarot-Falschfarbenaufnahme läßt Begrenzungen schärfer hervortreten als eine normale Farbaufnahme.
Der Geigerzähler in der Hand des Strahlenspürers liefert Daten über die radioaktive Strahlungsintensität, die der Techniker in einer strahlungssicheren Spezialkleidung über Mikrofon an ein Kontrollbüro weitergibt.
Der Radarschirm verrät dem geübten Beobachter die Position bis zu zwölf bewegter Objekte gleichzeitig über Hunderte von Kilometern hinweg.
Das Hochleistungs-Elektronenmikroskop ermöglicht auf elektronischem Wege hunderttausendfache Vergrößerungen.
Der Höhenmesser des Fallschirmspringers reagiert zuverlässig auf den Luftdruck, der Tiefenmesser des Tauchers auf den Druck des Wassers.

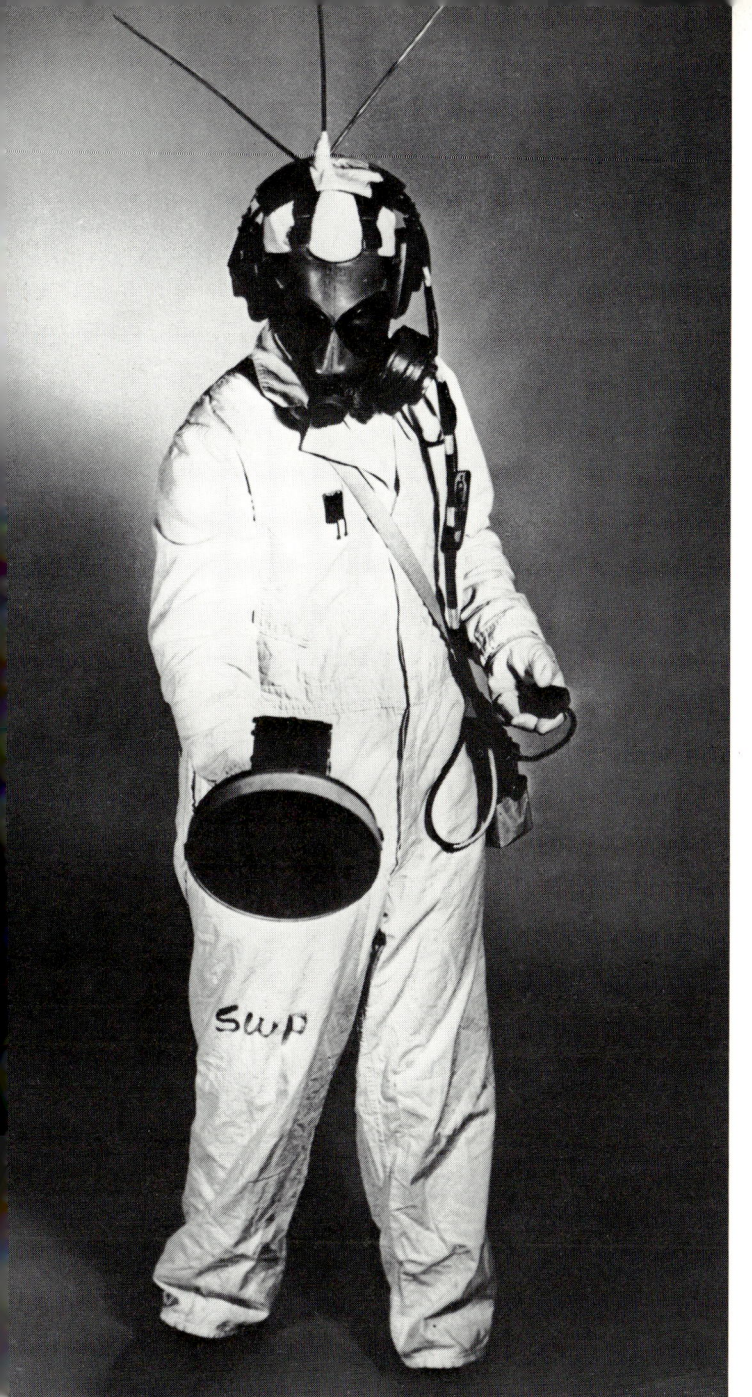

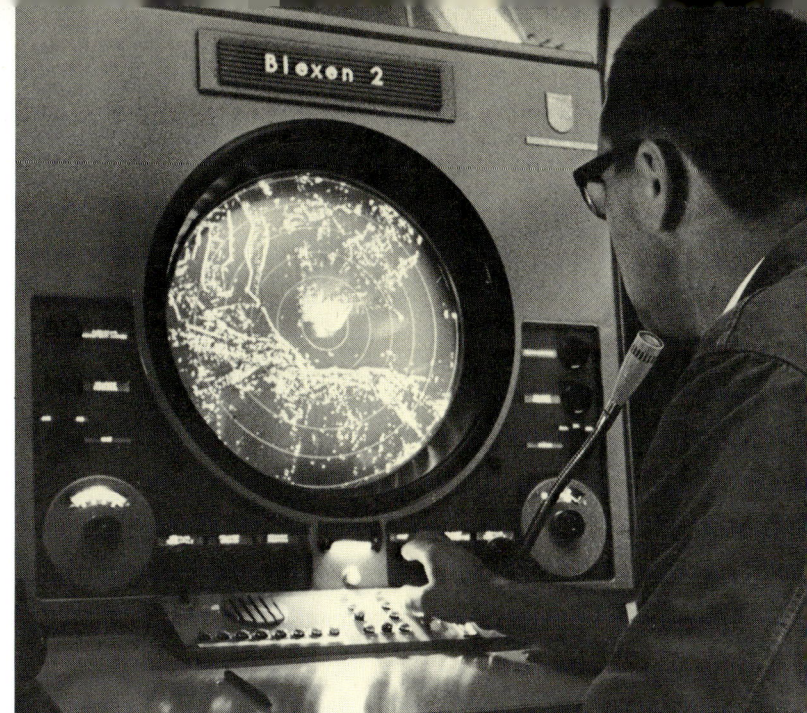

Radar-Beobachter am Sichtgerät   *Elektronenmikroskop (unten)*

Unten: Höhenmesser am Arm des Fallschirmspringers

Die neue Wissenschaft: Kybernetik

einem einzigen, hintereinander geschalteten Bauelement und das Musikstück aus einem Ton bestünde. Diese Erkenntnis kann man umkehren: Die Produktion von Information ist der Gegenprozeß zur Produktion von Ordnung. Geringer Ordnungsgrad (Unordnung) bedeutet größere Information.

Auf der Suche nach Prozessen, die Information oder Unordnung erzeugen, stößt man auf die sogenannten Zufallsprozesse. In ihrer typischen Form treten sie in der Quantenphysik auf, beispielsweise bei radioaktiven Erscheinungen. Es gibt kein physikalisches Gesetz, das es vorauszusagen gestattet, wann ein Kern eines instabilen Elements zerfällt. Gibt man die Zeitpunkte der einzelnen Zerfallprozesse in einer Liste an, so erhält man völlig ungeordnete Zahlenreihen. Sie haben einen hohen Informationsgehalt, was durch ihre besonderen Merkmale deutlich wird: So braucht man zu ihrer Beschreibung einen hohen Aufwand an Zeichen – fehlt nur ein einziges, so läßt sich die Liste nicht mehr rekonstruieren. Das läßt sich auch aus dem Gesichtspunkt der Redundanz beschreiben: Zum Unterschied von Texten oder Melodien, bei denen man kleinere fehlende Teile erraten kann, ist das bei Zufallsfolgen nicht möglich – sie haben keine Redundanz. Schließlich sind sie von hohem Überraschungswert und damit von hoher Innovation. In dieser Hinsicht entsprechen sie einer Erfindung oder einem künstlerischen Produkt, das ebenfalls völlig Neues enthält oder, wie es auch häufig ausgedrückt wird, originell ist.

Der Zufallsgenerator

Anlagen, die Zufall erzeugen, nennt man Zufallsgeneratoren. Bekannte Beispiele aus dem täglichen Leben sind der Spielwürfel und das Rouletterad. Auch sie liefern Zahlenreihen, die nicht voraussagbar sind, ungeordnete Muster hoher Information. Es sind die ältesten Beispiele für informationserzeugende technische Werkzeuge. Auch in der Wissenschaft besteht ein Bedarf an Zufallszahlen, beispielsweise bei der Untersuchung von Tier- oder Menschengruppen. Das Verhalten der einzelnen Individuen ist prinzipiell nicht vorhersehbar, und somit verhalten sich diese, als wären sie durch Zufallsprozesse gesteuert. Auch für Experimente mit computererzeugter Musik oder Graphik können Zufallsreihen interessant sein.

In solchen Fällen tritt oft der Wunsch auf, Zufallsgeneratoren mit anderen Maschinen zu kombinieren. Man erhält dann Kombinationen aus informationserzeugenden und informationsverarbeitenden Einheiten. Das Rouletterad bewährt sich für solche Zwecke wenig – als mechanischer Apparat weist es alle Nachteile der Langsamkeit und Störanfälligkeit auf. Günstiger ist die Verwendung radioaktiver Prozesse; durch Verstärkeranlagen kann man die radioaktiven Zerfallprozesse in elektrische Impulse umwandeln und damit elektronische Schaltungen steuern. Noch eleganter ist die Methode des »Pseudozufalls«. Man setzt dazu den Computer selbst ein, der zwar keinen echten Zufall hervorbringt, aber doch etwas, das ebenso gut

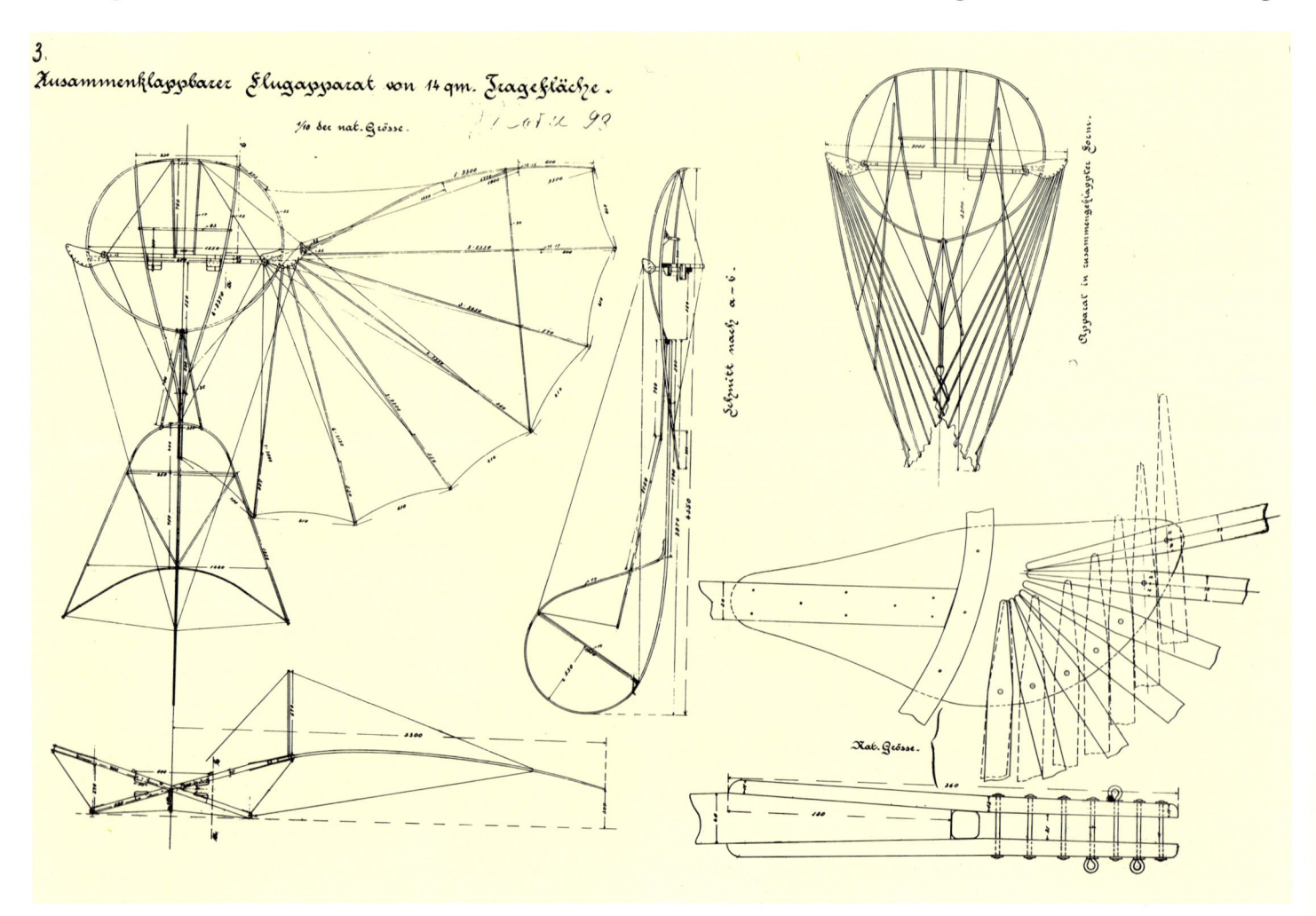

Erfindungstechniken und Methoden der Ideensuche beschäftigen die Kybernetik. Die Bedeutung von Modell-, Funktions- und Konstruktions-Zeichnungen war schon Leonardo da Vinci bewußt. Hier: Flugmaschinen-Entwürfe.

Computerkunst

Die Erfinder dieser seit dem 18. Jahrhundert bekannten Trivialvorrichtung sind unbekannt. Sonst könnten wir sie feiern als die Väter des Regelkreises. Steigt der Schwimmer hoch, oder fällt er, so regelt er im Fallen bzw. Steigen die Öffnung des Zulaufrohrs.

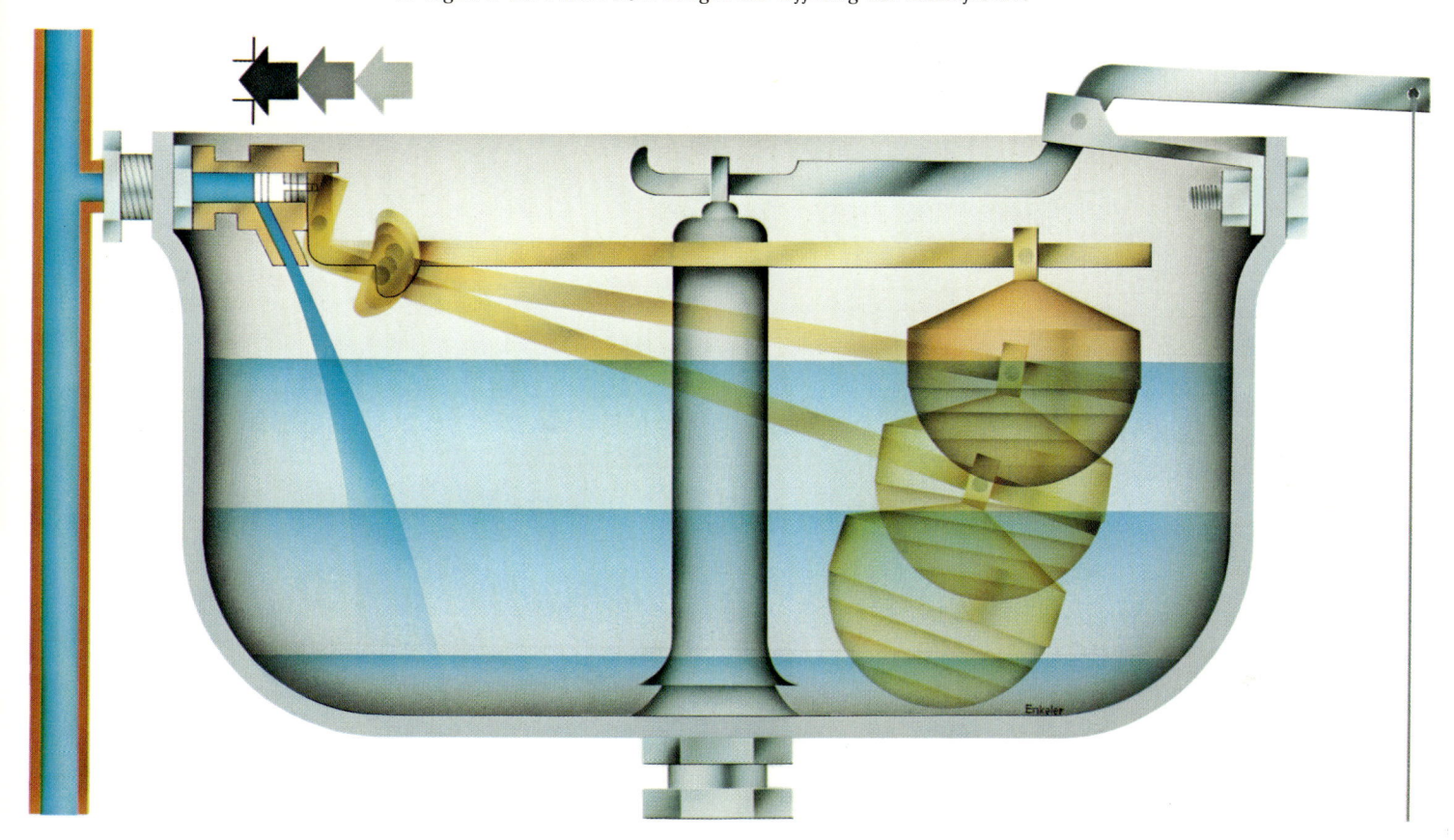

verwendbar ist: Zahlenreihen, die zwar gesetzmäßig bestimmt sind, aber äußerlich keine erkennbare Ordnung aufweisen. Ein Beispiel dafür ist die Reihenfolge der Ziffern hinter dem Komma bei der Zahl »π«, dem Verhältnis vom Umfang zum Durchmesser des Kreises. Pseudozufall läßt sich beliebig schnell hervorbringen und dosieren. Man kann beispielsweise fordern, daß nur Zahlen zwischen 10 und 90 ausgegeben werden, oder auch Häufungspunkte in einem Muster sonst zufällig verteilter Punkte vorschreiben.

Anwendung findet der Zufallsgenerator etwa in der sogenannten »Computerkunst«. Da man Kunst als eine Quelle von Innovation ansehen kann, sind ästhetische Prozesse für die Theorie der Problemlösung – einem Spezialgebiet der Kybernetik – interessant. Man kann die Produktion ästhetischer Gebilde mit Hilfe von Maschinen als Simulation von kreativen Prozessen ansehen. Es hat sich nun gezeigt, daß jenen Resultaten der Computerkunst, die auf Grund von rein logischen Vorschriften entstanden sind, die Komponenten des Neuartigen, Spontanen und Phantasiehaften fehlen. Der Zufallsgenerator ersetzt in solchen Experimenten die menschliche Intuition.

Die Produktion von Zufallszahlen kann aber nicht als »kreativer Prozeß« im üblichen Sinn des Wortes bezeichnet werden. Soll eine Erfindung, ein Kunstwerk, eine Erkenntnis und dergleichen hervorgebracht werden; so müssen eine Informationsquelle und ein logisches System zusammenwirken. Das Neue für sich ist noch nicht nützlich oder brauchbar, sondern muß erst daraufhin geprüft werden. Dazu bedarf es der Berücksichtigung aller möglichen Faktoren der Umwelt, der Abstimmung auf die bestehenden Verhältnisse, ein Abwägen der ökonomischen Bedingungen, einer Prüfung auf Wirkungen und Nebenwirkungen. Für alles das braucht man einen respektablen Aufwand an logischen Prozessen. Aus diesem Sachverhalt läßt sich ableiten, wie eine Erfindungsmaschine konzipiert sein müßte: Sie brauchte einen Zufallsgenerator, dem eine kontrollierende Instanz nachgeschaltet ist. Diese prüft das Informationsangebot und wählt die günstigsten Lösungen aus. Das Entdecken und Erfinden kann nicht voll automatisiert werden. Man arbeitet auf einem Zwischenweg, indem man das menschliche Gehirn als informationserzeugende Einheit einsetzt; die Nachfrage der Selektion und Kontrolle übernehmen Menschen und Computer gemeinsam.

Der kreative Prozeß

Die ergiebigste Quelle von Innovation ist die Natur. In der Evolution liegt uns ein typischer kreativer Prozeß vor. Ihr Ausgangsmaterial ist die Genstruktur, die durch äußere Einflüsse, beispielsweise von kosmischen Kernstrahlen, zufällig abgeändert wird. Es entstehen neue Eigenschaften, deren Brauchbarkeit in der Lebenspraxis geprüft wird. Die Konkurrenz führt zur Selektion, die das sich Bewährende bestehen läßt. Auf welche Weise im Gehirn die neue Information entsteht, ist noch nicht bekannt.

Man darf aber vermuten, daß auch hier eine Zusammenarbeit zwischen molekularen Prozessen als Zufallsgeneratoren und logischer Kontrolle erfolgt. Man kann es sogar an sich selbst beobachten: Wir alle kennen den spontanen Einfall, den Gedankenblitz, die »schöpferische Phantasie«. Doch jeder weiß auch, daß nicht jede Idee das hält, was man sich von ihr erhofft. Es bedarf der sachlichen Intelligenz, um zu entscheiden, was wert ist, verwirklicht zu werden.

Im Prinzip ist jede Erfindung die Lösung eines Problems. Seit sich die Kybernetiker dafür interessieren, wie Menschen an

Bild 1 (oben) Bild 5 (unten) Bild 2 (oben) Bild 6 (unten)

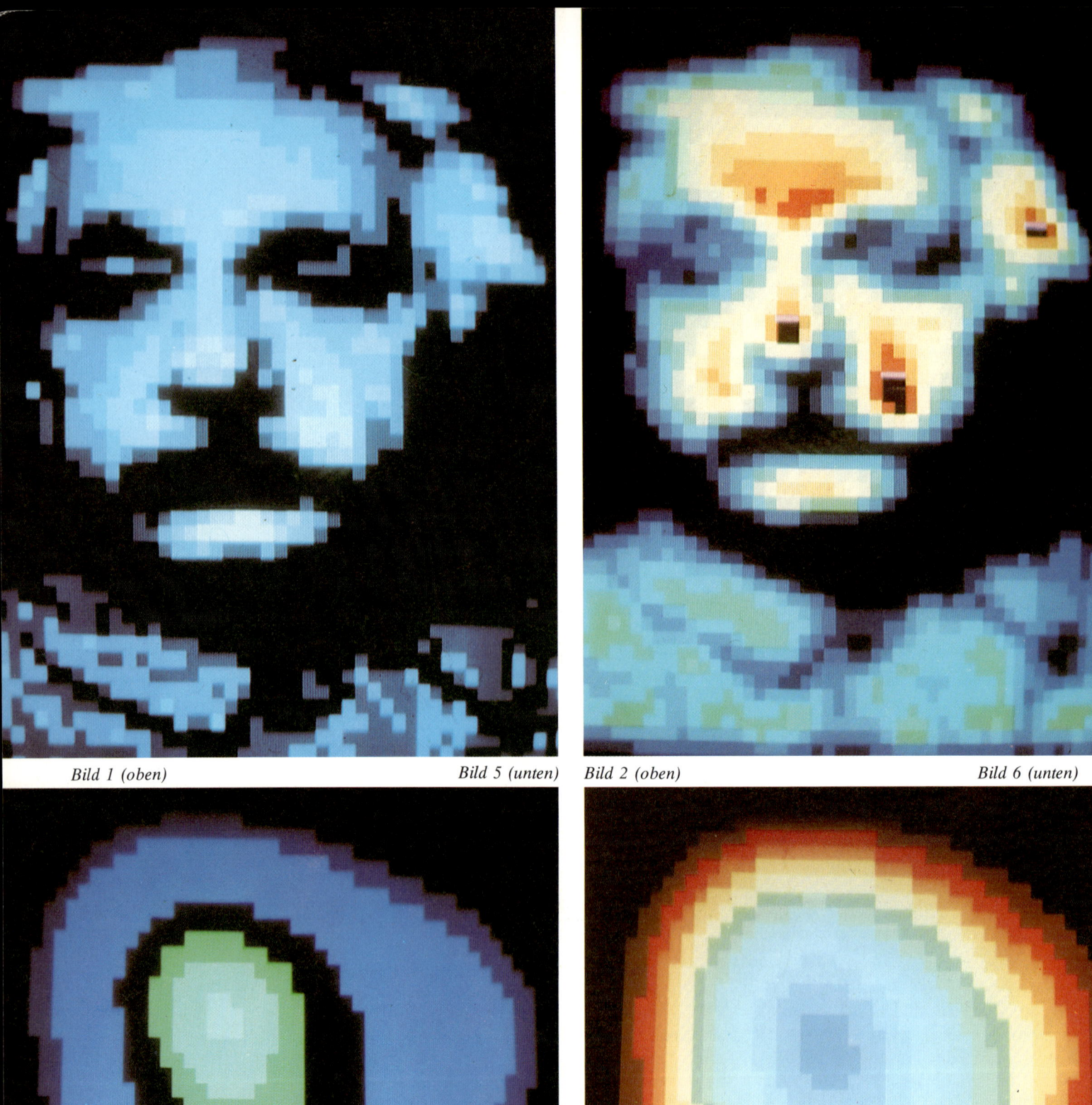

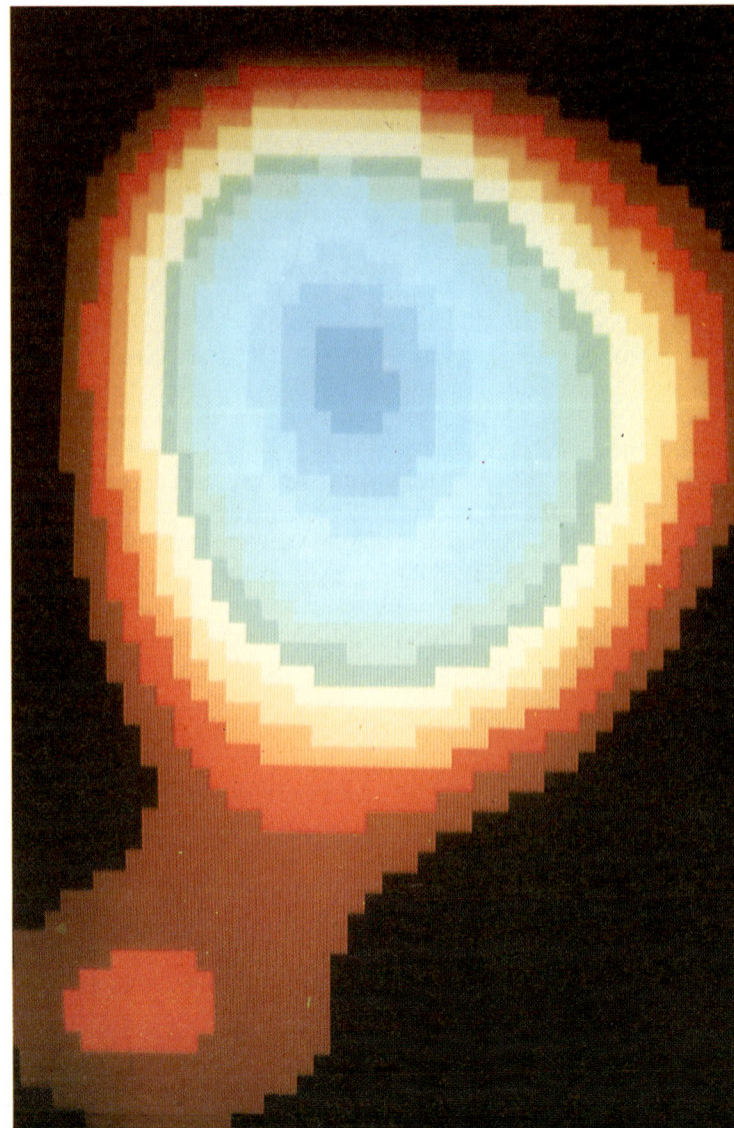

Bild 3 (oben)   *Bild 4 (oben)*   *Bild 7 (unten)*

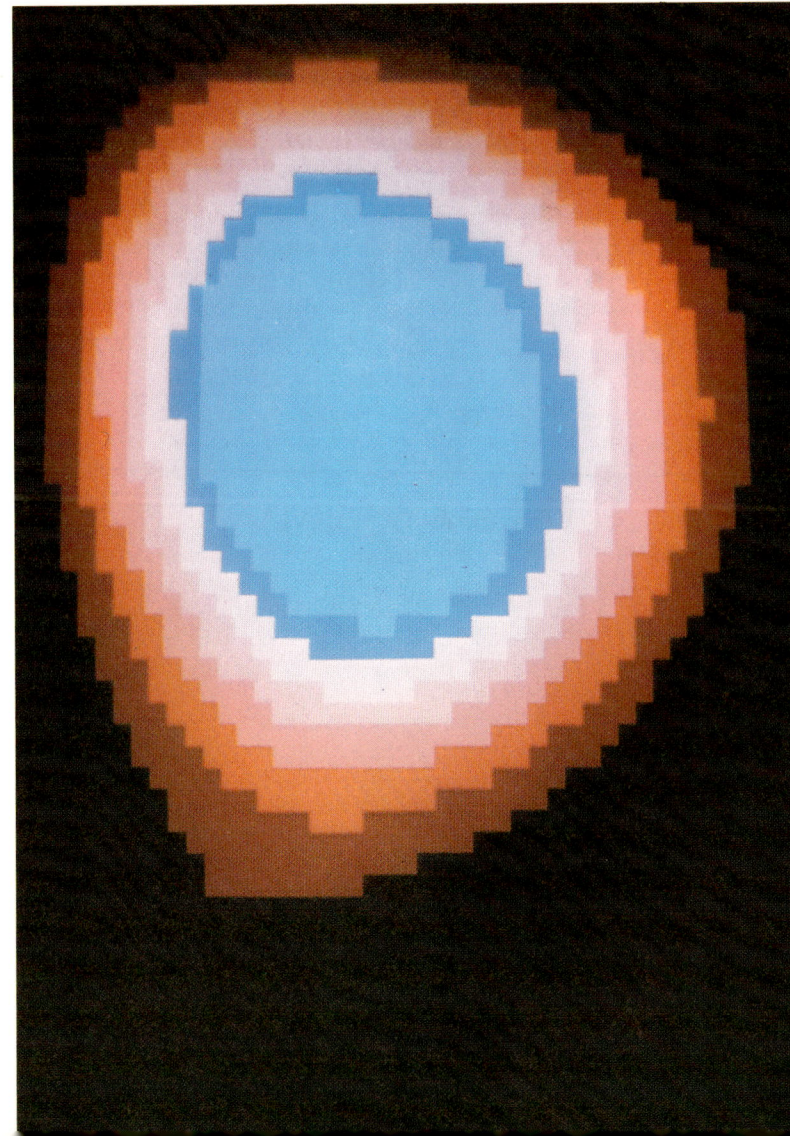

Einstein picture processed

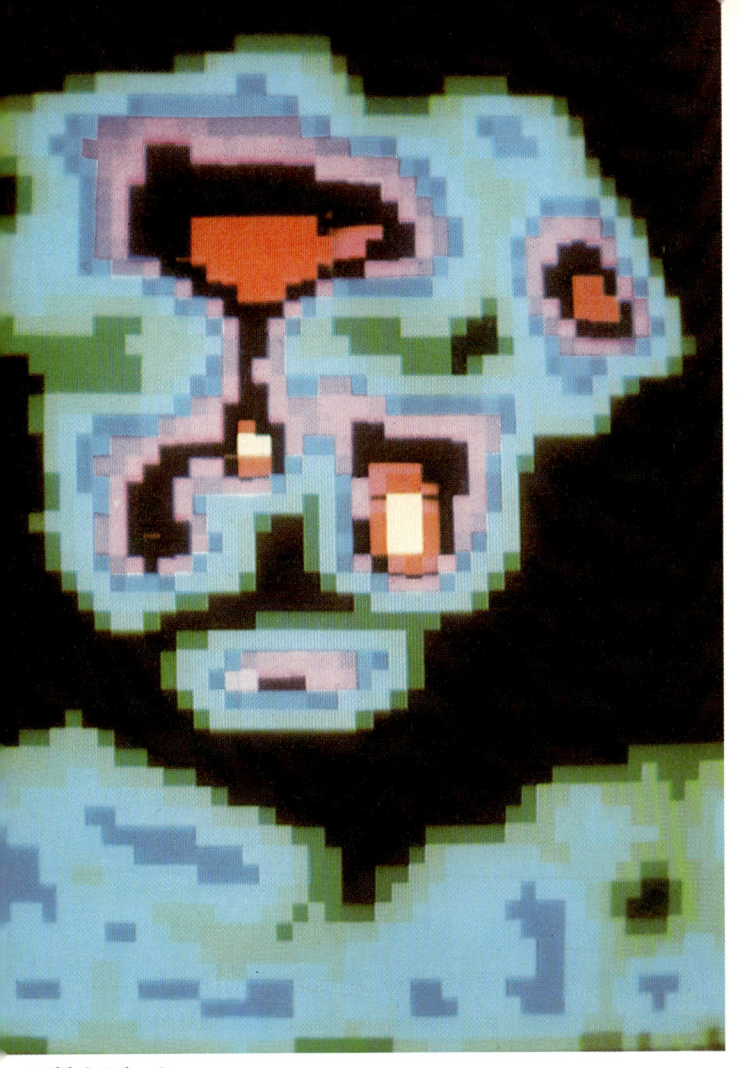

»Picture processing« ist eine Methode der Bildauswertung mittels Computer. Mit einem helligkeitsempfindlichen Fühler, dem Sensor, läßt man den Computer ein Bild Punkt für Punkt abtasten. In unserem Fall war es ein Foto von Albert Einstein. Der Computer übersetzte die Lichtintensitäten oder Grauwerte Punkt für Punkt in Zahlenangaben, die in Bild 1 als Blautöne dargestellt wurden.

Das weitere Programm bestimmte den Computer nun, das so gewonnene »Szintigramm« Schritt für Schritt weiter farbig aufzulösen (Abb. 2 bis 7). »Einstein – picture processed« ist natürlich nur eine Spielerei; aber sie zeigt, welche Vielfalt grafischer und optisch reizvoller Möglichkeiten der Computer bietet. Die Computergrafik behauptet in der modernen Kunst inzwischen bereits ihren eigenen Platz. Das Hauptanwendungsgebiet für die hier gezeigte Form des Picture processing – die Szintigrafie – liegt aber auf dem Gebiet der diagnostischen Medizin, die mit ihrer Hilfe Aufschluß über Veränderungen in der Gewebestruktur eines Organs gewinnt.

Die neue Wissenschaft: Kybernetik

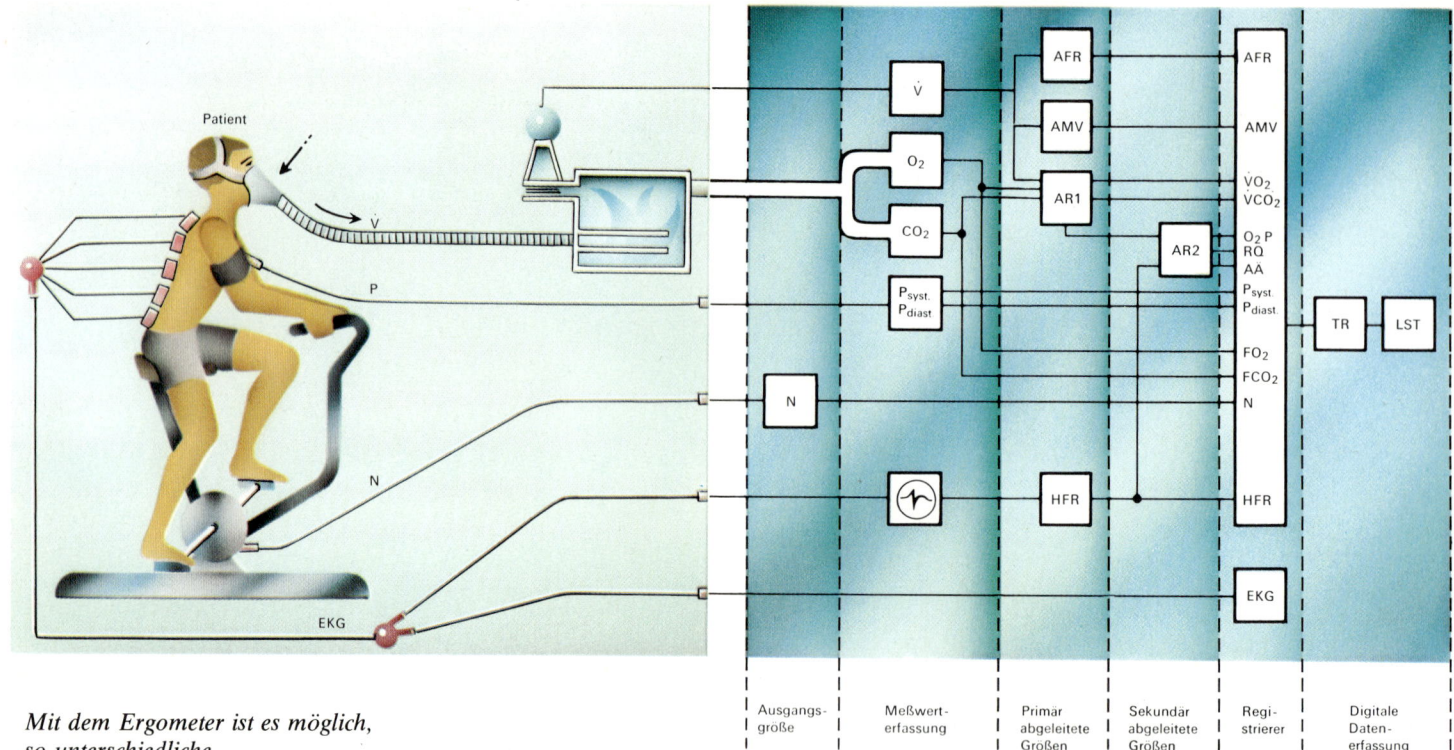

Mit dem Ergometer ist es möglich, so unterschiedliche Organe und Funktionssysteme des Menschen wie das Herz-Kreislauf-System, Atmung und Muskulatur zu messen und dadurch konkrete Angaben über seine Leistung zu bekommen.

Fluidik

Die Technologie pneumatischer Logikelemente bezeichnet man als Fluidik. Man versteht darunter die Singalübertragung und Signalverarbeitung in digitalen Steuerungen durch Druckluft. Die Fluidik tritt in Wettbewerb mit den elektronischen Steuerungen, die Schalttransistoren verwenden. Beide Verfahren haben ihre Vor- und Nachteile: die elektronischen arbeiten wesentlich schneller, nämlich um das 100- bis 1000fache bei gleichem Leistungsbedarf im Wattbereich und um das 10^6fache schneller im mW-Bereich; auch ist ihr Raumbedarf geringer. Dafür sind die Fluidik-Schaltelemente weitgehend unempfindlich gegen Feuchtigkeit und Temperaturschwankungen, sie sind einfach im Aufbau und in der Bedienung, haben eine hohe Lebensdauer und benötigen keine Wartung.
Die Steuerungstechnik der Fluidik benutzt die gleiche Schaltungsalgebra wie die elektronische, nämlich die UND/ODER-Verknüpfungen und das binäre Zahlensystem. Es werden vorwiegend dynamische Logikelemente verwendet, die keine bewegten mechanischen Teile besitzen. Die Signale werden durch die Wechselwirkung von zwei Druckluftströmen übertragen und verstärkt. Das Grundprinzip dieser Schaltelemente besteht für duale Signale darin, daß im Eingang ein Steuerstrahl einen wesentlich stärkeren Ausgangsstrahl ablenkt. Dazu hat die Strahldüse am Ausgang zwei Öffnungen, von denen die eine vom abgelenkten, die andere vom nicht-abgelenkten Strahl durchströmt wird. Eingang und Ausgang nehmen nur zwei Werte an und es ergibt sich die Schaltfunktion EIN und AUS. Zum Übertragen und Verstärken analoger Signale gibt es Analogverstärker, bei denen eine veränderliche Eingangsströmung eine proportionale Änderung der Ausgangsströmung bewirkt.
Im Prinzip wäre es möglich, ganze Computer aus Fluidiks zu bauen. Wegen ihrer geringen Schaltgeschwindigkeit benutzt man sie aber nur da, wo die Anwendung elektronischer Schaltelemente nicht möglich ist, etwa bei hohen Temperaturen oder in Atomreaktoren.

Aufgaben herantreten, setzt man sich auch systematisch mit den Techniken des Erfindens auseinander. Man versucht, die Erzeugung schöpferischer Ideen zu organisieren, die günstigsten Voraussetzungen für gute Resultate zu schaffen. Man sorgt für ungehemmten Zufluß an Information und stellte den Computer als Hilfsmittel mathematischer und logischer Abschätzungen zur Verfügung. Die auf diese Weise erkannten »Erfindungstechniken« gehen teils auf praktische Erfahrung, teils aber auch auf erste Einsichten in die Zusammenhänge zurück.

Ungelöste Probleme lassen sich nach ihrem Schwierigkeitsgrad in Klassen einteilen. Auf der untersten Stufe stehen jene, die auf logisch-deduktivem Weg lösbar sind. Sie sind meist nach Routinemethoden zu lösen, mit formalen Hilfsmitteln oder mit Rechenmaschinen. Für Aufgaben dieser Art braucht man keine »Innovation«.

Die Aufgaben höherer Stufen sind solche, für die es keine logische Ableitung gibt. Lange Zeit glaubte man, dabei auf den »schöpferischen Einfall« angewiesen zu sein. Obwohl es auch heute kein generelles Schema für Problemlösungen dieser Art gibt – und wahrscheinlich auch nie geben wird –, so sind doch Methoden bekannt, die unter bestimmten Umständen zum Ziel führen. Die einfachste und bekannteste dieser Methoden ist jene von »Versuch und Irrtum«. Im einfachsten Fall handelt es sich dabei um eine unsystematische Suche.

Eine typische Aufgabe dieser Art aus dem Alltag ist es, ein Taschentuch zu finden, das in einem verdunkelten Raum auf den Boden gefallen ist: Man tastet planlos über den Boden hin. Dieses Verhaltensschema stammt aus der Biologie; man findet es etwa bei der Nahrungssuche, beim Aufspüren eines Gegners, beim Sichern und Orientieren. Diese Suche wird in der Verhaltensforschung »Appetenz« (Verhalten) genannt.

Neben dieser völlig unsystematischen Vorgangsweise, gibt es Methoden, die man halb empirisch oder heuristisch nennt. Man greift dazu auf Aufgaben anderer Bereiche zurück, die den vorliegenden in irgendeiner Hinsicht entsprechen und für die man bereits Lösungsverfahren kennt. Eine Methode wird als jene der Analogie bezeichnet. So ist es beispielsweise möglich, Gesetzmäßigkeiten, die für strömende Flüssigkeiten gelten, auf den Verkehrsfluß in unserem Straßennetz anzuwenden.

Heuristische Prinzipien

Eine andere heuristische Methode ist die »dialektische Methode«: Man versucht aus der Verneinung oder Umkehr einer bestehenden Anschauung zu einem neuen Denk- oder Funktionsmodell zu kommen; man fragt nach dem Gegenteil. Statt ein Mühlrad mit fließendem Wasser zu drehen, ist es auch möglich, ein entsprechendes Rad auf einem Schiff anzubringen und es mit einer Maschine in Drehung zu versetzen – auf diese Weise läßt sich das Schiff bewegen; beide Vorgänge stehen einander dialektisch gegenüber. Ganz allgemein besagt das dialektische Prinzip folgendes: Normalerweise besteht zuerst der Wunsch, und daraufhin sucht man nach Mitteln, um ihn zu verwirklichen. Man kann aber auch bestimmte Mittel danach untersuchen, welche Möglichkeiten sich durch sie eröffnen. Im Prinzip finden wir die dialektische Methode auch, wenn in einer Gesprächsrunde ein »Widerspruchsgeist« auftritt, der jede Äußerung infrage stellt, das Gegenteil behauptet und dadurch zwingt, das Problem von Grund auf zu durchdenken.

Die Liste der heuristischen Prinzipien ist heute schon recht umfangreich. Bei manchen Brett-, Gedulds- und Denkspielen kommt man der Lösung unter Umständen näher, wenn man von der Endposition ausgeht und den Lösungsweg zurückverfolgt. Auch bei einem Labyrinth, einem typischen Beispiel einer Problemlösungssituation, ist diese Methode von Nutzen. So abstrakt derartige Spiele und Rätsel auch anmuten, so gibt es doch manche Problemsituationen im Alltag und Beruf, die ähnlich sind. Wir entwerfen ein Modell der angestrebten Lösung und gewinnen von diesem Modell Rückschlüsse, wie die angestrebte Realität aussieht. Gegensatz des heuristischen Prinzips ist die Hypothese, die erst durch die Realität (nämlich durch die experimentelle Erfahrung) Halt gewinnt, anstatt selbst über Realitäten Auskunft zu geben.

Die Entwicklungsstufen des Computers

Die erste programmgesteuerte und frei programmierbare Rechenanlage der Welt war die ZUSE Z 3. Mit dem Bau dieser Maschine, die 2600 Relais enthielt, begann Konrad Zuse 1939. Bereits 1941 konnte er die Rechenanlage betriebsfähig vorführen. Auftraggeber war die Deutsche Versuchsanstalt für Luftfahrt. Dieser Rechner konnte bereits Zahlenwerte speichern. Die bisher üblichen Dezimalzahlen wurden von der Z 3 selbsttätig in binäre Zahlenwerte umgerechnet. Der erste echte Elektronenrechner war der Computer ENIAC, der von den Amerikanern Eckert und Mauchly 1946 vorgeführt wurde. In seinen Schaltkreisen und Speichern wurden ausschließlich Elektronenröhren verwendet.

Die »zweite Rechnergeneration«, etwa seit 1958, umfaßte Computer, die anstelle von Röhren mit Transistoren und Dioden sowie mit Ferritkernspeichern ausgerüstet waren. Die Rechenmaschinen der ersten und zweiten Generation wurden vorwiegend zur Lösung wissenschaftlicher Aufgaben im Bereich der Entwicklung von Waffensystemen und zur Überwachung und Lenkung beim Einsatz dieser Waffen herangezogen.

Erst mit Einführung der »dritten Generation« begann die breitgestreute Anwendung des Computers in der industriellen Technik. Diese Rechner arbeiten mit mikrominiaturisierten Bauelementen und ebensolchen Schaltkreisen. Die dabei verwendeten Transistoren und Dioden haben nur noch die Größe von Salzkörnern. Diese Rechner zeichnen sich durch höhere Zuverlässigkeit, weniger Wartung und durch eine noch größere Rechengeschwindigkeit aus. Schließlich können sie auch preiswerter hergestellt werden. Sie werden u. a. als Prozeßrechner zur Datenverarbeitung in der Verfahrensindustrie, in der Energieerzeugung -verteilung, in der Fertigungsindustrie und auf Versuchs- und Prüfständen in Industrie und Forschung eingesetzt.

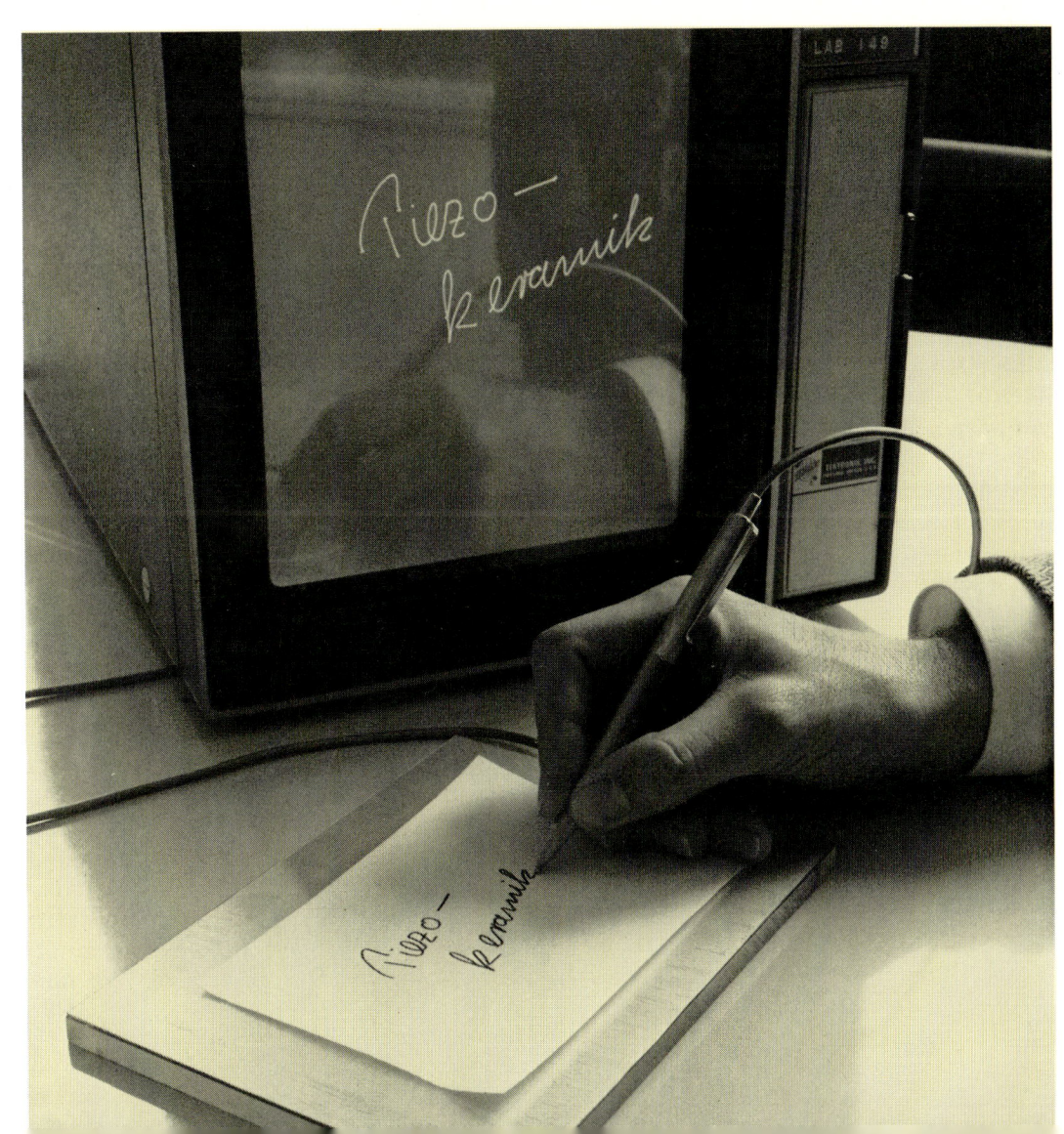

Dieser elektronische Kugelschreiber kann nicht nur Geschriebenes speichern, sondern die Schriftzüge auch per Telefonleitung auf weit entfernt aufgestellte Bildschirme übertragen. Das Prinzip beruht darauf, daß ein Rechner laufend die Ortskoordinaten des Schreibstiftes ermittelt. Diese Kette von Positionsmeldungen wird im Empfangsgerät dann wieder in optische Anzeige zurückverwandelt. Als Schreibunterlage dient Piezo-Keramik, ein Werkstoff, der die Eigentümlichkeit hat, Druck als elektrisches Signal weiterzugeben.
(→ S. 221)

Ideentechniken

Alle diese Lösungswege beruhen darauf, daß sie von alten Ordnungen abgehen und neue an ihre Stelle setzen – ganz im Sinn der kreativen Prozesse, durch die Information erzeugt wird. Von diesem Standpunkt aus sind alle heuristischen Methoden nichts anderes als Tricks, die den Anstoß zum Verfolgen neuer Wege geben sollen. Wer auf logisches Denken trainiert ist, bedarf eines besonderen Anstoßes, um einmal genau das Gegenteil zu tun, nämlich frei zu phantasieren. Es gibt eine Reihe von Methoden, die auf die Überwindung solcher Hemmungen ausgerichtet sind. Die bekannteste ist das »Brainstorming«: Eine Reihe von Leuten, die mit dem anstehenden Problem vertraut sind, werden dazu eingeladen, alles, was ihnen im Zusammenhang damit einfällt, zu sagen, und zwar auch, was utopisch, lächerlich oder absurd erscheint. Aus psychologischen Gründen ist in dieser Phase jede Kritik verboten. Das Gespräch wird festgehalten und später auf Ideen durchkämmt. Dabei hat sich oft gezeigt, daß unmöglich Scheinendes durch irgendeine zuerst nicht beachtete Wendung durchaus realisiert werden kann.

Eine andere Methode der Ideenproduktion ist das »Szenario«. Dabei wird nach Art einer Filmhandlung die Problemsituation Schritt für Schritt durchgespielt, wobei sich durch spontane Aktionen der Mitspieler oft unerwartete Wendungen ergeben, die dann zu neuen Lösungen anregen. In diesem Zusammenhang ist schließlich Science Fiction zu nennen, jene Sparte in Literatur oder Film, die sich auf der Basis technischer Neuerungen zumeist in der Zukunft bewegt. Auch der Wille oder die Forderung, eine Science-Fiction-Story zu schreiben, kann als ein Anstoß zum freien Durchspielen einer Situation gewertet werden, bei dem manche jener Hemmungen nicht gelten, wie sie die Fachliteratur auferlegt. Oft genug deutet der Autor neue Wege technischer Problemlösungen an, ohne daß er gezwungen ist, sich mit jedem einzelnen Detail auseinanderzusetzen. Es steht ihm frei, gewisse, heute noch bestehende Voraussetzungen zu ignorieren, ja sogar Naturgesetze zu verändern oder außer Kraft zu setzen. Auf diese Weise kommen oft genug Schilderungen zustande, die wenig Verbindung mit der Wirklichkeit haben, und trotzdem kann gelegentlich ein völlig neues Lösungsprinzip durchschimmern. Hier und da wurden Science-Fiction-Geschichten bereits systematisch auf ihren Gehalt an brauchbaren Ideen untersucht und ausgewertet.

Methoden, die dazu verhelfen sollen, etwas Neues hervorzubringen, gehören zu unserem technischen Gedankengut. Für manche kommt es überraschend, daß sie sich in einigen wesentlichen Punkten von anderen technischen Methoden unterscheiden. Während man bei diesen ein Höchstmaß an Präzision, Kontrolle, Eindeutigkeit fordert, tritt hier das Gegenteil ein: Man versucht, aus dem Schema der Logik auszubrechen, setzt Kritik außer Funktion, nimmt es inkauf, mit phantastischen Ideen konfrontiert zu werden. Trotzdem liegt Konsequenz in der Methode – man hat erkannt, daß in der Welt neben der Logik auch der schöpferischen Phantasie ihr Platz zukommt. Es ist müßig, dem einen oder dem anderen einen größeren Wert zuschreiben zu wollen.

Erfindungen der Natur

Zu den Erfindungstechniken gehört eine Methode, die sich in engem Zusammenhang mit naturwissenschaftlichen Fragestellungen entwickelt hat: die Bionik. Sie beruht auf einer systematischen Überprüfung der Verfahren, derer sich die Natur bedient, um ihre Probleme zu lösen. Man könnte die Bionik als einen Spezialfall der Analogiemethoden werten, da es auch bei ihr darauf ankommt, Lösungsprinzipien von einem Gebiet auf das andere zu übertragen.

Seit 1960 werden in allen wissenschaftlich hochentwickelten Ländern der Welt Initiativen auf dem Gebiet der Bionik ergriffen. Eines der vorerst wenigen, noch jungen Beispiele lieferte der Delphin. Man hat festgestellt, daß Delphine schneller schwimmen, als es nach den bekannten Gesetzen der Strömungstechnik möglich sein sollte. Die Lösung des Rätsels liegt im Verhalten der Grenzschicht zwischen dem Schwimmkörper und dem Wasser. Alle Modelle, die der Körperform der Delphine folgten, hatten eine starre Oberfläche. Die Delphine haben eine kompliziert aufgebaute Haut; sie besteht aus zwei Schichten, einer nachgiebigen Deckschicht und einer dicken, schwammigen Unterhautschicht. Unter dem Einfluß der Wasserwirbel, die sich in der Grenzschicht bei der Relativbewegung bilden, gibt die schwammige Substanz nach, wodurch die energieverzehrenden Wirbel weitgehend verhindert werden und so den Reibungskräften die Ansatzpunkte entziehen.

Zwar hat auch diese Entdeckung noch nicht zu einer praktischen Anwendung geführt, man plant aber Schwimmkörper und Schiffe mit elastischen Oberflächenschichten zu bauen und hofft, auf diese Weise Antriebsenergie zu sparen.

Gerade die interessantesten Erfindungen der Natur liegen offenbar noch in Bereichen verborgen, in denen sich der Mensch mit seinen technischen Mitteln erst allmählich zu bewegen beginnt. Ein solches Beispiel ist auch das sogenannte »kalte Licht«. Bekanntlich senden manche Insekten (zum Beispiel Leuchtkäfer) wie auch Fische Licht aus, ohne daß dabei Wärme entsteht, wie das bei allen technischen Lampen und auch den übrigen uns bekannten natürlichen Lichtquellen der Fall ist. Dieses kalte Leuchten wäre für die Technik überaus interessant; man hat eingehend nach der Methode geforscht, die die Natur dabei verwendet. Denn nicht nur geht durch die Wärmeentwicklung in Lampen ein Teil der Strahlungsenergie praktisch »verloren«; die Wärmeentwicklung der Lampen ist auch ein Problem bei allen Arbeiten mit temperaturempfindlichen Gegenständen (→ S. 51).

Die Forschungen ergaben, daß das »kalte Licht« auf einer komplizierten chemischen Reaktion beruht. Als Energiespender und -speicher dient ein vom Tierkörper erzeugter chemischer Stoff namens »Luziferin«, als Antrieb, ein (ebenfalls im Körper produziertes) Enzym, »Luziferase«. Beide treten als Doppelmolekül auf. Bericht dieses Doppelmolekül auf, wird Energie in Form eines Lichtblitzes frei. Bisher ist es, wie gesagt, noch nicht gelungen, dieses Prinzeip technisch anzuwenden, doch besteht berechtigte Hoffnung dafür.

Noch erstaunlicher ist aber die Ökonomie lebender Systeme bei den Aufgaben der Datenverarbeitung. Gerade in diesem Bereich bietet sich der Bionik eine Vielzahl von Aufgaben.

Im Nervennetz kommen Schaltelemente vor, die auf andere Art arbeiten als die der elektronischen Systeme: nach einem elektrochemischen Prinzip. Auch von ihrer informationellen Eigenschaft her funktionieren sie anders – sie haben sich – zum Unterschied zu den technischen Schaltern, als dynamische Elemente erwiesen. Sie sind gewissermaßen immer in Betrieb, stehen ununterbrochen in Verbindung miteinander, und das Auftreten einer Nachricht äußert sich als Störung im Ruhemuster der Signale. Hewitt D. Crane hat 1960 nach dem Vorbild der Nervenzellen oder Neuronen Schaltelemente gebaut, die er Neuristoren nannte. Es erscheint durchaus nicht ausgeschlossen, daß sich eine spätere Computergeneration solcher Schaltelemente bedient, und obwohl der Tag der Verwirklichung

Die Informationspsychologie

zweifellos noch fern ist, läßt sich jetzt schon sagen, daß Computer dieser Art in manchen Eigenschaften den Lebensäußerungen ähnlicher sein werden als den Verhaltensweisen der heutigen, passiven Automaten.

Kybernetik und Geisteswissenschaft

Durch die Kybernetik und ihr Hilfsmittel, den Computer, wird die herkömmliche Zweiteilung des Wissens in Natur- und Geisteswissenschaften in Frage gestellt. Damit leistet die Kybernetik einen Beitrag zu einer Entwicklung, die sich auch auf anderen Gebieten anbahnt. Das gilt beispielsweise für die Verhaltensforschung; man prüft, inwieweit Erkenntnisse, die man dem Verhalten der Tiere abgewonnen hat, auf den Menschen anwendbar sind – unter Berufung auf die Tatsache, daß Mensch und Tier sich aus gemeinsamen Ursprüngen entwickelt haben, menschliches wie tierisches Verhalten auf Aktionsmuster der Vorfahren zurückzuführen sind. Dieses Forschungskonzept gab Erscheinungen, wie beispielsweise Aggression oder Mutterliebe, die bisher in philosophischem und also geisteswissenschaftlichem Licht betrachtet wurden, völlig neue Bezüge.

Ein anderes Beispiel für das Eindringen naturwissenschaftlicher Denkweisen in die Geisteswissenschaft ist die Molekularbiologie. Sie hat bewiesen, daß unsere Wünsche, Empfindungen und Gefühle durch chemische Prozesse bewirkt werden, die in Wechselbeziehung mit dem Stoffwechsel des gesamten Körpers stehen. Verschiedene Formen der Schizophrenie beispielsweise sind offenbar Folge einer falschen Programmierung der körpereigenen Eiweißproduktion. Bei den Kranken tritt ein sogenanntes S-Protein in Schraubenform und nicht gefaltet (wie bei Gesunden) auf. Es ruft Störungen im Erregungszentrum des Zwischenhirns hervor und führt zu psychotischen Zuständen und Halluzinationen. Erkenntnisse solcher Art, wofür man noch viele Beispiele bringen könnte, stellen direkte Verbindungen zwischen Chemie und Psychiatrie her und führen die strikte Trennung zwischen Natur- und Geisteswissenschaft ad absurdum.

Die Kybernetik greift überall dort in diese Entwicklung ein, wo es um Steuerung oder Regelung, um den Umsatz von Daten geht. Sie hat also in der Biologie ein gewichtiges Wort mitzureden, beispielsweise bei der Vererbung, bei der Weiterleitung von Nachrichten durch den Körper – auf chemischem Weg durch die Blutgefäße und Zellmembranen, auf elektrochemischem Weg durch das Nervensystem –, bei den Prozessen der Wahrnehmung, der Antriebe, des Verhaltens, der Verständigung, der gesellschaftlichen Ordnung. Vieles davon gilt auch für menschliche Organismen und Gruppen. Zu den spektakulärsten Ergebnissen gehören jene der Informationspsychologie – einer Wissenschaft, die kybernetische Erkenntnisse auf Gehirn- und Nervensystem anwendet.

Der Informationsumsatz im Menschen

Die Aufgabe des Gehirns sieht man heute in einer Datenverarbeitung, die zum größten Teil unbewußt und nur zu einem geringen Rest unter der Kontrolle des Bewußtseins erfolgt. Begriffe der Kybernetik lassen sich somit auf Gehirnfunktionen übertragen – man spricht von Schaltstellen, Verarbeitungszentren, Informationsspeichern und dergleichen.

Der Schiffsoffizier erhält von seinem Kompaß Informationen, nach denen er Kurs und Geschwindigkeit des Schiffes regelt und steuert. Die Kybernetik ist jene Wissenschaft, die die Gesetzmäßigkeiten untersucht, nach denen technische und biologische Systeme Informationen verarbeiten und Abläufe steuern. Vom Begriff des Steuermannes (griech.: Kybernetes) leitet die Kybernetik daher auch ihren Namen her.

Die neue Wissenschaft: Kybernetik

Die Regeln, nach denen sie arbeiten, gelten auch für die ihnen analogen Gehirnzentren; dadurch wird vieles verständlich, was bisher als Tatsache nur registriert werden konnte. Es ist ein großer methodischer Vorteil der Kybernetik, daß sie die materiellen Eigenschaften eines datenverarbeitenden Systems abstrahiert. Dazu bedient sie sich der ›Black box‹, der Modellvorstellung des schwarzen Kastens, eines Systems, in das Nachrichten eingegeben werden und irgendwie verarbeitet wieder herauskommen. Aus der Art der Verarbeitung kann auf Schalteigenschaften des Systems geschlossen werden.

Die Ampel springt auf Grün – der Fußgänger setzt sich in Marsch. Alltäglicher Vorgang – doch was zwischen Sinnesreiz (input) und Aktion (output) in ihm vorgeht, ist von außen nicht erkennbar (= black box).

Soll ein Schema für den Datenumlauf im Menschen aufgestellt werden, so wird man einige Abschnitte als schwarze Kästen beschreiben müssen, beispielsweise das Wegstück zwischen Sinnesorgan und Bewußtsein. Völlig im dunkeln braucht der Kybernetiker dabei allerdings nicht zu tappen, denn andere Wissenschaftler bieten ihm Möglichkeiten des Einblicks. Die Neurologie hat Kenntnisse über Nervenschaltnetze vermittelt, die Elektroenzephalographie Daten über elektrische Vorgänge im Gehirn. Besonders aber ist es das Wissen der Sinnesphysiologie einerseits und der Psychologie andererseits, die gewissermaßen Zugänge von zwei entgegengesetzten Seiten bieten. Als Brücke zwischen den Disziplinen versucht die Kybernetik die Ergebnisse aller Erkenntnisse miteinander zu koordinieren. Der Datenweg beginnt bei den Sinnesorganen, die mit den Methoden der Sinnesphysiologie analysierbar sind. Als nächste

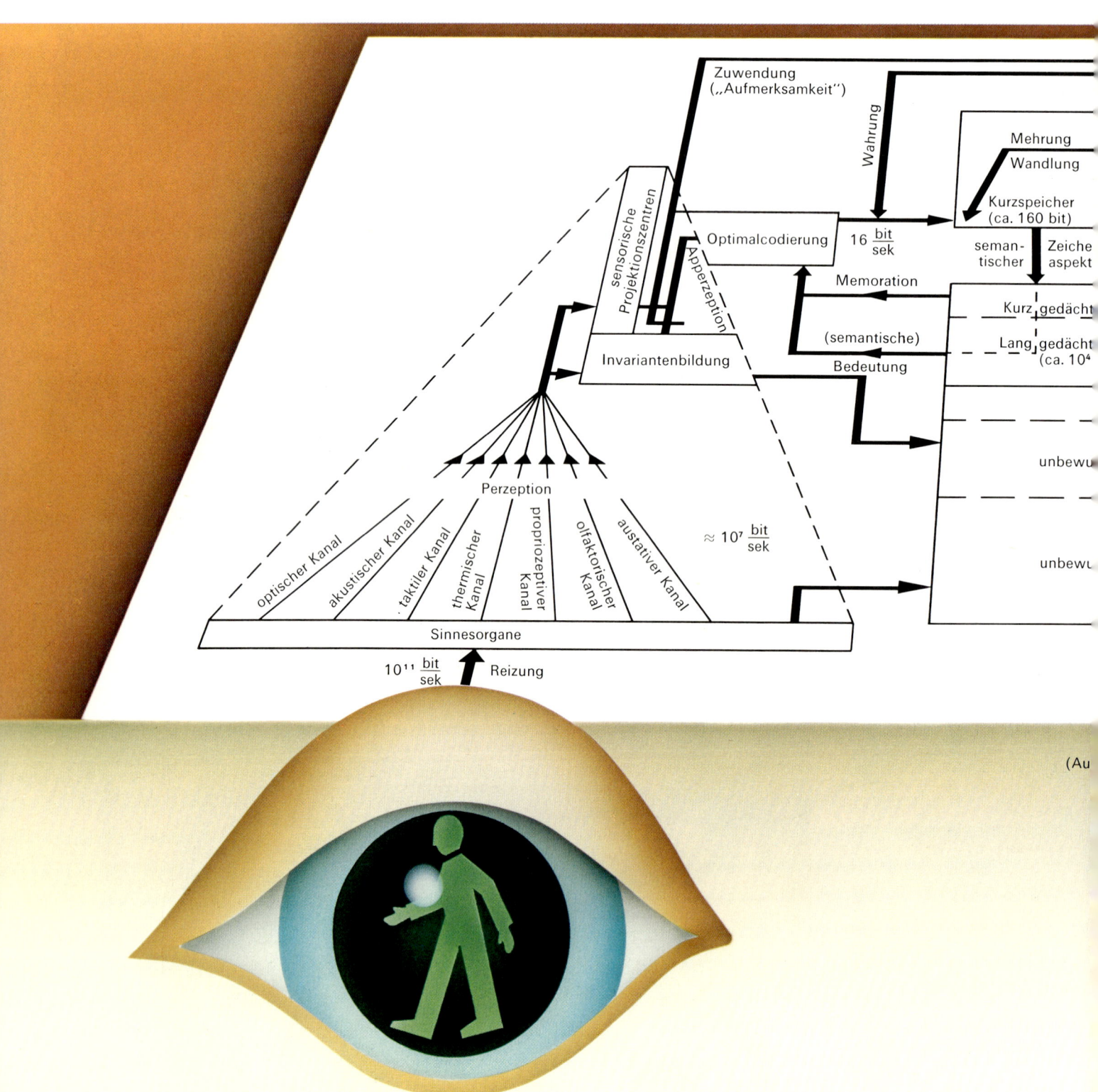

Die »Black Box«

Station ist das Bewußtsein zu nennen, das durch die introspektive (d.h. vom eigenen Erleben ausgehende) Beschreibung der Psychologie bekannt ist. Informationstheoretisch wird es als Datenspeicher aufgefaßt, der genau das enthält, was einem gegenwärtig ist. Da mit diesen Daten ein bewußtes Operieren, eine Reflexion möglich ist, wird es auch als Reflexionsspeicher bezeichnet.

Ein Teil der bewußt gewordenen Daten kann aus dem Bewußtsein verschwinden und später wieder zurückgeholt werden. Schon die Umgangssprache nimmt eine Art Datenreservoir an, das zur Aufbewahrung des gemerkten Stoffes dient – das Gedächtnis. Die klassische Psychologie hat herausgefunden, daß man zwischen einem Kurzgedächtnis und einem Langgedächtnis zu unterscheiden hat; die informationstheoretische Auswertung hat das bestätigt.

Vom Weg zwischen Sinnesorgan und Bewußtsein zweigen Datenleitungen ab, die zu motorischen Zentren führen. Dort werden Programme abgerufen, die die Muskulatur ausführt; sie gehören zum reflexhaften und instinktiven Verhaltensrepertoire. Aber auch vom Bewußtsein selbst gehen Verbindungen für Befehle zur Auslösung von programmierten Verhaltensschritten ab. Das können beispielsweise Codeanweisungen für Phrasen und Worte sein, die von den motorischen Zentren entschlüsselt und als detaillierte Instruktion für jede einzelne Bewegung der Sprechmuskulatur zugeleitet werden.

Dieses Schema, das klassischen Vorstellungen entspricht, wird nun durch die Informationstheorie zahlenmäßig beschrieben. Zunächst läßt sich abschätzen, wieviel Information von den Sinnesorganen aufnehmbar ist. Beim Auge muß man dazu die Zahl der Sehzellen sowie ihr Auflösungsvermögen durch

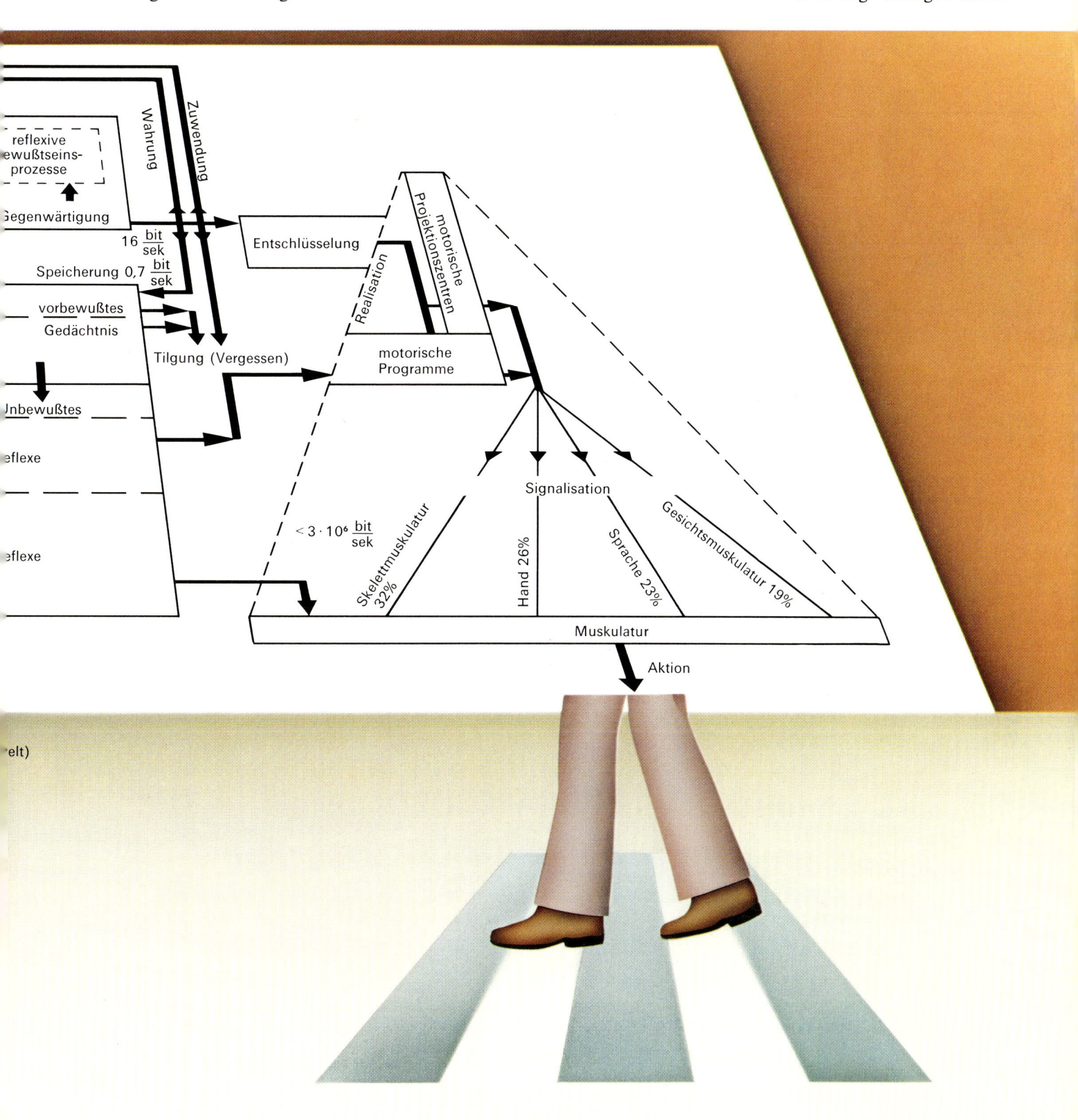

Die neue Wissenschaft: Kybernetik

Der Mensch am Steuer eines Kraftfahrzeugs liefert der Kybernetik immer wieder das beste Modell. Während diese Fahrerin darauf wartet, sich in die Fahrzeugfolge auf der Autobahn einzureihen, liefert ihr Auge unaufhörlich Informationen an das Gehirn, das seinerseits Impulse an Hände und Füße sendet.

Grauwerte, Farben und Zeit kennen, beim Ohr die Frequenzauflösung usw. Als Ergebnis erhält H. Frank folgende Werte:

Gesichtssinn	10 000 000 Bits pro Sekunde
Gehör	1 500 000 Bits pro Sekunde
Tastsinn	200 000 Bits pro Sekunde
Geruchssinn	15 bis 46 Bits pro Sekunde
Geschmack	ungefähr 13 Bits pro Sekunde

Die Sinnesreize werden von den Sinneszellen durch elektrische Impulse verschlüsselt, und zwar frequenzmoduliert; das heißt, höhere Intensität drückt sich durch raschere Impulsfolge aus. Aus der Zahl der Nervenfasern und der Laufgeschwindigkeit läßt sich wieder der Informationsfluß ausrechnen. Dabei stellt sich heraus, daß der Sehnerv nur einen Bruchteil jener Information weiterleitet, die das Auge aufgenommen hat.

Auch die altbekannte Tatsache, daß man sich nicht beliebig viel zugleich vorstellen kann, läßt sich zahlenmäßig präzisieren. Es gibt verschiedene Methoden, um zu messen, wieviel Information je Zeiteinheit ins Bewußtsein läuft. So kann man den Testpersonen kurzfristig Gruppen von Ziffern oder sinnlose Buchstabenfolgen anbieten – deren Information bekannt ist – und prüfen, wieviel Zeit zur Aufnahme nötig ist. Auch die Geschwindigkeit beim Lesen oder Klavierspielen nach Noten ist für die Messung der Bewußtseinsmenge brauchbar.

Es zeigt sich, daß durch die Angaben von Silbenzahlen, Anschlaggeschwindigkeiten und dergleichen zwar reproduzierbare Werte zustande kommen, sich aber kein übergeordneter Zusammenhang zeigt. Drückt man die gewonnenen Zahlen durch die Information aus, so erhält man einen überraschend einheitlichen Wert für den Informationsfluß aus den Sinneskanälen und dem Gedächtnis ins Bewußtsein, der bei 16 bit/s liegt. Wie von H. Riedel festgestellt wurde, ist er altersabhängig. Zuerst steigt er von kleinen Werten an, erreicht im Altersabschnitt zwischen 20 und 30 Jahren sein Maximum und sinkt dann wieder ab.

Der Informationsfluß ist nicht der Intelligenz proportional; diese hängt vielmehr von der Fähigkeit zu codieren ab; wer günstig codiert – wozu ihm Kenntnisse über Zusammenhänge helfen –, verwertet mit der gleichen Zuflußkapazität mehr Information von außen.

Die Sache mit dem Pfeilschwanzkrebs

Die absolute Kapazität des Bewußtseins dürfte bei 160 bit liegen. Ein Argument dafür ist die subjektive Gegenwartsdauer – die maximale Zeit, nach der bewußt Aufgenommenes ohne Konzentration noch gegenwärtig ist: zehn Sekunden. Durch Konzentration kann man den Bewußtseinsinhalt zwar länger festhalten, verhindert aber dadurch den Zulauf weiterer Information.

Während man zur quantitativen Bewertung des Zuflusses zum Bewußtsein den Apperzeptionstest einsetzt – also sofort nach der Darbietung abfragt –, so benötigt man zur Prüfung der Gedächtnisfähigkeit den Lerntest. Je nachdem, ob man nach der Vorweisung des Merkstoffs nur kurze Zeit, etwa ein bis zwei Stunden, verstreichen läßt oder Tage und Wochen, erhält man Aufschluß über das Kurz- oder das Langgedächtnis. Die Ergebnisse sind folgende:

Zuflußkapazität des Kurzspeichers	0,7 Bits pro Sekunde
Zuflußkapazität des Langspeichers	0,05 Bits pro Sekunde
Speicherkapazität des Kurzspeichers	1000 bis 2000 Bits
Speicherkapazität des Langspeichers	100 000 bis 100 000 000 Bits

Die quantitativen Resultate der Informationstheorie deuten auf Zusammenhänge hin, die zur Erklärung der menschlichen Wahrnehmungseigenschaften führen. Auffällig ist beispielsweise der große Unterschied zwischen der an den Sinnesorganen aufgenommenen und der ins Bewußtsein einlaufenden Information. Er könnte durch einen Verlust oder eine Selektion von Information oder durch bessere Codierung zustande kommen. Ein wahlloser Verlust erscheint allerdings unwahrscheinlich, da dann das Sinnesorgan aufwendiger als nötig arbeiten würde.

Ein Hinweis kam von Untersuchungen am Auge des Pfeilschwanzkrebses (Limulus polyphemus). Durch Ableiten von Nervenaktionsströmen konnte hier das Schema der Verschaltung explizit aufgeklärt werden. Es zeigte sich, daß die Reize benachbarter Sinneszellen auf Verstärkung geschaltet sind, wenn die Lichtintensität verschieden ist, und auf Schwächung, wenn sie gleich ist. Das bedeutet aber eine Hervorhebung von Kontrasten und eine Unterdrückung von Gleichverläufen.

Dieses Phänomen gibt ein Beispiel für die Reduktion der Information durch Verrechnung. Ihr Zweck ist Hervorhebung signifikanter Daten – denn durch die Kontrasterhöhung werden Umrißlinien verstärkt. Da die Netzhaut des Auges entwicklungsgeschichtlich ein vorgestülpter Gehirnteil ist, kann dieser Fall aber auch als Muster für die Datenverarbeitung im Gehirn gelten. Inzwischen hat sich die Existenz ähnlicher Verschaltungen auch im Gehirn höherer Tiere bestätigt, und schließlich deuten ›optische Täuschungen‹ auf entsprechende Vorgänge im Gehirn des Menschen.

Erfaßt die Neurologie zunächst nur einfache Arten der Verrechnung, so richten sich psychologische Tests, beispielsweise der Gestaltwahrnehmung, auf komplizierte Verrechnungsprozesse. Pseudoperspektive, Vexierbilder und Umspringphänomene deuten darauf hin, daß man Gestalten, räumliche Situationen und dergleichen durch einige wenige Kennzeichen identifiziert. Die sprachliche Begriffsbildung zeigt, daß auch ungegenständliche Bedeutungsklassen nach den gleichen Prinzipien ausgewählt werden. So kommt man zum Verständnis des Geschehens auf dem Weg der Daten zum Bewußtsein: Sie durchlaufen Kontrollen, an denen auf Übereinstimmung mit schon gespeichertem Datenmaterial – Kongruenzen, Ähnlichkeiten usw. – geprüft wird. An höheren Stellen wird auch erlerntes Wissen dazu herangezogen.

Wo es möglich ist, wird günstiger codiert. Völlig Bekanntes wird unterdrückt – Unbekanntes, Informationsreiches, also nicht weiter Codierbares, wird schließlich zur bewußten Verarbeitung ins Bewußtsein geschickt. Auf diese Weise ist der Mensch fähig, aus dem riesigen Informationsangebot die für ihn wichtigen Daten herauszulesen.

Wieviel faßt das Gehirn?

Der Wert von 16 Bits pro Sekunde, die das (wache) Bewußtsein aufnehmen kann, legt die Frage nahe, ob die ins Bewußtsein fließende Information binär verschlüsselt ist. Da in diesem Fall keine Bruchteile von Bits übertragen werden können, müßte die kleinstmögliche Zeitdauer informationsverarbeitender Prozesse eine sechzehntel Sekunde sein. Tatsächlich scheinen einige sinnespsychologische Ergebnisse diese Vermutung zu bestätigen. So ist es beispielsweise nicht möglich, zwei Bilder zu trennen, wenn sie um weniger als eine sechzehntel Sekunde hintereinander geboten werden; dann verschmelzen sie, was in Kino und Fernsehen ausgenützt wird. Ebenso verschmelzen Schallstöße von über einer sechzehntel Sekunde Abständen zu kontinuierlichen Tönen. Das läßt es berechtigt erscheinen, die sechzehntel Sekunde als subjektives Zeitquant zu bezeichnen. Dieser Wert schwankt freilich individuell etwas – je nach dem Zustand der Testperson.

Ein auffälliger Zusammenhang ergibt sich nun mit der Frequenz der Betawellen der Elektroenzephalographie, die im Frequenzbereich von einer sechzehntel Sekunde liegen. Sie treten während bewußter geistiger Verarbeitung auf – beispielsweise setzen sie nach dem Öffnen der Augen, bei der Gestaltwahrnehmung ein. Die Annahme liegt nahe, daß sich in ihnen der Arbeitstakt von vielen 0- bis 1-Impulsen äußert.

So ungenau das Modell des Datenflusses im Menschen heute auch noch sein mag, so weist es doch auf prinzipielle Möglichkeiten und Grenzen menschlicher Wahrnehmungs- und Denkvorgänge hin und kann somit Anwendung bei der Lösung mancher Probleme finden, bei denen es um die Datenaufnahme im Menschen geht. Ein Beispiel ist die Kunst – und tatsächlich versucht die kybernetische Kunsttheorie die ästhetische Wirkung von Reizmustern mit den Erkenntnissen der Informationspsychologie in Verbindung zu bringen.

Ein Anwendungsfall von überragender Bedeutung findet die Informationspsychologie in der Pädagogik, die sie auf eine exakte Basis zu stellen im Begriff ist. Da Lernen eine Übertragung von Daten bedeutet, muß alles, was über die Aufnahme- und Speicherkapazität von Information bekannt ist, in der Pädagogik berücksichtigt werden. So läßt sich beispielsweise die Information von Lehrstoff abschätzen und so aufbereiten, daß sie bewußt wahrgenommen und auch im Gedächtnis verankert werden kann. Die dadurch erreichte exakte Ausgangsbasis ist eine Voraussetzung für den programmierten Unterricht.

Die Informationspsychologie ist erst wenige Jahre alt und befindet sich mitten in der Auseinandersetzung mit traditionellen psychologischen Schulen. Wo sich diese auf rationale Methoden stützen, ist ein fruchtbares Zusammenwirken möglich. Umgekehrt ist die Informationspsychologie imstande, zur Entmystifizierung der Psychologie beizutragen.

Wie groß auch der Unterschied zwischen dem Computer und dem Gehirn sein mag, so funktionieren beide doch nach denselben Prinzipien, nach den Regeln der Datenverarbeitung, des Informationsumsatzes. Man versucht die Wege, die die Daten im Gehirn gehen, in ähnlicher Weise zu beschreiben, wie sich das bei Rechenmaschinen bewährt hat, und kann dadurch automatentheoretische Gesichtspunkte auf das Nervensystem anwenden. Auf diese Weise werden die Entsprechungen, aber auch die Unterschiede deutlich. Insbesondere gelingt es, die Informationsspeicherkapazitäten und die Informationszuflußkapazitäten für bestimmte Transportwege der Information im menschlichen Gehirn abzuschätzen. So stellt sich etwa heraus, daß das Auge pro Sekunde ungefähr eine Milliarde Bits aufnehmen kann, wogegen nur ungefähr 16 Bits pro Sekunde ins Bewußtsein wandern. Das, was einem gleichzeitig bewußt wird, umfaßt ungefähr 160 Bits. Das ist also die Komplexität einer Vorstellung, die wir bewußt übersehen können. Auch das, was wir als Information wieder ausgeben können, bewegt sich in der Größenordnung von 16 Bits pro Sekunde. Die Konsequenzen sind beträchtlich: So hat man jetzt quantitativ faßbare Anhaltspunkte, welche Information sich beim Unterricht übertragen läßt und wo die Grenzen einer solchen Übertragung liegen.

Das alles, auf diese Weise beschrieben, scheint naturwissenschaftliche Probleme zu betreffen. In Wirklichkeit aber sind die angeschnittenen Fragen solche, mit denen sich die Philosophie seit alters her beschäftigt. Da geht es beispielsweise um Fragen des Unterschieds zwischen Leben und Tod, zwischen Mensch und Tier, um Denken und Intelligenz, um die Frage des Geistes, der Verantwortung, der Moral und Ethik, des Guten und des Schönen. Diese Fragen sind vor kurzem noch eine Domäne der Philosophie gewesen, nachdem sie einen anderen Teil an die Naturwissenschaften abtreten mußte – nämlich all das, was sich mit unserer physikalischen Welt beschäftigt: die Entstehung der Erde, das Wesen von Raum und Zeit, das Gesetz von Ursache und Wirkung, den Aufbau der Materie und dergleichen mehr.

Strafe und Schuld

Es könnte den Anschein erwecken, philosophische Fragen hätten nichts mit dem realen Leben zu tun, es handele sich um Probleme, die nur einen kleinen Kreis von Spezialisten etwas angehen, und im Grunde sei es gleichgültig, zu welchen Schlüssen sie kommen. In Wirklichkeit ist aber der Bezug zum Alltag sehr groß. Das liegt in der schon oft erwähnten Tatsache, daß viele

Die neue Wissenschaft: Kybernetik

Mit entsprechendem Training vollbringt das menschliche Gehirn Informationsumsätze, wie sie – bis heute – noch kein Computer leistet. Das trifft etwa für das simultane Dolmetschen zu. Der Simultandolmetscher übersetzt, noch während er hört. Der Konferenzteilnehmer wählt von einem Pult an seinem Platz aus per Knopfdruck, in welcher Sprache er dem Redner über Kopfhörer folgen möchte. Computer, die man vor Dolmetsch-Aufgaben stellt, scheitern nicht so sehr an grammatischen Schwierigkeiten als vielmehr an der Mehrfachbedeutung vieler Wörter. (→S. 220)

Gebiete unserer Alltagspraxis, beispielsweise Politik und Rechtsprechung, von klassisch-philosophischen Gesichtspunkten geprägt sind. Insbesondere drückt sich das im Unterricht aus; die Leute, die heute Politik betreiben oder unsere Rechtsgrundlage bestimmen, sind am herkömmlichen philosophischen Denken geschult, handeln nach dessen Grundsätzen und versäumen es deshalb (oder neigen zumindest dazu), die neuesten Erkenntnisse der Wissenschaft und Technik zu berücksichtigen.

In der Politik beispielsweise gibt es eine Unmenge von Entscheidungen zu treffen, die letztlich technische Dinge betreffen – beispielsweise die Entscheidung über die Verwendung von Unterrichtsmitteln, die Unterstützung technischer Entwicklungen, die Fragen des Umweltschutzes und dergleichen mehr. Philosophische Gesichtspunkte, wenn sie auch auf noch so hoher ethischer Basis getroffen werden, können leicht an Tatsachen vorbeigehen, was besonders tragisch ist, wenn diese längst erkannt sind.

Ähnlich steht es in den Fragen unseres Rechts, beispielsweise beim Problem der Schuld und der Strafe, aber auch in so trivialen Fragen wie beispielsweise den unhaltbaren Zuständen, wie sie etwa in der Verkehrssituation herrschen, zu begegnen ist. Für die Rechtsprechung, aber noch mehr für die Fassung gesetzlicher Vorschriften wäre es von großer Bedeutung zu wissen, welche Verhaltensweisen des Menschen ererbt und welche erlernt sind, welche auf lange Sicht hinaus nützlich sind und welche man als Degenerationserscheinungen ansehen soll. Allmählich ringen sich die Juristen zur Erkenntnis durch, daß der Verbrecher letztlich ein psychisch kranker Mensch ist, weswegen er – nach der klassischen Ansicht – von Schuld frei wäre und nicht bestraft werden dürfte. Da aber Freiheitsentzug zu den größten Strafen gehört – müßte man nicht den Verbrecher ungehindert in der Gesellschaft handeln lassen? Daß diese Schlußweise nicht haltbar ist, versteht sich von selbst, und deshalb praktiziert man nach alten Mustern weiter, als gäbe es keine neuen Einsichten in die Zusammenhänge.

Vielleicht neigt mancher zur Einsicht, die Frage des Rechts, des Verbrechens und der Schuld berühre ihn weniger, da er die Absicht hat, sich immer korrekt zu verhalten. Das Beispiel des Autoverkehrs zeigt aber, daß die löbliche Absicht allein nicht genügt, um straffrei zu bleiben. Auch der Weg, mit dem man Verkehrsdelikte verhindern will, ist genaugenommen archaisch: Was nicht sein soll, wird verboten und bestraft.

Nun gibt es unter den Verhaltensweisen des Autofahrers solche, die auf ererbten Motivationen beruhen, andere, die einfach eine Anpassung an übliche Modalitäten bedeuten, und schließlich solche, bei denen die menschlichen Fähigkeiten nicht zur Bewältigung der Situation ausreichen. Ein Beispiel für den letzten Fall ist etwa die Überforderung durch eine Vielzahl von Verkehrszeichen. Da der Mensch nur ein begrenztes Informationsangebot aufnehmen kann, so ist es ihm in bestimmten Fällen absolut unmöglich, mehrere Verkehrszeichen gleichzeitig, die Aktionen weiterer Verkehrsteilnehmer und den Zustand der Straße zugleich zu überblicken. Trotzdem wird er heute und wohl auch in Zukunft für Schäden, die durch diese Überforderung begründet sind, nicht nur ersatzpflichtig gemacht, sondern auch im Sinne der Strafgesetzordnung bestraft.

Soziokybernetik

Wenn auch die Funktionsweisen technischer Einrichtungen und biologischer Individuen das Hauptanwendungsgebiet der Kybernetik sind, so gelten ihre Gesetze doch ebenso für Gruppen von Lebewesen, insbesondere von Menschen, also für die Soziologie. Ein großer Teil philosophischer Aussagen betrifft das Zusammenleben der Menschen; das gilt beispielsweise für alle Belange der Ethik und Moral. Schon vor Norbert Wiener hat man erkannt, daß Menschen nicht in beziehungslosen Haufen auftreten, sondern in organisierten Gruppen. Ihre Beziehungen sind informationeller Art – gegeben durch die Nachrichten, die zwischen ihnen hin- und herlaufen. Infolgedessen liegt hier ein weiteres Anwendungsfeld der Kybernetik vor, die Soziokybernetik.

In ihrer einfachsten Form greift sie verschiedene Gruppen heraus – Familien, Völker, Arbeitsteams, politische Parteien – und untersucht, auf welchen Wegen sich die Information zwischen ihren Mitgliedern bewegt. Wie sich herausstellt, sind diese Wege stark von der Rangordnung beeinflußt. In hierarchischen Systemen läuft die Information vor allem von oben nach unten sowie zwischen Gleichgestellten auf einer Ebene. Kommunikation von einer Stufe zur anderen läuft meist auf dem Umweg über die niedrigste gemeinsame vorgesetzte Instanz. Vollzieht sich Informationsfluß einseitig vom Chef zu den Untergebenen, so hat man es mit einer Diktatur zu tun. In modernen Organisationen ist die Rückwirkung intensiver – die Leitung kann sich dann besser den inneren und äußeren Umständen anpassen. Eine andere Organisationsform ist das Team, bei dem die Kommunikationskanäle zwischen allen Mitgliedern gleich stark benutzt werden.

Wie jedes andere System, so ist auch das soziokybernetische auf einen Zweck gerichtet. Er kann eng umschrieben sein, beispielsweise ›Förderung des Tischtennissports‹ oder ›Erhaltung altbayerischen Brauchtums‹. Er kann kommerziell sein, also auf Gewinn ausgerichtet wie bei den Systemen unserer Wirtschaft. Schließlich kann es sich auch um Zielvorstellungen sehr allgemeiner Natur handeln – etwa um den Erhalt der Existenz, die Vergrößerung der Organisation, die Verbesserung der Lebensqualität usw. Für verschiedene Aufgaben haben sich verschiedene Methoden entwickelt, die es gestatten, die optimalen Verhaltensweisen und die dazu nötigen Voraussetzungen zu berechnen. Im Wirtschaftsleben bewährt sich beispielsweise die Optimierungskunde – Operation Research –, die mathematische Methoden anwendet, um ökonomiegerechte Lösungen zu finden. Dabei sind die äußeren Bedingungen – Kosten, Nachfrage, Rohstoffbedarf usw. – gegeben und die Antworten demgemäß eindeutig abzuleiten.

Viele Systeme arbeiten allerdings nicht mit konstanten Größen, mit Einflüssen, deren Folgen genau vorauszusehen sind, sondern mit Partnern oder Gegnern, deren Verhalten variabel ist. Ein solcher Fall liegt in jeder Konkurrenzsituation vor – wenn es um Güter oder Werte geht, die beschränkt sind und von mehreren Gruppen angestrebt werden. Daß auch Situationen dieser Art durch rationale Mittel zu bewilligen sind, hat der große Mathematiker John von Neumann gemeinsam mit dem Wirtschaftstheoretiker Oskar Morgenstern bewiesen. Sie veröffentlichten 1944 in den USA ein Buch mit dem Titel ›Spieltheorie und wirtschaftliches Verhalten‹, das vor allem deshalb großes Aufsehen erregte, weil es das strategische Spiel (im Gegensatz zu einem Glücksspiel) als Grundmodell von Wirtschaft, Politik, Kriegführung usw. darstellte. John von Neumann gab eine formale Methode an, als deren Resultat man die optimale Verhaltensweise einem unbekannten Partner gegenüber erhält: die Strategie (deren Anwendung in der Praxis allerdings sehr kompliziert ist).

Mit formalen Denkmethoden der beschriebenen Art greift der Kybernetiker in viele Belange hinein, die eng mit der Politik zusammenhängen, nicht zuletzt in philosophische Grundlagen politischer Systeme. Die Formalisierung und Mathematisierung führt manches, das bisher idealistisch motiviert erschien, auf nüchterne Grundlagen zurück. Schlagwörter wie Vaterlandsliebe, Völkerfreundschaft, Tradition und Ehre gelten nicht mehr als Argumente. Statt dessen schieben sich wirtschaftliche Fragen in den Vordergrund, und damit wieder gewinnen technische Systeme eine Bedeutung in der Politik, die man ihnen bisher nicht zugestehen wollte.

Die Anhänger mancher politischen Richtungen sehen in der Technik immer noch eine sekundäre, ja sogar unfreundliche Erscheinung. Technik und Wirtschaft werden als bloßes Werkzeug angesehen, das in keinem Zusammenhang mit der inneren Entwicklung des Menschen steht und das man deshalb bedenkenlos zur Erlangung persönlicher Vorteile einsetzen darf. Nicht wesentlich anders wird das in kommunistischen Staaten praktiziert. Von einer bewußten Einbeziehung soziologischer, persönlicher und technischer Phänomene in die staatlichen Planungsmodelle kann in allen diesen Staaten noch keine Rede sein. Noch wirklichkeitsferner gebärden sich die Anhänger mancher Ideologien, beispielsweise bei der äußersten Linken und bei den Anhängern mystischer Richtungen, die einen Verzicht auf technische Mittel verlangen, ohne zu wissen, wie sie ohne diese Mittel auskommen wollen.

In das entgegengesetzte Extrem fallen die Anhänger eines weiteren utopischen Modells, der ›Technokratie‹; dabei handelt es sich um eine Richtung, die die Entwicklung des technischen Instrumentariums als vordergründiges Ziel ansieht und die Erfordernisse des Menschen an die zweite Stelle setzt. Diese Ideologie wird heute kaum noch ernsthaft diskutiert. Alle, und insbesondere die Techniker selbst, sind sich darüber einig, daß Technik ein Mittel zum Zweck ist und nicht Selbstzweck werden darf.

Die Bestimmung des Zwecks ist allerdings keine wissenschaftliche Aufgabe, sondern eine der freien Entscheidung, allenfalls der Konvention. Dabei gehen die Meinungen selbst konträrer politischer Richtungen nicht allzuweit auseinander. Man ist sich einig, daß es vor allem gilt, die Existenz des Menschen in Freiheit zu sichern und zu erhalten. Unterschiede der Auffassungen treten allenfalls in der Frage der Prioritäten auf – soll beispielsweise Gemeinnutz wirklich vor Eigennutz gehen, oder ist die Entfaltung der Persönlichkeit oberstes Ziel? Gleichgültig, wofür man sich entscheidet – zunächst ist es nötig, die Lebensgrundlagen bereitzustellen: Nahrung, Wohnraum, Unterrichtsstätten usf. Von diesem Ziel sind wir noch weit entfernt, und solange das der Fall ist, erscheint es verfrüht, über Utopien zu streiten.

Uneinigkeit herrscht aber nicht nur über die Ziele, sondern auch über die Wege, auf denen sie zu erreichen sind. In dieser Frage sind allerdings rationale Entscheidungen möglich – nicht zuletzt mit Hilfe der kybernetischen Methoden, wie sie für Wirtschaftsprobleme und Spielsituationen zur Verfügung stehen. Die Ausarbeitung von Strategien zur Lösung der dringendsten Probleme ist eine der wichtigsten nahen Zukunftsaufgaben. Ohne den Ergebnissen vorzugreifen, darf man heute schon sicher sein, daß realistische Konzepte nur möglich sind, wenn man die enge Wechselwirkung zwischen Mensch und Technik berücksichtigt. Da der Kybernetik mit ihren Methoden der Steuerung, der Kontrolle, der Optimierung, der Planung dabei eine entscheidende Rolle zukommt, nennt man das entsprechende politische System eine kybernetische Regierungsform. Eine Verwissenschaftlichung, Rationalisierung und Entmythologisierung der Politik ist das Gebot der Stunde; dadurch wird es möglich werden, das Wohlergehen des Menschen als Zielfunktion einzuführen.

Der Computer

Jede Art von Rechentechnik beruht auf der Tatsache, daß man mathematische Prozesse durch physikalische Vorgänge nachbilden kann. Man kann beispielsweise eine Länge in Zentimetern beziffern oder auf einem Lineal markieren. Sodann kann man Zahlen addieren, indem man zwei Lineale hintereinanderlegt und die Strecke abmißt, die sich durch die Aneinanderfügung ergeben hat. So beginnt die Rechenmaschine.

Einfache Rechenmaschinen gibt es schon seit den Anfängen der Geschichtsschreibung. Ein Beispiel dafür ist der Abakus, die Kugelrechenmaschine. Ihre Zahlen sind Kugeln, die bestimmte Stellungen auf Metallstäben einnehmen. Der Abakus stützt sich auf das Dezimalsystem, das man als eine der wichtigsten Erfindungen der technischen Software ansehen kann. Dabei steigt der Wert der Kugeln von Stab zu Stab jeweils um das Zehnfache. Drei Kugeln auf dem ersten Stab beispielsweise bedeuten die Zahl 3, auf dem zweiten 30 und auf dem dritten 300. Der Abakus wurde bei uns verwendet, um Kinder in die Anfangsgründe des Rechnens einzuführen. In Japan hat er sich als Instrument der Rechenpraxis bis heute erhalten. Bei einem Konkurrenzkampf zwischen japanischen Rechnern, die mit Kugelrechenmaschinen ausgerüstet waren, und einem Elektronenrechner sollen die Menschen einmal sogar schneller gewesen sein als die Maschine. Das beweist allerdings nicht etwa die Überlegenheit des Abakus gegenüber dem elektronischen Rechner, sondern die des menschlichen Gehirns.

Der große Aufschwung der Rechentechnik kam aber erst mit der Einführung elektronischer Anlagen. Dafür sind mehrere Gründe maßgebend: Die elektrischen Prozesse, auf die man sich stützt, verlaufen um viele Größenordnungen schneller als mechanische Vorgänge, und man braucht dazu weitaus weniger Energie. Ein anderer Punkt betrifft die Störungsfreiheit; mechanische Anlagen sind relativ störanfällig – beispielsweise dadurch, daß sich Lager, Wellen und dergleichen abnützen, insbesondere wenn einzelne Teile oft mit großer Geschwindigkeit bewegt und gestoppt werden.

Diese Schwierigkeit gab es auch bei elektromagnetischen Schaltern (Relais), deren Funktion ja auch auf einer mechanischen Bewegung beruht. Erst mit den Halbleiterschaltelementen zeigte sich eine befriedigende Lösung. Sie erlauben es, minimale Schaltprozesse zu vollziehen, ohne dafür durch eine Einbuße an Zuverlässigkeit bezahlen zu müssen.

Der Analogrechner

Es gibt zwei Typen von Rechnern, die sich grundlegend unterscheiden, die Analog- und die Digitalrechner. Dabei ist der Analogrechner mit dem Rechenschieber, der Digitalrechner mit dem Abakus vergleichbar. Im ersten Fall arbeitet man mit physikalischen Größen, die sich stetig ändern, beispielsweise mit elektrischen Spannungen. Mit ihnen werden die Zahlenwerte abgebildet. So könnte beispielsweise die Spannung von einem Millivolt die Zahl 1 bedeuten. Will man beispielsweise Additionen vornehmen, so schaltet man zwei Spannungen zusammen, will man Subtrahieren, so erhält die Spannung, die dem abzuziehenden Wert entspricht, eine negative Polung. In ähnlicher Weise kann man multiplizieren und dividieren und anderes mehr. Es gibt bestimmte Klassen von Aufgaben, die dem Analogverfahren besonders angemessen sind, beispielsweise die Lösung von Differentialgleichungen.

Für die Ausgabe steht ein sehr leistungsfähiges Gerät zur Verfügung, der Kathodenstrahloszillograph. Er zeigt das Ergebnis in Form einer zusammenhängenden Linie in einem rechtwinkligen Koordinatensystem auf einem Bildschirm, hat also eine weitere ›Abbildung‹ vorgenommen: elektrische Spannungen in Längen transformiert. Mit Hilfe eines über dem Schirm befestigten Koordinatenrasters kann man die Resultate quantitativ auswerten.

Manchmal hat es den Anschein, als wäre der Analogrechner durch den Digitalrechner verdrängt worden, doch ist das keineswegs der Fall. Er hat sich parallel weiterentwickelt und ist heute ein hochleistungsfähiges Gerät, das an seinem Platz nicht oder nur sehr schlecht durch Digitalrechner zu ersetzen ist. Bei komplizierten mathematischen Problemen verwendet man oft Kombinationen aus Analog- und Digitalrechnern, die sogenannten Hybridrechner.

Der digitale Rechner

Der große Aufschwung der elektronischen Rechentechnik kam mit dem Computer, dem digitalen Großrechner, doch gab es schon vorher eine hochentwickelte elektronische Rechenhilfe, den Analogrechner. Bei diesem werden die Größen, mit denen man mathematische Operationen vollziehen will, mit Hilfe von proportionalen elektrischen Spannungen nachgebildet. Dabei bedient man sich gleichzeitig arbeitender Rechenwerke, mit denen die Spannungen addiert, subtrahiert, multipliziert, differenziert, integriert werden. Die dadurch hergestellten Relationen sind jenen der abgebildeten Größen analog – daher der Name Analogrechner.

Der Digitalrechner (vom lateinischen digitus, der Finger, die Zähleinheit) unterscheidet sich in einigen wesentlichen Punkten vom Analogrechner. Die Rechengrößen werden nicht analog dargestellt, sondern durch Ziffern ausgedrückt. Dabei hat man das Binär (= Zweiziffern)-System gewählt, das alle Zah-

»On-Line«- und »Off-Line«-Betrieb

len und Rechenoperationen auf nur zwei Größen – 0 und 1 – aufbaut und sich deshalb am leichtesten auf elektrische Systeme übertragen läßt, nach der Methode: Null – kein Stromimpuls; Eins – Stromimpuls.

Die Grundregeln der digitalen Rechentechnik lauten:

Addieren:
$0 + 0 = 0$
$0 + 1 = 1$
$1 + 0 = 1$
$1 + 1 = 10$

Multiplizieren:
$0 \times 0 = 0$
$0 \times 1 = 0$
$1 \times 0 = 0$
$1 \times 1 = 1$

noch mit Elektronenröhren arbeiteten) dauerte ein Takt etwa eine Millisekunde, bei jenen der zweiten Generation (transistorbestückt) Mikrosekunden, und heute, bei der dritten Generation (mit integrierten Schaltkreisen), sind es Nanosekunden (Milliardstel Sekunden). Das Rechnen im Binärsystem erfordert zwar eine große Zahl von Einzeloperationen, doch wird diese Umständlichkeit durch die enorme Steigerung der Arbeitsgeschwindigkeit wieder wettgemacht. Um sie in der direkten Zusammenarbeit mit dem Computer – im sogenannten »on-line«-Betrieb – auszunutzen, arbeitet man im »Time Sharing«; das heißt, daß viele Teilnehmer gleichzeitig die Anlage benützen, wobei ein Organisationsprogramm die Rechenzeit so unterteilt, daß niemand den andern stört. Zwischendurch freibleibende Lücken werden zur Lösung von »off-line«-Aufgaben benützt; das sind solche, bei denen der Computer ohne laufen-

Der Computer als Lernhilfe: Erwachsenen-Fortbildung im Sprachlabor. Die Sprachlektionen wurden dem Computer vorher einprogrammiert. Dem Schüler wird ein Satz vorgesprochen, den er beantworten oder wiederholen muß. Der Computer hört, prüft und stellt die nächste Frage.

Jeder Rechenvorgang wird aus Elementaroperationen der oben gezeigten Art zusammengesetzt. Dabei arbeitet der Digitalrechner meist sequentiell; das heißt, er führt jeden Schritt nach dem andern durch. Dem ist ein bestimmter Arbeitstakt zugrundegelegt; bei den Rechnern der ersten Generation (die

des Eingreifen eines Menschen arbeitet: Speicherungsarbeiten und der Datenabrufbetrieb.

Die zentralen Teile eines Computers sind Steuerwerk, Rechenwerk und Arbeitsspeicher. Das Steuerwerk lenkt den Ablauf des Programms. Das Rechenwerk führt die Operationen durch. Der Arbeitsspeicher bewahrt die Arbeitsdaten und Programme auf. Die Eingabeeinheit dient zur Aufnahme der Programme und Verrechnungsdaten. Die Ausgabeeinheit (»Terminal«) liefert die Resultate. Die externen Speicher enthalten Daten für den späteren Gebrauch. Die Satellitenrechner führen Rechnungen aus, mit denen die Zentraleinheit nicht belastet werden soll.

Alle Funktionsteile eines Computers zählen zur »hardware«; ebenso wichtig aber ist die »software« – im wesentlichen der Wissensstoff, der in Form von Programmen vorliegt. Da die Programme nichts anderes als die Stellungen von Schaltern zu

Der Computer

Diese angehenden Flugpiloten lernen fliegen und bleiben trotzdem mit beiden Füßen auf der Erde. Das Übungs-Cockpit ist mit einer Rechenanlage gekoppelt, in die Tausende von Daten über das Flugverhalten der simulierten zweistrahligen Düsenmaschine eingespeichert wurden. Die Instrumente im Übungs-Cockpit reagieren genau wie ein »richtiges« Flugzeug auf alle Steuereingaben der Piloten und äußere Störungen.

beschreiben haben, die ausgeschaltet oder eingeschaltet sein können, kann man auch sie auf den Binärcode zurückführen. Das bedeutet – ein wichtiger Schritt zum modernen Digitalrechner –, daß man auch sie im Speicher aufbewahren kann. Aber nicht nur das; man braucht sich nicht auf starre Programme zu beschränken – durch die ein Rechenablauf detailliert vorgegeben ist –, sondern kann die Programme selbst logischen Operationen unterwerfen. So ist es möglich, eine Reihe von Schritten aus der Folge beliebig oft wiederholen zu lassen oder im Programm zwischen Alternativen wählen zu lassen, über die erst auf Grund von Zwischenergebnissen entschieden wird. Dabei sind die im Speicher niedergelegten Informationen blockweise durch Kennziffern – sogenannte Adressen – ausgewiesen. Nun ist es möglich, auch diese Adressen logischen Operationen zu unterwerfen, sie also beispielsweise in den Speichern nach Gesichtspunkten, die sich erst während der Rechnung ergeben, neu zu verteilen. Von solchen internen Vorgängen merkt der Programmierer gewöhnlich nichts – die modernen Programmsprachen erlauben es ihm, seine Anweisungen auf die gewünschten rechnerischen Operationen zu beschänken. Alle zusätzlichen Aufgaben – Übersetzung in einen Null-Eins-Code für die Schalterstellungen, Abruf und Zwischenspeicherung von Größen, Rückübersetzung der Resultate in Dezimalzahlen für den Ausdruck usw. – vollzieht das Rechenwerk selbsttätig. Auch die Zwischenergebnisse bekommt der Mensch am Schaltpult normalerweise nicht zu Gesicht. Sie können auf Magnetband, auf Lochkarten und anderen Speichern festgelegt werden. Nur was interessiert, wird in Klarschrift ausgegeben – meist mit Abfrageblattschreibern oder Schnelldruckern. Immer wichtiger wird in letzter Zeit auch die graphische Ausgabe mit Zeichenautomaten und Bildschirmgeräten, wobei der Computer Bilder aus einer Fülle von Daten zusammenfügt. Auch für den Digitalcomputer gibt es Spezialgebiete, auf denen er sich besonders gut bewährt; dies sind beispielsweise alle numerischen Rechnungen, insbesondere solche, die sich durch immer wieder von neuem begonnene Rechenprozesse – sogenannte Iterationen – lösen lassen. Da aber so gut wie alle Rechenexempel irgendwie auf numerische Rechnungen zurückzuführen sind, so ist der Digitalcomputer ein Universalrechengerät schlechthin.

Das theoretische Prinzip, nämlich das Nachvollziehen logischer Operationen durch physikalische Prozesse, ist nicht auf die Elektrizität beschränkt. Gerade in letzter Zeit hat eine andere Möglichkeit seiner Realisation von sich reden gemacht: Rechentechnik auf Grund von Flüssigkeitsschaltungen. Man stützt sich dabei auf Systeme von Röhren, die von einer Flüssigkeit durchlaufen werden. Wie in elektrischen Leitungen gibt es »Schalter«, durch die man die Flüssigkeiten in diesen oder jenen Ast des Systems leiten kann. Obwohl eine Flüssigkeitsschaltung (oder Fluidik) weitaus langsamer arbeitet als die Elektronik und weitere Nachteile aufweist – sie läßt sich beispielsweise nicht so weitgehend miniaturisieren –, so ist sie in Spezialfällen doch dem üblichen Computertyp überlegen: Sie ist chemischen Angriffen gegenüber relativ unempfindlich. Auch in Räumen, in denen elektrische Aufladungen durch radioaktive Strahlung zu befürchten ist, bewährt sich das Fluidik-System gut.

Die zwei Grundprinzipien der Rechentechnik, die analoge und die digitale Methode, finden ihre Entsprechung in vielen anderen Bereichen der Technik, zum Beispiel in der Meßtechnik, und auch in der Natur. So arbeiten beispielsweise Sinnesorgane nach einem analogen Prinzip, während die Weiterleitung der Reize durch das Nervensystem auf digitale Weise erfolgt. Wie wir Information im Gehirn speichern, auf digitale oder analoge Art, ist Gegenstand intensiver Forschungen.

Computergenerationen

Die ersten elektronischen Rechenmaschinen – man spricht von solchen der »ersten Generation« – waren mit Hilfe von Elektronenröhren aufgebaut. Das war in den fünfziger Jahren. Die Elektronenröhren wurden als Schaltelemente gebraucht, die ohne mechanisch bewegliche Teile arbeiten (Relais). Elektronenröhren sind aber relativ störanfällig, sie haben eine begrenzte Lebensdauer, lassen sich nur in geringem Maß verkleinern und verbrauchen durch die Kathodenheizung relativ viel Energie, was sich durch eine merkliche Erwärmung des Rechners während der Arbeit bemerkbar machte. Rechner, die auf Elektronenröhren beruhten, bedurften einer leistungsfähigen Kühlanlage.

Ein wesentlicher Fortschritt war die Einführung der Halbleiterschaltelemente, die schalttechnisch gesehen das (und noch mehr) leisten, was Elektronenröhren zustande bringen, aber praktisch keine Energie verbrauchen, wesentlich unempfindlicher und langlebiger sind und sich vor allem fast unbeschränkt verkleinern lassen. Die mit Halbleiterschaltelementen, mit Transistoren, bestückten Rechner zählt man zur zweiten Generation.

Die Halbleitertechnik wurde inzwischen vielfach verbessert; zunächst ersetzt man die einzelnen Transistoren durch Systeme auf Platten gedruckter Stromkreise. Mit ihnen entstand die dritte Generation.

Schließlich fand man zur integrierten Bauweise – zu elektronischen Bauteilen, bei denen in winzigen aufeinandergedampften Schichten Dutzende, ja Hunderte von Schaltelementen enthalten (integriert) sind im Material selbst. Die Rechner mit integrierten Schaltkreisen wurden die vierte Generation.

Prozeßrechner

Man kann den Computer einsetzen wie Papier und Bleistift, mit denen man nebenher eine Rechnung durchführt. Das Resultat kann dann beispielsweise als Entscheidungshilfe dienen – man stützt sich darauf, wenn man Maschinen bedient, Sollwerte einstellt oder an einem Schaltpult Steuerungen vornimmt.

Die elektrische Wirkungsweise des Computers ermöglicht es, ihn direkt mit Energie verbrauchenden Maschinen zu koppeln, beispielsweise mit Werkzeugmaschinen oder mit Anlagen der Verfahrenstechnik. Man verwendet ihn dann als einen vielseitigen Regler. Er benötigt dann externe (d.h. gesondert aufgestellte) Eingabegeräte mit Meßfühlern, mit denen er veränderliche Größen der Umwelt erfaßt. Die Sollwerte sind nicht fest vorgegeben, sondern nach komplizierten logischen Beziehungen – durch ein Programm gegeben – von den Meßgrößen abhängig. Man nennt einen in dieser Art eingesetzten Computer ›Prozeßrechner‹.

Ein Beispiel für den Einsatz von Prozeßrechnern liefert die Stahlindustrie. Hier treten die Sollwerte in Form von Angaben für Hunderte von Edelstahlmarken auf, die in verschiedenen Abmessungen ausgegeben werden. Als äußere Größen können die Aufträge der Kunden gelten. Der Computer prüft zunächst, ob das bestellte Produkt im Lager enthalten ist oder neu angefertigt werden muß. Nötigenfalls stellt er Ofenchargen zusammen und sorgt für das benötigte Rohmaterial. In modernen Stahlwerken werden noch während des Schmelzprozesses Stahlanalysen durchgeführt; mit Spektrometern erhält man innerhalb von einigen Sekunden die Mengenanteile von z.B. 18 chemischen Elementen. Abweichende Ergebnisse werden im Sinn eines Regelungsprozesses noch bei derselben Charge be-

Elektronenrechner auch für Grundschüler sind keine Seltenheit mehr. Unsere Aufnahme entstand im Schulrechenzentrum Stuttgart. Der programmierte Unterricht ermöglicht jedem Schüler die aktive Beteiligung an der gesamten Unterrichtsstunde, während ein Lehrer in Person für jeden Schüler innerhalb einer Stunde nur wenige Minuten Zeit hat.

Der Computer

rücksichtigt. Nebenher sorgt der Prozeßrechner für den reibungslosen Materialfluß – er druckt Bestellzettel für Roh- und Halbfertigmaterial aus, berechnet die Kosten, führt die Lohnrechnung durch und noch vieles mehr. Prioritätspläne gewährleisten es, daß stets das Wichtigste zuerst geschieht.

Der Prozeßrechner kann zur Fabrik ohne Belegschaft führen. Vollautomatisierte Fabriken sind fast menschenleer. Die Menschen benötigt man für die Unternehmungsleitung, für kreative Aufgaben von der Forschung bis zur Werbegraphik, für Dienstleistungen – z.B. als Vertreter. Auf vollautomatisierte Betriebe dieser Art geht die utopische Vorstellung der Zwei-Tage-Woche zurück, einer Welt, in der nur noch arbeitet, wer Lust dazu hat; alle Arbeit wird von Automaten, Robotsystemen und dergleichen geleistet. Während sich aber manche Produktionszweige – wie die Stahlindustrie, die chemische Industrie, die Autoindustrie usw. – gut zur Vollautomatisierung eignen, dürften bei anderen große Schwierigkeiten entstehen, und zwar weniger aus technischen Gründen als aus solchen der Ökonomie; der notwendige Aufwand rechtfertigt sich nur bei Massenprodukten. Zunächst ist aber längst noch nicht alles vollautomatisiert, was sich dazu anbietet. Die künftige Nutzung aller Möglichkeiten auf diesem Gebiet könnte noch zu einer weiteren, wenn auch begrenzten Kürzung der Arbeitszeit führen. Ohne Zweifel aber wird die Umschichtung der Berufsgruppen weitergehn – der Fabrikarbeiter am Fließband dürfte endlich der Vergangenheit angehören.

Computerdiagnostik

Die Fähigkeit des Computers zur logischen Selektion, also zum Heraussuchen bestimmter Daten nach bestimmten Bedingungen, eröffnete ihm ein weiteres Betätigungsfeld: die medizinische Diagnostik. Und wie in vielen anderen Bereichen zwingt der Einsatz des Computers zu einer kritischen Analyse aller beteiligten Verfahren.

Das Grundschema der Diagnostik ist einfach: Bestimmten Symptomen werden bestimmte Krankheiten zugeordnet.

Symptom A   Krankheit 1
Symptom B   Krankheit 2
Symptom C   Krankheit 3
usw.

Nun gibt es allerdings Symptome, die bei mehreren Krankheiten auftreten und andere, die nur eindeutig auf eine Krankheit schließen lassen, wenn sie in bestimmten Gruppierungen auftreten. Das Fehlen bestimmter Symptome ist dann als Hinweis dafür zu nehmen, daß eine bestimmte Krankheit nicht vorliegt – beispielsweise

nicht Symptom A   nicht Krankheit 1
nicht Symptom B   nicht Krankheit 2
usw.

Die Bedingung für das Auftreten einer Krankheit kann dann folgendermaßen lauten:
Wenn Symptom A und Symptom B, aber nicht Symptom C, dann Krankheit 1.

Aufgaben dieser Art sind solche der Logik; sie lassen sich formal behandeln – nach den Methoden der Logistik –, und sie sind mit Hilfe des Computers lösbar.

Gegen Schematisierungen dieser Art sind Stimmen laut geworden. Man beruft sich auf Krankheitsbilder, die sich nicht in einzelne Teilerscheinungen auflösen lassen, auf den Gesamteindruck, nach dem sich der Arzt richtet und auf Grund dessen er zu einem Urteil kommt. Zu den während des Studiums vermittelten Kenntnissen kämen Erfahrungen, die sich nicht in Worte fassen ließen. Diese Methode bewährt sich ausgezeichnet, solange es um die mehr oder weniger üblichen Krankheiten geht, es bereitet aber Schwierigkeiten, wenn einmal eine krankhafte Erscheinung auftritt, die nicht mit den üblichen Krankheitsbildern übereinstimmt. In solchen Fällen bleibt auch dem erfahrenen Arzt nichts anderes übrig, als auf seine »Informationsspeicher«, die Lehrbücher zurückzugreifen – oder er schickt den Patienten zum Spezialisten. Auf diese Weise dauert es oft lange, bis man die Ursache einer Erkrankung herausfindet.

In Wirklichkeit beruhen auch intuitive Erkenntnisse auf einer Zusammenfassung verschiedener Merkmale – auch wenn das nicht bewußt vollzogen wird. Über andere Quellen der Erkenntnis verfügen wir nicht. Es kommt also darauf an, einen vollständigen Katalog der Symptome und der zugeordneten Krankheiten zu entwerfen. Eine systematische Bestandsaufnahme ist nicht nur Voraussetzung für den Einsatz des Computers, sondern weist oft genug auf Lücken unserer Kenntnisse hin, die geschlossen werden müssen. Wo solche Lücken bestehen, kann vorderhand weder der Arzt noch der Computer zu eindeutigen Diganosen kommen.

In den letzten Jahrzehnten kamen viele weitere Diagnoseverfahren hinzu – etwa die Messung des Blutdrucks, der »Grundumsatz«, der exakte Resultate über den Stoffwechsel erbringt; das »Blutbild«, wodurch die Zusammensetzung des Bluts auf sehr exakte Weise bestimmt wird; das Kardiogramm, das es gestattet, die Herztätigkeit messend zu verfolgen und dergleichen mehr. Damit steht dem Arzt eine Fülle neuer Daten zur Verfügung, die ihn prinzipiell in die Lage versetzen, seine Diagnose schneller und präziser zu erstellen.

Allerdings ist der Mensch in seiner Fähigkeit, viele Daten auf einmal zu berücksichtigen, eingeschränkt. Durch die Vielzahl der Diagnoseresultate wird der Arzt oft überfordert; oft ist er gar nicht in der Lage, die entscheidenden Daten und Zusammenhänge zu erkennen. Hier, bei dieser speziellen Aufgabe, zeigt sich die Überlegenheit des Computers. Er wird nicht nur mit vielen Daten fertig, er wertet sie auch nach logischen Gesichtspunkten aus, und überdies arbeitet er außerordentlich schnell. Hat man erst die Resultate der Untersuchung eingegeben, so erhält man das Diagnoseresultat in Bruchteilen von Sekunden. Wenn die Daten nicht zur eindeutigen Bestimmung ausreichen, so macht der Computer Vorschläge für weitere und ergänzende Untersuchungen. Und ist die Diagnose erstellt, so kann er schließlich auch therapeutische Maßnahmen angeben, wobei er die Konstitution des Patienten, sein Alter, seine Krankheitsgeschichte usw. berücksichtigt. Durch die quantifizierten Diagnoseergebnisse kann der Computer über die logischen Kalküle hinausgehen und auch andere, insbesondere jene der Mathematik anwenden. Außerordentlich wichtig ist in diesem Zusammenhang die Statistik geworden. Sie ist biologischen und medizinischen Prozessen gut angemessen, da diese eine große Variationsbreite haben; oft ist erst durch die Auswertung vieler im einzelnen schwankenden Daten eine brauchbare Aussage möglich. Dadurch werden Begriffe, die zunächst nur bei physikalisch-technischen und wissenschaftlichen Vorgängen Verwendung fanden – wie Wahrscheinlichkeitsgrad oder Fehlergrenzen – in die Medizin eingeführt.

Computerdiagnostik wird erst in beschränktem Maß betrieben. Das liegt daran, daß die Ärzteschaft noch nicht mit Computern ausgerüstet ist, daß sie erst lernen muß, sich dieses In-

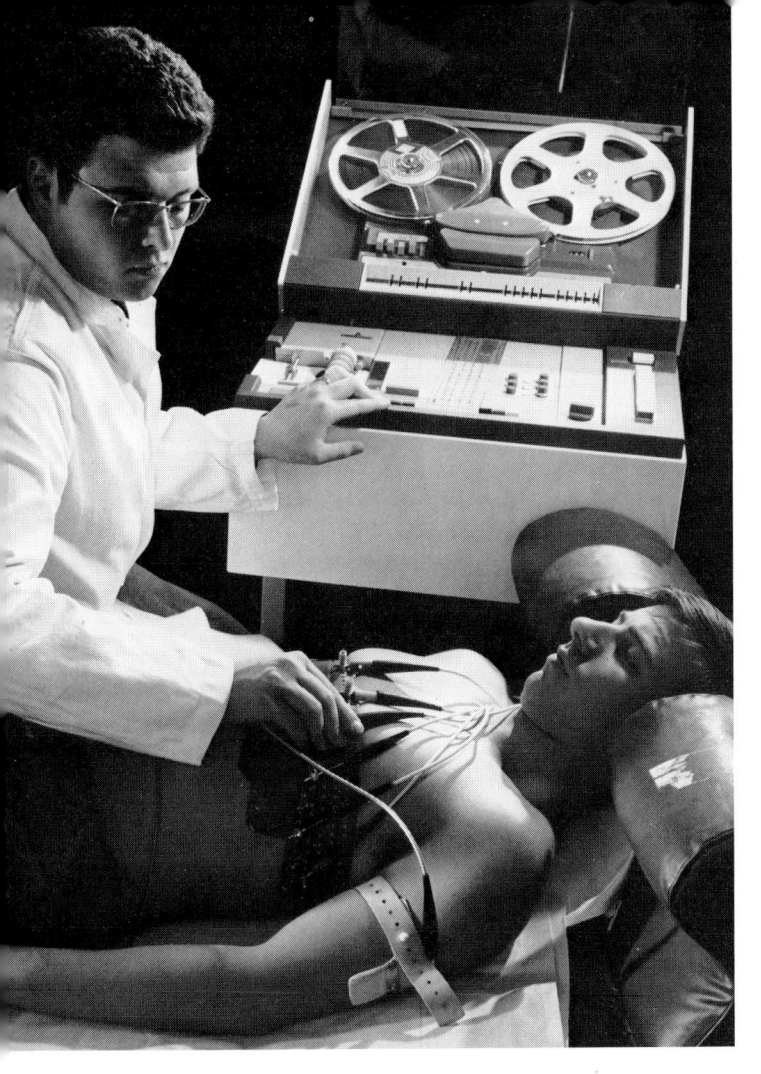

Neue Möglichkeiten für Arzt und Krankenhaus ermöglicht die automatische Auswertung von Elektrokardiogrammen durch den Computer. Das EKG wird direkt auf ein Magnetband übertragen. Eine Bandspule faßt bis zu 200 einzelne EKG's. Sie wandert weiter zum Computer, der das gespeicherte und in rund 12300 Zahlenwerte umgesetzte EKG mit Hilfe des ihm eingefütterten Standardprogramms analysiert. Über einen Schnelldrucker wird schließlich das Protokoll mit dem Befund ausgegeben.

struments zu bedienen. Es liegt aber auch daran, daß die Voraussetzungen nur zum Teil erfüllt sind. Einerseits kann der Computer nur etwas mit Diagnoseresultaten anfangen, wenn diese in Form quantifizierbarer oder zumindest logisch ausdrückbarer Daten vorliegen. Auf Teilgebieten allerdings sind computerdiagnostische Möglichkeiten durchaus heute schon praktizierbar – beispielsweise bei der Auswertung der Elektrokardiogramme, der »Schrift aus dem Herzen«, aus der man viele Herzfehler und -krankheiten ablesen kann.

Ein anderes Gebiet, das bereits als Beispiel für einen späteren, umfassenderen Betrieb gewertet werden kann, ist jene der Vergiftungen. Im Speicher eines zentralen Computers liegen alle Vergiftungssymptome mit den ihnen entsprechenden Ursachen – den »Giften« – und den möglichen Behandlungsmethoden niedergelegt. Jeder Arzt hat die Möglichkeit, die Symptome über Fernschreiber einzugeben; er erhält dann in kürzester Zeit eine Liste der infragekommenden Gifte und Gegengifte. Gerade in diesem Fall bewährt sich ein solches Verfahren gut, weil Vergiftungsfälle auf verschiedenste Ursachen zurückgehen können, so daß nicht jeder Arzt mit ihnen vertraut ist, andererseits aber schnelle Hilfe nötig ist.

Die Einführung des Computers führt in allen Fällen zu tiefgreifenden Konsequenzen. In vordergründiger Weise ist natürlich die Ausbildung betroffen. Man wird den jungen Medizinern nicht nur beibringen müssen, sich des neuen Instruments zu bedienen, sie werden sich auch weitaus intensiver mit systematischen, logischen und mathematischen Methoden beschäftigen müssen. Dafür ist es dann aber nicht mehr nötig, die Studenten mit reinem Gedächtnisstoff zu belasten; die Speicherung der Information vollbringt der Computer viel besser. Damit dürfte sich aber auch das Berufsbild des Arztes ändern – ein Vorgang, der nicht ohne emotionale Widerstände ablaufen wird. Und auch von der Seite des Patienten machen sich Widerstände bemerkbar: Er sieht sich mehr und mehr ›seelenlosen‹ Technikern und furchteinflößenden Maschinen überantwortet.

Computer in der Rechtsprechung

Ein weiteres technikfernes Fachgebiet, das sich in absehbarer Zeit langsam aber sicher auf den Computer einstellen wird, ist die Rechtsprechung. Auch hier wird man versuchen, zunächst Teilgebiete zu automatisieren, beispielsweise Bagatellfälle bei Verkehrsdelikten. Prinzipiell gilt auch hier, daß die Maschine den Menschen von Routinearbeit entlastet – sie könnte alle Rechtsfragen übernehmen, die sich Tag für Tag, Jahr für Jahr immer wieder mit gewissen Abwandlungen wiederholen. Schon jetzt geht man dazu über, solche Situationen in einer systematischen Weise aufzunehmen und damit die Voraussetzung für die Bearbeitung durch den Computer zu schaffen. Die Computerisierung der Rechtsprechung käme auch der Öffentlichkeit zugute. Einerseits dürfte sie eine schnellere Erledigung der Prozesse mit sich bringen, andererseits aber könnten sich die Juristen mit viel größerem Nachdruck schwerwiegenden und ungewöhnlichen Fällen widmen.

In ähnlicher Weise wie das etwa in der Verwaltung, in der Medizin und in der Rechtsprechung geschehen ist, kann man jede geistige Tätigkeit des Menschen daraufhin untersuchen, wie weit sie sich den Computern überantworten läßt. Prinzipiell ist das überall dann möglich, wenn es sich um Aufgaben handelt, die auf logischem Weg lösbar sind.

Eine andere Frage ist es, ob eine solche Delegation ökonomisch und ob sie sinnvoll ist. Schon relativ einfache, absichtlich beschränkte Anwendungsfelder wie die der Diagnose bei Vergiftungsfällen und der Rechtsprechung bei Verkehrsdelikten, erfordern eine immense Vorarbeit, ehe man an die Programmierungsarbeit herantreten kann.

Und auch diese selbst wird bei komplexen Aufgaben immer zeitraubender und schwieriger. In vielen Fällen ist zu fragen, ob sich diese Arbeit lohnt – ob das, was man später erspart, wirklich den Einsatz bei der Vorbereitung wert ist. Um ein konkretes Beispiel zu nennen: Ein Programm für den Unterricht in Schaltelektronik kann jahrelange Arbeit erfordern, ehe man es einsetzen kann. Andererseits ist auf diesem Gebiet eine rasante Entwicklung zu verzeichnen; es ist zu befürchten, daß das Programm bereits veraltet ist, bevor man es einsetzen kann.

Hier tritt die Frage auf, ob es möglich sein könnte, die Programmierung auf eine höhere Ebene zu stellen. Als erster Schritt wäre es beispielsweise möglich, nur noch Programmgrundgerüste festzulegen, die dann jedem beliebigen Wissensstoff angepaßt werden können. Die eleganteste Lösung ist die des computerisierten Programmierens: Man schreibt Programme für die Ausarbeitung von Programmen. Im Fall des programmierten Unterrichts geht diese Idee bereits der Verwirklichung entgegen.

Ausschnitt

Programmieren und Maschinensprache

»Computerunterstützter Unterricht« in einem Augsburger Gymnasium. Der Schüler ruft durch Tastendruck Lektionen auf den Bildschirm, löst Aufgaben und beantwortet Kontrollfragen, an denen der Computer prüft, ob sein »Partner« mitgekommen ist. So bestimmt der Schüler den zeitlichen und inhaltlichen Ablauf des Lerngespräches mit.

Da der Computer die menschliche Sprache (noch) nicht versteht, muß man die Befehle an ihn erst in eine ihm verständliche Form bringen. Genaugenommen sind es Anweisungen für Schalter, und zwar sogenannte Binärschalter – solche, die nur zwei Stellungen (»ein« und »aus«) einnehmen können. Somit liegt es nahe, für die Verständigung mit dem Computer einen »Binärcode« zu verwenden – ein Symbolsystem, in dem es nur zwei Zeichen, etwa null und 1, gibt. So kann man beispielsweise einen Befehl in folgender Weise erteilen:

111 1010 0001 0001 0000 0000 0000 1000 0000 0000 0000 1001

Das ist ein Befehl, mit dem eine bestimmte Maschine angewiesen wird, den Inhalt des Speicherplatzes 9 im Arbeitsspeicher zum Inhalt des Speicherplatzes 8 hinzuzuzählen und das Ergebnis im Speicherplatz 8 niederzulegen.

Da es für den Menschen außerordentlich umständlich wäre, alle Befehle für die Maschine in Folgen von 0 und 1 zu geben, so hat man sogenannte Maschinensprachen entwickelt. Ein Befehl in einer solchen Sprache sieht dann etwa folgendermaßen aus:

READ (S, D)
$X = (S + D) / 2$
$Y = S - D$
Write (X, Y)

Damit wird der Computer angewiesen, die Zahlenwerte für S und D aus dem Speicher zu holen, die Hälfte ihrer Summe sowie ihre Differenz auszurechnen und über einen Schreibautomaten auszugeben.

Ein solches Programm hat natürlich nur Sinn, wenn diese Rechnungen sehr oft mit verschiedenen Zahlenpaaren auszuführen sind – was beispielsweise in der Medizin der Fall ist; dort bedeuten D und S Meßwerte für den Blutdruck.

Die Computersprache enthält also Wörter, die ganz bestimmte Anweisungen darstellen. Die Ziffern kann man in der üblichen mathematischen Form angeben, und auch die Rechenoperationen kann man durch Zeichen ausdrücken, die sich nur wenig von jenen unterscheiden, die im normalen Rechnen verwendet werden. Eine solche Sprache kann die Maschine natürlich nicht ohne weiteres verstehen. Man braucht besondere Übersetzungsprogramme, die die Zeichen dieser Sprache in 0- und 1-Impulse umwandeln. Zu den bekanntesten dieser Sprachen zählen ALGOL, FORTRAN, COBOL.

Es wäre natürlich schön, wenn man für alle Zwecke der Verständigung mit den Rechenmaschinen mit einer Sprache auskommen könnte. Leider ist das nicht der Fall – eine universelle

Die Arbeit der Programmierer

Sprache wäre außerordentlich kompliziert. Aus diesem Grund hat man für bestimmte Probleme eigene Sprachen geschaffen. Beispielsweise wird ALGOL vor allem für mathematisch-wissenschaftliche Probleme eingesetzt, während COBOL besonders dem Kaufmann dienlich ist.

Es kann als eine besondere Kunst gelten, einen Computer zu programmieren. Die Schwierigkeit liegt darin, daß man der Rechenmaschine genaue Anweisungen geben muß, wozu auch die Reihenfolge gehört, in der sie die Rechenschritte ausüben soll. Für die Maschine ist nichts selbstverständlich; wenn man auch nur die kleinste Kleinigkeit ausläßt, dann hört sie zu rechnen auf oder liefert falsche Ergebnisse. Nun wäre es natürlich wieder höchst zeitraubend, ihr sämtliche Schritte einzeln vorschreiben zu müssen – besonders, da sie, wie wir gesehen haben, komplizierte Rechnungen in eine Unzahl von Einzelschritten zerlegt. Um ein Rechenproblem aufzubereiten, muß sich der Programmierer daher zunächst über die Folge der Rechenschritte klar werden. Dazu dient ihm ein sogenanntes Flußdiagramm. Hat er dieses erst einmal aufgestellt, dann ist es unschwer in eine Maschinensprache umzusetzen.

Um den Programmierern unnütze Arbeit zu ersparen, wendet man einige Tricks an. Dazu gehören zum Beispiel die sogenannten bedingten Befehle sowie die Verzweigungen und Schleifen. Um ein wirklichkeitsentsprechendes Beispiel zu geben: Eine Anweisung an den Computer kann lauten: »Rechnung abschließen, wenn Zwischenergebnis größer als 100!«

Das ist, wie man schon am Wörtchen »wenn« merkt, ein bedingter Befehl. Die Rechenmaschine muß weiterrechnen, solange das Zwischenergebnis unter 100 liegt. Sie muß nach jedem Schritt prüfen, ob 100 schon überschritten ist, und sobald das geschieht, beendet sie den Rechenvorgang und liefert das Ergebnis aus.

Ein anderer Befehl kann lauten:
»Wenn Zwischensumme kleiner als 100, Rechnung von vorn beginnen!«

Das bedeutet, daß die Maschine eine Folge von Rechenschritten immer wieder durchläuft, bis eine bestimmte Bedingung erfüllt ist. Diese und viele andere Anweisungen werden vom Computer intern verarbeitet – mit Hilfe von sogenanten Compilern; das sind Programme, die die in Programmierungssprachen gegebenen Anweisungen in die Maschinensprache – also letztlich in Schalterstellungen – umsetzen. Für jede Programmierungssprache gibt es eigene Compiler – für ALGOL, FORTRAN, COBOL usw. Sie gehören zum Betriebssystem, das die Organisation der Datenverarbeitung innerhalb der Maschine vornimmt – von der Zuweisung von Speicherplätzen bis zur Feststellung von Prioritäten beim Time Sharing. All das – die software – ist für den Betrieb eines Computers ebenso wichtig wie die hardware – die apparativen Einrichtungen. Beides, Schaltanordnung und Programme, sind aufeinander abgestimmt. Das hat zur Folge, daß sich manche Computertypen nur mit Hilfe bestimmter Sprachen betreiben lassen.

Will man eine andere Sprache benutzen, so ergibt sich ein neues Problem: eine Computersprache in eine andere zu übersetzen. Diese Aufgabe ist bisher nur zum Teil gelöst; bei künftigen Entwicklungen wird man auf die Verträglichkeit und Austauschbarkeit, auf die Kompatibilität, der Typen achten müssen – um zu vermeiden, daß sich, wie es sich bereits andeutet, die babylonische Sprachenverwirrung auch in der Computertechnik fortsetzt.

Die Programmierungssprachen lehnen sich an die Umgangssprache an – meist an die englische –, und folgen ähnlichen Regeln wie alle anderen Verständigungssysteme. In den Programmierungssprachen hat man also Sprachmodelle vorliegen, die gegenüber den in der Gesellschaft gewachsenen Sprachen wesentlich einfacher und durchsichtiger sind. Auf diese Weise war es möglich, die Unterschiede zu erkennen, die zwischen den Programmierungssprachen und der menschlichen Sprache bestehen. Wesentlich für Programmierungssprachen ist es, daß sie ein streng logisches Grundschema haben, was für die menschliche Sprache offenbar nicht zutrifft. Besonders im täglichen Gebrauch gibt es merkliche Abweichungen vom strengen Aufbau, ohne daß das die Verständigung stört. Diese Tatsache hängt auch damit zusammen, daß der menschlichen Sprache eine viel höhere Redundanz zukommt, – man kann ein und denselben Tatbestand auf verschiedene Arten ausdrücken.

Der wichtigste Unterschied dürfte in der Ausrichtung auf den Zweck liegen – die Programmierungssprache ist normalerweise

219

Programmieren und Maschinensprache

eng umgrenzten Fachzwecken angepaßt. Die Aufgaben, die sich dabei ergeben, lassen sich mit ihrer Hilfe sehr genau beschreiben. Das ist mit der menschlichen Umgangssprache nicht immer so leicht – sie weist eine Art »Unschärfe« auf. Gerade dadurch scheint sie aber auf der anderen Seite zu jenem universellen Verständigungsmittel zu werden, als das wir sie kennen. Zum Unterschied zu der Fachsprache, die in einem engen Bereich präzise Aussagen zuläßt, ist die menschliche Sprache universell anwendbar.

Computer als Dolmetscher

So alt wie die Sprachen selbst sind die Schwierigkeiten der Verständigung zwischen Benutzern verschiedener Sprachen. Dieses Problem tritt in einer technischen Welt mit ihren vielfachen Verflechtungen noch nachhaltiger ins Gesichtsfeld als zur Zeit des Turmbaus von Babel. Die Ausbildung in Fremdsprachen nimmt einen wesentlichen Teil des Unterrichts in Anspruch, der Aufwand an Zeit und Geld für Übersetzungen ist enorm. Trotzdem ist es bisher noch nicht gelungen, Sprachschranken in zufriedenstellender Weise zu überwinden.

Schon 1933 entwickelte der russische Wissenschaftler P. P. Trojanski die Idee der maschinellen Sprachübersetzung. Erst das Auftauchen des Computers rückte diesen Gedanken in die Reichweite des technischen Zugriffs. Vor allem in den USA und in der UdSSR kam es zu intensiven theoretischen Bemühungen und zu den ersten praktischen Versuchen. Die großen Hoffnungen, die man in diese Entwicklung gesetzt hatte, wurden aber enttäuscht. Das Problem stellte sich als weitaus schwieriger heraus, als man zunächst vermutet hatte. Manche Fachleute sind heute wieder der Meinung, daß eine befriedigende maschinelle Übersetzung prinzipiell nicht möglich ist.

Übersetzungen von einer Programmierungssprache in die andere sind dagegen ohne weiteres möglich. Die Schwierigkeiten, die sich bei natürlichen Sprachen ergeben, liegen also in deren Eigenart, insbesondere in den »Unschärfen«, der Vielfältigkeit des Ausdrucks, der Mehrdeutigkeit von Wörtern und Phrasen.

Die einfachste, völlig unzureichende Methode der Übersetzung ist die Wort-für-Wort-Übersetzung; dazu braucht man im Prinzip nichts anderes als ein Wörterbuch. Es wird dem Speicher eingegeben; ein Programm sucht dann Schritt für Schritt die entsprechenden Wörter der Zielsprache heraus. Abgesehen davon, daß der Satzaufbau verschiedener Sprachen unterschiedlich ist, hängt auch der Sinngehalt von Abhängigkeiten der Wörter innerhalb des Satzes ab. Dabei sind auch die Endungen von Zeit- und Hauptwörtern zu berücksichtigen, die eine wesentliche Rolle innerhalb der Zuordnungen spiegeln. Das Programm muß also einen Analyseteil enthalten, der anhand des Satzbaus und der Endungen den Sinngehalt zu identifizieren versucht. Wo Mehrdeutigkeiten auftreten, muß auch der Sinn der nächstliegenden Phrasen berücksichtigt werden. Die Zuordnung erfolgt schließlich nach der Wahrscheinlichkeit, ist also nicht eindeutig – das gilt übrigens auch für die Art und Weise, wie der Mensch gesprochenes oder geschriebenes Wort zu verstehen versucht. Erst nach beendeter Analyse folgt die Synthese, die eigentliche Übersetzung, bei der der erfaßte Sinn in der Zielsprache ausgedrückt wird.

Es hat sich als günstig erwiesen, diesen Sinn durch eine »Zwischensprache« auszudrücken. Das erleichtert insbesondere die wechselseitige Übersetzung zwischen mehreren Sprachen: Jeder Text wird zunächst in die Zwischensprache übersetzt, und von dieser aus erfolgt dann die Umsetzung in die Zielsprache. Auf diese Weise erspart man es sich, Programme für alle möglichen Sprachenpaare aufzustellen, sondern kommt mit einigen wenigen aus, die stets nur die Übersetzung in die oder aus der Zwischensprache zum Ziel haben. Die dabei auftretenden Probleme sind bis heute noch nicht gelöst, es dürfte aber auch kein prinzipielles Hindernis vorliegen.

Die Verschiedenheit der Meinungen, die man zum Übersetzungsproblem hört, liegen nicht zuletzt an den Zielvorstellungen. Wenn man sich mit einer Übersetzung begnügt, die den Sinn erkennen läßt, ohne allerdings Anspruch auf literarische Qualität zu stellen, so sind wir auf dem besten Weg zur Lösung. So ist es heute schon möglich, russische Zeitungstexte so ins Englische zu übersetzen, daß man den Sinn erfaßt. Es ist zwar bedauerlich, wenn wir noch weit von der perfekten Übersetzungsmaschine entfernt sind, aber das praktische Problem liegt nicht im dichterischen Text, sondern in der Verständigung über Tatbestände. Ist eine perfekte Übersetzung gewünscht, so muß ein menschlicher Übersetzer eingeschaltet werden; aber auch für ihn kann die maschinelle Rohübersetzung eine brauchbare Vorarbeit sein.

Zeichenmaschinen

Zeichnen und Schreiben gehören zu den ältesten Fertigkeiten des Menschen, und sie gewinnen auch heute noch an Bedeutung. Von Anfang an waren sie an Hilfsmittel gebunden, an Holzkohle, Rötel, Ritzstifte – Materialien, die schon dem Höhlenmenschen bekannt waren. Später kamen Feder und Bleistift, Füllfeder, Kugelschreiber und Filzstift hinzu, die auch heute noch ihren Dienst erfüllen. Sie sind technische Werkzeuge des Farbauftrags.

Als Werkzeug ist – im Widerspruch zu ihrer Benennung – die Schreibmaschine anzusehen, und zwar als Mittel der Codierung; die Buchstaben sind vorgeprägt, auf Tastendruck werden sie zu Papier gebracht. Dabei übt der Mensch noch die volle Arbeit aus. Erst die elektrische Schreibmaschine wird ihrem Namen gerecht; der Vergleich zwischen der mechanischen und der elektrischen Schreibmaschine zeigt, daß langdauerndes Tippen einen gehörigen Arbeitsaufwand erfordert.

Die bisher höchste Stufe der technischen Entwicklungsleiter hat die automatische Schreibmaschine erreicht, die durch Lochbänder und dergleichen gesteuert wird. Dazu gehören auch die an Computer angeschlossenen Schnelldrucker, die 16 Buchstaben je Sekunde drucken können.

Die vorgeprägten Buchstaben ersparen es, die Linienführung der Zeichen nachzeichnen zu müssen, doch schränken sie den Gebrauch auf das in Druckbuchstaben geschriebene Wort ein. Die Elemente, aus denen Zeichnungen bestehen, lassen sich viel schwerer normieren, und darum läßt sich die zeichnerische Linienführung technisch viel schwerer bewältigen. Die besten Aussichten dazu bestehen bei technischen Zeichnungen, bei denen bestimmte geometrische Verläufe oder auch genormte Figurationen oft vorkommen. Ein Beispiel ist der Kreis, das dazugehörige Werkzeug der Zirkel. Ein anderer wichtiger Typ von Zeichenhilfen ist die Schablone. Die einfachste Schablone ist allgemein bekannt: das Lineal. Es beruht auf der Erfahrung, daß gerade Linien in allen möglichen geometrischen Darstellungen vorkommen. Je nach dem Spezialwerk gibt es aber noch viele weitere geometrische Elemente, die häufig auftreten und die sich mit der Hand schwer zeichnen lassen. Für sie alle werden heute Schablonen angeboten: für Ellipsen, Dreiecke, Quadrate, für verschiedene technische Profile, für die Umrisse von Flügelschrauben, Sechskantmustern usf. Die da-

Das Flußdiagramm

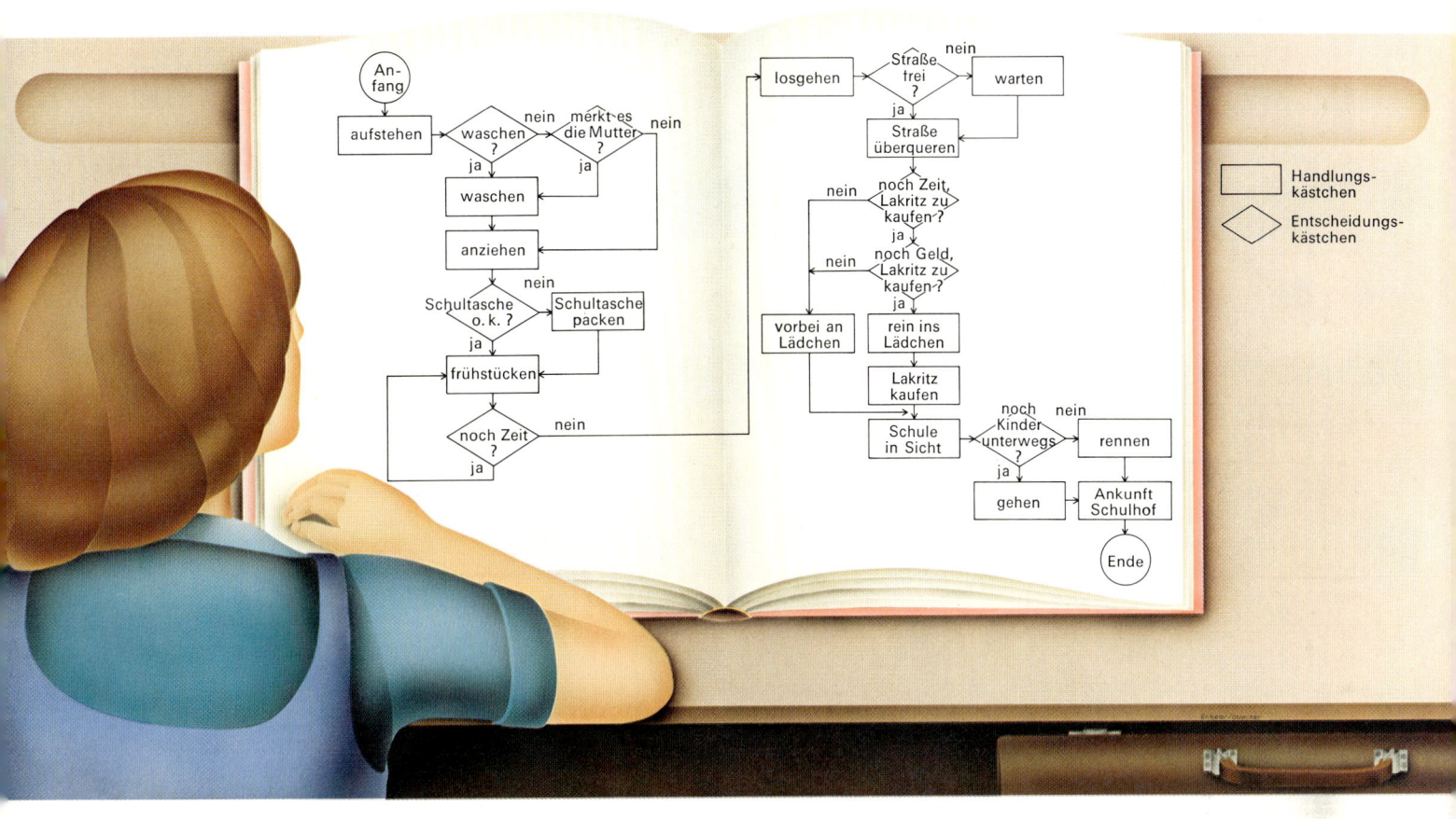

Das Flußdiagramm verdeutlicht die Abläufe innerhalb eines Aktionsprogramms (→S. 234). Genau wie der Morgen dieses Schulmädchens als eine Kette von Entscheidungen und Handlungen grafisch dargestellt werden kann, zerlegt der Programmierer auch Rechenprobleme in eine Folge vieler einzelner Rechenschritte.

mit erreichte Präzision der Darstellung kommt gerade in der technischen Zeichnung den Bestrebungen nach Klarheit, Einheitlichkeit und Normierung der Symbole entgegen: bei allen Arten von Schriften, bei elektrischen Schaltzeichen, bei Symbolen der Flußdiagramme, bei chemischen Strukturformeln.

Zu den Zeichenwerkzeugen gehören schließlich auch die Zeichentische, die Hebelsysteme zur Parallelführung von Linealen enthalten; aber auch hier zeichnet der Mensch noch selbst. Zeichentische, aus den Konstruktionsbüros bekannt, lassen erkennen, wie der Übergang zur Maschine aussehen müßte: Man müßte sie mit einem Antrieb versehen, der einen Zeichenstift führt. Damit tritt also das Problem der Führung, der Steuerung, auf. Der Übergang zur Zeichenmaschine ist zugleich der Übergang zum Zeichenautomaten.

Computergesteuerte Zeichenautomaten werden als Plotter bezeichnet. Betrieben werden sie entweder direkt durch die Rechenmaschinen oder auch durch Magnetbänder, Lochstreifen oder Lochkarten. Zu unterscheiden sind mechanische und elektrische Plotter. Ein mechanischer Plotter ist eigentlich nichts anderes als ein Zeichentisch, über den man einen Stift mit Servomotoren in die zwei Koordinatenrichtungen bewegt. Mit Hilfe einer eingebauten Schaltung setzt er die elektronischen Impulse in Bewegungen um – Senken und Heben des Stifts, Bewegung in acht oder sechzehn verschiedene Richtungen. Der Vorteil des mechanischen Zeichners ist die Präzision der Darstellung, ein Nachteil ist die lange Dauer des Zeichenvorgangs – 20 Minuten und mehr. Außerdem sind mechanische Systeme störanfällig. Hier kennt man den Ärger mit ausgetrockneten Tuschefedern genauso wie jeder technische Zeichner.

Der elektronische Plotter ist eigentlich nichts anderes als ein Kathodenstrahloszillograph. Es gibt solche, bei denen der Elektronenstrahl, der die Leuchtspur auf dem Schirm hinterläßt, in beliebigen Richtungen über die Zeichenebene wandern kann. Andere arbeiten nach dem Prinzip des Fernsehempfängers, bei denen der Elektronenstrahl die Bildebene zeilenweise abtastet. Das Bild auf dem Leuchtschirm muß zur Dokumentation erst fotografiert werden. Bei früheren Modellen ließ die Strichschärfe oft zu wünschen übrig, in letzter Zeit, insbesondere zur Anfertigung von Mikrofilmen, wurden aber elektronische Plotter entwickelt, die in dieser Hinsicht den mechanischen Modellen nicht nachstehen.

Als eigentlicher Zeichenautomat muß die Kombination aus Computer und Plotter gelten. Über das Programm enthält der Computer Anweisungen über die Rechenschritte und logischen Prozesse, die er ausführen soll. Zur graphischen Ausgabe mußten einige der bekannten Programmierungssprachen erweitert werden – vor allem wurden sie durch Anweisungen ergänzt, durch die der Automat erfährt, wann er den Schreibstift senken soll, an welcher Stelle er mit einem Strich beginnen soll, wo dieser Strich hinführt usw.

Die Anwendungen der technischen Computergraphik sind heute kaum noch zu übersehen. Die graphische Ausgabe von Rechenergebnissen – als Diagramme – ist nur die einfachste Möglichkeit; man bedient sich der Computerzeichnung auch bei der Darstellung mathematischer Relationen, geometrischer Körper, technischer Pläne, Landkarten, Konstruktionszeichnungen, chemischer Konfigurationen, Wetterkarten, ergonomischer (d.h. arbeitspsychologische, -physiologische und -technische) Studien usw. Auch die Phasenzeichnung der Trickfilme ist infolge der schnellen Darstellung leichtgemacht. Ein interessantes Anwendungsgebiet ist die umstrittene Computerkunst. Aber auch Bestrebungen dieser Art sind nicht völlig ›zweckfrei‹; die ästhetische, auf optimale Weise verdeutlichte Darstellung mit Hilfe von Zeichenprogrammen wird auch Bedeutung im Unterricht gewinnen.

Ausschnitt

Die Datenbank

Rechenzentrum eines Großbetriebes. Auf den Magnetspulen sind die Daten gespeichert, die dann beliebig abgerufen werden können. Aber genau wie eine Bank Geld nicht nur aufbewahrt, sondern damit auch arbeitet, kann auch die Datenbank Informationen nicht nur speichern, sondern auch zusammenführen und auswerten.

Ein großer Teil unserer technischen Anstrengungen gilt der Erarbeitung von Wissen. Es schlägt sich in Daten aller Art nieder – von der Notiz über aktuelles Tagesgeschehen bis zu Zahlenangaben über wissenschaftliche Größen, von den Vorschriften zur Straßenverkehrsordnung bis zu Angaben über pädagogische Methoden, von Konventionen über Währungspolitik bis zu Anzeichen zum Erkennen von Krankheiten. In allen diesen Informationen stecken bedeutende Werte – man hat finanzielle Mittel, Mühe und Zeit aufgewandt, um sie zu erhalten. Trotzdem kommen immer mehr Daten auf uns zu – man spricht von einer Informationsflut, die uns zu überschwemmen droht.

Als äußere Folge dieses Anfalls von Daten ist das Anwachsen von Papierbergen festzustellen. Ob in Bibliotheken, in Archiven, in Ämtern oder privaten Bücherregalen – sie alle werden zu Begräbnisstätten von Information, niemand ist imstande, alle festgehaltenen Daten in sich aufzunehmen und zu verwerten. Damit sind zwei Probleme erwähnt: in der Sprache des Computertechnikers ausgedrückt handelt es sich um die Fragen des Speicherns und des Wiederfindens.

Die alte Methode der Aufbewahrung von Information, die auf bedrucktem Papier beruht, erfordert viel Platz. Sie ist an besondere Räume gebunden – die genannten Bibliotheken und Archive, wodurch der Zugang zu den Daten erschwert ist. Eine wesentliche Verbesserung der Situation bringt die Mikrofilmtechnik mit sich; durch verkleinerte Reproduktionen kann man beispielsweise den gesamten Text der Bibel heute bereits auf dem Raum einer Briefmarke unterbringen. Noch weitere Vorteile bringt der Einsatz der elektronischen Speicher mit sich, die nicht nur Zahlen, sondern auch alphanumerische Zeichen, zum Beispiel die Buchstaben des Alphabets, in binärer Schreibweise speichern. Mit ihnen lassen sich die Daten nicht nur auf kleinstem Raum aufbewahren, sondern auch mit Lichtgeschwindigkeit über beliebige Entfernungen abrufen. Die Ausgabe erfolgt durch Fernschreiber, Schnelldrucker oder Datensichtgeräte. Der Benutzer einer ›elektronischen Bibliothek‹ ist also örtlich nicht gebunden; er kann etwa von seinem Arbeitszimmer aus Daten aus allen ›Dateien‹ erhalten, mit denen er durch ein Netz – wozu auch das Telefonnetz dienen kann – verbunden ist.

Die elektronische Speicherung bringt aber auch wesentliche Vorteile zur Lösung des zweiten Problems mit sich: des Wiederauffindens von Daten. Der übliche Weg zur Kennzeichnung eines Informationsblocks in einem Datenspeicher ist die Zuordnung einer Kennzahl, einer ›Adresse‹. Diese Methode bewährt sich, wenn man die Adresse kennt – also schon von vornherein weiß, welche Information man benötigt. In der Praxis ist das nur selten der Fall; meist hat man nur ungenaue Vorstellungen darüber, welche Daten man braucht, um beispielsweise ein Problem zu lösen; wären diese nur nach Adressen aufruf-

»Hard Ware« und »Soft Ware«

bar, so wären elektronische Speicher ebensolche Datenfriedhöfe, wie es manche Archive sind. Es geht also darum, das Auffinden von Speicherinhalten den Bedürfnissen der Praxis gemäß zu erleichtern. Diese Aufgabe erfüllen die Datenbanken; genauso wie eine Bank Geld nicht nur aufbewahrt, sondern damit *arbeitet, es verwaltet, ordnet, schützt und bei Bedarf in verschiedenster Form* – etwa in einer beliebigen Währung – wiederausgibt, so bietet auch die Datenbank dem Benutzer einen umfassenden Service. Unter Datenbank wird der Teil eines Informationssystems verstanden, in dem mit Hilfe der elektronischen Datenverarbeitung (EDV) ausgewählte Daten zusammengeführt und in besonderen Speichern für schnelle Auskünfte, Auswertungen und Rechenoperationen verfügbar gemacht werden.

Die apparative Ausstattung für Datenbanksysteme ist heute schon verfügbar. Sie besteht im wesentlichen aus den Eingabegeräten, wie Datenerfassungsgerät, Lochstreifen- oder Magnetschriftleser, der Zentraleinheit mit elektronischer Rechenanlage und angeschlossenen Speichern sowie aus den Ausgabegeräten, wie Datenschreiber, Lochstreifenstanzer oder optischem Ausgabegerät. Größere Anlagen benötigen externe Speicher, die auch räumlich weit getrennt aufgestellt werden können. Alle diese Geräte bezeichnet man als »hard ware«. Zum Betreiben der Datenbank gehört der erforderliche Service, wie technischer Kundendienst und die Erstellung der Programme – die »soft ware«. Der Verkehr mit den Datenbanken, also die Eingabe und das Abrufen von Daten, erfolgt heute über das Telex- und das Telefonnetz. In Zukunft wird jede Privatwohnung über ein Heimterminal mit der Datenbank im Dialogbetrieb verkehren können. Dieses Terminal (Endgerät)

Die Datenbank

hat einen Fernsehempfänger, eine elektronische Spracheingabe, verschiedene Tastaturen zum Anwählen, Speicher, Lichtgriffel und eine Druckausgabe. Die mündlich oder schriftlich abgefragten Informationen werden auf den Bildschirm übertragen, wo sie in Form von Texten, Bildern oder Zahlenwerten dargestellt werden. Wenn es sich um längere Texte handelt, können sie auch ausgedruckt werden.

Zum Abrufen reiner Information kann man sich der Deskriptoren bedienen. Das sind Stichworte, über die man an die gewünschten Daten herankommt. Eine Arbeit des Titels »Der Einsatz von elektronischen Datensichtgeräten für den Entwurf von Teppichmustern« beispielsweise könnte durch die Deskriptoren »DATENSICHTGERÄTE« oder »TEPPICHMUSTER« abgerufen werden. Natürlich gibt die Anlage zu jedem Deskriptor eine ganze Liste von Arbeiten aus, doch kann man die Auswahl durch geschickte Kombination von Deskriptoren rasch einschränken. Schon die beiden oben genannten Begriffe dürften genügen, um gerade die eine gewünschte Originalarbeit aus allen anderen herauszugreifen. Vielfältig sind die Einsatzmöglichkeiten einer Datenbank. Die zentralisierte Aufbewahrung von Krankengeschichten in Datenbanken, zu denen der Arzt aus seinem Sprechzimmer heraus Zugriff hat, wird bald ebenso selbstverständlich sein, wie die von Computern unterstützte Diagnose in stark frequentierten Polykliniken. In der Verbrechensbekämpfung kann jederzeit auf die Verbrecherkartei des Bundeskriminalamtes zurückgegriffen und in Sekundenschnelle die gewünschte Auskunft erhalten werden. Ferien- und Reiseinformationen können eingeholt und Buchungen getätigt werden. Ein allgemeiner Auskunftsdienst wird für Markt- und politische Informationen zur Verfügung stehen, Fernsprechnummern oder sogar bibliographische Daten mitteilen. Später wird man auch Informationen aus öffentlichen Büchereien einholen können, sobald die Speicherung und Klassifizierung so großer Datenmengen durchgeführt sein wird.

Kernspeicher und externe Speicher

Nach dem Prinzip der elektronischen Betätigung von Schaltern arbeiten alle in Computern verwendeten Arten von Speichern, so sehr sie sich auch äußerlich unterscheiden. Für die unmittelbare Arbeit mit den Daten verwendet man die sogenannten Kernspeicher; ihre speichernden Elemente sind Eisenringe, die zwei magnetische Zustände annehmen können, entweder rechts herum oder links herum magnetisiert. Auf die Magnetisierung stützt man sich auch in den Magnetbandspeichern; die Bänder bestehen aus Kunststoff, in den Eisenstaub eingebacken ist. Die Eisenteilchen lassen sich auch wieder in die eine oder in die andere Richtung magnetisch ausrichten. Sobald man die gespeicherte Information wieder braucht, *tastet* man die Speicherstellen *magnetisch ab*. Dadurch wird die magnetisch verschlüsselte Information wieder in eine elektrisch – als Stromimpuls – verschlüsselte Information zurückverwandelt.

Lochkarten, Lochbänder und Magnetbänder sind sogenannte externe Speicher – das heißt, man kann sie der Maschine entnehmen und unabhängig von ihr beliebig aufbewahren. Der Kernspeicher dagegen erfüllt eine ähnliche Funktion wie unser Gedächtnis – die Arbeitseinheit des Computers hat ununterbrochen Zugriff zu ihm. Allerdings werden – und das ist ein Unterschied dem organischen Gedächtnis gegenüber – diese Informationen je nach Gebrauch ausgetauscht.

Kernspeicher zeichnen sich durch schnelle Zugriffszeiten aus,

Wo viele Daten rasch zur Hand und raumsparend untergebracht sein sollen – etwa in Bibliotheken oder bei der Fernsprechauskunft, werden Bücher, Zeitungsseiten, Karteikarten oder Telefonverzeichnisse auf Mikrofilm gespeichert. Ein an den Datenspeicher angeschlossenes Mikrofilm-Lesegerät läßt das gesuchte Blatt auf einem Bildschirm in leserlicher Vergrößerung erscheinen.

sie haben aber einige Nachteile. Vor allem ist es bis heute nicht gelungen, ihre Herstellung voll zu maschinisieren; noch immer müssen die Magnetisierungs- und Abfragedrähte mit Hand durch die Speicherringe gefädelt werden. Magnetkernspeicher sind teuer, ihrer Verkleinerung sind Grenzen gesetzt.

In vielen Entwicklungslaboratorien ist man auf der Suche nach Speichersystemen, die ähnlich arbeiten wie die Magnetkernspeicher, sich aber wirtschaftlicher herstellen lassen.

Gestörte und ungestörte Kommunikation

Die theoretische Durchdringung der Kommunikationsmittel kann wie bei allen informationsumsetzenden Systemen in zwei Stufen vor sich gehen: über das Studium der Nachrichtenwege und zweitens über die quantitative Analyse der übertragenen Information.

Die Beförderung der Information vom Sender zum Empfänger ist der einfachste Fall, er wird durch das Schema der Einweg-Übertragung charakterisiert:

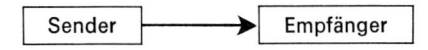

Dieser Prozeß hat aber nicht nur den Zweck, Signale von einer Stelle an die andere zu leiten – er wird erst dann nutzbar, wenn die Signale sinnvolle Nachrichten enthalten, oder, genauer, zur Verschlüsselung sinnvoller Nachrichten benützt werden. Das ist bei allen üblichen Formen der Kommunikation der Fall – wir verwenden Signale zur Codierung von Sinngehalt: akustische Signale beim Gespräch, geschriebene Zeichen beim Austausch von Briefen, elektrische Impulse beim Telegraphieren und so fort. Wesentlich, aber keineswegs selbstverständlich ist es, daß der Empfänger den benutzten Code kennt.

Wieder kann man das schematisch veranschaulichen:

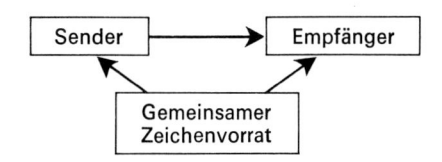

Es wird also vorausgesetzt, daß schon vorher eine Vereinbarung stattgefunden hat, in der man sich über die benutzten Zeichen verständigt hat.

In Wirklichkeit ist dieser Idealzustand selten verwirklicht; schon auf der Ebene der Wörter kann es Verständnisschwierigkeiten geben, oder, anders ausgedrückt, der Zeichenvorrat des Senders ist nicht mit jenem des Empfängers identisch. Fälle dieser Art hat jeder schon erlebt, etwa bei der Unterhaltung mit einem Spezialisten, der seine Fachsprache benutzt. Schematisch wäre das folgendermaßen darzustellen:

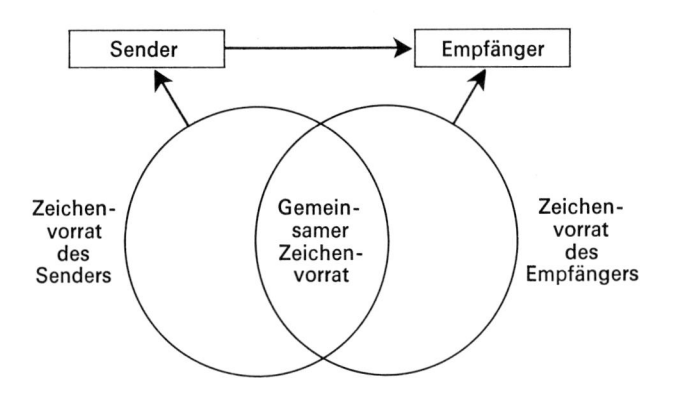

Einwegschema und Kommunikationskreis

Ähnliche Schwierigkeiten treten auch im Bereich der Sätze auf – bestimmte Ausdrucksformen, Anwendungen, Bezüge usw., die der eine benützt, sind dem andern unbekannt. Die Folge kann sein, daß nicht die gesamte Information übertragen wird, sondern nur ein Teil. Es gibt aber eine Methode, dies zu vermeiden – beispielsweise, indem man bestimmte Sätze anders ausdrückt, wiederholt Erklärungen einschiebt und dergleichen mehr. Zusätze solcher Art werden als verbale Redundanz bezeichnet.

Bisher wurde vorausgesetzt, daß die Übertragung technisch einwandfrei funktioniert, doch auch das ist in der Praxis nicht immer der Fall. Es gibt Störungen, Signale von außen, die Teile der übermittelten Zeichenreihen zerstören oder ersetzen – beispielsweise Diktierfehler, Nebengeräusche, atmosphärische Störungen. Das Schema einer gestörten Signalübertragung sieht folgendermaßen aus:

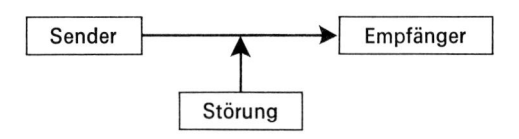

Auch im Fall äußerer Störungen dient die Redundanz dazu, die Verständigung doch noch gelingen zu lassen.

Unsere Sprache beispielsweise ist zu rund 30 Prozent redundant; das heißt, es ist möglich, den Sinn einer Mitteilung noch zu erraten, wenn man 30 Prozent davon nicht verstanden hat.

Wichtiger als die Einwegübertragung ist die Informationsübertragung mit Rückmeldung, der ›Kommunikationskreis‹, schematisch dargestellt als

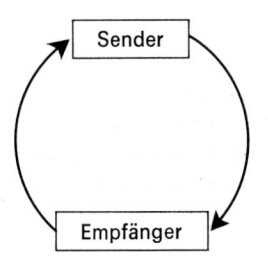

Wie man sieht, ist diese Situation des »Gegensprechens« durch zweimalige Anwendung des Einwegschemas zu erhalten. Somit gilt dafür auch alles bisher Gesagte, beispielsweise die Möglichkeit von abweichenden Zeichenvorräten oder Störungen. Wesentlich ist, daß wir es hier wieder mit dem Fall der Rückkopplung zu tun haben und somit der Einwegkommunikation gegenüber etwas wesentlich Neues hinzukommt – die gegenseitige Beeinflussung beider Partner.

Bei den bisherigen Erörterungen sind wir auf der Ebene der Informationswege geblieben, auf den Schritt zur quantitativen Behandlung wollen wir verzichten. Es soll aber nicht unerwähnt bleiben, daß sich die Nachrichten- und Informationstechniker auch sehr eingehend mit Fragen beschäftigen, bei denen es auf Zahlenwerte ankommt. So geht es etwa darum, die Kapazitäten der Nachrichtensignale zu berechnen – als praktisches Resultat der quantitativen Behandlung gelang es, die Informationskanäle besser auszunützen; beispielsweise lassen sich heute über eine und dieselbe Fernsprechleitung mit Hilfe der modulierten Hochfrequenz viele Gespräche abwickeln, wobei man ein ähnliches Verfahren wie das der Frequenzentrennung beim Funk verwendet. Mit erheblichem theoretischen Aufwand wurde auch das Problem der Störung und der Redundanz in Angriff genommen. Beispielsweise ist es gelungen, Codes auszuarbeiten, die es erlauben, die eingegangenen Nachrichten – vor allem übermittelte Zahlen – auf ihre Richtigkeit zu prüfen.

Psychotechnik

Wir leben in einer Welt, in der dem Menschen nur noch der Mensch gegenübersteht – so hat es Werner Heisenberg formuliert. Von Naturgewalten, wilden Tieren, Krankheiten gehen keine entscheidenden Bedrohungen mehr aus, auch mit der Nahrung, den Rohstoffen, dem Lebensraum kämen wir aus, wenn nicht immer mehr Menschen ihre Rechte anmelden würden – als Teilhaber, Partner, Konkurrenten. Sie sind es, die – im Guten wie im Bösen – unser Handeln bestimmen.

Unter diesen Umständen ist es verständlich, daß ein Großteil unserer Wünsche andere Menschen oder Menschengruppen zum Ziel hat. Am deutlichsten wird das bei den Maßnahmen der Werbung. Hierbei handelt es sich offenbar darum, Mitmenschen zu bestimmten Verhaltensweisen zu veranlassen, die nicht ihnen, sondern dem Werbenden zugute kommen. Versuche dieser Art sind uralt, schon immer gehörte zu einem guten Händler auch die Gabe, den anderen vom Wert der Ware zu überzeugen. Zwei Gründe sind dafür maßgebend, daß man jetzt beginnt, der ›Manipulation des Menschen‹ größere Aufmerksamkeit zuzuwenden. Erstens betreibt man heute Werbung über die Kanäle der Kommunikationsmittel, über Zeitungen, Rundfunk, Fernsehen. Dabei verstärkt sich die Wirkung jedes Beeinflussungsversuchs auf das Millionenfache – weil man mit jeder Aktion eine unübersehbare Menge von Personen erreicht. Zweitens beschäftigt man sich heute in der Allgemeinheit viel mehr mit psychologischen Problemen, als das früher der Fall war, und befürchtet, daß sich die neuen Erkenntnisse in einer Psychotechnik niederschlagen könnten, durch die der Mensch heimlich zu allen beliebigen Handlungen gezwungen werden kann.

Die Psychologie zählte lange Zeit zur Geisteswissenschaft; in ihren klassischen Richtungen hat sie nur selten zu quantitativen Ergebnissen und formelhaft ausdrückbaren Gesetzmäßigkeiten geführt. Da man die Kriterien der naturwissenschaftlichen Erkenntnis – Reproduzierbarkeit und Verifizierbarkeit – nicht anwandte, stehen einander viele Richtungen gegenüber, die oft widersprüchliche Meinungen vertreten. Andeutungen einer empirischen, also naturwissenschaftlich arbeitenden psychologischen Richtung sind aber schon recht früh zu verzeichnen, etwa seit der Jahrhundertwende; viele Jahrzehnte hindurch ging es vor allem um Bestandsaufnahme von Daten und Regeln – bei der Komplexität des Materials eine immense Arbeit. Der Durchbruch zu einem theoretischen Fundament bahnt sich erst in unserer Zeit an. Er ist dem Zusammenwirken vieler Wissenschaften zu verdanken, beispielsweise der Sinnesphysiologie, der Neurologie, der Elektroenzephalographie (der Analyse von elektrischen Gehirnwellen), der Verhaltensforschung, insbesondere aber der Kybernetik und der Informationstheorie. Diese führten nicht nur zu Fortschritten in den genannten Wis-

Alpträume vom »Großen Bruder«, der alles sieht – so wie es Orwell in seinem Zukunftsroman »1984« beschrieben hat –, scheinen angesichts dieses Fotos bereits Wahrheit. Aber diese Verkehrszentrale der Polizei dient nur der Steuerung von Ampeln und Funkwagen und dem raschen Einsatz der letzteren zum Schutze der Allgemeinheit. Die Gefahr, daß die Technik den Menschen manipuliert, läßt sich nicht dadurch bannen, daß man sie vermeidet. Technik verlangt den verantwortungsvollen Menschen.

Der Wille als Kontrollinstanz

sensgebieten, sondern deckten neue Gesichtspunkte auf, beispielsweise jene der Schaltsysteme und Automaten. Als außerordentlich aufschlußreich hat sich die Übertragung von Gedankenmodellen über Steuerung, Anpassung, Problemlösung und dergleichen auf die Verhaltensforschung erwiesen. Eine Richtung, die insbesondere von Konrad Lorenz und seinen Schülern vertreten wird, widmet sich auch dem Menschen; heute besteht kein Zweifel mehr daran, daß die Verhaltensnormen des Menschen und jene der Tiere sich aus gemeinsamen Anfängen entwickelt haben.

Die Psychologie beschäftigt sich auch mit den Antrieben, den Motivationen, Gefühlen – jenen Momenten, die letzten Endes unser Verhalten bestimmen. Auch zu diesem Problem kann die Kybernetik einen Beitrag leisten. Von ihrer Warte aus sind Gefühle nämlich nichts anderes als bewußt werdende Signale, die auf dazugehörige Verhaltensweisen abgestimmt sind. Um ein konkretes Beispiel zu geben: Man spürt das Gefühl des Hungers, das unmittelbar auf Nahrungszufuhr ausgerichtet ist, oder man ist müde und entschließt sich, zu schlafen. Dabei ist wesentlich, daß das Auftreten eines Gefühls nicht notwendigerweise zur Reaktion führen muß, sondern nur auf eine angezeigte Verhaltensweise hinweist. Der Mensch kann dem auftretenden Drang folgen, aber er muß es nicht. Obwohl die Verhältnisse auf diese Weise sehr simpel beschrieben sind, machen sie doch deutlich, was der Übergang von einer mechanischen oder reflexhaften zur ›gefühlsgesteuerten‹ Verhaltensweise mit sich bringt: Er bedeutet die Überantwortung der Entscheidung, ob etwas getan werden soll oder nicht, an eine übergeordnete Kontrollinstanz, nämlich an den Willen des Menschen. Dazu ein Beispiel: Wir fühlen uns von einem Men-

Psychotechnik

schen angegriffen, spüren das Gefühl des Ärgers, haben je nach Situation und Veranlagung den Drang, uns zu wehren oder zu fliehen, aber wir unterwerfen uns selbst der kritischen Frage, ob dieses Verhalten sinnvoll und zweckmäßig, ethisch vertretbar und moralisch einwandfrei ist, und handeln nach dem Ergebnis dieses bewußten Kontrollvorgangs. Das bedeutet einen Schritt zu größerer Freiheit – zu einer Vergrößerung der möglichen Reaktions- und Verhaltensweisen.

Manipulation des Menschen

Einsichten der Psychologie – beispielsweise über Informationskapazitäten und emotionale Steuerung – scheinen zunächst nur wissenschaftlich bedeutsam zu sein. Im Sinne einiger klassischer Fragestellungen der Philosophie beantworten sie Fragen nach Gefühlen und Wünschen, nach der Freiheit des Handelns und dergleichen mehr. Sie sind aber auch praktisch verwertbar, und aus diesem Aspekt heraus werden sie Gegenstand der Technik, genauso wie das bei der Nutzwanwendung physikalischer oder biologischer Einsichten der Fall ist. So ist es beispielsweise für die Übertragung von Kenntnissen außerordentlich wichtig zu wissen, welche Informationsdichte für einen Gesprächspartner noch aufnehmbar, ›konsumierbar‹, ist. Bietet man ihm zuviel Information, dann erreicht sie ihn nur in Teilstücken, führt zu keiner Übersicht, zu keinem Verständnis und bleibt letztlich wirkungslos. Somit erhält man eine erste Regel für jede Art der Einwirkung auf andere auf dem Wege über Kommunikation und Information – man kann sich der Aufnahmekapazität des Zuhörers, Lesers, Zuschauers usw. anpassen.

Es kommt nicht nur auf die Menge der Information, auf ihre Komplexität an, sondern selbstverständlich auch darauf, ob der Angesprochene Interesse daran hat, ob er davon beeindruckt ist oder ob er sich dabei langweilt. Als Schlüssel zu diesen Fragen erweist sich die Einsicht über die Rolle der Gefühle in unseren Reaktionsketten. Gefühle werden nämlich nicht nur durch physische Vorgänge der Umgebung, beispielsweise durch das Auftreten eines Gegners, ausgelöst, sondern auch durch informationelle Einwirkungen, also beispielsweise durch eine Mitteilung – eine Erscheinung, die unter dem Begriff ›Assoziation‹ bekannt ist. Schon die Nennung des Wortes ›Rose‹ kann eine Erinnerung an den Gefühlswert ›Rosenduft‹ ausdrücken, und weitaus stärker sind die Einwirkungen weniger neutraler Begriffe, besonders solcher, die in engem Zusammenhang mit unseren Hoffnungen und Ängsten, unseren Lebensumständen, den Nutzen und den Gefahren, stehen. Mitteilungen, auf welche Art sie auch einfließen – über das gedruckte Wort, über Funk oder Fernsehen –, können sie in sehr differenzierter Weise auf unserer Gefühlsskala spielen. Kampfszenen lösen Gefühle der Aggression aus, junge hübsche Menschen Gefühle der Sympathie und Lebensfreude – die Beispiele sind genügend bekannt. Die ausgelösten Gefühle führen nicht immer gleich zum Handeln – in Werbung und Unterhaltung beispielsweise lassen sie sich wirkungsvoll in strategische Konzepte einbauen. Mit ihnen kann man Sympathie für Verkaufsgegenstände oder Antipathie für den politischen Gegner hervorrufen, man kann die Aufmerksamkeit anregen und das Interesse wachhalten.

Obwohl es eine systematisch betriebene Psychotechnik noch nicht gibt – dazu ist die wissenschaftliche Grundlage vorderhand zu dürftig –, scheint die Entwicklung darauf zuzusteuern, und es ist besser, sich rechtzeitig darauf einzustellen, als sich überraschen zu lassen. Wie jede technische Methode, so ist auch die Psychotechnik an sich weder gut noch schlecht. Eine Einflußnahme von Mensch zu Mensch ist nicht nur unvermeidlich. Sie ist notwendig und eine der Grundlagen unserer menschlichen Existenz. Jede Art der Wissensübermittlung bedeutet eine Einflußnahme mit all ihren Konsequenzen – der Einspeicherung neuen Wissens, der Änderung gewisser Verhaltensweisen, der Neuauffassung bestimmter Vorgänge und einer damit verbundenen Änderung der Wertschätzung. Wie wir heute wissen, haben solche Änderungen eine materielle Grundlage – wahrscheinlich handelt es sich um eine Neuorganisation bestimmter Moleküle oder Nervenbahnen im Gehirn. Es ist somit eine Tatsache, daß man durch jedes Wort, das man zu andern spricht, und erst recht durch die Übermittlung wichtiger Nachrichten sowie Auslösung von Gefühlen einen faktischen Eingriff in das Gehirn des andern vornimmt.

Nun gehört die Weitergabe von Erfahrung an junge Menschen zu den vornehmsten Aufgaben der Menschheit, auf der Suche nach effektiveren Methoden bedient man sich dabei aller

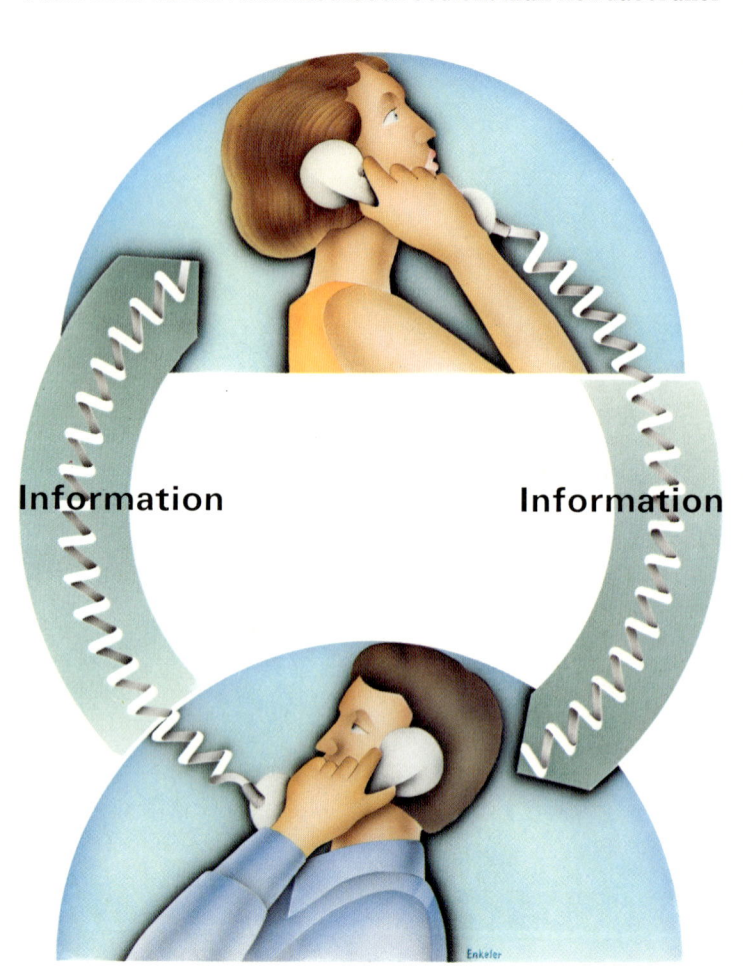

»Regelkreis« nennt die Kybernetik geschlossene Wirkungsabläufe, die sich in einem Informationskreislauf selbst steuern und regeln (→ S. 199).

Kommunikationsmittel und – im programmierten Unterricht – des Computers. Gleichzeitig wird auch die Methode ›verwissenschaftlicht‹, die Grundlagen dafür sind in der Psychologie zu suchen – es sind dieselben, derer man sich auch in der Werbung zu bedienen beginnt. Eine Seite betrifft die Informationskapazitäten: Man versucht, das Wissen richtig dosiert zu verabreichen. Immer deutlicher aber stellt sich heraus, daß auch emotionale Antriebe wichtig für das Gelingen und Mißlingen des Unterrichts sind. Hierbei ergibt sich also die Notwendigkeit,

Regelkreise

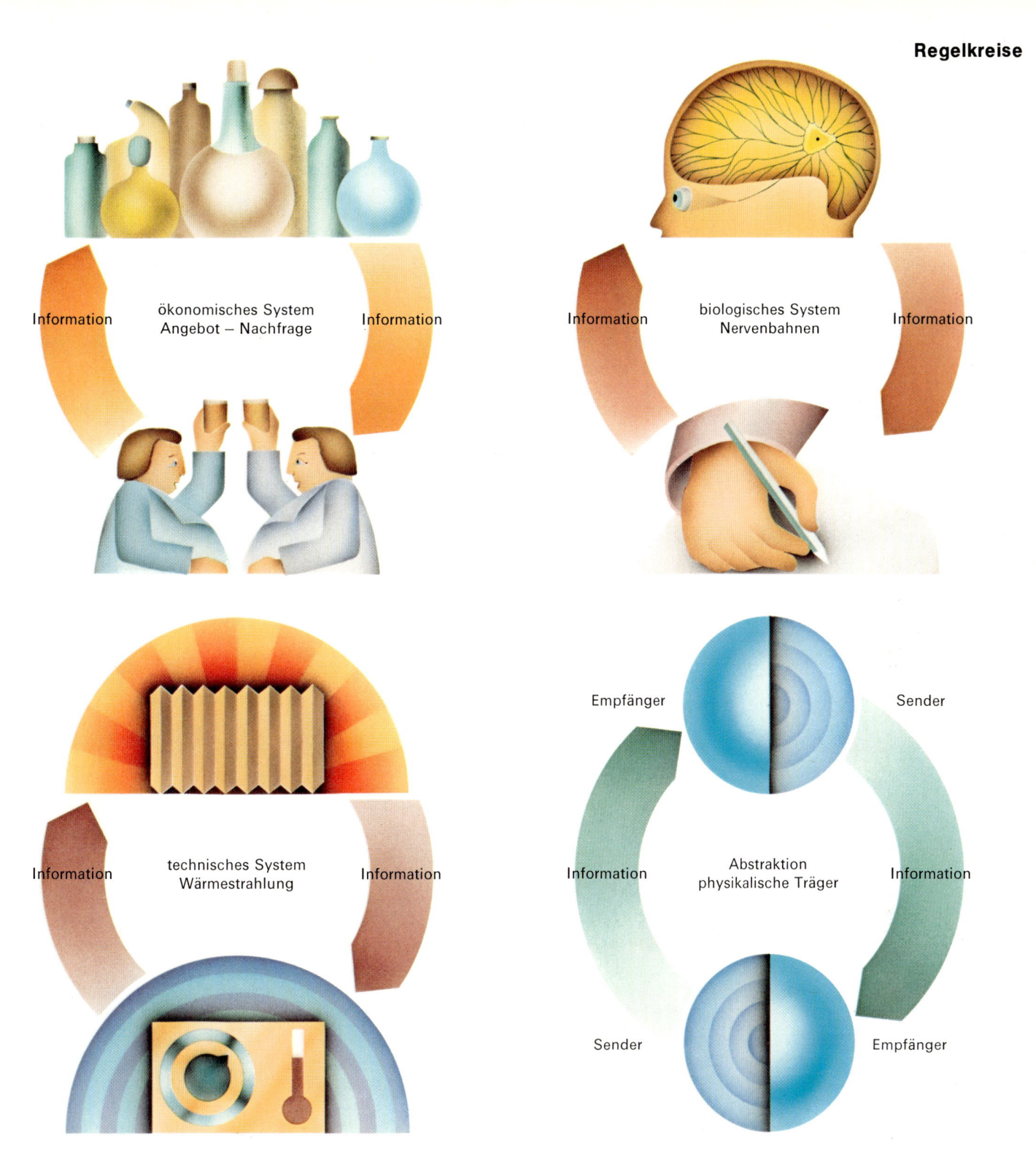

Information — ökonomisches System Angebot – Nachfrage — Information	Information — biologisches System Nervenbahnen — Information
Information — technisches System Wärmestrahlung — Information	Empfänger / Sender — Abstraktion physikalische Träger — Information / Information — Sender / Empfänger

Aufmerksamkeit anzuregen und Interesse wachzuhalten wie in der Verkaufstechnik.

Wie in anderen Bereichen der Technik löst man auch jenes der Psychotechnik nicht dadurch, daß man die Forschung oder die Anwendung verbietet. Die Lösung liegt auch hier im verantwortungsvollen Gebrauch. Vergleicht man die Entwicklung der Psychologie mit jener anderer Wissenschaften, so ergibt sich der zwingende Schluß, daß das vorwissenschaftliche Zeitalter der Psychologie bald vorbei ist – daß zwangsläufig eine Psychotechnik entstehen wird, die in ihrer Wirksamkeit alles das, was wir heute beobachten, weit übertreffen wird. Wir haben es hier also wieder mit einem Fall zu tun, in dem es wichtig erscheint, sich über die Folgen einer technischen Entwicklung schon zu dem Zeitpunkt klarzuwerden, zu dem sie erst anläuft.

Genauso wie man die Psychologie technisch zu verwerten sucht, gibt es auch eine Nutzanwendung soziologischer Erkenntnisse, eine Soziotechnik. Hierin steht die Entwicklung noch merklich hinter jener der Psychologie zurück, was auch verständlich ist, denn viele soziologischen Erscheinungen sind psychologisch erklärbar, ihre wissenschaftliche Durchdringung ist Voraussetzung für die Lösung soziologischer Probleme. Auch die Kybernetik dürfte sich noch nachhaltig auf die Soziologie auswirken. Unter anderem konnte sie manche Erscheinungen des Gruppenverhaltens, der gegenseitigen Anpassung und dergleichen unter dem Gesichtspunkt der Steuerung und Selbststeuerung verständlich machen. Nach diesen Grundsätzen wird es möglich sein, die Führung, Förderung oder Unterdrückung im Rahmen der Politik noch wirksamer zu gestalten. Da alle Maßnahmen dieser Art, die Psychotechnik wie die Soziotechnik, unmittelbar den Menschen selbst betreffen, so gehören sie zu den wichtigsten und entscheidendsten Entwicklungen unserer Tage.

Organisations- und Ordnungsaufgaben

Am Anfang der technischen Entfaltung schenkte man der Organisation keine bewußte Beachtung. Erst wenn irgendwo besonders krasse organisatorische Mißstände auftraten, wurden sie von Fall zu Fall beseitigt. Ein Beispiel dafür ist die »Flurbereinigung« auf dem Lande. Im Laufe der Zeit – besonders aufgrund von Erbteilung – wurden Felder und Wiesen immer ungünstiger zergliedert. Viele Grundstücke waren zu klein, um noch rationell bearbeitet zu werden, einzelne Teile lagen weit auseinander und machten lange Zufahrtswege nötig. Schließlich entschlossen sich Bund, Länder und Gemeinden auf Grund des Flurbereinigungsgesetzes vom 14. Juli 1953 zu einer Reform der Landverteilung. Nicht durch neue Anschaffungen – zum Beispiel besseres Saatgut, neue Maschinen und dergleichen –, sondern durch eine neue Einteilung von Nutzflächen, Wirtschaftswegen und Produktionsstätten erreichte man eine wirtschaftliche Verbesserung der Situation in der bundesdeutschen Landwirtschaft – nämlich eine Steigerung der Produktivität um zwanzig bis dreißig Prozent. Auch die Organisation dient, wie man sieht, der Ökonomie.

Organisatorische Maßnahmen können sehr verschieden sein. Im Großen betreffen sie Verkehrswege wie Schienen, Straßen, Flugrouten und Verkehrsmittel: Transportunternehmen und -systeme. Brauchbare Verkehrssysteme sind ebenso organisatorische wie mechanisch-technische Einrichtungen. Ihr Symbol ist der Fahrplan, die Liste der Abfahrts- und Ankunftszeiten, hinter der eine Fülle von Einzelmaßnahmen steht.

Die Organisation von Verkehrswesen und Transport beschränkt sich aber nicht auf große Entfernungen; auch in kleinen Bereichen kann die Überbrückung des Raumes ausschlaggebend sein. So sind etwa die Wege zwischen einzelnen Gebäuden oder Maschinen zu organisieren – Laufbänder, Rohrleitungen, Aufzüge; ihre Schnelligkeit, ihre Kapazität. Selbst die Anordnung von Hebeln und Knöpfen auf Schalttafeln kann wichtig sein; hier ist es der Mensch, dessen Körperbau und Reaktionsfähigkeit den Maßstab setzen. Der Fahrersitz eines Autos, einer Lokomotive oder Flugzeugkanzel mit allen Instrumenten muß sinnvoll durchgestaltet sein: Alle Bedienungselemente müssen gut erreichbar, alle Skalen gut ablesbar sein. Die Aussicht darf nicht behindert werden, die Körperhaltung muß bequem und unverkrampft sein. Es gibt heute eine eigene Hilfswissenschaft, die sich mit der Abstimmung der Maschine auf den Menschen beschäftigt: die Ergonomie.

In engem Zusammenhang mit den räumlichen Problemen der Organisation stehen die Zeitfragen. Da Zeit zu den Gütern gehört, an denen Mangel besteht, wird man versuchen, Arbeitsprozesse möglichst rasch abzuwickeln. Dazu sind nicht nur institutorische Maßnahmen nötig, sondern auch organisatorische. Wenn sich ein Gesamtprozeß aus einzelnen Abläufen zusammensetzt, die zeitlich hintereinander liegen, sorgt man einfach dafür, daß Geräte und Personal so zur Verfügung stehen, daß die einzelnen Abläufe nahtlos aneinander gefügt werden können. Dauert eine Phase länger als berechnet, so kommt es zu Totzeiten – zu einer schlechten Ausnutzung der Arbeitskapazität. Es hat aber auch keinen Sinn, einen Teilprozeß zu beschleunigen, wenn man die ersparte Zeit nicht nutzt.

Planung der Abläufe

Viel schwieriger wird die Abstimmung, wenn mehrere Vorgänge gleichzeitig ablaufen, wenn es sich nicht um gradlinige, sondern um verästelte Folgen handelt. Nehmen wir zum Beispiel den Bau eines Hauses. Welche Arbeitsgänge hängen von welchen ab? Was muß beendet sein, damit das nächste beginnen kann? Wann braucht man dieses Material, wann jenes? Schon im kleinen Rahmen eines Eigenheims kommt es zu unnötigen Reibereien und Kostenerhöhungen, wenn man nicht richtig plant. Große Projekte sind ohne minutiöse Zeitpläne nicht ausführbar. Seit einigen Jahren bedient man sich zur zeitlichen Organisation einer neuen Methode, der Netzplantechnik, eines formalen Kalküls, mit dem sich auch komplizierte Zeitpläne routinemäßig ausarbeiten lassen.

Die Vielzahl von Teilprozessen ist aber nicht die einzige Schwierigkeit, mit der man es bei der Zeiteinteilung zu tun hat. Zu solchen Fällen gehört jede Aufgabe, bei der nicht vorhersagbare Einflüsse, sogenannte probabilistische Erscheinungen mitspielen. Genaugenommen ist das überall der Fall – auch der Zeitbedarf für eine Heizungsmontage läßt sich nicht exakt vorhersagen –, doch kann man dafür immerhin gewisse Maximalwerte vorschreiben, die dann als feste Größen in die Rechnung eingehen. Ein anderes Problem tritt bei Schaltern auf, vor denen sich Leute anstellen müssen. Dabei läßt sich nicht vorhersagen, ob, wann und wieviele Leute auf einmal kommen, wann sich lange Warteschlangen bilden. Da diesem Schema viele technische und wirtschaftliche Abläufe folgen, hat man auch hierfür eine eigene mathematische Methode geschaffen – die Theorie der Warteschlangen. Auf Grund statistischer Überlegungen kann man Maßnahmen treffen, um den Zeitverlust für alle Beteiligten möglichst gering zu halten.

Austausch von Information

Von ausschlaggebender Bedeutung für das Zusammenwirken von Teilsystemen ist der Austausch von Information. Er reicht vom einfachen Signal, das Beginn oder Abschluß einer Ar-

Organisation im informationellen Raum

beitsphase anzeigt, bis zur Übermittlung von Daten, die eine detaillierte Anpassung an die jeweils gegebenen Umstände erlauben. Damit kommen wir schon in den Bereich der Regelungsprozesse, der Kybernetik und der Informatik, die wir bereits eingehend erörtert haben.

Die erwähnten Beispiele zeigen, daß Organisation zwar technische Dinge betreffen kann, aber selbst nicht in den Bereich der physikalisch-technischen Aktivitäten gehört. Sie spielt sich heute, wie man sagt, nicht im energetischen, sondern im informationellen Raum ab. Es handelt sich um keine physische, sondern um eine geistige Tätigkeit, eine Leistung des Planens, Ordnens und Steuerns. Eine wissenschaftliche Erfassung solcher Prozesse ist erst möglich, seit es Kybernetik und Informationstheorie gibt. Sie ermöglichen es, organisatorische Probleme auf einer sehr allgemeinen Ebene zu betrachten, sie mit Kalkülen formelhaft und quantitativ zu behandeln. Ein Beispiel dafür wurde schon erwähnt, die Netzplantechnik. Durch diese Entwicklung wird es möglich, auch das modernste Mittel der mathematischen und logischen Datenverarbeitung – den Computer – für Organisationszwecke einzusetzen, sowie alle weiteren modernen Anlagen der Datenspeicherung und -weiterleitung. So verwendet man beispielsweise im Bankwesen Maschinen, die Schrift und Schecks lesen können und Buchungen automatisch ausführen.

*Blick in eine Börsenhalle:
Kein Durcheinander, sondern
ein Informationsaustausch
mit Hilfe eines gut funktionierenden Organisationssystems.*

Organisations- und Ordnungsaufgaben

Organisation ist auch eine Notwendigkeit nicht nur für technische, sondern vor allem biologische Systeme. Wer die Lebensfunktionen von Pflanzen und insbesondere von Tieren betrachtet, merkt, welch hoher Grad von Organisation für ihre Existenz Voraussetzung ist. Dabei handelt es sich vor allem um Systeme der Selbstorganisation, also solche, bei denen organisierende Maßnahmen bereits in das Funktionsprinzip mit einbezogen sind. Auch im technischen Raum sind noch manche Prinzipien der Eigenorganisation wirksam, die aus prähistorischen Zeiten übernommen wurden oder sich schon früh selbsttätig eingestellt haben – etwa das Prinzip von Versuch, Irrtum und Auslese. Ein Großteil jener Organisationseinrichtungen, wir wir sie heute beobachten, sind allerdings Folgeerscheinungen des technischen Fortschritts. Große Projekte wie etwa die der Weltraumforschung wurden erst dadurch möglich, daß man ihre Organisation als vordringliche Aufgabe ansah. Aber auch viele unscheinbare, für unser Leben viel wichtigere Maßnahmen – beispielsweise die Versorgung mit Nahrungsmitteln – wären ohne große Leistungen auf organisatorischem Gebiet nicht mehr möglich.

Automatisierung der Organisation

Durch die Begriffe der Kybernetik und insbesondere ihres Teilgebiets, der Informationstheorie, sieht man die Begriffe »Ordnung« und »Unordnung« in neuem Licht. Als geordnet gilt eine Gruppe von Elementen, wenn sie nach bekannten Gesichtsgruppen in übersichtlicher Weise gruppiert sind, so daß man die Struktur mit wenig Aufwand beschreiben kann. Da die Information als direktes Maß des Beschreibungsaufwandes anzusehen ist, so besitzen geordnete Strukturen wenig Information. Ungeordnete Strukturen dagegen bedürfen eines hohen Beschreibungsaufwands, sie besitzen hohe Information. An Aussagen dieser Art knüpfen sich viele Konsequenzen, beispielsweise die Einsicht, daß ein so definierter Ordnungsbegriff subjektiv ist, denn er hängt von den Erfahrungen ab – es kommt ja darauf an, ob die Gesichtspunkte, nach denen etwas geordnet wurde, bekannt sind oder nicht.

Fragen über den Ordnungsbegriff haben unmittelbaren Bezug zur Praxis des Lebens. Das Herstellen von Ordnungen ist eine in unserer Welt wichtige und häufige Aufgabe. Da sie auf logischen Prozessen beruht, kann sie mit Hilfe von Computern gelöst werden. Beispielsweise gehören Ordnungsaufgaben zu vorherrschenden Pflichtübungen der Verwaltung mit ihren Büros, Archiven, Karteien, Dateien und Datenbanken.

Manche Ordnungsaufgaben sind so kompliziert, daß sie der Mensch nicht ohne technische Hilfsmittel bewältigen kann. Bis vor kurzem war man auf relativ primitive Methoden angewiesen, etwa das Führen von Zettelkästen, Geschäftsbüchern usw. Zu den traditionellen technischen Hilfen gehören auch die wenig beliebten Formulare, die den Menschen in einer verwalteten Welt das ganze Leben hindurch begleiten. Mit solchen Mitteln kann man, wie man weiß, auch umfangreiche und komplizierte Ordnungsaufgaben lösen, wenn auch nur unter beträchtlichem Zeitaufwand. Als unzureichend erwiesen sie sich dagegen auf allen Gebieten, bei denen schnelle Erledigung nötig ist, beispielsweise die Verteilung von Flugtickets, die Zimmerbestellung in Hotels usf. Wollte man die Belegung der Hotelbetten auch nur innerhalb eines Landes mit herkömmlichen Mitteln zentral verwalten, so würde man erst zur gewünschten Übersicht kommen, wenn die Gäste längst wieder abgereist sind. In solchen Fällen bedeutet die Beschleunigung des Arbeitsablaufes, den der Computer mit sich bringt, nicht nur eine quantitative Verbesserung, sondern den Schritt vom Unmöglichen in die tägliche Praxis. Begünstigend kommt noch hinzu, daß unsere schnellsten Kommunikationssysteme ebenso wie der Computer auf elektrischer Grundlage arbeiten. Somit ist es möglich, beide zu koppeln, den Computer also direkt an Kommunikationssysteme, etwa das Fernschreibnetz, anzuschalten. Auf diese Weise gelingt es beispielsweise heute, Warenbestellungen weltweit vorzunehmen. Auch die Verwaltung der Flugkarten erfolgt heute über Fernschreiber und Computer, und vor kurzem ist man in manchen Ländern dazu übergegangen, Schlafwagenabteile nach diesem Prinzip zu verwalten.

Nun mußten sowohl Flugtickets wie auch Schlafwagenabteile schon vor der Einführung des Computers den Gästen zur Verfügung stehen; auch damals ist die Verteilung im Prinzip gelungen, allerdings mit größerem Aufwand – um sicher zu gehen, mußte man eben stets mehr Plätze zur Verfügung halten, als dem erwarteten Andrang entsprach. Oft kam es zu Fehleinschätzungen, zu verärgerten Kunden, zu finanziellen Verlusten; vor allem aber brachte dieses Verfahren eine mangelhafte Ausnützung der verfügbaren Einrichtungen mit sich, beispielsweise unbesetzte Schlafwagen und fast leer fliegende Flugzeuge. Mehrausgaben, die auf diese Weise entstehen, werden schließlich auf den Fahrgast abgewälzt. Betriebe, die, wenn sie gut verwaltet sind, durchaus gewinnbringend arbeiten, erweisen sich unter schlechter Verwaltung als Verlustunternehmen. In diesem Zusammenhang ist auch das Patentwesen – eine typische Verwaltungsaufgabe – zu erwähnen. Oft werden Erfindungen an mehreren Stellen nahezu gleichzeitig gemacht, und die Trägheit des Verwaltungsapparats führt zu unliebsamen Kompetenzstreitigkeiten. Vor allem aber bringt sie eine unangenehme Verzögerung mit sich, einen Schaden, der als wirtschaftlicher Verlust zu Buche schlägt.

Geradezu unhaltbar ist auch die Situation in der Rechtspraxis; oft vergehen Monate und Jahre, bis ein Prozeß beginnen kann, und oft dauert es ebenso lange, bis er abgeschlossen wird. Eine Untersuchungshaft, die oft genug Unschuldige betrifft, ist – wenn überhaupt – nur für kürzeste Zeit vertretbar. Aber auch zivilrechtliche Fälle, die sich über lange Zeit hinwegziehen, bringen eine nicht mehr zumutbare Dauerbelastung der Betroffenen mit sich – die Situation zehrt an der Nervenkraft, insbesondere durch die Unsicherheit der Lage während des Prozesses.

Formale Methoden

Voraussetzung für den Einsatz des Computers ist auch hier eine Formalisierung der Methoden. Bevor man ihm Ordnungsaufgaben übertragen kann, muß genau geklärt sein, nach welchen Gesichtspunkten die Einreihung, Weiterleitung oder auch Vernichtung der Daten erfolgen soll. Es müssen wesentliche von unwesentlichen Gesichtspunkten getrennt werden, und vor allem muß man herauszufinden versuchen, ob es allgemeine Prinzipien der Ordnungsvorgänge gibt, die man in einem sehr einfachen routinemäßigen Verfahren in Programmen durchführen lassen kann. Ist das der Fall, so liegt es nahe, eigene Symbolsysteme zu verwenden, die die Übernahme der Arbeit durch den Computer vorbereiten.

Im Zusammenhang mit solchen Aufgaben sind in letzter Zeit einige formale Methoden entstanden, die die Übersicht über verwickelte Prozesse erleichtern und zur Formalisierung von Ordnungsvorgängen führen – beispielsweise die Graphentheorie und die Netzplantechnik. Obwohl sie sich meist aus der technischen Praxis heraus entwickelt haben, haben sie die Auf-

Die Graphentheorie

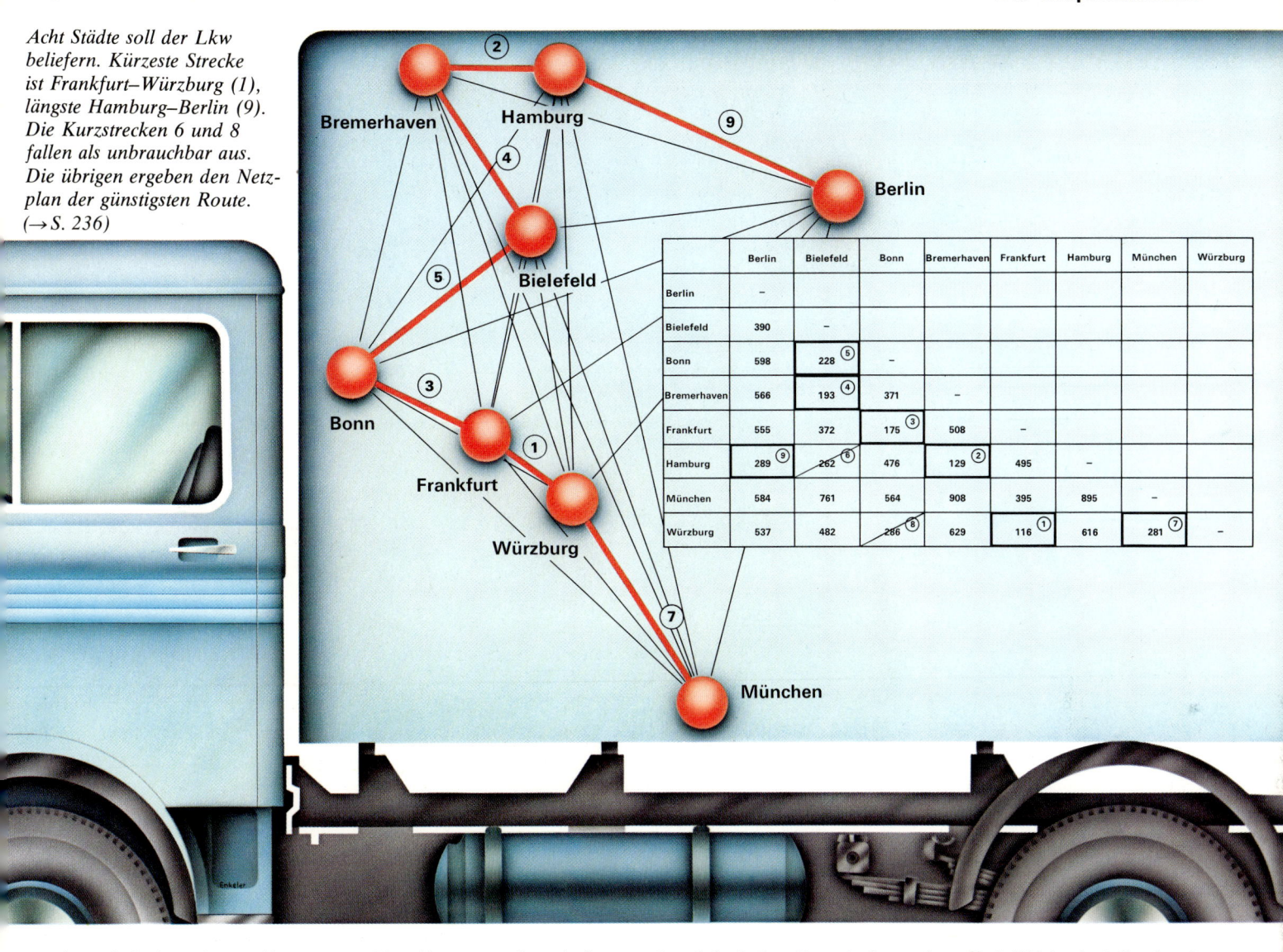

Acht Städte soll der Lkw beliefern. Kürzeste Strecke ist Frankfurt–Würzburg (1), längste Hamburg–Berlin (9). Die Kurzstrecken 6 und 8 fallen als unbrauchbar aus. Die übrigen ergeben den Netzplan der günstigsten Route. (→ S. 236)

	Berlin	Bielefeld	Bonn	Bremerhaven	Frankfurt	Hamburg	München	Würzburg
Berlin	–							
Bielefeld	390	–						
Bonn	598	228 (5)	–					
Bremerhaven	566	193 (4)	371	–				
Frankfurt	555	372	175 (3)	508	–			
Hamburg	289 (9)	262 (6)	476	129 (2)	495	–		
München	584	761	564	908	395	895	–	
Würzburg	537	482	286 (8)	629	116 (1)	616	281 (7)	–

merksamkeit der Theoretiker erregt. Von ihnen wurden sie in die übergeordneten Denkmodelle der Logik eingegliedert, verallgemeinert, präzisiert. Dadurch hat sich der Bereich ihres Einsatzes beträchtlich vergrößert. Sie sind in ähnlicher Weise auf Fragen der Codierung, der technischen Automaten, der Elementarteilchenprozesse und dergleichen anzuwenden. Andererseits lassen sie sich aber relativ leicht auf spezielle Fragen eingrenzen, und dann werden sie bemerkenswert übersichtlich und sind zum Teil auch für Einführungszwecke, etwa im Unterricht, zu verwenden.

Die Graphentheorie

Eine dieser Methoden ist die Graphentheorie. Ein Graph ist nichts anderes als ein Symbol für eine Verbindung zweier Objekte. Welcher Natur diese Verbindung ist, bleibt zunächst offen; beispielsweise kann es sich um Menschen in einer Arbeitsgruppe, um Teile einer Maschine oder um Eiweißmoleküle in einer Zelle handeln oder auch um abstraktere Dinge: Zahlengruppen, Zustände eines Automaten, etc. Diese Dinge symbolisiert man durch einen Punkt oder einen kleinen Kreis, die Graphen selbst stellt man durch eine Verbindungslinie dar. In besonderen Fällen kann daraus ein Pfeil werden, nämlich dann, wenn die fragliche Verbindung nicht nach beiden Seiten gleichwertig, sondern eine Richtung bevorzugt ist, wie etwa beim einseitigen Fließen einer Nachrichtenverbindung, bei Ursache-Wirkungsbeziehungen oder bei zeitlichen Folgen.

So einfach das Grundschema ist, so vielfältig sind die damit ausdrückbaren Beziehungen. So ersieht man aus einem Graphen beispielsweise schnell, welche Elemente auf andere einwirken können und welche nicht, welche Zwischenstationen eingeschaltet sind, welche Kommunikationswege frei sind und in welcher Richtung der Informationsfluß geht.

So abstrakt diese Gedankengebilde auch erscheinen, so werden sie doch sofort einleuchtend, wenn man sie auf Fälle des täglichen Lebens bezieht. So sind beispielsweise Übersichtspläne über Flugverbindungen, wie man sie oft in Reisebüros sieht, nichts anderes als Graphen: Sie zeigen, welche Orte man im Direktflug erreicht und bei welchen Umwege notwendig sind. Dieses Beispiel belegt sehr deutlich, daß eine praktisch gewählte Symbolik von umständlichen Beschreibungen entlastet. Um seine Aussage auf übliche Art mit Worten zu geben, müßte man eine Liste anlegen, aus der zu ersehen ist, auf welchen Wegen man von jedem Ort zu jedem anderen kommt, wobei auch sämtliche krassen Umwege zu berücksichtigen sind – für den Fall, daß der Fluggast mehrere Reiseziele hintereinander ansteuern will. Sinnvoll konzipierte Symbole ersparen also Mühe und Zeit, sie sind Mittel der Denkökonomie.

Natürlich bedarf es einer gewissen Zeit, bis man mit dem Gebrauch abstrakter Schemadarstellungen vertraut ist. Diese Mühe lohnt sich: Man findet sich nicht nur auf Fahrplänen und ähnlichen Darstellungen rascher zurecht, sondern kann sie auch zum Übersichtsgewinn bei eigenen Aufgaben anwenden – etwa für den Haushalt oder für die Planung einer Ferienreise. Man lernt es dadurch, sich auf Arten von Ordnungen einzustellen,

Ein Datensichtgerät erlaubt der Dateneingeberin, die in den Rechner gegebenen Informationen auf ihre Richtigkeit zu prüfen und notfalls Korrekturen vorzunehmen – d. h. Gegeninformationen zu geben, durch die die vorausgegangenen falschen aufgehoben werden.

die nicht kausal oder chronologisch sind, also durch lineare Folgen darstellbar.

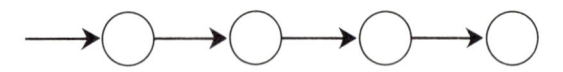

Das Graphensymbol läßt auch die Verzweigung eines Weges

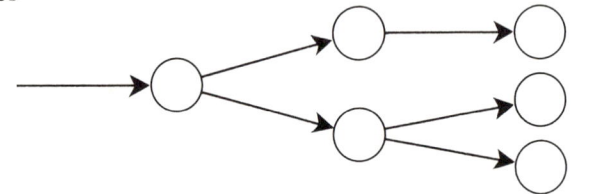

oder die Rückkehr zu einer Zwischenstation über eine Schleife zu

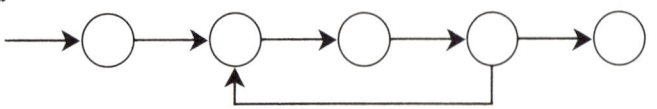

Als Graphen entpuppen sich schließlich auch die Schaltpläne für elektrische Systeme. Und es sind »Flußdiagramme«, mit denen man eine erste, noch nicht quantitative Übersicht über den Datenfluß erhält.

Eine Vielzahl von Abhängigkeiten aus dem Alltag und der Technik folgt der Logik des Graphen, beispielsweise so gut wie alle Anleitungen für den Gebrauch komplizierterer Apparate, Anweisungen für Kontrollmaßnahmen, Checklisten, Reparaturanweisungen, Verhaltensmaßregeln, Gesetze. Meist versucht man mit Mühe, sie durch verbale Beschreibungen zu erfassen – wobei leicht die Übersicht verloren wird.

Eine praktisch wichtige Erweiterung der Graphentheorie hat sich in der sogenannten Netzplantechnik vollzogen. Dabei geht es um einen relativ eng begrenzten Zweck, nämlich um die Planung technischer Aufgaben. Auch hier gab und gibt es vor der systematischen Arbeitsweise die Improvisation – man führt das durch, was sich eben gerade als nötig erweist. Sind mehrere Arbeitsgänge nebeneinander möglich, so kommt es oft zu Wartezeiten oder auch zur Vergeudung von Material. Ein einfaches Beispiel aus der Praxis ist etwa die Koordination der einzelnen Arbeitstrupps, die ein Gebäude zu errichten haben. Da man sich heute, besonders bei kleineren Projekten, noch kaum einer systematischen Planung bedient, kommt es oft genug zu Leerlauf.

Bei der Netzplantechnik erfolgt eine genaue Einschätzung der erforderlichen Arbeitszeiten und eine Auflistung aller Nebenbedingungen und Voraussetzungen, beispielsweise der Anlieferung von Material oder Information. Im Prinzip handelt es sich also wieder um einen Graphen, der lediglich durch Zeitangaben ergänzt ist. Und wieder ist am Schema einwandfrei abzulesen, welche Wege in den Arbeitsgängen gerade durchlaufen werden, auf welche Weise die einzelnen Vorgänge am besten ineinander eingreifen können, an welchem Punkt eine Wiedervereinigung der einzelnen Äste erfolgt. Nicht zuletzt kann man aber auch Abweichungen vom geplanten Ablauf erkennen und Gegenmaßnahmen treffen.

Flußdiagramme

Das bekannteste Anwendungsfeld der Graphen ist die Automatentheorie. Zur Vorbereitung eines Programms bedient man sich des Flußdiagramms – eine Schöpfung von H. H. Goldstine und John von Neumann. Anstelle der Punkte treten Blocksymbole: die rechteckigen Operationskästchen, in denen Handlungen oder Abläufe angegeben sind; beispielsweise

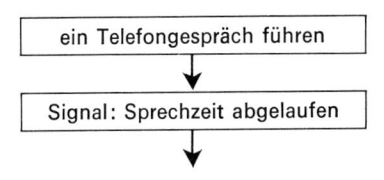

```
ein Telefongespräch führen
          ↓
Signal: Sprechzeit abgelaufen
          ↓
```

die sechskantigen Alternativkästchen, bei denen eine Frage gestellt wird, die durch ja oder nein zu beantworten sind; beispielsweise

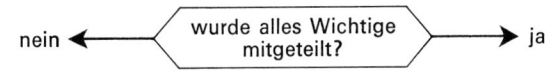

nein ← wurde alles Wichtige mitgeteilt? → ja

und schließlich die Beginn- und Endsymbole:

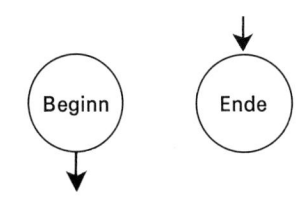

Beginn   Ende

Das gesamte Programm unseres Beispiels könnte lauten:

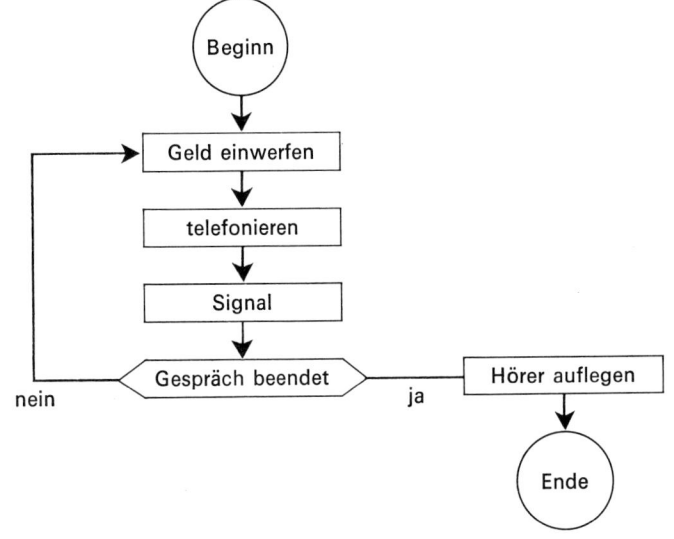

```
Beginn
  ↓
Geld einwerfen
  ↓
telefonieren
  ↓
Signal
  ↓
Gespräch beendet — ja → Hörer auflegen → Ende
  nein ↑
```

In dieser Form der Darstellung werden Prozesse in Phasen zerlegt und als Folgen von Teilprozessen und Entscheidungen dargestellt. Die Alternativkästchen stehen für das Erfülltsein oder Nichterfülltsein von Bedingungen und sind somit der menschlichen Denkweise gut angepaßt.

Die Übersichtlichkeit, die mit ihnen erreicht wird, wenn es um komplizierte Abhängigkeiten geht – mit logisch bedingten Verzweigungen, Rückkopplungen und dergleichen –, läßt sie auch für didaktische Zwecke geeignet erscheinen. Anstatt der nüchternen Darstellung mit Kästchen und Pfeilen kann man eine freiere Form finden, in denen Bilder anstelle der Symbole treten. Das logische Grundgerüst, auch wenn es nicht dargestellt ist, bildet nach wie vor das Flußdiagramm. Darstellungen dieser Art gehen über Illustrationen, die nur die Aufgabe haben, das verbal Ausgedrückte noch einmal im Bild zu zeigen, weit hinaus. Sie sind eine Bildsprache zur Beschreibung nicht linearer Zusammenhänge, deren innere Logik auf die der Flußdiagramme zurückzuführen ist (→ S. 221).

Automatengraphen

Eine etwas andere Beschreibung von Prozessen gibt der Automatengraph. Bei ihm geht man nicht von Prozessen und Bedingungen aus, sondern von Zuständen und Übergangsmöglichkeiten. Der Fernsprechautomat wäre dann folgendermaßen zu beschreiben ■

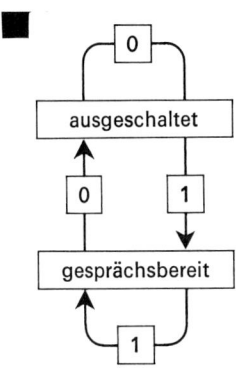

```
        ┌── 0 ──┐
        ↓       │
   ausgeschaltet
    ↑         ↓
    0         1
    │         ↓
   gesprächsbereit
        │       ↑
        └── 1 ──┘
```

Die Zustände sind in Kreise eingetragen, die Signale von außen in Rechtecke. Das Symbol (1) steht für Geldeinwurf, das Symbol (0) ist das Nullsignal und deutet an: »kein Geld eingeworfen«.

Diese Art der Schematisierung erscheint zwar abstrakter, sie erlaubt es aber, Automaten in Klassen einzuteilen. Zwei Automaten, die denselben Automatengraph haben, verhalten sich beispielsweise äquivalent – auf entsprechende Reize von außen reagieren sie gleich. Damit ist auch eine exakte Basis für die kybernetische Modellvorstellung gewonnen: Wenn es gelungen ist, eine Anlage aufzubauen, der derselbe Automatengraph zukommt wie einem Vorbild, so eignet sie sich als dessen kybernetisches Modell.

Besonders interessant werden die dadurch aufgeworfenen biologischen, gehirnphysiologischen und psychologischen Probleme. Ist es möglich, Lebewesen, Nervennetze und dergleichen durch Automatengraphen zu beschreiben? Außer ihrer Komplexität besteht kein prinzipielles Hindernis, und tatsächlich hat die von den Automaten herrührende Beschreibungsweise in einigen Fällen schon zum Verständnis von Verhaltensmustern oder Bewußtseinsprozessen beigetragen.

Ist der Automatengraph bekannt, so kann aber auch ein Modell gebaut werden; daraus folgt, daß es prinzipiell möglich sein muß, Lebewesen elektronisch nachzubauen oder, anders ausgedrückt, Lebensprozesse zu simulieren. Für den Kybernetiker ist diese Konsequenz unumstritten; er ist sich der Schwierigkeiten bewußt – die Lebensstrukturen sind außerordentlich komplex, aber er sieht kein prinzipielles Hindernis.

Datenspeicherung auf konventionelle Weise: Zentralkartei des Landes Nordrhein-Westfalen in Düsseldorf

Netzplantechnik

Je komplizierter ein Projekt ist, umso nötiger ist die Planung. Unübersichtlichen Aufgabestellungen wird man dabei nur mit formalen Methoden gerecht, die gewissenmaßen dazu zwingen, alle entscheidenden Faktoren in die Rechnung mit einzubeziehen. In einfachen Fällen hilft man sich mit Balkendiagrammen – graphischen Darstellungen, bei denen die notwendigen Teilverrichtungen in Kästchen eingetragen sind.

Ein Anstoß zur Entwicklung leistungsfähiger Netzplantechnik kam 1957 von der amerikanischen Chemiefirma Du Pont de Nemours. Sie plante den Bau eines Chemiewerks, eines Projekts mit 393 verschiedenen Teilarbeiten. Diese konnten nur termingerecht abgeschlossen werden, wenn 156 Konstruktions- und Liefertermine eingehalten wurden. In Zusammenarbeit mit der Firma Remington Rand wurde das erste moderne System der Netzplantechnik »CPM« entworfen.

»CPM« kommt von *Critical Path Method* – das heißt Methode des kritischen Wegs. Jeder Tätigkeit ist ein Pfeil, ein »Graph« zugeordnet; Schnittpunkte und Anschlußstellen werden durch numerierte Kreise gekennzeichnet. Auf diese Weise entsteht ein netzartiges Gebilde, in dem der zeitliche Verbund aller Tätigkeiten deutlich wird. Nun gibt es Arbeiten, die gegenüber allen nebenher laufenden Vorgängen am längsten dauern. Verbindet man diese miteinander, so erhält man einen Weg durch das Projekt, den »kritischen Weg«, von dem seine Gesamtdauer abhängig ist.

Eine andere große Aufgabe führte zur Ausarbeitung des »PERT«-Systems. Es betraf – Anfang 1958 – die Entwicklung der Polaris-Rakete, in die 11 000 Lieferfirmen, Konstruktionsbüros, Forschungslabors usw. eingeschaltet waren. Da die Anforderungen an Planung, Koordination und Terminüberwachung jedes bisher bewältigte Maß überstiegen, wurde das Spezial Projekt Office der US-Navy mit dem Entwurf eines Projektierungssystems beauftragt, das auch bei Störungen rasch die optimale Alternativlösung anzugeben imstande war. Mit »PERT« (*Program Evaluation and Review Technique*«, zu deutsch etwa »Methode zur Berechnung und Überprüfung von Programmen«) gelang es, den Raketentyp zwei Jahre früher als vorgesehen fertigzustellen.

»PERT« ist, wie der Fachmann sagt, ereignisorientiert. Die Schlüsseldaten der Methode sind die Anfangs- und Endpunkte der einzelnen Abläufe, also Start und Abschluß der jeweiligen Arbeit und Übergänge von einer Tätigkeit zur nächsten. Dabei gilt als Tätigkeit alles, was Zeit erfordert, zum Beispiel auch Wartezeiten wie »Abkühlen der Schlacke« oder »Trocknen des Farbaufstrichs«. Trägt man dazu die Zeitdauer ein, so läßt sich durch einfache Addition die Gesamtdauer des Projekts bestimmen. Auch die Zeitplanung wird einfach. Zählt man vom Start weg die Zeiten zusammen, so erhält man die frühesten Zeit-

Der Turmbau zu Babel gilt uns heute als Symbol menschlichen Ordnungswillens und zugleich seiner Ohnmacht. Nach der biblischen Überlieferung sollte es ein Turm bis in den Himmel werden, doch der Gott Jahwe verhinderte die Vollendung, verwirrte die Sprache der Bauleute und zerstreute sie in alle Lande. Die Sage hat viele Maler zur bildlichen Darstellung angeregt, so Pieter Brueghel und Lucas Valkenborcht, dem das nebenstehende Gemälde zugeschrieben wird. Heute würde ein derartiges Bauprojekt dank der Netzplantechnik ohne »babylonische Verwirrung« ablaufen.

punkte, zu dem die jeweils infrage stehende Arbeit beendet sein kann. Zählt man vom Ziel rückwärts, so erhält man den spätesten Zeitpunkt, zu dem sie begonnen sein muß. Die Zeit dazwischen wird als Pufferzeit betrachtet – sie gibt den Spielraum für mögliche Verzögerungen, ohne die Gesamtdauer infrage zu stellen. Nur der »kritische Weg« weist keinen Puffer auf; bei ihm sind Verzögerungen unbedingt zu vermeiden.

Ein großer Vorteil der Netzplantechnik ist ihre weite Anwendbarkeit. Von Industrieprojekten bis zur Ausbildungsplanung, vom Wahlfeldzug bis zur chirurgischen Operation, von der Sportveranstaltung bis zum Raketenstart, überall bewährt sie sich in gleicher Weise. Dabei bevorzugt man das »CPM«-System, wenn es um die minutiöse Überwachung differenzierter Arbeitsabläufe geht, und das »PERT«-System bei der Koordination von Großprojekten. Beispiele für die erfolgreichen Anwendungen der Netzplantechnik in Deutschland sind der Bau des Autobahnknotens Darmstadt-West, die Ruhr-Universität in Bochum und die Olympischen Spiele in München. Welchen Wert man der Netzplantechnik beimißt, beweist die Tatsache, daß Staatsaufträge in den USA im Wert von über einer Million Dollar nur an Institutionen vergeben werden, die nach dem »PERT«-System vorausplanen und arbeiten. Aber auch bei kleineren Planungen wendet man in zunehmenden Maß die Netzplantechnik an. Im Grunde tut ja auch eine gute Hausfrau nichts anderes, die ihre Einkäufe und Haushaltsverrichtungen in bestimmten, im voraus festgelegten zeitlichen Rahmen erledigt.

Als formale logische Denkhilfe bietet sich die Netzplantechnik auch für die elektronische Datenverarbeitung an. Bei Großobjekten wird der gesamte Ablauf des Projekts im Com-

Netzplantechnik

puter simuliert und nach Netzplan gesteuert. Der Computer gibt Daten über den Stand der Dinge, über Zeitreserven, Verzögerungen, günstige Wege zu ihrer Behebung usw. Kompliziertere Weiterentwicklungen von »CPM« und »PERT« gestatten auch laufende Übersicht über Kosten, Maschinenkapazitäten, verfügbare Arbeitskräfte und dergleichen. Im weitesten Sinn ist also die Netzplantechnik ein Hilfsmittel der Ökonomie und damit von Bedeutung für alle Lebensbereiche. Als logische Denkhilfe im Sinn eines Verständigungssystems oder einer Sprache wird sie ebenso rasch in unser tägliches Leben eindringen wie der Computer selbst. Einige deutsche Firmen haben bereits bestehende Systeme, dem eigenen Bedarf folgend, weiterentwickelt. SINETIK ist die Bezeichnung für »Siemens Netzplantechnik«, und hinter TELEPERT verbirgt sich die von Telefunken weiterentwickelte PERT-Methode.

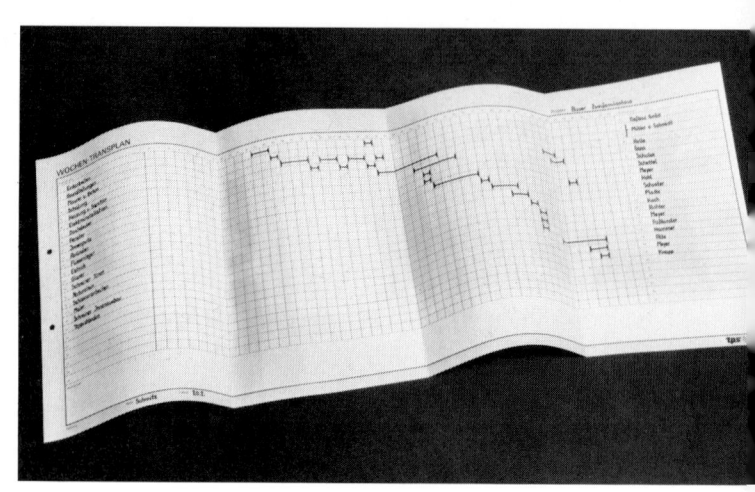

Großbauvorhaben

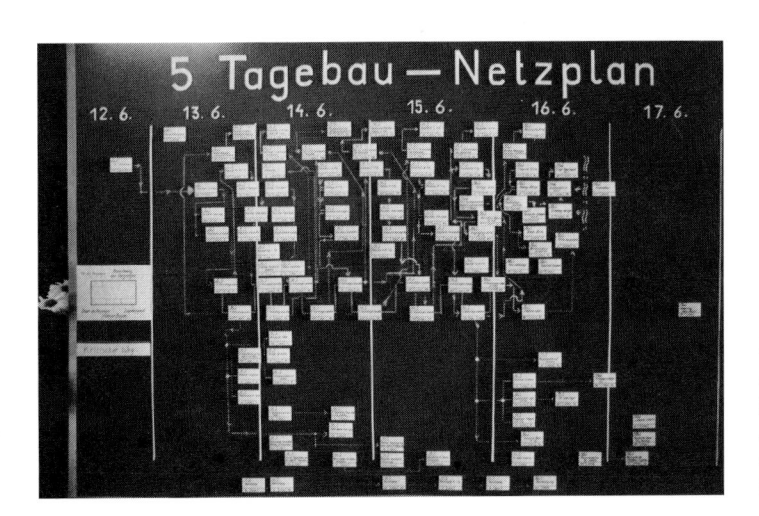

*Netzpläne (links und rechts) dienen der Planung und Überwachung der Termine bei größeren Bauprojekten oder Produktionsverfahren. Dabei wird jeder Arbeitsgang durch einen Streckenabschnitt auf einer Zeittafel markiert.
(→ S. 233)*

Die Vorbereitung und Durchführung der Bauvorhaben für die Olympischen Spiele in München 1972 gelang mit Hilfe der Netzplantechnik. Unten: Olympiabaustelle.

Hans Günther

Personenverkehr und Gütertransport

Wir leben im Zeitalter des Verkehrs – das ist ein beliebtes Schlagwort. In Wirklichkeit gibt es den Verkehr wohl so lange, wie denkende Menschen auf der Erde wohnen, nur seine Mittel haben sich geändert. Wir unterscheiden allgemein zwischen Personenverkehr und Güterverkehr. Der wichtigere von beiden, das hat sich von allem Anfang bis heute nicht geändert, ist der Güterverkehr. Das erscheint zwar auf den ersten Blick etwas abwegig, aber eine einfache Überlegung macht es uns klar. Es wäre wohl schmerzlich, wenn Straßen und Schienenwege nicht mehr für den Personentransport benutzt werden dürften. Unsere Wirtschaft würde dadurch auch erhebliche Nachteile erfahren – zur Katastrophe im modernen Leben aber würde erst die Unterbindung des Güterverkehrs führen. Großstädte könnten zwar Jahr und Tag weiter existieren, wenn kein Mensch aus ihnen heraus und keiner in sie hinein kann, aber sie würden keine Woche leben können, wenn die Güterzufuhr, vor allem die durch den Güterverkehr herangeschafften Lebensmittel ausblieben, ja sie würden in Schmutz und Unrat ersticken, wenn die Abfuhr ihres Mülls und ihrer Abfallstoffe längere Zeit aussetzte. Damit soll die Bedeutung des Personenverkehrs in keiner Weise verkannt werden.

Als in grauer Vorzeit ein »Verkehr« begann, war der Transport von Lasten der eigentliche Anlaß. Da der Mensch ein »Landtier« ist, dürfen wir annehmen, daß der Landverkehr sich zuerst entwickelt hat. Zunächst war es ein reiner Trägerverkehr auf ausgetretenen schmalen Pfaden, bis der Mensch gewisse Tiere zähmen lernte und ihnen Lasten aufbürdete oder von ihnen ziehen ließ. Dabei hat man sich am Anfang wohl der Schleife oder des Schlittens bedient, eines ganz einfachen Fahrzeugs auf Kufen, das man von Tieren ziehen ließ. Mit der Erfindung des Rades, das den Reibungswiderstand bei der Fortbewegung um ein Vielfaches verringerte, setzte eine Wende in der Verkehrstechnik ein. Das Rad verlangte allerdings, um voll wirksam zu werden, eine einigermaßen feste Bahn: Der Wagen und die Straße gehören zusammen. Eine Fortentwicklung der Straße, eine Beschränkung der künstlichen Fahrbahn auf die Spur des Rades, bedeutete Anfang des 19. Jahrhunderts die Einführung der Schiene, die dann der Eisenbahn den leichten Weg bot. Das Abrollen stählerner Räder auf stählernen Gleisen verringerte damals ganz erheblich den Rollwiderstand, wirkte also kraftsparend, so daß bei gleicher Zugleistung viel mehr Lasten transportiert werden konnten. Inzwischen wurde aber auch die ebene Fahrbahn der Straße weiterentwickelt, und über die festen, glatten Decken der heutigen Autobahnen rollen die gummibereiften Räder der Kraftfahrzeuge, so daß ein Automobil kaum mehr Kraft für die Fortbewegung braucht als ein gleich schweres Fahrzeug auf Schienen. Zwischen beiden Systemen entstand eine Konkurrenzsituation.

Auch die Anfänge des Schiffsverkehrs reichen in die ältere Steinzeit zurück, wo man für weitere Entfernungen zuerst das Wasser als Verkehrsträger benutzte. Die ersten »Wasserfahrzeuge« waren vermutlich Flöße aus zusammengebundenen Baumstämmen und »Einbäume« für den »Personenverkehr«. Schon bald erkannte man die größere Tragfähigkeit wasserverdrängender Hohlkörper; das waren die ersten Schiffe, auf denen schwere Lasten mit wenig Kraftaufwand befördert werden konnten, man denke nur an die riesigen Steinquader damaliger Kultstätten. In historischen Zeiten hat der Wasserverkehr bei den meisten Völkern eine größere Rolle gespielt als der Landverkehr. Die an großen Flüssen und an Meeresküsten wohnenden Völker haben sich rascher entwickelt, die Menschen haben sich mit Vorliebe in der Nähe eines Wasserlaufes angesiedelt, der ihnen gute Verkehrsmöglichkeiten bot. Ob die ersten Schiffe von Menschenkraft oder vom Wind fortbewegt wurden, entzieht sich unserer Kenntnis. Fest steht jedenfalls, daß in der Antike Handels- und Kriegsschiffe sowohl Segel führten als auch bei wenig Wind von Sklaven gerudert werden konnten. Auch die Navigation war damals gut entwickelt, wovon nicht nur der regelmäßige Schiffsverkehr im Mittelmeer, sondern auch weite Fahrten bis in den Indischen Ozean und in den Atlantik Zeugnis ablegten. Eine Wende in der Schiffstechnik kam erst im 19. Jahrhundert mit der Erfindung der Dampfmaschine als Antriebskraft.

Luftverkehr

Aufs engste mit der Entwicklung der Technik verbunden war und ist der Luftverkehr. Wenn auch schon die Alten vom Fliegen geträumt haben, Erfüllung fand der Gedanke erst in diesem Jahrhundert. 1901 stieg zum erstenmal ein Luftschiff des Grafen Zeppelin auf, fuhr eine gewisse Strecke und kehrte mit eigener Kraft zur schwimmenden Luftschiffhalle zurück. Mit verbesserten und größeren Zeppelin-Luftschiffen begann 1911 der Personenverkehr zur Luft, an dem sich, zehn Jahre später, gleich nach dem ersten Weltkrieg, auch Flugzeuge beteiligten. Es setzte ein Wettbewerb zwischen den Systemen »leichter« und »schwerer als Luft« ein, der 1937 nach der Katastrophe von Lakehurst mit dem Brand des Luftschiffes »Hindenburg« zugunsten des Flugzeugverkehrs entschieden wurde. Die Geschwindigkeit der Flugzeuge nahm seither ständig zu, und ein Ende dieser Entwicklung ist noch nicht abzusehen. Marksteine dieses stürmischen Fortschritts sind: 1936 das einziehbare Fahrwerk, 1951 das erste Verkehrsflugzeug mit Düsenantrieb, 1972 das erste Verkehrsflugzeug mit Überschallgeschwindigkeit. Aber auch in der Zuladung wurden laufend Fortschritte

Fernverkehr

Blick über die Autobahn am Frankfurter Rhein-Main-Flughafen. Der Personenverkehr über größere Entfernungen hat sich seit dem zweiten Weltkrieg immer mehr von Eisenbahn und Schiff auf die großen Fluglinien verlagert. Der Kraftfahrzeugverkehr machte der Bahn zunächst wenig Konkurrenz. Mit dem Ausbau der Autobahnen aber verlagerte sich ein großer Teil des Stückgut-Verkehrs auf den Lkw, denn er ermöglicht ohne Umladen Lieferungen von Haus zu Haus in meist kürzeren Versandzeiten als die Bahn.

Für Entfernungen über 300 km gilt das Flugzeug heute als das attraktivste Personenbeförderungsmittel. Man rechnet damit, daß der Welt-Luftverkehr des Jahres 1980 mindestens viermal umfangreicher sein wird als 1965. Insbesondere der Charterflugverkehr zu den Reisezeiten ist durch die Entwicklung neuer Großraumflugzeuge bedeutungsvoll geworden. 490 Passagiere samt ihrem Gepäck finden in einer Boeing 747 (»Jumbo Jet«) Platz.

Raumflugbahnen

Beim heutigen Stand der Raketentechnik werden Raumflugkörper bis auf die »Brennschlußgeschwindigkeit« der letzten Stufe gebracht, um dann in antriebsloser Bewegung ihrem Ziel entgegenzufliegen. Während dieses Fluges unterliegen sie nur den Schwerefeldern der Himmelskörper und ihren eigenen Trägheitskräften. Solange sich der Flugkörper vorwiegend im Anziehungsbereich eines einzigen Himmelskörpers befindet, ist seine »Trägheitsbahn« ein Kegelschnitt. Ist die Bahn in sich geschlossen, dann ist sie eine Ellipse, und der anziehende Himmelskörper – bei interplanetarischen Bahnen die Sonne – steht in einem der beiden Brennpunkte der Ellipse.

Um mit geringstem Energieaufwand von einem Himmelskörper zu einem anderen zu gelangen, z. B. von der Erde zum Mars und zurück, wird durch entsprechende Wahl von Geschwindigkeit und Bahnrichtung bei Brennschluß die Bahnellipse so gelegt, daß sie die beiden Planetenbahnen mit ihren beiden Scheiteln berührt. Gleichzeitig muß durch die Wahl des Startzeitpunktes dafür gesorgt werden, daß der Zielplanet sich gerade im Schnittpunkt seiner Bahn mit der Ellipse befindet, wenn das Raumschiff dort ankommt.

Um vom Ausgangspunkt in diese, die sogenante *Hohmann*-Ellipse, zu gelangen, muß der Flugkörper auf die sogenannte Fluchtgeschwindigkeit gebracht werden, die in Erdnähe 11,2 km/s beträgt. Befindet sich das Raumschiff auf einer niedrigen Umlaufbahn, der »Parkbahn«, fliegt es bereits mit 7,8 km/s, es benötigt dann nur noch eine zusätzliche Beschleunigung von der Differenz beider Geschwindigkeiten, also von 3,4 km/s in tangentialer Richtung, um vom Schwerefeld der Erde in das eines anderen Planeten zu gelangen, wobei die Entfernung des Planeten keine Rolle spielt. Bei jedem Himmelskörper ist die Fluchtgeschwindigkeit oder »2. kosmische Geschwindigkeit« um $\sqrt{2}$mal größer als die Kreisbahn- oder »1. kosmische Geschwindigkeit«.

erzielt: Anfang der zwanziger Jahre die ersten Postflugzeuge, Ende der dreißiger Jahre vierzig Passagiere oder vier Tonnen Luftfracht, Anfang der siebziger Jahre vierhundert Passagiere oder fünfzig Tonnen Luftfracht.

Ein Ableger der Luftfahrt ist die Raumfahrttechnik. Anfänglich war sie aufs engste mit der Entwicklung der Raketentechnik verbunden, die zwar schon zur Eroberung des Mondes und zur Erkundung von Venus und Mars führte, aber als rein technische Pionierleistung nur wissenschaftlichen Zwecken diente. Erst nach Einführung des »Raumtransporters«, eines wiederholt verwendbaren, flugzeugähnlichen Raumfahrzeugs, wird man vielleicht in den achtziger Jahren vom Beginn eines »Weltraumverkehrs« sprechen können. Dazu gehört auch die Umsteigetechnik in Raumstationen, die um die Erde kreisen, um von dort aus die eigentlichen Raumschiffe zu besteigen, die Personen und Güter zu den Zielen im All bringen.

Seit dem Altertum bis zum Beginn des neunzehnten Jahrhunderts hatte sich der Personen- und Güterverkehr strukturell wenig verändert; er spielte sich auf den Land- und Wasserwegen ab, die Beförderungsenergie lieferten Zugtier und Wind. Mit der Eisenbahn setzte ein Wandel ein, der sich im Verlauf von 150 Jahren in ständig zunehmendem Maß steigerte. Ursache dieser Entwicklung war die rapide Zunahme der Weltbevölkerung, vor allem aber die Konzentration von Menschen und Industrie. Alle Zweige der Technik erlebten einen mächtigen Auftrieb, der allgemeine Wohlstand nahm zu, und damit stiegen auch die materiellen Bedürfnisse. Als das Automobil für die Masse der Werktätigen zum Gebrauchsgegenstand wurde, setzte eine so stürmische Ausweitung des Individualverkehrs ein, daß die Straßenbauer nicht mehr mitkamen. Nach dem zweiten Weltkrieg erlebte der Luftverkehr einen mächtigen Aufschwung, der Personenverkehr über größere Strecken

Der Raumtransporter

Für den Personen- und Lastenverkehr zwischen Erde und Umlaufbahnen war Anfang der siebziger Jahre von der NASA ein wiederverwendbares Raumfahrzeug konzipiert worden, das die unwirtschaftlichen »Wegwerfraketen« ersetzen sollte. Der Space Shuttle, auch Raumtransporter oder Raumfähre genannt, ist ein kombiniertes Raumfahrzeug und Flugzeug. Es sollte ursprünglich aus zwei Stufen bestehen, die beide nach Flugzeugart landen können. Um jedoch Kosten und Entwicklungszeit zu sparen, wurde eine vereinfachte Ausführung vorgesehen, bei der die erste Stufe durch Raketen ersetzt wurde. Diese erste Stufe besteht aus einem großen Tank für flüssigen Wasserstoff und Sauerstoff mit zwei Feststoffraketen an den Seiten. Auf dem Tank sitzt »huckepack« die zweite Stufe, der »Orbiter« oder Raumgleiter. Beim Start, der senkrecht erfolgt, arbeiten die drei Haupttriebwerke, die aus dem großen Tank gespeist werden, sowie die beiden Seitenraketen. In 40 km Höhe werden die ausgebrannten Raketen abgeworfen, sie landen an Fallschirmen im Meer. In 95 km Höhe ist Brennschluß, der große Tank wird abgetrennt, landet ebenfalls an Fallschirmen im Meer, wird geborgen und ist weiter verwendbar. Die in dieser Höhe erreichte Geschwindigkeit bringt den Orbiter antriebslos auf eine Kreisbahn in 185 km Höhe. Dort ist der Orbiter für alle weiteren Manöver auf die zwei Raketenmotoren seines Bahnänderungssystems angewiesen, wofür noch 11 t Treibstoff zur Verfügung stehen.

Der Orbiter kann eine Nutzlast von 30 t in 185 km und von 18 t in 400 km Höhe bringen. Er hat etwa die Größe eines Mittelstrecken-Jets und wiegt in der Umlaufbahn mit Zuladung bis zu 120 t. Im Cockpit sitzen zwei Piloten und zwei Spezialisten, die für Flugplanung und Handhabung der Nutzlasten zuständig sind. Darunter liegt das Wohndeck mit festen Sitzen für 6 Passagiere. Der Laderaum im mittleren Teil des Orbiter ist 18 m lang und hat 4,5 m Durchmesser. Die Kabinen führen eine normale irdische Atmosphäre.

Die Rückkehr des Raumgleiters zur Erde wird eingeleitet durch das übliche Abbremsen in den dichter werdenden Luftschichten, wobei aber nur noch eine für jedermann erträgliche Verzögerung von 3 g auszuhalten ist: die Insassen werden mit dem Dreifachen ihres irdischen Gewichtes in ihre Sessel gepreßt. Mit Hilfe der Tragflächen und der Steuertriebwerke kann der Pilot den Landepunkt in Flugrichtung innerhalb von 8500 km und quer dazu von 2000 km nach beiden Seiten frei wählen. Das Aufsetzen auf normaler Landebahn erfolgt mit 270 km/h, also wie bei heutigen Verkehrsflugzeugen. Die ersten Probeflüge sind für 1975 vorgesehen, Einsätze ab 1977.

---

die Seeschiffahrt. Für die Strecke, die ein modernes Flugzeug über See in einer Stunde zurücklegt, braucht das Schiff einen vollen Tag. Das hat die Linienschiffahrt auf den Überseestrecken zum Erliegen gebracht. So müssen die Reedereien sich auf den Warenverkehr und die Tankschiffahrt umstellen, deren Verkehrsaufkommen wegen des rapide gewachsenen Welthandels allerdings erheblich zugenommen hat. Mit neuen Techniken, die hohe Transportleistungen bei kleinem personellen und finanziellen Aufwand ermöglichen, findet dabei die Seeschiffahrt ihr Auskommen. Allerdings erfordern die modernen, sehr viel größeren Schiffseinheiten tiefere Hafenbecken und leistungsfähigere Umschlagseinrichtungen.

Schiene oder Straße?

Auch die Verkehrstechniken müssen sich ständig dem neuesten Stand der Technik anpassen. So stehen, vor allem beim Personenverkehr, in einem bestimmten Zeitabschnitt immer die Verkehrsarten im Vordergrund des Interesses und der Beliebtheit, die sich im Wettstreit mit anderen durch besondere Leistungen, wie Schnelligkeit, Wirtschaftlichkeit, aber auch durch den Reisekomfort, vorteilhaft unterscheiden. Im vorigen Jahrhundert wurde die Postkutsche von der Eisenbahn abgelöst, die jahrzehntelang den Personen- und Güter-Weitverkehr völlig beherrschte. Der Kraftwagen machte der Bahn zunächst wenig Konkurrenz, bis mit dem Bau von Autobahnen und anderen leistungsfähigen Straßenverbindungen auch größere Entfernungen in gleicher Zeit und bei gleichem Komfort zurückgelegt werden konnten, die Abhängigkeit von den Fahrplänen entfiel und das Fahren von Haus zu Haus ohne Umsteigen ermöglicht

Die Wirkungsweise der Rakete

Die Funktion des Raketenantriebes läßt sich anhand einiger physikalischer Grundprinzipien erläutern. Da ist zunächst der *Impulssatz*, der die Beziehungen zwischen der Schubkraft F, der Ausströmgeschwindigkeit v und der Abströmmasse m des Arbeitsmediums zum Ausdruck bringt:

$$F = m \cdot v, \text{ mit m in kg/s und v in m/s.}$$

Wenn der Treibstoff völlig in Schub umgesetzt ist, hat die Rakete ihre Höchstgeschwindigkeit erreicht. Diese End- oder Brennschlußgeschwindigkeit v_B ist abhängig von der Ausströmgeschwindigkeit v der Masseteilchen und dem Verhältnis von Anfangsmasse M_S und Endmasse M_B der Rakete, dem sogenannten Masseverhältnis, gemäß der *Raketengrundgleichung*

$$v_B = v \cdot \ln(M_S/M_B) \text{ in m/s.}$$

In ist der natürliche Logarithmus, M_B die um die verbrauchte Treibstoffmasse verringerte Anfangsmasse M_S der kompletten Rakete. Um eine große Endgeschwindigkeit zu erreichen, müssen demnach Ausströmgeschwindigkeit v und Masseverhältnis M_S/M_B möglichst groß sein. Heute lassen sich Ausströmgeschwindigkeiten von höchstens 4000 m/s erzielen, und aus Gründen der Festigkeit der Zelle ist kein allzu großes Massenverhältnis möglich, so daß die erreichbaren Endgeschwindigkeiten erheblich unter der Kreisbahngeschwindigkeit von 8000 m/s liegen.

Hier hilft das *Mehrstufenprinzip* weiter. Man unterteilt die Rakete in mehrere Antriebsstufen, die nacheinander arbeiten, so daß die einzelnen Teilgeschwindigkeiten sich addieren. Jede Stufe ist gewissermaßen die Nutzlast der vorhergehenden, die nach Brennschluß abgeworfen wird, so daß ihre Masse nicht mehr weiter beschleunigt zu werden braucht. Auf diese Weise läßt sich heute mit einer zweistufigen Rakete die Kreisbahngeschwindigkeit von 8 km/s und mit einer dreistufigen Rakete, z.B. mit der Saturn 5 und zwei Oberstufen, die Fluchtgeschwindigkeit von über 11 km/s erreichen.

---

verlagerte sich weitgehend von der Schiene und von der Seeschiffahrt zur Luftfahrt mit dem Ergebnis, daß beim heutigen Stand der Technik auch der Luftverkehr schon überfordert ist. Aber auch die Eisenbahnen sind an der Grenze ihrer Leistungsfähigkeit angelangt. Zwar hat die Ablösung der Dampflokomotive durch die elektrische Zugbeförderung zu größeren Reisegeschwindigkeiten und Transportleistungen geführt, aber das veraltete Streckennetz mit den zu engen Kurven und zu vielen schienengleichen Bahnübergängen erlaubt nicht die Ausnutzung der mit E-Loks erreichbaren Geschwindigkeiten, die im Bereich von 300 Stundenkilometern liegen. Auch die Binnenschiffahrt, die zum Transport von Massengütern, wie Steinkohle, Erze, Kies und Sand, unentbehrlich ist, mußte sich einem Wandel unterziehen: die Dampfschleppschiffahrt wurde zuerst durch die schnelleren und wendigeren selbstfahrenden 1200-Tonnen-Schiffe ersetzt, die jetzt den noch leistungsfähigeren Schubschiffsverbänden weichen müssen. Dazu gehören der Ausbau der Wasserstraßennetze mit größeren Schleusen, Beseitigung von Schiffahrtshindernissen in den Flüssen, wie Stromschnellen und Untiefen, und die Anlage weiterer Kanalsysteme. Den größten Strukturwandel verkraften mußte jedoch

Personenverkehr und Gütertransport

wurde. In noch härterem Wettbewerb, vor allem auf den Fernstrecken, steht die Bahn mit dem Flugzeug wegen seiner fast zehnfach höheren Reisegeschwindigkeit. Dieser Vorsprung des Luftverkehrs führte z.B. in den weiträumigen USA dazu, daß dort der Fahrgastverkehr auf der Schiene fast völlig zum Erliegen kam, wenn man vom lokalen Berufsverkehr in einigen Großstädten einmal absieht. Auch beim Gütertransport machte sich die Tendenz »los von der Bahn« bemerkbar, wenn auch nicht auf so krasse Weise; mit dem Ausbau des Autobahnnetzes wanderte ein gewisser Anteil des Stückgutverkehrs von der Schiene auf die Straße ab, denn der Lkw-Transport ermöglicht ohne Umladen die Haus-zu-Haus-Lieferung mit meist kürzeren Versandzeiten als bei Benutzung der Bahn.

Beim Schienenverkehr haben diese Rückschläge dazu beigetragen, die neuesten Möglichkeiten der Technik zu nutzen, um durch billigeres und angenehmeres Reisen verlorenen Boden wieder zurückzugewinnen. Hinzu kommt das wachsende öffentliche Interesse an einer optimalen Lösung der Verkehrsprobleme, die ja in starkem Maße mit den Forderungen des Umweltschutzes zusammenhängen. So ist in den Ballungsgebieten der Individualverkehr nicht nur an den Grenzen seiner Leistungsfähigkeit angelangt, sondern die Abgase der vielen Autos verschlechtern auch immer gefährlicher die Atemluft. Es sind daher technische Entwicklungen im Gange, die Probleme des städtischen Massenverkehrs mit Hilfe neuartiger Schienenverkehrsmittel zu lösen.

Auch beim Luftverkehr mehren sich die Schwierigkeiten: die Abfertigungszeiten werden immer länger, die Landebahnen reichen bei den vielen Flugzeugbewegungen oft nicht mehr aus, Wartezeiten sind die Folge, und schließlich verursacht ungünstiges Flugwetter Verspätungen oder Umleitungen. Auf den oft überfüllten Autobahnen sinkt die Reisegeschwindigkeit beträchtlich, und das Unfallrisiko steigt. Diese Nachteile der Wettbewerber »Luft« und »Straße« tragen weiter dazu bei, die Eisenbahntechnik zu verbessern. Vor allem werden wesentlich höhere Reise- und Höchstgeschwindigkeiten angestrebt, die vorerst noch durch das konventionelle Rad-Schiene-System begrenzt sind. Das Spurkranzrad ist nämlich bei 300 Stundenkilometer Höchstgeschwindigkeit an der Grenze seiner Möglichkeit angelangt.

Wesentlich höhere Geschwindigkeiten, bis in den Bereich der Verkehrsflugzeuge, ermöglichen neue Schwebetechniken, die keine Räder brauchen. Da gibt es vor allem das in Deutschland entwickelte »Magnetkissensystem«, das in verschiedenen Varianten untersucht wird. Magnetische Kraftfelder an den Seiten und unter der Kabine halten das Fahrzeug immer im gleichen Abstand über der metallenen Fahrbahn und ermöglichen dadurch ein völlig berührungsloses Gleiten. Auch der Vortrieb und das Bremsen erfolgen mittels elektromagnetischer Felder, nämlich mit den »Wanderfeldern« des »Linearmotors«. Diese Hochleistungsschnellbahnen benötigen eine besondere Trasse, die nur wichtige Verkehrszentren miteinander verbindet. Sie bieten den direkten Verkehr zwischen den Stadtzentren und damit kürzere Reisezeiten als per Luft und Flughafen.

Flugzeug oder Schiff?

Die jüngsten Fortschritte im Luftverkehr zeigen sich einerseits in der Triebwerksentwicklung und andererseits im Bau sehr großer Flugzeuge. Im Jahre 1959 brachte der Übergang vom Propeller- zum Düsenantrieb eine Erhöhung der Fluggeschwindigkeit von rund 500 auf 900 Stundenkilometer und da-

Das Containerschiff

vor allem in Flughafennähe. Eine drastische Erhöhung der Fluggeschwindigkeit auf das Zwei- bis Dreifache würde die Einführung der »Überschallflugzeuge« ermöglichen, deren Einsatz aber aus Gründen des Umweltschutzes und auch wegen angezweifelter Wirtschaftlichkeit umstritten ist.

In der Seeschiffahrt wurde der langsame Stückgutfrachter vom schnellen »Containerschiff« abgelöst. Container sind gleich große, wiederverwendbare Behälter für Stückgut aller Art, die eng gestapelt und schnell verladen werden können. Dadurch werden nicht nur die Umschlagzeiten in den Häfen erheblich gekürzt, sondern auch die Transportkosten gesenkt, da die Behälter vom Schiff direkt auf Spezialfahrzeuge der Eisenbahnen gesetzt werden können. Der rapide zunehmende Weltölbedarf verlangt immer größere Tanker, deren Ladefähigkeit sich innerhalb von fünfzehn Jahren verzehnfacht hat: von 50 000 auf 500 000 Bruttoregistertonnen. Man spricht sogar schon von Supertankern mit über einer Million BRT Fassungsvermögen. Antrieb, Fahren, Bedienen, Be- und Entladen sowie die Verkehrssicherheit so großer und schneller Schiffe stellen erhebliche Forderungen an die Technik. Mit Hilfe der

Viele unserer Konsumgüter legen weite Transportwege zurück. Links: Kaffeesäcke am Ladebaum eines Schiffes in Santos (Brasilien). Unten: Verladung von Kaffee in Madagaskar.

mit die Verkürzung einer Atlantiküberquerung von rund dreizehn auf sieben Stunden. Ende der sechziger Jahre wurden vierstrahlige Riesenflugzeuge, die »Jumbo-Jets«, eingeführt, die bis zu 450 Fluggäste befördern können. Demgegenüber lag das Platzangebot der viermotorigen bzw. vierstrahligen Überseeflugzeuge der fünfziger und sechziger Jahre bei 120 Sitzen. Die sprunghaft vermehrte Beförderungsleistung schuf allerdings wieder zusätzliche Probleme auf den Flughäfen: Um eine zügige Abwicklung der Paß- und Zollformalitäten einiger hundert gleichzeitig abfliegender oder ankommer Personen zu erreichen, mußten neue Anlagen und auch neue Techniken, z. B. für die Kennzeichnung, die Verteilung, den Transport und das Wiederauffinden der Gepäcklawine entwickelt werden.

Noch ungelöste technische Probleme sind der Flugsicherung gestellt, denn es werden immer kürzere Start- und Landefolgen gefordert, und damit wächst die Gefahr von Zusammenstößen,

neuesten Verfahren der Regeltechnik wurde der Ablauf aller Funktionen weitgehend automatisiert und vorprogammiert, so daß sich nur noch wenige Mann Besatzung auf einem Riesentanker befinden.

Ein zwar nicht neues, aber mit der zweiten Hälfte dieses Jahrhunderts immer mehr gebrauchtes Beförderungsmittel sind die Rohrfernleitungen oder Pipelines. Das sind Stahlrohre von 0,5 bis 1,5 Meter Durchmesser, die lückenlos zusammengeschweißt und dann unter oder über der Erde verlegt werden. Über große Entfernungen, von einigen hundert bis zu vielen tausend Kilometern, können sie Flüssigkeiten und Gase, die fortlaufend in großen Mengen anfallen, bei weitem am billigsten transportieren. Das Transportmedium wird von elektrisch betriebenen Pumpstationen in Abständen von einigen zehn Kilometern mit Geschwindigkeiten von einigen Metern je Sekunde durch die Rohrleitung gedrückt.

245

Hans Günther

Straßenverkehr

Heute wird der Nah- und Fernverkehr auf den Straßen fast vollständig von den Kraftwagen beherrscht. Die Vorläufer des Autos sind vierrädrige, von Tieren gezogene Wagen, wie sie schon im Altertum für den Gütertransport vorzugsweise benutzt wurden. Das ist kein Wunder, denn die Wagen hatten noch bis ins Mittelalter keine Federung. Zum Personentransport wurde daher bis in die neuere Zeit hinein das Reittier bevorzugt. Die Straßen waren im Mittelalter auch schlechter als in der Römerzeit. Die volkswirtschaftliche Erkenntnis, daß ein gutes Straßennetz ganz allgemein den Wohlstand hebt, war noch nicht gereift. Die wenigen guten Straßen des späteren Mittelalters und der neueren Zeit verdanken, wie im alten Rom, militärischen Gesichtspunkten ihr Entstehen. So waren die meisten Straßenbauvorschriften der Landesfürsten, wie Bestimmung über die Breiten, über die Entwässerung, über die Festigkeit der Brücken, über die zulässigen Steigungen, in erster Linie erfolgt, um beim Transport des schweren Heeresgutes mit möglichst wenig Zugtieren auszukommen. Während des 18. und in den ersten Jahren des 19. Jahrhunderts geschah verhältnismäßig viel für den Straßenbau. Dementsprechend wuchs der Verkehr, Postwagen neben vielen Einzelfuhrwerken bevölkerten die Landstraßen, untermischt mit den karawanenartig dahinziehenden Lastfuhrwerken, also sinngemäß die gleiche Entwicklung, wie sie sich seit der Mitte dieses Jahrhunderts mit dem Ausbau des Fernstraßen- und Autobahnnetzes vollzog.

Der unmittelbare Vorläufer des heutigen Kraftwagens war das Dampfautomobil. Schon 1818 fuhren auf englischen Landstraßen die ersten schwerfälligen Ungetüme, nach denen sich im Laufe einiger Jahrzehnte ein recht lebhafter Verkehr mit kohlegefeuerten Lastwagen und Omnibussen entwickelte. Als Kuriosum sei erwähnt, daß die letzten englischen Dampf-LKW noch in den 30er Jahren dieses Jahrhunderts im Einsatz waren.

Auch der modernste Personenwagen wird noch immer von einem Verbrennungsmotor angetrieben – wie weiland das erste von Karl Benz geschaffene Automobil, das eine Höchstgeschwindigkeit von 16 Stundenkilometern erreichte. Kleine, leistungsfähige Dampfmaschinen vermochte man damals noch nicht zu bauen, erst in allerjüngster Zeit befaßt man sich wieder mit diesem Problem, um etwas gegen die Verpestung der Atmosphäre durch die giftigen Abgase der Verbrennungsmotoren zu unternehmen, worüber im einzelnen noch berichtet wird.

Die ersten Autos sahen aus wie Kutschen, von denen sie die Federung übernommen hatten. Heute sieht man noch gelegentlich Personenwagen mit derartigen »selbstdämpfenden Halbelliptik-Federn« in Form von Blattfederpaketen. Die wesentlichen Merkmale des Kraftwagens, wie Luftreifen, einzeln schwenkbare Vorderräder, Differential, Kardanwellen zeigten

Berlin, Halensee: Stadtautobahn; Blick auf den Avus-Verteiler zu Füßen des Funkturms. Elegant, kreuzungsfrei und zwei- bis vierspurig schwingen sich die Autoschnellstraßen über Grünflächen und Gleiskörper. Sie entstanden seit Mitte der 50er Jahre nach dem Vorbild der »autogerechten« Städte Amerikas, doch auch wurzelnd in der Avus-Tradition Berlins. Die 1909 dort gegründete »Automobil-Verkehrs- und Übungsstraßen-GmbH« begann 1913 mit dem Bau des ersten, dem Auto vorbehaltenen Schnellverkehrsweges. Doch der Bau der Stadtautobahnen rief auch Gegner dieser Verkehrspolitik auf den Plan. Städtebauer wiesen auf den siedlungsfeindlichen Charakter der »Benzinpisten« hin.

Der Avus-Verteiler

sich schon bald. Die »Vierradbremse«, die Autoelektrik mit Lichtmaschine und Anlasser, wurden nach dem 1. Weltkrieg eingeführt. Die wesentlich besseren Fahreigenschaften der heutigen Wagen sind der funktionellen Trennung von Federung und Dämpfung, der Einzelradaufhängung, der weitgehenden Verringerung der ungefederten Massen und schließlich der Verwendung der Luft als federndes Element zu verdanken. Ständige Vergrößerung der spezifischen Motorleistung, also der PS je kg Motorgewicht, und der geringere Luftwiderstand niedrigerer und windschlüpfigerer Karosserien führten während der vergangenen 50 Jahre zu einer Verdopplung der Höchstgeschwindigkeiten.

Die höheren Geschwindigkeiten und vor allem die enorme Zunahme der Verkehrsdichte steigerten so erheblich das Unfallrisiko, daß eine Reihe zusätzlicher Maßnahmen zum Schutz der Insassen getroffen werden mußte. Um die ›passive Sicherheit‹ zu erhöhen, wird der Fahrgastraum als stabile, gestaltfeste Zelle ausgebildet, während die Front- und Heckpartie als sogenannte Knautschzone verformbar ausgeführt ist. Durch Verformen und Zusammenfalten des Bugs oder des Hecks um einige Dezimeter bei einem Aufprall wird so ein Teil der kinetischen Energie in Formänderungsarbeit umgewandelt, während der steife Fahrgastraum zusätzliche Sicherheit bietet – vorausgesetzt, daß zumindest die Insassen auf den vorderen Sitzen ihre Sicherheitsgurte angelegt haben. Die Knautschzone bildet gewissermaßen ein Puffer, das die Wucht des Aufpralls mindert, so daß in vielen Fällen die Dehnungslänge der Sicherheitsgurte ausreicht, ein lebensgefährdendes Schleudern des Lenkers und seines Begleiters gegen Armaturenbrett und Windschutzscheibe zu verhindern. In der Lenksäule befindet

Straßenverkehr

sich ein gitterartiges Zwischenstück, das sich beim Aufprall des Fahrers auf das Lenkrad zusammenschiebt, wodurch ein Stoß gegen den Brustkorb zu keinen schweren Verletzungen mehr führen kann.

Aktive und passive Sicherheit

Die aktive Sicherheit des Kraftfahrzeuges wird durch technische Verbesserungen, wie gute Straßenlage, große Motorleistung mit starker Beschleunigung, griffige Reifen, vor allem aber durch eine zuverlässige und wirksame Bremsanlage erhöht. Die Zuverlässigkeit wird durch das Zweikreisbremssystem gewährleistet: Zwei voneinander unabhängige Hydrauliksysteme betätigen je zwei Bremsen, so daß bei Ausfall eines Systems, etwa wegen Auslaufens der Bremsflüssigkeit, das andere noch voll wirksam bleibt. Wirksames Bremsen wird oft durch das sogenannte Blockieren der Räder verhindert. Blockieren bedeutet, daß die Bremskraft die Reibungskraft zwischen Rad und Fahrbahn überschreitet: Das Rad bleibt momentan stehen. Bei stehenden Rädern aber läßt sich das Fahrzeug nicht mehr lenken, der Wagen beginnt unkontrolliert zu schlittern und ist nicht mehr in Fahrtrichtung zu halten. Das wirkt sich oft dann verhängnisvoll aus, wenn die Räder beim Bremsen über unterschiedlich griffige Böden rollen, wenn beispielsweise auf der Autobahn der Grünstreifen einseitig befahren werden muß, aber auch bei unterschiedlich belasteten Rädern während der Kurvenfahrt. Abhilfe schaffen die in Einführung begriffenen »Antiblockgeräte«, auch »elektronische Bremsregler« genannt. Die Fahrsicherheit wird weiterhin verbessert durch die Wirkung eines »negativen Lenkrollradius«, der das einseitige Ausbrechen bei einseitigem Fahrwiderstand verhindert. Auch diese technische Neuerung wird bereits bei einigen Spitzenfabrikaten eingeführt.

Alle diese technischen Maßnahmen zur Verbesserung der Fahrsicherheit können leider das menschliche Versagen nicht ausgleichen, dem die überwiegende Mehrzahl aller Straßenverkehrsunfälle zugeschrieben wird. Dieses Versagen liegt – abgesehen von Alkoholeinfluß und Leichtsinn – auch in der vererbten Verhaltensweise des Menschen begründet, der zum Beispiel auf hohe Geschwindigkeiten nicht »programmiert« wurde. Messungen an Versuchspersonen haben gezeigt, daß der Pulsschlag bei Fahrtbeschleunigungen, Fahrtverzögerungen und beim Kurvenfahren sich den fühlbaren Massenkräften entsprechend erhöht, beim Geradeausfahren hingegen normal bleibt. Auf glatter, breiter Fahrbahn erzeugt ein noch so schnelles Fahren überhaupt kein Stressgefühl, was zur Sorglosigkeit und Unaufmerksamkeit verleitet. So wird der Lenker bei plötzlich auftretenden Hindernissen nicht immer sinnvoll reagieren, es fehlt dann einfach das Gefühl für die geschoßähnliche Wucht des schnell fahrenden Wagens, für die destruktiven Massenkräfte, die mit dem Quadrat der Geschwindigkeit zunehmen.

Die weite Verbreitung des Autos ist zwar auch seiner technischen Vervollkommnung, vorwiegend jedoch den ständig verbesserten Verfahren der Massenfertigung zu verdanken. Während vor 50 Jahren ein mittlerer Personenwagen noch den mehrfachen Jahresverdienst eines Fabrikarbeiters kostete und daher für ihn unerschwinglich war, braucht der Arbeiter für einen Wagen der Mittelklasse heute nur noch den Gegenwert von drei bis sechs Monatsgehältern anzulegen. Das alles führt dazu, daß in den Industrieländern schon fast jede Familie wenigstens ein Auto besitzt und fährt. Die nachteiligen Folgen dieser Motorisierung sind bekannt: das schon besprochene Verkehrs-

Blick ins Cockpit und Gesamtansicht eines in Deutschland entwickelten Sicherheits-Autos. Bis zu einer Aufprallgeschwindigkeit von 16 km/h bleibt das Fahrzeug völlig unbeschädigt.

chaos auf den Straßen, die Verstopfung der Städte und Ballungsräume durch den Individualverkehr und die oft unerträgliche Belastung der Umwelt durch Abgase und durch Lärm.

Die Emission schädlicher Abgase ist auf die unvollständige Verbrennung in den Otto- und Dieselmotoren zurückzuführen. Bei den Dampfmaschinen geht Verbrennung, Dampferzeugung und die Umwandlung der Wärmeenergie des Dampfes in mechanische Energie in drei von einander getrennten Räumen vor sich. Dies ermöglicht einen gleichmäßigen, ununterbrochenen Verbrennungsvorgang, bei dem in jedem Augenblick Brennstoff und Sauerstoff im günstigsten Verhältnis zusammentreffen, wobei als Verbrennungsprodukte vorwiegend H_2O und CO_2, also Wasserdampf und das ungiftige Kohlendioxidgas, abgeführt werden.

Nicht so in den Benzin- und Ölmotoren – seien es die konventionellen Hubkolbenmotoren oder die Rotationskolbenmotoren nach Wankel –, bei denen Ansaugen, Kompression, Verbrennung und Expansion in ständigem Wechsel immer im gleichen Zylinderraum vor sich gehen, wobei die kurzen Arbeitstakte nicht genügend Zeit zu einer vollständigen Verbrennung lassen. So vereinigt sich der in den Kohlenwasserstoffen enthaltene Kohlenstoff nur unvollständig mit dem Sauerstoff der Luft und es verbleibt das schädliche CO, das Kohlenmonoxid. Außerdem enthalten die Autoabgase eine giftige Bleiverbindung, die in den hochgezüchteten Motoren zum Verhindern des Klopfens noch unentbehrlich ist. Man bemüht sich daher, Dampfmaschinen mit geschlossenem Kreislauf sowie Heißluftmotoren mit getrennten Verbrennungsräumen zu entwickeln, die weitgehend saubere Abgase emittieren und dazu noch geräuschärmer laufen, da es die typischen hochfrequenten »Explosionsgeräusche« dann nicht mehr gibt. Heutige Versuchsgeräte dieser Art sind freilich noch schwerer und umfangreicher als Verbrennungsmotoren gleicher Leistung; es ist noch nicht vorauszusehen, ob diese Maschinen das niedrige Leistungsgewicht eines Hubkolben- oder Wankelmotors erreichen.

Eine weitere Alternative ist der mit Gas betriebene Verbrennungsmotor. Ideal wäre die Verwendung von Wasserstoff, gegen die jedoch der verhältnismäßig hohe Preis und die gefährliche Handhabung sprechen. Fortschrittliche Fahrzeugtreibstoffe können daher nur kohlenstoffarme Kraftstoffe sein, wie Erdgas (Methan, CH_4) und Flüssiggas (Propan). Diese Gase geben beim Verbrennen in Ottomotoren fast kein CO ab und benötigen auch keinen Bleizusatz. Nachteilig ist nur der größere Aufwand bei der Kraftstoffspeicherung: einem Benzintank von 40 l Fassungsvermögen entspricht ein 30 m³ fassender Gasbehälter, oder ein Gasdruckbehälter für 200 at mit 150 l Speicherraum, oder für verflüssigtes Methan ein kälteisolierter Spezialtank von 50 l Inhalt. Immerhin fahren heute schon Stadtomnibusse, die mit Gas betrieben werden.

Völlig abgasfrei fahren Elektroautos. Leider sind die heutigen Akku-Batterien noch sehr schwer, ihre Speicherkapazität liegt bei 50 Wh/kg, während Benzin ein Wärmeäquivalent von 11 500 Wh/kg enthält. Dazu kommt noch der sehr große Zeitaufwand zum Laden. Es ist daher nicht damit zu rechnen, daß Elektromobile für den Personenverkehr in den Städten schon bald in Erscheinung treten. Bereits gut bewährt im innerstädtischen Einsatz haben sich Elektrobusse und Elektrotransporter mit rasch auswechselbaren Batterien. Schließlich bietet der »Hybridantrieb« für Straßenfahrzeuge die Möglichkeit, im Stadtverkehr abgasfrei aus der Batterie zu fahren und den Verbrennungsmotor nur außerhalb des Stadtkerns zu benutzen, wobei dann die Batterie nachgeladen wird. Wegen des Mehr-

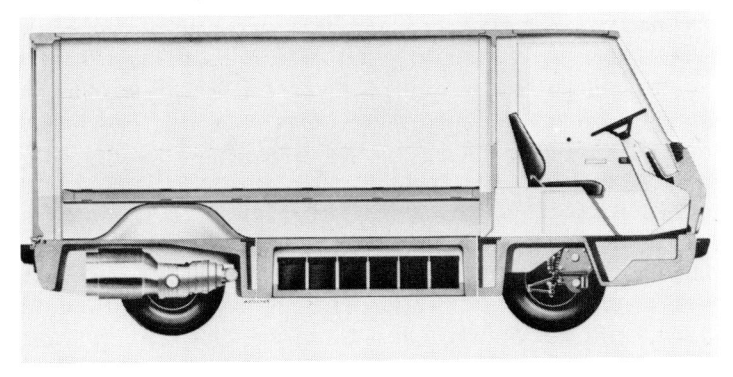

Elektro-Transporter mit Batteriebetrieb, Gemeinschaftsentwicklung fünf deutscher Firmen.

Foto oben: Prototyp bei der Erprobung; unten: Längsschnitt mit Batterie-Wechselausstattung.

Der Linearmotor

Ein Wagen wird angetrieben, indem die Zugkraft sich über zwei Räder gegen den Boden abstützt. Das Abstützen wird durch die Reibung zwischen dem Radumfang und der Fahrbahn bewirkt. Läßt die Haftreibung nach, beispielsweise bei Schneeglätte, kann nur noch eine geringe Antriebskraft übertragen werden, andernfalls drehen die Räder durch. Solche und andere Nachteile werden ausgeschaltet bei einem Fahrzeug, das nach dem Prinzip der Magnetschwebetechnik »spurt« und von einem Linearmotor bewegt wird. Es rollt – ähnlich wie ein Luftkissenfahrzeug – überhaupt nicht auf Rädern, sondern wird durch starke elektromagnetische Kräfte, die – gleichnamig gepolt – zwischen Bahnkörper und Fahrzeug abstoßend wirken, in der Schwebe gehalten. Es gleitet also berührungslos auf einem Magnetkissen, ist dadurch stoß- und verschleißfrei und hat in Fahrt nur den Luftwiderstand zu überwinden.

Angetrieben wird die Magnetschwebebahn durch einen Linearmotor. Er besteht aus zwei langgestreckten Elektromagneten an der Unterseite des Fahrzeugs, die in geringem Abstand zu einer dazwischen verlaufenden Treib-(Reaktions-)Schiene stehen. Diese Treibschiene erstreckt sich in der Mitte des Bahnkörpers längs der gesamten Fahrstrecke. Die von Drehstrom aus dem Netz erregten Elektromagnete erzeugen in Fahrtrichtung ein magnetisches Wanderfeld, das seinerseits wieder in der Treibschiene Wirbelströme induziert. In dieser Wechselwirkung entsteht die gerichtete Zugkraft, die das Fahrzeug in Bewegung setzt.

Auf Gefällstrecken »überholt« das Fahrzeug das magnetische Wanderfeld; dabei wirkt der Linearmotor als Generator, d. h., er speist Strom in das Bahnnetz zurück und entwickelt gleichzeitig Bremskraft. Soll das Fahrzeug zum Halten gebracht werden, werden die Drehstrommagnete einfach umgepolt; sie ziehen dann kraftvoll entgegen der Fahrtrichtung, der Zug wird schnell und ruckfrei abgebremst.

Eine Versuchsbahn der Messerschmitt-Bölkow-Blohm GmbH ist südostwärts Münchens schon seit geraumer Zeit in Betrieb. Mit dem Prinzip des völlig geräuschlosen, berührungsfreien und ohne jede mechanische Abnutzung arbeitenden Linearmotors können in der Zukunft Zuggeschwindigkeiten von 400–500 Stundenkilometern erreicht werden.

Der Wankelmotor

Im Gegensatz zu den konventionellen Hubkolbenmotoren besitzt der von Felix Wankel erfundene »Rotationskolbenmotor« keine hin und her gehenden Teile wie Kolben, Pleuelstange, Ventile usw., sondern nur rotierende Teile. Der Rotor (Kolben) des ventillosen Wankelmotors hat im Querschnitt die Form eines Dreiecks mit konvexen (nach außen gekrümmten) Seitenlinien, das in einem Gehäuse um eine Achse rotiert. Dieser Raum ist so ausgebildet, daß die drei Kanten des Kolbens beim Drehen in jeder Stellung gasdicht anliegen. Da die Drehachse exzentrisch liegt, also außerhalb der Kolbenmitte verläuft, beschreibt der Mittelpunkt des Kolbens einen Kreis: bei jeder Umdrehung erfährt der Raum zwischen dem Kolben und der Gehäusewandung zwei abwechselnde Vergrößerungen und Verkleinerungen, was für einen Viertaktverbrennungsvorgang ausgenutzt werden kann. Die Ein- und Auslaßöffnungen werden dabei im richtigen Zeitpunkt vom Kolben selbst geöffnet und geschlossen. So wird von den drei Hohlräumen in zyklischer Folge Gemisch angesaugt, komprimiert, verbrannt und ausgestoßen wie bei einem Viertakt-Hubkolbenmotor. Die Drehung des Kolbens wird von einer Innenverzahnung auf die Motorwelle übertragen, und zwar so, daß sich die Motorwelle dreimal so schnell dreht wie der Kolben.

Der Wankelmotor läßt sich bei gleicher Leistung bedeutend leichter bauen als ein Hubkolbenmotor, vor allem beansprucht er wesentlich weniger Platz. In Personenwagen wird er als Zwei- oder als Mehrscheibenmotor eingebaut. Zur Zeit wird an der Entwicklung eines Wankel-Dieselmotors gearbeitet.

249

Straßenverkehr

> **Der elektronische Bremsregler**
>
> Die Ursache vieler Verkehrsunfälle ist die Blockierung der Räder durch eine Vollbremsung. Abgesehen davon, daß sich bei stehenden Rädern die Bremswirkung bis zur Hälfte verringert, bricht das blockierte Fahrzeug meist seitlich aus und gerät ins Schleudern; die Lenkung wird wirkungslos. Bei nasser (Aquaplaning) oder gar vereister Fahrbahn, bei der die Reibungskraft zwischen Rädern und Fahrbahn stark vermindert ist, blockieren die Räder sogar schon bei wesentlich geringerem Bremsdruck. Besonders gefährlich wird es, wenn die Bremsen nicht gleichmäßig greifen und nur einzelne Räder blockieren. Zur Vermeidung dieses unfallträchtigen Bremseffekts wurden neuerdings sogenannte »Antiblockgeräte« entwickelt. Sie bestehen aus sehr empfindlichen Meßfühlern an jedem Einzelrad, die jede Blockierungsgefahr sofort an ein Steuergerät melden. Dieses bewirkt verzögerungsfrei, daß der Bremsdruck soweit vermindert wird, daß die Räder nicht zum Stillstand kommen, die optimale Bremswirkung aber erhalten bleibt. Aufgehoben wird nur der übermäßige Druck des Fahrers auf das Bremspedal, der – ohne das Gerät – zum Blockieren einzelner oder aller Räder führen müßte.

gewichtes für die doppelten Antriebssysteme kommen Hybridantriebe nur für größere Fahrzeuge, wie Omnibusse, in Betracht.

Große Schwierigkeiten bereitet auch die Lösung der Probleme, die von der überstarken Motorisierung des Individualverkehrs in den Städten verursacht werden. Besonders im Großstadtverkehr kommt man heute in den Hauptverkehrszeiten mit dem Auto nicht einmal so schnell vorwärts wie früher mit der Pferdekutsche. Ist man dann am Ziel angelangt, findet man oft keinen Parkplatz, weil alle Abstellflächen in der Nähe schon von anderen Autos besetzt sind – auch der »ruhende Verkehr« bricht oft zusammen. Aber auch Fußgänger und Radfahrer werden durch den starken Autoverkehr sehr behindert. Die öffentlichen Straßenverkehrsmittel, wie Straßenbahnen und Omnibusse, die noch vor einigen Jahrzehnten den Personenverkehr reibungslos bewältigen konnten, sind den heutigen Anforderungen auf schnelle und komfortable Beförderung nicht mehr gewachsen, denn sie müssen ihren Verkehrsraum mit den Autos teilen.

Auf eigener Ebene

Zwar gibt es – aber vorerst nur in den sehr großen Städten – die auf eigenen Bahnkörpern ungehindert fahrenden U- und S-Bahnen, die zur Entlastung des innerstädtischen Personenverkehrs erheblich beitragen. Diese Verkehrsträger eignen sich jedoch vorwiegend zur Überbrückung größerer Entfernungen, also zum Verbinden der Vororte untereinander und mit dem Stadtzentrum. Auch kann ein U-Bahnnetz nicht beliebig verdichtet werden, und auch die Haltestellenabstände können nicht weiter verkürzt werden, weil sonst die Reisegeschwindigkeit in Anbetracht der zurückzulegenden Entfernungen zu klein würde. Man kann daher mit diesen konventionellen schienengebundenen Verkehrsmittel nicht jedes Ziel bequem erreichen, man muß oft längere Strecken zu Fuß zurücklegen oder ein öffentliches Straßenfahrzeug benutzen.

Als publikumswirksame Alternative zum Individualverkehr kommt nur ein leistungsfähiges, innerstädtisches Flächenverkehrssystem infrage. Ein solches System muß eine eigene Verkehrsebene haben, um ungehindert vom Straßenverkehr seine Funktion erfüllen zu können. Dem Benutzer soll es schnelle und häufige Fahrten von Haus zu Haus gestatten. Der Betreiber möchte in erster Linie personalarmen Betrieb, hohe Beförderungskapazität und einfache, störungsfreie Technik. Die Umwelt fordert, daß Gefährdung und Belästigung jeder Art weitgehend ausgeschlossen bleiben.

Nach vorstehenden Gesichtspunkten wird bereits intensiv an der Verwirklichung solcher Verkehrsmittel gearbeitet. Meist handelt es sich um Einschienenbahnen, denn es kommt ja darauf an, für die Trasse möglichst wenig Platz zu beanspruchen. Die Fahrgastzellen sind Kabinen mit zwei bis zwölf Sitzplätzen, die sowohl an den Schienen hängend, als auch in aufgesattelter Bauweise ausgeführt werden können. Als Antrieb dienen Linearmotoren in verschiedenen Varianten. Die Reisegeschwindigkeit liegt bei 30 bis 35 Stundenkilometer, die Haltestellenabstände sind 300 bis 500 Meter. Wesentlich ist die Automatisierung des Betriebes, um kurze Wagenabstände, schnelles, aber stoßfreies Anfahren und Halten, hohe Betriebssicherheit und Einsparung an Personalkosten zu ermöglichen. Haltepunkte werden nur zum vorprogrammierten Aussteigen oder beim Vorliegen eines Zielwunsches zum Ein- und Aussteigen angelaufen. Einige Systeme verwenden anstelle von Rad und Schiene bereits die Magnet- oder Luftkissentechnik.

Eine andere Möglichkeit, den Flächenverkehr zu verwirklichen, bieten die sogenannten Rollsteige, das sind auf Rollen laufende Bänder, die sich mit gleichbleibender Geschwindigkeit bewegen. Problematisch ist das Ein- und Aussteigen. Rollsteige dürfen nur mit 3 Stundenkilometern betrieben werden – ihren Zweck als attraktives Beförderungsmittel erfüllen sie aber nur, wenn die Bandgeschwindigkeit 12 bis 18 Stundenkilometer beträgt. Ein Lösungsvorschlag sieht an den Ein- und Aussteigepunkten 4 bis 6 parallel laufende kurze Bänder vor, von denen jedes sich um 3 km/h schneller bewegt als das vorhergehende, so daß der Benutzer stufenweise auf die Reisegeschwindigkeit beschleunigt wird. Ein eleganterer Vorschlag besteht darin, in den Stationen kreisförmige Drehlifte anzuordnen, welche die Fahrgäste fast unmerklich auf eine synchrone Geschwindigkeit mit dem Rollsteig beschleunigen. Beträgt die Kontaktzeit zwischen Drehlift und Band 12 Sekunden, können auch Kinder und ältere Leute das Verkehrsmittel benutzen. Eine Abwandlung des Rollsteigsystems bilden zwei kontinuierlich bewegte, mit Sitzen versehene Gliederbänder, die in einem Fahrrohr gegenläufig untergebracht sind. Auch hierfür sind zum Ein- und Aussteigen die Drehlifte vorgesehen.

Schließlich ist noch ein Fußgänger-Transportsystem zu erwähnen, bei dem die Fahrzeuge aus einer Sitzbank für zwei bis drei Personen bestehen. Die bedienungslosen Wagen fahren auf der Strecke mit 36 Stundenkilometern, neben den Bahnsteigen aber nur mit 1 km/h. Beim Aussteigen werden die Fahrzeuge durch die Gewichtsverlagerung bis zum Stillstand abgebremst, nach Entlastung des Trittbretts fahren sie weiter.

Aus den aufgeführten Projekten ist zu ersehen, wie stark und ernsthaft an der Verbesserung der Verkehrsverhältnisse in den Großstädten gearbeitet wird mit dem Ziel, den Personenverkehr mit Kraftwagen mehr und mehr aus dem Stadtinnern zu verbannen, auch wenn dies vor allem für den Berufsverkehr eine Härte bedeutet. Viele Politiker haben sich bereits der Forderung der Verkehrstechniker angeschlossen, daß die öffentlichen Verkehrsmittel eine Priorität gegenüber dem Individualverkehr im Stadtbereich haben müssen.

Nicht nur der Nahverkehr, auch der Fernverkehr kann die ständig zunehmende Fahrzeugdichte, die sogenannte Blechlawine, kaum noch verkraften. Als mit dem Bau der ersten Autobahnen der kreuzungsfreie Richtungsverkehr auf getrennten Fahrbahnen eingeführt wurde, schien ein störungsfreier, schneller Personen- und Lastkraftwagenverkehr wenigstens auf diesen Spezialstraßen auf absehbare Zeit gesichert. Viele Straßentransportunternehmungen nutzten die Gunst der Stunde, und damit nahm die LKW-Produktion einen kräftigen Aufschwung. Zugmaschinen und Anhänger wurden für 100 Stundenkilometer Höchstgeschwindigkeit ausgelegt, und die für schwere Fahrzeuge zugelassene Geschwindigkeit von 80 km/h konnte als Dauergeschwindigkeit gefahren werden. Das zügige Fahren, von keiner Ortsdurchfahrt und von keinem Verkehrssignal gehemmt, erlaubte kurze Transportzeiten, und die gebührenfreie Benutzung ermöglichte billigere Frachtsätze als sie die Bundesbahn bieten konnte. So kam es, daß ein großer Teil des Güterfernverkehrs von der Schiene auf die Straße abwanderte. Begünstigt wurde diese Entwicklung durch den direkten Haus-zu-Hausverkehr mit Straßenfahrzeugen.

Auch die technische Weiterentwicklung der Personenwagen wurde durch die Autobahn vorangetrieben. Da schon die ersten Strecken für eine Höchstgeschwindigkeit von 150 km/h ausgelegt waren, dauerte es nicht lange, bis diese Geschwindigkeit auch von den Mittelklassewagen, also von der Mehrzahl aller PKW, erreicht werden konnte. Seit einigen Jahren sind wir in der Lage, auch weite Fernstrecken in der gleichen Zeit, mit starken Wagen sogar noch schneller, zu bewältigen als mit dem D-Zug, trotz aller Fortschritte bei der Elektrifizierung der Bundesbahnstrecken. Aber der individuelle Fernverkehr ist meist auch billiger als die Bahnreise – wenn nämlich mehrere Personen einen Wagen benutzen. Rechnet man nicht die vollen Betriebskosten eines Autos, also mit Abschreibung, Abnutzung, Steuern und Versicherungen, sondern nur die laufenden Benzinkosten, dann fährt man schon zu zweit billiger als mit der Bahn. Bei Ferienreisen kommt noch der kostenlose und bequeme Transport des Reisegepäcks und die Exkursionsmöglichkeiten am Zielort hinzu. Dies führte zum Abwandern auch des Personenverkehrs von der Schiene zur Straße.

Inzwischen haben jedoch Personen- und Güterverkehr so zugenommen, daß trotz ständiger Erweiterungen des Autobahnnetzes, der Verbreiterungen der Fahrbahn mit einer Standspur, des Ausbaus vieler Strecken auf drei und mehr Fahrspuren, der Verkehr in Spitzenzeiten zum Erliegen kommt. Auch ohne Unfälle bilden sich oft kilometerlange zweireihige Wagenkolonnen aus Personen- und Lastkraftwagen, die sich schleichend oder ruckweise vorwärts bewegen. Kommt es aber zu einem Unfall, meist ein Auffahren auf den

Rund 20 Millionen Kraftfahrzeuge sind in der Bundesrepublik zugelassen, davon etwa 15 Millionen Pkw. Auf den knapp 5000 km des bundesdeutschen Autobahnnetzes kommt es in den Ballungsgebieten und zu den Ferien- und Hauptverkehrszeiten oft zu kilometerlangen Staus.

Vordermann wegen falscher Einschätzung der eigenen Geschwindigkeit, dann bilden sich auch zu verkehrsschwachen Zeiten lange Stauungen, da an der Unfallstelle, wenn überhaupt, dann nur einspurig vorbeigefahren werden kann. Weitere Folgen sind Gesundheitsschäden bei den Benutzern der Fernstraßen durch die giftigen Autoabgase. Alle diese Gefahren bilden sogar eine Bedrohung des menschlichen Lebens, es wird bereits damit gerechnet, daß bald mehr Menschen im Straßenverkehr sterben als zum Beispiel an Krebs.

Um diese Mißstände zu beheben, sollte vor allem der Fernverkehr verringert werden. Dies kann durch stärkere Benutzung der Bahn geschehen, und das gilt vor allem für den Gütertransport. Eine Reduzierung des LKW-Fernverkehrs um die Hälfte würde schon eine ganz erhebliche Entlastung der Autobahn und damit zugleich einen zügigeren PKW-Verkehr mit sich bringen. Das Unfallrisiko würde sich stark verringern, zumal die Lastkraftwagen selbst in zunehmendem Maß an den Unfällen beteiligt sind. Darüberhinaus müssen die technischen Möglichkeiten der Erhöhung der Fahrsicherheit voll ausgeschöpft werden. Dazu gehören zum Beispiel elektrische Geräte, die laufend den Abstand zum Vordermann messen, mit der eigenen Geschwindigkeit vergleichen und bei zu kleinem Abstand ein Warnsignal geben, oder sogar in die Führung des Wagens eingreifen. Es müßte auch noch viel mehr zur Bewußtseinsbildung der Menschen am Lenkrad getan werden, im Hinblick auf die spezifischen Gefahrenmomente, wie Fahren unter Alkohol, zu langsames Reagieren bei Übermüdung, falsche Einschätzung der Geschwindigkeit, zu kleinen Abstand vom Vordermann, zu wenig Verständigung mit den anderen Verkehrsteilnehmern und mangelnde Rücksichtnahme auf die anderen Fahrer.

Der negative Lenkrollradius

Bisher hatten alle Kraftfahrzeuge einen »positiven Lenkrollradius«, das heißt, die verlängerte Schwenkachse der Vorderräder trifft die Fahrbahn auf der Radinnenseite. Dadurch tritt ein Schiefziehen des Wagens auf, wenn sich rechts und links unterschiedliche Fahrwiderstände oder Bremskräfte auswirken. Bei einseitigem Auffahren auf das unbefestigte Bankett beispielsweise erfahren die auf dem Bankett rollenden Vorderräder einen größeren Widerstand als die auf der Fahrbahn gebliebenen: die Räder schlagen nach der Seite mit der stärkeren Verzögerung ein, was nur durch sofortiges kräftiges Gegenlenken verhindert werden kann. Sorgt man jedoch – durch nicht ganz einfache konstruktive Maßnahmen – dafür, daß die verlängerte Schwenkachse in einem gewissen Abstand außerhalb der Aufstandsfläche des Radreifens auf den Boden trifft, dann wird das Rad unter der Wirkung einseitig angreifender Kräfte in entgegengesetzter Richtung schwenken. Bei optimaler Wahl dieses Abstandes wird der Wagen ohne Zutun des Lenkers automatisch in der bisherigen Richtung geradeaus weiterlaufen. Diese technische Neuerung ist bereits praktisch erprobt und schon bei einigen Fabrikaten eingeführt.

Hans Günther

Schiffsverkehr

Die moderne Schiffahrt begann mit dem Einbau von Dampfmaschinen zum Antrieb der Schiffe. Das erste Dampfschiff, von dem Amerikaner Fulton 1807 gebaut, fuhr auf dem Hudson. Man brauchte zunächst Flußschiffe, die in der Lage waren, mit eigener Kraft stromauf zu fahren. Die damaligen schwerfälligen Schiffe konnten nur mit dem Strom segeln. Mit Ruderschiffen war das Fahren gegen den Strom so beschwerlich, daß nur einige Herrscher Paradeboote besaßen, mit denen gelegentlich Vergnügungsfahrten unternommen wurden. Jahrhundertelang mußten stromaufwärts auch die Segelschiffe getreidelt werden, das heißt sie wurden direkt am Ufer von Pferden gezogen, eine zeitraubende und kostspielige Angelegenheit. So kam zunächst eine gewisse Flußschiffahrt in Gang, während es noch Jahrzehnte dauern sollte, bis das Dampfschiff Eingang auch in die Seeschiffahrt fand.

Die erste transozeanische Dampfschiffüberquerung fand zwar schon 1819 statt, doch die in der ersten Hälfte des 19. Jahrhunderts zur Verfügung stehenden Dampfmaschinen waren noch nicht genügend leistungsfähig. Auch waren die ersten Seeschiffe Raddampfer, deren seitlich herausragende Schaufelräder im hohen Wellengang oft beschädigt oder sogar zerschlagen wurden. Raddampfermaschinen müssen überdies sehr langsam laufen, sie fallen daher auch bei geringer Leistung sehr schwer aus. Die 1845 erfundene Schiffsschraube, die ständig unter Wasser arbeitet, ist ein seetüchtiges Vortriebsmittel. Vor allem gestattet der Propeller, schneller laufende und daher leichtere Dampfmaschinen zu verwenden (etwa 100 Umdrehungen in der Minute gegenüber 30 bei Raddampfern). Trotzdem trauten die Seeleute jener Zeit den Maschinen nicht viel zu. Noch bis in die 80er Jahre hinein waren selbst die großen Ozeandampfer mit Takelagen versehen, um notfalls Segel setzen zu können.

Mit den Fortschritten in der Dampfmaschinentechnik und im Bau stählerner Schiffsrümpfe nahm die Dampfschiffahrt einen stetigen Aufschwung, der bis zum 1. Weltkrieg anhielt. Mehrzylinder- und Mehrfachexpansionsmaschinen, zuletzt Dampfturbinen, sowie Mehrschraubenantriebe kennzeichnen diese Entwicklung. Es folgte in den 20er Jahren die Umstellung der Dampfkesselfeuerungen von der Kohle auf das Heizöl und in den 30er Jahren bei allen kleineren bis mittleren Einheiten der Übergang auf das Dieselschiff. Als vorerst letzter Schritt in der Entwicklung der Schiffsantriebe kann die Einführung der Kernkraft gelten.

Mit den immer größer und schneller werdenden Schiffen wurden auch die Sicherheitsvorkehrungen weiter entwickelt. Die Schotteneinteilung zerlegt das Schiff mit Längs- und Querwänden in eine Anzahl wasserdicht voneinander abgeschlossene Räume, bei denen wenigstens zwei mit Wasser vollaufen können, ohne daß das Schiff untergeht. Alle Schottentüren können bei Gefahr von der Kommandobrücke durch einen Hebeldruck elektrisch geschlossen werden. Die Ausstattung mit Rettungsbooten wurde verbessert: alle Besatzungsmitglieder und alle Passagiere müssen in den Rettungsbooten des Schiffes Platz finden. Echolot und Radar lassen Hindernisse unter und über Wasser rechtzeitig erkennen.

Im Laufe der Zeit wandte man sich mehr und mehr der wissenschaftlichen Erforschung der Formgebung des Schiffes zu, baute wassertechnische Versuchsanstalten und untersuchte in systematischen Modellschleppversuchen, welche Form bei einer geforderten Geschwindigkeit den geringsten Widerstand im Wasser ergab, also die geringste Kraft für die Reise erforderte. Ein Ergebnis dieser Entwicklung ist zum Beispiel der Bugwulst, ein kugelförmiger Vorbau unterhalb der Wasserlinie, der besonders bei großen Schiffen und bei hohen Geschwindigkeiten die vordem sehr hohen Bugwellen unterdrückt und dadurch mit einigen Prozent weniger Maschinenleistung die gleiche Geschwindigkeit erreichen läßt. Das Stampfen, Schlingern und Rollen des Schiffes bei Seegang und Sturm bekämpft man seit Jahrzehnten durch bauliche und durch regeltechnische Maßnahmen. Zu den ersteren gehören seitliche Schlingerkiele am Schiffsboden und wulstartige Ausbuchtungen des Schiffskörpers in der Wasserlinie, die für bessere Stabilität gegen das Rollen sorgen. Seitlich angebrachte Schlingertanks, deren hin- und herschwingende Wassermassen den Schiffsbewegungen entgegen wirken, dämpfen die Rollbewegungen. Aktiv eingesetzt werden seitlich angeordnete Flossen, die hydraulisch oder elektrisch so gesteuert werden, daß die beim Fahren erzeugte Auftriebskraft der vom Seegang verursachten Bewegung des Schiffes entgegenwirkt. Auch die bei kleineren Schiffen anwendbaren Schiffskreisel wirken dem Rollen, Stampfen und Schlingern entgegen.

Schwimmende Paläste

Alle diese Maßnahmen trugen dazu bei, Schiffsreisen so sicher und so komfortabel wie nur möglich zu machen. Auf den großen Überseeschiffen war die Gefahr der Seekrankheit weitgehend gebannt. Mit 30 Seemeilen in der Stunde zogen sie ruhig ihre Bahn, und selbst bei dieser Geschwindigkeit gab es windgeschützte offene Decks mit Sportplätzen und Swimming Pools. Alle Innenräume waren voll klimatisiert, es gab Kinos, Bars, Ladenstraßen, Musikzimmer, Gymnastikräume. Verpflegung und Bedienung war auch in der Touristenklasse »erstklassig«. Schiffsarzt und Schiffsapotheke fehlten nicht. Über Sprechfunk konnte man mit aller Welt in Verbindung treten.

Das Tragflügelboot

Trotz all dieser Vorzüge und Annehmlichkeiten gibt es heute auf den großen Linien keine Passagierdampfer mehr, die einen durchlaufenden Dienst versehen: der ganze Überseeverkehr ist zur Luft abgewandert, die Jets haben den schwimmenden Palästen den Rang abgelaufen. Dieser Trend setzte nach dem 2. Weltkrieg ein. Im Jahre 1958 kreuzten den Atlantik zur Luft bereits ebenso viele Passagiere wie zur See. Anfang der 70er Jahre wurden die letzten großen Flagschiffe der französischen, englischen, amerikanischen und deutschen Reedereien aus dem Linienverkehr gezogen. Es gab nicht mehr genug Zeitgenossen, die bereit waren, eine achtstündige Flugreise von Frankfurt nach New York gegen eine fünftägige Schiffsreise zu tauschen, man wollte und konnte in vielen Fällen einfach nicht auf die zwei mal vier Tage im Bestimmungsland verzichten, die eine erholsame Schiffsreise zusätzlich beansprucht hätte. Dagegen war und ist man bereit, einen Teil seines Urlaubs oder auch den ganzen Urlaub an Bord zu verbringen, wenn auf einer Rundreise interessante Ziele angelaufen werden. Solche »Kreuzfahrten« gab es schon vor 40 Jahren, wenn auch damals nur vereinzelt und mit wenigen mittelgroßen Dampfern. Der zunehmende Wohlstand der Industrienationen brachte immer

Das Tragflächen- oder Tragflügelboot erreicht Geschwindigkeiten bis zu 60 Knoten (etwa 100 km/h). Der Bootskörper hebt sich bei entsprechendem Tempo ganz aus dem Wasser.

Schiffsverkehr

Chinesische Dschunken mit Mattensegeln aus Bast (links) beschrieb schon Marco Polo. Rund tausend Jahre davor sollen Ägypter nach Amerika gesegelt sein.

Berühmt ist die »Ra II« (unten), die Thor Heyerdahl nach alten ägyptischen Zeichnungen von bolivianischen Indianern aus Papyros nachflechten ließ. Um seine Theorie von den Ägyptern als den ersten Entdeckern Amerikas zu beweisen, segelte der unerschrockene Forscher mit der »Ra II« im Frühjahr 1970 von Marokko nach Antigua, einer Insel der Kleinen Antillen (Westindien).

mehr Interessenten für solche Kreuzfahrten auf den Plan, die Reedereien und Reisegesellschaften stellten sich frühzeitig auf die neue Schiffsreisewelle um, und heute sind Schiffe jeder Art, Größe und Ausstattung, auch einige der ganz großen Luxusdampfer, zu allen Jahreszeiten unterwegs. Es wurden nicht nur Passagierschiffe des Linienverkehrs auf die Kreuzfahrtschiffe umgerüstet, sondern auch schon Neubauten erstellt, die von vornherein für diese Zwecke eingerichtet waren.

Das wichtigste *Instrument* des Weltverkehrs war und ist die Frachtschiffahrt. Auch an ihr läßt sich der technische Fortschritt erkennen. Seit Jahrtausenden bis zu Anfang des 19. Jahrhunderts wurde sie mit Segelschiffen betrieben. Das Segel ist eine verhältnismäßig einfache Erfindung, die aus der natürlichen Beobachtung heraus gemacht werden konnte. Das planmäßige Segeln, das Aufkreuzen gegen den Wind, ist schwieriger und auch erst spät in der Geschichte nachweisbar. Ursprünglich kannte man offenbar nur ein Segeln vor dem Wind oder mit Seitenwind, weswegen im Altertum und im frühen Mittelalter die Handelsschiffe oft sehr lange wegen »widriger Winde« nicht auslaufen konnten. Während der Blütezeit der Segelschiffahrt, im 19. Jahrhundert, war die Kunst des Segelns und die der Ausnutzung günstiger Winde sehr weit entwickelt: nur völlige Windstille oder ein sehr starker Sturm konnte den Schiffsverkehr lahm legen. Auch die Schiffsbaukunst brachte hervorragende Leistungen zuwege: mit den schnellen und seetüchtigen Getreideklippern um die Jahrhundertwende konnten die damaligen Frachtdampfer weder hinsichtlich der Reisedauer, noch der Wirtschaftlichkeit mithalten. So kam es, daß die Seefahrt mit Dampfschiffen einige Jahrzehnte brauchte, bis sie die Segler von den großen Routen verdrängt hatte.

Dies geschah mit der Einführung wesentlich größerer Schiffseinheiten, die mit bordeigenen Löschanlagen auch viel schneller und rationeller be- und entladen werden konnten. Diese Hebezeuge wurden anfänglich mit dem Dampf der Hauptmaschinenanlage, später mit Elektromotoren angetrieben. Schon bald spielte der Dieselmotor in der Frachtschiffahrt eine große Rolle. Seine Hauptvorteile waren: weniger Platzbeanspruchung für die Anlage (Dampfkessel und Kondensationsanlagen entfallen), weniger Raum für die Treibstoffvorräte, weniger Bedienung und sofortige Betriebsbereitschaft. Der ersparte Raum konnte für bezahlte Fracht nutzbar verwendet werden, oder für die Aufnahme von Fahrgästen, oder es können längere Fahrten ohne Nachtanken stattfinden. Heute gibt es »langsam laufende« Mehrzylinder-Zweitakt-Dieselmaschinen mit Zylinderleistungen bis zu 4000 PS, die bei 100 bis 120 Umdrehungen in der Minute direkt mit dem Propeller gekuppelt werden können. Die Schwierigkeiten bei der Unterbringung der großen und schweren Langsamläufer führte zur Entwicklung mittelschnell laufender Viertaktdieselmotoren mit Zylinderleistungen bis zu 1000 PS und Drehzahlen bis zu 500 Umdrehungen in der Minute. Schnellaufende Dieselmotoren werden nur für kleinere Schiffe verwendet. Beide Bauarten benötigen ein Getriebe zur Herabsetzung der Motordrehzahl auf die Propellerdrehzahl. Alle Schiffsdieselmaschinen sind direkt umsteuerbar: der Motor wird abgebremst und mit Druckluft wie beim normalen Startvorgang in der anderen Drehrichtung wieder angelassen. Dieselmotoren werden für Antriebsleistungen bis 30 000 PS verwendet, bis 50 000 PS stehen sie im Wettbewerb mit Dampfturbinen, darüber hinaus sind letztere wirtschaftlicher. Eine moderne Hochdruckdampfturbinenanlage mit ölgefeuerten Dampfkesseln arbeitet weitgehend automatisch. Sie läßt sich für beliebig hohe Leistungen auslegen und wird daher vorwiegend für den Antrieb der heutigen sehr großen und sehr schnellen Seeschiffe verwendet.

Atomkraftgetriebene Schiffe

Auch die Kernkraft wird schon in der Seeschiffahrt erprobt. Anstelle der ölbefeuerten Dampfkessel tritt ein Kernreaktor, an den sich eine konventionelle Dampfturbinenanlage anschließt. Diese Antriebsart ermöglicht einen sehr großen Aktionsradius: mit einer Brennelementenbeschickung kann das Schiff mehrere Jahre lang ununterbrochen umherfahren. Die laufenden Brennstoffkosten sind daher außerordentlich gering. Andererseits sind die Anlagekosten der Dampferzeugung durch Kernenergie sehr hoch, mitbedingt durch die Sicherheitsvorkehrungen zum Schutz vor Betriebsunfällen. So muß sich der Reaktor in Schiffsmitte und in einem besonders dickwandigen Gehäuse befinden, um eine Kollision unbeschädigt zu überstehen. Ein weiteres Problem stellt die Strahlengefährdung der Besatzung dar, die besondere Abschirmmaßnahmen erfordert. Vorerst fahren einige Erzfrachter als Prototypen, um das Betriebsverhalten im Einsatz auf hoher See zu testen, sowie ein paar Atom-U-Boote.

Umweltschutz und Energiekrisen lassen nach Antriebsquellen forschen, die weniger zur Verunreinigung von Luft und Wasser beitragen und helfen, Energie zu sparen. So kommt auch das Segelschiff wieder ins Gespräch. Im Jahre 1970 wurde das Projekt »Dynaschiff« in Angriff genommen, eine moderne Segelschiffkonzeption, für die sich namhafte deutsche und englische Reedereien interessieren. Inzwischen konnte das Vorhaben unter Ausnutzung des heutigen Standes der Wissenschaft und Technologien bis zur Prototypreife gebracht werden. Das Schiff hat mehrere automatische Segelsetz- und Reff-Anlagen, deren Bedienungselemente in den hohen Stahlmasten untergebracht sind. Die Polyestersegel können in einer halben Minute gesetzt oder gerefft werden. Durch Drehen der ganzen Maste erreicht man jeweils die günstigsten Winkel zum Wind und sehr gute Manövriereigenschaften. Alle Funktionen können von der Kommandobrücke aus gesteuert werden, es wird also kaum noch seemännisches Personal benötigt. Das Schiff könnte bei mittlerer Windstärke mit 12 bis 18, maximal sogar mit 21 Seemeilen laufen. Für Flauten ist ein Gasturbinenhilfsantrieb vorgesehen, der etwa 8 Seemeilen zuläßt. Als Prototyp soll ein Massengutschiff von etwa 17 000 Tonnen gebaut werden, dem Schiffe mit 30 000 bis 40 000 Tonnen Tragfähigkeit folgen.

Die Frachtschiffahrt hatte wiederholt einen Strukturwandel erfahren. Das Zeitalter der mit Kohle befeuerten Dampfschiffe brachte den Übergang von der Linien- auf die Tramp-Schiffahrt. Die große Masse der Dampfer fuhr als »Tramp« nicht in regelmäßigen Liniendienst, sondern wechselte die Route nach Bedarf. Reeder und Kapitäne mußten es so einrichten, daß nicht nur der ausgehende Dampfer volle Ladung hatte, sondern daß er auch auf der Heimreise voll befrachtet war, damit nicht in »Ballast« gefahren zu werden brauchte. Diese Frachter müssen beschäftigt werden; lange Ruhepausen in den Häfen sind unwirtschaftlich. Die Reisegeschwindigkeit war mäßig, sie lag bei 9 bis 12 Seemeilen, eine Leistung, die von einem guten Segelschiff bei gutem Wind auch erreicht werden konnte. Die schnellsten Frachtschiffe waren die mit Kühlanlagen versehenen Bananendampfer, die mit 15 bis 20 Seemeilen fuhren.

Die Supertanker

Die zunehmende Industrialisierung, vor allem der weltweite Kraftfahrzeugverkehr, führte schon vor dem 2. Weltkrieg zum Einsatz von Tankschiffen mit 16 000 bis 18 000 Tonnen Tragfähigkeit, um das Rohöl von den Ölgebieten zu den Verbraucherländern zu befördern. Dieser Tankerverkehr nahm nach dem Krieg stark zu, und auch die Schiffseinheiten wurden immer größer. In den 50er Jahren waren die damaligen »Supertanker« mit 40 000 Tonnen etwa doppelt so groß. Durch die Schließung des Suezkanals im Jahre 1967 verstärkte sich dieser Trend. Der Umweg um das Kap der Guten Hoffnung erforderte besonders große Tankschiffe, um die Transportkosten nicht allzu sehr ansteigen zu lassen. Es kam zum Bau von Riesentankern, deren Größe heute bei 500 000 Tonnen liegt. Die Welttankerflotte bestand 1969 aus 3370 Schiffen von zusammen 134 Mio Tonnen Tragfähigkeit. Zum Transport von Erdgas werden Spezialtanker benötigt. Über See wirtschaftlich befördern läßt sich Erdgas nur im flüssigen Aggregatzustand, das heißt bei sehr niedrigen Temperaturen. Das flüssige Gas wird in einer Reihe isolierter kugelförmiger Behälter untergebracht. Das ständig abströmende Siedegas wird in den Antriebsmotoren des Schiffes verbrannt.

Ein weiterer Strukturwandel zeichnete sich im Güterverkehr ab. Es kam zur Bildung von Transportketten, das ist die Beförderung von Gütern durch mehrere Verkehrsmittel ohne Umpacken der Ladung. Wichtigstes Indstrument dieses kombinierten Verkehrs ist der Container, ein international genormter Behälter von je 2,5 Meter Höhe und Breite in drei Größen: 20, 30 und 40 Fuß, von je 6, 9 und 12 Meter Länge. Der Behälter ist besonders gut geeignet für den Transport von Stückgütern und von Kühlladung zwischen den Kontinenten: der Container wird beim Erzeuger beladen, auf Bahnwaggons oder Sattelschleppern zum Containerterminal gefahren, dort auf Containerschiffe verladen und im Bestimmungsland direkt zum Verbraucher gebracht. Treibende Kraft für den Behälterverkehr bleibt die Seeschiffahrt, der es innerhalb weniger Jahre gelang, fast alle großen Fahrtgebiete, wie Nordamerika, Australien und Fernost für den Container zu erschließen. Die Behälter werden von Spezialfirmen vermietet, deren weltweite Organisation sich um den Rücktransport des Gerätes kümmert, der möglichst wieder mit zahlender Ladung erfolgt. Die Organisation unterhält ein umfassendes Servicesystem mit eigenen Reparaturwerken.

Für die Container wurde ein neuer Schiffstyp entwickelt, dessen Laderäume den 20- und den 40-Fuß-Behältern angepaßt sind. Bis zu sechs vollbeladene Container werden übereinander in Führungsschienen gelagert, auf den Lukendeckeln werden bis zu drei Container übereinander fest verzurrt. Um den Behälterverkehr attraktiv zu gestalten und um die Schiffe gut auszunutzen, fahren die 20 000 bis 80 000 Tonnen großen Einheiten sehr schnell, es wurden schon Durchschnittsgeschwindigkeiten von 33 Seemeilen erreicht.

Schiffsschraube eines modernen Tankers.

Schiffsverkehr

Der Behältertransport wurde erweitert durch das amerikanische Lash-System (Lighter aboard ship): mit Spezialschiffen werden Schwimmbehälter (Bargen) mit genormten Abmessungen über See tranportiert. Am Lash-Schiff ist der Aufbau mit der Schiffsbrücke ganz vorn; ein Portalkran fährt auf dem Oberdeck, nimmt die Bargen am Heck des Schiffes aus dem Wasser und belädt die Laderäume durch besonders große Luken. Die Bargen haben 500 Tonnen Bruttogewicht, werden im Binnenland beladen, zum Verladehafen geschleppt, auf dem »Barge-Carrier« zum Bestimmungsland transportiert, dort im Seehafen entladen und über Binnenwasserstraßen direkt zum Empfänger geschleppt.

Die Leistungsfähigkeit der Seeschiffahrt hängt auch von der Funktion der Häfen und ihrer Anlagen ab. Die Hafenbautechnik hat außerordentlich viel zur Belebung und Steigerung des

Containerschiff »Tokio Bay«, gebaut in Hamburg. Ihre Länge beträgt fast 290 Meter, die Geschwindigkeit 26 Knoten (rund 42 km/h).

Zeebrügge (Belgien): Ein Containerschiff wird entladen. (Rechts)

Werftanlage im Hamburger Hafen (Schwimmdocks).

Schiffsverkehrs beigetragen. Sie hat weitgestreckte Becken geschaffen, an denen die Schiffe unmittelbar anlegen können. Auf den Kais stehen die vielen Hebezeuge zum Ent- und Beladen mit Lagerschuppen, wo die Güter Schutz finden.

Ursprünglich hatte man Flußmündungen als Häfen bevorzugt, teilweise sind auch von Natur gebotene tiefe Buchten ausgenutzt worden. Mit zunehmender Größe der Schiffe mußten die Fahrrinnen und Becken immer mehr vertieft werden. Für Massengutschiffe und Tanker mit mehr als 12 Meter Tiefgang sind in den letzten Jahren einige »Tiefwasserhäfen« entstanden. Für die heutigen Riesentanker, die mehr als 20 Meter Tiefgang haben, bis zu 400 Meter lang und 70 Meter breit sind, gibt es allerdings noch keine Anlegeplätze am Kai. Diese Großtanker machen außerhalb der Reede bei Ladeplattformen fest, die vor der Küste verankert sind. Durch Unterwasser-Pipelines sind die Plattformen mit riesigen Tanklagern an Land verbunden; Pumpstationen besorgen das Be- bzw. Entladen des Tankers.

Die Riesenschiffe, die auf hoher See bis zu 20 Seemeilen laufen, brauchen sehr lange »Bremswege«: selbst wenn die Schrauben mit voller Kraft rückwärts arbeiten, wird eine Verzögerungsstrecke von mehreren Kilometern benötigt, bis das Schiff aus dieser Geschwindigkeit zum Halten kommt. Man erprobt zusätzliche Mittel, mit denen die gewaltige Bewegungsenergie der 500 000 Tonnen schneller vernichtet werden kann, wie z. B. Flossen, die unterhalb der Wasserlinie seitlich herausgefahren werden können und andere Maßnahmen zur möglichst wirksamen Verstärkung des Strömungswiderstandes.

Die Umschlagseinrichtungen der Häfen sind für die jeweiligen Ladungsarten spezialisiert. Stückgüter werden als Paletten mit Kaikränen von 3 Tonnen Tragkraft bei 25 Meter Reichweite auf Lastwagen, Bahnwaggons oder in Schuppen verladen. Zum Bedienen der Containerschiffe sind in allen modernen Häfen Containerterminals entstanden mit weiten Freiflächen als Zwischenlager, Packhallen und großen Containerverladebrücken. Frachtschiffe werden mit Förderbändern entladen, wobei das Fördergut weder Temperaturunterschieden noch dem Tageslicht ausgesetzt wird. Getreide, Zucker, auch Ölkerne werden mit Getreidehebern aus den Laderäumen in Silos gesaugt. Für Massengüter wie Kohle, Kies und Erz wird Greiferbetrieb mit Verladebrücken und Portalkränen bevorzugt, diese Güter werden möglichst in Halden gelagert. Für Fahr-

Die Navigationshilfen

Spezialtransporter im Container-Terminal des Hamburger Hafens.

Riesige Sattelschlepper besorgen den Landtransport der Container.

gastschiffe gibt es Seebahnhöfe mit zwei Verkehrsebenen: oben sind Büros, Wartehallen und Zollabfertigungen untergebracht, unten gelangen Proviant, Gepäck und Stückgut auf das Schiff.

Nach Polarstern und Satellit

Eine planmäßige Schiffahrt ist auf hoher See nur möglich, wenn man sich navigatorischer Verfahren bedient, um seinen Standort zu ermitteln und die Fahrtrichtung festzulegen. Zuerst gab der Polarstern die Nordrichtung an, bis nach Erfindung der Magnetnadel der Kompaß, später der genauere Kreiselkompaß, als Richtweiser benutzt wurde. Die geographische Breite war aus dem Winkel zu errechnen, der mit Hilfe des Sextanten sich aus der Mittagshöhe der Sonne über dem Horizont ergab. Zur Berechnung des Längengrades gehörte auch noch eine genaue Uhr, das Schiffschronometer. In Küstennähe brauchte man Landmarken, wie Leuchtfeuer und Seezeichen. Schon im Altertum hatte man daher an Hafeneinfahrten große Leuchtfeuer entzündet. Weitere Hilfsmittel der Standortbestimmung sind Abstandsmessungen, Peilungen und Lotungen der Meerestiefe. Seit einigen Jahrzehnten gibt es die Funknavigation, die heute durch die noch genauere Standortbestimmung mit Navigationssatelliten ergänzt wird: ein Satellit, der ständig seine Kennung funkt und dessen Bahnbewegung genau bekannt ist, wird angepeilt, wenn er sich etwa über dem Schiff befindet. Hinzu kommt das Rundsichtradar, das auch bei Nacht und Nebel den Raum vor dem Schiff abtastet, auf dessen Schirm Schiffe und Hindernisse in Fahrtrichtung auszumachen sind.

Auch auf den Binnenwasserstraßen sind neuartige Beförderungstechniken im Kommen. In der Flußschiffahrt und auf den großen Binnenseen war bis zum 2. Weltkrieg der Raddampfer vorherrschend, der nur einen geringen Tiefgang hatte und schneller beschleunigen bzw. abstoppen konnte als ein Schraubenschiff gleicher Größe. Erst die Einführung des Schraubentunnels, eine tunnelartige Ausbildung des Schiffsbodens, die das Wasser seitlich des Schiffes dem Propeller zuführt, ermöglichte den Bau von leistungsfähigen Schleppern mit vergleichsweise geringem Tiefgang. Bei Fahrgastschiffen, die in der Binnenschiffahrt ausschließlich für Erholungs- und Vergnügungsreisen eingesetzt werden, wurden die beiden Schaufelräder durch den Voith-Schneider-Antrieb abgelöst. Das ist ein Pro-

Schiffsverkehr

> **Der Voith-Schneider-Propeller**
>
> Schiffe, die – z.B. im Binnenverkehr – besonders gute Manövriereigenschaften besitzen müssen, werden mit dem Voith-Schneider-Propeller (Zykloidpropeller) ausgerüstet. Er hat gegenüber der normalen Schiffsschraube den Vorteil, daß er das Ruder überflüssig macht; er bewirkt nicht nur die Fahrt, sondern auch die Steuerung des Schiffes. Auf einer vertikalen Achse rotiert eine Kreisscheibe, an deren Peripherie sechs schwenkbare, tragflügelähnliche Propellerblätter nach unten ragen. Durch Veränderung ihrer Anstellwinkel kann ihre Schubwirkung nach allen Richtungen verlagert werden. Die Steuerung erfolgt von der Kommandobrücke aus mittels eines Steuerknüppels. Da die Schubwirkung ebenfalls durch Verstellung der Anstellwinkel vergrößert oder reduziert wird, kann auch bei Änderung der Fahrtgeschwindigkeit stets die volle Drehzahl der Antriebsmaschine ausgenutzt werden; sie muß außerdem für die Rückwärtsfahrt nicht umgesteuert werden.

peller mit senkrechter Achse, dessen Blätter parallel zur Achse nach unten ins Wasser ragen. Dieser Antrieb erzeugt einen waagerechten Strahl, der nach allen Seiten gelenkt werden kann. Dies führt zu einer ausgezeichneten Wendigkeit, die vor allem Anlegemanöver erleichtert.

Der Güterverkehr spielte sich bis vor drei Jahrzehnten hauptsächlich mit Schleppzügen ab. Bis 2000 PS-starke Schlepper, meist Raddampfer, zogen bis zu sechs 1000 Tonnen-Kähne stromaufwärts. Diese Schlepperverbände fuhren mit geringer Geschwindigkeit, sie nahmen auf den Flüssen viel Verkehrsraum in Anspruch. Der Massenverkehr wanderte daher immer mehr zu den Selbstfahrern ab, das sind Frachtkähne bis zu 1200 Tonnen Tragfähigkeit, die von Dieselmotoren angetrieben werden, wesentlich schneller als Schleppzüge fahren können und auch manövrierfähiger sind. Außerdem haben sie den Vorteil, das Kanalnetz mit seinen Schleusen befahren zu können. Personalmangel und steigende Personalkosten sorgten Ende der 50er Jahre für eine rasche Verbreitung der Schubschiffahrt in Europa. Zunächst gab es kleine Verbände: das Heck eines Lastkahns (Leichter) wurde mit dem Bug des schiebenden Motorgüterschiffes gekoppelt. Der Leichter braucht ein Bugruder, das von der Brücke des Motorschiffes ferngesteuert wird. Man spart 30% Treibstoff und 30% der Investitionskosten gegenüber zwei gleich großen Selbstfahrern. Heute fahren auch große Schubverbände: starke Doppelschraubenschubschiffe schieben bis zu sechs Leichter, von denen je zwei längsseitsgekoppelt sind. Für solche Schubeinheiten werden drei Mannschaften (je ein Kapitän, Steuermann, Maschinist, Matrose) benötigt, wovon jeweils eine Mannschaft Wache, eine Freiwache und eine Urlaub hat.

Hafenstadt Nürnberg

Zu einer leistungsfähigen Binnenschiffahrt gehört ein gut ausgebautes Wasserstraßennetz. Die natürlichen Ströme wurden reguliert: die kleinen wurden durch besondere technische Arbeit schiffbar gemacht, sie wurden durch Stauwehre und Schleusen »kanalisiert«; bei den großen, den »schiffbaren« Strömen, wurden Hindernisse beseitigt oder überstaut. Wo schiffbare Flüsse fehlten, wurden von jeher Kanäle gebaut. Bekannt sind die mittelalterlichen Kanalnetze in England, Frankreich und das kleine preußische Kanalnetz, dessen Ausbau Friedrich der Große hohe Aufmerksamkeit schenkte. In neuerer Zeit wurde das innerdeutsche Kanalnetz für 1200-Tonnen-Schiffe ausgebaut und erweitert. In diesem Jahrzehnt wird der Main-Donau-Kanal hinzukommen, der eine Schiffsverbindung zwischen Nordsee und Schwarzem Meer herstellt und Nürnberg bereits zu einer »Hafenstadt« gemacht hat.

In den kanalisierten Flüssen wird das Gefälle an den Staustufen zur Stromerzeugung ausgenutzt, was die Rentabilität der hohen Investitionen verbessert. Schiffahrtskanäle haben kein Gefälle und daher auch keine Strömung. Zur Überwindung von Geländehöhenunterschieden dienen Schleusen und Schiffshebewerke, sie schaffen Kanalhaltungen. Eine Schleusenkammer wird durch je ein Schleusentor gegen das Ober- und das Unterwasser abgeschlossen, von denen immer nur 1 Tor geöffnet sein darf (Schleusenprinzip). Jeder Schleusvorgang bedingt einen Wasserverbrauch, der einer Kammerfüllung entspricht und in der Regel dem Oberwasser entnommen wird. Bei Hubhöhen über 30 bis 40 Meter arbeitet ein Schiffshebewerk wirtschaftlicher. Das Schiff fährt in einen Trog ein, der mitsamt seiner Wasserfüllung gehoben wird, es geht daher praktisch kein Wasser verloren. Da das Troggewicht durch das Schiff nicht verändert wird (die Wasserverdrängung entspricht dem Gewicht des Schiffes), kann es durch Gegengewichte oder Schwimmkörper genau ausgeglichen werden, so daß der Kraftaufwand zum Heben und Senken sehr gering ist. Bei senkrechten Hebewerken ruht der Trog entweder auf Schwimmern, die sich in senkrechten Kammern bewegen, oder er hängt mit Seilen über Umlenkrollen an vier oder mehr Gegengewichten. Es gibt auch Hebewerke mit geneigter Ebene, bei denen der Trog auf Schienen rollt und von Seilen gezogen wird. Alle heutigen Schleusen und Hebewerke sind so ausgelegt, daß sie von 1200-Tonnen-Schiffen benutzt werden können.

Die Maschinenanlage in Seeschiffen

Alle besonders schnellen und großen Passagierdampfer, Massengutfrachter, Tanker und Containerschiffe mit Antriebsleistungen über 50 000 PS fahren nach wie vor mit Dampfkraft, es sind Turbinenschiffe. Eine Dampfturbinenanlage besteht aus zwei selbständigen Teilen, der Dampferzeugungsanlage mit Kessel und Hilfseinrichtungen, und der eigentlichen Turbinenanlage mit Hochdruck- und Niederdruckturbinen, Kondensatoren, Getrieben und Hilfsanlagen. Diese Aufteilung gewährt eine gewisse Flexibilität bei der Anordnung der Antriebsanlage im Schiff, so können die Kessel auch räumlich weit getrennt von den Turbinen untergebracht werden. Da Turbinen die Energie des Dampfes direkt in rotierende Bewegung umsetzen, gibt es keine Vibrationen, wie sie bei Kolbendampfmaschinen und Dieselmotoren unvermeidbar sind. Dennoch auftretende Schwingungen stammen vom Propeller.

Zur Dampferzeugung dienen ölgefeuerte Dampfkessel. Sie haben auch die bei Kraftwerken üblichen Zusatzeinrichtungen zur Verbesserung des Wirkungsgrades, wie Dampfüberhitzer, Speisewasservorwärmer und Wärmeaustauscher, in denen die noch ziemlich heißen Abgase die Verbrennungsluft vorwärmen. Die gesamte Kesselanlage wird automatisch geführt und geregelt; sie liefert immer genau soviel Dampf, wie er von den Turbinen für die geforderte Leistung zur Erzielung einer bestimmten Schiffsgeschwindigkeit benötigt wird.

Die Turbinenanlage besteht je Propeller aus einer Hochdruckdampfturbine und aus einer daneben angeordneten Niederdruckturbine, in der eine Turbine für Rückwärtsfahrt eingebaut ist. Die Drehzahlen sind hoch: 7000 U/min kann die Hochdruck- und 4000 U/min die Niederdruckturbine bei »voller Kraft voraus« erreichen. Die beiden Turbinen arbeiten auf

Das Kraftwerk an Bord

ein mehrstufiges Getriebe, das mit der Propellerwelle gekuppelt ist, deren maximale Drehzahlen zwischen 100 und 150 U/min liegen können. Diese Zahnradgetriebe können heute für Leistungen bis zu 100 000 PS gebaut werden und zwar mit einer Präzision, die sie auch bei Vollast fast ganz vibrationsfrei laufen läßt. Vor einigen Jahrzehnten war die Fertigungstechnik noch nicht so weit. Anstelle geräuschvoller Getriebe bediente man sich des Turbo-elektrischen Antriebs: Jedem Propeller war eine Hoch- und Niederdruckturbine zugeordnet, die einen elektrischen Generator antrieben, der wiederum einen langsam laufenden, sehr großen Elektromotor speiste, der mit der Propellerwelle gekuppelt war. Diese Antriebsart beanspruchte ziemlich viel Platz, sie war recht aufwendig, hatte aber den Vorteil, daß die Turbinen mit konstanter Drehzahl laufen konnten und daß keine Rückwärtsturbine benötigt wurde. Die Regelung der Propellerdrehzahl erfolgte durch Ändern der Generatorspannung, mit welcher der »Wellenmotor« gespeist wurde; zum Umsteuern von Vorwärts- auf Rückwärtsfahrt brauchte nur der Stromanschluß des Motors umgepolt zu werden.

Bei den modernen Seeschiffen wird der Abdampf aus der Niederdruckturbine in einem Kondensator zu Wasser niedergeschlagen. Weil Wasser weniger Volumen hat als Dampf, entsteht im Kondensator ein Vakuum von 95 Prozent oder 0,05 Atmosphären – das entspricht eines Zwanzigstel des atmosphärischen Luftdruckes. Die Kühlung des Kondensators, das heißt die Entfernung der Abwärme, die beim Kondensieren des Dampfes frei wird und die bei Dampfkraftwerken gewaltige Kühltürme erfordert oder Flüsse aufheizt, ist bei Schiffen kein Problem: sie erfolgt durch Seewasser, das mit Pumpen durch den Kondensator gedrückt wird. Die ganze Turbinenanlage ist bei Doppelschraubenschiffen zweimal vorhanden, damit jeder Propeller unabhängig vom anderen angetrieben werden kann, was zur Verbesserung der Manövriereigenschaften beiträgt.

Den Turbinen vorgeschaltet ist ein Manövrierventil, mit dem der Dampfstrom mehr oder weniger gedrosselt oder ganz abgesperrt werden kann. Das motorisch angetriebene Ventil wird zum Regeln der gewünschten Turbinenleistung bzw. Fahrgeschwindigkeit vom Maschinenleitstand oder auch von der Kommandobrücke aus ferngesteuert. Der Dampf durchströmt zuerst den Hochdruckteil, um dann im Niederdruckteil seine restliche Energie abzugeben. Das Kondensat wird von den Pumpen ständig in den Kessel zurückgepumpt, womit der Wasser-Dampf-Wasser-Kreislauf geschlossen ist. Durch ein weiteres Ventil wird der Dampf entweder in die Vorwärts- oder in die Rückwärtsturbine geleitet; Dampfturbinen können nämlich wegen der festen Beschaufelung nicht umgesteuert werden. Aus Sicherheitsgründen sind die im Schiffsbetrieb üblichen Dampfdrücke und Temperaturen relativ niedrig: 65 Atmosphären und 515 Grad Celsius gegenüber 180 Atmosphären und 585 Grad bei großen Dampfkraftwerken.

Die elektrische Energie, die der Bordbetrieb erfordert, wird von wenigstens zwei Drehstromgeneratoren erzeugt, die meist von Dieselmotoren oder Turbinen angetrieben werden werden. Moderne Passagier- und Containerschiffe benötigen für Beleuchtung, Klimaanlagen, Proviantkühl- und Sanitär-, Pump-, Ballast- und Feuerlöschanlagen sowie für Winden, Kräne, Selbstentladeeinrichtungen, Ladungskühlanlagen und Tankheizungen regelrechte Kraftwerke mit Generatorleistungen bis zu 20 000 Kilowatt.

Schon seit längerer Zeit werden einzelne Teile der Maschinenanlage durch interne Regelsysteme den wechselnden Beanspruchungen automatisch angepaßt. Heute ist bei großen Schiffen die Gesamtanlage automatisiert. Dadurch wird ganz erheblich Personal eingespart. So wird beispielsweise ein 80 000 Tonnen großes Containerschiff für 3000 Behälter von nur 42 Mann in Gang gehalten. Waren die Segelschiffe wahre Meisterleistungen handwerklichen Könnens, so sind die heutigen Großschiffe wahre Wunderwerke der Automatik und Elektronik. Umfangreiche Überwachungs- und Regelanlagen verbinden die einzelnen Regelkreise funktionell miteinander. Ein frei programmierbarer Prozeßrechner, der zentral die aus der gesamten Anlage einlaufenden Informationen erfaßt, ver-

---

Paletten

Um den Güterumschlag zwischen verschiedenen Transportträgern (Eisenbahn, Schiff, Lastwagen, Flugzeug) zu rationalisieren, benutzt man nach oben offene Transportplattformen, auf denen Stückgüter zu einer Ladeeinheit zusammengestellt werden. Diese sogenannten Paletten können von Gabelstaplern mehrfach übereinander gestapelt werden. Die Grundmaße sind genormt: Die »Europäische Pool-Palette« hat 1,2 mal 0,8 Meter Grundfläche, die »Hamburger-Hafen-Palette« eine solche von 1,6 mal 1 Meter. Je nach Art der Güter verwendet man Flachpaletten, Boxpaletten mit Seitenwänden oder Gitterboxpaletten aus Baustahlmaschen. Die Verwendung von Paletten hat ähnliche Vorteile wie der Transport mit Containern; sie ist ein wichtiges Glied in der Containerkette.

---

arbeitet und selbsttätig die einzelnen Regelvorgänge beeinflußt, steuert den gesamten Prozeßablauf. Der Rechner kann zusätzlich auch zur Lösung nautischer Aufgaben und für Berechnungen im Ladungsbereich eingesetzt werden. Vom Maschinenleitstand aus werden die Hauptmaschinen, die Stromerzeugungs-, Klima- und Kühlanlagen, wichtige Pumpen und Hilfseinrichtungen, unmittelbar überwacht. Die Kontrollfunktionen werden von einer digitalen Datenverarbeitungsanlage ausgeübt. Überall im Schiff befinden sich Meßstellen, deren Werte, in elektrische Ströme umgeformt, zu dieser Anlage geleitet, dort in Zahlenwerte umgewandelt und zur Auswertung aufgearbeitet werden. Grenzwertüberschreitungen werden als Störwerte registriert und gleichzeitig optisch und akustisch gemeldet. Eine Reihe von besonders wichtigen Alarmen wird bei unbesetztem Leitstand zur Kommandobrücke oder auch zum Quartier der Ingenieure weitergeleitet. Von der Brücke aus befohlene Änderungen der Propellerdrehzahl und -Richtung werden mit Zeit- und Befehlsangabe sowie mit Ausführungsrückmeldung von einem Kommandodrucker registriert.

Das Echolot

Das 1913 von A. Behm erfundene Echolot mißt die Laufzeit ausgesendeter Schallimpulse, die von einem Objekt reflektiert werden. Bei bekannter Schallausbreitungsgeschwindigkeit kann daraus die Entfernung ermittelt werden. Die Schallabstrahlung erfolgt durch einen elektrischen Schwingungserzeuger. Im Empfänger werden die Schalldruckschwankungen des Echos aufgefangen, in elektrische Spannungsschwankungen umgewandelt und auf dem Sichtschirm eines Oszillographen aufgezeichnet. Der Abstand zwischen dem Sende- und dem Empfangszacken ist ein Maß für die Entfernung des angepeilten Objektes vom Sender. Als Medium für Echolotmessungen ist das Wasser wegen seiner guten Schalleitfähigkeit besonders geeignet. Das Echolot wird daher vorzugsweise in der Schiffahrt benutzt, um die Wassertiefe unter dem Schiff laufend zu messen und zu registrieren. Das Echolot dient aber auch zur Feststellung geologischer Daten, beispielsweise zur Erforschung von Lagerstätten mit Hilfe von reflektierten Explosionsdruckwellen.

Hans Günther

Schienenverkehr

Der Übergang vom Mittelalter zur Neuzeit und die Entfaltung des technisch-industriellen Zeitalters ist eng mit der Einführung und dem Einfluß der Eisenbahnen im vorigen Jahrhundert verbunden. Wo immer Schienen gelegt wurden, blühte das Leben auf, neue Industriezweige entstanden und die rollenden Güterwege erschlossen neue Märkte. Mit einem Mal stand ein rasches, bequemes und preiswertes Beförderungsmittel zur Verfügung, Industriegebiete konnten sich bilden, und die Gütererzeugung konnte sich auf dazu besonders geeignete Stellen konzentrieren. Daher lag die wirtschaftliche Bedeutung der Eisenbahn von allem Anfang an vorwiegend in der Vermittlung des Güterverkehrs. Der Personenverkehr entwickelte sich erst allmählich, nahm in der zweiten Hälfte des 19. Jahrhunderts mit dem allgemeinen Wohlstand rapide zu, erlebte in allen Kulturländern seinen Höhepunkt kurz vor dem 1. Weltkrieg, um schließlich mit dem Überhandnehmen der Kraftfahrzeuge in eine Krise zu geraten.

Noch nie zuvor ist ein solcher Aufwand an Kraft und Geld in eine einzige Sache gesetzt worden, niemals aber auch war der Erfolg menschlicher Bemühungen größer als mit der Schaffung dieses Verkehrsmittels. Damit die Eisenbahn hergestellt werden konnte, haben zahlreiche Wissensgebiete ein enges Bündnis miteinander schließen müssen: die Erdkunde in ihren beiden Formen Geologie und Geografie, die Naturwissenschaften, Technik, Baukunde, Staatsrecht, Völkerrecht, Volkswirtschaftslehre. Der Einfluß der Eisenbahntechnik auf die allgemeine technische Entwicklung läßt sich allenfalls mit der der Raumfahrttechnik vergleichen, die ja auch fast alle Zweige des zeitgenössigen Wissens ausschöpfte und mit den von ihr geforderten Neuentwicklungen auf vielen Gebieten den technischen Fortschritt vorantrieb.

Bei der Bahn waren es in der Anfangszeit die immer wiederkehrenden Brüche der Radreifen an den Stellen, wo sie zusammengeschweißt werden, die Alfred Krupp veranlaßten, den nahtlosen Eisenbahnreifen aus Gußstahl zu entwickeln. Für Jahre sind diese Reifen sein wichtigster Produktionszweig geworden, und aus ihnen hat er daher auch seine Fabrikmarke genommen, das weltbekannte Zeichen der drei Ringe, die sich überschneiden. Zur Erhöhung der Fahrtsicherheit wurde schon frühzeitig der elektrische Telegraf eingeführt. Die Herstellung solcher Telegrafen war die erste Arbeit der von Werner Siemens gegründeten Telegrafenbauanstalt, aus der die heutige weltverzeigte Weltfirma Siemens emporwuchs. Weitere Beispiele eisenbahntechnischer Pionierleistungen sind: die Luftdruckbremse, die weitgespannten Brückenkonstruktionen, die Magnetkissenschwebetechnik. Aber auch die Einführung der genauen Uhrzeit, der 24-Stunden-Zählung und des Fahrplans hat die Zivilisation der Eisenbahn zu verdanken.

Die Eisenbahn erlebte ihre wirtschaftliche Glanzzeit am Anfang dieses Jahrhunderts. Im Jahre 1913 war das in den deutschen Eisenbahnen festgelegte Anlagekapital größer als das Kapital aller deutscher Aktiengesellschaften. Die deutschen Bahngesellschaften hatten in dem gleichen Jahr aus dem Gesamtverkehr 3,5 Mrd. Goldmark eingenommen, die sich auf den Personenverkehr mit »nur« 1,2 Mrd und auf den Güterverkehr mit 2,3 Mrd verteilten; aus diesem Umsatz wurde noch ein Betriebsüberschuß von 1,66 Mrd Goldmark erwirtschaftet! Dabei waren zu dieser Zeit rund 800 000 Beamte und Arbeiter bei den deutschen Eisenbahnen tätig, das heißt ein Drittel der Beamtenschaft aller deutscher Staaten war bei der Bahn beschäftigt.

Seitdem haben die Bahnen aller Länder gefährliche Krisen erlebt. Von den Folgen der Kriege abgesehen, war es der Abschied von den Dampflokomotiven, die vor allem aus wirtschaftlichen Gründen den sparsameren Diesel- und Elektroloks weichen mußten (→ S. 44/45). Dazu kam der immer stärker zunehmende Wettbewerb des Autoverkehrs, der zu einer teilweisen Abwanderung des Personen- und Frachtverkehrs führte. Trotzdem hat die Bahn ihre Bedeutung, auch innerhalb der Volkswirtschaft, bis heute nicht verloren. Sie ist zur Bewältigung des Massenverkehrs unentbehrlich, sie fährt rasch und sicher bei jedem Wetter, und der Fahrkomfort auf leisen (durchgehend geschweißten) Schienensträngen ist auch von großen Personenwagen nicht zu übertreffen. Die kaum noch zu bewältigende Überfüllung der Autostraßen mit katastrophalen Unfallziffern und schließlich die Luftverschmutzung durch die Autoabgase liefert weitere Argumente für eine bessere Nutzung der Schienenwege. So kommt es in unseren Tagen wieder zu einer Renaissance der Eisenbahn, die von den heutigen technischen Möglichkeiten entscheidend gefördert wird.

Die Bemühung der heutigen Eisenbahntechniker erstreckten sich vor allem auf die Erhöhung der Fahrsicherheit, der Reisegeschwindigkeit, des Fahrkomforts und der Wirtschaftlichkeit. Hundert Jahre lang waren die Schienenstöße ein Sorgenkind der Ingenieure. Um die Längenänderung der Schienenstränge bei Temperaturänderungen aufzufangen, mußten zwischen den 12 bis 24 Meter langen Schienen Dehnungslücken bleiben, um Verwerfungen der Gleise bei großer Hitze oder Brüche bei starker Kälte zu verhindern. Die Schienenenden erhielten Langlöcher für die Bolzen, welche die beiden Stoßlaschen zusammenhielten, die die Stöße überbrückten. So konnten die Schienenenden sich innerhalb des Laschenpaares zwar ausreichend verschieben, aber die kraftschlüssige Verbindung fehlte: beim Darüberrollen des Rades federte ein Ende etwas weiter nach unten durch, und das Rad stieß gegen das etwas höhere Ende der nächsten Schiene. So entstand das rhythmische

Das »nahtlose« Gleis

Fahrgeräusch des Zuges, die vertraute Melodie der Bahnfahrt. Doch die Ingenieure hörten das Geräusch mit anderen Ohren: das technisch unvollkommene ließ sie nicht ruhen. Mit den Fortschritten der Schweißtechnik einerseits und mit neuen Erkenntnissen über die Stabilität der Gleise in ihren Bettungen andererseits lernte man die Kräfte der Wärmespannungen so zu beherrschen, daß die Gleise sich auch bei den größten bei uns vorkommenden Temperaturunterschieden nicht mehr verwerfen können.

So gibt es heute auf allen Haupt- und den meisten Nebenstrecken der Bundesbahn nur noch durchgehend geschweißte Gleise, deren Vorteile, wie wesentlich geringerer Verschleiß des rollenden Materials und der Gleise, geringere Unfallgefahr und höherer Reisekomfort bei angenehmerem und ruhigerem Fahren, offensichtlich sind.

belastet werden. In der Praxis läßt sich leider die Erhöhung nicht beliebig weit treiben, höchstens bis zu 15 Zentimetern, weil sonst ein in der Kurve stehengebliebener Zug nach innen umkippen würde. Je kleiner der Kurvenradius, um so kleiner ist die Geschwindigkeit, bei deren Überschreitung die Fahrzeuge aus der Kurve herausgeschleudert würden. Jeder Kurve ist daher eine zulässige Höchstgeschwindigkeit zugeordnet, die noch erheblich unterhalb der kritischen Geschwindigkeit liegen muß. Darauf ist es im wesentlichen zurückzuführen, daß die heutigen Reisegeschwindigkeiten der meisten D-Züge noch unterhalb von 100-Stundenkilometern liegen, bedingt durch die kurvenreichen Strecken auf den im vorigen Jahrhundert angelegten Trassen. Um in der BRD dem abzuhelfen, sollen bis 1985 etwa 1250 Kilometer des vorhandenen Streckennetzes für höhere Geschwindigkeiten begradigt werden. Zugleich sol-

Das Rad-Schiene-System findet seine technischen, wirtschaftlichen und Sicherheitsgrenzen bei »Tempo 300«. Für Verkehrsmittel, die schneller sein sollen, bietet sich die berührungsfreie Schwebetechnik an, bei der die Fahrzeuge auf Luft- oder Magnetkissen auf einer festen Trasse gleiten. Zahlreiche Modelle werden gegenwärtig erprobt. Im Foto: Prototyp einer in Deutschland entwickelten Magnetschwebebahn.

Grenze bei Tempo 300

Ein »notwendiges Übel« des Schienenstranges, die Kurven, sie können zwar nicht vollständig beseitigt werden, man ist aber weiterhin dabei, ihre nachteiligen Wirkungen zu entschärfen. Schon von Anfang an hatte man die Kurven mit »Übergangsbögen« an die geraden Streckenabschnitte angeschlossen, damit die schweren Lokomotiven und die Wagen ihre Richtung nicht ruckartig, sondern allmählich ändern. Um die nach außen wirkenden Zentrifugalkräfte besser zu beherrschen, wurde die äußere Schiene erhöht: der Zug neigt sich beim Durchfahren der Kurve nach innen, wodurch die nach innen wirkende Schwerkraft der Zentrifugalkraft entgegenwirkt. So gibt es für jede Fahrgeschwindigkeit und für jeden Kurvenradius eine genau errechenbare Erhöhung, die beide Wirkungen gerade kompensiert, so daß beide Schienen des Gleises gleichmäßig

len die Strecken Köln–Groß Gerau, Mannheim–Stuttgart und Aschaffenburg–Würzburg in gestreckter Linienführung und ohne schienengleiche Bahnübergänge für 200 Stundenkilometer Reisegeschwindigkeit neu gebaut werden. Mit dem Baubeginn der 280 Kilometer langen Strecke Hannover–Gemünden im Jahr 1973 wurde zum erstenmal seit Fertigstellung der Bahnlinie Hannover–Bebra im Jahre 1876 wieder ein größerer Streckenneubau in Angriff genommen.

Ein grundlegender Wandel des Fernverkehrs ist jedoch nur mit unkonventionellen Technologien zu erwarten, denn bei 300 Stundenkilometern hat das Rad-Schiene-System seine Grenzen erreicht. Zum Durchbrechen dieser »Mauer« bietet sich die berührungsfreie Schwebetechnik an, das Gleiten der Fahrzeuge auf Luft- oder Magnetkissen über einer festen Trasse. Die Forschung und Entwicklung dieser neuen Technik hat nahezu gleichzeitig in allen größeren Industrieländern eingesetzt. Rea-

Schienenverkehr

lisierbare Projekte zeichnen sich bereits ab, die grundlegende Konzeption des Fernverkehrs ist erarbeitet. Während in Frankreich bisher die Luftkissensysteme bevorzugt wurden, hat man sich in Deutschland mehr den Magnetkissensystemen zugewandt, die offensichtliche Vorteile aufweisen. Namhafte Firmen in der BRD befassen sich mit Varianten dieser Hochleistungsschnellbahn, die bei 500 Stundenkilometern die Strecke München–Hamburg in 2 Stunden schaffen würde.

Zur Erhöhung des Reisekomforts wurden die achtsitzigen Abteile dritter Klasse abgeschafft; seitdem gibt es bei der Bundesbahn nur noch gepolsterte Sitze. Ein neuer vierachsiger Reisezugwagen von 26 Metern Länge wurde Anfang der 50er Jahre eingeführt, dessen Bauart mit Seitengang nur noch sechssitzige Abteile hat. Die größere Länge und die besser gefederten, geräuscharmen Drehgestelle ließen den Wagen wesentlich ruhiger laufen als die früheren D-Zug-Wagen. Anstelle der Harmonika-Verbindung traten schlauchartige Gummiwülste an den Wagenenden, die sich beim Kuppeln der Wagen zusammendrücken, einen guten Abschluß gewähren und keine zusätzliche Handhabung erfordern. Den größten Komfort bieten die TEE- und Intercity-Züge mit Klimaanlage, besonders guter Geräuschdämpfung, sehr bequemen Sitzen, mit Zugtelefon, Schreibabteilen und einem großzügigen Service.

Größere Reisegeschwindigkeit und mehr Komfort bringen der Bahn Vorteile gegenüber den Wettbewerbern Flugzeug und Auto. Einsparungen an Betriebs- und Unterhaltungskosten sowie vor allem an Personalkosten verbessern weiterhin die Wirtschaftlichkeit dieses Verkehrsträgers. Der gewaltige finanzielle Aderlaß, der den deutschen Bahnen zur Beseitigung der Kriegsschäden auferlegt wurde, dazu der starke Nachholbedarf in der Verbesserung der Anlagen, die im Krieg vernachlässigt worden waren, veranlaßte die Bundesbahn, den Betrieb aufs äußerste zu rationalisieren.

Das Blasrohr

Ein Kohlenfeuer brennt um so intensiver, je mehr Luft ihm zugeführt wird. In einem abgeschlossenen Feuerraum eines Dampfkessels strömt die Luft von unten her durch den Rost, dann durch die glühende Kohlenschicht und schließlich als heißes Verbrennungsgas durch den Kessel. Um die Strömungswiderstände auf diesem Weg zu überwinden, muß über dem Feuer ständig ein Unterdruck aufrechterhalten werden. Dieser »Zug« wird bei stationären Kesselanlagen durch einen hohen Schornstein erzeugt, in dem die heißen Gase einen Auftrieb erfahren, der mit der Höhe des Schornsteins zunimmt. Da Lokomotiven keinen hohen Schornstein haben können, muß der Luftzug künstlich erzeugt werden. Dazu dient das »Blasrohr«, das, besonders beim Anfahren der Lok, unter lautem Puffen hohe Dampf- und Rauchwolken ausstößt.

Der Abdampf aus den Zylindern sammelt sich im Blasrohr, das er mit kurzen, schnellen Stößen verläßt. Das Blasrohr ragt von unten zentrisch in den Schornstein und endet in dessen halber Höhe. Die Dampfstöße aus dem Blasrohr reißen durch den ringförmigen Spalt, der es von der Innenwand des Schornsteins trennt, die Gase aus der Rauchkammer mit sich nach oben und durch den Schornstein ins Freie. Dadurch entsteht ein Unterdruck, der von dem nach unten offenen Aschenkasten her Luft nachströmen läßt, die durch den Rost und die brennende Kohlenschicht hindurchbläst, dabei das Feuer anfacht und die heißen Verbrennungsgase mitsamt dem Rauch und dem Ruß durch die »Rauchrohre« des Dampfkessels jagt, hinter denen die Rauchkammer liegt. Die stärkste Anfachung geht beim schnellen Fahren mit Volldampf vor sich, während bei stehender Lok das Feuer durch den schwachen natürlichen Zug des niedrigen Schornsteins gerade noch am Brennen gehalten wird.

1. Preis für »The Rocket«

Schon lange hatte man erkannt, daß die altehrwürdige Dampflokomotive den wirtschaftlichen Anforderungen nicht mehr entsprach. 150 Jahre lang war die mit Kohle erzeugte Dampfkraft die Grundlage des Verkehrs auf den Bahnen, obwohl der Wirkungsgrad der »fahrenden Dampfmaschine« äußerst schlecht war, nur 10 bis 15 Prozent der Kohlenenergie wurden als Zugkraft auf die Schienen übertragen, der Rest ging durch den Schornstein hinaus. Während dieser Zeitspanne war aber auch das Grundprinzip der Lokomotive unverändert geblieben. Es spricht für die Genialität des Erfinders George Stephenson, daß es trotz aller seitherigen technischen Fortschritte nicht gelungen war, die Dampflokomotive grundsätzlich zu verbessern. Schon am 27. Juni 1825 zog die »Locomotion« einen Zug von 34 Wagen mit 450 Passagieren 20 Stundenkilometer schnell von Stockton nach Darlington, und im Oktober 1829 gewann die verbesserte Lokomotive »The Rocket« den ersten Preis in der berühmten Wettfahrt von Rainhill, wobei sie eine Geschwindigkeit von 56 Stundenkilometern erreichte.

Acht Lokomotiven dieses Typs standen für die erste öffentliche Eisenbahnlinie der Welt, die am 15. September 1830 eröffnete Bahnstrecke Manchester–Liverpool, zur Verfügung. Die wesentlichen Bauelemente dieser ersten Lokomotiven sind bis heute unverändert geblieben: auch die in den 20er Jahren entwickelte schwere Einheits-D-Zug-Lock Baureihe O1 der DRB, die noch bis Anfang der 70er Jahre ihren Dienst tat, hat die Feuerbüchse mit liegendem Rauchrohrkessel, die Rauchkammer mit dem Schornstein, den Dampfdom, das Zweizylindertriebwerk mit gekuppelten Treibrädern, den Dampfregler, die Umsteuerung, den Schlepptender, zwei Sicherheitsventile und das von Stephenson eingeführte Blasrohr. Dieses Bauteil erzeugt zwar auch das weithin hör- und sichtbare Wahrzeichen einer arbeitenden Dampflokomotive – vor allem aber sorgt es auf denkbar einfache Weise für die Regelung der Dampferzeugung nach der geforderten Zugleistung.

Das Blasrohr ist im Wärmehaushalt der Lok unentbehrlich, ohne seine Wirkung wäre es auch nicht möglich, im eng begrenzten Querprofil der Regelspur von nur 1435 Millimetern die Kesselanlage für eine 2300 PS leistende Dampfmaschine unterzubringen und sie bei ständig wechselnder Leistung zu betreiben. Der dafür bezahlte Preis ist freilich sehr hoch: der Auspuffbetrieb ist in erster Linie für den schlechten Wirkungsgrad verantwortlich, denn die im Abdampf noch enthaltene Wärme- und Druckenergie »verpufft« ungenutzt ins Freie; auch muß das verdampfte Wasser ständig nachgespeist werden, wozu ein großer Wasservorrat im Tender mitgeschleppt werden muß, und das kostet auch wieder Kohle. Alle Bemühungen, den Auspuffbetrieb durch etwas Besseres zu ersetzen, schlugen fehl: die Versuche, die Dampflok auf den wirtschaftlicheren Kondensationsbetrieb umzustellen, scheiterten am fehlenden Raum innerhalb der zur Verfügung stehenden Grundfläche.

So mußten andere Traktionsverfahren entwickelt werden, die wirtschaftlicher betrieben werden können. Als erstes bot sich der Dieselmotor an, der schon zu Anfang des Jahrhunderts die ortsfeste Dampfmaschine weitgehend verdrängt hatte. Er ist noch heute die Wärmekraftmaschine, die den Brennstoff bei geringsten Verlusten in mechanische Energie umwandelt. Für den Eisenbahnbetrieb ist der Dieselmotor jedoch nicht ohne weiteres geeignet. Während die Dampflok aus dem Stillstand heraus und auch noch beim Anfahren ihre höchste Zugkraft entwickelt, ist das Drehmoment der Verbrennungsmotoren beim Anlaufen sehr klein, sie können also nur im Leerlauf auf Touren kommen. Daher benötigen sie »Drehmomentenwand-

Dieselelektrische Kraftübertragung

Thermit-Schweißverfahren bei der Bundesbahn; flüssiger Stahl verbindet den Stoß der Schienen fugenlos. Unten: Gleiskran zur Verlegung von 15 m langen Schienen»jochs«, verlegen Gleisanlagen komplett mit Schienen und Schwellen.

ler«, das sind Schaltgetriebe mit verschiedenen Übersetzungen und einer Kupplung, wie sie jeder Autofahrer kennt. Erst von einer Drehzahl an, die etwa 30 Prozent der Höchstdrehzahl beträgt, entwickeln sie ein ausreichendes Drehmoment.

Es dauerte einige Jahrzehnte, bis man für die großen Lokomotivleistungen Drehmomentenwandler betriebssicher bauen konnte. Zuerst gelang die »dieselelektrische Kraftübertragung«, bei der ein Generator die Kraft des Dieselmotors in elektrischen Strom verwandelte, mit dem die Fahrmotoren betrieben wurden. Während der Dieselmotor ständig mit hoher Drehzahl läuft, wird die Drehzahl der Motoren durch die leicht regelbare Generatorspannung verändert: je höher die Spannung an den Klemmen des Motors, um so höher seine Drehzahl. Da Elektromotoren, vor allem der »Hauptstrom-Motor«, bereits im Stillstand bzw. beim Anlaufen das maximale Dreh-

Schienenverkehr

moment entwickeln, stand ein für den Bahnbetrieb geeigneter Antrieb zur Verfügung.

Heute gibt es betriebssichere hydraulische Getriebe mit ausreichender Leistung, die das Drehmoment des Dieselmotors unmittelbar verändern; das bedeutet eine wesentliche Vereinfachung der Energieübertragung und auch eine Gewichtsersparnis. Die heutigen Dieselhydraulischen Lokomotiven der Bundesbahn sind mit zwei schnellaufenden und daher leichten Dieselmotoren ausgerüstet, die ihnen eine größere Zugleistung ermöglichen, als sie die bisher stärksten Dampfloks entwickeln konnten, und sie einen Betriebswirkungsgrad von 30 Prozent erreichen lassen. Auch schnelle Triebwagenzüge, wie der TEE-Express, und Schienenbusse, die bei geringem Verkehr Lokomotiven entbehrlich machen, werden von Dieselmotoren angetrieben. Die Wirtschaftlichkeit des Diesellokbetriebs gegenüber dem Dampflokbetrieb wird weiterhin erhöht durch die vereinfachte Wartung: es entfallen die Entschlackungs-, Bekohlungs- und Bewässerungsanlagen sowie das Unter-Dampf-Halten während der Betriebspausen.

Zur Bedienung und zur Führung der Lok oder des Triebwagens genügt der Lokführer, der 2. Mann, der Heizer ist entbehrlich. Freilich erfordert der Ein-Mann-Betrieb zusätzliche Sicherheitsmaßnahmen, wie die »Totmanntaste«, die ständig niedergedrückt werden muß, um die automatische Bremsung des Zuges zu vermeiden.

Die Elektrifizierung

Auch eine Diesellok genügt noch nicht allen Anforderungen, die heute an die Leistungsfähigkeit des Personen- und Güterverkehrs gestellt werden. Ihre Zugleistung ist begrenzt – bestenfalls lassen sich 3000 PS in einer Lokomotive für Regelspur unterbringen. Bei 30 Prozent Wirkungsgrad werden immer noch 70 Prozent des Dieselöls nutzlos verbraucht, und die Abgase des Motors belasten die Umwelt. Dies ist der Grund, warum in fast allen Industrieländern die Elektrifizierung der Bahnen unaufhaltsam voranschreitet. Die elelektrische Vollbahnlokomotive, die E-Lok, erlaubt bei gleicher Größe und gleichem Gewicht, nämlich 120 Tonnen auf 6 Achsen, eine Zugleistung von 10 000 PS bei 250 Stundenkilometern Höchstgeschwindigkeit. Außerdem ist sie kurzzeitig stark überlastbar, denn die Leistungsreserven des Bahnnetzes stehen ihr zur Verfügung. Der Wirkungsgrad der elektrischen Zugförderung liegt bei 80 Prozent; Rauch, Ruß und Abgase entfallen. Wird der Bahnstrom mit Wasserkraft erzeugt, gibt es an keiner Stelle der Energieumwandlungskette Umweltprobleme. Diesen Vorteilen stehen als Nachteile die zur Energieerzeugung und zur Stromzufuhr erforderlichen Bahnkraftwerke und die Oberleitungen mit ihrem Fahrdraht gegenüber. Die Verlegung der Oberleitungen verursacht jedoch im wesentlichen einmalige Investitionskosten, die sich allenfalls bei Nebenstrecken mit geringem Verkehr nicht bezahlt machen. Solche Bahnlinien bleiben der Diesellok und den Schienenbussen vorbehalten.

Die Anfänge der elektrischen Zugförderung gehen auf das Jahr 1879 zurück, als Werner Siemens die erste wirklich brauchbare elektrische Lokomotive den Berlinern vorführte. Im Gelände der Gewerbeausstellung lief sie auf einer 300 Meter langen Rundbahn. Auf der hölzernen Umkleidung des Motors saß der »Lokführer«, auf zwei offenen Wagen hatten je 18 Fahrgäste Platz. Das saubere, rauch- und geruchlose Verkehrsmittel fand solchen Anklang, daß in vier Monaten über 86 000 Fahrgäste sich befördern ließen.

Bis aus diesem Urtyp eine Vollbahnlokomotive werden konte, mußten noch einige Jahrzehnte elektrotechnischer Entwicklung vergehen. Aber das Zeitalter der elektrischen Straßenbahn begann schon bald, für deren Antrieb anfänglich Leistungen von 10 bis 20 PS ausreichten. Die ersten Fahrzeuge hatten die gleichen Maße und auch fast das gleiche Aussehen wie die Pferdebahnen. Aus diesen zweiachsigen Trieb- und Beiwagen entwickelten sich die heutigen vier- oder sechsachsigen, schnellen und komfortablen Gelenkstraßenbahnwagen.

Der erste, der einen Dampfkessel auf Räder und Schienen stellte, war der Bergbauingenieur Richard Trevithick im Jahre 1804; zwei Stunden brauchte seine einzylindrige Lokomotive für die 15 km Schienenstrecke einer Waliser Zeche. 1813 entstand die »Puffing Billy« (links) von Timothy Hackworth und William Headly. Sie hatte schon zwei Zylinder! Nach ihrem Vorbild baute Georg Stephenson die »Rocket«, die 1829 vier Rivalinnen um die neue Strecke Liverpool-Manchester aus dem Felde schlug und die damals ungeheure Geschwindigkeit von 56 km/h erreichte.

Die Elektrifizierung der Bahn

Bald nach der Einführung der Straßenbahnen wurden die ersten U-Bahnen gebaut. Die anfänglich nach gleichem Prinzip wie die Straßenbahnen gesteuerten U-Bahnzüge wurden im Laufe der Jahre erheblich verbessert. Heute geht Anfahren und Bremsen völlig ruckfrei vor sich; beim Bremsen wird die Bewegungsenergie nicht mehr in Widerständen vernichtet, sondern in das Bahnnetz zurückgespeist; durch bessere Laufeigenschaften der Fahrzeuge und weitgehende Verwendung von Gummizwischenlagen an den Verbindungsstellen des Wagenkastens mit den Drehgestellen ist der Wagenlauf leise und vibrationsfrei geworden; die Fahrmotoren wurden immer stärker, sie beschleunigen jetzt den U-Bahnzug in 25 Sekunden auf 80 Stundenkilometer und bremsen ihn in gleicher Zeit ruckfrei und gleichmäßig bis zum Stillstand ab.

Seit der Jahrhundertwende befaßte man sich intensiver mit dem elektrischen Zugbetrieb auf Vollbahnen. Im Jahre 1903 fanden auf der Militärbahn Marienfelde–Zossen Versuche mit Schnellbahnwagen statt, die weltweites Aufsehen erregten. Die Firmen AEG und Siemens & Halske hatten je einen sechsachsigen Triebwagen mit Drehstrommotoren ausgerüstet, die über Schleifbügel von drei übereinander angebrachten Drähten neben der Fahrbahn gespeist wurden. Beide Fahrzeuge kamen auf über 200 Stundenkilometer, eine bis dahin unerreichte Geschwindigkeit. Damals jedoch waren Streckennetz und Gleise für derartig hohe Geschwindigkeiten noch nicht geeignet, zudem war auch noch kein Bedarf auf Verdoppelung der damaligen Zuggeschwindigkeiten erkennbar.

In den folgenden Jahren wurden Versuche mit Wechselstrommotoren unternommen, die sich für den Bahnbetrieb besser eignen, als die Drehstrommotoren, die drei Zuleitungen benötigen. Beim damaligen Stand der Technik erwies sich eine Fahrdrahtspannung von 15 000 Volt und eine Frequenz von $16^{2}/_{3}$ Hertz für Fernstrecken am geeignetsten. Die verhältnismäßig hohe Spannung wird zur Überwindung großer Entfernungen bei gleichzeitiger Übertragung großer Leistungen benötigt, und die Wahl der niedrigeren Frequenzen ergab sich einfach daraus, daß man damals noch keine betriebssicheren Wechselstrom-Bahnmotoren für höhere Frequenzen, zum Beispiel für die 50 Hertz der öffentlichen Elektrizitätswerke, bauen konnte. Die erste deutsche Vollbahn, die Strecke Bitterfeld–Dessau, wurde 1911 mit dieser Stromart in Betrieb genommen. Andere Länder, wie die Schweiz, Österreich und Schweden schlossen sich diesem Vorgehen an. Wie bei uns werden auch dort noch heute die Vollbahnnetze mit dieser niedrigen Frequenz betrieben, denn zu der kostspieligen Umstellung auf die vorteilhafteren höheren Frequenzen der Landesnetze konnte man sich noch nicht entschließen.

Die Elektrifizierung der deutschen Eisenbahnen ging mit wechselndem Tempo und mit häufigen Unterbrechungen vonstatten. Die Verlegung der Oberleitungen, der Bau von Bahnkraftwerken und die Beschaffung der elektrischen Lokomotiven erfordert immer wieder große Geldmittel. Jedem Elektrifizierungsvorhaben gingen wirtschaftliche Überlegungen voraus, für die folgende Gesichtspunkte maßgeben waren: ausreichende Verkehrsdichte, um die größere Zugkraft und höhere Reisegeschwindigkeit möglichst weitgehend nutzen zu können, schwierige Streckenverhältnisse, wie lange Steigungen mit vielen und langen Tunnels, die für E-Loks überhaupt keine Schwierigkeiten machen, und das Vorhandensein billiger Energie. Deshalb werden vorwiegend Gebirgsstrecken elektrifiziert, denn dort gibt es die billigen Wasserkräfte. Billige Energie gibt es auch in Gebieten mit viel Braunkohle, daher entstanden die ersten elektrischen Vollbahnen im Mitteldeutschen Braunkohlenrevier, im Schlesischen Bergland und in Oberbayern. Heute hat die Elektrifizierung der Deutschen Bahnen einen hohen Stand erreicht. Ende der 70er Jahre werden alle Hauptstrecken der Bundesbahn elektrisch betrieben.

In diesen sieben Jahrzehnten hat sich der Stand der Technik gewaltig verändert: vor allem auf den Gebieten der Starkstrom- und Energietechnik, der Elektronik, der Regelungs- und Nachrichtentechnik wurden Fortschritte erzielt, die zu Beginn der Elektrifizierung undenkbar waren. Es ist also kein Wunder, daß sich eine E-Lok des Jahres 1975 wesentlich von der des Jahres 1915 unterscheidet. Die damaligen Lokomotiven waren noch sehr den Dampfloks nachempfunden. Noch bis in die 20er Jahre wurden die großen Treibräder über Kuppelstangen verbunden, welche die Kraft eines großen Elektromotors auf die einzelnen Achsen übertragen. Eine »Blindwelle« in Höhe der Treibradachsen ermöglichte deren Federspiel gegenüber dem fest eingebauten Motor. Nachdem es gelungen war, kleinere Motoren hoher Leistung zu bauen, erhielt jede Treibachse ihren eigenen Antrieb und das äußere Bild der E-Lok nahm die heutige Seitenansicht mit den vier oder sechs gleichgroßen Rädern an.

Linienzugbeeinflussung

Die heutigen Lokomotiven und Triebwagenzüge werden für 200 Stundenkilometer und darüber gebaut. Bei diesen hohen Geschwindigkeiten wäre der Lokführer überfordert, wollte man ihm die alleinige Verantwortung überlassen, denn ein »Fahren auf Sicht« wäre allenfalls nur bei idealen Verhältnissen möglich. Der fahrplanmäßige Verkehr wird erst dann zugelassen, wenn die betreffenden Strecken mit drahtloser Datenübertragung zwischen einer Steuerstelle und den Lokomotiven

Das Funktionieren der Straßenbahn

Die Schienenräder der Straßenbahnen sind gewöhnlich in zwei Drehgestellen angeordnet, wodurch das Durchfahren von Kurven mit engem Radius ermöglicht wird; jedem Drehgestell ist ein eigener Gleichstrommotor zugeordnet. An jedem Wagenende befindet sich ein Führerstand, so daß der Kurs wahlweise in entgegengesetzten Fahrtrichtungen gesteuert werden kann. Der Stromabnehmer, der die Motoren mit Gleichstrom von 500–800 V Spannung versorgt, gleitet federnd an der Oberleitung entlang; der Strom wird über Räder und Schienen zum Kraftwerk zurückgeleitet. Anfahren und Geschwindigkeit werden vom Wagenführer durch Betätigung einer Handkurbel geregelt, mit der er das Ein- und Abschalten von Widerständen im Stromkreis bewirkt. Dadurch wird den Motoren jeweils so viel Energie zugeführt, wie für Beschleunigung oder Erhaltung der Fahrgeschwindigkeit gerade nötig ist. Gebremst wird mittels einer Kurzschlußschaltung; die Bewegungsenergie des fahrenden Wagens wird zur Antriebskraft für die Motoren, die dadurch während des Bremsvorgangs als Generatoren geschaltet sind. Der von ihnen erzeugte Strom – und mit ihm die kinetische Energie des Wagens – wird in den Widerständen in Wärme umgesetzt; die Räder werden abgebremst. Daneben besitzt der Wagen eine mechanische Bremse, die, vom Wagenführer betätigt, pneumatisch auf Bremsbacken und Bremstrommeln oder -scheiben wirkt. Die elektrische Bremsung ist nur beim fahrenden Wagen wirksam, daher kann auf eine mechanische Bremse nicht verzichtet werden, damit z.B. der Wagen beim Halt auf einer Gefällstrecke nicht ins Rollen kommt. Zur Verstärkung der Bremswirkung ist jeder Wagen mit einem Sandstreuer ausgerüstet; der vor den Rädern auf die Schienen gestreute Sand erhöht den Reibungswiderstand. – Bei den modernen Straßenbahn-Großraumwagen wird der Wagenführer durch eine elektrische Steuerautomatik entlastet.

Schienenverkehr

Vom Zentralstellwerk München werden täglich etwa 1000 Züge, 5000 Rangierfahrten und 600 Lokomotiven sicher durch das Gleisgewirr geleitet. Für die gleiche Aufgabe waren früher elf Stellwerke, fünf Blockstellen und die doppelte Menge Personal notwendig.

ausgerüstet sind. Mit dieser »Linienzugbeeinflussung« wird ständig die Lokgeschwindigkeit ferngemessen, mit der für den Streckenabschnitt vorgesehenen Sollgeschwindigkeit verglichen und bei Abweichungen automatisch die Leistung der Fahrmotoren geändert oder vor Haltesignalen gleichzeitig auch gebremst. Der Lokführer hat dann nur noch die Aufgabe, die Funktionen zu überwachen, die Strecke zu beobachten und bei Störungen einzugreifen.

Die Gleisanlagen der Bundesbahn werden auch von den S-Bahnen befahren, die dem Vorortverkehr großer Städte und der Personenbeförderung in ausgedehnten Ballungsgebieten dienen. Zugeinheiten aus vier bis acht Wagen, die von einer Führerkabine am Kopf des Zuges gesteuert werden, erhalten den Fahrstrom aus der gleichen Oberleitung wie die E-Loks. Da jede Wagenachse von einem Motor angetrieben wird, können diese Züge sehr rasch anfahren, und zwar mit der gleichen Beschleunigung, wie moderne U-Bahnzüge. Der Fahrbetrieb ist schon heute weitgehend automatisiert, um möglich viel Sicherheit und Fahrkomfort zu bieten.

In den Stellwerken hat schon vor einiger Zeit die Elektronik ihren Einzug gehalten. Auf einem verhältnismäßig kleinen »Gleisbildstelltisch« ist schematisch der vereinfachte Gleisplan des Streckenbereiches dargestellt. Auf den Streckensymbolen werden ganze Fahrstraßen durch Betätigen der Start- und Zieltaste eingestellt, wobei falsche Weichen- oder Signalstellungen ausgeschlossen sind. Der Lauf der Züge wird durch Kontakte neben den Gleisen automatisch zurückgemeldet, der Stellwerksbeamte wird durch Signallämpchen über die Position des Zuges unterrichtet.

Auch der Rangierbetrieb wird weitgehend automatisiert, um die Rangierkosten zu senken, die noch etwa $1/3$ der Unkosten des Güterzugbetriebes ausmachen. Rangierbahnhöfe zum Zusammenstellen, Auflösen oder Umgruppieren von Güterzügen arbeiten bereits mit unbemannten Loks, die über Funk ferngesteuert werden. Die Zentrale ist das »Ablauf-Drucktasten-Stellwerk«, das mit Computern den Wagenlauf überwacht und steuert. Wenn einmal die automatische Mittelpufferkupplung eingeführt sein wird, brauchen die Rangierer ihren gefahrvollen Beruf nicht mehr auszuüben. Für diese Kupplung gibt es bereits gute technische Lösungen, es dürfte aber noch eine Weile dauern, bis die nationalen Bahnverwaltungen sich auf eine europäische Einheitskupplung geeinigt haben.

Zur Rationalisierung des Frachtverkehrs hat die Einführung des Containers erheblich beigetragen. Der »Container« ist ein international genormter Behälter für die Beförderung von Gütern durch mehrere Verkehrsmittel ohne Umpacken der Ladung. Für den Haus-zu-Haus-Verkehr wird eine kleinere Ausführung mit ein bis zwei Kubikmeter Rauminhalt verwendet, damit sie auch mit Lieferwagen transportiert werden kann. Die Behälter nehmen die von den Kunden der Bahn gesammelten Stückgüter auf, Möbel und Hausrat zum Beispiel, Zerbrechliches und leicht Verderbliches, aber auch Schüttgut.

Der Güterwagenpark der Eisenbahn ist heute weitgehend auch den unterschiedlichsten Transportaufgaben gewachsen. Neben dem 20 Tonnen-Standartwagen gibt es Spezialwagen aller Art, von den Kühlwagen für verderbliche Lebensmittel, die im D-Zugtempo fahren, 24achsige Tiefladewagen für sperrige und sehr schwere Lasten bis zu 330 Tonnen, Tankwagen für Flüssigkeiten und Gase bis zu den offenen Plattformwagen der Autoreisezüge, auf denen die Autofahrer ihre Wagen meist nachts in die Feriengebiete mitnehmen, während sie im gleichen Zug im Schlafwagen liegen.

Magnetkissenbahnen

Bei allen Fahrtechniken, die eine feste Bahn, eine Trasse benutzen, stützen die Fahrzeuge ihr Gewicht auf die Fahrbahn ab und werden gleichzeitig so geführt, daß sie auf der Fahrbahn bleiben. Beim Rad-Schiene-System werden diese beiden Funktionen in sehr einfacher Weise vereint: an der Innenseite des tragenden Radreifens führt eine wulstartige Erhebung von 2,6 Zentimeter Höhe, der Spurkranz, das Rad auf der Schiene. Zwischen Spurkranz und dem Schienenkopf muß wegen der unvermeidlichen Ungenauigkeiten der Gleise ein seitliches Spiel von 7 bis 10 Millimeter bleiben. Der Radsatz kann sich also um den gleichen Betrag nach rechts oder links innerhalb des Gleises hin und her bewegen, bis einer der beiden Spurkränze am Schienenkopf anläuft. Um dem entgegenzuwirken, hat der Radreifen die Form eines Kegelmantels mit nach außen abnehmendem Durchmesser, wodurch auf den Radsatz eine stabilisierende Kraft ausgeübt wird, die ihn in Gleismitte zu ziehen versucht, wenn der Wagen wegen der mehr oder weniger stark sich durchbiegenden Schienen seitlichen Kräften ausgesetzt wird. Diese Störungen verursachen das jedem Bahnreisenden bekannte rhythmische Schlingern. Diese Schlingerbewegungen nehmen mit dem Quadrat der Fahrgeschwindigkeit, mit dem Gewicht der Fahrzeuge und mit der Nachgiebigkeit des Gleises, des »Oberbaus«, zu. Mit Einführung der Leichtbauweise und durch Verstärkung des Oberbaues ist es gelungen, ein entgleisungssicheres Fahren bis zu 300 km/h zu ermöglichen. Bei dieser Geschwindigkeit wird aber bereits eine Toleranz von höchstens 2 Millimetern je 10 Meter Schienenlänge gefordert, das heißt, die Schienenköpfe dürfen unter der Radlast höchstens um diese Höhe von der Geraden abweichen. Diese engen Toleranzen erfordern bereits einen so hohen Unterhaltungsaufwand, daß eine weitere Steigerung aus wirtschaftlichen Gründen nicht mehr vertretbar erscheint und man sich daher nach neuen Lösungsmöglichkeiten umsehen muß.

Sehr viel günstiger verhalten sich in dieser Beziehung schwebende Fahrzeuge wie die bekannten Luftkissenfahrzeuge, die ihr Gewicht und ihre Massenkräfte auf eine viel größere Fläche verteilen. Die elektrische Art dieses Schwebens ist das »magnetische« Schweben, wie es zur Zeit in der Bundesrepublik in mehreren Varianten untersucht und entwickelt wird. Die Physik bietet hierzu drei Möglichkeiten:
1. beim *permanentmagnetischen* Verfahren wird der Schwebezustand durch die abstoßende Kraft gleichnamiger Pole erzeugt,
2. das *elektromagnetische* Schweben kann sowohl durch die abstoßende Kraft gleichnamiger Pole als auch durch die anziehende Kraft eines Magnetsystems zu einer Eisenfläche erzeugt werden,
3. beim *elektrodynamischen* Schweben wird eine abstoßende Kraft durch die Magnetfelder gegensinniger Ströme im Primär- und Sekundärkreis gewonnen.

Das erste Verfahren, das mit Naturmagneten arbeitet, verbraucht zwar keine Energie, aber es fehlen derzeit noch genügend starke Magnete, die Gewichte von vielen Tonnen in einem vorgegebenen Abstand unter wirtschaftlich tragbaren Bedingungen halten können. Dieses Verfahren wird daher nur für die leichten Fahrzeuge der innerstädtischen Nahverkehrsbahnen in Erwägung gezogen.

Beim elektromagnetischen Verfahren ist die Variante interessanter, die mit Anziehungskräften arbeitet, da hierbei nur ein Spulensystem benötigt wird, das auf dem Fahrzeug angebracht ist. Der magnetische Gegenpol, die Eisenschiene, bildet als passives Element die Fahrbahn. Da jedoch dieses Verfahren seiner Natur nach instabil ist – die Anziehungskraft wächst mit der Annäherung der Schiene an die Magnetpole – ist ein sehr schnelles Regeln des magnetischen Flusses erforderlich. Dabei messen Fühler am Fahrzeug ständig den Abstand der Magnetpole von der Eisenschiene, deren Meßwerte mit einem Sollwert verglichen werden. Mit dem Differenzbetrag wird ein Elektronenrechner gesteuert, der über den Erregerstrom die Stärke des Magnetfeldes so regelt, daß der gewünschte Abstand mit nur geringen Schwankungen eingehalten wird. Das erste Versuchsfahrzeug der Welt, gebaut und erprobt von der Firma Messerschmitt-Bölkow-Blohm bei München, arbeitete nach diesem Verfahren, das auch von der Firma Krauss-Maffei weiter entwickelt wurde.

Als sehr aussichtsreich wird ferner das elektrodynamische Verfahren beurteilt. Das von den Firmen AEG, BBC und Siemens vorangetriebene Projekt verwendet auf der Unterseite des Fahrzeuges Spulen, deren Magnetfelder in den Aluminiumschienen der Fahrbahn beim Bewegen des Fahrzeuges Wirbelströme induzieren, die eine magnetische Abstoßungskraft zur Folge haben. Diese ist so groß, daß man damit stabile Schwebehöhen von 15 Zentimetern zu erreichen hofft, die zur Betriebssicherheit bei 500 km/h erforderlich sind. Auch die Abstandsregelung bereitet über den leicht zu beeinflussenden Primärstrom keine Schwierigkeiten. Die Probleme liegen in den systembedingten großen Strömen um 100 000 Ampère und den beengten räumlichen Verhältnissen im Fahrzeug. Diese Probleme lassen sich wahrscheinlich nur mit Hilfe der Supraleitfähigkeit lösen, bei welcher der elektrische Widerstand in den Spulen verschwindet. Ein wichtiger Vorteil besteht darin, daß die in den Magnetfeldern gespeicherten Energien nicht plötzlich verschwinden können. Im Falle einer Störung bleibt die Tragfähigkeit der Magnetkissen lange genug erhalten, um Katastrophen zu vermeiden. Die Supraleitfähigkeit läßt sich jedoch nur bei sehr tiefen Temperaturen nahe dem absoluten Nullpunkt (minus 272,2 Grad Celsius) verwirklichen. Aber diese können durch flüssiges Helium über einige Stunden aufrechterhalten werden, ohne daß Kältemaschinen im Fahrzeug eingebaut werden müssen.

Keine Führungsschwierigkeiten

Bei allen Magnetkissensystemen werden die Fahrzeuge mit den gleichen Mitteln, mit denen sie getragen werden, auch seitlich geführt, nur daß zu diesem Zweck die magnetischen Kräfte waagerecht gerichtet sind. Im Gegensatz zum Rad-Schiene-System gibt es auch bei den Höchstgeschwindigkeiten keine Füh-

Die elektronische Überwachung der Züge

Seit Jahrzehnten hat sich auf den Schnellzugstrecken der deutschen Bahnen die »Induktive Zugbeeinflussung« (Indusi) bewährt. Sie verhindert, daß ein geschlossenes Signal versehentlich überfahren werden kann. Ein Gleismagnet zwischen oder neben den Schienen in unmittelbarer Nähe des mit ihm verbundenen Signals wird automatisch eingeschaltet, wenn das Signal auf »Halt« gestellt wird. Ein zweiter Magnet ist an der Unterseite der Lokomotive oder eines anderen Triebfahrzeugs so angebracht, daß er beim Überfahren der Signalstelle den eingeschalteten Gleismagneten in kleiner Distanz passiert. Dadurch entsteht ein induzierter Stromstoß, der auf ein Relais im Triebfahrzeug wirkt; in dessen Führerstand wird ein akustisches Warnsignal ausgelöst. Wenn der Lokführer dieses Signal nicht innerhalb von 5 Sekunden durch Druck auf eine Taste (Wachsamkeitstaste) quittiert und gleichzeitig die Geschwindigkeit vermindert, setzt automatisch eine Schnellbremsung ein. Wird der Gleismagnet eines geschlossenen Hauptsignals überfahren, tritt die Zwangsbremsung sofort ein.

Eine Vervollkommnung dieses Systems, die sogenannte »Linienzugbeeinflussung«, befindet sich im Ausbau. Dieses Verfahren ermöglicht die wechselseitige Nachrichtenverbindung zwischen Zentrale, Strecke und Zug und erlaubt darüber hinaus die laufende Standortkontrolle des Zuges. Der Übermittlung der Daten dient der »Linienleiter«, ein Hochfrequenzkabel, das zwischen den Schienen verlegt ist und dessen Trägerfrequenz die Signale aufmoduliert werden. Eine Antennenschleife unterhalb der Lok sendet die Streckendaten und empfängt die Signale, die auf den Führerstand übertragen werden. Dort befindet sich ein Anzeigegerät, auf dem ständig die augenblickliche Geschwindigkeit, die vorgeschriebene (Soll-) Geschwindigkeit und die Entfernung bis zum nächsten Haltsignal oder bis zur nächsten Langsamfahrtstelle angezeigt werden. Der Lokführer hat nur die Zuggeschwindigkeit innerhalb der Sollgeschwindigkeit zu halten. Ist dies nicht der Fall, so erfolgt eine Warnung; wird nicht sofort wirksam gebremst, erfolgt die automatische Bremsung. Damit wird zum Beispiel auch erreicht, daß vor engen Kurven rechtzeitig langsamer gefahren wird. Über den gleichen Kanal läuft außerdem der Sprechfunkverkehr zwischen Lokführer und Leitstelle.

Schienenverkehr

rungsschwierigkeiten: die Belastungsstöße wegen der Konzentration der angreifenden Kräfte auf die kleine Kontaktfläche zwischen Rad und Schiene entfallen, der Abstand zwischen den führenden Elementen ist sehr viel größer als zwischen Spurkranz und Schienenoberkante, und anstelle des konischen Radreifens tritt die äußerst wirksame Regelung der magnetischen Kräfte.

Angetrieben werden die Magnetkissenfahrzeuge gleichfalls berührungslos von dem Linearmotor. Diese Antriebsmaschine wirkt wie ein Drehstrom-Asynchronmotor: anstelle der dreiphasigen Ständerwicklung treten drei in einer Ebene liegende Spulen, die von den drei Phasen des Drehstromes erregt werden. Der »Käfigläufer« wird durch eine endlose Aluminiumschiene dargestellt, die sich zwischen den Magnetkissenschienen befindet. So wird aus dem Drehfeld ein Wanderfeld und aus dem Drehmoment eine Schubkraft. Durch Verändern von Frequenz und Spannung der zugeführten elektrischen Energie im Primärteil (den Spulen) können Schubkraft und Geschwindigkeit vom Stillstand bis zur Höchstgeschwindigkeit variiert werden, und durch einfaches Umpolen zweier Wicklungen wird die volle Schubkraft in Bremskraft verwandelt.

Die im Wettbewerb stehenden Trag-, Führungs- und Antriebssysteme werden auf der 66 Kilometer langen Versuchsstrecke für berührungslose Fahrtechnik der »Gesellschaft für bahntechnische Innovationen« (GBI) im Donauried bis zu ihren Höchstgeschwindigkeiten im Bereich von 500 km/h erprobt. Die Trasse wird so ausgelegt, daß auch Rad/Schiene-Fahrzeuge untersucht werden können, um einen objektiven Vergleich der praktischen Brauchbarkeit der verschiedenen Systeme zu ermöglichen.

Elektrische Kabinenbahnen

Um die Stadtzentren vom überhandnehmenden Individualverkehr zu entlasten, müssen öffentliche Nahverkehrsmittel eingesetzt werden, die über oder unter der Straßendecke ihre eigenen Fahrspuren benutzen. Da konventionelle Straßenbahnen und Omnibusse den heutigen Anforderungen an Beförderungsleistung, Reisegeschwindigkeit, Fahrkomfort, Sicherheit und Wirtschaftlichkeit nicht mehr entsprechen, muß technisches Neuland betreten werden. So wurden in einigen Industrieländern neuartige Verkehrssysteme entwickelt, einige

Im Oktober 1974 wurde in Höchst das erste öffentliche Cabinentaxi-System, Gemeinschaftsentwicklung einer deutschen Firmengruppe, dem Verkehr übergeben. Die Cabinentaxis sind 36 km/h schnell und nehmen zwei bis drei Personen auf. Bild links: Konzept einer »Cat«-Station. Rechts: Kabine. Die einzelnen Kabinen steuern ihre Ziele mit Hilfe von Programmkarten an, die der Fahrgast an der Station kauft.

sogar mit der radlosen Schwebetechnik. Namentlich in der Bundesrepublik Deutschland und in Frankreich wurden interessante und zukunftsträchtige Entwicklungen bis zur Betriebsreife gebracht. Alle diese Systeme arbeiten vollautomatisch mit Strom und benötigen kein Fahrpersonal.

Die »H-Bahn« der Firma Siemens hat eine aufgeständerte Einschienenfahrbahn mit hängenden Kabinen, die kontinuierlich umlaufen. Je drei Kabinen können auch zu einem Kabinenzug zusammengekoppelt werden. Das Fahrwerk dient nur zum Tragen und Führen, es besteht aus zwei Rädern je Kabine. Als Antrieb ist ein elektrischer Linearmotor vorgesehen. Die Kabine erhält acht Sitzplätze und Standfläche für weitere acht Personen oder für Traglasten. Der Anker des Antriebsmotors wird vom »Wanderfeld« der Fahrbahn mit gleicher Geschwindigkeit mitgezogen, das heißt, er arbeitet wie ein »Synchronmotor«. Durch diesen synchronen Antrieb fahren alle Kabinen zwangsläufig immer mit derselben Geschwindigkeit und in gleichen Abständen. Sie können daher in dichter Folge als Einzelkabinen oder in kleineren Gruppen eingesetzt werden, ohne sich gegenseitig zu behindern. Die konstante Geschwindigkeit beträgt 35 km/h; Anfahren und Bremsen geschieht durch Umschalten auf asynchrone Betriebsweise. In Abständen von etwa 500 Metern sind Stationen eingerichtet. Dort wird an Fahrscheinautomaten durch Betätigen einer Zieltaste in einem Stadtplan ein Platz in einer Kabine gebucht. Die automatische Steuerung sorgt dann dafür, daß die erste Kabine zu diesem

Zielort über eine Weiche ausschert und zum Einsteigen anhält. Am Ziel wiederholt sich der Vorgang zum Aussteigen des Fahrgastes. Die Räder haben einen Mittelspurkranz zur Führung, der eine sehr einfache Weichenkonstruktion ermöglicht. Mit einem Computer werden die Kabinen über den jeweiligen Umlauf geleitet und die vorgebuchten Haltestellen bei möglichst wenig Zwischenaufenthalten angesteuert. Die Zahl der umlaufenden Kabinen wird dem Verkehrsbedürfnis angepaßt. Die Anlage kann unmittelbar an das städtische 380-Volt-Versorgungsnetz angeschlossen werden.

In den Funktionen ähnlich, jedoch wesentlich flexibler, ist eine Kabinenbahn, die von den Firmen Messerschmitt-Bölkow-Blohm und Demag entwickelt und unter dem Namen »Cat« (Cabinentaxi) vorgestellt wurde. Die nur dreisitzigen Kabinen mit Vollgummirädern können sowohl an der Schiene hängend als auch aufgesattelt gleichzeitig auf derselben Fahrspur betrieben werden. Diese Kabinen werden von einem Linearmotor angetrieben, der das Fahrzeug ruckfrei in fünf Sekunden bis auf 36 km/h beschleunigt. Von einem Prozeßrechner gesteuert, fahren die Kabinen ohne Zwischenaufenthalt zum angewählten Ziel. Bei einer mittleren Besetzung der Kabine und einer Reisegeschwindigkeit von 30 km/h können bis zu siebentausend Fahrgäste je Stunde und Spur in einer Richtung des doppelspurigen Trassenträgers befördert werden.

Anders ausgelegt ist die Kabinenbahn nach dem »Transurban«-System von Krauss-Maffei, deren Kabinen auf Magnetkissen gleiten. Die Betriebsweise dieses Systems kann auch sehr unterschiedlichen Verkehrsverhältnissen angepaßt werden. Im innerstädtischen Verkehr ist bei kurzen Stationsabständen eine Reisegeschwindigkeit von 30 km/h vorgesehen, die sich beim Entfernen von der City stufenweise erhöht, bis schließlich in den Außenbezirken bis zu 120 km/h erreicht werden. In den Hauptverkehrszeiten werden im Taktbetrieb Züge zu je acht sechssitzigen Kabinen mit maximal 45 km/h betrieben, wobei zwanzig solcher Züge wenigstens fünftausend Personen je Stunde in einer Richtung befördern können. Bei ruhigem Verkehr kann auf Individualbetrieb umgestellt werden; die einzelne Kabine läuft dann nur die vorgewählten Stationen an. Abstand, Beschleunigung und Verzögerung der von Linearmotoren angetriebenen Kabinen werden von Prozeßrechnern gesteuert. Dieses Kabinensystem zeichnet sich durch ein besonders kleines Querprofil aus, es ist daher auch für eine unterirdische Trassenführung geeignet. Gegenüber konventionellen Straßen- oder U-Bahnen sind die Baukosten erheblich geringer, denn das Tunnelprofil für die Doppelspur erfordert nur eine Breite von 4,20 Metern und eine Höhe von 3,20 Metern, das ist die Hälfte des U-Bahn-Querschnitts. Hervorzuheben ist der völlig geräuschlose Fahrbetrieb der Schwebetechnik.

Nach dem Transurbansystem wurde für kleinere Entfernungen die Anordnung mit bewegten Bändern als Projektstudie vorgestellt. In einem Fahrrohr sollen zwei kurvengängige Gliederbänder kontinuierlich mit Geschwindigkeiten zwischen 12 und 18 km/h laufen. Das 1,5 Meter breite Band ist mit bequemen Sitzen ausgestattet, läuft jedoch nicht auf Rollen wie die bekannten Rolltreppen und -steige, sondern schwebt, von Magnetfeldern getragen und von Linearmotoren angetrieben, innerhalb des klimatisierten Fahrrohres. Seine maximale Breite beträgt 4 Meter bei einer Höhe von 3 Metern. Es könnte aus etwa 15 Meter langen Teilstücken Leichtbauweise mit Plexiglasoberteil einschließlich der Gliedersegmente vorfabriziert werden. Zum Ein- und Aussteigen bei laufendem Band sollen Lifte benutzt werden.

Auch die Hängebahn »magnocar« der Firma Krupp gleitet auf Magnetkissen. Der Schwebezustand wird jedoch mittels Naturmagneten bewirkt. Es wird daher keine Energie für die Magnetfelder benötigt. Die Dauermagnete sind als Platten sowohl auf der ganzen Länge der Fahrbahn als auch auf der Unterseite der Fahrzeuge angebracht. Durch gegensinnige Polung der Magnete auf der Fahrbahn und am Fahrzeug entstehen abstoßende Kräfte, die den Wagen über der Fahrbahn in Schwebe halten. Die »Weichen« sind Platten aus magnetisch leitendem Material an den Seiten der Fahrbahn. Durch Elektromagnete im Fahrzeug werden die Wagen in die gewünschte Richtung gelenkt, je nachdem, ob der rechte oder der linke Elektromagnet erregt wird. Die von Linearmotoren angetriebene Bahn kann Fahrgeschwindigkeiten bis 50 km/h erreichen.

In Frankreich wurde das Hängebahnsystem »urba« entwickelt. Diese Kabinenbahn wird zwar auch von Linearmotoren angetrieben, benutzt jedoch eine Luftkissen-Schwebetechnik, die mit Unterdruck arbeitet. Die Linearmotoren und die Unterdruckeinrichtung laufen gemeinsam im Innern eines Tragbalkens aus Stahlblech. Der Balken hat an der Unterseite einen Längsschlitz, in dem das Gestänge geführt wird, an dem die Fahrgastkabinen hängen.

Durch diesen Schlitz wird auch die Betriebsluft ausgeblasen, so daß oberhalb des Fahrwerks im Tragbalken ein Unterdruck entsteht. Dieser ist es, der Fahrwerk samt anhängender Kabine in frei schwebendem, berührungsfreiem Zustand hält. Der Tragbalken ruht etwa alle 40 Meter auf Masten oder Pfeilern, so daß der ebenerdige Verkehr nicht behindert wird. »urba« läßt sich aber auch unterirdisch in Tunneln installieren; der Tragbalken wird dann einfach an der Tunneldecke entlanggeführt und befestigt. Bei den bisherigen Versuchen wurden Fahrgeschwindigkeiten bis etwa 50 km/h erprobt.

Die elektrische Vollbahnlokomotive

Bei der Dampflokomotive werden alle Treibachsen gemeinsam angetrieben: die Dampfzylinder wirken über je eine Pleuelstange auf eine der Achsen, die mit den andern durch Kuppelstangen an den Rädern verbunden ist, so daß sich die Antriebskraft der Maschine gleichmäßig auf alle drei, vier oder fünf Treibachsen verteilt. Bei der E-Lok hingegen wird jede Treibachse einzeln angetrieben. Bei diesem »Einzelachsantrieb« ist jeder Antriebsmotor am Rahmen des Drehgestells befestigt. Seine Leistung wird über ein Zahnradpaar und über eines der beiden Treibräder auf die Achse übertragen. Damit die Räder dem Federspiel folgen, also auf- und abwärts schwingen können, ist zwischen Zahnrad und Treibrad eine gelenkige Kupplung angebracht.

Im oberen Teil der Lok, im Wagenkasten, befindet sich ein Transformator, der die hohe Fahrdrahtspannung von 15 000 Volt auf weniger als 1000 Volt heruntertransformiert. Ein Bahnmotor benötigt für jede Geschwindigkeit und für jede Antriebsleistung eine ganz bestimmte Spannung, die mit der Drehzahl und mit der Leistung zunimmt. Diese unterschiedlichen Spannungen werden einer Reihe von Anzapfungen auf der Niederspannungsseite des Transformators entnommen. Hierzu dient ein motorisch angetriebener Stufenschalter, den der Lokführer vom Führerstand aus fernsteuern kann. Zum Bremsen des Zuges wird nach wie vor die bewährte Druckluftbremse verwendet, die am Führerstand mittels des »Führerbremsventils« betätigt wird.

Elektronische Überwachungsanlagen sorgen dafür, daß die Fahrmotoren gleichmäßig belastet werden. So wird ein Durchdrehen der Räder, das »Schleudern« beim Anfahren, verhindert. Zum Kühlen sind Gebläse eingebaut, die Luft durch die Motoren drücken. Im Gegensatz zur Diesellok läßt sich die E-Lok kurzzeitig stark überlasten, so daß auch lange Züge stark beschleunigt oder nicht allzu lange Steigungen mit hoher Geschwindigkeit genommen werden können.

Hans Günther

Luftverkehr

Das jüngste Verkehrsmittel ist das Flugzeug. Wenn auch die Alten schon davon geträumt hatten, wie ein Vogel fliegen zu können, Erfüllung fand der Gedanke erst in diesem Jahrhundert. Einfacher ist das Schweben in der Luft, und so konnte schon 1783 die erste bemannte »Luftfahrt« stattfinden; es waren die Brüder Montgolfier mit einem Heißluftballon, wie er für Freiballonfahrten heute wieder im Kommen ist. In den ersten Jahrzehnten des 19. Jahrhunderts begannen die Versuche, den Ballon lenkbar zu machen. Daraus entwickelte sich schließlich die Meisterleistung des Grafen Zeppelin. Die weitere Entwicklung der Luftschiffe und in noch stärkerem Maße die der Flugzeuge war vor allem eine Maschinenfrage. Trotz der erstaunlichen Leistungen der motorlosen Segelfliegerei besteht heute kein Zweifel darüber, daß die menschliche Muskelkraft nicht ausreicht, um sich selbst in die Luft zu erheben und in ihr einen gewollten Weg zu durchfliegen. Dazu müßte die körperliche Leistungsfähigkeit wenigstens zehnmal so groß sein.

Bereits die ersten Fluggeräte, die sich mit Maschinenkraft fortbewegten, benutzten zu deren Umwandlung in Vortriebsleistung die Luftschraube. Man hatte erkannt, daß die Versuche, den Flügelschlag der Vögel nachzuahmen, wegen des unvergleichbar größeren Gewichts der Flugzeuge zum Scheitern verurteilt waren. Die Luftschraube oder der Propeller arbeitet nach dem gleichen Prinzip wie die Schiffsschraube: die kreisenden Propellerblätter schleudern das Medium gegen die Fahrtrichtung, also nach rückwärts. So werden ständig Wasser- bzw. Luftmengen beschleunigt; zum Beschleunigen von Massen werden Kräfte benötigt, Druck erzeugt Gegendruck und die Kraft dieses Gegendrucks ist es, die den Vortrieb darstellt. Heute wird bei großen und schnellen Flugzeugen das Strahltriebwerk benutzt, das die Schubkraft nach dem gleichen Grundprinzip erzeugt.

Am Anfang der Luftfahrt gab es einen Wettstreit zwischen den beiden Systemen »leichter als Luft« und »schwerer als Luft«. Beim damaligen Stand der Technik war die Verwirklichung des ersteren Systems leichter. Beim Luftschiff ist Schweben und Fahren unabhängig voneinander; das eine besorgt die Gasfüllung, das andere die Maschinenkraft. Das Luftschiff kann daher mit beliebiger Geschwindigkeit fahren, kann in der Luft still stehen und damit auch senkrecht aufsteigen und landen. Die damalige Flugmaschine, ein Flugzeug mit festen Tragflächen, konnte das nicht. Bei ihm werden beides, Schweben und »Fahren« durch ein und dasselbe Organ, den von der Maschine angetriebenen Propeller, bewirkt. Ein solches Fluggerät kann nur von der Luft getragen werden, solange es gegenüber der Luft eine gewisse Geschwindigkeit nicht unterschreitet: wenn sich die Tragflächen in einer ausreichend starken Luftströmung befinden, entsteht die Auftriebskraft, die dem Gewicht das Gleichgewicht hält. Diesen aerodynamischen Bewegungsvorgang nennt man »Fliegen«.

Die physikalischen Grundlagen des Fliegens hatte als erster Otto Lilienthal erarbeitet. Nach eingehenden Studien des Vogelfluges experimentierte er mit ebenen und gekrümmten Flächen, die er einer meßbaren Luftströmung aussetzte, indem er sie am Ende einer langen Stange rotieren ließ. Er fand die Gesetzmäßigkeiten des Auftriebes in Abhängigkeit vom Anstellwinkel der »Tragflächen« gegen den Wind und legte sie in Formeln fest. Mit diesen Erkenntnissen baute der Ingenieur Lilienthal Gleitflugapparate, die er selbst im Fluge erprobte. Mit solchen »Hängegleiten« legte er von etwa 60 Meter hohen Hügeln herab einige 100 Meter zurück. Bei einem dieser Flugversuche stürzte er 1896 in einer Bö tödlich ab; das Fluggerät ließ sich noch nicht stabil genug steuern.

Auf den Erkenntnissen und Erfahrungen Lilienthals aufbauend, gelang den Amerikanern Orville und Wilbur Wright mit einem selbstgebauten Flugzeug im Jahre 1903 der erste bemannte Motorflug. Es fanden sich weitere Pioniere, wie Blériot, Grade, Farman, Hirth, die bis zum 1. Weltkrieg meist nach eigenen Entwürfen »Flugmaschinen« bauen ließen und flogen, die allmählich immer längere Strecken zurücklegten und immer größere Höhen erreichten. Sie benutzten vorwiegend Doppeldecker, die wegen der kleineren Spannweite weniger konstruktive Schwierigkeiten verursachten und auch wendiger waren als die Eindecker, wie sie Blériot und Rumpler gebaut hatten. So beherrschten die Doppeldecker bis Ende des 1. Weltkrieges die Fliegerei, sogar die Gothaer »Riesenflugzeuge« hatten parallele Tragflächen.

Die im ersten Jahrzehnt noch vorhandenen systembedingten Nachteile der Flugzeuge erschwerten die praktische Anwendung, und so kam es, daß anfänglich der Luftschiffbau die größeren Fortschritte zu verzeichnen hatte. Die Zeppelinluftschiffe wurden bald so betriebssicher, daß bereits 1911, also nur 10 Jahre nach dem Aufstieg des ersten »Zeppelins«, ein kommerzieller Passagierluftverkehr eröffnet werden konnte. Während des Krieges 1914–1918 gab es keinen zivilen Luftverkehr, dafür wurden Luftschiffe und Flugzeuge für militärische Zwecke weiter entwickelt. Über 100 Luftschiffe der Bauart Zeppelin und Schütte-Lanz wurden als strategische Bombenträger gebaut, sie fuhren hauptsächlich gegen England. Nach gewissen Anfangserfolgen – sie konnten so hoch steigen, daß sie für damalige Jagdflugzeuge und Flak unerreichbar waren – kamen gegen Ende des Krieges schwere Rückschläge: die mit dem brennbaren Wasserstoffgas gefüllten Luftschiffe wurden eine leichte Beute der inzwischen verbesserten Luftabwehr.

Der von militärischen Gesichtspunkten ausgehende Wettbewerb der Kriegsgegner trug ganz gewaltig zur Entwicklung der

Die »Concorde«

Flugzeuge bei. Während es 1914 nur leichte Aufklärungsflugzeuge gab, deren einzige Bewaffnung aus Handfeuerwaffen bestand, hatten 1918 beide Seiten in großer Menge und in vielfältigen Ausführungen einmotorige Aufklärungs- und Jagdflugzeuge, zweimotorige Bomber und sogar schon die erwähnten Riesenflugzeuge mit großer Spannweite. Diese stürmische Entwicklung führte dazu, daß schon bald nach Beendigung der Feindseligkeiten ein ziviler Luftverkehr mit umgebauten Militärmaschinen einsetzen konnte. Zuerst wurde Post befördert, aber schon Anfang der zwanziger Jahre begann ein planmäßiger Personenverkehr, der mit den Fortschritten in der Flugzeugtechnik ständig zunahm und dessen Entwicklung auch heute noch nicht abgeschlossen ist. 27 Millionen Menschen reisten 1972 in der Bundesrepublik mit dem Flugzeug, doppelt soviel als noch fünf Jahre zuvor.

flugzeuge zu Nonstop-Flügen über den Atlantik noch nicht in der Lage, sie konnten auch bei weitem nicht die Nutzlasten befördern und den Komfort bieten wie die Luftschiffe. Weitere Verkehrsluftschiffe waren geplant, als die Katastrophe von Lakehurst im Jahre 1937 dem allen vorerst ein Ende machte. Nach dem Brand des Luftschiffes »Hindenburg« versuchte man zwar, den Luftschiffbetrieb auf das unbrennbare Heliumgas umzustellen, aber der Ausbruch des 2. Weltkrieges vereitelte auch diese Pläne, und die noch vorhandenen Luftschiffe wurden abgewrackt.

Ähnlich wie der erste Weltkrieg gab auch der zweite der Flugzeugentwicklung einen mächtigen Auftrieb. Schon in der Vorkriegszeit waren wesentliche Neuerungen eingeführt worden: die Ganzmetallflugzeuge von Junkers und Ford Anfang der zwanziger Jahre, die vielmotorigen Riesenflugboote von

Die elegante »Concorde« gilt als das schönste Flugzeug der Welt. Es ist eine französisch-englische Gemeinschaftsentwicklung: entworfen, um 112 Passagiere mit zweifacher Schallgeschwindigkeit über die großen interkontinentalen Routen zu befördern. Probeflug war am 2. März 1969. Ob die »Concorde« jedoch jemals ihr »Klassenziel«, den rentablen Überschall-Passagier-Linienverkehr auf Langstrecken, erreichen wird, ist fraglich. Sie sei bei einem Preis in der Größenordnung von 100 Mill. DM zu klein, um rentabel zu arbeiten; ihre Triebwerke seien zu laut; ihre Reichweite (rund 6500 Kilometer) sei zu gering – dies und mehr warf man den Planern vor. Die Entwicklungsarbeiten gehen daher weiter. Die Entwicklungskosten wurden bis 1974 bereits auf mehr als eine Milliarde Pfund geschätzt.

Liniendienst per Zeppelin

Vorerst aber hatten die Luftschiffe noch ein gewichtiges Wort mitzureden. Nach Aufhebung der Beschränkungen des Versailler Vertrages im Jahre 1926 nahm der Luftschiffbau Zeppelin in Friedrichshafen die weitere Entwicklung und den Bau von Verkehrsluftschiffen wieder auf. Die Erfahrungen aus der Kriegszeit nutzend, entstanden betriebssichere, schnellere und größere Luftschiffe. Prototyp war das Luftschiff »Graf Zeppelin«, das von 1928 bis 1939 im Dienst war und aufsehenerregende, tagelange Nonstop-Fahrten ausführte, wie zum Beispiel eine Forschungsfahrt über das arktische Eismeer und eine Weltreise im Jahre 1930. Zusammen mit dem noch größeren Luftschiff »Hindenburg« wurde jahrelang ein regelmäßiger Passagier- und Frachtverkehr nach Nord- und Südamerika abgewickelt. In den dreißiger Jahren nämlich waren Verkehrs-

Dornier, der Flugbootverkehr über den Atlantik mit schwimmenden Zwischenlandeplätzen zum Auftanken, die ersten viermotorischen Landflugzeuge, das einziehbare Fahrwerk, das den Luftwiderstand wesentlich verringerte, der Verstellerpropeller, der stärkeren Schub beim Starten und Abheben lieferte und die Schubumkehr beim Ausrollen ermöglichte. Einsitzige Jagdflugzeuge erreichten bereits 1939 mit 750 Stundenkilometern die physikalische mögliche Höchstgeschwindigkeit von Propellerflugzeugen: bei dieser Fluggeschwindigkeit bewegen sich die Enden der Propellerblätter bereits annähernd mit der Schallgeschwindigkeit, bei der die Luftwiderstände sprunghaft um ein Mehrfaches zunehmen. Die »Schallmauer« zu durchbrechen gelang erst nach Kriegsende mit Düsenjägern.

Die Kriegführung verlangte Jäger und zweisitzige Jagdbomber mit besonders guter Steigfähigkeit, um rasch die in großen Höhen anfliegenden Bomberverbände zu erreichen, Sturz-

Das Mondlande-Manöver verlief in Stufen: Nach Brennschluß der Drittstufe (7) der Saturn-Rakete wurde die Stufe (5) mit dem Mondlandefahrzeug durch die darüberliegende Ausrüstungseinheit (4) aus der Verkleidung gezogen. Dazu wurden (4) und (3) gewendet und mit (5) zu einer dreistufigen Raketeneinheit gekoppelt. Erst danach folgte die Abstoßung der Drittstufe.

Zur Mondlandung wurde der Behälter mit dem Mondlandefahrzeug (5) abgekoppelt, während Kommandokapsel und Raumfahrzeug (3 und 4) als eine Einheit den Erdtrabanten weiter umrundeten.

Die Landefähre kehrte vom Mond zurück, indem sie sich von ihrer Unterstufe löste; diese blieb auf dem Mond. Die Oberstufe erreichte die Bahn der »Rundflugeinheit« (3 und 4) und wurde angekoppelt. Die »Mondmenschen« kehrten in die Kommandokapsel (3) zurück. Dann wurde die Stufe (5) ebenfalls abgestoßen.

Luftverkehr

kampfflugzeuge mit Zellen, die den gewaltigen Beanspruchungen beim Abfangen aus dem Sturzflug standhalten konnten, immer schnellerer Nah- und Fernbomber mit möglichst großer Tragfähigkeit bei geringem Brennstoffverbrauch, Aufklärer für große Höhen und vor allem immer wirksamere Bordwaffensysteme. Die Bombenflugzeuge waren anfänglich zweimotorige Maschinen mit drei Mann Besatzung: Pilot, Navigator und Funker. Gegen Kriegsende hatten alle Bomber vier Motoren und zur Besatzung gehörten auch Bordschützen, um angreifende Jäger abzuwehren. Zur Fernaufklärung wurden auf deutscher Seite sechsmotorige Flugboote eingesetzt, die zwar nicht besonders schnell waren, aber einen sehr großen Aktionsradius hatten.

Aus den Fernbombern der Alliierten gingen die Nachkriegsverkehrsflugzeuge hervor. Das letzte deutsche Bombenflugzeug erwies sich als Fehlentwicklung, es war die He 177, bei der je zwei Motoren einen Propeller antrieben. Dieses Vorhaben scheitere an der zu großen Wärmeentwicklung und an der Störanfälligkeit der Getriebe, die aus Platz- und Gewichtsgründen nicht ausreichend dimensioniert werden konnten. Erfolgreicher

Der Traum vom Fliegen taucht schon in der griechischen Sage auf. »Dädalos und Ikaros«, Vater und Sohn, klebten sich mit Wachs Gänsefedern an die Arme. Doch sie kamen der Sonne zu nahe, und das Wachs schmolz. Unser Bild zeigt eine Jugendarbeit von Albrecht Dürer aus dem Jahre 1493.

Otto Lilienthal mit seinem »Doppeldecker« während eines Fluges bei ruhigem Wetter über dem Flugfeld Lichterfelde-Ost in Berlin im Oktober 1895. Ein Jahr später stürzte er mit einem Eindecker ab. Seine Versuche aber lieferten das erste gesicherte Wissen über das Fliegen.

war das aus dem allgemeinen Rahmen fallende sehr große Lastflugzeug in Leichtbauweise, die Me 323 »Gigant«. Das Riesenflugzeug war zwar langsam, konnte aber mit geländegängigem Fahrwerk auch auf weichem Boden landen, eine im Verhältnis zu seinem Fluggewicht von 34 Tonnen große Nutzlast von 22 Tonnen tragen und auch sperrige, schwere Lasten wie Panzer transportieren.

Nach Kriegsende wurde der Luftverkehr mit wesentlich größeren und schnelleren Flugzeugen wieder fortgesetzt. Es wurde ein Nonstop-Weitstreckenverkehr mit viermotorigen Flugzeugen verschiedener Hersteller aufgenommen. Diese »Clipper« konnten 100 bis 120 Passagiere befördern, waren knapp 500 Stundenkilometer schnell und hatten eine Reichweite von 6000 bis 8000 Kilometern. Sie flogen in 6000 bis 7000 Meter Höhe. Die Cockpit-Besatzung bestand aus 2 mal 5 Mann: Kapitän, Kopilot, Navigator, Bordingenieur und Funker. Sie machten in zwei Schichten Dienst, denn die Flüge dauerten 12 bis 15 Stunden. Für den Mittelstreckenverkehr, also im wesentlichen innerhalb der Länder und von Land zu Land, wurden kleinere zweimotorige Flugzeuge der gleichen Hersteller verwendet. Sie boten fast die gleiche Anzahl Plätze, denn sie benötigen bedeutend weniger Brennstoff.

Das Zeitalter der Düsenriesen

Das Zeitalter der Düsenverkehrsflugzeuge begann 1956 mit dem Einsatz des russischen Passagierflugzeuges TU-104 auf der Strecke Moskau–Prag. In den 60er Jahren wurde der kommerzielle Luftverkehr mit Propellermaschinen vollends eingestellt. Als im Jahre 1959 die großen Luftverkehrsgesellschaften der westlichen Welt auf die neue Antriebsart umrüsteten, wa-

Von der He 178 zum »Jet«

ren bereits zwanzig Jahre seit dem Flug des ersten »Jet« vergangen. Am 27. August 1939 flog als erstes Düsenflugzeug der Welt die von Heinkel gebaute, als Jagdflugzeug konzipierte He 178 und erzielte eine Geschwindigkeit von 700 Stundenkilometern. Damals erkannten die maßgebenden Stellen nicht die Bedeutung des Strahlantriebs, vor allem nicht im Hinblick auf Fluggeräte mit Überschallgeschwindigkeit, die nur mit solchen Antrieben möglich sind. Erst gegen Ende des Krieges wurde das erste Jagdgeschwader mit Düsenjägern unter Oberst Steinhoff aufgestellt. Inzwischen war von Messerschmitt das Jagdflugzeug Me 262 entwickelt worden, das mit zwei Junkers-Strahltriebwerken von je 890 kp Schub eine Durchschnittsgeschwindigkeit von 950 Stundenkilometern erreichte.

In Amerika und England hatte man die Lage realistischer eingeschätzt und schon 1945 begann die Umrüstung der Jagdstaffeln auf Düsenmaschinen. Ein solches Jagdflugzeug flog zum erstenmal mit Überschallgeschwindigkeit. Es setzte auf dem Gebiet der Verkehrsflugzeuge mit Strahlenantrieb eine lebhafte Entwicklungstätigkeit ein. Schon Anfang der 50er Jahre brachte England mit der »Comet« den Prototyp eines mehrstrahligen Verkehrsflugzeuges heraus. Die Erwartung, mit diesem Flugzeug schon bald einen planmäßigen Luftverkehr zu eröffnen, ging nicht in Erfüllung. Nach einigen Abstürzen aus Reiseflughöhe zeigte sich, daß die Zelle, das sind Rumpf und Tragflächen, den hohen Beanspruchungen der noch nicht genügend bekannten Umgebungseinflüsse an der Grenze zur Stratosphäre nicht gewachsen war. Die Comet wurde für einige Jahre aus dem Verkehr gezogen. Inzwischen wurde in den USA die Entwicklung der Düsenverkehrsflugzeuge rasch vorangetrieben. Mit neuen Erkenntnissen über die Vorgänge beim Fliegen mit hoher Geschwindigkeit in großen Höhen wurden die Schwierigkeiten überwunden.

Die erste Generation der Düsenflugzeuge oder Jets (jet ist der englische Ausdruck für Düse) hatten etwa die gleichen Abmessungen, Fluggewichte, Transportfähigkeiten und Reichweiten wie die viermotorischen Propellermaschinen, nur die Reisegeschwindigkeit lag mit 850 bis 950 Stundenkilometern um rund 80 Prozent höher. Die kürzeren Flugzeiten und der wirtschaftliche Aufschwung ließ vor allem den transatlantischen Personenverkehr stark anwachsen. Man brauchte größere Flugzeuge, es kamen die »Jumbo-Jets« wie zum Beispiel die Boeing 747 mit 450 Sitzplätzen. Auch für die Mittelstrecken, die von dreistrahligen Jets bedient werden, ist eine Großraumversion vorgesehen, der zweimotorige »Airbus«, eine europäische Gemeinschaftsentwicklung.

Mitte der 50er Jahre erschienen die »Turbopropflugzeuge«, ein Vorläufer der Jets. Es waren Propellerflugzeuge, bei denen ein Teil der Vortriebskraft von einer Schubdüse abgegeben wird. Diese Flugzeuge wurden im Geschwindigkeitsbereich von 400 bis 800 Stundenkilometern eingesetzt. Nach Einführung der reinen Strahlantriebe haben sie an Bedeutung verloren.

Alle Weitstreckenjets fliegen in einer Höhe, die den kleinsten Treibstoffaufwand erfordert: die geringere Luftdichte in größerer Höhe verringert zwar den Luftwiderstand, aber sie liefert auch weniger Auftrieb. Bei einer Reisegeschwindigkeit von 900 Stundenkilometern, das ist 80 Prozent der Schallge-

Zu denen, die an die Versuche Otto Lilienthals mit Erfolg anknüpften, gehörten die Brüder Wright aus Amerika. Auf Einladung des »Berliner Lokalanzeigers« führt Orwille Wright 1908 auf dem Tempelhofer Feld in Berlin seine Flugkünste vor.

schwindigkeit, liegt die optimale Flughöhe bei 10 bis 12 Kilometern. In dieser Höhe spielen sich die normalen Wettervorgänge unter dem Flugzeug ab, dessen Flugbahn also nicht mehr gestört werden kann, es liegt wie »ein Brett in der Luft«. Diese Annehmlichkeit konnten die nur etwa halb so hoch fliegenden Propellermaschinen nicht bieten, denn oft mußten sie die Sturmtiefs durchstoßen, wobei sie den schnell wechselnden vertikalen Luftströmungen unterhalb der Wolkendecke ausgesetzt waren.

Ein weiteres Problem, mit dem die Fliegerei von allem Anfang an konfrontiert wurde, war das Starten und Landen. Die ersten Flugzeuge waren so leicht und so langsam, daß sie auf Grasnarben rollen konnten. Mit zunehmender Fluggeschwindigkeit nahmen auch die Landegeschwindigkeiten zu, wenn auch nicht im gleichen Verhältnis. Durch ausgeklügelte aerodynamische Maßnahmen war es bis heute gelungen, die Flugge-

Luftverkehr

Die Radartechnik

Das Wort Radar ist die englische Abkürzung von »Radio Detecting and Ranging« = Funkortung und Entfernungsmessung. Im zweiten Weltkrieg spielte die Radartechnik eine bedeutende Rolle, auf deutscher Seite nannte man sie »Funkmeßtechnik«.

Das Radarprinzip nutzt die Reflexion hochfrequenter Funkwellen, besonders an Metallen, aber auch an anderen festen Stoffen und Partikeln. Das Senden der Impulse und der Empfang der Rückstrahlung erfolgen über dieselbe Antenne. Der Funkstrahl wird scharf gebündelt ausgesendet, so daß durch Drehen der Antenne Gegenstände in der Umgebung nach Richtung und Entfernung bestimmt werden können. Die Richtung ergibt sich aus der Antennenstellung, die Entfernung aus der zu messenden Laufzeit zwischen Abstrahlung und Empfang der einzelnen Impulse. Die Meßwerte werden einer Elektronenröhre zugeleitet, deren Elektronenstrahl auf dem Schirmbild einen Kreis durchläuft. Sendung und Empfang der Impulse lenken den Elektronenstrahl so ab, daß zwei Zacken am Kreisumfang erscheinen, aus deren Winkelabstand die Laufzeit der Impulse und damit die Entfernung angezeigt wird. Die Dauer eines Impulses muß kürzer sein als die Laufzeit hin und zurück, um einen genügenden zeitlichen Abstand zwischen dem Sendeimpuls und dem Echo zu erhalten. Da sich Funkwellen mit Lichtgeschwindigkeit fortpflanzen, muß die Impulsdauer kleiner sein als $0,1 \cdot 10^{-6}$ s; der Impulsabstand beträgt meist 1 ms. Es wird mit dm-, cm- und mm-Wellen gearbeitet; je kleiner die Wellenlänge, um so kleinere Objekte können abgebildet werden, um so schärfer ist die Bündelung des Sendestrahles und um so kleiner ist die Antenne. Anderseits sind mit größeren Wellenlängen größere Reichweiten erzielbar.

In der See- und Luftfahrt werden Rundsichtgeräte verwendet, die den Bewegungsablauf in einer Ebene vermitteln. Dabei wird die Umgebung der Radaranlage auf einem kreisrunden Bildschirm abgebildet, wo der Bewegungsablauf z.B. von Flugzeugen beobachtet wird (Flugsicherung). In der Meteorologie werden mit Radargeräten die Wolken beobachtet: es entsteht ein kartenähnliches Bild (Radarwetterkarte), in dessen Mitte der Beobachtungsort liegt. Auf ähnliche Weise kann man von Flugzeugen und Satelliten aus die Erdoberfläche abbilden. Schließlich können durch die Ausnutzung des Dopplereffektes auch die Geschwindigkeiten der vom Funkstrahl erfaßten Objekte ermittelt werden.

Die Radartechnik geht zurück auf ein Patent des deutschen Forschers C. Hülsmeyer (1905); es konnte jedoch erst in den 30er Jahren technisch befriedigend realisiert werden.

---

schwindigkeiten der schweren Düsenmaschinen beim Abheben und Aufsetzen auf etwa ein Viertel der Reisegeschwindigkeit herabzudrücken. Ausfahrbare Hilfsflügel und steil anstellbare Landeklappen sorgen dafür, daß beim Anschweben mit nur 250 Stundenkilometern die Strömung an den Tragflächen nicht abreißt und so die volle Auftriebskraft erhalten bleibt. Rollgeschwindigkeiten dieser Größe verlangen ganz ebene Betonbahnen, die Pisten, die für Düsenflugzeuge wenigstens 1 Kilometer lang sein müssen. Das wiederum erfordert große Flugplätze, die zudem noch in hindernisfreier Umgebung, das heißt weit außerhalb der Stadtzentren, liegen müssen.

Die Flugsicherung

Die großen Verkehrsflughäfen besitzen Pistensysteme mit mehreren Hauptpisten, die bis zu 2,5 Kilometer lang sind und gleichzeitiges Starten und Landen mehrerer Flugzeuge ermöglichen. Der mit möglichst großer Berührungsfront zum Vorfeld angelegte Komplex des Abfertigungsgebäudes enthält neben dem Raum zum Abfertigen der Passagiere und ihres Gepäcks noch öffentliche Dienststellen und Dienstleistungsbetriebe, die Flugwetterwarte und die Verkehrsabteilung. Die Dienststellen für die Flugsicherung sind in einem besonderen Gebäudeteil, dem Tower, untergebracht, von dem sich die Pisten und der ganze Vorfeldverkehr gut beobachten lassen. Auf dem Vorfeld spielt sich der Bodenverkehr ab: rollende oder von Schleppern bewegte Flugzeuge, Tankwagen und Fluggastomnibusse. Letztere werden mehr und mehr von den Fluggastbrücken abgelöst, die sich teleskopartig vom Flugsteigkopf bis zum Einstieg ins Flugzeug verlängern lassen und ein wettergeschütztes Ein- und Aussteigen ermöglichen.

Das Nervenzentrum des Flughafens, der Flugverkehrskontrolldienst, hat die Aufgabe, die Flugzeugbewegungen zu überwachen und zu lenken mit dem Ziel, Zusammenstöße zu verhindern und den Flugverkehr schnell und reibungslos abzuwickeln. Um dies bewerkstelligen zu können, müssen alle Hilfsmittel der Technik aufgeboten werden. Am Anfang der Fliegerei konnte nur nach Sicht geflogen werden. Um das Fluggerät in stabiler Fluglage zu halten, genügte der sichtbare Horizont und der Staudruckmesser, der die Fluggeschwindigkeit gegenüber der Luft anzeigte. Hinzu kamen der barometrische Höhenmesser und das Variometer, das die Steig- und Sinkgeschwindigkeiten maß. Das sind auch heute noch die Standardinstrumente des Segelfliegens. Wollte man auf Strecke gehen, brauchte man Kompaß und Karte. Gerät das Flugzeug in eine Wolke, dann verschwindet der Horizont, und der Pilot kann nicht mehr feststellen, ob das Flugzeug geradeaus fliegt oder in einer Kurve liegt: Er benutzt dann den Wendezeiger, ein Kreiselgerät, das Stärke und Drehsinn der Richtungsänderung anzeigt. Ein weiteres Blindfluginstrument ist der künstliche Horizont, auch ein Kreiselgerät, das die Lage von Längs- und Querachse des Flugzeuges zum Horizont anzeigt. Zur Navigation, also zur Orts- und Kursbestimmung, benutzte man schon frühzeitig die Funkpeilung: mit Hilfe einer drehbaren Richtfunkantenne mit Winkelskala werden zwei Drehfunkfeuer mit bekannter *Kennung* angepeilt und aus dem Schnittpunkt der Peilstrahlen auf der Landkarte der Standort abgelesen. Sendet der Pilot eigene Funkzeichen, dann kann sein Flugzeug auch von Bodenstationen angepeilt und geortet werden. Die Bord-Boden-Verständigung geht über Sprechfunk vor sich. Hinzu kam das Radar, das zuerst zu Entfernungsmessungen, später als Rundsichtgerät benutzt wurde.

Vollautomatischer Flugbetrieb?

Düsenjäger-Kunstflugstaffeln; links »Phantom«-Jäger, rechts »Starfighter«.

Kanadischer »Starfighter« auf dem Flughafen Lahr (Schwarzwald). Der Fallschirm dient zum Abbremsen des Überschalljägers auf kurzen Landebahnen. Die vielen Abstürze, die dem »Starfighter« in der Bundesrepublik zu traurigem Ruhm verholfen haben, waren nach Ansicht von Fachleuten darauf zurückzuführen, daß die Bundeswehr zu schnell mit einem technisch zu komplizierten Flugzeugtyp ausgerüstet worden war.

Damit sind wir wieder bei der Flugsicherung. Eine große sich ständig drehende Radarantenne tastet laufend die Umgebung des Flughafens ab. Ihre Meßwerte gelangen auf mehrere Radarschirme, die jeweils einen Ausschnitt des Rundpanoramas abbilden und auf denen jedes Flugzeug als Leuchtfleck ausgemacht und geortet werden kann. Über den Sprechfunkverkehr erhält der Pilot von Fluglotsen Informationen über Ort und Bewegungsverlauf seines Flugzeuges und wird schließlich nach erteilter Landeerlaubnis bis in den Bereich der Anflugbefeuerung geführt, die bei schlechter Sicht eine Instrumentenlandung ermöglicht. Das heißt jedoch nicht, daß die Landung automatisch vor sich geht, vielmehr wird das Flugzeug vom Piloten bei ständiger Beobachtung der Instrumentenanzeigen bis zum Aufsetzen gesteuert. Bis zur Einführung des vollautomatischen Flugbetriebes dürften noch einige Jahre vergehen.

In letzter Zeit hat der Flugverkehr überdurchschnittlich zugenommen, so daß selbst die vergrößerten und nach neuesten Gesichtspunkten geplanten Flughafenanlagen dem Verkehr kaum noch gewachsen sind. Schon im Luftraum in Flughafennähe beginnt das Gedränge der startenden und landenden Flugzeuge mit oft langen Wartezeiten bis zur Start- oder

Luftverkehr

Landeerlaubnis. Ein noch stärkeres Gedränge gibt es in den Abfertigungshallen, wenn die 400 Passagiere eines Jumbojets gleichzeitig nach ihrem Gepäck sehen und dann die Paß- und Zollkontrollen durchlaufen. Schon der Stoßbetrieb bei der Beförderung der Koffer vom Flugzeug zur Aufnahme läßt sich nur mit Hilfe elektronischer Steuerungsverfahren bewältigen. Sodann erhebt sich das Problem, den Passagierstrom zum Stadtzentrum zu befördern, was sich nur mit direkten S- oder U-Bahn-Linien wirtschaftlich lösen läßt.

Auch der stark angewachsene Luftfrachtverkehr brachte eine Umstellung, nachdem die Großraumfrachter nach Art der Boeing 747 F eingesetzt wurden. Mit diesen Jumbo-Flugzeugen wird Postfracht und Stückgut in Containern transportiert, das sind 3 oder 6 Meter lange Behälter von 2,4 Meter Breite und 2,4 Meter Höhe. In diesen Containern wird für den Lufttransport die Fracht auf Paletten verstaut, um nach der Ankunft nach einzelnen Sendungen auf Last- oder Güterwagen verladen zu werden. Dazu wurden vollmechanisierte Frachtterminals errichtet. Sie haben Palettenlager in Hochregalen zum Zwischenlagern, wo die Paletten mit ihren Waren von automatisch geführten Transportern umgeschlagen werden. Die Palette ist eine Transportplattform, auf der Stückgüter zu einer Ladeeinheit zusammengestellt werden; ihre Maße sind genormt, sie ermöglicht den Einsatz von Gabelstaplern und ist fünffach stapelbar. Über Verbindungen zwischen den Computern im Sende- und im Empfangterminal wird in Sekundenschnelle eine lückenlose Information über die dort gespeicherten Daten der Frachtbriefe ausgetauscht. *(→S. 259)*

Die »Drehflügler«

Um außerhalb von Flugplätzen Personen und Güter zu transportieren, kann man seit zwanzig Jahren den Hubschrauber benutzen. Dieses Fluggerät hat rotierende Tragflächen in Form langer radial angeordneter Blätter und sollte daher besser »Dreh-« oder »Schraubflügler« heißen. Das griechische Wort ist »Helicopter«. Wenn die Flügel schnell genug rotieren, erzeugen sie eine aerodynamische Auftriebskraft wie die Tragflächen eines Flugzeuges. Der Drehflügler kann daher in der Luft still stehen bzw. senkrecht aufsteigen und landen. Kleinere Ausführungen haben einen Rotor, dessen Gegenmoment von einem am Heck angebrachten Hilfspropeller ausgeglichen wird. Größere Maschinen haben zwei gleich große Rotoren, die sich gegenläufig drehen. Sie haben sich besonders als Lastenträger für Sonderaufgaben und als Montagekräne in unwegsamen Gelände bewährt.

Senkrecht starten und landen können auch die VTOL-Flugzeuge, mit denen man die Vorteile des Helicopters mit denen der Tragflächenmaschinen zu vereinen hofft (VTOL = Vertical Taking off and Landing). Von diesen »Senkrechtstartern« gibt es mehrere Versionen, die sich durch Art der Auftriebserzeugung im Schwebeflug unterscheiden: getrennte Triebwerke für Schweben und Horizontalflug, schwenkbare Triebwerke, Klappen zur Strahlumlenkung nach unten bei Start und Landung. Alle diese Ausführungen sind noch nicht ganz ausgereift; auf jeden Fall sind es technisch sehr aufwendige Gebilde, die eine komplizierte Regeltechnik zur Stabilisierung benötigen und deren wirtschaftliche Einsatzmöglichkeiten begrenzt sind.

Auch dem Flugverkehr im Überschallbereich wird von vielen Stellen die Wirtschaftlichkeit bestritten. Beim heutigen Stand der Technik können zwar verkehrstüchtige Flugzeuge mit 2000 bis 3000 Stundenkilometern Reisegeschwindigkeit, das ist die zwei- bis dreifache Schallgeschwindigkeit in der Stratosphäre,

Hubschrauber über Hamburg. Die »Drehflügler« (der erste wurde 1907 in Frankreich konstruiert) haben sich vor allem bei der Verkehrsüberwachung und im Rettungs- und Zubringerdienst bewährt.

gebaut werden. Es fragt sich aber, ob die Verkürzung einer Atlantiküberquerung von 8 auf 4 oder 3 Stunden genügend Anreiz bietet, bei weniger Komfort einen etwa doppelt so hohen Flugpreis zu zahlen, zumal ja die Zubringerfahrten zu den weit außerhalb liegenden Flughäfen zusammen mit zweimaligen Abfertigungsformalitäten und Wartezeiten wenigstens ebensoviel Zeit kosten. Auch aus Gründen des Umweltschutzes werden Bedenken erhoben. Da ist der Knallteppich, weswegen besiedelte Gebiete nur im Unterschallbereich überflogen werden dürfen, in dem die Triebwerke unwirtschaftlich arbeiten. Ferner werden Stimmen laut, die bei zunehmendem Verkehr in 20 bis 30 Kilometern Flughöhe eine ansteigende Stickstoffoxydkonzentration und dadurch einen beschleunigten Abbau der Ozonschicht befürchten. Dies hätte eine erhöhte Durchlässigkeit der Atmosphäre für ultraviolette Strahlungen und damit eine Störung des biologischen Gleichgewichtes zur Folge. Es bleibt abzuwarten, wie weit sich die Einsatzpläne für die serienreifen englisch/französischen und russischen Überschallverkehrsflugzeuge verwirklichen lassen.

Die Düsentriebwerke

Propellertriebwerke erzeugen den Vortrieb einfach dadurch, daß ständig Luftmassen nach hinten beschleunigt werden, wobei die Reaktionskraft auf diese Massenbeschleunigung (Kraft = Masse mal Beschleunigung) das Flugzeug in Flugrichtung voran treibt. Die Besonderheit dieser Antriebsart liegt darin, daß relativ großen Luftmassen, nämlich die Luftmenge, die durch die Fläche des Propellerkreises strömt, eine verhältnismäßig kleine Zusatzgeschwindigkeit gegenüber der Flugzeuggeschwindigkeit erteilt wird. Beim Düsentriebwerk dagegen ist die einströmende Luftmenge dem kleineren Durchmesser entsprechend geringer, während das ausströmende Medium auch noch die Verbrennungsgase enthält. Dieses Gasgemisch wird durch die Energiezufuhr aus dem Treibstoff auf hohe Drucke und Temperaturen gebracht. Daher arbeitet ein Düsentriebwerk mit wesentlich höheren Austrittsgeschwindigkeiten, die viel größere Fluggeschwindigkeiten ermöglichen. Ein weiterer Unterschied besteht darin, daß ein Düsentriebwerk Vortriebserzeugung und Antriebsmaschine in sich vereinigt. Es ist ein kompaktes, in sich geschlossenes Aggregat, das dem Luftstrom weniger Widerstand entgegensetzt und zudem noch

Geschwindigkeiten bis Mach 10

ein kleineres Leistungsgewicht in Kg/PS besitzt, als der Propeller mit Antriebsmotor. Schließlich ist das Düsentriebwerk aus bedeutend weniger Einzelteilen aufgebaut als der entsprechende Flugzeugmotor mit sternförmig angeordneten Zylindern (»Sternmotor«) mit 28 Zylindern. Es ist daher auch unempfindlicher und weniger störanfällig.

Das Düsentriebwerk, auch Luftstrahltriebwerk genannt, saugt durch eine vordere ringförmige Öffnung Umgebungsluft an, die der Brennkammer zugeführt wird. Hier wird sie mit Treibstoff vermischt und das Gemisch kontinuierlich verbrannt. Die zugeführte Verbrennungsenergie bewirkt eine starke Aufheizung und Druckerhöhung des Gasgemisches, das zuletzt eine Düse durchströmt, die so geformt ist, daß die Wärme- und Druckenergie in Bewegungsenergie, also in eine möglichst hohe Ausströmgeschwindigkeit, umgewandelt wird.

Die heißen Gase sind bestrebt, sich in der Brennkammer nach allen Seiten auszudehnen. Erwünscht ist aber nur ein Ausströmen nach hinten. Um dies zu erreichen, muß dafür gesorgt werden, daß vor der Verbrennungskammer der Druck der einströmenden Luft ausreichend erhöht wird. Dies geschieht in drei Stufen: in einem trichterförmig sich verengenden Vorsatzteil, dem »Einlaufdiffusor«, wird die Luft entsprechend der Fluggeschwindigkeit vorkomprimiert; es folgt ein Niederdruck- und anschließend ein Hochdruckverdichter. Die Verdichter sind rotierende, turbinenartige Gebläse mit einer Anzahl hintereinander angeordneter Schaufelräder mit immer kleineren Durchmessern in Strömungsrichtung, welche die Luft stufenweise zunehmend komprimieren. Diese »Turboverdichter« erfordern eine ziemlich hohe Antriebsleistung, die von einer Gasturbine geliefert wird, die sich hinter der Brennkammer, aber noch vor der Düse befindet. Verdichter und Turbine sind durch eine achsiale Welle miteinander verbunden. Die Turbine wird von dem Heißgasstrom angetrieben, bevor dieser in der Düse seine noch verbliebene Energie in Schubleistung umsetzt.

Ein solches »Einstromtriebwerk« eignet sich vor allem für die besonders hohen Fluggeschwindigkeiten im Überschallbereich. Um den Wirkungsgrad im Unterschallbereich, also für die heutigen Verkehrsflugzeuge, zu verbessern, wird dem heißen Abgasstrahl Außenluft beigemischt, die hinter dem Niederdruckverdichter abzweigt und um das Triebwerk herumgeleitet wird. Bei diesem »Zweistromtriebwerk« wird die Energie einer größeren Luftmenge zugeführt, was kleinere Austrittsgeschwindigkeiten ergibt, wodurch der Vortriebswirkungsgrad im Unterschallbereich verbessert wird. Bei dieser Triebwerksart entsteht ein geringerer Strahllärm, die beschleunigte Luft umgibt den heißen Düsenstrahl wie ein Mantel.

Ein solches »Turbotriebwerk« erzeugt eine Schubkraft, die von der zugeführten Brennstoffmenge und von der Dichte der durchflogenen Luft abhängt. Der Schub ist im Stand und im Steigflug etwas größer als in Reiseflughöhe. Dies ermöglicht eine gute Startbeschleunigung des Flugzeuges und eine hohe Steiggeschwindigkeit. Mit einer Schubumkehrvorrichtung, die hinter der Düse angebracht ist und die den Strahl nach vorne ablenkt, wird beim Ausrollen auf der Landebahn eine starke Bremswirkung erzielt.

Für extrem hohe Geschwindigkeiten im Überschallbereich, etwa zwischen Mach 3 und Mach 10 (1 Mach = Schallgeschwindigkeit = etwa 1000 km/h in der Stratosphäre) eignet sich am besten das »Staustrahltriebwerk«, auch »Staurohr« genannt. Es ist die einfachste Form eines Strahltriebwerkes: es enthält keine rotierenden Maschinenteile (Verdichter, Turbine), da die erforderliche Verdichtung allein durch den Aufstau im Einlaufdiffusor erzielt wird. Dazu wird die mit Fluggeschwindigkeit zuströmende Luft abgebremst, wodurch sie eine Druckerhöhung erfährt. In der Brennkammer wird durch Verbrennung des Kraftstoffes, der in den Luftstrom eingespritzt wird, Energie zugeführt, die eine Aufheizung bewirkt. In der anschließenden Schubdüse wird der nochmals verdichtete und erhitzte Luftstrom entspannt, wodurch die gegenüber der Einströmgeschwindigkeit stark erhöhte Austrittsgeschwindigkeit erzeugt wird. Dieser Beschleunigung der Luftmassen im Staurohr entspricht als Reaktionskraft der Triebwerksvorschub. Die Staustrahltriebwerke haben gegenüber den Turbotriebwerken den Nachteil, daß sie im Stand keinen Schub erzeugen können; sie sind daher nur als zusätzliche Triebwerke im hohen Überschallbereich verwendbar.

Nur noch historisches Interesse findet das Pulsotriebwerk, wie es während des Zweiten Weltkrieges in der »fliegenden

Das größte Flugzeug der Welt ist die in Amerika gebaute »Galaxy«. Wenn sie ihr »Maul« aufreißt, verschlingt sie ganze Lastzüge und Panzer. Ihre Weiterentwicklung (L-50) soll bis 250 t Fracht tragen.

Bombe«, der V 1, eingebaut war. Das von P. Schmidt entwickelte Luftstrahltriebwerk hat eine pulsierende Arbeitsweise. Es liefert auch einen Standschub, ist aber nur für Unterschallgeschwindigkeiten geeignet. Das »Argus-Schmidt-Rohr« zeichnet sich durch geniale Einfachheit aus, dafür hat es einen schlechten Wirkungsgrad, bringt nur kleine Leistungen und ist sehr laut.

Vergleicht man die heute bekannten luftatmenden Flugzeugtriebwerke, dann lassen sich folgende Anwendungsgebiete abgrenzen, die sich aus den Geschwindigkeiten ergeben, auf welche die Luft bzw. das Gasgemisch beschleunigt wird: im Bereich bis zu 600 km/h arbeiten die Propellertriebwerke am wirtschaftlichsten; zwischen 600 und 1500 km/h hat das Zweistromstrahltriebwerk sein Leistungsmaximum, das bei dem Einstromtriebwerk zwischen 1500 und 3000 km/h liegt; das Staurohr kommt auch als wirtschaftlichster Antrieb in Frage.

Überblick

Eingriff in die Natur

Jahrtausende hindurch sah man den Einsatz technischer Mittel als problemlos an: Man stellte sich ein Ziel, suchte ein Werkzeug und wendete es an. Erst in unseren Tagen hat man erkannt, daß technische Eingriffe weitaus mehr in Bewegung setzen, als dieses Bild ersehen läßt.

Die Natur strebt nach Gleichgewicht. Dabei handelt es sich um sogenannte dynamische Gleichgewichte oder, um die Fachsprache der Kybernetik zu gebrauchen, Regelprozesse. Menschen, Tiere und Pflanzen brauchen Luft zum Leben; also für chemische Verbrennungsprozesse, aus denen sie Energie gewinnen. Dabei verbindet sich der Sauerstoff der Luft mit dem Kohlenstoff der körpereigenen »Brennstoffe« – vor allem der Kohlehydrate. Auf diese Weise bildet sich Kohlendioxid; die Pflanze nimmt es auf, wobei Sauerstoff frei wird. Die Natur folgt dem Prinzip der Rückgewinnung, der Regeneration. Sie kennt keine verbrauchte Luft, kein verschmutztes Wasser, keinen Müll. Wo immer ein Stoff verändert wird, gibt es einen entsprechenden Prozeß, der die Umkehr bewirkt. Die Reinigung des Wassers erfolgt durch Kleinlebewesen und durch die Verdunstung, der »Müll«, die natürlichen Abfallprodukte, wird durch Fäulnis zersetzt und in einfache natürliche Baustoffe rückverwandelt.

Doch nicht nur Energie und Materie sind dynamischen Gleichgewichten unterworfen; ebenso Gruppen von Lebewesen, Herden, Populationen und die Lebensgemeinschaften von Tieren und Pflanzen. Die Zahl der Tiere in einem Landstrich ist streng auf die gebotenen Ernährungsmöglichkeiten abgestimmt. Der Lebensraum von Raubtieren ist so bemessen, daß sie in ihren Revieren genügend Beute finden. Auch die Beutetiere sind von der verfügbaren Nahrung abhängig – von anderen, meist kleineren Tierarten, die ihnen zum Fraß dienen, oder von den Pflanzen, auf die ihre Ernährungsweise ausgerichtet ist. Die Pflanzengemeinschaften wieder hängen von den Bedingungen ab, die sie vorfinden, vom Klima, den Bodenverhältnissen, Wasser und Licht. Man könnte die Beschreibung gegenseitiger Abhängigkeiten beliebig weit fortsetzen, auf die Regeneration des Bodens durch Kleinlebewesen hinweisen, auf die Mikrofauna, die bei der Verdauung eine Rolle spielt, auf Fäulnisprozesse und so fort. Wesentlich ist, daß alle Abhängigkeiten gegenseitig sind.

Raumschiff Erde

Landstriche, die wir heute für »unberührt« und »urwüchsig« halten, etwa Gegenden, die durch Ackerbau, Viehzucht, Jagd, Forstwirtschaft und dergleichen genutzt werden, gehören längst zu unserer künstlichen Umwelt: Die Oberfläche wird bewirt-

Wasser »kippt um«

schaftet und gestaltet, der Boden chemisch beeinflußt, die Pflanzengemeinschaften willkürlich ausgewählt, der Tierbestand kontrolliert. Die meisten Pflanzen sind die Ergebnisse jahrhundertelanger Zuchtversuche; gegenüber den natürlichen Pflanzengemeinschaften sind sie anfälliger gegen klimatische Einflüsse und Schadinsekten. Ähnliches gilt für die Tiere. Der natürliche Biotop ist längst zerstört; das Leben ist nur noch durch den Eingriff von außen – Wartung, Düngung, Fütterung und Schädlingsbekämpfung – möglich.

Vom Eingriff der Technik wurden schließlich auch Rohstoffe betroffen, die bisher im Überfluß zur Verfügung standen, nämlich: Wasser und Luft. Es gehört zu den ältesten Gewohnheiten, alle Arten von Abfällen in Gewässer zu werfen, vor allem in Bäche, in Flüsse, die sie kostenlos abtransportieren. Die Technik verwendet natürliche Gewässer als Abfallbecken – bis vor kurzem wurden die Abwässer der Industrie, Schmutzwasser, Kühlwasser, verbrauchte Lösemittel, ja sogar Gifte, bedenkenlos in die Seen und Flüsse geleitet. Als bedenkliche Faktoren der Wasserverschmutzung treten heute ins Grundwasser geschwemmte Dünge- und Insektenvertilgungsmittel auf, sowie Detergentien, die modernen Waschmittel der Hausfrauen. Von einem bestimmten Verschmutzungsgrad an ist die Selbstreinigung des Wassers nicht mehr möglich, es »kippt um«.

Ähnliche Gefahren bestehen für die Luft. Hier sind es vor allem die Verbrennungsprozesse, die riesigen Mengen von

Smog über Duisburg. Die gefährliche Dunstglocke über unseren Städten enthält Schwefelverbindungen, Kohlenmonoxid, Stickoxide und andere Atemgifte.

Eingriff in die Natur

Kohlendioxid, aber auch von giftigem Kohlenmonoxid in die Atmosphäre bringen. Dazu kommt Staub, der nicht nur für die Atemwege gefährlich ist, sondern auch zur Nebelbildung, zu dem berühmt-berüchtigten Smog führt.

Eine andere Sekundärfolge des technischen Fortschritts ist der Müll. In der Natur gibt es keinen Müll; für den Abbau aller Abfallprodukte ist gesorgt. Daß heute ein Müllproblem auftritt, liegt daran, daß wir als Gefäße und Verpackungsmaterial vor allem Synthesestoffe verwenden, die nicht auf natürliche Weise abgebaut werden können. Ihre Widerstandsfähigkeit und Haltbarkeit, die man lange als besonderen Vorteil ansah, erwies sich als Nachteil; heute bemüht man sich darum, Materialien herzustellen, die nach einer gewissen Zeit zerfallen.

In kleinem Maß, für eine beschränkte Anzahl von Menschen, könnten wir auch weiter so handeln, ohne eine Störung der Gleichgewichte befürchten zu müssen. Die Wasser- und Luftverschmutzung wie auch der Wohlstandsmüll wären keine Probleme, wenn nicht Milliarden von Menschen Nahrung, Kleidung, Energie und dergleichen beanspruchten.

Durch die überhandnehmende Vermehrung der Menschen wird unser Lebensraum, der einst unerschöpflich schien, zu einer beengten und unzureichenden Nutzungsfläche. Es ist nicht mehr möglich, aus dem Vollen zu schöpfen, sondern man muß alles zum Leben Benötigte künstlich bereitstellen – wie in einem Raumschiff, das ohne Versorgung von außen bestehen soll. In einem solchen Raumschiff muß nicht nur für Nahrung und Energie gesorgt werden; auch Wasser und Luft sind bereitzustellen, und das kann nur durch deren Wiederaufbereitung geschehen. In einem solchen Raumschiff kann auch keine »Wegwerfgesellschaft« existieren – jede Art von Abfall muß in

Die Rolle der Chemie in der Landwirtschaft ist doppelgesichtig. Auf der Positivseite stehen bedeutende Züchtungserfolge wie die Entwicklung des winterharten Weizens und anderer Getreidesorten, die ertragreicher, widerstandsfähiger und eiweißreicher sind, sowie die erfolgreiche Bekämpfung von Schädlingen. Auf der Negativseite stehen die Zweitfolgen des chemischen Großeinsatzes; Schädlinge können immun werden, und chemische Rückstände in den Pflanzen gefährden auf die Dauer den menschlichen Organismus.

irgendeiner Weise wiederverwendbar gemacht werden. Wir dürfen die Regenerationsprozesse nicht länger der Natur überlassen – in den Kläranlagen und Gasfiltern haben wir die ersten Beispiele für Geräte vor uns, die Aufgaben dieser Art übernehmen. Und in ähnlicher Weise muß man Wege finden, um Abfälle – von der Kunststoffverpackung bis zum Autowrack – wieder in den Produktionsprozeß mit einzubeziehen. Vor allem aber dürfen wir die Besatzung des »Raumschiffs Erde« nicht über alle Grenzen wachsen lassen. Das wäre das baldige Ende der gesamten Besatzung.

»Gute« und »schlechte« Technik

Die gefährlichen Sekundärwirkungen technischer Mittel, mit denen wir es heute zu tun haben, kamen für die meisten von uns unerwartet und überraschend. Für vorbeugende Maßnahmen war es zu spät. Es bleibt nichts anderes übrig, als aus der jetzigen Situation das Beste zu machen. Diese Maßnahmen sind meist nicht mehr als Reparaturen. Dabei ist jedes Mittel recht, das rasch zum Erfolg führt – und wieder kümmert man sich nicht um mögliche Nebenwirkungen.

Die Anfälligkeit von Monokulturen gegenüber Schädlingen führt zu riesigen Verlusten; als Gegenmaßnahme dient der Einsatz chemischer Präparate. Es zeigt sich jedoch, daß Schädlinge erstaunlich anpassungsfähig sind – sie entwickeln Immunität gegenüber den Giften und vermehren sich nach einer gewissen Spanne so wie vorher. Als unerwünschte Nebenwirkung hat man nun festgestellt, daß die chemischen Substanzen nicht völlig abgebaut werden, sondern über Nahrungsmittel und Trinkwasser in den Körper von Tieren und Menschen gelangen. Es kann zu einer allgemeinen Verseuchung mit verschiedensten Giftstoffen kommen; obwohl es sich meist nur um Spuren handelt, bedeutet das keineswegs, daß sie sich nicht schädlich auswirken können. Stoffe dieser Art gehören so wie die Gift- und Schwefelstoffe der Luft und bedenkliche Konservierungsmittel zu den Reizen, auf die der Mensch durch Unpäßlichkeit reagiert. Aber selbst Tertiärwirkungen dieser Art werden wieder naiv vordergründig behandelt: Man greift zu Kopfschmerztabletten und Magenpräparaten – die ihrerseits wieder zu unangenehmen Nachwirkungen führen.

Als man diese Zusammenhänge erkannte, kam es zu einer psychologischen Reaktion, die genau so bedenklich ist wie eine pro-technische Euphorie. Man sah in der Technik prinzipiell die Verkörperung des Schlechten und vermutete, daß alles durch sie erreichte – selbst das, was zunächst angenehm erschien – für den Menschen schädlich sei. Das ist aber keineswegs der Fall; selbst unter den unvorhergesehenen Nebenwirkungen gibt es solche von positivem Charakter.

Begrüßenswerte Sekundärfolgen des technischen Fortschritts sind besonders im Bereich der Kommunikation zu finden. So sah man beispielsweise den Nutzen von Büchern, Zeitungen, Funk und Fernsehen vor allem in der raschen sowohl räumlichen wie zeitlichen Ausbreitung von Nachrichten, Wissen und Information. Wesentlich ist aber die Tatsache, daß es mit Hilfe dieser Medien gelang, alle Arten von Wissen in Teile der Bevölkerung zu tragen, die bisher auf recht dürftige Nachrichtenquellen angewiesen waren. In diesem Fall ist so etwas wie eine echte Sozialisierung gelungen: In der prinzipiellen Möglichkeit, an die durch die Medien herausgegebenen Informationen heranzukommen, gibt es kaum mehr einen Unterschied zwischen ärmeren und reicheren Bevölkerungsschichten.

Die Vorbehalte, die man den Medien entgegenbringt, sind in mancher Hinsicht gewiß berechtigt (→Kap. »Medien«, S. 148 ff.), beruhen aber teilweise auch auf einer Verkennung mediengerechter Notwendigkeiten. Jedes Informationsangebot muß ja der Aufnahmefähigkeit und dem Wissensstand des Empfängers angepaßt sein – sonst bleibt es wirkungslos. Um das Ziel – nämlich die Übermittlung von Information – überhaupt zu erreichen, ist es durchaus gerechtfertigt, auch hohe Redundanzen, die sich durch simple Darstellungen, Unterhaltungsangebote und dergleichen ausdrücken, in Kauf zu nehmen. Insgesamt haben die Medien zu einer erstaunlichen Ausweitung des Wissens- und Urteilshorizonts geführt. Wer heute etwa das Fernsehen generell ablehnt, vergißt, daß die meisten von uns noch vor einigen Jahrzehnten vorwiegend in regionalen Aspekten dachten. Heute sind uns bei unseren Urteilen und Entscheidungen Ereignisse aus der ganzen Welt gegenwärtig.

Verantwortung für die Konsequenzen

Zu den Sekundärfolgen technischer Eingriffe sind auch alle Veränderungen zu zählen, die sich im sozialen Raum seit fast einem Jahrhundert ergeben haben: die Entlastung des Menschen von Schwerarbeit, die Verbreiterung der Mittelklasse einschließlich der Zunahme von Angestellten und Beamten, die größeren Chancen für jeden einzelnen, eine ihm gemäße Beschäftigung zu finden, die größere Mobilität im physischen und psychischen Bereich.

Dem stehen Erscheinungen gegenüber, die man auf der Verlustseite buchen muß: der Verfall der Familie, die Geringschätzung des Alters, die Schwierigkeiten, Umweltgefüge zu begreifen, die Ausrichtung auf materielle Vorteile und dergleichen mehr (→Kap. *Technik im Wohn- und Lebensbereich*, S. 162 ff.). Aber selbst hierbei läßt sich nicht immer eindeutig entscheiden, was als erwünscht oder als unerwünscht gelten soll. Ist die Abkehr von mystischen Vorstellungen, etwa von einer religiösen Lebenshaltung, eine nüchterne Lebenseinstellung, eine Konzentration auf die Aufgaben des Diesseits, nützlich oder schädlich? Ist das Verschwinden traditioneller Berufe, der Handwerker alten Stils, der Kleinbetriebe, beklagenswert? Ist es ein Unglück, daß im Laufe von technischen Veränderungen manche Tier- und Pflanzenarten aussterben? Die Antworten differieren – je nach den vorherrschenden Weltanschauungen und Wertmaßstäben; diese aber bezog die Menschheit bisher aus ihrer Vergangenheit. Eine wesentliche Erkenntnis dürfte immerhin sein, daß jeder, der technische Mittel entwickelt, baut, vertreibt und anwendet, einen Teil der Verantwortung für die Konsequenzen trägt.

Es bedarf keiner besonderen Beweisführung, um zu zeigen, daß ein Verzicht auf technische Mittel nicht möglich ist. Die Erde hat heute Mengen von Menschen zu ernähren, die ihre natürliche Kapazität weitaus übertreffen. Dazu kommt aber auch, daß unsere Ansprüche steigen, daß wir kaum mehr dazu bereit sind, auf einmal erworbene Annehmlichkeiten zu verzichten. Wenn man aber weiterhin Technik betreibt, so wird das auf andere Weise geschehen müssen, als es bisher üblich war. Man wird eine »gute« und keine »schlechte« Technik betreiben müssen. Man wird sich beim Einsatz jedes Mittels die Frage vorlegen müssen, welche Konsequenzen zu erwarten sind. Die Industrie als Träger technischer Produktionsprozesse wird von Zielvorstellungen abgehen müssen, die über ein Jahrhundert hindurch maßgebend waren. Sie wird berücksichtigen müssen, daß sie bei ihren Produktionsprozessen nicht nur Rohstoffe verbraucht, die sie bezahlen muß, sondern daß sie in Teile unserer Welt eingreift, die Eigentum aller Menschen sind – beispielsweise indem sie Wasser und Luft verbraucht. Als übergeordnete *Maxime* wird zu beachten sein, daß durch keinen technischen Prozeß die Lebensqualität sinken darf. So schwer es auch heute noch fällt, diesen Begriff genau zu fassen, so gehört doch zweifellos dazu, daß die Umwelt in einem Zustand erhalten wird, der ein gesundes und ungestörtes Leben verspricht, daß keine Belästigungen – beispielsweise durch Lärm und Staub – auf andere Menschen ausgeübt werden. Das bedeutet, daß nicht nur der kurzfristig erzielte Gewinn zu berücksichtigen ist, sondern auch der Schaden, der der Allgemeinheit entsteht. Will man ihn vermeiden, so werden manche Produktionsprozesse erheblich teurer werden, aber um diese Notwendigkeit kommen wir nicht herum.

Ebensowenig kann unsere technische Welt weiterhin das Wachstum als sozialpolitisch erstrebenswertes Ziel beibehalten. Das ist in einem Lebensraum, der in seiner Fläche und in seinen Rohstoffen beschränkt ist, auf die Dauer widersinnig. Als Maß für jedes technische Handeln wird künftig nicht nur die Frage gelten müssen, ob man damit ein vordergründiges Ziel erreicht, sondern ob auch die Wirkungen auf den Menschen und die Umwelt zu vertreten sind. (→Kap. »Wachstum«, S. 320ff.)

Eingriff in Lebensvorgänge

Die Erscheinungen des Lebens unterscheiden sich grundlegend von jenen der unbelebten Natur: Dennoch haben die Wissenschaftler schon früh erkannt, daß auch Lebewesen den Gesetzen der Naturwissenschaft unterworfen sind. Im Laufe der Jahrhunderte standen einander immer wieder zwei Lehrmeinungen gegenüber: Die eine Seite nahm an, daß die eigentlichen Eigenschaften des Lebens auf höheren Ebenen lägen, daß es fraglich sei, ob sich diese überhaupt durch Regeln nach dem Vorbild der Naturgesetze erfassen ließen, und ob diese, wenn es sie gibt, für Menschen begreiflich wären; die Gebundenheit an die Materie nahm man als eine unangenehme Nebenerscheinung zur Kenntnis, die die freie Entfaltung behindere. Nach der anderen Meinung gibt es keinen prinzipiellen Unterschied zwischen den Erscheinungen der unbelebten und der belebten Natur; das, was man als Lebenserscheinungen beobachtet, ließe sich dann auf physikalische und chemische Prozesse (u. a. des Stoffwechsels) zurückführen, das sich von diesen nur durch einen hohen Grad von Komplexität unterscheidet.

Die Fortschritte der Wissenschaft haben beide Meinungen einander ein wenig näher gebracht. Der wichtigste Schritt wurde von der Kybernetik veranlaßt, die zeigte, daß in der Welt neben den physikalischen Prozessen auch die informationellen Prozesse wichtig sind.

Von Anfang an waren sich die Kybernetiker bewußt, daß sie auch einen wichtigen Beitrag zum Verständnis der Lebenserscheinungen leisten. Nach ihren Anschauungen ist die Situation folgendermaßen zu beschreiben: Zu den Lebenserscheinungen gehören solche, die sich mit den Mitteln der Physik erfassen lassen und solche, die sich mit kybernetischen Methoden beschreiben lassen. Damit ergibt sich eine gewisse Entsprechung zu den Vorgängen in Maschinen und insbesondere in Automaten.

Beim Leben allerdings hat sich das Schwergewicht noch wesentlich weiter in Richtung auf informationelle Prozesse – Steuerung, Anpassung, Organisation, Datenverarbeitung usw. – verlagert; man kann sagen, daß die eigentlichen Fähigkeiten und Leistungen von Lebewesen auf dem Gebiet der Informationsverarbeitung liegen. Die belebte Materie entzieht sich somit keineswegs dem Verständnis des Menschen, doch handelt es sich selbst bei den niedrigen Pflanzen und Tieren um außerordentlich kompliziert organisierte Systeme. Das ist der Grund dafür, daß man die Gesetze des Lebens, die Art und Weise, wie es Probleme löst, nur langsam zu verstehen beginnt. Und wieder hat es zur Folge, daß technische Eingriffe auf Grund dieses Verstehens nur ab und an möglich sind. Die Biotechnik befindet sich also weitgehend im vorwissenschaftlichen Zeitalter.

Da der Mensch bei seiner technischen Entfaltung von physikalischen, vor allem mechanischen und chemischen Erscheinungen ausging, so sind bei seinen Eingriffen in Lebenserscheinungen von Anfang an physiko- und chemotechnische Handlungen integriert. Bei der Jagd, beim Abhäuten der Tiere, beim Scheren der Wolle und dergleichen bediente er sich mechanischer Hilfsmittel, beim Gerben und Räuchern, Einsalzen und Düngen chemotechnischer Methoden. Aber auch in den Frühzeiten der Menschheitsgeschichte sind biotechnische Verfahren bekannt, die heute noch hochmodern anmuten, nämlich der Einsatz von Mikroorganismen für praktische Zwecke. Beispiele dafür sind die Käsezubereitung und die Alkoholgärung, chemische Umsetzungen, die durch Mikroorganismen veranlaßt werden.

Mendel und Darwin

Es hat Jahrtausende gedauert, bis zu den klassischen biochemischen Methoden, die man als selbstverständlich und problemlos ansah, weitere kamen. Der neue Abschnitt der Biotechnik begann mit der Erkenntnis von Regeln und Gesetzen, die in ihrer umfassenden Gültigkeit weitgehend den Naturgesetzen der Physik entsprechen.

Die erste große Entdeckung verdanken wir Charles Darwin, der den bestimmenden Einfluß der Konkurrenz bei der Entstehung der Arten erkannt hatte. Die andere Entdeckung stammt von Gregor Mendel; er hat festgestellt, daß es bei einer Kreu-

---

Das Wetter

In der Sprache der Meteorologen bedeutet »Wetter« – im Unterschied zu Witterung und Klima – den Zustand der Atmosphäre an einem bestimmten Ort zu einem bestimmten Zeitpunkt, z.B. »das Wetter in Oberbayern am 15. April 1973 um 15 h«. Dieser Zustand ist durch die Wetterelemente und ihr Zusammenwirken gekennzeichnet. Die Wetterelemente sind zahlenmäßig oder wenigstens typenmäßig faßbare Bestandteile des Wetters, mit denen es eindeutig beschrieben, analysiert und auch in etwa vorhergesagt werden kann. Die sechs wichtigsten sind:
- die Niederschlagsmenge in mm Regenhöhe,
- die Lufttemperatur in Grad Celsius,
- die relative Luftfeuchte in Prozent,
- die Bewölkung nach Art, Menge und Höhe,
- der Wind nach Richtung und Stärke,
- und schließlich der Luftdruck in Millibar (1000 mb = 1 at), der wegen seiner einfachen Beziehung zum Wind eine große Rolle spielt.

Alle diese Zustandsgrößen werden viermal täglich um 00, 06, 12 und 18 h Weltzeit an vielen Orten der Erde gleichzeitig gemessen und sofort durch Funk verbreitet. So gelangen die Daten in Form verschlüsselter Zahlengruppen zu den Wetterämtern, wo sie von Spezialisten entschlüsselt und in die regionalen Wetterkarten eingetragen werden. Sodann werden alle Orte gleichen Luftdrucks durch Linien (Isobaren) miteinander verbunden: das Augenblicksbild der Wetterlage mit den charakteristischen Hoch- und Tiefdruckgebieten. Die Tiefs sind Luftwirbel sehr großer Ausdehnung (Zyklone), sie unterscheiden sich von den Hochs außer durch die Luftdruckverteilung durch die Richtung der sie umströmenden Winde: das Hoch wird im Uhrzeigersinn, das Tief in entgegengesetzter Richtung umweht. Diese Wirbelbewegungen sind maßgebend für die vorherrschende Windrichtung an einem bestimmten Ort.

Die Tiefdruckgebiete erzeugen die Kalt- und Warm-»Fronten«, das sind wetterwirksame Abgrenzungen zwischen unterschiedlich warmen oder feuchten Luftmassen. Diese Fronten, welche die Isobaren schneiden, gehen meist vom Zentrum des Tiefs aus und bewirken bei ihrem Durchzug plötzliche Änderungen der Windrichtung: sie bringen den Übergang zu Regenwetter bzw. zum Aufklaren. Die Tiefs bevorzugen bestimmte Zugstraßen vorwiegend in West-Ost-Richtung, worauf im wesentlichen die kurzfristige Wettervorhersage für ein örtlich begrenztes Gebiet beruht.

Regeneratoren

Wetter nach Wunsch ist heute unter bestimmten Voraussetzungen möglich. Wenn der Radarschirm feuchtigkeitsschwere Wolken geortet hat, können chemische Präparate wie etwa Silberjodid in die Wolken geschossen werden. Sie fördern die Bildung sogenannter Kondensationskerne in den Wolken, die den Niederschlag bewirken. (→S. 290)

zung zu Vermischung von Eigenschaften kommt, deren Träger in ganz bestimmten Mengenverhältnissen auftreten.

Die Mendelschen Gesetze blieben über Generationen hinweg unerklärt. Erst die moderne Biologie – genauer: die Gen-Forschung – konnte eine zufriedenstellende Begründung geben, sie mußte sich dazu mehrerer Hilfswissenschaften – der Molekularchemie, Zellenlehre und Kybernetik – bedienen.

Als Träger der Vererbung erwiesen sich die Gene. Die Biochemiker konnten nachweisen, daß diese nichts anderes sind als Riesenmoleküle – eine Art molekularer Schrift, in denen alle vererbbaren Eigenschaften verschlüsselt sind. Bei der Verschmelzung von zwei Zellen während der Befruchtung kommt es zu einer Neukombination der Erbmoleküle, deren Konsequenz auch die äußerlich beobachtete Eigenschaftskombination der nächstfolgenden Generation ist. Was Gregor Mendel also an Erbsen und Bohnen beobachtet hat, das findet seine Ursache im Mikrokosmos des Zellkerns, in den chemischen Reaktionen, die sich in den Geschlechtszellen abspielen.

Die Erkenntnisse von Gregor Mendel blieben lange Zeit unbeachtet, und erst 35 Jahre später, nämlich im Jahr 1900, kam es zu einer Wiederentdeckung und damit zu einer Eingliederung in das biologische Wissen. Aber erst in der nächsten Forschergeneration wurden ihre biotechnischen Nutzungsmöglichkeiten erkannt. Insbesondere die Schule von Reinhold von Sengbusch war es, die systematisch an die Züchtung neuer Pflanzen und Tiere heranging. Was in anderen Fällen durch jahrhundertelange mehr oder weniger probierende Bemühungen gelang – nämlich die Züchtung hochwertiger Nutztiere und -pflanzen –, konnte nun innerhalb einiger Jahre erreicht werden. Dabei gingen die Biologen fast immer denselben Weg: Sie suchten an den verschiedenen Wildformen nach solchen, die die gewünschten Eigenschaften besonders ausgeprägt aufwiesen, und kreuzten sie so mit anderen, daß die unerwünschten Eigenschaften wegfielen. Auf diese Weise gelang es beispielsweise, eine Lupinenart heranzuziehen, die frei von Bitterstoff ist, und sich somit als Tierfutter eignet. Weiter glückte die Neuzüchtung von Karotten, Hanf, Spinat, Erdbeeren und Champignons. Besonderes Aufsehen erregte die Entwicklung eines grätenarmen Karpfens sowie einer Schweinerasse, die ein Rippenpaar (und folglich zwei Koteletts) mehr hat.

Bei all diesen Versuchen treten keine prinzipiell neuen Eigenschaften auf (auch die genannte Rippe ist noch im Ansatz bei Säugetieren vorhanden), vielmehr handelt es sich um eine Verstärkung oder eine Neukombination schon bekannter Eigenschaften. Nach den Erkenntnissen der Molekularbiologie kann das auch nicht anders sein.

Die Umformung der Gene

Will man neue Eigenschaften hervorbringen, so muß man die Gene umformen. Das bedeutet aber einen Eingriff in molekulare Bereiche; sollte er gelingen, so muß man sich völlig neuer Methoden bedienen.

Als eine Möglichkeit dazu erwies sich die Strahlung, die durch radioaktive Prozesse entsteht. Trifft ein Strahl ein Mole-

Eingriff in die Natur

Assimilation

In der Biologie versteht man unter Assimilation die Umwandlung von körperfremden Stoffen in körpereigene. Sie vollzieht sich vor allem in den Pflanzen, die Anorganisches in Organisches überführen. Der wichtigste Vorgang ist die CO_2-Assimilation: die Pflanzen entnehmen der Luft Kohlendioxid (CO_2) und dem Boden mit den Wurzeln Wasser (H_2O). Daraus bilden sie auf sehr komplizierte, noch nicht ganz erforschte Weise zunächst Kohlenhydrate wie Zucker und Stärke, wobei Sauerstoff (O) frei wird. Dieser chemische Prozeß, genannt Fotosynthese, geht mit Hilfe des Sonnenlichtes als Energiequelle und eines grünen Farbstoffes (Chlorophyll) vor sich, der in den Blättern und in anderen grünen Pflanzenteilen enthalten ist. Außerdem spielt dabei ein kompliziertes Enzymsystem als Katalysator eine wichtige Rolle.

Dieser Vorgang hat eine überragende Bedeutung zur Erhaltung des ökologischen Gleichgewichts auf unserem Planeten. Die Fotosynthese liefert auf der Erde jährlich etwa 10^{11} t organische Substanzen, die hauptsächlich Kohlenstoff enthalten; außerdem ersetzt sie immer wieder die riesigen Sauerstoffverluste, die laufend durch Oxidation und Verwesung auftreten. Wenn die Pflanzen ihre chemische Aktivität einstellen würden, wäre der Sauerstoff nach 3000 Jahren völlig aus der irdischen Atmosphäre verschwunden. Die Fotosynthese ist daher die lebenswichtigste biochemische Reaktion.

Mutation

Eine plötzliche Abänderung des Erbgutes nennt man Mutation. Ihr liegt eine Veränderung der DNS (Desoxyribonukleinsäure) der Chromosomen zugrunde. Die wichtigsten Mutationen sind solche, die in den Geschlechtszellen ablaufen; denn sie führen zu erblichen Veränderungen der Nachkommen und liefern damit den Ausgangspunkt zur Evolution, der Entstehung von neuen Rassen und Arten. Eine Mutation ist normalerweise ein recht seltenes Ereignis, das allerdings durch Mutagene, das sind Erbveränderungen hervorrufende Substanzen, gefördert werden kann: Mutagene sind z.B. Röntgen-, γ- oder Neutronenstrahlen, aber auch Chemikalien wie Senfgas, Colchicin oder Nitrite. Wo und wann eine Mutation auftritt, hängt vom Zufall ab. Die Entstehung der Arten kommt daher allein durch natürliche Auslese und nicht aufgrund gerichteter Mutationen zustande. Die meisten Mutationen sind schädlich und führen zum Untergang ihrer Träger im Daseinskampf, wenn sie nicht schon eine geregelte Embryonalentwicklung empfindlich stören. Normalerweise ist eine Mutation um so schädlicher, je größer die von ihr hervorgerufene Veränderung ist.

Die Mehrzahl der Mutationen sind Genmutationen, Veränderungen an einzelnen Genen, den kleinsten Informationseinheiten der »chemischen Schrift«. Durch Strahlen entstehen noch enger begrenzte Punktmutationen, die chemische Veränderungen im Bereich der DNS-Moleküle oder ihrer Reaktionsmechanismen hervorrufen. Daneben gibt es noch die viel schwerwiegenderen und selteneren Chromosomenmutationen, strukturelle Veränderungen ganzer Chromosomen, wie z.B. Umkehrung (Inversion) oder Versetzung (Translokation) von Chromosomenstücken. Bei Genommutationen ist die natürliche Anzahl der Chromosomen verändert.

kül, so kann es sein, daß es zum Auseinanderbrechen oder auch zu einer Änderung der molekularen Struktur kommt. Da es nicht möglich ist, radioaktive Strahlen an ganz bestimmte Stellen eines Moleküls zu lenken, so gleicht diese Methode dem Beschuß mit Schrot – es ist dem Zufall überlassen, ob man die gewünschte Stelle trifft.

Man hat nun tatsächlich versucht, Ei- und Samenzellen radioaktiv zu bestrahlen, und fand in der Nachfolgegeneration eine Vielfalt von Abweichungen, wobei die meisten für ihren Träger schädlich waren; es handelte sich um Degenerationserscheinungen, krankhafte Verformungen von Gliedmaßen und dergleichen mehr.

Meistens führen radioaktive Einwirkungen sogar zu einem Verlust der Lebensfähigkeit – der Keim entwickelt sich überhaupt nicht bis zur Reife oder er bringt Formen hervor, die mehr oder weniger bald zugrundegehen. In einigen wenigen Fällen allerdings trifft man auch auf die erhofften neuen, wünschenswerten Merkmale; ihre Träger werden dann den schon üblichen Züchtungsmethoden unterworfen, und somit ist es heute prinzipiell möglich, durch einen künstlichen Eingriff die Vielfalt der Lebensformen zu vergrößern.

Nur selten wurde ein wissenschaftlich-technisches Problem durch den ersten Schritt völlig gelöst, meistens nähert man sich dem Ziel nur schrittweise; der Vorteil ist aber eine tiefere Einsicht – schon daß es gelingt, seine Wünsche präzise anzugeben, bedeutet eine gewaltige Verbesserung der Situation. Beim Fall der Züchtung neuer Pflanzen und Tiere wäre der nächste Schritt der gezielte Eingriff in das Erbgut. Es ist erst in den letzten Jahren gelungen, den »genetischen Code« zu entschlüsseln. Wir wissen, daß er vier Symbole enthält – verkörpert durch Molekülteile –, und weiter ist auch im großen und ganzen bekannt, wie das Gen die Bildung von Eiweißstoffen veranlaßt, die dann im Körper ganz bestimmte Aufgaben übernehmen. Verhältnismäßig wenig weiß man über den Zusammenhang der genetischen Schrift mit den äußerlichen Eigenschaften, und somit steht noch eine prinzipielle Schwierigkeit vor der »Programmierung« neuer Lebensformen. Aber auch die praktischen Schwierigkeiten sind groß. Die Erzeugung von Leben nach vorgegebenen Plänen setzt ja voraus, daß es gelingt, die Gene künstlich aufzubauen, und das ist, in Anbetracht ihrer geringen Größe, eine außerordentlich komplizierte Aufgabe. Erst in allerletzter Zeit zeichnen sich gewisse Möglichkeiten dafür ab; es ist in Einzelfällen gelungen, Gene gezielt zu verändern. Dabei bedient man sich neuer, typisch biotechnischer Methoden – nämlich des Einflusses von Viren auf die genetische Substanz.

Denaturierung des Menschen

Veränderungen sind auch am Menschen selbst zu beobachten. Längst hat er sich entscheidend von jenem naturverbundenen Wesen entfernt, das er einst war. Allmählich beginnt er sich jener technischen Umwelt anzupassen, die er selbst um sich errichtet hat, und leitet damit eine Entwicklung ein, wie sie in der Natur noch nicht zu verzeichnen war: Eine Entwicklung, die nur noch vom Menschen selbst, von seinen Verhaltensweisen und Entscheidungen, abhängt. Erst allmählich setzt sich die Einsicht durch, daß der Mensch durch sein technisches Handeln auch seine eigene biologische Entwicklung beeinflußt. Man spricht von Denaturierung.

Am deutlichsten wird das am Körperbau. Der Mensch ist im Schutzkäfig seiner technischen Errungenschaften schwächer und anfälliger geworden. Im Anthropologischen Institut der Universität Mainz wurde diese Erscheinung, die sogenannte Grazialisation, eingehend untersucht. In einer Datenbank für prähistorische Anthropologie wurden die Maße von etwa zehntausend Skelettresten auf Lochkarten gespeichert. Dabei zeigte sich die direkte Beziehung zwischen Grazialisation und Technikbeginn von der Jungsteinzeit an.

Zur physischen Denaturierung zählt auch der Verlust unserer Körperbehaarung, die Vergrößerung unserer Schädel, unser leichterer Knochenbau. Psychische und soziologische Aspekte sind die Steigerung unserer Intelligenz und unserer Fähigkeit zum abstrakten Denken.

Nährstoffe durch Photosynthese?

Der Begriff Denaturierung wird oft mit einer negativen Bewertung verbunden. Das würde aber heißen, daß man den naiven »Wilden«, den Vorzeitmenschen, kritiklos als Ideal hinstellt. Dabei wird vergessen, daß mit der größeren Flexibilität unseres Denkens, mit wachsenden Einsichten in das Bezugssystem Mensch-Technik auch unsere Freiheit größer geworden ist, der Raum unserer kreativen Selbstverwirklichung und die Basis sozialer Leistungen.

Unsere verringerte Robustheit wird durch technische Hilfsmittel aufgewogen. Es steht keineswegs fest, daß die Erhaltung des Menschen in seiner jetzigen körperlichen Beschaffenheit ein anerkennenswertes Ziel ist.

Leider ist es bisher kaum möglich gewesen, Fragen dieser Art nüchtern zu diskutieren. Auf einem Humanbiologen-Kongreß 1962 in London wurden der Öffentlichkeit zum erstenmal Überlegungen bekannt, die weit über gewohnte Vorstellungen hinausgingen. Ein englischer Wissenschaftler stellte zur Diskussion, Menschen mit Blattgrün unter der Haut zu entwickeln. Sie wären fähig, Nahrung aus der Luft aufzunehmen und das Sonnenlicht als Energiequelle in ihrem Körperhaushalt zu verwerten. Die Idee stieß auf erstauntes Kopfschütteln und verärgerte Vorwürfe.

Der Griff nach der Erde

Im Laufe der Geschichte wurden alle bisher bekannten, leicht zugänglichen Bodenschätze weitgehend abgebaut, und es wird nötig, Rohstoffe zu heben, an die man nur unter Schwierigkeiten herankommt. Der Bergbau ist im Laufe der Zeit bis in Tiefen von einigen Kilometern vorgedrungen. Er hat auch vor dem Meer nicht haltgemacht – besonders bei der Gewinnung von Erdöl. Künftig wird man auch die riesigen Vorkommen an Manganknollen in den Tiefseegräben der Ozeane zur Erzgewinnung ausbeuten.

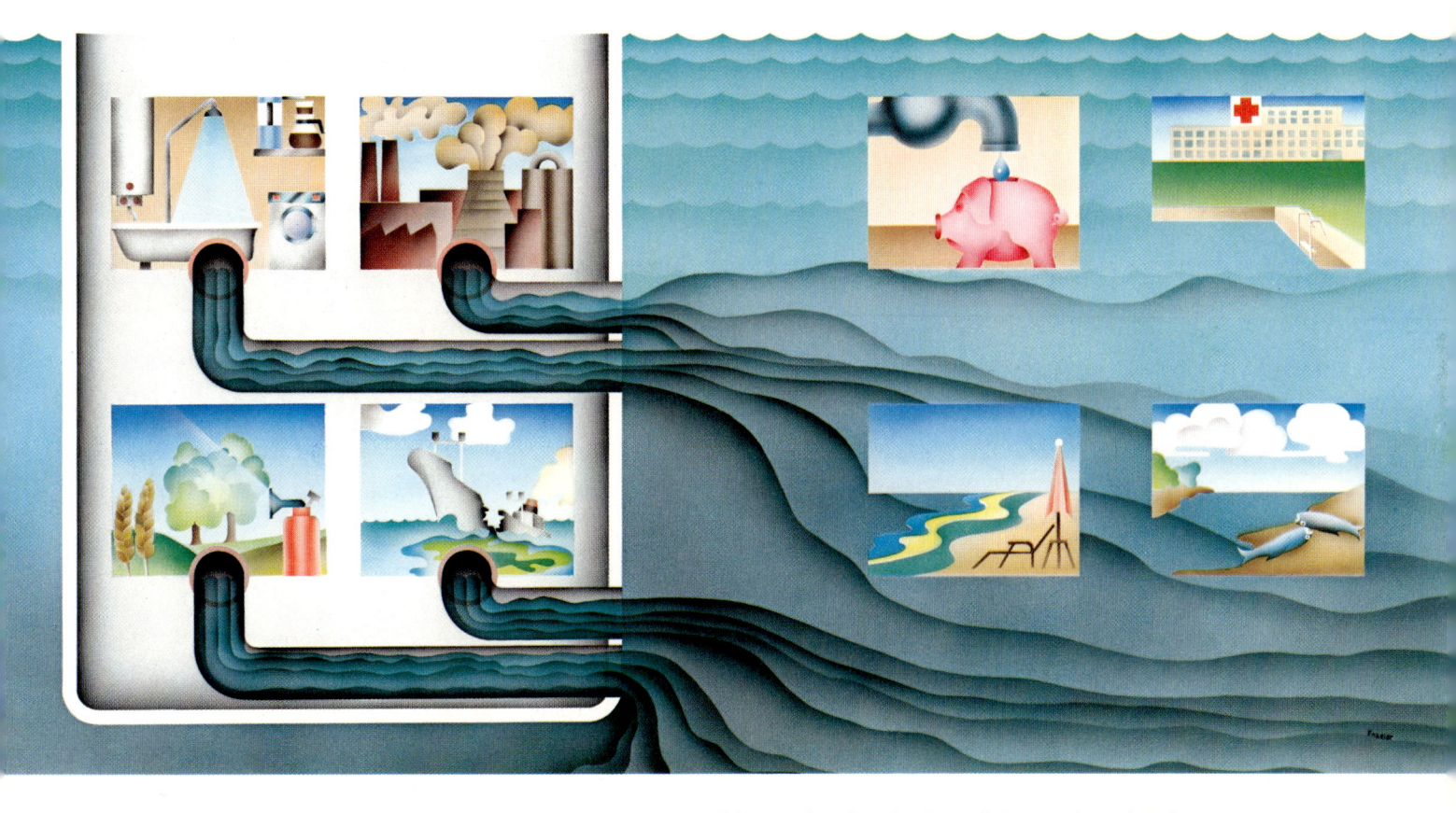

Unsere Flüsse und Meere sind nicht nur durch industrielle Abwässer gefährdet; Seifen- und Waschmittelreste der Haushaltungen, landwirtschaftliche Düngung und Schädlingsbekämpfung sowie Mineralölrückstände aus der Schiffahrt belasten den natürlichen Wasserhaushalt. Wir dürfen mit dem Wasser nicht so lange Raubbau treiben, bis trinkbares Leitungswasser eine Kostbarkeit, ein Schwimmbassin verbotener Luxus und unsere Erholungsstrände stinkende Ansammlungen toter Fische geworden sind.

War man früher auf Zufallsfunde angewiesen, so lernte man es allmählich, sich bei der Suche nach Erzlagerstätten, Erdölfeldern oder auch unterirdischen Quellen nach geologischen Anhaltspunkten zu richten. Besonders die kapitalkräftige Erdölindustrie setzte seit den zwanziger Jahren dieses Jahrhunderts wirksame, wenngleich teure neue Mittel ein: die Probebohrungen, mit denen bisher unbekannte Tiefen von einigen tausend Metern erfaßt werden. Sie führten zur Entdeckung bedeutender Fundstätten, erbrachten aber auch eine Fülle von geologischem Grundlagenmaterial; die Geologie verdankt ihnen bedeutende Einsichten. Sie beschränken sich allerdings auf Örtlichkeiten, in denen Erdöl vorkommen kann, nämlich Schichtgesteine. Die großen Tiefen der Urgesteinsgegenden blieben hingegen nach wie vor unbekannt.

In Zusammenarbeit zwischen der Bergbauindustrie und der Geologie wurden auch noch andere Methoden der Lagerstättensuche entwickelt. Ein wenig billiger, wenn auch nicht so eindeutig sind die Resultate der Sprengseismik: Mit Hilfe von Explosionen erzeugt man Erschütterungen und fängt die von

Eingriff in die Natur

Erdschichten zurückgeworfenen Echos mit besonderen Geräten, den Seismographen, auf. Auf diese Weise erhält man gewissermaßen ein Abtastbild des Erdinneren; der Geologe kann daraus auf die Naturschätze schließen, die eventuell in der Tiefe verborgen liegen.

Eine andere Aktivität, die eng mit geologischen Problemen im Zusammenhang steht, ist die Gewinnung von Land. Durch Dämme ist es beispielsweise in Holland gelungen, das Meeresufer künstlich zurückzudrängen und der Bebauung neue Regionen zugänglich zu machen. Es gibt auch Vorschläge, die Neuland in weitaus größerem Umfang in Aussicht stellen, beispielsweise für die künstliche Senkung der Oberfläche von Binnenmeeren durch Sperrdämme, wodurch an flachen Küsten ein beträchtlicher Landgewinn zu erzielen wäre.

Die geologischen Wissenschaften haben heute für alle technischen Aktionen Bedeutung, bei denen Boden bewegt werden muß – vom Straßenbau bis zur Anlage von Städten. Auch dabei werden die Projekte, an die man sich heranwagt, immer größer; so hat beispielsweise der Tunnelbau große Fortschritte gemacht, und der ehemalige Wunschtraum, Frankreich und England durch den Ärmelkanaltunnel zu verbinden, wird in den 70er Jahren aller Voraussicht nach realisiert werden.

Eine große Rolle bei Erdbewegungen spielen Explosivstoffe; in diesem Bereich sind durch die Atomenergie völlig neue Größenordnungen erreichbarer Wirkungen zugänglich geworden. Wenn auch heute schon die prinzipielle Möglichkeit dafür bestünde, durch einzelne Explosionen Berge abzutragen, Täler auszuheben oder Flüsse umzuleiten, so schreckt man vor solchen Eingriffen noch zurück – die nuklearen Sprengstoffe haben sich bisher als äußerst gefährliche Werkzeuge erwiesen, und insbesondere jene auf der Basis von Uran und Plutonium, die man schon einigermaßen beherrscht, haben die unangenehme Sekundärwirkung der radioaktiven Verseuchung. Günstiger liegen die Verhältnisse bei den »Wasserstoffexplosionen«, also bei jenen Reaktionen, die man bei der Wasserstoffbombe verwendet hat, doch ist deren Sprengkraft so gewaltig, daß Eingriffe mit diesem Mittel sehr problematisch sind.

Die Nachfrage nach immer neuen Rohstofflagern hat zur Entwicklung neuer Methoden bei der Suche nach neuen Lagerstätten geführt. Eine von ihnen ist die Sprengseismik. Mit einer Kette von Seismographen werden die Echowellen einer Explosion aufgezeichnet, aus denen der Geologe und Mineraloge dann die Strukturen von Erdformationen und Gesteinsschichten abliest.

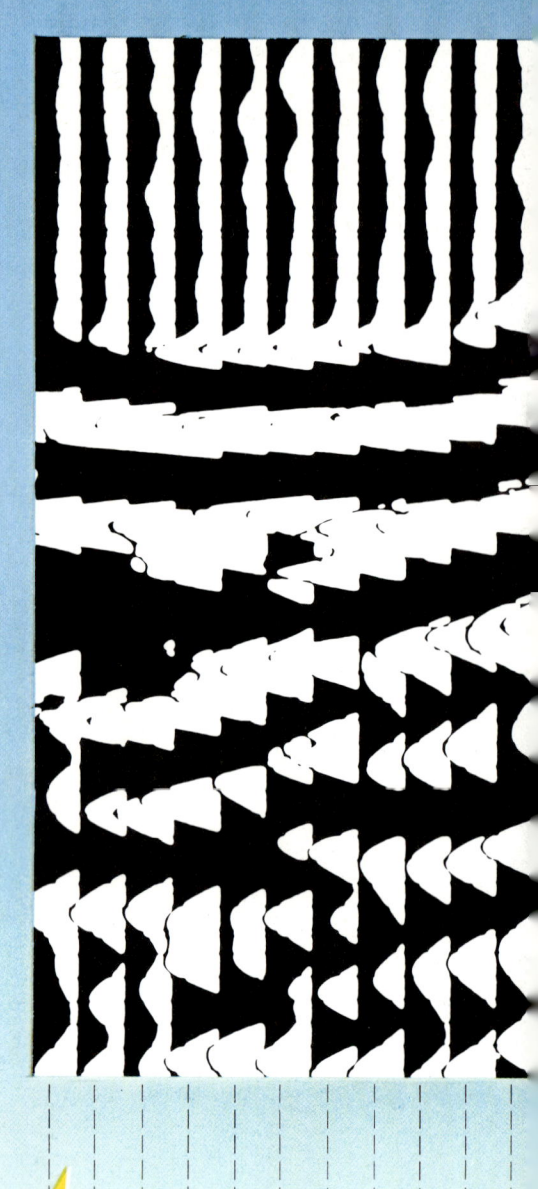

Sprengseismik

Seismogramme

14 15 16 17 18 19 20 21 22 23 24 25 26 27 28 29 30 31 32 33 34 35 36 37 38 39 40 41 42 43 44 45

Seismographen Seismographen

härtere Gesteinsschicht

9 km

Wetter nach Wunsch?

Manche Leute empfinden es als störend, daß der Mensch einer hochtechnisierten Zeit immer noch dem Wetter unterworfen ist. Das Problem betrifft aber nicht nur unsere persönliche Bequemlichkeit; vom Wetter hängt das Wohlbefinden der Pflanzen, Tiere und Menschen ab, es beeinflußt die Ernten und hat Auswirkungen auf die Gesundheit – beispielsweise durch den Föhn. Außerdem gibt es extreme Wetterlagen, die unmittelbare Gefahr mit sich bringen: Lawinen, Sand- und vor allem die Wirbelstürme, die Zonen der Zerstörung nach sich ziehen. Aber selbst plötzliche Temperaturstürze, Schneefall, unvorhergesehene Glatteisbildung und dergleichen mehr wirkt sich gefährlich genug aus. Der Wunsch, das Wetter nach Bedarf zu beeinflussen, ist alt. Erst seit relativ kurzer Zeit sind mit Hilfe technischer Mittel erste Erfolge erzielt worden, beispielsweise durch die Streuung bestimmter chemischer Präparate, wie Silberjodid, die als Auslöser für Regen und Schnee dienen können.

Eine der Erkenntnisse der Meteorologie – die sich hier auf die Physik stützt – ist die Tatsache, daß sich Tröpfchen nur dann bilden, wenn sich das Wasser an winzigen Schwebeteilchen anlagern kann. Selbst wenn genügend Feuchtigkeit in der Luft enthalten ist, so kann sich diese also nicht in den oft erwünschten Regen auflösen, wenn die Kondensationskerne fehlen. Die Methode des chemisch ausgelösten Regens ist also nur beschränkt anwendbar: Man ist auf einen bestimmten natürlichen Feuchtigkeitsgehalt der Luft angewiesen, benötigt also eine Wetterlage, die sowieso zum Niederschlag neigt. Es gibt aber bestimmte Trockengebiete, in diese Voraussetzung gegeben ist, ohne daß es zu Niederschlägen kommt – beispielsweise das Tal von Santa Clara, Kalifornien. In solchen hat sich die Mobilisierung der Feuchtigkeitsreserven gut bewährt. (→S. 285)

Umfassende Bedeutung kommt der chemischen Regenauslösung nicht zu, und die Chance zu einer Anwendung größeren Umfangs ist gering. Damit sind aber die Eingriffsmöglichkeiten in das Wetter schon erschöpft; die Frage, auf welche Weise sich die Menschen untereinander überhaupt über die Wettergestaltung einigen könnten, bleibt also in nächster Zeit sicher noch nebensächlich. Weitaus günstiger liegt die Situation der Wetterbeobachtung und -vorhersage, wie wir schon gesehen haben.

Raubbau an der Umwelt

Jahrtausende hindurch hat sich der Mensch der natürlichen Rohstoffquellen bedient, als wären sie unerschöpflich. Erst in diesem Jahrhundert begann man der Tatsache Beachtung zu schenken, daß Erzlagerstätten, Kohleflöze und Erdöllager eines Tages erschöpft sein könnten. Es gibt vielerlei Berechnungen darüber, wie lange die Vorräte noch reichen; einige Zeit hindurch sah es aus, als stünde nur noch für zwei oder drei Generationen Kohle zur Verfügung. Inzwischen wurden aber immer wieder neue ergiebige Lagerstätten gefunden, und die Frage nach den Reserven trat etwas in den Hintergrund. Die Zukunftsforscher sind heute der Ansicht, daß sich ungefähr im Jahr 2200 eine merkliche Erschöpfung der Brennstoffvorräte ergeben würde, wenn die heutige Zuwachsrate des Energiebedarfs bis dahin anhielte.

Neben den Substanzen, die der Mensch zum technischen Gebrauch benötigt, ist er auch auf Stoffe angewiesen, die er für den Körperhaushalt braucht – auf Atemluft und Trinkwasser. Daran herrschte bis vor kurzem kein Mangel – es gab keinen Grund zur Sparsamkeit im Gebrauch. Das gilt für die biologischen Systeme ebenso wie für die technischen. Sie haben sich auf unbeschränkte Verfügbarkeit von Luft und Wasser eingestellt – für diese gilt das Ökonomieprinzip nicht.

Inzwischen haben wir erkennen müssen, daß der Lebensraum der Erde begrenzt ist. In der Luft und im Meer sind 1,5 Billiarden Tonnen Sauerstoff enthalten. Die Gesamtmenge des Wassers, vor allem im Meer und als Eis in den Polgebieten gespeichert, beträgt 1,4 Milliarden km³. So gigantisch diese Vorräte auch scheinen – das Ausmaß unserer technischen Vorhaben hat längst ein Maß erreicht, das selbst zu Einwirkungen

---

Kraft- und Wärmekopplung

Der Wirkungsgrad der elektrischen Energieerzeugung mit Dampfkraftwerken läßt sich erheblich verbessern, wenn man die Kondensation des Abdampfes und damit die hohen Abwärmeverluste vermeidet. Dies kann immer dann geschehen, wenn Großabnehmer, die sich in der Nähe des Kraftwerks befinden, auch noch große Wärmemengen benötigen, wie Textilfabriken, chemische Betriebe oder Wohnsiedlungen (Heizkraftwerk). Es wird dann der Dampf, der etwa mit 550°C und 200 atü in den Hochdruckteil der Turbine einströmt, schon dem Mitteldruckteil bei einer Temperatur um 150°C und bei einigen Atmosphären Druck entnommen. Dieser Dampf wird durch wärmeisolierte Rohrleitungen den Wärmeabnehmern zugeführt, die damit ihre Anlagen beheizen.

Für solche Kraftwerke gibt es »Gegendruckturbinen«, die nicht in das Vakuum eines Kondensators arbeiten, sondern die nur das obere Temperatur- und Druckgefälle des aus dem Kessel kommenden Dampfes zur Stromerzeugung nutzen und die restliche Energie bei ausreichend hoher Temperatur, also als nutzbare Wärme, abgeben.

Dampfkraftwerk und Kreisprozeß

Die wichtigste Grundlage unserer Stromversorgung sind immer noch die Dampfkraftwerke. Ein modernes Großkraftwerk arbeitet mit einem Gesamtwirkungsgrad von 35 bis 40%. Anfänglich wurden die Kraftwerke mit Stein- oder Braunkohle betrieben, heute verwenden sie zunehmend Öl oder Erdgas. Dabei wird die in den fossilen Brennstoffen enthaltene chemische Energie in der Feuerung des Dampfkessels in Wärmeenergie umgewandelt. Mit dieser Verbrennungswärme wird aus Wasser im Röhrensystem des Kessels Wasserdampf unter hohen Drücken und Temperaturen erzeugt, der Turbinen antreibt und damit mechanische Arbeit leistet. Diese wird als Rotationsenergie auf den Drehstromgenerator übertragen, der die mechanische Energie in elektrische umwandelt. Bei diesen drei Energieumsetzungen entstehen Verluste, die als Wärme abgeführt werden müssen. Der Hauptanteil, etwa 50% der Gesamtverluste, wird durch die Dampfturbine verursacht: hier herrschen die Gesetzmäßigkeiten des Carnot-Prozesses (thermodynamischer Kreisprozeß), der die Umwandlung der Wärmeenergie eines expandierenden und sich dabei abkühlenden Gases in mechanische Energie beschreibt. Der rein thermische Wirkungsgrad eines solchen Prozesses kann höchstens den Wert $\eta_{th} = (T_2-T_1)/T_2$ erreichen, wobei T_2 die absolute Temperatur des einströmenden und T_1 die des ausströmenden Gases bedeutet. Da T_2 wegen der Werkstoffestigkeit nicht größer als 800 K (etwa 525°C) und T_1 nicht kleiner als die Umgebungstemperatur von rd. 300 K (etwa 25°C) sein kann, ergibt sich η_{th} = (800–300)/800 = 62%, d.h. 38% der Energie des einströmenden Dampfes muß als nutzlose Abwärme abgeführt werden, da Wasser bei nur 25°C als Wärmeträger praktisch wertlos ist.

Diese Wärmeabfuhr geht hinter dem Abdampfstutzen der Turbine vor sich, wo der Sattdampf unter niedrigem Druck in einem Wärmeaustauscher (Kondensator) unter Wärmeabgabe in Wasser verwandelt wird. Während das Kondensat wieder in den Dampfkessel gepumpt wird, durchläuft das um etwa 10°C erwärmte Kühlwasser eine Rückkühlanlage (Kühlturm) oder es wird in einen Fluß zurückgeleitet.

in diesen Größenordnungen führen kann. Das liegt vor allem daran, daß in die technischen Umsätze keine Regenerationsprozesse integriert sind, wie das bei den meisten biologischen Reaktionen der Fall ist. Die Natur kennt keinen Müll, ihre Abfallprodukte sind so beschaffen, daß sie meist als Ausgangsprodukte anderer biologischer Prozesse dienen, wobei schließlich wieder das Anfangsprodukt entsteht. Die chemischen Stoffe in der Natur, beispielsweise Wasser und Sauerstoff, sind Kreisläufen unterworfen, durch welche Gleichgewichte aufrechterhalten werden. In diese greift nun die Technik störend ein. Unter den Abfällen, die sie hervorbringt, sind nicht nur Schrott und Müll zu nennen, sondern auch gasförmige Verbrennungsprodukte und verschmutztes Wasser.

Es läßt sich ausrechnen, wann ein prekärer Mangel an Trinkwasser, eine Gefährdung durch vergiftete Luft auftreten wird, wann unsere Städte im Müll und Unrat ersticken. Solange man keine entscheidenden Gegenmaßnahmen trifft, nähert sich die Situation unaufhaltsam der Katastrophe – man spricht von einer »ökologischen Zeitbombe«.

Es wäre illusionär, die gefährliche Lage, in die wir geraten sind, durch den Verzicht auf technische Maßnahmen abwenden zu wollen. Das liegt vor allem an den Menschenmengen, die ein Recht auf ausreichende Ernährung und einen gewissen Lebensstandard haben. Wohl 50 Prozent von ihnen sind unterernährt, die einzige Hoffnung kommt vom umfassenden Gebrauch unserer technischen Mittel.

Man wird vor allem in zwei Bereichen nach Lösungen suchen müssen. Zunächst einmal wird es unvermeidlich sein, eine umweltfreundliche Technik zu betreiben, also eine solche, die nicht störend in die natürlichen Gleichgewichte eingreift. Man kann es noch präziser ausdrücken: Wir müssen unsere technischen Aktivitäten so gestalten, daß – nach dem Vorbild der Natur – keine Ansammlung von Abfällen auftritt, sondern daß diese wieder abgebaut, in nutzbare Ausgangsprodukte zurückgeführt werden.

Das ist genau die Forderung, die man auch auf Grund der Überlegungen über das »Raumschiff Erde« stellen muß.

In Zukunft wird – wie es Wolfgang Wieser, Biologe und Kybernetiker, betont – neben die konstruktive Industrie eine destruktive treten müssen. Hier wird man fast vom Punkt Null anfangen müssen: Genau derselbe Scharfsinn, der bisher dazu verwendet wurde, um immer wieder neue Produkte entstehen zu lassen, muß nun angewandt werden, um diese Produkte, oder was nach dem Gebrauch von ihnen übrigbleibt, wieder zu zerlegen. Beispiele solcher Technik gibt es schon – dazu gehören etwa Kläranlagen und Entstaubungsanlagen. Die Methoden werden aber noch weitaus raffinierter, die Intensität dieser Bemühungen wird umfassender werden müssen. Eine Technik solcher Art liefert nichts, was wie bisher gewinnträchtig verkauft und konsumiert werden könnte. Sie dient allein dem Erhalt der Umwelt, und so teuer sie sicher sein wird – das wird uns unser Lebensraum wert sein müssen.

Wasser und Abwasser

Die Wasserverschmutzung geht nach Prof. Karl-Ernst Quentin, Hydrogedoge und Hydrochemiker, vor allem auf fünf Ursachen zurück:

1. Nicht oder nur ungenügend gereinigte Abwässer;
2. Transportunfälle und Fahrlässigkeiten im Umgang mit Chemikalien;
3. Landwirtschaftliche Überdüngung, Unkraut- und Schädlingsbekämpfung;
4. Ablagerung von Abfällen in unsachgemäßer Weise auf unsachgemäßen Plätzen;
5. Luftverschmutzung und Ausfall von Schadstoffen mit Regen und Schnee.

Vor allem ist es die chemische Industrie, die ihre Abwässer in die Flüsse leitet. Dazu kommt aber auch Schmutzwasser aus den Haushalten, ein Anteil, der mit der Hebung des Lebensstandards merklich steigt – insbesondere das Wasser aus den Badewannen und Wasserklosetts bedeutet eine verschwenderische Benutzung von Trinkwasser. Pessimisten sagen voraus, daß wir uns in absehbarer Zeit mit unseren Klosetts auf Trockenreinigung umstellen müssen.

Unter den Transportunfällen ist besonders das Ausfließen von Öl zu nennen. Obwohl das Ablassen von Ölrückständen der Schiffe ins Meer verboten ist, greift die Ölpest weiter um sich; es gibt kaum noch Badestrände, in denen man vor schmierigen Ölklumpen sicher wäre. Besonders gefährlich sind Havarien von Großtankern. Aber auch Straßenunfälle von Öltankwagen sind alles andere als unbedenklich – ein einziger Liter Öl kann eine Millionen Liter Wasser verderben.

Durch die Düngung und die Schädlingsbekämpfung kommen durch die Landwirtschaft mineralische Stoffe und chemische Gifte ins Grundwasser. Viele von ihnen zersetzen sich kaum – als besonders stabil hat sich DDT erwiesen –, so daß sich in stehenden Gewässern, vor allem auch im Meer, eine immer höhere Konzentration unerwünschter Fremdsubstanzen bemerkbar macht.

Lange Zeit unbeachtet geblieben ist die Ablagerung von

Kühltürme

Von Großkraftwerken, die mit Kondensations-Turbinen arbeiten, müssen große Abwärmemengen abgeführt werden. Das ist kein Problem, wenn das Kühlwasser in beliebiger Menge der See oder einem großen Fluß entnommen werden kann. Ist das nicht der Fall, muß die Abwärme in die Umgebungsluft abgegeben werden. Zu diesem Zweck werden seit vielen Jahren »Kühltürme« verwendet, die in letzter Zeit mit zunehmender Kraftwerksleistung gewaltige Dimensionen angenommen haben.

Es gibt Verdunstungs- und Trocken-Kühltürme. Das Verdunstungs-System benötigt ein hohes, hohles Bauwerk, das in seinem unteren Teil das sogenannte Kühlwerk besitzt, das aus einer großen Zahl paralleler, mehrere Meter hoher Rieselwände oder Lattenroste besteht, an denen das zu kühlende Wasser langsam herabrieselt oder -tropft. Das Kühlwerk füllt den ganzen Kühlturmquerschnitt aus. Das ankommende warme Wasser wird von oben gleichmäßig auf das Kühlwerk verteilt, unter den Rieseleinbauten in einer großen Wanne gesammelt und von dort aus um etwa 10°C gekühlt zum Kraftwerk zurückgepumpt. Dicht über dem Erdboden hat der Kühlturm ringsum große Öffnungen für den Eintritt der Frischluft. Die Luft durchströmt das Kühlwerk nach oben, wobei sie im Gegenstrom mit sehr viel Wasser in Berührung kommt, das dabei teilweise verdunstet und seine Wärme an die aufsteigende Luft abgibt (Wasser kühlt sich beim Verdunsten stark ab). Die erwärmte Feuchtluft wird durch die Kaminwirkung des schlotartigen Bauwerks stark nach oben beschleunigt und verläßt den Kühlturm in Form riesiger Dampfschwaden.

Dieses System hat den Nachteil, daß 5 bis 10% der umgewälzten Wassermenge durch das Verdunsten verlorengehen. Man befaßt sich daher neuerdings mit der Entwicklung von Trockenkühltürmen, bei denen das Kühlwasser in geschlossenen Wärmeaustauschern umläuft. Wegen des Fehlens des wirksamen Verdunstungseffektes werden jedoch wesentlich mehr und größere Kühlflächen für die gleiche Kühlleistung benötigt, weswegen dieses System bei großen Anlagen noch nicht verwendet wird.

Nordostpolder (= koog) in den Niederlanden

Zuidelyk Flevoland (Holland) *Neuanlage eines Deiches (unten)*

Landgewinnung zwischen der dänischen Insel Röm und dem Festland. Der abgelagerte Schlick wird noch heute in schwerer Arbeit an den Buschdämmen aufgeworfen. (Kleines Bild)

Landgewinnung

Der Einfluß der Technik auf Lebensformen und Landschaftsgestalt wird nirgendwo so offensichtlich wie bei der Landgewinnung aus dem Meer. Hier – vorzugsweise an der europäischen Nordseeküste – wird raumgreifende Technik in Kubikmetern und Quadratkilometern meßbar. Holländische Deichbauern waren es, die etwa vom 16. Jahrhundert an auch Deutsche und Dänen lehrten, dem »blanken Hans« Trutz zu bieten. Die Anlage der Deiche hat sich seither kaum geändert, nur die Methoden des Deichbaus sind moderner geworden. Schwimmbagger und Schlickpumpen ermöglichen es, Deiche rasch durchs Watt voranzutreiben. Die eingedeichte Wasserfläche (der Koog) verlandet allmählich. Vorbote der ersten Nutzvegetation ist der Queller, ein Gras, das bereits im Salzwasser gedeiht.

Doch die Landgewinnung ist zumeist lediglich eine Landrückgewinnung: Wiedereroberung des Bodens, den die Sturmfluten und Gezeiten vergangener Jahrhunderte aus der Küstenlinie gerissen haben. Noch immer treten in neuerstandenen Kögen die Spuren ehedem untergegangener Besiedlung wieder ans Licht. Deichbau ist die eiserne Konsequenz des alten friesischen Sprichwortes: »Wer nich will diken, de mut wiken« (wer nicht deichen will, muß weichen).

Eingriff in die Natur

chemischen Abfallstoffen auf Halden; erst in letzter Zeit haben einige besonders krasse Fälle – giftige Arsenverbindungen wurden offen aufgeschüttet – die Aufmerksamkeit auf dieses Problem gelenkt. Aber auch durch die Streuung der Straßen mit Salzen, die die Glatteisbildung verhindern sollen, kommen beträchtliche Mengen von Chemikalien ins Grundwasser und ins Meer.

Die Verschmutzung der Luft mit Staub und Schwebeteilchen führt dazu, daß schon das die Erde erreichende Wasser aus Regen und Schnee in verschmutztem Zustand ankommt. Darunter finden sich auch radioaktive Zerfallprodukte aus Atombombenexplosionen.

Die vielen genannten Stoffe, die zur Verschmutzung des Wassers beitragen, sind in ihrer Wirkung höchst verschieden. Bei wenigen sind die Auswirkungen so offensichtlich, wie bei Kadmium- und Arsenverbindungen. Die Schäden, die Pflanzen- und Insektengifte beim Menschen anrichten, sind noch nicht erforscht; es ist aber sicher, daß es sich hierbei um Substanzen handelt, die schon in geringsten Mengen wirksam sind, und außerdem haben viele von ihnen die unangenehme Eigenschaft, sich im Körpergewebe zu konzentrieren. So könnte es – und manche biologische Versuche sprechen dafür – mit einem Verzögerungseffekt von Jahrzehnten zu Schadwirkungen kommen, denen später nicht mehr zu begegnen ist. Aber nicht nur der Mensch, auch die Tiere sind gefährdet. Immer wieder gehen Nachrichten von Fischsterben durch die Zeitungen, und auch die Bilder der durch die Ölpest getöteten Seevögel sind bekannt. Aber auch hier wieder sind es nicht die direkten Fälle von Vergiftungen, die uns vor große Probleme stellen: Weitaus bedenklicher sind Stoffe, die in größten Verdünnungen auf Jungfische oder Mikrolebewesen wirken, zum Beispiel Quecksilber, von dem jährlich 5000 Tonnen in die Weltmeere gelangen, und der sogenannte »Rotschlamm« – Eisenoxidhydrate, von denen allein von deutscher Seite jährlich rund 800 m³ in die Nordsee versenkt werden sollen. Diese Abfälle der Aluminiumgewinnung wirken selbst in einer Verdünnung von 1 : 10⁵ tödlich auf die sogenannten Ruderfüßer, die zum Zooplankton, also zur tierischen Mikrofauna des Meeres, gehören. Bauxitabfälle vergiften Heringslarven und andere Jungfische, und Spuren von Quecksilber wurden im Fett der Pinguine festgestellt.

Die Vernichtung der im Wasser lebenden Mikrowesen ist eine in mehrfacher Hinsicht bedenkliche Erscheinung. Einerseits sind es vor allem die pflanzlichen Bestandteile des Meeresplanktons, denen wir die Wiederaufbereitung des Kohlendioxids zu Sauerstoff verdanken; sie vollziehen 70 Prozent der organischen Regeneration, während nur die restlichen 30 Prozent den Grünpflanzen der freien Oberfläche zu verdanken sind. Andererseits bildet das »Phytoplankton«, die pflanzlichen Bestandteile des Planktons, die Grundlage zur Ernährung aller höheren Wasserwesen – über die kleinen Fische bis zu den großen, die wir für Ernährungszwecke nützen.

Aber auch im Süßwasser führt eine Beeinflussung der im Wasser lebenden Algen zu höchst unerwünschten Zuständen. Dabei gibt es zweierlei Möglichkeiten für ein Umkippen des Gleichgewichts. Man spricht von einer sogenannten »Eutrophierung«, wenn es durch die Anreicherung mit phosphorhaltigen Abfällen aus der Industrie-, der Landwirtschaft und den Reinigungsmitteln der Haushalte zu einer Anreicherung mit phosphorhaltigen Salzen kommt. Diese Salze dienen den Algen zur Vermehrung – es kommt zu einer Massenentwicklung, die zu einer Verarmung des Sauerstoffs im Wasser führt. Die absterbenden Algen sinken zu Boden und bilden Faulschwamm, aus dem übel riechende Zersetzungsprodukte austreten. Der Endzustand ist eine stinkende Brühe.

Eine andere Form des Gleichgewichtsverlusts ist die Abtötung der Mikrolebewesen, die dann ihre reinigende Rolle nicht mehr spielen können; auch hier wieder kommt es zur Bildung »toten Wassers«, das bei weiterer Einleitung von Abfällen hoffnungslos zur Kloake wird.

Vergiftete Luft

Ebenso wie das Wasser gilt die Luft als willkommenes Ablagerungsmittel für Schmutz und Gift. Zunächst kannte man Luftverschmutzung nur von natürlichen Ereignissen, beispielsweise Sandstürmen, Waldbränden und Vulkanausbrüchen. Bei den Atmungsprozessen von Pflanzen und Tieren wird Sauerstoff verbraucht und in Kohlendioxid umgewandelt, das in die Luft geleitet wird, durch den Vorgang der Photosynthese und durch Spaltung von Wassermolekülen in hohen Atmosphäreschichten wandelt sich aber dieses wieder in Sauerstoff zurück – der Kohlenstoff wird in die körpereigene Substanz eingebaut. Auf diese Weise erneuert sich der Sauerstoffvorrat im Luftraum alle 2000 Jahre hindurch einmal völlig.

Kohlendioxid ist aber auch Produkt aller technischen Verbrennungsvorgänge; insbesondere nimmt der Verbrauch fossiler Brennstoffe – Kohle, Erdöl und Erdgas – steigend zu. Man schätzt, daß bisher insgesamt 125 Milliarden Tonnen Kohle und 33 Milliarden Tonnen Erdöl verbraucht wurden; dazu kommt noch etwa eine Milliarde Tonnen Erdgas, das erst seit etwa 20 Jahren systematisch genutzt wird. Für die Verbrennung dieser Stoffe waren insgesamt 250 bis 300 Milliarden Tonnen Sauerstoff nötig; das sind 0,02 Prozent des Sauerstoffgehalts der Erde.

Aus dieser Überlegung folgt, daß technische Verbrennungsprozesse allein zu keinem bedenklichen Schwund des Sauerstoffs führen. Setzt man voraus, daß weiterhin in gleichem Maß Sauerstoff verbraucht wird, so hätten wir noch Vorräte für 100 000 Jahre. Selbst wenn man eine Steigerung auf das Doppelte oder Dreifache annimmt, so hätten wir noch Zeit genug. Wenn, wie man allgemein erwartet, die natürlichen Brennstoffe der Erde spätestens im Jahr 2200 erschöpft sind, so spielt der Sauerstoff, der bis dahin durch Verbrennungsprozesse verbraucht wird, kaum eine Rolle. Auch eine schädliche Wirkung des steigenden Kohlendioxidgehalts ist nicht zu befürchten. Man rechnet derzeit mit einer Zunahme von 0,2 Prozent pro Jahr. Man kann Kohlendioxid aber nicht als einen Giftstoff bezeichnen; wenn durch dieses Gas einmal Unfälle ausgelöst werden, so liegt das höchstens daran, daß es den Sauerstoff verdrängt. Konzentrationen bedenklicher Größenordnungen werden aber durch technische Verbrennungsprozesse zumindest im Luftraum nicht ausgelöst.

Weitaus gefährlicher als das Kohlendioxid ist das Kohlenmonoxid, ein unvollständiges Verbrennungsprodukt des Kohlenstoffs. Es kann, wenn es in die Lunge kommt, anstelle des Sauerstoffs an die Blutmoleküle gebunden werden und so zum Ersticken führen. Leider tritt es als Nebenprodukt bei technischen Verbrennungsvorgängen auf, beispielsweise beim Verbrennen von Benzin und Dieselöl in Automotoren. Man bemüht sich daher heute um technische Mittel, die eine völlige Verbrennung der Kohlenwasserstoffe zu Kohlendioxid ermöglichen. Erste Erfolge auf diesem Weg sind mit Hilfe von sogenannten Katalysatoren – chemischen Stoffen, welche stoffliche Umsetzungen anregen – schon zu verzeichnen, doch mit einem vollen Erfolg darf nicht gerechnet werden. Eine gewisse Menge von Kohlenmonoxid wird weiterhin in den Luftraum kommen, solange man Benzin- und Dieselmotoren verwendet.

Die Umweltverschmutzung

*Wie schwerfällige Riesenfahrzeuge
mit überbordendem
Wohlstandsmüll
fressen sich die Abfallhalden
immer weiter
in die Landschaft vor.*

Kohlenmonoxid findet man heute in einer Konzentration von 1 : 10 Millionen in der Luft. Jährlich kommen 200 Millionen Tonnen hinzu, 80 Prozent davon aus den Verbrennungsrückständen von Kraftfahrzeugen. In den Städten kann die Konzentration merklich steigen – bis auf das Tausendfache des durchschnittlichen Gehalts. Ein weiterer Anstieg auf das Zehnfache wäre tödlich – als Anzeichen treten Müdigkeit, Schwindelgefühl und Kopfschmerzen auf.

Mit den Autoabgasen kommen auch Metalle in die Luft – allein in den USA jährlich 150 000 Tonnen. Der größte Teil davon ist Blei, das am weitesten über die Erde verbreitete giftige Metall. Auch die Verbindungen des Schwefels, wie sie vor allem durch die Verbrennung schwefelhaltiger Kohle und Erdöl entstehen, fallen schwer ins Gewicht. Auf der Erde werden pro Jahr rund 80 Millionen Tonnen Schwefeldioxid in die Luft geblasen.

Zu den wichtigsten Verschmutzungskomponenten der Luft gehören Schwebeteilchen. Sie stammen aus Rauch, Staub oder Ruß und aus vielen technischen Mal- und Zerstäubungsprozessen. Sie beeinflussen das Klima – besonders durch ihre Wirkung auf die Sonnenstrahlung, die sie absorbieren oder streuen. Weiter bilden sie Kondensationskerne für die Entstehung von Dunst und Nebel.

Verschiedene Fremdstoffe der Luft, vor allem Kohlenwasserstoff, Stickoxid, Ozon usw., bilden ein chemisch aktives Gemisch; da das Licht als Energiequelle der chemischen Reaktionen in Erscheinung tritt, spricht man von fotochemischen Smog-Komponenten. Was dabei für Reaktionsketten beteiligt sind, ist erst zum Teil geklärt; jedenfalls werden durch solche Prozesse zum Teil relativ komplizierte Verbindungen, vor allem oxidierte Kohlenwasserstoffe, erzeugt. Sie üben Reizwirkungen auf die Augen aus und schädigen Pflanzen.

Manche Nutzpflanzen sind besonders empfindlich gegen Schmutzkomponenten der Luft, beispielsweise gegen Schwefeldioxid und Ozon. Zu chronischen Vergiftungen beim Nutzvieh und zu einer Gefährdung auch des Menschen führen die aus Industrieprozessen herrührenden Fluor- und Arsenverbindungen. Sie konzentrieren sich in Futterpflanzen und kommen auf diese Weise in den Körper der Tiere. Immer deutlicher werden aber auch die Einwirkungen auf die Oberflächen von steinernen Bauwerken, Metalle, Anstriche, Textilien, Papier und Leder. Ozon greift Gewebe an und macht Gummi brüchig. Die Schwebeteilchen führen zu einer unangenehmen Verschmutzung unserer Städte. Für Reinigung und Beseitigung der Schäden werden in England pro Jahr etwa 150 Millionen Pfund ausgegeben.

Wegwerfgesellschaft – Wohlstandsmüll

Eine Folgeerscheinung des Wohlstands ist der Müll. Etwa die Hälfte davon kommt aus den Haushalten – man rechnet heute mit einem Kilogramm Abfall pro Tag und Person, doch diese Menge nimmt rasch zu.

Der Menge nach gesehen halten sich die Abfälle der Industrie in Grenzen. Was hier bedenklich stimmt, ist die chemische Brisanz des Abfalls – Rückstände aus Mineralöl, Treib- und

295

Restaurationsgerüste an Notre Dame

Technik beseitigt technische Schäden

Gerade Luft und Wasser, die unseren Vorfahren unerschöpflich erschienen, sind heute am meisten gefährdet. Chemische Verunreinigungen in der Luft zerfressen Bauwerke, die Jahrhunderte überdauert haben. Öl, chemische Rückstände und Aufwärmung durch heiße Abwässer gefährden den Selbstreinigungszyklus unserer Meere und Flüsse.
Nicht überall ist die Technik bisher so erfolgreich wie im Kampf gegen die Ölpest. Als im März 1966 der Öltanker »Mildred Brövig« vor Cuxhaven in der Nordsee havarierte, konnten zwei Minensuchboote der Bundesmarine die Ölverseuchung der Nordseeküste verhindern, indem sie aus Feuerlöschrohren ein neu entwickeltes Lösungsmittel auf die ölbedeckte See sprühten. Die Reinigung von Luft und Gewässern ist hingegen noch immer nicht in technisch und wirtschaftlich befriedigender Weise gelöst.

Renovierungsarbeiten in der Klosterkirche Neresheim

Kampf gegen die Ölpest

Chemische Abwässer werden geklärt

Eingriff in die Natur

»Warum ist es am Rhein so schön...?« diese Frage stellt sich der Betrachter vergeblich angesichts solcher »Stilleben« am Ufer von Deutschlands meistbesungenem Strom.

Schmiermitteln, verschiedenste Arten von Kunststoffen. Besondere Sorgen bereitet der Klärschlamm aus Wasserreinigungsanlagen; schon im Jahre 1967 entstanden $25 \cdot 10^6$ m³ Klärschlamm; wenn erst einmal der größte Teil der Abwasser durch Kläranlagen gereinigt werden wird, so ist mit $40 \cdot 10^6$ m³ pro Jahr zu rechnen.

Die beste Art und Weise der Müllbeseitigung wäre die Wiederverwendung. Die große Schwierigkeit dabei liegt an der Verschiedenheit der Stoffe und ihrer Durchmischung; bevor an eine Nutzung zu denken ist, müßten die einzelnen Bestandteile ihrer chemischen Art nach herausgelesen werden. Bei einigen Stoffen, beispielsweise bei Eisen, das auf Magnete anspricht, gelingt das ganz gut, bei anderen ist es geradezu unmöglich. Im Prinzip behilft man sich dann mit zwei Methoden: die Deponierung auf Halden und die Verbrennung. Beide sind nicht befriedigend. Auf Halden abgelagertes Material wird vom abströmenden Wasser erreicht, lösliche Bestandteile geraten ins Grundwasser. Die Verbrennung beseitigt zwar den Müll, trägt aber wesentlich zur Luftverschmutzung bei. Viele gebräuchliche Kunststoffsorten geben bei der Verbrennung schädliche chlorhaltige Dämpfe ab – es ist aber kaum möglich, diese vorher zu entfernen.

Im Zusammenhang mit den Kunststoffen diskutiert man die Synthese neuer Verbindungen, die sich als weniger haltbar erweisen und womöglich auch dem Anfall durch Mikroorganismen zugänglich wären. Dazu müßten allerdings nicht nur neue Kunststoffe, sondern auch neue Bakterienarten geschaffen werden; beides ist problematisch. Wie kann man es bei den Kunststoffen verhindern, daß sie während sie noch gebraucht werden, unzersetzt bleiben, vom richtigen Moment an aber zerfallen? Und wie soll man es verhindern, daß die neugezüchteten Bakterien auch Material angreifen, das unversehrt bleiben muß?

Auch hier ist es das erste Gebot, die Erzeugung von Müll zu verringern. Dieses Ziel ist umso leichter zu erreichen, als es sich bei manchem Material, das den größten Platz in den Mülltonnen einnimmt, um Luxusgegenstände handelt, auf die man leicht verzichten könnte, insbesondere auf überflüssiges Verpackungsmaterial.

Wärme und Radioaktivität

Die chemische Beanspruchung der Umwelt ist so auffällig, daß man einige nicht weniger bedenkliche physikalische Eingriffe leicht übersieht. Ein Einfluß dieser Art geht von den Wärmekraftwerken aus. Es liegt in den physikalischen Grundgesetzen, daß die Energie des Dampfes nur teilweise in mechanische Energie umgewandelt werden kann; der größere Teil geht als Abwärme verloren. Bei konventionellen Anlagen sind das 60 Prozent, bei den heutigen Leichtwasser-Kernkraftwerken wegen der niedrigeren Dampftemperatur sogar 67 Prozent. Nur in wenigen Fällen läßt sich die Abwärme im Gegendruckbetrieb zu Heizzwecken nützen, bei den meisten Kraftwerken muß sie mit dem Kühlwasser abgeführt werden, und dazu verwendet man vorzugsweise das Wasser aus Flüssen. Der dadurch ausgeübte Einfluß auf den Wärmehaushalt der freien Gewässer ist keineswegs zu vernachlässigen. Die Temperatur des Rheins bei Biblis liegt bereits zwei Grad über der Normaltemperatur. Berücksichtigt man alle Neuplanungen von Kraftwerken am Oberrhein, so wäre mit einer weiteren Erhöhung um fünf Grad bis 1975 und mit weiteren fünf Grad bis 1985 zu rechnen. Im Sommer könnte die Temperatur sogar bis 35 Grad steigen!

Änderungen der Wassertemperatur haben entscheidende Auswirkungen auf das Leben. Es kommt zu empfindlichen Störungen des Gleichgewichts – viele Tiere oder Pflanzen werden geschädigt, auf andere wirken sich die erhöhten Temperaturen positiv aus. Bei 25 Grad gedeihen Kieselalgen am besten, bei 28 bis 30 Grad Grün- und Blaualgen. Die Erwärmung ruft also ähnliche Effekte hervor wie die Überdüngung des Wassers mit Phosphaten.

Da auf jeden Fall mit einer weiteren Steigerung des Energiebedarfs zu rechnen ist, so wird die Aufgabe, die Natur vor der Abwärme zu schützen, immer schwieriger. Auch Kühltürme, mit denen die Wärme nicht an das Wasser, sondern an die Luft abgegeben wird, sind keine ideale Lösung des Problems. Da sie meist noch mit Verdunstungskühlung arbeiten, benötigen sie viel Wasser, und die aufsteigenden Dampfschwaden erhöhen die Luftfeuchtigkeit der Umgebung. Die Umstellung auf reine Luftkühlung erfordert viel größere Kühlflächen und damit eine weitere Verteuerung der Energieversorgung.

Im Zusammenhang mit den Fragen des Umweltschutzes steht auch die Kerntechnik, nämlich der Einsatz von Kernbrennstoffen zur Energiegewinnung. Der Weg, der heute in der Praxis dazu beschritten wird, bringt eine neue Art von Abfallprodukten, den sogenannten radioaktiven Müll, hervor. Wie gefährlich eine Ausbreitung radioaktiver Stoffe in die üblichen chemischen Kreisläufe, beispielsweise jene der Atmung oder der Nahrung ist, wurde oft genug erläutert: Radioaktive Elemente senden Strahlen aus, die imstande sind, organisches Gewebe zu zerstören. Selbst in kleinsten Mengen wirken sie noch verheerend, nämlich dann, wenn sie Keimzellen treffen; dann führen sie zur Degeneration des Erbgutes. Da sie sich chemisch nicht von den anderen chemischen Grundstoffen unterscheiden, durchlaufen sie denselben Weg und geraten unter anderem durch die Nahrung und die Atmung ins Körperinnere.

Zum Unterschied zu den klassischen Methoden der Energiegewinnung hat man aber bei der kerntechnischen Nutzung von vorne herein größten Wert auf Sauberkeit gelegt. Die ernstlichen Unglücksfälle, die sich in Kernkraftwerken ereignet haben, lassen sich an den Fingern einer Hand abzählen. Demgegenüber steht die Möglichkeit, aus erstaunlich kleinen Mengen von Substanzen riesige Energien zu gewinnen. Das alles muß in Betracht gezogen werden, wenn man sich für oder gegen eine Art der Energieproduktion wendet.

Außer der »schmutzigen« Energiegewinnung durch Kernspaltung ist eine andere Möglichkeit bekannt, nämlich jene durch Kernverschmelzung (Fusion). Dabei werden beispielsweise Abkömmling des Wasserstoffs zu Helium vereinigt, was einen beträchtlichen höheren Energiegewinn ermöglicht. Und was das Erfreuliche ist: Diese Prozesse gehen ganz ohne radioaktive Rückstände vor sich. (Allerdings arbeiten auch Fusionskraftwerke mit konventionellem Dampfteil, das heißt das Abwärmeproblem bleibt bestehen.)

Im Moment ist die wirtschaftliche Nutzung der Kernfusion noch nicht möglich. Aber in vielen Instituten der Welt, etwa im Max-Planck-Institut in Garching bei München, wird daran gearbeitet. Man hofft, die noch offenen technischen Probleme bis etwa 1980 bewältigt zu haben.

Manganknollen

Nach Eisen ist Mangan das zweithäufigste Schwermetall in der Erdrinde. Es ist ein unentbehrlicher Legierungsbestandteil in hochwertigen Stählen, um ihre Zug- und Verschleißfestigkeit ohne Verschlechterung des Dehnungsverhaltens zu erhöhen. Bei den Legierungen des Aluminiums und des Magnesiums dient es zur Verbesserung der Korrosionsbeständigkeit, also zur Erhöhung der Widerstandsfähigkeit gegenüber chemischen Angriffen.

In der Natur wurde Mangan bisher nur als in Erzen und Mineralien gebundenes Oxid gefunden; seine Gewinnung und Aufarbeitung war recht kostspielig. In den sechziger Jahren wurden jedoch gewaltige Mengen von sogenannten Manganknollen auf den Böden der Ozeane entdeckt. Mit diesen großen Vorräten an hochwertigen Manganerzen dürfte der Manganbedarf der Weltindustrie auf lange Zeit gedeckt sein. Allerdings bereitet die Förderung aus mehreren Kilometern Meerestiefe noch erhebliche Schwierigkeiten, die man mit besonderen Schürfgeräten, die von Spezialschiffen aus ferngesteuert werden, zu beheben hofft.

Der Reinheitsgrad der Manganknollen entspricht zwar nicht demjenigen von hochwertigen festländischen Vorkommen, doch enthalten die ozeanischen Knollen auch lohnende Kupfer- und Nickelanteile. Die Entstehung der Manganknollen ist noch ungeklärt.

Wasserentsalzung

Entsalzungsanlage in Israel am Toten Meer.

Wieviel Wasser braucht der Mensch? Biologisch rechnet man mit zwei Liter je Kopf und Tag, der Hygieniker fordert ein Minimum von 30 Litern, doch in Wirklichkeit läßt der komfortgewohnte Stadtbewohner pro Tag durchschnittlich 250 Liter aus den Hähnen seiner Küchen und Badezimmer laufen. Rechnet man auch noch das Industriewasser auf den einzelnen Verbraucher um, ergeben sich 800 Liter täglich. Der Gesamtwert liegt aber noch viel höher – nämlich bei 8000 Litern oder 8 Kubikmetern je Einwohnerzahl in der Bundesrepublik. Diese Menge ist nötig, um auch die Nahrungsmittel bereitzustellen: Denn für jeden Menschen werden heute etwa 2000 Quadratmeter fruchtbares, und das heißt bewässertes Land benötigt. Durch bessere Bewirtschaftung wird man mit dem hierfür erforderlichen Wasser etwas rationeller umgehen können, aber weit unter zwei Kubikmeter je Kopf wird sich der Bedarf kaum drücken lassen. Und dieses Wasser muß Süßwasser sein.

Nun verfügt unsere Erde über ein ungeheures Wasserreservoir, den Ozean; man schätzt seinen Inhalt auf 1350 Billiarden Kubikmeter ($1,35 \times 10^9$ km³). Aber Meerwasser enthält ungefähr 3,5 Prozent Salz und ist nur für einen kleinen Teil der angeführten Zwecke brauchbar – beispielsweise als Spül- oder Kühlwasser. Und auch das nur in wirtschaftlich vertretbarer Entfernung von den Küsten. Das Problem des für die Landwirtschaft benötigten Wassers wird dadurch nicht berührt. Selbst für die wenigen salzliebenden unter unseren Nutzpflanzen ist die Salzkonzentration des Meerwassers viel zu hoch. Bis jetzt sind wir also auf natürliches Süßwasser angewiesen. Man schätzt das Volumen des Polareises auf 30000 bis 50000 Kubikkilometer (1 Kubikkilometer = 1 Milliarde Kubikmeter), weitere 400000 Kubikkilometer in Oberflächengewässern und 200000 bis 300000 Kubikkilometer im Grundwasser.

Selbst das wäre noch eine beruhigend große Menge, wenn sie gleichmäßig verteilt wäre. Leider gibt es jedoch Trockenzonen, in denen empfindlicher Mangel an Süßwasser herrscht – die riesigen Wüstengegenden der Erde; es gibt Regionen mit versalzenem Grundwasser, beispielsweise in Texas, Arizona, Australien, Zentralasien, Arabien; und es gibt übervölkerte Gebiete, in denen Süßwasser wegen des hohen Verbrauchs Mangelware geworden ist. Und die Weltbevölkerung nimmt ständig zu, um etwa 60 Millionen Menschen jährlich. Für sie alle bewirtschaftbaren Boden, Nahrung und Wasserverbrauch sicherzustellen, ist eine enorme technische Aufgabe.

Dazu gibt es nun eine ganze Reihe von Methoden; dennoch erscheint das Vorhaben schwierig, und das liegt an den Kosten. Ein Fabrikationsverfahren wird erst wirtschaftlich vertretbar, wenn es das Wasser zu erschwinglichem Preis herstellt – das sind etwa 10 Pfennig je Kubikmeter.

Als Präsident Kennedy vor gut einem Jahrzehnt die Wissenschaftler aufforderte, technisch brauchbare Verfahren zur Wasserentsalzung zu entwickeln, zweifelten manche am Erfolg – so kraß erschien der Gegensatz zwischen Realität und Forderung. Wenn die Situation jetzt ganz anders aussieht, wenn es heute an einigen Orten schon möglich ist, aus dem Meer gewonnenes Süßwasser zu annehmbaren Preisen zu liefern, so liegt das an einer Konzentration wissenschaftlicher, technischer und organisatorischer Kräfte, die mit ähnlichem Elan wie bei der Entwicklung der Kernreaktoren gearbeitet haben.

Eine Beziehung zwischen beiden Projekten besteht auch darin, daß nach dem Einzug des Kernreaktors in die industrielle Praxis Forschungskapazitäten frei wurden, um sich neuen Entwicklungen zuzuwenden. Manchen am »Projekt Manhattan« (unter dieser Bezeichnung lief die Entwicklung der ersten Atombombe und der gesamte aus offenen Mitteln betriebene nukleare Forschungsbereich in den USA während des zweiten Weltkriegs) beteiligten Personen und Firmen begegnet man heute an den Entsalzungsanlagen wieder. Und schließlich hängen Kerntechnik und Süßwassergewinnung in noch einer weiteren Weise zusammen: Reaktoren könnten jene Energiemengen preiswert liefern, die für die Entsalzung nötig sind. Zu den

Kosten der laufend verbrauchten Energie und der Wartung kommen noch die Anlagekosten. 1000 DM rechnet man pro Kubikmeter Wasser Tagesleistung. Von Anlagen unter 10000 Kubikmeter Tagesleistung ist kein halbwegs erträglicher Wasserpreis zu erwarten. Somit kommt solchen Projekten eine Größenordnung zu, die auch an die Planung und Organisation beträchtliche Anforderungen stellt.

Die Methoden

Zur Gewinnung von Süßwasser wurden schon die verschiedensten Möglichkeiten erwogen – sogar das Heranschleppen von Eisbergen aus der Arktis an die Bedarfsstelle. Es gibt viele Vorschläge zur Wasserentsalzung. Hier sollen nur einige der interessantesten Verfahren herausgegriffen werden.

Die ältesten Methoden beruhen auf einer Trennung von Salz und Wasser durch Verdampfen. Als wirtschaftlichste Methode der Meerwasserentsalzung in großen Mengen gilt heute das mehrstufige Destillieren mit der Entspannungsverdampfung. Erhitztes Meerwasser wird in eine Kammer eingeleitet, in der ein so geringer Druck herrscht, daß ein Teil des Wassers verdampft, wobei sich die Sole abkühlt und die aufsteigenden Dampfschwaden (»Brüden«) in einem Kondensator verflüssigt werden. Dieser Vorgang wird in einer Anzahl hintereinandergeschalteter Stufen wiederholt, wobei in jeder Stufe die Sole wieder aufgeheizt wird durch die beim Kondensieren frei werdende Wärme des Brüdendampfes der vorhergehenden Stufe. So wird dem Wasser immer mehr Salz entzogen, bis schließlich der gewünschte niedrige Salzgehalt – zum Beispiel 0,035 Prozent bei Trinkwasser – erreicht ist. Das sich immer mehr mit Salz anreichernde Konzentrat wird schließlich dem Sumpf entnommen und kann dann an einer weit entfernten Stelle ins Meer geleitet oder zur Salzgewinnung aufbereitet werden.

Praktische Anwendung findet auch die Trennung von Salz und Wasser bei der Elektrodialyse durch selektive Membranen. Das sind Kunststoffolien, die entweder nur positiv oder nur negativ geladene Ionen durchlassen. Teilt man nun ein Elektrolysegefäß in drei Bereiche, indem man den Kathodenraum durch eine kationendurchlässige und den Anodenraum durch eine anionendurchlässige Folie abtrennt, so wandern infolge eines von Elektroden erzeugten Feldes die Ionen aus der mittleren Zelle ab, und man erhält dadurch dort eine salzverdünnte Lösung. Wenn man diese Methoden in mehreren Stufen wiederholt, ergibt sich eine befriedigende Ausbeute.

Dialyseanlagen arbeiten gewöhnlich mit kleinen bis mittleren Ausbeuten – 80 Liter bis 2500 Kubikmeter pro Tag. Sie sind nur bei relativ niedrigem Salzgehalt, weit unter einem Prozent, wirtschaftlich. Eine Demonstrationsanlage in Webster, Süd-Dakota, arbeitet in vier Stufen und liefert täglich etwa 1000 Kubikmeter Wasser, jeden für umgerechnet 33 Pfennig.

Als Verfahren mit guten Zukunftschancen für Wasser mit geringerem Salzgehalt sei noch die umgekehrte Osmose erwähnt; mit »Osmose« bezeichnet man die Naturerscheinung, daß Flüssigkeiten bzw. Lösungen verschiedener Konzentrationsdichte das Bestreben haben, sich zu mischen und zu diesem Zweck auch halbdurchlässige Trennwände durchwandern. Zur Wasserentsalzung benutzt man besonderes Folienmaterial, beispielsweise aus Azetylzellulose. Diese Folie enthält ein System winziger wassergefüllter Hohlräume und ist von einer dünnen Sperrschicht überzogen, die keine Salzionen eintreten läßt. (Kapillarmembranen dieser Art wurden auch für künstliche Nieren und Lungen eingesetzt.) Preßt man nun Salzwasser unter hohem Druck durch eine solche Folie hindurch, dann filtriert diese gewissermaßen die Salze ab. Das Wasser wandert durch die Hohlräume der Folie und kommt auf der anderen Seite salzfrei zum Vorschein. Die weitere Entwicklung dieses Verfahrens steht und fällt mit den Membranen. Sie müssen über 80 Atmosphären Druck aushalten und pro Tag und Quadratmeter etwa 400 Kubikmeter Wasser durchtreten lassen. Es ist in Aussicht genommen, zwei Folien zu verwenden, diese durch Stützgewebe und Glaskugeln auseinanderzuhalten und das Ganze wie eine Decke einzurollen, so daß ein Gebilde aus wechselnden Schichten entsteht. Durch eine der Zwischenlagen strömt das Salzwasser, durch die andere das Süßwasser, welches schließlich durch ein in der Achse liegendes »Dränagerohr« abgeleitet wird. Eine Anlage für umgekehrte Osmose, die in den USA vor kurzem in Betrieb genommen wurde, liefert 11 300 Liter Wasser pro Tag. Schon bei einmaligem Durchgang werden 99 Prozent des Salzgehalts abgesondert.

Wohin mit der Sole?

Heute ist das Salz ein lästiges Abfallprodukt, das beseitigt werden muß. Es ist nicht unbedenklich, die angereicherte Sole wieder ins Meer zurückzuschütten; bei Großanlagen könnte es dabei zu einer merklichen Erhöhung der Salzkonzentration kommen, die schädliche biologische Wirkungen hat. Erst recht gilt das für die Entsalzung von Grundwasser. Hier ist es nötig, die Sole in großen Teichen aufzubewahren, aber das erfordert teure Investitionen für Fassungsräume.

Es wäre natürlich günstig, das gewonnene Salz wirtschaftlich zu nutzen. Leider besteht dazu wenig Aussicht. Kochsalz aus Bergwerken ist weitaus billiger als aus den Anlagen zur Meereswasserentsalzung; nur Japan, das keine Salzlagerstätten besitzt, bildet eine Ausnahme. Gewisse Möglichkeiten zeichnen sich für die Gewinnung von Düngemitteln ab, hauptsächlich von Magnesium-Ammoniumphosphat. Alles in allem ist der Salzbedarf viel zu unbedeutend, um durch gewinnbringende Verwertung die Entsalzung wirtschaftlicher zu machen.

Da mit der Salzproduktion nichts zu gewinnen ist, stellt sich die Frage, ob man nicht zu einer günstigeren Bilanz kommt, wenn man die für das Verdampfungsverfahren benötigte Wärme doppelt ausnützt. Zum Beispiel könnte man mit dem Abdampf Turbinen treiben – also die sogenannte Kraft-Wärme-Kupplung anwenden. Physikalisch-technische Kalkulationen verraten, daß sich die Wirtschaftlichkeit dadurch beträchtlich verbessern läßt. Voraussetzung ist freilich, daß sowohl für das Süßwasser wie auch für den gewonnenen elektrischen Strom am Ort der Anlage ausreichender Bedarf besteht. Für solche Anlagen kommen also nur Trockengebiete in Frage, die am Meer liegen und dicht besiedelt oder industrialisiert sind. Beispiele dafür sind Südkalifornien, Kuweit und Israel.

Diese Überlegungen werfen natürlich auch die Frage auf, welcher Brennstoffe man sich am besten bedienen will. In Kuweit, wo derzeit das meiste Süßwasser erzeugt wird, bereitet sie kein Kopfzerbrechen – das Erdgas wird dort übrigens noch immer ungenützt verbrannt. Anderswo aber macht der Kernreaktor dem traditionellen Großkraftwerk schon ernstliche Konkurrenz, und es liegt nahe, seinen Einsatz zur Süßwassergewinnung zu erwägen. Wirtschaftliche Überlegungen haben ergeben, daß sich mit Kernenergie besonders günstig die Meerwasserentsalzung betreiben läßt. Man wird daher immer häufiger große Kernkraftwerke in Küstengebieten errichten, wobei die Abwärme des Kühlwassers zum Erhitzen des Meerwassers dient und gleichzeitig billige elektrische Energie zur Verfügung steht.

Neue Nahrungsquellen

Das größte und aktuellste Problem, mit dem es die Menschheit zu tun hat, ist das der Ernährung. Als der Friedensnobelpreis 1971 dem amerikanischen Biologen Norman E. Borlaug überreicht wurde, wurde die Frage gestellt, was Borlaug schon für den Frieden der Welt und für die Menschheit getan habe. Solchen Fragen gegenüber hat es wenig Sinn, auf die physischen und psychischen Auswirkungen des Hungers hinzuweisen. Aber auch die Zusammenhänge mit den Aufgaben der Soziologie und der Friedensforschung sind offensichtlich. Hungergebiete sind potentielle Unruheherde, und es ist zweifellos als ein wesentlicher Beitrag zum Frieden der Welt anzusehen, wenn man neue Nahrungsmittelquellen erschließt. Unter diesen Umständen das Problem des Hungers als ein materialistisches abzutun, grenzt an Zynismus.

Der Mensch braucht Eiweiß und Kohlehydrate, und zwar in einem Verhältnis von etwa 5:1. Wird zu wenig Eiweiß zugeführt, so kommt es zu schweren Erkrankungen. Die Schäden zeigen sich schon beim ungeborenen Kind und werden später noch deutlicher. Sie äußern sich in körperlicher Unterentwicklung, herabgesetzter Leistungsfähigkeit und erhöhter Anfälligkeit gegenüber allen möglichen Krankheiten. Die Schäden betreffen auch die Intelligenz: Wissenschaftler haben festgestellt, daß chronisch unterernährte Kinder bis zu 20 Prozent kleinere Gehirne haben als ihre Altersgenossen aus Ländern ohne Nahrungsmittelmangel. Der Intelligenzquotient liegt um 25 Prozent tiefer. Somit werden selbst jene Menschen, die man vor dem Hungertod, aber nicht vor der Unterernährung rettet, keine vollwertigen Mitglieder der Gesellschaft. Dadurch setzt ein bestürzender Kreislauf ein: Infolge von schlechter Ernährung wachsen Menschen verringerter Lebenstüchtigkeit und Intelligenz heran; gerade diesen fällt es aber besonders schwer, ihre üblen Lebensumstände zu verbessern. Gelingt dies nicht, so haben sie keine Möglichkeit, ihre Lage zu verbessern, ihre Kinder wachsen unter Nahrungsmittelmangel heran, und dieser Prozeß wiederholt sich ständig.

Um die Menschen dieser Welt auch nur im bisherigen Ausmaß weiter zu ernähren, sind technische Mittel nötig – ohne Ackerbau und Viehzucht würde die Nahrungsmittelproduktion auf einen Bruchteil sinken. Ohne die vielgeschmähten Konservierungs- und Schädlingsbekämpfungsmittel gäbe es einen rapiden Rückgang der Reserven. Um alle Menschen ausreichend zu ernähren, wäre eine Steigerung der heutigen Produktion um 50 Prozent unumgänglich, und um eine Weltbevölkerung von sieben Milliarden Menschen, wie sie für das Jahr 2000 erwartet wird, vor dem Hungertod zu bewahren, müßte die Nahrungsmittelproduktion mindestens verdoppelt werden. Die einzige Hoffnung, mit diesen schweren Aufgaben fertig zu werden, bieten neue technische Methoden, über die wir heute noch gar

Große Teile der Weltbevölkerung hungern. Andere wenden sich von den vorhandenen Nahrungsmitteln ab, weil sie deren Reinheit oder Eignung in Zweifel ziehen. Vor allem in den USA hat sich eine Reihe von Gruppen mit neuen Ernährungsprinzipien gebildet, etwa die »Makrobiotiker« oder die »Organic-Food«-Bewegung (rechts und oben). Die Mitglieder betreiben eigene Farmen und eigene Kaufläden, in denen nur Lebensmittel angeboten werden, die nicht chemisch gedüngt, konserviert oder anderweitig vorbehandelt wurden.

Der »Organic Food Shop«

nicht verfügen. Da es, von einigen lebenswichtigen Spurenstoffen abgesehen, um organische Substanzen geht, die wir als Grundnahrungsmittel brauchen, ist dazu eine weiterentwickelte Biotechnik nötig – eine Biotechnik, deren Methoden glücklicherweise unmittelbar an die konventionellen Mittel anschließen können: Somit darf man erwarten, daß sie nicht allzulange auf sich warten läßt.

Ein erster, noch konventioneller Schritt zur Verbesserung der Lage ist eine systematische Ausnutzung und Perfektionierung der vorhandenen Mittel. Das beginnt bei der Erschließung ungenutzer Gebiete für Ackerbau und Viehzucht, wozu sich etwa Urwaldregionen, Wüsten, Salzwassergebiete anbieten. Um sie für die Landwirtschaft zu erschließen, sind immense Anstrengungen nötig. Wirtschaftlich gesehen drücken sie sich in Investitionen aus, die alles Verfügbare weitaus überfordern;

Neue Nahrungsquellen

Dem Überfluß in einigen Ländern steht der Mangel in anderen Teilen der Erde gegenüber. Rekordernten wie die Apfelernte des Jahres 1970 in einigen Teilen Deutschlands kennzeichnen die heutige Ernährungssituation ebenso wie Dürrekatastrophen und Hungersnöte in weiten Gebieten Asiens und Afrikas.

technisch gesehen in Mitteln, die in dieser Menge nicht verfügbar sind. Es zeigt sich allerdings, daß die meisten Bauern – und das nicht nur in Entwicklungsgebieten – noch auf sehr primitive Weise arbeiten. Der sogenannte ›Wanderfeldbau‹, bei dem man die Äcker nur zeitweise benützt und dann zur Erholung des Bodens jahrelang liegenläßt, ist keine rationale Methode in einer Welt, in der die bebaubaren Flächen rar sind. Der Übergang zur permanenten Bewirtschaftung erfordert aber eine systematische Bodenpflege, vor allem durch Düngung.

Untersuchungen von Ernährungswissenschaftlern, Biologen, Agrartechnikern usw. haben zu einer Checkliste geführt, nach der eine Überprüfung auf technische Mängel und damit auf Verbesserungsmöglichkeiten in der Landwirtschaft möglich ist. Für den Ackerbau sieht diese Liste folgendermaßen aus:

>Bewässerung,
>Düngung,
>Pflanzenschutz
>günstige Pflanzensorten,
>hochwertiges Saatgut,
>Maschinisierung.

Einigen dieser Punkte kann man ohne besonderen Aufwand genügen – so kostet beispielsweise Saatgut für neue Sorten nicht viel mehr als jenes für die altbekannten. Zur Maschinisierung sind gewiß Investitionen nötig, aber sie machen sich bereits innerhalb kurzer Zeit bezahlt. Neben der finanziellen Frage sind aber noch weitere Hindernisse zu überwinden: In allen Ländern gehören Bauern zu den traditionsbewußten Schichten der Bevölkerung, die sich nur ungern zum Gebrauch neuer Mittel überreden lassen. Doch die Werkzeuge, Maschinen und weitere Hilfsmittel genügen nicht, es bedarf noch einer intensiven Unterweisung – sonst bleibt jede Bemühung ein Schlag ins Wasser. Der Einsatz technischer Methoden, wie er hier gefordert ist, erfordert aber zumindest eine gewisse Einsicht in die biologischen Grundlagen sowie gewisse Kenntnisse über die benutzten Maschinen. Es genügt also nicht, diese Dinge gewissermaßen durch Dressurakte zu übermitteln; was nötig ist, ist eine Steigerung der Intelligenz, denn auf die Dauer ist eine Handhabung technischer Mittel nur möglich, wenn man die Zusammenhänge begreift. Außerdem erfordern sie die Fähigkeit der Organisation, und diese ist nicht im selben Maß anlernbar wie agronomische Rezepte.

Der Checkliste für den Ackerbau wäre eine ähnliche für Viehzucht gegenüberzustellen. Mit erhöhter Produktion allein ist es aber nicht getan – es kommt auch darauf an, daß die erzeugten Güter auf optimale Weise genützt werden. Dann wären noch folgende Punkte anzuführen:

>Konservierung,
>Transport,
>Verteilung,
>Ernährungsverhalten.

Mittel der Konservierung können nur auf Lebensmittel angewandt werden, die bereits erzeugt sind. Es sieht also nicht so aus, als ließe sich durch Konservierung die Menge der verfügbaren Lebensmittel entscheidend vergrößern. In Wirklichkeit ist die Konservierung eines der einfachsten Mittel zu einer merklichen Verbesserung der Lage. Schon die althergebrachten Methoden des Räucherns, des Trocknens und des Einsalzens zeigen, wie wertvoll es ist, Nährstoffe beständig zu machen, um sie für Notzeiten aufzubewahren. Konservierung ist aber auch ein Mittel dazu, Produkte der Landwirtschaft über den lokalen Rahmen hinaus für die allgemeine Nahrungsmittelversorgung einzusetzen. Das gilt beispielsweise für Obst oder für Fleisch, insbesondere für Südfrüchte oder Fische. Nur wenn man diese einigermaßen haltbar machen kann, kann man sie von ihren

Produktionsstätten in Bedarfsgebiete transportieren. Die Möglichkeit der Konservierung versetzen uns aber auch in die Lage, Naturprodukte genau dann herzustellen, wann die größten Erträge zu erwarten sind; im anderen Fall muß man solche Produkte unter erheblichen Kosten in Glashäusern aufziehen, die für andere Zwecke vielleicht besser verwendet wären.

Die Konservierung

Die klassischen Mittel der Konservierung haben ihre Grenzen. Es bedeutete schon einen wesentlichen Fortschritt zur Verwertung der Lebensmittel, als man es – mit physiko-technischen Mitteln – lernte, die Kühlkonservierung im vollen Umfang einzusetzen. Ohne künstliche Kälteanlagen, Eis und Trockeneis ist Konservierung durch Kälte ja nur im Winter, oder, in begrentem Umfang, in von Natur aus kühlen Räumen möglich. Die Frischhaltung von Lebensmitteln in Eisschränken und Kühltruhen ist für uns zur Selbstverständlichkeit geworden. Wir kennen sie als Mittel des gehobenen Bedarfs, das uns davor bewahrt, öfter einkaufen gehen zu müssen. Der eigentliche Fortschritt liegt aber im großen Rahmen der umfangreichen Maßnahmen zur Versorgung mit frischen Nahrungsmitteln. Dazu gehören die Kühltransporte, die die Lebensmittel in fahrbaren Kühlschränken durch die Lande befördern.

Alle Methoden der Nahrungsmittelkonservierung dienen einem und demselben Zweck – die zersetzende Tätigkeit der Mikroorganismen auszuschalten. Wenn man beispielsweise Früchte kocht, so tötet man die Fäulniserreger ab; bringt man sie unmittelbar darauf in ein luftdicht abgeschlossenes Gefäß, so können keine weiteren Bakterien hinzutreten, und man hat eine ›Konserve‹ erhalten. Seit man die Erklärung des Konservierungsvorgangs kennt – seit Louis Pasteur –, konnte man gezielt nach neuen Methoden suchen. Dazu gehören etwa chemische Einwirkungen oder radioaktive Bestrahlung.

Das Beispiel des Kühltransports zeigt, daß auch die Möglichkeiten der schnellen Beförderung für die Nutzung von Nahrungsmitteln ausschlaggebend sind. Unsere Verkehrsmittel, zu Lande, zu Wasser und in der Luft, haben innerhalb der letzten Jahrzehnte außerordentliche Fortschritte gemacht und erscheinen längst selbstverständlich. Daß Reis und Bananen etwa in Europa zu den Volksnahrungsmitteln gehören, daß sie sogar relativ billig zu erhalten sind, ist allein der technischen Transportmöglichkeit zu verdanken. Eng mit dem Transport hängt die Frage der Organisation zusammen – gerade wenn man es mit verderblichen Produkten zu tun hat, muß der Beförderungsprozeß in allen Phasen abgestimmt sein.

Auch das Problem der Schädlingsbekämpfung ist nicht neu. Man klagt heute über die Anwendung von Giften, vergißt aber, daß auch vor der modernen Chemotechnik Schädlingsmittel eingesetzt wurden. Häufig waren es sogar Gifte, die auf viel un-

China, wo wegen ungünstiger Klima- und Bodenbedingungen nur etwa ein Achtel des Landes für landwirtschaftliche Zwecke geeignet ist, hat von jeher Ernährungsprobleme gehabt. Der »Große Sprung«, mit dem die Volksrepublik in einem Zwölfjahresplan (nämlich von 1956 bis 1967) die Hektarerträge verdoppeln wollte, brach nach Mißernten in den Jahren 1959, 1960 und 1961 zusammen. Heute bemüht sich der Staat durch Ausbau des Bewässerungssystems, steigende Kunstdüngerproduktion und mehr Landmaschinen um aktive Förderung der Produktion.

Neue Nahrungsquellen

mittelbarerer Weise auf den Menschen wirken als die heute üblichen chemischen Präparate; ein Beispiel dafür ist die Verwendung von Arsen im Weinbau. Auch die Anteile der Ernte, die man durch Schädlingsbekämpfung retten könnte, sind groß: Es dürften etwa 35% der geernteten Produkte sein, die auf der ganzen Welt durch Schädlingsfraß, Pflanzenkrankheiten und Unkraut verlorengehen – auch heute noch, trotz der intensivierten chemischen Bekämpfung.

Das Ernährungsverhalten

Das Ernährungsverhalten ist im Hinblick auf die Ausnutzung der Reserven keineswegs nebensächlich. Als die Ernährungswissenschaftler versuchten, ungenutzte Lebensmittelreserven zu erschließen und Hungergebiete damit zu versorgen, stießen sie zu ihrer Überraschung auf Widerstände – die Bevölkerung war nicht ohne weiteres bereit, ungewohnte Nahrung zu konsumieren: Produkte aus Maismehl, Sojabohnen, Magermilchpulver und dergleichen – Nahrungsmittel, die relativ billig hergestellt werden können und, nach den Kenntnissen der Ernährungswissenschaftler gemischt, auch alle Anforderungen für die Zusammensetzung erfüllen. Mit Hilfe von Geschmacksstoffen erreicht man, daß solche ›synthetischen‹ Speisen und Getränke auch geschmacklich einigermaßen den üblichen Forderungen entsprechen. Das gilt beispielsweise für das ›künstliche Fleisch‹ aus Sojabohnen, das bei uns auf dem Markt ist. Immerhin sollte es mit den Mitteln der Werbung gelingen, irrationale Widerstände zu überwinden.

Die angeführten Beispiele zeigen, daß selbst die klassischen Methoden der Nahrungsmittelbeschaffung noch längst nicht erschöpft sind. Trotzdem wird man auch neue Möglichkeiten suchen und entwickeln müssen. Die Züchtung neuer Tier- und Pflanzensorten wurde schon erwähnt. Ein besonderer Erfolg war dem sogenannten ›mexikanischen Weizen‹ beschieden, eine hochertragsreiche Weizensorte, die von Norman E. Borlaug und seinen Mitarbeitern entwickelt wurde. Sie erbrachte nicht nur in Mexiko, sondern auch in anderen Ländern, etwa in Pakistan, der Türkei und Tunesien, Rekordernten. Ähnliche Erfolge sind auf dem Gebiet neuer Reissorten zu vermerken.

Ein großer Teil unseres Lebensraums ist zum Nutzen der menschlichen Ernährung noch recht dürftig erschlossen: das Meer. Der Fischfang, wie man ihn heute noch betreibt, ähnelt in seiner Methode noch der Jagd des Vorzeitmenschen: Man schöpft aus dem vorhandenen Überfluß. In letzter Zeit hat sich gezeigt, daß selbst die Reserven des Meeres nicht unerschöpflich sind, und seither beginnt man sich nach der Frage einer besseren, schonenden Ausnutzung der Reserven, die im Meer liegen, nachzudenken. Zunächst stellt sich heraus, daß die Meerestiere, die man abfischt, gerade jene sind, die am langsamsten nachwachsen und somit am meisten gefährdet sind. Weitaus günstigere Voraussetzungen bieten kleinere Fische, die sich direkt aus Pflanzen ernähren, wie Sardelle und Krill. Da diese Fische klein sind und viele Gräten haben, könnte man sie am besten auf dem Umweg über Viehfutter nützen. Als bisher ungenützte Nahrungsquelle bieten sich die Algenvorräte des Meeres an, die reich an Eiweiß und Kohlehydraten sind. In mehreren Ländern werden in dieser Richtung bereits Versuche unternommen. Dabei wird es nötig sein, Methoden submariner Landwirtschaft zu entwickeln; man wird systematische Aufzucht betreiben, für gute Bedingungen sorgen, vor Abfraß schützen müssen. Mit Unterwassergewächshäusern und Meeresfarmen wird der Meeresgrund ein völlig anderes Bild erhalten – er wird zu einem neuen Lebensbereich des Menschen.

Eine nicht gerade unerschöpfliche, aber doch sehr ergiebige Rohstoffquelle besitzt die Erde in ihren Erdöllagern. Es handelt sich um organische Zersetzungsprodukte früherer Lebewesen – eine völlige Erklärung der Entstehung steht noch aus. Dagegen steht fest, daß sich hier ein neues Rohprodukt für die Ernährung anbietet – es gibt nämlich Hefepilze und Bakterien, die Erdöl verdauen können. Auf diese Weise wandeln sie es zumindest teilweise in Eiweißstoffe um, die für die menschliche Ernährung nutzbar sind. Laborversuche sind zufriedenstellend verlaufen – Bakterien sind so rasche Nährstoffnutzer, daß sich ihre Menge innerhalb eines Tages verzehnfacht. In Tierversuchen erwies sich das Bakterieneiweiß als durchaus vergleichbar mit den bisher verwerteten pflanzlichen und tierischen Eiweißsorten. Diese Erfahrung dürfte sich zweifellos auch auf den Menschen übertragen lassen. Inzwischen entstanden die ersten Fabriken für die Erzeugung von Eiweiß aus Erdöl – eine in Frankreich, die andere in Schottland. Sollte sich diese Methode als günstig erweisen, so könnte man im Jahr 20 Millionen Tonnen Eiweiß aus Erdöl erzeugen, was dem im gleichen Zeitraum erzielten Gewinn an tierischem Eiweiß entspricht.

Während noch Versuche im Gang sind, auf mehr oder weniger konventionellem Weg einen Beitrag zum Ernährungsproblem zu leisten, so werden bereits Verfahren diskutiert, die eine völlig andere Grundlage der menschlichen Ernährung zum Ziel haben, die Umstellung auf Syntheseprodukte. Eine künstliche Erzeugung von Nahrungsmitteln wird aber sicher nicht auf rein chemischen Verfahren beruhen, sondern zu den biochemischen Verfahren zu zählen sein. So denkt man beispielsweise daran, jene Vorgänge nachzuahmen, die in der Zelle eine Ausnutzung der Lichtenergie und eine Umwandlung in energiereiche Nährstoffe bewirken. Einige Forscher hoffen sogar, Licht durch elektrische Energie ersetzen zu können, so daß die Synthese unabhängig von Klimabedingungen zu jeder Zeit und an jedem Ort ablaufen kann. Noch schwerer wird sich eine andere Idee verwirklichen lassen, nämlich Nährstoffe aus Grundsubstanzen künstlich aufzubauen. Voraussetzung dazu ist die chemische Beherrschung der sogenannten enzymatischen Effekte; ›Enzyme‹ sind biologische Wirkstoffe, mit deren Hilfe beispielsweise die Verdauung verläuft. Man würde also die Rohstoffe gewissermaßen einer synthetischen Verdauung unterwerfen und könnte, je nach den eingesetzten Enzymen, Schweine- oder Kalbfleisch, Milch oder Butter ernten.

Zwar steht heute noch keineswegs fest, ob wir mit den Mitteln, über die wir heute oder in nächster Zeit verfügen werden, überhaupt mit dem Nahrungsmittelproblem fertig werden – ob es gelingt, bis zum Jahr 2000 große Hungerkatastrophen zu vermeiden. Sollte sich diese Hürde überwinden lassen, so zeichnet sich wenigstens eine kleine Hoffnung für später ab: An Ideen für eine endgültige Lösung des Welternährungsproblems fehlt es nicht.

Nahrung aus Erdöl

Die Erdölchemie hat sich, wie wir bereits eingangs gesehen haben, in Forschung und Wirtschaft zu überragender Bedeutung entwickelt. Noch längst nicht alle Kohlenwasserstoffe des Rohöls sind wissenschaftlich voll erforscht; die wirtschaftlichen Nutzungsmöglichkeiten steigen ständig.

Zu den jüngsten und möglicherweise interessantesten Aspekten der Rohöl-Verwertung gehört die biochemische Weiterverarbeitung.

Den Anstoß gaben ärgerliche Erfahrungen mit Dieselöl – es vertrug Kälte schlecht. Oft kam es vor, daß Dieselmotoren in

Rohöl liefert Eiweiß

Eine Erdölleitung (Pipeline) wird gelegt. Das Erdöl hat sich nicht nur als energiereicher Brennstoff und Ausgangsprodukt für eine kaum noch übersehbare Fülle von Kunststoffen erwiesen; es kann auf dem Wege der Biosynthese auch zur Eiweißgewinnung herangezogen werden.

kalten Nächten nicht ansprangen. Die Chemiker fanden die Ursache schnell heraus: Das Dieselöl enthält unter anderem sogenannte Normalparaffine – Kettenmoleküle, die aus Kohlenstoff und Wasserstoff bestehen. Für Waschmittel kann man sie gut einsetzen, weil sie durch Bakterien abbaubar sind und somit keine unbegrenzte Verschmutzung der Abwässer hervorrufen. Gerade sie sind es aber, die bei tiefen Temperaturen erstarren und Leitungen und Filter verstopfen. Sie müssen daher aus dem Kohlenwasserstoffgemisch entfernt werden.

Die entscheidende Idee war es nun, den Bakterien das Rohöl zum Fraß anzubieten – sie suchen sich dann die Normalparaffine, die sie offenbar als besondere Leckerbissen empfinden, heraus, und besorgen somit die Entwachsung. Aber was wird aus den aufgenommenen Rohstoffen? Die Bakterien wandeln sie in körpereigene Substanz um, hauptsächlich in Eiweiß. Bakterien können also durch Biosynthese Proteine aus Petroleum erzeugen, und das weist einen völlig neuen Weg zur Lösung des Ernährungsproblems. Dieser Weg ist praktisch durchaus gangbar, denn die Ausbeute ist erstaunlich gut: Ein Kilogramm Bakterien liefert im Tag zehn Kilogramm Eiweiß.

Mit der Erprobung des Verfahrens im Labor waren die Biochemiker sehr zufrieden. Sie erhielten ein geruchloses, gelblich-weißes Pulver – hochwertiges Eiweiß, das aber noch seine Bewährungsprobe zu bestehen hatte. Zuerst waren es Fische, Mäuse, Ratten, Hühner und Schweine, die nähere Bekanntschaft mit dem neuen Nahrungsmittel machten. Über 30 000 Tiere nahmen es über Generationen hinweg zu sich, wobei bis zu 40 Prozent des Futters aus Bakterieneiweiß bestanden. Dabei kam es zu keinerlei Schäden. Nach mehreren Jahren der Erprobung konnte man sich mit ruhigem Gewissen zur großindustriellen Fertigung entschließen. Eine englische Erdölfirme, die bei dieser Entwicklung führend vorausgegangen ist, gab den Startschuß zum Bau von zwei Fabriken. Eine steht in Lavéra bei Marseille, die andere bei Grangemouth, Schottland. Beide zusammen werden jährlich über 2000 Tonnen Eiweiß produzieren. 1970 lief die Fertigung an.

Als Ausgangsstoff der Fabriken in Lavéra dient ein Produkt der ersten Destillation, das zehn Prozent Normalparaffin enthält. Das Ausgangsmaterial, das man den Hefebakterien vorsetzt, wird außerdem mit verschiedenen Salzen sowie mit Ammoniak, Sauerstoff und Wasser versehen. Ein Rührwerk sorgt für gute Durchmischung; dadurch gelangt das Öl an die Hüllmembran der Bakterien und kann gut aufgenommen werden. Die Kulturen werden abgeschöpft und durch Zentrifugieren sowie mit Lösungsmitteln von Ölrückständen getrennt.

Für Grangemouth ist ein etwas modifizierendes Verfahren vorgesehen. Man bietet den Bakterien schon vorgereinigte Normalparaffine, die sie völlig umsetzen können. Dadurch wird die Abtrennung wesentlich einfacher. Wie Testversuche bewiesen haben, erfüllt das Bakterieneiweiß aus Erdöl alle Voraussetzungen eines Nahrungsmittels – es erweist sich als nährreich und bekömmlich. Allerdings ist der Geschmack fade – ein ernstzunehmendes Hindernis vor der Einführung in die Ernährungswirtschaft. Man wird versuchen, den Geschmack durch Zusätze zu verbessern. Doch selbst, wenn man das Erdölprodukt nur zum Verfüttern verwenden würde, wäre damit die Ernährungssituation schon erheblich gebessert.

Seit das Erdöl für industrielle Zwecke verwendet wird, hat es steigende Bedeutung gewonnen – insbesondere als Quelle einer geradezu unübersehbaren Vielfalt chemischer Stoffe. Obwohl die Lager bisher noch reiche Reserven enthalten, ist es fraglich, ob wir den folgenden Generationen gegenüber verantwortlich handeln, wenn wir den weitaus größten Teil der Ölreserven verheizen.

Symbiose Mensch – Maschine

Ein entscheidender Einfluß auf die Entwicklung des Menschen geht von Maschinen aus, die immer leistungsfähiger werden, den Menschen von immer schwierigeren Tätigkeiten entlasten. Dabei wandelt sich das Verhältnis zur Maschine langsam, unbewußt, aber tiefgreifend: Von der Nutzung kommen wir zur Kooperation. Das zwingt dazu, das Verhältnis Mensch–Maschine neu zu durchdenken.

Ein Engpaß im Zusammenwirken zwischen Menschen und Maschinen besteht in der Kommunikation. Die einzige Sprache, die Maschinen verstehen, sind Schalterstellungen; selbst Computerprogramme sind nichts anderes als Anweisungen über Schalterstellungen. Auf dasselbe läuft es hinaus, wenn man den Maschinen, was bisher nur in unbefriedigendem Ausmaß gelungen ist, das Verstehen einzelner akustisch oder schriftlich eingegebener Worte beibringt.

Als Wunsch tritt daher die Vorstellung auf, die Kommunikationsschranken zwischen Mensch und Maschine zu überbrücken und zu erreichen, daß die Befehle unmittelbar in Handlungen umgesetzt werden. Andeutungen der Verwirklichung solcher Gedankengänge ergeben sich an einigen Stellen: bei hochentwickelten Prothesen sowie bei verschiedenen Arten von Manipulationseinrichtungen. Sie alle beruhen darauf, daß der Mensch der Maschine seine Vorstellungen auf unmittelbarem Weg angibt, als das bisher der Fall war. Aber nicht nur die Kommunikation in der einen Richtung ist wesentlich; dasselbe gilt für die umgekehrte Richtung: Ein Werkzeug läßt sich ja erst dann sinnvoll handhaben, wenn man jederzeit über den erzielten Effekt orientiert ist. Es bedarf also einer ebenso direkten Rückmeldung von der Stelle des Einsatzes her. Da dieses System von Meldung und Rückmeldung typisch für die Kybernetik ist, haben Nethan Kline und Manfred Clynes für Systeme aus Mensch und Maschinen, in denen unmittelbare Kommunikation möglich ist, den Begriff »Kyborg« gebildet, eine Abkürzung für »Kybernetic Organism«.

Ein Impuls zum Bau des Kyborgs kommt von der Prothesentechnik. Dabei handelt es sich um den Bau künstlicher Organe, die erst dann vollwertig sind, wenn sie der »Befehlsgewalt« des Trägers unterworfen sind, zusätzlich aber auch mit Sinnesorganen ausgestattet sind, wie das gesunde menschliche Organ.

Das beste Beispiel für den Bau hochwertiger Prothesen gibt der Ersatz der Hand. Man kennt heute bereits komplizierte Gebilde mit beweglichen Fingern, die von Servomotoren angetrieben werden. Der Antrieb erfolgt »gedanklich«; an den Muskeln von Schultern, Brust und Rücken liegen »Sensoren«, die auf die Entstehung von Muskelelektrizität reagieren. Die elektrischen Spannungen werden verstärkt und zum Einschalten von Servomotoren verwendet. Nach einiger Übung kann der Invalide diese Hand so rasch und geschickt benützen wie eine gesunde. In den Fingern sind künstliche Tastorgane eingebaut, die verhindern sollen, daß der Druck beim Erfassen eines Gegenstands größer ist als nötig.

Technische Probleme grundsätzlich derselben Art werfen aber auch jene Manipulationsgeräte auf, die man zur Fernbedienung, beispielsweise in radioaktiven Laboratorien braucht. Hier kommt es darauf an, daß der Mensch von den Quellen der radioaktiven Strahlen durch dicke Bleiglaswände getrennt ist; trotzdem muß er im Inneren des Labors mit den Substanzen ebenso hantieren können wie in einem normalen Labor. In diesem Fall verfügt der Laborant über seine gesunden Gliedmaßen, und es kommt nur darauf an, deren Bewegungen auf ein mechanisches Greifsystem zu übertragen. Auch in diesem Fall ist die Rückmeldung wichtig; der Mensch braucht ein »Gefühl« für das, was er »in der Hand« hält – sonst wären die empfindlichen chemischen Einrichtungen durch die künstlichen Hände gefährdet.

Ist das Problem der künstlichen Hände gelöst, so ist es nur noch ein Schritt zur Verkleinerung oder Vergrößerung der Systeme. Durch ein System von Hebeln ist es möglich, den Spielraum jeder Bewegung auf Bruchteile einzuschränken und ebenso, wenn nötig, auch die ausgeübte Kraft. Auf diese Weise kann also ein Mensch, der sich eines Mikromanipulators bedient, in mikroskopisch kleinen Räumen ebenso sicher hantieren wie in der ihm angestammten Makrowelt.

Bei einer Vergrößerung und Verstärkung der Bewegung kommt man zu Kyborgs, deren Kraft die der normalen Menschen um ein Vielfaches übertrifft. Bekannt ist beispielsweise der »Menschenverstärker« der Firma General Electrics. Der Benutzer stellt sich in eine Art Käfig, Arme und Beine sind an den Enden eines Hebelmechanismus befestigt. Jede Bewegung vergrößert und verstärkt sich, doch ansonsten entspricht die Bewegung des Gesamtbildes völlig jener des Menschen, der darin steckt. Dieser Typ eines Kyborgs ist sechs Meter hoch, er wird mit Lasten bis zu 450 Kilogramm fertig.

Der Syntelman

Noch etwas weiter entwickelt ist eine in Deutschland von Hans Kleinwächter konzipierte menschenähnliche Maschine, die »Syntelman«« benannt wurde als Abkürzung für »Synchron-Tele-Manipulator«. Darunter ist ein von Menschen ferngesteuerter Maschinenmensch mit zwei Armen und zwei Beinen zu verstehen. Auch hier wieder trägt der Meister ein Außenskelett, das jede seiner Bewegungen genau registriert und auf Syntelman überträgt. Der Meister blickt durch das »Auge« einer Stereofernsehkamera im Kopfteil der Maschine und kann

Der Syntelman

so über Draht oder Funk auch aus großer Entfernung steuern. Auf dem Bildschirm eines Fernsehgerätes betrachtet er den Arbeitsraum und empfindet die darin räumlich sichtbaren Hände des »Sklaven« als seine eigenen.

Der Syntelman kann sogar schreiten, wobei zur Erhaltung des Gleichgewichts ständig die Lage des Maschinenschwerpunktes von einem eingebauten Computer über die Fußgelenke ermittelt und gesteuert wird. In den natürlichen Wirkungskreis zwischen dem arbeitenden Menschen und seinem Arbeitsobjekt ist die menschenähnliche Maschine mit ihrem komplizierten Kommandoempfangs- und Rückmeldesystem zwischengeschaltet.

Das Beispiel des Menschenverstärkers zeigt, daß durch das unmittelbare Zusammenwirken zwischen Mensch und Maschine tatsächlich etwas entsteht, das in manchen Fähigkeiten den »unbestückten« Menschen übertrifft. Der Menschenverstärker selbst würde sich beispielsweise gut bewähren, um Arbeit in unwegsamem Gelände durchzuführen oder in unzuträglichen Klimaverhältnissen.

Die Anforderungen könnten dabei beliebig hoch geschraubt werden. Kyborgs müßten genauso in großen Meerestiefen wie auf fremden Himmelskörpern einsetzbar sein; man braucht dazu das Innere, in dem der Mensch sitzt, nur als eine Art »Schutzanzug«, dem lebenserhaltenden System der Astronauten entsprechend, einzurichten. Der maschinelle Teil könnte beliebig groß sein – es könnte sich sogar um ein ganzes Raumschiff handeln.

Dandridge Cole hat die Idee des Closed-Cycle-Man entwickelt, eine Art Kyborg mit speziellen Vorrichtungen, die die Wiederaufbereitung aller verbrauchten Stoffe erlauben. Die

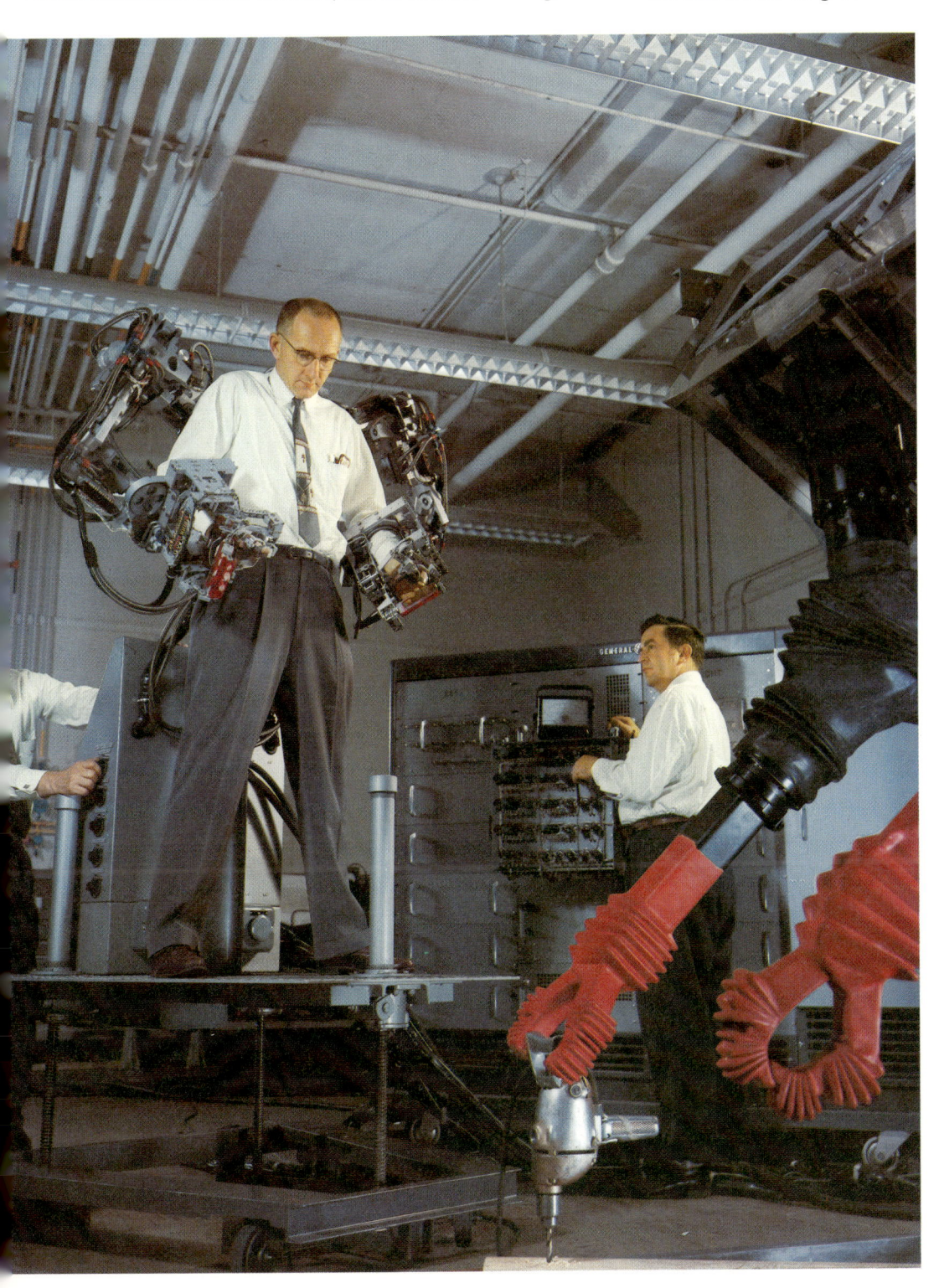

Der Syntelman, dessen rote »Hände« ganz vorn im Bild einen Bohrer führen, gehört zu den jüngsten Sprößlingen aus der Familie der anthropomorphen (d.h. menschengestaltigen) Maschinen, in der Fachwelt kurz »AM« genannt. Der Syntelman kann nicht nur große Lasten heben, sondern ist auch so »feinfühlig«, daß er komplizierte Apparaturen bedienen oder rohe Eier balancieren kann. Er wird von Menschenhand über eine Steueranlage »manipuliert«. Jede Bewegung, die der »Meister« mit seinen Händen ausführt, wird durch Fernsteuerung exakt auf die Greifwerkzeuge des »Sklaven« übertragen.

Symbiose Mensch–Maschine

verbrauchte Atemluft wird regeneriert, das ausgeschiedene Wasser gereinigt, die festen Abfälle werden wieder in eine der Ernährung angemessene Form zurückverwandelt. Sieht man noch eine langfristig wirksame Energiequelle vor, so wäre ein solches System von der Außenwelt unabhängig und könnte sich in manchen Gegenden aufhalten, die den Menschen verschlossen sind.

Von der technischen Konstruktion her enthält der Menschenverstärker noch einige Elemente, die genaugenommen überflüssig sind. Es besteht ja keine Notwendigkeit dafür, daß der im Innern sitzende, steuernde Mensch alle Bewegungen, die das Gesamtgebilde tun soll, auch mit seinen Gliedmaßen durchführt. Im Prinzip würde es genügen, wenn er nur die gedanklichen Befehle für die Ausführung gibt – in ähnlicher Weise wie der Träger einer Biohand. Somit tritt die Frage auf, welcher Teil eines Menschen sich überhaupt durch künstliche Teile ersetzen läßt und welche Teile verzichtbar sind.

Anstoß dazu ist weniger die Entwicklung des Kyborgs als die Unfallmedizin, die beispielsweise durch Verkehrsunfälle immer wieder vor grausige Verstümmelungen gestellt ist. Eine prinzipielle Grenze scheint es nach nüchternen Überlegungen nur noch beim Gehirn zu geben. Es wäre prinzipiell möglich, ein solches in einer Nährflüssigkeit am Leben zu erhalten; diese Möglichkeit könnte unter Umständen – sobald die dazugehörigen Techniken weiter entwickelt sind – die einzige Art sein, menschliches Leben zu erhalten.

Das isolierte Gehirn

Das Problem wird dadurch nicht vereinfacht, daß ein Kyborg, in dessen Innern nur noch ein isoliertes Gehirn als Steuerzentrale tätig ist, unter Umständen Fähigkeiten erhalten könnte, die es allen anderen Menschen gegenüber weitaus überlegen machen. Ein solches Gebilde ist ja nicht auf die üblichen Tätigkeiten des Menschen angewiesen; es könnte mit künstlichen

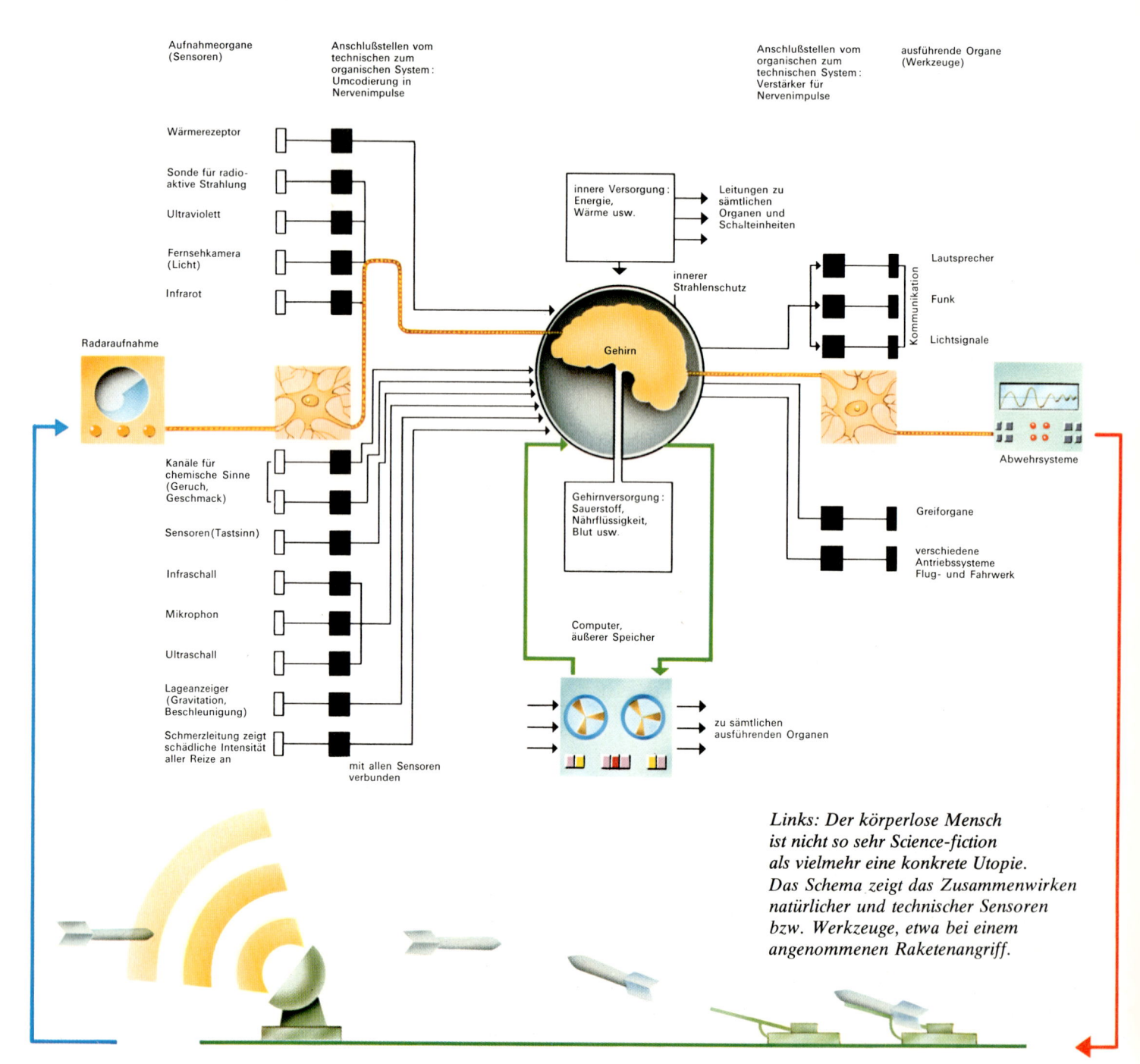

Links: Der körperlose Mensch ist nicht so sehr Science-fiction als vielmehr eine konkrete Utopie. Das Schema zeigt das Zusammenwirken natürlicher und technischer Sensoren bzw. Werkzeuge, etwa bei einem angenommenen Raketenangriff.

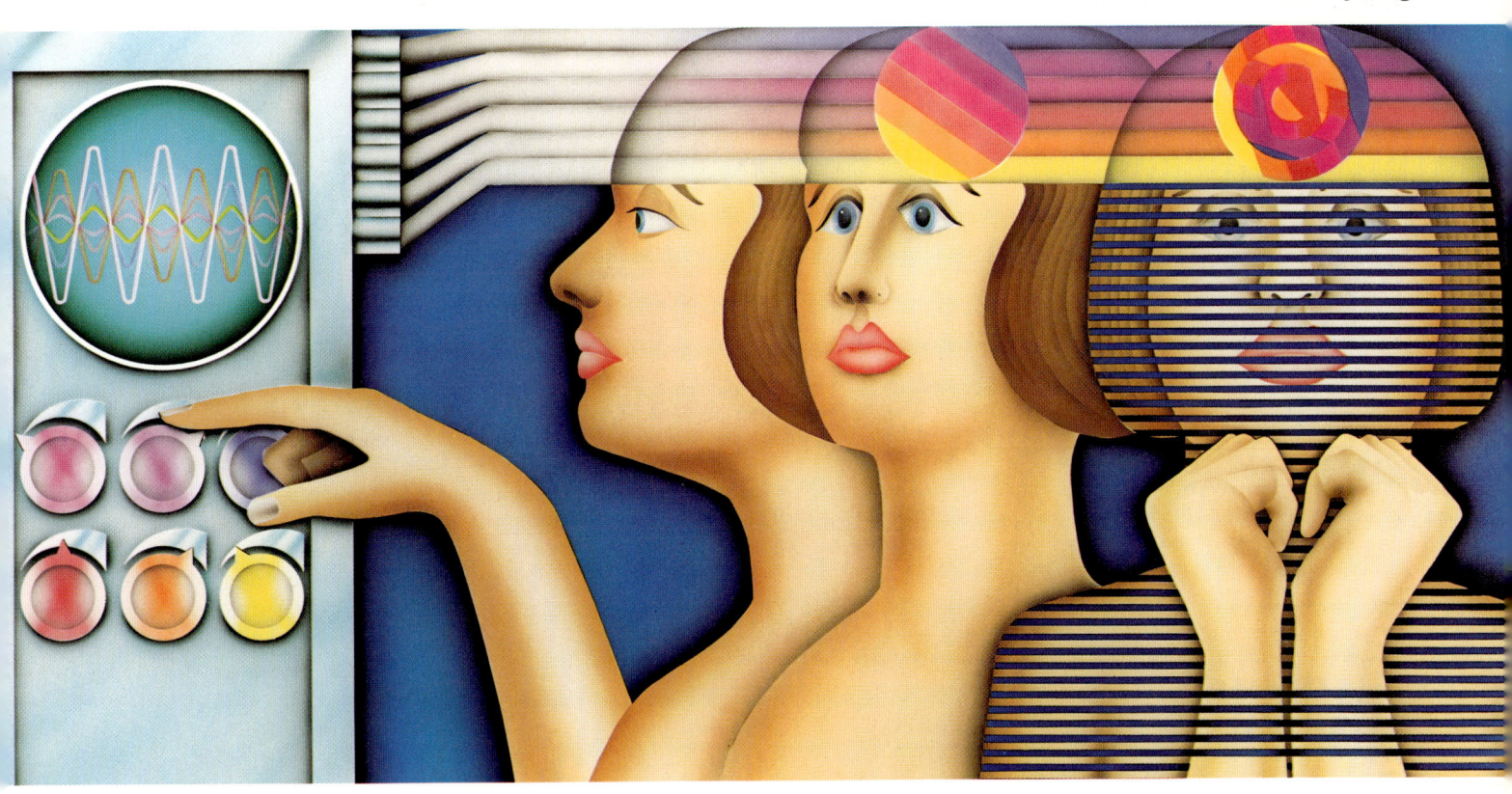

*Oben:
Die Beherrschung
und Steuerung von Reizen
mit Hilfe der Technik
ist nicht ohne Gefahr.
Ständige Selbststimulation
wäre Verlust
der Freiheit.*

Organen ausgestattet sein, die völlig von jenen aller bekannten Lebewesen abweichen – etwa durch Düsensysteme, die es ihm ermöglichen, sich als Raumschiff in den Weltraum zu erheben. Dazu wäre auch eine Reihe von ungewöhnlichen Sinnesorganen nötig, beispielsweise Sensoren für radioaktive Strahlung, für Infrarot und Ultraviolett usw. Alles das ist der Technik längst bekannt, und es käme nur noch darauf an, die aufgefangenen Reize in eine Form zu verwandeln, die für die Aufnahme durch das Nervensystem geeignet wäre.

Die erstaunlichste Möglichkeit des Kyborgs liegt nicht auf den physischen, sondern auf dem psychischen Sektor. Das eingeschlossene Gehirn würde ja nicht nur mit den Sensoren und Ausführungsorganen kommunizieren, sondern auch mit einem Elektronenrechner, der in einem Kyborgraumschiff genauso selbstverständlich wäre wie in einem solchen konventioneller Vorstellungen.

Durch den Zugriff zur Arbeitseinheit und zu den Speicherelementen würde ein solches Gehirn sein Wissen und seine Denkkapazität um ein Vielfaches erweitern. Über die Datennetze könnte es auch andere Computer erreichen – es wäre praktisch mit allen Rechenanlagen der ganzen Welt verbunden und könnte sie unmittelbar für seine eigenen Zwecke in Anspruch nehmen. Und wenn an dieses Netz mehrere Kyborgs angeschlossen sind, so können sie auch untereinander in direkten Gedankenaustausch treten.

Die Vorstellungen des isolierten Gehirns, das einen Kyborg steuert und dadurch zu einem völlig neuen Wesen wird, ist gewiß utopisch. Der Fall zeigt aber, daß es auch im Bereich des prinzipiell Möglichen Dinge gibt, die phantastisch anmuten und in ihren Konsequenzen geradezu unvorstellbar wären. Auch hier liegt die praktische Bedeutung solcher Überlegungen nicht – oder noch nicht – in der möglichen Verwirklichung. Vielmehr erlaubt uns ein solches Beispiel, das besser zu verstehen, was sich heute schon anbahnt. Dabei ist weniger der Invalide mit der Biohand oder der Mensch, der den Menschenverstärker kurzfristig steuert, gemeint; alle diese Fälle sind zur Zeit Ausnahmen.

Ein kritischer Blick zeigt aber, daß wir alle in unserer Zusammenarbeit mit den Maschinen dem Zustand des Kyborgs schon sehr nahe kommen. Das bekannteste Beispiel dafür ist der Autofahrer, der sich mit seinem Fahrzeug als eine Einheit fühlt, die Aktionsmöglichkeiten über Bewegung des Steuers, des Gashebels und dergleichen so wahrnimmt, als würde es sich um einen direkten Gebrauch der eigenen Organe handeln, der Gefühle für die Reaktion, das Ausweichvermögen, den Platzbedarf – etwa der Breite nach – erwirbt, wie sie einer Funktionseinheit Auto-Mensch entsprechen. Dieser Fall zeigt, daß der Mensch durchaus imstande ist, mit seiner Art des Denkens, Handelns, über das hinauszugehen, was ihm die Natur durch seinen leiblichen Zustand zugewiesen hat. Ist das System Mensch-Auto auch besonders typisch, so ist es keineswegs das einzige; ähnliche Arten eines Maschinendenkens, einer Anpassung an die Aktionsmöglichkeiten des Gesamtsystems, ergeben sich überall dort, wo Menschen mit komplizierten Werkzeugen oder Maschinen längere Zeit tätig sind.

Den Gedanken des Kyborgs kann man schließlich auch auf unser gesamtes System Mensch-Technik anwenden; auch hier ist es zu einer Symbiose gekommen, zu einer Art Zusammenwirken, in dem kein Teil ohne das andere mehr bestehen kann. Diese Abhängigkeit wird aber von Tag zu Tag größer. Allem Anschein nach braucht man also nicht auf die Entwicklung der isolierten Gehirne zu warten, die in Raumschiffen eingeschlossen durch das Weltall fliegen, sondern wir nähern uns auf durchaus selbstverständlicher Weise ohne utopisches Beiwerk, unaufhaltsam dem Zustand des Kyborgs.

Zukunftsforschung und Zukunftsplanung

Genaugenommen gibt es keine Möglichkeit zu einer exakten Voraussage. Selbst die Naturgesetze, die theoretisch allgemeingültig sind, lassen sich nur für die Vergangenheit bestätigen.

Voraussagen und Prophezeiungen tragen also stets ein gewisses Maß an Unsicherheit in sich – es handelt sich um Wahrscheinlichkeitsaussagen. Für naturwissenschaftliche Grundgesetze ist allerdings die Wahrscheinlichkeit praktisch gleich 100 Prozent. Alle unsere technischen Hilfsmittel, Werkzeuge, Maschinen, Automaten beruhen auf dieser Annahme; man hätte sie nicht gebaut, wenn man nicht der Vorhersage sicher gewesen wäre, und das hat sich bisher immer als berechtigt erwiesen.

Die Erscheinungen der Naturwissenschaft sind aber für den Zukunftsforscher nur von sekundärem Interesse. Sein Ziel wird von den Geschehnissen des Alltags und den Entwicklungen, von denen diese abhängen, bestimmt. Glücklicherweise gibt es gewisse Prinzipien, nach denen man Aussagen über das Unvorhersehbare gewinnen kann. Eines der einfachsten ist folgendes: »So wie es bisher war, so wird es immer sein«. Das ist eine Erwartung, die sicher nur in Grenzen stimmen kann, sie wird aber immer wieder herangezogen und hat sich oft auch bewährt. Beispielsweise kann sie das Verhalten eines Menschen betreffen: Wenn dieser auf eine bestimmte Situation in gewisser Weise reagiert hat, so darf man annehmen, daß er in derselben Situation wieder so reagieren wird. Diese Erfahrung begründet die Erwartungen, die wir an unsere Mitmenschen stellen.

Auf demselben Prinzip, allerdings in etwas verfeinerter Form, beruht die Methode der Extrapolation. Auch hier nimmt man etwas als gleichbleibend an, nur handelt es sich nicht um eine statische Erscheinung, sondern um eine Veränderung: Man stellt beispielsweise fest, daß sich die Bevölkerung einer Stadt in den letzten zehn Jahren um fünf Prozent vergrößert hat, und nimmt an, daß auch in den nächsten zehn Jahren ein Anstieg von fünf Prozent erfolgen wird. Es kommt also darauf an, die Schnelligkeit der Veränderung festzustellen. Wenn man will, kann man jeden Anstieg mit Hilfe eines Diagramms ausdrücken. Verbindet man einzelne Meßpunkte durch eine Kurve, so ergibt sich ein graphisches Bild des stetigen Anstiegs; und führt man diese Kurve über die Gegenwart hinaus in die Zukunft fort, so spricht man von Extrapolation.

Die bedingte Aussage

Aussagen, die auf Schlüssen dieser Art beruhen, sind bedingte Aussagen: Etwas trifft unter einer bestimmten Voraussetzung zu. Im Fall der Extrapolation ist diese Voraussetzung die Annahme eines weiteren linear zunehmenden Verlaufs. Man müßte also genaugenommen sagen: Unter der Voraussetzung, daß der Anstieg in derselben Weise weitergeht wie bisher, dürfen wir für die Zeit in zehn Jahren folgenden Zustand annehmen ... Unter diesen Voraussetzungen kommt die Futurologie zu anderen Aussagen, und somit kann sich für die Zukunft eine ganze Reihe verschiedener, einander widersprechender Situationen ergeben. Das ist aber kein Nachteil, sondern ein Vorteil: Die futurologische Vorhersage läßt erkennen, welche Möglichkeiten der Zukunft noch offen stehen; sie gibt uns Gelegenheit, die wünschenswerteste Zukunft auszusuchen und zum Ziel zu erklären.

Die bedingten Aussagen, mit denen die Futurologie arbeitet, reichen aber auch in den qualitativen Bereich hinein, also dorthin, wo es nicht um die Abschätzung von Zahlen geht, sondern um das Eintreffen von Ereignissen. So kann man sich zum Beispiel die Frage stellen, was für soziale Folgen zu erwarten sind, wenn jeder Haushalt an einen Computer angeschlossen wird. Wer diese Situation logisch durchdenkt, kommt zum Ergebnis, daß dann eine ganze Menge von Änderungen in unseren üblichen Verhaltensweisen und Lebensumständen eintreten würden; insbesondere könnte man vom Computer die Durchführung sämtlicher systematischer Aufgaben, von der Aufstellung des Speisezettels bis zur Durchführung der Steuerbuchung verlangen; es würde auch überflüssig werden, gespeicherten Wissensstoff zu deponieren (also etwa Bücher und Zeitschriften), der Zugriff wäre über den Computer jederzeit möglich; es ist anzunehmen, daß auch die Unterrichtsmethoden revolutioniert würden – jede Art von Information bis zum umfangreichen Programm, das individuelle Ausrichtung auf den einzelnen zuläßt, käme über das Computernetz ins Haus, und schließlich brauchte der Beamte nicht mehr ins Büro zu gehen; seine gesamte Tätigkeit, vom Diktat bis zur Konferenz, ließe sich über das allgemeine Datennetz abwickeln. Aber auch in diesem Fall sind alle Aussagen »wenn-dann-«Sätze: Sie gelten nur, wenn die Voraussetzung zutrifft, daß die Haushalte ans Computernetz angeschlossen sind.

Wie wichtig solche Aussagen sein können, selbst wenn Zweifel daran besteht, ob eine Voraussetzung überhaupt eintrifft, zeigt der Fall, bei dem eine Entscheidung darüber getroffen werden muß, ob eine technische Erfindung vorbereitet werden soll oder nicht. Bisher hat man nur nach dem Bedarf gefragt, nach den wirtschaftlichen Möglichkeiten, nach dem Gewinn, nicht aber nach den Folgen in der Gesellschaft. Seit man erkannt hat, wie weit manche technischen Mittel auch in den sozialen Raum hineinreichen, wird man nicht mehr auf so naive Weise vorgehen dürfen. Als Hilfsmittel der Abwägung von Vor- und Nachteilen hat die auf eine ganz bestimmte Voraussetzung gemünzte bedingte Aussage durchaus ihren Wert.

Varianten und Modelle

Wer allerdings für die Zukunft ein einheitliches und umfassendes Bild erwartet, wird enttäuscht werden. Die Voraussetzungen, die man dabei einführen muß, sind selbst wieder vielfältig wählbar und von anderen Voraussetzungen abhängig. Man wird versuchen, die wahrscheinlichsten Ereignisse zu bestimmen, aber dabei nur in gewissen Grenzen Erfolg haben. Immerhin, wenn man nicht allzuweit in die Zukunft vordringen will, so besteht durchaus die Chance, zu einem Zukunftsmodell zu gelangen, für das Aussicht auf Verwirklichung besteht. Es sei aber noch einmal betont: Es geht viel weniger darum, unabwandelbare Bilder einer unabwendbar eintretenden Zukunft zu entwerfen als mögliche Varianten auszuarbeiten, um an ihnen den wünschenswerten Weg zu diskutieren. In der Bedingtheit der Aussage liegt ihr Sinn.

»Zufällige« Ereignisse

Unsere Existenz ist nicht nur von Dingen beeinflußt, die sich auf irgendeine Weise approximieren, extrapolieren oder sonst irgendwie ableiten lassen, sondern es spielen auch mehr oder weniger zufällige Dinge hinein, insbesondere Störungen, aber auch überraschende Erscheinungen wie das Auftreten großer

Die Einstellung des Menschen zur Zukunft wurzelt häufig im religiösen Bereich. Für den gläubigen Mohammedaner (Foto: betende Moslems vor der Kaaba, einem kultisch verehrten schwarzen Meteoriten, in Mekka) ist die Zukunft »Kismet« – also gottgegebenes Schicksal und unerforschliche, unabwendbare Fügung.

Zukunftsforschung

Die alten Griechen hatten in puncto Zukunftsforschung eine »Spezialeinrichtung«: das berühmte und gefürchtete Orakel von Delphi (hier als Innenbild auf einer Schale des Kodros-Malers aus Vulci, um 440–430 vor Christus). Auf einem dreibeinigen Schemel saß im Tempel des Apoll die Priesterin Pythia. Was die – möglicherweise medial veranlagte – Künderin »rasenden Mundes« redete, brachten Priester in kunstvolle, oft bedeutungsdunkle Spruchform. Der Philosoph Platon, Schüler und Künder der Lehren des Sokrates, erkannte den delphischen Weisungen hohe Bedeutung für die staatliche Ordnung zu.

Persönlichkeiten oder bahnbrechende naturwissenschaftliche und technische Entdeckungen. Wer eine Vorstellung über die Zukunft gewinnen will, wird auch den Einfluß solcher Ereignisse in Rechnung stellen müssen – eigentlich ein Widerspruch in sich, da es sich ja um unvorhersagbares Geschehen handelt. Trotzdem kann man in gewissen Grenzen auch mit diesem Problem fertig werden. Wer Ideen, Erfindungen, Entdeckungen und dergleichen berücksichtigen will, kann versuchen, diese in einem Gedankenmodell selbst zu erzeugen oder die Erzeugung zu veranlassen. Es handelt sich dabei um die Produktion von Innovation, für die es schon verschiedene Routinen gibt, beispielsweise das bereits erwähnte Brain Storming, das Szenario oder die Auswertung von Science Fiction.

Gerade im Hinblick auf künftige Entwicklungen hat sich eine weitere Methode, die sogenannte Delphi-Methode bewährt. Man stellt einer Reihe von anerkannten Fachleuten die Frage, wie sie sich die künftigen Entwicklungen auf ihrem Fachgebiet vorstellen und verlangt von ihnen spontane Antworten, ohne Rücksichtnahme auf Kollegenmeinungen, Abstimmung auf anerkannte Vorstellungen usw. Erst nach der ersten Bestandsaufnahme folgt eine Phase der gegenseitigen Kritik; jeder Teilnehmer erhält auch die Stellungnahmen der anderen übermittelt und kann versuchen, seine ursprüngliche Meinung mit den neu hinzugekommenen Aspekten in Einklang zu bringen. Auf diese Weise ergibt sich oft eine Reihe von verschiedenen neuartigen Gesichtspunkten – gewissermaßen ein Vorgriff auf jene Ideen, die unser Schicksal später wirklich bestimmen werden.

Gewiß ist keine Garantie dafür möglich, daß nicht noch anderes, völlig Unerwartetes hinzutreten wird, aber auf diese Weise gelangt man doch über deterministische Verfahren des Rechnens und logischen Ableitens weit hinaus.

Da es die Zukunftsforschung, genauso wie die Planung, mit komplexen und oft auch probabilistischen Systemen zu tun hat, so ist der Computer für sie ein ebenso wichtiges Hilfsmittel. Er dient sowohl den nötigen Rechen- und Auswertungsprozessen, wie auch dem modellhaften Erfassen einer Situation, etwa der Computer-Simulation. Gerade die Zukunftsforschung ist ein Schulbeispiel dafür, daß die heutigen Computer noch nicht ausreichen, um alle auftretenden Probleme zu lösen. Selbst für manche scheinbar einfache Aufgaben der Futurologie erweisen sie sich als unzulänglich.

Programmierte Entdeckungen?

Angesichts der Systematik, mit der die Wissenschaft jedes Fachgebiet zu erfassen versucht, erscheint es fast grotesk, daß sie sich offenbar noch immer auf Grund zufälliger Anstöße fortentwickelt. Oder gibt es bisher unerkannte Regeln, denen die wissenschaftliche Entwicklung gehorcht und die Vorhersagen möglich erscheinen lassen? Kann man wissenschaftliche Erfindungen und Entdeckungen planen?

Eigentlich liegt es nahe, eine organische Erweiterung der Wissenschaft anzunehmen. Gerade sie zeichnet sich dadurch aus, daß jede neue Erkenntnis auf das bisherige Wissen aufbaut. Die Tatsache, daß manche wissenschaftlichen Entdeckungen an mehreren Stellen der Welt zur gleichen Zeit gemacht wurden, darf man als Bestätigung dafür annehmen. In den letzten Jahrzehnten hat sich ein Wissensgebiet entwickelt, das man als Science of Science, Wissenschaftskunde, bezeichnet. Diese Wissenschaft hat die Aufgabe, die Regeln, denen der wissenschaftliche Fortschritt folgt, herauszufinden und sie, wenn möglich, quantitativ auszudrücken.

Es gibt Kriterien, die es herauszufinden erlauben, ob eine Erfindung prinzipiell möglich ist oder nicht. Dazu kann man beispielsweise die Frage benutzen, ob sie mit den bisher bekannten Naturgesetzen in Einklang steht oder nicht. Man könnte einwenden: Große Neuerungen in der Wissenschaft zeichnen sich ja gerade dadurch aus, daß durch sie das bisher Bekannte als falsch erwiesen wird; in Wirklichkeit ist den Wissenschaftlern aber sehr gut bekannt, was zum sicheren Bestand des Wissens gehört und wo es noch Möglichkeiten zu Ergänzungen gibt. Auch die größten Entdeckungen der modernen Physik bedeuten keinen Bruch mit den alten Anschauungen, sondern nur ihre Verallgemeinerung, die Erweiterung ihrer Gültigkeit auf neue Bereiche. So wurde beispielsweise das erste Grundgesetz der Physik, wonach Energie weder gewonnen noch vernichtet werden kann, durch die Einstein'sche Entdeckung der Äquivalenz von Masse und Energie in seiner Substanz nicht berührt. Der Energiesatz bleibt gültig, nur ist nun zu berücksichtigen, daß auch Masse eine besondere Zustandsform von Energie ist. Es dürfte also sicher sein, daß eine Entdeckung oder eine Erfindung, die sich auf eine Abweichung vom Energiesatz stützt, keine Aussicht auf Verwirklichung hat. Das gilt beispielsweise für das sogenannte Perpetuum Mobile, die Maschine, die ohne Energiezufuhr ständig Arbeit leistet. Weitere Beispiele für nicht realisierbare Maschinen – die den Grundgesetzen der Natur widersprechen würden – sind die Zeitmaschine oder das Raumschiff mit Überlichtgeschwindigkeit. Umgekehrt lassen sich technische Wünsche angeben, deren Erfüllung im Rahmen der bestehenden Gesetzmäßigkeiten durchaus zu ermöglichen wäre: der Röntgenlaser, Manipulation der Schwerkraft usw.

Es wäre nun durchaus denkbar, auf einer Liste alle Voraussetzungen für eine erwartete Entdeckung zusammenzustellen – den Aufwand an Material, an Zeit, auch Entdeckungen, die Voraussetzungen für den eigentlichen Durchbruch sind. Zwar käme man auf diese Weise nicht zu einer sicheren Vorhersage, es ließen sich aber doch gewisse Erwartungswerte dafür angeben, wann mit einer Erfindung zu rechnen ist.

Wissen verdoppelt sich

Auf ihrer Suche nach zahlenmäßig ausdrückbaren Regeln hat die Wissenschaftskunde verschiedene Methoden erprobt. Insbesondere versucht sie ein Maß für den wissenschaftlichen Fortschritt zu finden, und sie verwendet beispielsweise dafür die Zahl der Wissenschaftler, die in einem bestimmten Forschungsbereich arbeiten oder die Zahl der Publikationen, die in einem Jahr in einer bestimmten fachorientierten Zeitschrift erscheinen. Nimmt man solche Zahlen auf, so stellt sich tatsächlich heraus, daß die Entwicklung einem Grundschema folgt. Was dabei zunächst ins Auge fällt, ist die erstaunliche Ausbreitung des Wissens. So scheint sich beispielsweise der Wissensstoff der Physik in neuerer Zeit alle 20 Jahre zu verdoppeln: 1935 waren etwa 100000 physikalische Arbeiten bekannt, 1955 schon 200000, 1975 läßt etwa 400000 erwarten.

Man darf also den Schluß ziehen, daß das Bekanntwerden irgendeiner Erscheinung die Entdeckung weiterer Erscheinungen erleichtert, so daß jede Entdeckung zur Quelle neuer Entdeckungen wird und die Wissenschaft in einem unaufhaltbaren Wachstumsprozeß begriffen ist.

Diese Annahme kann aber nicht uneingeschränkt gelten; ohne Zweifel muß sich die Zahl der Entdeckungen, die innerhalb eines Fachgebiets zu machen sind, eines Tages erschöpfen. Der Teil der Kurve, der sich am Beispiel der physikalischen Arbeiten gezeigt hat, ist ein typischer Anfangsverlauf – er ergibt sich dann, wenn man eben erst Neuland betreten hat, in dem es nach jeder Richtung hin Neues zu entdecken gibt. Der lineare Aufstieg muß aber allmählich langsamer werden und schließlich einen Grenzwert erreichen. Man hat versucht, Formeln aufzustellen, die den Effekt der Sättigung berücksichtigen. Sie haben aber wenig praktischen Sinn, solange noch niemand zu sagen vermag, wie umfangreich das weiße Gebiet auf der Landkarte der Wissenschaft noch ist. Immerhin lassen sie erkennen, daß jene Voraussagen, wonach unsere Wissenschaften bald am Ende wären, unbegründet sind. Unsere Wissenschaft dürfte erst am Anfang stehen. Das bedeutet keinen Widerspruch zur Tatsache, daß sich gewisse Wissensgebiete zweifellos allmählich erschöpfen – beispielsweise das Gebiet der klassischen Mechanik.

Wissenschaftliche Stammbäume

Eine andere Möglichkeit, die Voraussagen auf dem Gebiet der wissenschaftlichen Entdeckungen verspricht, wäre eine genaue Untersuchung der »wissenschaftlichen Stammbäume«. Gemeint sind genaue Pläne, aus denen zu ersehen ist, in welcher Weise sich in einem bestimmten Wissensgebiet eine Arbeit auf die andere stützt. Man kommt dann zu Darstellungen, die den Familienstammbäumen der Herrscherhäuser ähneln. So interessant solche Versuche sind, so sind bisher nur wenige Ansätze dafür bekannt.

Science of Science ist mehr als ein intellektuelles Spiel. Das geht schon daraus hervor, daß wissenschaftliche Entdeckungen die Basis von technischen Erfindungen sind, und diese wieder unsere Welt nachhaltiger verändern als alle anderen denkbaren Einflüsse. Die Voraussage des wissenschaftlichen Fortschritts könnte also geradezu der Schlüssel für eine erfolgreiche Vorhersagetechnik und Planung sein. Es wäre dann nicht mehr nötig, sich gewissermaßen den Zufällen des Fortschritts zu überlassen, sondern man könnte sich frühzeitig auf die Neuerungen in unserer Umwelt einstellen.

So zufällig, wie das vor einigen Generationen der Fall war, verläuft die Wissenschaft heute allerdings nicht mehr. Das liegt vor allem daran, daß das Wissensfeld sehr komplex geworden ist, so daß es weitaus größerer Anstrengungen bedarf als der glücklichen Eingebung eines einzelnen, um einen entscheidenden Schritt zu erzielen. Außerdem sind dazu meist beträchtliche finanzielle Mittel nötig, die der Privatmann nicht aufbringt. Der

Zukunftsforschung und -planung

wissenschaftliche Fortschritt ist längst gesteuert, er wird in den Instituten der Universitäten und Forschungsgemeinschaften, in steigendem Maß aber auch in den Laboratorien der Industrie vorangetrieben.

Im Zuge der Industrialisierung der Forschung wird die unvorhergesehene Erfindung immer seltener werden – aus den Prioritätslisten wird man ablesen können, mit welchen technischen Neuerungen zu rechnen ist. Damit enthebt sich aber die Science of Science ihrer Aufgabe zum Teil selbst – sie verschmilzt mit Wissenschafts- und Forschungsplanung.

Geplante Zukunft

Unser technisches Handeln ist zu einem beträchtlichen Teil zukunftsorientiert. Unsere Einstellung gegenüber der Zukunft aber ist durchaus nicht immer verstandesorientiert. Sie wurzelt vielmehr häufig in religiösen und rational nicht erfaßbaren Bereichen. Nicht wenige Menschen sehen die höchsten Lebensziele im Jenseits und tun die irdische Zukunft von vornherein als zweitrangig ab. Dem islamischen Glauben nach ist das Leben durch »Kismet« (Schicksal, Fügung) vorherbestimmt; der Buddhismus strebt das Aufgehen alles Körperlichen im »Nirwana« (Nichts) an, und die christliche Religion sieht das Dasein auch mehr oder minder als gottgewollte und deshalb unabwendbare Fügung an – als eine Zeit der Prüfung und Vorbereitung auf das »eigentliche«, das Leben nach dem Tod. Man könnte sagen, daß die meisten Weltanschauungen den Menschen von einer Zukunftsplanung eher abhalten als ihn darin bestärken.

Vom biologischen Standpunkt her gilt das Gegenteil: Der Mensch ist auf Vorausschau – im bildlichen wie im übertragenen Sinne – eingerichtet. Zum Beispiel ist das Gedächtnis seinem Wesen nach ein Instrument der Vorausschau. Es dient dazu, Erfahrungen über alle möglichen Situationen zu sammeln; das versetzt den Gehirnträger in die Lage, sich künftig in ähnlichen Situationen zurechtzufinden. Jeder Denk- und Entscheidungsvorgang ist von zahlreichen Erwartungen, Einschätzungen und dergleichen begleitet, die kommenden Ereignissen gelten. Es sind die Resultate dieser prognostischen Aktivitäten, die das menschliche Verhalten bestimmen. Man kann die menschliche Intelligenz als eine Eigenschaft ansehen, die den Zweck hat, sich auf künftige Ereignisse einzustellen. Es scheint daher nur konsequent, wenn man mit den Mitteln des Verstandes versucht, Zukunftsentwicklungen zu überblicken.

Eine in die Zukunft weisende Initiative des Menschen ist die Planung. Grundsätzlich sind dabei zwei Möglichkeiten zu unterscheiden: die starre und die flexible Planung.

Die starre Planung beschränkt sich auf ein vorgezeichnetes Schema für einen bestimmten Ablauf. Ein solcher Plan muß genau befolgt werden, wenn man das Ziel erreichen will. Irgendwelche Abänderungen, Anpassungen an neuentstandene Umstände und dergleichen sind nicht vorgesehen. Die andere Möglichkeit, der flexible Plan, versucht alle Eventualitäten mit einzubeziehen. Er stellt mögliche Störungen in Rechnung, hält für den Fall, daß sich ein Weg als nicht gangbar erweist, Alternativlösungen bereit, überläßt es an bestimmten Stellen der freien Entscheidung, auf welche Weise weitergegangen werden soll. Versucht man die Schrittfolge grafisch darzustellen, so ergibt sich im ersten Fall eine linear gerichtete Abfolge, bei der hinter jedem Schritt nur ein einziger kommt; im anderen Fall handelt es sich um ein verzweigtes System, dessen Äste die Möglichkeiten des Weitergehens anzeigen. Flußdiagramme oder Graphen dienen dazu, Pläne in ihren Details darzustellen.

Was gegen die Planung ins Feld geführt wird, gilt genaugenommen nur der starren Planung. Sie ist es, die ein gehöriges Maß an Unfreiheit verursachen kann – weniger dadurch, daß sie bestimmte Arbeitsphasen von vornherein festlegt, als dadurch, daß ein Ablauf unter allen Umständen beibehalten werden muß. Starre Planung ist ein recht unzureichendes Mittel der Gestaltung künftigen Geschehens: weil sie nicht mit jenen Störungen rechnet, die bei komplexen Unternehmungen so gut wie ausnahmslos auftreten. Man versucht dann, Störungen mit zusätzlichen Mitteln auszuschalten, was kostspielig ist und nicht immer gelingt. Damit wird der gewünschte Vorteil, nämlich eine ökonomische Arbeitsweise, gerade ins Gegenteil umgekehrt. Der starre Plan ist also in hohem Grad anfällig gegen Störungen und deshalb in der Durchführung kostspielig.

Die Aufstellung eines flexiblen Plans mit seiner Verzahnung verschiedenster alternativer Arbeitsphasen bedarf einer viel umfassenderen Bearbeitung als ein starrer Plan. Es ist eine Aufgabe, die schon von den theoretischen Grundlagen her schwierig ist; erst seit einigen Jahren stehen verschiedene theoretische Modelle zur Verfügung, um praktikable Wege für die gesuchten Lösungen zu finden.

»Operations Research«

Mit langfristigen Planungen beschäftigte man sich zuerst in der Wirtschaft. Während des zweiten Weltkriegs wurden die dabei gemachten Erfahrungen vor allem in Großbritannien systematisch gesammelt und angewandt – zum Ziel einer größeren Ökonomie im Zusammenwirken von Wirtschaft und Militär. Das Wissensgebiet, das die theoretischen Modelle dafür liefert, heißt seither »Operations Research«, eingedeutscht auch als Unternehmensforschung bekannt. Als Modell kann dabei folgendes Bild dienen: bestimmte Ausgangspunkte wie auch bestimmte Ziele sind gegeben, und nun kommt es darauf an, von den Ausgangspunkten auf dem günstigsten Weg zu den Zielen zu kommen. Unter den vielen denkbaren Wegen sind also jene besonderen auszusuchen, die man am schnellsten durchlaufen kann, oder auch mit dem geringsten Aufwand, mit dem größten Gewinn usw. Es handelt sich also stets um jene bestimmte Klasse von mathematischen Aufgaben, die auf die Suche nach einem Maximum oder Minimum hinauslaufen – allgemein spricht man von Optimierung.

Es gibt Situationen, bei denen die optimalen Wege relativ einfach zu errechnen sind, es gibt aber auch solche, bei denen das sehr schwierig ist, insbesondere, wenn dabei Störungen oder unvorhersagbare Ereignisse auftreten; man spricht dann von probabilistischen Systemen. Um hierbei überhaupt zum Ziel zu kommen, muß man sich auf Wahrscheinlichkeitsaussagen stützen, also statistische Mathematik anwenden. In manchen Fällen ist eine theoretische Durchdringung nicht möglich; man behilft sich dann mit einem Simulationsmodell, eventuell mit Hilfe eines Computers. Gerade bei wirtschaftlichen Fragen, in die oft genug soziologische hineinspielen, ist die Simulationstechnik eine häufig angewandte Methode.

Der Computer ist aber auch dann unentbehrlich, wenn es sich um deterministische Systeme handelt, also um solche, bei denen keine Zufallsereignisse oder Störungen mitwirken, die aber so komplex sind, daß sie mit den üblichen Mitteln nicht mehr zu durchdringen sind. Erst die elektronische Rechentechnik hat es möglich gemacht, daß sich manche Aufgaben, vor denen man früher kapitulieren mußte, der Planung erschließen.

Im Rahmen der »Operations Research«, die heute auch immer mehr im politischen Sektor angewandt wird, sind eine

Die Futurologie

Hinter den großen, im Westen häufig belächelten Propagandatransparenten zum Thema Planerfüllung verbarg sich der ernsthafte Versuch vieler Ostblockstaaten, langfristige Entwicklungspläne als Grundlage für die jährlichen Volkswirtschaftspläne zu realisieren. So löste der Siebenjahresplan 1959–1965 in der Sowjetunion sechs vorangegangene Fünfjahrespläne (seit 1928) ab; in der DDR (unser Foto) wurde ein gleicher Plan jedoch 1961/62 abgebrochen. In den sozialistischen Staaten wird übrigens Zukunftsforschung abgelehnt – unter Hinweis darauf, daß es (nach marxistischer Lehre) objektive Gesetzmäßigkeiten der gesellschaftlichen Entwicklung gebe, die unveränderlich seien.

Reihe von mathematischen Methoden wichtig geworden – etwa die Spieltheorie, die psychologische Entscheidungstheorie, die Systemtheorie und Systemanalyse.

Somit kann heute Planung bereits auf der Basis von Modellvorstellungen getrieben werden. Ihre Unzulänglichkeiten liegen in der Schwierigkeit der Berechnungen und der fehlenden Daten. Besonders bei langfristigen Planungen sind dabei an die Voraussicht hohe Anforderungen gestellt. In den seltensten Fällen genügt es anzunehmen, daß die Welt in einigen Jahren oder Jahrzehnten genauso aussehen wird wie heute.

Die Futurologie

In letzter Zeit ist eine Wissenschaft entstanden, die sich mit den möglichen Varianten der Zukunft beschäftigt, die Futurologie. Die futurologische Forschung ist eine wesentliche Grundlage jeder Planung; beide hängen eng zusammen.

Von einigen Seiten ist die Forderung aufgestellt worden, man sollte Zukunftsforschung als »reine« Wissenschaft betreiben, also nicht mit dem Endziel der praktischen Verwertbarkeit. Das ist aber weder theoretisch noch praktisch möglich. Unsere Zukunft hängt ja nicht zuletzt von den Vorhersagen ab, die die Zukunftsforscher machen. Sie können sich der Aufgabe, bestimmte Möglichkeiten künftiger Entwicklungen andern gegenüber als mehr oder weniger wünschenswert zu bezeichnen, gar nicht entziehen. Ihre Wertschätzungen und Beurteilungen greifen also auch in Planungsaufgaben ein. Dabei läßt sich nicht vermeiden, Ziele zu setzen. Damit tritt der Forscher aus der unangreifbaren Stellung, die nachweisbare Gesetzmäßigkeiten ihm verschaffen, heraus und ordnet sich der realen Welt mit ihrem Zwang zu Entscheidungen ein.

Systematische Planung auf der Grundlage der Futurologie ist eine der großen Aufgaben der nächsten Zukunft. Wer verfolgt, wie sich der Mensch von den Konsequenzen seiner Erfindungen immer wieder überraschen ließ, welche Schäden durch falsches Verhalten und mangelnde Einsicht in technische Zusammenhänge entstanden, welcher Aufwand an Mühe und Material oft sinnlos vertan wurde, der sieht ein, daß Planung schon aus ökonomischen Gründen nötig ist. Es gibt aber noch triftigere Gründe dafür: die technischen Instrumente, über die wir verfügen, tragen große Macht in sich, egal ob zu aufbauenden oder zerstörerischen Zwecken. Heute ist der Mensch bereits im Stande, seine eigene Erde zu vernichten, relativ rasch durch Atomexplosionen, oder auch langsam durch Luftverschmutzung, Verseuchung mit chemischen Giften, Drogen und dergleichen mehr. Manche tödliche Gefahr tritt als unerwartete Zweitfolge an sich positiver und nützlicher Eingriffe in Erscheinung. Wenn wir unsere technischen Mittel überhaupt noch verantwortlich einsetzen wollen, dann kann das nicht ohne Planung, die somit auch eine Kontrollfunktion erfüllt, geschehen.

Der entscheidende Einwand gegen die Planung bezieht sich auf den damit verbundenen Freiheitsentzug. Wer aber glaubt, weitere Freiheit zu gewinnen, indem er auf Planung verzichtet, wird wohl oder übel eines Besseren belehrt werden – nämlich dann, wenn die Zweitfolgen unüberlegter technischer Eingriffe seine Freiheit in einem kaum erträglichen Maß beeinträchtigen. Wem es gelingt, einen Weg in die Zukunft festzulegen, der möglichst frei von Hindernissen ist, bleibt auch für später Herr weiterer Entscheidungen. Es kann geradezu als Maxime des zukunftsgerichteten Handelns gelten: Alle Maßnahmen sind so zu treffen, daß die Vielfalt der offenen Entscheidungen möglichst groß wird. In unserer technischen Welt ist Planung kein Widerspruch zur Freiheit, sondern deren Voraussetzung.

Reise zu den Sternen

Seit man weiß, daß das Sonnensystem nur ein System unter vielen ist und daß in einem gehörigen Teil dieser Systeme ebenfalls Planeten kreisen, hält man den Menschen auch nicht mehr mit solcher absoluten Sicherheit für das einzige vernunftbegabte Wesen im Weltall. Es fehlt auch nicht an Rechnungen, mit denen die Wahrscheinlichkeit eingegrenzt werden soll, extraterrestrische (= außerirdische) Intelligenzen zu finden. Alle diese Rechnungen gehen von der Zahl der Planeten aus, auf denen lebensfördernde Bedingungen herrschen. In unserem Milchstraßensystem gibt es 200 Milliarden Fixsterne, darunter einige Milliarden der Spektralklasse G und K – das sind solche, für die Planeten wahrscheinlich sind. Berücksichtigt man, daß etwa die Hälfte von ihnen Doppelsterne sind, für die es keine stabilen Planetenbahnen gibt, und daß nur ein Fünftel davon genügend konstante Temperaturen aufweist, um die Bildung von höherem Leben überhaupt zuzulassen, so schränkt sich die Zahl der Planeten auf ein Zehntel ein – immerhin noch einige hunderttausend Millionen.

»Ich habe ja nichts gegen die Leute – aber würden Sie Ihre Schwester so einen kleinen Grünen heiraten lassen?« (Karikatur aus einer deutschen Illustrierten).

Nun fragt sich aber, welche Voraussetzungen überhaupt für die Bildung von Intelligenz bestehen. Hier scheiden sich die Geister; einige halten die Weiterentwicklung aus primitivsten Lebensformen für zwingend, andere meinen, die Chance betrüge eins zu hundert Millionen; dann wäre die Erscheinung der Intelligenz, selbst als kosmisches Ereignis gesehen, recht selten. Aber immerhin ist so gut wie sicher, daß sich auch anderswo eine Entwicklung ähnlich der auf der Erde vollziehen konnte, und daß diese sogar oft genug über unser heutiges Stadium hinausgewachsen ist.

Trotzdem ist die Wahrscheinlichkeit für ein Zusammentreffen mit fremden Intelligenzen gering – das liegt an den weiten Entfernungen zwischen den Sonnen. Bis zu einer Distanz von fünfzig Lichtjahren gibt es nur hundert Sonnen; das bedeutet aber, daß das Licht, und damit auch jede gefunkte Botschaft, bis zu fünfzig Jahre zur Überbrückung benötigt. Menschliche Raumfahrer würden, selbst mit utopischen Raumschiffen ausgerüstet, noch weitaus länger brauchen.

Das bedeutet, daß eine Kommunikation sehr schwierig ist – Antworten vom andern Stern sind erst nach Generationen zu erwarten. Und doch kann die Wissenschaft an dieser Frage nicht vorbeigehen. Am 3. März 1972 wurde die Raumsonde »Pionier 10« gestartet, der erste von Menschenhand gefertigte Gegenstand, der unser Sonnensystem verlassen und in die Weiten des Alls eintreten soll, nachdem er nahe an Mars und Jupiter vorbeigegangen ist und wissenschaftliche Daten zur Erde gefunkt hat. So gering die Wahrscheinlichkeit ist, ist doch nicht auszuschließen, daß die Raumsonde einmal außerirdischen Intelligenzen auffällt und daraufhin eingefangen und untersucht wird. Soll man sich auf diesen Fall einstellen oder nicht? Ist es richtig, fremden Wesen einen Gruß mitzusenden, oder ist es besser, die Herkunft zu verschleiern? Die Entscheidung wurde von einigen Wissenschaftlern getroffen: Die Raumsonde enthält eine vergoldete Aluminiumplatte mit Zeichnungen und Symbolen – entworfen von Carl Sagan, Astrophysiker, und seiner künstlerisch tätigen Frau.

Doch die Idee stammt nicht von ihnen allein; schon vorher hatten sich Fachleute die Frage vorgelegt, was man fremden In-

Die Botschaft ins All

telligenzen mitteilen und auf welche Art das geschehen sollte. Im November 1961 veranstaltete die National Academy of Science der USA eine Tagung über die Frage vernunftbegabten außerirdischen Lebens. Unter den eingeladenen Teilnehmern waren Astronomen, Physiker und Biologen. Insbesondere ging es um die Möglichkeit, sich mit Funksignalen verständlich zu machen. In welcher »Sprache« sollten die Mitteilungen abgefaßt sein?

Ein Vorschlag stammt von Frank Drake, einem amerikanischen Astronomen, und dem Elektroingenieur Bernard Oliver. Zunächst einigten sie sich auf die Wellenlänge, auf der gesendet werden sollte: 21 Zentimeter – das ist die Wellenlänge jener Strahlung, die von schwingenden Wasserstoffmolekülen (Formel H_2) ausgeht. Sie dürfte allen Wesen bekannt sein, die Astronomie betreiben, und wenn diese Radioteleskope besitzen, so dürften sie sie auf diese Wellenlänge eingestellt haben: Beobachtungen der H_2-Strahlung sind eine wichtige Erkenntnisquelle der Radioastronomie über die Verteilung von Materie im Raum, Prozesse der Sternbildung usw.

Als zweites legten die Wissenschaftler den Code fest – sie wollten das Binärsystem benützen, das jedem Informationstheoretiker – selbst einem extraterrestrischen – bekannt sein muß. Und schließlich wollten sie eine zweidimensionale Darstellung wählen, sich also durch Bilder und Schemaskizzen ausdrücken. Um den fremden Empfängern der Botschaft mitzuteilen, daß die lineare Zeichenfolge in Zeilen zu unterteilen ist, bot es sich an, eine Zahl von Zeichen einzusetzen, die als Produkt zweier Primzahlen darstellbar ist, also 19 mal 29 oder 31 mal 41. Jeder Mathematiker würde das als Hinweis nehmen, die Signale in einem Rechteckschema anzuordnen, meinten die Schöpfer.

Nun blieb noch zu entscheiden, welchen Inhalt die Botschaft haben sollte oder, anders gesagt, was für den Empfänger interessant sein könnte. Als Absenderangabe wählte man eine symbolische Darstellung des Sonnensystems – eine Zeichnung der Sonne mit ihren Planeten, deren Größenunterschiede grob angedeutet wurden. Dazu kam ein Bild eines Menschen oder eines Menschenpaares mit einigen näheren Angaben. So konnte man die Größe durch die Einheit 21 Zentimeter ausdrücken und die chemische Zusammensetzung durch das Schema eines Kohlenstoff- und eines Wasserstoffatoms. In einer sehr originellen Weise haben Carl und Linda Sagan auf der Aluminiumplatte von »Pionier 10« das Datum eingetragen: Sie gaben – im Binärsystem – die Frequenzen der 14 nächsten Pulsare an (Sterne, die Radiostrahlung aussenden). Diese Frequenzen verändern sich, die Angabe ist also typisch für die Gegenwart, das

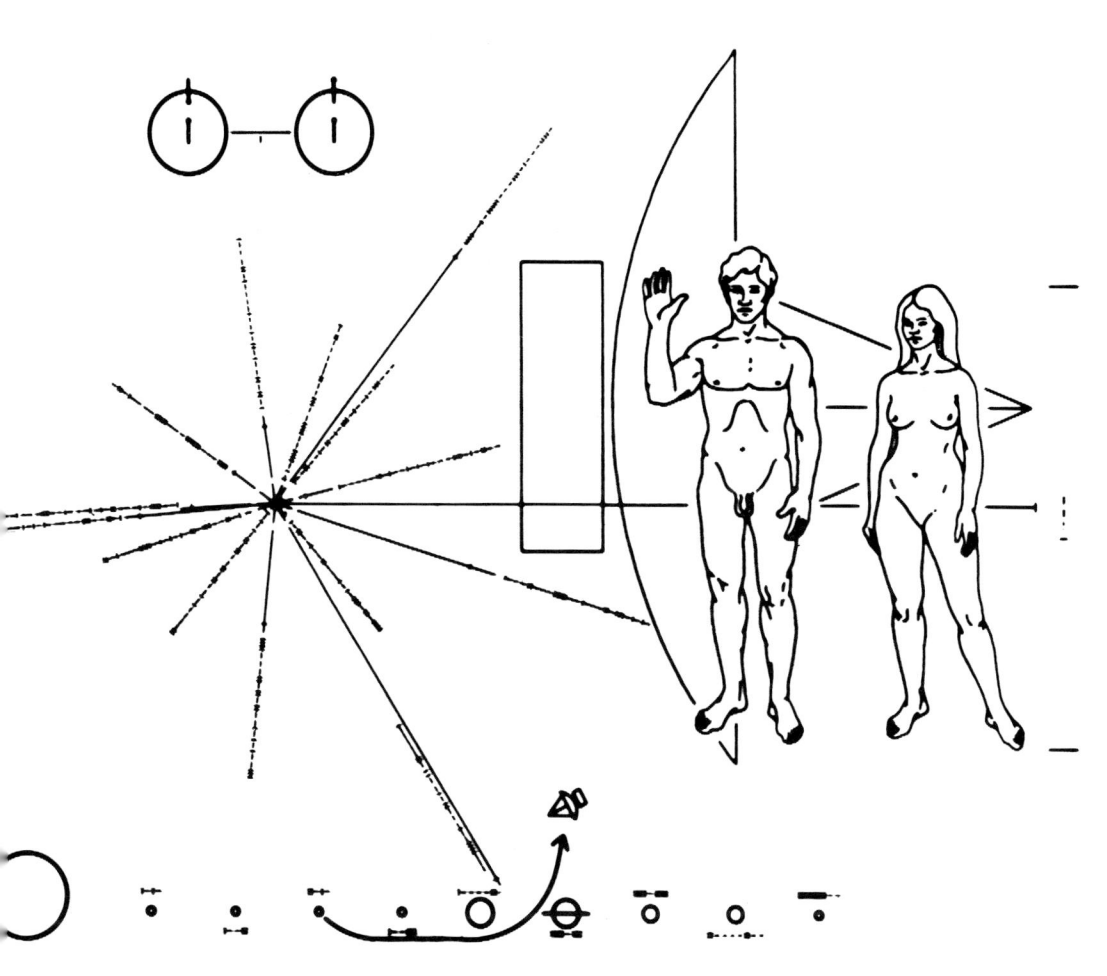

Mit der Raumsonde »Pionier 10« wurde im März 1972 diese vergoldete Aluminiumplatte ins All geschossen. Alle Zahlen sind binär dargestellt: – = 0; I = 1; I– = 2; II = 3; I–– = 4 usw. Links oben: zwei Wasserstoffatome (Kern = I; Elektronenzahl = I). Die Wellenlänge des neutralen Wasserstoffs (ca. 20 cm) dient als Längeneinheit; die Frau ist also 8 (= I–––) mal so groß wie diese Einheit (= 1,60 m). Am unteren Rand der Platte steht das Schema unseres Sonnensystems mit dem Weg der Sonde vom 3. Planeten (Erde) um den 5. (Jupiter) in den Raum hinaus. Das Strahlenbündel in der Mitte symbolisiert Ort und Zeit des Starts der Raumsonde, indem es die Richtungen (von der Sonne aus) und die (derzeitigen) Frequenzen (in Wasserstoff-Einheiten) für einige Pulsare angibt.

»Absendedatum«, welches sich daraus errechnen läßt. Sofern die Empfänger der Botschaft drauf kommen ...

Das Schwierigste bei jeder Verständigung zwischen fremden Partnern ist der Anfang. Gewiß haben die Experten auch darüber nachgedacht, wie eine Kommunikation weitergehen und welcher Art eine Mitteilung sein könnte, die als Antwort eintrifft. Ist aber erst einmal eine Basis gefunden, dann ist die Fortsetzung der Kommunikation – vom sprachlichen Standpunkt aus – nicht mehr so schwer.

Gewiß ist es unwahrscheinlich, daß wir in absehbarer Zeit Kontakt mit außerirdischen Intelligenzen aufnehmen, aber es ist nicht unmöglich. Sollte das aber geschehen, so könnte die Berührung mit einer womöglich technisch weit überlegenen Kultur zu einem Ergebnis werden, das die menschliche Entwicklung in völlig neue Bahnen brächte; und deshalb ist es nicht überflüssig, sich auch hierüber Gedanken zu machen.

Albrecht Fölsing

Wachstum wohin? – Wohin mit dem Wachstum?

Die Beurteilung des wirtschaftlichen Wachstums hat sich zu Beginn der siebziger Jahre in den westlichen Industrieländern abrupt und dramatisch gewandelt. Was noch vor wenigen Jahren als allein seligmachender Weg zu Wohlstand und Glück für alle gepriesen wurde, gerät nunmehr in den Verdacht, ein Prozeß der Selbstzerstörung der Menschheit zu sein. Die Ökologie tritt in Konkurrenz zur Ökonomie, die Forderung nach mehr Umweltschutz verdrängt allmählich den Wunsch nach immer höherem Wirtschaftswachstum vom ersten Platz. (→S. 14)

Diese Diskussion trägt mitunter recht paradoxe Züge. Denn zumindest seit dem zweiten Weltkrieg ist wirtschaftliches Wachstum das ungeschriebene erste Gebot aller Gesellschaften, Staaten und Regierungen, ganz gleich, ob sie nun kapitalistisch oder sozialistisch organisiert sind, ob sie eine hohe Stufe wirtschaftlicher Entwicklung erreicht haben oder zu den Entwicklungsländern gehören. Daher ist es nur schwer vorstellbar, daß sich Forderungen nach einer Drosselung des Wachstums bis zu einem schließlich Nullwachstum realisieren lassen. Zu groß sind die Erwartungen, die an eine möglichst rasche Steigerung der industriellen und landwirtschaftlichen Produktion geknüpft sind, und zu groß ist auch der gegenwärtige Bevölkerungsdruck, insbesondere in den Entwicklungsländern.

Wachstum war das Zauberwort, mit dem alle sozialen und politischen Probleme gelöst werden sollten. Die relative Armut breiter Unterschichten in den Industrieländern sollte von einem allgemeinen Wohlstand abgelöst werden, in dessen Gefolge sich dann auch Probleme sozialer Art, wie Arbeitslosigkeit, Kriminalität und städtische Slums beinahe von selbst erledigen würden. Die sozialistischen Länder, deren gesellschaftspolitischen Ziele eher an Gerechtigkeit und Gleichheit orientiert waren, griffen um 1960 die Herausforderung des prosperierenden Westens auf und erklärten unvermittelt die Steigerung des Pro-Kopf-Verbrauchs zum Nahziel. Durch die Überrundung des Westens im privaten Konsum sollte die Überlegenheit sozialistischer Wirtschaftspraxis bewiesen werden. Die Entwicklungsländer konnten erst recht nicht abseits stehen: Gesteigertes Wachstum sollte die Lücken zu den industrialisierten Ländern schließen und eine rapide wachsende Bevölkerung ernähren helfen.

In den sechziger Jahren wurde aber auch erste Kritik laut, die den Wachstumsfetisch entzauberte. John Kenneth Galbraith, Professor für Volkswirtschaftslehre, startete einen Angriff gegen die »Gesellschaft im Überfluß« – so der Titel seines erfolgreichen Buches von 1963, in dem er dem amerikanischen Wirtschaftssystem bescheinigte, zwar einen ungeheuren Überfluß an privatwirtschaftlich erzeugten Gütern von oft zweifelhaftem Wert hervorzubringen, auf dem Sektor der öffentlichen Dienstleistungen wie Erziehung, Gesundheitswesen, Wohnungsbau und sinnvoller Freizeitgestaltung aber restlos zu versagen.

Nicht länger ließ es sich verheimlichen, daß die auf Wachstum gegründete Wirtschaftspolitik ihre wichtigsten Ziele nicht erreicht hat:

- Nach wie vor besteht das Verteilungsproblem. Der Abstand zwischen reichen und armen Ländern vergrößert sich trotz Wirtschafts- und Entwicklungshilfe, und innerhalb der einzelnen Staaten hat sich kaum etwas an der ungleichen Verteilung der Einkommen geändert. Weder haben sich die sozialen Chancen der untersten Schichten verbessert, noch sind die sozialen Krisenherde vom Wohlstand hinweggespült worden.
- Die ausgetüftelte Rationalisierung der Produktion durch immer mehr Fließbänder, Automation und Organisation erreichte oft die Grenze des geistig und körperlich Erträglichen. Die »Humanisierung der Arbeitswelt« auch auf Kosten weiteren Wachstums wurde ein Ziel vieler Gewerkschaften.
- Die schärfste Kritik erwächst jedoch aus dem plötzlich erwachten Umweltbewußtsein. Zerstörung der Natur, Vergiftung der Lebenszyklen durch Abfälle industrieller Produktion, Überlastung der Luft durch Autoabgase – das alles summierte sich Ende der sechziger Jahre zu der Einsicht, daß exzessive Steigerung des Wohlstandes allmählich die Lebensgrundlagen der Menschheit zerstören könnte.

Die Kritik, zusammenfaßbar unter dem Stichwort »Umweltdiskussion«, erfaßte weite Bevölkerungskreise.

Die alarmierende Studie

Die Umweltdiskussion erhielt 1972 eine neue Dimension durch den Bericht »Die Grenzen des Wachstums«, der innerhalb weniger Monate zum internationalen Sachbuch-Bestseller avancierte. Dieser Bericht wurde von einem Wissenschaftler-Team des berühmten Massachusetts Institute of Technology (MIT) unter der Leitung von Dennis Meadows erarbeitet. Als Auftraggeber zeichnete der »Club of Rome« verantwortlich, eine Vereinigung von Wissenschaftlern, Politikern und Industriellen, die nach Auswegen aus der mißlichen Lage der Menschheit suchen.

In der MIT-Studie wurden erstmals die neuartigen Techniken der Systemanalyse und der Computersimulation benutzt, um die zukünftige Entwicklung der Menschheit in einem Modell abzubilden, das Prognosen über die Langzeitentwicklung gestattet. Die Ergebnisse der Computersimulationen lassen nach Meinung der Autoren deutlich heraufziehende Gefahren erkennen: Bei anhaltendem Wachstum von industrieller Produktion und Bevölkerung ist keineswegs Wohlstand zu erwarten, sondern eine weltweite Katastrophe, verursacht durch zunehmende Umweltverschmutzung und die Erschöpfung der Rohstoffe. Als einziger Ausweg wird eine stabile Gesellschaft im Gleichgewicht empfohlen, die schon jetzt angestrebt werden muß.

Nur wenige Jahre hat es gedauert, bis der allseits akzeptierte Götze »Wirtschaftliches Wachstum« entthront wurde. Jetzt muß sich Wachstum an konkurrierenden Zielen, wie der Erhaltung der Umwelt und der Verbesserung der Lebensqualität, messen lassen. Übereinstimmung herrscht darüber, daß ungezügeltes Wachstum riskant und gefährlich ist. Heftig umkämpfter Streitpunkt ist jedoch, ob möglichst schnell ein Nullwachstum angesteuert werden soll oder ob weniger riskante Formen des Wachstums gefunden werden können, ob also »gesundes Wachstum« möglich ist.

Im Anfang war Mißtrauen

Den traditionellen Gesellschaften bis hin zum Spätmittelalter und der beginnenden Neuzeit war die Idee eines notwendig fortschreitenden Wirtschaftswachstums völlig fremd. Sogar der Beginn kapitalistischer Produktionsweisen in England des 17. und 18. Jahrhunderts erregte mehr Mißtrauen als Bewunderung. Die moralistischen Philosophen machten vielmehr die ungezügelte Habsucht zu ihrem Thema, und das Hauptziel der staatlichen Politik war die Erhaltung überkommener Wirtschaftsordnungen.

In dieser Haltung spiegelten Staatsapparat und intellektuelle Elite noch die Wertordnungen vergangener Epochen wieder, der traditionsorientierten Gesellschaften. Mit diesem Begriff charakterisieren Wachstumstheoretiker wie der Harvard-Professor Walt Rostow Gesellschaften, deren »Struktur sich

Traditionelle Gesellschaften

innerhalb einer beschränkten Produktion entfaltet«. Die Grenzen der Produktion ergaben sich dadurch, daß weder moderne Wissenschaft noch raffinierte Technologie zur Verfügung standen. Erst im 18. Jahrhundert bildete sich allmählich durch die Entdeckungen von Galilei und Newton das Bewußtsein von einer Natur, die durch wenige Naturgesetze präzise beschrieben und damit einer systematischen Manipulation zur Erhöhung der Produktivität unterworfen werden kann.

Freilich waren diese traditionsorientierten Gesellschaften keineswegs statisch. In der Vorgeschichte, der antiken Welt und auch im europäischen Mittelalter waren die Menschen einem ständigen Wandel unterworfen. Die Bevölkerung und ihr Lebensstandard waren abhängig vom Ergebnis der Ernten, von Kriegen und Seuchen. Völker expandierten und eroberten neue Gebiete, die zu einer Erweiterung der Landwirtschaft benutzt werden konnten; so überzogen zum Beispiel die Römer das Mittelmeergebiet mit ihrer Latifundienwirtschaft (Latifundium: Großgrundbesitz). Technische Erfindungen waren keineswegs unbekannt, sie veränderten allmählich den Handel und die Landwirtschaft, beispielsweise durch Bewässerungsanlagen, die schon im alten Ägypten einen bemerkenswerten Stand erreicht hatten (→ S. 355, 359ff.) oder durch den Import neuer Pflanzen wie der Kartoffel im 17. Jahrhundert.

Das wichtigste Kennzeichen dieser Gesellschaften war jedoch, daß trotz aller Veränderungen die Produktivität des einzelnen Menschen kaum zunahm. Der größte Anteil der Arbeit mußte in der Landwirtschaft geleistet werden, die aber nur eine begrenzte Menge Menschen ernähren konnte, weil moderne Techniken – wie etwa synthetische Dünge-

Verladerampe einer Papierfabrik in Massachusetts (USA). Noch steigen Papierproduktion und -verbrauch ständig; doch die Waldreserven der Erde sind nicht unerschöpflich.

Wachstum wohin?

mittel – entweder nicht bekannt oder nicht verfügbar waren.

Diese Schranken für die Produktivität des einzelnen bildeten natürliche Grenzen für das Wachstum einer traditionsorientierten Gesellschaft: Das wirtschaftliche Wachstum war wesentlich von der Bevölkerungszahl abhängig; diese konte aber nicht beliebig zunehmen, weil die Nahrungsmittelproduktion nur die Ernährung einer begrenzten Anzahl von Menschen zuließ. Die Stabilisierungsfaktoren waren die pure Lebensnot, Hunger, Kriege und Krankheiten.

Die mehr oder weniger natürlichen Schranken des Wachstums begannen in der Neuzeit einzustürzen, zuerst im westlichen Europa des 18. Jahrhunderts und am ausgeprägtesten in England. Die industrielle Revolution wurde durch die neue Wissenschaft eingeläutet, ebenso wie durch viele Erfindungen von ungeheurer Tragweite. Fernrohr und Mikroskop ermöglichten Einblicke in bislang verschlossene Dimensionen des Größten und Kleinsten. Maschinen verbesserten die Arbeitsprozesse, und schließlich wurde die Muskelkraft von Menschen oder Tieren durch die Erfindung der Dampfmaschine – von James Watt um 1760 – um ein Beträchtliches erweitert. (→S. 71, 162ff.)

Ein ungeahnter Aufschwung

Eine neue Klasse von Unternehmern war angetreten, sich des neuen Wissens und der Erfindungen zu bedienen, um aus manchmal riskanten Investitionen möglichst große Profite zu erlösen, die umgehend für weitere Investitionen eingesetzt wurden. In rasanter Folge wurden immer neue profitträchtige Gebiete erschlossen: Nur wenige Jahrzehnte vergingen von der Erfindung der Dampfmaschine bis zu ihrem Einsatz im Bergbau und zu ihrer Verwendung als »Zugpferd« für Eisenbahnen. Durch diese entscheidende Verbesserung der Transportmöglichkeiten wurden erst die neuen arbeitsteiligen Formen der Produktion möglich, der Handel nahm einen ungeahnten Aufschwung, und ganze Kontinente wie der amerikanische Westen wurden durch die Schienenstränge für die industrielle Zivilisation erobert.

In der ersten Hälfte des vergangenen Jahrhunderts überrannte der wirtschaftliche und technische Fortschritt alle Schranken, die traditionsüberfrachtete Gesellschaftsordnungen ihm zuvor entgegengesetzt hatten. War die kapitalistische arbeitsteilige Produktion zuvor auf einige Inseln der Gesellschaft beschränkt, so expandierte der ökonomische Fortschritt während des 19. Jahrhunderts derart, daß er schließlich die westeuropäischen Länder und Nordamerika entscheidend bestimmte. Wachstum ist seither der »Normalzustand« der westlichen Welt. Daran konnten auch wirtschaftliche Krisen wie zum Beispiel das Ende des Gründerjahrebooms um 1890 in Deutschland oder die Weltwirtschaftskrise der dreißiger Jahre nichts ändern: Der Wachstumstrend setzte sich langfristig immer durch, so als wäre er durch eine Art Gesetzmäßigkeit in die modernen Gesellschaften hineinprogrammiert worden.

Die Theorie des Adam Smith

Als einer der ersten versuchte Adam Smith die Gesetze und die Bedingungen für den ökonomischen Fortschritt ausfindig zu machen. Smith lehrte an der Universität Glasgow Moralphilosophie, ein Gebiet, dem im 18. Jahrhundert so verschiedene Disziplinen wie Ethik, Rechtsphilosophie und Politische Ökonomie zugeschlagen wurden. 1776 veröffentlichte er sein bedeutendes Buch: »The Wealth of Nations«, eine Theorie und Rechtfertigung des aufkommenden Kapitalismus, in der »die unsichtbare Hand« – so Smith – sichtbar wurde, die »private Interessen und Leidenschaften der Menschen in eine Richtung lenkt, die dem Interesse der Gesamtgesellschaft höchst förderlich ist«.

Als ökonomische Antriebskräfte machte Smith nichts besonders Ehrwürdiges aus: Er pries das gesunde Selbstinteresse. Daß aber die vielen egoistischen Einzelinteressen der Gesamtheit der Menschen zu Glück und Fortschritt verhelfen können und nicht in einen sinnlosen Kampf aller gegen alle ausarten, dafür sorgte nach der Theorie des Professor Smith der Markt, ein offenes Feld der Konkurrenz von Anbietern und Käufern, ein Handelsplatz nicht nur für Waren aller Art, sondern auch für Arbeitskräfte.

Das freie Spiel der Kräfte am Markt, unbeschränkt durch staatliche Eingriffe und Zölle, sollte gleichsam automatisch den Fortschritt zuwege bringen. Oberstes Gebot in der glücklichen Welt des Adam Smith war die Akkumulation von Kapital, das schleunigst wieder investiert werden muß, um neue Produktionskapazitäten und Arbeitsplätze zu schaffen, um schließlich weiteres Kapital zu akkumulieren.

Der ungeheure Reichtum in der Hand weniger, der als Folge der Akkumulation um jeden Preis eintreten mußte, focht Adam Smith nicht an: Auch die ärmeren Schichten würden an dem immer höheren Niveau der Produktion teilhaben können, und immer mehr Menschen könnten durch einen sich frei entfaltenden Kapitalismus ernährt und gekleidet werden. Der einmal durch die Akkumulation eingeleitete Wachstumsprozeß sollte sich zu einem Selbstläufer mausern: Die Produktion würde gleich zweifach wachsen, zum einen durch die Erhöhung der Leistung des einzelnen und zum zweiten durch die Zunahme der Arbeitenden.

Dieses optimistische Bild des Adam Smith erfuhr jedoch bald einige Trübungen, zunächst durch Theoretiker wie Thomas Malthus und David Ricardo. 1798 erschien der anonyme »Essay on the Principle of Population as it Affects the Future Improvement of Society« (Betrachtung über das Bevölkerungsgesetz im Hinblick auf künftige gesellschaftliche Verbesserungen). Hinter dem Buch mit dem langen barocken Titel verbarg sich der Pfarrer Thomas Robert Malthus, der mit ein paar Zahlenspielereien den Fortschrittsglauben von Adam Smith ad absurdum führen wollte. Die vorhandene Nahrungsmenge – so Malthus' grundlegende Behauptung – kann nicht beliebig zunehmen, denn schließlich ist der verfügbare Boden für die Landwirtschaft eines der wenigen nicht vermehrbaren Güter. Und da nach seiner Meinung die »Nahrungsmenge die Anzahl der menschlichen Wesen reguliert«, sind dem Wachstum natürliche Grenzen gesetzt.

Weiterhin glaubte Malthus beweisen zu können, daß die Menschen sich durch übertriebene Vermehrung um die Früchte ihrer Arbeit bringen und kaum über das Existenzminimum hinausgelangen könnten. Der Grund ist einfach: Die Zahl der hungrigen Mäuler wird sich nach dem Gesetz der geometrischen Reihe vermehren, während der landwirtschaftliche Ertrag nur langsamer, allenfalls in arithmetischer Progression, zunehmen kann. Oder in Malthus' eigenen Worten: »Wenn man die ganze Erde betrachtet, so wird sich das menschliche Geschlecht wie die Zahlen 1, 2, 4, 8, 16, 32, 64, 128, 256 vermehren, die Nahrungsmittel aber nur wie die Zahlen 1, 2, 3, 4, 5, 6, 7, 8, 9. In zweihundert Jahren wird die Bevölkerung ihre Existenzgrundlage im Verhältnis 256 zu 9 übertreffen, in zweitausend Jahren wird das Verhältnis die Berechnung nicht mehr lohnen.«

Die Schlußfolgerung des Geistlichen war betrüblich: »Hungersnöte scheinen die letzte furchtbare Waffe der Natur ... Vorzeitiger Tod muß in der einen oder anderen Weise die menschliche Rasse heimsuchen.« Alles Wachstum biete keinen Ausweg aus dieser schlimmen Situation, der größere Teil der Menschheit sei für immer das Opfer von Hunger und Elend.

Die zweite melancholische Absage an den Erfolg kapitalistischen Wachstums kam von dem Wirtschaftstheoretiker David Ricardo. Er konstatierte, der unersättliche Hunger einer wachsenden Bevölkerung müsse die Preise für Nahrungsmittel in die Höhe treiben; die Arbeitslöhne in der Industrie müßten demzufolge eine solche Höhe erreichen, daß das Investieren nicht mehr lohnen werde, und die Profite, die der Kapitalist eigentlich zum Wachstum benötigt, würden in die Taschen der Großgrundbesitzer wandern. Kapitalistisches Wachstum – so die resignierende Prognose von Ricardo – werde bei steigender Bevölkerungszahl nicht möglich sein.

Am folgenreichsten war jedoch die Kapitalismuskritik von Karl Marx. Im »Kommunistischen Manifest« von 1848 und in seinem Hauptwerk »Das Kapital«, dessen erster Band 1856 erschien, prophezeite der Sohn eines Trierer Justizrats, das Ende privatwirtschaftlicher Produktion durch ihre inneren Widersprüchlichkeiten. Der unerbittliche Konkurrenzkampf soll nach Marxens Analyse zu einer zunehmenden Verelendung der Massen führen, die wegen der hektischen Kapitalakkumulation in den Händen Weniger um die Früchte ihrer Arbeit gebracht werden, die ihnen Adam Smith noch verheißen

Die Konjunktur wird gesteuert

Zwar hat die Weltwirtschaftskrise der dreißiger Jahre deutlich gemacht, daß dieser Wachstumsprozeß von mitunter heftigen Krisen erschüttert wird, aber die Wirtschaftspolitiker haben inzwischen von dem englischen Ökonomen John Maynard Keynes gelernt, wie der früher unberechenbar schwankende Wirtschaftsprozeß in einen »Gleichgewichtspfad« eines stetig steigenden Wachstums überführt werden kann. Als probates Mittel zur Konjunktursteuerung hat sich ein »antizyklisches« Verhalten der öffentlichen Haushalte erwiesen: Bei drohender Depression wird durch eine Erhöhung der staatlichen Ausgaben eine zusätzliche Nachfrage erzeugt, die die Wirtschaft aus der Stagnation herausreißt.

Als weitere Triebkraft der wirtschaftlichen Entwicklung erwies sich die zunehmende Spezialisierung im Arbeitsprozeß. In den traditionsgebundenen Gesellschaften wurde meistens eine Ware von einem Menschen oder einer Familie hergestellt, ob es sich um die Herstellung von Textilien, Häusern oder Nahrungsmitteln handelte. Die Produktion war handwerklich organisiert, Arbeitsteilung nur insoweit bekannt, als es verschiedene Berufe gab. (→ S. 76 ff.)

Bereits Adam Smith beschreibt die durch Arbeitsteilung bewirkte Erhöhung der Arbeitsleistung; zum Beispiel in einer kleinen Fabrik zum Herstellen von Nägeln: »Einer zieht den Draht, ein anderer begradigt ihn, ein dritter schneidet ihn, ein vierter spitzt ihn an, ein fünfter kerbt ihn ein, damit er den Kopf aufnehmen kann ... zehn Leute schaffen so mehr als achtundvierzigtausend Nägel am Tag ... Aber einer allein würde nicht einmal zwanzig schaffen, vielleicht nicht einen einzigen.«

Auch die Frage der Arbeitsteilung wurde schließlich wissenschaftlich angegangen. Der Amerikaner F. W. Taylor begann um 1880, einzelne Arbeitsprozesse in ihre Elemente zu zerlegen und den Arbeitsprozeß wieder neu zusammenzusetzen. Die einzelnen, auf einige Handgriffe reduzierten Elemente wurden so der präzisen Messung zugänglich. Der künstlich wieder zusammengefügte Arbeitsprozeß wurde nun vielen Arbeitern übertragen, die nur noch die einzelnen Handgriffe zu beherrschen und durchzuführen brauchten, wobei die einzelnen Vorgänge optimal aufeinander abgestimmt werden konnten.

Diese neue Form von Arbeitsteilung fand ihre folgerichtige Krönung in dem Fließband, das Henry Ford 1913 einrichtete. Seither bestimmt diese »Spezialisierung« die Arbeitswelt – zwar mit ungeheuren Produktivitätssteigerungen als Motor des Wachstums gepriesen, jedoch auch mit großen Opfern der am Fließband Arbeitenden erkauft.

Ein dritter Faktor des wirtschaftlichen Wachstums ist die Erschließung immer neuer Rohstoffquellen. Obwohl pessimistische Prognosen schon zu Beginn der kapitalistischen Entwicklung immer wieder ein baldiges Versiegen der Bodenschätze als Menetekel an die

Die Hungersnot in Äthiopien erschütterte 1973/74 die Welt. Doch die Dürrekatastrophe hatte schon Jahre vorher eingesetzt und erstreckte sich über das gesamte Sahel, das quer durch den Kontinent laufende Wüsten- und Savannengebiet.

hatte. Erst die kommunistische Revolution, erzwungen von den arbeitenden Massen, werde der am Profit orientierten Warenproduktion das Ende bereiten, das sie verdient, und erst die Vergesellschaftung der Produktionsmittel könne dazu führen, daß sich die Produktion an den Bedürfnissen der Menschen orientiert.

Alle düsteren Prophezeiungen von Malthus bis Marx haben jedoch bis auf den heutigen Tag dem Wachstum der privatwirtschaftlich orientierten westlichen Industrienationen nichts anhaben können. Als permanente Antriebskraft wurden Wissenschaft und Technologie in systematischer Weise dienstbar gemacht. Im 19. Jahrhundert war die Schwerindustrie der Bereich mit dem höchsten Zuwachs. Eisenbahnen, Werkzeugmaschinen und mechanische Webstühle hielten den Bergbau und die Eisenhütten in Schwung. Im 20. Jahrhundert übernahm die nutzbar gewordene Elektrizität die Rolle des Zugpferdes, zunächst als Antriebsenergie für Maschinen und zur künstlichen Beleuchtung. Bereits in den zwanziger Jahren entwickelte sich die Schwachstrom-Technologie, also Fernsprecher und Radio, schließlich ergänzt um das Fernsehen. Seit den fünfziger Jahren kündigt sich durch die elektronischen Rechenanlagen und die fortschreitende maschinelle Automatisierung eine weitere technische Revolution an. Und als ökonomischer Dauerbrenner erwies sich das Automobil, das heute in den entwickelten Ländern allein ein Zehntel der geleisteten Arbeit absorbiert.

Erdhöhlen bei Guadix in Granada (Spanien)

Metropolen und Dörfer

Nicht nur und nicht überall in Europa hat die Technik das Gesicht der Städte und Siedlungen geprägt. In der spanischen Provinz Granada und auf den Kanarischen Inseln leben Menschen – Europäer des 20. Jahrhunderts – noch heute in Erdhöhlen. Und sizilianische Dörfer weisen kaum mehr Bau- oder Wohnkultur auf als die Elendsviertel nahe dem Traumstrand Copacabana von Rio de Janeiro. Genauso amorph oder uniform wie die Armut ist die Prosperität. Die Hochhäuser der brasilianischen Geschäftsstraße könnten auch in Chicago oder Stockholm stehen. Der Versuch der brasilianischen Regierung, das neue Lebensgefühl einer entwicklungsfähigen Nation durch die aufstrebenden Bauten einer künstlich im Urwald gegründeten Metropole zu manifestieren, mutet selbst heute, nachdem die Einwohnerschaft Brasilias in die Hunderttausende geht, utopisch an. Noch immer ist das Flugzeug die Hauptverbindung der 1960 gegründeten, tausend Kilometer von der Küste entfernten Metropole.

Kathedrale in Brasilia, geschaffen von Oscar Niemeyer

Bauarbeiter-Siedlung in Brasilia

Elendshütten in Rio

Avenida Rio Branco in Rio de Janeiro

Wachstum wohin?

Wand malten, taten sich immer wieder neue Lagerstätten auf, wurden Rohstoffe, wie zum Beispiel das Erdöl, neu entdeckt. In den Jahrzehnten seit dem zweiten Weltkrieg ist sogar eine prinzipielle Lösung des Rohstoffproblems sichtbar geworden, und zwar durch die Kernenergie.

Mit der nuklearen Energiequelle ist nach Meinung einiger Wissenschaftler nicht nur weitere Energie, vergleichbar den traditionellen fossilen Brennstoffen, bereitgestellt worden, sondern es eröffnen sich neuartige technische Möglichkeiten mit weitreichenden wirtschaftlichen, sozialen und politischen Konsequenzen. Den Optimisten unter den Energieexperten gilt nämlich die Energie als ein fundamentaler universeller Rohstoff, mit dem sich nahezu alle materiellen Bedürfnisse einer stark zunehmenden Weltbevölkerung befriedigen lassen:

- Durch Entsalzung von Meerwasser wird die Bewässerung bislang unfruchtbarer Landstriche möglich, was zu einer enormen Steigerung in der Erzeugung von Nahrungsmitteln führen wird.
- Kunststoffe, synthetische Düngemittel und Metalle sind mit billiger Elektrizität leichter herzustellen als in derzeit üblichen Verfahren.
- Neben Energie braucht man prinzipiell nur Rohstoffe, die vorhanden sind: Wasser und Luft. Kohlenstoff und andere chemische Elemente werden bei einer hochentwickelten Produktion nur noch sehr sparsam eingesetzt.

Die Energietheoretiker haben in ihren futurologischen Planspielen bereits errechnet, daß dieses Paradies pro Kopf der Bevölkerung nur etwa das Doppelte der gegenwärtig in den USA verbrauchten Energie erfordert. Bei einer Weltbevölkerung von 15 Milliarden Menschen – eine Zahl, die von vielen Demographen für das nächste Jahrhundert prophezeit wird – wäre dann allerdings das Sechzigfache der heutigen Energieproduktion erforderlich.

Die Energieklemme

Die Quellen für dieses Energieprogramm sind bereits erschlossen: Das Verbrennen von Wasser und Gestein in »Katalytischen Kernreaktoren«. Diese Maschinen kommen dem perpetuum mobile so nahe, wie die physikalischen Gesetze es eben noch erlauben. Während sie Energie erzeugen, »erbrüten« sie aus reichlich vorhandenen Füllstoffen gleichzeitig ihren eigenen nuklearen Brennstoff. Alvin Weinberg, der Direktor des Oak Ridge National Laboratory, wo jetzt noch utopisch anmutende Verwendungsmöglichkeiten für Kernenergie untersucht und projektiert werden, hält die Entwicklung dieser katalytischen Reaktoren für mindestens ebenso bedeutsam wie die Entdeckung der Kernspaltung. Ohne die »Brutprozesse« würde nämlich die Knappheit an billigem Uran der Kernenergie ein natürliches Ende bereiten.

Das Verbrennen von Wasser: darunter verstehen die Physiker das Verschmelzen von Wasserstoff zu dem Edelgas Helium. Als aussichtsreichste Reaktion wird die Fusion von schwerem Wasserstoff (Deuterium) mit überschwerem Wasserstoff (Tritium) angesehen. Während Deuterium in natürlichem Wasser vorkommt, muß das Tritium aus dem Metall Lithium erbrütet werden. Zwar ist es bislang noch nicht gelungen, diese Reaktion so zu beeinflussen, daß man einen Reaktor steuern könnte. Doch sind die Optimisten unter den Fusionsexperten – ermutigt von spektakulären Fortschritten in den letzten Jahren – der Meinung, daß sich die Kernverschmelzung schon im nächsten Jahrzehnt verwirklichen läßt. ($\rightarrow$ S. 56 ff.)

Das Verbrennen von Gestein ist hingegen schon Realität. In den Kernforschungszentren der Industrienationen wird daran gearbeitet, den Brutreaktor zu vervollkommnen. In diesem Reaktortyp wird nichtspaltbares Uran 238 – es ist 140mal häufiger als das spaltbare Uran 235 – in den Kernbrennstoff Plutonium 239 transformiert, oder aber Thorium, das in vielen Granitsorten enthalten ist, wird in spaltbares Uran 233 umgewandelt.

24 000 solcher Brutreaktoren, jeder fünfmal leistungsfähiger als die derzeit größten Kraftwerke, sind nach Weinbergs Berechnungen nötig, um die Menschheit aus der Energieklemme zu befreien. Dieses Programm erfordert allerdings gewaltige industrielle Anstrengungen. In den nächsten hundert Jahren müßten wöchentlich vier Reaktoren installiert werden; und bei einer geschätzten Lebensdauer von dreißig Jahren ist bald der Zustand erreicht, daß täglich zwei Veteranen ersetzt werden müssen: Ein Reaktor-Fließband scheint unausweichlich.

Wesentliche Verbilligung und Vereinfachung des Betriebs erhoffen sich die Planer von »Nuklearen Parks«, in denen etwa acht Reaktoren an einem Standort zusammengefaßt sind. Erst bei solcher Massierung lohnt sich der Bau notwendiger Nebenanlagen zur Aufbereitung der Brennstoffe und Herstellung der Brennelemente in unmittelbarer Nähe der Reaktoren.

Auch für die Standortwahl der »Nuklearen Parks« hat Weinberg einen originellen Vorschlag beizusteuern: Sie sollen auf künstlichen Inseln in den Ozeanen schwimmen und durch Leitungen für Strom und entsalztes Wasser mit dem Festland verbunden werden. Nur ein kleiner Teil soll an der Küste oder im Inland errichtet werden. Ein solcher Park könnte dann das Zentrum für einen »agro-industriellen Komplex« oder »Nuplex« bilden, ein Konglomerat aus Landwirtschaft und Industrie, das mit Kernenergie gespeist wird.

Wachstum in die Katastrophe?

Mitten in den technologisch begründeten Glauben an ein ungestörtes Wachstum zumindest für die nächste Generation platzte in den späten sechziger Jahren das Bewußtsein von der Umweltkrise. Insbesondere durch die MIT-Studie wurde deutlich, daß die Wachstumsformel tödliche Konsequenzen hat, wenn sie überstrapaziert wird. Die Einsicht, daß auf dem beschränkten Planeten Erde das Wachstum nicht beliebig lange anhalten kann, ist zwar trivial und dürfte von niemandem bestritten werden. Bedeutsam an der MIT-Studie ist jedoch, daß sie den Kollaps der Wachstumsgesellschaft bereits für die Mitte des nächsten Jahrhunderts prognostiziert, wenn nicht zuvor radikale Änderungen eintreten.

Daß wir bereits relativ nahe an den Grenzen des Wachstums angelangt sind, ohne uns der drohenden Gefahren bewußt zu werden, ist in einfachen mathematischen Tücken begründet, wie sie bereits bei dem Katastrophen Szenario von Thomas Malthus auftraten. Jede sich regelmäßig verdoppelnde Größe erreicht irgendwann einmal eine Phase, in der sie förmlich explodiert.

Dieses Phänomen mag vielleicht durch jene alte indische Anekdote verdeutlicht werden, in der ein Fürst dem Erfinder des Schachspiels einen Wunsch freistellte. Dieser Wunsch wurde wegen seiner großen Bescheidenheit sogleich akzeptiert und ließ sich doch nicht erfüllen.

Der Weise wünschte sich nämlich auf das erste Feld des Schachbretts ein einziges Reiskorn, auf das zweite zwei Reiskörner, dann vier und immer für jedes Feld die Verdoppelung der auf dem vorhergehenden Feld liegenden Körner. Diesen Wunsch zu erfüllen, war dem Fürsten in der Tat unmöglich: Neun Trillionen Reiskörner müßten allein für das letzte, das vierundsechzigste Feld, herbeigeschafft werden, eine Menge, die viele Milliarden Kilogramm wiegt und die in keinem indischen Fürstentum je geerntet wurde.

Dieses Beispiel und ähnliche aus der Zinseszinsrechnung zeigen deutlich, daß jede permanente Verdoppelung in unvorstellbare Zahlenbereiche führt.

Ähnlich »verhext« wie das Schachbrett erscheint die Entwicklung der Weltbevölkerung. Man kann hier sogar von einem »überexponentiellen Wachstum« sprechen, denn der Zeitraum, in dem sich die Menschheit verdoppelt, verringert sich zusehends. Betrug um 1800 die Verdoppelungszeit noch 140 Jahre, was einem jährlichen Bevölkerungszuwachs von nur 0,7 Prozent entspricht, so ist diese kritische Größe inzwischen auf 35 Jahre gesunken, und der jährliche Zuwachs liegt bei zwei Prozent.

Jährliche Zuwachsrate und Verdoppelungszeit der Weltbevölkerung

Zeitspanne	durchschnittliche Zuwachsrate	mittlere Verdopplungszeit
1750–1800	0,5 %	140 Jahre
1800–1850	0,6 %	115 Jahre
1850–1900	0,7 %	100 Jahre
1900–1950	0,8 %	85 Jahre
1950–1960	1,5 %	50 Jahre
1960–1970	2,0 %	35 Jahre

Der Fusionsreaktor

Die Hoffnung der Energiewirtschaft richtet sich auf den Fusionsreaktor, in dem die Wasserstoffisotope Deuterium (D) und Tritium (T) zu Heliumatomen (He) verschmolzen werden. Der Vorgang erfordert Millionen Hitzegrade in einem Plasma, das nur durch ein Magnetfeld eingeschlossen werden kann, da kein Material solcher Hitze standhält. Nach Überwindung der technischen Schwierigkeiten könnte ein Liter Meerwasser dann soviel Energie liefern, wie durch Verbrennung von 290 l Benzin gewonnen wird.

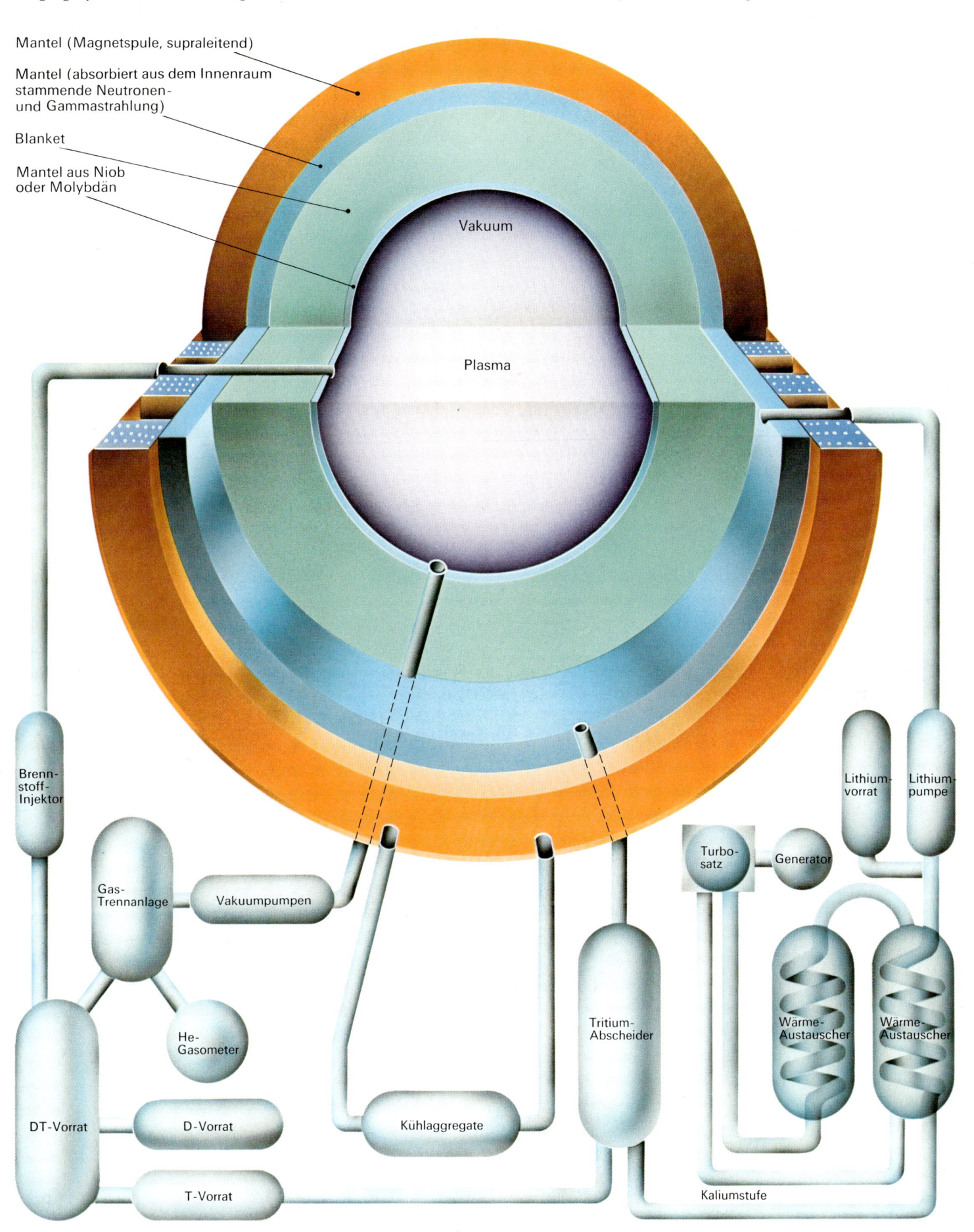

- Mantel (Magnetspule, supraleitend)
- Mantel (absorbiert aus dem Innenraum stammende Neutronen- und Gammastrahlung)
- Blanket
- Mantel aus Niob oder Molybdän
- Vakuum
- Plasma
- Brennstoff-Injektor
- Gas-Trennanlage
- Vakuumpumpen
- He-Gasometer
- DT-Vorrat
- D-Vorrat
- T-Vorrat
- Kühlaggregate
- Tritium-Abscheider
- Turbosatz
- Generator
- Lithiumvorrat
- Lithiumpumpe
- Wärme-Austauscher
- Wärme-Austauscher
- Kaliumstufe

Wachstum wohin?

In sechzig bis siebzig Jahren wird es also bei anhaltendem Bevölkerungswachstum für jeden heute lebenden Menschen vier Menschen geben, in hundert Jahren mehr als acht und in zweihundert Jahren vierundsechzig: Das würde für das Jahr 2170 mindestens zweihundert Milliarden Menschen bedeuten.

Diese Zahlen sind freilich irrwitzig; sie illustrieren jedoch das wichtigste anstehende Problem: Der Bevölkerungszuwachs muß unbedingt abnehmen, wenn es nicht zu einer Katastrophe kommen soll; die Bevölkerungsexplosion muß in den nächsten Jahrzehnten durch radikale Beschränkung der Geburten gezügelt werden.

Freilich wußte bereits Malthus von dem verheerenden Effekt anhaltenden Wachstums. In der MIT-Studie wird jedoch nicht nur der Bevölkerungstrend hochgerechnet, es werden auch vier weitere Größen, die nach Meinung der MIT-Forscher die Entwicklung der Welt charakterisieren, in die Analyse einbezogen: Ernährung, Rohstoffe, industrielles Kapital und Umweltverschmutzung.

Alle fünf Bereiche sind für eine Diskussion von Wachstumsprozessen wichtig, alle fünf sind aber auch eng miteinander verzahnt und beeinflussen sich gegenseitig. Diese Struktur haben die MIT-Autoren in einem kybernetischen Weltmodell abzubilden versucht, in dem die wechselseitigen Abhängigkeiten der fünf Bereiche als in sich geschlossene Kreise ineinandergreifender Wirkungsabläufe dargestellt werden.

Die beiden Bereiche Ernährung und Rohstoffe enthalten jeder für sich Grenzen des möglichen Wachstums, die allerdings nicht leicht auszumachen sind. Die Rohstoffe werden sicher einmal zur Neige gehen, es ist aber nur schwer abzuschätzen, welche Möglichkeiten Substitutionsprodukte oder völlig neue Technologien eröffnen werden. Ebensowenig ist die Grenze der Nahrungsmittelproduktion unverrückbar: Intensivierung der Landwirtschaft durch Düngemittel, Insektenvertilgungsmittel und die Züchtung neuer Pflanzensorten können den Ertrag noch erheblich anwachsen lassen. Der Ernährungswirtschaftler Fritz Baade meint sogar, daß bei äußerster Anspannung aller Hilfsmittel die Erde 65 Milliarden Menschen ernähren könne, freilich nur unter utopisch anmutenden Bedingungen: Nur die eine Hälfte der Erdoberfläche wäre dann – äußerst dicht – besiedelt, etwa so wie die heutigen städtischen Großräume, und die andere Hälfte müßte die nötigen Nahrungsmittel produzieren.

Keine natürlichen Schranken sind für die anderen Bereiche ausfindig zu machen. Ebenso wie die Bevölkerung kann die industrielle Produktion über jedes erträgliche Maß hinaus anwachsen und erst recht die Umweltverschmutzung.

In dem Weltmodell ist freilich keiner der fünf Bereiche von den anderen unabhängig. Die Vermehrung der Bevölkerung hat zum Beispiel einen höheren Bedarf an landwirtschaftlichen und industriellen Produkten zur Folge. Das zieht eine erhöhte Umweltverschmutzung nach sich, zum einen durch die schädlichen Abfälle der Industrie und zum anderen durch den erhöhten Einsatz chemischer Düngemittel und Pestizide. Gleichzeitig werden die Rohstoffvorräte strapaziert. Wenn diese zur Neige gehen, wird es einen rapiden Abfall der Bevölkerungszahl geben, bedingt durch die altbekannten Schicksalsschläge Hunger und Krankheit. Selbst bei unerschöpflich sprudelnden Quellen für Energie und Rohstoffe prophezeien die MIT-Wissenschaftler das Ende, diesmal durch eine tödlich wachsende Umweltverschmutzung als Folge des industriellen Wachstums.

Die Hochkonjunktur der westeuropäischen Industrienationen übt ihren Sog auf den europäischen Arbeitsmarkt aus. Das Foto zeigt die Anwerbung von Gastarbeitern in Istanbul.

Ausweg aus dem Teufelskreis

Die Regelkreise des MIT-Modells sind Teufelskreise, aus denen es kein Entrinnen gibt, solange die Bevölkerung und die industrielle Produktion anwachsen. Der einzige Ausweg, den das Modell übrig läßt, ist der Verzicht auf jegliches Wachstum, sowohl der Bevölkerung als auch der Produktion. Bei anhaltendem Wachstum prophezeit der MIT-Computer das katastrophale Ende für die zweite Hälfte des nächsten Jahrhunderts.

Die düsteren Computer-Prognosen sind freilich auf mancherlei Kritik gestoßen, die sich hauptsächlich an den folgenden Punkten entzündet:
● den Mängeln und Schwächen des Weltmodells; durch mathematische Mythologie verschleiert es eine höchst oberflächliche Methodik, die nicht mehr als eine Computer-Spielerei sein kann;
● dem Ruf nach Gleichgewicht, der nur zu einer Festschreibung bestehender ökonomischer und sozialer Unterschiede führen kann – der technokratischen Ideologie, die nicht nur Kritik abwürgt und Freiheitschancen einschränkt, sondern demselben Wunderglauben an die Technik anhängt, der uns bis jetzt in die Irre geführt hat.

Allerdings sind auch die Kritiker nicht der Meinung, daß das exponentielle Wachstum beliebig lange andauern kann. Selbst die Nuklearfuturologen haben schon Mitte der sechziger Jahre Grenzen für das Wachstum abgeschätzt. Obwohl sie Energiequellen erschlossen haben, die nahezu unerschöpflich sind, haben sie eine obere Wachstumsschranke ausgemacht, die nicht überschritten werden kann. Alle Energie wird nämlich in Wärme umgewandelt und heizt so letztlich die Erde auf. Beim Vierfachen der heutigen Weltbevölkerung, also 15 Milliarden Menschen, und dem doppelten Energieverbrauch der heutigen Amerikaner scheint die Grenze erreicht, die noch toleriert werden kann. Jede weitere Steigerung des Energieverbrauchs kann zu schwerwiegenden klimatischen Veränderungen führen, die nicht kontrollierbar sind und weite Teile der Erde durch Überschwemmungen unbewohnbar machen können.

Wachstum, wie es seit den letzten hundert Jahren in voller Blüte steht, muß also spätestens in den nächsten sechzig Jahren zu einem Ende kommen. Es bleibt nur die Frage, ob schon jetzt ein Nullwachstum angestrebt werden soll, wie die MIT-Forscher meinen, oder ob die verbleibende Frist genutzt werden soll, um eine gesunde, die Umwelt weniger belastende Form des Wachstums zu finden. Gleichgültig, wie dieses Wachstum auch aussehen mag, die Bevölkerungsexplosion muß zu einem Stillstand kommen.

Das neue Schlagwort »Lebensqualität«

Das wirtschaftliche Wachstum hat in den letzten Jahren Konkurrenz bekommen, andere Begriffe lösen das bislang gültige Dogma ab. In der Tat ist ein steigendes Bruttosozialprodukt – nichts anderes meinen die Wirtschaftswissenschaftler mit dem Begriff Wachstum – kein brauchbarer Index, wenn zu seiner Steigerung zum Beispiel auch Autounfälle beitragen – einzig weil sie Umsatz bedeuten: für die Hersteller neuer Autos, für Abschleppunternehmen, für Ärzte und Krankenhäuser und allein in Deutschland 18 000mal jährlich auch für Friedhöfe.

Der holländische Nobelpreisträger für Ökonomie Jan Tinbergen hat vorgeschlagen, den problematischen, weil nur an Umsätzen orientierten Begriff durch einen neuen Index, das »Bruttosozialglück«, zu ersetzen. Unter den Politikern wurde »Lebensqualität« zum Schlagwort für die Abwendung vom ungezügelten Wachstum.

Freilich dürfte es besonders den Politikern schwerfallen, sich eine Gesellschaft ohne steigendes Bruttosozialprodukt vorzustellen. Schließlich gestattete das Wirtschaftswachstum die billigste Lösung sozialer Konflikte: Von einem ständig wachsenden Kuchen kann jeder ein etwas größeres Stück erhalten, ohne daß die Verteilung der einzelnen Anteile in Frage gestellt wird. Bei konstantem Bruttosozialprodukt wäre die Verbesserung der ökonomischen Lage einer Gruppe nur auf Kosten anderer Gruppen möglich; bei den ausgeprägten Gruppenegoismen würde das eine Art permanenter Revolution bedeuten.

Ähnlich ist die Situation der Habenichtse in den Entwicklungsländern. Sie betrachten die Forderung nach Nullwachstum mit merklichem Mißtrauen, weil nur gesteigertes Wachstum ihren Abstand zu den Industrieländern verringern kann. Alles andere empfinden sie als eine Verschwörung reicher Industrienationen.

Trotz der Schwierigkeiten, die eingefahrenen Geleise zu verlassen, werden allenthalben erste Gehversuche unternommen, eine Neuorientierung vorzunehmen. Reichlich utopisch mutet der Versuch an, Lebensqualität in Zahlen zu fassen ähnlich wie das Bruttosozialprodukt, und doch wird bei verschiedenen Institutionen emsig daran gearbeitet. Einfach ist es, diesen Begriff der Lebensqualität negativ zu erläutern: Überall, wo es an frischer Luft, sauberem Wasser, gesunden Nahrungsmitteln, Individualraum oder Ruhe fehlt, leidet die Lebensqualität. Ansonsten muß man sich mit dem Gefühl zufrieden geben, daß damit eine Bereicherung unseres Lebens über den materiellen Konsum hinaus gemeint ist, der aber kaum in Zahlen zu pressen sein dürfte.

Allerdings reicht bereits die negative Definition von Lebensqualität als Richtschnur für politisches Handeln aus: Wachstum wird sich daran messen lassen müssen, ob es zur Verschlechterung der Lebensbedingungen beiträgt. So wurde in den USA die Entwicklung eines zivilen Überschall-Verkehrsflugzeuges abgebrochen, weil die Knallteppiche dieser Flugzeuge und die Veränderung oberer Schichten in der Atmosphäre die minimalen Zeitersparnisse kaum aufwogen.

Von ähnlich defensivem Charakter sind die meisten Gesetze und Verordnungen zum Umweltschutz, mit dem die Industrieländer das große Aufräumen in der verschmutzten Umwelt vorbereiten wollen. Tragfähiger und zukunftsträchtiger für eine Richtungsänderung der Wirtschaftsprozesse ist vielleicht das in den USA entwickelte Konzept des »Technology Assessment«, der Vorab-Bewertung technischer Entwicklungen im Hinblick auf erwünschte und unerwünschte Folgen und Begleiterscheinungen. Die Notwendigkeit solcher Maßnahmen zeichnete sich bereits in der Mitte der sechziger Jahre ab.

»Technology Assessment« – die Lösung?

Damals orakelte Jerome Wiesner, vormals Wissenschaftsberater von John F. Kennedy und später Präsident des Massachusetts Institute of Technology, daß »der Mensch durch ein Frühwarnsystem vor seinen eigenen Erfindungen geschützt werden muß«. Das Raunen des Bostoner Forscher-Papstes fand sogleich Gehör im US-Kongreß. 1967 präsentierte Emilio Daddario, damals der Vorsitzende des Unterausschusses für Wissenschaft, Forschung und Entwicklung im Repräsentantenhaus, einen ersten Gesetzentwurf zur Installierung dieses Frühwarnsystems, das auf den Namen »Technology Assessment« (Technologie-Bewertung) getauft wurde: Es sollte dazu dienen, beabsichtigte und unbeabsichtigte Effekte sowie langfristige Konsequenzen bestimmter Technologien systematisch abzuschätzen.

Als Präsident Nixon das entsprechende Gesetz unterzeichnete, hatte sich durch fünfjährige Denkübungen und Planspiele der Rahmen des Bewertungsrahmens beträchtlich erweitert. Folgende Aufgaben waren hinzugekommen:

● Untersuchung alternativer Technologien und ihre Bewertung im Vergleich zu etablierten Techniken;
● vergleichende Analyse verschiedener Technologien im Hinblick auf eine sachgerechte Gesetzgebung, etwa zur Besteuerung umweltbelastender Produktionsverfahren;
● Bewertung staatlich finanzierter Forschungsprogramme, ihrer Ziele und Methoden;
● Untersuchung alternativer Forschungsprogramme.

Wenn Technology Assessment auch nicht die Folgen bisherigen Wachstums kurieren kann, so wird es doch weitere Fehlentwicklungen verhindern helfen und einen Beitrag zur Schaffung umweltfreundlicher Technologien leisten können.

Manche Politiker möchten die Technik und den Wirtschaftsprozeß aus der dominierenden in eine dienende Rolle verweisen. Diese Prozesse haben aber immer noch zu viel Eigengewicht, als daß sich hier leichte Steuerungsmöglichkeiten abzeichnen. Neben dem allgemeinen Verlangen nach mehr Umweltschutz wären sicher einige Aspekte unseres Lebens einer näheren Überprüfung wert:

● Soll die Motorisierung weiter fortschreiten, trotz der vielen Verkehrstoten, trotz der Verpestung der Luft und der Zerstörung des Stadtbildes?
● Soll die Verschwendung von Rohstoffen weiter anhalten, zumal wenn für die Deckung des Bedarfs erst einmal eine sinnlose Werbung getrieben werden muß?

Die alternativen technischen Lösungen stehen im Prinzip bereit. Öffentliche Nahverkehrssysteme könnten die Städte entlasten und schließlich zu einer Verbannung der Autos führen. Derart einschneidende Eingriffe sind freilich derzeit kaum denkbar – denn (noch) ist das Auto des Bürgers liebstes Spielzeug!

Ebensowenig ist an einen schonenden Umgang mit Rohstoffen zu denken, solange die Rohstoffe billiger sind als kostspieliges »recycling« (Zurückgewinnung) und der Wirtschaftsprozeß ohne organisierte Verschwendung und geplanten Verschleiß nicht auskommen kann.

Die Probleme eines gezügelten, nützlichen Wachstums sind weniger technischer Natur als vielmehr gesellschaftspolitischen Ursprungs. Wenn die Wachstumstendenzen entscheidend verändert werden sollen, so müßte sich der gesamte Wirtschaftsprozeß entschieden wandeln, oder, wie der amerikanische Ökonom Robert L. Heilbronner meint: »Wenn etwas Kapitalismus Genanntes fortdauern soll, dann wird es mit Sicherheit völlig anders sein als heute.«

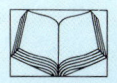

Meadows, Dennis, Die Grenzen des Wachstums, Bericht des Club of Rome zur Lage der Menschheit, Stuttgart 1971. (Allgemeinverständlich gehaltenes Standardwerk zum Thema Wirtschaftswachstum; als Taschenbuch rororo Sachbuch Nr. 6825.)
Hösli, H., Kapitalbildung und Wirtschaftswachstum, Winterthur (Schweiz) 1963.
von Weizsäcker, Carl Christian, Wachstum, Zins und optimale Investitionsquote, 1962.
Krelle, W. (Hrsg.), Theorien des einzelwirtschaftlichen und gesamtwirtschaftlichen Wachstums, 1965.
Preiser, E., Wachstum und Einkommensverteilung, 1970.
Schmölders, G., Konjunkturen und Krisen, 1970.
Meade, J. E., Probleme nationaler und internationaler Wirtschaftsordnung, 1955.
Schumpeter, J., Kapitalismus, Sozialismus und Demokratie, Bern (Schweiz) 1950.
Pütz, Th., Wirtschaftslehre und Weltanschauung bei Adam Smith, 1932.
Herder-Dorneich, Ph., Wirtschaftssysteme, 1973.
Jacobsson, P., Die Marktwirtschaft in der Welt von heute, 1963.

Knut Michael Fischer

Technik in der »Dritten Welt«

Ausgelöst durch die Emanzipationsbewegungen in den britischen und französischen Kolonien Asiens und Afrikas wurde das Schlagwort »Dritte Welt« (vermutlich von General de Gaulle 1956) geprägt, um einen neuen weltpolitischen Faktor zwischen der politischen Konstellation von (kapitalistischer) »erster« und (sozialistischer) »zweiter« Welt zu bezeichnen. Im Verlauf der letzten Jahre hat dieses Schlagwort einen Bedeutungswandel erfahren. Heute wird der Begriff »Dritte Welt« weitgehend synonym mit der älteren Bezeichnung »Entwicklungsländer« gebraucht. Das Bedeutungsspektrum des Begriffes »Entwicklungsländer« ist dabei breiter als der ursprünglich nur politische Aspekt des Schlagwortes »Dritte Welt«; daneben hat der Begriff »Entwicklungsländer« auch andere, ältere Bezeichnungen für die gleiche Ländergruppe ersetzt, die wegen ihrer diskriminierenden Nebenbedeutung (»unterentwickelte Länder«, »rückständige Gebiete«) aus dem internationalen Sprachgebrauch ausgeschieden wurden.

Daß der Begriff »Dritte Welt« nicht älter als 20 Jahre ist und zunächst nur aus einem politischen Kontext der internationalen Beziehungen in den fünfziger Jahren geprägt wurde, verdeckt allerdings die eigentliche Problematik dieser Ländergruppe. Aus einer europäischen Tradition ist die Definition internationaler politischer Beziehungen engstens mit dem Merkmal der »Staatlichkeit« verknüpft, das heißt der politischen Unabhängigkeit und der Selbstbestimmung der auswärtigen Beziehungen eines Landes. In der Tat ist diese »Staatlichkeit« in den meisten Ländern der »Dritten Welt« erst nach Auflösung ihres direkten Kolonialstatus erreicht worden; aber die Problematik dieser Ländergruppe ist nicht eine in diesem Sinne »politische«. Vielmehr ist es die – im Verhältnis zu den heutigen Industrieländern – wirtschaftliche und technologische Unterentwicklung der »Dritten Welt«, die von seiten der Entwicklungsländer erst den politischen Rahmen der internationalen Beziehungen bestimmt.

Dieser politische Rahmen wird heute auch noch gelegentlich so gesetzt, daß man die Länder der Dritten Welt als Neutrale zwischen den Großmächten von Ost und West, als »Blockfreie«, betrachtet.

Entwicklung der Unterentwicklung

Die wirtschaftliche und technologische Unterentwicklung ist das Ergebnis eines 400jährigen historischen Prozesses. Die Phase des direkten »politischen« Kolonialismus mit einer staatlich fixierten Oberhoheit europäischer Mächte über die Gebiete Afrikas, Asiens und Lateinamerikas umfaßt in diesem Prozeß nur einen Zeitraum von meist nicht mehr als 150 Jahren. Zwar stammen einige der heute zentralen Probleme der »Dritten Welt« weitgehend erst aus dieser letzten, kolonialen Phase der internationalen Beziehung Europas; jedoch bildet sich die technologische und wirtschaftliche Basis, die es den europäischen Ländern im 19. Jahrhundert überhaupt erst ermöglichte, riesige Gebiete und Bevölkerungen ihrer direkten politischen Herrschaft zu unterstellen, in einem historischen Prozeß, der zugleich mit der Entwicklung Europas die Unterentwicklung der heutigen Gebiete der »Dritten Welt« hervorbrachte. Die industrielle Entwicklung Europas und die technologische und wirtschaftliche Unterentwicklung der »Dritten Welt« sind nicht unabhängig voneinander. Entwicklung und Unterentwicklung sind komplementäre Aspekte eines einzigen welthistorischen Vorganges, der im 15. Jahrhundert in Europa seinen Ausgang nahm.

Bis dahin war – trotz unterschiedlicher kultureller Ausprägungen in den verschiedenen Regionen der Welt – der Grad der technischen Naturbeherrschung und – daraus folgend – der Lebensstandard der Weltbevölkerung relativ gleichmäßig über die ganze Welt verteilt. Selbst im 16. und 17. Jahrhundert erlaubten es die bis dahin bekannten Technologien weder in Europa noch sonstwo in der Welt, daß – umgerechnet auf heutige Maßstäbe – eine Bevölkerung ein höheres Pro-kopfeinkommen als maximal 200 Dollar jährlich erwirtschaften konnte, selbst wenn die Verteilung dieses Produktionsvolumens – je nach sozialer und politischer Struktur einer Gesellschaft – höchst ungleichmäßig war.

Abgesehen davon gab es schon immer und gibt es auch noch heute einige kleine Gesellschaften die auf Grund geographischer Bedingungen oder interner politischer und religiöser Isolation von der allgemeinen Verbreitung einiger grundlegender kultureller und technologischer Errungenschaften der Menschheit zeitweise ausgeschlossen waren. Ein extremer Fall in dieser Hinsicht waren zweifellos die Bewohner der Marianen-Inseln im Pazifischen Ozean, die bei ihrem ersten Kontakt mit dem spanischen Seefahrer Magellan im 16. Jahrhundert noch kein Feuer kannten. Ein ähnlicher Fall ist auch die Tatsache, daß die Maya-Kultur in Mittelamerika zwar das Rad, aber nicht das Prinzip der Achse kannte. Es ließen sich sicherlich viele solcher Beispiele zusammentragen, doch für die allgemeine technologische Entwicklung der Menschheit sind solche Phänomene Ausnahmen.

Die Erzeugung eines so gewaltigen Produktivitätsunterschiedes, wie er in der heutigen Welt vorzufinden ist, kann daher nicht als ein interner Vorgang in einzelnen Gesellschaften untersucht werden, sondern ist das Ergebnis der sich seit dem 15. Jahrhundert entwickelnden internationalen Beziehungen und insbesondere der weltweiten Expansion Europas. Diese Expansion und die mit ihr verbundene Unterentwicklung des größten Teils der Welt läßt sich in mehrere klar voneinander unterscheidbare historische Phasen untergliedern.

Allgemeines Kennzeichen dieser internationalen Entwicklung war eine wachsende Diskrepanz zwischen wirtschaftlicher Macht und technologischem Potential auf seiten Europas und der Zerstörung schon vorhandener technologischer Standards bzw. der gewaltsamen Verhinderung solcher technologischer Entwicklungen in den restlichen Teilen der Welt.

Schießpulver und Schiffbau

Im 15. und 16. Jahrhundert hatte Europa keineswegs einen technologischen Entwicklungsstand, der den Entwicklungen anderer Regionen überlegen gewesen wäre. Allerdings überschnitten sich im Europa des 15. Jahrhunderts zwei technische Entwicklungen, die aus Erfindungen außereuropäischer Völker resultieren:

Die Anwendung des Schießschwarzpulvers in Feuerwaffen und die aus dem Orient stammenden Neuerungen in der Technologie des Schiffbaus und der Nautik führten zu einer Ausdehnung und Beschleunigung des europäischen Handelsradius und zu einer fundamentalen Veränderung in den Handelsmethoden der Europäer.

Für den internationalen Handel war Europa mit seine großen Handelszentren Venedig, Florenz und Genua gegenüber Asien eigentlich in einer recht ungünstigen Position: Europa hatte einfach keine Waren anzubieten, die den asiatischen Stoffen, Gewürzen und Schmiedewaren entsprochen hätten, für die bei den Luxusverbrauchern Europas (insbesondere dem Feudaladel und dem gerade aufkommenden städtischen Bürgertum) eine große Nachfrage bestand. An der Tatsache,

Raubzug zum Eldorado

daß die in Europa produzierten Waren keine oder nur sehr begrenzte Nachfrage bei den asiatischen Handelspartnern hervorrief, änderte sich in der frühen Phase der Expansion Europas wenig. Einer der wesentlichen Anlässe dafür, daß überhaupt hochseetüchtige Schiffe gebaut wurden, war auch zweifellos nicht der Entdeckerdrang eines Kolumbus oder Magellan, sondern vielmehr die Goldsucht der Fürsten, weil die Verfügung über Gold nahezu das einzige Mittel damals war, an die Luxusgüter des Orients und Asiens heranzukommen.

Auch in militärischer Hinsicht war Europa zu dieser Zeit den vorderasiatischen und asiatischen Großreichen unterlegen, so daß der direkte Raub zunächst nicht möglich war. Mit der Entdeckung Amerikas und den dort bestehenden – militärisch den Europäern weit unterlegenen – Hochkulturen begann daher ein beispielloser Raubzug auf der Suche nach Gold und Silber durch die alten Gesellschaften der Maya, Azteken und Inka. (»ElDorado«, das heißt das Goldland, war immer der Zielpunkt der spanischen und portugiesischen Konquistadoren, ob es nun in Amerika oder sonstwo gefunden worden wäre.)

Die Phase der Plünderung war allerdings alsbald mit der ungewöhnlich raschen Ausrottung der alten Bevölkerung der süd- und mittelamerikanischen Hochkulturen vorüber. Zugleich mit der Ausrottung seiner Bevölkerung wurde dem amerikanischen Kontinent die Möglichkeit der Weiterentwicklung genommen, und er versank für die folgenden Jahrhunderte unter spanischer und portugiesischer Herrschaft in kulturelle und technologische Stagnation. An der Situation, daß Europa wegen seiner rückständigen produktiven

Bauern einer rotchinesischen Kommune beim Bau von Flußdämmen. China kämpft seit Menschengedenken gegen jahreszeitlich wiederkehrende Überschwemmungen.

Technik in der Dritten Welt

Technologien noch immer keine Handelsware außer geraubtem Gold anzubieten hatte, änderte sich nichts.

Die Integration der Weltwirtschaft vollzog sich daher bis in das 17. Jahrhundert hinein durch einen Dreieckshandel der seebeherrschenden Nationen Portugal und Spanien mit der übrigen Welt, ohne daß die Spanier oder Portugiesen ein einziges Produkt aus eigener Fabrikation in diesen Handel eingeschaltet hätten: Mit geraubtem südamerikanischen Gold wurden in Indien und China Baumwollstoffe gekauft, die durch Mittelmänner in Afrika gegen Sklaven getauscht wurden. Diese Sklaven wurden nach Südamerika in die wiedereröffneten Goldminen gebracht, weil sowohl die Goldvorräte der alten Gesellschaften bereits geplündert waren, wie es auch dort keine arbeitsfähige einheimische Bevölkerung als Arbeitskräftereservoir für Minenarbeit mehr gab. Mit Sklavenarbeit wurde Gold und Silber gefördert, mit dem wiederum in Indien und China Seiden und Gewürze für den europäischen Luxuskonsum gekauft wurden.

Die Millionenräuber

Nachdem im 16. und 17. Jahrhundert die übrige Welt für Europa erreichbar geworden war und Europa sich – gesichert durch die Gewalt der Feuerwaffen – ein Monopol im Seehandel aufgebaut hatte, beschleunigte sich – ausgehend von der Schiffbautechnologie – die technologische Entwicklung. Die führenden Mächte des europäischen Seehandelsmonopols Spanien und Portugal (deren Gold- und Silberraubzüge in Südamerika zwischen 1503 und 1660 auf 500 Millionen Goldpeso geschätzt werden) wurden alsbald durch die Holländer verdrängt, deren Schiffbautechnik die damalige europäische Schiffahrt revolutionierte.

Die Zeit der holländischen Seehoheit unterschied sich von der iberischen nur unwesentlich; es wurden – diesmal allerdings besonders in Indonesien – dieselben Methoden von Raub und Plünderung angewendet, die schon die Konquistadoren im 16. Jahrhundert in Mittel- und Südamerika praktiziert hatten. Zunehmend verlagerte sich jedoch die Aktivität der Holländer vom Goldraub, wie ihn die Spanier und Portugiesen betrieben hatten, auf den Raub von Waren, die in Europa verkauft werden konnten. Für die Periode von 1650 bis 1780 wird der Gewinn, den Holland allein aus Indonesien gezogen hat, auf 600 Millionen Goldgulden geschätzt.

Durch die Handelsaktivitäten der Holländer, die nun nicht mehr nur Dreieckshandel betrieben, sondern mit ihren indonesischen Waren in Europa direkt handelten, konnte in Holland ein Teil der bisher in der Landwirtschaft beschäftigten Bevölkerung freigesetzt und in neuen, sehr viel produktiveren Formen der manufakturellen Arbeit beschäftigt werden. Dadurch entstand zugleich mit der höheren Arbeitsproduktivität ein neues eigenständiges europäisches Warenangebot und eine verbesserte Möglichkeit schnellerer technischer Entwicklungen –; dies allerdings auf Kosten der Zerstörung der indonesischen Kultur, deren technologisches Potential – vor ihrem Kontakt mit den Europäern und bezogen auf ihre natürliche Umwelt – der europäischen Technologie durchaus ebenbürtig, in vielen Bereichen sogar überlegen gewesen war.

Durch Sklavenhandel zur Handelsmacht

Die iberischen und holländischen Seehandelsexpansionen mit ihren zerstörerischen Auswirkungen auf Amerika und Indonesien zwischen 1500 und 1750 und ihre positiven Auswirkungen auf die Anhäufung von Geldkapital und auf die Entfaltung einer manufakturellen Technologie in Europa wurden aber durch die Unternehmungen Englands weit in den Schatten gestellt. Englands Seehoheit entwickelte sich aus einer von der englischen Krone subventionierten Piratenflotte, die anfänglich nur parasitäre Bedeutung sowohl für Spanier und Portugiesen wie für die Holländer hatte. Bald aber wurde England durch die Beteiligung am Sklavenhandel nach Westindien und durch die sehr erfolgreichen Unternehmungen der englischen ostindischen Handelskompanie in Indien zur führenden Seemacht und verdrängte seit 1650 die Holländer zunehmend aus dem internationalen Seehandel. Sowohl die Portugiesen, die Holländer und die ebenfalls neu im Seehandel erscheinenden Franzosen wurden bis 1760 vollständig der englischen Kontrolle unterworfen.

Insbesondere durch die Ausplünderung Indiens und die Ausbeutung der Sklavenarbeit auf den Westindischen Inseln wird die Gesamtsumme, die nach England zwischen 1750 und 1800 geflossen ist, auf 1 Milliarde Goldpfund geschätzt, die in England für die Entfaltung der manufakturellen Warenproduktion und für die Freisetzung von Arbeit aus der Landwirtschaft eine ähnliche Bedeutung gehabt hat wie die Gewinne Hollands 50 Jahre zuvor.

Wie Spanien, Portugal und Holland zuvor Südamerika und Indonesien zerstört hatten und diesen Ländern die Möglichkeit eigener technologischer Weiterentwicklung abgeschnitten wurde, so zerstörte England Indien. Zusammen mit Frankreich verhinderte es eigene Entwicklungen in Afrika durch den Raub und die Entführung der männlichen arbeitsfähigen Bevölkerung ganzer Regionen. Vorsichtige Schätzungen sprechen von etwa 20 Millionen Menschen, die Afrika in der Periode der großen Sklavenjagden verloren hat; einige schätzen die Zahl auf 100 Millionen. An der Ausplünderung und wirtschaftlichen Zerstörung Indiens läßt sich die Entwicklung zur Unterentwicklung von 1750 bis zum Beginn des Kolonialismus in der Mitte des 19. Jahrhunderts aufzeigen. Insbesondere auch deshalb, weil in dieser Phase in England die sogenannte »industrielle Revolution« stattfand, die die wirtschaftlichen und – zusammen mit der »französischen Revolution« – die politischen Grundlagen für die modernen westeuropäischen Gesellschaften gelegt hat.

Es ist daher kein Zufall, daß die für die industrielle Revolution entscheidenden Erfindungen in der Maschinentechnologie im ausgehenden 18. Jahrhundert (Dampfmaschine, Webstuhl) zu einer Zeit erfolgten, als die Profite aus dem jahrhundertelangen überseeischen Handel unlöslicher Bestandteil der westeuropäischen Entwicklung geworden waren. Die technologische Revolution des 18. und 19. Jahrhunderts entsprang zwar dem Zusammenspiel einer Vielzahl von originell europäischen Einzelerfindungen und Denktraditionen; doch ihr produktiv anwendbares Ergebnis entstand erst mit Hilfe einer kapitalistischen Entwicklung, die die ganze Welt in das System des Merkantilismus miteinbezogen hatte.

Mit dem Übergang vom 18. ins 19. Jahrhundert und ausgelöst durch die industrielle Revolution gewann das Verhältnis Europas zu den Ländern der heutigen »Dritten Welt« eine neue Qualität. Europa (und insbesondere England) war nun, nachdem es die eigenständige Warenproduktion in den meisten Gebieten der Welt zerstört oder in ihrer Entwicklung verhindert hatte, als einziger Warenanbieter großen Stils übriggeblieben. Während der frühere Handel Europas mit der übrigen Welt weitgehend auf Luxusgüter für den europäischen Import beschränkt war, bot Europa nun Fertigwaren aus eigener industrieller Produktion an. Vor allem konnten Baumwolltextilien vermittels Webstuhl und Dampfmaschine in so großen Mengen erzeugt werden, daß sie praktisch den gesamten Weltmarkt überschwemmten. Die Liverpooler Produzenten gingen sogar dazu über, früher besonders gefragte indische, chinesische und afrikanische Muster zu kopieren. Die ehemaligen indischen und afrikanischen Textilexportgebiete wurden im Austausch gegen Rohbaumwolle zu Importeuren fertiger englischer Stoffe.

Die technologische Stagnation

Was in der Anfangsphase für Textilien galt, dehnte sich im Verlaufe des 19. Jahrhunderts und im Zuge der weiteren industriellen Entwicklung Europas auch auf andere Waren aus, die in den anderen Gebieten der Welt früher lokal produziert worden waren. Das Handwerk, das in einigen Gebieten Afrikas, Asiens und Lateinamerikas weit entwickelt gewesen war, verlor ebenso seine Bedeutung wie der lokale Handel. War die Zerstörung bereits bestehender Industrien und die Unterbindung der Fortsetzung schon vorhandener handwerklicher und technischer Fähigkeiten durch die europäischen Expansionen für die heutigen Länder der »Dritten Welt« zwar schon schwerwiegend genug, so kam durch den weltweiten Handel mit europäischen Industrieprodukten eine neue Richtung in die Entwicklung zur Unterentwicklung: Allein durch Warenverkehr und nicht mehr durch Zerstörung und Raub wurde die selbständige Entfaltung neuer technologischer Möglichkeiten verhindert. Die Handelsbeziehungen Europas zum Rest der Welt auf der Basis einer nur in Europa stattfindenden industriellen Warenproduktion unterstützten damit den industriellen Reifungsprozeß, während die gleichen Beziehungen in der ganzen Welt (mit Ausnahme der neuen europäischen Enklaven USA und Australien) eine Phase der technologischen Stagnation und teilweise Rückentwicklung einleiteten und verfestigten.

Zwar hatte der Handel mit den industriellen Waren Europas zerstörerische Auswirkungen auf eine unabhängige technologische Weiterentwicklung in den meisten Gebieten der Erde, jedoch hat dieser Handel durchaus eine Nachfrage für den Import fertiger und anwendbarer europäischer Technologien angeregt.

Solche Bemühungen, europäische Technologie zur eigenen Weiterentwicklung zu importieren, gingen sowohl von Indien wie von einigen Gebieten Afrikas aus, von Regionen, deren Gesellschaften in ihren technologischen Standards und in ihrer internen Arbeitsteilung bereits soweit entwickelt waren, daß sie die neuen Technologien ohne größere soziale Erschütterungen durchaus ihrem eigenen Produktionssystem hätten einfügen können. Trotz der bahnbrechenden Erfindungen der Dampfmaschine und des mechanischen Webstuhls war die Lücke zwischen der europäischen und der außereuropäischen Technologie in der Zeit um 1750 bis 1800 noch immer nicht sehr groß, zumal auch in Europa in der Phase von 1500 bis 1750 die technologische Entwicklung immer noch relativ langsam vor sich gegangen war. Auch in Europa war die planmäßige und auf direkte praktische Anwendungen rationalisierte Naturwissenschaft noch nicht fest verwurzelt. Naturwissenschaftliche Entdeckungen und ihre praktischen Möglichkeiten für die Verbesserung der Produktionsprozesse geschahen eher zufällig und waren noch nicht direkter Bestandteil der Organisation des Wirtschaftssystems. Erfindungen setzten sich nur relativ langsam durch, und auch die vollständige Eingliederung von Dampfmaschine und mechanischem Webstuhl in eine industrielle Produktionsweise brauchte außerhalb Englands in den anderen europäischen Ländern noch immer mehr als 70 Jahre.

Im Hinblick auf den Export ihrer neuen Technologie verhielten sich die Engländer gegenüber der restlichen Welt wie sich dreihundert Jahre früher die mittelalterlichen Handwerkszünfte verhalten hatten; die Weitergabe von neuer Technologie wurde verhindert. Wenn dennoch, wie zum Beispiel in Indien, Dampfwebereien aufgebaut wurden, so setzte England seine ganze Macht ein, um durch Handelsbeschränkungen, Zollsperren und Besteuerungen solche Ansätze von vornherein zu ersticken. Sowohl aus der Struktur des von Europa dominierten Handels wie aus der Weigerung der europäischen Länder, die

Die verweigerte Technologie

Welt an ihren technologischen Fortschritten teilhaben zu lassen, war die übrige Welt von der Möglichkeit abgeschnitten, sich entlang seiner eigenen Entwicklungslinien zu entfalten. In den Jahrhunderten vor der direkten kolonialen Herrschaft wuchs Europas technische und wissenschaftliche Kapazität progressiv an, während die anderen Gesellschaften der Erde in ihren technologischen Entwicklungen nahezu stehenblieben.

»Befreiung« zur Lohnarbeit

Durch den Handel Europas mit industriellen Waren in der ganzen Welt und durch die sich beschleunigende technologische Entwicklung vollzogen sich im 19. Jahrhundert in Europa selbst einige soziale Veränderungen, die für die nächste Phase der Verhältnisse von Europa zum Rest der Welt neue Voraussetzungen schufen.

Gefolgt in einem jeweiligen Abstand von ca. 30 Jahren zu den anderen sich industrialisierenden Ländern Europas (in Frankreich begann die industrielle Entwicklung großen Stils um 1830, in Deutschland um 1860), war England zu Beginn der »industriellen Revolution« das führende Industrieland. Das rasche industrielle Wachstum wurde von einem rapiden Ansteigen der industriellen Lohnarbeiterschaft begleitet, die sich weitgehend aus der ehemals agrarischen Bevölkerung rekrutierte. Der Prozeß der Entlassung der Landbevölkerung aus ihren feudalen Bindungen hatte – vor allem in England und Holland – bereits im 17. Jahrundert seinen Anfang genommen. In England wurden ganze Grafschaften entvölkert, und der ehemals intensiv landwirtschaftlich genutzte Boden wurde vom Landadel in eine extensive Nutzung – vor allem durch Schafzucht – genommen. Große Teile der landwirtschaftlichen Bevölkerung wurden dadurch zwar im rechtlichen Sinne gegenüber den früheren feudalen Abhängigkeiten frei. Zugleich setzte aber eine absolute Verelendung ein, die einerseits durch die extensive Landnutzung auf einer Einschränkung der Nahrungsmittelbasis für die Masse der Bevölkerung beruhte und darüber hinaus den ehemaligen Bauern keine andere Erwerbsmöglichkeit ließ, als zunächst in die manufakturelle, später in die industrielle Lohnarbeit überzuwechseln. Ein gewisses bevölkerungspolitisches Ventil bot in dieser Zeit nur noch die Auswanderung nach Amerika und Australien.

Das aus Indien, dem Sklavenhandel und der Sklavenarbeit nach England hineinströmende Geldkapital und die grundlegenden Erfindungen für die industrielle Maschinentechnologie sowie das Vorhandensein einer großen, nahezu beschäftigungslosen Bevölkerungsmasse führte dazu, daß die frühen Industrieunternehmer in die Lage versetzt waren, ihre industriellen Anlagen extensiv auszudehnen; viele Arbeiter, die nicht anders als durch industrielle Lohnarbeit ihren Lebensunterhalt verdienen konnten, mußten ihre Arbeitskraft billig anbieten, während zugleich die Kosten für die Anlage von Industrieunternehmen noch gering waren.

Während einerseits durch die neue industrielle Produktionsweise die Produktivität der Arbeit in Europa sprunghaft anstieg, blieb zugleich die Nahrungsmittelproduktion zurück; andererseits konnte das Angebot an Industriewaren – wegen der niedrigen Löhne – auf den europäischen Inlandmärkten keine ausreichende Nachfrage finden. Auch die zur industriellen Verarbeitung nach den neuen Maßstäben der Produktivität notwendigen Rohmaterialien konnten auf dem internen Markt nicht beschafft werden.

Diese Situation auf dem internen Markt Englands führte zugleich dazu, daß ein Markt für die Masse der neu produzierten Waren entwickelt werden mußte. England hing von der auswärtigen Versorgung mit Rohstoffen ab und zugleich – wegen seines schwachen internen Marktes – von dem gesamten Weltmarkt, um seine Industrieprodukte absetzen zu können; zudem war England auf eine auswärtige Versorgung mit Nahrungsmitteln angewiesen. Als Versorger mit Nahrungsmitteln, Rohstoffen und als Abnehmer von Industrieprodukten wurden die industriell nicht entwickelten Gebiete damit zu einem notwendigen Bestandteil weiterer industrieller Entwicklungen Europas. Der Export von Waren in die vorher zerstörten Gesellschaften und die ausschließliche Benutzung der restlichen Welt als Rohstofflieferant und Warenabnehmer hat damit die internen Entwicklungsmöglichkeiten der heutigen »Dritten Welt« erneut eingeengt.

Das Ende des ökologischen Gleichgewichts

Die Verwandlung der »Dritten Welt« zum Rohstofflieferanten verlief ab 1850 stürmisch. War vorher schon durch die verschiedenen dargestellten Prozesse das wirtschaftliche Gleichgewicht dieser Regionen zerstört worden, so kam nun – mit der Einrichtung von Monokulturen – die Zerstörung des ökologischen Gleichgewichts hinzu. Die heutigen großen Hungerregionen dieser Welt, Nordostbrasilien, die Sahelzone in Afrika und weite Gebiete Indiens, sind Folgen dieser Produktionsformen, die ausschließlich auf die Interessen Europas ausgerichtet worden waren. Tamas Szentes berichtet:

»Der Hunger, der in den südamerikanischen Ländern herrscht, leitet sich direkt aus ihrer historischen Vergangenheit ab. Er ist eine geschichtliche Folge ihrer kolonialen Ausbeutung merkantilistischen Typs, in einer Folge von Zyklen, die das wirtschaftliche Gleichgewicht des Kontinents zerstört oder zumindest umgewälzt haben: der Goldzyklus, der Zuckerzyklus, der Edelsteinzyklus, der Kaffeezyklus, der Kautschukzyklus, der Erdölzyklus usw. Während eines jeden dieser Zyklen wird ein ganzes Gebiet völlig von der Monokultur oder der alleinigen Ausbeutung eines bestimmten Produktes in Anspruch genommen, während der ganze Rest vergessen

333

Junge in Kamerun  »*Aufrüstung*«: *Stammeskrieger im Südsudan* Unten: *Indischer Viehhirt vor Industriewerk*

Technischer Einbruch in die Steinzeit

Wenn der wirtschaftliche und technische Standard in der »Dritten Welt« uns heute wie eine Begegnung mit der Steinzeit anmutet, so ist das kein Anlaß für Gefühle »geistiger Überlegenheit« gegen die Menschen in den »unterentwickelten« oder »unzivilisierten« Ländern. Entwicklung bzw. Unterentwicklung sind Aspekte ein- und desselben Vorganges, der im Europa des 15. Jahrhunderts seinen Ausgang nahm. Bis dahin nämlich war der Grad der technischen Naturbeherrschung und somit der Lebensstandard auf der ganzen bewohnten Welt ziemlich gleich. Die Vorstellung, Europa sei der heutigen »Dritten Welt« schon immer technisch überlegen gewesen, ist erst ein Produkt des 18. Jahrhunderts. Das Zeitalter des europäischen Kolonialismus sah die Rolle der »Dritten Welt« einzig darin, Rohstofflieferant und Absatzmarkt zu sein, und unterband deren eigenständige technologische Entwicklung. Heute bemüht sich die Entwicklungspolitik um gleichberechtigte Handelspartnerschaft zu den Kolonien von einst. Doch zugleich mit dem technischen Nachholbedarf zeigte sich auch ein politischer Nachholbedarf im Bewußtsein der jungen Nationen, der in Bürgerkrieg und Diktatur seinen Ausdruck fand.

Geburtenregelung für Hindu-Frauen   *Interview am Niger*

oder vernachlässigt wird, damit auch seine natürlichen Reichtümer und seine Versorgungsmöglichkeiten. Die Monokultur des Zuckers im Nordosten Brasiliens ist ein typisches Beispiel: Dieses Gebiet, eine der wenigen tropischen Zonen, wo wir einen wirklich fruchtbaren Boden und ein für die Landwirtschaft vorteilhaftes Klima finden, ein Gebiet, das ehedem Wälder mit äußerst vielen Fruchtbäumen zu seinen Reichtümern zählte, ist heute infolge des Eindringens der autophagen Zuckerindustrie, die allen verfügbaren Boden an sich gerissen hat, eine Hungerzone geworden. Die Tatsache, daß man weder Obst noch Gemüse anbaut, daß man auch kein Vieh zieht, hat das Ernährungsproblem in einem Gebiet, das über eine unbegrenzte Vielfalt von Nahrungsmitteln verfügen könnte, wenn man seine Ausbeutung auf eine Polykultur orientiert hätte, zu einer äußerst ernsten Frage werden lassen.« Gleiches trifft auch für andere Gebiete der Welt zu. »Die Exportproduktion ist nicht nur deshalb für die Eingeborenen verhängnisvoll, weil sie die regionale Produktion von Nahrungsmitteln vermindert, sondern auch, weil sie durch eine verstärkte Erosion den Boden ruiniert. Dies ist beim Kakaoanbau an der Goldküste (Ghana) und beim Erdnußanbau im Senegal der Fall«, schreibt Josué de Castro.

Durch die Verbreitung der Rohstoffbasis für die industrielle Produktion und durch die wachsende Inanspruchnahme der ganzen Welt als Absatzmarkt konnte zunächst der Lohn für die einheimischen Industriearbeiter in Europa ebenfalls niedrig gehalten werden, das heißt durch ihr niedriges Einkommen wurden die Arbeiter nur im geringen Maße an dem Verbrauch der von ihnen produzierten Waren beteiligt. In dieser Phase (den sogenannten »Gründerjahren« von 1870–1880) vollzog sich die Anhäufung industriellen Kapitals aus drei Bedingungen mit ungewöhnlicher Geschwindigkeit: Billige Rohstoffe waren aus der ganzen Welt zu beziehen, die in Europa produzierten Waren konnten in der ganzen Welt verkauft werden, und die hohe Produktivität der Arbeit in den Industrieländern garantierte niedrige Produktionskosten und hohe Gewinne, die in neue industrielle Investitionen und in den Luxuskonsum der Oberschicht abflossen.

Zugleich damit wurden gewaltige Überschüsse an Kapital angehäuft, das in Europa selbst nicht mehr profitabel angelegt werden konnte. Mit der Notwendigkeit, große Kapitalmengen auswärtig zu investieren, begann ein weiteres Kapitel in den internationalen Beziehungen. Sowohl aus der Größe des Kapitals wie aus den nationalen Rivalitäten der Mächte Europas und aus einem sich – vor allem in Afrika formierenden – einheimischen Widerstand wurde der militärische und damit staatliche Schutz des auswärtig angelegten privaten Kapitals erforderlich. Die Phase des direkten Kolonialismus begann. 1884 zur Berliner Konferenz war bereits die ganze Welt unter den Mächten Europas als Schutzgebiet, Protektorat und Kolonie aufgeteilt.

Damit fand auch die bis dahin übliche Sklavenwirtschaft ihr Ende. Einige Länder, vor allem Belgien und England, rechtfertigten ihre koloniale Oberhoheit sogar politisch damit, daß sie sich als Schutzherren gegen den Sklavenhandel ausgaben. Tatsächlich war die Beendigung der Sklaverei eine wirtschaftliche Notwendigkeit für die neuen kolonialen Unternehmer, denn die frühe Kolonialwirtschaft hatte in der ersten Phase – wegen der jahrhundertelangen Sklavenjagden – das Problem zu bewältigen, in ihren Gebieten einheimische Arbeiter zu finden und zur Aufnahme von Lohnarbeit in den kolonialen Unternehmen zu veranlassen.

Zwangsarbeit in den Kolonien

Was in der vorkolonialen Phase Sklavenarbeit und Sklavenexport war, wurde in der Frühphase des Kolonialismus Zwangsarbeit in verschiedenen Formen (direkte Zwangsarbeit durch militärische Rekrutierung, indirekte Zwangsarbeit durch Besteuerung der einheimischen Bevölkerung in Geld, das nur durch Arbeit in einem kolonialen Unternehmen oder durch Lohnarbeit im Interesse Europas erworben werden konnte).

Während sich in Europa der Übergang der ehemals landwirtschaftlichen Bevölkerung in die industrielle Lohnarbeit graduell und vollständig vollzog, das heißt daß für den industriellen Lohnarbeiter jede andere Gelegenheit, seinen Lebensunterhalt zu erwerben, unmöglich wurde und deshalb der Staat soziale Verpflichtungen (Altersversorgung, Arbeitslosen- und Krankheitsschutz) übernehmen mußte, die im alten agrarischen System von der traditionalen Gemeinschaft oder der Familie übernommen worden waren, blieb eine solche vollständige Ausgliederung der kolonialen Lohnarbeiterschaft aus ihren alten gesellschaftlichen Zusammenhängen aus. Das neue koloniale Produktionssystem etablierte sich in einer Weise, die nur auf eine zeitlich begrenzte Inanspruchnahme einheimischer Arbeitskraft zielte, die Arbeiterschaft insgesamt aber nicht in das Produktionssystem eingliederte. Kosten, die dem industriellen Unternehmen in Europa durch Besteuerung zur Übernahme von staatlichen Gemeinschaftsaufgaben oder durch feste Ansiedlungen entstanden, wurden in der kolonialen Produktionsweise nicht notwendig. Die kolonialen Investitionen wurden daher von Anbeginn in einer Weise vorgenommen, daß die in Lohnarbeit beschäftigte Arbeiterschaft jederzeit wieder ausgetauscht werden konnte, und die Arbeiter sich nach Beendigung einer gewissen Arbeitsphase in einem kolonialen Unternehmen wieder in die traditionale Landwirtschaft eingliedern mußten.

Neben den Einsparungen an Soziallasten bedeutete dies für den kolonialen Unternehmer noch eine zusätzliche Kostenminderung, da der Lohn, den er zahlen mußte, sich an dem landwirtschaftlichen Versorgungsniveau der einheimischen Arbeiterschaft orientieren konnte. Diese Versorgungslage war – wegen der geringen landwirtschaftlichen Produktivität in der traditionalen Nahrungsmittelherstellung – auf allerniedrigstem Niveau – nahe dem menschlichen Existenzminimum. Zudem wußte der koloniale Arbeiter, daß er sich nach Aufgabe (das heißt Entlassung aus) seiner Beschäftigung in einem kolonialen Unternehmen diesem unproduktiven Versorgungssystem wieder eingliedern mußte.

Die Orientierung des kolonialen Lohnniveaus für die Arbeiterschaft an einem sehr niedrigen Versorgungsniveau wurde noch dadurch unterstützt, daß die produzierten Güter in noch geringerem Maße, als es in der Frühphase der industriellen Revolution in Europa der Fall war, für einen einheimischen Markt bestimmt waren. Diese besondere Ausnutzung kolonialer Lohnarbeit und die dadurch zu erreichenden außergewöhnlich hohen Gewinne für den kolonialen Unternehmer hatten allerdings zur Voraussetzung, daß die eingesetzte Technologie möglichst geringe Anforderungen stellt, was durch die Interessen der Industrieländer an mineralischen Rohstoffen, die im Bergbau arbeitsintensiv und ohne hohen technologischen Aufwand zu gewinnen waren, ebenso gewährleistet war wie in der agrarischen Plantagenwirtschaft. Durch die historisch hervorgebrachten Interessen der europäischen Länder an den Rohstoffen der Kolonien wurden diese Länder für ihre eigene technologische Entwicklung und der Ausformung neuer Arbeitsqualifikationen ihrer Bevölkerungen in einen Teufelskreis gebracht, der auch heute noch – allerdings in modifizierter Form – fortbesteht.

Diese Form kolonialer Extragewinne änderte das Verhältnis zwischen Industrieländern und Kolonien; ursprünglich war dieses Verhältnis dadurch gekennzeichnet, daß der Kapitalüberschuß wegen der geringen Nachfrage in den Mutterländern nur in den Kolonien profitabel anzulegen war. In der Kolonialwirtschaft und der Rohstoffproduktion wurden nun nicht nur erneut große Profite erwirtschaftet; zugleich erweiterte diese größere Rohstoffbasis auch die Warenproduktion in den Industrieländern.

Im Zuge der politischen und gewerkschaftlichen Organisierung der Arbeiterschaft in den Industrieländern (in den Kolonien waren Gewerkschaften verboten) und der Verbesserung der Einkommenslage sowie begünstigt durch eine Reihe technologischer Veränderungen (Fließband, Taylorismus) wurde die Lohnarbeiterschaft in den Industrieländern zunehmend stärker in den Konsum ihrer eigenen Produktion eingegliedert. Im Verhältnis zu den Kolonien vervielfältigte sich das Einkommen der Bevölkerung in den Industrieländern; dementsprechend kostspieliger wurden die Konsumgüter, während der Preis für die Rohstoffe sich über Jahrzehnte hinweg kaum wesentlich veränderte.

Daß sich in der spätkolonialen Phase diese Relation einspielte, die größtenteils auch heute noch gegeben ist (in Form der sogenannten »Terms of Trade«, das heißt der für die Entwicklungsländer zunehmend ungünstiger werdenden Austauschrelation ihrer

Rohstoffe gegen industrielle Fertigwaren im internationalen Handel), resultiert aus dem Sachverhalt, der oben schon in einem anderen Zusammenhang erläutert wurde, und der früher als »Dualismus« und neuerdings als »strukturelle Heterogenität« der Produktionsformen in Entwicklungsländern bezeichnet wird.

Wäre der gleiche technische Standard wie in den Industrieländern von Anbeginn auch für die Kolonialvölker zur Anwendung gebracht worden, dann hätte sich eine breit qualifizierte Arbeiterschaft heranbilden können, und die allgemeine Versorgungslage der Bevölkerung wäre angestiegen. Die Rohstoffe wären teurer geworden und die Profite gesunken. Die Wirtschaftspolitik der Kolonialherren mußte also alles vermeiden, was den Lebensstandard der Kolonialvölker erhöht hätte, insbesondere moderne agrarische Produktionstechniken. Trotz einer etwa 100- bis 150jährigen Bindung an die Industrieländer leben in der »Dritten Welt« heute noch immer bis zu 80 Prozent der Bevölkerung in einer landwirtschaftlichen Produktionsform, die nur in der Lage ist, die Subsistenzversorgung (das heißt die des notwendigsten Bedarfes) auf allerniedrigstem Niveau zu sichern. In den meisten Entwicklungsländern ist durch das rasche Bevölkerungswachstum heute sogar ein Absinken des herkömmlichen Versorgungsniveaus zu bemerken. Mit jedem Absinken der traditionellen landwirtschaftlichen Produktion erhöht sich aber zugleich die Quote der Arbeitslosen und Unterbeschäf-

Republik Mali: Tuareg-Männer mit Kamelen am Brunnen. Der westafrikanische Staat wurde 1960 aus französischer Oberhoheit in die Unabhängigkeit entlassen. Die aus dem Sudan und Senegal gebildete Föderation (aus der sich Senegal dann noch im Jahre der Unabhängigkeit löste) hatte ihre größte wirtschaftliche und kulturelle Blüte im 14. Jahrhundert, ehe Stammes- und Kolonialkriege einsetzten.

tigten, was wiederum das Lohnniveau niedrig hält. In diesem Zusammenhang zeigt sich die enge Beziehung zwischen der Vollbeschäftigung in Industrieländern und der wachsenden Arbeitslosigkeit in der »Dritten Welt« – eine weitere Form der Unterentwicklung. Heute allerdings wirkt diese Beziehung nicht mehr allein zum Nutzen der Industrieländer, sondern vielfach auch zum Nutzen der jungen einheimischen Unternehmer, die in den Entwicklungsländern die eigene Wirtschaft in gelernter Kolonialmanier lenken. Die vorerst letzte Phase der Unterentwicklung setzt mit dem Ende des zweiten Weltkrieges ein, verursacht durch die sogenannte »wissenschaftlich-technische Revolution«, die die Arbeitsweise des alten, kolonialen Systems grundlegend verändert hat.

Die technologische Lücke

Die Entfaltung der wissenschaftlich-technischen Revolution hat die Bedeutung der natürlichen Rohstoffe aus den Ländern der »Dritten Welt« erheblich eingeschränkt – zumindest im Hinblick auf die weitere Entfaltung des industriellen Systems. Diese wissenschaftlich-technische Revolution hat die landwirtschaftliche Produktion (chemische Düngung, Vollmechanisierung) miterfaßt und deren Produktivität in den Industrieländern so erheblich gesteigert, daß eine weitgehende Selbstversorgung der Industrieländer mit Nahrungsmitteln gesichert ist und heute sogar schon Überproduktionskrisen in der Landwirtschaft auftreten.

Zugleich hat diese Entfaltung neuer Technologien auch in den Industrieländern zu neuen Möglichkeiten profitabler Investition von Kapital geführt, das in früheren Phasen nur in den Kolonien profitabel angelegt werden konnte. Dadurch sind neue Beschäftigungsmöglichkeiten im sekundären (Verarbeitungs-) und tertiärem (Dienstleistungs-) Bereich innerhalb der Wirtschaftsstruktur der Industrieländer entstanden. Darüberhinaus ist von England – einem Land mit notwendiger Abhängigkeit von äußerer Versorgung (Rohstoffen und Nahrungsmitteln) – die Führung in der industriellen Entwicklung an die USA übergegangen.

Die USA verfügen über reiche eigene Vorräte an Rohstoffen, sie haben eine hochentwickelte Landwirtschaft, einen sehr viel größeren internen Markt und eine allgemeine Wirtschaftsstruktur, die aus allen diesen Gründen sehr viel weniger gegen Schwankungen und Krisen im internationalen Handel anfällig ist, als dies bei den führenden Industrieländern in der Phase von 1850 bis 1930 der Fall war. Auf der Grundlage einer neuen ökonomischen Theorie (Keynes) und der Abkehr vom reinen Liberalismus in der Wirtschaftspolitik haben sich im Rahmen einer zunehmend enger werdenden Kooperation und Handelstätigkeit der Industrieländer untereinander neue Formen der internationalen Arbeitsteilung gebildet, die zwischen den bereits industrialisierten Ländern und weitgehend unabhängig von den heutigen Entwicklungsländern funktionieren.

Dies verdeutlicht sich daran, daß die Handelstätigkeit zwischen den Industrieländern seit 1950 beständig zunimmt, während der Handel zwischen Industrieländern und Entwicklungsländern fortlaufend abnimmt. Das allgemeine Ansteigen des Einkommensniveaus in den Industrieländern hat die Verbrauchergewohnheiten verändert und eine verstärkte Nachfrage nach hochwertigen Nahrungsmitteln und dauerhaften Konsumgütern hervorgebracht – eine Nachfrage, die weitgehend nur durch den internationalen Handel der Industrieländer untereinander befriedigt werden kann.

Aus dieser Konstellation beginnt sich gegenwärtig ein neues Verhältnis zwischen den Industrieländern und der »Dritten Welt« herauszubilden. Einerseits hat der Fortschritt

Technik in der Dritten Welt

von Wissenschaft und Technik ein rapides Ansteigen der Produktivität bei der Gewinnung von Rohstoffen verursacht, andererseits hat die Anwendung von Wissenschaft und Technik zugleich einen schwindenden Bedarf der verarbeitenden Industrien an natürlichen Rohstoffen zur Folge gehabt, weil viele der früher gebräuchlichen Rohstoffe (zum Beispiel Sisal, Hanf, Kautschuk, Baumwolle etc.) durch Produkte der petro-chemischen Industrie (Kunststoffe) ersetzt werden konnten. Zusätzlich zur abnehmenden Bedeutung der traditionellen Rohstoffe – mit Ausnahme solcher von strategischer Bedeutung (Uran) oder Wichtigkeit für den technischen Fortschritt (Erdöl) – verdeutlicht sich dieser Wandel in der internationalen Arbeitsteilung in folgendem: Während in der Vergangenheit und zum Teil auch heute noch der Verkauf von industriell erzeugten Fertigwaren (Konsumgüter aller Art) aus der Sicht ihrer Marktprobleme das Haupthandelsinteresse der Industrie mit den Entwicklungsländern ausmachte, werden zunehmend auch Kapitalgüter (ganze Produktionsanlagen zur Erzeugung von Konsumgütern) in Entwicklungsländern aufgebaut.

Durch die verschiedenen Phasen ihres Verhältnisses zum Rest der Welt haben die Industrieländer ein so starkes Übergewicht im Bereich der Schwerindustrie aufgebaut, daß es nicht nur möglich, sondern geradezu notwendig ist, dieses Monopol in der Schwerindustrie auf Entwicklungsländer auszudehnen, um den Markt für diese Produkte zu erhalten und zu erweitern. Produktionsanlagen für die Komsumgüterproduktion in Entwicklungsländern (Textilien, feinmechanische Industrie etc.) die – wegen der hochgradigen Standardisierung der Arbeitsabläufe – nur noch geringe Anforderungen an die Arbeitsqualifikation stellten und damit der gegebenen Struktur der vorhandenen Arbeiterschaft in Entwicklungsländern entgegenkommen, haben heute – auf anderem Niveau – dieselbe Funktion übernommen, die früher industriell erzeugte Fertigwaren hatten. Zugleich entlastet die Verlagerung der Konsumgüterproduktion aus industriellen »Hochlohnländern« in die »Niedriglohnländer« der »Dritten Welt« den Arbeitsmarkt in den Industrieländern; damit kann sowohl der Lebensstandard der Bevölkerung in den Industrieländern verbessert wie auch der Gewinn industrieller Unternehmungen erhöht werden; dies allerdings wiederum auf Kosten der Entwicklungsmöglichkeiten der »Dritten Welt« und einer zusätzlichen Verfestigung ihrer technologischen Abhängigkeit von den Industrieländern.

Die sich immer stärker öffnende Schere im Pro-Kopf-Einkommen zwischen Industrie- und Entwicklungsländern wird ergänzt durch die Kluft in den Voraussetzungen zukünftigen Fortschritts: der Kapazität in Wissenschaft und Forschung. Bereits heute sind 98 Prozent der Forschungskapazität der ganzen Welt in Industrieländern konzentriert, und auch die verbleibenden zwei Prozent Forschungskapazität der »Dritten Welt« werden zumeist auf Probleme orientiert, die den internationalen, das heißt den Standards der Industrieländer entsprechen. Die Anzeichen einer sich neu entwickelnden internationalen Arbeitsteilung können gerade in diesem Bereich entdeckt werden. Hier ist eine neue Form der internationalen Arbeitsteilung entstanden mit den Zentren des wissenschaftlich-technischen Fortschritts in den hochindustrialisierten Ländern und den Ländern der »Dritten Welt«, die diese Technologien importieren müssen.

Aus allen diesen Gründen zeigen die heute unterentwickelten Länder der Erde nicht nur alle Kennzeichen und Konsequenzen früherer Kolonialwirtschaft; sie tragen zugleich auch noch die Nachteile, die aus den neuen Formen der internationalen Arbeitsteilung hervorgegangen sind.

Vor diesem Hintergrund müssen nunmehr die Probleme gesehen werden, die in jüngster Zeit unter dem Stichwort »Technologietransfer« oder »angepaßte Technologie« diskutiert werden.

Die erste Entwicklungsdekade

1961 wurde – nachdem die meisten Länder der »Dritten Welt« ihre formale politische Unabhängigkeit erlangt und aus dem Kolonialstatus entlassen worden waren – von der Vollversammlung der Vereinten Nationen das Jahrzehnt bis 1970 zur ersten Entwicklungsdekade deklariert. Mit der finanziellen und technischen Hilfe der Industrieländer sollte in den Entwicklungsländern das jährliche Wirtschaftswachstum auf 5 Prozent gesteigert werden. Bereits 1968 zeichnete sich jedoch der totale Fehlschlag der internationalen Entwicklungspolitik ab; weder wurde das Vorhaben realisiert, daß die Industrieländer 1 Prozent ihres Bruttosozialproduktes der Entwicklungshilfe zuführen sollten, noch konnte – mit wenigen Ausnahmen – das Wirtschaftswachstum in der »Dritten Welt« wie vorgesehen gesteigert werden.

Ganz im Gegenteil sank der Anteil der Gelder für Entwicklungshilfe, das Wirtschaftswachstum in Entwicklungsländern verlangsamte sich, und die Einkommensschere zwischen Industrieländern und Entwicklungsländern wurde immer größer. Von daher stellte sich Anfang der siebziger Jahre das Problem der Effektivierung der Entwicklungshilfe. Als ein Hauptfaktor der Entwicklung wurde nun ganz im Gegensatz zu rein ökonomischen Wachstumsmodellen auch der Faktor »Technologie« näher analysiert.

Ebenso wie schon frühzeitig in der Entwicklungspolitik Wirtschaftsentwicklung fast gleichgesetzt wurde mit Industrialisierung, glaubte man auch, das »Wie« der Industrialisierung weitgehend nach dem Muster der Industrieländer betreiben zu können. Dieser Ansicht lag die irrige Vorstellung zugrunde, die Entwicklung der verschiedenen Weltteile habe sich weitgehend unabhängig voneinander vollzogen, das heißt also, daß die heutigen Industrieländer den erreichten technologischen Entwicklungsstand aus eigener Kraft erreicht hätten. Als einfache Folgerung ergab sich aus dieser Theorie, daß die Industrialisierung sich nur nach dem Modell der Entwicklung in den Industrieländern vollziehen könne. Da dieser Prozeß als weitgehend bekannt vorausgesetzt werden konnte, glaubte man, industrielle Entwicklung in der »Dritten Welt« vorantreiben zu können.

Zunächst glaubte man, den wesentlichen Mangel der Entwicklungsländer im fehlenden Kapital auszumachen, was in der internationalen Entwicklungspolitik eine Konzentration auf »Kapitalhilfe« zur Folge hatte. Nachdem sich hier keine Erfolge zeigten, sondern das als Hilfe vergebene Kapital in veränderter Form in die Industrieländer zurückfloß, wurde ein weiterer Mangel entdeckt: der Bildungsnotstand in der »Dritten Welt«. Eine ebenfalls recht kurze Phase in der internationalen Entwicklungspolitik bezog sich daher auf »Bildungshilfe«, mit dem Ergebnis, massenhaft Qualifikationen in den Bevölkerungen der Entwicklungsländer heranzuziehen, die unter den gegebenen Bedingungen überhaupt nicht produktiv eingesetzt werden konnten; so hatte Indien zum Beispiel im Jahre 1974 80 000 arbeitslose Ingenieure.

Erst in jüngster Zeit beginnt man die internationalen Beziehungen zwischen Entwicklungsländern und Industrieländern als ein zusammenhängendes System aufzufassen. Zunehmend wendet man sich von der Auffassung ab, daß Entwicklung ein universell gleichförmiger Prozeß sei, der in einigen Gebieten früher, in anderen Regionen später eingesetzt habe. Da zugleich mit dieser Abkehr zunehmend berücksichtigt wird, daß nicht Kapital allein, sondern die besondere historische Form der Kapitalentstehung und die besondere technologische Form der Kapitalanwendung die wesentlichen Faktoren für Entwicklung bzw. Unterentwicklung sind, gewinnt der Faktor »Technologie« in der internationalen Entwicklungspolitik mehr und mehr an Bedeutung, wenn auch konkrete politische Konsequenzen bisher nur zögernd gezogen werden.

Ein entscheidender Gesichtspunkt dabei ist es, daß der Prozeß, auf dem die Entwicklung und Industrialisierung der heutigen Industrieländer zum großen Teil beruht, für die Entwicklung der heutigen »Dritten Welt« faktisch nicht wiederholbar ist. Überlegungen zur technologischen Entwicklung der »Dritten Welt« bewegen sich daher immer im Spannungsfeld zwischen der gegenwärtigen technologischen Form der industriellen Kapitalanwendung und der historischen Form der Kapitalentstehung.

Da aber die Kapitalbildung in Industrieländern ihrerseits im Rahmen der historisch entfalteten politischen und sozialen Strukturen der Industrieländer eine bestimmte technologische Form gefunden hat, kann das Problem der »angepaßten Technologie« für die »Dritte Welt« nur behandelt werden, wenn die Frage, woran diese Technologie »angepaßt« ist, sich nicht nur auf die gegenwärtige wirtschaftliche und soziale Struktur in den

Entwicklungsländern bezieht, sondern zugleich auch auf die technologische und soziale Struktur in den heutigen Industrieländern. Eine international einheitliche wissenschaftliche Behandlung dieses Problems ist aber ebensowenig abzusehen wie eine einheitliche politische Strategie.

Neue Richtungen

Generell lassen sich drei Richtungen in der modernen Entwicklungspolitik unterscheiden: die »revivalistische«, die »intermediäre« und die »modernistische« Strategie.

Kennzeichen der »revivalistischen« Haltung ist – neben einer teilweise aus der früheren Phase der Unabhängigkeitsbewegung resultierenden nationalistischen (Entwicklung aus eigener Kraft) oder ethischen Orientierung (Maschinenarbeit verdirbt den Charakter, Ghandi) – ein starker Bezug zu den Technologien und Handwerkstechniken, wie sie sich in den – bevölkerungsmäßig größten – traditionalen und dorfwirtschaftlich organisierten Teilsektoren der Länder der »Dritten Welt« erhalten haben. (Tansania »Ujama-Bewegung«, China »Der große Sprung«, Indien »Ambar-Chakar-Programm« im ersten 5-Jahres-Plan.) Aus der akuten Versorgungsproblematik und der Tatsache, daß die Masse der Bevölkerung auf dem Lande lebt, beziehen sich »revivalistische« Entwicklungsprogramme zumeist auf arbeitsintensive landwirtschaftliche Technologien, wobei der Sprung vom Grabstock zum Ochsenpflug anvisiert wird, nicht aber zum Traktor und zur landwirtschaftlichen Großflächennutzung. Insbesondere werden Technologien angestrebt, die mit nur geringen Kapitalkosten verbunden sind, sondern solche Werkzeugformen bevorzugen, die die Bevölkerung ohne Arbeitszeitverluste – etwa zwischen den Ernte- und Saatzyklen – selbst herstellen kann. In der Regel werden »revivalistische« Entwicklungsprogramme im Zusammenhang mit kollektivistischen nationalen Ideologien entwickelt, da der Erfolg solcher Programme in hohem Maße an eine verstärkte Motivation zur Mehrarbeit gebunden ist, deren Wirkungen sich erst über lange Zeiträume einstellen, so daß die direkte wirtschaftliche Motivation für diesen Zwischenzeitraum durch ideologische Faktoren zeitweise ersetzt werden muß.

Die Vertreter einer »intermediären« Technologie stützen sich auf Aspekte der ökonomischen Theorie der Grenzproduktivität. Ausgangspunkt ist die Tatsache, daß auf den Märkten der Entwicklungsländer die Faktoren »Arbeit« und »Kapital« umgekehrt proportional zu den Industrieländern angeboten werden: Während in Entwicklungsländern Kapital der knappe (das heißt teure) Faktor ist, ist es in Industrieländern der Faktor Arbeit. Weil der technologische Fortschritt aber weitgehend in Industrieländern stattfindet, werden dort nur Technologien entwickelt, die den teuren Faktor Arbeit rationalisieren und die deshalb für Entwicklungsländer ungeeignet sind, denn diese

Brasilien: Verstepptes Land im Kaffeegebiet von Paraná. Durch Abholzung hat sich der Grundwasserspiegel gesenkt.

Technologien sind wegen ihres Herkommens aus »Hochlohnländern« für ihre Anwendung in »Niedriglohnländern« viel zu teuer und wegen der Enge des Marktes in Entwicklungsländern auch viel zu produktiv. Aus diesem Grund müssen Technologien entwickelt werden, die den Proportionen in Entwicklungsländern entsprechen, das heißt mehr Arbeit mit weniger Kapital kombinieren. Diese Position bestimmt gegenwärtig weitgehend die Politik der westlichen Industrieländer. Sie könnte einige aktuelle Probleme der Entwicklungsländer lösen helfen, vor allem das akute Problem der Arbeitslosigkeit.

Die »modernistische« Position schließlich argumentiert vor allem im Hinblick auf die fertigen Produkte. Nach dieser Ansicht können Produkte der Entwicklungsländer auf dem Weltmarkt nur abgesetzt werden, wenn sie mit Technologien produziert worden sind, die den internationalen Standards (und das heißt hier, den Standards der höchsten Technologie) entsprechen. Automotoren zum Beispiel können heute auf dem internationalen Markt nur verkauft werden, wenn sie bestimmte Präzisionsanforderungen erfüllen, die nur mit modernsten Maschinen erreicht werden können. Die Vertreter der modernistischen Argumentation, die heute von der neuen Elite einiger Entwicklungsländer, teilweise auch von den Sowjets geteilt wird, setzen sich deshalb dafür ein, in den Entwicklungsländern mit der modernsten Technologie zu beginnen, um nicht die Fehler und Umwege der Industrieländer im Prozeß der Industrialisierung wiederholen zu müssen.

Das Ziel: Weder Rückzug noch Integration

Alle Entwicklungsstrategien in den Entwicklungsländern stehen vor dem Doppelproblem: Zugleich mit der Bewältigung ihrer Zukunftsaufgaben die eigene Vergangenheit überwinden zu müssen. Es wird sich eine technologische Strategie für Entwicklungsländer aus Elementen aller drei Argumenta-

Das Ziel: Unabhängigkeit

tionen herausbilden müssen, wobei sowohl der historische Rückbezug im Auge behalten werden muß wie auch die gegenwärtige Struktur der Weltwirtschaft und Technologie. Eine solche Strategie wird dabei von den konkreten materiellen und Interessenverhältnissen des gesamten internationalen Systems auszugehen haben. Für die Entwicklungsländer gibt es weder die Möglichkeit des totalen Rückzuges aus diesem System noch die totale Integration.

Eine »angepaßte« Technologie für Entwicklungsländer wird daher gefunden werden müssen, die sich nicht nur an rein ökonomische Faktoren wie Kapital und Arbeit orientiert, sondern ebenso die Sozialstrukturen berücksichtigt, die sich über den jahrhundertelangen Prozeß der Unterentwicklung in den verelendeten Regionen der »Dritten Welt« erhalten oder in ihrer heutigen Form erst ausgeprägt haben.

Zugleich müssen die wenigen Kapitalmittel, die aus dem Verkauf von Rohstoffen bezogen werden können, verwendet werden, um Produktionsmittelindustrien aufzubauen, da die Bedeutung der natürlichen Rohstoffe für den Weltmarkt bereits sinkt. Zudem vertieft sich gerade in diesem Bereich der Produktionsmittelindustrie – wegen der wirtschaftlich-technischen Revolution – der Graben zwischen Industrie- und Entwicklungsländern am schnellsten.

In eine Faustformel zusammengefaßt, müßte eine solche Technologie-Strategie sich aus revivalistischen Elementen in der Landwirtschaft, intermediären Techniken in der Konsumgüterproduktion (für den eigenen internen Markt und in dem Ausbau der Infrastruktur) und modernistischen Produktionsmethoden in der Exportgüterindustrie zusammensetzen. Voraussetzung für eine technologische Überwindung der Unterentwicklung – und hier kehrt sich der einleitend genannte technologische Ausgangspunkt der Entwicklung der Unterentwicklung wieder um – ist die Gewinnung einer vollständigen politischen und technologischen Unabhängigkeit der Länder der »Dritten Welt«, eine Unabhängigkeit, die die technologischen Notwendigkeiten einer eigenständigen Entwicklung von den politischen Interessen der Industrieländer abkoppelt. Die ursprünglich aus einem formellen Begriff des Politischen geprägte Kategorie »Dritte Welt« erhält so einen umfassenden politischen Inhalt zurück.

Baran, Paul, Politische Ökonomie des wirtschaftlichen Wachstums. Neuwied/Berlin 1966.
Jalée, Pierre, Die Dritte Welt in der Weltwirtschaft. Frankfurt 1969.
Mandel, Ernest, Marxistische Wirtschaftstheorie (2 Bd.), Frankfurt 1972.
Szentes, Tamas, The Political Economy of Underdevelopment, Budapest 1971.

Albrecht Fölsing

Die Technik der Gewalt

Die technischen Revolutionen der letzten beiden Jahrhunderte haben viele traditionelle Verhaltensweisen der Menschen fragwürdig werden lassen, darunter auch das Austragen von Konflikten durch Waffengewalt. Die Waffen sind viel zu wirkungsvoll geworden, als daß man den Krieg kurzerhand zur »Fortsetzung der Politik mit anderen Mitteln« deklarieren könnte.

Trotzdem ist der gegenwärtige Zustand keineswegs als Frieden zu bezeichnen. In Europa stehen sich die beiden Blöcke der NATO und des Warschauer Paktes bis an die Zähne bewaffnet gegenüber: Hunderttausende von Soldaten und Tausende von atomaren Sprengköpfen auf westlicher wie auf östlicher Seite. Das Vernichtungspotential der Atomwaffen zwingt wenn nicht zum Frieden, so doch zu einem Arrangement auf der Grundlage des Gleichgewichts der Abschreckung, aus dem Entspannungsbemühungen nur mühsam herausführen können.

Unterhalb der atomaren Schwelle dauert sogar der heiße Krieg noch fort. Konflikte wie im Nahen Osten oder in Vietnam haben heute jedoch eine andere Bedeutung als lokale Kriege in früheren Zeiten: Als Stolperdraht können sie die Konfrontation der großen Nuklearmächte herbeiführen und das atomare Arsenal zur Entzündung bringen – ein Arsenal, das die Erde unbewohnbar machen könnte.

Der Krieg war schon immer zu wichtig, um nur den Militärs überlassen zu bleiben; seit der Entwicklung der Atomwaffen ist er eine zu ernste Sache, als daß man ihn allein den Politikern überlassen könnte. Beide, Politiker und Militärs, haben bislang nur ein empfindliches Gleichgewicht des Schreckens zustande gebracht, und das zudem noch eher unfreiwillig, als Tribut an die Gewalt der Waffen.

Vorschläge zu einer Strategie des Friedens, der mehr wäre als eine Abwesenheit von Krieg, haben oft den Hauch des Naiven oder Utopischen. Skeptiker können sich darauf berufen, daß Kriege so alt sind wie die Menschheit oder zumindest ihre überlieferte Geschichte. Die ersten Werkzeuge wie der Faustkeil, ersonnen zur Erleichterung des Lebens, wurden auch als Waffen verwendet, um Menschen zu töten. Sagen und Mythen aller Völker berichten von Schlachten und Feldzügen und vom Ruhm edler Krieger.

Der Trumpf der Griechen

Der erste Militärstaat in der Geschichte war der griechische Stadtstaat Sparta. Die gesamte männliche Bevölkerung diente hier in der Armee, und jeder war dazu erzogen, zu siegen oder zu sterben. Doch ohne überlegene Waffen hätten die Griechen ihre Siege über die Perser bei Marathon (490 v. Chr.) und Salamis (480 v. Chr.) kaum erringen können.

Für den Seekampf hatten sie die Trireme entwickelt, ein Schiff mit 170 Ruderern, in drei Reihen übereinander, das im Wettlauf, andere Schiffe zu rammen, schneller und beweglicher war als alle früheren und zum Vorbild der mittelalterlichen Galeere wurde. Der Trumpf der Griechen zu Lande war ihre »Hoplithenphalanx«, eine geschlossene Front eng gegliederter Infanteriekolonnen, die mit Schild und Speer kämpften. Den Landkrieg ergänzten bewegliche Belagerungstürme, Rammböcke und Katapulte zur Belagerung und Eroberung befestigter Städte.

Die bestausgerüstete und leistungsfähigste Armee des Altertums aber hatte der Makedonier Alexander der Große. Seine Kampferfolge basierten auf dem Zusammenspiel von Reiterphalanx und leichtbewaffneten Fußsoldaten, den »Hypaspisten«, gegen die das persische Massenheer trotz seiner zahlenmäßigen Überlegenheit nichts ausrichten konnte. Für die siegreiche Schlacht von Gaugamela (331 v. Chr.) mobilisierte Alexander 40 000 Fußsoldaten und 7000 Reiter.

Ausrüstung, Strategie und Taktik der Truppen änderten sich in den folgenden Jahrhunderten kaum. Erst die gotischen Reiter überschritten in der Schlacht bei Adrianopel (378 n. Chr.) die Schwelle zur mittelalterlichen Kriegführung. Von da an beherrschten schwere Reiter anstelle von Infanterie die Schlachtfelder Europas, bis ihnen im 14. Jahrhundert englische Bogenschützen und schweizerische Pikenträger entgegentraten.

Die folgenschwerste Entwicklung in der Geschichte der Kriege aber begann mit dem Schießpulver. Wer der Erfinder war, und wer zum erstenmal daran gedacht hat, ein Projektil aus einer Röhre zu treiben, ist nicht bekannt. Um 1300 jedenfalls wurde in Europa das erste Geschütz gebaut, 1324 in Metz erstmals ein Geschütz im Gefecht abgefeuert. Mitte des 14. Jahrhunderts gehörten Feuerwaffen bereits zur regulären Ausstattung der Armeen, aber erst im 15. Jahrhundert revolutionierte das Schießpulver die gesamte Kriegführung: Arkebusen als wundersame Vorläufer des Gewehres und Kanonen mit einer Reichweite von einigen Kilometern wurden zu den wichtigsten Kriegswaffen. Bald darauf tauschte auch die Kavallerie ihre Lanzen gegen Pistolen aus.

Die Artilleriegeschütze nahmen im 16. Jahrhundert gigantische Ausmaße an: Die in Flandern hergestellte »verrückte Margarete« war 18 Fuß (etwa sechs Meter) lang, hatte einen Laufdurchmesser (Kaliber) von 33 Zoll (fast 84 Zentimeter) und wog 15 Tonnen. Im 17. Jahrhundert wurden Schießpulver und Waffenkaliber standardisiert. Als Antwort auf die leistungsfähigen Angriffswaffen wurden immer stärkere Festungsbauten aufgetürmt.

1839 erfand Johann Dreyse das Hinterladergewehr. Dieses Zündnadelgewehr, mit schnellerer Schußfolge und bequemer zu handhaben, war der entscheidende »Durchbruch« bei den Handfeuerwaffen. Im deutsch-französischen Krieg von 1870/71 benutzten die Armeen Gewehre, die bis zu 2000 Meter weit schossen, allerdings nur auf 600 Meter genau waren. Sie konnten im Liegen rasch und bequem geladen werden.

Die beiden großen Kriege des 19. Jahrhunderts, der amerikanische Sezessionskrieg und der deutsch-französische Krieg, setzten den Auftakt zur modernen Kriegführung. Technischer Fortschritt und Massenproduktion hatten zu dieser Zeit bereits die Kriegsindustrie revolutioniert; Telegraphie, Straßennetze und Eisenbahnlinien erleichterten Mobilmachung, Nachrichtenverbindung, Transport und Nachschub der Truppen.

Die vergeblichen Attacken der Kavallerie und der wachsende Erfolg des Infanteriefeuers zwangen die Kriegführenden mehr und mehr zu einer veränderten Kampftaktik, in der das Schanzzeug zu einem wichtigen Teil der Ausrüstung wurde. Die Infanterie lernte, sich einzugraben und hinter Erdaufwürfen und Gewehrauflagen Schutz zu suchen. Die Verteidigung wurde zur stärksten Gefechtsart.

Giftgas, Radar, Grabenkrieg

Der erste Weltkrieg zeigte, daß die Strategen ihre Lektion aus dem vorangegangenen Jahrhundert gelernt hatten: »Grabenkrieg« hieß die Devise gegen den immer massiveren Artilleriebeschuß und den neuen Schrecken des Maschinengewehrs (»MG«) bei der Infanterie, mit dem 500 gezielte Schüsse in der Minute abgegeben werden konnten. Damit verlagerte sich das Schwergewicht des Kampfes auf die Verteidigung.

Im Laufe des Krieges wurden die Verteidigungsstellungen ausgebaut: Stacheldrahtgesicherte Grabensysteme wie die »Hindenburglinie« bestanden aus mehreren, in der Tiefe gegliederten Linien, die dem Angreifer nach einem Sturm auf den ersten Graben we-

Der zweite Weltkrieg

nig Vorteil verschafften. In den Gräben gab es tiefe, gegen Artilleriefeuer gesicherte Unterstände und betonierte MG-Stellungen. Mannschaftsersatz und Material konnten per Eisenbahn dicht an die vorderste Linie gebracht werden.

Große Kanonen erlangten Berühmtheit: auf englischer Seite die 9,2-Zoll-Haubitze mit

Ruine in der vietnamesischen Stadt Quang Tri, 1972. Jahrzehntelang prallten in Indochina modernste Waffen und Guerilla-Taktiken erbarmungslos aufeinander.

einer Reichweite von mehr als 10 Kilometern, auf deutscher Seite die »dicke Berta« mit einem Kaliber von 42 Zentimetern. Der massive Artillerieeinsatz erforderte eine bis ins einzelne gehende Organisation. Telefon, Funkgerät und Beobachtungsflugzeuge waren neuartige Hilfsmittel dabei. Schall- und Lichtmeßbatterien vermaßen erstmals feindliche Feuerstellungen.

Makabre Erfolge wies eine neue Waffe auf, die zunächst von den Deutschen ins Spiel gebracht wurde – das Giftgas. In der zehn Monate dauernden Schlacht bei Verdun im Jahre 1916 verloren beide Seiten je 420 000 Gefallene, zusätzlich schätzt man insgesamt 800 000 Verwundete und Gaskranke.

Und noch eine bis dahin unbekannte Waffe machte von sich reden: das U-Boot, mit dem die Deutschen eine Zeitlang fast den Krieg für sich entschieden hätten. Im April 1917 wurden mehr als eine Million Tonnen britischen und neutralen Schiffsraums versenkt. Das Flugzeug wurde dagegen 1914–1918 kaum im Erdkampf eingesetzt, es erfuhr seine Feuerprobe im Luftkampf und als Aufklärungsinstrument.

Der Durchbruch der Alliierten an der Westfront im August 1918 schließlich war dem Panzerwagen zu verdanken, dessen Bedeutung allerdings erst im letzten Kriegsjahr erkannt wurde.

Der zweite Weltkrieg nutzte die Möglichkeiten des Panzers voll, wie er auch die übrigen bestehenden Waffentechniken perfektionierte. Ganze Heere von Panzerwagen sorgten dafür, daß die Infanterie wieder aus den Schützengräben auftauchte. Geschwindigkeit, Panzerung und Bewaffnung der Panzer waren inzwischen verbessert, Panzerabwehrgeräte entwickelt worden. Panzer wurden zum wichtigsten Bestandteil von Hitlers erfolgreicher Blitzkriegtaktik, bei der es darauf ankam, mit der Panzerwaffe einen Durchbruch durch die feindliche Stellung zu erzielen, der durch Operationen aus der Luft unterstützt wurde.

Die entscheidende Neuerung des zweiten Weltkrieges und zugleich seine mächtigste Waffe waren die Luftstreitkräfte, die die übrige Kriegführung nachhaltig beeinflußten; neue Techniken wie das RADAR wurden entwickelt. Noch bis 1918 hatte man lediglich auf dem Land und zur See gekämpft – in kleinen, überschaubaren Räumen und mit Waffen, die nur auf verhältnismäßig geringe Entfernung und mit begrenzter Vernichtungskraft wirkten. Jetzt war das Schlachtfeld um eine dritte Dimension erweitert, der Krieg großräumig, beweglich und erbarmungslos geworden, tödlich auch für die Zivilbevölkerung in der Heimat durch Flächenbombardements auf Städte und Industriezentren. 9000 Tonnen Bomben fielen allein in vier Großangriffen auf Hamburg. Fast 55 Millionen Menschen kamen im zweiten Weltkrieg um, davon 25 Millionen Zivilisten.

Atomwaffen – der makabre Triumph

Der zweite Weltkrieg wurde durch eine makabre Krönung der Waffentechnik beendet. Atombombenabwürfe auf Hiroshima am 6. August 1945 und zwei Tage später auf Nagasaki zwangen Japan zur bedingungslosen Kapitulation. Der Friede war teuer erkauft. Die Menschheit muß seitdem mit der Möglichkeit leben, durch Krieg alles Leben auf der Erde zu vernichten.

Nicht einmal sechs Jahre hatte es gedauert von der ersten geglückten Kernspaltung im Labor bis zu ihrem Einsatz als Waffe. Otto Hahn hatte Ende 1938 herausgefunden, daß sich Uran durch Beschuß mit langsamen Neutronen spalten läßt. Binnen weniger Wochen hatten andere Physiker die Hahnsche Entdeckung ergänzt: Die Uranspaltung konnte als Kettenreaktion mit ungeheurer Energiefreisetzung ablaufen. Allerdings ist es nur das seltene Uranisotop 235, das gespalten werden kann, das 140mal häufigere Uran 238 zerfällt nur langsam durch Strahlung.

Zwei Aspekte waren den Physikern sofort klar: Eine Bombe, die jede andere Waffe in den Schatten stellte, war möglich geworden, ihre Realisierung würde jedoch ungeheuer schwierig sein. In Deutschland wurde während des ganzen Krieges Atomforschung betrieben, von der Bombe war man aber weit entfernt: Ob aus Unvermögen und Falscheinschätzung oder aus bewußter Überlegung, die Bombe nicht bauen zu wollen, darüber bestehen unterschiedliche Meinungen.

Die deutschen Forschungen waren für die USA jedoch der Anlaß, nach ihrem Eintritt in den Krieg sofort mit der Entwicklung der Bombe zu beginnen, um Hitlers vermeintlichen Atomkriegsplänen zuvorzukommen. Der Manhattan Engineer District – so der Code für das geheime Projekt – war ohne Vorbild in der Geschichte der Wissenschaft und auch der technischen Entwicklung. Niemand ahnte die Kosten und Risiken des Unternehmens. Klar war einzig das Ziel: eine Waffe herzustellen, die den Krieg entscheiden konnte; und das so schnell wie möglich.

Festzulegen war das technische Ziel einfach: Die Physiker hatten ausgerechnet, daß man für eine Bombe zehn Kilogramm reines Uran 235 braucht. Eine andere Möglichkeit war, einige Kilogramm des künstlichen Elements Plutonium aufzubringen. Um so schwieriger war die Realisierung: Für die Abtrennung des spaltbaren Urans wurden in Oak Ridge im Bundesstaat Tennessee Trennanlagen gebaut, die unter großem Energieaufwand das spaltbare Uran anreicherten. Plutonium wurde in den ersten Kernreaktoren in Hanford an der Westküste der Vereinigten Staaten gewonnen; es besteht als Nebenprodukt beim Zerfall von Uran.

341

US-Flugzeugträger »Saratoga Queen«  *Unterwasser-Abschuß einer Polaris-Rakete*

Großvernichtungsgeräte

Bis zu Anfang der sechziger Jahre ging das Streben der Großmächte dahin, immer größere Bomben von gigantischer Sprengkraft zu entwickeln. Die Atombomben, die auf Hiroshima und Nagasaki fielen, hatten eine Explosionsenergie von 20 Kilotonnen TNT – entsprechend 23,2 Millionen Kilowattstunden. Eine russische Wasserstoffbombe, die 1961 explodierte, erreichte gar 60 Megatonnen. Heute stützt sich die Strategie der Großvernichtungsgeräte auf Raketen. Mit ihnen kann man alle Abwehrgürtel überwinden; sie suchen selbsttätig ihr Ziel, können von unterseeischen, festen und fliegenden Basen abgeschossen werden und erreichen jeden Winkel der Erde. Die atomaren Sprengköpfe der jüngsten Polaris-Raketen finden ihr Ziel mit größter Präzision über 4000 Kilometer Entfernung – dabei ist ihr elektronisches Steuerungssystem so klein, daß es in eine Schreibtischschublade passen würde.

Amerikanischer Bomber

Mittelstrecken-Raketen auf Selbstfahrlafetten vor einer Parade in Moskau

Explosionspilz einer chinesischen Wasserstoffbombe

Die Technik der Gewalt

Die eigentlichen Bomben wurden in Los Alamos in der Wüste von New Mexico entworfen und gefertigt.

Am 16. Juli 1945 wurde die erste Uranbombe in einem Test in New Mexico gezündet, ihre Sprengkraft entsprach den Erwartungen: Sie war 20 Kilotonnen des konventionellen Sprengstoffs TNT äquivalent. Beim Abwurf in Hiroshima tötete die Atombombe nach endgültiger Zählung 260 000 Menschen, in Nagasaki fielen ihr 36 000 Menschen zum Opfer. Das nukleare Zeitalter hatte sich auf eine furchtbare Weise angekündigt: Mit einer Waffe, die die wildesten Phantasien an Zerstörungskraft übertraf.

Die Atombomben beendeten nicht nur den Krieg, sie eröffneten zugleich das wahnwitzige Wettrennen des Kalten Krieges. Die Sowjetunion zündete 1948 ihre erste Atombombe, was die Amerikaner bewog, die Entwicklung der noch wirksameren Wasserstoffbomben beschleunigt voranzutreiben. 1952 explodierte die erste Wasserstoffbombe im Pazifik. Ihre Sprengkraft entsprach fünf Millionen Tonnen (Megatonnen) TNT; sie war rund zweihundertmal stärker als die Hiroshimabombe, und ihre zerstörende Wirkung war so groß wie die sämtlicher im zweiten Weltkrieg abgeworfenen Bomben. Die Insel Elugelab im Eniwetok-Atoll, auf der das Ungetüm am 1. November 1952 gezündet wurde, verschwand im Meer. Die Sowjetunion zog schnell gleich und ließ 1961 sogar eine H-Bombe von 60 Megatonnen Sprengkraft explodieren, den bisher größten thermonuklearen Sprengkörper.

Aus vielen Testexplosionen hat die amerikanische Atomenergiekommission folgendes Schreckensbild eines Abwurfs einer mittleren Wasserstoffbombe auf eine Großstadt errechnet:

Der Feuerball der Explosion hat einen Durchmesser von sieben Kilometern, seine Temperatur übertrifft 5000 Grad, alle Materie ist vernichtet, die Radioaktivität macht einen Wiederaufbau im Zentrum der Detonation für Jahrzehnte unmöglich.

Es entsteht ein 100 Meter tiefer Krater mit einem Durchmesser von über 1000 Metern, den Rand bildet ein 600 Meter breiter und 30 Meter hoher Gürtel aus radioaktiv verseuchten Trümmern.

Die totale Zerstörung reicht mindestens 10 Kilometer weit, Feuer und mechanische Zerstörung sind noch in 30 Kilometern Entfernung vom Explosionszentrum anzutreffen.

Eine halbe Stunde nach der Explosion setzt ein radioaktiver Regen (»fall-out«) ein, der das Gebiet im Umkreis bis zu 200 Kilometern unbewohnbar macht.

Die Drohung mit dem Gegenschlag

Die Atomwaffen veränderten die militärische Strategie radikal. Ihre enorme Zerstörungskraft machte sie besonders für Terrorangriffe auf die Zivilbevölkerung geeignet. Ihr Einsatz auf dem Schlachtfeld dürfte von fraglichem Nutzen sein, da sich ihre Wirkung nicht eingrenzen läßt und der radioaktive fall-out auch die eigenen Truppen treffen könnte. Im Hinterland des Gegners eingesetzt, verschaffen sie dagegen einem Angreifer einen nicht wieder auszugleichenden Vorteil: Mit wenigen, überraschend abgeworfenen Bomben läßt sich ein Land völlig zerstören.

Die Begünstigung des Angreifers ist durch die Entwicklung leistungsfähiger Trägersysteme und den Bau relativ leichter Bomben noch verstärkt worden. Die erste Wasserstoffbombe war für die damaligen Flugzeuge sogar zu schwer, sie wurde nicht abgeworfen, sondern auf einem Turm gezündet. Mitte der fünfziger Jahre verfügten die USA bereits über eine Flotte von Bombern, die acht Wasserstoffbomben an Bord tragen können.

Zur allgegenwärtigen Bedrohung wurden die Bomben allerdings erst als Sprengköpfe von Raketen, die jeden Punkt der Erde in höchstens einer halben Stunde erreichen können. Solche Raketen gehören seit den sechziger Jahren zur militärischen Grundausstattung der beiden Großmächte USA und UdSSR.

Wenn es in den fünfziger Jahren immerhin noch die Möglichkeit gab, Bomber abzufangen und zu zerstören, so ist gegen die Raketen kein Kraut gewachsen. Zwar entwickelte man in der Folge eine Anti-Rakete und auch die Anti-Raketen-Rakete. Aber die einzige rationale Strategie, die amerikanische Kriegstheoretiker ersinnen konnten, war die »second strike capability«, die Fähigkeit zum zweiten Schlag. Die Verwalter des Schreckens kalkulierten, daß der Gegner von einem Überraschungsangriff nur dann auf Dauer absehen würde, wenn die eigenen Waffensysteme den Angriffsschlag wenigstens teilweise überstehen und dann das Land des Gegners verwüsten würden.

Verwirklicht wurde diese Balance der Abschreckung durch eingemauerte Raketensilos und die Verlagerung von Raketen auf atomgetriebene Unterseeboote. Die Fähigkeit zum zweiten Schlag kann durch einen ersten Schlag nicht mehr ausgelöscht werden.

Abwehrmaßnahmen gegen heranfliegende Raketen konnten bislang nicht entwickelt werden. Prinzipiell ist es zwar möglich, eine Rakete im Fluge von einer Abwehrrakete abschießen zu lassen, und in den USA wurde die Errichtung eines Gürtels von Abwehrraketen diskutiert. Es zeigte sich jedoch bald, daß es relativ leicht ist, einen solchen Abwehrgürtel zu überwinden. So kann zum Beispiel die angreifende Rakete Phantomkörper ausstoßen, die die Abwehrrakete verwirren und von ihrem Ziel ablenken. Eine andere Möglichkeit sind Raketen mit mehreren Sprengköpfen. In großer Höhe und Entfernung zum Ziel stößt eine große Rakete bis zu fünf Sprengköpfen aus, die voneinander unabhängig ihre verschiedenen Ziele ansteuern. Diesem Bombenhagel wäre kein Abwehrsystem gewachsen.

Angesichts solcher Raffinessen in der Angriffstechnik zeigte sich, daß auch ein bescheidenes Abwehrsystem für die wichtigsten Städte eines Landes die Wirtschaftskraft arg strapazieren würde und schließlich doch überlistet werden könnte. Die Rakete mit nuklearen Sprengköpfen konnte ihren Rang als Angriffswaffe behaupten.

Nach der Phase des »Kalten Krieges« lernten die Großmächte in den sechziger Jahren, die jeweiligen Einflußsphären zu respektieren. Außerdem verstärkten beide Seiten ihre zunächst etwas vernachlässigte konventionelle Rüstung, um nicht schon bei einem leichten Konflikt in einen Atomkrieg hineingezogen zu werden. Dem gleichen Ziel dient ein weltweites Abkommen, in dem sich viele nukleare Habenichtse zu dauerhaftem Atomwaffenverzicht verpflichteten und die Atommächte – mit Ausnahme Frankreichs und Chinas – zusagten, ihre Atomwaffen nicht an dritte Länder weiterzugeben. Ebenso wurden alle weiteren Atomwaffenversuche zu Wasser, zu Lande und in der Luft (ausgenommen: unterirdische Tests) eingestellt. Weitgehende Versuche zu einer Abrüstung scheiterten jedoch. Es hat den Anschein, als habe sich die Menschheit daran gewöhnt, auf einem nuklearen Pulverfaß zu leben, viele halten das Gleichgewicht des Schreckens sogar für den einzigen Weg, große Kriege in Zukunft zu vermeiden.

Begrenzte kleinere Kriege sind damit jedoch nicht ausgeschlossen. Vietnam und Nahost sind Beispiele für Kriege unterhalb der nuklearen Schwelle, die von den Großmächten in Grenzen gehalten werden. Das ist auch nicht allzu schwer: Schließlich liefern sie die Waffen.

Waffen aus der Giftküche

Erstmals während des ersten Weltkrieges begannen die Strategen, die Zivilbevölkerung als wichtiges militärisches Ziel zu entdecken. Als wirksamstes Mittel stellte sich die Entwicklung chemischer und biologischer Waffen heraus.

Chemische Waffen verbreiten gezielt Stoffe, vor allem Giftgase, die körperliches Unwohlsein verursachen und damit kampfunfähig machen, ja, zum Tode führen können. Biologische Waffen übertragen krankheitserregende Bakterien und Viren; sie infizieren zum Beispiel mit Pest, Cholera, Gelbfieber.

Die chemischen Waffen der Gegenwart sind mehr oder weniger ein Abfallprodukt von Forschungen zur Schädlingsbekämpfung. So merkwürdig es klingen mag: Die Waffentechnologien waren stets eng verbunden mit der Nahrungsvorsorge. Ob der erste Pfeil und Bogen zur Jagd auf Wild oder zur Abwehr vorwitziger Nachbarn erfunden wurde, ist nicht überliefert – aber sicher diente die Waffe beiden Zwecken. Unsere Landwirtschaft kann heute nicht mehr auf den Einsatz von Insektiziden und Herbiziden (Schädlings- und Unkrautbekämpfungsmitteln) verzichten. Von diesen Wirkstoffen ist es nur ein kleiner Schritt bis zu den Chemikalien, die auch Menschen auszurotten vermögen. Nicht umsonst kamen deutsche Forscher Ende der

Gift, Pest und Polio

dreißiger Jahre auf der Suche nach besseren Insektiziden der giftigsten aller chemischen Waffen der Gegenwart, dem Nervengas, auf die Spur.

Erstaunlicherweise hat der systematische Gebrauch von Chemikalien in der Landwirtschaft mehr lautstarken Protest hervorgerufen als die Entwicklung ähnlicher Chemikalien gegen den Menschen. Niemand hat die unmittelbare Bedrohung des Menschen beispielsweise derart nachdrücklich aufgegriffen, wie es Rachel Carson mit der bedrohten Natur getan hat in ihrem Bestseller »Silent Spring« (Der stumme Frühling). Die chemischen Waffen, die in den Militärdepots der UdSSR und der USA für künftige Kriege lagern, sind fertig entwickelt und bereit zum Einsatz.

Die heute entwickelten biologischen Waffen sind zumindest in einer Hinsicht ohne Konkurrenz: Sie sind die einzigen Waffen, die allein zu dem Zweck erfunden wurden, die Zivilbevölkerung zu dezimieren. In ihrer Gewalttätigkeit sind diese »schleichenden« Bomben nur mit Nuklearwaffen zu vergleichen.

Biologische Waffen werfen aber zugleich beachtliche Probleme auf: Aus verständlichen Gründen können sie vor ihrem Einsatz nicht wie andere Waffen getestet werden. Wenn sie je im Krieg eingesetzt werden, sind sie die erste Waffe, die auf den Feind losgelassen wird, bevor das genaue Ausmaß ihrer Wirkung sicher bekannt ist.

Ein atomarer Vernichtungsangriff wäre zumindest lokal eingrenzbar, eine Attacke mit biologischen Waffen in keiner Weise. Dabei würden biologische Waffen nichts anderes tun, als in einem bestimmten Raum Billionen von infektiösen Organismen auszusetzen, die es vorher dort nicht gegeben hat. Das allerdings würde Seuchen heraufbeschwören, die wie im Mittelalter zu Geißeln der Menschheit werden. Unter solchen Umständen wäre es ein schwacher Trost, wenn Flughäfen und Eisenbahnen, Städte, Fabriken und Parlamente stehenblieben.

Eine Trillion Polio-Viren füllen einen Ping-Pong-Ball. Diese Menge würde theoretisch genügen, um mehrere Billiarden Menschen zu infizieren! (Gegenwärtig beträgt die Weltbevölkerung etwas über 3 Milliarden.) Alle epidemischen Krankheiten, die durch Bakterien oder Viren übertragen werden, kommen im Prinzip als Waffen in Frage: Pest, Cholera, Blattern, Gelbfieber, ja, sogar Grippe. Viele von ihnen haben die soziale Entwicklung und Geschichte der Menschheit entscheidend beeinflußt. So hat zum Beispiel die Pest in den Jahren 1348-50 ein Viertel der Bevölkerung Europas hinweggerafft und den Kontinent in seiner Entwicklung um Jahrhunderte zurückgeworfen. Und 1967 lagen drei von vier Amerikanern nicht wegen Kriegsverletzungen, sondern mit normalen Krankheiten in vietnamesischen Krankenhäusern, auch wegen Drogenabhängigkeit und zahlreichen psychisch bedingten Störungen – Folgen des demoralisierenden Dschungelkrieges.

Billig und leicht zu lagern ...

Biologische Waffen sind allerdings nicht leicht zu handhaben. Denn Krankheiten werden auf die verschiedenste Weise von zahlreichen Mikroorganismen übertragen, die ihrerseits die unterschiedlichsten Eigenschaften haben. Jede Krankheit ist damit eine eigene, besondere Waffe, die sich nur mit spezifischen Techniken im Krieg gebrauchen läßt. Darüber hinaus sind biologische Waffen kaum zu kontrollieren. Deshalb wurden sie bisher auch noch nicht angewandt. Immerhin ist es in der Landwirtschaft gelungen, ganze Kaninchenstämme durch Myxomatose-Bakterien auszurotten. Das dürfte bei den Menschen nicht viel schwerer fallen.

Die Militärs plädieren für die Entwicklung chemischer und biologischer Waffen, weil sie billig sind, leicht zu lagern und mit ihrer Hilfe feindliche Stellungen und Territorien zu entvölkern sind, ohne daß Eigentum, Kraftwerke, Kommunikationsnetze, Brücken und Straßen in diesem Gebiet zerstört werden. Chemische und biologische Waffen liegen in ihrer Wirkung zwischen den konventionellen Waffen und der Wasserstoffbombe. Die Verwendung von biologischen und chemischen Waffen wurden durch das Genfer Protokoll von 1925 völkerrechtlich verboten, dem die USA jedoch nicht beitraten.

Der genaue Betrag, den die amerikanischen Steuerzahler gegenwärtig für chemische und biologische Waffen aufbringen, ist in der Öffentlichkeit nicht bekannt. Er wird auf 300 Millionen Dollar jährlich geschätzt. Das ist nur ein kleiner Prozentsatz der gesamten amerikanischen Verteidigungsausgaben. Aber das darf nicht täuschen: Chemische und biologische Waffen sind – verglichen mit anderen Waffensystemen – außerordentlich billig.

In Fort Detrick im Bundesstaat Maryland liegt das amerikanische Forschungszentrum für biologische Kriegführung mit 6000 Morgen Fläche und fast 700 wissenschaftlichen Mitarbeitern, in Edgewood/Maryland das Forschungszentrum für chemische Waffen. Beide Zentren werden in ihrer Arbeit von Universitätsinstituten und Industrielaboratorien unterstützt.

Chemische und biologische Waffen haben etwas Wichtiges gemeinsam: Sie sind beide giftig. Brennbare Chemikalien, Fallenwerfer und Napalm sind zwar ebenfalls giftig, aber ihre Wirkung tritt nicht primär durch das Gift ein. Ihre Folgen mögen schrecklicher sein als toxische Waffen, aber sie sind lokal begrenzt in ihrer Reichweite, verglichen mit der enormen Tötungskraft toxischer Materialien.

Primitive Formen toxischer Waffen wurden bereits in der Antike benutzt. Erstmals spielten sie nach der Überlieferung eine Rolle, als Solon 600 Jahre v. Chr. giftige Wurzeln in einen kleinen Fluß warf, aus dem seine Feinde ihr Trinkwasser nahmen. Die Folge waren heftige Anfälle von Diarrhoe, die zum Tode führten. In der Zeit danach wurde es im Krieg immer üblicher, Wasservorräte, Lebensmittel und Wein des Feindes zu vergiften. 1155 soll Kaiser Friedrich Barbarossa auf diese Weise die italienische Stadt Tortuna eingenommen haben. Während der Kreuzzüge soll biologische Kriegführung praktiziert worden sein, indem Pestbefallene zur Verbreitung dieser Seuche ins feindliche Lager geschmuggelt wurden. Die frühen europäischen Siedler in Amerika setzten biologische Waffen ein. Den Indianern waren bis dahin viele Krankheiten unbekannt; sie hatten deshalb keine Immunität dagegen entwickeln können. Sir Jeffrey Amherst, Chefkommandeur der britischen Streitkräfte in Amerika, sandte 1763 zwei Laken und ein Taschentuch aus einem britischen Blatternhospital zu Indianerhäuptlingen. Promt brach bald darauf dort die Seuche aus. Auch im Unabhängigkeitskrieg gehörte biologische Kriegführung zur Tagesordnung: 1863 füllte General Johnston auf dem Rückzug von Vicksburg alle Teiche und Seen auf seinem Fluchtweg mit Schweine- und Schafskadavern.

Entlaubte Wälder

In diesen Zeiten war chemische und biologische Kriegführung aber noch nicht viel mehr als ein gelegentlicher Einfall, eine »List«, von der man eigentlich nicht recht wußte, wie sie funktionierte. Am 27. Oktober 1914 jedoch eröffnete Deutschland das neue Zeitalter chemischen Vernichtungskrieges, als es in Neuve Chapelle in Nordfrankreich die Briten mit Schrapnells bombardierte, die Giftgas enthielten. Wiederholt wurde der Einsatz im Januar 1915 gegen die Russen. Beide Aktionen waren noch nicht sonderlich erfolgreich, weil die notwendige Konzentration der Chemikalien fehlte. Im September 1915 ließen die Engländer Chlorgas gegen die Deutschen los, das von da ab häufig benutzt wurde. Es führte zum Gebrauch von Gasmasken, was wiederum die Anwendung stärkerer Chemikalien, so Phosgen, herausforderte.

Diese Chemikalien und auch Weißkreuz, Blaukreuz und Grünkreuz waren noch harmlos, gemessen an dem folgenden, farb- und geruchlosen Senfgas, das bis heute gebraucht wird. Es verbrennt die Haut, reizt Augen und Lunge, blockiert die Atemwege, verursacht Brechreiz und Fieber. Gegen Senfgas hilft keine Gasmaske, allenfalls ein Schutzanzug, der jeden Quadratzentimeter der Haut bedeckt. Millionen Geschosse wurden im ersten Weltkrieg mit Senfgas gefüllt; Hunderttausende von Toten und Verwundeten waren die Folge.

Im zweiten Weltkrieg wurden Chemikalien kaum eingesetzt, obwohl beide Seiten mit Gasmasken ausgerüstet waren und vorsorgliche Maßnahmen getroffen waren. 1944 entdeckte man in Leverkusener Laboratorien die ersten Nervengase. Sie waren noch giftiger als Senfgas und in höchstem Maß tödlich. Nervengas, ebenfalls farb- und geruchlos und schnell wirksam, bewirkt, daß die Kontrolle über alle Muskelbewegungen verlorengeht, was den Tod herbeiführt. In der Mitte der

345

Oben: Banküberfall in München   *Unten: Standortbestimmung von Funkstreifenwagen*   *Polizeihubschrauber*

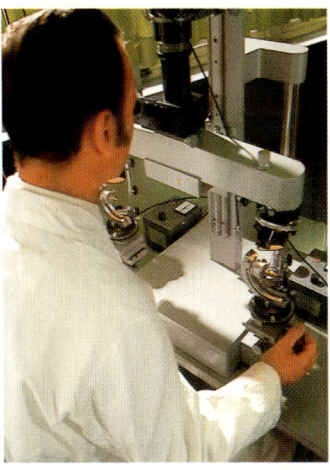

Untersuchung von Geschossen *Sicherung von Fingerabdrücken*

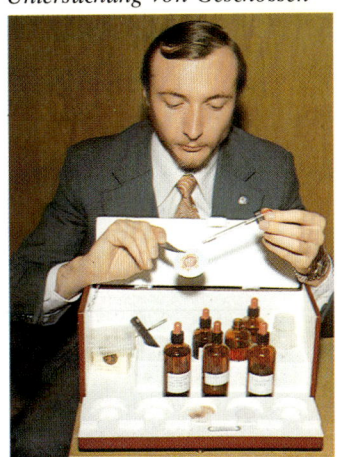

Verbrechens-
bekämpfung

Das Foto links ist nicht gestellt. Es wurde im Frühjahr 1972 von einer automatischen Kamera in der Zweigstelle einer Bank im Münchner Westen aufgenommen. Als der Kassierer die Alarmanlage betätigte, setzte er zugleich die Kamera in Betrieb, die eine Serie von Aufnahmen im Abstand von einer Sekunde aufnahm.

Bei der Identifizierung der Verdächtigen leisteten diese Aufnahmen wertvolle Hilfe. (Die scheinbar schlechte Bildqualität kommt daher, daß die Aufnahme die Ausschnittvergrößerung einer Weitwinkelaufnahme der Kassenhalle ist, die im Original den gesamten Raum wiedergibt.)

Die automatische Kamera ist nur eines von vielen modernen Hilfsmitteln in der Verbrechensaufklärung. Daktyloskopie, Ballistik, Fotografie und viele andere Techniken leisten wertvolle Beiträge zur Spuren- und Beweissicherung, Fahndung und Überführung.

Nicht annähernd so erfolgreich ist die vorbeugende Verbrechensbekämpfung. Diese ist allerdings auch nicht allein Aufgabe der Polizei und müßte schon überall da einsetzen, wo Kindern Verwahrlosung droht.

Identifizierung von Rauschgiften  *Funkbild-Empfang*

bei der Verkehrsüberwachung

Herstellung von Fahndungsbildern. Unten: Ballistiker beim Schußtest

Die Technik der Gewalt

fünfziger Jahre fanden britische Chemiker noch giftigere Nervengase. Wohin die nächste Generation der Kriegschemikalien führt, läßt sich noch nicht absehen. 1965 begannen die Amerikaner in Vietnam Chemikalien auf der Basis von Tränengas einzusetzen, die für eine halbe bis eine Stunde kampfunfähig machen.

Mehr Lärm in der Weltöffentlichkeit hat allerdings der amerikanische Krieg gegen Fauna und Flora in Vietnam gemacht: Um den Guerillas und den Armeen aus dem Norden den natürlichen Schutz der tropischen Vegetation zu entziehen, hat das amerikanische Heer ausgedehnte Gebiete – bis 1968 ca. 1,3 Millionen Hektar – von speziell ausgerüsteten Flugzeugen aus mit Entlaubungsmitteln behandelt. Die Herbizide, ursprünglich zur Unkrautvertilgung entwickelt, wurden in extrem hoher Konzentration dazu verwendet, den Dschungel in eine gespenstische Einöde zu verwandeln. Riesige Waldgebiete wurden vernichtet, kein Vogel überlebte inmitten der toten Bäume. Windströmungen bewirkten, daß auch Kulturpflanzen, Gummi- und Reisplantagen, in Mitleidenschaft gezogen wurden.

Das erste internationale Abkommen über toxische Waffen war wahrscheinlich der Vertrag von Straßburg im Jahre 1675, der vergiftete Geschosse verbot. Ihm folgten eine Reihe weiterer Verträge, als wichtigster und bisher einziger internationaler Vertrag das bereits erwähnte Genfer Protokoll vom 17. Juni 1925, das bakteriologische und chemische Waffen ausdrücklich erwähnt und ablehnt. Lediglich 29 Nationen (darunter die Sowjetunion) signierten damals den Vertrag; 42 haben das Abkommen seither ratifiziert. Die USA, Japan, Brasilien und eine Reihe kleinerer Staaten gehören nicht dazu. Damit herrscht ein weitgehend ungeklärter Rechtszustand, zumal sich ausgerechnet das Land, dessen Ausgaben in diesem Bereich am größten sind, vertraglich nicht gebunden hat. Präsident Roosevelt erklärte allerdings 1943, daß die USA unter keinen Umständen zu biologischen und chemischen Waffen greifen würden, bevor sie nicht vom Feind benutzt worden seien. Der Gebrauch von Tränengas und Herbiziden in Vietnam hat jedoch gezeigt, daß diese Politik nicht länger in Kraft ist.

Die Zauberlehrlinge

Die Lage ist zweifellos gefährlich: Riesensummen werden ausgegeben für Waffen, die letzten Endes zerstörerischer sind als alles, was je erfunden wurde, und die dabei noch in der finanziellen Reichweite eines jeden x-beliebigen Landes liegen. Die Aussichten auf internationale Kontrollsysteme sind gering. Und es gibt kaum eine Chance, die Großmächte zur Unterzeichnung eines neuen Vertrages über B- und C-Waffen zu bringen. Denn die Staaten haben gelernt, daß ihre militärische Zukunft unentrinnbar mit dem wissenschaftlichen Fortschritt verknüpft ist. Hoffnung ist allenfalls darauf zu setzen, daß die nächste Ära des Krieges ohne Zutun der Wissenschaftler nicht stattfinden kann. Sie müssen jetzt für den Sektor chemischer und biologischer Waffen beweisen, daß sie ihre Lektion in Los Alamos, Hiroshima und Nagsaki gelernt haben.

Staatliche Zuwendungen für Rüstungsaufgaben schlagen bei der Forschung gewaltig zu Buch: Auf ihr Konto gehen 52 Prozent aller Forschungs- und Entwicklungsausgaben in den USA, 39 Prozent in Großbritannien, 30 Prozent in Frankreich und 15 Prozent in der Bundesrepublik. Nicht weniger als 300 000 qualifizierte Wissenschaftler allein aus den Mitgliedstaaten der Europäischen Gemeinschaft brüten in ihren Forschungs- und Entwicklungslabors über militärischen Aufgaben. Jeder fünfte englische Wissenschaftler forscht und entwickelt für militärische Zwecke. In der Sowjetunion und in den Ostblockländern werden solche Zahlen geheimgehalten; sie liegen zweifellos nicht niedriger als die des Westens.

Ein Großteil dieser Forschung ist Vertragsarbeit für bestimmte Waffensysteme oder Ausrüstungsgegenstände. Vieles wird zum alten Eisen geworfen, wenn es durch neuere Erkenntnisse überholt wird. Die Kosten klettern nicht selten höher als der Forscheifer, denn, wie das englische Komitee für öffentliche Angelegenheiten meint, »die Regierung zieht bei den Preisverhandlungen stets den Kürzeren, denn sie kennt im Gegensatz zu ihrem Vertragspartner nicht die Kosten bereits vorhandener Entwicklung«.

Der größte Teil der Forschung bleibt zwar im Verborgenen. Doch darf ein gewisser »spin-off« nicht vergessen werden: Unleugbar sind eine Reihe Nebenprodukten für »zivile Nutzung« bei der Militärforschung abgefallen – Flugzeugnavigationssysteme, Transportflugzeuge, Computer, Medikamente, Diesellokomotiven, bruchsicheres Glas. Aus ursprünglich militärischem Bereich stammen auch andere Produkte wie etwa Solarzellen und Infrarot-Strahler. Produktionsverfahren von generellem Interesse wurden auf dem Umweg über das Militär vervollkommnet – etwa Gasturbinen und hydraulische Transmission.

Wissenschaftler und Ingenieure sind dabei zunehmend ins Zwielicht geraten. Obwohl die Problematik einer an Waffen werkelnden Wissenschaft so neu nicht ist – Archimedes war nicht nur wegen seines Einfalls in der Badewanne berühmt (wo er durch Beobachtung seines eigenen Körpers das »Archimedische Prinzip« erkannte), sondern ebenso wegen seiner Kunstfertigkeit im Entwerfen furchterregender Steinschleudern –, hat sie doch in unserem Jahrhundert zunehmend an Brisanz gewonnen. Der erste Weltkrieg, von Wissenschaftshistorikern mitunter als Krieg der Chemiker gewertet, erlebte die ätzende Premiere der Kampfgase. Und ein Vierteljahrhundert später wurde der zweite Weltkrieg – nunmehr ein Krieg der »Physiker« – mit Radar und Atombomben entschieden.

Damals hatten die in den amerikanischen Kriegslaboratorien arbeitenden Physiker freilich guten Glaubens handeln können, angetrieben von der Furcht, daß Nazi-Deutschland Atomwaffen bauen könnte. Nach dem Krieg erwachten sie in der Rolle von Zauberlehrlingen, die die Geister, die sie riefen, nicht wieder loswerden konnten, und Albert Einstein meditierte, daß er besser Klempner hätte werden sollen denn Physiker. Die Rolle des Zauberlehrlings ist die Wissenschaft bis heute nicht wieder losgeworden. Wohin Erfindergeist, der besserer Ziele würdig wäre, die Waffentechnik noch bringen wird, bleibt ungewiß.

Krieg und Kommerz

Mag sich die Waage pekuniären Vorteils heute auch nicht mehr auf die Seite des eigentlichen Krieges neigen, mag der moderne Krieg nicht einmal seine Kosten decken, so ist doch die Vorbereitung auf den Ernstfall in allen durch freien Wettbewerb gekennzeichneten Wirtschaftssystemen nicht ohne materiellen Reiz. Gibt doch die staatliche Nachfrage nach modernem und immer modernerem Kriegszubehör laufend neue Investitionsstöße an die hochindustrialisierte Wirtschaft, stabilisiert so das Wachstum und befreit vom Damoklesschwert der Überproduktion, des Absatzmangels und der Arbeitslosigkeit, das über jeder freien Marktwirtschaft hängt.

Die enge Wahlverwandschaft zwischen Rüstung und Vollbeschäftigung ist spätestens seit der Mitte der dreißiger Jahre deutlich geworden. Damals hat der englische Nationalökonom John Maynard Keynes Nachfragemangel und Unterbeschäftigung als chronische Krankheitssymptome der instabilen kapitalistischen Wirtschaft festgestellt. Nur eine Politik des leichten Geldes, besser noch: nachdrücklicher staatlicher Investitionen, könne diese Wirtschaft stabilisieren. Es ist dabei ganz gleichgültig, was der Staat tut – ob Pyramiden bauen, Löcher in die Erde graben und wieder zuschütten oder Raketen entwickeln lassen. Einzig und allein kommt es darauf an, daß er überhaupt Aufträge vergibt und damit die volkswirtschaftliche Nachfrage erhöht.

Die wohltuende therapeutische Wirkung von Waffenbudgets auf das private Wirtschaftsleben ist heute allen Nationalökonomen bekannt. 1962 – noch bevor der Vietnamkrieg amerikanische (und russische) Militärausgaben emporschnellen ließ – hat eine Studie der Vereinten Nationen festgestellt, daß 120 Milliarden Dollar jährlich in aller Welt für militärische Zwecke ausgegeben werden. Das entspricht etwa dem Wert des gesamten jährlichen Warenexports bzw. 8 bis 9 Prozent des Bruttosozialprodukts der ganzen Welt. Das gesamte Volkseinkommen der Entwicklungsländer liegt kaum höher.

85 Prozent der Gesamtausgaben für Militärzwecke gehen dabei auf das Konto von nicht mehr als sieben Ländern: USA, Großbritannien, Kanada, Frankreich, Bundesrepublik Deutschland, China und UdSSR. In den USA haben die Militärausgaben einen

Friedensforschung

Anteil von 10 Prozent am Bruttosozialprodukt, in Großbritannien 6,5 Prozent, in Dänemark 3 Prozent, in der Sowjetunion (geschätzt) 12 Prozent.

Einige Industriezweige haben sich ganz auf die Militärausgaben eingestellt. Kein Wunder, denn Ende der fünfziger Jahre gingen in den USA beispielsweise mehr als neun Zehntel der Endnachfrage nach Flugzeugen und Flugzeugteilen zu Lasten der Regierung, ein überwältigender Anteil davon für militärische Zwecke. Ähnlich war das Bild in anderen Branchen: Hinter drei Fünftel der Nachfrage nach Nicht-Eisen-Metallen, der Hälfte der Nachfrage nach chemischen und elektronischen Produkten, einem Drittel der Nachfrage nach fernmeldetechnischer Ausrüstung und wissenschaftlichen Instrumenten stand der Staat. Alles in allem konnten allein 18 größere Industriebranchen zehn Prozent oder mehr ihres Absatzes zu Lasten regierungsamtlicher Beschaffungsstellen verbuchen. Bei den übrigen Industrienationen sieht es nicht viel anders aus.

Spürbar wird der Einfluß der Militärausgaben auf Stabilität und Wirtschaftswachstum vor allem deshalb, weil er sich auf die kapitalintensiven Industriezweige konzentriert. Denn von dort gehen die Hochs und Tiefs im herkömmlichen Konjunkturverlauf aus. Militäraufträge können hier wirtschaftliche Talfahrten abbremsen, das haben die USA, Frankreich, England, Japan und Deutschland nach dem ersten Weltkrieg schon vorgeführt. Die Tatsache, daß eine Menge von dieser Kapitalausrüstung nur für militärische Zwecke einzusetzen und deshalb normalerweise in den vertraglichen Preis für militärische Lieferungen eingeschlossen ist, nimmt der Investition ihr Risiko und sorgt für einen hohen Kapitalstand.

Auch den internationalen Handel beeinflussen die Militärausgaben: Zu Beginn der sechziger Jahre betrug der durchschnittliche jährliche Bedarf der Rüstungsfabriken in den Industrieländern bis zu 8 Prozent des gesamten Weltaufkommens an Rohöl, 9,6 Prozent an Zinn, 10,3 Prozent an Nickel und 15,2 Prozent an Kupfer.

100 Millionen für eine Raketenfabrik

Drei Viertel des Militäretats der USA gehen an die 100 größten Firmen des Landes, und das trotz aller offiziellen Bemühungen, das Netz der Lieferanten auszuweiten. In Großbritannien leiten die 18 größten Firmen – jede mit 10 000 und mehr Beschäftigten, zusammen fast drei Viertel der Beschäftigten des Landes – drei Viertel ihrer Aufträge aus Militäraufträgen her. Das ist nicht verwunderlich, denn nur die größten Firmen haben den technologischen Hintergrund und den finanziellen Atem für die Waffenentwicklung. Eine neue Produktionsquelle für Polaris-Raketen würde beispielsweise eine Anlaufzeit von drei Jahren und Investitionen von 100 Millionen Dollar voraussetzen.

Waffenproduktion hat einen »Domino«-Effekt: Hat einmal ein Land mit neuen Rüstungsanstrengungen begonnen, dann steckt es alle anderen größeren Wirtschaftsmächte zu einem Wettlauf der Waffen an und treibt sie mehr oder weniger gewollt in eine Phase wirtschaftlicher Hochkonjunktur. Das allein bedeutet noch keine wirtschaftliche Stabilität. Doch erhöht die Existenz nationaler militärischer Potentials die Chance wirtschaftlicher Stabilität und zwingt andere Staaten zu entsprechendem Verhalten. Einmal angekurbelt, wird Rüstungsindustrie zur Notwendigkeit. Das liegt weniger an der gegenseitigen militärischen Bedrohung als daran, daß sich militärischer kaum mehr vom wirtschaftlichen Wettbewerb trennen läßt. Waffennachfrage erhöht das Angebot, erhöhtes Angebot wiederum verschafft den Wettbewerb, scharfer Wettbewerb erweitert den Absatzmarkt, dieser wiederum die Nachfrage. Das haben die Sowjetunion und die Vereinigten Staaten beispielsweise sehr deutlich bewiesen, als sie versuchten, sich teure Raketenabwehrsysteme zuzulegen.

Zwischen gegnerischen Nationen ist das nichts Neues. Was die Beziehungen unter Verbündeten anbelangt, so haben die Mitglieder des westlichen Bündnisses gelernt, daß sich die gemeinsame Verteidigung auch über gemeinsame Interessen hinaus erstrecken und zum Deckmantel für spezielle Interessen spezieller Industrien in speziellen Ländern werden kann.

So muß die Bundesrepublik beispielsweise die Stationierung amerikanischer Soldaten auf deutschem Boden zu einem großen Teil durch Waffenkäufe und andere Importe aus den USA bezahlen.

Die Bedeutung von Rüstungsproduktion und Waffenhandel als Eckpfeiler der internationalen Wirtschaftsbeziehungen läßt sich nur schwer übertreiben. Neben dem staatlichen Handel mit Waffen und paramilitärischen Ausrüstungs- und Versorgungsgütern, den die verbündeten Großmächte untereinander treiben, gibt es die – häufig nur verschleiert deklarierten – Rüstungs»hilfen«, die sie den kleinen Nationen innerhalb ihrer, der Großmächte, wirtschaftlichen und politischen Einfluß- und Interessensphären »gewähren«. Und gänzlich undurchschaubar ist der private Waffenhandel, der dort zum Zuge kommt, wo staatliches Engagement aus politischen Überlegungen heraus inopportun erscheint. Zwar unterläuft der private Waffenhandel auf diese Weise immer wieder erklärte politische Ziele, doch für die freie (das heißt private) Wirtschaft ist er ein unentbehrliches und daher noch stets willkommenes Regulans, weil er ihre Produktionsüberschüsse abschöpft und durch Aufkauf der inzwischen überholten Waffensysteme von gestern neuen Bedarf für die Waffen von morgen schafft.

Militärausgaben müssen auch in der hochindustrialisierten Wirtschaft unserer Tage eine Obergrenze haben. Das gilt besonders für die schwächeren Glieder des westlichen Bündnisses, deren Wirtschaftsleben mit dem Militäraufwand der Großmächte kaum Schritt halten kann. Weder Kuba noch Vietnam haben diesen Trend im westlichen Waffenlager aufhalten können; die Regierungsausgaben für Militärzwecke sind im letzten Jahrzehnt von 7 Prozent des Bruttosozialproduktes auf durchschnittlich 4 Prozent gefallen. Unvermindert aber sind nach wie vor die erheblichen Rüstungsanstrengungen Chinas und der Nahostländer.

Auf den Spuren einer Utopie: Frieden

Den Begriff »Friedensforschung« hat 1969 Bundespräsident Heinemann in der Bundesrepublik hoffähig gemacht. Die Sache selbst ist allerdings älter. Friedensutopien finden sich schon früher und an den verschiedensten Stellen – vom Neuen Testament bis zu Kant. In den dreißiger Jahren haben Untersuchungen in Großbritannien und USA, darunter Quincy Wright berühmte »Study of War« erste Ergebnisse gebracht. Einige Institute für Konfliktforschung setzten vor allem in USA die ersten Ansätze systematisch fort.

1963 machte der deutsche Physiker und Philosoph Carl Friedrich von Weizsäcker in seiner Rede »Bedingungen des Friedens« aus Anlaß der Verleihung des Friedenspreises des Deutschen Buchhandels an ihn eine breitere Öffentlichkeit mit den Voraussetzungen der Friedensforschung bekannt. Er nannte den Weltfrieden eine »unvermeidliche Lebensvoraussetzung des technischen Zeitalters«. Allerdings bedeute er nicht »die Elimination der Konflikte, sondern lediglich die Elimination einer bestimmten Art ihres Auftrags in der technischen Welt«.

Trotz vieler Ansätze mangelt es noch immer an Wissen über die Ursachen der Konflikte und über das Wesen der Gewalt. Und wie schließlich das gewonnene Wissen in die politische Praxis umgesetzt werden kann, ist noch immer ein Problem. Erziehung zum Frieden scheint nur schwer möglich in einer Welt, die sich offensichtlich an das Gleichgewicht des Schreckens gewöhnt hat und Frieden bloß noch als Abwesenheit von Krieg mißversteht.

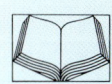

Boveri, Margaret, Der Verrat im 20. Jahrhundert (4 Bd.), 1956–1961.

Wiener, F., Die Armeen der NATO-Staaten, 3. Aufl. 1970.

ders., Die Armeen der Warschauer-Pakt-Staaten, 5. Aufl. 1971.

ders., Die Armeen der neutralen und blockfreien Staaten Europas, 1972.

Hanslian, R., Vom Gaskampf zum Atomkrieg, 1951.

Russell, Bertrand, Vernunft und Atomkrieg, 1959.

Jungk, Robert, Heller als tausend Sonnen, 1954.

Mitscherlich, Alexander, Das sogenannte Böse, 1971.

August Scherl

Die Geschichte der Technik

Die Geschichte der Technik kann mit gutem Recht zugleich als die Geschichte der Menschheit angesehen werden. Ihre Entwicklung ist nicht etwa gleichförmig, sondern progressiv.

Unsere Generation hat mit der Entwicklung der Luftfahrt, der Triebwerkstechnik, der Kerntechnik, der Nachrichtentechnik und der Raumfahrttechnik eine technische Entfaltung miterlebt wie keine Generation je zuvor. Wenn wir diese rapide Entwicklung hauptsächlich der Computer-Technik zuzuschreiben haben, die dem Menschen Rechnungsmöglichkeiten, wissenschaftliche Entwicklungen abnimmt, für die unsere Vorfahren Jahrzehnte gebraucht hätten, so dokumentiert sich hier wohl am sinnfälligsten die Entwicklung der Technik durch die Technik, die Progressivität der Entwicklung, die dem exponentiellen Wachstum der permanenten Verdoppelung gleicht. Die Technik wirkt heute bestimmend auf das gesellschaftliche, soziale, völkische, wirtschaftliche und politische, sogar auf das seelische und kulturelle Leben aller Menschen. Im Altertum waren Technik und Religion in gewissem Sinne eins, denn die Religionspflege der Herrscher bedurfte vieler technischer Kenntnisse, wie wir zum Beispiel an der Geschichte der Astronomie sehen.

Gewaltige Menschenmassen, unterworfene Völker mußten ihr Leben lang für einen Großbau fronen, den wir heute als ein Kunstwerk, als ein Kulturzeugnis einstiger Zeit sehen, wie eine Pyramide oder den *Turmbau zu Babel*. Trotz Blut, Schweiß und Tränen und aller Opfer, die sie forderte, müssen wir diese Technik des Altertums bewundern. Ägypter und Babylonier, Azteken und Inkas, Inder und Chinesen, Griechen und Römer – sie alle vollbrachten großartige Leistungen. Ob es nun indische Riesenobservatorien oder babylonische Hochbauten, ägyptische Grabstätten, komplizierte Bewässerungsanlagen für Euphrat, Tigris oder Nil waren, ob griechische Tempelbauten, deren klassische Schönheit noch heute, nach weit über 2000 Jahren, die Lebenden beeindruckt, römische Kolossalbauten »zum Vergnügen der Einwohner«, militärische Anlagen wie der Limes, der Schutzwall Roms gegen Germanien, Wasserleitungen, kunstvolle Brücken, vorbildliche Stadtanlagen oder seetüchtige Schiffe – immer waren es Werke, die bei allem Menscheneinsatz ein großes technisches Können voraussetzten. Dabei ist die Technik früherer Zeiten um so höher zu bewerten, da die Bedingungen ungleich schwieriger waren als heute.

Oft vergessen wir jedoch, daß die technischen Großtaten der *Antike* – die wir als Kulturschöpfungen ansehen, weil sie ein Spiegelbild ihrer Zeit wiedergeben – vom Standpunkt ihrer Zeitgenossen reine Zweckbauten waren. Welchen Sinn hatte schließlich das berühmte altrömische Aquädukt? Wasser sollte herangeschafft werden, ohne daß es hierbei in der Absicht der Baumeister lag, eine Kulturtat zu vollbringen. Anders war es schon bei den Pyramiden; hier wollte der Herrscher bewußt ein Denkmal seiner selbst für die Nachwelt setzen.

Der Mensch selbst vermag mechanisch wenig zu leisten. Ein Zehntel PS ist seine ganze Kraftleistung; wenige Gramm Kohle genügen, um diese »Kraft« technisch zu er-

Monatskalender der Batak auf Sumatra.

Arabischer immerwährender Kalender mit beweglichen Zeigern (Vorderseite).

Die Geschichte der Technik

zeugen. Aber der menschliche Verstand hat es vermocht, körperliche Nachteile zu überwinden. Jahrhunderte- und jahrtausendelang begnügte sich die Menschheit trotz vieler Großtaten allerdings damit, technische Hilfsmittel nur in geringem Maße in Anspruch zu nehmen. Erst ein Jahrhundert etwa ist es her, daß der Beginn des *Maschinenzeitalters* uns plötzlich »schneller zu leben« gelehrt – oder gezwungen hat. Wir befinden uns heute schon in der sogenannten »zweiten *technischen Revolution*«. Der ursprünglich von der Technik hergeleitete Begriff »*Automation*« bekommt soziologische Bezüge; er zeigt symptomatisch auf, in welchem Grade die Technik heute unser Leben bestimmt. Die Technik hat eine Technik geschaffen, um sich selbst zu beherrschen. Und schon ist die nächste Stufe erreicht: Ein Computer, der dazu dient, mit höchsten technischen Feinheiten ein kompliziertes technisches Raketensystem z. B. einer »Saturn 5« oder eines Atomreaktors zu berechnen, programmiert sich technisch selbst.

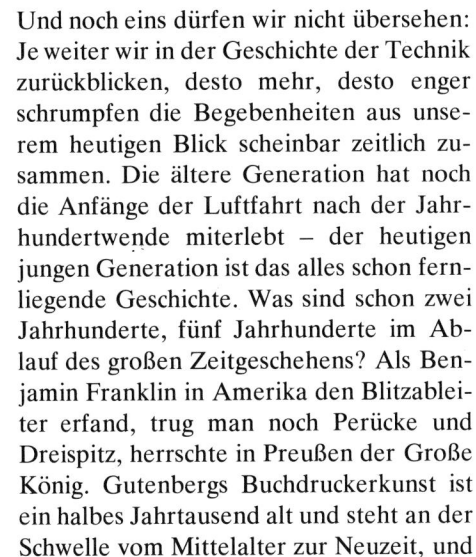

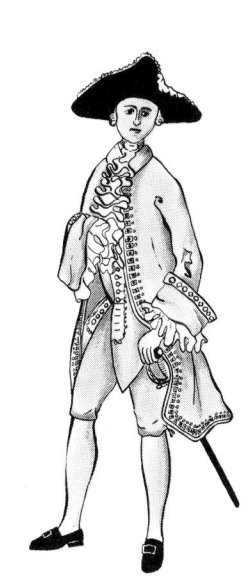

Und noch eins dürfen wir nicht übersehen: Je weiter wir in der Geschichte der Technik zurückblicken, desto mehr, desto enger schrumpfen die Begebenheiten aus unserem heutigen Blick scheinbar zeitlich zusammen. Die ältere Generation hat noch die Anfänge der Luftfahrt nach der Jahrhundertwende miterlebt – der heutigen jungen Generation ist das alles schon fernliegende Geschichte. Was sind schon zwei Jahrhunderte, fünf Jahrhunderte im Ablauf des großen Zeitgeschehens? Als Benjamin Franklin in Amerika den Blitzableiter erfand, trug man noch Perücke und Dreispitz, herrschte in Preußen der Große König. Gutenbergs Buchdruckerkunst ist ein halbes Jahrtausend alt und steht an der Schwelle vom Mittelalter zur Neuzeit, und Cäsars erster Brückenschlag über den Rhein liegt zwei Jahrtausende zurück. Aber alles ist für uns weit zurückliegend. Der Begriff »weit zurück« beginnt eigentlich für jeden Lebenden schon da, wo sein eigenes Leben beginnt; was vor dem war, ist für jeden Geschichte. Wir nennen die Cheopspyramide und die Grabdenkmäler von Theben in einem Atemzug als altägyptische Kulturwerke und übersehen dabei, daß für Tutenchamon (um 1400 v. Chr.), zu dessen Zeit die Grabmäler von Theben entstanden, die etwa 1300 bis 1400 Jahre früher erbaute Cheopspyramide ebenso fernste Vergangenheit war wie er selber für seine Nachfahrin Kleopatra zu Cäsars Zeiten. Unsere Zeitrechnung setzt Christi Geburt vor etwa zweitausend Jahren als Anhaltspunkt, von dem aus wir vorwärts oder rückwärts zählen. Und dieser Zeitpunkt ist uns Heutigen genauso fern wie Tutenchamon, wie Cheops. Wir erkennen also, daß die Bezüge zum Einst doch sehr relativ sind.

So müssen auch die Zeitangaben um so ungenauer werden, je weiter wir zurückgreifen. Sie variieren dann schon um Jahrhunderte, einem Zeitraum also zwischen Friedrich dem Großen und uns, der doch geschichtlich sehr genau überschaubar ist. Aber ist es nicht merkwürdig, daß wir z. B. nicht einmal die genauen Geburts- und Sterbedaten des Mannes wissen, durch dessen Erfindung die schriftliche, gedruckte »Speichermöglichkeit« überhaupt erst in großem Rahmen möglich war: Johannes Gutenberg?

In diesem Zusammenhang muß noch etwas sehr klar gesagt werden: So wie es mit zunehmender Vergangenheit immer schwerer wird, genaue Daten und die Urheber für eine technische Errungenschaft festzulegen, so schwer ist es auch, in der überschaubaren nahen Vergangenheit, ja sogar in der Gegenwart in allen Fällen *den* Erfinder zu bestimmen. Wir erkennen das daran, daß manche »Erfindung« zu gleicher Zeit unabhängig voneinander gemacht wurde. Wie Galilei und S. Marius in verschiedenen Ländern völlig unabhängig voneinander am gleichen Tag (dem 8. Januar 1610) zum erstenmal mit einem *Fernrohr* zu den Sternen blickten, so fand auch die epochemachende »Erfindung« der *Glühlampe* durch Thomas Alva Edison (1879) schon 25 Jahre vorher durch den Deutschen Heinrich Goebel in Amerika statt. Nur wurde dessen »Erfindung« nicht nur nicht beachtet, sondern sogar bekämpft. Das zeigt, daß oft eine Erfindung ihrer Zeit und ihren technischen Möglichkeiten voraus ist. Um 1880 wollte jemand einen Flugkörper mit einem Propeller antreiben, als es noch gar keine Flugzeuge gab. Und *Jules Vernes* Mondrakete wurde im Roman recht gut konzipiert, als man noch nicht viel von Fluchtgeschwindigkeit und überhaupt nichts von wirksamen Antriebsmitteln wußte. Röntgen entdeckte die »Röntgen-Strahlen«, aber Becquerel und die Curies arbeiteten mit »Radium-Strahlen«, die eine ähnliche Wirkung hatten.

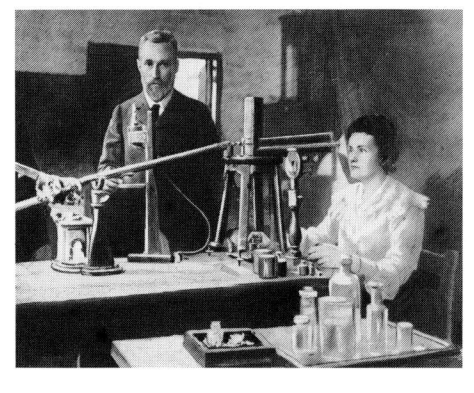

*Benjamin Franklin
(1706–1790)*

*Das Ehepaar Pierre
und Marie Curie
(1859–1906
und 1867–1934)*

Die Geschichte der Technik

Erfinder und Wissenschaftler werden durch Ideen der Kollegen angeregt und bauen darauf weiter auf. Daß es dabei vielfach zu Prioritätsstreitigkeiten kommt, liegt in der Natur des Menschen, erschwert aber dem neutralen Forscher die genaue Feststellung der Priorität. Hinzu kommt, daß große Errungenschaften gar nicht von einem Menschen allein stammen, sondern sie sind »Team-work« vieler kluger Geister, die einander ergänzen. Das klassische Beispiel ist wohl die Beherrschung der Kernenergie, an der neben Otto Hahn eine große Zahl anderer namhafter Wissenschaftler nicht minder großen Anteil hat. Vielfach ist es auch gerade die Rivalität, der geglaubte Anspruch auf das Erstrecht, die weiteren Ansporn geben, die angebahnte Errungenschaft forciert weiterzuentwickeln. Gutenberg hat zwar mit dem ersten Letterndruck um 1445 in Europa die Buchdruckerkunst erfunden. Aber sein erster Gehilfe, Johannes Fust, dem viele nachsagen, er hätte Gutenbergs Erfindung gestohlen, hat nachweislich aufgrund seiner Kenntnisse die Buchdruckerkunst sehr schnell erheblich vorangetrieben.

In der Mechanik, Chemie, Physik, Elektrizität, im Nachrichtenwesen, in der Luftfahrt – um nur wenige Beispiele zu nennen – haben viele Pioniere, jeder auf seine Art, Baustein auf Baustein zusammengetragen. Dabei zeigt sich übrigens, daß viele dieser Pioniere – wie auch z.B. Astronomen – keineswegs »Techniker« waren, sondern in weitestem Sinne Naturwissenschaftler, ja sogar Künstler. Leonardo da Vinci (1452–1519) dürfte wohl das klassische Beispiel für diese Kategorie von »Technikern« sein. Dies zeigt übrigens, daß eine Technikgeschichte unabdingbar mit der Naturwissenschaft verknüpft ist. Viele Naturwissenschaftler – nehmen wir hier Newton als Beispiel – haben mit ihren theoretischen Arbeiten überhaupt erst Grundsteine für Techniken gelegt, haben den Technikern sozusagen das geistige Rüstzeug für ihre praktischen Entwicklungsarbeiten gegeben. Es gibt auch Ärzte – nennen wir nur die Professoren Sauerbruch und Forssmann aus neuerer Zeit –, die sich ihre technisch-medizinischen Geräte und Apparaturen erst selbst entwickeln mußten. Grenzfälle von Naturwissenschaftlern und Technikern, wie Archimedes im Altertum, sind etwa Heinrich Hertz, Conrad Röntgen, Albert Einstein, Otto Hahn oder Manfred von Ardenne.

Eine historische Darstellung der Technik ist in sich zwangsläufig chronologisch, wenngleich natürlich jedes einzelne Fachgebiet seine eigene Geschichte hat. Ein einfaches Beispiel: Moderne Computer-, Elektronen- und Transistorentechnik ist undenkbar ohne Elektrizität, Elektrizität aber muß erst einmal erzeugt werden. Das geschieht mit Hilfe von Maschinen; die »Elektromaschine« ist der *Dynamo*; wodurch dieser Dynamo bewegt, gedreht wird, ist egal. Es muß auf alle Fälle eine Antriebsmaschine vorhanden sein. Im Kleinen ist das ein Fahrrad, ein Automotor, der den Dynamo mit treibt, ein großer Motor (man nennt ihn allgemein *Aggregat*), Windkraft, Wasserkraft oder eine Dampfmaschine, deren Dampf wiederum durch etwas Brennbares – sei es Holz, Braun- oder üblicherweise Steinkohle (Kohlekraftwerk) – erzeugt wird. Die modernste Form ist die Erzeugung der Dampfhitze durch Kernenergie (Kernkraftwerke).

Maschinen, die sich automatisch drehen bzw. Drehbewegungen hervorbringen, konnten erst nach Kenntnis des Prinzips einer Drehbewegung hergestellt werden. Drehen aber ist die unendliche Hebelbewegung. Damit stehen wir *am Anfang aller Technik überhaupt*. Der Stock in der Hand eines Urmenschen als verlängerter Hebelarm. Der rollende Baumstamm, später ein Teil desselben, die rollende Scheibe als Rad. Heute ist die Elektrizität unverzichtbarer Bestandteil nahezu aller Technik überhaupt. Ehe sie bekannt war, hatte aber schon lange die Maschine schlechthin ihren festen Standort im Leben des Menschen. Ehe die »Maschine« künstlich angetrieben wurde, mit Dampf oder einem Verbrennungskraftstoff (Benzin und Dieselöl, in wenigen Fällen auch mit anderen Alkoholika, etwa Spiritus), haben die Menschen

Isaac Newton (1643–1727)

Heinrich Hertz (1857–1894)

Wohnungsbau in vorgeschichtlicher Zeit (Holzschnitt, 1548)

Die Geschichte der Technik

schon jahrhundertelang die natürlichen Energiequellen in ihre Dienste gestellt: Wind- und Wasserkraft (was, weil es die billigsten Antriebsmittel sind, in verfeinerter, vollendeter Form auch heute noch geschieht).

Jede Art von Unterkunft – von der Höhle und der primitiven Hütte abgesehen –, also jedes »Bauwerk« bedingte und bedingt Hebelkraft, und diese wiederum auch eine Drehbewegung, wenngleich keine unendliche wie beim Rad. Beides zusammen (Flaschenzugkraft) war dann schon durchdachte »Technik«.

Eine Geschichte der Technik könnte über zehntausend Daten enthalten, sie würde im Detail und für den Fachtechniker auf seinem Gebiet immer unvollständig bleiben. Täglich werden in allen Universitäten naturwissenschaftlichen und technischen Charakters, in Instituten, Forschungszentren und Industrieunternehmen auf der ganzen Welt neue Erkenntnisse gewonnen, Verbesserungen oder gar echte Erfindungen gemacht. Täglich gehen beim *Bundes-*

Patentwesen *deutschen Patentamt* in München und seiner

Deutsches Patentamt in München, erbaut 1959. (Blick vom Dt. Museum über die Isar)

Zweigstelle in Berlin Anträge auf Patentschutz für »Erfindungen« ein. Und jedes zivilisierte Land der Welt hat seine Patentbehörden. Die Akten eines Patentamtes stellen für den Interessenten eine vieltausendbändige detaillierte Technikgeschichte dar, wie man sie sich besser kaum wünschen kann. Von 600 000 bis 700 000 jährlich angemeldeten Patenten in der ganzen Welt – in der Bundesrepublik 66 223 im Jahr 1973 – hat etwa ein Viertel bis ein Fünftel auswertbaren Charakter.

Technik beherrscht die Menschheit; vom Blut, das an den Pyramiden klebt, bis zur Atombombe, die über uns schwebt, im allegorischen Sinne! Das ist gefährlich, lebensbedrohend für die menschliche Gesellschaft. Deshalb müssen wir uns stets von dem Gedanken leiten lassen – aus der Jahrtausende überschaubaren Geschichte der Technik –: die Technik darf niemals den Menschen beherrschen, sondern soll umgekehrt bei allem Fortschritt immer Dienerin der Menschheit bleiben!

Der Startpunkt *Der Startpunkt* unserer weiten Reise durch das größte »Abenteuer der Menschheit« liegt in fernstem Dunkel und kann nur den Schätzungen heutiger wissenschaftlicher Forschungserkenntnisse folgen. Man glaubt, daß der Mensch schon vor etwa über

500 000 v. Chr. einer halben Million Jahre gegenüber dem Tier eine gewisse *Intelligenz* und *Denkfähigkeit* besaß. Er begann sinnvoll für sein und seiner »Familie« Leben zu sorgen. Wohnen und Essen bestimmten das Dasein. Hier sind erste Hilfsmittel zu suchen, Geräte aus Knochen und Stein, der schon erwähnte Stock als Verlängerung des Armes, als Hebel, als Jagdwerkzeug, zum Erschlagen von Tieren für die eigene Nahrung. Revolutionierend dürfte dann etwa

350 000 v. Chr. 350 000 Jahre v.Chr. der Gebrauch des Feuer *Feuers* gewesen sein. Sagen wir Station Nr.

Das Feuer in der frühen Menschheit (Holzschnitt, 1548)

2 nach dem Hebel. Station Nr. 3 ist dann in den nächsten hunderttausend Jahren der Baum *Baum*. Er bietet schon viele technische Möglichkeiten: Brücke über einen Bach als umgestürzter Baumstamm. Rolle – von Wurzeln und Ästen befreit und geglättet. Hebel für großkräftige Bewältigungen, z.B. beim Bau. Wasserfahrzeug; man saß rittlings auf dem Baum (Einbaum); in nächster Stufe: Transport von Gegenständen.

Rund *15 000 bis 14 000 Jahre v. Chr.* sollen Höhlenmalerei *Höhlenmalereien* alt sein. Während in dieser Zeit in warmen Ländern der Mensch in Hütten gewohnt hat, die natürlich schnell vergänglich waren, hauste er in kühleren Gebieten – also im Europa nördlich der Alpen, in Asien und dem nördlichen Amerika – in Höhlen, die die Natur ihm

353

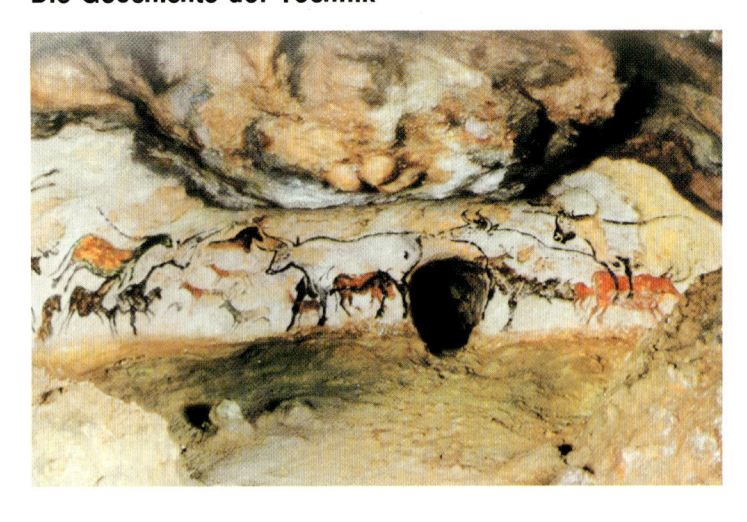

Die Geschichte der Technik

Höhlenmalerei aus der Altsteinzeit (30000–16000 v. Chr.).

8000 v. Chr.
Ackerbau

Keramik

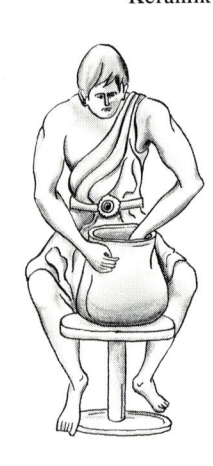

4000 v. Chr.
1. techn. Revolution

Rad

Pflug

Hölzerner Pflug

Bronzezeit

Papier

Kalender

Schrift

Beschriftete assyrische Tempelbau-Stele (um 650 v. Chr.) und babylonisches Götter-Relief mit Schriftzeichen (ca. 13. Jh. v. Chr.)

schenkte. Die Bevölkerungsdichte war naturgemäß in solchen klimatischen Regionen gering, die Menschen waren Nomaden, ehe um etwa *8000 v. Chr.* mit den *Anfängen des Ackerbaues*, zunächst wiederum in warmen Gebieten, Menschen seßhaft wurden und in Gruppen Kleingemeinschaften bildeten. Kulturell gesehen hat sich aus der Kleingemeinschaft, dem »Dorf«, die Gesellschaft entwickelt; Führer, Verwaltung und Gesetze sind hier die Großstationen. Das Höhlenbild blieb konserviert, sozusagen erste *Speichertechnik* für Überlieferungen.

Mit dem Beginn des Ackerbaues um 8000 v. Chr. begann die Herstellung von *Keramikgegenständen*, Beginn des »Kunststoffzeitalters«, wenn man will, aus dem sich etwa im Laufe der nächsten tausend Jahre – um 7000 v. Chr. – die Verwendung von Lehm und Ton als Baumaterial entwickelte. Sozusagen Beginn der »Architektur«. Diese bedingte Werkzeuge und Geräte, die zunächst die Natur bot: Feuerstein (besonders spitz und scharf), Geweihe, Holz aller Art und bearbeitete Tierfelle, also Leder, Knochen und Fischgräten. Man setzt dafür etwa 5000 v. Chr. an.

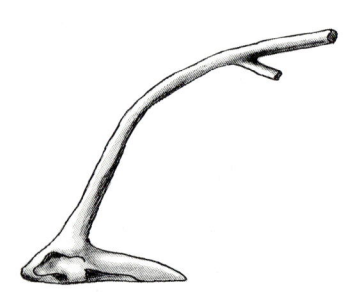

Etwa *4000 v. Chr.* müssen wir wieder auf einer Großstation unserer Reise durch die Technik des Altertums haltmachen. Es beginnt die erste wissenschaftlich erkennbare »*technische Revolution*«: Der Sprung von der primitiven Einzelhandhabung zur nunmehr schon durchdachten Gemeinschaftstechnik. Das hölzerne *Wagenrad* – man schreibt diese Erfindung den Sumerern zu –, der hölzerne *Pflug* in Kleinasien und Ägypten, das Kalttreiben verhältnismäßig weicher Edelmetalle wie Gold, Silber und Kupfer. Etwa zwei Jahrhunderte später war man soweit, diese Metalle und auch Zinn zu schmelzen und zu bearbeiten. Ein Riesenfortschritt in der Waffentechnik zum Jagen und zur Führung von Kriegen, ohne die die Menschheit schon damals nicht leben konnte. Das Mischen und Erkalten der geschmolzenen Edel- und Halbedelmetalle leitete den Beginn der *Bronzezeit* ein, deren Höhepunkt man auf etwa *2500 v. Chr.* festlegt. Die verfeinerte Töpferkunst fällt in die gleiche Zeit.

Von überragendem geistigen Niveau künden die astronomischen Beobachtungen der Ägypter, die auf dem im gleichen Land um *4000 v. Chr.* erfundenen *Papier* (Papyros) im Jahre *2776 vor* unserer Zeitrechnung sich selber durch einen vorzüglich durchdachten *Kalender* mit 365 Tagen, einem »Sonnenjahr«, einen absolut fest nachweisbaren Meilenstein setzten, und zwar am 19. Juli, dem Tag, an dem das Nilwasser zu steigen beginnt.

Mit der *Schrift* ist das so eine Sache. Man schreibt sie den Sumerern und Babyloniern zu, etwa 3000 v. Chr. Aber schriftähnliche Zeichen Jahrtausende vorher in nördlichen Höhlen beweisen auch schon den Wunsch zur geschriebenen, bleibenden Mitteilung.

Die »technische Revolution« der 4000-Jahresmarke hatte noch auf einem anderen Gebiet entscheidenden Einfluß. Technisierte Vervollkommnung mit Rad, Hebel, Pflug und Metallbehandlung beeinflußten gleichzeitig auch das Bauwesen, die »Architektur« im heutigen Sinne. Das Schleifen und Bearbeiten von Baustoffen wurde für die damalige Zeit ungefähr ebenso wichtig, wie fünfeinhalb bis sechstausend Jahre später im Maschinenzeitalter das Kugellager. In Ägypten begann man Ziegel herzustellen, viele Baustoffe wurden mit Glasur versehen, ja Steine konnten sogar schon – wenn auch mühevoll – geschliffen werden. Dazu kam die »Farbenindustrie«.

Die Geschichte der Technik

Farben

Man gewann *Mineralfarben* durch Verarbeitung von Kalk, Bleiweiß, Holzkohle, Grünspan (der sich bei Metallen bildete), Mennige, Ocker, Zinnober, Bleistein, Bleisulfid und den Pulvern der Edelmetalle Gold, Silber und Kupfer. Ein beachtliches Farbenspektrum, mit dem die Gegenstände des täglichen Gebrauchs sowie Bauten lebhafter gestaltet wurden.

Dies und die systematisch durchdachte Planung von Bauwerken – in Zusammenhang mit der erwähnten Papyroserfindung – läßt den Schluß zu, daß eine Entwicklung von Zeichen zugleich mit rechnerischem Denken konform gegangen sein muß. Die Anfänge der Mathematik und Astronomie – unerläßliche Voraussetzung für Planung und höheres technisches Denken – darf man bei den Sumerern, Babyloniern und bald darauf bei den Ägyptern suchen. (Üb-

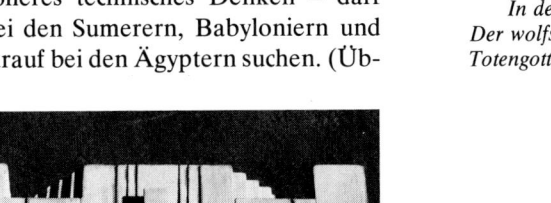

Ägyptische Sonnenuhr mit waagerechter, schräger und treppenförmiger Auffangfläche aus dem 1. Jh. v. Chr.

rigens: Der mathematische Begriff »summerisch« mit zwei »m« kommt aus dem Lateinischen summa und hat nur den Wortklang »sumerisch« mit den Sumerern gemeinsam.)

Bewässerungsarbeiten am Nil

Die *Bewässerungsarbeiten mit Hilfe des Nil* (beginnend etwa *3500 v. Chr.*) zeigen zweierlei: eine recht fortgeschrittene Erkenntnis mathematischer und zeit-astronomischer Zusammenhänge einerseits und echtes Gemeinschaftsdenken andererseits. Beides war in jeder Beziehung ein unglaublicher Fortschritt schöpferischer Denktätigkeit. Der 6397 km lange Fluß war der Lebensstrom Ägyptens, eines der technischen Zentren damaliger Zeit. Das Steigen des Nilwassers, am 19. Juli, bedeutete den Beginn der Fruchtbarkeitsperiode. Dieser Tag wird noch heute wie vor Tausenden von Jahren mit Festlichkeiten begangen. Die Berechnung der Überschwemmungs- und Trockenheitsperioden war ebenso lebenswichtig für die Ägypter wie die Anlegung eines ausgeklügelten Grabensystems in dem trockenen Anliegerland, der Ebene von Memphis, 50 Kilometer südlich von Kairo.

Die wissenschaftlichen und kulturellen Strömungen, die »höhere Ebene«, wenn man so will, und das Gesellschaftssystem brachten noch etwas anderes mit sich: soziale Unterschiede; geistige Führung einerseits und das primitive, einfach arbeitende Volk andererseits wurden Ursprung der großen Tragödie der Menschheit, die bis heute nicht überwunden ist, die aber andererseits unvergleichliche Leistungen auf geistigem und wissenschaftlichem Gebiet hervorgebracht hat. Kult, Religion und natürlich dunkelster Aberglaube, vielfach von oben gelenkt, begleiteten die technische Entwicklung. Sein tiefster Ursprung ist die Furcht vor dem Tode. Der *Totenkult* nahm von der Menschheit Besitz, der Ver-

Totenkult

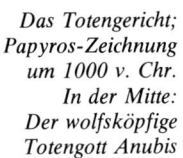

Das Totengericht; Papyros-Zeichnung um 1000 v. Chr. In der Mitte: Der wolfsköpfige Totengott Anubis

such, die Furcht zu kompensieren – und ist in der einen oder anderen Form bis heute geblieben. Aber die geistige Überlieferung ist für die Geschichte der Menschheit und natürlich in unserem besonderen Falle für die Geschichte der Technik gar nicht hoch genug zu veranschlagen. Dieser Totenkult versetzt uns heute in die Lage, rückwirkend Rekonstruktionen von beachtlicher Genauigkeit vornehmen zu können.

Und wieder begegnen wir dem sagenhaften »Revolutionsdatum« 4000 v. Chr.; Grabgewölbe in Ur (Mesopotamien) aus Kalkstein, Naturstein, Mörtel, Lehm und getrocknetem Schlamm legen nicht nur erste Zeugnisse von der Einstellung des Menschen zum »Weiterleben« ab, sondern auch von dem damaligen technischen Stand der Menschheit.

In großem Sprung um tausend weitere Jahre erreichen wir die nächste, schon sehr viel vollkommenere Station. Um *3000 v. Chr.* datiert die erste bekannte *Pyramide*, nun schon Großdenkmal des Totenkultes: Die *Stufenpyramide zu Sakkara*. Im Gegensatz zu den aus Wohngemeinden gewachsenen Städten der Vorzeit handelt es sich bei dieser Pyramide um einen planvoll, technisch und rechnerisch durchdachten Monumentalbau, nach dem Stand der heu-

Sakkara-Pyramide 3000 v. Chr.

Stufenpyramide des Königs Djoser, Sakkara, ca. 60 m hoch (um 2650 v. Chr.)

355

Die Geschichte der Technik

tigen Forschung noch immer das älteste steinerne Großbauwerk der Welt überhaupt. Die Pyramide liegt in einem Totenfeld an dem ägyptischen Dorf »Saqqâra« (arabisch »Sperbernest«), am Saum zur Libyschen Wüste, fünf Kilometer vom linken Nilufer entfernt. Sie diente dem König Djoser aus der 3. Dynastie als Grabstätte; weitere, kleinere ähnliche Pyramiden in ihrer Nähe entstanden in den folgenden Jahrhunderten der 4. bis etwa 6. Dynastie für Nachfahren.

Die 59,6 Meter hohe »Stufenpyramide« besteht aus sechs jeweils kleiner werdenden Stockwerken. Der Grundriß entspricht einem merkwürdigen, in einem Kreis konstruierbaren Rechteck im Seitenverhältnis 8:9, das übrigens auch im Grundriß der Propyläen an der Akropolis wiederkehrt. Eine Erklärung, warum man nicht den weit unkomplizierteren quadratischen Grundriß gewählt hat, haben die Archäologen nicht genau geben können. Mutmaßlich hängen astronomische Überlegungen des Baumeisters oder seines Auftraggebers damit zusammen. Etwa 2,3 Millionen Steinblöcke von rund 50 Zentnern Gewicht je Block wurden mit Hilfe von Hebel-Hebezeugen (hölzerne Stämme mit Seilen und bronzenen Klauen) über Rampengerüste Stufe um Stufe emporgehoben. Die Rampengerüste selbst bestanden aus Ziegeln und gestampfter Erde, die später wieder abgetragen wurde.

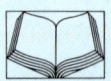

> Herodot, Werke, Herausg. Schweighäuser, Straßburg, 6 Bd., mit Anmerkungen früherer Herausgeber, 1816. – Höck, Herodot und sein Geschichtswerk, Bertelsmann, Gütersloh 1904. – Feldhaus, Franz Maria, Die Maschine im Leben der Völker; ein Überblick von der Urzeit zur Renaissance, Birkhäuser, Basel/Stuttgart 1954. – Döbler, Hg., Von Babylon bis New York; Stadt, Technik, Verkehr, Bertelsmann, Gütersloh, München 1973. – Unterlagen aus dem Bibliographischen Institut, Leipzig/Wien, 1902, 1907/11.

Die Technik dieser Bauweise ist archäologisch nachweislich auch im weiten asiatischen Raum von China bis Indien bekannt. Ferner begegnen wir ihr in Mittelamerika, etwa von der Linie des Rio Grande/Rio Pecos bis in den Maya-/Peruanischen Raum, in Variationen wieder, allerdings Jahrtausende und Jahrhunderte später. Die Zeitspannen sind da sehr groß, aber gerade dieser weite Bogen zeigt die Logik solcher Bauweise. In Domniks berühmtem Film »Traumstraße der Welt« (das gleichnamige Buch ist erschienen im Südwestverlag, München 1970) werden uns Heutigen eindrucksvoll diese technischen Erzeugnisse einer mittelamerikanischen Baukultur dokumentiert.

Neben den erwähnten kleineren Pyramiden, die besonders durch religiöse Inschriften der Nachwelt einiges zu sagen haben, gehören zur Nekropole von Sakkara noch Apsisgerüste (Serapeum bzw. Serapis) und drei weitere archäologisch interessante Großgräber, die einigen Aufschluß über die Techniken damaliger Zeit geben. Da ist *Mastaba* die *Mastaba* des Ti (ca. 2300 v. Chr.) und die des Ptahhotep. Mastabas sind halboffene altägyptische Grabbauten aus der vorpyramidischen Zeit für Könige und Fürsten. An der Ostwand ist eine flache Nische, die den Eingang ins Totenreich bezeichnet. Eine Sargkammer und Statue des Toten befinden sich in unterirdischen Gewölben. Daß auch so etwas bereits ein kleines technisches Wunderwerk war, zeigt die gut erhalten gebliebenen Mastaba des Mereruka (6. Dynastie) mit 31 Räumen und zahlreichen Gängen.

Nicht eine Nekropole, eine Totenstadt wie Sakkara, sondern eine sehr lebendige Stadt (Bibel und vage Geschichte sprechen sogar *Babylon* von Verderbtheit) war *Babylon*. Die Geschichte dieser in Mesopotamien am Unterlauf des Euphrat, etwa 450 Kilometer nordwestlich vom Persischen Meerbusen gelegenen Stadt bleibt mehr im Dunkel der Sage als in heller Klarheit archäologischer

Babylon zur Chaldäerzeit um 600 v. Chr. (Gemälde)

Realitäten. Auch die Bibel mit ihrem berühmten »Turmbau zu Babel« (Mahnmal aller Schlechtigkeit der Menschheit) im 1. Buch Mose, 11,1–9, trägt nicht zur Klärung der historischen Dinge bei, sondern verwirrt noch mehr. Das einzige, das wirklich feststeht, ist die Tatsache, daß Babel (Babylon ist genaugenommen das Reich um die Stadt) existiert hat, daß dort ein großer

Die Geschichte der Technik

Tempelbau gestanden hat – und zwar für die Lebenden –, und daß man hier etwa auf gleicher technischer Stufe stand wie bei Sakkara, um *3000 v. Chr.* Auf diese Technik lassen die wenigen noch heute übriggebliebenen Ruinen glaubhafte Rückschlüsse zu.

Und da ist das *Zikkurat*. Die Ruine des stufenförmigen Tempels ergibt in der Rekonstruktion ein ähnliches Bauwerk wie die Sakkara-Pyramide, so daß sich trotz der großen Entfernung von dieser technisch eine verblüffend ähnliche Bauweise ableiten läßt. Nur sind die Bauelemente – größtenteils Ziegel – wesentlich kleiner als die gewaltigen Blöcke der Sakkara-Pyramide. Hebel und Rolle waren auch hier – neben der menschlichen Hilfskraft – so ziemlich die einzigen technischen Hilfsmittel. Aber eine klug durchdachte technische Planung war auf alle Fälle vorhanden.

Ur-Zikkurat

Das (man sagt auch der oder die) erste *ursprüngliche Zikkurat* ist ein Tempel, Enna-Heiligtum in Uruk, in der Abkürzung allgemein *Ur* genannt. Von diesem Ort ist in der deutschen Sprache tatsächlich die Vorsilbe ur- abgeleitet, ursprünglich, ursächlich oder eben das *Ur-Zikkurat*. Es ist ein Beispiel, daß eben nur die Technik in der Lage ist, Brücken über Zeit und Raum zu schlagen; denn was ist eingemeißelte Inschrift anderes als Speichertechnik? Das Ur-Zikkurat ist kein jüdischer Bau, sondern ein sumerischer Tempel um 3000

Ausgrabungen in Ur. Rechts: Terrassentempel des Zikkurat.

v. Chr., lange bevor die Juden sich in diesem Raum festsetzten. Und dieser »Ur-Turmbau zu Babel« ist nun wahrlich kaum »Turm« zu nennen, sondern entmythologisiert mit seinen technischen Maßen die Bibel ganz erheblich. Er ist eine vergleichsweise flache Stufenpyramide, mit 46 Metern Höhe um fast 14 Meter niedriger als die Sakkara-Pyramide, und mit etwa 175 Metern je Quadratseite eine der flachsten Pyramiden.

Erst mehr als 2000 Jahre später (also dem Zeitraum zwischen Christi Geburt und

Nebukadnezar

uns!) rekonstruierte der als Despot und Tyrann in die Geschichte eingegangene neubabylonische und chaldäische König *Nebukadnezar* das Zikkurat aufs neue *(604–561 v. Chr.)*. Natürlich waren seine technischen Möglichkeiten um zwei Jahrtausende weiter. Dabei muß man sich allerdings vor Augen halten, daß die Kurve der progressiv steigenden technischen Erkenntnis dennoch damals sehr flach war, ihre große Steilheit mit jährlich, wöchentlich, ja heute fast täglich neuen Erkenntnissen erreichte sie erst in unserem 20. nachchristlichen Jahrhundert. Dieser König Nebukadnezar war ein fanatischer Judengegner, aber er rottete die Juden nicht einfach aus, sondern machte sie – wie zuvor die Ägypter – zu erbarmungslos versklavten Arbeiterheeren. Nur mit diesem rücksichtslosen Masseneinsatz konnte er seine »hochfliegenden« Pläne technisch realisieren. Babylon wurde zu einer Stadt, so groß wie das heutige West-Berlin mit all seinen Seen und Wäldern (490 qkm). Mittelpunkt war aber nicht der sagenhafte rekonstruierte Turmbau, sondern das Königsschloß, in dem er (als »*Belsazar*« von Heinrich Heine besungen) ermordet wurde.

Belsazar

Dies Schloß wurde in der unerhört kurzen Zeit von nur zwei Wochen buchstäblich aus dem Boden gestampft. Mit den damaligen technischen Hilfsmitteln Rolle, Hebel, Seil war das nur möglich, weil der König das unerschöpfliche Arbeiter- bzw. Sklavenheer der unterjochten Juden Tag und Nacht bis zum Umfallen antrieb. Die totgepeitschten und zusammenbrechenden Menschen wurden ununterbrochen durch neue ersetzt. Ferner ist zu bedenken, daß solch ein »Königsschloß« ein einfacher Rohbau war, bei dem auch viel Holz verwendet wurde. Schließlich gab es keinerlei Installation, die bei einem heutigen Großbau (und auch bei jedem Einfamilienhaus) mehr Zeit und Geld verschlingt als eben der reine Rohbau. Wir sind heute soweit, ein aus dem Katalog angeliefertes vorgefertigtes Einfamilienhaus innerhalb eines Arbeitstages zu erstellen. Damit haben wir aber noch kein fertiges, bewohnbares, eingerichtetes und an alle Versorgungsleitungen angeschlossenes Heim. Die von aller Moral und Ideologie losgelöste reine technische Leistung der damaligen Zeit bleibt aber als solche bestehen.

Diese historischen Zusammenhänge haben den »Turmbau zu Babel« in der biblischen Geschichte erheblich mythologisiert und zeitlich verschoben, denn dort wird er *nach* der Arche Noah erwähnt, während das Ur-Zikkurat effektiv 500 Jahre früher datiert.

Wir können es uns erlauben, ohne große Unterlassungssünden zu begehen, vom

Die Geschichte der Technik

Jahr 3000 v. Chr. ein halbes Jahrtausend näher an unsere Zeit zur nächsten Station heranzurücken. Zwar eine große Zeitspanne (sie entspricht der zwischen Gutenbergs Buchdruckerfindung und dem Düsenzeitalter). Aber gar so hektisch war man noch nicht.

Cheopspyramide

Das größte, erhabenste Bauwerk des Altertums, die *Cheopspyramide (etwa 2600 v. Chr.)*, ragt seit viereinhalbtausend Jahren 147 Meter hoch in den Himmel: steinernes Monumentalzeugnis altägyptischer Technik. Für die Archäologen, die uns das Rüstzeug für eine Technikgeschichte lieferten und noch heute liefern, ist sie eine immer noch unerschöpfliche Fundgrube und Quelle.

Am linken Nilufer nahe Kairo, bei Gizeh gelegen, ist diese Pyramide – zusammen mit anderen kleineren und der berühmten Sphinx (deren Nase bei einem Artillerieübungsschießen als Ziel diente) – seit Menschengedenken eine der größten Attraktionen der Weltgeschichte.

Zwanzig Jahre lang sollen über hunderttausend Menschen an der Pyramide gebaut haben. Materialkosten sind kaum berechenbar, ebensowenig wie der sachliche bzw. kulturelle Wert der Cheopspyramide. 1600 Talente sollen während dieser Zeit allein für die Verpflegung der Menschen aufgebracht worden sein. Setzt man den (fiktiven) Kaufkraftwert eines damaligen Silbertalentes mit etwa 10 000 DM an, so dürfte das in unserer Währung rund 16 Millionen entsprechen. Abgesehen davon, daß man mit einem anderen Lebensstandardmaß rechnen muß, sind diese Aufwendungen für 100 000 Menschen in zwei Jahrzehnten eindeutig als sehr gering zu bezeichnen: sie betragen etwa einen Fünftel Pfennig pro Mann und Tag! Die hohe Angabe für eine Werteinheit – Talent –, die bis zu Cäsars Zeiten galt, zeigt übrigens, daß auch damals Machthaber, Fürsten und Großkapitalisten nicht gerade kleinlich waren. Die Angaben stammen von Herodot, und man darf unterstellen, daß sie rechnerisch korrekt waren. Die Umrechnung zum Heute bleibt allerdings – wie gesagt – fiktiv.

Der technische Aufwand beim Bau der Cheopspyramide bleibt nach heutigen Maßstäben vergleichsweise im Rahmen. Wenn die Griechen den ägyptischen König Cheops (auch Chemmis, Chufu, Suphis genannt) der vierten Dynastie als grausam bezeichneten – wohl weil er sich persönlich ein so aufwendiges Grabmal bauen ließ –, muß man das der damaligen Zeit entsprechend mit relativen Vorbehalten sehen. Denn so betrachtet, war jeder Machthaber grausam, bis zu den heutigen Wirtschaftskapitänen. Ob man aber das generell gelten lassen kann, mag doch sehr in Zweifel gestellt werden. Technische Großleistungen sind nun einmal ohne »Teamwork« nicht möglich. Und die bedürfen der Planung, Leitung und Verwaltung.

Bei der Cheopspyramide muß der Fortschritt der Schleiftechnik gegenüber vorhergehenden Jahrhunderten besonders hervorgehoben werden. Musterbeispiel ist der einfache Sarg des Cheops aus rotem Granit, Kernstück des Bauwerkes in der Grabkammer. Die Pyramide selbst ist quadratisch mit vier mal 233 Meter langen Seitenlinien. Die Spitze ist ein wenig abgebröckelt, so daß die ursprüngliche Höhe von 147 Metern heute um einige Meter unterschritten ist. Die eigentliche Pyramide besteht aus aufgemauerten Kalksteinblöcken und war mit feineren gelben Kalksteinquadern verkleidet. Das Mauerwerk stellte nach Abzug des eigentlichen Felsenkerns und der inneren Hohlräume einst über 2,5 Millionen Kubikmeter dar, die jedoch im Laufe der Jahrtausende auf 2,3 Millionen Kubikmeter durch Verfall reduziert sind. Würde man diese Rechnung fortsetzen, so dürfte diese Riesenpyramide in vielleicht sechzig- bis siebzigtausend Jahren nur noch ein Häuflein Staub sein. Ob unsere modernen Bauwerke so lange aushalten, dürfte bezweifelt werden.

Hat auch die Bibel den »Turmbau zu Babel« recht vage und gleichnishaft, noch dazu mit erheblicher zeitlicher Verlagerung behandelt, so kann sie in einer anderen Technikleistung als eine der ersten technisch-literarischen Quellen mit verhältnismäßig genauen Angaben herangezogen werden:

Arche Noah

Im Fall der *Arche Noah*. Im gleichen Zeitraum um *2600 v. Chr.*, während sich in der ägyptischen Wüste Cheops sein Denkmal für die Ewigkeit setzte, ließ sich der babylonische bzw. chaldäische König *Xisuthros* etwa 1400 km weiter nordöstlich im babylonischen Raum ein zwar sehr vergängliches, aber deshalb nicht minder imponierendes technisches Werk errichten: eben ein Schiff. Seine technischen Daten werden im 1. Buch Mose, Kap. 6, Vers 14–17 (s. neb. Kasten) recht genau angegeben. Solch ein Schiff entspräche der Grö-

358

ßenordnung eines Supertankers von 650000 BRT. Und hier versagt die Geschichte, wie in noch anderen Punkten. Statisch stellt ein solches Schiff noch heute ein Problem dar; vor viereinhalbtausend Jahren war es absolut unlösbar.

> **Die Bibel als erste technikgeschichtliche literarische Dokumentation**
>
> *1. Buch Mose, 6. Kapitel, Vers 14–17*
> Der HERR zu Noah:
> 14. Mache dir einen Kasten von Tannenholz und mache Kammern darin und verpiche ihn mit Pech inwendig und auswendig.
> 15. Und mache ihn also: Drei hundert Ellen sei die Länge, fünfzig Ellen die Weite und dreißig Ellen die Höhe.
> 16. Ein Fenster sollst du daran machen obenan, eine Elle groß. Die Tür sollst du mitten in seine Seite setzen. Und er soll drei Boden haben: einen unten, den anderen in der Mitte, den dritten in der Höhe.
> 17. Denn siehe, ich will eine Sintflut mit Wasser kommen lassen auf Erden, zu verderben alles Fleisch, darin ein lebendiger Odem ist, unter dem Himmel. Alles, was auf Erden ist, soll untergehen.
>
> (Text und heutige Schreibweise nach der Übersetzung der evgl. Bibel v. Martin Luther.)

Der ungenutzte leere Raum wäre bei dieser Umrechnung immens. Maschinen bzw. Antriebsmittel – wie Ruder oder Segel – sind nicht erwähnt; die vier Ehepaare und die paar Tiere haben in einem weitaus kleineren Schwimmkasten Platz. Ein holländischer Menonnit, Peter Jansen Hoorn, baute 1609 solch eine Arche nach, ebenso wie der Film sich dieses dankbaren Bibelthemas angenommen hat. Beide Schwimmgebilde waren verhältnismäßig klein. Die Zahlenangaben der Bibel müssen deshalb mit großem Vorbehalt hingenommen werden. Wir finden im Alten Testament nirgendwo eine genaue Jahresangabe, und die Altersangaben der Urväter mit Hunderten von Lebensjahren sind auch absolut unbrauchbar. Die »Elle« ist nur recht vorsichtig zu rekonstruieren. Und das Tannenholz war genaugenommen Zypresse.

2600 v. Chr. Sintflutsage

Das Ganze beruht auf der *Sintflutsage*, die quer durch die chinesische, indische, nahöstliche und sogar amerikanische Mythologie geht. Der altgriechische Historiker Berossos verlegt den Ort nach Assyrien/Chaldäa/Babylonien, wo der letzte »vorsintflutliche« Babylonierkönig Xisuthros vom Gott Chronos den Auftrag zum Bau eines Riesenschiffes zum Überleben einer Flutkatastrophe erhalten haben soll. Die Bibel übernimmt das und macht aus jenem König eben Noah. Cheops ließ zur gleichen Zeit ungestört seine Riesenpyramide bauen. Und die Bibel wiederum ließ dann Noah rund 900 Kilomter weiter nördlich auf dem Berge Ararat (5156 m) im heutigen kaukasischen Dreiländereck Türkei/Sowjetunion/Iran landen (1. Mose, 8,4). Dort nun wird seitdem ununterbrochen geforscht. Angeblich förderten der Amerikaner R. E. Crawford und der Franzose Fernand Navarra 1955 und 1969 aus einem bis zum Boden gefrorenen Gletschersee einige Holzplanken jener sagenhaften Arche zutage. Die türkische Regierung verbot im Juli 1974 aus militärischen Gründen jede weitere Forschung in jener recht interessanten Länderecke.

Die nächstliegende Erklärung dieser Sintflutsage dürfte sein, daß sich jener babylonische König bei einer besonders starken und vorauszusehenden Flut des Euphrat mit seinem Hofstaat in ein vorsorglich gebautes Hausboot zurückgezogen hat. Eine sehr profane Auslegung, die aber den Tatsachen am nächsten kommen dürfte.

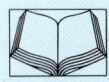

> George Smith, Chaldäische Genesis 1872, deutsche Ausg. Leipzig 1876. Babylonisch-assyrische Tontafeln in Keilschrift berichten darüber. Die 11. Tafel des sog. Gilgameschepos berichtet in poetischer Form und Sprache von einem Flutsturm, bei dem sich der babylonische König Bel mit seinen Verwandten auf Befehl des Gottes Ea in ein Schiff rettet.

2000 v. Chr. Stausee

Bleiben wir bei unserem Sprung wiederum um 500 Jahre näher an unsere Zeit im Jahr *2000 v. Chr.* noch beim Wasser, das technisch schon immer interessant, weil lebenswichtig war. Und auch die örtlichen Stationen sind noch immer dieselben. Euphrat und Tigris werden durch den Nitokris-See mit dreiwöchiger Speicherung reguliert – und natürlich der Nil. Es entsteht der erste, von Menschenhand künstlich erbaute *Stausee*, der Möris-See südlich von Memphis. (50 km südlich vom heutigen Kairo.) Es gab zwar schon eine Menge kleinerer Regulierungssysteme, z. T. sogar mit Dämmen aus Steinen, Sand und Schilf. Aber das Ganze hatte technisch nur geringen Wert. Allzu große Höhenunterschiede waren nicht zu überwinden. Aufgabe dieses künstlichen Sees war es, das sonst abfließende jährliche Nilhochwasser zu *speichern*. Der Möris-See war keine »Staustufe« im heutigen Sinne, denn er lag nicht im Zuge des Flusses. Sein Zweck war genial

Die Geschichte der Technik

erdacht, eine echte technische Revolution für die Ägypter mit vollstem Erfolg.

Die technischen Daten: Mit einer Länge von etwa 45 Kilometern – das entsprach damals fast zwei Tagesreisen – und einer Oberfläche von 682 Quadratkilometern verfügte er über einen Stauraum von rund 3 Milliarden Kubikmetern Wasser (zum Vergleich: die Möhne-Talsperre faßt 134 Mio. Kubikmeter).

An dem erwähnten 19. Juli begann alljährlich die Hochwasserbildung in der Ebene von Memphis, nun aber für drei Monate auch gleich viel zuviel. Der künstliche See nahm durch einen ableitenden Kanal das übermäßige Hochwasser auf. Wenn dann der Nil wieder sank, konnte das gespeicherte Wasser durch ein Kanal- und Grabensystem im Laufe des übrigen Jahres je nach Bedarf abgezogen werden. Die Folge war, daß von nun an statt einer Ernte im Jahr deren mehrere möglich wurden!

Über den Bau dieses Sees ist leider nicht allzuviel überliefert. Tatsache ist, daß Hunderttausende von Menschen viele Jahre lang die Dämme für den See anlegten und den Boden aushoben. Hinzu kam der Bau von Kanälen und Sperrvorrichtungen im Nil zur Ableitung des Hochwassers in den Hauptkanal.

Zur Zeit des Niedergangs der ägyptischen Macht (zum ersten, aber nicht zum letzten Mal) unter den Ptolemäern um 300 v. Chr. wurde von den Römern während einer Belagerung von Memphis rücksichtslos das gesamte Deichsystem aufgerissen. Solche militärisch begründeten Handlungsweisen darf man heute mit der Vernichtung bzw. dem Überlauf von Talsperren vergleichen, bei denen Tausende – in Ägypten der Überlieferung nach 100 000 Menschen – ihr Leben verloren. Ein geniales technisches Werk wurde zerstört. Die Nilwasser ergossen sich in die nordwestliche Memphisebene.

Im Zusammenhang mit der großartigen Wasserbewirtschaftung der Ägypter muß

1600 v. Chr. Schiffahrtskanal

auch der um *1600 v. Chr.* erbaute erste *Schiffahrtskanal* zum Roten Meer erwähnt werden, der dann wieder verfiel. Herodot berichtet, daß von 609 bis 595 v. Chr. der ägyptische König Necho einen Versuch unternommen habe, einen Kanal von Memphis zum Roten Meer bauen zu lassen, um eine direkte Schiffsverbindung vom Mittelmeer über seine Hauptstadt zum Roten Meer und weiter zum Indischen Ozean zu bekommen. Nachdem jedoch in sechs Arbeitsjahren über 120 000 Menschen beim Bau dieses Kanals zugrunde gegangen waren und die technischen Schwierigkeiten sich als unüberwindlich erwiesen, wurden die Arbeiten als gescheitert eingestellt. Etwa hundert Jahre später hat dann der Perserkönig *Darius* (550–486 v. Chr.; Darius I, nicht zu verwechseln mit dem von Alex. d. Gr. geschlagenen Darius III.) versucht, den begonnenen, jedoch inzwischen stark verfallenen Kanal zu vollenden. Doch auch seinen Ingenieuren ist das Vorhaben nicht geglückt.

Wasser wird mit dem Rückblick auf nun schon überschaubare Zeiträume technisch immer interessanter und führte – wie der kurze geschichtliche Abriß zeigt – von dem persönlichkeitsbezogenen Kultbau zur technischen Gemeinschaftsleistung für die Gemeinschaft. Wenn wir auch sicher noch nicht von technischen Sozialwerken sprechen können, so ist eindeutig die Bezogenheit auf den Gemeinnutz die Grundlage für

Wasserleitung

die Entstehung von *Wasserleitungen* (Aquädukten).

Wasserleitungen im alten Rom (Gemälde von Zeno Diemer)

Künstliche Bewässerung in Indien mit alten Tretmühlen.

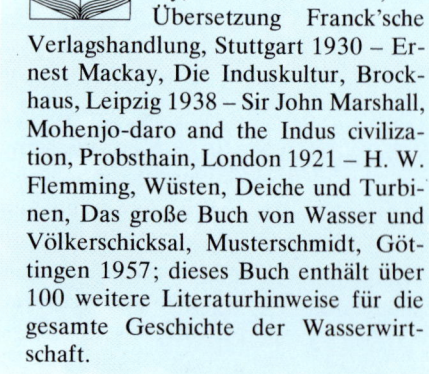

Charles Leonard Sir Woolley, Vor 5000 Jahren, dt. Übersetzung Franck'sche Verlagshandlung, Stuttgart 1930 – Ernest Mackay, Die Induskultur, Brockhaus, Leipzig 1938 – Sir John Marshall, Mohenjo-daro and the Indus civilization, Probsthain, London 1921 – H. W. Flemming, Wüsten, Deiche und Turbinen, Das große Buch von Wasser und Völkerschicksal, Musterschmidt, Göttingen 1957; dieses Buch enthält über 100 weitere Literaturhinweise für die gesamte Geschichte der Wasserwirtschaft.

Die Geschichte der Technik

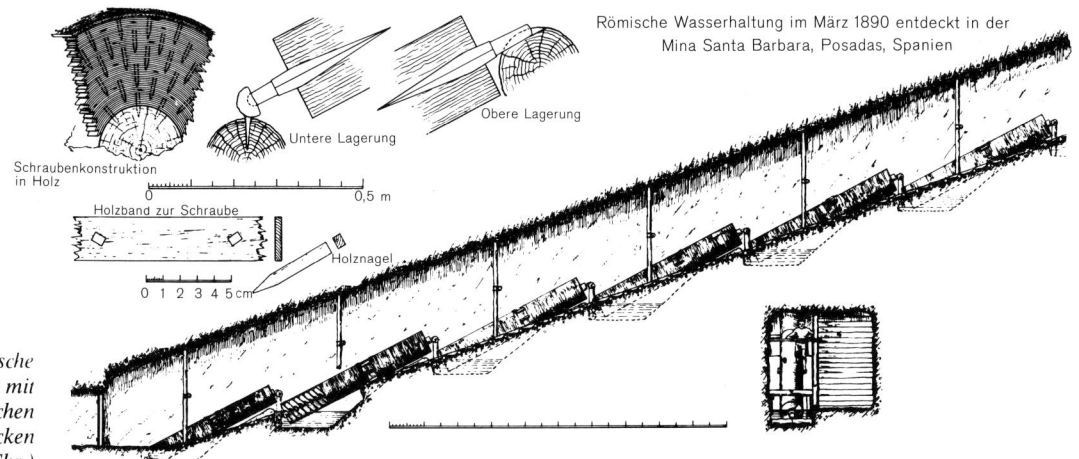

Römische Wasserhaltung mit sog. Archimedischen Schnecken (1. Jh. v. Chr.)

Römische Wasserhaltung im März 1890 entdeckt in der Mina Santa Barbara, Posadas, Spanien

Schöpf- bzw. Pumpanlagen, mit Ledersäkken, später paternosterähnlichen unendlich umlaufenden Behältern, hatten nur reinen Lokalwert für die Wasserversorgung der wenigen Beteiligten auf landwirtschaftlichem und allgemeinem Versorgungssektor. Derartige technische Einrichtungen gab es zweifellos bereits *2000 Jahre v. Chr.* Eine epochemachende technische Einrichtung waren sie aber zu dieser Zeit keineswegs mehr. Der finnische Schriftsteller Mika Waltari ist bei seinen Forschungsarbeiten für seinen bekannten Roman »Sinuhe der Ägypter« auf angebliche Quellen gestoßen, nach denen um etwa *1400–1350 v. Chr.* (Tut-Ench-Amon) auf Kreta bereits vorbildliche Badewasserleitungen bestanden haben sollen. Warmes und kaltes Wasser floß danach aus komplizierten Röhrensystemen mit Hähnen aus reinem Gold und Silber in luxuriöse Badewannen. Hatte schon der meisterhaft fabulierende Romancier Vorbehalte, so dürfen wir dies in einer sachlichen Technikgeschichte gewiß in den Bereich der Sage verweisen. Erwähnt wird es nur, weil technische Wunschträume rückwirkend in manchen Literaturbereichen ihren Niederschlag fanden und immer wieder finden. Ägyptische Wasserleitungen (*1200 v. Chr.* und jünger sowie eine unter *König Salomo um 900 v. Chr.*) sind heute technisch nicht mehr rekonstruierbar.

Die ersten echten nachweisbaren Wasserleitungen werden im gleichen Zeitraum an zwei sehr verschiedenen Stellen erwähnt: *690 v. Chr.* in Jerwan, der heutigen sowjet-armenischen Hauptstadt *Eriwan*, nicht weit von dem vorerwähnten Berge Ararat. Reste sind vorhanden, wer sie bauen ließ und weitere technische Einzelheiten sind unbekannt. Drei Jahre später, *687*, datiert eine Wasserleitung auf der griechischen Insel *Samos*. Eupalinos von Megara soll mehrere unterirdische Kanäle konstruiert haben, die Wasser aus entfernter liegenden Quellen in stadtähnliche Wohnsiedlungen geführt haben. Archäologischtechnische Forschungen bestätigen dies jedenfalls glaubhaft.

In den kommenden Jahrhunderten wurden dann in *Athen, Theben, Rom* und anderen zentralen Großstädten Wasserleitungen zur Großversorgung gebaut. Sie bestanden aus Holz, Blei, Leder und offenen oder geschlossenen Steinführungen. In die einzelnen Häuser führten abzweigende Leitungen aus Blei: Vom System her ein Prinzip, das sich bis heute erhalten hat, abgesehen vom Material.

Bei der Wasserregulierung darf *China* nicht vergessen werden. Schon zweieinhalbtausend Jahre v. Chr. hatte China oft unter unvorstellbar großen Überschwemmungskatastrophen zu leiden. Ein Kaiser namens Yau beauftragte einen offenbar technisch begabten Fürsten mit der *Regulierung des Hoangho*. Indes ließen wohl die Erfolge zu wünschen übrig. Über 1600 Jahre wurde eigentlich ununterbrochen an der Stromregulierung gearbeitet, bis dann 602 v. Chr. eine technisch ziemlich einwandfreie richtige Kanal- und Grabenregulierung mit einer großen Laufverlegung des Hoangho gewaltige Fortschritte zeitigte.

Die bedeutendsten Leistungen auf dem Gebiet der Kanalisations- und Wasserleitungsanlagen werden heute den Römern zugeschrieben, deren bis heute erhaltene Reste und Ruinen genaue technische Berechnungen zulassen. Die *erste große römische Wasserleitung* ist die *Aqua Appia, 305 v. Chr.*, Tagesdurchsatz 800 000 Kubikmeter. Sie begann an der Via Praenestina und trat nach 20 Kilometern unterirdischer Führung bei der Porta Cabena offen in die Stadt bis zum Campus Martius. Große Aquädukte führten die Quellwasser der Gebirge oft über 100 Kilometer Entfernung über Täler, Schluchten und weite Landstrecken. Manche Aquädukte hatten zwei und drei Leitungen übereinander, jede aus einer anderen Quelle gespeist. Den Ausgang bildete ein Quellhaus (caput aquae), das Ende vielfach ein Hochbehälter (castellum aquae). Von solchen Hochbe-

Aqua Appia 305 v. Chr.

Die Geschichte der Technik

hältern wurde das recht saubere Wasser – Trinkwasser – in Häuser, öffentliche Bäder (Thermen) und Gärten geleitet, gefiltert durch sauberen Sand.

Marcus Curius Dentatus gilt als hervorragender Wasserleitungsingenieur. Er verwendete ganze Basaltblöcke, die damals bereits verhältnismäßig leicht zu bearbeiten waren. Kultur und Technik hatten sich infolge verschobener Machtverhältnisse von Vorderasien und dem östlichen Nordafrika in das Imperium Romanum verlagert.

Das heißt aber nicht, daß nicht auch an anderen Punkten der Erde die Technik fortschritt. Asien in seiner ganzen Größe von China bis Indien gibt dafür ebenso reichlich Beispiele wie der amerikanische Doppelkontinent von Alaska bis Kap Hoorn. Die berühmte »Traumstraße der Welt« legt davon viele Zeugnisse ab. Ihr letztes Glied war übrigens die »Golden Gate Bridge« bei San Franzisko, 1937 fertiggestellt. Ihr Erbauer: Ein bayerischer Brückenstatiker namens Franz Joseph Strauß. Mit einer stützlosen Spannweite von 1400 Metern zählt sie heute noch in ihrer Größe und unvergleichlichen Schönheit zu den Königinnen unter den Brücken der Welt.

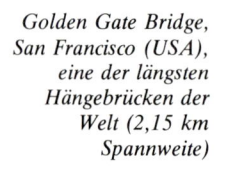

Golden Gate Bridge, San Francisco (USA), eine der längsten Hängebrücken der Welt (2,15 km Spannweite)

Nordeuropa und Afrika südlich der Sahara blieben (außer dem unentdeckten Australien) am längsten von technischen Errungenschaften »verschont«. Bis kurz vor der Zeitwende waren die Namen großer Techniker und Schöpfer bedeutender Bauten, Anlagen und Einrichtungen kaum bekannt. Die Konstrukteure und Planer blieben anonym, den Namen gab zumeist der Herrscher.

Archimedes

Zu den ersten, speziell mit Namen erwähnten genialen Erfindern zählt *Archimedes (287–212 v.Chr.)*, ein Mathematiker und Physiker, der, abgesehen von einem Forschungsaufenthalt in Ägypten, in seiner Vaterstadt Syrakus auf Sizilien lebte. Sein Tod gilt als besonders dramatisch in der Geschichte, er wurde bei der Eroberung der Stadt von einem unwissenden römischen Legionär erschlagen. Daß Archimedes ausgerechnet durch seine Waffentechnik besonders bekannt wurde, ist makaber, aber zeitbezeichnend. Er konstruierte Brennspiegel und brachte die Hebeltechnik zu hoher Blüte. Seine kunstreichen Wurfmaschinen waren so etwas wie Wunderwaffen des damaligen Krieges, die es vermochten, zwei Jahre lang den Römern schwere Verluste, besonders unter der Belagerungsflotte, zu schlagen. Erst durch Angriffe von der Landseite fiel dann die Stadt in römische Hände. Die Erkenntnis des hydrostatischen Auftriebs *(Archimedisches Prinzip)*, die Wasserschraube *(Archimedische Schraube)*, eine Schraube ohne Ende, der *Flaschenzug* in verbesserter Form und die berühmte »Sphära«, ein Himmelsglobus, der durch Umdrehung einer Kurbel den Planetenlauf um die Erde wenig abweichend von den modernen astronomischen Erkenntnissen darstellte – dies waren wohl die bekanntesten unter seinen mehr als 40 Erfindungen. Seine mathematischen Schriften sind großenteils überliefert.

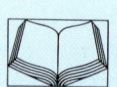

> Bödige, Das Archimedische Prinzip als Grundlage physikalisch-praktischer Übungen, Osnabrück 1901. – Homer, Odyssee X, 28, Ilias XVII, 207 u. XIX, 375.

Koloß v. Rhodos
Leuchtturm v. Alexandrien

In die archimedische Zeit fallen auch u.a. zwei der sogenannten Sieben *Weltwunder*, ebenfalls »wasserbedingte« Zweckbauten: Der »*Koloß von Rhodos*«, dem Sonnengott Helios geweiht, und der *Leuchtturm von Alexandrien*.

Der Koloß von Rhodos (Kupferstich)

290 v.Chr.

Der »Koloß von Rhodos« war eine metallene, wahrscheinlich Erz-Statue im Hafen von Rhodos, *290 v.Chr.* von Chares vollendet. 32 Meter hoch, Kosten angeblich 300 Talente (vergleichsweise wenig, etwa 4 Millionen DM). Ein Erdbeben zerstörte bereits 223 v.Chr. das Original. Technisch gesehen ist das Bauwerk im Vergleich zu anderen keineswegs als »Weltwunder« zu bezeichnen. Es gehört zu der Kategorie von Bauwerken, die zunächst sozusagen Werbe- und Reklamezwecken für eine Idee oder einen Kult dienten – genau wie der 300 Meter hohe *1889* für die Pariser Weltausstellung erbaute *Eiffelturm* (des Ingenieurs Alexandre Gustave Eiffel,

Die Geschichte der Technik

1832–1923, der u.a. auch zahlreiche Brücken konstruierte). Jener erhielt seine Existenzberechtigung sehr schnell als Leuchtturm des Hafens von Rhodos mit einem ständig unterhaltenen Pechfeuer – dieser wurde Funk- und später Fernsehturm.

Leuchtturm von Alexandrien (Kupferstich)

Der »Leuchtturm von Alexandria« war von vornherein ein Zweckbau für die Schifffahrt. Technisch zweifellos für die damalige Zeit ein großartiges Bauwerk. Er wurde *283 v. Chr.* – also in den Kinderjahren von Archimedes – vollendet. Seine Höhenangabe schwankt zwischen doppelt und dreimal so hoch wie der Koloß von Rhodos, also zwischen 70 und 110 Metern. Erstaunlich, weil er erst in einer verhältnismäßig späteren Zeit – etwa 1330 n. Chr. – einstürzte. Sein Material war Stein, seine Bauweise muß, im Vergleich zu hochantiken Bauten, vom technikgeschichtlichen Standpunkt aus gesehen als »schludrig« bezeichnet werden. Es spricht immerhin für technisches Geschick, daß ein so schmales, hohes, nicht abgestütztes Bauwerk unstatisch fast eineinhalb Jahrtausende hielt.

Rom und Wasser sind auch im weiteren Voranschritt der Technik-Geschichte wichtige Stationen: Aus *89 v. Chr.* datieren die Thermen (später im Ausbau *Caracalla-Thermen* genannt). Ursprünglich waren die Thermen nicht warm, wie man heute solche »Römischen Bäder« sieht. Gewöhnliche Bäder nannten die Lateiner »balnea«. Zum Unterschied waren die »thermae« öffentliche Anlagen, die regelrechten Sportstätten mit allerlei Gemeinschaftseinrichtungen gleichkamen. So begann es unter Kaiser Augustus. Diese thermae waren gesellschaftlicher Treffpunkt der Aristokraten sowie politisch und kulturell bedeutender Persönlichkeiten. Es gab Konversationsräume, Räume für den Unterricht der Kinder wohlhabender Eltern durch griechische Sklaven (griechische Gymnasien), Ringplätze, Säulenhallen, Ballspiel- und andere Leichtathletiksportanlagen und natürlich entsprechendes Nebengelaß. Als die Badebassins um die Zeitwende dann noch mit warmem Wasser gefüllt wurden, war der Badebetrieb perfekt. Im Laufe der Jahrhunderte hat sich dann der sprachliche Begriff »Thermalbad« auf das reine Schwimmbad mit warmem oder gar heißem

89 v. Chr. Caracalla-Thermen

Wasser konzentriert. Diese öffentlich unterhaltenen Thermen überstiegen an Prunk, Großzügigkeit und Vielseitigkeit ein heutiges Sportzentrum noch bei weitem – eben auch infolge der viel weiteren öffentlichen Aufgabenstellung. Die Römer badeten nackt und nicht nach Geschlechtern getrennt, dennoch waren die Thermen, zumindest in ihrer Hochblüte, trotz der angeblichen »Verderbtheit des alten Rom« keineswegs bordellähnliche öffentliche Sündenpfuhle. Das wurden sie erst mit dem Niedergang und politischen Verfall in der Zeit korrupter und machthungriger, z.T. degenerierter Cäsaren. Aber da verfiel dann auch bald die hochentwickelte Tech-

Ruinen der Caracalla-Thermen in Rom

nik dieser Thermen, von denen die schon erwähnten »Caracallathermen« – wie Rekonstruktionen der Trümmer bewiesen – bei weitem die vollendetste technische Anlage waren.

Andere, kleinere »Römische Bäder« entstanden dann in den folgenden Jahrhunderten an zahlreichen außerrömischen Stellen, die die Römer auf ihren weiten Eroberungszügen besetzt hielten. In Germanien entstanden vornehmlich am Rhein und in der Eifel solche Thermen, überall da, wo die Natur heißes Wasser spendete; bis in die Jetztzeit wird dieser Segen der Natur in gleicher, wenn auch technisch moderner Form genutzt.

Zur Technik von Thermen im alten Rom gehört nach der Frage: Wo kam das Wasser her? (aus den beschriebenen Wasserleitungen aller Art, wie wir lasen) sofort die Frage: Wo floß das verbrauchte Wasser hin? Technisch beispielhaft ist das römische Kanalisationssystem.

Die Geschichte des Umweltschutzes begann – wenn man will – in großem Stil eben »im alten Rom«. Die »*Cloaca maxima*« war ein über einhundert Kilometer umfassendes unterirdisches Kanalisationssystem zur Aufnahme aller Fäkalien- und Thermenabwässer. Daß diese Abwässer dann einfach in den nahen Fluß, den Tiber, geleitet wurden und damit ins Meer, ist zwar vom heutigen Gesichtspunkt aus die Kehrseite der Medaille. Aber wir wollen nicht

363

Die Geschichte der Technik

vergessen, daß zwischen heutiger und damaliger Auffassung von Umweltschutz immerhin 2000 Jahre liegen.

Zum Bau dieser großartigen Anlage wurden Steinquader im Format bis zu 2,5 mal 1 mal 0,8 Meter verwendet, sie wurden ausgehöhlt und – soweit es ging – fugenlos, sonst mit einem Bindemittel, Lehm, zusammengefügt. In größeren Systemen wurden aus diesen Anlagen die »*Katakomben*«, unterirdische Großkanäle, die so labyrinthartig verzweigt waren, daß sich selbst die römischen Kanalingenieure darin kaum auskannten und die verfolgten Christen darin Zuflucht suchen konnten. Das »Labyrinth« des Dädalos für den abartigen Sohn des kretischen Königs Minos, den stierköpfigen Minotauros, bleibt übrigens eine unbewiesene Sage, die nur sprachlich-literarischen Wert hat.

Katakomben

Wasserbautechnik im weitesten Sinne, allgemeine Bautechnik und Kriegs- bzw. Waffentechnik wurden je nach Bedarf eng verbunden. (Siehe Archimedes!) Ein auf nahezu **allen** Gebieten des Lebens, kaum vergleichbares Genie so auch auf diesem, war Gajus Julius *Caesar (100–44 v. Chr.).*

Cäsar

Abgesehen von der Trockenlegung der Pontinischen Sümpfe – übrigens auch einer boden- und agrotechnischen Meisterleistung – waren seine technischen Leistungen fast ausschließlich aus der Situation des militärischen Staatsführers und Feldherrn, also vom Krieg her diktiert. Die Verwendung glühender Kugeln aus Ton, mit Steinschleudern bis zu 350 Meter weit geworfen, Schleudern nach dem Hebelsystem aller Art, Sturmmaschinen usw. wurde von Cäsar erheblich verbessert. Im Jahr 57 v. Chr. bereicherte er seine eigene, bei den vielen Reisen und Entfernungen verbesserungsbedürftige Nachrichtentechnik durch die Verständigung mit Rauchzeichen (bei Tag) und Fackelzeichen (bei Nacht) von Schanze zu Schanze, von Turm zu Turm.

Auf einem Gebiet machte er sich über zwei Jahrtausende hinweg einen unsterblichen Namen als echter Pionier der Technik: Im *Brückenbau*. Die *Brücke* ist unabdingbares Attribut aller Verkehrsverbindungen zu Lande. Ein brückenloser Zustand führt zu völliger Unterbindung des Verkehrs, wie wir ihn in den Monaten nach der sinnlosen Zerstörung der Straßen-, Autobahn- und Eisenbahnbrücken nach dem zweiten Weltkrieg in unserem Lande erlebt haben. Zweck einer Brücke ist zu neunzig Prozent Überquerung eines Wasserlaufes, bis vor etwa hundert Jahren sogar zu hundert Prozent. Wo die Geschichte der Brücke beginnt, ist unbekannt. Erste Brücken lieferte die Natur in Form umgestürzter Baumstämme und hängender Pflanzen. Nächster Schritt war dann die gezielte Herbeiführung dieser Situation, der Brückenschlag mit Bäumen. Holz wurde im Verlauf der weiteren Vervollkommnung dieses technischen Zweiges das zuerst verwendete Material, bis auch der Steinbau seine technische Reife erhielt.

Brückenbau

Eine der ersten historisch nachweisbaren festen Brücken wurde um *600 v. Chr.* zur Zeit Nebukadnezars II. in *Babylon* über den Euphrat errichtet. Sie bestand aus Steinpfeilern, auf denen Holzbalken ruhten – also eine Kombinationsbrücke in bezug auf Baumaterial, wobei der festere Stoff Stein bereits tragendes Element war. Im Bau von reinen *Steinbrücken* waren natürlich auch die Römer Meister. Die älteste Brücke dieser Art war die »*Ponte Molle*« über dem Tiber, nun schon mit Bögen und Pfeilern ganz aus Stein, *109 v. Chr.* errichtet.

»Ponte Molle« 109 v. Chr.

Die historisch interessantesten Brücken bleiben aber die echten Pionierbrücken aus Holz, die der »Pionier« auf diesem Gebiet, eben Cäsar, während des Gallischen Krieges *55 v. Chr.* und zwei Jahre später noch einmal (nun schon mit Erfahrung) über den Rhein schlagen ließ. Während die genaue Lokalisierung (trotz der sonst recht exakten Beschreibung der Lokalitäten) aus seinem »Gallischen Krieg« nicht einwandfrei ermittelt werden konnte – man nimmt an, bei Neuwied –, ist die genaue technische Beschreibung der Brücke im 17. und 18. Kapitel, Buch 4 »Der Gallische Krieg«, eine so einwandfreie technische Dokumentation, daß es trotz der zwei Jahrtausende, die dazwischen liegen, nichts Besseres gibt.

---

17. »Aus allen diesen Gründen hatte Cäsar beschlossen, über den Rhein zu gehen; auf Schiffen aber überzusetzen hielt er weder für hinreichend sicher, noch seiner und des römischen Volkes Würde für angemessen. Allerdings war der Bau einer Brücke augenscheinlich wegen der Breite, der reißenden Strömung und der Tiefe des Wassers mit großen Schwierigkeiten verbunden. Dennoch stand bei ihm der Entschluß fest, dies entweder durchzusetzen oder den Übergang ganz zu unterlassen.

Die Brücke baute er in folgender Art: Er ließ allemal ein Paar Jochpfähle von anderthalb Fuß Dicke, am unteren Ende zugespitzt und je nach Tiefe des Flusses von verschiedener Länge, in einem Abstand von zwei Fuß unter sich miteinander verbinden. Diese wurden dann mittels Maschinen in den Fluß hinabgelassen, festgesetzt und dann mit Rammen eingetrieben, jedoch nicht senkrecht, wie sonst die Jochpfähle, sondern schräg wie Dachsparren, und zwar in der Stromrichtung. Jedem dieser Paare gegenüber wurde ein gleiches auf dieselbe Weise verbundenes

Paar in einem Abstand von vierzig Fuß unterhalb des vorigen eingerammt, doch so, daß es gegen den Strom geneigt war. Je zwei zusammengehörige Paare von Jochpfählen wurden durch einen Holm von zwei Fuß Dicke verbunden, der von oben zwischen die beiden Pfähle jedes Paar – deren Abstand betrug je zwei Fuß – eingelassen wurde und durch zwei Bolzen an jedem seiner Enden die Pfahlpaare auseinanderhielt. Da so die Pfahlpaare durch die Holmen auseinandergehalten und gegen die Bewegung nach beiden Richtungen gesichert waren, erhielt der ganze Bau auf natürliche Weise eine solche Festigkeit, daß er um so besser zusammengeschlossen wurde, je heftiger das Wasser anprallte. Die Holme wurden durch Streckbalken verbunden und diese mit Stangen und Flechtwerk bedeckt. Nichtsdestoweniger wurden einerseits stromabwärts noch Streben in schiefer Richtung eingetrieben, die die Jochpfähle stützten und, mit dem ganzen Bau verbunden, die Gewalt des Stromes brachen, andererseits oberhalb der Brücke in einiger Entfernung von ihr andere Streben, um die Brücke gegen Baumstämme und Schiffe zu sichern, die die Barbaren etwa zur Zerstörung der Brücke stromabwärts treiben ließen.

18. Binnen zehn Tagen, vom ersten Herbeischaffen des Baumaterial an, war der ganze Bau vollendet, und das Heer rückte hinüber ...«

Julius Cäsar, Der Gallische Krieg, 4. Buch, Kap. 17/18.

(Cäsar pflegte von sich in dritter Person zu schreiben, um seine eigenen Leistungen stärker hervorheben zu können.)

Hatten Cäsars Rheinbrücken bewußt reinen Pioniercharakter und waren ausschließlich aus militärischen Gründen erbaut – als brückenbautechnische »Pionier«-Tat bleiben sie dennoch einmalig –, so ist die Brücke – wie schon gesagt – ein notwendiger Verkehrsweg mit positiv-friedlichem Charakter.

Es gibt aber in der Weltgeschichte drei große Bauwerke, die menschlich gesehen destruktiv sind, obgleich es sich zumindest bei zwei von ihnen auch um technische Großtaten handelt, aber alle drei haben wegen ihrer scheinbaren militärischen »Notwendigkeit«, diktiert nur vom Machtstreben, einen höchst unangenehmen makabren Beigeschmack. Ignorieren kann man sie deshalb leider doch nicht: Mauern! Die Chinesische, der Limes und die quer durch Berlin!

Die ersten beiden sind effektiv technische Leistungen, die letzte nicht einmal das.

Chinesische Mauer

Die »*Chinesische Mauer*« führt man auf den Kaiser Tsinschihwangti *(221–209 v. Chr.)* zurück, wenn auch einzelne Teile schon von seinen Vorfahren, den Fürsten Tsin, errichtet worden sein sollen. Als geschlossenes Bauwerk wurde eine Doppelmauer von 2450 Kilometern Länge erstellt. Bei der Einstellung chinesischer Machthaber zum einfachen Menschen kann man sich leicht vorstellen, unter welcher Grausamkeit und mit welch unerschöpflichem Menschenreservoir hier Sklavenarbeit vollbracht wurde. Die Mauer sollte das eigentliche chinesische Kaiserreich gegen kriegerische und räuberische innerasiatische Nomaden abschirmen. Nach neueren Forschungen wurde sie unter der Ming-Dynastie (1368–1644) noch einmal ausgebessert. Seit Beginn der Mandschudynastie (1644) wurde sie gegenstandslos und dem Verfall überlassen. Heute dienen einzelne Reste nur noch als »Touristenattraktion«. Die äußere Mauer besteht aus Erdwällen mit Futtermauern und läuft als solide Mauer an den steilsten Gebirgswänden entlang und über Abgründe hinweg. Die zweite innere »Reichsmauer« ist stärker und höher als die äußere. Sie mißt 11 Meter Höhe und 7,5 Meter Dicke am Boden, besteht aus Granitplatten und ist mit Zinnen und Ziegelsteinen gekrönt. In unregelmäßigen Abständen ist sie auf höher gelegenen Punkten durch viereckige Türme verstärkt. Ob zwischen diesen besetzten Türmen eine Art Nachrichtenübermittlung bestand und wenn ja, welcher Art, ist ebensowenig bekannt wie ihre Bauzeit.

Limes

Etwas mehr wissen wir schon über den *Limes*, obgleich von ihm nichts mehr übriggeblieben ist; aber die Überlieferungen sind in der nachchristlichen Zeit genauer.

Die Saalburg bei Bad Homburg im Taunus, einziges wiederaufgebautes Kastell des römischen Limes. Um 260 wurde die Saalburg von den Germanen erstürmt, die Römer gaben den Limes auf.

Seine Länge betrug insgesamt 550 Kilometer. Die wörtliche Übersetzung hat drei Bedeutungen: Grenze, Pfahlgraben, Landwehr. Seine Aufgabe war die Abgrenzung des römischen Interessengebietes gegen Germanien und zugleich Beobachtung und Überwachung der germanischen Völkerstämme. Bewußt war er weit östlich des Rheins und nördlich der Donau angelegt, weil beide Ströme wegen ihrer Wichtigkeit noch zum Imperium Romanum gehörten und geschützt werden mußten. In der Bevölkerung östlich und nördlich des Limes wurde er »Teufelsmauer« genannt.

Die Geschichte der Technik

Der Limes wurde unter dem römischen Kaiser *Domitian (81–96 n. Chr.)* im großen Stil begonnen, wobei Schanzwälle aus Cäsars Zeiten einbezogen wurden. Unter Hadrian (117–138) und Antonius Pius (138–161) wurde er um etwa 20–30 Kilometer aus der ursprünglichen Linienführung auf die Linie Miltenberg–Jagsthausen vorgeschoben. Er begann bei Rheinbrohl, führte in einer nach Süden gehenden Schleife bis knapp südlich Gießen und knickte dann scharf nach Süden ab. Groß-Krotzenburg, Aschaffenburg, Miltenberg bis Lorch bildeten die Nord-Süd-Strecke. Bei Lorch bog er im rechten Winkel nach Osten ab und lief über Gunzenhausen bis Eining an der Donau. Der nord-südliche Teil wurde »Limes Germanicus« (ca. 370 km), der west-östliche Teil »Limes Raeticus« (ca. 180 km) genannt.

Ursprünglich war der Limes ein fortlaufender Palisaden- und Flechtwerkzaun mit Holztürmen, Erdschanzen und verbindenden Laufwegen bzw. Gräben. Allein die Dichte der Wachttürme auf Sichtweite verhinderte ein Übersteigen; massierten Angriffen konnte dieser »Holzzaun« zunächst an keiner Stelle standhalten. Mehr als 1000 hölzerne Wachttürme bedeutete: alle 500 Meter ein Turm. Dazu kamen 88 etwas rückwärtig gelegene Kastelle für die mehr oder weniger starken Wachabteilungen. Hadrian ließ die hölzernen Wachttürme und Kastelle durch solche aus massiven Steinen ersetzen. Ferner wurden besonders gefährdete Strecken verstärkt und teilweise durch eine regelrechte Mauer ersetzt. Diese Verstärkung setzte Commodus (180–192) noch fort. Die letzte Ausbaustufe – nun fast überall aus Stein mit zusätzlich vorgelagerten Schutzwällen – datiert unter Kaiser Caracalla nach schweren verlustreichen Kämpfen für die Römer an der Mainlinie. Vom südlichen Limes Raeticus findet man heute noch hier und da Mauer- und Wallreste. In der zweiten Hälfte des dritten Jahrhunderts hatte dann der Limes seinen Sinn verloren. Die nach Westen und Süden vordringenden Germanenstämme verkleinerten den Machtbereich des Imperium Romanum erheblich und zerstörten den Limes gründlich. Einem Vergleich mit der heute z. B. noch stehenden Chinesischen Mauer hält er vom technischen Standpunkt aus also nicht stand.

Aber etwas anderes hat ihn noch berühmt gemacht; und hier ist der Limes in der Tat ein wichtiger Stationspunkt in unserer Rückschau: Er war eine der perfektesten *Nachrichtenketten* der Antike. Damit kommen wir zu einem der interessantesten und »abenteuerlichsten«, auch aktuellsten Spezialgebiete der allgemeinen Weltgeschichte und der Technikgeschichte im Besonderen:

Nachrichtentechnik

Bahnwärter vor einem Ballonsignal, um 1850. Die Stellung des Korbes zeigte dem Lokomotivführer »freie Fahrt« oder »Halt« an. Die Ballonsignale dienten vielfach auch als optische Signale zur Nachrichtenübermittlung entlang der Strecke.

Der *Nachrichtentechnik*. Sie spannt ihren Bogen »vom Feuerzeichen bis zum Nachrichtensatelliten«.

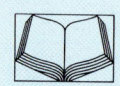

> »Vom Feuerzeichen zum Nachrichtensatelliten«, August Scherl, Dokumentation Dia-Ton-Bildschau für die Deutsche Bundespost, Große Deutsche Funkausstellung 1963, Berlin.

Überall dort, wo »Weltgeschichte« gemacht wurde und wird, war die Nachrichtentechnik mit dabei, schnell und genau, ihrem jeweiligen Stande entsprechend. Eine einzige Nacht brauchte die Nachricht vom Fall Trojas mit Feuerzeichen von Kleinasien nach Griechenland, 518 Kilometer Entfernung – vor dreieinhalbtausend Jahren! Tausend Jahre später erhellen die *Fackelzeichen* des Perserkönigs Darius I. die Nacht. Das Flammenfanal des Leuchtturms von Alexandrien strahlte 60 Kilometer weit hinaus ins Meer. Nachricht für den Seemann, wo er seinen Hafen finden konnte. Cäsar und Augustus bedienten sich neben *Staffetten* gleicher Mittel, um die Fäden ihres Tausende von Kilometern weiten Imperiums zusammenzuhalten. Und ihre Nachfolger machten eben den Limes zu einer vollkommen durchorganisierten Nachrichtenstrecke. Festgelegte Signale wurden von Wachtturm zu Wachtturm gegeben; bei Nacht durch Fackeln, ähnlich den heute noch bei der Marine üblichen *Flaggensignalen*; bei Tag durch rote Tücher und *Rauchzeichen*. Der von glimmender Holzkohle emporsteigende Rauch wurde dabei durch Tücher in bestimmten Intervallen zurückgehalten.

Diese Art *optischer Telegrafie* hatte ihre Schnelligkeitsgrenze bis zur Verwendung der Elektrizität durch den Arzt Samuel Thomas Sömmering im Jahre 1809. Aber soweit sind wir noch nicht. Dazwischen liegen die *Zeigertelegrafen*. Der Franzose Claude Chappe entwickelte 1792 ein System mit 92 verschiedenen Stellungen, mehr, als Buchstaben im Alphabet. Eine Nachricht von Paris nach dem 210 Kilometer entfernten Lille brauchte ganze zwei Minuten. 1832 entwickelte dann auf dem Prinzip solcher »Semaphoren« aufbauend der deutsche Geheime Postrat *Carl Pistor* die preußische *Holz-* oder *Balkentelegraphie* zwischen der Berliner Sternwarte, Potsdam, Magdeburg, Paderborn, Köln bis Koblenz. Doch beide Systeme – dazu auch ein russisches ähnliches – blieben leider ausschließlich dem Militär vorbehalten; selbst höhere Regierungs- und Verwaltungsstellen, hatten es schwer, da eine Nachricht durchzugeben. Heute können

Zeigertelegraf

Balkentelegraf

Die Geschichte der Technik

wir das mit gutem Gewissen als Mißbrauch einer durchdachten Technik bezeichnen. Im Altertum, der Zeit weitverbreiteten Analphabetentums, mag der staatliche Monopolgebrauch von Nachrichtenketten gerechtfertigt gewesen sein.

Daß die Technik neben militärischen und sachlich nützlichen Belangen auch rein kultischen Belangen dient, die nicht einmal ein Denkmal der Macht sein wollen (wie die Pyramiden), zeigt sich an Bauwerken vielerlei Art aus dem Altertum, auch wenn es sich dem Charakter der Zeit entsprechend zumeist um religiöse Bauten handelt. Manche von ihnen sind in ihrer unvergleichlichen Schönheit über jede Kritik erhaben. Die klassischen Kultbauten des Altertums sind zwar alle nur noch Ruinen, aber vielfach doch nur zu einem so geringen Teil, daß selbst diese noch »schön« sind und nahezu alles von der einstigen Erhabenheit dieser Bauwerke ausstrahlen. Begnügen wir uns deshalb hier mit der kurzen Erwähnung eines der berühmtesten und wohl auch herrlichsten Beispiele: die »*Akropolis*« bei Athen, unter Perikles um *430 v. Chr.* entstanden. Von den Persern vorher zerstört, stellte dann diese neuere Tempel- und Säulenburg einen Bau dar, den Kunstfachleute als »die schönste Blüte des attisch-dorischen Stils« betrachten. Die Ge-

Akropolis

Marmor-Ruinen des Parthenon-Tempels auf der Akropolis von Athen

samtanlage mit unregelmäßigem Grundriß mißt in der Ost-West-Länge etwa 340 Meter, in der größten Nord-Süd-Breite 130 Meter. Krönung ist der Parthenon, eine Säulenhalle von 70 mal 31 Metern Grundriß. Am eindrucksvollsten wirken die acht Säulen an den beiden Frontseiten in Ost und West der von je 17 Säulen an den beiden Längsseiten begrenzten »Halle«. Die Säulen tragen das sehr flache Dach, »Stylobat« genannt, wiederum ein Kunstwerk für sich. Die leicht konischen Säulen von 10,43 Meter Höhe haben einen unteren Durchmesser von 190 Zentimetern, der sich nach oben auf etwa einen Meter – etwas weniger oder mehr – verjüngt.

Der Stil der Akropolis hat sich bis heute auf Profan- und Kirchenbauten in aller Welt ausgewirkt. Säulen in der einen und anderen abgewandelten, umstilisierten Form begegnen uns vielfach. Bestes Beispiel der Moderne: die Madeleine in Paris.

Der griechischen Klassik-Kunst steht die römische kaum nach. Die Torsi des »Forum Romanum« sind in dieser Stadt noch heute zu bewundern. Um *80 n. Chr.* datieren die damals größten Kolossalbauten, der »*Circus Maximus*«, sogar mit Wasserspielen, und das »*Colosseum*« (unter Titus, röm. Kaiser 79–81 vollendet), das über 55 000 Menschen faßte. Vom Staat finanzierte technische Meisterleistungen, die wir heute noch bewundern, deren einziger Zweck es war, »dem Vergnügen der Einwohner« zu dienen. Wahrlich vergleichbar mit unseren heutigen Sportstätten, Olympiastadien, die den gleichen Zweck haben.

Circus Maximus
Colosseum

Zeitwende

Die *Zeitwende*, obwohl einer der wichtigsten Abschnitte der Weltgeschichte überhaupt, nimmt im technisch-geschichtlichen und im naturwissenschaftlichen Bereich keine markante Station ein. Die Zeitkurve technischer Errungenschaften wird erstaunlicherweise auch nicht steiler. Und das, obgleich Erkenntnisse, Intelligenz und »Speichertechnik« durch verbreitetere Schreibkunst in oberen sozialen Kreisen genauso wie die Zahl der Menschen steigende Tendenz aufweisen. 5 Millionen Menschen lebten um etwa 6000 v. Chr., etwa tausend Jahre später doppelt soviel, 100 Millionen um 1000 v. Chr. und rund eine Viertel Milliarde, als der damalige größte Machthaber und Herrscher der Welt, des »weltumspannenden« Imperium Romanum, der Kaiser *Augustus*, es für angezeigt hielt, seine Untertanen zählen zu lassen. Zwar ein politisch verwaltungsmäßiges Ereignis mit vornehmlich steuerlichem Charakter, bei dem seit Menschengedenken auch Korruption mit im Spiel ist – aber immerhin ein recht beachtliches Unternehmen. In seiner praktischen Durchführung reicht es in den mathematisch-naturwissenschaftlichen und sogar technischen Zweig menschlicher Geisteswelt hinein. Die Bibel – sonst nicht gerade kleinlich in Daten – verzeichnet dieses Ereignis sehr genau in den ersten drei Versen

Die Geschichte der Technik

der weltbekannten Weihnachtsgeschichte des Lukasevangeliums, Kap. 2, 1–3, »zu der Zeit, da Cyrenius Landpfleger in Syrien war«. Und wann das war, weiß man sehr genau. Rückrechnungen der Astronomen und Historiker haben dafür das Jahr 7 vor Beginn unserer Zeitrechnung gesetzt. So kommen wir zu der paradoxen Feststellung, daß die dreihundert Jahre später erfolgte Datifizierung des Jahres Null, nachdem das Christentum anerkannte Religion geworden war, gleich mit einem nie wieder korrigierten Fehler begann. Um so erstaunlicher, als andere, weiter zurück liegende Daten bis auf den Tag genau bekannt sind, wie z. B. der mehrfach erwähnte 19. Juli als Tag, an dem die Dürreperiode in Ägypten aufhörte, weil das Nilwasser zu steigen begann. Und der 15. März 44 v. Chr., der Tag, an dem Cäsar ermordet wurde (Iden des März). Eben jener Cäsar, der neben seinen anderen vielen Großtaten auch als Vater des nach ihm benannten

Kalender »*Julianischen Kalenders*« gilt, weil er 46 v. Chr., also schnell noch zwei Jahre vor seinem Tod, eine straffe Ordnung an Stelle des bis dahin heillosen kalendarischen Durcheinanders setzte. So straff, daß erst der *Papst Gregor XIII.* sechzehnhundert Jahre später 1582 eine nochmalige, nun schon sehr geringfügige Korrektur vornahm, die bis heute gilt. Aber das gehört weniger in eine Technikgeschichte als zur allgemeinen Naturwissenschaft.

Aber noch mal zurück zur augustinischen Schätzung; sie betraf ja eben nur das Imperium Romanum, anderes interessierte in Rom nicht. Ausgespart wurde der größere Teil der Welt wie das nördliche Europa jenseits der Alpen, von Afrika alles, was südlich des zum Imperium gehörenden Mittelmeerküstenstreifens lag, Großasien und die noch gar nicht bekannten Kontinente Amerika und Australien. Das Teilergebnis dieser »allerersten Schätzung der Welt« – eine recht großspurige Formulierung – stimmte vermutlich vorne und hinten nicht!

Vom technisch-naturwissenschaftlichen und soziologischen Standpunkt aus dürfen wir die ersten eineinhalb Tausend nachchristlichen Jahre in abgewandelter Form getrost als die »techniklose, die schreckliche Zeit« apostrophieren. Verdichteten sich die Zeitstationen im Altertum von Jahrtausenden auf Halbjahrhunderte, so muß man das Mittelalter in der Tat als »finster« betrachten, bis *Galilei* mit seinen Linsen endlich wieder Licht in diese technisch-naturwissenschaftliche Finsternis brachte. Historiker haben die Frage nach dem »Warum« ungern konkret beantwortet. Dabei ist sie wie im frühen Altertum im Machtdenken zu suchen. Einst waren es die Tempelpriester – nun die kirchlichen Machthaber, die den Fortschritt an die Leine legten, sobald dieser ihre Dogmen bedrohte.

1000 n. Chr. Windmühle Wassermühle Um *1000* entwickelte sich die *Wind- und Wassermühle*. 1222 wird eine besonders gute Windmühle auf der Burgmauer von Köln erwähnt. In die gleiche Zeit fällt die Verwendung von unter- und oberschlächtigen Wassermühlen, einmal für die Getreideverarbeitung, zum anderen als Hammerwerke in der Metallindustrie.

Webstuhl Im 12. Jahrhundert gibt es zwei wesentliche Neuerungen: Der *Handwebstuhl* wird zum *Trittwebstuhl* erweitert. Die Tuchherstel-

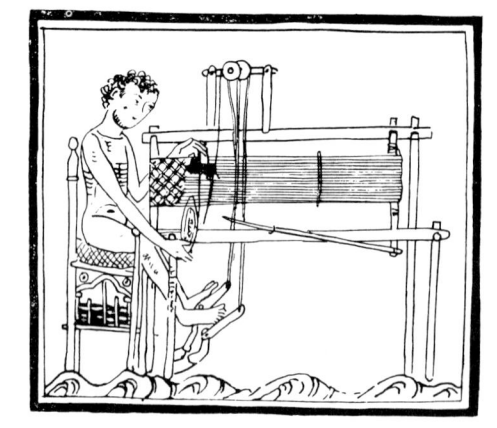

Trittwebstuhl mit zwei Schäften, 12. Jahrhundert

lung tritt in ein »schnelleres« Stadium. Die weibliche und männliche Mode der frühritterlichen Zeit – als weltlicher Versuch, der überladenen kirchlichen Mode zu begegnen – beeinflußt hier die Webtechnik – etwas.

Im Hildesheim-Mainzer Raum wird die Gußtechnik gefördert. Das ergab Hitze. Und da man in diesen Regionen mehr als ein halbes Jahr fror, entwickelten unbekannte Techniker nach der Jahrtausendwende eine Speicherheizung mit dem »Abfallprodukt« der Gußtechnik: Steine wurden angeglüht und in Kammern – wiederum aus Stein – verbracht. Daß dies sich nur wohlhabende Leute leisten konnten, liegt auf der Hand.

Brille *1250* brannte Roger Bacon (1214–1294) Vergrößerungsgläser, aus denen er auch die erste *Brille* entwickelte. Menschlich-medizinisch gesehen ein Fortschritt, den man gar nicht hoch genug veranschlagen *Kompaß* kann. In die gleiche Zeit fällt die *Kompaßnadel* mit Windrose für die Seefahrt, ein gleichzusetzender Fortschritt. Die »Erfindung« des Schießpulvers – zunächst für Feuerwerkszwecke – in China bleibt im Dunkel.

Verbote für Physik und Chemie Aber Naturwissenschaft und Technik waren der Kirche suspekt. *1163* erfolgte ein päpstliches und allgemeines *Verbot aller physikalischen Forschung*, 1312 gleiches *Verbot aller chemischen Forschung*, die allerdings als »*Alchemie*« bis tief in die Neu-

Die Geschichte der Technik

zeit durch die Studierstuben spukte; sie nährte der »*Goldmacher*« bis zum *Kunkel* auf der Pfaueninsel zwischen Berlin und Potsdam, der selbst einen so aufgeklärten Mann wie den *Großen Kurfürsten* (1640–1688, 48 Jahre Regierungszeit) fast »aufs Kreuz legte« und nur deshalb glimpflich davonkam, weil er ein wirklich erstklassiges *Rubinglas* herstellte.

1397 wird der Bau »jeglicher Maschine« verboten. Paradoxon dazu, daß man erst 49 Jahre vorher den Titel »engenierre« (Ingenieur) kreiert hatte.

Papst Sylvester II. (947–1003) – in seine Zeit fällt der erste, nicht stattgefundene Untergang der Welt – war solchen Prophezeiungen gegenüber skeptisch. Streng religiös betrachtet war er ein Ketzer, der sich mit der Astronomie mehr als mit der Theologie beschäftigte. Von ihm persönlich stammt die erste mechanische *Uhr*, eine Räderuhr, die in der Nürnberger Frauenkirche installiert wurde. Man konnte flache Metallscheiben bereits bearbeiten, schleifen und sehr präzise in Zahnräder verwandeln. Die Zusammenfügung von Technik und Zeitberechnung ist eine Leistung, die nicht hoch genug zu veranschlagen ist.

Das erst ein halbes Jahrtausend später von *Peter Henlein (1480–1542)* konstruierte »*Nürnberger Ei*« beruht auf Sylvesters Überlegungen. Man kann diese erste »Taschenuhr« getrost als »Erfindung« ansehen. Sie war genaugenommen die Verkleinerung der bereits bekannten technischen Konstruktion. Peter Henleins Taschenuhr bedeutete vor allem für die Seefahrt eine wesentliche Erleichterung, weil die mit Federwerk und Unruh versehene kleine Uhr ortsunabhängig war.

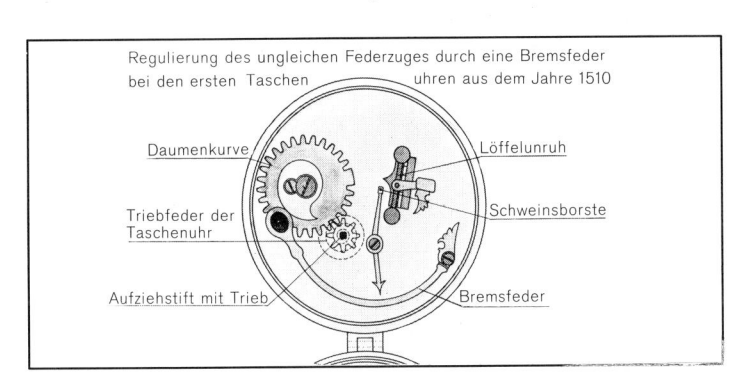

Und damit sind wir an dem Zeitpunkt, wo die Stagnation nach eineinhalb Jahrtausenden wieder in den Fortschritt übergreift, nachdem Physik, Chemie und Mechanik »verboten« waren und nur die Bautätigkeit 500 Jahre floriert hatte. Zwingburgen und Gotteshäuser sollten Macht demonstrieren, worin kirchliche und weltliche Macht übereinstimmten.

Der *1078* begonnene Londoner *Tower* war eine Stein gewordene Dokumentation der weltlichen Macht ohne jeden künstlerischen Anspruch. Die Kirche hingegen war ohne Kunst undenkbar, weil diese Auge und Gemüt beeindruckte – indirekt auch nichts anderes als Machtdokumentation, nicht ausführbar ohne die derzeitig ungeliebte Technik.

Vorläufer kirchlicher Bauwerke war die »*Hagia Sophia*«, ein Langhaus- und Kuppelrundbau im byzantinischen Stil unter *Justinian (532–537)*, als sich zeitweilig der kirchliche und politische Schwerpunkt der »Welt« nach *Konstantinopel* verlagert hatte und asiatische Einflüsse in sich aufnahm. Da konnte die römisch-katholische Kirche auf die Dauer nicht hintanstehen. Basiliken entstanden im abendländischen Bereich, bis sich im Spätmittelalter der gotische Stil für zentrale Gotteshäuser durchsetzte. *Notre Dame* zu Paris, *1163 bis etwa 1300*, das *Freiburger Münster, 1275* bis auch etwa 1300, der *Kölner Dom* mit seinen beiden 160 Meter hohen Türmen, begonnen *1248*, und wenn man will bis zum heutigen Tag nicht vollendet, das ein Meter höhere eintürmige *Ulmer Münster*, Bauzeit präzise von *1377 bis 1494* – diese Beispiele mögen für Tausende von Klöstern, Kirchen

Die Hagia Sophia in Istanbul, erbaut 360 n. Chr.: bedeutendstes erhaltenes Bauwerk der byzantinischen Kunst.

Das Freiburger Münster. Der Bau wurde um 1200 im spätromanischen Stil begonnen. Der 115 m hohe gotische Turm entstand im 14. Jh. und gilt als der schönste Deutschlands.

Die Geschichte der Technik

und profanen weltlichen, militärischen Burgen und »Schlössern« genannt werden. Hier dokumentiert sich technische, physikalisch-statische, künstlerische und organisatorische Planung vieler tausend unbekannter genialer Köpfe.

Die mechanisch-maschinelle Technik hatte – von erwähnten Ausnahmen abgesehen – einen anderthalbtausendjährigen Nachholbedarf! Das Ende des »finsteren Mittelalters« ist nicht der Politik, sondern der jetzt endlich explodierenden Technik zuzuschreiben, die die »Neuzeit« mit ehernen Glocken im wörtlichsten Sinne zu Wasser, zu Lande und in der Luft einläutet.

Neuzeit

Es mutet wie technischer Personenkult an: Vier Männer revolutionieren zugleich in dem relativ winzigen Zeitraum der zweiten Hälfte des 15. Jahrhunderts nun wirklich die »ganze Welt«: *Leonardo da Vinci, Gutenberg, Kopernikus* und *Kolumbus*. *Galilei* und *Kepler* vervollständigen deren Arbeiten einhundert Jahre später. *Georg Agricola* gibt sein heute noch gültiges und damals epochemachendes Werk »Zwölf Bücher vom Berg- und Hüttenwesen« heraus, das ein Jahr nach seinem Tod 1556 vorlag (Neuauflage VDI-Verlag, Düsseldorf 1953). Und der große Künstler der beginnenden Neuzeit *Albrecht Dürer (1471–1528)* entwickelt eine chemisch genial durchdachte *Farben- und Ätztechnik*.

15. Jahrhundert

Dürer

Leonardo

Leonardo da Vinci (1452–1519) war ein ähnlich vielseitiges Genie wie Julius Cäsar, technisch-naturwissenschaftlich gesehen wahrscheinlich noch größer, künstlerisch ebenfalls, wie ihn seine Zeitgenossen und Nachfahren mit Recht ansehen. Seine Genialität lag übrigens in der Verbindung von Mathematik, Kunst und Technik. Über Leonardo muß man in vielbändiger Fachliteratur nachlesen, will man Genaueres über ihn wissen. Hier muß die stichwortartige Beschränkung auf seine wesentlichen technischen Erkenntnisse für sein weitgespanntes Lebenswerk genügen. In der Kunst ist er durch viele Werke, u.a. die »Mona Lisa« (Louvre, Paris) bekannt, als Anatom durch eine Fülle von Werken, ebenso wie als Mathematiker und Physiker, allerdings hier mehr Theoretiker. Übrigens interessant, Leonardo war Linkshänder und malte nicht nur links, sondern schrieb alle seine Abhandlungen und Buchmanuskripte in Spiegelschrift von rechts nach links. Als Baumeister und Architekt leitete er den Bau zahlreicher Kirchen, u.a. zeitweilig den Mailänder Dom, für Cesare Borghia war er 1502 als Festungsbauingenieur in der Romagna tätig. In der angewandten Mechanik – Hebelgesetze – gilt er als ein Vorläufer der elementaren Maschinenbaukunde. Außerdem war er ein anerkannter Kanal- und Brückenbauingenieur.

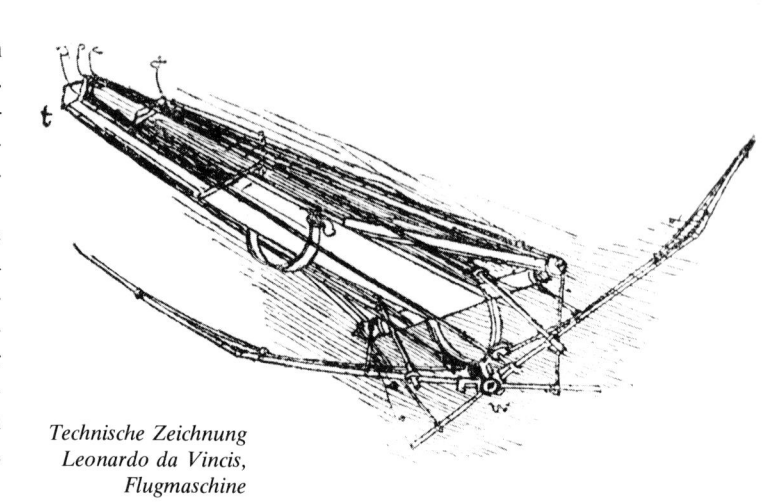

Leonardo da Vinci (Selbstbildnis)

Technische Zeichnung Leonardo da Vincis, Flugmaschine

Mit Recht gilt er auf dem Gebiet der Luftfahrt als ein theoretischer Pionier.

Um 1500 erforschte er den Vogelflug, schrieb zahlreiche Abhandlungen darüber und entwarf – zunächst auf dem Papier – Modelle für Segelflugkörper, bis er sogar – seiner Zeit weit voraus – den Propellerflug konzipierte, wobei er allerdings die Antriebskraft für solche Propeller offenläßt. Doch selbst angefertigte Segelflugmodelle, die er von Türmen herabläßt, rechtfertigen seine Prognose, daß der Mensch eines Tages mit künstlichen Apparaten fliegen werde.

Gutenberg

Johannes Gensfleisch zur Laden, genannt *Gutenberg*, gilt zwar allgemein gesehen als »Erfinder der *Buchdruckerkunst*«, aber technisch ähnliches, Vorläufer gab es schon.

Johannes Gensfleisch, genannt Gutenberg

Gutenberg revolutionierte und komplettierte eine bereits vorhandene Idee. Daß ausgerechnet über den Mann, der mit dem Buchdruck auch die »schriftliche Speichertechnik« in größerem Umfange als bisher geschaffen hat, nicht alle persönlichen Daten bekannt sind, ist ein Paradoxon, man möchte sagen »Treppenwitz« der Weltge-

Die Geschichte der Technik

schichte. Er war Mainzer, aber sowohl sein Geburts- wie sein Sterbedatum sind unbekannt. Das Geburtsjahr wird zwischen 1394 und 1397 vermutet, sein Sterbejahr ist 1468, der Tag ist unbekannt. Es gibt in Mainz ein Gutenbergmuseum, das für den Interessenten eine echte Fundgrube ist, in der man alles über Gutenberg und seine Erfindung, auch deren Weiterentwicklung erfahren kann.

Drucktechnik — *Drucken als Technik* war nicht neu. Ein Chinese namens Pi Chang hat bereits 1041 mit beweglichen Bildschriftlettern aus Holz gedruckt, sie konnten in jeder gewünschten Reihenfolge zusammengestellt werden. Handgeschnittene Druckstöcke aus Holz für Spielkarten, kleine Bilder, wohl auch Buchstaben, z.B. als Initialen, kannte man schon frühzeitig bald nach der Jahrtausendwende. Um 1400 gab es bereits seitengroße Holzschnitte. Man konnte damit schon mehrfache Druckabzüge machen. Aber das alles blieb auf kleinsten technischen Aufwand beschränkte Handarbeit. Die maschinelle Vervielfältigung und die Metalletternherstellung bleiben das Verdienst Gutenbergs.

Er brachte von der Ausbildung her alle Voraussetzungen mit, Großes zu leisten. Johannes war ein perfekter Stein- und Glasschleifer, er war Juwelier und Goldschmied und stellte hervorragende Spiegel her. Seine Gedanken, sich mit Drucklettern und deren Herstellung – etwa ab *1436* – zu beschäftigen, sind also keineswegs abwegig, sondern eine logische Erweiterung seiner Kenntnisse und beruflichen Tätigkeit. Er wußte z.B., daß man zu Anfang seines Jahrtausends in Korea mit hunderttausenden gegossener Kupfertypen Werke alter chinesischer Literatur druckte. Für einen so vielseitigen Theoretiker und Praktiker war dies alles ein Arbeitsgebiet, das zweifellos Erfolg verhieß. Gutenberg vervollständigte den Druckvorgang. Er konstruierte eine Handgießform, von der beliebig viel Einzelletten einer Legierung aus Blei, Zinn und Antimon (Stereometall) abgegossen werden konnten; die Typen hatten eine gleiche Kegelgröße. Strenggenommen machte Gutenberg gleich zwei Erfindungen, denn er schuf, um den Druckvorgang zu beschleunigen, die *Druckpresse*, die den für die Farbübertragung notwendigen Druck mit mechanischer Hebelkraft erzeugte. Noch heute wird für die ersten »Bürstenabzüge« von Hand, daher auch manchmal »Handabzug«, in der Setzerei ein der ersten »Kniehebelpresse« nicht unähnliches Instrument verwendet, übrigens erst seit Beginn des 19. Jahrhunderts aus Metall; Vorbild der Gutenbergschen Handpresse war die Spindelpresse, seit Jahrhunderten bereits als Wein-, später

Eiserne Buchdruck-Handpresse, London um 1826

als Ölpresse bekannt. Mit Hilfe geübter Drucker konnte der reine Druckvorgang erheblich schnell vorangetrieben werden.
Die Technik Gutenbergs hat sich über Jahrhunderte hinweg erhalten. Einzelne Arbeitsabläufe wie z.B. das Aneinanderreihen von Drucklettern und Setzen werden noch heute in ihrer ursprünglichen Form durchgeführt, soweit es sich um »Kleinakzidenzen« wie z.B. Besuchskarten, Briefbögen und Anzeigenkarten aller Art handelt. Bis etwa 1450 druckte er Kalender, Andachtsblätter, Traktate und Donate. Dann entschloß er sich zum Druck einer Bibel. Die heute noch in Mainz ausgestellte erste 42zeilige *Gutenberg-Bibel* ist die Krönung seiner Tätigkeit, sein Meisterwerk.

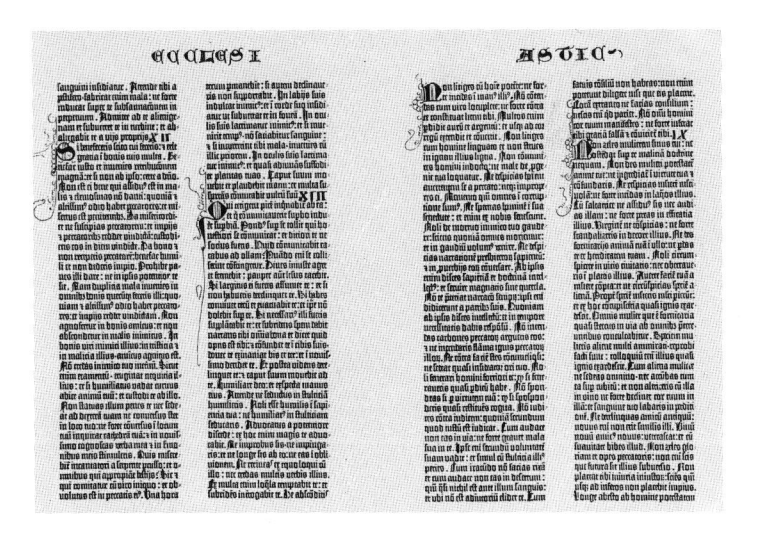

Doppelseite aus der 42zeiligen Bibel von Gutenberg, etwa 1455.

Um kein Mißverständnis aufkommen zu lassen: Gutenberg war nicht der Drucker und damit Verbreiter der deutschsprachigen Luther-Bibel, weil das zeitlich gar nicht möglich war. Gutenbergs erstes Bibelwerk war eine nur für die Geistlichkeit bestimmte lateinische Textausgabe. Aber er war eben der Mann, der mit seiner drucktechnischen Erfindung die Voraussetzung dafür geschaffen hat, daß Luthers deutsche Bibel einhundert Jahre nach Gutenbergs ersten Versuchen über die Kreise der

371

Die Geschichte der Technik

Luther

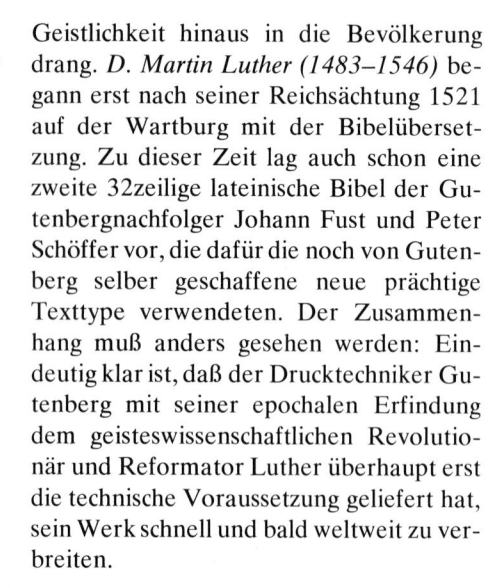

Geistlichkeit hinaus in die Bevölkerung drang. *D. Martin Luther (1483–1546)* begann erst nach seiner Reichsächtung 1521 auf der Wartburg mit der Bibelübersetzung. Zu dieser Zeit lag auch schon eine zweite 32zeilige lateinische Bibel der Gutenbergnachfolger Johann Fust und Peter Schöffer vor, die dafür die noch von Gutenberg selber geschaffene neue prächtige Texttype verwendeten. Der Zusammenhang muß anders gesehen werden: Eindeutig klar ist, daß der Drucktechniker Gutenberg mit seiner epochalen Erfindung dem geisteswissenschaftlichen Revolutionär und Reformator Luther überhaupt erst die technische Voraussetzung geliefert hat, sein Werk schnell und bald weltweit zu verbreiten.

Initiale »I« aus einer Augsburger Bibel, um 1477

Sind Leonardo und Gutenberg echte »Ingenieure« auf ihren Spezialgebieten – der eine als Großbauingenieur, der andere als »Feinwerkingenieur« (nach heutiger Begriffsbezeichnung), so sind die nachfolgend genannten Vier strenggenommen keine Techniker, aber revolutionäre Naturwissenschaftler – die *auch* die Stagnation ihrer Zeit zu durchbrechen versuchen, obgleich sie noch dogmatisch-religiös ihrer Zeit verhaftet sind. – Sie dokumentieren alle Sechs an dem wohl wichtigsten Stationsmarkstein der Reise durch die Technikgeschichte, der zeitlich auf ein knappes Jahrhundert begrenzten Übergangsepoche vom »finsteren Mittelalter« zur Neuzeit, daß es eben k e i n e Trennung zwischen beiden »Disziplinen« geben kann, weil jeweils die eine die Voraussetzung für die andere in gegenseitiger Wechselseitigkeit schafft. Archimedes ist das Beispiel für das Altertum, die folgenden vier Männer sind genauso »Außenseiter« der eigentlichen Technik, wie beispielsweise Röntgen, Edison, Einstein und Otto Hahn als Physiker unserer Zeit. Und dennoch, ohne Erwähnung ihrer bahnbrechenden Leistungen bliebe eine Technikgeschichte lückenhaft.

Columbus

Christoph Columbus (1451–1506), erster im Reigen der »Nichtingenieure« an der Schwelle zur Neuzeit, ist ohne Zweifel einer der bedeutendsten Nautiker der Welt. Seine »Entdeckung Amerikas« vor knapp 500 Jahren ist für die Technik genauso bahnbrechend zu werten wie die erste Landung von Menschen auf dem Mond am 20. 7. 1969. Die Erkenntnis, daß die Erde eine Kugel ist, war nach jahrelanger wissenschaftlicher Beobachtung für Columbus eine an Sicherheit grenzende Wahrscheinlichkeit – für die Zeitauffassung fast eine Ketzerei. »Astronavigation«, nautische Astronomie sagte man einst, und das mit Mitteln, die für heutige Auffassung unzulänglich waren, bestätigten am 13. September *1492* dem »Admiral« dreier kleiner Karavellen, daß er recht hatte. Die nach Westen abweichende Deklination der Magnetnadeln war streng wissenschaftlich gesehen der Zeitpunkt der Bestätigung aller rechnerischen Anstrengungen, der Wendepunkt in der »christlichen Seefahrt«. Die Landung auf der Bahamainsel Guanahani am Morgen des *12. Oktober 1492* – er nannte sie San Salvador – war die logische Schlußfolgerung. Eine »Neue Welt« war »entdeckt«! Ein neues Zeitalter begann – das technische! Zwei weitere erfolgreiche Fahrten und Landungen auf dieser »Neuen Welt« – und die vielen folgenden in den nächsten Jahren – bewiesen die Richtigkeit aller Vorausberechnungen, aufgebaut auf dem vagen Studium der Hinterlassenschaften von Aristoteles, Seneca, Plinius und dem mittelalterlichen Kosmographen Petrus de Alliaco, die mit mathematischer Genauigkeit nicht nur die Krümmung, sondern die absolute Kugelrundung der Erde voraus bewiesen hatten – gegen eine rückschrittliche Zeitauffassung – gegen die auch Columbus anzukämpfen hatte. Was heute der L. I., Leitende Ingenieur eines Schiffes ist, war damals der »Schiffszimmermann«: praktisch der zweite und wichtigste Mann an Bord nach dem Kapitän. Diese Männer bleiben anonym, aber ihr Anteil an der technischen Entwicklung der Seefahrt vor einem halben Jahrhundert ist deshalb nicht geringer einzuschätzen als die navigatorische Leistung vieler berühmter Seefahrer.

1492

Kopernikus

Nikolaus Kopernikus (1473–1543), Geistlicher, Mediziner, Mathematiker und Astronom – ist strenggenommen kein »Ingenieur«, und dennoch wie die vorgenannten ein bahnbrechender Wissenschaftler des beginnenden »technischen Zeitalters«. Sein Zusammenstoß mit dem wissenschaftlich stagnierenden, sprich rückschrittlichen Zeitgeist lief verhältnismäßig glimpflich ab. Seine persönlichen Verbindungen von Ostpreußen, Ermland, Krakau (Polen), Deutschland (Domherr in Frauenburg), Italien (Rom, Bologna, Ferrara) über ganz Europa, sein Reichtum und sein Wissen sicherten ihm Eingang in höchste Kreise, die bei aller Macht diesem weitdenkenden und zugleich konzilianten Geist im Grunde nichts entgegenzusetzen hatten.

Seine wichtigste »Erfindung« mag technisch gesehen gering erscheinen, sie ist »nur« der *»Kopernikanische Azimutalquadrant«*. Dieses sinnreiche Gerät dreht sich auf Rollen und ermöglicht mit einem parallaktisch angeordneten Visier die genaue Beobachtung der sichtbaren Sterne. Freilich: ein richtiges Fernrohr gab es noch nicht, weil Galilei noch gar nicht lebte. Das alte *ptolemäische Weltsystem* ging zwar be-

Die Geschichte der Technik

reits davon aus, daß die Planeten, bzw. »Wandelsterne« – soweit sie sichtbar waren – andere, nähere Himmelskörper seien als die nie sich verändernden Fixsterne. Aber es setzte die Erde als Mittelpunkt und degradierte auch die Sonne zu solch einem, freilich dem größten Planeten. Das »*kopernikanische Weltsystem*« entthronte die Erde und setzte richtig die Sonne als Mittelpunkt des Planetensystems. Daß er damit schwer gegen das herrschende Kirchendogma verstieß – das ja sich selber in den Mittelpunkt alles Seiens setzte –, war verständlich und wurde ihm vielerorts nie verziehen.

Immerhin gab es auch dort aufgeklärte Geister, das lateranische Konzil bat ihn 1516, an einer neuerlichen Kalenderverbesserung mitzuarbeiten. Seine Ablehnung dieses »Forschungsauftrages« war nicht ein Gegensatz zur Kirche, sondern reiner Zeitmangel, weil er glaubte, seine anderen astronomischen Forschungen nicht vernachlässigen zu dürfen.

Auch weiterhin beherrschen Astronomen und Physiker den naturwissenschaftlichen Fortschritt. Drei Jahre nach Kopernikus' Tod wird der Däne *Tycho Brahe* geboren *(1546–1601)*. Er wird einer der bedeutendsten Astronomen, der unter strenger Beachtung des kopernikanischen Weltsystems weiter mit Erfolg am Planetenhimmel forscht und zugleich einen nicht weniger berühmten Schüler heranzieht: *Johannes Kepler (1571–1630)*. Von ihm stammen die »Keplerschen Gesetze«; nach diesen geht von der Sonne eine Kraft aus, die die Bewegung der Planeten dirigiert, sie quasi »an der langen Leine« hält. Kepler nun hatte in seinen späteren Lebensjahren das wichtige technische Instrument, mit dem man die Himmelskörper genauer als je zuvor beobachten konnte. Sein Zeitgenosse *Galileo Galilei (1564–1642)*, der den jüngeren Kepler um ein Dutzend Jahre überlebte, hatte es ihm gegeben: *Das Fernrohr*.

Das war eine echte technische Großtat, aber wiederum nicht von einem Techniker, sondern von einem Naturforscher, Physiker, Mathematiker und Astronom erfunden. Kernstück dieser Erfindung war die *optische Linse*, das Vergrößerungsglas. In sinnvoller Kombination mehrerer Linsen entstand das *Fernrohr*, mit dem sich nun für die Astronomen eine bisher unbekannte Welt auftat. Es wurde im Laufe der Jahrhunderte verfeinert, weiterentwickelt, es kam der Vergrößerungsspiegel hinzu, aber das Prinzip blieb.

Am 8. Januar 1610 beobachtet *Galilei* zum erstenmal den Mond durch sein Instrument, er entdeckt die Mondkrater, er blickt weiter, beobachtet die Phasen der Venus und entdeckt die Jupitermonde. Seine Nachfahren dringen mit optischen Geräten bis zu 2 Milliarden Lichtjahren weit in den Weltraum, mit dem 5-m-Hale-Teleskop auf dem Mt. Palomar in Kalifornien. Der Bau dieses Riesenauges dauerte 20 Jahre! Von 1928 bis 1948. Doch zurück zu Galilei: die seltsame Duplizität der Technikgeschichte wollte es, daß am gleichen Tage wie der italienische Fernrohrerfinder in Deutschland *Simon Marius (1573–1624)* ebenfalls durch ein selbstgebautes Linsenfernrohr den Mond beobachtete, und er war es, der zwei Jahre später, 1612, den berühmten Andromedanebel mit seinem Fernrohr entdeckte. Es gibt also genaugenommen zwei Erfinder der Linse und des Fernrohres. Genaugenommen war übrigens der bereits erwähnte erste Konstrukteur einer Vergrößerungslinse Roger Bacon. Was Roger Bacon begonnen, Galilei sinnvoll erweitert hatte, vollendete der Niederländer *Antony van Leeuwenhoek (1632–1723)*. Wollte jener in die Ferne blicken, so wünschte dieser, die Dinge des Lebens genauer betrachten zu können, als dies mit bloßem Auge möglich war. Auch er war kein Techniker, sondern Optiker. Durch Verbesserung der Linsen erreichte er eine bedeutende Vergrößerungsmöglichkeit und schuf aus der Lupe das erste *Mikroskop*. Auch er schuf damit ein Instrument zum Segen der Menschheit, das technische Gerät, mit dem der Arzt dem Kampf gegen Krankheit eine neue, entscheidende Wende geben konnte, mit dem der Biologe – analog seinem astronomischen Kollegen – neue Welten entdeckte – im kleinen.

Beide optischen Techniken wurden erst in unserem Jahrhundert ergänzt: Die Radioastronomie einerseits, die Elektronenmikroskopie andererseits haben die Grenzen der Optik in beiden Richtungen um ein Vielfaches erweitert.

Von nun an steigt die Zeit- und Ereigniskurve immer steiler an. Die »Stationen« werden kürzer und – technisch wichtiger! *Blaise Pascal*, ein französischer Mathematiker und Naturforscher *(1623–1662)*, baut eine mechanische *Rechenmaschine*. Sie ist in ihrer Wichtigkeit genaugenommen eine so kleine Etappe wie der *Luftdrucknach-*

Die Geschichte der Technik

weis des Magdeburger Bürgermeisters *Otto von Guericke (1602–1686)* mit seinen »Magdeburger Halbkugeln«. Damit soll die technisch-physikalische Leistung für ihre Zeit keineswegs herabgewürdigt werden.

Ohne Physik und Mathematik keine Technik. Der bahnbrechende »Zulieferer« für die beginnende Revolution, für das herankommende »technische Zeitalter«, war der englische Physiker *Sir Isaac Newton (1643–1727)*, Präsident der Royal Society, »Münzmeister«, Mathematiker, Astronom, ein Universalgenie. Er verbesserte die Linsenfernrohre, entwickelte das Spiegelteleskop (1669), gewann neue Erkenntnisse auf dem Gebiet der Spektralanalyse, entwickelte theoretisch einen Spiegelsextanten, der später von seinem Zeitgenossen, dem britischen Astronomen *Edmund Halley (1656–1742)* technisch realisiert wurde. Halley entdeckte 1705 den berühmten, nach ihm benannten Groß-Kometen mit Hilfe nun schon wesentlich verbesserter Fernrohre und bestätigte seine Entdeckung zusätzlich mit dem neuen, von Newton geschaffenen Spiegelteleskop. Beide Wissenschaftler standen in enger Verbindung miteinander und ergänzten sich aufs beste. Von Newton sei schließlich neben einer Fülle von »Gesetzen« noch seine Forschung der *Gravitationslehre* erwähnt (1687). Die Schwelle vom 17. zum 18. Jahrhundert – die Neuzeit der Technik wird eingeleitet. Newton war der große Theoretiker, der große Planer.

Sein Zeitgenosse, der französische Arzt und zugleich Mathematikprofessor in Marburg, *Denis Papin (1647, in England verschollen nach 1712)*, auch kein Ingenieur im strengen Sinne, wird der große Praktiker. Zunächst konstruierte er einen Dampfdrucktopf mit Ventil (Papinscher Topf), der jeder fortschrittlichen Hausfrau als sehr praktikables Gerät im Haushalt bekannt ist. Dieser Topf war jedoch nur die erste Stufe der eigentlichen Erfindung, der atmosphärischen *Dampfmaschine (1690)*, wie sie – wenn auch technisch vielseitig verfeinert – im Prinzip noch heute gebräuchlich ist. Jedes herkömmliche Kohlekraftwerk treibt seine Turbinen mit Dampf, und die Zahl der »Dampfer«, wie man mit Dampfmaschinen angetriebene Schiffe nennt, ist auf der ganzen Welt noch heute fast sechsstellig. Auch Papin versuchte mit seiner Dampfmaschine logischerweise zuerst die Schiffahrt zu revolutionieren. Doch sein erster »Dampfer« auf der Fulda wurde beschädigt, eine weitere industrielle Nutzung seiner Erfindung blieb ihm mangels entsprechender Einstellung seiner Zeitgenossen zu technischem Fortschritt versagt.

Erst Jahrzehnte nach Papins Tod greift ein englischer Ingenieur – nun wirklich ein echter Techniker – das Problem wieder auf: *James Watt (1736–1819)* verbessert Papins Konstruktion und baut *1765* die erste brauchbare *Niederdruckdampfmaschine* mit vom Zylinder getrenntem Kondensator und einem Dampfmantel um den Zylinder. Schon bald verließen komplette Anlagen die Dampfmaschinenfabrik »Boulton & Watt« in Birmingham. Jetzt, Ende des 18. Jahrhunderts, wurde die Welt der fortschreitenden Technik gegenüber aufgeschlossener, erst zwar noch mit Vorbehalten, im 19. Jahrhundert dagegen wurde der Fortschritt stürmisch. Watt lieferte übrigens auch die heute noch gebräuchliche, nach ihm benannte *Maßeinheit der Leistung*, 1 kW = 1000 Watt = 1,36 PS.

Die Erfindung der Dampfmaschine ist ein klassisches Beispiel der »Neuzeit der Technik«; von hier schreitet die Technik in strenger, logischer Kontinuierlichkeit fort. Die stationäre Dampfmaschine war die Voraussetzung für eine von Wassermühlen unabhängige Verbreitung der Hüttenwerks- und Walztechnik. Diese wiederum war nun in der Lage, mehr zu produzieren.

Der *stationären Dampfmaschinentechnik* schloß sich zwangsläufig die *mobile* an. Das von Wind und Wetter abhängige Segelschiff war für Handel, Politik – und natürlich auch Krieg ein Handicap in einer Zeit, da man auf dem Festland bereits feste Stähle walzte. Die Entwicklung eines dampfgetriebenen – von tierischer Zug-

James Watt

Dampfmaschine von Watt u. Boulton, gebaut 1799 (Schnittzeichnung)

Die Geschichte der Technik

kraft unabhängigen – Landfahrzeuges war der logisch nächste Schritt: die *Eisenbahn*. Die Dampfmaschine stand schließlich auch Pate bei der Erzeugung der *Elektrizität* auf breiter Ebene für alle Menschen. Alles, was sich auf dem Elektrogebiet vorher abspielte, war zwar wichtig, blieb aber doch vorbereitende Forschungsarbeit. Nur mit der regional beschränkten Wasserkraft war in den Anfangszeiten der Elektrizitätserzeugung nicht auszukommen. Das Kohle-Dampf-Kraftwerk – das es ja in weiten Gebieten der Erde noch heute gibt – basiert ebenfalls auf der Dampfmaschine als technischer Voraussetzung zur Erzeugung der Elektrizität. Daß dann später der rationellere *Verbrennungsmotor* hinzukam, lag in der ebenfalls logischen Entwicklung, Überdruck technisch verwertbar zu nutzen. Und schließlich ist ja die Elektrizität in ihrer ganzen vielseitigen Nutzung wiederum die Voraussetzung der Nachrichtentechnik, ja heute aller Technik überhaupt.

Was Papin begonnen und Watt fortgesetzt hatte, verbesserte der Amerikaner *Oliver Evans (1755–1819)*, er baute 1804 eine wesentlich stärkere, mobile *10 atü-Hochdruckdampfmaschine* mit Kondensation für seinen ersten Dampfbagger. Die nächsten Schritte praktischer Nutzanwendung folgen Schlag auf Schlag in wenigen Jahren. Dabei stellen wir übrigens fest, daß sich die Pioniere des noch jungen aufstrebenden Kontinents Amerika, vor allem Nordamerika, sehr schnell jede neue Technik ohne die in der alten Welt oft hemmende Traditionsvorbelastung praktisch zunutze machen. *1807* baut *Robert Fulton (1765 bis 1815)* sein erstes, mit Dampf betriebenes Schiff, einen *Raddampfer*, der auf dem Hudson seine Jungfernfahrt erfolgreich absolviert. 11 Jahre später überquert die »Savannah« als erstes *Dampfschiff* (allerdings mit Hilfssegeln) den Atlantik in 26 Tagen von New York nach Liverpool.

Die »Savannah« im Modell (Deutsches Museum)

Eine andere Form der Nutzung mobiler Dampfmaschinen suchte der Engländer *Richard Trevithick (1771–1833)*. Er konstruierte ebenfalls – wie sein amerikanischer Kollege Evans – eine Hochdruck-Dampfmaschine *(1798)*, die er auch 1804 in eine Lokomotive einbaut. Zehn Jahre später baute dann sein Landsmann *George Stephenson (1781–1848)* die erste brauchbare *Schienenlokomotive*.

Stephensons Lokomotive »Rocket« errang in der berühmten Wettfahrt bei Rainhill 1829 den ersten Preis.

Hier erlaubte sich die Technik wieder einmal einen ihrer kuriosen Bocksprünge, indem sie den zweiten Schritt vor dem ersten tat. Die »Schienenlok« hatte weder etwas, worauf sie fahren konnte, noch etwas, was sie befördern bzw. ziehen konnte. Man könnte einwenden, ohne die Lok wäre die ganze Eisenbahn sinnlos. Das ist durchaus richtig, nur die Entwicklung ging hier zeitlich nicht ganz parallel, sondern machte eben Sprünge. Denn auch der Eisenbahnwaggon – wobei man zuerst an die teurere Personenbeförderung dachte und viel später erst an die wirtschaftlich viel einträglichere und mindestens ebenso wichtige Güterbeförderung – eben der Eisenbahnwaggon wurde *vor* der Eisen-*Schiene* entwickelt.

Die wurde erst *1820* produziert. Und dann, 1825, startete in Mittelengland auf der 8 Kilometer langen Strecke von Stockton nach Darlington (55 km südl. New Castle) der erste Eisenbahnzug der Welt, 16–17 km/h war Spitze. Zwei Jahre später fuhr die erste amerikanische Eisenbahn und zehn Jahre später folgte dann Deutschland zwischen Nürnberg und Fürth. Als »Vater der deutschen Eisenbahn« gilt *Friedrich List (1789–1846)*.

Bleibt in dem notwendigerweise kurzen Überblick zu ergänzen, daß Ende des 19. Jahrhunderts der schwedische Ingenieur *Carl Gustav Patrik de Laval (1845–1913)* einen wirkungsvollen Weg der Dampfnutzung beschritt: er konstruierte die *Dampfturbine*, die der englische Ingenieur Sir *Charles Algernon (1854–1931)* wenig später zur Hochdruck-Dampfturbine weiterentwickelte. Sie ermöglicht bei relativ geringem Raumbedarf vielfach größere Leistungen und auch höhere Drehzahlen als eine Kolbendampfmaschine.

Die Geschichte der Technik

Elektrizität

Die Maschine leitete zu Beginn des 19. Jahrhunderts das technische Zeitalter für die Menschheit ein. An seinem Ende stand die wohl größte technische Errungenschaft für die Menschen: Die Nutzung der *Elektrizität*. Alle technischen Leistungen bis dahin – mögen sie im Einzelnen noch so bedeutend und großartig gewesen sein –, sie alle waren gegenständlich bzw. beruhten auf ausgenutzten, sichtbaren Bewegungen in der einen oder anderen Form. Die Elektrizität ist es nicht, sie ist fühlbar, sogar sehr unangenehm, aber was man als »Licht« in den verschiedensten Farben von ihr sieht, ist ihre Auswirkung.

Es gäbe in einer Technikgeschichte noch viele bedeutende Erfindungen und Errungenschaften im 19. und auch in diesem Jahrhundert zu beschreiben. Aber an der wichtigsten Großstation unserer Reise durch die Jahrtausende kurz vor ihrer zeitlichen Beendigung müssen wir verweilen.

Wie bei der Nutzung der Wasserkraft, bei der Vervollkommnung der Textilindustrie durch immer bessere, leistungsfähigere Webstühle, bei der optischen Industrie und der Maschinentechnik – ist es auch bei der Entdeckung, Entwicklung und Nutzung der Elektrizität eine Vielzahl von Technikern und Wissenschaftlern, die zusammen genommen Steinchen auf Steinchen gesetzt haben – jeder auf seinem Spezialgebiet – bis zum heutigen Stand. Dabei zeigt sich übrigens interessanterweise, daß manche, früher fortschrittliche Technik durch eine fortschrittlichere ersetzt wird. Auch daß mancher, scheinbar überholte Anfang nach dem zweiten, besseren Schritt im dritten Schritt wiederaufgenommen wurde. Ein »Rückschritt« erwies sich zuweilen als noch größerer Fortschritt. Klassisches Beispiel in der Elektrizität: Von der »Voltaschen Säule« (benannt nach *Alessandro Volta, 1745–1827*), der ersten Batterie bis zu allen herkömmlichen Batterien, blieb die »Speicherelektrizität« nur begrenzbare Kleinerzeugung im Vergleich zu der »großen« Dynamoelektrizität. Mit der Entwicklung des *Transistors* (Germaniumdiode, Germanium-Richtleiter, Halbleiter), *1948* im US-amerikanischen Bell-Laboratorium wurden der gewöhnlichen, oft verachteten, kleinen unscheinbaren Batterie ungeahnte, nie vermutete Möglichkeiten erschlossen, die die Rundfunk- und Fernsehtechnik zu einem gewaltigen Aufschwung brachten. Bis heute stehen am Ende der Transistoren-Geschichte die Computer- und Raumfahrttechnik – Sonnenbatterien –, und was in der Zukunft liegt, zeichnet sich in der Speichertechnik schon jetzt vorsichtig ab.

In kaum einem Gebiet der Technik ist eine dauernde, wechselseitige Beeinflussung so ausgeprägt erkennbar wie in der Elektrizität mit ihren Randgebieten. Die Nachrichtentechnik forderte in ihrer Entwicklung bis heute ununterbrochen die Elektrizitätstechnik – diese wiederum förderte umgekehrt ständig die Nachrichtentechnik. Wissenschaftliche, schöpferische und forschungsmäßige Impulse gingen und gehen ständig zwischen beiden Gebieten hin und her. So ist es nur verständlich, daß die meisten Pioniere der Elektrizität auch zugleich solche der Nachrichtentechnik waren, ja vielfach wurden sie überhaupt erst durch diese zu Forschern der allgemeinen Elektrizität. In der Geschichte der Elektrizität bis zu ihrer allgemeinen Nutzung durch Haushalt und Industrie – also vornehmlich im vorigen Jahrhundert – bleibt die gesamte Nachrichtentechnik das große Versuchs-, Entwicklungs- und Vorfeld der Elektrizität, wie der zusammengefaßte Überblick zeigt.

Volta

Transistor

Luigi Galvani

Die wichtigsten Stationen der Frühentwicklung in der Elektrizitäts- und Nachrichtentechnik

William Gilbert (1544–1603) erforschte als erster Wissenschaftler den Magnetismus und elektrische Kräfte, ohne jedoch einen Zusammenhang festzustellen.

Otto von Guericke baute 1643 eine Elektrisiermaschine.

Die »*Leidener Flasche*« des niederländischen Physikprofessors *Pieter van Musschenbroek* (aus Leiden; *1692–1761*), ein Speichergerät für künstliche Blitze, war zwar ohne jeden Nutzen für die Technik, aber doch ein wichtiges Forschungsgerät, wie 1749 der englische Physiker William Watson feststellte.

Der amerikanische Staatsmann und Naturwissenschaftler *Benjamin Franklin (1706–1790)* »entzaubert das Himmelsfeuer«, er erforschte anhand der Versuche mit der »Leidener Flasche« den Blitz und entwickelte *1753 den ersten Blitzableiter* zum Schutze und Wohle der Menschen.

Luigi Galvani (1737–1798) entdeckte *1789* durch seinen berühmten Froschschenkelversuch elektrische Entladungen, man spricht von Berührungselektrizität.

Charles Augustin Coulomb (1736–1806), französischer Experimentalwissenschaftler, untersuchte mit Hilfe einer elektrischen »Drehwaage« magnetische und elektromagnetische Erscheinungen und formulierte sie 1785 in den bis heute nach ihm benannten und gültigen Gesetzen.

A. Volta, (1745–1827) (→S. 376)

Samuel Thomas von Sömmering (1755–1830) übermittelte als erster *1809* mit einem elektrochemischen Telegrafen Nachrichten.

Hans Christian Oersted (1777–1851) ein dänischer Physiker, entdeckte *1820* auf

André Marie Ampère

Coulombs Versuchen aufbauend das elektromagnetische Kraftfeld. Übrigens ist auch Oersted 1826 die Aluminiumgewinnung zu verdanken.

André Marie Ampère (1775–1836) setzt im gleichen Jahr 1820 Oersteds Arbeiten fort und begründet die Lehre von der Elektrodynamik, der Stromwirkung.

Georg Simon Ohm (1787–1854) bringt die »Verhältnisse« in der Elektrizität auf einen Nenner. Er entdeckt und analysiert den Leitungswiderstand der verschiedenen Metalle und stellt ein heute noch unverrückbares elektrisches Meßgesetz auf, das »Ohmsche Gesetz«: Spannung U (Volt) gleich Strom I (Ampère) mal Widerstand R (Ohm).

Seite aus Ohms Versuchsprotokoll, auf der er das Ohmsche Gesetz am 11. 1. 1826 zum erstenmal niederschrieb.

Die vielfach zu unterscheidenden elektrischen Maße werden bald nach den Männern benannt, die auf dem jeweiligen Gebiet primär gearbeitet haben. Wir begegnen wenig später r für Röntgenstrahlungseinheit oder hz für die von Hertz begründete Schwingungseinheit (siehe unten).

Michael Faraday (1791–1867) entdeckt *1831* die elektrische Induktion. Von ihm stammt der »Faradaysche Käfig«, eine geschlossene Metallhülle bzw. ein engmaschiges Metallnetz, in das kein elektrisches Feld eindringen kann. Er baut einen Elektromagneten und entwickelt zwei Jahre später die metallurgische Elektrolyse.

Die Kette wichtiger Schritte auf dem Gebiet der Elektrizität reißt nun in den dreißiger Jahren des vorigen Jahrhunderts nicht ab, Glied an Glied reiht sich – bis heute.

Karl Friedrich Gauß (1777–1855) und *Wilhelm Weber (1804–1891)* erfinden in Göttingen den elektromagnetischen Telegrafen mit einer Doppelleitung. Über 1500 m Entfernung senden sie mit verabredeten Zeichen das erste »Zeichentelegramm«, 1833.

Carl August Steinheil (1801–1870) verbessert noch im gleichen Jahr das Gerät, er läßt einen Draht weg und benutzt die Erde als zweite Leitung.

Paul Schilling von Cannstadt (1786–1837) greift diese Idee wenige Wochen später auf und macht aus dem Gerät einen Nadeltelegrafen. Jetzt werden schon 50 Zeichen pro Minute auf 30 km Entfernung gesendet.

Der Engländer *Cooke-Wheatstone* verbessert das Gerät noch mal und führt es 1837 als Fünfnadeltelegraf für den noch jungen Eisenbahnbetrieb ein. Jede Technik greift geradezu hungrig nach den Ergebnissen einer anderen Technik, wenn sie eine zweckvolle Ergänzung darstellt.

Michael Faraday

Die Zeit ist reif für einheitliche, klar verständliche Zeichen bei der Nachrichtenübermittlung. Aus Amerika kommt der Telegraf, der von nun an in aller Welt verwendet wird – bis heute noch, wo das Wort versagt: *Samuel F. B. Morse (1791–1872)*

Morse

Samuel F. B. Morse und sein Telegraphenapparat mit Gewichtsantrieb aus dem Jahre 1837 (Geber mit Empfänger, Nachbildung).

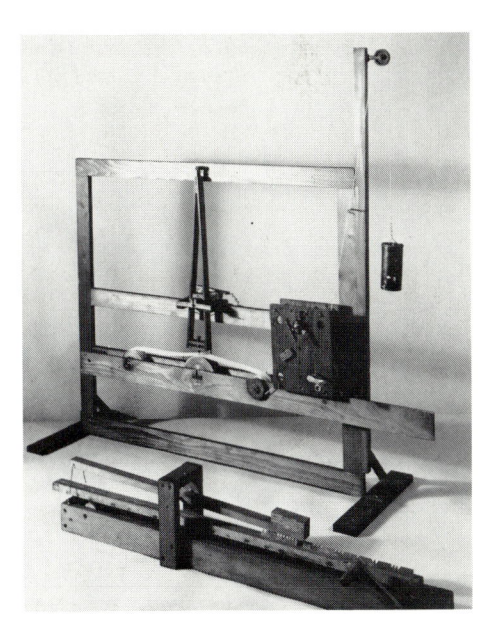

entwickelt das nach ihm benannte Morsealphabet und sendet *1837* in den USA sein erstes Telegramm. Auf See wird später das Morsealphabet die unsichtbare Brücke von Schiff zu Land, von Schiff zu Schiff. Technisches und menschliches Versagen kosten beim Untergang der »Titanic« im April *1912* mehr als 1600 Menschenleben. Es wird international der heute noch gültige *Notruf SOS* eingeführt, dem später die englischen Worte »save our souls« (Rettet unsere Seelen) unterlegt werden. Ursprünglich wurden die beiden Zeichen aber lediglich wegen ihrer klar aufnehmbaren akustischen Verständigung gewählt: drei kurz – drei lang – drei kurz.

Doch lange bevor Morses Alphabet zur See verwendet wird, bedient sich in Deutsch-

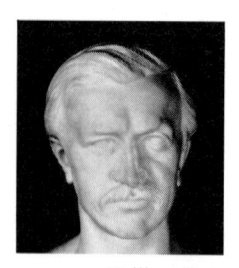

Die Geschichte der Technik

Jacobi

land *1838 Moritz Hermann von Jacobi (1804–1851)* des elektrischen Stroms aus Batterien für den Antrieb eines Schiffes. Die Sache hat sich nicht durchgesetzt, ebenso wie das *elektrische Automobil* noch heute in den Kinderschuhen steckt, von einem gar nicht erst konstruierten elektrischen Flugzeug ganz zu schweigen. Der Grund ist sehr einfach: Das Gewicht des Speichergerätes für den elektrischen Strom, eben der Batterie, ist in der Relation zum Schiff, Fahr- oder Flugzeug viel zu groß. Den Kfz-Fachleuten ist schon das Gewicht der Batterie als Hilfsinstrument immer noch ärgerlich hoch. Schienenfahrzeuge (E-Loks) und Obusse holen sich den Strom von außen her und bedürfen deshalb nicht des schweren Stromerzeugers. Der Motor hat da übrigens in manchen Fällen Abhilfe geschaffen. Es gibt Verbrennungsaggregate auf Schiffen, die Strom erzeugen, und zwar direkt über Dynamos und indirekt zum Aufladen von Batterien. Ein Beispiel ist das *U-Boot*, das getaucht nur mit Batteriestrom fahren kann, weshalb es übrigens unerträglich langsam ist.

Aber bleiben wir in der zeitlichen Reihenfolge. Jacobis *Elektroschiff* war ein erfolgloser Versuch.

Nicht jeder konnte oder wollte das Morsealphabet erlernen, obgleich es wirklich leicht ist. Der Engländer *David Edward Huges (1831–1900)* hilft dem mit 24 Jahren ab und entwickelt *1855* den Typendrucktelegraf, einen Vorläufer des *Fernschreibers*, den *Werner von Siemens (1816–1892)* als *Zeigertelegraf* sechs Jahre vor Huges gebaut hat und 1912 zum ersten echten Fernschreiber der Welt entwickelt. Vorher schon, 1846, hatte er das erste *Erdkabel* von Berlin nach Potsdam gelegt. Zwölf Jahre später zieht der Kabelleger »Agamemnon« (nach voraufgegangenen Fehlschlägen) das erste brauchbare *Atlantikkabel* von Europa nach Amerika. Noch bevor elektrischer Strom in »Großproduktion« erzeugt wurde. (Nur 40 Jahre vorher überquerte das erste Dampfschiff den Atlantik → S. 252). Dieses Jahr *1858* war in gewissem Sinne also eine Revolution, es rückte mit einem Schlage die alte und die neue Welt zusammen. Brauchten vorher Mitteilungen zueinander drei bis vier Wochen, so ging es jetzt durch die neue Nachrichtenbrücke innerhalb von Sekunden. Daß es anfängliche Mängel gab, ist eine andere Sache – die wurden im Laufe des folgenden Jahrhunderts beseitigt.

Telegrafieren – in die Ferne schreiben – das konnte der Mensch nun. Doch er wollte mehr – direkt in die Ferne sprechen. Der deutsche Lehrer *Philipp Reis (1834–1874)* baut *1861* das erste *Telefon* der Welt, das sogenannte »Stricknadeltelefon«. Zu früh,

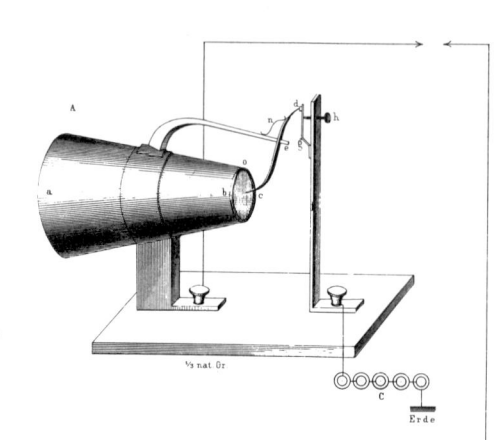

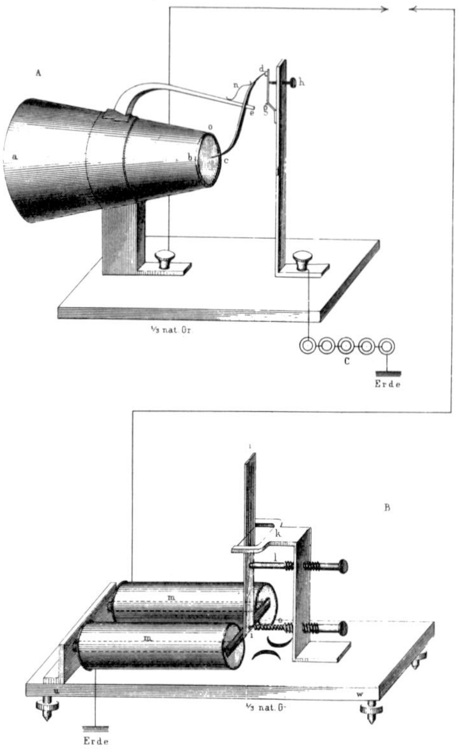

Mikrophon und Telephon von Reis, 1861.

Graham Bell

noch nicht ausgereift. Erst 15 Jahre später, *1876*, führt der Amerikaner *Graham Bell (1847–1922)* auf der Weltausstellung in Philadelphia das erste funktionsfähige Telefon vor. Es nimmt sofort seinen Siegeslauf um die ganze Welt. Ein Jahr später eröffnet der deutsche Generalpostmeister *Heinrich von Stephan (1831–1897)*, ein jeder Technik gegenüber höchst aufgeschlossener Verwaltungsmann, die erste deutsche Telefonleitung von Berlin nach Potsdam. Interessante Stationen: Das erste öffentliche Fernsprechnetz in Berlin verzeichnet im Januar 1881 acht Teilnehmer, im Dezember des gleichen Jahres 94. 1889 werden in Amerika erste Versuche im Selbstwählbetrieb gemacht, neun Jahre später wird in Hildesheim das erste Selbstwählamt in Betrieb genommen. Heute kann man über Ozeane hinweg selbst seinen Partner anwählen – heute gibt es über eine halbe Milliarde Fernsprechanschlüsse – ein Sechstel der gesamten Menschheit!

Nicht jede wissenschaftliche Arbeit wirkt sich praktisch so schnell weltweit aus wie das Telefon. Deshalb ist die Theorie nicht weniger wichtig, wie z.B. die von *James Clerk Maxwell (1831–1879)* bereits 1865 aufgestellte *elektromagnetische Lichttheorie* (Maxwellsche Wellenlehre). Aufbauend auf diesen Erkenntnissen, entwickelt dann der deutsche Physiker *Heinrich Hertz (1857–1894)* Ende der achtziger Jahre die *Schwingungs- und Wellenlehre*. Rüstzeug für die drahtlose Telegrafie.

Zuvor aber müssen wir den wohl wichtigsten Stationspunkt in der Geschichte der Technik, ja einen der wesentlichsten in der ganzen Menschheitsgeschichte überhaupt,

Die Geschichte der Technik

Siemens

in der zweiten Hälfte des vorigen Jahrhunderts verzeichnen. Diese Station bleibt untrennbar verbunden mit einem der vielseitigsten und bedeutendsten Elektro- und Nachrichtentechniker: dem schon obenerwähnten *Werner von Siemens*. Hier müssen Superlative erlaubt sein.

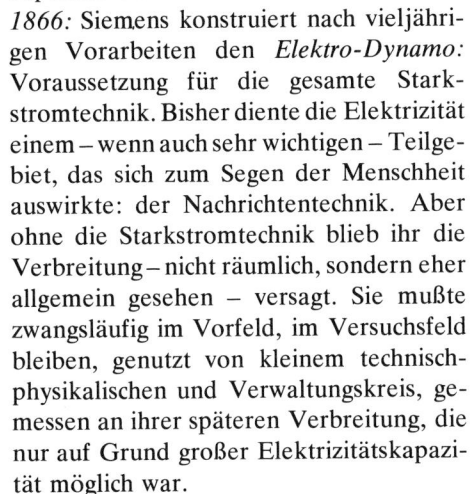

1866: Siemens konstruiert nach vieljährigen Vorarbeiten den *Elektro-Dynamo:* Voraussetzung für die gesamte Starkstromtechnik. Bisher diente die Elektrizität einem – wenn auch sehr wichtigen – Teilgebiet, das sich zum Segen der Menschheit auswirkte: der Nachrichtentechnik. Aber ohne die Starkstromtechnik blieb ihr die Verbreitung – nicht räumlich, sondern eher allgemein gesehen – versagt. Sie mußte zwangsläufig im Vorfeld, im Versuchsfeld bleiben, genutzt von kleinem technisch-physikalischen und Verwaltungskreis, gemessen an ihrer späteren Verbreitung, die nur auf Grund großer Elektrizitätskapazität möglich war.

Der Dynamo von Siemens produzierte Elektrizität, auf dem uralten Prinzip der Drehbewegung. Magnetische Induktionsstromstöße wurden auf einfache Weise von der Hin-und-Her-Bewegung in die unendliche Drehbewegung transponiert. Voraussetzung war das technische Gerät, das die Drehbewegung erzeugte: Die vorher erfundene und inzwischen durchkonstruierte Dampfmaschine. Jetzt konnte die Elektrizität frei Haus geliefert werden.

Goebel

Der deutsche Auswanderer *Heinrich Goebel (1818–1883)* hatte bereits 1854 die von Batterie gespeiste Glühlampe erfunden. Aber ihm fehlten die immer fließende elektrische Großquelle und das weltweite Interesse. Zu früh, wie das Reissche Telefon. Elektrische Großquelle und weltweite Verbindungen hatte aber dann in einer um ein Viertelhundert fortgeschrittenen Zeit der vielseitige amerikanische Erfinder (fast 1000 Patente!) *Thomas Alva Edison (1847–1931)*. Mit seiner zum zweitenmal unabhängig von Goebel »erfundenen« *Glühlampe* brachte er jetzt den Menschen das Licht ins Haus. Die Entwicklung zur heutigen Neonröhre war logisch der dritte Schritt nach dem zweiten, der Füllung der Glühbirne mit lichtverstärkenden Gasen (Kryptonbirne usw.).

Edison

Glühlampe

Elektromotor

Wichtige, logische Station nach der Erfindung des Dynamos war auch die Umkehrung dieses Prinzips: der *Elektromotor 1878*, natürlich auch von *Siemens*. Der Weg von der Dampfmaschine über den Dynamo zum Elektromotor war trotz der zwischengeschalteten Stationen weitaus kraftvoller, wirkungsvoller und also rationeller. Sinnvoller Beweis ist die E-Lok. Bei der 1976 außer Dienst zu stellenden Dampflok (ein vorgezogenes negatives Datum der Technikgeschichte) standen im Mittel etwa 15 Prozent der (verbrannten) Kohlenenergie am Zughaken zur Verfügung – sehr wenig, 85 Prozent vergeudete Energie der verfeuerten Kohle. Bei der durch Kohle geheizten, über Dampfkraftwerke erzeugten Umweg-Elektroenergie hängen heute 25 Prozent der Kohleenergie am Zughaken. Bei der Heizöl- bzw. Diesellok übrigens auch so viel. Aber die Elektroenergie steigert sich ständig, deshalb die steigende Elektrifizierung der Eisenbahn.

Und nicht nur die hier als besonders beispielhaft angeführte Eisenbahn hat von dieser Siemensschen Erfindung profitiert, sondern verständlicherweise die gesamte Industrie. Voraussetzung ist noch immer allerdings die direkte Drahtverbindung mit den Kraftwerken. Und die ist bei frei fahrenden Transportmitteln vom Auto zum Schiff, vom Flugzeug zum Raumfahrzeug heute noch nicht gegeben. Vielleicht eine Erfindung von morgen – die drahtlose Übermittlung von Starkstrom!

Zur Zeit, da Siemens seinen Dynamo erfand, steckte der Drehantrieb auf der Vergaser-Motor-Basis noch in den Kinderschuhen. Heute kann jeder Dynamo durch alles, was sich dreht, betrieben werden. Es kommt nur auf die Größenordnung an – Fahrrad (hier ist der Strom, das Licht, kostenloses »Abfallprodukt«); Motor, mobil und stationär (als Aggregat für jeden beliebigen Zweck – Notstromaggregat, bei Ausfall der öffentlichen Stromquelle – wichtig in Krankenhäusern und – Kriegen).

Wasserkraftwerke

Die drehende Ausnutzung der *Wassermühle* – Wasser kostet nichts – war sehr schnell Folge der Erfindung des Dynamos. *Wasserkraftwerke* waren der nächste Weg. Batterien von Turbinen erzeugen den elektrischen Strom. Boulder-Damm/Colorado-Kraftwerk (1936, 176 m hohe Staumauer, 1 Milliarde kWh, 40 Milliarden cbm Wasser in 180 km langem Stausee, 12 riesenhafte Turbogeneratoren erzeugen

Tauernkraftwerk Kaprun, im Betrieb seit 1957. Die Jahreserzeugung liegt bei 650 Mill. Kilowattstunden.

Die Geschichte der Technik

Elektrizität für einen Bereich größer als die Bundesrepublik); 12 Tennessee-Staustufen (die von Roosevelt forcierte dramatische TVA, Tennessee Valley Authority, 1933, 2,5 Milliarden kWh. im Osten der USA; das in den sechziger Jahren vollendete Tauern-Kraftwerk Kaprun (1 Milliarde kWh); das Columbia-Programm; Grand-Coulee; Kuibyschew an der Wolga; Dnjepr; Assuan (Sad-el Ali, Ägypten)

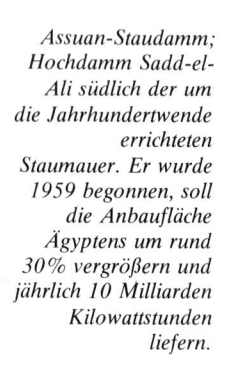

Assuan-Staudamm; Hochdamm Sadd-el-Ali südlich der um die Jahrhundertwende errichteten Staumauer. Er wurde 1959 begonnen, soll die Anbaufläche Ägyptens um rund 30% vergrößern und jährlich 10 Milliarden Kilowattstunden liefern.

Kongo, Brasilien, Uruguay, Argentinien, Kanada, Pakisten, Indien, China, Schweiz, Deutschland. Gezeitenkraftwerke (1968) – rund um die Welt sind sie in diesem Jahrhundert gebaut – die vom Wasser beschenkten *Riesenkraftwerke* der Erde. Bald erzeugen sie zusammen 100 Milliarden (!) kWh Elektrizität. Und noch immer wird es nicht genug sein – wird es immer noch mehr werden. Werner von Siemens stand 1866 am Beginn dieser Station der Elektrotechnik.

Die Umkehrung und Erweiterung vom Dynamo zum Elektromotor gibt es auf dem Erzeugungsgebiet noch an anderer Stelle: beim *Pumpspeicherwerk* (Schluchsee in Deutschland). Kraftwerke könnten oft mehr Strom erzeugen, als gerade gebraucht wird. Strom als solcher kann aber nicht gespeichert werden. Für Wasserkraftwerke gibt es jedoch seit einigen Jahrzehnten die von Siemens erfundene Umkehrtechnik in erweiterter Form. Die gleichen Maschinen, die als Generatoren – von den Turbinen angetrieben – tagsüber Strom erzeugen, arbeiten nachts als Elektromotoren, sie pumpen das Wasser aus den unteren Speicherseen in die höher gelegenen zurück. Die Hälfte bis zu zwei Drittel der aufgewandten Energie wird auf diese Weise zurückgewonnen: geniale Fortführung der Ideen von Siemens.

Gezeiten- und Kernkraftwerke – heute schon in Deutschland und Frankreich in Betrieb – werden die Stromversorgung der Menschheit auch in der Zukunft sicherstellen.

Branly

Popow

Marconi

Adolf Slaby

Fernsehen

Von nun an ist nahezu jede Technik mit der Elektrizität verbunden, von ihr abhängig: die weitere Entwicklung der Nachrichtentechnik, die Motortechnik (Zündung) für Auto, Flugzeug, die Raumfahrttechnik, ja selbst die Fototechnik. Kältetechnik, Haushaltstechnik, Büro-, Textil- und Landtechnik, Medizin (Elektrokardiograf), Kultur und Wissenschaft – sie alle wurden im Laufe dieses Jahrhunderts elektroabhängig.

Ausgang des vorigen Jahrhunderts gibt es wieder eine technische Revolution. Es klingt paradox, den Zeitgenossen, die sich grade erst an das Phänomen Elektrizität gewöhnt haben, ist es unverständlich, daß die drahtgebundene Elektrizität auf einem ihrer Teilgebiete ganz auf diesen Draht verzichten will. War schon plötzlich das Licht im Haus ein Wunder, so wird die *drahtlose* Brücke von Mensch zu Mensch ein noch größeres.

Maxwell und Hertz hatten erste theoretische Pionierarbeit geleistet. Der französische Physiker *Edouard Branley (1844–1940)* betritt als erster dieses noch unerforschte Neuland und sendet *1888* elektromagnetische Wellen drahtlos über 20 Meter weit, 1891 sind es 50 Meter. Der Russe *Alexander Stepanowitsch Popow (1859–1906)* baut Antennen und vergrößert die Reichweite *1895* auf 190 Meter. Der Italiener *Guglielmo Marconi (1874–1937,* Nobelpreis 1909) erreichte 1896 einen Kilometer und ein Jahr später acht Kilometer. Zwei Monate nach Marconi wiederholen die Berliner Physiker Prof. *Adolf Slaby (1849–1913)* und sein Assistent *Georg Graf Arco (1869–1940)* in Zusammenarbeit mit der *AEG* vor den Toren Berlins den gleichen Versuch erfolgreich zwischen Heilandskirche Sakrow und Potsdam. *1901* revolutioniert dann Marconi die drahtlose Telegrafie und weist nach, daß ihr praktisch keine Grenzen gesetzt sind. In Cornwall baut er die erste Großfunkstation, am *12. Dezember 1901* werden in *Neufundland* die ersten drahtlos gesendeten Morsezeichen aus Europa empfangen – der Ozean ist überbrückt. Fast auf den Tag genau ein Jahr später empfängt die Londoner »Times« das *erste drahtlose Pressetelegramm* der Welt aus Amerika. Zwei Publikationsmedien haben sich gefunden, ergänzen sich gegenseitig, um untrennbar miteinander verbunden zu bleiben. Dem Zeichen folgt das Wort, dem Wort das *Bild* – in Farbe. *Paul Nipkow (1860–1940)* gilt als Erfinder des Fernsehens. *1928* gelingt ihm die erste Bildübertragung auf dem Drahtweg, zwei Jahre später führt er das gleiche auf der Berliner Funkausstellung 1930 *ohne* Draht vor. Gleichzeitig beschäftigt er sich bereits mit der *Farbbildübertragung.*

Die Geschichte der Technik

Sieben kurze Jahrzehnte, ein Atemzug in der nach Tausenden von Jahren überschaubaren Geschichte der Menschheit, der Technik – 1888: 20 Meter drahtlose Zeichenbrücke. »Happy Christmas«! sind die ersten Worte, die die Menschheit live zu Weihnachten *1968* von den drei amerikanischen Astronauten Borman, Lovell, Anders hören, während man ebenfalls live in Farbe die Mondoberfläche aus 111 Kilometer Höhe von »Apollo 8« aus betrachtet. Und ein halbes Jahr später, am 21. Juli 1969, erlebt die Menschheit wiederum live in Bild und Ton, wie der erste Mensch Neil Armstrong seinen Fuß auf den Mond setzt. Wohl der dramatischste Augenblick in der Geschichte der Nachrichtentechnik.

Die Strahlentheorie von Hertz und Maxwell hat nicht nur die Nachrichtentechniker auf neue Wege geführt, sondern auch andere große Physiker zu Forschungen getrieben, die zunächst ohne das gezielte Vorantreiben der Nachrichtenübermittlung auf der Basis reiner Grundlagenforschung arbeiteten. Sehr schnell bot sich jedoch dann auch hier ein anderes großes wissenschaftliches Gebiet an, das geradezu händeringend nach den praktischen Ergebnissen griff; die Grundlagenforschung wurde zur Zweckforschung für die Medizin! In Verbindung übrigens gleich mit der *Fotografie* (Fotografie). Zum Segen der Menschheit und zum Nutzen der Industrie.

Waren Hertz' und Maxwells Arbeiten das theoretische Rüstzeug für die Strahlentechnik, so war die Fotografie das praktische Rüstzeug. *Joseph Niépce (1765–1833)* machte erste Versuche mit lichtempfindlichen Schichten. 1829 tat er sich mit seinem jüngeren französischen Landsmann *Louis Jacques Daguerre (1789–1851)* (Daguerre) zusammen, dem dann zwei Jahre nach Niepces Tod *1835* der Erfolg nicht versagt blieb: Jodierte Silberplatten bekamen durch Behandlung mit Quecksilberdämpfen eine hohe Lichtempfindlichkeit. Die von Niepce entwickelte »Camera obscura« mit Linsen war das technische Gerät für die Belichtung der Platten. Die Fotografie mit Platten und Fotoapparat war aus der Taufe gehoben. Der weitere Weg zum Film, zur Verquickung mit anderen Techniken, u. a. auch wieder mit der Nachrichtentechnik, war dann durch die technischen entwicklungsbedingten Zeitstationen gekennzeichnet.

Dieses Rüstzeug hatte *Wilhelm Conrad Röntgen (1845–1923,* Nobelpreis 1901) (Röntgen) bereits in einem technisch hervorragenden Zustand, als er 60 Jahre später, *1895*, seine *X-Strahlen* – die später nach ihm benannten *Röntgenstrahlen* – entdeckte. Außer diesen künstlich erzeugten X- oder Röntgenstrahlen gab es aber auch andere, ähnliche Strahlen, von denen Röntgen zunächst nichts wußte. Sie wurden ebenso durch Zufall entdeckt, wie Röntgen plötzlich das Skelett seiner Hand vor einem Fluoreszenzschirm bestaunte. Ein leuchtendes naturwissenschaftliches Dreigestirn steht hier neben Röntgen mit an der ersten Station der Strahlentechnik: *Henri Becquerel (1852–1908), Pierre Curie (1859–1906)* und seine Frau *Marie Curie, geb. Sklodowska (1867–1934)*. (Becquerel, Curie) (Alle drei zusammen erhielten 1903 gemeinsam den Nobelpreis.) Die 1897 geborene und 1956 verstorbene Tochter *Irène Curie* setzte übrigens die wissenschaftlichen Arbeiten ihrer Eltern fort und entdeckte 1934 andere *künstliche Radioaktivitäten* und die Theorie der *Kernumwandlung*.

Die drei Wissenschaftler arbeiteten mit Uran-Salzen und stellten an Hand einer unbeabsichtigt belichteten Fotoplatte eine unbekannte Strahleneinwirkung fest. Röhren wie bei Röntgen, dessen Arbeiten auch inzwischen in Paris bekannt geworden waren, gab es nicht. Also mußte eine Materie strahlen. Und eben diese Materie war das Element *Uran* (Uran), bis dahin letztes 92. Element im Periodischen System der Elemente mit dem Atomgewicht 238,07. Aber dazwischen waren noch zwar errechnete, aber nicht bekannte Elemente vorhanden. Eines von diesen war das »*Radium*«, das »Strahlende«, Nr. 88, zwei Jahre später, 1898, endlich von dem Triumvirat in Paris entdeckt. Strahlende Materie, hier lag der Schlüssel für eine noch unbekannte Welt der Zukunft, den Irène Curie sinnvoll benutzte.

Auch hier ging der Weg im nächsten Halbjahrhundert schnell und steil aufwärts. *Hans Geiger (1882–1945)* (Geiger) ersann ein sinnreiches »Empfangsgerät«, 15 bzw. 13 Jahre nach der Entdeckung der radioaktiven Strahlen durch Röntgen, Becquerel und die Curies, den nach ihm benannten »*Geigerzähler*«, der jede Art dieser Strahlen emp-

Die erste Verleihung von Nobel-Preisen, 1901. Professor Röntgen erhält den Nobelpreis für Physik.

Irène Joliot-Curie (1897–1956)

Die Geschichte der Technik

fängt, ein Überwachungs- und Suchgerät zugleich. Denn mit der Entdeckung und Nutzung der Strahlenkraft – vornehmlich zuerst für die Medizin – wuchs zugleich auch ein anderer bisher in der Technik wenig beachteter Umstand: Die »Zauberlehrlingsgefahr«; der Mensch hatte etwas gerufen, das sich selbständig zu machen drohte. Gewiß – auch Bauwerke waren eingestürzt und hatten ihre Erbauer unter sich begraben, Dampfkessel waren explodiert und hatten ihre Betreuer verbrüht, Schiffe waren untergegangen und hatten ihre Besatzung mit »Mann und Maus« in die Tiefe des Wassers gerissen. Aber hier wuchs eine Gefahr, die mit dem Fortschritt immer größer wurde, die den Technikern und Physikern zugleich mit diesem Fortschritt eine weit höhere Verantwortung auferlegte als alles bisher Dagewesene. Conrad Röntgen selber war das erste Opfer. Er mußte an seinem eigenen Leib durch Strahlenverbrennungen den Tribut für seine Entdeckung leisten.

So ungeheuer einschneidend die Kenntnisse und Erkenntnisse auf diesem Gebiet für unsere noch lebende Generation waren und sind, sie wurden in unserem technisch komprimierten Jahrhundert ein Gebiet neben anderen nicht weniger wichtigen. Wir müssen uns deshalb auch hier auf wichtigste Kurz-Stationen, auf wenige Namen für einen unübersehbaren Stab von Wissenschaftlern beschränken. *Ernest Rutherford (1871–1937)* erbringt den Nachweis für die *mögliche Kernreaktion* bei Stickstoff, *1919*, und weist ein Jahr später nach, daß die Strahlungen unterschiedlicher Art sind in Bezug auf Wirkung, Intensität und Kraft. Man unterscheidet nun *Alpha-, Beta* und *Gamma-Strahlungen.*

Manfred von Ardenne (* 1907) geht andere Wege, er nutzt die gefährlichen Strahlungen friedlich für die Medizin und konstruiert zusammen mit E. Ruska in der ersten Hälfte der dreißiger Jahre ein *Elektronenmikroskop*, das *1938* funktionsfähig wird. Im gleichen Jahr gelingt dem deutschen Physiker *Otto Hahn 1879–1968)* zusammen mit seiner Assistentin *Lise Meitner (1878–1969)* und Fritz Straßmann (geboren 1902) in Berlin die erste *Kernspaltung*, die »Atomzertrümmerung«. Doch diese birgt zugleich über die Kernumwandlung auch den Kernaufbau in sich. *Enrico Fermi (1901–1954)* entwickelt über den radioaktiven Zerfall *Transurane*. Neue Elemente werden künstlich geschaffen – Geburtsjahr für all das: *1938*; das erste künstliche Element: 1940; weitere folgen. 1942 baut der Italiener *Enrico Fermi (1885–1962)* in den USA den ersten Atomreaktor. Seine Arbeiten fußen auf der *Quantentheorie* des deutschen Wissenschaftlers *Max Planck (1858–1947)*. Dieser erhielt den Nobelpreis für Physik 1918, jener 1922.

Namen und Daten – die Technikgeschichte reicht hier in die Gegenwart. Viele von uns Lebenden haben den grauenhaftesten Mißbrauch dieser Art »Technik« miterlebt oder die Folgen gesehen, warnendes Fanal für die Menschheit: Die Atombomben auf die japanischen Städte *Hiroshima* und *Nagasaki* innerhalb von drei Tagen im August 1945; gebaut von *Robert Oppenheimer (1904–1964)*, ein Name, den man auch nicht vergessen sollte.

Die Chemie und die Physik – wie fast überall – standen Pate bei einem ganz andersgearteten Zweig der Technik. Die Erkenntnis aus der Dampfmaschinen-Technik, daß gespeicherter Druck nach seiner künstlichen Erzeugung auch gesteuert abgerufen werden kann, bewegte in der zweiten Hälfte des vorigen Jahrhunderts einen vergleichsweise kleinen Kreis von Technikern, zufälligerweise waren es nur Deutsche, zufälligerweise waren drei von ihnen fast gleich alt und arbeiteten in denselben Jahren völlig getrennt an demselben Problem, bis sie sich zusammentaten: Die Nutzung umgewandelter brennbarer Energie hat nur fünf Väter: *Siegfried Marcus (1831–1891), Nikolaus August Otto (1832–1891), Gottlieb Daimler (1834–1900), Carl Benz (1844 bis 1924)* und *Rudolf Diesel (1858 bis 1913)*.

Auch die Geschichte des Motors, des *Kraftfahrzeuges* ist mit einem knappen Jahrhundert kurz im Vergleich zu der vielfach jahrtausendealten Entwicklungsgeschichte anderer, nicht minder eindrucksvoller Errungenschaften.

Der *Verbrennungs-* bzw. *Vergasermotor* war die Antriebsmaschine, das Herzstück, für ein leichtes, vom Tier unabhängiges, schienen-ungebundenes Fortbewegungsmittel zu Lande, zu Wasser, in der Luft. Der dampfgetriebene Kraftwagen blieb sozusagen ein totgeborenes Kind. Beide Techniken paßten in der physikalischen Gewichtsrelation nicht zueinander. Umgekehrt zeigt die Geschichte des Motors, daß dieser es nie vermocht hat, schwerste Fahrzeuge rationell zu treiben. Die Diesellokomotive kann sich gegenüber der E-Lok nicht recht durchsetzen, das reine Motorboot bewegt sich in einer gewissen Größengrenze. Klein und schnell, das ist es, was den Vergasermotor auszeichnet. Wohl wird er auch stationär als Aggregat verwendet. Aber das Wort »Notstromaggregat« kennzeichnet auch hier schon gleich den begrenzten Charakter. Mehr als 99,9 Prozent aller gebauten Motoren der Welt dienen mobilen Zwecken.

Die Geschichte der Technik

Die technische Entwicklung ist die Kombination der fünf gleichwertigen »Erfindungen« der fünf genannten Männer. Zwei- und Viertakt-Motoren, von einem zu mehr Zylindern, Anordnung der Zylinder stehend und hängend, in Reihe oder als »Stern« in der Luftfahrt, luft- oder wassergekühlt, mit »Benzin« (gleich »Otto-Treibstoff«) oder »Diesel« angetrieben – alles ist Entwicklung, die Kraftstoffe sind dafür Dokumentation.

Marcus

Marcus baute *1875* den ersten *Viertakt-Motor* in eine Kutsche ein und fuhr mit dem Treibstoff, den man heute Benzin nennt.

Otto

Otto »erfand« seinen *Viertakter* zwar schon wesentlich früher, auf dem Papier und in Modellen, sein erstes funktionsfähiges Modell jedoch datiert ein Jahr nach Marcus, *1876*: 1 PS, 1 Zylinder, 180 Umdrehungen pro Minute.

Daimler
Benz

Daimler und der jüngere *Benz* verbessern unabhängig von den beiden Vorgenannten zunächst den Einzylinder-Viertakter *(1883 bis 1885)*, um sich dann bald vornehmlich mit Otto zu koordinieren.

Ganz andere Wege geht zehn Jahre später *Diesel*. Sein *1892/93* entwickelter »Dieselmotor« benutzt einen schwereren Treibstoff, das »Diesel-Öl«. Das Verbrennungsprinzip ist fast gleich. Wieder übrigens ein Beispiel dafür, wie schwererer Treibstoff schwerere Motoren fordert – langsamer, aber in der Größe kraftvoller ist. Ein Dampfflugzeug ist Nonsens, ein Dieselflugzeug hat sich nicht bewährt, aber Dieselkraftmaschinen in der Elektroerzeugung sind rational – wie umgekehrt eine Benzin-Lok nach wenigen Versuchen unkonstruiert blieb.

Diesel

Carl Friedrich Benz (1844–1929)

Daimler 1,5-PS-Einzylinder-Motor aus dem Jahre 1885, die sog. »Standuhr«. Diese Bauart wurde Vorbild aller späteren Motoren.

Turbomotor

Düsentriebwerk

Außenseiter des »Gasmotors« ist das »Staustrahl-Triebwerk«, der *Turbomotor*. Hier gibt es keinen Namen zu nennen, weil eine ganze Reihe von Motor-Technikern auf den Gedanken kamen, das Rückstoßprinzip motormäßig zu verwenden. *1930* wurden erstmalig erfolgreiche Versuche mit dieser Motorart – vielfach später auch »*Düsentriebwerk*« benannt – gemacht. Das nach seinem Erfinder, einem Ingenieur bei der Firma Fieseler namens *Paul Schmidt* benannte Schmidt-Rohr leitet *1930* einen neuen Zweig des Motorantriebs ein. Der Turboprop-Motor benötigt einen so leichten Treibstoff (Kerosin), daß seine Verwendung im Automobil von vornherein ausgeschlossen blieb. Er mußte dem damals schnellsten Verkehrsmittel vorbehalten sein und wurde auch nur für dieses entwickelt, für das Flugzeug. Seine praktische Anwendung dauerte allerdings noch 14 weitere Jahre. 1944 in der »*V 1*«, technisch »*Fi 103*« mit 8 Meter Länge und 600 Litern Treibstoff für ein gesamtes Startgewicht von nur 2200 Kilogramm. Brenndauer: wenige Minuten; technisch gesehen absolut unrationell. Ein erstes brauchbares »Strahlflugzeug« startet vor dem Kriege 1939 in Rechlin, die Heinkel »*He 176*«, 5 Meter lang und 1500 Kilogramm schwer.

Wir haben vorgegriffen. Der Motor steht an der Wiege der beiden letzten Stationen menschlicher Technik in unserem Jahrhundert: der *Luftfahrt* – der *Raumfahrt*. Der Traum des Menschen, sich wie ein Vogel von der Erde erheben zu können, ist fast so alt wie die Menschheit selbst. Die Sagen von Dädalus und Ikarus und Wieland deuten diesen Traum an, den Leonardo etwas konkret theoretisch zu realisieren versuchte (→S. 370). Unbeschadet steigen die Brüder *Joseph Michel (1740–1810)* und *Jacques Etienne Montgolfier (1745–1799)* 1783 mit einem *Heißluftballon* in die Luft und landen wohlbehalten wieder. Im gleichen Jahr finden noch einige andere erfolgreiche Ballonfahrten statt. Weitere Versuche folgen, *Napoleon* versucht sogar erstmalig den Freiballon für eine Invasion auf der britischen Insel – natürlich erfolglos – einzusetzen. Erst das Gas gibt dem Ballon die Möglichkeit eines Längerverweilens in der Luft. Das Ganze bleibt beschränktes Kriegsmittel und heute noch gelegentlich geübter Sport ohne technische Bedeutung.

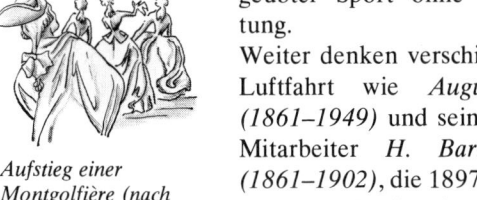

Montgolfier

Aufstieg einer Montgolfière (nach einer zeitgenöss. Zeichnung)

Weiter denken verschiedene Pioniere der Luftfahrt wie *August von Parseval (1861–1949)* und sein Altersgenosse und Mitarbeiter *H. Bartsch von Sigsfeld (1861–1902)*, die 1897 den ersten brauchbaren Großballon bauen und wie *Johann Schütte (1873–1940)* vor und nach der

383

Die Geschichte der Technik

Jahrhundertwende unstarre und halbstarre Luftschiffe konstruieren und selber »fahren« (ein Luftschiff fährt wie ein Ballon, ein Flugzeug »fliegt«, ein Raumschiff fährt. Das haben die Fachtechniker so festgelegt, an diese Terminologie müssen auch wir uns halten.) Wesentlich waren als Antrieb die von den genannten Konstrukteuren der Verbrennungsmotoren gelieferten Voraussetzungen. Sehr erfolgreich waren all diese Luftschiffe in der Praxis nicht, auch wenn einzelne Modelle sogar noch im ersten Weltkrieg als Kampfmittel – ohne militärischen Erfolg – eingesetzt wurden.

Zeppelin

Vater der Luftschiffahrt war *Ferdinand Graf von Zeppelin (1838–1917)*, der älteste und erfolgreichste unter den Luftschiffbauern. Er ging den technisch besseren Weg und konstruierte das mit einem Metallgerippe versehene Starrluftschiff, dessen Prototyp »Z 1« im Jahre *1900* »eine neue Ära der Luftfahrt« einleitete. Es spricht für die Popularität dieses Mannes, der mit seinem Nachfolger Dr. Hugo Eckener (1868–1954) zusammen mehr als über einhundert Luftschiffe nach diesem System gebaut hat, daß jedes Luftschiff, auch jedes kleine Werbeballonluftschiff heute noch einfach »Zeppelin« genannt wird. Die Ozeanüberquerungen mit echten »Zeppelinen« Dr. Eckeners von 1924 (»Los Angeles«, LZ 126) bis zu dem berühmten »Graf Zeppelin LZ 127« bleiben Pioniertaten. Daß diese beiden Luftschiffe die einzigen des gesamten Systems dieser Art von mehr als einem Vierteltausend Großluftfahrzeugen waren, die eines »natürlichen Todes« starben, also wegen Altersschwäche abgewrackt wurden, zeigt, wie hier eine schöne, aber aufwendige Technik in die Sackgasse geriet. Der Nachfolger des 1937 in den USA abgestürzten, verbrannten »Hindenburg«, der »Graf Zeppelin II« (1938) war von vornherein zum »Zeppelin-Tod« verurteilt.

In der Form gibt es alsbald Nachfolger, die wesentlich weitere Ziele haben: Aerodynamisch, windschlüpfig (wie der »Zeppelin« – sagt der Fachmann) – das Flugzeug, die »Rakete«.

Richtiges »Fliegen« ist Beherrschung der Luft mit einem Gegenstand, der schwerer ist als diese. Dazu gehören andere Auftriebskräfte als Gase, die in schlechter Relation zum ganzen Gerät stehen. Einmal sind es die natürlichen Winde. Aber die machen abhängig. Der Vogel, der schwerer als die Luft ist, erzeugt eine mechanische Bewegung, um sich – vom naturbedingten Segeln abgesehen – unabhängig von diesen Naturkräften zu machen. Diese Bewegung mußte technisch erzeugt werden.

Lilienthal

Otto Lilienthal (1848–1896) gab sein junges Leben für diese Idee. 1890 fliegt er zum erstenmal mit einem »Hängegleiter« in Berlin-Lichterfelde, am 6. August 1896 stürzt er in der Rhinower Heide nördlich von Berlin ab. Seine letzten Worte: »*Opfer müssen gebracht werden*«, mögen heute theatralisch klingen. Aber sie faßten doch wohl die Menschlichkeit zusammen, die vom Einst bis zum Heute allen Pionieren der Technik zu eigen ist.

Lilienthal begründete die »Flugzeug-Luftfahrt«, wenn auch heute sein Zweig ohne motorischen Antrieb als Segelflug dem Sport (einem sehr technischen und ausgereiften Sport) vorbehalten bleibt.

Motorflugzeug

Das »*Motorflugzeug*« brauchte und braucht einen Motor. Er war für seine Entwicklung die Voraussetzung. Die ersten Konstrukteure von Flugzeugen unterschiedlicher Typen nach Beginn des zweiten Jahrzehnts dieses Jahrhunderts waren Techniker und Flieger zugleich. Später wurden die »*Pioniere der Luftfahrt*«, die Piloten, zu Vollstreckern ihrer Konstrukteure, auch wenn sie Großes leisteten. Das gilt für alle Nachfolger der *Gebr. Wright* und *Louis Blériot* – von *Lindbergh* bis zu den Kosmo- und Astronauten, von *Gagarin* bis *Armstrong, Aldrin* und *Collins*, die vollzogen, was ihnen die Technik gab. Die Techniker waren *Junkers, Dornier, Heinkel, Fieseler, Nebel, Oberth, von Braun* – um

»Raketenflugplatz« Berlin-Reinickendorf im Jahre 1930. Von links: Rudolf Nebel, Dr. Ritter, Kurt Heinrich, Hermann Oberth, Klaus Riedel, Wernher von Braun.

nur die bekanntesten unter vielen Namen zu nennen –, die Piloten dieser Technik müssen ungenannt bleiben, auch wenn viele von ihnen ihr Leben gaben.

Meilensteine der Luft- und Raumfahrt

1903 fliegen die *Gebr. Wilbur (1867–1912)* und *Orville Wright (1871–1948)* zum erstenmal in einem selbstkonstruierten Flugzeug mit Verbrennungsmotor 12 Sekunden.

1909: sechs Jahre später hat der Franzose *Louis Blèriot (1872–1936)* ein Flugzeug gebaut, mit dem er bereits den Ärmelkanal von Frankreich nach England in 27 Minuten überquert.

1919 überwinden zum erstenmal zwei Männer den Ozean von Neufundland nach Irland, *John Alcock* und *Arthur Whitten-Brown*.

Die Geschichte der Technik

Charles Lindbergh

Auguste Piccard

1927: Charles Lindbergh (1902–1974) überquert den Atlantik mit einer 200-PS-Maschine (»Spirit of St. Louis«) von West nach Ost, 5809 km von New York nach Paris in 33½ Stunden.
Polar-Pioniere wie *Roald Amundsen (1872–1928)* oder *Richard Evelyn Byrd (1888–1957)* unternahmen anderes, mit dem Luftschiff, mit dem Flugzeug. Amundsen, Nordpolarforscher, erreichte als erster vier Wochen vor dem unglücklich unterlegenen *Robert Falcon Scott (1868–1912)* nach der Jahreswende 1911/12 den Südpol. *Amundsen* blieb bei einer Rettungsaktion für den italienischen Polarforscher *Umberto Nobile (*1885)* – der mit dem Luftschiff »Norge« 1926 den Nordpol zum erstenmal überflog – verschollen. Byrd unternahm ebenfalls 1926 den ersten Nordpolflug von Spitzbergen aus, 1929 überflog er als erster »Flieger« den Südpol, dem er in »unserer Zeit« 1948 seinen letzten Besuch abstattete.
Die drei »Musketiere der Luft« *Hermann Köhl (1888–1938)*, Fliegerhauptmann im ersten Weltkrieg, *Ehrenfried Günther Freiherr von Hünefeld (1892–1929)*, Nichtflieger, aber Idealist, und der irische Flieger-Major *James Fitzmaurice* überqueren ein Jahr nach Lindbergh am *12./13. April 1928* mit der einmotorigen Junkers W 33 (350 PS) »*Bremen*« den Atlantik von Ost nach West, etwa 4000 Kilometer von Küstenspitze zu Küstenspitze, in knapp 40 Stunden.
Zwei Jahre später, *1930*, fliegt der Dornier-Luftriese *DOX* mit 12 Motoren, die 7500 PS leisten – mit über 150 Menschen an Bord –, souverän, bequem über den Ozean. Nachdem der »Graf Zeppelin« ein Jahr zuvor mit nicht viel weniger Menschen die Erde umfahren hat. Welch ein Fortschritt!
Ein Jahr später – *1931* – erreicht der Schweizer Physiker *Auguste Piccard (1884–1962)* mit einem Stratosphärenballon – nicht mit einem Flugzeug! – 17 000 Meter Höhe. *1953* taucht er, zusammen mit seinem Sohn Jacques, in einer *Tiefseekugel* (Bathyskaph) etwa 1000 Meter tief ins Meer. Bezwinger der Höhen und der Tiefen!
Der erste *Strahltrieb-* oder *Düsenflug 1939* mit der »Heinkel 176« wurde bereits erwähnt (→S. 383).
Den absoluten – bis heute ungebrochenen – *Geschwindigkeitsrekord* eines Flugzeuges erreichte bereits 10 Jahre vor Beendigung unserer Technikgeschichte am 1. Mai *1965* der amerikanische Oberst (Col.) Stephens mit einer Lockheed YF 12a: 3333 km/h.

Raumfahrt

Krönung der Technik – neben der Beherrschung der Kernenergie – darf wohl die *Raumfahrt* sein. Welchen effektiven Nutzen sie der Menschheit bringt, ist bis heute nicht feststellbar – das wird die Zukunft weisen. Die Nachrichtentechnik jedenfalls hat sofort zugegriffen.
Die Stationen sind kurz und dramatisch. Wir haben sie miterlebt – sie forderten ihre Opfer, wie jede Technik. Die Literatur darüber füllt bereits Bibliotheken. Auch hier mögen deshalb wenige markante Daten genügen. Seit 1957 gibt es weit über eintausend Körper, die in den Weltraum emporgejagt wurden. Viele von ihnen sind lange verglüht, wie die nutzvollen Nachrichten-Satelliten »Echo I« oder »Telstar«, den ein Lied besingt.

4. Oktober 1957

Der *4. Oktober 1957* ist der Tag, an dem die Welt aufhorcht. Der erste kleine Schritt in den Weltraum wird getan, und es sind die Sowjetrussen, die ihn vollziehen, mit

Sputnik I

»*Sputnik I*«, einer 83,6 Kilogramm schweren Kugel mit 58 Zentimeter Durchmesser. Sie ist mit zwei Sendern ausgerüstet, die ununterbrochen Radiosignale zur Erde senden: 95 Minuten braucht dieser Satellit für einen elliptischen Erdumlauf in 700–900 Kilometer Höhe. Der Bann ist gebrochen.
Die Schöpfer bleiben anonym, in der UdSSR wie später in den USA, sie müssen es bleiben, denn mehr als tausend Köpfe arbeiten im Team an solch einem Projekt, das kein einzelner Mensch in all seinen Phasen allein planen und durchführen kann. Und doch gibt es auch für die Raumfahrt »Väter«. Drei deutsche Namen stehen am Beginn dieses großen Abenteuers der Menschheit. *Hermann Oberth* und *Ru-*

Oberth
Nebel

dolf Nebel, beide 1894 geboren und als wohl Bedeutendster Nebels Assistent *Wernher von Braun (*1912)*. In den zwanziger und dreißiger Jahren begannen erste Versuche – nicht der Weltraum war gleich das Ziel. Aber es mußte möglich sein, Körper mit dem Rückstoßprinzip in die Höhe zu schicken. Auf dem Papier wurden zwei notwendige Geschwindigkeiten errechnet: 28 800 km/h mußte die Startgeschwindigkeit betragen, um die Erdgravitation soweit zu überwinden, daß man einen Körper in eine Umlaufbahn lenken konnte, und ge-

Fluchtgeschwindigkeit

nau 40 219,2 Kilometer – die sog. »*Fluchtgeschwindigkeit*« – waren notwendig, um die Erdgravitation hundertprozentig zu überwinden.
Versuche mit immer stärkeren »Raketen« wurden angestellt, bis sie durch den Krieg

V 2

so forciert wurden, daß mit der *V 2* eine tödliche Bombe entstand, die unangreifbar tausend Kilometer weit fliegen konnte. Der erste Versuchsstart erfolgte am *9. Oktober 1942*, der erste Kriegseinsatz nach der Invasion im Sommer *1944*. Dann erst, als der Krieg zu Ende war, gingen die großen Siegerstaaten daran, die weiteren Versuche – nun schon mit *Mehrstufenraketen* – auch für friedliche Zwecke fortzusetzen. Wernher

Die Geschichte der Technik

von Braun blieb weiter dabei, als Chefkonstrukteur, als Amerikas »Raum-Vater«, als der Schöpfer des bisher gigantischsten Raumfahrzeuges, der »Saturn 5«. Im Prinzip arbeiteten die Sowjetrussen gleich, denn das Prinzip war bis auf Details bekannt. Dabei erwies sich übrigens die Flüssigkeitsrakete weit erfolgreicher als die Pulverrakete mit festem Treibsatz.

3. November 1957
Sputnik II

Am *3. November 1957* – nur einen Monat nach »Sputnik I« – schicken die Russen »*Sputnik II*« in eine Erdumlaufbahn mit dem ersten *Lebewesen*, der Hündin »Laika«. Ein Vierteljahr später, am 31. Januar 1958, ziehen die Amerikaner nach, Wernher von Braun gibt in Cap Canaveral den Startschuß für die dreistufige »*Jupiter C*« mit dem Satelliten »*Explorer*« als selbständiger vierter Stufe. Viele Raketen steigen in den kommenden Jahren in Ost und West in den Himmel, sie sind bald keine Sensation mehr. Gezählt wird in der Technikgeschichte wie auf vielen anderen Gebieten fast immer nur die erste Tat. Lindberghs Flug über den Ozean war eine Sensation, der sieben- bis achtstündige Nonstopflug eines Jumbo-Jet von Berlin nach New York mit über 300 Menschen an Bord ist Routine!

Echo I

Mit »*Echo I*« starten die USA *1960* den ersten *Nachrichtensatelliten*, noch ist er »passiv«, d. h., er wirkt als Relaisstation; »*Telstar*« im Sommer *1962* wird dann der erste aktive Nachrichtensatellit, der eine Direktübertragung zwischen den USA und Europa ermöglicht. Zwischen diesen beiden nutzvollen »Stationen« im wörtlichsten Sinne liegen zwei immerhin gewichtige Daten. Am 12. April *1961* schicken die Russen mit dem Major Juri *Gagarin* den ersten Menschen in den Raum, in 89,1 Minuten umkreist er die Erde. Zehn Monate später, am 20. Februar *1962*, schicken die Amerikaner ihren ersten Mann in den Raum: John *Glenn*.

1961
Gagarin

1962
Glenn

Die ersten Satelliten sind längst verglüht, als ihre Erdumlaufbahn zwangsläufig wieder kürzer wurde. Manche späteren Nachrichtensatelliten schweigen längst. Neue, bessere wurden emporgeschossen. Das »Fernsprechamt im Weltall« ist längst Realität. Telefongespräche, Fernschreibverbindungen, Live-Fernsehübertragungen finden heute täglich, stündlich ohne Verzögerungen rund um den Globus statt, Routine gewordene Technik wie Jet-Flüge. Die erste Frau im Weltraum (Valentina Tereschkowa, 17. Mai 1963) wird kaum noch beachtet wie auch die folgenden zahlreichen Rendezvous-Manöver.

1967
Apollo-Programm

Mit dem Start von »*Apollo 4*« am 9. November *1967* beginnen die Amerikaner ihr groß angelegtes *Apolloprogramm*, dessen letzte Station der *Mond* ist. Dazu benötigen sie eine Trägerrakete, die alles bisher dagewesene übersteigt. Die dreistufige »*Saturn 5*«, erdacht von Wernher von Braun, gebaut in mehreren Jahren, ist ein Raumschiff, das seine erste Bewährungsprobe in diesem November 1967 besteht. (Ihre Höhe vor dem Start: 111 m, ihr Gesamtgewicht: 2740 t, Schubkraft 1. Stufe: 3,4 Mio kp, 2. Stufe: 470000 kp, 3. Stufe: 27 000 kp, alles in allem nahezu 4 Millionen kp!).

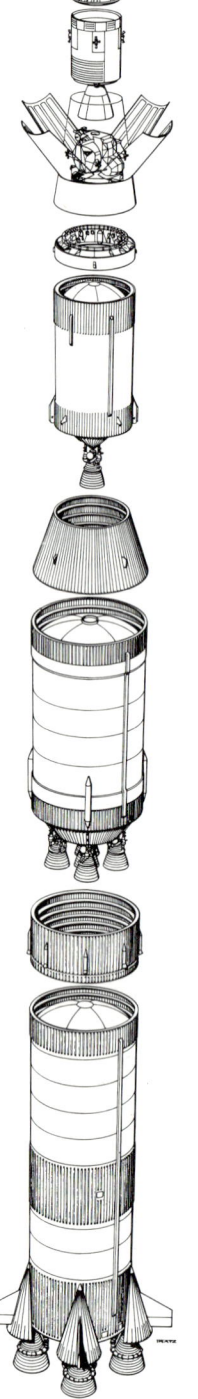

Die erste bemannte *Mondumfahrt mit »Apollo 8«* (Besatzung: Frank *Borman*, James *Lovell*, William A. *Anders*), 21. bis 27. Dezember *1968*, läßt die Welt nun wirklich den Atem anhalten; am Heiligen Abend dieses Jahres sehen Hunderte von Millionen Menschen im gleichen Augenblick den bis dahin wohl größten technischen Triumph menschlichen Geistes. Im März und Mai *1969* orten die bemannten Raumkapseln von »*Apollo 9*« und »*Apollo 10*« den Landeplatz für »*Apollo 11*«. Schon nicht mehr ganz so sensationell wie »Apollo 8«. Doch der technische Triumph soll noch größer werden.

Wir erreichen die nun wirklich letzte Station unserer Technikgeschichte: Den

Saturn-5-Rakete

20. Juli 1969: Amerikanische Astronauten betreten als erste Menschen den Mond

Die Geschichte der Technik

Die ersten Menschen auf dem Mond: Apollo-11-Kommandant Neil Armstrong, Mutterschiff-Pilot Mike Collins und Dr. Edwin Aldrin. (Von links nach rechts)

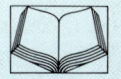

20. Juli 1969 Mondlandung

Mond! Am *20. Juli 1969* betritt *Neil Armstrong* als erster Erdenmensch unseren Trabanten, 20 Minuten später folgt sein Kamerad *Edwin Aldrin*, während der dritte im Bunde, *Michael Collins*, wachsam den Mond umkreist, bis er seine Kameraden wieder wohlbehalten aufnehmen kann. »Ein kleiner Schritt für einen Menschen – ein gigantischer Sprung für die Menschheit!« Das sind die ersten Worte des ersten Menschen auf dem Mond – und die Hälfte dieser Menschheit hört im gleichen Augenblick die Worte über Funk und Fernsehen.

Die späteren »Apollo-Unternehmungen«, (Mondlandungen: November 1969, Januar/Februar 1971 *(Apollo 14)* und Juli/August 1971 *(Apollo 15)* sowie März und Dezember 1972) sind nicht weniger abenteuerlich – für die Beteiligten. Die schnellebige Welt in unserem Jahrhundert, an immer schneller aufeinanderfolgende technische Sensationen gewöhnt, geht schon zur Tagesordnung über; die letzten Koppelmannöver, die Daueraufenthalte im Weltraum, der Besuch von einem Himmelslaboratorium »*Skylab*« durch zwei verschiedene Mannschaften hintereinander im Jahre *1974* – all das ist Sensation, aber nicht mehr für alle Menschen.

Unternehmen Apollo 8: Die Saturn 5 startet.

Skylab

Pionier 10

Mariner 10

Die amerikanische Raumsonde »*Pionier 10*« stattet dem fernen *Jupiter 1973* einen Besuch ab und funkt Meßergebnisse zur Erde. Die Sonde »*Mariner 10*« erfüllt gleich zwei Aufträge auf einer Fahrt. Sozusagen im »Vorbeiflug« fotografiert sie im Februar 1974 die *Venus*, um dann wenig später Bilder vom *Merkur* zu übermitteln.

Ob Dauerstationen auf dem Mond für Forschungszwecke errichtet werden, liegt in der Zukunft. Technische Neuerungen wird es auch weiterhin in der Zukunft geben, denn Zeit und Technik stehen nicht still. Welcher Art sie sein werden – auch das liegt in der Zukunft; ob sie für die Menschheit Überraschungen bringen werden – gewiß, soweit sich kommende Generationen überhaupt noch überraschen lassen können.

Emerson, John Elliot, Die Welträtsel gelöst, Koehler & Amelang, Leipzig 1931
Becker, O. u. Hofmann, Jos. E., Geschichte der Mathematik, Athenäum, Bonn 1951.
Gartmann, Heinz, Sonst stünde die Welt still, Econ, Düsseldorf 1957.
Scherl, August, Technik formt unsere Welt, Athenäum, Bonn 1957.
Rob. O'Brion, Die Maschinen, Time-Life-Books, New York 1964, deutsche Ausgabe Rowohlt 1970, Life Nr. 8.
Zischka, A., Pioniere der Elektrizität, Bertelsmann, Gütersloh 1958.
Sieburg, Fr., Eve Curie, Madame Curie, Fischer, Frankfurt/M. 1966.
Gerlach, W., Herausg., Der Natur die Zunge lösen, Leben u. Leistung großer Forscher, Ehrenwirth, München 1967.
Das große Buch der Technik, Herausg. Bertelsmann u. August Scherl, Gütersloh 1961 u. ff., als Buch der Technik, Sonderausgabe, Bertelsmann, Gütersloh 1973.
10000 Daten der Welt- und Kulturgeschichte, Henn. Ratingen/Düsseldorf 1974.
Dr. v. Weizsäcker, Carl Fr., Physik d. Gegenwart, Athenäum, Bonn 1952.
C. G. Schmidt/August Scherl, Propeller, Düsen & Raketen. Vom ersten Motorflug bis zur Mondlandung, Hoch, Düsseldorf 1969.
Hartmann, Dr. Hans, Schöpfer des neuen Weltbildes, Athenäum, Bonn 1952.
Dr. Goldbeck, Gustav, Gebändigte Kraft. Die Geschichte der Erfindung des Otto-Motors, Moos, München 1965.
Malina, J. B. u. v. Gronau, W. (Herausg.), Luftfahrt voran, Neufeld & Henius, Berlin 1932.
Otto Hahn, Mein Leben, Bruckmann, München 1968.
Karl Grieder, Zeppeline, Giganten der Lüfte, Orell & Füssli, Zürich 1971.
Steinbuch, Karl, Prof., Falsch programmiert, DVA, Stuttgart 1969.
dto., Die informierte Gesellschaft, 2. Aufl. DVA, Stuttgart 1969.
dto., Programm 2000, DVA, Stuttgart 1970.
dto., Mensch – Technik – Zukunft, DVA, Stuttgart 1971.
Eve Curie, Madame Curie, G. B. Fischer, Frankfurt/M. 1969.
Domnik, Traumstraße der Welt, Südwest, München 1970.
Lübke-Pernice, Die Kunst des Altertums, (Bd. I), Neff/Schreiber, Eßlingen a. N. 1924.
Lübke-Semrau, Die Kunst der Renaissance in Italien und im Norden, (Bd. II) Neff/Schreiber, Eßlingen a. N. 1920.
Meyers Handbuch über die Technik, Bibliographisches Institut, 2., neu bearb. Auflage, Mannheim 1971.
Weitere Literaturangaben →S. 359 ff.

Hauptregister

Halbfett gesetzte Ziffern sollen bei umfangreicheren Themen die Auffindung ausführlicher Darstellung erleichtern.
Kursive Ziffern verweisen auf Abbildungen.

A

Abakus 124, **212**
Abfallhalde *295*
Absoluter Nullpunkt 112
Abstrakte Modelle 123–126
Abwärme 291, 299
Abwässer *287*, **293, 294**
Ackerbau 354
–, hydroponischer 172
Acrylan 62
Agrargesellschaft 164, 166
Agrostädte 172
Ägypten, Pyramiden *29*
Akropolis 367
Aktiengesellschaft 166
Aktionsdampfturbine 164
Aktionszentrum »Technik und Umwelt« 16
Aktives Medium 132
Aktivsport 181, 182
Akzeptor 114
Alchemie 72, 104, 368, 369
Alcock, John 384
Aldrin, Edwin 384, 387
Alexander der Große 340
Algernon, Charles 375
ALGOL, Computersprache 218, 219
Aliphate 61
Altägyptische Kulturwerke 351
Alternativkästchen 235
Amherst, Sir Jeffrey 345
Ampère, André Marie 377
Amundsen, Roald 385
Analogie 202
Analogrechner 212
Analyse, qualitative 104
–, quantitative 104
Anatomie 22
Anders, William A. 386
Angestellte 85
–, Funktionsgruppen 88
Anilin, Strukturformel *62/63*
Anisotroper Kristall 136
Anker 54
Anode 121
Anpassung 23, 34
Anregungsenergie 59
Antiblockgerät 250

Antiproduktion 15
Antiquarks 102
Anti-Rakete 344
Apollo-Astronauten 12, 384, 386, 387
Apolloprogramm 386, 387
Apolloprojekt 96, 97
Apollo-Raumkapsel *12, 272/273, 286*
Appetenz 202
Aqua Appia 361
Äquidensite 140
Äquidensitenfilm 140, 141
Arbeit, körperliche 30, 31
Arbeiter, Funktionsgruppen 88
Arbeitsphysiologie 15
Arbeitsplatzbewertung 78
Arbeitsproduktivität 162
Arbeitspsychologie 15
Arbeitsspeicher 213
Arbeitsstromkreis 120
Arbeitsstunden, jährliche 177
Arbeitsteilung 70, 76, 323
Arbeitszeit 166, 174–176
Arbeitszeitregelung 166
Arbeitszerlegung 76
Arche Noah 60, 358
Archimedes 348, 352, 362
Archimedische Schraube 362
Archimedisches Prinzip 362
Architektur *38*, 163, *170/171, 324/325*, 354
Arco, Georg Graf 380
Ardenne, Manfred von 352, 382
Argon-Laser 133
Argus-Schmidt-Rohr 279
Aristarch von Samos 99
Aristoteles 174
Armstrong, Neil 384, 387
Aromaten 60, 61
Asphalt 60
Aspirin, Strukturformel *62/63*
Assimilation 286
Astronauten *12*, 384, 386, 387
Asynchronmotor 54
Atemwächter *24*
Äthylen *106*
Atmosphäre 147
Atombombe 96, 341, 344
Atome 43, 98–100
–, Aufbau 99

Atomei *56*
Atomgitter 112
Atomkern 100, 108
Atomkraft 48, 56–59, 94
–, Energiequelle 47
–, Sicherheitsrisiken 58–59
Atomkraftgetriebene Schiffe 255
Atommodell *101*
Atommüll 59
Atomrakete 344
Atomreaktor 382
–, Typen 56–58, *59*, 327
Atomwaffen 341–344
Aufbaustudium 87
Auflösungsvermögen 126, 145
Auge 21, 22
Augustus, römischer Kaiser 367
Ausbildung,
–, technische 87, 88
–, wissenschaftliche 85–89
Ausgabeeinheit 42
Aussage, bedingte 312, 313
Austauschprozeß 23
Autoabgase 295
Autobahn *241*, 251
Autobahnnetz 251
Autoelektrik 247
Automat 30, 84
Automatengraph 235
Automation 31, 80, 81, 83
–, Schiffahrt 259
Automobil, elektrisches 378
Automobil-Verkehrs- und Übungsstraßen-GmbH 246
AVR-Kugelhaufenreaktor 58
Avus-Verteiler *246*
Azimutalquadrant, kopernikanischer 372

B

Babylon 356
Bacon, Roger 368
Baekeland, Hendrik 94
Bahngesellschaft, Deutsche 260
Baikalsee, Verschmutzung 18
Balke, Siegfried 86

Balkentelegraf 366
Baryon 101, 102
Basisschaltung 116
Basisstrom 116
Bauelemente, genormte 41
Bauhaus 166
Baumwolle 62
Bausteinprinzip 37, 40, 41, 99, 106
Becquerel, Henri 351, 381
Bedarfsdeckungsprinzip 69
Behrens, Peter 166
Bell, Graham 378
Benz, Carl 246, 382, 383
Benzin 61, 64
Benzinmotor 248
Benzolring 62/63
Bergbau 31, 49
Berührungselektrizität 376
Beryll 102
Beryllium 56
Betatron 110
Beton 37
Betriebsverfassungsgesetz 75
Bevölkerungswachstum 14, 326–328
Bewässerung 355
Bewußtsein, Kapazität 208
Bewußtseinsverlust, sozialer 16
Bibel 359
Bibliotheken, 155
–, Buchbestand 155
Big Science 94–97
»Big Seven« 65
Bildauswertung 140–143
Bildungsnotstand 86
Bildungsreform 86, 89
Bildungsreisen 186
Binärcode 190, 218
Binärentscheidung 191, 192, 194
Binärsystem 190, 191, 319
Binary digit s. Bit
Binärzeichen 190
Binnenschiffahrt 257, 258
–, Wasserstraßennetz 258
Biogene Charakter 28
Biologische Waffen 345
Bionik 204
Biotechnik 284, 303
Biotop 37
Bit 190, 191, 194
Black box 206
Blasenkammer 100, 103, 111, 111
Blasrohr 262
Blasstahlwerk 80
Blériot, Louis 384
Blindfluginstrument 276
Blitzableiter 351
Blitze 50
Bodensee, Verschmutzung 18
Boeing »747« 275, 278
Bohr, Niels 382
Bombenflugzeuge 274, 275, 383
–, »He 176« 383
–, »He 177« 274
Borlaug, Norman E. 302, 306

Borman, Frank 386
Born, Max 18
Boson 101
Boulton, Matthew 71
Brahe, Tycho 373
Brainstorming 68, 204
Branca, Giovanni 164
Branly, Edouard 380
Brattain, Walter H. 118
Braun, Wernher von 385, 386
Braunkohle 49
Braunkohlentagebau 29
Brecht, Bert 15
Bremerhaven 66
Bremsregler, elektronische 248, **250**
Brennstoffe, fossile 56
Brille 368
»British Petroleum« 65
Bronzezeit 354
Brückenbau 364
Brüdendampf 301
Brutreaktor 49, 58, 326
Buchdruck 27
Buchdruckerkunst 351, 370
Buchstaben 41
Bugwulst 252
Bundesausbildungsförderungsgesetz 87
Bundespost 73
Büroarbeit 83
Büroautomation 81
Bürokratisierung 175
Byrd, Richard Evelyn 385
Byte 194

C

Cabinentaxi (»Cat«) 268, 269
Cadmium 56
Caesar, Gajus Julius 54, 351, 364, 368
Calder-Hall-Reaktor 58
Camera Obscura 381
Camping 185
Cannstadt, Paul Schilling von 377
Caracalla-Thermen 363
Carson, Rachel 16, 345
CERN, Europäische Kernforschungs-
  gemeinschaft 111
Chappe, Claude 366
Charta von Athen 169
Chemie 35, 104, 105
–, historisch 104
–, physikalisch 104
Chemie-Theorie 104, 105
Chemische Energie 47
Chemische Waffen 61, 344
Chemotechnik 104
Cheopspyramide 351, 358
China 305
Chinesische Mauer 365
Chip 118, 119
Chlorgas 345
Cholesterinische Phasen 138, 139

Cholesteryl-Benzoat 138
Circus Maximus 367
Clipper 274
Cloaca maxima 363
Closed-Cycle-Man 309
Club of Rome 69, 320
Clynes, Manfred 308
COBOL, Computersprache 218, 219
Cockpit 214
Codierung 192
Cole, Dandridge 309
Collins, Michael 384, 387
Colosseum 367
Columbus, Christoph 372
»Comet« 275
Computer 43, 143, 190, 199, 203, 212–221
–, Entwicklungsstufen 203
–, Fremdsprachen 220
–, Medizindiagnostik 216, 217
–, Rechtsprechung 217
–, Übersetzung 220
–, Unterricht 218
Computerdiagnostik 216, 217
Computergenerationen 203, **215**
Computergraphik 143, 200/201, 220
Computerkunst 199, 220
Computersprache 218, 219
Computerzeichnung 220, 221
Concorde 271
Container 245, 255, 256, 259, 266, 278
–, Anwendung 255
Containerschiff 245, 255, 256, 259
Containerterminal 255, 256
Cooke, Sir William Fothergill 377
Cooper-Paar 112, 113
Core 56, 57
Coulomb, Charles Augustin 376
CPM-System **236**, 237
Crackanlage 61
Crackverfahren 64
Crane, Hewitt D. 204
Critical Path Method 236
Curie, Irene 381
Curie, Marie 351, 381
Curie, Pierre 351, 381

D

Dädalos 274
Daguerre, Louis Jacques 381
Daimler, Gottlieb 382, 383
Dampfautomobil 246
Dampfdrucktopf 374
Dampfkraftwerk 290
Dampflokbetrieb 264
Dampflokomotive 44/45, 262
Dampfmaschine 27, 49, 50, 71, 72, 258, 322, 374, 375
–, Verbrennungsvorgang 258
Dampfschiff 252, 375
Dampfturbine 164, 254, 258, 375
–, Frachtschiffahrt 254

Darius I., persischer König 360
Darwin, Charles 23, 284, 285
Darwinsches Prinzip 23
Daseinsrisiko 29
Datenbank 222–225
Datenbanksystem 223
Datensichtgerät *234*
Datenumlauf im Menschen 206
Datenverarbeitung 190, 259
–, Schiffahrt 259
DDT 20
Defektelektron 114
Deichbau 288, *292/293*
Delphi, Orakel *314*
Delphin 204
Delphi-Technik 68, 314
Demokrit 98, 99
Denaturierung 286, 287
Deskriptor 224
Desoxyribonucleinsäure 107
Destillation 63
DESY 110
Deuteron 101
Deutsche Atomkommission 86
Deutsche Bahngesellschaft 260
Deutsche Forschungsgemeinschaft 86, 95
Deutsche Industrie-Normen 40, 42
Deutsches Elektronensynchrotron 110
Dialektik 203
Dialyse 301
Diamant *103*
Dienstleistung 31
Diesel, Rudolf 382, 383
Dieselelektrische Kraftübertragung 263
Dieselflugzeug 383
Dieselhydraulische Lokomotive 264
Dieselkraftstoff 64
Diesellokbetrieb 264
Dieselmotor 248, 254, 262, 264
–, Eisenbahnbetrieb 262, 264
–, Frachtschiffahrt 254
Dietz, Fritz 89
Differentialrechnung 105
Diffusion 68, 71, 73
Diffusionsphase 69
Digitalcomputer 214
Digitale Rechentechnik 213
Digital-Modell *191*
Digitalrechner 212–214
DIN 40, 42
Dinnendahl, Franz 72
Diode 115, 116, 121
Diolen 62
DNS-Struktur 107
Dohnanyi, Klaus von 87, 89
Donator 114
Doppelbrechung von Kristallen 136
Doppeldecker 270, *274*
Doppelhelix *107*
Doppelmolekül 204
Dotierung 114
Drake, Edwin Laurentine 60
Drake, Frank 319
Dralon 62

Drehflügler siehe Hubschrauber
Drehlift 250
Drehmoment 54, 262, 263
Drehmomentwandler 262, 263
Drehstrom 51, 54
Drehstromgenerator 54
Dreidimensionale Fotografie 134
Dritte Welt 330–349
Druckerpresse 148, 371
Druckknopfwelt 34
Drucktechnik 371
Druckwasserreaktor 56, 57
Dschunken *254*
Dualität von Quanten und Wellen 100, 105
Dunstglocke *281*
Dürer, Albrecht 370
Duroplastische Kunststoffe 60
Düsenflugzeuge *183*, 274–276
–, »He 176« 383
–, »He 178« 275
–, »Me 262« 275
Düsentreibstoff 64
Düsentriebwerke 278, 279
Dynamisches Gleichgewicht 280
Dynamoelektrisches Prinzip 92
»Dynaschiff« 255

E

Ebbe 52
»Echo I« 386
Echolot 259
Eckener, Hugo 384
Edelgas 126
Edison, Thomas Alva *87*, 351, 379
Effelsberg-Teleskop 145
Eiffelturm 362
Einbaum 353
Eingabeeinheit 42
Einkreisanlage 58
Einkristall 114
Einlaufdiffusor 279
Einschienenbahn 250
Einschienenfahrbahn 268
Einstein, Albert 59, 96, 352
Einstromtriebwerk 279
Einweg-Übertragung 225
Einzelradaufhängung 247
Eisenbahn *44/45*, 165, 166, 240, 260–262, 264–269, 375
–, Elektrifizierung 264, 265
–, Güterwagenpark 266
–, historische Entwicklung 165, 166
–, Reisegeschwindigkeit 261
–, Schwebetechnik 267, 268
–, wirtschaftliche Bedeutung 260
Eisenbahnbetrieb, Dieselmotor 262
Eisenbahnlinie, erste öffentliche 262
Eisenflechter 37
Eisenwalzwerk *175*
Eiweiß 283, 306, 307
–, Erdöl 306, 307

Eiweißverbindung 106
Elastische Kunststoffe 60
Elektrifizierung 51, **264, 265**
–, Eisenbahn 264, 265
Elektrizität 49–51, 99, 375, 376
–, Informationsträger 51
–, Quantenphänomen 99
Elektrische Kabinenbahn **268**, 269
Elektrische Ladung 100
Elektrischer Strom 113
Elektrischer Widerstand 113
Elektrische Teilladung 102
Elektroauto **249**, 378
Elektrobus 249
Elektro-Dynamo 379
Elektrokardiogramm *217*
Elektromagnet 120
Elektromagnetische Wellen 93
Elektromobil 249, 378
Elektromotor 379
Elektron 99, 100, 102, 108
Elektronenaufnehmer 114
Elektronengas 112
Elektronenhülle 105
Elektronenlinse 130
Elektronenmikroskop 98, 130, *197*
Elektronenoptik 130
Elektronenrechner 30, 43
Elektronenröhre 42, 99, 118, 121, **215**
Elektronenschleuder 110
Elektronenschwärme 99
Elektronenspender 114
Elektronen-Synchrotron *109*, 110
Elektronik 118
Elektronische Bremsregler 248, **250**
Elektronische Kugelschreiber *203*
Elektronische Leiterplatten *115*
Elektronische Lichtsatzanlage *160*
Elektronische Rechner 30, 43
Elektronische Speicher 222
Elektronische Zugüberwachung 267
Elektrotransporter *249*
Elementarteilchen 100–103
Elmsfeuer 50
E-Lok *44/45*, 264
Embargo 67
Emissionsmikroskop 130
Emitterschaltung 116
Empirik 92, 202
Endoskopie 32
Energie 35, **46–51**, 56, 65, 67, 74, 315
–, chemische 47
–, elektrische 50, 51
–, mechanische 48
–, potentielle 47
Energieaufkommen, Bundesrepublik Deutschland 49
Energiebedarf 47, 56
Energiegesellschaft 65, 66
Energiegesetz, Bundesrepublik Deutschland 74
Energiekrise 65, 67
Energiepolitik 65
Energieprognosen 65

Energiequellen 47
Energiesatz 35, 315
Energiespeicherung 49
Energieversorgung 47, 49
Engels, Friedrich 71
ENIAC, Computer 203
Entballung 172
Entkernung 172
Entsalzungsanlage *300*
Entscheidung, technische 73
Entscheidungsinstanz 73
Entspannungsverdampfung 301
Entwicklungsländer 330
Enzephalograph 130
Enzyme 64, 306
Erbänderung 36
Erbsprünge 23
Erde, Lufthülle 147
Erdgas 47, 48
–, Energiequelle 47
Erdöl 47, 48, 50, 60–68, 287, 306, 307
–, Eiweiß 306, 307
–, Embargo 67
–, Energiequelle 47, 50
Erdölboom 60
Erdölchemie 60–64, 306
Erdölförderländer 65
Erdölkonzerne 65, 66
Erdölprodukte *62/63*, 64
Erfinder 16, 28, 87
Erfindertyp 71
Erfindung 195
Erfindungstechniken 204
Ergometer *202*
Ergonomie 230
Erie-See, Verschmutzung 16, 17
Erlebnisindustrie 185
Ernährungsverhalten 306
Ersatzkrieg 184
»Esso« 65
Eutrophierung 294
Evans, Oliver 375
Evolution, biologische 36
Evolution, technische 26
Exosphäre 147
Experiment 122, *125*
–, psychologisches *125*
»Explorer«, Satellit 386
Externe Speicher 224, 225
Extrapolation 312

F

Fabrikationshalle *79*
Fabrikschloß *167*
Fachbeirat für elektronische Datenverarbeitung 86
»Fachidiot« 87
Fachsymbolik 35
Fahrsicherheit 251
Fall-out 344
Familienstruktur 168, 169

Faraday, Michael 377
Farbbildübertragung 380
Farben 355
Farbszintigramm *141*
Faustkeil 28
Feed-back 80
Feldionenmikroskop 98
Feldstärke, kritische 112, 113
Fernrohr 351, 373
Fernschreiber 378
Fernsehen 150, 151, 154, *156/157*, 180, 380
–, Freizeitbeschäftigung 180
Fernsehgeräte, Verteilungsdichte 150
Fernsehkonsum 180
Fernsehtelefon *153*
Fernsprechautomat 235
Fernwaffe 28
Festkörperlaser 132, 134
Feudalismus 162–164
Feuer 20, 26, 353
»Fi 103«, Flugzeug 383
Fischfang 306
Fitzmaurice, James 385
Fixstern 318
Flächenverkehrssystem 250
Flaschenzug 362
Fliegen siehe Luftverkehr
Fließband 78, 79, *79*, 323
Fluchtgeschwindigkeit 385
Flugmaschinen-Entwürfe *198*
Flugsicherung 276–278
Flugzeug siehe Luftverkehr
Fluidik 202, 214
Flurbereinigung 230
Flußdiagramm *221*, **234, 235**
Flüssige Kristalle 138, *138*, 139, *142*
–, optische Eigenschaften 138
Flüssigkeitslaser 132
Flüssigkeitsschaltung 214
Flußkraftwerk 54
Flut 52
Ford, Henry 78, 80, 323
Ford, Henry III *75*
Formel 122
Forschung, angewandte 94
–, in der Industrie 84, 85
–, militärische 85
Forschungsförderung, staatliche 74, 86, 95
Forschungsplanung 86
Forschungspolitik 86
Forssmann, Werner 352
Fortbildung 187
FORTRAN, Computersprache 218, 219
Fortschritt 28, 68
–, Risiko 28
Fossile Brennstoffe 60
Fotodiode 116
Fotografie *128/129*, 134, *196*, 381
–, dreidimensionale 134
Fotosynthese 286
Fotowiderstand 116
Fourastié, Jean 81, 82
Frachtschiffahrt **254**, 255
–, Dampfturbine 254

–, Dieselmotor 254
Fraktion 64
Franklin, Benjamin 351, 376
Frauen, Freizeit 180
Fraunhofer-Gesellschaft 92
Freiburger Münster 369
Freiheit, biologische 21
Freimeister 70
Freizeit, Altersgruppen 176, 177, 180
–, Ausgaben 177
–, Berufsgruppen 174, 176
Freizeitaktivitäten 177
Freizeitbeschäftigung *178/179*, 180–184
–, Auto 184
–, Fernsehen 180
–, Kino 181
–, Lesen 181
–, Sport 181–184
Freizeitgestaltung 180
Freizeitindustrie 186, 187
Freizeitpädagogik 187
Fremddatum 114
Frequenz 51
Friedensforschung 349
Friedrich I., deutscher König und Kaiser 345
Frühkapitalismus 164
Fulton, Robert 252, 375
Fünfjahresplan, DDR 317
Fünftagewoche 176
Funkmeßtechnik siehe Radartechnik
Funknavigation 257
Funkstation *152*
Funktionsgruppen 77
Funktionsmodell 124
Fusionskraftwerk 49
Fusionsreaktor *327*
Fust, Johannes 352, 372
Futurologie 312, *317*

G

Gabor, Dennis 18, 134
Gagarin, Juri 384, 386
Galaxy *279*
Galbraith, John Kenneth 73, 320
Galilei, Galileo 351, 373
Galvani, Luigi 376
Gammastrahlenrezeptor *141*
Gartenstadt 169
Gas 138
Gasgekühlter Reaktor 58
Gaslaser 132
Gauß, Karl Friedrich 377
Gebrauchsmuster 74
Gedächtnis 207, 316
Gedruckte Schaltungen *117*
Gefühl, kybernetisches 227
Gegendruckturbine 59
Gehirn 205–209, *206*, **310, 311**
–, Datenverarbeitung 205–208
–, isoliertes 310, 311
–, Kapazität 209

391

Geiger, Hans 381
Geigerzähler 381
Gell-Mann, Murray 101, 102
Gene, Umformung **285**, 286
General Electric Company 94
Generator 52, 54
Genfer Protokoll 348
Genfer Schema 78
Gerberei *70*
Gesetzgeberische Kontrollen 16
Gesichtslebewesen 21
Gesichtssinn 21
Gesprächskreis Wissenschaft und Wirtschaft 86
Gewerbepolitik 71
Gewinnprinzip 69
Gewitterblitze 50
Gezeiten 53–55
–, Nutzung 54, 55
Gezeitenhübe 55
Gezeitenkraftwerk *53*, 54, *55*
Gießharze 60
Giftgas 340, 341
Gilbert, William 376
Glasstadt 172
Gleichdruckturbine 164
Gleichgewicht 15, 280, **333–336**
–, dynamisches 280
–, materielles 15
–, ökologisches 333–336
Gleichstromgenerator 54
Gleichungen, Maxwellsche 92
Gleiskran *263*
Glenn, John 386
Gliederbänder 269
Gliedmaßen, künstliche 28, 30, *30*
Glühlampe 51, 351, 379
Goebel, Heinrich 351, 379
Gold 331, 332
Golden Gate Bridge 362
Goldmacher 72, 104, 368, 369
Goldstine, H. H. 234, 235
Gotik 164
Grabenkrieg 340, 341
Graphentheorie 233, 234
Graphit 56
Gravitationslehre 374
Graviton 101
Grazialisation 286
Gregor XIII., Papst 368
Greifhand 22
Greifwerkzeug 22
Gropius, Walter 166
Großbetrieb 71, 72
Großbritannien im Frühkapitalismus 164
Größe, gequantelte 100
Größenordnung 40
Großobjekte siehe Big Science
Großprojekte 97
Großraumlabor *90*
Großschaufelradbagger *29*
Großstädte, Zukunft 16
Großstadtverkehr 250
Großwetterlage 147
Gründerjahre 336

Grundlagenforschung 72, 74, 92, 93, 96
Grundlagenphase 68
Grundlast 53
Guericke, Otto von 374, 376
»Gulf« 65
Gutenberg, Johannes 351, 352, 370
Gutenberg-Bibel 371
Gütertransport 230–245

H

Haber, Heinz 95
Hackworth, Timothy 264
Häfen *67*, *244/245*, *256/257*, 258
Hafenbautechnik 255
Hagia Sophia 369
Hahn, Otto *95*, 341, 352, 382
Halbleiter 114–117
Halbleiterbauelement 114
Halbleiterdiode 115
Halbleiterlaser 132, 133
Halbleiterschaltelement 42, 215
Halbleitertechnik 215
Hall, Ch. M., 94
Halley, Edmund 374
Handwerk 69, 70
Hängebahnsystem »urba« 269
Hardware 190, 213, 219, 223
Harmonica Macrocosmica *99*
H-Bahn 268
»He 176« 383
»He 177« 274
»He 178« 275
Headly, William 264
Hebel 352, 353
Hebelkraft 353
Heisenberg, Werner 97, 100
Heißdampfreaktor 58
Heißluftballon 270, 383
Heizöl 48
Helicopter siehe Hubschrauber
Helium 58
Helium-Neon-Laser 133, 135
Heliumturbine 58
Helix *107*
Henlein, Peter 369
Herbizide 348
Héroult, Paul Louis 94
Hertz, Heinrich 92, 93, 352, 378
Heterogene Katalyse 64
Heuristik 202
Heyerdahl, Thor 254
Hieroglyphen *150*
Hilfsmittel, naturwissenschaftliche 90
–, technische 20
Hinterladergewehr 340
Hiroshima 341, 344
Hobby 184
Hochdruckdampfmaschine 375
Hochdruckkraftwerk 53, 54
Hochdruckspeicherwerk 53
Hochfrequenzerwärmung 110

Hochlohnländer 338
Hochschulbauförderungsgesetz 87
Hochschulrahmengesetz 87, 89
Hochschulreform 87
Hochschulstatistikgesetz 87
Hochspannungsprüffeld *49*
Hochtemperaturreaktor 48, 49, 58
Höhenstrahlung 286
Höhlenmalerei 353
Hologramm *101*, 134, *135*
Holographie 134, 135
Holz, Energiequelle 47
Holztelegraf 366
»Homo consumens« 19
Homogene Katalyse 64
Hoos, I. R. 83
Hoplithenphalanx 340
Hubkolbenmotor 248, 249
Hubschrauber 278, *278*
Hüft-Totalendoprothesen *30*
Huges, David Edward 378
Humanisierung 15
Human-Relations-Bewegung 80
Humboldt, Alexander von 60
Hundertwasser, Friedensreich 40
Hünefeld, Ehrenfried Günther Freiherr von 385
Hungerproblem 302–307
Hungerregionen 333–336
Hüttenordnung 164
Huxley, Aldous 161
Hybridantrieb 249
Hybridrechner 212
Hydrierung 64, 65
Hydrierungsprozeß 48
Hydroponischer Ackerbau 172
Hypaspisten 340
Hypothese 203

I

Ideenproduktion 68
Identechniken 204
Ikaros *274*
Imperium Romanum 367
Impulssatz 243
Indien 332
Individualverkehr 250
Induktion 54
Induktive Zugbeeinflussung 267
Industrial design 166
Industrialisierung 71, 73, 81, 162, 166, 175
Industrie, medienpädagogische 160
Industriebetrieb, soziale Organisation 76
Industriegesellschaft 31, 82, 164, 165
Industrieländer 12
Industrielle Revolution 71, 78, 84, 351, 354
Informatik 93
Information 27, 43, 159–161, 189, 190, 192, 195–198, 205–208, **228, 229, 230–232**
–, Austausch 230–232
–, Erzeugung 195–198

–, kybernetische 190
–, Manipulierung 228, 229
–, subjektive 192
Informationsexplosion 159–161
Informationstechnik 27, 43
Informationsumsatz, Mensch 205–208
Infrarot-Fotografie *196*
Innovation 68, 69, 71, 73, 74
Institut für technologische Entwicklungslinien 86
Instrumentenlandung 277
Insulin 107, 283
Integrierte Schaltkreise *119*
Integrierte Schaltungen 118–121, *128*
Intelligenz 13, 14, 23, 126, 208, 316, 318, 319, 353
–, Arten 14
–, außerirdische 318, 319
–, kybernetische 126
–, menschliche 316
–, naturwissenschaftliche 14
–, technische 14
Interacitive Dynamic Modelling 143
Interdisziplinäre Zusammenarbeit 35
Interferenz 134
Intermediäre Strategie 339
Invention 68, 71, 73
Ionosphäre 147
Isotope 58, **101**
Isotopenbatterie 101

J

Jacobi, Moritz Hermann von 378
Jagdflugzeug »Me 262« 275
Jagdverhalten 22
Jansky, Karl 145
Jet 275
Julianischer Kalender 368
»Jumbo-Jet« 245, 275
Jungk, Robert 14
»Jupiter C«, Rakete 386
Jürgen, Johann 70

K

Kabinenbahn, elektrische *268, 269*
Käfigläufermotor 54
Kalender 354
Kalkspat 136
Kalottenmodell 106
Kalter Krieg 344
Kältetechnik 43
Kaltwalzwerk *83*
Kanalnetz 258
Kaon 102
Kapazität, Bewußtsein 208
Kardiograf 130
Katakomben 364
Katalyse 64

Kathode 121
Kathodenheizung 121, 215
Kathodenstrahloszillograph 130, 212
Kennedy, John F. 17
Kepler, Johannes 373
Keramik 354
Kernbausteine 111
Kernenergie →Atomkraft
Kernforschungsgemeinschaft, CERN 111
Kernforschungszentrum Garching *56*
Kernfusion 299, 326
Kernkraftwerk Grundremmingen 57
Kernkraftwerk Obrigheim 57
Kernmolekül 111
Kernphysik 35
Kernreaktor 56, 255
Kernspaltung 110, 341, 382
Kernspeicher 224, 225
Kernumwandlung 381
Kerosin 64, 383
Kettenreaktion 56
Keynes, John Maynard 323, 348
Kindersterblichkeit 165
Kinematografie 130
Kino, Freizeitbeschäftigung 181
Klärschlamm 298
Kleopatra 351
Kline, Nethan 308
Klystron 110
Kohärentes Licht 132
Köhl, Hermann 385
Kohle als Energiequelle 47
Kohlendioxid 20, 294
Kohlendioxid-Laser 133, 134
Kohlenmonoxid 294, 295
Kohlenstoff 20
Kohlenwasserstoff 60
Kollektorschaltung 116
Kollektorstrom 116
Kölner Dom 369
Kolonialismus 330, 336
Kolonien 336
Koloß von Rhodos 362
Kommunikationsindustrie 159
Kommunikationstechnik 27, 148, 225
Kommunistisches Manifest 15, 71, 166, 174, 322
Kommutator 54
Kompaß 368
Komplexität, kybernetisch 191–193
Kondensator *115*
Konjunktur 323–328
Konkurrenz 36
Konservierung 304, 305
Konsumgüterindustrie 19, 85
Kontrollen, gesetzgeberische 16
Konvergierende Modelle 123–126
Kopernikanischer Azimutalquadrant 372
Kopernikanisches Weltsystem *99*, 373
Kopernikus, Nikolaus 372
Kortzfleisch, Gert von 16
Kosmische Radiostrahlung 145
Kraft, physikalisch 50
Krafthaus 54

Kraftübertragung, dieselelektrische 263
Kraft- und Wärmekopplung 290
Kraftwerke, Wasser- 52–55
–, Atom- 56–59
Krasnoyarsk, Talsperrenkraftwerk 54
Krebsbehandlung *32*
Kreisbeschleuniger 110
Kreuzer, Helmut 14
Kriegswaffen →Waffen
Kristall, anisotrop 136
Kristall, Doppelbrechung 136
Kristallaufbau in Flüssigkeiten 138
Kristalle, flüssige 138, 139
Kristallgefüge *103*
Kristallgitter 114
Kritische Feldstärke 112, 113
Kritischer Weg 236
Krupp, Alfred 71, 166, 260
Kugelmodelle, chemische *106*
Kugelrechenmaschine 124, **212**
Kugelschreiber, elektronischer *203*
Kühltransport 305
Kühlturm **291**, 299
Kulturwerke, altägyptische 351
Kunstfasern 62
Kunstharze 60
Künstliche Gliedmaßen 28, 30, *30*
Kunststoffe 60, *62/63*, 106, 283
–, duroplastische 60
–, elastische 60
–, thermoplastische 60
Kunstwerk 195
Kybernetik 23, 34, 35, 188–211
Kyborg 308

L

Ladebaum *245*
Ladung, elektrische 100
Lambdateilchen 101, 102
Landgewinnung *292/293*
Landschaft, Strukturen der 172
Langstudium 87
Langzeitwirkung 20
Laser 122, 132–135
–, Argon- 133
–, Festkörper- 132, 134
–, Flüssigkeits- 132
–, Gas- 132
–, Halbleiter- 132, 133
–, Helium-Neon- 133, 135
–, Kohlendioxid- 133, 134
–, Neodym-Glas- 133
–, Rubin- 133, 135
–, Speicherkapazität 135
–, YAG- (Yttrium-Aluminium-Granat) 133, 135
Laser-Reflektor *132*, 134
Laser-Skalpell 135
Laserstrahl *122, 135*
Lash-System 256
Lastflugzeug »Me 323« 274

Laufkraftwerk 52, 54
Laufzeitröhre 110
Laval, Carl Gustav Patrik de 164, 375
Leben, biologischer Beginn 195
Lebenserwartung 165
Lebensqualität 18, 19, 283, **328, 329**
Lebewesen im Weltall 318, 319
Leeuwenhoek, Antony van 373
Leichter 258
Leichtwasser-Reaktor 56
Leidener Flasche 376
Leistung 50
Leiterplatte *115*
Lenin, Wladimir Iljitsch 151
Lenkrollradius, negativer 248, **251**
–, positiver 251
Leonardo da Vinci 198
Lernen 209
Leuchtschriften 139
Leuchtstoffröhre 51
Leuchtturm von Alexandria 362, 363
Leussink, Hans 87
Licht 21, 51, 99, 132, 136, 204
–, Erzeugung 51
–, kaltes 51, 204
–, kohärentes 132
–, polarisiertes 136
–, quantenphysikalisch 99
Lichtgeschwindigkeit 108, 110, 127
Lichtmikroskop →Mikroskop
Lichtquellen, künstliche 132
–, natürliche 132
Lichtsatzanlage, elektronische *160*
Lichtschranke 116
Lilienthal, Otto 270, *274*, 384
Limes 365
Lindbergh, Charles 384, 385
Linearbeschleuniger 109
Linearmotor **249**, 268
Linienzugbeeinflussung **265**, 266
List, Friedrich 375
Literarische Intelligenz 14
Lochkarte 190, 191, 214
»Locomotion« 262
Lohnarbeit 333
Lokomotiven *44/45*, 262–265, 269, 375
Lorenz, Konrad 227
Lovell, James 386
Ludwig XIV. 70
Luftdrucknachweis 373
Luftfahrt 240–243, 270–279, 383–386
Luftfrachtverkehr 278
Luftschiff 240, 270, 271
Luftschraube 270
Luftstrahltriebwerke
   →Düsentriebwerke
Luftstreitkräfte 272–275, 341
Luftverkehr 240–243, 270–279
Luftverschmutzung *281*, **294, 295**, 299
Lunar-Laser-Reflektor 134
Luther, Martin 372
Luziferase 204
Luziferin 204

394

M

Magnetband 214
Magnetkissenbahn 266–268
Magnetkissensystem 244
Magnetron 110
Magnetschwebebahn 249, *261*
Magnocar 269
Maiman, T. H. 132
Main-Donau-Kanal 258
Majoritätsträger 114
Malthus, Thomas Robert 322
Management 73, 74
Manager 176
Manganknollen 299
Mangelsituation 12
Manifest, Kommunistisches 15, 71
Manipulation 149, 150, 154, 161, 181
–, Mensch **228,** 229
–, totale 150
Manipulationsgerät 308
Manufaktur 70, 76
Marconi, Guglielmo 380
Marcus, Siegfried 382, 383
Marcuse, Herbert 14
»Mariner 10« 387
Marius, Simon 351, 373
Marktwirtschaft, soziale 19
Marx, Karl 15, 71, 166, 174, 322
Maschinenanlage, Seeschiffe **258,** 259
Maschinensprache 218–221
Maschinenwesen 12, 71
Masse 110
Masse-Energie-Äquivalent 110
Massendefizit 59
Massenfreizeit 176
Massenkommunikation 15, 19
Massenmedien 148–162
–, Politik mit 151–159
Massenproduktion 78
Massensport 181
Massensuggestion 155
Massenzunahme, relativistische 110
Maßnahmen, technische 68
Materialfluß →Materialkreislauf
Materialkreislauf 15
Materialprüfung 138
Materie, Aufbau 98–103
Materielles Gleichgewicht 15
Matriarchat 162
Maximalprinzip 76
Max-Planck-Institut 92
Maxwell, James Clerk 92, 378
Maxwellsche Gleichungen 92
Maxwellsche Wellenlehre 378
Mayo, Elton 80
»Me 262«, Jagdflugzeug 275
»Me 323«, Lastflugzeug 274
Meadows, Dennis 320
Mechanische Energie 48
Mechanisierung 31
Medien *152/153*, 148–162
Medienkonsum 150
Medium, aktives 132

Medizindiagnostik, Computer **216,** 217
Medizinische Technik *32/33*
Meeresforschung 74
Meerwasser, Salzgehalt 300
Mehrstufenprinzip 243
Meinungsforschung 158
Meißner, Joachim 104
Meitner, Lise 382
Mendel, Gregor 284, 285
Mensch, Entwicklungsgeschichte *22*
–, Informationsumsatz 205–208
Mensch – Maschine, Symbiose 308–311
Mensch, Sprachentwicklung 22
Menschenaffe 22, *22*
Menschenverstärker →Kyborg
Menschwerdung 22
Merkantilismus 70, 71
Meson 101, 102
Mesopause 147
Mesophasen 138
Mesosphäre 147
Meßfehler 126
Meßgenauigkeit 126
Meßwandler 52
Metallnadel 20
»Methode der Acht« →SU3-Theorie
Mickler, O. 73
Mikroelektronik 118–121
Mikrofilm-Lesegerät *224*
Mikrofilmtechnik 222
Mikromanipulator 42
Mikrometerschraube *129*
Mikroskop *32*, 98, 130, 373
–, Elektronen- 98, 130
–, Emissions- 130
–, Feldionen- 98
–, Licht- 130
–, Rasterelektronen- 130
Mikrotechnik 42
Mikrowellen 110
Militärausgaben 349
Mineralölkonzerne 65
–, geplanter staatlicher 65, 66
Miniaturisierung 42
Miniaturisierungsindustrie 118
Minoritätsträger 114
Mitbestimmung 75
Mittelalter, Freizeit 174
»Mobil Oil« 65
Modelle 90, 123–126
–, abstrakte 123–126
–, konvergierende 123–126
Moderator 56
Modernistische Strategie 339
Molekül 43, 104–107, 111
–, Kugelmodell *106*
Molekularchemie 105, 107
Molekularelektronik 45
Molekulartechnik 106
Mondlande-Manöver 272
Mondlandung 387
Mondrakete *272*
Monomere 62
Monopol 71

Montgolfier, Brüder 383
Montgolfiére, Ballon 383
Morgenstern, Oskar 211
Möris-See, Stausee 359
Morse, Samuel F. B. 377
Morse-Alphabet 377
Morsezeichen 380
Motivation 34
Motoren 50, **54, 246–249**, 268, 279, 379, 382
Motorflug →Luftfahrt
Motorflugzeug 384
Müll 282, 295–299
–, radioaktiver 299
Multi-Media-Konzerne 151
Muskelkraft 28
Musschenbroek, Pieter van 376
Mutation 23, 36, **286**
Myon 102

N

Nachrichtensatellit 386
Nachrichtentechnik, *152/153, 156/157*, 366
Nagasaki 341, 344
Näherungsverfahren 105
Nahrungsmittelproduktion 302, 328
Nahrungsmittelversorgung 304
Nahrungsquellen 302–307
Napalm 61
Naphthalin 61
Naphthene 60, 61
Natrium 58
Naturgesetz 90
Naturwissenschaft 13, 71
–, Begriffsbestimmung 13
Naturwissenschaftliche Intelligenz 14
Navigationssatellit 257
Neandertaler 22
Nebel, Rudolf 385
Nebelkammer 98, 100
Nebukadnezar 357
Ne'eman, Y. 101
Negativer Lenkrollradius 248, **251**
Nemantische Phasen 138, 139
Neodym-Glas-Laser 133
Nervengas 345, 348
Nervensystem 45
Netzplantechnik **230,** *233,* **234,** 236–*239*
Neumann, John von 211, 235
Neuristoren 204
Neutrino 102
Neutron 56, 100
Neutronenreflektor 56
Neutrosphäre 147
Neuzeit 370
Newcomen, Thomas 71
Newton, Sir Isaac 352, 374
Nicolsches Prisma 136
Niederdruckdampfmaschine 374
Niederschlag *285*
Niedriglohnländer 338
Niépce, Joseph 381

Nil 355, 359
Nipkow, Paul 380
Nippflut 54
Nitrobenzol, Strukturformel *62/63*
Nobile, Umberto 385
Normen 42
Normung 37, 40
Notre Dame 369
Nukleare Parks 326
Nukleon 102, 111
Nulleiter 51
Nullpunkt, absoluter 112
Numerus clausus 88, 89
Nuplex 326
Nurek, Staudamm 54
Nürnberg, Hafenstadt 258
Nürnberger Ei 369
Nutzung der Kernenergie 95
»Nylon« 62

O

Oberth, Hermann 385
Oerstedt, Hans Christian 376
»Off-line«-Aufgaben 213
Ohm, Georg Simon 377
Ohmsches Gesetz 377
Ökologie 14
Ökologisches Gleichgewicht 333–336
Ökonomieprinzip 14, 34, 42
Oktanzahl 64
Öl →Erdöl
Ölgesellschaften 65, 66
Oliver, Bernhard 319
Ölkrise 65
Ölpest 291, *297*
Öltanker *50*
Olympiade, technische Neuerungen 97
Omega-minus-Teilchen 101
Omegateilchen 101, 102
»On-line«-Betrieb 213
Onnes, Kamerlingh 112
OPEC 65
Operations Research 211, 316, 317
Oppenheimer, Robert 382
Optik 35
Optimierungskunde 211
Optisches Pumpen 132
Optische Täuschungen 20
Orakel, Delphi *314*
Orbiter 243
Ordnung, informationstheoretisch 232
Ordnungsprinzip 27
Organic-Food-Bewegung *302*
Organisation 230–235
–, Automatisierung 232
»Orlon« 62
Orwell, George 148, 161
Osmose 301
Otto, Nikolaus August 382, 383
Ottomotor 248
Owen Falls, Stausee 54

P

Palette **259,** 278
Panzer 341
Papier 354
Papin, Denis 374
Papinscher Topf 374
Parabolantenne 145
Parabolspiegel *144*
Paracelsus 72
Paraffine 60, 61
Pardeen, J. 118
Parseval, August von 383
Parton 111
Pascal, Blaise 373
Passagierdampfer 252–254
Passagierflugzeuge 272, 274, 275, 278
Passive Sicherheit 247
Passivsport 181, 182
Pasteur, Louis 94, 305
Patentamt 353
Patentgesetzgebung 68
Patentschutz 353
Patentwesen 34, 74, 232, 353
Patriarchat 162
Pech 60
Periodisches System 100
Perlon, Formel *62/63,* 106
Personenverkehr 240–245
PERT-System **236,** 237
Pest 345
Petrochemische Industrie 60
Pfeilschwanzkrebs 208, 209
Pflug 354
Phantom *277*
Phosphor-Atom 114
Photon 101, 102
Physik 35
Physikalische Chemie 104
Piccard, Auguste 385
Picture Processing 140–143, *200/201*
Piezo-Keramik *203*
Pion 102
Pionier »10« 318, 319, 387
Pipeline **245,** *307*
Pistor, Carl 366
Planartechnik 118
Planck, Max 97, 382
Plancksches Wirkungsquantum 97
Planerfüllung 317
Planeten, Anzahl 318
Planung 316
Platformverfahren 64
Plotter 221
Plutonium 49, 239, 341
Polarisationseffekt 136
Polarisationsfilter 136, 139
Polarisiertes Licht 136
Polio-Viren 345
Polizei, Verkehrszentrale *226*
Polyacrylnitril 62
Polyäthylen 61, *106*
Polyäthylenterephthalat 62
Polymere 62

Polymerisation 62
Polyvinylchlorid 62
Ponte Molle 364
Popow, Alexander Stepanowitsch 380
Porzellanmanufaktur 71
Positiver Lenkrollradius 251
Potentielle Energie 47
Prägnanz 189, 190
Presse 148–150
Preußisches Regulativ 166
Primärkreislauf 56
Prisma, Nicolsches 136
Produktion, Funktionsgruppen 77, 78
Produktionstechnik 77
Produktivität, Bundesrepublik Deutschland 81, 82
Prognosen, technische 17
Program Evaluation and Review Technique 236
Programmieren 190, 218–221
Projekt Apollo 96, 97
Projekt Manhattan 96, 300
Propeller 370
Propellertriebwerke 278
Prothesen 28, 30, *30*
Proton 100
Protonensynchrotron 111
Prozeß, kreativer 199–203
Prozeßrechner **215**, 216
–, Einsatz 215
–, gesellschaftliche Folgen 216
Pseudoteilchen 102, 103
Pseudozufall 198, 199
Psychologisches Experiment *125*
Psychotechnik 226–229
–, Manipulation **228**, 229
»Pu 249« 58
»Puffing Billy« *264*
Pulsar 145
Pulsotriebwerk 279
Pumpen, optisches 132
Pumpenturbinen 53
Pumpspeicherwerk 53, 380
PVC 62
Pyramide, Sakkara 355
Pyramiden, kulturhistorisch 355

Q

Quanten 99
Quantenphänomen 43
Quantentheorie 97, 382
Quarks 100–103
Quentin, Karl-Ernst 291

R

Ra II *254*
Rad 28, 162, 240, **354**
Radar *197*, **340**, 341

Radartechnik 276
Raddampfer 252, 257, 375
Radioaktivität, Umweltgefährdung 299
Radioastronomie 145
Radiogeräte, Verteilungsdichte 150
Radioisotop 101
Radiosterne 145
Radiostrahlung, kosmische 145
Radioteleskop *144,* 144, 145
Radium 381
Raffineriegase 64
Rakete, 243
–, »V 1« 279, 283
–, »V 2« 385
–, Wirkungsweise 243
Raketenantrieb 243
Raketengrundgleichung 243
Rangierbetrieb 266
Rasterelektronenmikroskop 130
Rationalisierung 36, 76, 83, 85
–, qualitätsorientierte 83
Rationalisierungskuratorium, Deutsche Wirtschaft 85
Rationalität, ökonomische 85
Raum als Quant 99
Raumfahrt 12, 17, 18, 96, 97, 383–385
Raumfahrttechnik 242
Raumflugbahn 242
Raumforschung, Orbiter 243
Raumgleiter 243
Raumkapsel, Apollo *12*, 272
Raumschiff Erde *18,* 280–282
Raumsonde 318, 387
Raumtransporter 242
Ravensberger Spinnerei *167*
Reaktionsharze 60
Reaktortypen 57–59, *327*
Reaktorwärme 59
Rechenanlage »Zuse Z 3« 203
Rechenmaschine 373
Rechentechnik, digitale 213
Rechenwerk 213
Rechenzentrum *222*
Rechte Winkel 40
Rechtsprechung 210
Recycling 14, 15
Red-Line-Abkommen 65
Redundanz 45, **188–190**, 225
–, verbale 225
Referenzwelle *135*
Regelkette 194
Regelkreis 194, 195, 199, *228*
Regelprozesse 193–195
Regelstudienzeit 88, 89
Regelung 194
–, selbsttätige 194
Regenauslösung, chemische 290
Regler 194
Reichskuratorium für Wirtschaftlichkeit 76
Reis, Philipp 378
Relais 42, 120, *120,* 215
Relativistische Massenzunahme 110
Relativitätstheorie 110
Relevance-Tree-Methode 68

Resonanz, quantenphysikalisch 102
Resonator *93*, 132
Revivalistische Strategie 339
Revolution, industrielle 71, 78, 84
–, technische erste 354
–, technische zweite 351
–, wissenschaftlich-technische 84
Rhein, Verschmutzung 18, *298*
Ricardo, David 322
Riesenkraftwerk 380
Riesenmoleküle 60, 62, 104–107
»Rocket« 262, *264*
Rohrfernleitungen 245
Rohstoffquellen 323
Rohstoffvorräte 290
Rollsteig 250
Romantik 164
Römische Bäder 363
Röntgen, Wilhelm Conrad 143, 351, 352, 381
Röntgen-Diagnostik 143
Röntgengerät *33, 143*
Röntgenstrahlen 102, 143, 381
Rostow, Walt 320
Rotationskolbenmotor 248
Rotschlamm 294
»Royal Dutch-Shell« 65
Royal Society 71
Rubin-Laser 133, 135
Rückkopplung 29, 194, 195
Rühl, Günter 15
Rundfunkreden 154
Rundfunkwellen 93
Rundrelais *120*
Rüstungsausgaben 348
Rüstungsindustrie 84, 85
Rüstungsproduktion 349
Rutherford, Ernest 382

S

Sachzwang 75
Sagan, Carl 318
Saint-Malo, Kraftwerk 55
Sakkara-Pyramide 355
Salam, Abdus 101
Salzproduktion 301
Satellit 257, 385, 386
–, Nachrichten 386
–, Navigation 257
Saturn-Rakete 272, 386
Sauerbruch, Ernst Ferdinand 352
Sauerstoff 20, 290, 291
S-Bahn 266
Schädlingsbekämpfung 305, 306, 344
Schaltelement 43
Schaltkreise, integrierte *119*
Schaltungen, gedruckte *117*
–, integrierte 118–121
Schaufelradbagger 31
Schiene 240, 375
Schienenverkehr 260–269

Schießpulver **330–332**, 340, 368
Schiffahrt, Automation 259
–, Datenverarbeitung 259
–, Navigation 257
–, Sicherheit 252
Schiffahrtskanal 360
Schiffe, atomkraftgetriebene 255
Schiffsbau 330–332
Schiffshebewerk 258
Schiffsschraube 252, *255*
Schiffsverkehr 252–259
–, Anfänge 240
Schizophrenie 204
Schleppschiffahrt 258
Schleuse 258
Schleusenprinzip 258
Schlupf 54
Schmandt, J. 16
Schmelzer, Hans 14
Schmidbauer, Wolfgang 19
Schmidt, Paul 383
Schmidt-Rohr 383
Schneller Brüter 58
Schoeck, Helmut 19
Schöffer, Peter 372
Schraubenschlüssel 28
Schraubentunnel 257
Schraubenzieher 28
Schrift 27, *150*, 354
Schrödinger, Erwin 100
Schubschiffahrt 258
Schüler, Freizeit 176
Schulrechenzentrum *215*
Schulten, Rudolf 58
Schumpeter, Joseph A. 68
Schütte, Johann 383
Schwebetechnik 261, 267
Schwefeldioxid 295
Schwerindustrie 338
Schwerionenphysik 111
Schwerwasserreaktor 58
Schwimmbadreaktor *59*
Schwimmdock *256*
Science Fiction 204
Scott, Robert Falcon 385
Sechstagewoche 176
Seeschiffahrt 243
Seeschiffe, Maschinenanlage 258, 259
Segelschiff, modernes 255
Segelschiffahrt 254
Seide 62
Sekundärkreis 57
Selbstorganisation 232
Selbstreparatur 45
Selbststimulation 311
Senfgas 345
Sengbusch, Reinhold von 285
Senkrechtstarter 278
Seßhaftigkeit 26, 162
Shannon, Claude 189
Shockley, William 118
Sicherheit 247–250
Siedeverzug 100
Siedewasserreaktor 56, 57

Siemens, Werner von 92, 94, 260, 264, 378, 379
Siemens, Wilhelm von 94
Siemens-Konzern 73
Sigmateilchen 101, 102
Signalübertragung, gestörte 225
Sigsfeld, Hans Bartsch von 383
Silizium-Atom 114
Simulation 92
SINETIK 238
Sintflutsage 359
SI-System 43
Sklavenhandel 332
Skylab 387
Slaby, Adolf 380
Smektische Phasen 138, 139
Smith, Adam 76, 322, 323
Smog *281*, 282, 295
Snow, Charles 14
Software 190, 213, 219, 223
Sohl, Hans-Günther 89
Solon 345
Sombart, Werner 69
Sömmering, Samuel Thomas von 366, 376
Sonne 48
Sonnenbatterie 116, 117
Sonnenenergie 47, 48
Sonnenzelle 116, 117
Sozialismus, utopischer 166
Soziokybernetik 210, 211
Soziotechnik 229
Space Shuttle 243
Spaltungsgeneration 56
Spannungsoptik 136, 137
Sparta 174, 340
Speicher, elektronische 222
–, externe 224, 225
Speicherelemente *119*
Speicherinhalte, Auffinden 223
Speicherkapazität, Laser 135
Speicherkraftwerk 52
Spezialisten, technische 34, 35, 74
»Sphära«, Himmelsglobus 362
Spielzeug *24/25*
Spin 100
Spinnrad 69
Spitzenlast 53, 54
Sport siehe Freizeitbeschäftigung
Sprache 22, 23
Sprachlabor *213*
Sprachübersetzung, maschinelle 220
Sprengseismik 287, 288, *288/289*
Springflut 54
Spurkranz 266
»Sputnik I« 385, 386
Stadtautobahn 246
Städtebau, Nachkriegszeit 172
Stadtlandschaft 172
Stadtmodelle, utopische 173
Stadtplanung 172
Stagnation, technologische **332**, 333
Stahlbeton *37*
Stammbäume, wissenschaftliche 315, 316
Starfighter *277*

Starrluftschiff 384
Staudamm 53, 54
Stausee 54, 359
Staustrahltriebwerk 279, 383
Stein, Friedrich Freiherr vom 72
Steinheil, Carl August 377
Steinkohle 49
Steinmetz, Charles *87*
Stellwerk 266
Stephan, Heinrich von 378
Stephenson, George 262, 264, 375
Sternmotor 279
Steuerstromkreis 120
Steuerung 194, 195
Steuerungsketten 195
Steuerungsprozesse 195
Steuerwerk 213
Strahlengefährdung 58
Strahlflugzeug »He 176« 383
Straßenbahn 264, **265**
Straßenbau 246
Straßenverkehr 246–251
Straßmann, Fritz *95*, 382
Stratopause 147
Stratosphäre 147
Strauß, Franz Joseph, Brückenstatiker 362
Stricknadeltelefon 378
Stromerzeugung 54
Stromrichter 52
Studentendemonstration *86*
Studium, Planung 87
Stufenpyramide 355
Sturmflut 54
Supernova 286
Supertanker 245, 255–257
Supraleitung 42, **112**, **113**
Süßwassergewinnung 301
SU3-Theorie 100–102
Sylvester II., Papst 369
Symbiose Mensch – Maschine 308–311
Synchronmotor 54
Synchrotron 110
Syntelman **308–310**, *309*
Synthese 104, 106–107
Synthesis-Teleskope 145
System, periodisches 100
Szenario 204
Szintigraphie 142, *200/201*
Szintimat *141*
Szintiskop 142

T

Taktzeit 78, 79
Talsperre 52
Talsperrenkraftwerk 54
Tandem-Beschleuniger 111
Tankschiff *50*
Target 111
Täuschungen, optische 20
Taylor, Frederick W. 78, 80, 323
Teamarbeit 35

Technical Assessments 12
Technik 13, 14, 16, 162–173, 340–349, 350–387
–, Geschichte der 350–387
–, Gewalt der 340–349
– im Wohn- und Lebensbereich 162–173
– und Umwelt, Aktionszentrum 16
Techniker *88*
Technikfeindlichkeit 14
Technische Intelligenz 14
Technische Prognosen 17
Technische Revolution 84, 351, 354
–, erste 354
–, zweite 351
Technischer Überwachungsverein 16, 74
Technokraten 16, 75, 159
Technokratie 74, 211
Technologie-Strategie 339
Technologische Stagnation **332,** 333
Technology Assessment 329
Technostruktur 73
Teilchenbeschleuniger 108–111
Teilladung, elektrische 102
Telefon 235, 378
Telegraf 377
TELEPERT 238
Teleskop 144, 145
Telstar 386
Tereschkowa, Valentina 386
Terminal 223, 224
Terylene 62
»Texaco« 65
Theorie 91, 92
Thermit-Schweißverfahren *263*
Thermoplastische Kunststoffe 60
Thermosphäre 147
Thermostat 194
Thorium 232, Isotop 49, 58
Thyristor 117
Time-Sharing 213
Tinbergen, Jan 329
Toleranz 41, 126, 130
Totenkult 355
Tower 369
Trabantenstadt *169*
Tragflügelboot *253*
Tränengas 348
Transformator 52
Transistor 115–116, *115,* 118, 376
Transportkette 255
Transurane 382
Transurban 269
»Trevira« 62
Trevithick, Richard 264, 375
Triac 117
Triebwerksentwicklung 244, 245
Triode 121
Tripelspiegel 134
Trireme 340
Trojanski, P. P. 220
Tropopause 147
Troposphäre 147
»TU-104«, Passagierflugzeug 274
Tuchel, K. 16

Turbinen 52–54, 59, 164
–, Gegendruckturbine 59
–, Gleichdruckturbine 164
–, Pumpen 53
Turbinenschiff 258
Turbomotor 383
Turboprop-Flugzeug 275
Turboprop-Motor 383
Turbotriebwerk 279
Turboverdichter 279
Turmbau zu Babel *236*

U

U-Bahn 265
Überwachungsverein, technischer 16
U-Boot →Unterseeboot
Uhr 369
Uhrwerk *129*
Ulmer Münster 369
Umformer 52
Umleitungskraftwerk 52
Umspanner 52
Umweltbewußtsein 320
Umweltgefährdung, Radioaktivität 299
Umweltkrise 326
Umweltschutz 363
Umweltverschmutzung *296/297,* 328
Umweltverschmutzung *296/297,* 328
Umweltzerstörung 15
Unordnung, informationstheoretisch 232
Unterentwicklung 330
Unterernährung, Intelligenz 302
Unternehmensforschung Operations Research
Unternehmer 71
Unterseeboot 16, 341, 378
Uran 49, 381
Uran 235, Isotop 56
Uran 238, Isotop 58
»urba«, Hängebahnsystem 269
Urbanität 172
Urlaub 185
Urlaubsreise 184
Ur-Zikkurat 357
USA, Militäretat 349

V

»V 1«, Rakete 279, 383
»V 2«, Rakete 385
VEBA 66
Velde, Henry van de 166
Verbrennungsmotor 50, 246, 248, **249,** 382
Verbundbetrieb 55
Verein Deutscher Ingenieure (VDI) 16
Vererbung 29
Vergasermotor 382
Verhaltenscode 20
Verhaltensforschung 227

Verkehrszentrale der Polizei *226*
Vermehrungsrate 29, 36
Vernes, Jules 351
Verschmutzung, Seen 18
Verstädterung 163
Verständigungssysteme 22
Vertrag von Straßburg 348
Vierradbremse 247
Vierschichttriode 117
Viertagewoche 176
Vinci, Leonardo da 16, 352, 370
Voith-Schneider-Propeller 257, *258*
Völkerwanderung, industrielle 164, 165
Volksrepublik China, Wandzeitungen *149*
Volkswagenwerk 75
Volkswirtschaftsplan 317
Vollautomation 81, 216
Vollbahnlokomotive 264
Volta, Alessandro 376
Voltasche Säule 376
Vormensch 21, 22

W

Wachsmann, Konrad 40
Wachstum, exponentielles 326
Wachstumseuphorie 18
Waffenhandel 349
Waffen 26, 96, 279, **341–347,** 383, 385
–, Atombombe 96, 341, 344
–, biologische 345
–, chemische 61, 344
–, »V 1« 279, 383
–, »V 2« 385
–, Winchester 26
Walkmühle 70
Wandzeitungen *149*
Wankel, Felix 249
Wankelmotor 248, **249**
–, Verbrennungsvorgang 248
Wärmebelastung 299
Wärmehaushalt 20
Wärmelehre 34
Waschvorgang 139
Wasser, schweres 49
Wasserbewirtschaftung 360
Wassercharta 168
Wasserdruck 52
Wasserentsalzung 300, 301
Wasserkondensation 290
Wasserkraft 48, 52, 56
Wasserkraftwerk 52, 54, 379
Wasserleitung 360–362
Wassermühle 368
Wasserschloß 53
Wasserstoffbombe 344
Wasserstraßennetz, Binnenschiffahrt 258
Wasserverbrauch 167, 300
Wasserverschmutzung 16, **281, 291, 294**
Wasserwerk *76*
Watt, James 71, 164, 374

Weber, Wilhelm 377
Webstuhl 368
Wechselstrom 51
Wechselstromgenerator 54
Wellenfrontrekonstruktion 134
Weltbevölkerung 326
Weltbild, kopernikanisches *99*
Weltfördermengen und Vorräte 64
Weltraumforschung 85
Weltraumverkehr 242
Weltsystem, Kopernikanisches *99*, 373
Weltwunder 362
Werbung 149
Werftanlage *256*
Werkbund 166
Werkstoffprüfung 130, 139
Werkzeug 28, 29, 30
Werkzeuggebrauch 20
Werkzeugintelligenz 20–22
Wetter 284, 290
Wetteramt *146*
Wetterelemente 284
Wetterkarte *146*
Wettervorhersage 146–147
Wheatstone, Sir Charles 377
Whitten-Brown, Arthur 384
Widerstand, elektrischer 112–117, *115*
Wiederverwendungskreislauf →Recycling 15
Wiener, Norbert 188
Wieser, Wolfgang 291
Wiesner, Jerome 329
Wild, Josef 89
Wilsonkammer 102
Winchesterbüchse 26
Windmühle 368
Wirbelsäule 22

Wirkungsgrad, physikalischer 50
Wirkungsquantum, Plancksches 97
Wirtschaftsgesinnung 69–71
Wirtschaftspolitik, koloniale 337
Wirtschaftswachstum 320–330
Wissenschaftliche Stammbäume 315, 316
Wissenschaftlich-technische Revolution 84
Wissenschaftskunde 315
Wissenschaftsrat 86
Wissenschaft und Wirtschaft, Gesprächskreis 86
Wolga, Verschmutzung 18
Wolle 62
Wright, Orville 270, *275*, 384
Wright, Wilbur 270, 384

X

Xiteilchen 101, 102

Y

YAG-Laser (Yttrium-Aluminium-Granat) 133, 135

Z

Zahl, Erfindung 27
–, Bausteinprinzip 41
Zeichenautomat 221
Zeichenmaschine 220, 221

Zeigertelegraf 366, 378
Zeitquant 99, 209
Zeitung 149–151
–, Geschichte 151
–, Verteilungsdichte 150
Zensur 150
Zentralstellwerk *266*
Zeppelin 240, 270, **271**, 384
Zeppelin, Ferdinand Graf von 384
Zerreißprobe 130
Zerstörungsfreie Werkstoffprüfung 130
Ziegelstein *40*, 41
Zielsprache 220
Zschimmer, E. 16
Zitronensäure, Kristall *129*
Zufall 313, 314
Zufallsgenerator 198, 199
Zufallsprozesse 198
Zugbeeinflussung, induktive 267
Zugüberwachung, elektronische 267
Zukunft 31, 34
Zukunftsforschung 312–317
Zünfte 69
Zusammenarbeit, interdisziplinäre 35
Zuse, Konrad 203
ZUSE Z 3, Rechenanlage 203
Zwangsarbeit **336, 337**
Zweig, Georg 101
Zweikreisbremssystem 248
Zweistromtriebwerk 279
Zweiter Bildungsweg 34
Zweite technische Revolution 351
Zweiwegthyristor 117
Zwischensprache 220
Zykloidpropeller 258
Zyklotron 110

Abbildungsnachweis

Farbfotos: Wilhelm Albrecht, Gütersloh (16); Anthony-Verlag, Starnberg – Hartge (1); Bavaria-Verlag, Gauting – Bernhaut (1) – Dix (1) – Hardenberg (1) – Holtappel (1) – König (1) – Meier (1) – Mollenhauer (1) – Müller (1) – Pabst (1) – Pedone (1) – Scholz (1) – Silvester (1) – Thomas (1) – Tomsich (1) – Windstosser (1) – Wolff (1); Bildarchiv Preußischer Kulturbesitz, Berlin (6); Deutsches Museum, München (1); dpa, Frankfurt (12); Prof. Dr. W. von Engelhardt, Tübingen (1); Farbwerke Hoechst AG, Frankfurt (1); FPG, New York (8); Dr. Herbert W. Franke, Puppling (7); Thomas Höpker, München (1); IBM, Sindelfingen (2); Manfred Kage, Institut für wissenschaftliche Fotografie, Weißenstein (2); Dieter Kastrup, Gütersloh (1); Paolo Koch, Zollikon (1); Dr. Hans Kramarz, St. Augustin (1); laenderpress, Düsseldorf – Barney/Magnum (1) – Löhr (1); Yvonne Luter, New York (2); Bildagentur Mauritius, Mittenwald – Kerth (1) – Peters (1) – Schmidt (1) – Schmied (2) – Sommer (1) – Theissen (1); E. Merck AG, Darmstadt (2) – Windstosser (2); Messerschmitt-Bölkow-Blohm GmbH, München (1); Photo Meyer KG, Wien (1); Rudi Otto, Wiesbaden (3); Günther R. Reitz, Hannover (2); Shostal Associates Inc., New York (1); Siemens AG, München (5); Staatliche Museen zu Berlin (Ost) – Nationalgalerie (1); STERN, Hamburg (2); Dietrich H. Teuffen, Harsewinkel (2); Ullstein GMBH, Bilderdienst, Berlin (1); USIS, Bonn-Bad Godesberg (7); Ludwig Windstosser, Stuttgart (11); ZEFA, Düsseldorf – Biedermann (1) – Bitsch (1) – Blonk (1) – Damm (1) – Fritz (1) – Froehlich (1) – Hackenberg (1) – Hannebicque (1) – Helbig (1) – Idem (1) – Jahreszeiten-Verlag (1) – Kalt (2) – Dr. Kramarz (2) – Liesecke (1) – Lüttge (1) – Lütticke (1) – Mante (1) – Marché (1) – Mariani (1) – Mohn (1) – Müller (1) – Ostgathe (2) – Pierer (1) – de Prins (1) – Puck-Kornetzki (1) – Schöck (1) – Schwerdt (1) – Sedelmeier (1) – Seider (1) – Sirena (2) – Sommer (2) – Starfoto (1) – Wachmann (1) – Winter (1); Carl Zeiss, Oberkochen (1).

Schwarzweißfotos: Archiv für Kunst und Geschichte, Berlin (1); The Associated Press, Frankfurt (3); Bavaria-Verlag, Gauting – Almassy (2) – Bahnmüller (1) – Bleuler (1) – Fleck (1) – Geiges (1) – Hallensleben (1) – Interfoto (1) – Keresztes (1) – Lohrisch-Achilles (1) – Meier-Ude (1) – Poss (1) – Rose (1) – Seiler (1) – Sommer (1) – Windstosser (1); Maria Berger, Köln – Alinari (2); Bertelsmann Lexikon Verlag, Gütersloh (2); Bildarchiv Preußischer Kulturbesitz, Berlin (6); BRIGITTE, Hamburg (2); Burda Bilderdienst, Offenburg (5); Ilse Collignon, München (1); Conti-Press Heinz Fremke OHG, Hamburg (3); Deutsches Elektronen-Synchrotron, Hamburg (1); Deutsches Museum, München (65); dpa, Frankfurt (10); foto-present, Essen (1); FPG, New York (2); Dr. Herbert W. Franke, Puppling (8); GEZE Gretsch & Co GmbH, Leonberg (2); tps-Zeitplantechnik Giersiepen KG, Düsseldorf (1); Max Göllner, Frankfurt (1); Hirmer Verlag, München (3); Historia-Photo, Bad Sachsa (2); Holle Verlag, Baden-Baden (2); Internationales Bildarchiv Horst von Irmer, München (1); Dieter Kastrup, Gütersloh (1); A. F. Kersting, London (1); KLM Aerocarto B. V., Den Haag (3); Friedrich Krupp AG, Essen (1); Bildagentur Mauritius, Mittenwald – Reihs (1); Messerschmitt-Bölkow-Blohm GmbH, München (4); Horst Müller, Düsseldorf (1); Pontis-Photo, München – Höpker (1) – de Riese (2); Popperfoto, London (1); roebild, Frankfurt (1); Marion Schweitzer, München (1); Der Senator für Bau- und Wohnungswesen, Berlin (1); Siemens AG, München (5); Sven Simon, München (1); Süddeutscher Verlag, Bilderdienst, München (4); STERN, Hamburg – Höpker (1) – Kunz (1) – Neugebauer (1) – Peterhofen (1); Karl-Heinz Stroese, Bielefeld (2); Time/Life, New York (1); Ullstein GmbH, Bilderdienst, Berlin (3); Vereinigte Flugtechnische Werke – Fokker GmbH, Bremen (1); Wolfgang Volz, Essen (2); Franz Votava, Wien (2); Ludwig Windstosser, Stuttgart (4).